人物でよむ
物理法則の事典

[総編集] 米沢富美子　[編集幹事] 辻 和彦
[編　集] 小野嘉之　西尾成子　坂東昌子
　　　　 兵頭俊夫　米谷民明　笠　耐

朝倉書店

まえがき

　われわれの宇宙で繰り広げられる様々な現象は，いくつかの「物理法則」で説明できる．地上の気象も，はるか彼方の星の動きも，すべて「物理法則」で決まる．
　宇宙は，「物理法則」で運営されている．
　この事実は，ビッグバン以来 (ビッグバン自体も含めて) しばしも休まず続いてきたものであり，これからも変わらず続くだろう．
　その「物理法則」が実は，えも言えぬほどに美しい．筆者は半世紀を超える長きにわたって，物理を学び，研究を進めてきたが，「物理法則」を知れば知るほど，これほど美しいものはこの世にない，と思うようになった．この「美しきもの」を一人でも多くの人に知ってほしい，そう考えたのが本事典編纂のそもそもの動機である．
　その美しきものを伝える道程で，法則の名前や物理の内容をいきなり提示するのは無粋だろう．本事典では，「法則」に関与した「人物」を窓口にする．人物の名前で引いていただいて，その項目に「人物像」と「法則」の両方を記述する．宇宙の根幹になっている法則も，人間が発見したり発明したりしなければ，人類の財産にはならないからだ．しかし，単なる『人名事典』として「人物像」に終始するのではなく，むしろ「法則」の部分に力点を置いた．『人名から引く物理法則事典』，それが本書の実体である．

　この世には，物理法則の数は幾千とあり，携わった物理学者の数も幾千，幾万．だからそれらを網羅的に，一冊の事典に収録することは不可能だ．必然的に「取捨選択」の作業が必要になる．総編集者と編集幹事に，6名の編集委員を合わせて，総勢8名でこの作業を進めた．まず1000項目以上を拾い出し，議論の末に8名全員による投票を実行し，得票の多い順にほぼ1/3にあたる358項目を採用した．編集委員の合意として，「面白くて重要」と判断した項目が選ばれた．もちろん，偉い順に選んだわけではない．もともと，誰かが他の誰かより偉い，という順番づけはできない，そういう類の話だ．
　この358項目を，上記の編集委員8名を含む37名で分担して執筆した．
　内容的には，非専門家にも十分理解していただける水準での執筆を目指した．とはいえ，理論的・科学史的な正確性は決して損なわれないように配慮して編集を行なった．その意味で，専門家の参照にも十分堪えうる書籍であると自負している．
　具体的な進め方として，37名が執筆した358項目の原稿すべてに関して，8名の編集委員一人ひとりが独立に査読し，その結果をもとに意見を交わし，執筆者に原稿改訂を依頼するという過程を踏んだ．
　編集委員でさえ「こんな話，知らなかった」という隠れたエピソードも掘り出さ

れている．37名がそれぞれに書いた原稿を読み通した朝倉書店の担当者が，「読んでいて楽しく，新しいことを沢山知ることができた」と言ってくれた．総編集者としては，何にも替えがたい褒め言葉だと，勝手に大喜びした．

　この事典を前に腕まくりして「さぁ，最初から最後まで読み尽くすぞ」と構えるのも一つの手だろう．あるいは，休日にソファーに横たわったり，就寝前にナイトキャップを楽しんだりしながら，という風景もいい．好きなときに，好きなところから，好きなだけ読める．それが，事典の醍醐味だ．一つの項目を読んで，「そう言えば，あれはどうなっているのだろう」と別の項目に飛んで読むのも楽しい．

　どの家庭にも蔵書として一冊．娘や息子が，楽しみながら読んで実際の知識が得られる．忙しいお母さんが仕事の合間に，女性科学者たちの項目を読んで意を強くする．じっくり時間を取れないお父さんも，チラチラと読んで，仲間内で「物知り」といわれるようになる．

　どの中学や高校の図書室にも，一冊といわず数冊．さらに，推薦図書としても選定してもらえるとうれしい．「リケ女」や「リケ男」の生徒たちが，こぞって読む．実のところ，理科好きか否かは関係なく，科学史から世界の歴史の流れも読める，というオールラウンドなところが売りだ．理科教師の方々は，授業のタネ本として活用できる．

　どの大学の図書館にも数冊．理系学生にとっても文系学生にとっても，重要な知識の宝庫である．

　どの会社にも何冊か．商談の際に，クライアントとの話題が豊富になるだろう．

　どの高齢者施設にも何冊か．多忙な人生を送ってきた人たちが，憩いのひとときに，物理法則に思いを馳せる．

　そしてもちろん，多くの記者，編集者，物書きさんや物理学者たちも，仕事上の必須アイテムとして，各々一冊．

　「いつもあなたの傍にこの事典」がキーワード．

　贈り物としてもおしゃれだ．あの子の進学祝いに，あの若人の就職祝いに，あの頑張り屋の転勤祝いに，あのベテランの昇進祝いに，あの重鎮の退職祝いに．

　「物理法則」の美しさに酔いしれていただく．そのためのお手伝いを，この事典を通してできたらいいな．それが編集委員一同の願いである．

2015年紅葉の季節に

総編集者　米沢富美子

【編集委員】

[総編集]

米沢富美子（よねざわふみこ）　慶應義塾大学名誉教授

[編集幹事]

辻 和彦（つじかずひこ）　慶應義塾大学名誉教授

小野嘉之（おのよしゆき）　東邦大学名誉教授
西尾成子（にしおしげこ）　日本大学名誉教授
坂東昌子（ばんどうまさこ）　愛知大学名誉教授
兵頭俊夫（ひょうどうとしお）　東京大学名誉教授・高エネルギー加速器研究機構物質構造科学研究所特定教授
米谷民明（よねたにたみあき）　東京大学名誉教授・放送大学客員教授
笠 耐（りゅうたえ）　前 上智大学

【執筆者】 (五十音順)

右近修治（うこんしゅうじ）　東京都市大学共通教育部
海老澤丕道（えびさわひろみち）　東北大学名誉教授
江里口良治（えりぐちよしはる）　東京大学名誉教授
岡 朋治（おかともはる）　慶應義塾大学理工学部
小川眞里子（おがわまりこ）　三重大学名誉教授
小野嘉之（おのよしゆき）　東邦大学名誉教授
尾又一実（おまたかずみ）　国立国際医療研究センター臨床研究センター
加賀山朋子（かがやまともこ）　大阪大学大学院基礎工学研究科
川合眞紀（かわいまき）　東京大学大学院新領域創成科学研究科
川島慶子（かわしまけいこ）　名古屋工業大学大学院工学研究科
川村 光（かわむらひかる）　大阪大学大学院理学研究科
川村嘉春（かわむらよしはる）　信州大学学術研究院 (理学系)
小出常晴（こいでつねはる）　前 高エネルギー加速器研究機構物質構造科学研究所
今野宏之（こんのひろゆき）　別府大学名誉教授

執筆者一覧

佐々田博之（ささだひろゆき）	慶應義塾大学理工学部
清水清孝（しみずきよたか）	上智大学名誉教授
多尾清子（たおきよこ）	前 関西医科大学
高安美佐子（たかやすみさこ）	東京工業大学総合理工学研究科
髙山 健（たかやまけん）	高エネルギー加速器研究機構加速器研究施設
田島節子（たじませつこ）	大阪大学大学院理学研究科
田中美栄子（たなかみえこ）	鳥取大学大学院工学研究科
辻 和彦（つじかずひこ）	慶應義塾大学名誉教授
富永靖徳（とみながやすのり）	お茶の水女子大学名誉教授
長尾辰哉（ながおたつや）	群馬大学大学院工学府
永平幸雄（ながひらゆきお）	大阪経済法科大学 21 世紀社会研究所
並木雅俊（なみきまさとし）	高千穂大学人間科学部
西尾成子（にしおしげこ）	日本大学名誉教授
坂東昌子（ばんどうまさこ）	愛知大学名誉教授
兵頭俊夫（ひょうどうとしお）	高エネルギー加速器研究機構物質構造科学研究所
藤原 進（ふじわらすすむ）	京都工芸繊維大学材料化学系
細谷曉夫（ほそやあきお）	東京工業大学名誉教授
松尾由賀利（まつおゆかり）	法政大学理工学部
森 弘之（もりひろゆき）	首都大学東京大学院理工学研究科
結城千代子（ゆうきちよこ）	物理教育著作家
米沢富美子（よねざわふみこ）	慶應義塾大学名誉教授
米谷民明（よねやたみあき）	東京大学名誉教授
笠 耐（りゅうたえ）	前 上智大学

総合目次

【ア】

アインシュタイン，A. 1
アヴォガドロ，A. 4
アッベ，E. 5
アニェージ，M. G. 6
アブリコソフ，A. A. → ギンツブルク
アマガ，E. 7
アリストテレス 8
アルヴェーン，H. 10
アルキメデス 11
アレニウス，S. 13
アレン，F. E. 15
アワーバック，C. 16
アンダーソン，C. D. 17
アンダーソン，P. W. 18
アンペール，A. M. 20
飯島澄男 21
石原　純 23
ウー，C. S.（呉　健雄）........... 24
ヴァン・ヴレック，J. H. 26
ヴァン・デ・グラーフ，R. 27
ウィグナー，E. P. 28
ウィーデマン，G. 30
ウィーナー，N. 31
ウィルソン，K. 32
ウィルソン，C. 34
ウィルソン，R. W. 35
ウィルチェック，F. → グロス
ウィーン，W. 36
ヴェネツィアーノ，G. 37
ウェーバー，W. E. 38
ヴォルタ，A. 39
ウォルトン，E. → コッククロフト
内山龍雄 40
ウーレンベック，G. E. 41
エアトン，H. 42
江崎玲於奈 43

エディソン，T. A. 45
エディントン，A. S. 47
エトヴェシュ，L. 48
エバルト，P. P. 49
エルステッド，H. C. 50
エルミート，C. 51
エーレンフェスト，P. 52
オイラー，L. 53
岡崎恒子 55
オテルマ，L. 56
オーム，G. S. 57
オングストローム，A. 58
オンサーガー，L. 59

【カ】

カー，J. 61
ガイガー，H. 62
ガイスラー，J. H. W. 63
ガウス，C. F. 64
郭　守敬 66
梶田隆章 → 小柴昌俊
カシミール，H. 67
カピッツァ，P. 68
ガボール，D. 69
カマリング＝オネス，H. 71
ガモフ，G. 72
ガリレイ，G. 73
ガルヴァーニ，L. 75
カルノー，S. 76
カルマン，T. 76
川崎恭治 79
菊池正士 81
ギブズ，J. W. 82
キャヴェンディッシュ，H. 84
キャノン，A. J. 85
キュリー，P. 86
キュリー，M. 87

キルヒホッフ, G. R.	89
ギンツブルク, V. L.	91
クイン, H.	93
グース, A. H.	94
クーパー, L. N. → バーディーン	
久保亮五	95
クライン, O. → 仁科芳雄	
クラウジウス, R. J. E.	97
グラショウ, S. → ワインバーグ	
クラペイロン, E. → クラウジウス	
クラマース, H. A.	99
クリック, F. → フランクリン, R.	
グリーン, G.	100
グレイ, L. H.	102
グロス, D.	103
黒田チカ	105
クーロン, C. A.	106
クント, A.	107
ゲイ=リュサック, J. L.	108
ゲッパート=メイヤー, M.	110
ケプラー, J.	112
ケルヴィン卿 (トムソン, W.)	114
ゲルマン, M.	116
コーエン=タヌジ, C.	118
コーシー, A. L.	119
小柴昌俊	121
コッククロフト, J. D.	123
小林 誠	124
コペルニクス, N.	125
コリオリ, G. G.	127
コワレフスカヤ, S.	128
近藤 淳	129
コンプトン, A.	131

【サ】

坂田昌一	133
佐藤勝彦	134
サハ, M.	135
サバール, F. → ビオ	
サマヴィル, M.	136
サラム, A. → ワインバーグ	
猿橋勝子	137
シェヒトマン, D.	138

ジェルマン, S. M.	140
シーグバーン, K. M.	141
志筑忠雄	142
渋川春海 → 郭 守敬	
シーベルト, R. M.	143
ジーメンス, W.	144
シャノン, C.	145
シュウィンガー, J. → 朝永振一郎	
シュタルク, J.	146
シュテファン, J.	147
シュミット, B. P.	148
シュリーファー, J. → バーディーン	
ジュール, J.	149
シュレーディンガー, E.	150
シュワルツ, J. H.	152
シュワルツ, M.	153
ジョセフソン, B. D.	155
ショックレー, W.	156
ジョリオ=キュリー, I.	157
ジョリオ=キュリー, F.	158
白川英樹	159
ジーンズ, J. H. → レイリー卿	
ステヴィン, S.	161
ストークス, G. G.	162
ストラット, J. W. → レイリー卿	
スネル, W.	163
スモルコフスキー, M. → アインシュタイン	
スレイター, J. C.	164
関 孝和	165
セグレ, E.	166
ゼーベック, T.	167
ゼーマン, P.	168
セルシウス, A.	169
ゾンマーフェルト, A.	170

【タ】

ダイソン, F.	173
タウンズ, C. H.	174
タウンゼント, J. S. E.	175
高橋秀俊	176
タッケ, I.	177
タム, I. Y. → チェレンコフ	
ダランベール, J. L. R.	179

丹下ウメ	180
チェレンコフ，P. A.	181
チェンバレン，O. → セグレ	
チャドウィック，J.	182
チャンドラセカール，S.	183
デイヴィソン，C. J.	185
ディッケ，R. H.	186
テイラー，J.	187
ディラック，P.	188
ティンダル，J.	190
デカルト，R.	191
テスラ，N.	193
デバイ，P. J. W.	194
デモクリトス	196
デュ・シャトレ，É.	197
デュロン，P. L.	198
デュワー，J.	199
寺田寅彦	200
デルブリュック，M. L. H.	201
ド・ジェンヌ，P. G.	202
ド・ジッター，W.	204
戸田盛和	205
戸塚洋二 → 小柴昌俊	
ドップラー，J. C.	206
外村 彰	207
ド・ハース，W. J.	209
トフーフト，G.	210
ド・ブロイ，L. V. P. R.	211
トムソン，W. → ケルヴィン卿	
トムソン，G. P.	212
トムソン，J. J.	213
朝永振一郎	215
トリチェリ，E.	217
ドルーデ，P. K. L.	218
ドルトン，J.	219

【ナ】

ナイチンゲール，F.	220
ナヴィエ，C. L. → ストークス	
長岡半太郎	222
中村修二	223
中谷宇吉郎	225
南部陽一郎	226

西澤潤一	228
西島和彦	230
仁科芳雄	232
ニュートン，I.	234
ネーター，A. E.	237
ネール，L.	238
ネルンスト，W.	239
ノイマン，F. E.	241

【ハ】

パイエルス，R. E.	243
ハイサム，I.	244
ハイゼンベルク，W.	245
ハイトラー，W.	247
パウリ，W. E.	248
ハーシェル，W. → ハーシェル，C. L.	
ハーシェル，C. L.	250
パスカル，B.	251
パーセル，E. M.	252
バッシ，L.	253
パッシェン，F.	254
ハッブル，E. P.	255
バーディーン，J.	257
ハートリー，D. R.	259
バーネル，J.	260
バーバー，H. J.	262
ハバード，J.	263
バービッジ，M.	264
ハミルトン，W. R.	265
林 忠四郎	266
バルマー，J. J.	268
ビオ，J. B.	269
ヒッグス，P.	270
ピタゴラス	272
ヒューイッシュ，A.	273
ヒュパティア	275
平賀源内	276
平田森三	277
ヒルベルト，D.	278
ファインマン，R.	279
ファラデー，M.	281
ファン・デル・ワールス，J. D.	283
フィゾー，A. H. L.	285

フェルミ，E.	286
フォック，V. A.	288
フォン・クリッツィング，K.	289
フォン・ノイマン，J.	291
福井謙一	292
フーコー，L.	294
プタハ，M.	295
フック，R.	295
プティ，A. T. → デュロン	
プトレマイオス，C.	297
ブラウン，K. F.	298
ブラウン，R. → アインシュタイン	
フラウンホーファー，J.	299
ブラーエ，T.	300
ブラケット卿 (ブラケット，P.)	301
ブラッグ，W. L.	302
プラトン	304
フラム，E.	305
フランク，I. M. → チェレンコフ	
プランク，M. K. E. L.	306
フランクリン，B.	309
フランクリン，R.	310
フーリエ，J.	312
プリゴジン，I.	314
ブリッジマン，P. W.	315
フリードマン，A. A.	317
ブリユアン，L. N.	318
ブルーノ，G.	320
フレネル，A. J.	321
フレミング，W.	322
フレミング，J. A.	323
フレンケル，Y. I.	324
ブロジェット，K.	325
ブロッホ，F.	327
ブンゼン，R. W.	328
フント，F. H.	329
ヘヴィサイド，O.	331
ベクレル，A. H.	332
ヘス，V.	333
ベッセル，F. W.	334
ベーテ，H. A.	335
ベトノルツ，J. G.	337
ペラン，J. B.	338
ベリー，M. V.	340
ベル，J. S.	341
ヘルツ，G. L.	342
ヘルツ，H. R.	344
ペルティエ，J. C.	345
ベルヌイ，D.	346
ヘルムホルツ，H.	348
ペレー，M.	350
ヘンリー，J.	351
ペンローズ，R.	352
ボーア，N. H. D.	352
ポアソン，S. D.	356
ポアンカレ，J. H.	357
ホイートストン，C.	358
ホイヘンス，C.	359
ホイーラー，J. A.	361
ホイル，F.	362
ボイル，R.	363
ポインティング，J. H.	364
ホーキング，S.	365
ボゴリューボフ，N.	366
ホジキン，D. C.	368
ボース，S. N.	369
ポッケルス，A.	371
ホッパー，G. M.	372
ホフスタッター，R.	373
ボーム，D. J.	374
ポリッツァー，H. D. → グロス	
ポリャコフ，A. M.	375
ポーリング，L. C.	376
ホール，E. H.	377
ボルツマン，L. E.	378
ボルン，M.	380
本多光太郎	381

【マ】

マイケルソン，A. A.	383
マイトナー，L.	384
マオ，H. K. (毛 河光)	387
マクスウェル，J. C.	388
マクミラン，E.	390
益川敏英	392
増本　量	394

マーセット, J.	395	ラングミュア, I. → プロジェット	
マッハ, E.	396	ランジュヴァン, P.	442
松原武生	397	ランダウ, L. D.	443
マーデルング, E.	399	ランドール, L.	445
マヨラナ, E.	400	リー, T. D. (李 政道)	446
マルコーニ, G.	401	リスコフ, B.	447
マルダセナ, J.	402	リチャードソン, O. W.	448
マンデルブロ, B.	403	リチャードソン, L. F.	449
ミッチェル, M.	405	リヒター, B.	450
ミュラー, K. A. → ベドノルツ		リービット, H. S.	451
ミラー, W. H.	406	リフシッツ, E. M.	453
ミリカン, R. A.	407	リーマン, G. F. B.	454
ミンコフスキー, H.	408	リュードベリ, J. R.	455
メスバウアー, R. L.	409	リンデ, A. → グース	
メンデレーエフ, D. I.	410	レイノルズ, O.	456
モット, N. F.	411	レイリー卿 (ストラット, J. W.)	457
モーリー, E. → マイケルソン		レオナルド・ダ・ヴィンチ	458
		レゲット, A. J. → ギンツブルク	
【ヤ】		レッジェ, T.	460
八木秀次	414	レーナルト, P.	461
保井コノ	415	レンツ, H. F. E.	462
ヤン, C. N. (楊 振寧)	416	レントゲン, W. C.	463
ヤング, T.	417	ロビンソン, J.	464
湯浅年子	418	ローラー, H.	465
湯川秀樹	419	ローレンス, E.	466
ユークリッド	421	ローレンツ, H. A.	467
米沢富美子	423	ロンズデール, D. K.	469
【ラ】		【ワ】	
ライネス, F.	425	ワイス, P. E.	471
ライプニッツ, G. W.	426	ワイル, H.	472
ライマン, T.	427	ワインバーグ, S.	473
ラウエ, M. T. F.	428	ワインランド, D.	475
ラヴォアジエ, A. L.	429	ワット, J.	476
ラヴォアジエ, M. A.	430	ワトソン, J. D. → フランクリン, R	
ラグランジュ, J. L.	431		
ラザフォード, E.	433	付録：単位表	478
ラプラス, P. S.	435	付録：周期表	480
ラフリン, R. B.	436	項目執筆者一覧	482
ラマン, C. V.	437	事項索引	484
ラム, W.	439	人名索引	504
ラムザウアー, C.	440	編集委員紹介	526
ラーモア, J.	441		

生年順目次

【14世紀以前】

プタハ，M. [2700 B.C. 頃] 295
ピタゴラス [570B.C.–495B.C.] 272
デモクリトス [460B.C.–370B.C.] 196
プラトン [427B.C.–347B.C.] 304
アリストテレス [384B.C.–322B.C.] 8
ユークリッド [330B.C.–260B.C.] 421
アルキメデス [287B.C.–212B.C.] 11
プトレマイオス，C. [83–168] 297
ヒュパティア [370–415] 275
ハイサム，I. [965–1040] 244
郭 守敬 [1231–1316] 66

【15, 16世紀】

レオナルド・ダ・ヴィンチ [1452–1519]
.... 458
コペルニクス，N. [1473–1543] 125
ブラーエ，T. [1546–1601] 300
ステヴィン，S. [1548–1620] 161
ブルーノ，G. [1548–1600] 320
ガリレイ，G. [1564–1642] 73
ケプラー，J. [1571–1630] 112
スネル，W. [1580–1626] 163
デカルト，R. [1596–1650] 191

【17世紀】

トリチェリ，E. [1608–1647] 217
パスカル，B. [1623–1662] 251
ボイル，R. [1627–1691] 363
ホイヘンス，C. [1629–1695] 359
フック，R. [1635–1703] 295
ニュートン，I. [1642–1727] 234
ライプニッツ，G. W. [1646–1716] .. 426
関 孝和 [?–1708] 165
ベルヌイ，D. [1700–1782] 346

【18世紀前半】

セルシウス，A. [1701–1744] 169
デュ・シャトレ，É. [1706–1749] ... 197
フランクリン，B. [1706–1790] 309
オイラー，L. [1707–1783] 53
バッシ，L. [1711–1778] 253
ダランベール，J. L. R. [1717–1783] 179
アニェージ，M. G. [1718–1799] 6
平賀源内 [1728–1780] 276
キャヴェンディッシュ，H. [1731–1810]
.... 84
クーロン，C. A. [1736–1806] 106
ラグランジュ，J. L. [1736–1813] ... 431
ワット，J. [1736–1819] 476
ガルヴァーニ，L. [1737–1798] 75
ラヴォアジエ，A. L. [1743–1794] ... 429
ヴォルタ，A. [1745–1827] 39
ラプラス，P. S. [1749–1827] 435
ハーシェル，C. L. [1750–1848] 250

【18世紀後半】

フラム，E. [18世紀後半–19世紀前半] . 305
ラヴォアジエ，M. A. [1758–1836] .. 430
志筑忠雄 [1760–1806] 142
ドルトン，J. [1766–1844] 219
フーリエ，J. [1768–1830] 312
マーセット，J. [1769–1858] 395
ゼーベック，T. [1770–1831] 167
ヤング，T. [1773–1829] 417
ビオ，J. B. [1774–1862] 269
アンペール，A. M. [1775–1836] 20
アヴォガドロ，A. [1776–1856] 4
ジェルマン，S. M. [1776–1831] 140
エルステッド，H. C. [1777–1851] ... 50
ガウス，C. F. [1777–1855] 64

生年順目次

ゲイ=リュサック，J. L. [1778–1850] *108*
サマヴィル，M. [1780–1872] *136*
ポアソン，S. D. [1781–1840] *356*
ベッセル，F. W. [1784–1846] *334*
デュロン，P. L. [1785–1838] *198*
ペルティエ，J. C. [1785–1845] *345*
オーム，G. S. [1787–1854] *57*
フラウンホーファー，J. [1787–1826] *299*
フレネル，A. J. [1788–1827] *321*
コーシー，A. L. [1789–1857] *119*
ファラデー，M. [1791–1867] *281*
コリオリ，G. G. [1792–1843] *127*
グリーン，G. [1793–1841] *100*
カルノー，S. [1796–1832] *76*
ヘンリー，J. [1797–1878] *351*
ノイマン，F. E. [1798–1895] *241*

【19 世紀前半】

ミラー，W. H. [1801–1880] *406*
ホイートストン，C. [1802–1875] ... *358*
ドップラー，J. C. [1803–1853] *206*
ウェーバー，W. E. [1804–1891] *38*
レンツ，H. F. E. [1804–1865] *462*
ハミルトン，W. R. [1805–1865] *265*
ブンゼン，R. W. [1811–1899] *328*
オングストローム，A. [1814–1874] .. *58*
ガイスラー，J. H. W. [1814–1879] .. *63*
ジーメンス，W. [1816–1892] *144*
ジュール，J. [1818–1889] *149*
ミッチェル，M. [1818–1889] *405*
ストークス，G. G. [1819–1903] *162*
フィゾー，A. H. L. [1819–1896] *285*
フーコー，L. [1819–1868] *294*
ティンダル，J. [1820–1893] *190*
ナイチンゲール，F. [1820–1910] *220*
ヘルムホルツ，H. [1821–1894] *348*
エルミート，C. [1822–1901] *51*
クラウジウス，R. J. E. [1822–1888] . *97*
カー，J. [1824–1907] *61*
キルヒホッフ，G. R. [1824–1887] ... *89*
ケルヴィン卿 (トムソン，W.) [1824–1907]
.... *114*
バルマー，J. J. [1825–1898] *268*
ウィーデマン，G. [1826–1899] *30*
リーマン，G. F. B. [1826–1866] *454*
マクスウェル，J. C. [1831–1879] ... *388*
メンデレーエフ，D. I. [1834–1907] . *410*
シュテファン，J. [1835–1893] *147*
ファン・デル・ワールス，J. D. [1837–1923]
.... *283*
マッハ，E. [1838–1916] *396*
ギブズ，J. W. [1839–1903] *82*
クント，A. [1839–1894] *107*
アッベ，E. [1840–1905] *5*
アマガ，E. [1841–1915] *7*
デュワー，J. [1842–1923] *199*
レイノルズ，O. [1842–1912] *456*
レイリー卿 (ストラット，J. W.) [1842–1919]
.... *457*
ボルツマン，L. E. [1844–1906] *378*
レントゲン，W. C. [1845–1923] *463*
エディソン，T. A. [1847–1931] *45*
エトヴェシュ，L. [1848–1919] *48*
フレミング，J. A. [1849–1945] *323*
コワレフスカヤ，S. [1850–1891] *128*
ブラウン，K. F. [1850–1918] *298*
ヘヴィサイド，O. [1850–1925] *331*

【19 世紀後半】

ベクレル，A. H. [1852–1908] *332*
ポインティング，J. H. [1852–1914] . *364*
マイケルソン，A. A. [1852–1931] .. *383*
カマリング=オネス，H. [1853–1924] . *71*
ローレンツ，H. A. [1853–1928] *467*
エアトン，H. [1854–1923] *42*
ポアンカレ，J. H. [1854–1912] *357*
リュードベリ，J. R. [1854–1919] ... *455*
ホール，E. H. [1855–1938] *377*
テスラ，N. [1856–1943] *193*
トムソン，J. J. [1856–1940] *213*
フレミング，W. [1857–1911] *322*
ヘルツ，H. R. [1857–1894] *344*

生年順目次

ラーモア，J. [1857–1942] 441
プランク，M. K. E. L. [1858–1947] 306
アレニウス，S. [1859–1927] 13
キュリー，P. [1859–1906] 86
ヒルベルト，D. [1862–1943] 278
ポッケルス，A. [1862–1935] 371
レーナルト，P. [1862–1947] 461
キャノン，A. J. [1863–1941] 85
ドルーデ，P. K. L. [1863–1906] 218
ウィーン，W. [1864–1928] 36
ネルンスト，W. [1864–1941] 239
ミンコフスキー，H. [1864–1909] ... 408
ゼーマン，P. [1865–1943] 168
パッシェン，F. [1865–1947] 254
ワイス，P. E. [1865–1940] 471
長岡半太郎 [1865–1950] 222
キュリー，M. [1867–1934] 87
ゾンマーフェルト，A. [1868–1951] . 170
タウンゼント，J. S. E. [1868–1957] 175
ミリカン，R. A. [1868–1953] 407
リービット，H. S. [1868–1921] 451
ウィルソン，C. [1869–1959] 34
ペラン，J. B. [1870–1942] 338
本多光太郎 [1870–1954] 381
ラザフォード，E. [1871–1937] 433
ド・ジッター，W. [1872–1934] 204
ランジュヴァン，P. [1872–1946] ... 442
丹下ウメ [1873–1955] 180
シュタルク，J. [1874–1957] 146
マルコーニ，G. [1874–1937] 401
ライマン，T. [1874–1954] 427
ド・ハース，W. J. [1878–1960] 209
マイトナー，L. [1878–1968] 384
寺田寅彦 [1878–1935] 200
アインシュタイン，A. [1879–1955] ... 1
ラウエ，M. T. F. [1879–1960] 428
ラムザウアー，C. [1879–1955] 440
リチャードソン，O. W. [1879–1959] 448
エーレンフェスト，P. [1880–1933] .. 52
保井コノ [1880–1971] 415
カルマン，T. [1881–1963] 76

デイヴィソン，C. J. [1881–1958] ... 185
マーデルング，E. [1881–1972] 399
リチャードソン，L. F. [1881–1953] . 449
石原 純 [1881–1947] 23
エディントン，A. S. [1882–1944] ... 47
ガイガー，H. [1882–1945] 62
ネーター，A. E. [1882–1935] 237
ブリッジマン，P. W. [1882–1961] .. 315
ボルン，M. [1882–1970] 380
ヘス，V. [1883–1964] 333
デバイ，P. J. W. [1884–1966] 194
黒田チカ [1884–1968] 105
ボーア，N. H. D. [1885–1962] 352
ワイル，H. [1885–1955] 472
シーグバーン，K. M. [1886–1978] .. 141
八木秀次 [1886–1976] 414
シュレーディンガー，E. [1887–1961] 150
ヘルツ，G. L. [1887–1975] 342
エバルト，P. P. [1888–1985] 49
フリードマン，A. A. [1888–1925] .. 317
ラマン，C. V. [1888–1970] 437
ハッブル，E. P. [1889–1953] 255
ブリユアン，L. N. [1889–1969] 318
ブラッグ，W. L. [1890–1971] 302
仁科芳雄 [1890–1951] 232
チャドウィック，J. [1891–1974] ... 182
コンプトン，A. [1892–1962] 131
トムソン，G. P. [1892–1975] 212
ド・ブロイ，L. [1892–1987] 211
サハ，M. [1893–1956] 135
ウィーナー，N. [1894–1964] 31
カピッツァ，P. [1894–1984] 68
クラマース，H. A. [1894–1952] 99
フレンケル，Y. I. [1894–1952] 324
ボース，S. N. [1894–1974] 369
増本 量 [1895–1987] 394
シーベルト，R. M. [1896–1966] 143
タッケ，I. [1896–1979] 177
フント，F. H. [1896–1997] 329
コッククロフト，J. D. [1897–1967] . 123
ジョリオ=キュリー，I. [1897–1956] . 157

生年順目次

ハートリー，D. R. [1897–1958] 259
ブラケット卿（ブラケット，P.）[1897–1974]
.... 301
ブロジェット，K. [1898–1979] 325
アワーバック，C. [1899–1994] 16
フォック，V. A. [1899–1974] 288
ヴァン・ヴレック，J. H. [1899–1980] 26
ウーレンベック，G. E. [1900–1988] .. 41
ガボール，D. [1900–1979] 69
ジョリオ=キュリー，F. [1900–1958] 158
スレイター，J. C. [1900–1976] 164
パウリ，W. E. [1900–1958] 248
中谷宇吉郎 [1900–1962] 225

【20 世紀】

ハイゼンベルク，W. [1901–1976] ... 245
フェルミ，E. [1901–1954] 286
ポーリング，L. C. [1901–1994] 376
ローレンス，E. [1901–1958] 466
ヴァン・デ・グラーフ，R. [1901–1967] 27
ウィグナー，E. P. [1902–1995] 28
ディラック，P. [1902–1984] 188
菊池正士 [1902–1974] 81
オンサーガー，L. [1903–1976] 59
フォン・ノイマン，J. [1903–1957] .. 291
ロンズデール，D. K. [1903–1971] .. 469
ガモフ，G. [1904–1967] 72
チェレンコフ，P. A. [1904–1990] ... 181
ネール，L. [1904–2000] 238
ハイトラー，W. [1904–1981] 247
アンダーソン，C. D. [1905–1991] ... 17
グレイ，L. H. [1905–1965] 102
セグレ，E. [1905–1989] 166
ブロッホ，F. [1905–1983] 327
モット，N. F. [1905–1996] 411
ゲッパート=メイヤー，M. [1906–1972]
.... 110
デルブリュック，M. L. H. [1906–1981]
.... 201
ベーテ，H. A. [1906–2005] 335
ホッパー，G. M. [1906–1992] 372

マヨラナ，E. [1906–?] 400
平田森三 [1906–1966] 277
朝永振一郎 [1906–1979] 215
パイエルス，R. E. [1907–1995] 243
マクミラン，E. [1907–1991] 390
湯川秀樹 [1907–1981] 419
アルヴェーン，H. [1908–1995] 10
バーディーン，J. [1908–1991] 257
ランダウ，L. D. [1908–1968] 443
カシミール，H. [1909–2000] 67
バーバー，H. J. [1909–1966] 262
ペレー，M. [1909–1975] 350
ボゴリューボフ，N. [1909–1992] ... 366
湯浅年子 [1909–1980] 418
ショックレー，W. [1910–1989] 156
チャンドラセカール，S. [1910–1995] 183
ホジキン，D. C. [1910–1994] 368
ホイーラー，J. A. [1911–2008] 361
坂田昌一 [1911–1970] 133
ウー，C. S. (呉 健雄) [1912–1997] .. 24
パーセル，E. M. [1912–1997] 252
ラム，W. [1913–2008] 439
オテルマ，L. [1915–2001] 56
タウンズ，C. H. [1915–2015] 174
ホイル，F. [1915–2001] 362
ホフスタッター，R. [1915–1990] ... 373
リフシッツ，E. M. [1915–1985] 453
高橋秀俊 [1915–1985] 176
ギンツブルク，V. L. [1916–2009] ... 91
シャノン，C. [1916–2001] 145
ディッケ，R. H. [1916–1997] 186
内山龍雄 [1916–1990] 40
プリゴジン，I. [1917–2003] 314
ボーム，D. J. [1917–1992] 374
戸田盛和 [1917–2010] 205
ファインマン，R. [1918–1988] 279
ライネス，F. [1918–1998] 425
福井謙一 [1918–1998] 292
バービッジ，M. [1919–] 264
ロビンソン，J. [1919–1985] 464
フランクリン，R. [1920–1958] 310

生年順目次

久保亮五 [1920–1995] 95
林　忠四郎 [1920–2010] 266
猿橋勝子 [1920–2007] 137
南部陽一郎 [1921–2015] 226
松原武生 [1921–2014] 397
ヤン，C. N.（楊 振寧）[1922–] 416
アンダーソン，P. W. [1923–] 18
ダイソン，F. [1923–] 173
ヒューイッシュ，A. [1924–] 273
マンデルブロ，B. [1924–2010] 403
江崎玲於奈 [1925–] 43
リー，T. D.（李 政道）[1926–] 446
小柴昌俊 [1926–] 121
西島和彦 [1926–2009] 230
西澤潤一 [1926–] 228
ベル，J. S. [1928–1990] 341
ゲルマン，M. [1929–] 116
ヒグス，P. [1929–] 270
メスバウアー，R. L. [1929–2011] ... 409
川崎恭治 [1930–] 79
近藤　淳 [1930–] 129
ハバード，J. [1931–1980] 263
ペンローズ，R. [1931–] 352
リヒター，B. [1931–] 450
レッジェ，T. [1931–] 460
アレン，F. E. [1932–] 15
シュワルツ，M. [1932–2006] 153
ド・ジェンヌ，P. G. [1932–2007] ... 202
コーエン゠タヌジ，C. [1933–] 118
ローラー，H. [1933–2013] 465
ワインバーグ，S. [1933–] 473
岡崎恒子 [1933–] 55

ウィルソン，K. [1936–2013] 32
ウィルソン，R. W. [1936–] 35
白川英樹 [1936–] 159
米沢富美子 [1938-] 423
リスコフ，B. [1939–] 447
飯島澄男 [1939–] 21
ジョセフソン，B. D. [1940–] 155
益川敏英 [1940–] 392
グロス，D. [1941–] 103
シェヒトマン，D. [1941–] 138
シュワルツ，J. H. [1941–] 152
テイラー，J. [1941–] 187
ベリー，M. V. [1941–] 340
マオ，H. K.（毛 河光）[1941–] 387
ホーキング，S. [1942–] 365
ヴェネツィアーノ，G. [1942–] 37
外村　彰 [1942–2012] 207
クイン，H. [1943–] 93
バーネル，J. [1943–] 260
フォン・クリッツィング，K. [1943–] 289
ワインランド，D. [1944–] 475
小林　誠 [1944–] 124
佐藤勝彦 [1945–] 134
ポリャコフ，A. M. [1945–] 375
トフーフト，G. [1946–] 210
グース，A. H. [1947–] 94
ベトノルツ，J. G. [1950–] 337
ラフリン，R. B. [1950–] 436
中村修二 [1954–] 223
ランドール，L. [1962–] 445
シュミット，B. P. [1967–] 148
マルダセナ，J. [1968–] 402

アインシュタイン，アルバート
Einstein, Albert
1879–1955

現代物理学を切り開いた知的巨人

ドイツ生まれ．幅広い分野にわたる数々の偉業により現代物理学の基礎を築いた．

人物・経歴　少年時代から独歩独創の人．16歳でスイス連邦工科大学 (ETH) の入学試験を受け失敗．翌年，再受験し入学した．同級に最初の妻になる M. マリッチ，教師に後に特殊相対性理論の幾何学的定式化に貢献した数学者 H. ミンコフスキー*がいる．望みに反し卒業後大学には残れず，同級の親友 M. グロスマンの助けでベルンの特許局に就職．1908年まで技術専門職．以後，母校を含む各地の大学に招聘，1914年ベルリン大学カイザー・ヴィルヘルム研究所所長に就任．1922年，日本への船旅の途次，1921年度のノーベル賞受賞の報を受ける．1933年，アメリカのプリンストン高等研究所教授に就任．以来，ドイツの地を再度踏むことはなかった．ナチスを恐れ，1939年同僚物理学者たちの説得により原子爆弾の開発をルーズベルト大統領に進言する書簡に署名したが，実際の原爆の開発には関わっていない．広島の悲劇を聞き「オー，悲しい，悲しい」と2語を発したきり，長時間口をきけなかったという．晩年は核兵器の廃絶や恒久的世界平和の理想の実現に向けて積極的に発言した．

特殊相対性理論　アインシュタインは19世紀後半に確立した電磁場の理論に関連し，16歳の頃「光を光の速度で追いかけて観察したとき，光の波は止まって見えるのか」という疑問を持った．電磁場の理論によれば光速度 ($c = 299792458$ ms^{-1}) は真空中では定数だ．この定数は，当時，エーテルとよばれる宇宙全体で真空に充満した電磁波を伝播させる一種の物質に対する速度だと考えられていた．10年後，光を追いかけても光速度は常に同じ (光速不変性) であり，光速度は速度の限界であるとの結論に達した (1905年)．電磁場の理解には，経験に矛盾しない光速不変性を原理とすべきでエーテルは必要ないと宣言した．数式的に J. H. ポアンカレ*や H. A. ローレンツ*も近いところに到達したが，時間の概念を根本から組み立て直すアインシュタインの明解で直裁的な定式化が世に衝撃を与え，I. ニュートン*の絶対時間空間を乗り越えた新たな枠組みの構築に決定的な役割を果たした．

彼は，まず光速不変性を拠り所に慣性系の間での時間と位置座標の変換法則 (ローレンツ変換，ポアンカレの命名) を導いた．

$$x' = \frac{x - vt}{\sqrt{1 - (v/c)^2}}, \quad y' = y, \quad z' = z,$$
$$t' = \frac{t - (v/c^2)x}{\sqrt{1 - (v/c)^2}} \qquad (1)$$

ただし，$(x, y, z, t), (x', y', z', t')$ が2慣性系の空間時間座標，v は x 方向の相対速度である．同じ t でも t' が x の値によって変わり，離れた位置で同時刻かどうかは慣性系〔⇒ニュートン〕ごとに違う．ニュートン力学の変換 (ガリレイ変換) $x' = x - vt, t' = t$ は $c \to \infty$ の極限に対応する．物体に固定した時計が示す時間 τ (固有時間) と慣性系の時間 t を微小間隔で比較すると $d\tau = \sqrt{1 - (v/c)^2}\, dt$ だ (v: 物体の運動速度)．物体の長さも，どの慣性系で測るかに依存して変化し，運動方向に $\sqrt{1 - (v/c)^2}$ の割合で収縮する (ローレンツ–フィッツジェラルド収縮)．エネルギーと運動量は，t と x がローレンツ変換で混じり合うように，慣性系の変更で互いに変換しあう．同様に，電場と磁場も混じりあうことにより電磁場と物体の運動の基本法則が慣性系によらないという特殊相対性原理が成り立つ．

ニュートン力学との違いは運動速度 v が c に近づくにつれ限りなく大きくなる．質量

m の物体のエネルギーは $E = \frac{mc^2}{\sqrt{1-(v/c)^2}}$. 速度が 0 のときのエネルギー mc^2 を静止エネルギーという．1 mg の水滴の静止エネルギーをニュートン力学のエネルギーに換算すると，2000 トンの物体が音速で運動するときのエネルギーに相当する．$v \to c$ で $E \to \infty$ だから確かに c が速度の限界である．また，$v = c$ は質量が 0 のときのみ可能だ (後に触れる光子がその例)．原子中での電子の速度は最大でも c の数十%程度である．素粒子の世界を調べる高エネルギー加速器では光速度に限りなく近い速度が実現されている．

一般相対性理論　特殊相対性理論では観測者の座標系を慣性系として法則の不変性が確立したが，地球は自転・公転をしていて慣性系ではない．特殊相対性理論は観測者の立場を制限している点で不十分だし，重力を考慮に入れていない点でも不満足である．これを乗り越え，重力を含み物理法則の不変性を任意の座標系にまで拡張したのが一般相対性理論である．一般相対性理論は次の二つの原理 (合わせて一般相対性原理) に基づく．

①等価原理：慣性質量と重力質量の等価性のため，重力は局所的 (時空の狭い領域では) には，加速座標系への変換により消去できる．

②一般座標不変性：任意の座標系で物理法則は同じである．法則を等式で表したとき，等式の両辺が任意の座標系への変換で同じ仕方で (線形に) 変換するという意味で，一般座標共変性といってもよい．

数学的には，特殊相対性理論の時間空間 (ミンコフスキー時空) が拡張され，リーマン幾何学で記述される「曲がった」時空になる．リーマン幾何学では，時空の性質を次に定義する計量テンソルとよばれる場 $g_{\mu\nu}(x)$ により記述する．時空の微小に離れた 2 点 $x^\mu, x^\mu + dx^\mu$ ($\mu = 1, 2, 3$ が空間座標，$\mu = 0$, $x^0 = ct$) 間の不変距離 ds を $ds^2 = g_{\mu\nu}(x)dx^\mu dx^\nu$ と表す (ピタゴラスの定理の拡張，同じ $\mu, \nu, \cdots$ が上下の対で現れたとき 4 成分について和をとるが和記号を省略)．ミンコフスキー時空は $g_{ii} = 1$ ($i = 1, 2, 3$), $g_{00} = -1$ (他成分は 0) に対応する (ローレンツ変換はこの形を変えない座標変換)．$g_{\mu\nu}$ のミンコフスキー時空からのずれが重力を表すので，計量テンソルが重力場である．$g_{\mu\nu}$ は次の重力場の方程式を満たす (G：重力定数)．

$$R_{\mu\nu} - \frac{1}{2}g_{\mu\nu}R = -\frac{8\pi G}{c^4}T_{\mu\nu} \quad (2)$$

$T_{\mu\nu} = T_{\nu\mu}$ は時空中でのエネルギーと運動量の分布を表すエネルギー運動量テンソル，$R_{\mu\nu} = R_{\nu\mu}, R = g^{\mu\nu}R_{\mu\nu}$ はリッチテンソル，リッチスカラーとよばれる $g_{\mu\nu}$ の 2 階微分までを用いて書ける量で，時空の歪み具合 (曲率) を表す．質量が M で有限の領域に静止した物体があるとき，その外側の時空は長さの次元を持つ量 $R_s = \frac{2MG}{c^2}$ (シュワルツシルト半径) で特徴づけられ，中心からの距離 r との比 R_s/r が 1 に近づくほど時空の曲がりが大きい (地球と太陽では，R_s はそれぞれ 8.87 mm, 2.95 km で $R_s/r \ll 1$)．太陽表面を光がかすめて通ると時空の歪みのため光線は内側に角度 1.75″(秒) だけ曲がる．これは 1919 年に皆既日食の際に確かめられた〔⇒エディントン〕．

一般相対性理論は，時間空間と物質の関係について全く新しい考え方を物理学に持ち込み，時空の幾何学と物理学を結びつけた．宇宙の大局的構造の理解に一般相対性理論は欠かせない．また，現在では日常生活でも欠かせない道具になっている GPS ナビゲーションを実用的な精度に保つには，重力による時空の歪みによって時間の進みが遅れる効果を考慮する必要がある．アインシュタインはさらに重力が波として伝わる重力波の存在を導いた (1918 年)．重力波の間接的証拠は知られているが，まだ直

接には検出されていない．直接検証を目指す大規模な観測計画が日本でも進んでいる．なお，光が強い重力に引かれて内部に閉じ込められるブラックホールは，$r < R_s$ の領域が出現すると起こる現象だ．ブラックホール表面ではその外側に比べて時間の進みが無限に遅れる．銀河系の中心にはブラックホールが存在すると考えられている．

統計物理と量子論　アインシュタインが大学卒業後に最初に取り組んだのは，原子・分子の実在を立証しようとする研究だった．関連した研究は L. E. ボルツマン*や J. W. ギブズ*らが展開していたが，彼は独立に統計力学の基礎を整備した．この研究の主要部は，1905 年にグロスマンへの献辞つきで提出された博士論文にまとめられた．その帰結の一つがブラウン運動の理論だ．花粉の中に含まれる微粒子 (半径 10^{-4} cm 程度) が溶液中で見せるジグザグ運動で，イギリスの植物学者 R. ブラウン (Brown, Robert; 1773–1858) が発見した現象だ．アインシュタインは，熱運動をしている分子と微粒子との衝突が原因と考え，時間間隔 t での微粒子の 1 次元方向の移動距離 x の 2 乗の平均値を

$$\langle x^2 \rangle = \frac{RT}{3\pi \eta a N_A} t \tag{3}$$

と与えた (a：微粒子の半径，R：気体定数，T：絶対温度，η：溶液の粘性係数)．微粒子運動を顕微鏡で観察すればアヴォガドロ数 N_A が求まる〔⇒ペラン〕．結果は，他の方法とよく一致する．関係式 (3) は後に揺動散逸定理とよばれる一般式の最初の例となった．なお，同様な研究はほぼ同時期に M. スモルコフスキー (Smoluchowski, Marian; 1872–1917) によっても成されている．

さらに 1905 年の最初の論文で黒体放射の問題を取り上げ，古典的な電磁場理論の困難を論じた．M. K. E. L. プランク*の放射公式は振動数 ν が高い領域で古典論から大きくずれる (ウィーン*の公式)．これは放射が波ではなく，$h\nu$ (h：プランク定数) のエネルギーを持つ粒子 (後に光子と名づけられる) からなる理想気体とすれば説明がつくことを発見し，波では理解し難いが粒子とすれば容易に説明できる現象を指摘した．その代表が金属に紫外線のような高振動数の光を当てると，電子が飛び出す光電効果である．金属中で電子と光子が衝突したとすると，飛び出す電子の最大エネルギーは $E = h\nu - W$ で決まる．W は電子が金属の外に飛び出すのに費やされる仕事量 (仕事関数) で金属ごとに決まる定数だ．これはアメリカの R. A. ミリカン*の実験で確かめられた．$h\nu < W$ なら電子は飛び出せないから，光電効果は十分に高い振動数でなければ起きない．また，光子の運動量の大きさと波長 λ の関係 $p = E/c = h/\lambda$ が得られるが，これも A. コンプトン*の実験により確かめられた．アインシュタインは相対論よりも「100 倍も量子論について考えた」と友人のある物理学者に語ったという．事実，他にも比熱の理論，遷移確率の導入，ボース–アインシュタイン凝縮〔⇒ボース〕など画期的な仕事があげられる．

彼の 20〜30 歳代の仕事の特徴は，光量子仮説と光速不変の原理に象徴される際立った独創性と大胆さにある．一方，40 歳代後半以降の仕事には彼の信念が色濃く反映している．量子力学の完成後，確率解釈の面から量子力学が不完全だとの立場を貫いた．1935 年に B. ポドルスキー，N. ローゼンとの論文で提唱した思考実験 (EPR パラドックス〔⇒ベル〕) は，この立場を表明したものだ．よく引かれる言葉「神はサイコロを振らない」にこれが現れている．後半生から晩年にかけては，電磁場と重力場を独立に扱う一般相対性理論の不満足さを解消しようと，量子力学に基づく進展には背を向け，最後まで統一場の理論〔⇒ワイル〕を独自の幾何学的立場から追求しつつ生涯を閉じた．

アヴォガドロ，アメデオ
Avogadro, Amedeo
1776–1856

アヴォガドロの法則，アヴォガドロ定数

イタリア・トリノ生まれの物理学者，化学者．アヴォガドロの法則「同温・同圧・同体積の気体には，その種類によらず，同数の分子が含まれる」．彼にちなんで1モルの物質量に含まれる分子の数をアヴォガドロ定数という．

経歴　アヴォガドロは，11世紀から代々ローマ教会の法律顧問を務めた家に生まれた．このため，アヴォガドロも法曹界に入るべく教育を受け，法律事務所を開き，そこで弁護士として務めた．1800年頃から独自に物理学と数学の研究を始めた．1803年に電気工学の分野の論文を発表し，1809年に高校で物理と数学の教師となった．アヴォガドロの仮説は，この教師時代の業績である．1820年にトリノ大学に数理物理学の講座が作られ，アヴォガドロはその初代教授となった．1822年から1834年までは政治的問題で数理物理学講座が閉鎖されたため弁護士を営みながら研究を続け，1834年に再開されると再び教授となり，1850年までその職にあった．

近代原子論の歩み　イギリスのJ.ドルトン*の『化学哲学の新体系』(1808年) により，各々の元素は各々の原子から成り，各元素の原子量 (相対原子質量) の違いにより区別されるという近代原子論 (化学的原子論) が確立された．1806年に，フランス・ソルボンヌ大学のJ. L. ゲイ＝リュサック*が，実験により，反応気体の体積比が簡単な整数比となることを発見した．例えば，2体積の水素が1体積の酸素と反応して2体積の水蒸気となる．つまり体積比は，水素：酸素：水蒸気は2：1：2となる．これを気体反応の法則 (1805年) という．

単体の気体は1個のアトム (原子) からできているとするドルトンの考えは，ゲイ＝リュサックの気体反応の法則と相容れなかった．例えば，一酸化炭素と酸素から二酸化炭素が生じる反応は，ドルトンの考えに従うと1体積の一酸化炭素と1体積の酸素から1体積の二酸化炭素となるはずであるが，実際には気体反応の法則に従って，一酸化炭素：酸素：二酸化炭素の体積比は2：1：2となる．水素と酸素の反応から水蒸気が生じる反応でも，ドルトンの考えでは1体積の水素原子と0.5体積の酸素原子が反応することになり辻褄が合わない．このような反応が数多くあることがわかってきた．

「分子」概念の萌芽　1811年，アヴォガドロは，このゲイ＝リュサックの結論 (気体反応の法則)，理想気体の状態方程式，それにドルトンの原子論を基礎にして，「同温・同圧・同体積の気体には，その種類によらず，同数のモレキュールが含まれる」という仮説を唱えた．当時，モレキュールは単に粒子を意味する言葉であった．アヴォガドロの仮説は，水素原子と水素モレキュールとを区別することによって，初めて意味を持つ．アヴォガドロの仮説は，提唱されてから半世紀ほど経ってやっと法則として認められたが，モレキュールとドルトンのアトムとの関係をはっきりと定義していなかったためでもある．現在のように，モレキュールをいくつかの原子が結合した分子であると理解されるようになったのは1860年にカールスルーエで開かれた国際化学者会議以後のことである．この会議で，イタリアの化学者S.カニッツァロは，アヴォガドロの仮説が原子量と分子量を明確に議論するための基本法則であることを強調し，自らの論文を配布し，議論が進んだ．このことがきっかけとなって広く認められるようになった．残念ながら，アヴォガドロはすでに亡くなっていた．

アヴォガドロ定数　アヴォガドロが予

測した分子の数，すなわちアヴォガドロ定数 N_A が一体どのくらいの値なのかはわからなかった．この値を最初に見積もったのは，オーストリアの化学者 J. J. ロシュミットである．彼は，1865 年，気体分子運動論の考察から 1 cm³ 中の気体分子数 8.66×10^{17} を導いた (現在の値の 1/30 程度)．このため，現在でも，アヴォガドロ定数のことをロシュミット数 L ともいう (ただし L は 0°C・1 気圧における 1 cm³ の気体分子中の分子数で表示する)．

A. アインシュタイン*は，1905 年 5 月，ブラウン運動を熱の分子運動論で説明する理論を提出した．この理論を実験的に証明し，N_A の値を測定したのは，フランスの J. B. ペラン*である．ペランは，1908 年から 4 年をかけて精密実験を行い，アインシュタインの理論の正しさを示し，それにより $N_A = 6.8 \times 10^{23}$ mol^{-1} を求めた．

シカゴ大学の R. A. ミリカン*は，1910 年，ファラデー定数 F との関係 $F = eN_A$ より，N_A を求めた．ここで e は電気素量である．

現在の N_A の定義は「12g の ^{12}C に含まれる ^{12}C の数」であるが，その値は，単結晶シリコンの格子定数 a，密度 ρ，平均モル質量 M の絶対測定から，

$$N_A = \frac{8(M/\rho)}{a^3}$$

で求められる．a は，レーザー干渉計を組み合わせた X 線干渉計での絶対測定から得る．この方法を X 線結晶密度法という．現在では，$N_A = 6.02214129(27) \times 10^{23}$ mol^{-1} で，その相対不確かさは 4×10^{-8} という正確さである．

アヴォガドロ定数 N_A をあと 1 桁ほど正確に求めることが可能となれば，質量の単位を「質量 1 kg は，$1000 \times N_A/12$ 個の炭素原子 ^{12}C の質量に等しい」とすることで，現在のキログラム原器による定義より精度がよくなり，再定義の可能性がでてくる．

アッベ，エルンスト
Abbe, Ernst
1840–1905

光学機器の理論的基礎を築いた

ドイツの物理学者．光学理論に基づく光学機器製造を，C. F. ツァイスと協同して発展させた．

経　歴　アッベは，1840 年，貧しい紡績工員の父の下に生まれた．奨学金の援助を受けてギムナジウムを卒業し，イェーナ大学に入学，21 歳でゲッティンゲン大学の博士号を取得した．23 歳のとき，イェーナ大学の数学，物理学，天文学の講師となり，ここでツァイスと出会う．ツァイスは 1846 年以来，光学器械の製造所を営み，イェーナ大学の「大学付機械師」であった．2 人は，学生実験器具製作の相談をしている中で，交流を深めていった．

当時，レンズ製作における試行錯誤的作業からの脱却が課題となっており，ツァイスは科学的根拠に基づく体系的製造法の開発を切望していた．アッベはこの要請に応えて，顕微鏡製作における光学理論研究を自らの研究課題としていった．

顕微鏡の分解能　望遠鏡では発光体を観測するが，顕微鏡の場合には，透過光を観測する．顕微鏡の試料は微細な物質であるため，回折光が生じる．この回折を考慮に入れると，顕微鏡の解像度は，照射光の波長に比例し，対物レンズの開口数 (以下の式) に反比例する．n はレンズと試料の間の媒質の屈折率である (図 1)．θ は，図 1 のように，対物レンズの鏡端が物体と張る角度の半分の角度である．

$$開口数 = n \sin \theta$$

アッベは，1870 年にこの理論を発表した．この理論から開口数の大きな装置の開発が重要であることが判明し，アッベによる液浸法の開発につながった．

図1　開口数の説明図

アッベ数　プリズムで白色光を分光すると，赤色から紫色へと色帯が生じる．屈折率の波長による変化を色分散というが，光学材料の色分散を評価する指標がアッベ数で，以下のような数式で表される．

$$\nu_D = (n_D - 1)/(n_F - n_C)$$

ここで n_D, n_F, n_C はフラウンホーファー線 D 線 (589.3 nm)，F 線 (486.1 nm)，C 線 (656.3 nm) に対する屈折率である〔⇒フラウンホーファー〕．アッベ数が小さいほど色分散は大きくなり，レンズでは色収差が生じる．

アッベの正弦条件　レンズの光軸外の1点から出た光が，像面で1点に収束しない現象をコマ収差といい，結像にぼけやゆがみが生じる．コマ収差が生じない条件がアッベの正弦条件で，次の式である．アッベが1873年に定式化したものである．

$$\frac{\sin u}{\sin u'} = M$$

u, u' は，光軸上の点 P の像がレンズを通して軸上の点 P' に結像するとき，それぞれの点での光軸とレンズへの入射出光のなす角度である．M は像倍率（定数）である．

人物　アッベは大学卒業後も常に経済的に困窮した状態にあった．1876年，ツァイスが彼を共同経営者に迎えたことによってその問題の解決になるとともに，ツァイス社の経営への一層の関与が深まっていった．1888年のツァイスの死後も，アッベはツァイス社の発展に尽力し，1891年にはツァイス財団を創設し，その後の発展の礎を築いた．1905年，64歳でその生涯を閉じた．

アニェージ，マリーア・ガエターナ
Agnesi, Maria Gaetana
1718–1799
数学から神へと至る道

イタリアの数学者．「アニェージの3次曲線」で有名．

経歴・人物　ミラノの裕福な商家に生まれたマリーア・アニェージは，数学と語学に秀で，7カ国語に通じた．十代にして社交界でその才知を披露し，家の格上げに貢献する生活を送った．

21人兄弟の長女でもあったため，弟への教育という務めも課された．昼は弟の教師，夜は社交界で数学談義，残りの時間で著名な学者との文通，という生活だった．

ところが本人は，教師たちより18世紀イタリアのカトリック啓蒙の洗礼を受け，科学や数学はキリスト教の神のために存在すると考えていた．20歳の頃に神の道に進みたいと父に訴えるも許されず，自邸でのみ客を迎えることで妥協した．

『解析学教程』　静かな時間を得たアニェージは，弟を教えた経験を生かし，初心者が解析学を学ぶための教科書を執筆した．これがイタリア語の『解析学教程』(1748) である．「アニェージの魔女」とも呼ばれる3次曲線はこの第1巻に載っている．ただし「魔女」は英訳の際の「la versiera（曲線，縄）」の誤訳である．

この本は同年の L. オイラー*の『無限小解析入門』にかき消されたといわれたりするが，そうではない．仏，英訳も出版され，本国では19世紀になっても人気教科書だった．

アニェージの名声は君主たちの耳にも及び，本を献呈された神聖ローマ帝国女帝マリア・テレジアは，彼女に高価な宝飾品を贈ったし，ローマ法王ベネディクトゥス14世も宝飾品を贈った．1750年にはボローニャ大学教授兼ボローニャ科学アカデミー

図1 マリーア・アニェージ

会員に任命されている．

数学との決別　1752年の父の死後，俗世と縁を切り，修道女ではないものの，貧者や老人の世話をする後半生を選んだ．数学者たちはこれに仰天して翻意を促したが，アニェージの決意は固かった．隠遁から10年後にも彼女に論文審査を頼む学者さえいたが，彼女は引き受けなかった．

この転身は数学に対するカトリックの勝利，あるいは「男らしい」数学から「女らしい」福祉への移行と見られがちだが，「己より他者の意思を尊重せよ」という女らしさの規範への最終的拒絶ともみることができるだろう．

アニェージの曲線　原点Oとy軸上の点Mを結ぶ線分を直径とする円上の点をAとし，図2によって点Nおよび点Pを決める．点Aが円上を動くときPが描く軌跡を，アニェージの曲線といい，次の式で表される．

$$(x^2 + 4a^2)y - 8a^3 = 0$$

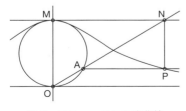

図2　アニェージの3次曲線

アマガ，エミール
Amagat, Émile Hiraire
1841–1915

混合ガスの体積，液体の圧縮率

フランスの物理学者．高い水銀柱を用いて高圧力を発生し，気体や液体の圧縮率を測定した．

経　歴　フランスのサン・サトゥルで生まれた．1867年から1872年までスイスのフリブールの国立高等中学校で数学と物理を教えながら，博士論文を書き上げ，1972年にパリ大学から学位を授与された．博士論文では二酸化炭素の圧縮率を測定した．1877年には，当時流体の圧縮率は圧力をかけても一定であると思われていたのに反して，圧力をかけていくと圧縮率が減少していくことを見出した．パリのエッフェル塔や炭鉱の竪穴を利用して水銀柱を立て，高圧力を発生させた．アマガは面積の異なる複数の自由ピストンを組み合わせた型のアマガ圧力計を工夫し，3200気圧まで使える圧力計を開発し，種々の気体の圧縮率を測定しアマガの法則を見出した．

アマガは1902年にフランス科学アカデミーの会員に選ばれている．

アマガの法則　温度と圧力が変化しない条件で気体を混合すると，混合後の体積は混合前の各気体の体積の和になることをアマガの法則とよぶ．

$$V = V_1 + V_2 + \cdots + V_n = \sum_i V_i$$

理想気体について考える場合，この法則は，温度と体積が変化しない条件で気体を混合すると混合後の圧力は各気体の圧力の和になるというドルトンの分圧の法則と同等である〔⇒ドルトン〕．

しかし，多くの気体は粒子間に相互作用があるので，理想気体とは異なってくる．粒子間の相互作用の大きさは，第2ビリ

アル係数 $B(T)$ で表される．2 種類の気体の混合体では第 2 ビリアル係数は

$$B(T) = x_1 B_1 + x_2 B_2 + x_1 x_2 B_{1,2}$$

で表される．添字は成分 1 と 2 を表し，x はモル分率である．ここで，異種粒子間の $B_{1,2}$ を

$$B_{1,2} = (B_1 + B_2)/2$$

と仮定すると，アマガの法則が得られる．

多くの液体では，例えば水とアルコールの混合では，混合後の体積は混合前の体積の和にはならない．混合した 2 種の物質間の相互作用がもとの物質での相互作用と大きく違うためである．アマガの法則は普通の気体では異種の気体を混合してもそれらの間には特別な相互作用はないことを表している．

アマガの法則は，金属合金などで知られているヴェガード則と数式的に同じである．

粒子数密度の単位アマガ　粒子数密度の単位としてのアマガ (amg) は彼の名前にちなんでいる．1 気圧，0°C の理想気体の単位体積当りの粒子数として定義されている．

粒子数密度 η を amg 単位で表すと

$$\eta = n/n_0$$

ここで，$n_0 = 1$ amg $= 2.6867805 \times 10^{25}$ m^{-3} $= 44.615036$ mol/m^3 はロシュミット数である．

amg 単位で表すと，圧力 p，温度 T の理想気体の粒子数密度は

$$\eta = \left(\frac{p}{p_0}\right)\left(\frac{T_0}{T}\right) \text{amg}$$

ここで $T_0 = 273.15$ K，$p_0 = 101.325$ kPa である．

例えば，20°C，1 気圧の理想気体の場合

$$\eta = \left(\frac{1\,\text{atm}}{p_0}\right)\left(\frac{273.15\,\text{K}}{(273.15+20)\,\text{K}}\right) \text{amg}$$
$$= 0.932\,\text{amg}$$

である．

アリストテレス
Aristoteles
384B.C.–322B.C.

万学の祖，地球中心の宇宙論

紀元前 4 世紀の古代ギリシャの哲学者，論理学者，自然学者．アリストテレスは独自の体系的な哲学を発展させ，その哲学をすべての知的領域に適用した．その結果，自然学において，物理学，宇宙論，発生学，鉱物学などの領域での彼の業績は大きな権威とされ，中世の学問研究の基盤となった．

経歴　アリストテレスはエーゲ海北西のスタゲイロスに生まれ，父はマケドニア王の侍医であった．17 歳のときアテナイにあるプラトンの学堂アカデメイアに入り，約 20 年間その学員として研究と教育に携わった．師プラトンの死後，アテナイを離れ，小アジア，マケドニアを遍歴，形而上学，自然学，論理学などの研究を続けた．マケドニアの王子アレクサンドロスの家庭教師を 7 年務めたのち，アテナイに戻り，リュケイオンに学園を設立，図書館を初めて作るなど，教育と研究を組織的に進めた．アレクサンドロスの没後，反マケドニア運動による迫害のため母の生地カルキスに逃れ，翌年没した．

諸学問の系統的分類　アリストテレスの厖大な著作のうち対話篇を主とするものは散逸し，今日伝えられる『アリストテレス著作集』は紀元前 1 世紀にアンドロニコスによって編集・体系化され刊行されたものである．その主な内容は，①オルガノンと称される論理学的著作，②自然学的著作：『自然学』『天体論』『生成消滅論』『気象論』『デ・アニマ』『動物論』，③「第 1 哲学」として『形而上学』，④実践学・制作学として『ニコマコス倫理学』『エウデモス倫理学』『政治学』『弁論術』『詩学』などである．これらの著作は自然研究，論理学，倫理

学および政治学，の広範な3部門にわたって，自然と人間に関わるすべての学問の基礎を確立したものであり，彼の時代までの様々な哲学者の議論を紹介して批評，反論を加えた．アリストテレスの功績は学問諸分野を初めて系統的に分類し，各分野の厖大な研究業績を集成した点にあり，そのため「万学の祖」とよばれている．

彼は今日用いられるほとんど全ての哲学用語，すなわち形相と質料，作用因と目的因，実体と属性，主語と述語，演繹と帰納，類と種などを創出し学問に導入した．アリストテレスの自然学は，中世における自然研究を支配し，16, 17世紀の科学革命の時代に至るまで全ての自然観に大きな影響を与えた．

運動論・宇宙観　アリストテレスは『自然学』で，自然の第1原理を「質料と形相と欠如」として，自然の実体の定義を技術との対比で行ない，「運動」「無限」「場所」「空虚」「時間」について論じた．運動は直線的な運動と円運動があり，円運動は連続的で完全であるとした．

『宇宙論』では，球形の地球が宇宙の中心にあり，惑星と恒星とが地球の周りを完全な円運動を描いて等速度で運行するという地球中心説を説いた．そしてデモクリトス*の原子論のように万物の究極的不可分で自己同一を保つ構成要素を認めず，エンペドクレスの説による土水火気の4要素が相互転化すると唱えた．また，万物の運動は可能性と現実性との統一であると捉え，自然な状態におけば，土や水のように自由に落下するものもあれば，火や空気のように昇っていくものもあり，これらは自然な運動であり，物体それ自身の自然な場所に向かう自由な単純な運動であるとした．要素土は最も重く下に向かい，要素火は軽く上に向かう性質がある．地上の物質はこれらの要素の混合物で，自由落下のような物体の自然な運動では，重いものほど早く落下

図1　アテナイの学堂
中央左で天を指すのがプラトン，その右で地を指すのがアリストテレス（ラファエロ画）．

する．しかし水中のように抵抗が大きいと速さは遅くなるので，「落下の速さは重さに比例し，媒質の密度に反比例する」と説いた．空気の抵抗や地面の摩擦が影響する日常経験では，小粒の雨と大粒の雨の落下速度の違いなど，アリストテレスの運動法則に定性的に合致する事例が多かった．中世を支配したアリストテレスの運動学が正されたのは，17世紀にG. ガリレイ*による実験的な科学的手法によってであった．

宇宙体系に関してアリストテレスは月より上の天体の世界は，四つの要素とは異なる第5の要素（エーテル）からなり，重さがない天体の自然な運動は地上の物体の直線運動とは異なり，円運動である．天上と月より下とでは運動の法則が違うため，天上には地上に存在する崩壊や変化や減衰などの現象は存在しない．

後世への影響　アリストテレスは空虚（真空）を認めず，真空嫌悪性を唱えるなど，今日の科学の観点からみれば誤っている点が多い．しかし，彼は師プラトンのイデア（理念）重視と違い，経験を重んじて，物事の認識はその原因や原理の追究にあり，自然学とは必然の研究であるとして，広範な生物学（特に動物学）の研究において優れた実績を残した．自然界における形相因と目的因の発見に裏づけられたその自然観は，近代科学の発展の支えとなった．

アルヴェーン, ハネス
Alfvén, Hannes Olof Gösta
1908–1995

磁気流体力学の基礎を構築

スウェーデンのプラズマ物理学者. 磁場中のプラズマを記述する磁気流体力学 (magnetohydrodynamics: MHD) の基礎を築いた功績で 1970 年, ノーベル物理学賞を受賞. 同年のノーベル物理学賞はフランスの物理学者で反強磁性, フェリ磁性の発見者である L. ネール*と折半された.

経　歴　アルヴェーンは 1908 年, スウェーデンのノーショーピング (Norrköping) という町で生まれた. 両親とも開業医で, 特に母はスウェーデンにおける最初の女医の 1 人であり, 父親は科学にひとかたならぬ興味を持っていた. 父親の兄弟の中には, 作曲家や発明家, 天文学や環境問題に関心を持っていた農学者がいて, ハネスの育った環境はある意味で, 特殊なものであった.

彼自身の回想によれば, 幼少期に強い影響を受けた二つの出来事があった. 一つは, 子供の頃にフランスの天文学者 C. フラマリオンが書いた天文学の本を贈られたことであり, 幼いハネスはその本を熱心に読みふけり, 生涯にわたっての天文学や天体物理学に対する興味を駆り立てることになった. もう一つは, 学校の無線クラブでラジオ受信機を組み立てたことであり, ウプサラ大学入学後, 数学や物理学を学ぶきっかけとなった. X 線光学の分野で 1924 年にノーベル物理学賞を受賞した K. M. シーグバーン*の指導の下, 1932 年に書いた博士論文は, 超短波長電磁波の研究であり, 彼自身の言によれば, まさに, 無線クラブでの活動の延長上にあった.

学位取得後, ウプサラ大学ついでストックホルムのノーベル研究所で計 8 年間働き, その間, ベルリンで L. マイトナー*, O. ハーンとの共同研究, ケンブリッジで E. ラザフォード*との共同研究も行った. 1940 年には 32 歳の若さでストックホルムにあるスウェーデン王立工科大学の教授に採用され電磁気学や電気的測定法を教えたが, その後, 研究分野を変えていき, 1946 年からは電子工学を, 1963 年からはプラズマ物理を専門とするようになった. 1967 年には米国カリフォルニア大学サンディエゴ校にも教授職を得て, 1988 年までアメリカとスウェーデンの間を行き来する生活となった. 最後はスウェーデンに落ち着き, 1995 年ストックホルム郊外の自宅で生涯を閉じた.

アルヴェーン波と磁気流体力学　アルヴェーンの業績で最もよく知られているのは, 磁場中のプラズマにおいては, 縦波だけでなく横波 (アルヴェーン波とよばれる) も伝播しうることを明らかにした研究であり, この研究を通して MHD の基礎が築かれた. MHD は核融合に必須の技術とされる磁場によるプラズマ閉込めの機構を説明することなどに応用されている.

アルヴェーン波は磁気流体波の一つであり, イオンの質量が調和振動子の質量に対応し, 磁場に垂直な電流が存在する際の力 (磁気応力といってもよい) が復元力になって, 形成される進行波である. イオンのサイクロトロン周波数に比べて低い周波数を持つ. 磁力線の方向に伝播する傾向を示すが, 磁場に対して斜めの方向にも進行しうる. アルヴェーン波の伝播速度は次のように求められる. 磁場中の電磁流体における低周波領域での相対誘電率 ε は

$$\varepsilon = 1 + \frac{c^2}{B^2}\mu_0\rho \tag{1}$$

で与えられる. ここで, c は光速, B は磁場強度, μ_0 は真空の透磁率, $\rho (=\sum_j n_j m_j)$ はプラズマ系の全質量密度 (j はプラズマの構成要素である電子やイオンなど全荷電粒子にわたり, n_j および m_j は粒子 j の数

密度および質量を表す）である．この ε をマクスウェルの方程式に用いれば，電磁波の伝播速度として

$$v = \frac{c}{\sqrt{\varepsilon}} = \frac{v_A}{\sqrt{1+(v_A/c)^2}} \quad (2)$$

が得られる．ここで，$v_A = B/\sqrt{\mu_0 \rho}$ はアルヴェーン速度とよばれる．磁場が強い極限あるいは質量密度が小さい極限では $v_A \gg c$ となって，v は c に近づき，アルヴェーン波は通常の電磁波となる．逆に弱磁場，高密度の極限では $v_A \ll c$ となり，v は v_A で近似される．イオンが1種類で（質量 m_i，数密度 n_i）電子の寄与を無視する近似では $v_A = B/\sqrt{\mu_0 n_i m_i}$ という表式が用いられる．

宇宙プラズマの研究　アルヴェーンの業績は，磁気流体力学の基礎的な研究に届まらず，オーロラの振舞や地球を取り囲むヴァン・アレン帯に関するものから，磁気嵐が地球に及ぼす影響，銀河におけるプラズマダイナミクスの研究など，多岐にわたりプラズマに関わる多くの分野に大きな影響を与えた．特に，ビッグバン宇宙論に対抗して，宇宙の進化は重力だけでなく，全宇宙におけるバリオン物質の99.9%を占める伝導性気体であるプラズマに起因する巨大な電流と磁場の影響を強く受けているとするプラズマ宇宙論は有名である．これは，アルヴェーンが「宇宙論は，我々が観測や実験で確かめた事実の延長上に打ち立てられるべきである」という考え方に基づいて提唱したもので，暗黒物質に頼らなくても銀河の回転曲線問題を説明できる長所もあるが，宇宙マイクロ波背景放射〔⇒ウィルソン, R. W.〕の観測結果をうまく説明できず，標準理論とはなっていない．しかし，宇宙プラズマの存在が銀河や星の形成に大きな役割を果たしていることは事実であり，宇宙プラズマに起因する現象の研究は進行中である．

アルキメデス
Archimedes
287B.C.–212B.C.

アルキメデスの原理の発見

古代ギリシャの科学者．アルキメデスの原理で知られる．

経歴・人物　古代ギリシャの植民都市であったシチリア島シラクサの生まれ．生涯の全容はつかめていないが，物理学，数学，工学に数々の発見，発明を行った当時の第一級の科学者である．アルキメデスは偉大な古代の数学者として高い評価を受けているが，物理学においては流体静力学の基礎を作り，工学にも秀れて数々の武器を考案している．アルキメデスが生きた時代のシチリア島は，共和政ローマとカルタゴが地中海の覇権を賭けて争ったポエニ戦争(264B.C.–164B.C.)のさなかにあった．アルキメデスはシラクサの王，ヒエロン2世の縁者であったともいわれている．

アルキメデスの原理の発見　アルキメデスの名を有名ならしめているのが，アルキメデスの原理とそれにまつわる逸話であろう．ヒエロン2世が金細工師に金を渡し，純金の王冠を作らせたところ，金細工師は金に混ぜ物をし，金の一部を盗んだのではないか，という噂が広まった．そこで，王はアルキメデスに，王冠を壊さずに真偽を

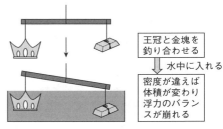

図1　アルキメデスの原理による王冠の比重の測定

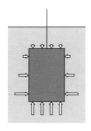

図2　水中の物体が受ける力

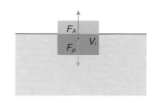

図3　アルキメデスの原理と水中部分の体積

調べるように命じた．これについて考えを廻らせていたアルキメデスはある日，公衆浴場に入ったときに水が湯船からあふれるのをみて，アルキメデスの原理のヒントを発見したといわれる．すなわち，「液体中の物体は，その物体が押しのけた液体の重さに相当する重力と同じ大きさの浮力を受ける」というものである．このとき，アルキメデスは風呂を飛び出して「ヘウレーカ (ギリシャ語で「わかったぞ」の意，英語表記ではeureka), ヘウレーカ」と叫んで家へと走ったという伝説がある．そしてアルキメデスは，金細工師に渡したのと同じ重量の金塊を用意し，これと王冠を天秤棒に吊るしてバランスをとった後，水を張った容器に入れた．水に入れる前には天秤棒のバランスは保たれているので，水中に入れたときに金塊と王冠の受ける浮力が同じであれば，天秤棒のバランスは保たれるはずである．しかし，水中でのバランスは崩れ，金塊と王冠では押しのけた水の体積が違うこと，つまり物質の密度が違うということが判明した．これにより王冠に混ぜ物がされていることが明らかになったという (図1)．

浮力の原理　実はこの逸話は，アルキメデスの死後200年を経て登場するもので，後世の創作である可能性が高いが，浮力の原理の説明によく用いられるものである．これを，もう少し物理的に説明すると次のようになる．物体を液体の中に静かに入れると，物体は液体の中に沈んでいく．物体によって押しのけられた液体は，重力によって物体の存在する場所へ移動しようとする．物体の重量と押しのけられた液体の重量が同じになると，両者は釣り合い，物体は沈むのを止める (図3)．このとき，物体の受ける浮力 F [N] は

$$F = -\rho V g$$

と表される．ここで ρ：液体の密度 [kg/m^3]，V：物体の沈んでいる部分の体積 [m^3]，g：重力加速度 [m/s^2] である．密度とは，単位体積当りの物質の質量であるから，液体よりも物体の密度が小さい場合には，物体の一部は液面より上に浮上したところで，重力と浮力が釣り合う (図3)．すなわち，

$$\rho V g = mg$$

$$(m：物体の質量 [kg])$$

であり，液体の密度 ρ が既知であれば，沈んでいる部分の体積 V を測定することで物体の質量 $m = \rho V$ を知ることができる．なお，この原理は水に限らず流体一般に当てはまる普遍的な原理である．

円周率の近似値　アルキメデスは数学の分野にも多くの足跡を残している．級数を用いて放物線の面積を求めたり，円周率の近似値を計算したりしている．円に内接する多角形と，同じ辺の数を持つ外接する多角形を考え，辺の数を増やすことで円に近似していく，という考え方で円周率を計算した．最終的には，96角形を用いて計算し，二つの多角形から円周率は $3\frac{1}{7}$ (約 3.1429) と $3\frac{10}{71}$ (約 3.1408) の間にあるという結果を得た．これは「とりつくし法」と呼ばれる方法である (図4)．

図4 アルキメデスの円周率の計算

"最期"の逸話　アルキメデスは晩年，第二次ポエニ戦争 (219B.C.–201B.C.) において，カルタゴのハンニバル側についたシラクサの防衛戦に参加している．アルキメデスは，アルキメディアン・スクリューとよばれる，円筒内部のらせん状の板を回転させて低い位置にある水を汲み上げる装置を発明するなど，工学の才に優れており，武器も多く発明した．アルキメデスの武器はローマ軍をおおいに悩ませたといわれる．

シラクサ陥落の際に，アルキメデスは地面の上に図形を描いて計算をしていたが，これを踏んだローマ兵に，「私の図形を壊すな」と叫び，その兵士に殺されたという．このときアルキメデスは円の図を描いて数学的思索を巡らしている最中であったとの逸話があるが，この言葉の信憑性は低い．プルタルクスの評伝によれば，ローマの将軍の意に反して殺害されたことは確からしい．

アルキメデスの墓　アルキメデスは半径 a，高さ $2a$ の円柱の体積と，その円柱に内接する球と円錐の体積比が 3:2:1 になることを示した．これはアルキメデス自身も重要な発見と考えたようで，アルキメデスの墓はこの図像をかたどっていたといわれる（図5）．

図5　円柱・内接球・円錐の体積比

アレニウス，スヴァンテ
Arrhenius, Svante August
1859–1927

電解質溶液の解離の理論

スウェーデンの物理化学の創始者の1人．

経歴　スウェーデンのヴィク (Vik) で生まれる．父はウプサラ大学に勤める測量技師．8歳で小学校5年生に編入され，物理学と数学で才能を発揮，神童と呼ばれた．1876年，近くのウプサラ大学入学，そこでは満足できず，1881年，ストックホルムのスウェーデン王立科学アカデミー物理学研究所で学び，1884年，電解液の電気伝導率についての学位論文を提出，実はこれはノーベル化学賞受賞の基礎になった．1891年，ストックホルム・ユニバーシティ・カレッジ講師，1895年に物理学の教授に就任，1896年には学長も務めた．1900年に創設されたノーベル賞にも関与し，ノーベル賞委員会のメンバー．1903年に電解質の解離の理論に関する業績により，スウェーデン人初のノーベル化学賞を受賞．1905年，ストックホルムに設立されたノーベル物理学研究所の初代所長に就任，1910年には王立協会フェローに選ばれている．

電解液の電気伝導　純水は絶縁体だが，塩を溶かすと伝導体になることはよく知られている．アレニウスは，水溶液中では塩が解離して荷電粒子になると考えた．M. ファラデー*はこれをイオンと名づけていたが，それは，電気分解によって生じると思っていた．アレニウスは電流を通さなくてもイオンは存在し，水溶液中の化学反応はイオンによって起こると考えた．この論文は，新分野であった物理化学におけるヨーロッパ中の有名な科学者に送られ，認められた．さらに，1884年に酸と塩基という概念を提唱した．この電離説は，物理化学の初期においては最も重要な基礎概念の一つであった．

アレニウスの式　父の死後，スウェーデン王立科学アカデミーから海外渡航の援助を得て，多くの著名な科学者の下で研究を続けた (F. W. オストヴァルト，F. コールラウシュ，L. E. ボルツマン*，J. H. ファント・ホッフ)．この間，化学反応に必要なエネルギー (活性化自由エネルギー) の概念を定式化し，化学反応速度 (k) を定量化したアレニウスの式を導いた．

$$k = A \exp\left(-\frac{E_\mathrm{a}}{RT}\right)$$

ここで，E_a は1モル当りの活性化エネルギー，R は気体定数，T は絶対温度である．A は温度によらない常数である．

生理学研究　持ち前の化学の知見をもとに，生理学の研究を始めたのは1902年．生体内でも試験管内でも化学反応は同じ法則のはずだと考えた．その成果は，テキスト *Immunochemistry* (免疫化学；1907年) として出版された．また，加熱によって一旦は失効したタンパク質毒素が，加熱し続けると復活すること (アレニウス効果) を発見した．

優生学　1922年にウプサラでのStatens institut för rasbiologi (人種生物学研究所) 設立に積極的に関与し，運営委員も務めた．1909年に創設されたスウェーデン優生学協会の創設メンバーでもある．

天文学・地質学　アレニウスは天文学，現代宇宙論，天体物理学にも興味を持った．データを集めて分析するのも得意だった．氷河期がなぜ存在したのかを研究．地球の温度がどのように決まっているのか，また，なぜ地球の歴史の中で寒冷期や温暖期があるのか，そのメカニズムはどうなっているのか，という問題に取り組んだ．

地球温暖化　数理統計学や物理学の知見を，社会現象に応用しようとした先駆者は L. A. J. ケトレー〔⇒ナイチンゲール〕だ．近代統計学の父と称せられるケトレーは，また，数学，天文学，そして社会学も視野に入れていた．19世紀に生きた科学者のほとんどが，自然現象のみならず社会現象も含めて考察の対象にしていたことは興味深い．ケトレーは，統計学的方法を導入して社会物理学を構築しようとした．また，気象学者として知られる L. F. リチャードソン*も，戦争の科学を統計的な手法で分析した〔⇒リチャードソン, L.F.〕．

地球の温度　地球の温度はどのようにして決定されるのかは，多くの科学者にとって好奇心をそそる謎であった．太陽光が地球に降り注ぐエネルギー量 (太陽常数) は，既に，1830年代，J. ハーシェルやC. プイエが見積もっている．これからグローバルな地球のエネルギー収支を計算し，ステファン–ボルツマンの式を使って温度に換算すると，地球平均温度はおよそ $-18°C$ 程度となり現実の値よりはるかに低い．これは，宇宙創成の謎と並んで物理学者が興味を持つ問題だった．

この謎に取り組んだ先駆者は，J. フーリエ*である．彼はフーリエ解析や熱伝導方程式で有名だが，「温室効果」も発表した (1824年)．もっとも当時は「温室効果ガス」についての知見まで至らなかった．CO_2 が赤外線を吸収することを発見したのは，J. ティンダル*である (1860年頃)．彼は，気体や液体中での光の散乱吸収の測定中に，水蒸気・CO_2 などが赤外線を吸収することを発見した (温室効果ガス)．そして，アレニウスは，大気圏での赤外線観測をもとにして，CO_2 と温室効果の関連性を指摘した (1896年)．いわゆる温暖化ガスという概念の生みの親である．もっとも，当時は，科学的な知見として教育の中で語られていた．しかし，1980年末になって気象変動が注目されるようになった．その基礎的な研究では，当時の一流の物理学者が貢献したことは記録にとどめるべきであろう．アレニウスも地球の温度を考察した環境問題の先駆者といえる．

アレン, フランシス・エリザベス
Allen, Frances Elizabeth
1932–

女性初のチューリング賞受賞

アメリカのコンピュータ科学者. コンパイラ最適化に大きな功績をあげた.

経歴 ニューヨーク州北端の町ペルー出身. ニューヨーク州立師範学校 (現在のニューヨーク州立大学アルバニー校) を1954年に卒業し, 出身高校で数学を2年間教えたものの, 教師として認められるには修士号が必要とわかり, ミシガン大学の大学院に入学した.

F. E. アレンが専攻したのは数学であったが, 当時新しかったコンピュータ科学の授業も受け, IBMコンピュータのプログラミング技法なども学んだ. その縁でミシガン大学に求人にきていたIBMは, アレンに研究職を提示した. 当時の彼女は奨学金による借金を抱えていたため教師の仕事では返済が難しく, 借金が返済できるまでという思いでIBMでプログラマーとして働くことにした. しかしアレンがIBMを離れたのは, 1957年に働き始めてから45年後のことであった.

当初の仕事はプログラミング言語のFORTRANを所内の研究者らに教えることであった. FORTRANはアレンがくる3カ月前にIBMが発表した新しい高度なプログラミング言語であった.

コンパイラ開発への革新的影響 1960年代になると, スーパーコンピュータのコンパイラや, コンパイラの中でも機器や言語に依存しないコンポーネントの開発を担当するようになる. これにより, ハードウェアの設計やプログラムの変換方法に大きな前進がもたらされた.

これらの研究を元にした論文 "Program Optimization"(プログラム最適化) は, そ

図1 フランシス・アレン
(2008, Rama@Wikipedia)

の後のコンパイラ開発に大きな影響を与えた. 特にコンパイルアルゴリズムにグラフ理論を適用するなど, 多くの独創的な視点が含まれているのも特徴であった.

その後も次々に影響力のある論文を発表し, コンパイルやプログラムの理論を大きく発展させた. また, 自動並列化プロジェクトを立ち上げ, 並列計算にも多大な貢献をした.

1989年, アレンはIBM研究者の最高職位であるIBMフェローに女性で初めて選ばれた. また, IBMの世界の研究者グループIBM Academy of Technologyの代表にも選出された. 1997年には, 科学技術に携わる世界の女性たちが組織するWITI (Women in Technology International) の殿堂入りを果たした. IBMを退職した2002年には, エイダ–ラブレス賞を受賞した.

2006年, アレンはコンピュータ科学分野のノーベル賞ともいわれるチューリング賞を受賞する. これも女性として初めてのことであった.

アレンは新しいプログラミング言語の開発には見向きもせず, プログラマがプログラミングしたくなるようなプログラムとは何か, どのように最適化すれば効率よくプログラムが動作するかという点に絞って研究を行った. 理論に留まらず, 実践を重視した. アレンの生み出した技術は, 今でも様々なコンパイラに生かされている.

アワーバック，シャーロット
Auerbach, Charlotte
1899–1994

化学物質による突然変異を明らかに

イギリスの遺伝学者．

経歴　ドイツのクレーフェルトにユダヤ人夫妻の一人娘として生まれる．父は物理化学者，祖父はヒト腸管におけるアウエルバッハ神経叢 (Auerbach' plexus) の発見者．父の影響で生物学に興味を持つようになったが，中等学校のとき課外授業で細胞分裂における染色体の振舞を知り，遺伝学にひどく惹きつけられたという．ヴュルツブルク，フライブルク，ベルリンの大学で，生物，物理，化学を学び 1924 年卒業．ハイデルベルク，フライブルクで中等学校教師をしたが，同僚や生徒たちの反ユダヤ主義のため居心地が悪く 25 年に辞職した．その年，ベルリン・ダーレムのカイザー・ヴィルヘルム生物学研究所 (のちのマックスプランク研究所) で学位をとるための研究を始めたが，指導者と意見が合わず，ベルリンの中等学校で教鞭をとった．しかし，1933 年 4 月ナチスの公務員法によって他のユダヤ人教師とともに解雇された．単身イギリスに亡命し，エディンバラ大学の動物遺伝学研究所で Ph.D をとり，そこで細胞学教授の私的助手になった．生活は楽ではなかったが，母をイギリスによび (父は 1924 年没)，1939 年にはイギリス市民となった．

化学物質の突然変異作用　1938 年から 40 年までその研究所に滞在した H. J. マラー (アメリカの遺伝学者) と出会ったことが研究の転換点となった．マラーはその数年前に X 線による突然変異作用を発見しており，ノーベル医学生理学賞を受賞した (1946)．彼から，遺伝子の本性を探るために化学物質による突然変異を研究するように勧められたのである．1941 年に薬理学者 J. M. ロブソンと協力して，マスタードガス (塩化硫黄とエチレンから得られる油状液体) によって，ショウジョウバエの遺伝子に突然変異が発生することを発見した．

これらの結果は第二次大戦 (欧州大戦) が始まっていたために発表できなかったが，ほとんど 1 人でアルキル化剤の突然変異作用と X 線の突然変異作用を注意深く比較する研究を続けた．ショウジョウバエでは，X 線は全身に突然変異を引き起こすが，アルキル化剤は部分的に変化を引き起こすということを見出し，X 線誘発突然変異は即効的であるのに対して化学的に誘発される突然変異は遅発的である，と仮定して説明した．

1946 年にこれらの研究が公表されたときの科学界への衝撃は大きく，一夜にして名声を博し，エディンバラ大学の講師に任命され，1947 年にエディンバラ王立協会のキース賞を授賞，49 年には会員に選ばれた．

1957 年ロンドン王立協会の会員に選ばれ，1959 年にはエディンバラ大学医学研究評議会 (MRC) の突然変異生成研究ユニットの長に迎えられた．1969 年に退職したが，その後も名誉教授として突然変異の研究を続けた．

科学コミュニケーションに熱心で，講義は明快であり，彼女の遺伝学の教科書は外国でも多く翻訳された．南アフリカで人種差別反対の講演をし，核実験反対の運動にも積極的に参加した．

図 1　シャーロット・アワーバック
(ⓒThe Royal Society)

アンダーソン，カール・デイヴィッド
Anderson, Carl David
1905–1991
陽電子の発見

アメリカの物理学者．

経歴 スウェーデン移民の子としてニューヨークに生まれる．カリフォルニア工科大に学び，1927年に物理学・工学の学士号をとって卒業．引き続き大学院に進み，1930年博士号を取得，1939年に教授となる．

陽電子の発見 1930年に，R. A. ミリカン*と共に開発した2.4テスラの磁石とセットになった霧箱装置を用いて，宇宙線粒子のエネルギー分布の測定実験を進める過程で，正電荷の粒子の飛跡を多数発見した．電離度に関して，正，負電荷の粒子に差がなく，いずれも単位電荷であることを確認した．負の粒子が電子であることは容易に同定されたが，正の粒子は当初，低エネルギーの陽子と仮定された．しかし，予想される高い電離度が実験事実とは合致せず，電子と同じ質量を持つ正の粒子，すなわち陽電子と結論するに至った．1932年に正の自由電子の存在を主張する論文を発表する．

1933年に大学院生S. ネッダーマイヤーと共に^{208}Tlからのγ線が物質を通過する際に陽電子を発生する最初の直接的証拠も得ている．1936年に「陽電子の発見」の功績でノーベル物理学賞を受賞した．

ミューオンの発見 陽電子発見のすぐ後，アンダーソンはネッダーマイヤーと共に1936年に霧箱の飛跡から質量が極端に重い，電子に似た新粒子を発見した．1937年に理研の仁科芳雄*グループとJ. C. ストリート，E. C. スティブンソンが独立に同じ新粒子を発見した．3グループの論文は独立に1937年に発表されている．翌年には仁科グループは新粒子の質量を電子の180±20倍と決定している．これは現在知られているミューオンの質量に近い値である．当初，アンダーソンらは湯川秀樹*が1935年に強い相互作用を媒介する粒子として予言した中間子(π中間子)を見出したと信じていたが，後にこの粒子はミューオンであることがわかった．

人物 アンダーソンは，指導教授であったミリカンに私生活でも大変世話になっている．両親が早くに離婚し，若くして家計を担う責任を負っていた．ノーベル賞授賞式出席のため500ドルをミリカンに借金したのは有名である．アンダーソンはその研究人生の全てをカリフォルニア工科大で送った．第二次大戦開戦後，A. コンプトン*からR. オッペンハイマーを補佐に，マンハッタン計画の責任者を打診されている．病気の母親を抱え，かつ人の管理に関する経験がないことを理由にこの要請を固辞した．戦中はカルマン流で知られるT. カルマン*が主宰していたこの大学のグッゲンハイム研究所(現ジェット推進研究所)で推進されたロケット開発研究に参加した．

1970年に退職するまで教育熱心で，小規模の研究費で，少数精鋭の学生と研究者で展開する研究を奨励した．カリフォルニア工科大学がアメリカの大型加速器プロジェクトに一歩距離をとってきたのはアンダーソンのこの姿勢と無縁ではなかっただろう．

図1 磁場中を厚さ6mmの鉛を下から貫通する陽電子の霧箱写真
(Anderson, C. D.: *Phys. Rev.* **43**(6) (1933) 491–494)

アンダーソン，フィリップ・ウォーレン
Anderson, Philip Warren
1923–
不規則系における電子局在の理論

アメリカの理論物理学者．不規則電子系における量子状態の局在現象，反強磁性，対称性の破れ，高温超伝導の発生機構など幅広い分野にわたる理論的研究で波及効果の大きな多くの貢献をしている．

経　　歴　1923年にインディアナ州，インディアナポリスで生まれ，イリノイ州，アーバナで育つ．後にハーバード大学に進み，磁気物性理論の大家で現代磁性研究の父として著名であったJ. H. ヴァン・ヴレック*に師事．学位取得後，1949年にニュージャージー州にあるベル研究所に採用され，1984年に退職するまで在籍した．この間，今ではアンダーソン局在として知られる不規則系の電子局在の理論を始めとして，金属中の磁性不純物と伝導電子の相互作用を記述するアンダーソンモデル，BCS超伝導理論の擬スピンによる記述など固体物性理論の分野で多くの研究を発表している．1977年には師のヴァン・ヴレックおよびイギリスのN. F. モット*と共にノーベル物理学賞を受賞している．

また，1972年，*Science*誌に掲載された論文 "More is Different"（多は異なり）に象徴されるように，科学哲学的な考察でも世界中に強い影響を与えた．特に，"More is Different"の論文は膨大な数の原子や電子の集合体である物質の性質を理解するためには，個々の構成粒子を支配する物理法則とは質的に異なる概念が必要であることを指摘したものであり，一般的な物性物理学だけでなく，その後の複雑系研究の発展の一つの引き金となった．ベル研退職後はプリンストン大学のヨゼフ・ヘンリー物理学教授職を務めている．

まだ無名であった若い頃に東京大学の久保亮五の招きで日本に滞在したこともあり，日本の物性分野にも影響を与えた．

アンダーソン局在　アンダーソン局在の問題は，1958年に *Physical Review* 誌に発表した論文で取り上げ，結晶格子中に広がっている電子状態が，不純物ポテンシャル散乱による電子波の干渉のために局在化する可能性を指摘したものである．

アンダーソンが扱ったモデルは第2量子化した表示で

$$H = \sum_r \left(\sum_b t c_r^\dagger c_{r+b} + \varepsilon_r c_r^\dagger c_r \right) \quad (1)$$

のように表され，現在では（不規則系に対する）アンダーソンモデルとよばれることが多い．$c_r^\dagger, c_r$ は格子点 r に電子を生成，消滅させる演算子を表す．第1項は規則的な格子上を電子が一定の確率で跳び移る過程を記述し，t は遷移積分とよばれる．b は格子点 r から最近接格子点にのびるベクトルを表す．この項は力学系でいえば，規則ポテンシャル中を運動する電子の運動エネルギーに当たる．第2項は，電子が格子点 r にきたときに感じるポテンシャルエネルギーを表す．不規則性の原因であるサイトエネルギー ε_r は，$-W$ から W の範囲でランダムに変わる一様乱数で，W/t を不規則性の強さと考えた．

アンダーソンの議論は，数学的な形式論ではあったが，1次元や2次元の格子では，最初にある位置に局在していた電子状態は，シュレーディンガー方程式に従う時間発展によって，無限に遠方に拡散していくことはないことを証明した．3次元であっても，不規則性の強度が十分に大きければ，同様の局在が起こることを示した．この結果は，不純物ポテンシャルの調整によって，電子系の伝導特性（局在ならば絶縁体，非局在ならば金属的）が制御できることを意味し，現実の系における電気伝導を理解する上で重要である．この振舞は，シリコンの低温

電気伝導度の測定などを通し,日本の佐々木互らの実験結果によっても確かめられた.

局在のスケーリング理論　1979年には,E. アブラハムス,D. C. リチャルデロ,T. V. ラマクリシュナンと共に,アンダーソン局在のスケーリング理論を展開し,不純物強度などを変化させた際の金属絶縁体転移がモットが提唱していた最小金属伝導度 (minimum metallic conductivity) の考え方 (不連続な転移) とは異なり,連続的な転移であることを示した.

このスケーリング理論では,系の体積を L^d (d は空間次元) とするとき,L に依存するコンダクタンス (抵抗の逆数) $g(L)$ が $L \to bL$ の変換に対し,$g(bL) = F(g(L), b)$ のように表される,すなわち系の一辺の長さを b 倍したときの g が,もとの g と b だけで決まると仮定する.この仮定から,$\ln g$ を $\ln L$ で微分したものが g だけの関数であることが導かれる.この関数を $\beta(g)$ と書けば,

$$\frac{d \ln g}{d \ln L} = \beta(g) \quad (2)$$

である.g が十分大きく,マクロなオームの法則が成り立つとすれば,$g \propto L^{d-2}$ なので,$\lim_{g \to \infty} \beta(g) = d - 2$ となる.また,不純物散乱などが強く,電子の局在が起こっていると考えられる $g \to 0$ の極限では波動関数の局在性を反映して,$g \propto e^{-\gamma L}$ (γ は系に依存する正のパラメータ) が期待される.このため,次元によらず $\lim_{g \to 0} \beta(g) \sim \ln g (\to -\infty)$ のように振る舞うと考えられる.$\beta(g)$ が連続で単調な関数であるとすれば,1次元や2次元では $d - 2 \leq 0$ なので $\beta(g)$ は常に負,従って,$g(L)$ は $L \to \infty$ の極限で必ず0に近づく,すなわち1,2次元系では常に絶縁体状態が実現することになる.一方,3次元では $d - 2 = 1 > 0$ なので,$\beta(g)$ はある g の値 (g_c で表す) で0を横切ることになる.(2) 式が g の L 依存性を記述する微分方程式であると考えれば,初期値 g_0 が $g_0 > g_c$ の場合は,$L \to \infty$ で $g \to \infty$ となり金属伝導が実現し,$g_0 < g_c$ の場合は,$L \to \infty$ で $g \to 0$ となり,絶縁体的な状態が実現する.この $\beta(g)$ の振舞から,3次元系ではフェルミエネルギーの値や不純物散乱の強さによって金属絶縁体転移が連続的な転移として起こることを示すことができる.

不純物アンダーソンモデル　もう一つアンダーソンの名前を冠したモデルは,金属中の磁性不純物に関するもので1961年の論文で提唱された.不純物が1個の場合,具体的に

$$H = \sum_\sigma \Big\{ \varepsilon_f f_\sigma^\dagger f_\sigma + \sum_r \Big[t \sum_b c_r^\dagger c_{r+b} \\ + (V_r f_\sigma^\dagger c_{r\sigma} + V_r^* c_{r\sigma}^\dagger f_\sigma) \Big] \Big\} \\ + U f_\uparrow^\dagger f_\uparrow f_\downarrow^\dagger f_\downarrow \quad (3)$$

のように書かれる.σ はスピンを表し,$f_\sigma^\dagger$,f_σ は原点にある磁性原子 (不純物) に束縛された f 電子の生成消滅演算子,ε_f は孤立磁性原子に束縛されているときの f 電子のエネルギー,V の項は,f 電子と伝導電子の混成を記述し,この項のおかげで,f 電子も結晶中を動き回れるようになる.t の項の意味は,上の不規則系に対するアンダーソンモデルの場合と同じである.また,最後の項は,逆向きスピンの f 電子が磁性不純物上に二つきた場合 (パウリ原理により,同じスピンを持つ電子は同時に同じ状態を占められない),その二つの電子間に働くクーロン斥力を表している ($U > 0$).このモデルは,その後,磁性イオンが全ての格子点に周期的に配置されている場合 (周期的アンダーソンモデル) や f 電子の縮退した軌道状態を考慮した場合などへ拡張され,遷移金属や近藤効果,重い電子系 (heavy electron, heavy fermion) などの研究に応用されている.

アンペール,アンドレ=マリ
Ampère, André-Marie
1775–1836

アンペールの法則,アンペール力

　フランスの物理学者,数学者,化学者.「アンペールの法則」「アンペール力」などで知られる.電流のSI基本単位アンペア (A) は彼の名に因む.

　経　歴　1802年,ブール=ガン=ブレスの国立理工科大学(エコール・サントラル)物理,化学の教授.確率論の研究が評価されて1809年,パリの国立理工科大学(エコール・ポリテクニク)の解析学教授.1808年,新しい大学システムの総合調査官,1814年,帝国研究所数学部門委員,1820年,パリ大学天文学准教授,1824年,コレージュ・ド・フランス実験物理学教授.

　電磁気学の創始　1819年冬にH. C. エルステッド*が電流の流れる導線により磁針が回転する現象を発見する.1820年9月,F. アラゴーがフランス科学アカデミーでこれを紹介するや否や,アンペールは矢継ぎ早に,電流の磁気作用を調べる巧妙な実験とその理論に関する一連の発表を続け,電流と磁石,電流相互間に作用する基本法則を確立した.このとき電磁気学という新しい学問分野が誕生したのである.アンペールはこの新分野を「電気力学(electrodynamics)」と命名した.後にJ. C. マクスウェル*はアンペールを電磁気学におけるニュートンと賞賛している.

　磁場と電流　アンペールは,地球磁場に対して垂直な面内で自由に回転できる無定位磁針(astatic needle)を考案し,これをガルバノメーター(galvanometer)と名づけ,電流の磁気作用を調べた.また導線をらせん状のコイルに巻いたものを作成して「ソレノイド」(ギリシャ語で「導管」を意味する)とよび,磁針が電流から受ける作用と,電流が流れるソレノイドが他の電流から受ける作用とが同等であることを実験で示した.これによりアンペールは,磁石の正体はその内部に流れる電流ではないかと考え,親友A. J. フレネル*と共に磁石を構成する「分子」内を流れる「分子電流」にその磁気作用の原因があるとした.

　アンペール力　アンペールは電流の磁気作用の研究は,電流間に働く力を調べることにあると考えた.電流が他の電流から受ける力を,導線の配置によって打ち消されるようにして検出する,いわゆる「零位法」(null method)を用いるなど,考案した実験装置には優れた工夫がある.また,当時あいまいであった「電流回路」の概念を正しく捉え,電池(ヴォルタの電堆〔⇒ヴォルタ〕)にも電流が流れていることを電流の磁気作用から確認している.こうしてアンペールは電流が流れる二つの導線のそれぞれの部分である「線要素」間に働く力として,電流間相互作用を定式化した.

　電流間に働く力をアンペール力という.無限に長い2本の平行な直線電流 i_1, i_2 が距離 R 離れているときに長さ l の導線が受けるアンペール力 F は

$$F = \frac{\mu}{2\pi} \cdot \frac{i_1 i_2}{R} l$$

となる.μ は透磁率である.i_1, i_2 が同じ向きのときに引力,反対向きのときは斥力となる.SI(国際単位系)では,真空中で1 m離れて平行に置かれた2本の無限に長い導線に同じ強さの電流を流したとき,導線同士が及ぼしあう引力,あるいは斥力が導線1 m当り 2×10^{-7} N になる電流を1 Aと定義する.これより真空の透磁率(磁気定数)μ_0 が

$$\mu_0 = 4\pi \times 10^{-7} \ [\text{N/A}^2]$$

と決まる.

　アンペールの法則　さて,任意の閉回路 C に沿う磁束密度 B の線積分は,C を貫く電流 I の総和に等しい.

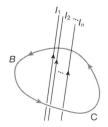

図1　アンペールの法則

$$\oint_C B ds = \mu \sum I$$

現在これを「アンペールの法則」(「アンペールの回路定理」)とよんでいるが,実際にこの形に定式化したのはマクスウェルである.アンペールにとって電流の磁気作用は電流間に直接働く力の相互作用であって,そもそも「磁場」という概念はなかった.しかし 1827 年の論文では,「ディレクトリス」なる量を導入し,閉回路 C の線積分を面積積分に変換している.こうした貢献を考えれば,法則にアンペールの名前が冠されていても,必ずしも故なしとはいえない.アンペールの法則は静磁場で成り立つ法則であり,磁場と電流が時間と共に変化する非定常状態では,電荷保存則と矛盾してしまう.アンペールの法則を非定常の場合にも成り立つように拡張したものをアンペール–マクスウェルの法則という〔⇒マクスウェル〕.

人　物　アンペールは A. アヴォガドロ*の 3 年後に,独立に「アヴォガドロの法則」を発見するなど,化学分野でも活躍している.父はルソーの影響を受けた熱心な教育家で,アンペールは幼少の頃からディドロの『百科全書』や G. L. L. ビュッフォンの『自然誌』に親しんだ.そんな父をフランス革命の嵐の中で断頭台に失ったり,最愛の妻に若くして先立たれたり,不幸な再婚をして義理の父から遺産を奪われたり,と私生活面ではつらい人生を送っている.

飯島澄男
Iijima, Sumio
1939–

カーボンナノチューブの発見者

日本の物理学者,化学者.高分解能電子顕微鏡法の確立及びカーボンナノチューブの発見で世界的に知られる.

経　歴　1939 年埼玉県越谷市に生まれ,1963 年電気通信大学を卒業後,東北大学大学院に進学,物理学を専攻.1968 年学位取得後,東北大学科学計測研究所助手,アメリカ・アリゾナ州立大学研究員,イギリス・ケンブリッジ大学客員研究員などを歴任し,1982 年から 1987 年まで,科学技術振興機構(当時は新技術開発事業団)で創造科学技術推進事業のグループリーダーを務めた.1987 年以降は日本電気株式会社特別主席研究員の職に就いている.また,1998 年からは名城大学大学院教授,2001 年からは産業技術総合研究所ナノチューブ応用センターセンター長,2007 年からは名古屋大学高等研究院特別招聘教授をいずれも兼任で務めている.日本学士院のみならず,いくつかの海外のアカデミーの会員でもある.受賞歴も,仁科記念賞 (1985),文化勲章 (2009) などを含め非常に多い.

電子顕微鏡による原子の直接観察　飯島の高分解能電子顕微鏡法開発は,東北大学在職中に着手され,アリゾナ大学でも継続された.1971 年にはニオブ酸化物中の金属原子配列の直接観察に世界で初めて成功し,当時の理論上の電顕分解能限界であった 0.38 nm を実証する形となった.1973 年には,結晶中の欠陥構造を原子スケールで解析することにも世界で初めて成功し,その後の原子レベルでの結晶構造解析法の発展に道を拓いた.さらに,1970 年代後半には,電子顕微鏡の分解能だけでなく,感度も改良することによって,原子を単体で観

察して明確な単原子像を捉えることにも成功している．飯島が世界的に名を知られるようになったのは，帰国後の 1984 年に発見した「金超微粒子の"構造ゆらぎ"」に関する研究である．これは，電子顕微鏡を使って，金原子がアメーバのように動き回る様子を捉えたもので，やはり世界初であった．

飯島が先鞭をつけた結晶構造解析法は，物質構造の原子レベルでの評価を可能にし，それをマクロな物性と結びつける新しい研究分野を拓くこととなった．

カーボンナノチューブの発見　電子顕微鏡による原子レベルでの構造解析の探究技術と，ケンブリッジ大で手がけた炭素物質研究が，1991 年のカーボンナノチューブ (carbon nanotube: CNT) 発見に結実したといえよう．CNT はグラファイト，ダイヤモンド，無定形炭素 (アモルファス)，フラーレンに続く，炭素のみで構成される物質の第 5 の形態といわれる．

イギリスの H. W. クロトーらによって 1985 年に発見されたフラーレンは，炭素がサッカーボールのようにほぼ球状の立体構造をとる C_{60} が基本的なものであるが，そのボールを引き延ばして卵形にしたような高次フラーレンもフラーレン族として存在しており，細長く引き延ばしていった極限として，CNT を捉えることも可能であるため，CNT をフラーレン族に含める考え方もある．グラファイトは炭素が平面状の六角格子を形成するグラフェンが積層したものであるが，1 枚のグラフェンを直径がナノメートル程度になるように筒状に丸めたものが CNT である．1 枚の層を丸めたものは単層 (single-wall: SW) CNT, 2 枚以上を重ねて丸めたものを多層 (multi-wall: MW) CNT とよぶ．特に，2 枚重ねのものを 2 層 (double-wall: DW) CNT とよぶこともある．MW-CNT の存在を考慮すれば，CNT はグラフェン族とは別のものとして扱うのが妥当であろう．単に CNT

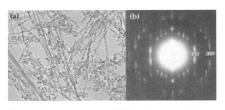

図 1　飯島が TEM で観察した CNT 像 (a) と電子線回折像 (b)
この CNT は多層であった．(a) で細長く見えているのが CNT であり，そのうちの 1 本を取り出して，電子線回折像を観察したのが (b) である (S. Iijima: *Nature* **354** (1991) 56 より)．

(カーボンナノチューブ) と表記する場合は単層，多層を総合したものを指すのが普通である．

1991 年，NEC 筑波研究所に移っていた飯島は，炭素電極をアーク放電させてフラーレンを作っているときに，陰極側の堆積物の中から透過型電子顕微鏡 (TEM) による観察で，CNT を発見し，電子線回折像でナノチューブ構造を解明した (図 1 参照)．CNT の TEM 像については，1952 年にロシア人のグループによって得られていたが，発表がロシア語の論文だったこともあり，あまり注目されなかった．飯島の場合は，構造解析まで実施した点が高く評価され，CNT の発見者として認識されている．飯島の卓越した点は，図 1(b) の回折像から，細長い針状結晶のように見えている物質が，らせん構造を持つチューブ状結晶であることを見抜いたことである．飯島の最初の論文ではマイクロチューブル (生体中の微小管を指す) とよんでいたが，後に飯島自身によりカーボンナノチューブと名づけられた．

SW-CNT には大別して三つのタイプがある．概念図が図 2 に与えられているように，チューブを中心軸に垂直な平面で切ったとき，切り口部分の炭素の配列が，ジグザグ構造をとるジグザグ型 (右上)，アームチェア構造をとるアームチェア型 (左下), ジグザグとアームチェアが混在するカイラ

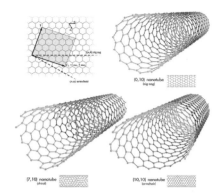

図2 SW-CNT の三つのタイプとグラフェンシートの概念図 (左上)

ル型 (右下) の三つである. カイラル型は巻き方の角度に応じていろいろな構造をとり, 違いは切り口のジグザグ構造とアームチェア構造の現れ方に反映される.

素材としての高い可能性 飯島による発見の後, 日本の遠藤守信 (信州大学) は 1975 年頃から手がけていた化学気相成長法を利用して CNT をファイバー状に大量生産する技術を開発し (このファイバーは遠藤ファイバーとよばれる), リチウム電池やその他の電子デバイスなどへの実用化が可能になった. CNT は構造によってバンド構造が変化し, バンドギャップなどが変わるため, シリコン後の半導体材料としても期待されている. また, 体積に対して表面積が著しく大きく, 微量の気体が表面に付着するだけで大きな物性変化が起こりうるので, 気体センサーへの応用も考えられている. 軽くて引っ張り強度が鋼鉄の 20 倍にも達するため, 構造材料としての応用も有望である. 将来, 宇宙エレベータを建造する際にロープとして使えるのではないかと期待されている. その他, 無数ともいえる応用の道が考えられており, CNT は夢の素材なのである.

石原　純
Ishiwara, Jun
1881–1947

日本初の相対性理論, 量子論の研究者

日本で最初の理論物理学者. 科学ジャーナリストの先駆者, 歌人.

経　歴　牧師・石原量とち勢の長子として東京本郷に生まれる. 弟・謙は高名なキリスト教史学者. 郁文館中学から旧制第一高等学校に入学, 1902 (明治 35) 年同校卒業, 1906 (明治 39) 年東京帝国大学 (のち東京大学) 理科大学 (のち理学部) 理論物理学科卒業, 大学院に進み長岡半太郎*の下で学ぶ. 退学して 1908 (明治 41) 年陸軍砲工学校の教授, 1911 (明治 44) 年東北帝国大学 (のち東北大学) 理科大学 (のち理学部) 物理学科の助教授, 1912 (明治 45) 年 4 月から 2 年間ヨーロッパ留学, A. ゾンマーフェルト*, M. K. E. L. プランク*, A. アインシュタイン*の下で研究した. 1914 (大正 3) 年教授となった. 留学前に, 日本初の相対論の論文 (1909), 日本初の量子論の論文 (1911) を発表. いずれも世界的水準の研究で時期的にも世界に後れをとっていない. 一般相対論の研究と量子論の一般化の研究 (1915) により 1919 (大正 8) 年, 学士院恩賜賞を受賞した.

一般化量子条件　1910 年の運動物体中の電磁現象に関する論文は, アインシュタインが高く評価したことで知られる. アインシュタインの光量子論は発表されてから約 20 年は不評で支持者はわずかであったが, 石原の最初の量子論はアインシュタインの立場をとり, 光の分子説に基づいてプランクの熱放射のエネルギー分布式を説明した. 最も有名な研究は, N. H. D. ボーア*が 1913 年に水素原子の場合に仮定した量子条件を一般化する試みである. ボーアは, 原子核の周りを 1 個の電子が円軌道を描く

場合に電子の定常状態を量子的に決める仮定 (量子条件) の下に水素スペクトルの説明に成功した．石原はその条件を多自由度系の場合に拡張した．彼はゾンマーフェルトの一般化量子条件と同じような条件をゾンマーフェルトより半年早く，第一次大戦中でヨーロッパでの研究情報が途絶えていたときに発表した．ゾンマーフェルトは自由度ごとに相空間の要素面積をプランク定数 h とする一般化量子条件を提出したが，石原は要素超体積を各平面に射影した面積を考え，その平均値を h と結びつけた．すなわち，

$$h = \frac{1}{n}\sum_{i=1}^{n}\int p_i\,dq_i$$

を基本仮定とした．長岡は量子論の講義で，ゾンマーフェルトの条件を黒板に書き，それをゾンマーフェルト–石原の条件とよんだという．

科学ジャーナリストの先駆者　アララギ派歌人・原阿佐緒との恋愛事件により東北帝大退職に追い込まれ，1921 (大正 10) 年休職，2 年後退職した．その後は執筆活動に専念，『相対性原理』(1921) を始め最新の物理科学の解説，紹介を通じて，湯川秀樹*，朝永振一郎*，坂田昌一*といった後進に多大の影響を及ぼした．1922 (大正 11) 年アインシュタイン来日の際には同行し講演の通訳・解説を務めた．科学論，科学教育論，子供向けの科学読み物，文明論，社会批評など広範囲の著作が多数ある．アインシュタイン–インフェルト『物理学はいかにしてつくられたか』(岩波新書) の訳者として知られるが，『岩波講座 物理学及び化学』(1929)，『理化学辞典』(初版 1935) の発刊，編集・執筆し，科学雑誌『科学』の創刊 (1931) に寺田寅彦*とともに尽力した．第二次大戦中も反ファシズム・反軍国主義の姿勢を崩さなかった．歌人として，新短歌論の提唱者として知られる．戦後間もなく交通事故によって再起不能となった．

ウー，ジェン・ション
Wu, Chien Shiung (呉 健雄)
1912–1997

パリティ非保存の実験的証明

経　歴　アメリカの放射線物理学者．上海近郊に生まれ，1936 年に渡米，1940 年に E. セグレ*の指導で博士号を取得して，1944 年よりコロンビア大学の教員，1975 年，女性初のアメリカ物理学会会長となった．評価が高い著書 *Beta Decay* がある．

「パリティ非保存」の衝撃　一般に，物理法則の対称性は，保存量の存在に導く．E. ウィグナーが，1927 年に，空間反転対称性 (鏡映対称性，左右の対称性と等価) に伴うパリティの保存を提唱して以来，パリティ保存の原理は，物理学者の間で広く受け容れられていた．これに対し，T. D. リー*と C. N. ヤン*は，タウ–テーターパズル〔⇒リー〕を追究する中で 1956 年，弱い相互作用については，パリティの保存が検証されていないことを指摘した〔⇒リー〕．彼らは論文中で，それを実証するいくつかの実験を提案した．コロンビア大学でリーの同僚であったウーは，β 崩壊して電子と反ニュートリノを放出する ^{60}Co (質量数 60 のコバルト) を用いた実験をいち早く開始し，同じく同僚の L. M. レーダーマンらも少し遅れてミューオンを用いた実験を始め，成功させた．両者の結果は *Physical Review* 誌の同じ号で公表された (1957 年)．このニュースは，物理学界のみならず，当時の一般人にも大きな衝撃を与えた．

ウーの実験　空間反転に対して符号が変わるベクトルを極性ベクトルといい，空間座標，運動量，電場などがある．符号が変わらないベクトルは軸性ベクトルとよび，角運動量，スピン，磁場などがある．極性ベクトル同士，あるいは軸性ベクトル同士の内積はスカラーといい，空間反転に対し

図 1 ウー(右)と W. E. パウリ*(左)

て符号が変わらないが，極性ベクトルと軸性ベクトルの内積は符号が変わり，擬スカラーとよばれる．したがって，擬スカラーを包含する物理量(例えば後述の $W(\theta)$)を測定すれば，それが空間対称性を持つかどうかによって，パリティの保存を判定できる．

ウーが用いた ^{60}C は，偏極させる技術が開発されたばかりだった．この原子核を1個，鏡に映してみると，軸性ベクトルであるスピンの向きが図のように反転する．鏡に映った像を，鏡の面に平行に 180° 回転すると，空間反転となり，スピンの向きは変わらず，電子，ニュートリノが飛び出す方向が反転する．鏡に映すという操作が本質的なので，ここでは，わかりやすくするために，像を回転させないでおこう．もしパリティが保存するなら，この二つの現象が等確率で起きなければならない．

ウーは，^{60}Co の線源を，磁場をかけて温度 0.01 K まで冷却し，偏極させ，放出される電子の空間分布を測定した．次に，磁場を逆方向にかけて，偏極の向きを反転させ，同様の測定を行った．その結果，磁場をどちらの向きにかけても，電子は原子核のス

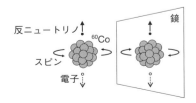

図 2 パリティが保存するとした場合

ピンの向きとは反対方向に放出され，図のような対称性がないことがわかった．すなわち，この実験で，パリティが保存しないということがありえることを証明したのだ．ウーは，実験が行われたアメリカ国立標準技術研究所の多くの共同研究者とともに，極低温の冷却器の中にどうやって検出器を挿入するのか，原子核の偏極をどうやって長時間保持するのか，といった，過去にだれも試したことのない，様々な技術的困難を，数カ月を費やして克服した．

ベータ崩壊理論の修正 放出される電子の角分布は，原子核のスピンの方向と電子の運動量の方向がなす角を θ，原子核の偏極度を $\langle I_z \rangle / I = 0.65$，電子の平均速度を $v/c \cong 0.6$ とし，非対称性パラメータを A として，

$$W(\theta) = 1 + A\frac{\langle I_z \rangle}{I}\frac{v}{c}\cos\theta$$

で与えられる．観測値は，

$(W(0)-W(\pi))/(W(0)+W(\pi)) = -0.25$ で，後方散乱の混入が非対称性を 1/3 程度減少させるのを考慮して，$A = -0.25/0.65/0.6 \times 3/2 \cong -1$ と見積もった．この値は，リーとヤンの弱い相互作用の理論における，パリティの破れが最大の場合に相当する．

この発見により，フェルミの β 崩壊の理論は修正が必要になり，さらに，CP 対称性，CPT 対称性を調べるという楽しみが生まれた(C は粒子と反粒子を入れ替える変換(荷電共役)，P と T はそれぞれ空間反転と時間反転)．また，この発見には，反ニュートリノは右巻き(スピンの方向と運動量の方向が同じ)しかないということも含まれていたが，これは，ニュートリノの質量を 0 と仮定する 2 成分(ワイルスピノル)ニュートリノの理論へとつながった．

ウーは，第 1 回ウルフ賞など数々の賞を受賞した．マダム・ウーとよばれて人気が高く，気遣いの細やかな女性物理学者だった．

ヴァン・ヴレック，ジョン・ハスブルーク
Van Vleck, John Hasbrouck
1899–1980
量子論に基づいた磁性研究

アメリカの理論物性物理学者．量子論に基づいた磁性研究で，1977年ノーベル物理学賞を受賞した．現代磁気物性の父 (The Father of Modern Magnetism) ともよばれる．

経　歴　1899年，アメリカ・コネティカット州ミドルタウン生まれ．父が数学者，祖父が天文学者という学者の家系に生を享け，ウィスコンシン州マディソンで少年時代を送った．1920年にウィスコンシン大学を卒業，1922年にハーバード大学より博士号を受け，その後，ミネソタ大学，ウィスコンシン大学を経て，長くハーバード大学の教授を勤めた．1980年に，マサチューセッツ州ケンブリッジで，81歳で死去した．

常　磁　性　ヴァン・ヴレックの最大の業績は，量子力学に基づいた固体の諸性質，特に磁性現象の理論的な解明である．この業績により，1977年，P. W. アンダーソン*，N. F. モット*と共に，ノーベル物理学賞を受賞した．

ヴァン・ヴレックの名を冠した効果としてよく知られているものに，「ヴァン・ヴレック常磁性」がある．常磁性というのは，磁化を持たない物質に外から磁場をかけると，磁場に比例した磁化が磁場方向に誘起されるような性質を指す．外から大きさ H の磁場をかけたときに磁化 M が誘起される際の磁気的な応答係数として帯磁率

$$\chi = \frac{\partial M}{\partial H}\bigg|_{H=0}$$

が定義されるが，常磁性の場合には，帯磁率が正になる ($\chi > 0$)．即ち，かけた磁場の方向に，磁化が誘起される．なお，これとは逆に，帯磁率が負になる ($\chi < 0$) 場合を反磁性とよび，外からかけた磁場と逆方向に，磁場に比例した大きさの磁化が誘起される．

一口に常磁性といっても，いくつか異なった起源の常磁性が知られている．一般に，物質の磁性の起源としては，電子のスピンが持つスピン角運動量 S に起因するものと，電子が軌道運動することで生じる電子の軌道角運動量 L によるものの，二つに大別できる．ヴァン・ヴレック常磁性は，このうち軌道角運動量に由来する常磁性である．電子の軌道運動に由来する磁性は通常は弱い反磁性を示すことが多い．例えば，環状電流が外部磁場を遮蔽するように流れるという古典電磁気学のレンツの法則〔⇒レンツ〕に起因する反磁性 (ラーモア反磁性〔⇒ラーモア〕とよばれることもある) が，その典型である．

ヴァン・ヴレック常磁性　ヴァン・ヴレックは，量子論に基づくと，軌道運動に伴う常磁性も存在することを理論的に明らかにした．磁場をかけないときに基底状態での磁気モーメントが0であるような磁性イオンに，外から磁場をかけたとき，磁場に比例した磁化が磁場方向に誘起される量子力学由来の効果が存在する．これが，ヴァン・ヴレック常磁性である．ヴァン・ヴレック常磁性が有限に現れるためには，基底状態 $|0\rangle$ と励起状態 $|n\rangle$ 間の軌道角運動量 L の量子力学的な行列要素が0でない

$$\langle 0|L|n\rangle \neq 0$$

ことが必要である．ヴァン・ヴレック常磁性は，軌道角運動量 L と磁場 H の積に比例するゼーマンエネルギーを摂動と見なした際，摂動の2次項として導出された (1929年)．この場合，対応する帯磁率は，N を磁性イオンの数，μ_B をボーア磁子，E_0 を基底状態のエネルギー，E_n を励起状態 $|n\rangle$ のエネルギーとして，

$$\chi = 2N\mu_B \sum_n \frac{|\langle 0|L|n\rangle|^2}{E_n - E_0}$$

のように与えられる．ここで，n に関する和は，すべての励起状態についてとる．

ヴァン・ヴレックの常磁性は，基本的に，量子力学的効果であり，温度によらない．なお，物質の常磁性の起源として，電子のスピンが持つスピン角運動量 S に起因するものもある．代表的なものとして，互いに独立な磁気モーメント系が示すランジュヴァンの常磁性〔⇒ランジュヴァン〕や，伝導電子系が示すパウリの常磁性〔⇒パウリ〕などが知られている．

他の業績　ヴァン・ヴレックは，他にも，配位子場や誘電体の分野にも業績がある．第二次大戦中は，マンハッタン計画に参画した．また，分子スペクトルやレーダーの研究でも知られる．特に第二次大戦中，彼が MIT を舞台に行った大気中の分子による電磁波の吸収の研究は，レーダーの軍事利用に際しても，あるいは後年発展する電波天文学に対しても，重要な役割を果たした．

教育者として　ヴァン・ヴレックは指導者としても尽力し，多くの優れた人材を育てた．その中には，ノーベル賞を共同受賞したアンダーソンを始め，核磁気共鳴の発見で 1956 年にノーベル物理学賞を受賞した E. M. パーセル*，科学史家として著名な T. クーンらが含まれる．名前のイニシャルが V V となることから，学生たちからは親しみを込めて V^2 (V square) と呼ばれた．また，1932 年に出版された著書 *The Theory of Electric and Magnetic Susceptibilities* は有名で，日本でも小谷正雄らによって邦訳され，『物質の電気分極と磁性』というタイトルで 1958 年に出版された．

ヴァン・デ・グラーフ, ロバート
Van de Graaff, Robert
1901–1967

ヴァン・デ・グラーフ型加速器の発明

経歴　アラバマ州タスカロッサにオランダからの移民の子として生まれる．アラバマ大学で修士課程を修了し，アラバマ電力会社に就職するが，1 年後ソルボンヌ大学で学んだ後，オックスフォード大学に入り直し，1928 年に博士号を取得している．翌年から高電圧発生装置の開発を開始した．プリンストン大学で 1929 年に 80 kV を達成，1931 年には 7 MV という，前人未到の高電圧発生装置を完成させた．MIT の招きでそこへ移籍しスタッフとして粒子加速器開発に携わることになる．専らデバイスの開発が主たる役割だったため，MIT で昇格するに必要な論文を書く機会に恵まれなかったようで，1960 年まで准教授に留まった．

加速器の開発　第二次大戦中は海軍の大砲の X 線写真撮影技術の開発に従事する．戦後には X 線発生用，癌治療用，原子核の精密実験用の高電圧装置の設計・組立て・販売を行う会社を立ち上げ，世界のこの分野でのリーディングベンダーに育てている．負電荷イオンを高圧加速器の端部から入射し，加速器中央部の高圧部まで加速，そこで電子を剝ぎ取り正のイオンとして他端部まで同じ電圧で加速し，2 倍の正味加速が可能なタンデム加速器の発明でも広く知られている．シングルエンド加速器，タンデム加速器とも現在多くの大学，研究機関で 10 MeV 程度までの標準的加速器として普及している．高周波を利用した他の加速器とは異なり，任意のイオンが加速できるので，イオン種のニーズが大きな材料科学や，生物応用に広範に使用されている．また，加速電圧の安定度に優れ，エネルギー

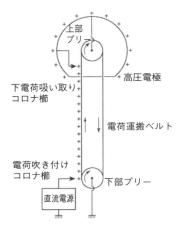

図1 ヴァン・デ・グラーフ高圧発生装置の原理図

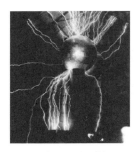

図2 750 kV 高圧実験の様子（1931 年）
http://libraries.mit.edu/archives/exhibits/van-de-graaff/img/fig6-framed.jpg

の揃った粒子を必要とする精密実験には不可欠な加速器である．電荷運搬のベルトに当初は布製のキャンバスベルトを使用していたが，1965 年にハーブによって金属製ペレットチェーンが発明され耐用年数が大幅に上昇した．このベルトを使用した装置は現在ペレトロンとよばれている．

英国物理学会は 1947 年に Duddel Medal を，米国物理学会は 1966 年に Tom W. Bonner 賞を授与してその功績を讃えた．没年の時点で，世界 30 カ国で 500 台のヴァン・デ・グラーフ型加速器が稼働していたといわれている．

ウィグナー，ユージン・ポール
Wigner, Eugene Paul
1902–1995

対称性の理論の創始者

アメリカの理論物理学者．

経歴 ハンガリー，ブダペストでなめし革業を営む中流階級ユダヤ人家族の長男として誕生．原子核や素粒子における基本的対称性の原理を発見した功績で，M. ゲッパート＝メイヤー★，J. H. D. イェンゼンと共に 1963 年のノーベル物理学賞を受賞．量子力学における対称性の理論の創始者として知られる．また，数学分野でも多くの功績を残し，とりわけ量子力学の数学的定式化に重要な役割を果たすウィグナーの定理は有名である．

ウィグナーの定理 1931 年に証明されたウィグナーの定理は，物理的な対称性に関する変換，例えば回転，並進，荷電共役 (C) 変換（粒子と反粒子の間の変換），パリティ (P) 変換（空間反転），時間反転 (T) 変換などが，ヒルベルト空間の量子力学的状態にどのように作用するかを記述するものである．変換を T で表し，ヒルベルト空間の要素を x, y のように表す．T はヒルベルト空間における写像ともよばれる．任意の状態に対する変換後の状態 Tx, Ty も同じヒルベルト空間に含まれるものとする．このとき，ウィグナーの定理によれば，任意の x, y の内積の絶対値が変換によって不変であるという関係式

$$|\langle Tx|Ty\rangle| = |\langle x|y\rangle|$$

が成り立つ場合，T の作用は，ユニタリー変換あるいは反ユニタリー変換を表す U と絶対値が 1 の複素数 c を用いて

$$Tx = cUx$$

のように表される．

ウィグナー–エッカートの定理　角運動量の固有状態を基底とする，球面テンソル演算子の行列表示に関して，ウィグナー–エッカートの定理が成り立つ．この定理は四重極遷移の計算などに応用される重要なもので，ウィグナーとC.エッカートによって証明された．球面テンソル演算子（回転に際し，角運動量演算子と同じように変換される演算子）の行列要素が，角運動量の絶対値だけで決まる因子と，角運動量の合成に登場するクレプシュ–ゴルダン係数の積の形に表されるという内容である．前者が，テンソル演算子の物理的側面を表し，後者が幾何学的配置を反映している．

ウィグナー行列　ウィグナーはまた，1950年代に，重い原子核の複雑なエネルギー準位を扱うために，ランダム行列理論を導入し，重い原子核におけるエネルギー準位は，ランダムな系を記述するハミルトニアン行列の固有値の分布に類似すると予想して，このランダムなハミルトニアン行列のアンサンブル（統計集団）は，系の基本的対称性だけで特徴づけられると考えた．時間反転対称性が満たされる場合その構成要素は互いに直交変換（直行行列）で関係づけられるため，アンサンブルは実対称行列からなることが示される．また時間反転対称性が磁場の存在などで破れている場合は，構成要素を関連づける変換がユニタリー変換（ユニタリー行列）となるので，エルミート行列（複素行列）になる．

これらのランダムな $N \times N$ ハミルトニアン行列は，一般に，ウィグナー行列とよばれ，特に行列要素の分布がガウス型の場合は，ガウス型ウィグナー行列とよばれる．行列要素をガウス分布で扱う考え方は1962年，F.ダイソン*によって導入された．ガウス型ウィグナー行列のアンサンブルは，時間反転対称性が満たされている場合は，ガウス型直交アンサンブル（Gaussian orthogonal ensemble: GOE），時間反転対称性が破れている場合はガウス型ユニタリーアンサンブル（Gaussian unitary ensemble: GUE）とよばれる．ダイソンはさらに，時間反転対称性は満たされているが，スピン回転対称性が破れている場合も考え，この場合の要素間変換がシンプレクティック変換（シンプレクティック行列）であることからガウス型シンプレクティックアンサンブル（Gaussian symplectic ensemble: GSE）を導入した．

ウィグナーの半円分布　ウィグナーは多くのランダムな対称行列の固有値 x の分布が，$N \to \infty$ の極限で，次式で表されるような半円形の確率密度関数で記述されることを示した．

$$f(x) = \frac{2}{\pi R^2}\sqrt{R^2 - x^2}$$

R は，行列要素の分布に依存する固有値の範囲を定めるパラメータである．この分布関数は，ウィグナーの半円分布とよばれ，ランダムなハミルトニアン行列の場合に限らず，多くのランダム行列について成り立つことが知られている．

ウィグナーの仮説　また，エネルギー準位間隔の分布についても，ウィグナーの仮説（Wigner surmise）とよばれるものを提唱している．実対称の場合，具体的には平均間隔で準位間隔を割ったものを t とすれば，間隔分布関数は

$$P_{\text{GOE}}(t) = \frac{\pi}{2} t \exp\left(-\frac{\pi}{4}t^2\right)$$

となるという仮説で，本質的なことはガウス型で前に t がかかることである．係数は分布関数を t について0から ∞ まで積分したものが1（規格化），また，t の期待値が1という二つの条件から決められる．この分布は，2×2 のガウス型ウィグナー行列について厳密に成り立つことが示される．同様にして，GUE，GSEの場合の準位間隔分布は

$$P_{\text{GUE}}(t) = \frac{32}{\pi^2} t^2 \exp\left(-\frac{4}{\pi}t^2\right)$$

$$P_{\text{GSE}}(t) = \frac{2^{18}}{3^6 \pi^3} t^4 \exp\left(-\frac{64}{9\pi}t^2\right)$$

となると考えられている．ガウス関数の前に現れる t の冪指数 (ダイソン指数とよばれることもある) は，エネルギー準位反発の強さを表し，それが基本的対称性の違いを反映している．ランダム行列理論は，不規則電子系や量子カオスの研究にも応用されている．

統計力学分野への貢献とウィグナー表示
ウィグナーの統計力学分野への貢献では，古典統計力学と量子統計力学を結びつけるウィグナーの位相空間分布関数の提唱があげられる．古典的には，運動量と座標の関数としての分布関数が用いられるが，量子力学では不確定性関係のために，そのような関数は定義できない．そこで，ウィグナーは密度行列を用いた量子統計力学的な平均が古典統計力学の位相空間分布関数となるような関数の存在を示した．また，これに関連して，座標演算子と運動量演算子を座標表示，運動量表示の中間的な表し方にするウィグナー表示

$$x \to x + \frac{i\hbar}{2}\frac{\partial}{\partial p}, \quad p \to p - \frac{i\hbar}{2}\frac{\partial}{\partial x}$$

を導入した．これらも量子カオスの研究などでよく利用される．

固体物理分野への貢献　ウィグナーは固体物理分野でも大きな貢献があり，特に電子間クーロン相互作用が運動エネルギーに比して主要となる希薄電子系で最も安定な状態は，電子が格子状 (ウィグナー格子) に配列したウィグナー結晶相であることを示した．また，一般の結晶格子で繰り返しの基本構造を見つけるためのウィグナー–ザイツ胞 (Wigner-Seitz cell) の考え方を F. サイツと共に提唱した．これは近接格子点を結ぶ線分の垂直二等分面で囲まれる領域を基本構造とするものであり，逆格子空間における同様の領域は，ブリユアン域 (Brillouin zone) とよばれる〔⇒ブリユアン〕．

ウィーデマン，グスタフ
Wiedeman, Gustav Heinrich
1826–1899

磁歪に関するウィーデマン効果

ドイツの実験物理学者．磁性体のねじり歪みと磁界に関わるウィーデマン効果や，導体の熱伝導度と電気伝導度の比に関するウィーデマン–フランツ則などで知られる．ドイツ人なので，ヴィーデマンと表記することもある．

経　歴　1826 年，ベルリンに住む商人の息子として生まれ，ベルリン大学で物理，化学，数学を学んだ．実験物理学者の H. G. マグヌスの下で指導を受け，1844 年，有機化学に関するテーマで博士論文を書いた．師の紹介で H. ヘルムホルツ*と知り合いになり，後に彼らとベルリン物理学会の創設に寄与することになる．1851 年に同大でハビリタチオンを取得し，私講師として働いたが，1854 年にはバーゼル大学，さらにブラウンシュバイク工科大学，カールスルーエ工科大学の教授を経て，1871 年にはライプチヒ大学で物理化学の教授に任ぜられた．1887 年には物理学の教授になった．ウィーデマンは，一貫して光の偏光や電気，磁気の問題に興味を持っていた．

ウィーデマン–フランツ則　ベルリンで働いていた 1853 年，ウィーデマンは R. フランツと共同で，いろいろな導体 (金属) の電気伝導度 σ，熱伝導 κ を調べ，温度が同じならば，κ/σ が金属の種類によらずほぼ一定になるという経験則を発見した．これをウィーデマン–フランツ則という．後の 1872 年に，デンマークの L. V. ローレンツによって，κ/σ が絶対温度 T に比例することが発見された．比例定数 L はローレンツ数とよばれ，物質に依存しない．その後，20 世紀の A. ゾンマーフェルト*の自由電子モデル〔⇒ゾンマーフェルト〕によって，

$$\frac{\kappa}{\sigma} = LT, \tag{1}$$

$$L = \frac{\pi^2 k_{\mathrm{B}}^2}{3e^2} = 2.44 \times 10^{-8}\,\mathrm{V}^2/\mathrm{K}^2 \tag{2}$$

となることが示された (e は素電荷, k_{B} はボルツマン定数, V は電圧の単位ボルト, K は温度の単位ケルビンを表す). 現在では, (2) 式を含めた (1) 式をウィーデマン–フランツ則とよぶのが一般的である. ウィーデマン–フランツ–ローレンツ則とよばれることもある.

ウィーデマン効果 磁性体の磁化を磁場などによって変化させたとき, 磁性体に歪みが生じる現象を一般に磁歪 (magnetostriction) というが, その最初の発見は1842 年, J. ジュール*による. 特に, 強磁性体の棒を, 軸方向の磁場中に置き, 軸に平行に電流を流すと, 棒がねじれる現象をウィーデマン効果とよぶ. ウィーデマンが 1858 年に発見した現象である. ウィーデマン効果は, 軸方向の磁場と, 電流によって作られる円形磁場との相互作用で磁性体の磁化が変化するために起こる現象である. よじれ角は, 電流密度と軸方向磁場の積に比例し, 棒の剛性率に反比例する. 磁歪の逆現象, すなわち磁性体に圧力を加えると, 磁化が変化する現象はビラリ効果 (Villari effect) とよばれる. これは 19 世紀イタリアの物理学者 E. ビラリが発見したものである. ウィーデマン効果の逆で, 棒状磁性体にねじれを与えると, 磁化にヘリカル異方性が生じ, それに伴って軸方向の電圧が発生する現象は, マテウチ効果 (Matteucci effect) とよばれる. これらの現象を総称して, 磁気弾性効果とよぶが, この効果は電磁気的エネルギーを力学的エネルギーに変換するアクチュエーターや磁気センサーなどに応用される. また, 交流の変圧器から聞こえる低周波雑音の原因でもある. 現在では, ミクロな原因がスピン–軌道相互作用にあることがわかっている.

ウィーナー, ノーバート
Wiener, Norbert
1894–1964

サイバネティックスの創始者

アメリカの数学者, 哲学者.

経歴 ミズーリ州コロンビアでユダヤ人夫妻の長男として誕生. 言語学者の父レオにより幼少期に英才教育を受け, 神童とよばれた. 11 歳でタフツ・カレッジに入学, 14 歳で数学の学士となり, ハーバード大学, コーネル大学の大学院でそれぞれ動物学, 哲学を専攻, 18 歳で数理論理学の博士論文を執筆, ハーバード大学より Ph.D. を授与された. その後, イギリスのケンブリッジ大学で B. ラッセルに師事, ドイツのゲッティンゲン大学で D. ヒルベルト*らの下で学ぶなどの経験を積み, 1919 年 24 歳の若さでマサチューセッツ工科大学 (MIT) 数学科の講師に採用された. MIT 在職中も頻繁にケンブリッジやゲッティンゲンを訪れ, ブラウン運動やフーリエ積分, 調和解析などの研究を行った.

第二次大戦中は射撃制御装置の研究を行い, そのことが, 戦後, 通信理論と制御理論を統合したサイバネティックスの提唱につながった. サイバネティックスを定式化するべく, 人工知能, 計算機科学, 神経心理学の分野における当時の最も優秀な研究者を MIT に招き, 研究チームを結成したが, 彼自身は諸事情で, 成果が出る前にチームを離れた. しかし, 集められた研究者たちはその後の MIT の研究活動を牽引する役割を果たし, 計算機科学を始めとする多くの成果が生み出された.

サイバネティックスの創始 サイバネティックス (cybernetics) はギリシャ語のキベルネテス ($Κυβερνήτης$, 船の操舵者の意) を語源とする造語で, フィードバックや自動制御の考え方を幅広く応用するた

め，通信工学と制御工学を融合させて生理学，機械工学，システム工学などを統一的に扱うことを目指した学問．インターネットを通したサイバーテロ，サイバー犯罪あるいは人間と機械の融合体としてのサイボーグ (cyborg: cybernetic organism の略) など，関連した用語は現在も使われる．

ウィーナー過程 ウィーナーは確率過程の数理的定式化にも興味を持ち，ブラウン運動に関連した連続時間確率過程はウィーナー過程とよばれる．ウィーナー過程で記述される確率変数 W_t は，次の三つの性質を持つものとして規定される．

① $W_0 = 0$．

② 時刻 t の関数として，W_t はほぼ確実に (確率 1 で) 連続である．

③ $0 \leq s < t$ のとき $W_t - W_s$ は期待値 0，分散が $t - s$ の正規分布に従い，$0 \leq s < t \leq s' < t'$ を満たす時刻に対し，$W_t - W_s$ と $W_{t'} - W_{s'}$ は独立な確率変数となる (W_t は独立増分を持つ)．

ウィーナー過程は幅広い数学分野で応用されているが，物理学分野では，標準ブラウン運動とよばれることもある．ウィーナー過程の最も単純な例は，1 次元酔歩のモデル (時間間隔 τ，歩幅 ξ で，左右にそれぞれ p, $q(= 1 - p)$ の確率で点が次々移動する) から，ξ/τ 一定の下 $\tau \to 0$ の極限をとって得られる．

ウィーナー–ヒンチンの定理 1930 年には，広義の定常確率過程の自己相関関数 (異なる時刻における確率変数の積を乱雑さについて平均したもの) はパワースペクトルの形にスペクトル分解可能であるという数学的な定理を導いた．同じ結論を，1934 年にロシア (ソ連) の数学者 A. Y. ヒンチンも独立に導いたので，ウィーナー–ヒンチンの定理とよばれている．この定理は，久保亮五*の線形応答理論などにも影響を与えた．

ウィルソン，ケネス
Wilson, Kenneth
1936–2013

くりこみ群による臨界現象の解明

アメリカの理論物理学者．くりこみ群を用いた 2 次相転移に関する臨界現象の解明により，1982 年にノーベル物理学賞を受賞．

経　歴 1956 年にハーバード大学卒業後，カリフォルニア工科大学で M. ゲルマン*の下で研究し，1961 年に博士号を取得した．1963 年にコーネル大学教授となり，統計物理学や素粒子物理学を含む理論物理学に関して，その後の方法論やパラダイムを変革するような画期的な研究を行った．

ウィルソン展開 1969 年に素粒子反応の近距離の振舞を知るために，場の量子論において「ウィルソン展開」とよばれる演算子積展開が有用であることをいち早く見抜き，素粒子の強い相互作用に関する現象に適用した．ウィルソン展開とは，局所演算子 $A(x)$ と $B(y)$ の積の正則な局所演算子 $O_n((x+y)/2)$ による展開で，次式のように表せることをいう．

$$A(x)B(y) = \sum_n C_n(x-y) O_n\left(\frac{x+y}{2}\right)$$

ここで，$C_n(x-y)$ はウィルソン係数とよばれる関数で，時空点 x と y が一致するときに特異性を示す．この関数は，くりこみ群の方法を用いて求めることができる．

くりこみ群 元々，くりこみ群は朝永振一郎*, J. S. シュウィンガー，R. ファインマン*, F. ダイソン*らにより開発された電磁相互作用に関するくりこみ理論〔⇒朝永振一郎〕から派生した概念で，1953 年に E. C. G. シュテュッケルベルクと A. ピーターマンにより定義され，翌年，ゲルマンと F. E. ローによりエネルギーを変えたときに物理量が受ける変換を記述する「くりこみ群

方程式」とよばれる微分方程式が導出された〔⇒グロス〕．この方程式を通じて，これまで定数と考えられていた結合定数が実はエネルギースケールにより変化するというパラダイムの転換がなされた．

1970年にウィルソンはくりこみ群の概念を素粒子に関する強い相互作用に適用した．また，1971年にくりこみ群の概念が，統計力学における2次相転移に関する臨界現象の研究に対しても有効であることを示し，系のスケール変換と関連したくりこみ群の理論を構築した．具体的には，微視的なスケールのゆらぎの寄与を順次，積分して自由エネルギーに取り込むことにより，結合定数などにくりこみが施される．臨界現象の特徴（臨界指数の普遍性，スケーリング則など）はくりこみ変換に関する固定点とその近傍の性質から理解することができる．ここで，臨界指数とは相転移点 T_c の近傍での物理量の異常性を特徴づける指標である．自発磁化 M に関しては $M \propto |T - T_c|^\beta$ と表され，β が臨界指数である．

さらに1975年に，近藤効果〔⇒近藤 淳〕に関する問題をくりこみ群の理論に基づき，計算機を駆使して数値的に解いた．新しい型の計算機の提案を含め，計算機の普及にも努め，「解析的に解くことができない系や実験で検証するのが困難な系に関して計算機を利用して解析する」という方法論の変革を促した．ちなみに，ウィルソンの妻は計算機の研究者である．

ウィルソンのくりこみ群の理論により，「物理学における様々な問題にくりこみ群の概念が有効である」という方法論の変革と「場の量子論に基づく模型は切断パラメータと呼ばれるスケールを有する有効理論として捉えることができる」及び「素粒子物理学におけるくりこみ可能性は原理ではなくて，くりこみ群の流れによる帰結である」というパラダイムの変革がなされた．

このような考え方は現在では標準的なものであるが，提案された当時は従来の考え方とはかなり異なるものであったため，すぐには受け入れられなかった．ウィルソン自身も1回の講義では自分のアイデアを十分に説明することはできないと述べている．1972年にプリンストン大学で15回の講義が行われ，その講義録はJ.コーガットの協力の下で1974年に『くりこみ群とε展開』と題する論文として出版され，彼のアイデアが広く普及するもととなった．

格子ゲージ理論へ 1974年に「格子ゲージ理論」とよばれる離散化された時空上で定義されたゲージ理論を構築し，強結合領域でクォークの閉込めを示唆する面積則を導いた．有用な物理量として，ウィルソンループ演算子

$$W(C) = \mathrm{Tr}\left[\mathrm{Pexp}\left(ig\oint_C A_\mu(x)\mathrm{d}x^\mu\right)\right]$$

が存在する．ここで，g はゲージ結合定数，C は閉曲線，P は経路順序演算子，$A_\mu(x)(= A_\mu^a(x)T^a)$ はゲージ場を表す．

ウィルソンが与えたクォークの閉込めに関する判定基準は $W(C)$ の期待値が漸近的に面積則

$$\langle W(C)\rangle \sim \mathrm{e}^{-k\Sigma(C)}$$

に従うかどうかである．ここで，k は正の定数，$\Sigma(C)$ は C により囲まれた面積である．面積則に従う場合，クォークと反クォークが距離によらず一定の強さの引力で引き合っていて単独では取り出せないことを意味する．格子ゲージ理論は非摂動領域（強結合領域）においても矛盾なく定義された理論で，計算機による数値計算を通してハドロンの質量など様々な物理量の値を求めるのに適している．このような格子上で定義された場の理論はウィルソン自身がもたらした方法論の変革の一つである計算機による解析を実践する格好の舞台であり，相転移などに関する新しい知見が計算機の力を借りて得られるようになった．

ウィルソン, チャールズ
Wilson, Charles Thomson Rees
1869–1959

ウィルソン霧箱の発明

経歴 スコットランドの農家に生まれた大気電気学者. 当初, 医者になるため現在のマンチェスター大で動物学を学ぶが, その後奨学生として移ったケンブリッジ大で物理化学への興味を深めた. ケンブリッジ大卒業後から後の霧箱開発研究の土台となる大気中の電気現象の研究に従事する.

霧箱の発明 ウィルソンは1895年から1900年にかけて, スコットランドで一番高いベン・ネビス山の頂上で観測された自然界の光学現象を, 地上で再現するべく, 霧を作りだす装置の研究を進めていた. 空気を密閉した箱に, 水を詰め, 飽和状態にし, この箱の内部体積を急激に膨張させると内部温度が下がる. この結果, 水は過飽和状態で存在することになる. ウィルソンは膨張比の大きさが臨界値 (4倍の過飽和に対応する一定の臨界膨張率 $\nu_2/\nu_1 = 1.25$) を越すと, 塵など存在しない状態でも, 霧 (水の凝縮現象) が発生することを発見した. その段階で霧の核は分子の大きさであること, イオン化した空気分子がその核であろうと予想した.

J. J. トムソン*の助手として働いていたH. エヴァレット製作のX線管を使用し, この臨界値を越えた状態の霧箱 (現在では膨張霧箱とよぶ) に空気の電離効果が既に確認されていたX線を照射した結果, 大量の霧を生成し, 数分間持続する事実を見出した. これらの結果を1896年に王立協会論文として発表した. 1898年にはJ. J. トムソンが霧箱内に電極を挿入, 電圧を印加したところ, X線照射後に電極近傍では霧は発生せず, 離れた位置で霧の発生を観測した. この事実から霧の凝集核はイオンであ

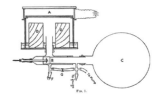

図1 ウィルソンの霧箱 (模式図)

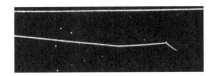

図2 最初のα粒子の飛跡の写真
(*Popular Science Monthly* **87** (1915) 129 より)

ることが証明された.

荷電粒子の飛跡観測 膨張比を適当に選んで得られるイオンを核とした水滴 (霧) を暗い背景の中で, 強く照明すれば, 水滴は輝く点として見える. 空気を電離しながら進む荷電粒子の飛跡がそのような連続する輝点として写真観測されることが見出された. 実際これは, 1910–12年にウィルソン自身の手によるα線, β線, γ線の飛跡観測に利用された. 得られた飛跡はそれまでの理論的予想や間接的に得られていた結果とほぼ完全な一致を見, 荷電粒子, X線, γ線のガス分子との相互作用を調べる上で霧箱による観測の有効性を決定づけた. ウィルソンは1927年に霧箱の発明でノーベル物理学賞を受賞した. 図1に後世に製作された典型的霧箱の模式図を, 図2にウィルソンによって1912年に撮影された最初のα粒子の飛跡の写真を示す.

粒子飛跡を直接みるというこの手法は, 膨張霧箱の進化の延長線の中で, 1939年に発明された拡散型霧箱と1952年にD. A. グレイザーによって発明された泡箱に引き継がれ, 宇宙線観測と加速器からの大強度粒子線を使った高エネルギー物理実験には不可欠な装置となった〔⇒ブラケット卿〕.

ウィルソン,ロバート・ウッドロウ
Wilson, Robert Woodrow
1936–
宇宙マイクロ波背景放射の発見

アメリカの天文学者,物理学者.A. A. ペンジアスと共に宇宙マイクロ波背景放射を発見.ミリ波天文学の発展に重要な貢献.

経 歴 R. W. ウィルソンは,1936年に生まれた.幼い頃から電子工学と電波通信に興味を持っていた彼は,高校時代にはラジオやテレビを直すアルバイトや,アマチュア無線家の手伝いに勤しんでいた.1957年にライス大学で学士号を取得し,1962年にカリフォルニア工科大学でPh.Dを取得した.1963年にはベル研究所の技術スタッフとなり,ペンジアスに次ぐベル研究所で2人目の電波天文学者として,ニュージャージー州ホルムデルに勤務した.研究所の予算削減により電波天文学者を雇う余裕が1人分しかなくなったとき,ウィルソンとペンジアスはそれぞれ給料をもらえる時間を半分にすることを申し出たという.1976年には電波物理部門長となる.1977年,全米科学アカデミーのヘンリー・ドレーパー賞,王立天文学会のハーシェル賞を受賞.1978年にウィルソンはペンジアスと共に,宇宙マイクロ波背景放射を発見した業績により,ノーベル物理学賞を受賞した.後のウィルソンの研究は,ミリ波天文学に及び,地球大気中の太陽放射の測定や星間物質の定量,また星間空間で検出された分子の研究を行っている.

宇宙マイクロ波背景放射 (CMB) 宇宙マイクロ波背景放射 (cosmic microwave background: CMB) とは,宇宙を一様に満たす 2.73 K の黒体放射であり,ビッグバン宇宙論 〔⇒ハッブル;ガモフ〕 の最も重要な観測的証拠とされている.1964年,ベル研究所において高感度マイクロ波アンテナの研究を進めていたウィルソンとペンジアスは,どう対処しても消えない雑音に気づいた.この雑音の強度は,波長 7.1 cm において 3.1±1 K の黒体放射に相当する強度であり,非常に等方的であった.彼らはプリンストン大学の R. ディッケ*に連絡し,この正体不明の電波雑音について報告した.この頃ディッケは,ビッグバン理論から5 K 程度の宇宙背景放射の存在を示唆し,D. T. ウィルキンソンらとマイクロ波検出装置の建設を始めていたが〔⇒ディッケ〕,ウィルソンとペンジアスが気づいた雑音こそが,ビッグバンの名残である宇宙マイクロ波背景放射だったのである.この発見によって天文学者はビッグバン仮説の正しさを確信するようになり,初期宇宙についてのそれまでの多くの仮説が修正された.

ウィルソンとペンジアスの発見以降,CMB に関する数多くの観測実験が行われた.中でも,1989年に打ち上げられた COBE (Cosmic Microwave Background Explorer) 衛星は,初めて CMB の非等方性を検出した.この非等方性の起源は,宇宙初期の量子ゆらぎが宇宙の指数関数的な膨張(インフレーション)によって引き延ばされたものと考えられている.その後,WMAP (Wilkinson Microwave Anisotropy Probe) や Planck 衛星によって CMB 非等方性の高精度測定が行われ,それから宇宙年齢(137億年)やその他の宇宙論パラメータが精密に決定された.

ミリ波天文学 また,ウィルソンはミリ波天文学の発展にも重要な貢献をしている.特に,オリオン星雲方向の一酸化炭素分子の 115 GHz 回転スペクトル線放射の検出は,本格的な分子スペクトル線による電波天文学の幕開けともいうべき重要なものであった.1970年に発表されたその論文は,全文で2ページという非常に短いもので,要旨はたった1文だけであったことからも,そのインパクトの強さが窺える.

ウィーン，ウィルヘルム
Wien, Wilhelm Carl Werner Otto Fritz Franz
1864–1928
熱放射の諸法則に関する発見

ドイツの物理学者．黒体放射に関するウィーンの変位則やウィーンの放射法則等「熱放射の諸法則に関する発見」により，1911年にノーベル物理学賞を受賞した．

経　歴　ウィーンは1864年，東プロイセンのフィッシュハウゼン近郊にあるガフケン（現ロシアのカリーニングラード州パルスノエ）で農場主カール・ウィーンの息子として生まれた．ハイデルベルクのギムナジウム卒業後，ゲッティンゲン大学とベルリン大学で数学と物理学を学んだ．

ベルリン大学では，H. ヘルムホルツ*の研究室に所属し，1886年に金属刃端による光の回折が材質によることを示す論文により学位を取得した．この論文を執筆していた頃，東プロイセンの親戚の家で，M. K. E. L. プランク*に初めて出会った．プランクとは，その後も終生親友として親交を持っていた．

ベルリン工科大学では，帝国理工学研究所所長になっていたヘルムホルツの下で研究を行った．その後，いくつかの大学教授を経て，1920年にはW. C. レントゲン*の後任としてミュンヘン大学物理学教授になり，終生その地位にあった．この間，1925年には，ミュンヘン大学の学長を務めている．晩年はドイツ物理学会会長を勤めたほか，ヘルムホルツ協会を設立するなど，第一次大戦後のドイツの物理学や工学の復興に尽力した．

ウィーンの変位則　彼の不朽の業績は熱放射の研究である．当時ドイツでは鉄の溶鉱炉の中の高い温度を正確に測定する方法を模索していた．技術者は炉の温度が上がるにつれて，炉内が赤色から白っぽい色になっていくことから，この色の変化でおよその温度を推定していた．こうした技術者の経験とカンに頼らないで，溶鉱炉内の温度を正確に測定する方法はないものかという要請が，物理学者に突き付けられていた．こうした産業面からの要請が，当時の学問上の急速な進歩という背景の下で，熱放射の研究を加速させたといえる．

ウィーンは，この熱放射の問題を，黒体という理想化された物体からの放射スペクトルとして解析を進め，ある温度の黒体から放射されたスペクトル強度のピーク波長が，その黒体の温度に反比例するというウィーンの変位則を発見した．

$$\lambda_{\max} = \frac{b}{T}$$

ここで，T は黒体の絶対温度 (K)，$\lambda_{\max}$ はピーク波長 (m)，b は比例定数である．また，$b = 2.8977721 \times 10^{-3}$ K·m である．

黒体というのは完全放射体ともいい，外部から入射する電磁波をあらゆる振動数にわたって完全に吸収し，かつ，壁で完全に反射できる物体のことである．十分に大きな空洞を考え，空洞を囲む壁は光を含む一切の電磁波を遮断するものとする．この空洞に，その大きさと比べて十分に小さな孔を開ける．孔を開けることによる空洞内部の状態の変化は無視できるものとする．このような理想化された空洞は，外部から入射する電磁波を（ほぼ）完全に吸収する黒体と見なすことができる．この空洞からの熱などの放射を空洞放射，あるいは，黒体放射という．

ウィーンの放射法則　ウィーンは，さらに1986年に，変位則と実測に基づき，気体運動論との類推に基づく発見法的議論から，次の放射エネルギー密度（分布関数）の表式を提案した．

$$u(\nu, T) = \frac{8\pi k_B}{c^3} \nu^3 e^{-a\nu/T}$$

ここで，c は光速度，k_B はボルツマン定数であり，パラメータ a は後に $k_B a = h$ と

判明する．h はプランク定数である．

ウィーンはこの式によって，黒体からの熱放射のスペクトルを完全に説明することができると考えていた．しかし，この式はスペクトルのピーク振動数より高振動数側では実験結果をほぼ正確に記述できるが，低振動数側では系統的にずれてしまう．

レイリー–ジーンズの公式　一方，レイリー卿*は 1900 年，光の電磁波理論と古典統計力学に基づき，正当な放射分布公式

$$u(\nu, T) = \frac{8\pi k_B}{c^3}\nu^2 T$$

を導いた．後に J. H. ジーンズがこの式を正確に算出したので (1905 年)，レイリー–ジーンズの公式とよばれる．

このレイリー–ジーンズの公式は，振動数の小さい領域 (波長の長い領域) では，スペクトルの特性をよく記述できるが，振動数の大きい領域 (波長の短い領域) では実験結果と全くはずれてしまう．しかも，全放射強度を計算しようとすると発散して無限大になってしまう．

プランクの公式　プランクは，1900 年，ウィーンの放射法則の式が長波長側でずれることが決定的となったことを知り，ウィーンの式の改良を提案した．ウィーンの式を長波長側で実験と合うようにしたこと，つまり，レイリー–ジーンズの式との内挿式を提案したことになる．プランクはこの式の理論的説明をするために，エネルギー量子仮説を導入した．そこで得られた式がプランクの公式である〔⇒プランク〕．

実は，ウィーンの放射法則の中には，すでに古典電磁気学では説明できない考え方が潜んでいたので，レイリー–ジーンズの公式のような発散の困難がなかった．しかし，これがエネルギー量子と繋がるまでには，プランクを待たねばならなかった．このように，ウィーンは量子力学が建設される黎明期において，黒体放射に関する問題に多大の貢献をした．

ヴェネツィアーノ，ガブリエーレ
Veneziano, Gabriele
1942–
素粒子の相互作用に対するヴェネツィアーノ模型

経歴　イタリア，フィレンツェに生まれ，フィレンツェ大学，イスラエルのワイツマン研究所，マサチューセッツ工科大学 (MIT) で学んだ．1968 年，ヨーロッパ素粒子物理学研究所 (CERN) で研究中に L. オイラー*のベータ関数が素粒子の相互作用を満足する性質を備えていることを発見した．これが今日の弦理論の出発点となった．1972 年からワイツマン研究所の教授，1976 年から CERN のスタッフ．ビッグバン以前の宇宙のシナリオを，弦理論をもとに構築する仕事もしている．1999 年，Institute of Theoretical and Experimental Physics (ITEP：ロシア) からポメランチュック賞，2004 年にハイネマン賞 (数理物理学部門) を受賞．

ヴェネツィアーノ振幅　1960 年代は素粒子論にとっての革命期である．強い相互作用の構造が，その強い相互作用のせいで，二つの素粒子を散乱させると，中間状態では「共鳴状態」というほぼ安定な 1 粒子状態になる．これは S 行列の関数としては，二つの粒子の状態 (これを s チャンネルと名づける) の全エネルギーの 2 乗 s の関数で書けば，1 次の極の振舞をする．そして中間状態はほとんどすべて s の極の和になる：

$$F(s,t) \approx \sum_i \frac{r(s_i)}{s-s_i} \approx \sum_i \frac{r(t_i)}{t-t_i}$$

これは双対性と呼ばれるのだが，ちょっと考えると変な式だ．この意味は，s が正のときは s の極の和，t が正のときは t の極の和になれということだ．こんな関数がホントにあるのだろうか？ そしてヴェネツィアーノは，レッジェ軌道 $\alpha(s), \alpha(t)$ を使って次の式を提案した

$$F(s,t) = \frac{\Gamma(-\alpha(s))\Gamma(-\alpha(t))}{\Gamma(-\alpha(s)-\alpha(t))}$$

ここで，$\alpha(s)$ は中間粒子のエネルギー，s に依存した角運動量状態を表しており，レッジェ軌跡といわれる〔⇒レッジェ〕．これは

$$\alpha(s) = \alpha_0 + \alpha' s$$

と書け，s の1次式となることが知られている．$\alpha(t)$ は，t チャンネルの全エネルギーの2乗 t について同じ式を満たす．$F(s,t)$ はオイラーのベータ関数にあたる．ベータ関数とは，$\mathrm{Re}\, x > 0, \mathrm{Re}\, y > 0$ に対して $B(x,y) \equiv \int_0^1 t^{x-1}(1-t)^{y-1} dt$ で定義される関数で〔⇒オイラー〕，Γ 関数と

$$B(x,y) = \frac{\Gamma(x)\Gamma(y)}{\Gamma(x+y)}$$

の関係がある．この関係によって上記の定義からの解析接続が与えられ，$\mathrm{Re}\, x > 0, \mathrm{Re}\, y > 0$ の条件が解除されるのである．

　レッジェ軌跡 α の値が整数になると極が現れる．s と t の入替えに対して対称であることからも，双対性が成り立つ．1968年にウィーンでの第14回高エネルギー国際会議でこれが発表されると一躍脚光を浴びて，世界は騒然となった．この単純な式はいったい何なのか？ 現象論的にハドロン散乱を再現できるのか，またこの式の意味することは？ 世界中で議論が巻き起こり，詳細な検討が始まった．現象論的にはよく合った．理論サイドからは，式を分解したり見方を変えたり，色々と検討された．

　ヴェネツィアーノの振幅は多粒子の散乱など様々な方向に拡張（木庭・ニールセンなど）された．さらに，これらの振幅の極は，相対論的な運動方程式に従う弦の運動モードとして理解できることがわかり，弦模型による解釈（南部陽一郎*，L. サスキンドら）につながった．そして，ゲージ原理や一般相対性理論を自然に包含する超弦理論〔⇒シュワルツ, J.H.；マルダセナ〕へと発展していく導入部として，ヴェネツィアーノ振幅は大きな役割を果たしたのである．

ウェーバー，ウィルヘルム・エドゥアルト
Weber, Wilhelm Eduard
1804–1891
電磁気理論の開拓者

　ドイツの物理学者．電磁気学の開拓者であり，磁束のSI単位ウェーバ（Wb）にその名を残す．

　経　歴　ウェーバーは，ウィッテンベルク大学の神学教授の次男として，ウィッテンベルクに生まれる．兄エルンストと弟エドゥアルトは共に生理学者であり，エドゥアルトとは歩行運動に関する共同研究を行っている．1826年にハレ大学で学位をとり，1828年にハレ大学の員外教授となる．C. F. ガウス*の推薦により，1831年にゲッティンゲン大学の物理学教授となるが，1837年，グリム兄弟らと共に新憲法の破棄に対してハノーファー国王に抗議したため免職となる（ゲッティンゲン七教授事件）．その後，1843年にライプチヒ大学の物理学教授となり，1849年にゲッティンゲン大学の物理学教授に復職する．

　地磁気の研究と電信技術　1831年，ゲッティンゲン大学の教授となったウェーバーは，ガウスと共に地磁気の研究を始める．彼らは高感度の検流計（電流を検出・測定するための機器）を考案し，整流子（電流の向きを交替させる機器）の開発も行った．それらを組み合わせることにより，遠く離れた検流計の針を動かすことが可能となった．1833年，ゲッティンゲン大学の地磁気観測所と天文台の約1 km の間に，世界で初めて実用的な電信装置を設置した．

　磁束の単位ウェーバ　ウェーバーとガウスは，電磁気の単位系の統一にも尽力した．磁束のSI単位「ウェーバ [Wb]」はウェーバーの名に由来する．1 Wb は，1 V の誘導起電力を生じるのに必要な1秒当りの磁束の変化量で定義され，Wb = V·s と

なる．ゲッティンゲンには，2人の功績を称えて記念碑が建てられている．

電磁気理論の開拓　電気が荷電粒子の流れであるということを最初に主張したウェーバーは，荷電粒子の運動に基づいて，電磁気理論の開拓を行った．1846年，ウェーバーは導線中の荷電粒子が従う式を提出し(ウェーバーの法則)，電流間の相互作用や電磁誘導の説明を行った．また，1852年，物質に磁場をかけたときその物質が磁場と逆向きに磁化されるという性質（反磁性，diamagnetism）を，分子内部に円電流が流れることによって磁気が現れるというアンペールの分子電流説を用いて説明した．

ウェーバー定数と光速 c　1856年，ウェーバーは R. コールラウシュと共に，電荷の静電単位と静磁単位の比 c（ウェーバー定数，Weber's constant）を測定した．次元解析からこの比 c は速さの次元を持つことが知られていたが，その値が光速に極めて近いことが，この実験から明らかになった．現在，光速の記号として「c」が用いられているが，その記号が初めて用いられたのは，1856年の彼らの論文においてである．

遠隔作用論から近接作用論へ　クーロンの法則が発見された1785年当時は，万有引力の法則を発見した I. ニュートン*(1642–1727) に端を発する遠隔作用の考え（離れた物体間に力が直接瞬時に作用するという考え）が主流であり，ほとんどの物理学者はクーロンの法則も遠隔作用の考えで説明できると考えていた．それに対して，M. ファラデー*は電気力線や磁力線を考案し，電場や磁場といった「場」を介して電磁気力が作用すると考えた〔⇒ファラデー〕．この近接作用（電磁場）の考えは J. C. マクスウェル*によって受け継がれ，マクスウェル方程式として結実した．「遠隔作用」の立場に立ったウェーバーの電磁気学は，最終的には「近接作用」の立場に立った電磁気学に取って代わられることになる．

ヴォルタ，アレッサンドロ
Volta, Alessandro
1745–1827

ヴォルタ電池の発明

イタリアの自然哲学者(物理学)．ヴォルタ電池の発明者．

経歴　ミラノの裕福な家庭に生まれる．イエズス会の学校で，当時は謎であった電気現象に興味を持った．

1774年にはコモ国立ギムナジウムの自然学の教授となる．1775年に，J. C. ヴィルケが発明した電気盆（静電気をためる器具）を改良し，広くヨーロッパに紹介した．

1776年に，沼に発生する発火性のガス（現在のメタン）が，当時発見されたばかりの水素とは別の，やはり可燃性気体であることを発見する．ヴォルタは密閉容器にメタンを入れ，これに電気火花をつけて燃焼させる実験を行った．また，今日静電容量と呼ばれているものを研究し，いわゆる電位 (V) と電荷 (Q) を別個に研究する手段を確立し，これらが比例していることを発見した．1881年に電位差の単位がボルトと定められた理由はここにある．

「動物電気」の研究　1778年にはパヴィア大学の自然学の教授となり，91年頃から，L. ガルヴァーニ*が動物電気と呼んだ現象の研究を始めた．これは，2種類の金属をカエルの脚に接触させると筋肉がけいれんするという現象である．カエルの脚そのものに電気現象の原因を求めるガルヴァーニとは異なり，ヴォルタはカエルの脚は電気伝導体にすぎず，検電器としても機能していると考えた．そこで，食塩水に浸した紙を2種類の金属で挟んで実験し，電気の流れを確認した．

こうしてヴォルタは，電気が生じる原因は異なる二つの金属そのものだと確信した．電気化学列（イオン化列）の発見である．こ

図1 ヴォルタの電堆
(S. Parker: *Electricity*, DK (2013) より)

内山龍雄
Uchiyama, Ryoyu
1916–1990

一般ゲージ理論の確立

日本の理論物理学者.素粒子の相互作用を記述する一般ゲージ理論を確立.

経　歴　大阪大学で研究教育を行う.J. A. ホイーラー*に招かれ,神戸からタンカーに乗船し渡米し,1954年から2年間プリンストン高等研究所に滞在.定年後,帝塚山大学学長.

滞米中にC. N. ヤン*とR. ミルズによる非可換ゲージ場に関する論文〔⇒ヤン〕に先を越されて出版を断念していたところ,ホイーラーに促されてアメリカ物理学会誌 (*Physical Review*) に発表した[1].単にゲージ不変な作用を与えただけではなく,ゲージ原理によって素粒子の全ての相互作用の形が与えられるという大きな観点が入っていたからである.

第2種ゲージ対称性　阪大時代の恩師でもある湯川秀樹*の中間子論は,核力を媒介する場として中間子場を導入した.これは素粒子の理論において,粒子と力を媒介する場を関係させるという意味で画期的であった.その陽子,中性子及び中間子に働く強い相互作用の理論はアイソスピンという内部空間で定義された保存量を持つ.内山が終世得意とした不変変分理論(ネーターの定理〔⇒ネーター〕)によれば,系の保存量に対応して対称性がある.核力の場合,その対称性は内部空間においてアイソスピンを回転しても場の方程式が変わらないことが対応する.その回転角度は時空点によらず一定とされる.内山は,そのような相互作用の持つ対称性を第2種ゲージ対称性とよんだ.

第1種ゲージ対称性　一方,電磁気学において電荷保存に対応する対称性が存在

れは,電解質をはさんだ2種類の金属電極で構成される電池の起電力は,これら二つの電極間の電極電位の差であるという法則で,ヴォルタの法則とも呼ばれている.

ヴォルタ電堆　ここからヴォルタとガルヴァーニの間に大論争が起きた.1800年,ヴォルタは反証のために,いわゆるヴォルタの電堆を発明した.一定電流を作り出すことのできる初期の電池である.

その後ニコルソンとカーライルは,同年にヴォルタの電池で水を酸素と水素に分けること,つまり電気分解に成功した.それまではA. L. ラヴォアジエ*の方法である,白熱した鉄で水蒸気を分解して酸化鉄を作り,水素を先に取り出してから酸化鉄を還元して酸素を取り出す方法で分解していた水が,常温で分解できるようになった.電気分解はその後広く応用され,カリウムやナトリウムといった元素の発見につながっていく.

人　物　こうした業績でヴォルタの名声は高まり,ロンドン王立協会の外国人会員や,パリ科学アカデミーの文通会員などに選出された.皇帝ナポレオンは,この学者にパドヴァ大学の哲学教授の称号を送り,伯爵位を与えた.ナポレオン失脚後,ヴォルタは1819年にコモ近郊のカムナーゴ(現在のカムナーゴ・ヴォルタ)に隠遁し,そこで没した.

するが，内部空間における回転角が時空点ごとに異なる．内山はこのような相互作用の対称性を第1種ゲージ対称性とよんで一段高いものと位置づけた．内山は，それを内部空間であるアイソスピン空間に拡張して，非可換ゲージ場の理論を構築し，素粒子の相互作用はこのゲージ原理で統一されるとした．その後長い間，ゲージ場に対応する粒子に質量を与えつつ，繰り込み可能にする方法が模索された．1970年代以後にその問題が南部陽一郎*による自発的対称性の破れの理論と，G.トフーフト*たちによるくりこみ理論の進化により解決した．素粒子の相互作用の理論はゲージ理論を中心に深化し，強い相互作用，電磁気相互作用，弱い相互作用に対する標準モデルに結実し，実験的にも確立された．強い相互作用においてはカラー$SU(3)$対称性に対応したゲージ場，弱い相互作用においては弱アイソスピン$SU(2)$対称性に対応したゲージ場が力を媒介する．それ以後はそれらと重力を統一する理論の構築に向かっている．第1種ゲージ対称性は，広い意味で素粒子の統一理論の構築の指導原理であり続けている．それを時代に先んじて与えた内山の功績は大きい．論文のタイトルに"I"の文字が3回現れるが，"俺，俺，俺"の意であると語っていた．

人　　物　その講義はノートを持参せず，そらんじている数式を大きな字で黒板に書いて大音声で語るというものであったが，その明晰さは伝説になっている．親しい友人に，相対性理論の碩学B.S.ドウィット，高弟に砂川重信，今村勤がいる．写真と作陶が趣味でいずれも素人の域を超えていた．

■参考文献
1) R. Utiyama : *Phys.Rev.* **101** (1956) 1597–1607.

ウーレンベック，ジョージ・ユージン
Uhlenbeck, George Eugene
1900–1988
電子にスピン概念を導入

オランダ系アメリカ人理論物理学者．

経　　歴　バタビア(現ジャカルタ)に生まれる．1918年にデルフト工科大学の化学工学科に入学するが，翌年ライデン大学に移り，物理学と数学を専攻する．1923年に修士号を取得後，1925年よりP.エーレンフェスト*の助手になる．ウーレンベックは彼から大学院生のS. A.ハウトスミットの指導を任され，最新の物理学の動向を研究するように命じられた．その結果9月には早くも彼らの名を有名にする電子のスピンのアイデアを思いついた．

電子のスピン導入前史　彼らの考えを理解するには，1916年のA.ゾンマーフェルト*の水素スペクトルの微細構造の研究にまで遡らなければいけない．ボーア原子は円軌道を扱っていたので，主量子数nだけだったため微細構造の説明はできなかった．ゾンマーフェルトは楕円軌道に量子条件を適用して，さらに角運動量を表す方位量子数kと磁気量子数mを導入して微細構造を説明した．ところが強い磁場の中で起こる異常ゼーマン効果の説明には三つの量子数では不十分であった．そこで1920年にゾンマーフェルトは，第4の量子数jを導入し，内部量子数(inner quantum number)とよんだ．三つの量子数は軌道の大きさ，形，空間の方向の量子化というように幾何学的な存在だったが，このjは表に出ない「隠れた回転」に対応するものと考えたのだ．1921年になるとA.ランデが，価電子が1個のときjとmが半整数値をとると考えた．彼はさらに1923年に，価電子以外の電子をひとまとめにして「電子芯」として，この電子芯が角運動量$h/2\pi$の1/2の「隠

エアトン，ハータ
Ayrton, Hertha
1854–1923

電気工学者，婦人参政権論者

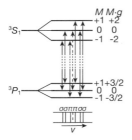

図1　異常ゼーマン効果で現れたNaのD線の微細構造

図2　電子のスピン

経歴　ユダヤ系のレヴィ・マークスの3番目の子供としてポーツマスに生まれサラと名づけられた．1861年に父親を亡くし苦しい経済事情の中，9歳から母方のおばたちの経営するロンドンの学校に預けられ教育を受けることができた．おばの家族と同居することで音楽や言語も身につけ，いとこたちから科学や数学の手ほどきも受けた．16歳になるとロンドンで教職に就き母を助け，独立の証として自分に新しい名前をつけることにし，スインバーンの詩Herthaに霊感を得てハータとした．1876年奨学金の試験に落ちたが，友人たちの資金集めでガートンカレッジに入学．裕福な博愛家・婦人運動家バーバラ・ボディションの援助を受け，卒業に漕ぎ着けた．

彼女は学生時代に線分を任意の数に等分する道具を発明して1884年には特許をとった．さらに脈圧計を作り，合唱団をリードし，学内消防団を創立し，ガートン最初の数学優秀学生のC. A. スコットと一緒に数学クラブを作り，約20年間機関誌を発行し続けた．

電弧の研究　一時就職したが研究や発明のキャリアを積むため彼女は再びボディションの財政的支援を受けて，フィンスベリー工科大学の学生となった．この工科大学の物理学教授がウィリアム・エアトンで，彼は王立協会会員でもあった．ウィリアムは1873年来日し，5年間お雇い外国人として工部省工学寮で教えた．当時の妻のマチルダも来日し，助産婦学校を設立した．1883年彼女は一人娘エディス（後に小説家ザングウィルと結婚）を残して亡くなった．1885年ハータはウィリアムの後妻となる．

れた回転」を行うと提案した．これに対して1924年にW. E. パウリ*が，「隠れた回転」はランデが考えたように電子芯に由来するのではなく，価電子そのものに起因するとし，異常ゼーマン効果〔⇒ゼーマン〕はこの価電子の持つ2値性が原因であるとした（図1）．彼のいう2値性とは，$j = 1/2$のとき$m = \pm 1/2$になることを意味する．

電子のスピン　一方ウーレンベックとハウトスミットは，1925年11月に第4の量子数の具体的描像として，電子は地球のように実際に回転(spin)しているという仮説を提案した．スピンする電子は固有の角運動量を持つが，その値は$(1/2)(h/2\pi)$で，外磁場に対しては平行か反平行の二つの向きのどちらかをとるとした．こうしてパウリの2値性にスピンのアップとダウンという物理的意味が付与された（図2）．ところがこのスピン仮説はパウリやエーレンフェストら理論家の不評を買った．電子が質点でなく大きさを持つと仮定すると，その表面の回転速度は光速度を超えてしまうからだ．しかし1928年にP. ディラック*が電子の相対論的波動方程式の中にスピノルを導入したことで支持が得られるようになった．

ハータの関心は家庭に向けられ,バーバラ・ボディション (1886–1950) と名づけた娘の成長を見守った. 1893 年ハータは本格的に実験を再開し *Electrician* 誌に 12 編の論文を発表し名声を得た. 1899 年王立協会懇談会で公開実験を行い,そして電気学会 (IEE) で「電弧のヒッシング (高音域の雑音)」の論文発表を行った. 同学会は彼女を会員に選出し 1958 年まで唯一の女性会員であった.

恩人ボディションへの献辞を付した著作『電弧』(1902 年) は,H. デイヴィーによる 1800 年の炭素アーク灯の発明以降の歴史も付し,その分野の標準的著作となった. 彼女は後に,海軍本省のために開発した照空灯とアーク灯技術の特許をとった.

人　物　夫ウィリアムがケント州マーゲイトの海辺で病気回復の休養を始めた 1901 年から,彼女は水の波動運動による砂漣と砂嘴の形成を研究した. 1902 年彼女は王立協会会員に推挙されたが既婚夫人に法的資格はなく会員にはなれなかった. しかし 1906 年王立協会からヒューズメダルを受けた. 学術的研究のほか,婦人参政権獲得のために全力で闘い,その最前線に立つ娘バーバラの最善の理解者であった. また M. キュリー*の親友でもあった.

図1　ハータ・エアトン
(E. Sharp: *Hertha Ayrton* (1926))

江崎玲於奈
Esaki, Leo
1925–
半導体におけるトンネル効果の実験的発見

日本,アメリカの物理学者であり,半導体におけるトンネル効果の実験的発見により,ノーベル物理学賞を受賞した.

経　歴　江崎は大阪に生まれた. 東京帝国大学を卒業し,川西機械製作所 (後の神戸工業株式会社,現在の富士通テン) に入社し,真空管の陰極からの熱電子放出の研究を行った. 1956 年,東京通信工業株式会社 (現在のソニー) に移り,PN 接合ダイオードの研究に着手した. ゲルマニウムのドーピング量を多くして p-n 接合の空乏層 (図 1 参照) の幅を薄くすると,その電流電圧特性はトンネル効果による影響が支配的となり,電圧を大きくするほど逆に電流が減少するという負性抵抗を示すことを発見した. この成果により,1973 年には,I. ジェーバーと共にノーベル物理学賞を受賞した.

1960 年,アメリカの IBM トーマス・J・ワトソン研究所に移り,磁場と電場の下における新しいタイプの電子–フォノン相互作用や,トンネル分光の研究を行った. さらに分子を操作して結晶を成長させる分子線エピタキシー法を開発し,これを用いて半導体超格子構造を作ることに成功した. 1959 年,仁科記念賞受賞. 1965 年,日本学士院賞を受賞. 1974 年,文化勲章を受章. 1992 年,筑波大学学長に就任し大学改革の推進を行った. 1998 年,日本国際賞を受賞. その後,芝浦工業大学学長,横浜薬科大学学長を歴任.

半導体の p-n 接合　キャリアが正孔である p 型の半導体とキャリアが電子である n 型の半導体を接合すると,接合部付近では伝導電子と正孔 (多数キャリア) が互いに

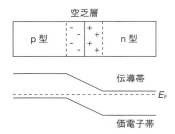

図1 半導体の p-n 接合

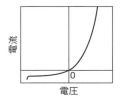

図2 p-n 接合の VI 曲線の例

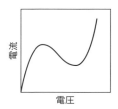

図3 江崎ダイオード（トンネルダイオード）の VI 曲線の例
電圧を増加させると電流が減少する負性抵抗領域を持つ．

拡散して結びつく拡散電流が生じる．キャリアが打ち消しあった結果，接合部付近にキャリアの少ない領域である空乏層が形成される．空乏層には正負のイオンの電荷があるため，内部電場が生まれる．内部電場の発生に伴い，キャリアが動くドリフト電流も発生する．空乏層の幅はドーピング量に反比例する．

熱平衡状態においては，拡散電流とドリフト電流が釣り合い，フェルミ準位は一定となる．p-n 接合に順方向バイアス（p 型側に正電圧）を印加すると，拡散電流が増加し，電流が流れる．p-n 接合に逆方向バイアス（n 型側に正電圧）を印加すると，n 型，p 型領域それぞれにおいて，多数キャリア（電子と正孔）が少数キャリア（正孔と電子）の注入によって減少する．これによって空乏層幅が増大すると共に内部電位が大きくなり，内部電位の増加分が外部からの印加電圧と釣り合ったところで平衡に達し，電流が止まる（整流作用）．p-n 接合ダイオードの電流と電圧の関係は，I_0 を逆方向飽和電流，q を電気素量，V を電圧，k_B をボルツマン定数，T を温度として

$$I = I_0 \left\{ \exp\left(\frac{qV}{k_B T}\right) - 1 \right\}$$

と表される．p-n 接合の電圧–電流曲線の例を図2に示す．

江崎ダイオード 量子トンネル効果を使った半導体によるダイオードの一種で，高速動作を特徴としマイクロ波領域の高周波回路でよく使われている．トンネルダイオードともよばれ，大量にドープされた p-n 接合を持つ．大量にドープすることで空乏層の幅を極端に狭くすることができ，p-n 接合の障壁をトンネル電流が流れることができる．江崎ダイオードは発振回路，増幅回路，周波数コンバータ，検波回路などで使われている．

大量にドープされた p-n 接合では障壁を挟んで n 型半導体の伝導帯と p 型半導体の価電子帯が重なる．順バイアス動作では，電圧を高くし始めると，非常に狭い p-n 接合の障壁を通り抜けるトンネル現象で n 型半導体の伝導帯の電子が p 型半導体の価電子帯に移動するトンネル電流が発生する．さらに電圧を高くすると，n 型半導体の伝導帯と p 型半導体の価電子帯の重なりが小さくなっていくのでトンネル電流は減少する．電圧を上げると電流が小さくなるこの状態を「負性抵抗」とよぶ．さらに電圧を高くすると，通常のダイオードと同じく p-n 接合を通して電子が移動するようになり，トンネル効果は失われる．江崎ダイオードの電圧–電流曲線の例を図3に示す．

逆方向に電圧をかけると，逆方向にトンネル電流が流れ，オフセット電圧が0で極端な線形性を示す高速なダイオードとして機能する．

江崎ダイオードの発見のきっかけは，当時会社で製造していたゲルマニウムトランジスタの不良品解析において，偶然トンネル効果を持つトランジスタが見つかったことである．江崎ダイオードは，固体でのトンネル効果を初めて実証した例である．

江崎ダイオードは真空管の四極管よりはるかに高い周波数でも動作できるため，マイクロ波帯で動作する発振回路やトリガー回路に使われた．

また，江崎ダイオードは他のダイオードに比べて放射線に耐性がある．そのため宇宙用など放射線にさらされる環境でよく使われている．

半導体超格子　江崎は1969年，1次元の周期的な構造変化を有する人口単結晶，半導体超格子の概念を提案した．分子線エピタキシーによる超格子構造の実現を試み，1972年にGaAlAs系超格子において負性抵抗効果を発見した．さらに，超格子のポテンシャル井戸に生じる離散的エネルギー準位から，隣接する井戸のエネルギー準位への共鳴トンネル現象を予測し，1973年に実験的に確認した．

超格子に関する研究は，その後多くの研究者による高速電界効果トランジスタや，半導体レーザ，半導体受光デバイスなどの開発により，光通信素子などへの応用につながった．

江崎玲於奈賞　江崎玲於奈賞は，一般財団法人茨城県科学技術振興財団，つくばサイエンス・アカデミーがナノテクノロジー分野において顕著な研究業績をあげた者を顕彰する賞であり，2004年から授賞している．

エディソン，トーマス・アルバ
Edison, Thomas Alva
1847–1931

電気を本格的に活用した発明・起業家

エディソンは独立宣言から70年余りのアメリカに生まれ，14歳の頃に南北戦争が勃発するなど，対立や混乱を孕みつつ爆発的に成長する国情の中に育ち活躍した．

経歴　好奇心おう盛な子供で，小学校になじめず退学し，正規の教育を受けることなく独学で成長したが，少年時代から様々な発明にふけった．「発明王」の異名は，1868年に21歳で初めて電気投票集計機で特許をとったのを皮切りに，一生を開発，事業化に費やし，1000件以上の特許に関わる発明や工夫を成し遂げたためにつけられた．

エディソンの発明とされる機器の基本アイデアの先取権は他の人物にある場合が少なからずあるが，エディソンは徹底してそのアイデアを具体化・実用化し，資本主義の隆盛を背景に数々の特許を得た上で事業として展開し，普及に多大なる貢献をしている．

電話事業　例えば，初期に手がけたものの一つに電話事業がある．19世紀中頃からの音響電信（つまりは電話機）開発は，1本の導線で複数の情報を電信で伝える手法の追求から始まったといえるが，A. G. ベルとE. グレイが特許権を争いベルが勝利した．電信事業会社ウエスタンユニオンの依頼でエディソンもこの開発競争に関わり，黒鉛を利用した送話器で1877年に特許を申請，訴訟の果てに15年後に取得している．

蓄音機　蓄音機も有名であるが，録音再生装置の先取権では1877年C.クロスが，円盤を使った録音装置に関する論文を発表している．これはエディソンとほぼ同

機構のものながら，実物が伴っていなかった．それから半年もしないで，エディソンは録音再生の可能な円柱型アナログレコードと再生機フォノグラフ (phonograph) を完成させている．

元々，音声の記録だけをとってみれば，1857 年には E. L. S. ド・マルタンビルが，煙で黒くした紙を引っかいて音波を記録するという，物理的な手法で録音するフォノトグラフ (phonautograph) を開発している．これは当時再生ができなかったので，実験，技術としては重要であったが，情報保存としては意味をなさなかった．エディソンは物理的な録音の原理はそのままに，逆の過程をたどることで音声の再生に成功した．

エディソンが実用化に成功した録音再生は，情報を紙に文字で記録するのとは全く異なる情報の保管方法に他ならず，この価値は計り知れない．

電灯の発明　エディソンの発明の中でも，最も現代の生活に大きく関わっているといえるものは電灯であろう．今日，LED の普及に伴い，消費電力の多い白色電球は日常照明から姿を消したが，電気を使った明かりで夜の街を明るくするという発想は，世界を変えた．

白熱電灯の開発には多くの人々が挑戦しており，例えば，イギリスの物理学者 J. W. スワンは 19 世紀の中頃には，十分減圧したガラス球に，炭化した紙のフィラメントを入れることを考案していて，その後，実際に炭素フィラメントを使って光らせることに成功，イギリスで特許を取得している．しかし，フィラメント素材の耐久性に限界があり，なかなか十分な普及には至らなかった．

イギリスのスワンに一足遅れて，エディソンは 1878 年にエディソン電灯会社を設立している．はじめ木綿糸に煤とタールを混ぜ合せたものを塗って炭化させたものを使用していたが点灯時間が 2 日程度と短く，

更なる改良を試みる．数千種類の素材を試して，竹に着目，世界中の竹を試す中，伊藤博文の示唆で最後に行き着いた素材が，京都八幡の堅牢で柔軟な竹であったことは有名である．エディソン電灯会社は 1 世紀の間，鉄分が多いといわれる八幡男山で生育した竹をフィラメント素材として輸入，電灯を生産した．現在，山上の石清水八幡宮には記念碑があり，エディソンの絵馬を売っている．また，今日でも再現した竹のフィラメントの白色電球が手に入るが，タングステンフィラメントと違い，点灯するときひと呼吸かけてゆっくりと明るくなる優しい橙色が特徴である．

「灯りをともすシステム」の構築　エディソンは正確には電球の発明者ではないが，あたかもそうであるかのように語られるのは，電球の普及を可能にする利用システムを構築したことによる．電球は単体では家庭でたやすく利用することはできない．高熱となる電球を安全に固定するソケット，ソケットと電源をつなぐコード，点灯を制御するスイッチ，さらに各家庭に電源が必要となり，電力網の構築も求められる．このすべてを，1882 年世界初の電灯用発電所をロンドンに建設するなどして実現し，世界に灯りをともした立役者がエディソンだったのである．

その功績を象徴的に示している逸話として，エディソンの葬儀の日には，不可欠な場所以外すべての電灯が 1 分間自発的に消され，全米で弔意が示された．それは電灯発明以前の，灯油とガス灯の暗さに戻った 1 分間だったといわれている．

他に，キネトグラフやキネトスコープ，X 線，アルカリ蓄電池の研究など枚挙にいとまがない一方で，直流送電，鉱山経営など結果として頓挫した事業も多い．「天才とは 99％の努力と 1％のインスピレーションからなる」はエディソンの言葉である．

エディントン,サー・アーサー・スタンレー

Eddington, Sir Arthur Stanley
1882–1944
恒星の物理過程の理論的研究

イギリスの天文学者,著述家.恒星の平衡状態の維持に,輻射圧が果たす基本的な役割を発見.一般相対性理論の検証及び,それの英語圏への普及に貢献.

経歴 ウェストモーランド州ケンダルでクエーカー教徒の両親の下に生まれる.2歳のとき,父アーサー・ヘンリー・エディントンが腸チフスに感染し,他界.母サラ・アン・スタウトは,義母ラーシェル・エディントンを頼ってウェストン・スーパー・メアに引っ越した.彼自身は明るい性格で,10歳の頃,小学校の校長から借りた8 cmの望遠鏡で天体観測に興味を持ち始める.

1889年,エディントンはマンチェスター大学のオーウェンズ・カレッジに入学し,流体力学で著名なH. ラムの指導を受けた.ここを抜群の成績で卒業し,1903年ケンブリッジ大学のトリニティ・カレッジに入学,1904年の卒業と共に同校の特別研究員として天文学の研究生活に入る.1905年暮れに大学を離れ,グリニッジ天文台の主任助手として初めて常勤の職に就く.ここで小惑星エロスの視差を解析する作業に従事し,背景の二つの星の見かけの移動量に基づいた新しい統計的手法を編み出した.この仕事によって1907年にスミス賞を受賞し,トリニティ・カレッジの特別研究員となる.その前年には,王立天文学会のフェローに選ばれている.1913年,前年末に急死したG. H. ダーウィン(C. ダーウィンの息子)の後任として,ケンブリッジ大学のプラム教授職(天文学)に就く.翌1914年,ケンブリッジ天文台長に指名され,教授職と兼任.亡くなるまでの30年間この職に留まった.同1914年には,王立協会のフェローに選ばれている.

一般相対性理論の検証実験 エディントンが天体物理における先駆的な研究を始めたのは1916年以降のことである.1917年(34歳の頃),兵役に招集されるもイギリス天文学会による説得が奏効し免除となる.彼はこの頃,一般相対性理論〔⇒アインシュタイン〕の検証実験を計画しており,それを遂行できるのも彼以外にいないと思われていた.1919年には,西アフリカへの遠征隊長を務め,5月29日,プリンシペ島にて皆既日食中の太陽の近くに見える恒星の写真を撮影した.ここで測定された恒星位置のずれは,ニュートン力学よりも一般相対性理論の予測する値に近く,これは一般相対性理論の実証とされた.しかしながら,ブラジルのソブラルで観測した別部隊の結果は,必ずしも一般相対性理論を支持するものではなかった.このため,最近の科学史研究からは,エディントンらの結論に疑念が持たれている.

図1 エディントンがプリンシペ島で撮影した1919年5月29日の皆既日食
位置測定した恒星が2本線で示されている.

恒星の内部構造 エディントンは恒星の内部構造についても理論的研究を行い多くの功績を残している.恒星内部で重力と

圧力勾配が釣り合っていると考えてモデルを構築し，恒星の内部温度が数百万度になることを見出し，恒星の質量–光度関係の発見，セファイド変光星の脈動を説明する理論の構築などの成果をあげた．また 1920 年，恒星は水素からヘリウムへの核融合によりエネルギーを得ていることを初めて示唆した．有名な「エディントン限界光度」は

$$L_{\text{Edd}} \equiv \frac{4\pi GMm_{\text{p}}c}{\sigma_{\text{T}}}$$

で定義され，静水圧平衡にある質量 M の物体の限界光度を与える．c は光速，m_{p} は陽子質量，σ_{T} はトムソン散乱断面積である．実はこれはエディントン自身の仕事ではなく彼が初めて輻射圧の重要性を指摘したことから，その名をとったものである．

エディントンがナイトの称号を得た 1930 年，ケンブリッジ大学大学院にインドからの留学生 S. チャンドラセカール*がやってくる．この後，輝かしい功績を残すことになるチャンドラセカールと，既に科学界で絶大な影響力を持っていたエディントンとの確執は，科学の発展において極めて不幸な出来事であった〔⇒チャンドラセカール〕．

晩年のエディントンは，量子論と相対論，重力を統一する「基本理論」(fundamental theory) とよぶ理論の構築に没頭した．これは最初こそ伝統的な手法をとっていたものの，次第に「基本定数を組み合わせて作った無次元量を数秘術的に分析」するという手法に傾倒していった．エディントンはクエーカー教徒であり科学と宗教をはっきりと区別してはいたものの，神秘主義に傾倒した心情を持っていた．彼は，病と闘いながら著書『基本理論』の執筆に専念したが，未完のまま 1944 年，ケンブリッジで姉ウィニフレッドに看取られながら 61 歳と 11 カ月の生涯を閉じた．エディントンは生涯独身であった．著書『基本理論』は 1946 年，友人たちによって出版された．

エトヴェシュ，ロラーンド
Eötvös, Lorand, Baron
1848–1919

慣性質量と重力質量の等価性

ハンガリーの物理学者，天文学者．重力質量と慣性質量との比が物質の種類によらず一定であることを実験的に示し，慣性質量と重力質量の等価性を提案した．

経　　歴　　エトヴェシュはブダ (現在のブダペストの一部) に生まれた．曾祖父の時代より男爵を継いでおり，父は詩人としても知られた政治家であり，エトヴェシュが生まれた頃は教育大臣に就いていた．

エトヴェシュは，ギムナジウムでは数学と物理に興味を持っていたが，家族の勧めもあって 1865 年にブダペスト大学 (現エトヴェシュ・ローランド大学) に入学して法学を専攻した．しかし，数学と物理学への興味・関心が強く，2 年後に物理学を学ぶため，ハイデルベルク大学に入学し，H. ヘルムホルツ*，G. R. キルヒホッフ*，R. W. ブンゼン*に学んだ．また，ケーニヒスベルク大学で誘導電流に関するノイマンの法則で知られる F. E. ノイマン*のゼミでも学んだ．これら指導者は，その後のエトヴェシュに影響を与えた．キルヒホッフからは正確な測定の重要性，ヘルムホルツからは学生とできるだけ多くの時間を過ごすこと，そしてその間の議論と対話を大切にすること，ノイマンからは理論物理学のノウハウを学んだという．

1870 年，論文「エーテルに対する光源の相対運動を運動方向および逆方向で光の強度を測定することで決定できるか」においてハイデルベルク大学から学位を得た．1871 年，父の他界により男爵を継承した．ハンガリーに戻り，ブダペスト大学で教職に就き，1872 年に理論物理学教授となり，1878 年からは実験物理学教授も兼ねた．

重力質量と慣性質量　質量は，原理的に，運動の変化のしにくさ (物体の慣性の大きさ) を表している慣性質量と重力を受ける (重力を及ぼす) 重力質量の二つがある．G. ガリレイ*は，落下の加速度は物体の重さによらないことを示した．これは，物体を下向きに引く地球の重力は重力質量に比例し，それによって生じる加速度は慣性質量に反比例することを意味している．すなわち，ガリレイは，重力質量と慣性質量が比例していることを示していたことになる．I. ニュートン*は，振り子を使った実験により，重力質量と慣性質量が等しいことを 10^{-3} の精度で確認した．1832 年，F. W. ベッセル*もニュートン同様に振り子の実験を行い，10^{-4} と精度を高めた．

エトヴェシュの実験　エトヴェシュは，1888 年，C. A. クーロン*，J. ミッチェル，H. キャヴェンディッシュ*が力の大きさを測定するために使ったねじり秤を，重力質量と慣性質量が異なっているなら，重力は同じでも地球の自転による慣性力 (遠心力) が異なるために生じるトルクが測定できるように改良した．実験は，1889 年から 1908 年まで何度も繰り返された．このねじり秤の 2 個のおもり一つをプラチナとし，もう一方のおもりを銅，アルミニウム，石綿，水など色々な物質に変えて実験し，10^{-8} の精度でトルクが生じないこと，すなわち重力質量と慣性質量が 10^{-8} の精度で一致することを確認した (現在，10^{-13} の精度で確認されている)．この実験は，A. アインシュタイン*が一般相対性理論の基本原理とした等価原理を発想する基礎となった．

地表を水平に運動する物体が受ける慣性力の影響をエトヴェシュ効果という．エトヴェシュの実験の副産物である．

エトヴェシュは，およそ半世紀にわたり，ハンガリーの理数教育に貢献し，1894 年には父と同じ教育大臣にもなっている．

エバルト，パウル・ペーター
Ewald, Paul Peter
1888–1985

X 線回折法のパイオニア

ドイツ生まれの結晶学者，物理学者．X 線回折法のパイオニアで，X 線回折法におけるエバルト球に名前を残している．H. A. ベーテ*は義理の息子である．

経歴　エバルトはベルリンに生まれた．ミュンヘン大学で A. ゾンマーフェルト*に学んだ．1921 年にミュンスター大学に移り，R. グロッカーと X 線の研究を行った．1932 年からシュツットガルト大学の講師になった．1933 年，ナチス支配下のドイツからアメリカに逃れた．

1978 年マックス・プランクメダルを受賞した．国際結晶学会 (IUCr) のエバルト賞は彼の業績を記念して設けられた．

エバルト球　実空間で a_1, a_2, a_3 を基本ベクトルとして，
$$R = m_1 a_1 + m_2 a_2 + m_3 a_3$$
(m_1, m_2, m_3 : 整数) で表される格子があるとき，基本逆格子ベクトル
$$\left.\begin{array}{l} b_1 = 2\pi \dfrac{a_2 \times a_3}{a_1 \cdot (a_2 \times a_3)} \\[4pt] b_2 = 2\pi \dfrac{a_3 \times a_1}{a_1 \cdot (a_2 \times a_3)} \\[4pt] b_3 = 2\pi \dfrac{a_1 \times a_2}{a_1 \cdot (a_2 \times a_3)} \end{array}\right\}$$
を定義する．このとき，
$$G_n = n_1 b_1 + n_2 b_2 + n_3 b_3$$
(n_1, n_2, n_3 : 整数) を逆格子ベクトルという．逆格子ベクトル G_n の終点が逆格子点であり，逆格子点の集まりが逆格子である．実空間と逆格子空間の関係はフーリエ変換の関係である．結晶の回折のブラッグ条件 [⇒ブラッグ] は，回折の散乱ベクトルが逆格子ベクトルと一致するところで満たされる．

X 線回折実験で結晶の構造を決定したり，

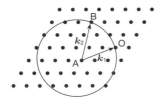

図1 エバルト球の方法

結晶の方位を決定することに用いられるエバルト球の方法を図1に示す.ある逆格子点 O を終点とする入射波の波数ベクトル k_1 を描く.次に,その始点を中心として,波数を半径とする球を描く.点 B のように,この球面と逆格子点が重なるときに,ブラッグ条件が満たされ,回折が起こる.回折波の方向は k_2 の方向(AB の方向)である.角 OAB を 2θ とすれば

$$2 \cdot \frac{2\pi}{\lambda} \sin\theta = \frac{2\pi}{d}$$

であるので,ブラッグ条件

$$\lambda = 2d\sin\theta$$

に一致する.

エバルトの和 エバルトはイオン性結晶のように正負の電荷が周期的に並んでいるときにクーロンエネルギーの和を計算する手法を導いた.マーデルング定数を導くときにも,この方法が用いられる〔⇒マーデルング〕.クーロン相互作用の和 $\sum_i \phi_i(\boldsymbol{r})$ を適当な関数 $f(\boldsymbol{r})$ を用いて

$$\sum_i \phi_i(\boldsymbol{r}) = \sum_i \phi_i(\boldsymbol{r})f(\boldsymbol{r}) + \sum_i \phi_i(\boldsymbol{r})\{1 - f(\boldsymbol{r})\}$$

のように短距離相互作用と長距離相互作用に分ける.第1項の和が実空間で短距離で 0 に収束するようにする.第2項の和は,$\sum_i \phi_i(\boldsymbol{r})$ が周期関数であることを利用してフーリエ空間で計算する.この方法は重力相互作用の和を計算するときにも有用である.

エルステッド,ハンス・クリスティアン
Ørsted, Hans Christian
1777–1851
電流の磁気作用の発見

デンマークの物理学者.電流が磁場を形成することを発見した.

経　歴　11歳のとき父の薬局の助手になり,科学に関心を持つ.独学でコペンハーゲン大学に入学.1799 年博士号取得,1806 年物理学と数学の教授となる.1850年コペンハーゲン大学に理学部を作り物理学教授.

電流の磁気作用　1819 年に講義で導線に電流を流す実験をしていたところ,近くに置いたコンパスの磁針が振れたことで電流と磁場の相互関係を発見した.その後 J.-B. ビオ*と F. サバールが詳細な実験を繰り返し,電流と磁場の関係を記述する,ビオ–サバールの法則を導き〔⇒ビオ〕,また A. M. アンペール*は電流が流れている 2 本の導線間に作用する磁気的な力の法則を発見した.エルステッドの発見により,それまでは独立な現象と考えられていた電気と磁気が関係のあるものであることが証明され,J. C. マクスウェル*の電磁気学完成への道が開かれたのである.

ここでは図のように,コンパスの上側に置かれた導線に電流を流した場合の磁針の反応について考えてみる.

まず,図1では導線は東西に張られている.この場合は電流を東側から西側に(つまり図では右から左に)流す場合と反対に西側から東側に流す場合の2通りが考えられる.実験結果は以下の通りである.

①東側から西側に電流を流した場合:磁針は南北が逆になるくらい大きく振れる.

②西側から東側に電流を流した場合:磁針は振れない.

次に,図2のように,導線が磁針と平行に

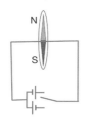

図1 電流の磁石への影響 (1)

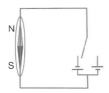

図2 電流の磁石への影響 (2)

エルミート, シャルル
Hermite, Charles
1822–1901

エルミート形式, エルミート多項式

フランスの数学者.

人物・経歴　子供のときから足に障害があり,当時の世の中での障害者への無理解の中で成長した.早くから創造的な数学的能力を示すが,学校数学や試験を嫌った.エコール・ポリテクニク (ポリテク) に入学したが意に沿わず1年で退学.バカロレア試験に何とか合格した後,1848年,ポリテクに皮肉にも入試担当教員として採用.その後,1856年にそれまでの数々の独創的業績により,科学アカデミー会員に選出.同じ年に天然痘に罹った.そのときの体験と大数学者 A. L. コーシー*の影響により,以来,敬虔なカトリック信者となった.1869年にポリテクおよびパリ (ソルボンヌ) 大学の教授に就任.1876年ポリテクを退職したが,パリ大学には晩年近くまで在職し教育に力を注いだ.

エルミートは神の創造物としての物理的実在と同様に数学的実在があると考え,科学の国や人種を越えた普遍的意味について強い信念を持っていた.教えを受けた J. H. ポアンカレ*は,エルミートの数学は,論理ではなく精神の神秘的産物であると感じたという.エルミートは,彼の名を冠した行列,多項式など,物理学徒にとって親しみ深い数学者である.一方,純粋数学では,数論や楕円関数論に関する仕事でも名高い.以下では,物理学にとって重要な二つのテーマを取り上げる.

張られている場合についてみてみよう.この場合も電流を北側から南側に (つまり図では上から下に) 流す場合と反対に南側から北側に流す場合の2通りが考えられる.実験結果は以下の通りである.

①北側から南側に電流を流した場合:
磁針の N 部分が東側 (図で時計回り) に振れる.

②南側から北側に電流を流した場合:
磁針の N 部分が西側 (図で反時計回り) に振れる.

この現象の解釈はそれほど簡単ではない.磁針と電流の間に単純な引力または斥力が働いているとは考えることはできない.ただし,何らかの力が働いていることは確かである.実は振れの大きさに関して,もし導線をコンパスから遠ざけると振れが小さくなることがわかっている.つまり働く力は磁針と導線の距離が長くなれば弱くなることを示している.

磁場の単位・エルステッド　磁場の強さを表す単位として,エルステッド (Oe) が使われる.これは SI 単位系ではアンペア/メートル (A/m) であり,$1\,\mathrm{A/m} = 4\pi \times 10^{-3}\,\mathrm{Oe}$ である.

エルミート形式　n 個の複素変数 $(x_1, x_2, \cdots, x_n) = \boldsymbol{x}$ とその複素共役が係数 h_{ij} ($n \times n$ 行列 H) によってなす双1次式

$$\sum_{i=1}^{n} h_{ij} \overline{x_i} x_j = (\boldsymbol{x}, H\boldsymbol{x}) \qquad (1)$$

は，次式の条件が成り立つとき実数である．
$$h_{ij} = \overline{h_{ji}} \qquad (2)$$
このとき (1) 式をエルミート形式とよぶ．一般に行列 A (要素 a_{ij}) に対して (ij) 要素が $\overline{a_{ji}}$ の行列を A のエルミート共役といい，$A^\dagger$ で表す．(2) 式は $H = H^\dagger$ (エルミート行列) に他ならない．特に $h_{ij} = \delta_{ij}$ のとき，(1) を不変に保つ線形変換 $\boldsymbol{x} \to \boldsymbol{x}' = U\boldsymbol{x}$ をユニタリー変換とよぶ．U は行列として $U^{-1} = U^\dagger$ を満たし，エルミート共役が逆行列に等しい複素行列である．任意のエルミート形式はユニタリー変換により $\sum_{i=1}^n \lambda_i \bar{x}'_i x'_i$ の形にできる．λ_i は実数で，H の固有値とよぶ．量子力学では，物理量は一般にエルミート行列で表せる〔⇒ハイゼンベルク〕．このとき，複素変数ベクトル $\boldsymbol{x}$ は無限次元に拡張され物理学的状態を表す．エルミート形式の比 $(\boldsymbol{x}, H\boldsymbol{x})/(\boldsymbol{x}, \boldsymbol{x})$ は，この状態の下で物理量 H を観測したときの期待値としての意味を持つ．

エルミート多項式 次式で定義されるエルミートの微分方程式
$$\frac{d^2 f}{dx^2} - x \frac{df}{dx} + nf = 0 \qquad (3)$$
には，n が非負整数のとき，n 次多項式の解
$$f = H_n = (-1)^n e^{x^2/2} \frac{d^n}{dx^n} e^{-x^2/2} \qquad (4)$$
がある．これをエルミート多項式とよぶ．量子力学の 1 次元調和振動子 (質量 m，角振動数 ω) のエネルギー固有値を決めるシュレーディンガー方程式は元の 1 次元座標 x を $\sqrt{\frac{\hbar}{2m\omega}} x$ に置き換えると (3) 式に帰着でき，$\psi_n(x) = H_n(x) e^{-x^2/4}$ が調和振動子の第 n 励起状態の波動関数に比例する．また，直交関係
$$\int_{-\infty}^{\infty} dx\, e^{-x^2/2} H_n H_m = n! \sqrt{2\pi} \delta_{nm} \qquad (5)$$
が成り立ち，ψ_n の全体は波動関数がなす空間 (ヒルベルト空間〔⇒フォン・ノイマン〕) の直交基底を与える．このように，エルミートの仕事は 20 世紀の量子力学の発展への道を用意していたのである．

エーレンフェスト，ポール
Ehrenfest, Paul
1880–1933

統計力学，量子力学の発展に貢献

オランダの物理学者，数学者．

経歴 貧しいユダヤ人家庭に生まれ育ちたいへんな苦労をしたが幼い頃より特に数学の才能を発揮したという．ウィーン大学において L. E. ボルツマン*の指導の下，博士号を取得した．ゲッティンゲンで F. C. クラインと D. ヒルベルト*に師事した当時，ロシア人学生 T. A. アファナシェワが女性であることを理由に数学の会合に出席できないでいることを知ってルール改正に奔走したのが後に結婚へとつながる友情の始まりであった．サンクトペテルブルクですごした 5 年間は特に研究に没頭した期間であり，夫妻で取り組んだ「力学における統計的アプローチの概念的基礎」が 1911 年に出版されている．1912 年にライデン大学教授に就任．プランクの量子論〔⇒プランク〕やウィーンの変位則〔⇒ウィーン〕を発展させ断熱不変量の理論を提唱，N. H. D. ボーア*の原子構造論を基礎づけ，量子力学の確立に大きな貢献をした．1933 年に自殺．

エーレンフェストの定理 エーレンフェストの定理とは，シュレーディンガーの波動方程式を満足する量子力学的な波束について，位置と運動量の期待値の関係はニュートン力学と同じ形をしていることをいう．つまり量子力学は古典力学を含んでいるといえる．
$$\frac{d}{dt}\langle \boldsymbol{r} \rangle = \frac{1}{m} \langle \boldsymbol{p} \rangle, \quad \frac{d}{dt}\langle \boldsymbol{p} \rangle = \langle \boldsymbol{F} \rangle$$
$\langle ... \rangle$ は波束による量子力学的平均を表す．

相転移とエーレンフェストの関係式 1933 年，自由エネルギー関数の導関数の不連続性に基づいた相転移の分類を提示

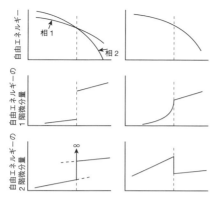

図1 相1から相2（あるいは逆）に転移するときの自由エネルギーやその微分物理量の変化の様子

横軸は温度 T, 圧力 p などの状態変数を表す. 1次相転移（左）は, 図中の点線を超えても相が変わらない過冷却・過飽和などの非平衡現象が起こり履歴や潜熱を伴う. 気相・液相・固相間の転移などがこれに相当する. 特殊な場合を除き, 磁気転移, 超伝導転移などは2次相転移（右）である.

した. そこでは, ギブズの自由エネルギー $G = U - TS + pV$ の n 階微分が不連続になるものを n 次相転移と定義された. 熱力学第1法則より $dU = TdS - pdV$ であることを考えると G の温度 T や圧力 p に対する1階微分は

$$\left(\frac{\partial G}{\partial T}\right)_p = -S, \quad \left(\frac{\partial G}{\partial p}\right)_T = V$$

であるので, 1次相転移においてはエントロピー S や体積 V が不連続に変化する. また, 特に2次相転移において不連続に変化する自由エネルギーの2階微分量, 定圧熱容量 C_p, 熱膨張率 β, 等温圧縮率 K_T の"跳び"の大きさと熱力学変数との関係,

$$\frac{dp}{dT} = \frac{\Delta C_p}{TV\Delta\beta} = \frac{\Delta\beta}{\Delta K_T}$$

$$\frac{\Delta C_p}{T} = \frac{B(\Delta\beta)^2}{\Delta K_T}$$

は, エーレンフェストの関係式とよばれている.

オイラー，レオンハルト
Euler, Leonhard
1707–1783

現代数学の基礎を作った巨人

スイスの数学者, 物理学者, 天文学者. いずれの分野においても極めて重要な業績を残し, 最も多くの論文を書いた数学者としても知られる.

経　歴　スイスのバーゼルに生まれる. 父親は牧師であるだけでなく数学の素養も持っていたため, オイラーはこの父親からの個人レッスンにより数学に関して多くのことを学んだ.

オイラーは14歳でバーゼル大学に入る. 大学ではヨハン・ベルヌイの助言の下で多くの数学の論文を読み, 19歳で大学の課程を終えるころには短い論文も出版している. 卒業後は, 誘いのあったロシアのサンクトペテルブルク科学アカデミーに移る.

サンクトペテルブルクでオイラーが行った研究には数論や微分方程式などがある. またニュートン力学を最初に数学的に解析したのもこの時期のオイラーであった. 一方, 健康面では必ずしも万全ではなかった. 特に目を悪くし, 片方の目はほとんど失明してしまっていた.

1741年, オイラーは争乱の起きたロシアを避け, プロイセンのフリードリッヒ国王の招きによりベルリン科学アカデミーに籍を移した. これは当時既にオイラーが名声を博していたからである. アカデミーではオイラーは数学部門の部門長として多くの事務的な作業もこなした. 結局オイラーはこのベルリンで25年を過ごし, その間380編もの論文を書き上げた.

1766年, オイラーは再びサンクトペテルブルクに戻るが, しばらくしてもう一方の目もほとんど失明してしまう. ところが驚異的な記憶力の持ち主だったオイラーは,

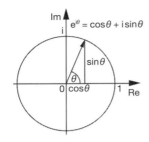

図1 単位円とオイラーの公式

失明してもなお研究を続け,生涯に書き上げる論文の半数近くをこれ以後書いていく.ただし,これには彼の息子や同僚による助けが必要であった.

1783年のある日,オイラーは孫の1人に数学を教え,そして同僚と議論をした後に気を失い,その日の夜に亡くなった.

オイラーの公式 オイラーは最も多作な数学者として知られる.それは研究対象が極めて多岐にわたることにもよる.オイラーの名を冠した定理や式も多い.例えばオイラーの定理というだけでもいくつもある(「三角形の外接円の半径R,内接円の半径r,内心と外心との距離dは$d^2 = R(R-2r)$を満たす」など).また,1748年に証明されたオイラーの公式

$$e^{i\theta} = \cos\theta + i\sin\theta$$

はあまりに有名である.特に$\theta = \pi$とした

$$e^{i\pi} = -1$$

はオイラーの等式ともよばれる.これは,その簡潔な表式が持つ美しさから,数学誌などの読者調査で「最も美しい定理」「最も偉大な等式」との評価を受けており,人気の高い公式である.

ゼータ関数の研究 ゼータ関数

$$\zeta(n) = \sum_{k=1}^{\infty} \frac{1}{k^n}$$

(ただし$Re(n) > 1$)を最初に研究したのもオイラーである(その関数名は後に G. F. B. リーマン★がつけた).特に$n = 2, 4, 6,$ 8, 10, 12について,オイラーが初めて計算に成功している.さらには1737年にゼータ関数と素数の関係についても指摘している.すなわち,ゼータ関数が次のような全ての素数に対する無限積によって表されることを証明した.

$$\zeta(n) = \prod_p \frac{1}{1 - 1/p^n}$$

ここでpは素数である.$n = 1$の場合から,素数の個数が無限であることもわかる.左辺は発散するのに対し,有限個の素数では右辺は発散しないからである.

流体力学のオイラーの方程式 物理学にも多くの足跡を残している.オイラーの名がついたものとして有名なものに流体力学におけるオイラー方程式がある.この方程式は,粘性を無視したナヴィエ–ストークス方程式であり,次式で与えられる.

$$\frac{\partial \rho \boldsymbol{v}}{\partial t} + (\rho \boldsymbol{v} \cdot \nabla) \boldsymbol{v} = -\nabla p + f$$

ここで$\boldsymbol{v}$は流体の速度,ρは流体の密度,pは圧力,fは外力である.そのほかにも剛体の回転に関するオイラーの運動方程式がある.

オイラー–ラグランジュ方程式 解析力学においてもオイラーの功績は大きい.現在オイラー–ラグランジュ方程式とよばれる

$$\dot{p}_i = \partial L(q, \dot{q}, t)/\partial q_i$$

は,ニュートンの運動方程式を一般化座標に拡張したものであり,より本質的な運動方程式であるといえる〔⇒ラグランジュ〕.ここで$\{q\}$と$\{p\}$は一般化座標と一般化運動量,Lはラグランジアンである.

オイラーの運動方程式 さらに,1760年には剛体の回転運動を表す以下のオイラーの運動方程式も導出している.

$$\boldsymbol{N} = \frac{\mathrm{d}\boldsymbol{L}}{\mathrm{d}t}$$

これは剛体の角運動量$\boldsymbol{L}$が剛体に働くトルク$\boldsymbol{N}$によって時間発展することを表した

図2　レオンハルト・オイラー
(J. E. ハンドマン画)

式である．この式を用いることで，たとえば歳差運動を行うコマの振舞なども明らかになった．

外力の働かない剛体を特にオイラーのコマとよぶ．これは可積分系であり，解は楕円関数で表されることがわかっている〔⇒ コワレフスカヤ〕．

数学的記法の考案　オイラーはまた，記号を考え出す名手でもあった．x の関数を $f(x)$ と書く記法や，自然対数の底 e，虚数 i，円周率 π，数列の和 $\sum$，x の変化量 Δx など，現在の数学的記述になくてはならない記号がオイラーにより導入されている．

人　　物　オイラーの記憶力は伝説的でもあり，古代ローマの詩人が書いた叙事詩を一冊丸ごと諳んじてみせたりした．集中力にも天賦の才能があり，子供に恵まれたオイラーは腕に子供を抱き，足下には子供たちがはしゃぎ回っている中で数学の問題を考えていたといわれている．目が見えなくなってからも暗算で様々な計算をした．例えば 2 人の学生が複雑な数列の和を計算しているとき，小数点以下 50 桁目で食い違いが生じたが，オイラーは暗算でどちらが正しいかを言い当てた．これらのエピソードは脚色を含んでいる可能性もあるが，さもありなんと思えるほどにオイラーの天才ぶりは群を抜いているのである．

岡崎恒子
Okazaki, Tsuneko
1933–

DNA 複製のメカニズムを明らかに

分子生物学者．夫・岡崎令治と共に DNA の複製が不連続に起こるという考えを提出，それを示す DNA の断片「岡崎フラグメント」を発見した．

経　　歴　名古屋市に生まれる．医師である父の影響で生物に関心を持ち，1956 年名古屋大学理学部生物学科を卒業した．学部 4 年のとき岡崎令治に出会い，大学院では令治の属する発生学研究室に進んだ．同年令治と結婚．ワトソン–クリックにより DNA の二重らせん構造が発見 (1953) されて間もない頃で，夫妻は大澤省三 (1928–，現名古屋大学名誉教授) の影響もあり分子生物学に転向した．この年 56 年 A. コーンバーグが DNA の複製に関わる酵素 (DNA ポリメラーゼ) を発見，DNA の合成に成功し，2 年後には DNA の 2 本の鎖が分かれてそれぞれを鋳型として新しい鎖が作られる (半保存的複製) ことが証明され，DNA の構造と複製に関する研究が続出する．

夫妻は大腸菌を使って，細胞内の DNA を作るヌクレオチドの前駆体を調べているときに新しいヌクレチド糖化合物を発見した．1960 年ワシントン大学に留学，1 年 3 カ月後，スタンフォード大学コーンバーグ研究室に移り，恒子は枯草菌 DNA ポリメラーゼを研究，1 年 3 カ月後 1963 年名古屋大学化学科の助教授として帰国する令治に同行した．出産後 64 年学術振興会奨励研究員として研究再開，65 年助手となる．

岡崎フラグメントの発見　その時期，DNA の複製メカニズムについて実験が進み，いくつかの理論的問題が浮上してきた．二重鎖は塩基の並ぶ方向が逆で，複製の方向も逆になるはずであるにもかかわらず，

二重鎖がほどけ複製が一方向にしか進まないように見える.夫妻はこの解明に挑んだ.巨視的には同じ方向に進むように見えるが,微小なレベルでは実際は片方の鎖は逆向きに不連続な複製を小刻みに繰り返し,それが繋がれていくことで複製が進む,との考えを提出し,大腸菌について,短いDNA鎖を検出できた.

夫妻は,大腸菌以外でも同じ結果が得られ,夫妻は1967年東京での国際生物化学会で発表した.アメリカの有力な雑誌に論文を発表したので世界的に知られた.その間新しくできた短鎖を繋ぐものとして予想されていた酵素DNAリガーゼが見つかった.68年令治がコールドスプリングハーバーのシンポジウムに招かれ発表し,大反響をよんだ.このDNA断片は「岡崎フラグメント」とよばれ,定着する.

未解決問題の一つであった不連続の開始反応メカニズム,つまりプライマーRNAの実態を解明するための研究中に,第2子を出産(1973)し,令治を亡くした(1975,広島での被爆による白血病のため).1976年助教授となり研究室を率いる(83年教授).プライマーRNAの分離法を確立し,その構造を決定した.バクテリアの場合に人工染色体の試みに成功し,哺乳動物,ヒトの場合にも試み,ヒトの人工染色体形成に成功した.1997年退官,藤田保健衛生大学総合医科学研究所教授となる.中日文化賞,ユネスコ・ロレアル・ヘレナ・ルビンスタイン賞を受賞した(2000).

図1 岡崎恒子と令治
(©T. Okazaki)

オテルマ,リイシ
Oterma, Liisi
1915–2001

フィンランド初の女性天文学者

フィンランドの女性天文学者.同国で女性として最初に天文学の学位を得た.多数の小惑星と3個の彗星を発見.小惑星1529 Otermaは彼女を称えるために命名された.

経歴 L.オテルマは,トゥルク大学の名誉教授であり,おそらく物理科学分野において最も有名なフィンランド人女性である.この聡明な女性は,大学でサンスクリットが教えられていなかったため,科学分野に進んだという.彼女はまず数学を専攻し,次に天文学を専攻した.大学では,当時のフィンランドにおける天文学の権威Y.バイサラに師事し,非常勤の観測助手として小惑星の探査を開始した.バイサラは独自の惑星カメラを設計・開発し,1935年冬よりそれを実用化していた.オテルマは勤勉な観測者であり,この時期トゥルクで行われた小惑星観測のほとんどは彼女によるものであった.

小惑星,彗星の発見 オテルマは200個以上の小惑星と共に,3個の彗星(38P/Stephan-Oterma, 39P/Oterma, 139P/Vaisala-Oterma)を発見した.そのうち最も有名な39P/Oterma(オテルマ彗星)は,最初に1943年3月に撮影された乙女座方向の写真内に現れた.その後,同年4月の撮影でも再確認され,さらに1942年2月に撮影された2枚の写真にも写っていることがわかった.計算の結果それは8年周期の円軌道に乗っていることがわかった.一方でこの彗星は木星による重力攪乱(1936年から1938年まで一時的に木星に衛星として捕獲されていた)を受ける以前には,18年周期の楕円軌道にあったこともわかった.オテルマは1957年この彗星が

図1 リイシ・オテルマ (中央)

同様の重力攪乱によって 1962–63 年に再び楕円軌道に戻ることを予見したが，それは現実のものとなった．現在，オテルマ彗星は 19 年周期の楕円軌道にある．

オテルマの博士論文は 1955 年に発表されたが，そのテーマは望遠鏡光学に関するものであった．博士論文は最高の評価で受理され，トゥルク大学学位授与式では総代を勤めた．フィンランドで女性として最初に天文学の学位を得た人物であり，翌 1956 年にはフィンランド BPW (business and professional women) 連合会によって「今年の女性」に選ばれている．1959 年にトゥルク大学の天文学教員になり，1965 年に教授職を得た．バイサラの死後，1971 年から 1975 年の間はトゥルク大学天体光学研究所の所長を務め，1978 年に退官した．

人　物　オテルマは，寡黙な慎み深い人物であった．彼女は金髪で笑顔が素敵な女性であったが，自分自身のことを話すよう依頼されたときと，写真を撮られるときだけは不快を示したという．また彼女は，ドイツ語，英語，スペイン語，イタリア語，ハンガリー語，エスペラント，フランス語を含む複数の言語に長け，このことはとある教授によって「11 の言語で沈黙を守る」と表現された．彼女の学位論文はフランス語で書かれている．

オーム，ゲオルク・シモン
Ohm, Georg Simon
1787–1854

電流は電圧に比例する

ドイツの物理学者．「オームの法則」の発見者．

経　歴　オームは 18 世紀の末，錠前師の父親と仕立て屋の娘である母親の下に生まれた．両親は正式な教育を受けたことがなかったが，父親は独学で学問を身につけ，オームと弟のマーティンに，数学，物理，化学，哲学に関する高度な教育を自ら施した．父親はさらに，2 人を高等教育の受けられる学校や大学に進ませた．弟のマーティンは後に，有名な数学者になる．

オームは 1811 年にエアランゲン大学で学位をとり，いくつかの教職を経た後，1817 年からケルンのイエズス会の高校教師になって，数学と物理を教える．この高校は理科教育で有名で，研究室には装置が揃っていた．オームは，H. C. エルステッド*の実験の影響を受け，実験装置を自分で工夫して (錠前師の息子は器用！)，熱電対で電気伝導を測定した．回路で導線以外の抵抗を考慮した理論的解析の末，39 歳の 1826 年に，「電流は電圧に比例する」という「オームの法則」を発見した．

オームの法則　一様な線状導線の 2 点間を流れる定常電流 I は，2 点間の電圧 (電位差) V に比例し，

$$I = V/R, \quad V = IR$$

と表される．比例定数 R を，電気抵抗または単に抵抗という．一様な太さの導線では，R は長さ l に比例し，断面積 S に反比例して，$R = \rho l/S$ と書ける．ρ は物質定数で，比抵抗という．また，$\sigma = 1/\rho$ を電気伝導度という．σ は，等方的な物質ではスカラー，異方的な物質ではテンソルである．

導体内の各点でのオームの法則は，電流

密度を i, 電場を E として，局所的に
$$i = \sigma E$$
と書ける．異方的物質では σ はテンソルで，i と E の方向は必ずしも一致しない．

コプリーメダルと切手 オームの法則は電気工学の分野でクーロンの法則〔⇒クーロン〕と並んで最も重要な関係式の一つだが，発表当時は科学者の反応は鈍く，正しい評価を得るまでに時間がかかる．発見から15年後の1841年には英国の王立協会からコプリーメダルを授与される．オームはその後，王立協会の会員に選ばれて社会的に注目され，ドイツ国内や世界で評価されるようになる．なお，このメダルは，後にA.アインシュタイン*も受ける．

1833年にニュルンベルク工学学校，1849年にミュンヘン大学の教授に就任．

オームの法則の発見はオームのケルン時代のものだ．これを記念して，ケルン大学理学部には「ゲオルク・シモン・オーム教授職」が1986年から制定された．また，ミュンヘン工科大学にはオームの大きな像が置かれている．ドイツでは，1994年にオームの法則の式が切手の図柄に採用された．

オームの法則は今や著名度では，I.ニュートン*の運動方程式 ($F = ma$) やアインシュタインの関係式 ($E = mc^2$) に比肩するまでになっている．

オームの音響法則 聴覚による音響の認識に関して，「音色の認識は，高調波の合成によって構成されている」という説をオームが提案した．近年，聴覚の研究が進み，必ずしもこの法則で説明できない側面もあることが判明した．

オームに因む単位名 単位のオーム (Ω) は電気抵抗のSI単位で，$1\Omega = 1\text{V/A}$ である．また，音響オーム (Pa・s/m^3) は音響抵抗の単位で，1 Paの音圧が $1\text{ m}^3/\text{s}$ の体積速度 (定義面積は 1 m^2) を生ずる際の音響抵抗をもって定義される．

オングストローム，アンデルス
Ångström, Anders Jonas
1814–1874

分光学，単位「オングストローム」

スウェーデンの物理学者・天文学者．分光学の基礎を築いた学者で測定した元素の輝線の波長を表す単位として，10^{-8} cm を使用し，これを彼の名前より単位オングストロームとよばれ Å で表される．

経　歴 ウプサラ大学で物理学を学び，1839年に博士号を取得した後，1842年からストックホルム天文台で実用的な天文学の仕事の経験を積み，翌年からウプサラ天文台の研究員となった．また地磁気に関心を持ちスウェーデンの地磁気の強さや偏角に関する多くの観測を行った．

1858年にアドルフ・スヴァンベルグの後継者として，ウプサラ大学の物理学の教授となり，亡くなるまでその地位にあった．1872年にはスペクトルの解析の研究により，ランフォードメダル (イギリスの王立協会が熱と光のすぐれた研究に与える賞) を受賞している．また月のクレーターにもオングストロームと名づけられたものがある．彼の息子のクヌート・オングストロームも物理学者である．

長さの単位・オングストローム 分光学の分野で，太陽光のスペクトルの波長の単位として 10^{-8} cm を使用したことで，単位 Å $= 10^{-8}$ cm $= 10^{-10}$ m が彼の名に因んでオングストロームとよばれる．原子や分子などの大きさや，可視光の波長などを表すときにしばしば用いられてきた．Å で表すと，水素原子のボーア半径は 0.53 Å である．また可視光の波長は，赤が 6200〜7500 Å であり，紫が 3800〜4500 Å である．しかし，国際単位系 (SI) では，m，mm $= 10^{-3}$ m，μm $= 10^{-6}$ m，nm $= 10^{-9}$ m が用いられるため最近では使用される頻度

が低くなった.

分光学の創始者　オングストロームの重要な業績は熱の伝導と分光に関係している．オングストロームは光がプリズムで屈折されて分散されて現れる色々な色の帯，すなわちスペクトル線の研究の創始者である．

1861年から太陽光のスペクトル線の研究に興味を持ち，1862年には太陽の大気中には種々の元素と共に水素が含まれていることを発見した．また回折格子によって太陽スペクトル中の暗線（フラウンホーファー線）の波長を測定し，地上の元素の輝線の波長とあわせて1868年に公表している．彼の測定した暗線は約1200本あり，そのうち800本は地上で普通にみられる元素の輝線と同定された．

また1853年には放電管から出る光には，電極の金属部分から出る光と，電気火花が通過する白熱した気体から出る光があることを示した．またそれだけでなく白熱した気体から出る光については，気体が特定の波長の光を吸収し，またそれと同じ波長の光を放出することを見出した．このことはスペクトル解析の基本原理であり，オングストロームは分光学の基礎を築いた創始者の1人とされている．

図1　スペクトル

また彼はオーロラボリアリス（北極光）のスペクトルを研究した第一人者でもある．1867年にはオーロラの黄から青の領域における特徴的な光を発見し測定している．

オンサーガー，ラルス
Onsager, Lars
1903–1976

不可逆過程の熱力学

ノルウェー，オスロ出身で，アメリカで活動した物理学者．不可逆過程の熱力学の研究により1968年にノーベル化学賞を受賞．2次元イジングモデルの厳密解を得て，その後の相転移研究に大きな影響を与えた．

経歴　1903年ノルウェー，オスロに生まれた．ノルウェー工科大学を卒業，チューリヒ工科大学を経て，1928年ブラウン大学の講師（instructor）となった．ブラウン大学での5年間に，後のノーベル賞の対象となる相反定理の研究を行い，1933年に論文として発表している．その後イェール大学に移り，1933年よりイェール大学化学科の助教授，1940年同大学准教授，1945年から1973年まで教授を務めた．1944年には，2次元イジング模型の厳密解を得て，相転移研究に一大インパクトを与えた．1976年死去．

相反定理　1931年に相反定理を発見し，熱力学第2法則の発展形である「不可逆過程の熱力学」を首尾一貫した理論体系に整備する道を拓いた．オンサーガーの相反定理は，熱力学において，局所的には平衡状態にあると見なせる非平衡系での「流れ」と「力」との関係に関する定理である．例えば，系内に温度差（「力」に相当）がある場合は高温部から低温部へ熱の「流れ」が生じ，圧力差（別の「力」に相当）がある場合には高圧部から低圧部へ物質の「流れ」が生じる．もし温度と圧力の両方に差がある場合には，圧力差が熱の流れを生み温度差が物質の流れを生むといった交差関係が生じる．相反定理によると，実は，圧力差当りの熱の流れと温度差当りの物質（密度）の流れは，相等しい．

同様の「相反関係」は，他の様々な力と流れの間にも一般化できる．系に熱流などの流れを起こさせる「力」X_j が加えられているとき，生じる「流れ」J_i は，線形領域では

$$J_i = \sum_j L_{ij} X_j$$

と与えられる．ここで，i, j は，流れや力の種類を表す．相反定理によると，このとき関係式

$$L_{ij} = L_{ji}$$

が成立する．オンサーガーは，この定理を微視的な時間反転対称性の要請から導いた．系に時間反転対称性を破るような摂動，例えば外部から磁場をかけたり回転を与えたりすると，そのままの形では成立しなくなる．

2次元イジングモデル　オンサーガーは，また，2次元イジングモデルの厳密解を与えたことでも著名である．2次元イジングモデルは，最も単純化された強磁性の統計力学モデルで，「上」か「下」かの二つのみの状態をとる「イジング変数」が2次元の格子点上にあり，格子上の最近接位置にあるイジング変数と結合しているモデルである．

イジング変数を σ として，「上向き」のとき $\sigma = 1$，「下向き」のとき $\sigma = -1$ としよう．2次元格子として正方格子を仮定し，各スピンが置かれた格子点位置を (i, j) で表すと $(i, j = 0, \pm 1, \pm 2, \cdots)$，格子点 (i, j) 上のイジング変数は $\sigma_{i,j}$ と表される．すると，最近接相互作用 J を持つ2次元イジングモデルのエネルギーを表す「ハミルトニアン」$\mathcal{H}$ は，

$$\mathcal{H} = -J \sum_{i,j} (\sigma_{i,j} \sigma_{i+1,j} + \sigma_{i,j} \sigma_{i,j+1})$$
$$- H \sum_{i,j} \sigma_{i,j}$$

で与えられる．ここで，i, j に関する和は，正方格子上の全ての格子点に関する和を意味する．右辺第2項は，外部磁場 H による項で，スピン上向きと下向きの間の対称性を破る項になっている．

J. W. ギブズ*により定式化された平衡状態の統計力学の一般的処方があり，ハミルトニアンから「分配関数」〔⇒ギブズ〕を実際に計算することができれば，比熱等の熱力学量を求めることができる．特に相転移現象を調べる際には，熱力学極限といって，系のサイズ (今の場合は格子点の総数 N) を無限に大きくする ($N \to \infty$) 極限での振舞を求める必要がある．しかし，この計算を厳密に遂行することは，1次元系のような特殊な場合を除くと，一般的には困難を極める．

イジングモデルの厳密解　イジングモデルは，1920年に提案され1次元の場合には既に厳密解が得られていたが，1次元ではイジングモデルは有限温度での強磁性を示さない．2次元では強磁性の出現が期待されていたが，オンサーガー以前には近似解しか知られていなかった．オンサーガーは，1944年，2次元でかつ外部磁場が0 ($H = 0$) の場合に，4元数という数学を駆使してその厳密解を得ることに成功した．この厳密解により，2次元イジングモデルが有限温度で強磁性への相転移を示すこと，また比熱が相転移点で対数的な発散を示すことが明らかになった．この成果は関連分野の研究者に極めて大きな影響を与え，その後の相転移，臨界現象研究の活発化の端緒となった．なお，2次元イジングモデルについては，当初のオンサーガーによる解法以外にも様々な解法が知られており，例えば対称性を用いた別解を南部陽一郎が導いている〔⇒南部陽一郎〕．

なお，オンサーガーの厳密解は，外部磁場が0の場合に限られており，磁場が有限の場合は今日に至るまで厳密解は知られていない．また，3次元の場合には，磁場0の場合ですら厳密解は知られていない．

カー, ジョン
Kerr, John
1824–1907

電気光学現象に関するカー効果の発見

スコットランドの物理学者. 外部の電場, 磁場によって結晶や液体の光学的性質が変化するカー効果を発見した.

経　歴　1841年, グラスゴー大学に入学. ケルヴィン卿*に指導を受け, 物理科学修士を得る. また, スコットランド・フリー・チャーチで神学を学んだが, 僧職には就かず, グラスゴー・フリー・チャーチ師範学校で数学と物理科学を40年以上教えた.

カー効果　1875年, 強い電場を印加したガラスが複屈折性 (二つの屈折光線が現れる現象) を示すことを発見した. 電場を印加した方向に平行な偏光とそれに垂直な偏光に対する屈折率差は

$$\Delta n = \lambda K E^2 \tag{1}$$

で与えられる. ここで, λ は波長, K はカー定数, E は印加電場である. カー効果では Δn は E^2 に比例するが, 1893年, ドイツ人の F. ポッケルス (A. ポッケルス*の弟) は Δn が E に比例するポッケルス効果を発見した. 図1はカー効果を利用したカーセルの構造を示す. ニトロベンゼン (液体, (1)式の $K = 3.6 \times 10^{-12}$ mV^{-2}) に電圧を印加しないと, 光は直交する偏光板対の

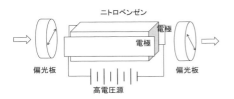

図1　カーセル (説明図)

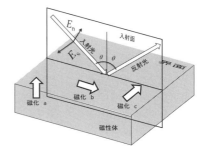

図2　磁気カー効果 (説明図)

ために透過しないが, 電圧を印加して両偏光間の位相差が π になると光は全て透過する. カー効果は応答速度が速いため, GHz を越える高速光スイッチとして使われる. レーザーの発明以降, 光の電場自身で複屈折を誘起する AC カー効果または光カー効果も知られるようになった.

磁気カー効果　1876年, 図2のように p または s 偏光 (入射面に平行, 垂直な光電場を持つ直線偏光) を磁性体に入射すると, その反射光は楕円偏光に変化することを見出した. これを磁気カー効果とよび, これは磁性体の磁化の向きにより3種類に分類される.

①極カー効果 (磁化が界面に垂直, 図2 磁化a)：直線偏光を垂直入射するとその偏光面が大きく回り光磁気ディスクの再生に用いられる.

②縦カー効果 (磁化が界面と入射面に平行, 図2 磁化b)：偏光の変化が入射角に大きく依存し, 垂直入射では観測されない.

③横カー効果 (磁化が界面に平行で入射面に垂直, 図2 磁化c)：偏光の変化がなく, 反射光強度が磁化の大きさと向きで変化する.

カーはスコットランドでメートル法を採用するように尽力した. 1868年グラスゴー大学から名誉学位を受けている.

ガイガー，ハンス
Geiger, Hans Wilhelm
1882–1945

ガイガー計数管の開発

ドイツの物理学者．

経歴 1906年エルランゲン大学で気体放電の研究により博士号を得た後，1907年よりイギリスのマンチェスター大学のE. ラザフォード*の下で研究を開始した．その後1912年ベルリンのドイツ国立物理工学研究所ラジウム実験室室長となる．

1909年にガイガー–マースデンの実験により，原子は中心に正の電荷を持つ原子核から作られているというラザフォードの模型の発想を導いた．

α 崩壊に関して，崩壊する原子核の α 崩壊寿命と出てくる α 粒子のエネルギーの間の関係式であるガイガー–ヌッタルの法則を，J. M. ヌッタルと共に1911年に定式化した．ヌッタルはマンチェスター大学を1911年に卒業してリーズ (Leeds) 大学に勤務したイギリスの物理学者である．

また1928年に，W. ミュラーと共に放射線計量器であるガイガー–ミュラー計数管を開発した．

ガイガー–マースデンの実験 ラザフォードのところで研究をしていたガイガーとE. マースデンは金原子と α 粒子の散乱で，ほとんどの α 粒子は原子をほぼまっすぐに通過するが，希に大きな角度で散乱されるものがあることを見つけた．このことは強い斥力が働いていることを示唆している．そしてこの散乱は原子番号を Z (金の場合は $Z=79$) として，正の点電荷 Ze によるクーロンポテンシャルの微分断面積 (ラザフォードの散乱公式とよばれ古典力学で求められているが，偶然量子力学の結果と一致している) で記述できることが示され，原子数 Z の原子は中心に正の Ze の電荷を持つ重い原子核とその周囲を Z 個の軽い負の電荷 $-e$ を持つ電子が回っているというラザフォード模型が確立された．

ガイガー–ヌッタルの法則 原子核の α 崩壊寿命の代わりにその逆数である崩壊定数を λ として，α 粒子の空気中での到達距離 (飛程) を R とすると，$\lambda = aR^b$ という関係式が経験的に成り立つ．実験的に得られた定数 a と b は，単位として崩壊定数を $[1/s]$, R を cm とすると $b = 57.5$ であり，また a は α 崩壊する原子核の系列に多少依存して，$-\log a = 42.3$ (ウラニウム系列)，$-\log a = 44.2$ (トリウム系列)，$-\log a = 46.3$ (アクチニウム系列) である．この関係式がガイガー–ヌッタルの法則とよばれる．

実は飛程 R とエネルギー E の関係はほぼ $R = 0.318E^{3/2}$ (E の単位は MeV, R は cm) となるので，この関係式は崩壊定数とエネルギーの関係式と見なすことができる．この関係式は G. ガモフ*らによって量子力学的に説明され，一般的な形として以下のように書かれる．

$$\log \lambda = -a_1 \frac{Z}{\sqrt{E}} + a_2$$

ここで Z は α 崩壊する原子核の電荷数，a_1 は定数であり a_2 も核種によって決まる定数である．この関係式は，原子核中での α 粒子が残りの原子核との間に働くクーロンポテンシャル (斥力) の障壁をトンネル効果で透過するとする理論で示すことができる．また多くの放射性核種について，a_2 の値がそれほど大きく変わらないので，$\log \lambda$ と $ZE^{-1/2}$ の関係はほぼ同じ直線で表される．

ガイガー–ミュラー計数管 ガイガー計数管は α 粒子の測定のためにガイガーがラザフォードの助手をしていた1908年に開発した．この装置の α 粒子の検出部分は，気体を封入した金属管で，円筒の金属部分 (陰極) と管内の芯の部分 (陽極) との間に

ガイスラー，ヨハン・ハインリッヒ・ウィルヘルム
Geissler, Johann Heinrich Wilhelm
1814–1879
ガイスラー管の発明

ドイツの物理学者．真空放電管であるガイスラー管の発明者．

経歴 ガイスラーは，1814年ドイツのテューリンゲン州イーゲルシープに生まれ，父親から機械技術とガラス細工の技術を受け継いだ．

ガイスラーは，氷の膨張係数を決定したり，石英やトパーズ（黄玉）の鉱石の中にCO_2が存在していることを明らかにした．また数学者であり物理学者のJ. プリューカーと共に水の最大密度の温度を計測するなどし，1852年にこれらの温度計測に関する論文を発表した．また，ガラス細工の技術を活用して，ガラス製の温度計や水銀を利用する真空ポンプの発明もした．

ガイスラー管の発明 ガイスラーは1855年にプリューカーと共にガイスラー管という真空放電管を発明したが，1859年にはプリューカーがそれを利用して陰極線を発見した．

ガイスラー管は低圧の希ガスを封入したガラス管の両端に電極を設け，高電圧を加えることで放電させるものである．ガス圧が十分に低下すると放電が発生し，ガイスラー管が明るく輝き始める．輝く色はガラスの種類，ガス圧で異なるので放電の様子から概略の真空度を推定することができる．このため，ガイスラー管は簡易真空計としても使用することもできる．ただ，真空計としてのガイスラー管は，正確な圧力を測ることには適していない．これまで，多くの研究室では高真空を得るために油拡散ポンプが使用されてきたが，その副ポンプにはロータリーポンプが使用される．このロータリーポンプの真空度を簡便に測定し，油

高電圧がかけられているが電流は流れていない．ここにα粒子が入ってくると気体分子を電離させイオンは陰極に引き寄せられる．イオンが陰極に向かって移動するときに他の気体分子と衝突して電離させるためにさらに多くのイオンが発生する．それにより瞬間的に電流が流れることで，α粒子を検出できる．ただしα粒子のエネルギーを測定することはできない．

その後1928年にガイガーの教え子のミュラーが，α粒子だけでなく他の放射線も観測できるように改良した．これはガイガー–ミュラー計測管（GM計測管）とよばれ，今日でも主要な放射線量測定器である．

ガイガー–ミュラー計測管の検出効率は，荷電粒子に対してはほぼ100%であるが，X線やγ線に対しては高くない．また管の窓口にガラス窓を使うと，α線や低エネルギーのβ線が遮蔽されるため感度が悪くなる．

GM計数管は強度は測定できるがエネルギーの測定は不可能である．従って放射線の吸収放射線量（グレイ [Gr (=J/kg)]）または等価線量（シーベルト [Sv]〔⇒シーベルト〕）を測定することはできない．しかしGM計数管は放射線の簡易な測定器として汎用されている．そこでは，一般的な放射性元素から出てくるγ線がどれくらいのエネルギーを持っているかを想定して作られたカウント数とSvの対照表を用いて，大ざっぱに何Svであるかを推測できるようになっている．

γ線のエネルギーまで測定するには，シンチレーション検出器があり，それを使うとエネルギーの測定や核種の同定も可能である．より精密な測定には半導体検出器が用いられる．半導体検出器では，ガイガー計数管で気体中に作られる電子–イオン対に対して，半導体（例えばシリコンやゲルマニウム）の結晶中での電子–正孔対なので，対を作る平均エネルギーも小さくてエネルギー分解能が非常によい．

図1 ハインリッヒ・ガイスラー

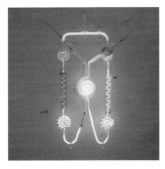

図2 放電しているガイスラー管
(P. Downey@Wikipedia)

拡散ポンプの動作領域を確認するためにガイスラー管が広く使用されている.

後世への影響　ガイスラー管は当時の科学界に大きなインパクトを与え教育用の実験にも用いられた. 1875年頃にはW. クルックスがガイスラー管に改良を加え, クルックス管として発展した. クルックス管はガイスラー管の真空度を0.1 mmHg以下に高めたものである. このクルックス管の中に物体を置くと, 陽極側に物体の影が映ることが見出され陰極からは何かが出ていることが推測された. この陰極線の研究が, W. C. レントゲン*による1895年のX線の発見や, J. J. トムソン*の1897年の電子の発見に繋がっていく.

ガイスラー管は現在街中で見かけるネオン管や蛍光灯の先駆けにもなった.

ガウス, カール・フリードリッヒ
Gauss, Carl Friedrich
1777–1855

ドイツの生んだ数学の大天才

ドイツの数学者, 天文学者, 物理学者.

経　歴　1777年, ドイツのブラウンシュバイクで貧しい労働者階級の両親の一人息子として生まれた. 父のゲプハルト・ディートリッヒ (1744–1808) はいろいろな職業に就いていて, 庭師, 食肉解体, 左官, 保険会社の会計主任などの仕事をこなした. また, 母のドロテア (1743–1839) は結婚前には家政婦をしていたが文盲であり, 息子の誕生日も正確に言えなかったといわれている.

家系に通常以上の才能を持った人材はいなかったが, カール・フリードリッヒは幼少の頃から特に数学の分野で神童と呼ばれ, その天才ぶりは生涯続いた. 色々な逸話が伝わっているが, 中でも3歳のときに, 会計士として父親がやっていた税計算の間違いを見つけ, 修正したというのは有名である. また, 複雑な計算も, 暗算でできたといわれている. 7歳から通い始めた小学校では, 1から100まで足し合わせなさいという課題を出され, 即座に5050という答えを出した. これは, $1+100, 2+99, \cdots,$ $50+51$ の50個の対を考え, 101×50 を計算したものである. このような方法を, 彼は, 誰からも教わることなく思いついたといわれる.

ガウスの才能は, ブラウンシュバイクの領主であったフェルディナンド公爵の知るところとなり, 公爵の庇護の下, ブラウンシュバイクの大学で1792年から1795年まで学び, そこの数学教授に指導を受けた. 1795年にはゲッティンゲン大学に移り, そこで, 数学だけでなく, 書誌学, 実験物理学, 天文学などを学んだ. 1799年には22

歳の若さで博士の学位を取得している．多くの数学や物理学の公式や法則にガウスの名を冠したものがある．

正17角形と正7角形　1796年大学在学中に，定規とコンパスだけで正17角形を描く方法を発見したが，それまでは古代ギリシャの数学者，哲学者たちによってそのような方法で描ける正素数角形は正3角形と正5角形だけだと思われていたので，2000年以上の年月を経た新発見であった．ガウスはまた，正7角形を定規とコンパスだけで描くことは不可能であることも証明した．幾何学的描画の不可能性の証明はこれが初めてであり，数学分野では，その後，不可能性の証明が重視されるようになり，1930年の K. ゲーデルによる不完全性定理の証明につながる．この発見は，ガウスが将来の進路を数学者とするきっかけになったといわれている．ブラウンシュバイクにあるガウスの記念碑には，ガウスの望んだ正17角形が描かれることはなかったが，その代わりに，17の突起を持つ星形が描かれている．学位論文では，「1以上の任意の次数の複素係数1変数多項式が0に等しいという方程式には複素根が存在する」という代数学の基本定理を初めて証明し，複素数の重要性を決定づけた．その後も，自然数の素数による一意的な分解の定理など，フランスの P. フェルマーによって創設された数論の分野で多くの偉大な貢献を残している．その内容は，1801年に出版した『整数論の研究』にまとめられている．

小惑星の軌道計算　1806年にガウスの支援者であったフェルディナンド公が亡くなり，財政的に困窮することになったが，ガウスの崇拝者であった A. フンボルトの口添えと，以下で述べる小惑星ケレスに関する業績で，1807年にゲッティンゲン天文台長に就任し，その後約40年間在職した．1809年には『天体運行論』を出版し，イタリアの G. ピアッツィによって1801年に発見され，観測データが与えられていた小惑星ケレス (Ceres，セレスとも表記され，小惑星帯最大の天体で，小惑星としては最初に発見されたものなので，小惑星番号1が割り当てられている．ケレスはギリシャ神話に登場する女神ケレースからとったもの) の軌道を計算し，太陽にかくれて見失われても，再び観測することが可能であることを示した．この功績を記念して，1001番目の小惑星はガウシアと命名された．

誤差論とガウス分布 (正規分布)　『天体運行論』中で，ガウスは最小二乗法を用いて，人為的誤差を最小にする手法を提唱し，さらに発展させて誤差論を作り上げた．最小二乗法は1805年にフランスの数学者 A. M. ルジャンドルが出版した本で示したのが最初といわれているが，ガウスは1795年 (自身が10代のとき) に発見していたと主張しており，最初の発見者が誰であるかは議論の分かれるところである．誤差論に関連して，$e^{-a(x-x_0)^2}$ の形の関数はガウス関数とよばれるようになり，積分

$$\int_{-\infty}^{\infty} e^{-x^2} dx = \sqrt{\pi}$$

はガウス積分とよばれている．また，ランダムな変数 x の確率密度が

$$P(x) = \frac{1}{\sqrt{2\pi\sigma^2}} \exp\left(-\frac{(x-\mu)^2}{2\sigma^2}\right)$$

で与えられるものをガウス分布とよぶこともある．現在では正規分布とよぶのが普通である．ここで，μ は x の期待値，σ^2 は分散 ($(x-\mu)^2$ の平均) である．

ガウス平面 (複素平面)　ガウスは早くから複素平面の考え方を用いていたといわれ，複素平面のことをガウス平面とよぶこともある．この考え方は，幾何学と数式の関連を明らかにし，解析幾何，非ユークリッド幾何学の発展につながった．

ガウスの定理　物理学に関連の深い功績に，ガウスの定理がある．これは，ベクトル場 $\boldsymbol{A}$ の発散 $\mathrm{div}\boldsymbol{A} = \nabla \cdot \boldsymbol{A}$ (∇ は x

微分，y 微分，z 微分を成分とするベクトル演算子で，ナブラ演算子とよばれる）を有界な体積 V にわたって積分したものが，V の表面を横切るベクトルの流れの面積分に関連づけられるという定理で，1762 年に J. L. ラグランジュ*が発散定理として発見し，その後，1813 年にガウスが，1825 年には G. グリーン*が，そして 1831 年には M. V. オストログラッキーが，それぞれ独立に再発見した．現在では，ガウスの定理とよぶのが普通である．式で表せば，

$$\iiint_V \mathrm{div}\boldsymbol{A}\mathrm{d}V = \iint_S \boldsymbol{A}\cdot\boldsymbol{n}\mathrm{d}S$$

となる．S は V を取り囲む閉曲面，$\boldsymbol{n}$ は S の局所的法線ベクトルを表す．電荷分布 $\rho(\boldsymbol{r})$ によって作られる電場 $\boldsymbol{E}(\boldsymbol{r})$ を与えるクーロンの法則にこの定理を応用すれば，マクスウェル方程式の一つであるガウスの法則

$$\mathrm{div}\boldsymbol{E}(\boldsymbol{r}) = \frac{\rho(\boldsymbol{r})}{\varepsilon_0}$$

が導かれる．

磁束密度の単位ガウス ガウスは，地磁気の観測にも携わり，最初の地磁気観測所を設立し，地磁気の測定から地磁気の極の位置を正確に計算した．1832 年には，磁気測定に関連して論理単位系（ガウス単位系として知られる）を提唱し，磁束密度の単位はガウス (G) と名づけられた．

単位系に関して，長さ，質量，時間など少数の基本単位を定めれば，多くの単位はそれらを用いて表すことができると指摘したのもガウスである．

ガウスは多くの業績をあげながら，その全てを公表したわけではなかった．それは，ガウスが他人の評価をあまり気にしていなかったこと，研究によって美しい結果が得られれば，それで十分満足できたことなどが理由であるといわれている．ガウスはアルキメデス*と I. ニュートン*に並ぶ歴史上の 3 大数学者の 1 人と称される．

郭　守　敬
Kaku, Shukei (Guo, Shoujin)
1231–1316

授時暦の作成

中国，元朝に仕えた天文学者，暦学者，水利事業技術者．日本語読みでは「かくしゅけい」．中国暦法上画期的といわれる『授時暦』を作成したことで知られる．後の明，清時代に中国で活躍したイエズス会のドイツ人宣教師アダム・シャール（中国名「湯若望」（とうじゃくぼう））は，中国のティコ・ブラーエ*とよんだ．

経　歴 1231 年河北の邢台（けいだい）という町で生まれ，学者であった祖父郭栄の友人でクビライに仕えていた劉秉忠（りゅうへいちゅう，1216–1274）に師事し，算術，水利，五経を学んだ．1262 年からはクビライにその才を認められ，旧西夏域内の灌漑路の復興など，元における水利事業に貢献した．

授時暦の作成 元では当初，金王朝 (1115–1234) 以来使用されていた大明暦（たいめいれき）*[1]の改訂版を採用していたが日蝕・月蝕などの天文現象とのずれがあり，改訂の必要性が指摘されていた．クビライは郭守敬らに暦法の修正を命じた．朝廷に出仕していた西域出身の官僚たちからアラビア天文学の技術を学んだ郭守敬は，儀器や測器を多数開発し，天体測定器を改良して精密な測定を行って改暦作業を主導した．その測定に基づいた 1 ヵ月 29.530593 日，1 年 365.2425 日は，現在の水準と比較しても非常に正確な値である．1279 年には工部太史院知事に任ぜられ，天体観測所を 27 ヵ所設置するなどして，さらに精密な観測を実施，1280 年に新しい暦を完成さ

---

*[1]　大明暦は宋 (420–479)・斉 (479–502) の時代に活躍した祖沖之（そちゅうし，429–500）が編纂した太陰太陽暦である．

せた．この新暦にクビライは授時暦の名称を与え，モンゴル帝国 (元) の内外に頒布させて翌 81 年から施行した．この暦は，次の明王朝 (1368–1644) でも名前を大統暦に変えただけで引き続き用いられ，明の末期に西洋天文学を取り入れて作成された時憲暦が導入されるまで，中国暦法史上最長となる 364 年もの間使用された．

その後も郭守敬は暦法の研究を続け『授時暦経』などの暦書を多数執筆した．彼の暦書は，李氏朝鮮や日本における暦学にも大きな影響を与えた．

晩年には，運河の開鑿など水運事業にも貢献し，大都 (現在の北京の位置にクビライ汗が築いた都市) へ水運が整備され，多くの船が乗り入れられるようになった．クビライはそれを喜び，郭守敬に「通恵河」の名を与えた．1964 年に中国の紫金山天文台が発見した小惑星の一つが「郭守敬 (2012 Guo Shou-Jing)」と命名された．

渋川春海と授時暦　渋川春海は江戸時代初期に京都の囲碁の家元に生まれ，後に天文暦学者となった．当時日本では，862 (貞観 4) 年に唐からもたらされた宣明暦が用いられていたが，古い暦法で，誤差が大きかった．郭の授時暦を学んだ渋川は，その正確さを認識し，改暦を申請したが，日蝕の予言に失敗したため，却下された．その原因が日本と中国の経度差にあることに気づいた渋川は，観測を重ねて改良し，初の国産暦となる大和暦を完成させた．この大和暦は朝廷に採用され貞享暦となった．

江戸時代の初期に囲碁の家元制度が確立し，本因坊，安井，井上，林の四家が家元となった．渋川は安井家の一世，算哲の長子で，父の死後二世 算哲を名乗ったが，当時 13 歳であったため，家元安井家は養子・算知が継ぎ，自分は保井姓を名乗って，後に渋川に改姓した．天文の発想から初手天元 (碁盤中央の星) の布石を試みたが，成功しなかった．

カシミール，ヘンドリク
Casimir, Hendrik
1909–2000

カシミール効果を予言

オランダの理論物理学者．

経歴　ライデン大学にて P. エーレンフェスト*の指導で物理学を学び，奨学金を得て量子物理学の大御所 N. H. D. ボーア*の下で研究した．当時，家族からカシミールへの手紙の宛先は，「デンマーク，ニールス・ボーア気付 H. カシミール」だけで届いたという．博士号取得後，L. マイトナー*，W. E. パウリ*らの助手を務め，特にパウリからは大きな影響を受けた．1933 年，師エーレンフェストが自殺により悲劇的に生涯を終えた後を継いだ H. A. クラマース*の助手としてライデン大学に戻り，1938 年 (准) 教授．1942 年からは，フィリップス社 (オランダ) の科学主任に就任し，1972 年の定年まで在職した．今日カシミールの名を冠して用いられている物理学標準的術語として，「カシミール演算子」と「カシミール効果」がある．

カシミール演算子　彼はライデン大学に提出した博士論文「量子力学における剛体回転」(1931 年) に関連して，回転群を一般化した任意の連続群 (リー群) において，波動関数 (状態関数ともいう) への作用としての群の無限小生成演算子 L_i の 2 次形式

$$G = \sum_{i,j} g^{ij} L_i L_j \quad (1)$$

で任意の L_i と可換 ($[L_i, G] = L_i G - G L_i = 0$) なものがあることを指摘した．係数 g^{ij} は L_i の交換関係

$$[L_i, L_j] = \sum_k c_{ij}^k L_k \quad (2)$$

に現れる構造定数 c_{ij}^k から定義される対称行列 $g_{ij} = \sum_{k,l} c_{il}^k c_{kj}^l$ の逆行列である．G をカシミール演算子とよぶ．その最も簡単

な例が角運動量演算子の2乗の和である．これにより遠心力の強さが決まる．数学的な言い方では，波動関数が群の規約表現なら，G の作用は単位行列に比例し，その固有値により群の規約表現を分類できる．なお，量子力学における群論の重要性は H. ワイル*により強調され，E. P. ウィグナー*らにより発展させられた．

カシミール効果 カシミールは 1948 年に発表した短い論文「2 枚の完全導体板間の引力について」で，距離 a だけ離れた 2 枚の完全導体板間に，単位面積当りの強さが

$$F = \frac{\pi^2}{240a^4}\hbar c \tag{3}$$

の引力が働くことを示した．この力の物理的原因は，導体間の真空中の領域 R で電磁場が量子的にゆらいでいるために生じるゼロ点エネルギーである．すなわち，電磁場のエネルギー $H = \frac{1}{2}\int_R dv \left(\varepsilon_0|\boldsymbol{E}|^2 + \frac{1}{\mu_0}|\boldsymbol{B}|^2\right)$ の真空期待値 $\langle H \rangle$ を，導体板があるときとないときの差として電磁場の量子論によって求めると，結果は $\langle H \rangle = -\frac{\pi^2}{720a^3}\hbar c$ となる．これを a で微分して (3) 式が得られる．この効果は，導体板が帯電しているときに働く通常の静電気力に比べて極めて小さく直接の検証は容易ではなかったが，最近の実験技術の進歩により，a の領域によって精度は異なるが，実験と理論の一致の誤差はほぼ 1% 以下にまで向上している．

カシミール効果は，場の量子的ゆらぎとしてのゼロ点振動の実在性を示している．理論的には，有限な境界の存在が量子場に及ぼす普遍的な効果の一つで，例えば，(超) 弦理論 [⇒シュワルツ, J.H.] でも弦の長さの有限性によるゼロ点振動の量子効果によって重力子やゲージ粒子が生成される．境界だけではなく，時空曲率やトポロジーがゼロ点振動に及ぼす影響を通じ，曲がった時空における量子場の理論でも同様な考え方が応用されている．

カピッツァ，ピョートル
Kapitsa, Pyotr Leonidovich
1894–1984

超流動の発見

ロシアの物理学者．

経歴 軍事技術者の家庭に生まれ育ち 1918 年にペトログラード工業大学を卒業．不均一磁場と相互作用する原子の磁気モーメントの決定法を提案し，これが後にシュテルン–ゲルラッハの実験へとつながり，電子がスピンを持つことを証明するに至った．

1921 年にはイギリスに渡り，キャヴェンディッシュ研究所の E. ラザフォード*の下で主に強磁場物理の研究にたずさわった．磁場中で曲がる α 粒子の経路の観測の成功，30 万ガウスを超える当時最強の磁場発生装置の開発，金属の電気抵抗の磁場に比例する増加の発見など，めざましい成果をあげた．1934 年に低温物理へ転向してまもなく訪れた戦時共産主義体制のソ連から再び出ることを許されず，彼のためにモスクワに設立された物理問題研究所で強磁場・低温の物理学を続けることとなった．そして 1937 年には液体ヘリウムの特性を研究する一連の実験を始め，低温で液体ヘリウムの粘性が全くない超流動状態になることを発見した．1978 年，「低温物理学における基礎的な発明や発見」に対してノーベル物理学賞を受賞した．極低温下における界面の熱抵抗 (カピッツァ抵抗) や，低温技術を用いた酸素の生産と応用の研究による産業界への貢献などでも知られる．

超流動 ヘリウムは絶対零度に到るまで固体にはならず液体のままで存在する唯一の元素である．これはゼロ点振動，すなわち量子効果が最も知覚しやすく現れた例といってよい．ヘリウムの液体の蒸気圧を真空ポンプを使って下げて熱エネルギー

図1　超流動状態のヘリウムが容器の壁をよじ登って外にあふれ出す様子

を奪うことによって温度を下げることができる．その過程で沸騰し泡がたっていたヘリウムの液面が 2.17 K に到達した途端に静かになるのが観測される．このときヘリウムは 2 次の相転移を起こし粘性抵抗のない超流動状態となり，比熱が温度に対して不連続に変化する温度依存性のグラフの形からこの相転移温度は λ 点とよばれている．超流動状態のヘリウムでは粘性抵抗が 0 なので図 1 のように壁をよじ登ったり通常の液体では通り抜けられないような狭い隙間から流れ出るなどの現象がみられる．

超流動現象は 1924 年に A. アインシュタイン*が予言したボース–アインシュタイン凝縮（BE 凝縮〔⇒ボース〕）によって生じる現象であることがカピッツァによる発見の翌年 1938 年に F. W. ロンドンによって提唱された．極低温でエネルギー状態が基底状態にまで落ち込み粒子間の相互作用のために簡単には励起されなくなると，エネルギーを失わずに，すなわち散乱されることがないまま移動することができるという現象である．

カピッツァが超流動を発見したのは安定同位体の 2 種のうち自然界での存在割合のほとんどを占める ^{4}He であるが，1972 年には D. オシェロフらによって，フェルミ粒子である ^{3}He においても 2.5 mK まで冷却すると超流動状態になることが示された．^{3}He では原子間の引力相互作用がクーパー対〔⇒バーディーン〕を作って超伝導と同じ状態を作っていると考えられている．

ガボール，デーネシュ
Gábor, Dénes
1900–1979

ホログラフィーの発明とその発展

ハンガリー生まれのイギリスの物理学者，電気工学者．ホログラフィーを発明．1971 年にノーベル物理学賞受賞．

経　　歴　ガボールの物理学への好奇心は，少年時代に始まった．大学入学前に解析学を独習し，自宅の実験室で実験を行った．ブダペスト工科大学に学ぶ．ベルリン工科大学で電気工学の博士を取得．

ホログラフィーの発明　それはある晴れた復活祭の日のことだった．テニスの順番を待つガボールの頭脳に素晴らしいアイデアが閃いた．ホログラフィーの原理を発見したのである．今日私たちが撮る通常の写真は，2 次元平面の像であり 3 次元の立体である実物を再現しない．これを実現可能にする技術がガボールの発明したホログラフィー（holography）である．

ガボールはイギリスに渡り，BTH 社の開発部門で発明目的の研究として，分解能を画期的に改良する電子顕微鏡の開発研究を行っていた．ガボールは電子線に凸レンズしかなく収差補正に苦慮する中で，「全ての情報を含んでいる電子像を記録し光学的方法で再生してはいけないか？」という画期的なアイデアを思いついた．撮影と再生の 2 段階に分け，異なる波を使う．更に電子と光の波動性を利用すれば，レンズなしに電子から光への変換 3 次元結像が可能だ．

通常の写真では，被写体からの光の散乱波のみを記録する．記録されるのは，散乱波の強度だけであり，光波の位相の情報は失われている．3 次元物体の立体形状を記録するには，波面の位相情報を取得することが必須である．片目では遠近（3 次元）を認識できないが，両目では遠近を認識でき

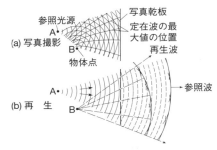

図1 ホログラフィーの原理

るのと似ている．図1のように，光ホログラフィーでは被写体からの散乱波（物体波）と透過波（参照波）を干渉させる．

二つの波の位相が同じ位置には強めあった極大の干渉縞が記録される（図1(a)）．このような位相の情報を保持した干渉縞のパターンを記録したものをホログラム（「全てが記録されたもの」の意）という．極大だけを透過させる硬調の陽画を作り，このホログラムに波面が揃っている参照波を照射すると，元の物体の位置に3次元立体虚像が，共役の位置に立体実像が再生される（図1(b)）．これがホログラフィーである．鮮明な像を得るには，波の波面（位相）が揃っていて干渉性が高いことが重要である．ガボールがホログラフィーの原理を発見した頃の光源は波面が揃っていなかったが，波面が極めてよく揃ったレーザーの発明でホログラフィーは爆発的に発展した．

ホログラフィーの原理 小さい光源Aから出射した可干渉性の参照波，および物体Bにより参照波が散乱されて生じた物体波の複素振幅をそれぞれ $U_i = A_i e^{i\psi_i}$, $U_s = A_s e^{i\psi_s}$ とする（図1(a)）．参照波と物体波が干渉して生じた合成波 U の振幅は

$$A = (UU^*)^{1/2}$$
$$= \{A_i^2 + A_s^2 + 2A_i A_s \cos(\psi_s - \psi_i)\}^{1/2} \quad (1)$$

で与えられる．ホログラムは，波動 U_s の大きさと位相がコード化された情報を保持している．ネガのホログラムから作ったポジプリントの振幅透過率 α_p は (1) 式の A を用いて $\alpha_p = KA^\Gamma$ で与えられる．K は露光時間に関係する定数，Γ はネガ–ポジ過程の全ガンマとよばれ $\Gamma = 2$ に選ぶ．

再生過程（図1(b)）では，配置を変えずに物体だけを取り去り，ポジホログラムを可干渉性の波 U_i で照明し光学的逆変換を行う．再生波 U' がポジホログラムを透過する振幅透過率は $\alpha_p = KA^2$ により，

$$U' = \alpha_p U_i$$
$$= KA_i^2 e^{i\psi_i}[A_i + A_s^2/A_i$$
$$+ A_s e^{i(\psi_s - \psi_i)} + A_s e^{-i(\psi_s - \psi_i)}] \quad (2)$$

である．U' の第1，3項は元の物体から乾板に届いた波面 (U) に比例しているので真の像（虚像）を再生する．第2項は参照波を十分強くすれば小さくなる．第4項は再生波と同じ振幅を持ち，参照波と反対符号の位相のずれを示す．この波（共役波）は，元の物体と相似な仮想的物体からの波と見なし得る．実際 A(光源)–B(仮想物体)–H(ホログラム)–C(共役像) が同一直線上にある場合に，AB= r, AH= R, AC= r' とすれば幾何学的関係式 $1/r + 1/r' = 2/R$ が成り立つ．したがってポジホログラムを参照波のみで照明すると，元の物体の立体実像が共役な平面上 (r') に，立体虚像が元の物体の位置 (r) に再生される．

高分解能ホログラフィー 波動の干渉・回折の原理に基づくホログラフィーは，波動の性質を持つX線，電子線，中性子線でも可能である．外村彰*は波面の揃った電子線のホログラフィーに成功し，長年の懸案だったアハラノフ–ボーム効果を疑問の余地なく実証した．波長 0.1 nm 程度の波を使えば原子分解能ホログラフィーも可能である．ガボールのホログラフィーの発明は時代を超えた影響を与えている．

ガボールが集中した仕事の合間にリラックスして天才的アイデアを得た逸話は，よい研究をするための示唆に富んでいる．

カマリング=オネス，ヘイケ
Kamerlingh-Onnnes, Heike
1853–1924

ヘリウムの液化，超伝導の発見

オランダの物理学者．1908 年にヘリウムの液化に初めて成功した．また，超伝導現象の発見など低温物理学の先駆者としても知られている．1913 年「低温における物性の研究，特にその成果である液体ヘリウムの生成」でノーベル賞を受賞した．

経　　歴　カマリング=オネスは 1871 年から 1873 年までドイツに留学し，ハイデルベルク大学でブンゼンバーナーの開発者である R. W. ブンゼン*や，電気回路におけるキルヒホッフの法則を発見した G. R. キルヒホッフ*らの教えを受けた．その後オランダのフローニンゲンに戻り 1876 年に博士論文「地球自転の新しい証明」のための研究を完成させた．

1881 年から 1882 年までオランダのデルフト工科大学講師に任用されたが，この時期に J. D. ファン・デル・ワールス*と出会い，彼との議論を通じて低温における物理現象に興味を抱くようになった．1882 年 28 歳でライデン大学実験物理学教授に就任した頃は主として気体の性質を研究していた．これは，1873 年にファン・デル・ワールスが気体についての有名な状態方程式を発表していたからである．その方程式が正しいかどうかを実験的に確認するため，できるだけ広い温度範囲で気体の圧力と体積の関係を研究する必要があり，超低温になっても液化しない気体を必要としていた．

ヘリウムの液化　1894 年からはライデン大学で低温研究室の準備を始め，1904 年には酸素，窒素，空気の液化装置を備えた低温物理学研究所を大学に設立した．1908 年には C. フォン・リンデらが開発した冷却機と 3 重構造の魔法瓶を用い，外側から順に液体空気，液体水素を入れて温度を下げ，最終段階はジュール–トムソン効果によって 0.9 K という極低温を達成しヘリウムの液化に初めて成功した．

超伝導の発見　超低温の発生という実験手段を得たカマリング=オネスは，次の研究目標を金属の電気抵抗の温度変化に向けた．当時，金属の電気抵抗の温度変化については，様々な議論があった．

- W. トムソン（ケルヴィン卿*）は，絶対零度では電気伝導を担う伝導電子が動けなくなるので，金属の比抵抗は無限大になると考えていた．
- P. K. L. ドルーデ*は低温では熱振動がなくなるために，電気抵抗は 0 になると予想していた．
- イギリスの A. マティーセンは，金属の電気抵抗は温度の低下と共に，金属内の不純物による電子散乱が主要因になり，電気抵抗はある値より低下しなくなるという「マティーセンの法則」を定式化していた．この最後に残る電気抵抗を残留抵抗という．

カマリング=オネスをリーダーとしたライデン大学の低温研究所は，どの学説が正しいかを実験的に明らかにしようとした．当時，純度の高い金属が容易に得られるのは水銀 (Hg) だけだったので，カマリング=オネスたちは純度の高い水銀を液体ヘリウムで冷却して実験した．1911 年彼らは水銀の電気抵抗が 4.2 K で突然下がり始め，4.19 K ではほぼ 0 に相当する 10 万分の 1 Ω 以下になる現象を発見した．カマリング=オネスはまず回路のショートなどを疑い何度も再現実験をした．そして最後にこれが Hg の持つ本質的な現象であると結論づけ「超伝導」と名づけた．電気抵抗が 0 になる温度は臨界温度とよばれている．

超伝導現象の解明　1933 年には，F. W. マイスナーによって超伝導体が外部磁場を退けるマイスナー効果が発見された．これは，超伝導体が完全反磁性体であるこ

とを示しており，単に電気抵抗が0である完全導体とは全く異なることが決定づけられた．その後，ロンドン兄弟によるロンドン方程式でマイスナー効果が理論的に説明された．また，V. L. ギンツブルク*とL. D. ランダウ*はロンドン方程式より一歩進んだ「現象論」で超伝導現象の説明を行った．

超伝導現象は量子力学的効果による相転移であるが，その基本的なメカニズムは1957年にJ. バーディーン*，L. N. クーパー，J. R. シュリーファーらのBCS理論によって解明された．このBCS理論の核心は，電子がフォノンを媒介として，クーパー対を形成することである〔⇒バーディーン〕．これによって，フェルミ粒子である電子がボース粒子の性格を持ち，低温でボース凝縮という現象を引き起こすことで，超伝導現象が発生することが示された．このBCS理論は20世紀における量子力学の輝かしい成果の一つである．

高温超伝導体の追求 超伝導現象が発見されて75年間は臨界温度が30 Kを超えることがなかったが，1986年にIBMチューリヒ研究所のJ. G. ベトノルツ*とK. A. ミュラーが，バリウム・ランタン・銅の酸化物でこの30 Kの壁を破った．それ以後，続々と窒素温度(77 K)を越す臨界温度を持つ超伝導体が発見されるようになった．これらは，カマリング=オネスらの発見した超伝導体と区別して高温超伝導体，あるいは，銅酸化物高温超伝導体とよばれている．これらの高温超伝導体は液体窒素で冷却することで電気抵抗が0になるので，幅広い応用が期待されているが，超伝導の機構についてはまだ不明な点が多い．

カマリング=オネスは視野の広い科学者で，立派な研究をするためには背景によい技術陣が必須であることに気づき，ガラス工室，金工室などを完備して研究所内の技術向上を常に考えていた．これは今日でも通用する大事な事柄である．

ガモフ，ジョージ
Gamow, George
1904–1967

ビッグバン宇宙論の始祖

経歴 ガモフは，ロシア帝国領オデッサ(現在はウクライナ領)に生まれた．原子核理論と宇宙論との関わりを最初に指摘し，ビッグ・バン宇宙論を提唱した．また，『不思議の国のトムキンス』など科学のロマンを広く一般に伝える名著で愛読者が多い．早くから創造性と洞察力があったが，それは彼自身の能力に加えて，レニングラード大学時代の恵まれた環境も影響している．L. D. ランダウ*は量子力学を勉強した仲間．A. A. フリードマン*という優れた指導者にも出会い，フリードマンメトリックの基礎を獲得していた．フリードマンは，1925年に若くして他界したので，ガモフはその成果を受け継いだともいえる．1928年卒業後，イギリス・ケンブリッジ大学でPh.D取得．この間，量子力学の中心地，コペンハーゲンで基礎を鍛え，1928年には原子核のα崩壊に量子論を適用した．1934年，米国，ジョージ・ワシントン大学教授，のちコロラド大学に移る．顕著な業績は，R. A. アルファー，H. A. ベーテ*との共著(1948年)の「宇宙の核反応段階に関する理論」いわゆる「α-β-γ理論」で，これが宇宙に原子核理論を適用した画期的なビッグバン宇宙論へとつながる．

α-β-γ理論 原子核理論の知見が，宇宙の問題と結びついた最初は，太陽の構造であろうか．それまで，宇宙の起源や天空の観測は天文学と呼ばれ，観測によってグローバルな星の構造や動きを考察することであった．しかし，太陽がなぜ燃えているのか，という問題は古くから謎の一つであった．もし，化石燃料(化学反応)によるならば，太陽の質量から計算すると，ほぼ数千

年で燃え尽きてししまう.1948年,アルファー,ベーテとともに宇宙の核反応段階に関する理論,いわゆる「アルファ・ベータ・ガンマ理論 (α-β-γ理論)」を発表する.この理論は,太陽が燃焼しているのは,核融合の産物だと主張するものである.ガモフが「βにあたるベーテが入れば語呂がいい」とベーテを共著者に加わるよう誘ったといわれる.しかし,ベーテはアルファーの学位論文の外部評価委員であり,内容を深く理解していたに違いない.この理論はのちに林忠四郎*が改良し,今では「α-β-γ-林の理論」といわれる〔⇒林忠四郎〕.太陽の構造を原子核理論から導く基礎を築いた.

ビッグバン宇宙論 ビッグバン宇宙論は,ガモフの師 A. A. フリードマン*が定式化したが,当時科学界ではビッグバン理論と定常宇宙論〔⇒ホイル〕とが対立する構図になっていた.しかし膨張宇宙に関しては,1929年に E. P. ハッブル*が赤方偏移から確認して現実的なシナリオになった〔⇒ハッブル〕.ガモフは α-β-γ 理論をもとに,火の玉宇宙論 (ビッグバン宇宙論) を提唱した.そして,宇宙の元素比ならびに,膨張宇宙の痕跡としての宇宙背景放射 (cosmic microwave background radiation: CMB) を予言し,ビッグバン宇宙論の肉づけをしたといえよう (当時の計算結果では,5K,のちの観測値は 2.7 K).

宇宙の背景放射 (CMB) ガモフの予言どおり,1965年に約3Kの宇宙背景放射 (CMB) が偶然に発見され〔⇒ウィルソン,R.〕,一躍ビッグバン理論の優位が確定的になった.CMB の放射は,ビッグバン理論の確たる証拠であり,当時半信半疑だった人たちも,それまでの定常宇宙論を退け,ビッグバン理論は標準的宇宙論として確立した.こうして,宇宙物理学は,画期的な時代を迎えたのである.この知見は,現在では素粒子論の最先端の知見と結びついて探求され続けている〔⇒グース;佐藤勝彦〕.

ガリレイ,ガリレオ
Galilei, Galileo
1564–1642

落体の法則,地動説

イタリアの物理学者.ルネサンス期における代表的な自然哲学者.ガリレイの確立した自然研究の方法は,今日の科学に共通する数学的,定量的,実験的方法であり,その業績と影響によって,近代物理学創始者の1人とされている.

経　歴　ガリレオ・ガリレイは1564年ピサに生まれた.父は学者,音楽家.貧しい貴族の家に生まれたガリレイは,ピサ大学医学部に進む (1581) が,古代ギリシャの科学者ユークリッド*の幾何学,アルキメデス*の数学を学び,数学的論証の威力を知った.1583年ガリレイはピサの大聖堂で釣りランプの振動を観察して「振り子の等時性」を発見した.1584年医学進学を断念,数学者を志す.

1586年アルキメデスの原理に基づく比重の精密な測定装置を考案し,論文「小天秤」をラテン語でなく,これを利用する手職人に配慮して平易なイタリア語で発表.翌年「個体の重心について」(1587) を発表,数学界の好評を得る.1589年ピサ大学数学講師に就任.落体の実験を行い「運動について」(1590) をラテン語で発表.また諷刺詩「トーガを着用することに反対するの章」(1591) を書き,大学当局の旧弊を痛烈に批判して物議をかもす.

1592年ヴェネツィア共和国のパドヴァ大学数学正教授に就任.以後同職に留まって「生涯最良の18年間」を過ごす.当時のパドヴァ大学は医学部を始め優秀な人材を擁して評判高く,これを慕ってヨーロッパ各地から多くの学生が集まっていた.ガリレイの教室も聴講の学生で溢れ好評であった.ルネサンス期の大詩人ダンテに傾倒し

図1 ガリレイが写生した月面図
(G. ガリレイ『星界の報告』, 岩波文庫, 1976 より)

ていたガリレイは, 就任直後の 1592 年詩論「アリオスト傍注」「タッソー考」を発表, 後に著す主著『天文対話』や『新科学対話』などの卓越した叙述にみられる文学的才能を示した.

応用科学の研究　ガリレイは多くの科学分野で研究を深め 1593–99 年の間に, 機械の有用性と限界を論じた「レ・メカニケ」, 実用的な「築城術」「天球論あるいは宇宙誌」「簡単な軍事技術入門」などの応用科学的な論文を次々と発表. 1597 年, J. ケプラー*から送られた『宇宙の神秘』の序文を読み N. コペルニクス*の太陽中心説をひそかに支持する旨の手紙をケプラーへ送る. 1600 年, W. ギルバートの論文「磁石について」を知り磁気に関する研究を開始. 1604 年「落体の法則」に関する最初の論文 (未完) を発表.

望遠鏡と天体観測　同年, 新星が現れ世間の関心が高まるなか, 初めて天体観測を行う. 『幾何学的および軍事的コンパスの効用』(1606) を出版. 利便性の高い同コンパスを自ら製作して販売する. 1609 年オランダでの望遠鏡発明の報を聞き, その光学的原理を独自に研究し, 望遠鏡を自作, 人類最初の月面観測を行い (図1), ついで木星の 4 衛星を発見し, 金星の満ち欠け, 太陽表面の黒点の移動を発見して, 詳しい観測記録を基にした, 天動説否定に関わる『星界の報告』(1610) を出版する.

異端審問と『天文対話』　1610 年ヴェネツィア共和国を去りフィレンツェに移り, ピサ大学数学教授兼トスカナ大公の宮廷数学者哲学者に就任. 1611 年ローマのリンチェイ学士会会員に選ばれる. 同会より『太陽黒点とその諸現象の沿革および証明』(1613) を出版. 次第にガリレイの名声が内外に高まり, 世論の支持を得て, 科学の民衆への普及をはかる. だが保守的な学会や宗教界のねたみや反発も大きく, 彼の論述の辛辣さと明快さとがかえって多くの敵を生む. 1615 年弟子にあてた科学と宗教に関する私的「書簡」が改竄のうえ流布され, これを元にガリレイをカトリックの一神父がローマ教皇庁検邪聖省 (元異端審問所) に異端告発する. ガリレイはこれに対抗して科学と信仰に関する長文の「クリスティーナ大公妃あての手紙」を書き反論する. 1616 年検邪聖省の第 1 次裁判では訓告程度の軽い判決ですんだが, 1619 年「彗星についての講話」を出版するや, 教皇庁所属ローマ学院の神父がガリレイの言説をキリスト教神学への異端として激しく攻撃. ガリレイは 1623 年, これへの徹底的反論として, 後に「論争のバイブル」と称された痛烈な『偽金鑑識官』(1619) を出版する. そしてガリレイは 1625 年, 民衆の知的要求に応えて, プトレマイオス説とコペルニクス説の相互の主張を対比して客観的に示す『天文対話』の執筆を始め, 1632 年に教皇庁の認可を得てイタリア語で出版し, 国内外に大きな反響を得た. だが, 1633 年教皇庁検邪聖省による第 2 次裁判はガリレイの思想に対し「異端誓絶」を強いる判決を下し, ガリレイを終身幽閉の刑に処した.

『新科学対話』　1635 年, 外部との接触を禁じられる中で, 彼の物理学の総まとめである『新科学対話』をほぼ完成. 1638 年, 『新科学対話』はひそかに国外へ持ち出されてオランダで出版された. 1642 年, 幽閉のうちにガリレイは死ぬ. 教皇庁が最終的に

ガリレイ迫害の過ちを認め名誉回復を行ったのは，1992年，約350年後のことである．

自由落下の等加速度運動　自由落下は『新科学対話』(1638) 第3日に論じられているが，まず等速運動を定義して，次に自由落下の等加速度運動を論じ，巧妙に工夫した実験によって証明する．水時計で時間を定量的に測定できるように，斜面に球を転がす実験で，一定の時間間隔に増加する速度が等しいことを示す．当時信じられていたアリストテレスの定説に反して，物体が落ちる速さはその重さによるのでなく，$v = at$ という法則で表される等加速度運動であることを証明した（v：速度，a：加速度，t：時間，s：距離，$s = 1/2at^2$）．

ガリレオの相対性　また，『天文対話』では，高速で運動している地球上の物体の慣性について，等速で前進中の船の帆柱から鉛の玉を落とすと船が静止しているときと同様に帆柱の根元に落ちる実験を例に説明しているが，これは後に「ガリレオの相対性」といわれた．

後世への影響　ガリレイはその生涯を通じて古代ギリシャ以来の伝統的なアリストテレスの自然学を批判的に捉え，権威に盲従するのでなく，自然を師とし，観察と理性的推論と実験とによって真理に到達できることを示した．この科学的方法は今日でも踏襲されていて，ガリレイは近代科学の父とよばれている．

ガリレイの2大著作『天文対話』(1632) と『新科学対話』(1638) は，アリストテレスの見解を代表するシンプリチオ，ガリレイの新しい見解を語るサルヴィヤチ，善意と好奇心で熱心に学ぼうとするサグレドの3人の生き生きとした会話で，新しい科学に読者を導いていく．ガリレイは物理学の多くの分野の発展に貢献したばかりでなく，科学をアカデミックな権力の道具でなく，民衆のものにしようと努力したのである．

ガルヴァーニ，ルイージ
Galvani, Luigi
1737–1798

「動物電気」の発見と研究

イタリア，ボローニャ出身の解剖学者，生理学者．

経　歴　ボローニャ大学で学び1759年に医学，哲学の学位を得る．外科医の経験を積み，解剖学を研究する．骨の解剖や鳥の腎臓，尿管，聴覚器官などに関する論文を数多く発表する．1766年にボローニャ評議会はガルヴァーニを解剖博物館学芸員，実演者に指名，その2年後にボローニャ大学有給講師の職を得る．1770年代までにガルヴァーニの関心は解剖学から神経，筋肉の生理学へと移り，様々な刺激に対するカエルの筋肉の動きに関する研究を行う．1775年にボローニャ大学 D. ガレアッチの解剖学助手となる．1782年，解剖学教授に選出される．

動物神経の謎　I. ニュートン*が著書『光学』に疑問 14, 24 として記した「動物の神経はどのようにして筋肉を動かすのか」という難問は，その後の生理学の大きな研究テーマとなった．18世紀後半，静電気に関する知識が増大するにつれ神経電気流体 (nerveo-electrical fluid) によるものとする説が多くの生理学者に共有されるようになり，電気刺激により筋肉が痙攣する現象も広く実験され知られていた．ガルヴァーニも1780年代までに，神経電気流体の実在を信じるようになった．しかし彼が傑出していたのは，その実在を推測によってではなく実験的に示すことに精力を尽くし，詳細な実験記録と考察を残したからである．

「動物電気」の発見　ガルヴァーニはカエルの脊髄と脚の筋肉を露出させた「脊髄ガエル」を実験に用いた．摩擦起電機と脊髄ガエルが直接接続されていなくても，筋肉

に収縮が生じることが最初の発見となった．脊髄に長い金属のフックをつけ，カエルを瓶の中に入れておくだけでも，摩擦起電機の回転により痙攣が生じた．さらにフックに電線をつけて野外に放置すると，雷雲によって脚が痙攣するのが観察された．ガルヴァーニは1786年，脊髄ガエルは敏感な検電器の役割を果たすと記録している．後に A. M. アンペール*が検電器をガルヴァノメータとよぶようになる所以である．

そうした実験の最中，偶然驚くべき現象が発見された．脊髄に鉄製フックをつけたカエル本体を金属製の手すりに引っ掛け，垂れたフックに触ると，起電機や雷がなくても筋肉の収縮が観察されたのである．さらに調べると，カ

図1　脊髄カエルの実験

エルの一方の脚を手で持ち上げ，脊髄側の鉄製フックが銀製の箱に接触した状態にしたとき，もう一方の脚が銀製の箱に接触するたびに，脚は痙攣を繰り返した（図1）．この観察を元に一連の実験を試みた結果，ガルヴァーニはカエルの脚がライデン瓶と同じ働きをしていること，脚が金属に触れると電気回路が形成され，ライデン瓶が放電するのと同様に放電し筋肉の収縮が生じると結論した．ガルヴァーニはこれを「動物電気 (animal electricity)」とよんだ．

報告に接した A. ヴォルタ*は，最初ガルヴァーニの発見を信じられなかった．しかし実際に生きたカエルを用いて実験したところ同様の結果を得た．ヴォルタはガルヴァーニの研究を詳細に検討し，この現象は動物電気によるものではないことを証明し，電池の発明に至ったのである．

カルノー，サディ
Carnot, Nicolas Léonard Sadi
1796–1832

熱力学第 2 法則の構築

フランスの科学者．熱の仕事への変換の一般的な考察のためにカルノーサイクルを考案．それに基づき熱力学第 2 法則の最初の表現であるカルノーの原理を提唱した．

経　　歴　フランス革命時代の共和主義政治家・軍人・技術者でナポレオンと盛衰を共にしたラザール・カルノーの長男．ラザールは科学と技術にも造詣が深かった．彼はサディが生まれて間もない1797年にニュルンベルクに亡命した．1799年に帰国してナポレオンの陸軍大臣に任命されたが，半年で罷免された．1815年に復権したナポレオンの内務大臣を務めたがわずか3か月後の皇帝の退位に伴いマルデブルグに亡命して帰国することなく没した．

サディ・カルノーは1812年にエコール・ポリテクニクに入学し，14年に卒業した．父親が蒸気機関の効率を向上させることに強い関心を持っていたことから，カルノーもこの問題に没頭した．当時，蒸気機関がフランスでも広く使われるようになっていた．1815年のナポレオンの失脚によって英仏間の国交が回復すると，J. ワット*以来改良が進んだイギリスの蒸気機関やその情報が入ってきた．これを機にフランスでも蒸気機関の改良が進んだ．

熱力学第 2 法則の構築と埋没，再評価　カルノーは，熱機関の効率の向上のため，その本質を追究する論文「火の動力，および，この動力を発生させるのに適した機関についての省察」を1824年に発表した．彼はそこで，熱機関の効率の高さに制限があるのか，また熱から動力を得るための物質（作業物質）にその制限が左右されるのかどうかを知るために，一般的な考察を行った．

熱を用いない機械を完全に記述するニュートン力学に相当するものを熱機関に対して求めたといえる.

生涯に公表したこの唯一の論文によって,彼は熱力学第2法則と熱力学自体の基礎を作った.熱力学第1法則が成立する20年も前のことである.しかしこの論文は蒸気機関の効率に関わる技術上の問題を扱うというスタイルであったため,熱の本性についての当時の学問の流れとはなじみが薄いと見なされ,学会の関心をほとんど惹くことなく,その後忘れられた.

1834年に蒸気機関が専門の技師E.クラペイロンがカルノーの論文を解析的に書き直して紹介したが,それでもなお無視され続けた.1844年頃W.トムソン(ケルヴィン卿*)がその解説の英訳を読んで強い関心を持ち,1845年にフランスに留学した際に原論文を探し続けたが果たせず,1848年になってようやく見出したほどであった.

カルノー論文の発表当時は,1823年にP. S. ラプラス*とS. D. ポアソン*によって熱素を前提とする熱の理論が完成した直後だったので,カルノーの考察も当然これを前提としていた.すなわち,蒸気機関の動力は,水が高い位置から落下するときに水車を回すように,熱素がボイラーの高温から凝縮器の低温に「落ちる」ときに生じ,熱素が失われることはないとした.しかしカルノー自身は熱素理論に疑いを持っていた.実際,死後に発見された(書かれたのは「省察」の出版より前とされる)「覚え書き」によれば,既に熱量保存を放棄して熱力学第1法則に達していた.その他の点で彼の理論は本質を突いていた.

カルノーの原理　「熱機関の最大効率は可逆機関から得られ,仕事を取り出すために使われる作業物質によらず,高温熱源と低温熱源の温度だけによって決まる」

カルノーの理論は,R. J. E. クラウジウス*とケルヴィンが熱素説を排した再定式化を行って,熱力学第2法則の一つの形となった.カルノー自身はそれを見ることなく,1832年に大流行したコレラに罹って亡くなった.

カルノーサイクル　カルノーは,上記の結論に至る考察のために,可逆過程を定義した.可逆過程においては熱の移動は熱源と作業物質が同じ温度でじわじわと行われなければならない.また,体積の変化や圧力変化は,外部の圧力と作業物質の圧力がほとんど同じ状態でじわじわと行われなければならない.そうすればこの過程を丸ごと逆行することも可能である.このような過程を準静的過程ともよぶ.可逆過程で構成された熱機関(熱サイクル)を可逆機関といい,その例としてカルノーが考えたのが,次のようなサイクル(カルノーサイクル,図1)である.

①底だけが熱を通すシリンダーを高温(t_H)の熱源の上に置き,作業物質に熱Q_Hを吸収させて等温膨張させる.

②シリンダーを断熱物質の上に置いて熱を遮断し,外部と同じ圧力を保ちながらじわじわと膨張させて温度を下げる.

③作業物質の温度が低温熱源の温度(t_L)と同じになったらシリンダーを低温熱源の上に乗せて作業物質から熱Q_Lを放出させて等温収縮させる.

④シリンダーを断熱物質の上に置いて熱を遮断し,外部と同じ圧力を保ちながらじわじわ圧縮して温度を上げる(本項では,Q_H,Q_L,Wは全て正の量を表すものとし,作業物質と外界とのやりとりの向きは言葉で

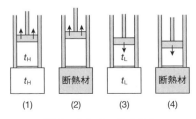

図1　カルノーサイクル

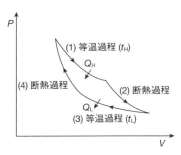

図2　カルノーサイクルの PV 図

表現する).

カルノーは熱素説を用いていたために, この議論で $Q_H = Q_L$ であるとしていたが, 前記のように未発表の「覚え書き」の中では, これを改めて, 熱は消費され, Q_H と Q_L の差で仕事 W が生じるとしていた.

クラペイロンが最初に行ったようにカルノーサイクルを PV 図に表すと図2のようになる.

熱機関の効率は一般に外にした仕事と高温熱源から供給した熱の比

$$\eta = \frac{W}{Q_H} = \frac{Q_H - Q_L}{Q_H} = 1 - \frac{Q_L}{Q_H}$$

で与えられる. 可逆機関であるカルノーサイクルを作業物質を理想気体として働かせた場合について具体的に計算すると,

$$\frac{Q_L}{Q_H} = \frac{T_L}{T_H}$$

であることがわかり, これから最大効率が

$$\eta_0 = 1 - \frac{T_L}{T_H}$$

であることがわかる. ここで, T_H と T_L はそれぞれ t_H と t_L に対応する絶対温度である. 絶対温度は後にケルヴィンが導入したものであるが, カルノー, クラペイロン, クラウジウスも, それに相当する温度 t のみの関数を使って, 同等の議論をしていた.

可逆機関より効率のよい熱機関が存在しないことについては, もしそのような機関が存在すると熱が低温から高温に流れるような不自然なことが起きることを, 可逆機関の逆転を使って示すことができる.

カルマン, セオドア・フォン
Karman, Theodore von
1881–1963

流体・航空工学の大家

ハンガリー生まれのアメリカ人物理学者.

経歴　1881年ブダペストに生まれる. 父モーリスは教育学の教授で, カルマンは父の設立した私立小学校で初等教育を受けた. 1908年, ゲッティンゲン大学で学位取得. アーヘン工科大学教授 (1912年) を経て, 1930年からアメリカに移りカリフォルニア工科大学教授. 死去の11週間前にアメリカの自然科学勲章の第1回受賞者となった.

幼少時から天才ぶりを発揮したカルマンが数学者を志すのを嫌がった父は, 幼少時のカルマンに数学の勉学を封じたというが, 後年カルマンが高度な数学を駆使する卓越した流体工学, 航空工学の大家となったのは人類にとっては幸運であった.

カルマン渦列　柱状物体を流れと垂直に置くと, その下流に2列の渦が形成されることがある (図1参照). これをカルマン渦列 (Karman vortex street) とよぶ. 流体の性質を示す量にレイノルズ数 Re がある〔⇒レイノルズ〕. 円柱の場合, Re が数十を超えた場合に生じる現象である. カルマンは, 完全流体に対して, 2列の渦が安定に存在する条件を調べ, 二つの列の間隔と一つの列内の渦の間隔の比が0.281となる互い違いの渦列だけが安定になることを示した (1911年). カルマン渦列の身近な例として, 強風によって電線が音を出す現象がある. また, 1940年に起きた, アメリカのタコマ橋の崩落は, 強風によるカルマン渦の生成が要因であるとされている.

周期境界条件　A. アインシュタイン*が考えた比熱の格子模型 (1907年) を発展させ, M. ボルン*と共に, 結晶イオンを「結

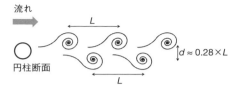

図1　カルマン渦列模式図

合した振動系」と見なし，フォノンと電子の散乱を考えた(1913年). 数週間の差により比熱理論の先取権はP. J. W. デバイ*(1912年)の手中に収まったが，結晶の波動関数に課す境界条件に，ボルン-フォン・カルマンの周期境界条件として名前が残っている. 例えば，x,y,z方向のサイズL_x, L_y, L_zを持つ結晶の波動関数$\psi(x,y,z)$が以下の条件

$$\psi(x+L_x,y,z) = \psi(x,y+L_y,z)$$
$$= \psi(x,y,z+L_z) = \psi(x,y,z)$$

に従うとするものである. 結晶のような巨視的な系では，表面や境界の影響をあまり受けない性質が多数存在する. それらを調べる際に威力を発揮する優れた技巧である.

カルマンライン　宇宙空間と地球の大気圏との境界は，便宜上，海抜高度から100 km上空と定められており，この境界面はカルマンラインとよばれている.

人物　天才肌のカルマンには，都市伝説のような実話が多数ある. 実験結果を理解することには極めて優れていたのに，カルマンは，実験家が彼の来訪を恐れるほど実験音痴だったというのは序の口. アーヘン時代，深夜帰宅途中に，ワッセンドルフという学生と最終の路面電車を待ちながら議論していたカルマンは，停車中の(乗車予定の)電車の外壁に計算式を書き始めてしまった(よく逮捕されなかった!). 電車が発車してしまってからは，学生は停留所に着く度，車外に降りて必要な式を写し，また乗車，という作業を繰り返して事なきを得たという.

川崎恭治
Kawasaki, Kyoji
1930–

動的臨界現象のモード結合理論

日本の統計物理学者. 凝縮系における動的臨界現象の理論，特に臨界点近傍にある流体系のモード結合理論で知られる. 2001年に，ボルツマンメダルを受賞した.

経歴　1930年，滋賀県・大津に生まれた. 1953年に九州大学卒業，1955年に同大学より修士号を取得し，その後1957年に渡米，1959年にデューク大学より博士号を受けた. 九州大学，京都大学基礎物理学研究所，名古屋大学を経て，1963年に再び渡米，米国のMITに滞在中，1965年にモード結合理論の最初の論文を投稿した. 1966年に九州大学助教授，その後，テンプル大学准教授，京都大学基礎物理学研究所教授，九州大学教授，中部大学教授を経て，現在福岡工業大学に在籍している.

モード結合理論　川崎の最も著名な業績は，動的臨界現象におけるモード結合理論である. 物質が二つの相の間を移り変わる相転移点近傍では，大きなゆらぎが発生し物理量に顕著な異常が生じることがあり，臨界現象とよばれる. 例えば気体と液体の区別がなくなるぎりぎりの状態を気液の臨界点というが，臨界点においては，比熱や圧縮率などの物理量が温度などの関数として発散的な異常を示す. 比熱や圧縮率は静的な量であるが，類似の発散的異常は，例えば熱伝導度のような輸送係数とよばれる動的な量でも観測され，動的臨界現象とよばれる. 川崎のモード結合理論は，このような動的臨界現象を説明する理論である.

メゾスケールのゆらぎ　統計力学は，原子・分子といった微視的自由度から，直接我々の観測にかかる巨視的量を導く理論形式であるが，臨界点近傍では，一般にメ

ゾスケールの大きなゆらぎが成長しているため，原子・分子レベルの微視的自由度ではなく，それをメゾスケールで粗視化した量をベースにした記述が有効になる．川崎は，そのようなメゾスケールの量をベースとした動的臨界現象の理論を構築した．静的な臨界現象の記述の際に重要な役割を果たす量として，相関長 ξ がある．これは，臨界点近傍で発達したメゾスケールのゆらぎの典型的な大きさを表す量で，ξ 程度の長さスケールで系はコヒーレントになっていると考えられる．理想的な状況では，相関長 ξ は臨界点に向け発散していく．この発散は，系の温度を T，臨界温度 T_c とすると，

$$\xi \approx \xi_0 |T - T_c|^{-\nu}$$

のように，冪乗則の形に書ける．ここで，ξ_0 は分子サイズ程度の微視的スケールの長さ，ν は冪発散の程度を表す指数で臨界指数とよばれる．

さて，久保亮五*の線形応答理論によれば，熱伝導度のような輸送係数は，対応した「流れ」(カレント)の熱平衡状態における時間相関から一般的な処方に従って計算できる．例えば熱伝導度は，熱流の時間相関から計算できる．しかしながら，分子レベルのミクロな情報から出発して時間相関関数を実際に計算することは，必ずしも容易ではない．臨界点近傍のように大きなゆらぎが成長している場合には，輸送係数の主要な寄与を与えるのは，カレントのうちの微視的起源の部分ではなく巨視変数に由来した部分であると考えられる．例えば熱伝導度の場合なら，エントロピー密度と速度場という二つの「モード」の結合が重要な寄与を与える．川崎は，このような考え方に基づいて，臨界点近傍で観測される熱伝導度の発散的異常の説明に成功した．具体的には，切断近似とよばれる近似を用いて上述のモードの結合を計算し，例えば熱伝導度 λ は，臨界点近傍で，$\lambda \propto \xi$ のような，相関長と同様な異常性を示すことを導いた．この結果は，実験的に観測された熱伝導度の発散的振舞をよく説明する．動的な量の臨界異常に対して，メゾスケールのゆらぎに対応した少数のモードとその結合が本質的であることを見抜いて具体的な定式化までを行い，動的臨界現象の理解に新局面を拓いた．

モード結合の一般論 川崎は，さらにモード結合の一般論を展開し，輸送係数の臨界異常の理論を作った．この業績により，2001年，B. J. アルダーと共に，統計物理学分野で最大の国際的な賞であるボルツマンメダルを受賞した．過去，このメダルの日本人の受賞者は2人のみで，もう1人は，久保亮五*が1977年に線形応答理論により受賞している．モード結合理論は，その後，L. P. カダノフ，K. ウィルソン*によって展開された静的臨界現象の繰込み群の理論と組み合わされ，動的繰込み群の理論という精緻な理論体系として完成する．

他の業績 川崎の他の業績としては，気体運動論において，輸送係数に対する密度展開に密度の対数に依存した異常項があることを見出し，動的な量については密度展開が低密度極限ですら異常な振舞を示すことを明らかにした仕事がある．また，いわゆる「川崎ダイナミクス」を導入した仕事も，広く知られている．川崎ダイナミクスとは，古典スピンが相互に入れ替わりながら時間発展するものであり保存則を持つ古典スピンのダイナミクスとしては最も簡単なものである．他にも，森肇と共同で，ハイゼンベルクモデルに基づいて量子スピン系の輸送係数を計算，非弾性中性子散乱の実験結果を説明した研究などがある．また，シア(ずり)を加えた流体系や相分離における界面ダイナミクスに関しても成果をあげている．

菊池正士
Kikuchi, Seishi
1902–1974

電子線回折に関する実験に成功

日本の物理学者．

経歴　東京に生まれた．1926年に東京帝国大学を卒業後，理化学研究所に移り，電子線回折の実験を行った．1928年に雲母の単結晶を電子線が通過したときの回折現象を観察した．1937年のノーベル物理学賞は電子線回折の研究に対してC. J. デイヴィソン*とG. P. トムソン*に与えられたが，菊池の実験はこれよりもわずか数カ月後のことだった．電子線回折は，回折現象により電子の波動性を証明するものであり，量子力学では重要な研究である．

デイヴィソンらが低エネルギー (100 eV程度) の電子を用いたのに対し，菊池は高エネルギー (10 keV 以上) の電子を用いた．現在ではそれぞれ低速電子線回折 (LEED)，反射高速電子線回折 (RHEED) として利用されている．

単結晶を通過した写真にはブラッグスポットを繋ぐような線がみられることがあり，菊池線とよばれている．

菊池はその後大阪大学に移り，加速器を用いた研究を行った．重陽子を加速して重陽子に当てて中性子を発生させた．中性子の衝撃によって原子核から出てくる γ 線の研究や，中性子が原子核から散乱されるときの干渉効果の観測などを行った．

大学ごとに加速器を作るのもよいが，各大学の研究者が共同で利用できる大型加速器を作ることがさらに重要との考えから，1955年に原子核研究所が設立された．菊池は初代所長に就任した．原子核研究所では研究実験用の加速器が建設され，原子核実験，素粒子実験が行われた．

菊池は1959年から1964年まで日本原

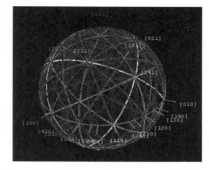

図1　六方晶サファイア (Al$_2$O$_3$) 単結晶の300 keV の電子による電子線回折像の菊池線
(Illustrated by P. Fraundorf@Wikipedia)

子力研究所の理事長，1966年から4年間東京理科大学の学長をつとめた．1951年には文化勲章を受章している．

菊池線　単結晶試料の透過電子顕微鏡の画像中には，回折現象のために生じるブラッグスポットの他に，線状の回折像がみられることがある．これらは菊池に因んで菊池線とよばれる．ブラッグスポットは単結晶試料を少し傾けても現れ続けるが，菊池線は消えたり現れたりする．菊池線は，原子の熱振動によって生じた散漫散乱電子の回折によって生じる．散漫散乱電子のエネルギーは連続的に分布するため，その回折スポットは連続して分布するので，回折像は線状となる．菊池線は単結晶試料が厚くて，多重散乱を起こしやすい条件下でみられやすい．これは，試料が厚いと，ブラッグ回折スポットは試料による吸収で弱くなり，多重散乱が増えて菊池線が強くなるためである．菊池線は，ブラッグスポットを結ぶように生じるので，電子線回折像のブラッグスポットの指数づけを行うときに有用である．

X線回折像中でみられる菊池線と同様の線状の回折像は，ドイツの物理学者 W. L. コッセルに因んでコッセル線とよばれる．

ギブズ, ジョサイア・ウィラード
Gibbs, Josiah Willard
1839–1903

熱力学・統計力学の定式化

経歴・人物　イェール大学聖書文献学教授の父を持ち, 家族は大学近郊 (コネティカット州ニューヘイブン) に住んだ. ギブズは, 五人姉弟の末っ子 (四人の姉) で, 内気な少年であった. この地のグラマースクールに通い, 地元イェール大学イェール・カレッジで学んだ. ラテン語と数学で賞をとるほど成績がよかった. 16 歳のときに母を亡くし, 22 歳のときに父も亡くした. 24 歳のときに「ギアの歯の形態に関する研究」で工学学位を取得した. これは, アメリカでの工学学位取得者第 1 号であり, 理系でも第 2 号, 博士全体でも第 3 号であった.

母校イェール・カレッジでラテン語と自然哲学 (物理, 化学, 天文, 鉱物の総合科目) のチューターとして 3 年ほど勤務した後, 1866 年から 3 年間, 2 人の姉と共にヨーロッパに出かけた. パリでは数理物理学者 J. リウビルと幾何学者 M. シャールに学び, ベルリンでは数学者 K. ワイエルシュトラスと L. クロネッカー, それに実験物理学者 H. G. マグヌスの講義に出席し, ハイデルベルクでは G. R. キルヒホッフ*, H. ヘルムホルツ*, R. W. ブンゼン*の影響を受けた. ギブズは, このヨーロッパ遊学で物理学と数学の学徒となり, 高度な知識を得ると同時に研究の方法を身につけた. 帰国後 2 年ほど経った 32 歳 (1871 年) のときに, 母校の数理物理学の教授となった (最初は無給であった).

熱力学の基礎的表現法　ギブズは, 論文「流体の熱力学における作図法」(1873 年 4 月) を義兄が編集委員をしているコネティカット科学アカデミー誌という地元の論文誌に投稿した. これが, 論文誌に掲載された彼の最初の論文である. 34 歳での学会デビューであった. 当時まだ定着していなかったエントロピー概念の重要性に気づき, 体積 V, 圧力 p, 温度 T, 内部エネルギー U, それにエントロピー S を状態量として位置づけ, クラウジウスの理論から,
$$dU = TdS - pdV \qquad (1)$$
を熱力学の基礎方程式とした. また, 従来の pV 図を一般化して, これら五つの状態量の二つを直交座標とした図で表現した. 基礎方程式から TS 図で熱力学過程を表現すること, また気相, 液相, 固相が共存する場合は VS 図がよい表示となることを明確に示した.

ギブズの自由エネルギー　同じ年 (1877 年) 12 月に掲載された第 2 論文「物質の熱力学的性質の曲面による幾何学的表示法」では, V, S, U の三つの状態量を直交座標とした熱力学的曲面を考察した. この熱力学的曲面から, 量 $U+pV$, $U-TS$, それに $U-TS+pV$ の重要性を説いた. これらの量は, 後に, 物質の発熱・吸熱に関わるエンタルピー (H), ヘルムホルツの自由エネルギー (F), ギブズの自由エネルギー (G) とよばれることになる. 熱力学を幾何学的に考察し, 2 相共存の条件を解明した画期的な論文である.

ギブズは, これら論文別刷 (抜刷) をヨーロッパの多くの科学者に送った. 当時のアメリカが科学の後進国であったこと, 無名論文誌の掲載であったこともあり, 正しい評価を得られなかった. しかし, J. C. マクスウェル*は, 高く評価して自書にその業績を取り上げた.

熱力学の体系化　ギブズは, 熱力学的平衡状態を統一的に論じた論文「不均一物質系の平衡」を第 1 部 (1876 年, 141 頁) と第 2 部 (1878 年, 182 頁) に分けてコネティカット科学アカデミー誌に掲載した. これらは, 通常の論文誌には掲載できない大著であり, ギブズの熱力学上の貢献が体

系的に論じられている．ここで，これまでの基礎方程式 (1) を，

$$\mathrm{d}U = T\mathrm{d}S - p\mathrm{d}V + \Sigma_i \mu_i \mathrm{d}N_i \quad (2)$$

と拡張して表現した．ここで，μ_i は第 i 成分の化学ポテンシャル，N_i は第 i 成分の粒子数である．化学ポテンシャルは，ギブズが初めて導入した量で，粒子が系の外部から出入りする傾向の強さを表す量である (1モル当りのギブズの自由エネルギー)．複数の物質からなる不均質な系を一般的に論じることが可能であることを示した．これによって，熱力学を多相共存，化学反応，それに相転移現象などと驚くほど多様な基礎的問題に適応可能であることを示した．

等温等積の条件の下ではヘルムホルツの自由エネルギーが最小となる状態が安定平衡状態となること，等温等圧の条件の下ではギブズの自由エネルギーが最小となる状態が安定平衡状態を示すこと，それに物質の種類，相の数，状態変数の数の一般則を示した．三つめの一般則は，現在，ギブズの相律とよばれている．これは，等温等圧の下，n 種類の分子からなる混合系が m 個の相に分かれて熱平衡にあるとき，各分子の化学ポテンシャルが全ての相で等しいことを示して状態変数の数 f が $f = n - m + 2$ となるとした規則である．この二つの連続論文には，現代の大学で学ぶ熱力学の全てが含まれている．

残念ながら，この論文も 1873 年の論文と同様な理由で，当時，科学の中心であったヨーロッパに伝わらなかった (しかし，マクスウェルと L. E. ボルツマン*は高く評価した)．この論文がヨーロッパ科学界に広く伝わるようになったのは，化学者 F. W. オストヴァルトが 1892 年に独語訳を出版してからのことである．

統計力学の創始　イェール大学創立200周年の機会に，ギブズは『統計力学の基本原理』(1902 年) を著した (統計力学という言葉は，ギブズが初めて使った)．アンサンブル (統計的母集団) に基づく統計力学の手法によって，ミクロからマクロへの法則の質的発展をなしとげ，熱力学を力学から導出することに成功した．ギブズは，エネルギー E_n を持つ割合が $\exp(-\beta E_n)$ に比例するカノニカルアンサンブルを基に議論した．この書には，統計力学の基盤のほとんどが示されている (それほど体系的に記述されている)．また，熱力学の自由エネルギーは示量性を満たすはずであるが，統計力学の手法にそのまま従って計算すると自由エネルギーが示量性を満たさなくなることを述べたギブズのパラドックスもこの論文で議論されている (このパラドックスは，異なる気体が混ざればエントロピーが増大するが，同じ気体が混ざった場合は増大しない，とも表現される)．ギブズのパラドックスは，「同種粒子の交換は全粒子の量子状態を変化させない」という量子力学の原理によって解明された．

その他の業績　ギブズは，ベクトル解析の創始者でもあり，また有界変動な関数で不連続点を含んでいる関数 $f(x)$ をフーリエ変換すると不連続点で $f(x)$ から大きくはずれた振舞をする数値解析上の現象を見出す (ギブズ現象) など，数理物理学にも多くの業績がある．

1903 年，彼は静かな 64 年間の生涯を閉じた．独身であり，姉夫婦と共に暮らした．ヨーロッパから戻った 30 歳のときより亡くなるまで，自宅から研究室までの徒歩5分の世界に生きた．ギブズの墓は，イェール大学構内にあるグローブストリート墓地にあり，ギブズの通った研究室から徒歩5分の距離である．

■参考文献
1) 山本義隆：熱学思想の史的展開 3，ちくま学芸文庫 (2009).
2) 稲葉肇：ギブズの熱力学と統計力学．科学史研究 **49** (2010) 1–10.

キャヴェンディッシュ,ヘンリー
Cavendish, Henry
1731–1810
水素の発見,キャヴェンディッシュの実験

人物 偉大な実験物理学者であるが,公表した論文は水素の発見となる「人工空気に関する実験の三つの論文」(1766年),電気力は距離の2乗に反比例することの発見の「主要な電気現象を弾性流体によって説明する試み」(1776年),それに万有引力定数の最初の測定と解されている「地球の密度を測定する実験」(1798年)を含めた18篇のみで,著書は1冊もない.しかし,キャヴェンディッシュの遺稿を編集するために全精力を傾けたJ. C. マクスウェル*は,膨大な量の実験及び観測ノートを発見し,キャヴェンディッシュが発表より研究することを重用した業績豊かな人であることを示した.キャヴェンディッシュは,この言葉通りの人物である.そればかりか,自宅に図書館と実験室を作って,可能な限り人との接触を避け,科学との隠遁生活を生涯続けた変わり者でもあった.

経歴 キャヴェンディッシュの父はイングランド公位デヴォンシャー公爵家のチャールズ公爵,母は王族公爵ケント家アン・グレイである.その長男として,母の療養地のフランスのニースで生まれた.母は,その2年後,弟フレデリックを生んだ後,間もなく亡くなった.

貴族の子息が通う学校を卒業した後,1749年にケンブリッジ大学トリニティ・カレッジに入学し,物理学と数学で優秀な成績を収めたが学位取得前の1753年に大学を去った.その後,ロンドンの父の邸宅に住んだが,父からのわずかな経済的支援を受けての質素な生活であった.これは,父が死去して莫大な資産を受け継いでも変わることがなかった.寡黙で大変内気であり人前に出ることを極端なほど嫌った人であったが,慎重で几帳面であると同時に辛抱強い人でもあった.科学への興味は,父が自宅に設けた実験室において熱,電気,磁気などに関する実験を行っていた環境に育ったことによる.

「燃える空気」——水素の研究 キャヴェンディッシュは,1766年,水銀上捕集法によって捕集した気体(これを人工空気とよんだ)は鉄,錫,亜鉛などの金属を酸に融かすときに生じる気体と同じであること,この気体が他の気体に比べ特別に軽いこと,それによく燃えることなどを調べ,この気体を「燃える空気」と名づけ,フロギストン(燃素)であると考えていた.A. L. ラヴォアジエ*がフランス革命の年(1789年)に出版した『化学要論』で,「水が生ずるもの」という意味で「水素」とした.後にこれが正式命名となった.

万有引力定数の測定 キャヴェンディッシュの実験として知られているのは万有引力定数 G の測定であるが,実は,この実験は G を測定するために行われたのではなく,地球の密度あるいは地球の質量を知るための実験であった.G の測定として知られることになったのは,ニュートンの『プリンキピア』には G の値どころか,万有引力の法則を示す式も記されていないことにもよる.万有引力の式を示すには,G の値を記さなくてはならない.このため,G の測定が意味を持つ.

地球の重さ測定の課題は,彼の数少ない友人である J. ミッチェルに提案し,ミッチェルは,そのためのねじれ秤に基づく装置を作ったが測定する前に亡くなってしまった.キャヴェンディッシュは,この装置を引き継いだが,これでは大気の乱れによる微小振動などの微弱な力が作用して測定値を得ることができないことに気づいて大幅に改良した.1797年に測定を開始し,苦労の末に高い精度での結果を得た.

キャノン, アニー・ジャンプ
Cannon, Annie Jump
1863–1941

恒星の分類法を確立

図1 アニー・キャノン

アメリカの天文学者.

経歴 母親の影響で星に興味を持った. マサチューセッツ州ウェルズリー大学で物理学の学位を取得したが, 猩紅熱のため聴力をほとんど失い, 自宅で生活を送っていた. 母親の死が転機となって, 1896 年, ハーバード大学天文台の E. C. ピッカリングの助手として働き始めた.

恒星スペクトルの分類 その頃, 天文台では, 恒星のスペクトルを分類することが主要計画の一つであった. 当時, 恒星からの光のスペクトルは, 水素の吸収線の強さに基づいて, A,B,C,…,Q と, アルファベット順に, 17 種類に分類されていたが, キャノンは, 恒星の色が, 青, 白, 黄色, オレンジ, 赤の順になるように並べると, スペクトルのパターンがコマ送りのように連続的な並びになることを見出した. 恒星の表面温度はこの色の順序で低くなる. そして, スペクトルを 10 種類に整理し, 温度の高い方から, O,B,A,F,G,K,M,R,N,S と並べ替えて分類を行った (図1). 天文学者の H. N. ラッセルは, この順序を記憶するために, Oh, Be A Fine Girl, Kiss Me Right Now, Sweet という語呂あわせを作った.

恒星の表面温度と化学組成 恒星が発する光は, 恒星表面に存在する物質によって吸収される. そのためスペクトルには, 物質ごとに決まっている波長のところに吸収線と呼ばれる暗線が生じる (図1). 一方, ウィーンの変位則〔⇒ウィーン〕によれば, 黒体からの放射のピーク波長 λ_{max} は, 温度 T に反比例する (λ_{max} [m] $= 2.9 \times 10^{-3}/T$ [K]) ので, 恒星の表面温度は, スペクトルのピークから見積もることができる. これは, 上

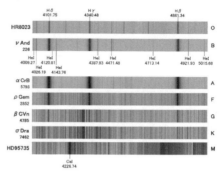

図2 恒星のスペクトルの例. 横軸は波長 (Å)
(国立天文台岡山天体物理観測所, 大阪教育大学宇宙科学研究所より)

述の恒星の色と表面温度との関係を示す. これらのことから, キャノンの発見は, 恒星の表面温度と表面物質の化学組成が, 密接に関係することを示しているのだということがわかる.

例えば, 図 2 の 4 段目, ふたご座 ρ 星という恒星のスペクトルを見てみよう. このスペクトルは, 水素のバルマー吸収線 (H_β, H_γ, H_δ) が強いので, B,A,F のどれかに分類されることがわかる. 中性ヘリウムの吸収線 (HeI) がないので B ではなく, 電離カルシウムの吸収線 (CaI) が見られるので, F に分類される.

キャノンはこのような分類を, 1 分間に 3 個の速さでできたという. 約 23 万個の恒星について行われた分類結果は, 1918 年以降, ヘンリー・ドレイパーカタログとして出版された. 1931 年, ヘンリー・ドレイパーメダルを受賞, 1934 年には, 彼女の功績を讃えて, アニー・J・キャノン賞が設立された.

キュリー，ピエール
Curie, Pierre
1859–1906

磁性体，放射能の先駆的研究

フランスの物理学者．結晶学，圧電効果，磁性体，放射能の研究で知られる．1903 年，妻の M. キュリー*，A. H. ベクレル* と共に，ノーベル物理学賞を受賞した．

経　歴　ピエール・キュリーは 1859 年，フランスのパリに生まれる．学校を嫌い，14 歳まで医者である父ウジューヌ・キュリーや家庭教師，兄ジャックらから教育を受けた．16 歳でパリ大学 (ソルボンヌ) に入学し，18 歳で学士号を取得し卒業した．しかし貧乏であったためすぐには大学院には進学できず，物理研究室の助手として働き始めた．

1880 年，同じパリ大学助手の兄ジャックと共に，トルマリン，石英，トパーズ，蔗糖，ロッシェル塩 などの結晶に圧力をかけると電位が発生するという圧電効果 (ピエゾ効果) を発見．さらに，それを利用した微弱電流を測定する水晶板ピエゾ電位計を考案した．マリーはこの装置を使って放射能の強さを定量的に測定することに成功した．翌年には，水晶に電場をかけると，結晶が変形する現象を確認した．1882 年，市立物理化学学校の実験主任になり，1895 年教授になった．ここには 22 年間勤めた．1904 年にパリ大学の物理教授になった．

磁性に関する有名な論文の前に，精密なねじばかりを製作している．博士論文では，強磁性，常磁性，反磁性について研究している．1895 年に学位を授与された．

1903 年には王立協会からマリーと共にデービーメダルを授与された．

ポロニウム，ラジウムの発見　ピエール・キュリーは 1894 年の春に友人の紹介でポーランド人のマリア・スクウォドフスカ (後のマリー・キュリー) と知り合い，恋におち，プロポーズしたが，最初は断られている．しかし，1895 年に結婚した．その後は，彼女と共同で放射性物質の研究を行い，ポロニウムとラジウムを発見した．彼らは放射能という用語を作った．ピエールはラジウムが熱を放射していることを発見した．また，磁場を使って放射性物質の放射線の性質を調べ，一部の放射線が正に帯電し，一部は負に帯電し，一部は帯電していないことを示した．これらは，α 線，β 線，γ 線に対応している．

キュリー (Ci) は放射能の単位で，1 Ci は 3.7×10^{10} ベクレルである．ピエールの死後の 1910 年の放射線会議でピエールとマリーの栄誉を称えて命名された．

キュリーの法則　常磁性物質では，その磁化は磁場に比例し，温度に反比例する．

$$M = C\frac{B}{T}$$

ここで，M は磁化，B は磁場，T は絶対温度，C は物質固有のキュリー定数であり，

$$C = \frac{N\mu^2}{k_B}$$

で与えられる．ここで μ は磁気モーメント，N は磁気モーメントの個数，k_B はボルツマン定数である．量子統計力学でスピン 1/2 の場合に磁化 M を導出すると

$$M = N\mu \tanh\left(\frac{\mu B}{k_B T}\right)$$

となる．この公式はランジュヴァンの常磁性方程式とよばれる．T が大きいか B が小さいときは $\tanh x \approx x$ と近似できるので，キュリーの法則と同じになる．古典統計力学で導出すると，常磁性磁子が古典的な自由に回転する磁気モーメントであると考えると磁場方向の磁気モーメントの平均値は

$$\langle \mu_z \rangle = \mu L\left(\frac{\mu B}{k_B T}\right), \quad L(x) = \coth x - \frac{1}{x}$$

ここで $L(x)$ はランジュヴァン関数である．

T が大きいか B が小さいときは，

$$L(x) \approx x/3$$

表1 強磁性体 (*はフェリ磁性体) のキュリー温度

物質名	キュリー温度 (K)	物質名	キュリー温度 (K)
Co	1388	MnSb	587
Fe	1043	$MnOFe_2O_3^*$	573
$FeOFe_2O_3^*$	858	$Y_3Fe_5O_{12}^*$	560
$NiOFe_2O_3^*$	858	CrO_2	386
$CuOFe_2O_3^*$	728	MnAs	318
$MgOFe_2O_3^*$	713	Gd	292
MnBi	630	Dy	88
Ni	627	EuO	69

と近似できるので,キュリーの法則と同じ形になる.キュリーの法則は,磁気温度計の原理として用いられ,極低温での温度測定に使われる.

キュリー温度,キュリー–ワイスの法則 キュリー温度は,強磁性体が常磁性体に転移する温度である.強誘電体が常誘電体に変化するときにも用いられる.

キュリー–ワイスの法則は,強磁性体や反強磁性体のキュリー温度以上の温度における磁化率の温度変化を表す法則である.

$$\chi = \frac{C}{T - \theta_p}$$

ここで θ_p は常磁性キュリー温度などとよばれる.強磁性体では正,反強磁性体では負の温度である.

交通事故 1906年,雨の中,パリのドフィーヌ通りでピエールは,馬車に轢かれてしまい,即死した.

彼の死後,妻のマリーは単独で2度目のノーベル賞(化学賞)をラジウムおよびポロニウムの発見とラジウムの性質及びその化合物の研究で受賞した.娘のI. ジョリオ=キュリー*とその夫のF. ジョリオ=キュリー*も放射性元素の研究で1935年にノーベル化学賞を受賞している.

1995年,夫妻の業績を称え,ピエールとマリーの墓はパリのパンテオンに移され,フランス史の偉人の1人に列された.

キュリー,マリー
Curie, Marie
1867–1934

新しい「火」の発見

ポーランド生まれのフランスの物理学者.夫のピエール・キュリー*と共に,自然放射能の性質の解明および,放射性元素ラジウムとポロニウムを発見.ノーベル物理学賞と化学賞の受賞者.

経歴・人物 マリア・スクウォドフスカ(後のマリー・キュリー)は,ロシア帝国領ポーランドのワルシャワに生まれた.両親は教師.幼い頃に長姉と母を失い,キリスト教の信仰を捨てる.物理教師の父の影響で,少女時代から科学に強い興味を持っていた.独立を希求していたポーランドでは教育が重視され,他のヨーロッパ圏と違い,女子への科学教育も奨励された.

ロシアの規則が女子の大学入学を認めないため,資金を貯めた後に,24歳でパリのソルボンヌ大学理学部に留学.卒業後は故国で物理学教師になり,独立運動を支援する予定であったが,物理学者ピエール・キュリーとの出会いで,共にフランスで科学研究に生きる決意をする.科学者「キュリー夫人」の誕生である.ただし,後に発見した新元素の一つにポロニウムと名づけ,自らの祖国への忠誠を世界に示した.

放射能の発見 結婚後,フランス国家博士号の取得のためのテーマ探しの最中に,A. H. ベクレル*の研究に出会う.1895年にW. C. レントゲン*が発見したX線を研究していたベクレルは,翌年にウラン化合物からX線に似た強い透過力を持つ光線が自然放射されることを発見した.マリーはこの現象の正体の解明を博士論文の目標に定め,定量的実験を徹底的に行った.夫とその兄が考案したピエゾ電気計と電離箱,キュリー式電気計によりウラン化合物の周

囲の空気のイオン化の強度が標本中のウラン含有量に比例すること，外的要因には依存しないことを突き止め，この放射線が外との相互作用によってではなく，原子そのものから出ていると結論づけたのである．さらにウラン固有の現象かどうかを確かめるため，80以上に及ぶ既知の元素を測定し，トリウムからも同様の放射線が出ていることを発見した．

この現象に「放射能 radioactivité」と命名したのはマリーである．またこういった性質を持つ元素を放射性元素と呼び，これを徹底的に研究した．その結果，ピッチブレンドやその他のウラン化合物のいくつかからの放射線の強度が，ウランやトリウムの含有量から予測される強度を大きく上回っていることを見出し，それらが未知の放射性元素によるのではないかと推測した．

この大胆な仮説を証明するには，その新元素を単体として分離してみせなければならない．このため，ピエールは自分の結晶物理学の研究を中断して妻の研究に合流する．ピエールはそれまでに，微小電流の精密測定が可能な水晶板ピエゾ電気計を開発しており，これが放射能研究に威力を発揮した．こうして夫妻は1898年から共同研究を開始した．放射能研究は当初はマリー1人の研究だった．しかし当時の女性差別のため，妻は夫の助手と考える人が後を絶たず，夫妻の反論にもかかわらず，この誤解を完全には払拭できなかった．

二度のノーベル賞 1898年には新元素が2種類あることを連名で報告し，それらにポロニウム，ラジウムと命名した．しかしその含有量はきわめて少なく，作業がより簡単な方のラジウムでさえ，原子量の確定には何トンもの鉱石が必要であった．予算も実験室も恵まれなかったが，夫妻は4年の後にラジウムの塩化物0.1 gの精製に成功し，原子量は225（現在は226）と発表した．この成果を論文にまとめ，マリーは1903年6月，女性理学博士となった．同年秋には「自然放射能の発見」により，ベクレル，ピエールと共に第3回ノーベル物理学賞を受賞し，世界初の女性ノーベル賞受賞者ともなった．

ところが1906年，事故でピエールが急死し，マリーはソルボンヌ大学理学部教授であった夫を継いで教壇に立つことになる．フランス初の女性大学教員である．また，夫が切望していたラジウム研究所の設立に力を尽くした．1914年に開設されたこの研究所からは，マリーの指導の下，人工放射能の発見者かつノーベル化学賞受賞者である長女のイレーヌ・ジョリオ＝キュリー*とその夫のフレデリック*，自然放射性元素フランシウムの発見者で，女性初のパリ科学アカデミー通信会員 M. ペレー*など，多くの優秀な人材が輩出された．

ピエールの死後，マリーは金属ラジウムの単体としての精製に挑戦し，アクチニウムの発見者 A. L. ドゥビエルヌの協力の下，1910年にこの作業に成功する．こうした功績から，マリーは1911年に再度のノーベル賞（化学賞）に輝いた．人類初の二度のノーベル賞受賞である．

ただし1911年は受難の年でもあった．1月には科学アカデミーに立候補して落選し，秋にはピエールの教え子 P. ランジュヴァン*との不倫騒動でマスコミに叩かれたからである．これら一連の事件の裏には，20世紀初頭のフランスにおける民族差別と女性差別，さらには政教分離と科学立国を目指す政府と伝統擁護派の対立が存在していた．ポーランド出身で無神論の女性科学者は，保守派のマスコミの餌食だったのである．

この騒ぎで入院までしたマリーだったが，第一次大戦の勃発により，再び科学者として活発に動き始める．レントゲン車隊を組織して，負傷兵の治療を行う計画のリーダーとなったのである．戦後には『放射線医学と戦争』（1921）を著している．

科学への貢献　晩年のマリーは多くの国際組織の委員を努め，国境を越えた科学の発展に力を尽くした．彼女の国際的名声は高まり，1921 年には，女性参政権を獲得したばかりのアメリカに，アメリカ女性の寄付金のみによって招待された．マリーは，寄付金で購入した 1 g のラジウムを大統領から受け取ったのみならず，各地の女子大で講演し，アメリカではこの直後，科学志望の女子学生数が急増した．ただし，この招待のキャッチフレーズは「癌を克服したキュリー夫人」であり，これが "キュリー療法の母" マリーの一般的なイメージであった．

X 線や放射能は当初から医療への応用が期待された研究であったが，危険性も存在していた．ピエールのノーベル賞講演でも，すでに人体への害が報告されている．戦争中に浴びた X 線と，長年の放射能研究による被曝により，「再生不能性悪性貧血」という診断名の下，マリーは 66 歳で亡くなった．

X 線発見から 100 年後の 1995 年，フランス政府は，自国の偉人を祭る非宗教寺院パンテオンへのキュリー夫妻の移葬を決定し，マリーは「自身の業績によって」ここに眠る最初の女性となった．

放射能の単位キュリー　キュリー夫妻の名に因んだ放射能の旧単位 1 キュリー (Ci) は，当初 1 g のラジウムが持つ放射能として定義され (1910 年)，後に 3.7×10^{10} 壊変/秒と再定義された (1953 年)．現在は，放射性物質が 1 秒間に崩壊する原子の個数を表すベクレル (Bq) が用いられる．

図 1　マリー・キュリー

キルヒホッフ，グスタフ・ローベルト
Kirchhoff, Gustav Robert
1824–1887
キルヒホッフの法則

ドイツの物理学者．

経歴・人物　生まれはプロイセンのケーニヒスベルク (現在のロシアのカリーニングラード)．キルヒホッフは「キルヒホッフの法則」とよばれるいくつかの法則の発見者である．一つは放射エネルギーや反応熱に関するものである．また電気回路に関する法則は，「第 1 法則」，「第 2 法則」とよばれ，それぞれは回路における電流と電圧に関する法則である．第 1 法則は電荷の保存則を表し，第 2 法則はエネルギー保存則を表す．

キルヒホッフの第 1 法則　任意の分岐点 P に入ってくる電流の和と出ていく電流の和は等しい．この法則は電流則または分岐則ともよばれる．分岐点 P には N 個の導線が繋がれているとして，i 番目の導線から入ってくる電流を I_i とする (図 1)．ただし，I_i は入ってくる電流に対して正と定義し，I_i が負の場合は出ていく電流と解釈することにする．このように約束するとキルヒホッフの第 1 法則は以下のように書ける．

$$\sum_{i=1}^{N} I_i = 0$$

これは分岐点では電荷が生じないことを意味し，電荷の保存則を表している．

キルヒホッフの第 2 法則　第 2 法則は電圧則またはループ則ともよばれ，以下

図 1　分岐点

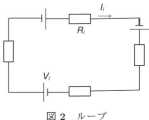

図2 ループ

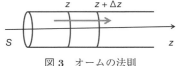

図3 オームの法則

のように述べられる．回路網にはいくつもの閉じた回路(ループ)がある．任意のループに対して，そのループを一巡するとき，各部分の電位差の和はゼロである．ここで電位差は電池等の起電力源(電圧$=V_i$)や，抵抗器に流れる電流による電圧降下から生じる．i 番目の抵抗の大きさを R_i，そこを流れる電流を I_i とすると (図2)，電圧降下は $-R_i I_i$ だから，第2法則は以下のように書ける．

$$\sum V_i + \sum -R_i I_i = 0$$
$$\to \sum V_i = \sum R_i I_i$$

オームの法則　ここではオームの法則〔⇒オーム〕について，キルヒホッフの示した電場と電流の関係式を考察してみる．簡単のために，導線は z 方向とし，点 z と微少距離離れた点 $z+\Delta z$ の電位を $V(z)$, $V(z+\Delta z)$ とする．オームの法則より流れる電流 I は以下で与えられる．

$$I = \frac{1}{R}\{V(z) - V(z+\Delta z)\} = -\frac{1}{R}\frac{dV}{dz}\Delta z$$

ここで R は抵抗で，電気伝導度 σ または抵抗率 $\rho = 1/\sigma$ を使うと，導線の断面積を S として以下のように書ける．

$$R = \frac{1}{\sigma}\frac{\Delta z}{S} = \rho\frac{\Delta z}{S}$$

したがって電流密度 j_z は以下のようになる．

$$j_z = \frac{I}{S} = -\frac{1}{SR}\frac{dV}{dz}\Delta z = -\sigma\frac{dV}{dz}$$

ここで電位 V の z での微分に負号をつけたものは，z 方向の電場 E_z であるから以下のようになる．

$$j_z = \sigma E_z = \frac{E_z}{\rho}$$

これは電流を電子の運動と捉えたときの，1個の電子に対する基本法則である「質量×加速度=力」ではないことに注意しよう．電子は導体中を衝突しながら運動するために，速度に比例する抵抗力を受けるとすると，その抵抗力と電場による力が釣り合ったところで等速運動をする．つまり，オームの法則はこのような非可逆過程から生じる統計的な法則である．

熱放射とキルヒホッフの法則　熱平衡にある物質の，熱放射の放射エネルギーとその物質の吸収率の比は，いかなる物質に対しても一定で，物質の温度と放射波の波長で決まる．これはキルヒホッフの法則とよばれる．R. W. ブンゼン*と共にスペクトル分析の研究をしているときに，明るい輝線ほど反転したときに濃い暗線になることに気づき，物質の放射と吸収の能力が平衡関係にあると予想した．2個の空洞がある面を通して温度が T の熱平衡状態にあるとすると，空洞1(2)からの波長が λ の電磁波の放射エネルギーを $U_1(U_2)$，空洞2(1)がこのエネルギーを吸収する割合を $\alpha_2(\alpha_1)$ とすると，以下の関係が成立する．

$$\alpha_2 U_1 = \alpha_1 U_2 \to \frac{U_1}{\alpha_1} = \frac{U_2}{\alpha_2} = U(\lambda, T)$$

$\alpha = 1$ の熱放射を空洞放射 (黒体放射) とよぶ．$U(\lambda, T)$ の波長や温度依存性については，他項 (〔⇒レイリー卿；プランク〕) を参照されたい．この発見は後のプランクの黒体放射のエネルギー分布則に導く熱放射研究の出発点であった．

ギンツブルク，ヴィタリー・ラザレヴィッチ
Ginzburg, Vitaly Lazarevich
1916–2009
超伝導と超流動の理論の開拓者

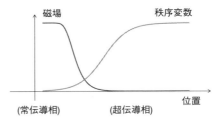

図1　超伝導相常伝導相境界の概念図

ロシアの物理学者．プラズマ中の電磁波伝播，宇宙線の起源の研究などでも知られるが，ランダウの相転移理論に基づく超伝導現象の基礎理論が顕著な貢献である．

経歴　革命の混乱した時代，11歳で小学校に途中入学，高等学校には入学せず，工科大学のX線解析の実験室で働き，V. A. ツーカーマンとS. A. アルトシュラーに出会い，物理学を志した．

モスクワ大学の物理学科で初めは光学の実験を専門としたが，研究中に気になった思いつきを理論の主任教授であったI. Y. タムに問いかけ，タムの対応からギンツブルクは極端に高度な数学を用いないでも理論物理で貢献できることに気づいたという．

卒業後，科学アカデミーレベデフ物理学研究所に移り，1942年に高スピン粒子に関する博士論文で学位をとり，その後タムの後を受け継いで1971年以後理論部門の主任となり終生そこで活躍した．

ギンツブルクはソ連そしてロシアの物理学界のリーダーとして活躍し学術雑誌「物理学の進歩」の編集長を務め，モスクワ物理工科大学で自身が創設した学科を率いた．

ギンツブルク–ランダウ理論　ギンツブルク–ランダウ理論（GL理論と略される）は1950年にギンツブルクとL. D. ランダウ*によって提唱されたものである．

超伝導は磁場によって壊されるが，磁石に近づけた超伝導体がどのように振る舞うかは単純ではない．これを記述するためには，超伝導が壊れた部分(常伝導体)と超伝導を保っている部分が共存している場合の理論が必要である．

超伝導体に磁場をかけると，磁束が排除されて磁場のない領域(超伝導相)ができる．排除された磁束が磁場の強い領域を作るので超伝導が壊れて常伝導相ができる場合がある．それらが隣りあっている共存状態を超伝導の中間状態とよぶ．

超伝導状態を秩序のある状態とし，その秩序の程度を表す量，秩序変数で状態を記述する．中間状態の相境界では図1に示すように，秩序変数は常伝導相では0であり，境界で増加して超伝導相の値まで達し，相補的に磁場は常伝導に相応する大きさから0まで減少する．

秩序が空間的に一様な場合，ランダウ理論〔⇒ランダウ〕によれば現象論的自由エネルギーは秩序変数の2乗で減少する項と，4乗で増加する項の和で表され，これを極小にする秩序変数値が実現する．この理論を発展させて界面を扱うには，秩序変数を場所の関数とし，秩序変数の空間微分の2乗に比例して自由エネルギーを増加させる項を付け加える．

このような考察の結果，現象論的自由エネルギーはGL自由エネルギー密度 $f(\boldsymbol{r})$ の空間積分として与えられ，$f(\boldsymbol{r})$ の表式は，秩序変数を $\psi(\boldsymbol{r})$，磁場を $\boldsymbol{H} = \mathrm{rot}\,\boldsymbol{A}$ のようにベクトルポテンシャルによって表すとき，

$$f = \alpha|\psi(\boldsymbol{r})|^2 + \frac{1}{2}\beta|\psi(\boldsymbol{r})|^4$$
$$+ \frac{1}{2m^*}\left|-i\hbar\,\mathrm{grad}\,\psi - \frac{e^*}{c}\boldsymbol{A}\psi\right|^2$$
$$+ \frac{1}{8\pi}|\mathrm{rot}\,\boldsymbol{A}|^2$$

と書かれる．重要な仮定は，秩序変数が電子の波動関数のように複素数であり，その絶対値2乗が超伝導電子数密度を表すことである．電子にならって空間微分は量子力学の空間微分のように電磁場のベクトルポテンシャルを伴う．cは光速度，$\hbar$はプランク定数の$\frac{1}{2\pi}$である．

この表式において，α, β, m^*は物質に固有の量であり，e^*は電荷量を表すが，単位電荷と異なってもよい．αは，ランダウ理論と同様に系の温度が転移温度以上では正，以下では負になるものとする．

自由エネルギーを極小にする条件は数学的に変分法とよばれる方法により，$\psi(\boldsymbol{r})$に対する微分方程式として与えられる．このGL方程式とマクスウェル方程式を連立させるとベクトルポテンシャルに対する方程式が導かれ，磁場の弱い場合に，超伝導体へ磁場が侵入する解が得られる．これにより侵入の長さスケールとして，磁場侵入長

$$\lambda = \sqrt{\frac{m^* c^2 \beta}{4\pi (e^*)^2 |\alpha|}}$$

が得られる．また，GL方程式には，境界を支配する長さスケールとしてコヒーレンス長，$\xi = \sqrt{(\hbar/2m^*)|\alpha|}$が現れるが，これらの比$\kappa = \lambda/\xi$が，磁場の下に置かれた超伝導体の振舞を仕分けるGLパラメータである．

A. A. アブリコソフとA. J. レゲット
κが小さい物質では，磁場変化のスケールが比較的短く超伝導秩序変数の空間変化が緩やかな状態が実現する．これは磁束を排斥した超伝導部分と磁束の浸透した常伝導部分が空間的に分離したマイスナー状態に相当している．このような超伝導体を第1種超伝導体とよぶ．逆の場合には超伝導体の中に細かな常伝導相が生じやすい．これを第2種超伝導体とよぶ．

第2種超伝導体には磁場の下では磁束量子h/e^*を持つ超伝導電流の渦糸が現れて2次元格子状に配列する．1957年に A. A.

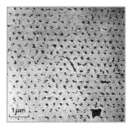

図2　最初に観測された超伝導渦糸格子
(E. Essmann and H. Träuble: *Physics Lett*, **24A** (1967) 5526.)

アブリコソフ (Abrikosov, Alexei Alexeevich; 1928–) がGL方程式を用いて予言した．これは混合状態とよばれ，量子状態中に生まれる空間的内部構造であり，その後の活発な研究の対象となった．実験的にE. エスマンとH. トロイブルが初めて確認した三角格子渦糸構造の写真を図2に示す．

ギンツブルクとアブリコソフは2003年に，「超伝導と超流動の理論に関する先駆的貢献」に対してのノーベル賞を受賞した．この超流動の理論とは，同時に受賞したA. J. レゲット (Leggett, Anthony James; 1938–) の業績である．レゲットはD. D. オシェロフ，R. C. リチャードソン，D. M. リーの3人によって1972年に発見された新しい現象がヘリウム3の超流動転移であることを核磁気共鳴の理論により示した．これも量子状態中に生まれる超流動秩序の内部構造に注目したものである．なお発見者の3人は1996年にノーベル賞を受賞している．

その後1957年にBCS理論〔⇒バーディーン〕によって超伝導の本質が解明されると，L. P. ゴルコフがBCS理論でわかったことを用いて，グリーン関数の方法 (松原–グリーン関数〔⇒松原武生〕) によってGL方程式を理論的に導いた．この経緯は，物理学の進歩において現象論と微視的理論のそれぞれの役割を示す重要な例となった．なお，ゴルコフによりGL理論のe^*は電子対の電荷量$2e$であることが示された．

クイン，ヘレン
Quinn, Helen
1943–

素粒子物理学者，統一理論

著名な女性の素粒子物理学者．宇宙の物質の起源にせまる CP の破れ〔⇒小林誠〕の仕事，ならびに，①繰り込み群による強・弱・電磁相互作用のゲージ結合常数のエネルギー依存性，②粒子と反粒子の間に存在する対称性 (ペチェイ–クイン対称性) の導入という二つの画期的な理論を提唱した．

経歴 オーストラリアのメルボルン生まれ．1960 年メルボルン大学入学．2 年後に一家はカリフォルニアに移住，スタンフォード大学物理学科卒業，大学院へ．1967 年 Ph.D 取得，ドイツ電子シンクロトロン研究所 (DESY) の研究員を経て，アメリカに戻り，ハーバード大学の准教授を経てスタンフォード線形加速器センター (SLAC) の教授，2010 年に退職．2004 年にアメリカ物理学会の会長に選ばれる．

ゲージ結合常数の統一 1970 年代になると，ワインバーグ–サラムの標準模型から，さらに素粒子の統一理論の構築が現実的な課題となった．しかし，その要になる素粒子の三つの力 (強・弱・電磁相互作用) をゲージ理論で統一的に理解するには，それらのゲージ結合常数がなぜ異なるかを説明する必要がある．1974 年，クイン，H. ジョージァイと S. ワインバーグ*の論文は，相互作用常数が，エネルギースケールとともにその大きさを変えること，そして，全ての相互作用は，エネルギースケールの高いところでは，一致することを示したのである．この統一ゲージ理論が示されなかったら，素粒子の統一的ピクチャーは描けなかっただろう．この仕事は，ゲージ結合常数の動きを定式化することによって画期的な変革を与えたものとして広く知られ，高く評価されている．

ペチェイ–クイン対称性 SLAC での研究は物質と反物質の間に働く力の違い，CP の破れに関する研究である．強い相互作用において CP 対称性が高い精度で成り立っていることを説明するため，新しいスカラー場を導入し，強い相互作用のゲージ理論である量子色力学において CP 対称性を破る項 (θ 項として知られる) を打ち消す役割を果たすペチェイ–クイン (PQ) 対称性と呼ばれる新たな連続的対称性を提唱した．このスカラー場に対応して存在すべき粒子アクシオン (PQ 対称性の自発的破れによって現れる南部–ゴールドストーン粒子と見なせる) は，ダークマターの候補になる可能性もある．CP の破れは，宇宙の物質と反物質の存在比を決める重要な鍵を握っている．CP の破れの実験的検証はクォークの世代間混合の形に反映する〔⇒小林誠；益川敏英〕．CP の破れは，高エネルギー研究所 (KEK) の Belle と SLAC の BaBar の二つの実験で確認された．

人物 彼女は大学院在籍中に，物理フェローの D. クインと結婚．1971/74 年に生まれた 2 人の子供たちは幼い頃ハーバードのオフィスで過ごした．ハーバードの素粒子研究室にはジョージァイという優れた指導者がいて，女性研究者が多く育っている．アメリカに戻った頃は，職が見つからず，一時は教職コースをとり高校教員になることも考えたという．しかし，後に SLAC でリーダー役を務め，退職後は科学教育に力を入れている．国際理論物理研究所 (ICTP) からディラックメダル，アメリカ物理学会からサクライ賞など受賞多数．

図 1　ヘレン・クイン
(©H. Quinn)

グース,アラン・ハーヴェイ
Guth, Alan Harvey
1947–

「インフレーション宇宙」の名づけ親

アメリカの宇宙物理学者.

経歴 1971年マサチューセッツ工科大学にて博士課程を修了後,プリンストン大学 (1971–74) でポスドク.素粒子の大統一理論 (GUT) に取り組む.続いて,コロンビア大学 (1974–77) に移り,宇宙論にシフトする.きっかけは,GUT に現れるモノポールが,初期宇宙の相転移で大量生成される問題だった.素粒子論サイドから宇宙論の謎に迫った.1986年 MIT で教授職を得た.

ビッグバン宇宙論での矛盾 ビッグバン宇宙論程度の宇宙の膨張速度では,① 宇宙が極めて平坦であること (平坦性問題〔⇒ディッケ〕),② 大きなスケールにわたって宇宙が極めて一様であること (地平線問題),③ GUT で予言されている空間の位相欠陥が観測されないこと (モノポール問題),などが説明できない.

インフレーション宇宙論 その解決は,ビッグバン以前に,さらなる革命,いわゆる宇宙のインフレーション期があったことで説明できる.グースが最初にインフレーションの話をしたのは,スタンフォード大学線形加速器研究所 (SLAC) でのセミナー (1980年) だといわれている.博士号取得後,ポスドク時代が続いていた時期.「相転移はどう終わるのか」(graceful exit problem) と指摘された.ベテランぞろいの SLAC のセミナーは鋭い質問が出るので若手は戦々恐々だったという.当時,日本もアメリカも,優秀な若手が長くポスドク時代を過ごしていたが,グースも当時そのさなかであっただけに,苦労は大きかったと推察できる.このシナリオを最初に論文で発表 (1980年2月) した佐藤勝彦*とも,この経歴は類似している.しかし,その後 A. リンデという宇宙論の先駆者との交流が始まった.

A. リンデ アンドレイ・リンデは1948年生まれ.モスクワ大学を出てレベデフ研究所にいたが,1989年 CERN に行き,1990年にはスタンフォード大学の教授となる.グース・佐藤と共にインフレーション宇宙のシナリオの創始者として有名.宇宙の相転移や宇宙の再加熱による構造形成,カオティックインフレーションなど多くの優れた仕事がある.グースはリンデとの交流に勇気づけられ,1981年の論文で,従来のビッグバン宇宙論の矛盾がインフレーションによって解決できることを示した.

インフレーション宇宙の観測的検証 インフレーション宇宙論は,宇宙探査機による豊富な情報から,確認されつつある.これらの予言は WMAP などによる宇宙マイクロ波背景放射の高精度の観測結果や,スローン・ディジタル・スカイサーベイなどの銀河サーベイ観測で得られた銀河分布のデータとの比較による検討が進んでいる.しかし,直接的検証は真空の宇宙ゆらぎの一部が重力波として放出され,その痕跡を見つけることである.重力波検出プロジェクトは世界の各所で試みられているが,中でも南極を拠点とする「宇宙マイクロ波背景輻射」ハーバード・スミソニアン天体物理学センターによるプロジェクト (BICEP2) は,その兆候を捉えたと発表 (2014年3月) したが,疑義もあり,現在追試中である.

マルチユニバースと密度ゆらぎ グース・佐藤・リンデ共に,真空の量子的ゆらぎが密度のゆらぎを引き起こし,平坦だった宇宙に銀河など豊かな構造形成のシナリオに行き着く.そして,我々の宇宙は,多数の宇宙の一つだという考え (マルチユニバース) を提唱する.壮大な宇宙の解明が素粒子理論と結合した新分野が開けた.それを切り開いたのはポスドクたちだった.

久保亮五
Kubo, Ryogo
1920–1995

線形応答理論の構築

日本の理論物理学者．特に，数理物理学，統計力学，物性物理学の分野で多くの功績を残した．

経歴 1920年，東京，駒込で漢文学者久保天随(本名：久保得二)の5番目の子供(4男)として生まれる．兄に物理化学者の久保昌二がいる．兄，昌二の影響を受けて，第一高等学校から東京帝国大学理学部物理学科に進学，卒業後1943年に同学科の助手になり，1946年の助教授昇進を経て，1950年には理学博士の学位を取得，1954年から1980年に定年退職するまで教授として勤めた．

東京大学退職後は，京都大学基礎物理学研究所教授を経て1981年から1992年まで慶応義塾大学理工学部教授を務めた．その間，日本の統計力学，物性物理学分野を牽引し，多くの優秀な後進を育てた．パリ大学，シカゴ大学，ペンシルベニア大学，ニューヨーク州立大学で客員教授を務め，アメリカ科学アカデミー(1974年)，フランス科学アカデミー(1984年)の名誉会員になった．1964年には日本物理学会会長に選出され，1982年には伏見康治の後を受けて，日本学術会議会長に就任，同年，日本学士院会員に選任された．仁科記念財団理事長，井上科学振興財団理事長などを歴任，1989年には元号制定委員として「平成」の元号制定に関わった．同年には，世界平和アピール七人委員会委員となって平和活動にも尽力した．

統計力学への貢献 1948年には河出書房から出版した『ゴム弾性』で毎日出版文化賞を受賞．この本は，ゴムの弾性がどのように発現するかを初学者にもわかるように平易に解説した啓蒙書で，名著の評判が高く，死後1996年に裳華房から復刻版が出版された．1953年頃から手がけた不可逆過程の統計力学に関する研究を集大成する形で1957年に発表された線形応答理論は，その後の輸送係数(電気伝導度や熱伝導度など)の研究に欠かせないものとなり，物理，化学の幅広い分野で応用されている．

仁科記念賞(1957年)，松永賞(1964年)，藤原賞(1970年)などの学術賞を受賞，1969年には恩賜賞，1973年には文化勲章を受章，文化功労者としても表彰された．1977年には統計力学分野で顕著な功績のあった者に贈られるボルツマン賞を日本人としては最初に受賞した．1992年には勲一等瑞宝章を受章している．没後，1997年に夫人からの寄付を基金として，生前の業績を記念した久保亮五記念賞を井上科学振興財団が創設し，毎年，統計力学や物性物理学の分野で活躍する若手研究者への授賞を行っている．

線形応答理論 熱平衡にある系に外部から摂動が加わったとき，系の物理的振舞が，摂動の1次に比例した形で応答することを一般的に線形応答とよぶ．その代表的なものは，電場が伝導体に加えられたときに，発生する電流応答である．マクロな現象としては，オームの法則が知られており，外部電場があまり強くない場合には，誘起される電流密度 j (試料を流れる電流を電流に垂直な断面積で割ったもの) と電場 E が比例する，$j = \sigma E$．比例係数は物質の種類や，置かれている環境(温度など)に依存するもので，電気伝導度とよばれる．

線形応答理論は，この電気伝導度が平衡状態における電流あるいは電流密度の相関関数で表されることを示し，マクロな物質の性質とミクロな系のゆらぎの間の関係が，線形の範囲ではあるが不可逆過程においても成り立つことを明らかにした画期的な理論となった．

久保は1954年に冨田和久と共著で発表

した核磁気共鳴の一般論 (磁性体に振動磁場を加えた場合の線形応答理論にほかならない) をより一般的にした形で, 1957年に力学的摂動, すなわち外力の効果が摂動ハミルトニアンとして表しうる場合に対する線形応答理論を発表した. その一般論を電気伝導度の問題に応用した公式は久保公式とよばれることも多いが, 電気伝導度に対する公式そのものは, 1955年に中野藤生によって発見されている. しかし, 久保理論はその導出の一般性, わかりやすさのため, 国際的に高い評価を受けている.

同様の公式は久保, 横田万里夫, 中嶋貞雄によって熱的な摂動 (温度勾配や密度勾配など) の場合に対しても導かれた. さらに, 久保は長谷川洋, 橋爪夏樹らと共に, 磁場中での輸送係数への拡張も扱った. 磁場中の問題はホール係数の一般的計算や, 量子ホール効果の研究などに利用されている.

久保公式　久保公式によれば, 角振動数 ω の外部電場が x 方向にかかっている場合 ($E_x e^{i\omega t}$), 同じく ω で振動する電流密度の x 成分 $j_x(\omega) = \sigma(\omega) E_x e^{i\omega t}$ を与える動的電気伝導度 $\sigma(\omega)$ は次のようなカノニカル相関関数で計算される.

$$\sigma(\omega) = \frac{1}{V} \int_0^\infty dt\, e^{-i\omega t} \int_0^\beta d\lambda \langle I_x(-i\hbar\lambda) I_x(t) \rangle$$

ここで, I_x は電流の x 成分を表す演算子であり, $I_x(t)$ は外部電場がない場合のハミルトニアンによる量子力学的な時間発展を表すハイゼンベルク表示に対応するものである. β はボルツマン定数 k_B と温度 T を用いて $\beta = 1/k_B T$ のように定義される. $\langle \cdots \rangle$ は平衡系統計力学のカノニカル分布による平均を意味する.

この公式は, 演算子の量子力学的な非可換性をも考慮したものであり, $\hbar$ はプランク定数を 2π で割ったものである. λ 積分で与えられている相関関数はカノニカル相関関数とよばれ, 量子効果を無視できる古典極限 ($\hbar \to 0$) では, 時間が t だけ異なっている電流の通常の相関関数になる. 熱電係数の計算の場合は電流と熱流のカノニカル相関関数が登場するし, 磁場中での輸送係数を扱う場合には, 電場と磁場の両方に垂直な方向への流れ (ホール電流はその典型例) が生じるため, 異なる方向の電流相関が現れる.

久保公式の導出では, 外場を無限の過去から断熱的に導入し, 線形の範囲に限定するという以外に何も近似を含まないので, 少なくとも1次の応答については厳密であると考えられるが, 時間反転対称性を有する力学系から, 不可逆性が出てくる仕組みが明確にされていないので, 現象論と見なすべきであるという意見もあり, オームの法則のようなマクロな線形性とミクロな系の線形性が等価である保証はないと指摘する研究者もいる. それでも久保公式の具体的取扱いに, 温度グリーン関数の手法を取り入れた実際の計算では多くの実績が得られており, 久保理論から導かれる輸送係数の対称性や, 揺動散逸定理などは現実の系で厳密に成り立つと考えられていて, 理論の有用性は世界的に広く認められている.

久保効果　久保による金属微粒子の電子物性研究は, 日本におけるナノ物理研究の先駆けであった. 1962年に発表した論文で, 金属微粒子における電子エネルギー準位の離散性がその物性 (比熱や帯磁率) に及ぼす影響を考察した. ただし, エネルギー準位は, ランダムになると仮定し, 準位間隔は統計的に分布するとして扱った. 微粒子におけるエネルギー準位の離散性の効果は久保効果とよばれており, 平均的な準位間隔 δ が, $\delta > k_B T$ の場合に現れると考えられている. 直接測定で確かめられた例はないが, 核磁気共鳴の緩和時間の減少によって久保効果の存在は確認されている.

クラウジウス,ルドルフ・ユリウス・エマニュエル

Clausius, Rudolf Julius Emanuel
1822–1888
熱力学の定式化

プロシア(現ポーランド)のケスリン生まれのドイツの物理学者.熱力学第1法則,第2法則を定式化し,熱力学の学問体系を作る.

経歴 父親が校長をしていた学校で初期の教育を受けた後,ステッテンのギムナジウムに移って卒業した.周りから信頼される生徒であったという.1840年にベルリン大学に入学した.最初は歴史に興味を持っていたが,次第に数学や物理学に向かった.1846年に神学校に入り,1848年に空の色に関する論文でハレ大学から博士号を授与された.

1850年に熱力学に関する最初の論文を発表した.これが直ちに高く評価されて,ベルリンの王立砲術・工科学校の教授,及びベルリン大学の講師に就任した.その後15年の間に18の論文を書いて,熱力学の概念と数学的形式を整えた.

1855年にチューリヒ工科大学の教授になる.1867年にヴュルツブルグ大学教授,1869年にボン大学の教授になった.

熱力学の完成 クラウジウスは,E.クラペイロンとW.トムソン(ケルヴィン卿*)の論文を通じてS.カルノー*の仕事を知った.当時は宇宙の熱は保存し,物質に含まれる熱は物質の状態の関数(状態量)であるとする,熱素説が常識であった.しかし一方,仕事が熱に変わるというJ.ジュール*の実験がこれに疑問を投げかけていた.

カルノーの熱機関の理論も,熱が高温から低温に下がるときに仕事をするが減ることはないとしていた.これに対してクラウジウスは,1850年の最初の論文で,カルノーサイクルにおいて高温の熱源から取り出された熱の一部は仕事に変わり,残りが低温の熱源に移されると考えれば,熱素説を完全に否定しても,カルノーの熱と仕事の変換における制約の本質的な部分は成り立つことを示した.このことを二つの法則にまとめ,これによって熱力学という学問が成立した.

● 熱力学第1法則: 「熱の作用によって仕事が生み出される全ての場合に,その仕事に比例した量の熱が消費され,逆に,仕事が消費されると同量の熱が生成される」

クラウジウスは,熱の吸収・放出を伴う過程を $d'Q = dU - d'W$ すなわち $dU = d'Q + d'W$ で表した.$d'Q$ は系が受け取った熱,$d'W$ は外部からされた仕事 U は状態量である.ケルヴィン卿が U を内部エネルギーとよんだ.すなわち,ある過程で系が受け取った熱と仕事は内部エネルギーの増加に等しい.なお,状態量である体積 V,圧力 P,温度 T,内部エネルギー U などに対してはその微小な増加分を微分 dV,dP,dT で表現できるが,仕事は,体積が変化している間だけしか存在しないため微分は考えられないので,単に微小な仕事という意味で $d'W$ と書いた.熱についても,熱力学第1法則によって,系に出入りしているときにしか存在しないので,微小な熱を $d'Q$ と書いた.

U が状態量なので,可逆サイクルにおいて1周すると系の状態は完全に元に戻り

$$\oint dU = \oint d'Q + \oint d'W = 0$$

が成り立つ.$\oint$ は1周にわたる積分(加算)を表す.この式からは,熱機関における熱を捨てる過程に対する制約は自明でないが,それを要請するのが熱力学第2法則である.クラウジウスは,熱機関以外にも適用できる表現として次のように表現した.

● 熱力学第2法則: 「熱は,他に変化を生ずることなしには,低温物体から高温物体に移動することはできない」

エントロピーの導入

●エントロピー： クラウジウスは1854年の論文でエントロピー概念の基礎を与え，カルノーの熱機関の効率に関する研究を書き直し，不可逆過程も含む熱サイクルで

$$\oint \frac{d'Q}{T'} \leq 0$$

が成り立つことを示した．T' は熱源の絶対温度である．これはクラウジウスの不等式とよばれている．可逆サイクルでは，系の絶対温度を T とすると $T = T'$ で

$$\oint \frac{d'Q}{T} = 0$$

が成り立つ．この式は

$$dS = \frac{d'Q}{T}$$

が状態量であることを示している．クラウジウスはこの重要な概念に名前をつけるべきだと考え，1965年の論文で，変換を意味するギリシャ語「トロペー ($\tau\rho o\pi\acute{\eta}$)」にエネルギーに似た言葉にするための接頭語をつけてエントロピーとした．状態Aと状態Bのエントロピーの差は，これらの状態を結ぶ任意の可逆過程を使って

$$S(B) - S(A) = \int_{A(R)}^{B} dS = \int_{A(R)}^{B} \frac{d'Q}{T}$$

で計算できる．(R) は可逆変化に沿っての積分であることを表す．

エントロピーの概念は理解されにくかったが，J. C. マクスウェル*が強く支持し，また，L. E. ボルツマン*によって原子の状態分布の乱雑さを表す指標と関係づけられた．

●不(非)可逆過程におけるエントロピー増大： クラウジウスはまた，孤立した系(断熱系)でのエントロピーについて考察した．系の断熱過程A→Bに引き続き可逆過程によって状態Bから状態Aに戻るサイクルを考えると，クラウジウスの不等式より

$$\oint \frac{d'Q}{T'} = \int_{A}^{B} \frac{d'Q}{T'} + \int_{B(R)}^{A} \frac{d'Q}{T'} \leq 0$$

である．中央の式の第2項は可逆過程だから実は $T' = T$ であり，$S(A) - S(B)$ に等しい．一方，第1項は断熱過程 $(d'Q = 0)$ だから実は0であり，従って

$$S(B) - S(A) \geq 0$$

が成り立つ．等号は注目している断熱過程が可逆過程の場合のみ成り立つ．すなわち，外界から孤立した系のエントロピーは減少することがない．

クラウジウスは，1965年の論文で，宇宙全体を孤立系と見なして，熱力学の法則を次の二つにまとめることもした．
第1法則：宇宙のエネルギーは一定である．
第2法則：宇宙のエントロピーは極大に向かって変化する．

D. ベルヌイ*は，1738年の『流体力学』で，気体は同じ速さで運動している分子からなると考えた．クラウジウスは1857年と1858年の論文で，分子の速さは異なりうると考え，解析を先に進めるために，2乗平均速度や，衝突までに進む距離の平均値である平均自由行程などの概念を導入した．

E. クラペイロン エミール・クラペイロン (Clapeyron, Benoît Paul Émile; 1799–1864) はパリ出身のフランスの工学者で蒸気機関を専門に研究し，1844年からパリの国立土木学校で機械工学と力学の教授を勤めた．カルノーが病死した2年後の1834年にカルノーの考え方を解析的に表し，熱サイクルを PV 図で表現した論文を書いた．また，同一物質の液体と固体，液体と気体など2相が共存している状態(融点や沸点)では，圧力と温度は関数関係で結ばれており独立ではなく，その変化の微分係数と，相転移の潜熱 λ，相転移に伴う体積変化 ΔV が関係式

$$\frac{dP}{dT} = \frac{\lambda}{\Delta V}$$

を満たすことを示した．後にクラウジウスが飽和蒸気圧を用いたカルノーサイクルの研究で詳しく調べたので，この式はクラペイロン–クラウジウスの式とよばれる．

クラマース，ヘンドリク・アントニー

Kramers, Hendrik Antonie
1894–1952
量子論的分散式を初めて定式化

オランダの理論物理学者．

経歴・人物　1894年，ロッテルダムに生まれる．小学生の頃は物理や数学ではなく，詩を書いたり空想にふける少年だった．しかし高校は理系に進んだ．理数にも才能を発揮して大学では物理を専攻しようと思った．こうして1912年にライデン大学に入学．大学では力学，電磁気学，熱力学のファン・デル・ワールス理論などを学んだ．

しかし一番重要だったのは P. エーレンフェスト*と H. A. ローレンツ*と出会ったことだ．エーレンフェストはクラマースの才能を評価するようになったが，クラマースはこれをだんだん負担に感じるようになり，その上ローレンツのゼミを含むいくつかのゼミをサボってしまった．これがエーレンフェストの不興を買うことになってしまう．さらに決定的に 2人の師弟関係にひびが入ったのは，クラマースが J. W. ギブズ*の統計力学に興味を持ったことだった．エーレンフェストはウィーン大学時代 L. E. ボルツマン*の統計力学の影響を受けていたからだ．結局学位認定試験では，研究者になる資格としての Ph.D. はもらえず，高校教師用の Dr. しかもらえなかった．

ボーアへの師事　研究者への夢を捨て切れなかったクラマースは，外国の大学で道を拓こうとした．最初は M. ボルン*の所へ行こうとしたが，大戦中だったため，オランダと同じ中立国デンマークの N. H. D. ボーア*を選んだ．ボーアはコペンハーゲン大学に新設された理論物理学の教授職を拝命したばかりだった．オランダから推薦状も持たずに突然やってきたクラマースをボーアは快く受け入れてくれ，ボーアの最初の弟子になった．ボーアはまもなくクラマースの並外れた数理物理学の才能に気がついた．こうして21歳のオランダ人はコペンハーゲンに1916年から26年まで滞在することになる．

クラマースは学位論文として，1919年に水素原子のシュタルク効果〔⇒シュタルク〕の強度を多重周期系で計算した論文を執筆した．コペンハーゲン大学に提出するつもりだったが，ボーアは彼の将来を考えて意図的にライデン大学へ Ph.D. 請求論文として提出するよう勧めた．ボーアの尽力もあって論文は受理される．1920年コペンハーゲン大学に新設された理論物理学研究所(後のボーア研究所)の助手になる．1924年講師．

BKS の放射論　この頃ボーア–クラマース–スレイター(BKS)の放射論の共著者となる．1925年には W. ハイゼンベルク*の協力を得て，量子論的分散式を導いた．その方法は，まず多重周期系の原子に外から光が印加すると，誘起された電気モーメントの摂動項が多重周期系の分散式で表される．これを量子論の式に読み直すために対応原理を使う．ボーアの振動数条件の差分の形に準えて微分形の式を差分形に置き換え，軌道振動数は遷移振動数に置き換える．そのとき1919年の学位論文で導入した強度の対応原理を用いて，古典式の振幅の2乗を BKS で導入していた仮想振動子を援用して，その強度に置き換えた．これは今日の振動子強度につながる概念であった．またこの分散式は，非可干渉波の散乱も含まれている．すでに1923年に A. スメカルは光量子像に基づいて，可視光領域でのコンプトン効果を論じていた(スメカル散乱)．これに対抗してクラマースらは，波動像でも非可干渉波を含む分散式が導出できることを示した．1928年に C. V. ラマン*が実験的に非可干渉波の散乱を検証した(ラマン効果)．

1926年ユトレヒト大学理論物理学教授．

1933年に自殺したエーレンフェストの後任として，1934年からライデン大学理論物理学教授となる．おそらく積年の忸怩たる思いも消えたことだろう．

WKB法　1926年には波動関数の近似解法を発表している．G. ウェンツェル，L. N. ブリユアン*らも独立に考案しているので頭文字を取ってWKB法とよばれている．波動方程式の解をプランク定数の冪級数で展開したとき第1項が古典力学の解，第2項が前期量子論の解，第3項以降が量子力学の解に対応している〔⇒ブリユアン〕．

クラマース–クローニッヒの分散式　1927年にはクラマース–クローニッヒの分散式を導出している．電場が媒質中で分散するときの複素屈折率 n の実部と虚部の間の関係式で
$$n(\omega) - 1 = \frac{1}{\pi i}\mathcal{P}\int_{-\infty}^{\infty}\frac{n(\omega')-1}{\omega'-\omega}d\omega'$$
と表される．$\mathcal{P}$ は積分の主値をとることを意味する．ω は入射波の角振動数．$\omega = \omega'$ で特異点になる．系の応答（結果）は外力（原因）に先立つことはないという因果律の要請により，任意の複素アドミタンスに対して成り立つ式である．

クラマースの定理と他の業績　1930年，電子のハミルトニアンが時間反転に対称なとき，奇数個の電子系の電子状態は少なくとも2重に縮退していることを発見（クラマースの定理）する．

クラマース縮退は，系の対称性をいくら低くしても，磁場をかけないと解けない．したがって，磁性体に含まれる磁性イオンの電子数が奇数か偶数かで，磁場をかけたとき磁気的性質に大きな違いが生じる．

1941年にはクラマース–ワニエの方法を考案した．協同現象を統計的に処理する手法で，具体的には強磁性体の2次元格子イジングモデルに厳密なボルツマン統計を用いることによって，キュリー点の正確な位置を見つけている．

グリーン，ジョージ
Green, George
1793–1841

グリーン関数の創始者

イギリスの数理物理学者．ポテンシャルの概念を発展させ，グリーン関数の方法を創始し後世に永続的な影響を残した．

人物・経歴　幼い頃から数学に興味を示していたが，少年期の学校教育は2年に満たない期間しか受けず，9歳頃から製粉業の父を手伝って働いた．その後40歳まで独学で数学を研究した．彼の名を不朽のものとする『電気と磁気の数学的解析に関する論考』を1828年に自費出版した．この本ではP. S. ラプラス*，J. フーリエ*，S. D. ポアソン*らの論文が引用されている．当時の彼の境遇で最先端の外国語の文献をどう入手したかは不明だ．生地に近いノッティンガムの図書館に彼の名の登録記録が残っており，恐らく図書館を通じ知ることができたのであろう．『論考』の出版に気づいたケンブリッジ大学出身の後援者の尽力で1833年にケンブリッジ大学に入学した．数学試験トライポスを4等で卒業し，1839年にはフェローに選出されたが，やがてノッティンガムに戻り，1841年に亡くなった．

1845年，ケンブリッジ大学の学生であったW. トムソン（ケルヴィン卿*）はフランス訪問中に，ケンブリッジの教師から送られた『論考』のコピーを読んだ．それが，グリーンの仕事の意義が認識されるきっかけになったのである．当時のフランスの学者たちはその内容に驚き直ちに評価し，また論文はドイツの雑誌に再出版された．しかし，母国イギリスでの再出版には長い時間がかかった．グリーンの定理の名称を最初に用いたのはW. トムソンである．また，グリーン関数の呼び名は，19世紀中盤のドイツの大数学者G. F. B. リーマン*および

C. ノイマンによるといわれる.

グリーンの公式 1次元の最も単純な場合で考え方を現代的記法により述べる. 関数に対する線形演算子 $L = A(x) + \dfrac{d^2}{dx^2}$ (A は任意関数) を導入すると, 2個の微分可能な連続関数 $\phi(x), \psi(x)$ で恒等的に

$$\phi L\psi - \psi L\phi = \frac{d}{dx}\left(\phi \frac{d\psi}{dx} - \psi \frac{d\phi}{dx}\right)$$

が成り立つ. 両辺を区間 $[a, b]$ で積分すると部分積分により次式が成り立つ.

$$\int_a^b dx(\phi L\psi - \psi L\phi) = \left(\phi\frac{d\psi}{dx} - \psi\frac{d\phi}{dx}\right)\bigg|_a^b \quad (1)$$

1次元区間の積分 (左辺) が, 区間の境界の関数によって決まる. 一般の次元では, 左辺を次元 D の領域 V の体積積分, 右辺を領域 V の境界の表面積分に置き換えると同様な式が成り立つ. この型の恒等式の最初の例が「論考」で導かれ応用され, 一般にグリーンの公式と呼ばれる.

グリーン関数 次の微分方程式の解を, 区間の境界で与えられた条件 (境界条件) を満たすように求めたいとする ($\rho(x)$ は与えられた関数). これを境界値問題という.

$$L\phi = -\rho \quad (2)$$

具体性のため, 境界条件を $\phi|_{x=a,b} = 0$ とする. (1) 式により, 任意関数 ψ で

$$\int_a^b dx\,(\phi L\psi + \psi\rho) = -\psi\frac{d\phi}{dx}\bigg|_a^b \quad (3)$$

が成り立つ. そこで同じ境界条件を満たし, $L\psi$ が区間内の1点 y だけで0でなく, 次の条件を満足するような

$$\lim_{\varepsilon \to 0} \frac{d\psi}{dx}\bigg|_{y-\varepsilon}^{y+\varepsilon} = -1 \quad (4)$$

解 $\psi = G(x, y)$ があると仮定する. このとき $\int_a^b dx\,\phi LG = \phi(y)\lim_{\varepsilon\to 0}\int_{y-\varepsilon}^{y+\varepsilon} dx \times \dfrac{d^2 G(x,y)}{dx^2} = \phi(y)\lim_{\varepsilon\to 0}\dfrac{dG}{dx}\bigg|_{y-\varepsilon}^{y+\varepsilon} = -\phi(y)$ と (3) 式により次式が成り立ち,

$$\phi(y) = \int_a^b dx\, G(x,y)\rho(x) \quad (5)$$

関数 G が決まりさえすれば, 任意の ρ に対する解が求まる. $G(x, y)$ をグリーン関数とよぶ. こうして境界値問題はグリーン関数を求める問題に帰着する.

例えば, 3次元で静的な電荷密度 ρ が与えられているとき, 静電ポテンシャル (電位 ϕ) はポアソン方程式 $\triangle \phi = -\dfrac{\rho}{\varepsilon_0}$ を満たす. このとき, 接地された導体で囲まれた領域なら, L はラプラス演算子 $\triangle = \dfrac{\partial^2}{\partial x^2} + \dfrac{\partial^2}{\partial y^2} + \dfrac{\partial^2}{\partial z^2}$, 導体表面の境界条件が $\phi = 0$ だ. 電荷分布を十分に小さい点電荷の集合と見なせば納得できるように, これを解くには領域内の1点だけに点電荷があるときの解, つまり, グリーン関数がわかれば, その重ね合せとして解が求まる. グリーン関数を実際に求めるには様々な方法が開発されている. 静電気学や流体力学などでよく用いられる鏡像法は, グリーン関数を求める方法として最初 W. トムソンによって考案された方法である. なお, (4) 式を含めグリーン関数に対する条件は, 現代的にはディラックのデルタ関数を用いて $LG = -\delta(x - y)$ と簡明に表せる.

後世への影響 グリーン関数は, 古典物理だけではなく量子物理を含むあらゆる物理学の分野で標準的な数学的手法の一つとなっている. 一般的に運動方程式を解く場合でも, 時間方向にも同じ考え方で拡張すればグリーン関数の方法を応用できる. 例えば, 量子場の理論においてファインマングラフの方法として知られ, 素粒子論, 凝縮系の多体問題など様々な分野で広く応用されている計算方法もグリーン関数の現代的な応用例である.

グリーンの仕事は, 彼の死後, W. トムソン, J. C. マクスウェル*, レイリー卿*, J. ジーンズらへ連綿と続くイギリスの数理物理学の伝統に受け継がれた. ロンドンのウェストミンスター大修道院にはニュートンの墓の隣に彼の名を刻んだ銘板が1993年から飾られている. また, 生地の村スネントンに, 父が築きグリーンが後を継いで働いた風車製粉所が復元されている.

グレイ，ルイス・ハロルド
Gray, Louis Harold
1905–1965

放射線生物学の先駆者

イギリスの物理学者．放射線生物学という分野を切り拓いた．その業績に因んで，放射線の吸収線量の単位がグレイ (Gy) と名づけられた．1 Gy = 1 J/kg．等価線量の単位シーベルトは，同じ吸収線量でも生物に与える放射線の種類による影響の違いを考慮した係数 (線質係数) を吸収線量にかけたものである．

経　　歴　ロンドンに生まれ，小学校の頃から非常に成績がよく，奨学金を得てパブリックスクールであるクライスツ・ホスピタルに，続いて 1924 年，ケンブリッジ大学トリニティーカレッジに入学した．自然哲学 (物理学) の抜群の成績により，1929 年，キャヴェンディッシュ研究所の研究員となる．当時のキャヴェンディッシュ研究所は，E. ラザフォード*を長として原子物理学，原子核物理学の世界的中心であった．J. D. コッククロフト*，J. チャドウィック*，P. ブラケット*，P. ディラック*などがいて，活気に満ちていた．

放射線治療の研究　グレイは放射線と物質との相互作用，特に γ 線の物質中での吸収の実験的研究を行っていたが，1933 年マウント・バーノン病院の，当時としては珍しい物理担当者となって，キャヴェンディッシュでの研究成果を生かし放射線線量測定法の確立に貢献した．さらに生物の細胞や組織に及ぼす放射線の影響について研究を進め，低エネルギー (400 kV) 中性子線発生装置を作った．ソラマメの成長に及ぼす放射線の作用を調べる方法を開発した．1946 年生物学的研究をさらに進めるためにハンマースミス病院の放射線治療研究部門に移った．放射線治療で高圧酸素を利用することが有効なことを示す実験を行った．1953 年マウント・バーノン病院に戻り，放射線生物学研究グループの長としてその創設に関わった．正常細胞に影響を及ぼすことなく腫瘍細胞に放射線の効果を高める方法を見出すための研究に集中した．酸素以外に他の様々な薬剤についてテストし，今日有効な多くの新情報をえた．

イギリス放射線学会，病院物理学者協会などの会長，国際放射線医学会の国際放射線防護委員会と国際放射線単位測定委員会の委員，その他の学会活動に参加した．

固体のエネルギー吸収線量　放射線の強さは，放射線による気体の電離作用を利用して電気的に定量的に測定される．グレイの行った固体中での γ 線の吸収，つまり γ 線が固体中の電子と衝突してエネルギーを失っていく過程，を調べるには，その方法が使えない．そこで彼は，固体中に小さな空洞を作りその中に特定の気体を入れて，γ 線によってたたき出された電子 (2 次電子) による気体の電離電流を測定することによって，固体のエネルギー吸収線量を求めることができた．この考えは，放射能が発見されて間もない頃 (1912 年) W. H. ブラッグによって示唆されていたが，グレイは独立に同様の考えの下に，得られた電離電流と放射線の吸収線量の関係を求めた．ブラッグ–グレイの関係式といわれる．

ブラッグ–グレイの関係式　物質の単位質量 (g) 当りの吸収エネルギーを D，気体中での単位質量 (g) 当りに作られるイオン対の数 (イオン密度) を J_m，イオン 1 対を作るのに必要な (放射線の失った) 平均エネルギーを W，放射線 (X 線，γ 線の場合はその 2 次電子) の物質中での質量阻止能 (単位長さ当りに失うエネルギーを気体の密度で割ったもの) を S_m，基本気体中での質量阻止能を S_g とすると，

$$D = J_m \times W \times S_m/S_g$$

となる．

グロス，デイヴィッド
Gross, David
1941–

量子色力学の漸近的自由性の発見

アメリカの理論物理学者．素粒子の強い相互作用を記述する量子色力学において漸近的自由性の発見により，2004年にノーベル物理学賞を F. ウィルチェク，H. D. ポリッツァーと共に受賞．

経　　歴　1962年，イスラエルのヘブライ大学を卒業，1966年，カリフォルニア大学バークレー校で博士号を取得．プリンストン大学教授を経て，1999年から，カリフォルニア大学サンタバーバラ校カブリ理論物理学研究所所長．

ハドロンの構造　陽子や中性子のような強い相互作用をする粒子は総称して「ハドロン」とよばれる．ハドロンの内部構造を探索する有用な方法は，ハドロンに電子などの素粒子をぶつけて，その状態変化を観測することである．1960年代後半から，「深非弾性散乱」とよばれる衝突実験が J. I. フリードマン，H. W. ケンドール，R. E. テイラーらによって，スタンフォードの線形加速器を用いて行われ，J. ブヨルケンのスケーリング則が発見された．当時，ハドロンは「パートン」と呼ばれる基本粒子から構成されているという模型が提案されていた．1969年，グロスは C. カランと共に，この模型に基づいて，ブヨルケンのスケーリング則及びカラン–グロスの関係式を導出した．カラン–グロスの関係式の成立は，電荷を持ったパートンのスピンが 1/2 であることを意味し，これらの粒子はクォークとして理解される．

漸近的自由性　また，上述のスケーリング則や関係式はハドロンの中でパートンがほとんど自由に振る舞っていることを示唆する．この性質は「漸近的自由性」(asymptotic freedom) とよばれ，強い相互作用に関する基礎理論を特定する上で試金石となる．1972年，プリンストン大学に着任したグロスは，大学院生のウィルチェックと共に，1973年，$SU(3)$ ゲージ群に基づく量子色力学が漸近的自由性を有することを発見した．具体的には，ゲージ結合定数 g_s に関するくりこみ群方程式

$$\frac{d}{dt}g_s = \beta(g_s)$$

に基づいて次のように理解することができる．ここで，$t = \ln(E/E_0)$ (E, E_0 はエネルギー)，$\beta(g_s)$ は β 関数とよばれる g_s の関数で，$g_s = 0$ の周りで摂動論を用いて，$\beta(g_s) = b_s g_s^3/16\pi^2 + \cdots$ のように級数展開の形で得られる．よって，最低次で，

$$g_s^2(E) = \frac{g_s^2(E_0)}{1 - \frac{b_s}{8\pi^2}g_s^2(E_0)\ln\frac{E}{E_0}}$$

が導かれる．3世代のクォークを含む量子色力学において $b_s = -3$ という負の値をとるため，$E > E_0$ において $g_s^2(E) < g_s^2(E_0)$ となり，相互作用の強さが高エネルギーになるほど (近距離になるほど) 弱くなることがわかる．この性質はまさに漸近的自由性を意味し，この発見は量子色力学が素粒子の強い相互作用を記述する基礎理論であることを決定づけるとともに，場の量子論の信頼回復に大きな役割を果たした．

弦理論へ　1985年，J. A. ハーベー，E. J. マルチネック，R. ロームと共にヘテロティック弦理論を構築した．この理論は，ボソン的弦と超弦を混成した10次元の $N = 1$ 超対称性を有する弦理論で，ゲージ群として $E_8 \times E_8$ あるいは $SO(32)$ が可能であることが予言される〔⇒シュワルツ〕．E_8 は部分群として大統一理論に用いられる E_6 を含むため，この弦理論に基づく現実的な理論の探究が盛んに行われている．

また，プリンストン大学において，ウィルチェック，E. ウィッテン，N. ネクラソフなどの世界的な研究者を育てた．

以下で，グロスと共にノーベル物理学賞を受賞したポリッツァーとウィルチェックについて紹介する．

H. D. ポリッツァー ヒュー・デイヴィッド・ポリッツァー (Politzer, Hugh David; 1949–) はアメリカの理論物理学者で，1969 年にミシガン大学を卒業，1974 年にハーバード大学でコールマンの下で博士号を取得．1979 年，カリフォルニア工科大学教授に就任．

1973 年，最初の学術論文として量子色力学における漸近的自由性の発見を報告する．そのとき，ポリッツァーは 24 歳の大学院生であった．この発見は，グロスとウィルチェックとは独立になされた．

量子色力学は M. ゲルマン*，H. フリッチ，P. ミンコフスキーにより提唱された理論で，その当時，スピンと統計性の問題が解消されること，$\pi^0 \to 2\gamma$ や電子・陽電子対消滅過程の断面積が正しく導出されることなどから有望視されていたが，漸近的自由性の発見が強い相互作用の基礎理論として確立される決め手となった．

1974 年に，S. ティンのグループと B. リヒター*のグループが加速器を用いたチャームクォークの生成に取り組んでいたころ，T. アップルキストとともに量子色力学に基づいてチャームクォークと反チャームクォークで構成されたチャーモニウムとよばれる粒子の存在を仮定して，電子・陽電子対消滅過程に関する断面積を評価している．この解析も量子色力学の確立に一役買っている．

F. ウィルチェック フランク・ウィルチェック (Wilczek, Frank, 1951–) はアメリカの理論物理学者で，1970 年にシカゴ大学を卒業，1974 年にプリンストン大学で博士号を取得．プリンストン高等研究所教授などを経て，2000 年より，マサチューセッツ工科大学教授．

1973 年に 22 歳のときに師グロスと共に量子色力学における漸近的自由性を発見する．その後も，素粒子物理学，原子核物理学，物性物理学など幅広い分野で場の量子論に基づく先駆的な研究を繰り広げている．

量子色力学においてインスタントン効果により，CP 不変性が破れる可能性があるが，このような現象は強く抑制されていることが実験により知られている．抑制機構として「ペチェイ–クイン機構」が提案されている〔⇒クイン〕．1978 年，ウィルチェックはこの機構において，「アクシオン (axion)」とよばれるスカラー粒子の存在を S. ワインバーグ*とは独立に予言した．アクシオンの探索は現在も精力的に行われている．

2 次元空間内では，同種粒子の交換に伴い

$$|\psi_1, \cdots, \psi_i, \cdots, \psi_j, \cdots, \psi_n\rangle$$
$$= e^{i\theta}|\psi_1, \cdots, \psi_j, \cdots, \psi_i, \cdots, \psi_n\rangle$$

という関係式に従う粒子の存在が理論的に知られていた．ここで，ケットベクトル内の k 番目の項は k 番目の粒子の状態を表し，θ は実数で $e^{i\theta} \neq \pm 1$ の場合もある．2π の整数倍の不定性を除いて，$\theta = 0$ がボース粒子，$\theta = \pi$ がフェルミ粒子に対応する．ウィルチェックはこのような一般的な統計に従う粒子を「エニオン (anyon)」と名づけた．1984 年，D. アロバスと J. R. シュリーファーと共に分数量子ホール効果〔⇒ラフリン〕に現れる粒子がエニオンであることを示した．1989 年，Y. H. チェン，ウィッテン，B. ハルペリンと共にエニオンに基づく高温超伝導の機構を提案した．

漸近的自由性の発見が大学院生を含む比較的若い研究者によって成し遂げられた要因として，当時，素粒子物理学が実験と理論の両面で過渡期にあったことがあげられる．実験面では，深非弾性散乱による豊富な実験データの存在，理論面では，非可換ゲージ理論のくりこみ可能性の証明が深く関わっている．1950〜60 年代に蔓延していた場の量子論に関する不信感に対して，若者たちは影響を受けなかったようである．

黒田 チカ
Kuroda, Chika
1884–1968

日本最初の女性理学士

経　　歴　黒田チカは 1884 (明治 17) 年，開明的な父平八と母トクの三女として佐賀県佐賀郡に生まれた．17 歳で佐賀師範学校女子部を卒業し，1 年間高等小学校の教師を務めた後に上京．すぐ上の姉は先に日本女子大学校に在学しており，チカは女子高等師範学校に入学し化学に強い興味を抱くようになった．1906 年の卒業と同時に福井県師範学校女子部に 1 年間奉職した後，東京女高師研究科に入学し，課程修了後の 1909 年に同校の助教授に就任した．

3 人の帝国大学女子学生　当時女高師に講師として出講してきていた東京帝国大学教授長井長義の強い勧めでチカは，初めて女子にも門戸を開くことになった東北帝国大学理科大学を受験し合格した．日本最初の帝国大学女子学生の誕生である．数学科の牧田らく，化学科の黒田チカと丹下ウメ*の 3 人である．卒業研究で有機化学を専攻し，真島利行教授の指導の下，チカは紫根の色素研究を行い，生涯にわたるテーマである天然色素研究の第一歩となした．1916 年日本最初の女性理学士となった後も副手として研究を続け，2 年の歳月をかけてようやくその構造を決定しシコニンと命名した．研究が完結したところで再び東京に戻り，母校女高師の教授に就任し後進の指導に邁進した．

紅花色素の構造決定　1921 年文部省からオックスフォード大学に留学して「家事に関する理学の研究」を行うよう命じられ，留学に際し東京帝国大学教授櫻井錠二からはチカの受け入れ先である W. パーキン教授 (モーブ染料の合成で有名なパーキン卿の息子) へ推薦状が送られた．女性の場合，帰国後も独身で研究を続けるという不文律があったという．1923 年 8 月チカはアメリカ経由で帰国して佐賀に帰省していたため，関東大震災の難を逃れた．11 月に上京して女高師で講義を再開すると共に，理化学研究所の真島研究室で研究も再開した．1929 年には紅花の色素カーサミンの構造決定に成功し，この研究によって東北帝国大学より理学博士の学位を得た．チカ 45 歳のことである．チカ苦心のこの色素研究は，後年彼女に日本化学会第 1 回真島賞をもたらすことになった．

研究の展開と影響　戦後の学制改革で女高師はお茶の水女子大学となりチカは同大学教授に就任，還暦を過ぎても研究意欲は衰えることなく，玉ねぎの外皮に含まれる色素ケルセチンに血圧降下作用のあることを見込んで工業化を目指し，1953 年特許を得て市販薬とした．68 歳で定年退官したが，非常勤講師として母校に出講を続けた．1959 年紫綬褒章，65 年には勲三等宝冠章を受章した．それから 2 年後体調を崩し，養子に迎えていた甥の家族の手厚い看護を受けつつ 1968 年 84 歳で永眠した．なお，彼女に関係する資料は 2013 年 3 月に東北大学に寄贈され，「女性化学者のさきがけ，黒田チカの天然色素研究関連資料」として日本化学会化学遺産に認定された．

図 1　小学校教師時代 (17 歳)
(お茶の水女子大学所蔵)

クーロン，シャルル・オーギュスタン
Coulomb, Charles Augustin
1736–1806
クーロン力，クーロンの法則

経歴 フランス西部の町アングレームの裕福な家庭に生まれた．1761 年に士官養成所を卒業し，工兵隊技師士官として地形図作成のための測量など主に土木技術に関わる業務に携わった．西インド諸島のマルティニク島に転属してブルボン城塞建設に 9 年ほど従事した頃，風土病に罹り体調を崩したため 1776 年に帰国した．その後もシェルブールなどに赴任した後，1781 年にパリに配属された．フランス革命 (1789 年) 勃発に伴い退役してパリを離れ，フランス中央部のブロワで隠遁生活をした．この間，科学と技術の研究に専念した．

アモントン–クーロンの法則 最初，土木技術に関わる材料物性に興味を持った．固体同士の滑り摩擦がその一つである．動摩擦力 F は，接触面積にはよらないが，垂直抗力 N に比例することを実験により見出した．これは，$F = \mu N$ (μ は摩擦係数) と表される．G. アモントンが 1699 年に摩擦力は荷重に比例することを示していたため，現在ではアモントン–クーロンの法則といわれている．

静電気力の定量的測定 1777 年，クーロンは，パリの科学アカデミーが募集した船舶用方位磁針の発明に関する懸賞論文に応募して賞金を得た．この発明の際に，ねじれ応力に関心を持ち，1784 年に精密なねじれ秤を完成させた．また，このねじれ秤が微小な力の大きさを測定できることに気づいて，静電気力の定量的測定に挑んだ．

クーロンは，二つの電荷間に働く力の大きさが，二つの電荷間の距離を少しずつ変えてみるとどのように変化するかを調べた．

まず，同符号の電荷を持った二つの小球

図 1　クーロンの電気斥力測定装置

間に働く反発力 (斥力) での実験を行った (1784 年)．実験装置 (図 1) は，ガラスでできた円筒の台の底から先端の回転ねじまでの高さが 1 m ほどの大きさである．

ねじれ秤の玉と固定玉を接触させると同符号の電荷となって互いに反発する．ねじれ秤が止まったときのねじれ角を円筒の周囲につけてある目盛で測る．二つの玉の角度を変えてこのねじれ角を調べ，二つの玉の斥力の大きさが距離のおよそ 2 乗に反比例することを見出した．

次は，異符号の電荷を持った二つの球の間に働く引力の実験である．これは，二つの球がくっついてしまうため，ねじり秤で実験することができず，クーロンはねじれ振り子 (図 2) を製作した．

帯電した大玉とねじれ振り子 (大玉よりの) 先端を異符号の電荷に帯電させてから，振り子を振動させる．この振動の周期は，

図 2　クーロンの電気引力測定装置

近くにある大玉との引力作用により，変化する．この振動周期を測定して，引力と距離との関係を調べた．引力の大きさも，斥力の大きさと同様，距離のおよそ2乗に反比例することがわかった（クーロンの実験データからすると$r^{-1.93}$となり，r^{-2}からは3〜4%の不確かさがある）．クーロンは，この結果を1785年に発表した．

クーロン力，クーロンの法則 電荷間の力が，距離の2乗に反比例することは，J. プリーストリーが1767年に万有引力の法則から予測しており，またH. キャヴェンディッシュ*が1772年に実験的に検証（発表はしていない）していたが，これらに働く力をクーロン力（静電気力ともいう）といい，この関係式が成り立つことをクーロンの法則という．

二つの点電荷を固定したとき，その電気量をそれぞれq_1, q_2とし，これら点電荷間の距離をrとすると，二つの点電荷間に働く力Fは，

$$F = k\frac{q_1 q_2}{r^2}$$

と表される．kは比例係数（8.99×10^9 Nm^2 C^{-2}）である．現在，この法則は，それと同等な静電ポテンシャルがrに反比例することを導体球による静電遮蔽を調べることで10^{-16}以上の精度で確かめられている．

ナポレオンが第一統領として国内統治を始めた頃，クーロンは再びパリで公的生活に戻った．1801年に学士院会長，1802年に教育長官に就いて後期中等教育であるリセの制度構築に貢献した．

地質工学に貢献したクーロンは，フランスの科学と技術に貢献した72名の1人としてエッフェル塔にその名が刻まれている．

電気量の単位クーロン クーロンの名は，電気量の単位として冠されている．1 C（クーロン）は，1 Aの電流で1 sの間に流れる電気量をいう．SI基本単位で表すと1 C = 1 A × 1 sである．

クント，アウグスト

Kundt, August Adolf Eduard Eberhard

1839–1894

光学や音響学，クントの実験

ドイツの物理学者．クント管を使った定在波の可視化の実験（クントの実験）で知られる．

経歴 クントは，当初天文学を志していたが，H. G. マグヌスの影響を受けて物理学に興味を抱くようになり，1864年に「光の偏光解消」に関する論文で学位を取得した．その後，1867年にベルリン大学の私講師になり，翌1868年にスイスのチューリヒ工科大学で物理の教授に就任した．この教授職はエントロピーの概念を導入することで熱力学の基礎を築いたR. J. E. クラウジウス*の後任である．クントはここで，後にX線の発見者となるW. C. レントゲン*を指導している．

クント管の実験 クントは音響学と光学の分野に独創的な業績を残した．1866年にはガラス管内の音波の定在波を可視化して検出する優れた方法を開発した．この方法は管内にヒカゲノカズラのような乾燥粉末を封入すると，この粉末が管内の振動の節に集まる傾向を利用したものである．この粉末のパターンから管内の音波を可視化してその波長を測定することができる．図1にクントが原著で自ら描いたクント管（上から順に図6と図7）と，得られた振動パターン（続く3段目から順に図1，図2，図3，図4）を示す．クントはこのクント管の方法で，管内の気体を変えることによって色々な気体中の音速を測定した．

クント管の実験は音波を手軽に可視化する優れた方法なので，今でも教育現場で広く活用されている．しかし，多くの場合，乾燥粉末として発泡スチロールが用いられているが，この場合には粉末が集まるのは振動

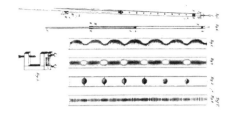

図1 クントの原論文に描かれたクント管の実験装置 (上から図 6,7) と, 管内の粉のパターン (続く 3 段目より図 1,2,3,4)
(A. Kundt, *Annalen der Physik*, **127**(4) (1866) 497-660 の巻末の図表)

の腹になりヒカゲノカズラでの結果とは逆になってしまうので, 注意が必要である[1]. 管内の波長の測定は節でも腹でも同じになる. この逆転現象は発泡スチロールが帯電しているためであると考えられている.

他分野での業績　クントは, 1876年ストラスブールにおいて E. ワーブルクと共同で, 水銀の蒸気が単原子分子であることを明らかにした.

光学の分野では, クントの名は異常分散の研究によって知られている. クントは気体や液体のみならず, 白金メッキしたガラス上に電解析出によって作成した金属薄膜でも, 電磁波の異常分散の現象を観測した.

磁気光学の分野では, ファラデー効果に対して, 空および気体中で磁場が偏光面の回転に与える影響を明らかにした.

また, クントは可視・紫外吸収スペクトルの溶媒効果では, 溶媒の屈折率が増加するにつれて, 吸収帯が長波長側に移動することを示した (クントの法則). この法則には例外もあるが無極性物質については極めて有用な法則である.

■参考文献

1) http://www.sapporonishi.hokkaido-c.ed.jp/1d_club/archive/H21_topic/butsuri/rep1.pdf/

ゲイ=リュサック, ジョセフ・ルイ
Gay-Lussac, Joseph Louis
1778–1850
気体の法則

フランスの化学者, 物理学者. シャルルの法則の発見者の1人であり, また, 気体反応の法則でも知られる.

経歴　1778年, フランス・リモージュ近郊のサン=レオナール=ド=ノブラに生まれた. 1794年に父がロベス・ピエールの恐怖政治の犠牲となって逮捕されたため, パリに移り, 1797年に国立理工科大学 (エコール・ポリテクニク) 入学, 3年後には, 国立土木学校 に移った. 1802年に理工科学校の助手になり, その後1809年に教授となった. 1808年から1832年までソルボンヌ大学で物理学の教授を務めた. 1831年, 下院のオート=ヴィエンヌ県代表に選ばれ, 1839年には上院議員となった. 1850年にパリで亡くなった.

シャルルの法則　ゲイ=リュサックの名を冠してよばれる法則は, 主に二つある. 一つは, シャルルの法則としても広く知られるもので,「圧力が一定なら, 気体の体積は温度変化に比例し, 気体の種類に関係なく一定である」という法則である. これは, 式で書くと,

$$V = kT \quad (1)$$

($k = $一定) と表される. ここで, T は絶対温度である. これを摂氏温度 θ で表せば, 0°C のときの気体の体積を V_0 として,

$$V = V_0 \left(1 + \frac{\theta}{273.15}\right) \quad (2)$$

となる.

実は, この法則の最初の発見者は, G. アモントンで, 彼は1700年から1702年にかけて, 一定質量の空気に対し体積, 温度, 圧力の関係を調べ, 一定の体積の気体の圧力は気体の絶対温度に比例することを見出し

た．アモントンの研究の対象は空気のみであったが，ゲイ=リュサックは，酸素，窒素，水素などの他の気体についても調べ，アモントンが得た法則を一般化した (1802 年)．その際，J. シャルルが 1787 年から集めていた大量の未公表データを用いていたため，この法則はシャルルの法則として広く知られるようになったという経緯がある．

この法則と，「気体の温度が一定なら，気体の圧力 P と体積 V の積が一定である (あるいは，気体の圧力と体積は互いに逆比例の関係にある)」というボイルの法則，

$$PV = k' \tag{3}$$

($k' =$ 一定) を組み合わせると〔⇒ボイル〕，理想気体の状態方程式

$$PV = nRT \tag{4}$$

が得られる．ここで，n は気体のモル数，$R = 8.31$ [J/(deg· mol)] は気体定数である．

実在の気体は，厳密にはシャルルの法則や状態方程式 (4) を満たさないが，気体が十分希薄 (低密度) の場合には，近似的によく成立する．実在の気体で観測されるところの，シャルルの法則 (1)(2) や状態方程式 (4) からのずれは，実は，気体を構成する分子間に働く分子間相互作用に起因する．逆にいうと，気体を構成する分子間に相互作用が全く働かないような仮想的な気体 (これが理想気体である) においては，シャルルの法則 (1)(2) や状態方程式 (4) は厳密に成り立つことになる．

ゲイ=リュサックは，自ら熱気球に乗って大気の観測を行った．1804 年には，熱気球に乗り 6400 m の高度まで上がって，地球大気の調査を行った．また，1805 年には，大気組成が気圧 (高度) によって変化しないことを発見した．

気体反応の法則　ゲイ=リュサックの法則とよばれる第 2 のものは，A. フンボルトと共同で見出した気体反応の法則である．これは，気体が反応して別の気体を生成する際，反応物と生成物の気体の体積の間の比が簡単な整数比で表される，という法則である．例えば，体積 2 の水素と体積 1 の酸素を反応させると体積 2 の水蒸気 (水) が生成されるという発見である．

ゲイ=リュサック–ジュールの実験　ゲイ=リュサックは，気体が真空中に膨張する「自由膨張」の実験を行ったことでも知られる．今，二つの容器がパイプで繋っており，片方の容器には気体が入っているが他方の容器は真空になっているとしよう．最初，二つの容器を結ぶパイプのコックは閉じられている．このコックを開ければ，片方の容器の気体はもう一方の容器の真空部分へと自由膨張し，二つの容器内に一様に広がる．ゲイ=リュサックは，1809 年に，このような気体の自由膨張の前後での気体の温度変化を測定する実験を行った．その後 1845 年に，ジュールによって，同様の実験がより高精度で行われ，ゲイ=リュサック–ジュールの実験とよばれる．気体が理想気体と見なされる場合には，自由膨張の前後で気体の温度は変化しない．ゲイ=リュサックは，彼の実験結果を用いて，当時一般的であった熱素説〔⇒ドルトン；ラヴォアジエ，A.L.〕に関する検討を行った．

他の業績　ゲイ=リュサックは硫酸合成の鉛室法を改良したことでも知られ，1827 年には，鉛室で生成した窒素酸化物を回収するため，鉛室の後段に接続するゲイ=リュサック塔を考案した．アルコールと水の混合についても研究し，アルコール度数のことを「ゲイ=リュサック度数」とよぶ国も多い．他にも，ヨウ素やシアンの単離・発見，有機化合物の合成・分析など，功績が多い．

ゲッパート＝メイヤー，マリア
Göppert-Mayer, Maria
1906–1972

原子核の「殻模型」の提唱

ドイツ生まれのアメリカの物理学者．原子核の殻構造に関する研究でノーベル物理学賞受賞．同賞受賞は女性では2人目．

経　歴　7代にわたって大学教授を輩出した学者一家に生まれ，ゲッティンゲン大学に学ぶ．1930年に物理学の学位取得．学位審査委員会には，M. ボルン*，J. フランク，A. ウィンダウスの3人のノーベル賞受賞者がいた．マリアは，成績優秀で快活，行動力があり，華やかな美貌で「ゲッティンゲン小町」と呼ばれる人気者だった．ゲッティンゲン大学に滞在していたアメリカの化学物理学者 J. E. メイヤーと知り合い，マリアの学位取得後に結婚して，マリアはアメリカに移住する．

魔法数　原子核物理の分野では，1932年の中性子発見〔⇒チャドウィック〕に続いて，34年には「魔法数」(magic number) が発見された．陽子数 Z または中性子数 N が 2, 8, 20, 28, 50, 82, 126 の核種 (nuclide) は，自然界における頻度が高く，特に安定であることが注目され，これらの数が魔法数と呼ばれた．ちなみに，陽子は1919年に発見されており，1920年には中性子の存在が予想されていた．

魔法数を持つ核種として，$N=20$ の $^{36}_{16}\mathrm{S}$, $^{37}_{17}\mathrm{Cl}$, $^{38}_{18}\mathrm{Ar}$, $^{39}_{19}\mathrm{K}$, $^{40}_{20}\mathrm{Ca}$ や，$Z=20$ の核種 (上記の $^{40}_{20}\mathrm{Ca}$ に加えて) $^{41}_{20}\mathrm{Ca}$, $^{42}_{20}\mathrm{Ca}$, $^{43}_{20}\mathrm{Ca}$, $^{44}_{20}\mathrm{Ca}$, $^{46}_{20}\mathrm{Ca}$, $^{48}_{20}\mathrm{Ca}$ が安定なものの例である．

魔法数の存在は，原子と同じように原子核も殻構造を持つことを示唆している．1949年，ゲッパート＝メイヤーは魔法数を説明する殻模型 (shell model) を提唱した．原子核内で核子は1体近似的な軌道関数で

図1　マリア．夫のジョーと一緒に

記述される状態にあると見なす．軌道関数を決定するのは他の核子による平均ポテンシャルであるが，そのポテンシャルとして中心力のほかに強いスピン–軌道相互作用 $V(r_i)s_i\cdot l_i$ を導入．ここで，r_i は系の中心から核子 i までの距離，s_i と l_i は ($\hbar$ を単位とした) 核子 i のスピン及び軌道角運動量である．核子間のスピン–軌道相互作用が十分に強いと仮定すると，jj 結合が成り立つ．軌道角運動量が l のとき，全角運動量 $j=l+1/2$ の準位が $j=l-1/2$ の準位よりエネルギーの低い，いわゆる逆転二重項が図2のように生じる．原子構造における電子の場合のように，パウリの原理に従ってエネルギーの低い殻から順に核子で占められるとするなら，図2から明らかなように，(1s軌道) までは2個，(1p軌道) までは8個，(2s軌道と1d軌道) までは20個の核子が入る．さらに逆転2重項で得られる $(1f_{7/2})$, $(1g_{9/2})$, $(1h_{11/2})$, $(1i_{13/2})$ までの閉殻は (高エネルギー領域に至るので最後の二つは図2には示されていないが)，それぞれの魔法数 28, 50, 82 及び 126 に相当する準位であることがわかり，魔法数が見事に説明できる．

核子のスピン–軌道相互作用が強い原因は，核子間の2体スピン–軌道相互作用とテンソル力にある．二つの核子のスピンをそれぞれ σ_1, σ_2, 相対位置ベクトルを r,

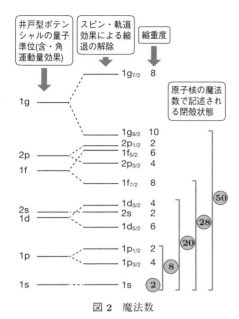

図2 魔法数

その大きさを r として，テンソル力ポテンシャルは

$$V(r)[\{3(\boldsymbol{\sigma}_1\cdot\boldsymbol{r})(\boldsymbol{\sigma}_2\cdot\boldsymbol{r})/r^2\}-(\boldsymbol{\sigma}_1\cdot\boldsymbol{\sigma}_2)]$$

で表される．$V(r)$ は r だけの関数である．重陽子（陽子1個と中性子1個とからなる）が電気4重極モーメントを持っている事実は，核力がテンソル力を含んでいることの証左と見なされている．

この jj 結合殻模型によって，原子核の基礎状態のスピン，磁気モーメント，γ 崩壊アイソメリズムなどのほとんどの性質にも説明を与えることができた．

ノーベル賞までの道 ゲッパート＝メイヤーが生きた時代は，女性に対して社会も科学界も今より一層厳しかった頃で，無給の研究員時代が長く続いたが，研究への意欲が陰ることはなかった．無給ではあったが，ジョンズ・ホプキンス大学，コロンビア大学，シカゴ大学，アルゴンヌ国立研究所などで研究を進め，世界第一線の物理学者たちと議論を進めながら，ノーベル賞の対象となる自分の研究を着々と積み上げていった．多忙な中で，2人の子供たちの育児にも真剣に対峙した．

夫と共著の『統計力学』(1940) は名著として世界中の研究者や学生に読み継がれた．また，殻模型に関して同じような研究を独立に進めていたドイツ人の H. イェンゼンとの共著『原子核の殻模型入門』(1955) も高い評価を得た．

このように，世界的な研究成果をあげているにもかかわらず，大学では職を与えられない．夫が新しい職場に招聘されるたびに，大学側は「J. メイヤーに来てもらうのはいいが，あの『お荷物』がついてくるからな」といって，無給の研究員の資格を不承不承マリアに与える．欧州よりアメリカの方が，女性も大学に職を得やすいだろうとマリアは考えていたが，アメリカでも事情は厳しかった．マリアもさすがに，つらさの余り，絶望的な気持になることもあった．夫のジョーは気のいい男性で，そんなマリアに寄り添い，支え続けた．育児が一番大変なときにも「人を雇って解決しよう」「研究を第一に考えて，家事育児その他諸々には1日1〜2時間以上を費やすな」と励ました．

1960年，マリアは53歳で，初めてカリフォルニア大学の正教授になる．

1963年には，原子核の殻模型の研究に対して，マリア・ゲッパート＝メイヤーは，ノーベル物理学賞を受ける．イェンゼンおよび E. P. ウィグナー*との共同受賞であった．

ノーベル賞の受賞スピーチでマリアは，「この賞を受けるのは大きな喜びであるが，そもそも研究すること自体が至上の喜びであった」と述べた．万感の思いが脳裏をよぎったことだろう．

マリアのノーベル賞受賞は，マリアを長年にわたって支えてきた夫の「内助の功」の賜物といってもよい．マリアは晩年，物理を志す若い女子学生たちに，「結婚するなら，相手は物理学者がいいわよ」とぬけぬ

殻模型の正しさの検証　独立粒子模型や殻模型に関しては，重陽子ストリッピング反応から定まる軌道角運動量 l の値が殻模型から得られるものと一致すること，中性子散乱等の核反応においても一体ポテンシャルである光学ポテンシャルが有効であること，などがその後の研究で判明．理論の正しさが裏づけられた．

Z と N が共に魔法数の「二重魔法数」の核種は一段と安定である．特に次の核種

$_{2}^{4}\mathrm{He}\,(Z=N=2)$ (安定)

$_{8}^{16}\mathrm{O}\,(Z=N=8)$ (安定)

$_{20}^{40}\mathrm{Ca}\,(Z=N=20)$ (安定)

$_{20}^{48}\mathrm{Ca}\,(Z=20, N=28)$

(半減期 3×10^{18} 年；中性子過剰殻としては長寿命)

$_{82}^{208}\mathrm{Pb}\,(Z=82, N=126)$

(安定；最も重い安定核種)

が優れて安定である事実は，殻模型の正しさに対する強力な証拠になっている．

殻模型は 1 体近似的な独立粒子描像に基づくが，これとは逆の視点で原子核の集団模型も提唱されている．実際の原子核では，「独立粒子運動」と「核子の一群が揃って動く集団運動」とが複雑に絡んでおり，どれか一つの模型で全てを記述するのは困難である．原子核のサイズや目的とする物理量などを勘案しながら，それぞれの模型の特徴を使い分ける必要がある．

ゲッパート゠メイヤーを讃えて　ゲッパート゠メイヤーの他界後，その名を冠した賞が，アメリカ物理学会によって若い女性物理学者を対象に創設された．マリア・ゲッパート゠メイヤーの生き方は，女性科学者に勇気を与え続けている．

2 光子吸収断面積の単位　単位のゲッパート・メイヤー (GM) は 2 光子吸収断面積の単位で，$1\,\mathrm{GM} = 10^{-50}\,\mathrm{cm}^4 \cdot \mathrm{s} \cdot \mathrm{photon}^{-1}$ である．

ケプラー，ヨハネス
Kepler, Johannes
1571–1630

惑星の運動を明らかに

ドイツの天文学者．惑星運動に関する「ケプラーの法則」を発見．

経歴　ドイツの居酒屋の子に生まれる．生涯病弱で，貧困と宗教戦争などの社会不安にさらされる．17 歳で父が戦傷死．その年ケプラーは，大学の給費生に合格する．教養課程での天文学の講義で N. コペルニクス*の宇宙論の虜になる．大学卒業後は，高校の数学教師をする傍ら，市長の委託で占星暦を編纂する．最初の著書『宇宙の神秘』で，地球を含む六つの惑星の並び方に関する思弁的な宇宙構造を提案．この著書によって，G. ガリレイ*やデンマークの天文学者 T. ブラーエ*にも認められ，手紙で議論するようになる．

ケプラーの法則　28 歳でプラハに移住し，そこでブラーエの助手になる．ブラーエは望遠鏡発明以前の肉眼による最高精度の (40 年にわたる) 天文観測記録を残した．ブラーエの没後，この観測記録がケプラーの手に移る経緯については諸説があるが，いずれにせよケプラーはそれを受け継ぎ，8 年をかけて観測データを細かに解析して，惑星運動に関する第 1 および第 2 法則を発見 (1609 年)．さらに 10 年の忍耐強い解析を経て，第 3 法則を発見する (1619 年)．

［第 1 法則］惑星は太陽を一つの焦点とする楕円軌道を描く．

［第 2 法則］惑星の動径ベクトルの描く面積速度は一定である．

［第 3 法則］各惑星の公転周期 T の 2 乗は太陽からの平均距離 a の 3 乗に比例する．

第 1 法則と第 2 法則の発見　まず第 1 法則は，それまでの全ての宇宙像に共通の

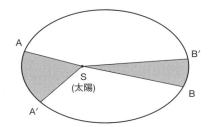

図 1　面積速度一定の法則 (説明図)

表 1　惑星の $T_{惑星}$, $a_{惑星}$ 及び $T_{惑星}^2/a_{惑星}^3$

惑星	公転周期	太陽からの平均距離	$T_{惑星}^2/a_{惑星}^3$
水星	0.2408	0.3871	1.000
金星	0.6152	0.7234	1.000
地球	1	1	1.000
火星	1.881	1.524	1.000
木星	11.86	5.201	1.000
土星	29.50	9.545	1.001
天王星	84.02	19.55	0.945
海王星	164.8	30.11	0.995

「円軌道」ではなく「楕円軌道」であることを見つけた点が画期的である．古代ギリシャのプラトン*やアリストテレス*の頃から2千年近く，「天体は円運動をする」と当然のように信じられてきた．地動説を唱えたコペルニクスでさえ，「円軌道」の枠内で議論を進めた．そういう状況でのケプラーの「楕円軌道」の発見は，「従来の価値観を転換させた」という意味ではコペルニクスの地動説にも匹敵する．

後のニュートン力学では，中心力の作用する2体問題の解として束縛運動があるならば，楕円運動になることが示される．

第2法則は「面積速度一定の法則」ともよばれる．惑星は，速度そのものが一定なのではなく，図1で模式的に示されるように，「扇形 SAA' と SBB' の面積が等しくなる」速度で運動する．

この法則は，ニュートン力学における「角運動量保存の法則」に相当する．

第 3 法則の発見　任意の惑星の公転周期と平均距離をそれぞれ $T_{惑星}$ と $a_{惑星}$ とし，地球に対しては $T_{地球}$ と $a_{地球}$ と書くと，第3法則は次のように表せる．

$$\frac{T_{惑星}^2}{a_{惑星}^3} = \frac{T_{地球}^2}{a_{地球}^3} \qquad (1)$$

各惑星に対する $T_{惑星}$ と $a_{惑星}$ (地球に対する値で規格化されたもの) 及び $T_{惑星}^2/a_{惑星}^3$ を表1に与える．最後のコラムの値から明らかなように，水星から土星までの五つの惑星に対しては，(1)式で表現される第3法則が有効数字4桁の精度で証明され，さらに天王星や海王星に対しても非常に高い精度で第3法則の正しさが示されている．

この法則も，後のニュートン力学で導くことができる．

三角関数の一覧表もコンピュータもなかった時代に，電話帳のように膨大な数字の集まりを，紙と鉛筆による計算だけで解析し，これほどまでに美しい法則を導き出せたのは，ケプラーの精進の賜物である．ケプラー自身も，20年の解析の末に第3法則を発見したときには，「天文学を志した当初からの望みが達せられたと思った」と述懐している．科学者として，至福の瞬間であった．

科学史における意義　時間に区切りをつけられるなら，ブラーエとケプラーの連携による「ケプラーの法則」(特に第3法則) は，科学史において時代を画し，「近代科学」への扉を開いた．I. ニュートン*が『プリンキピア』を出版したのは，ケプラーの第3法則から70年ほど後．この書は「古典力学の誕生」を画したが，そこでは三つの運動法則と万有引力を基礎に，ケプラーの法則が理論的に導かれる．ケプラーの結果があったからこそ，ニュートン力学の正しさが証明されたのである．

ケルヴィン卿 (トムソン, ウィリアム)
Lord Kelvin (Thomson, William)
1824–1907
古典物理学の完成へ

イギリスの物理学者. 絶対温度を確立. 熱力学第2法則 (トムソンの原理) を発見. ジュール–トムソン効果を発見.

経歴 ウィリアム・トムソン (後のケルヴィン卿. 以下ケルヴィンと記す) は兄と一緒に父親から教育を受けた. 典型的な神童で, 10歳でグラスゴー大学に入学. その後ケンブリッジ大学の数学トライポスでセカンドラングラー, 弱冠22歳でグラスゴー大学の教授に就任する. ケルヴィンの研究は古典物理学の全分野をカバーしたが, 熱力学での業績が特に大きい.

温度の指標 私たちは日常生活で, 温度を摂氏 (セルシウス) 温度または華氏 (ファーレンハイト) 温度で表すことが多い. 摂氏温度では1気圧での水の氷点を0°C, 水の沸点を100°Cとしその間を100等分する 〔⇒セルシウス〕. 華氏温度はドイツの物理学者 D. G. ファーレンハイト の考案を改良したもので, 水の氷点を32°F, 水の沸点を212°Fとしその間を180等分する. これらは実用上便利だが科学の研究には適さない.

絶対温度 ケルヴィンは, 渡仏して熱力学に関する H. V. ルニョーの実験結果と S. カルノー*の理論研究の結果を基に研究し, 絶対温度 T (absolute temperature) の概念に到達した.

可逆機関の効率 (η) は熱源の温度だけで決まる. 高温物体が熱機関に与えた熱量を Q_2, 低温物体が熱機関から受け取った熱量を Q_1 として

$$\frac{T_1}{T_2} = \frac{Q_1}{Q_2} = 1 - \eta$$

により二つの物体の温度 T_1 と T_2 の比を定義する. 温度の絶対目盛は

$$T_{水の三重点} = 273.16\,[\mathrm{K}]$$

により定める. このように定義された温度を絶対温度または熱力学的温度といい, 物質の性質には無関係に決まる. この温度単位はケルヴィンの名前に因んでケルビン [K] とよばれる. 絶対温度 (T), 摂氏温度 (T_C), 華氏温度 (T_F) の間には

$$T_\mathrm{C} = T - 273.15, \quad T_\mathrm{F} = 1.8 T_\mathrm{C} + 32$$

の関係がある. 絶対零度では, 物理系が完全な静止状態にではなく最高の秩序状態にあり, エントロピーが0になる (ネルンストの定理〔⇒ネルンスト〕). 現実には絶対零度に限りなく近づけるが到達はできない.

熱力学の第2法則 ケルヴィンは R. J. E. クラウジウス*と独立に熱力学の第2法則を確立した. ケルヴィンによると「温度一様の物体から奪った熱を全部仕事に変え, それ以外に何の変化も残さないことは不可能 (トムソンの原理)」である. 一方クラウジウスは次のように述べた. 「熱が低温物体から高温物体へ自然に (それ以外に何の変化も残さずに) 移ることはありえない (クラウジウスの原理)」. さらに, これらの法則は次のように述べることも可能である. 「一つの熱源を冷すだけで周期的に働く熱機関は実現不可能である」. この第2法則の3番目の表現において言及されている熱機関は, 第2種永久機関とよばれる. 熱力学の第2法則によれば「第2種永久機関の実現は不可能」である. 熱力学第2法則は, 物理過程の可逆/不可逆性に関連しクラウジウスによるエントロピーの導入により, エントロピー増大の法則として定式化された. 系のある熱平衡状態 A_0 を基準とし他の熱平衡状態 A におけるエントロピー $S(A)$ を

$$S(A) = \int_{A_0(R)}^{A} \frac{\mathrm{d}'Q}{T}$$

で定義する. ここに $\mathrm{d}'Q$ は可逆過程 R の途中で系が外界から受け取る微小熱量を示

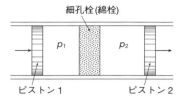

図1 ジュール–トムソンの細孔栓の実験

す．この積分は A_0 と A を結ぶ任意の過程 R について行う．エントロピー増大の法則によれば，閉じた系の非可逆過程ではエントロピー S は必ず増大し，可逆過程ではエントロピーは一定に留まる．

ジュール–トムソン効果 ケルヴィンは，J. ジュール*との共同研究において，細いノズルから非理想気体を噴出させる実験を行いジュール–トムソン効果を発見した．図1のように，断熱壁の管とピストンの中を，細孔栓（例えば綿栓）を通して圧力 p_1 側から圧力 p_2（$p_1 > p_2$）側へ気体をゆっくり押し出す．このとき一般に気体の温度は変化する．これをジュール–トムソン効果という．この効果を利用すると気体を冷却することができる．ただしこの効果は断熱膨張過程と似ているが，断熱過程では必ず気体の温度が低下するのに対し，ジュール–トムソン過程では必ずしも温度が低下するとは限らない．すなわち低温では一般に圧力の減少に伴って温度が低下するが，高温では逆に圧力の減少に際して温度が上昇する．この温度低下から温度上昇に転ずる温度を逆転温度という．また圧力の低下に伴う温度の低下は断熱過程における方が大きい．一方ジュール–トムソン過程の方が実験的に実行しやすいという長所がある．実際 C. P. G. フォン・リンデは，ジュール–トムソン効果を利用する気体の液化機を発明して，液体空気を大量に生産することができた．

電磁気学への貢献 ケルヴィンは電磁気学でも重要な研究を行った．彼は20歳代初めの論文で，電磁誘導の現象が何らかの媒体によるという M. ファラデー*の直感的概念に数学的表現を与えた．これは後年の J. C. マクスウェル*による古典電磁気学における場の理論の先駆ともいうべき重要な研究である．ケルヴィンは，ファラデーの発見した反磁性体と常磁性体及びそれを一般化した理論を研究し透磁率と磁気感受率の概念を導入した．ケルヴィンはエネルギー保存則を用いて LCR 回路の方程式を導き，電気振動回路の理論を展開した．H. R. ヘルツ*は後にこの回路を利用して，マクスウェルによって理論的に予言されていた電磁波を発生することに成功した．ケルヴィンは磁束密度 B をベクトル量 A の回転で表す $B = \operatorname{rot} A$ を初めて書いた．

偉大なる古典物理学者 ケルヴィンは古典物理学者であるが，19世紀末に古典物理学を覆った二つの深刻な暗雲を正確に指摘した．第1は，光の速度が光源や観測者の速度に依存しないマイケルソン–モーリーの実験〔⇒マイケルソン〕である．第2には，古典統計力学のエネルギー等分配の法則から導かれる比熱は温度に依存せず，一方実験では比熱が低温で減少するという矛盾である．この黒雲から20世紀の革命的理論である相対論と量子力学が生まれた．さすがケルヴィンの慧眼であるというべきである．ケルヴィンは，ライト兄弟による飛行の成功以前に「空気より重い物体は空を飛べるはずがない」と言ったと伝えられる．しかし，空中を飛ぶ鳥が空気より重いことは自明である．大物理学者ケルヴィンの真意は何であったろうか．

トムソンは，大西洋横断海底ケーブル敷設の功績でサーの称号を授けられ，後には貴族に列せられてケルヴィン男爵になった．晩年のケルヴィンは，H. ヘルムホルツ*と並び，ヨーロッパ最高の物理学者として尊敬され，文字通り功成り名遂げた大物理学者であった．

ゲルマン，マレー
Gell-Mann, Murray
1929–

クォークの父

アメリカの物理学者．素粒子を分類し，クォークモデルを提唱した．また複雑系研究の重要性を唱えたことでも知られる．

経　歴　ユダヤ人移民の子としてマンハッタンに生まれたゲルマンは，幼いときから異彩を放ち，優秀な子供を集めた特別な学校で物理学のコースを選択した．しかし後にゲルマンはこのコースが彼にとって非常に退屈なものであったと回想している．

ゲルマンは15歳でイェール大学に入学し，19歳で卒業する．22歳でMITから博士の学位を取得した後に，プリンストン高等研究所で研究を始める．23歳のときにシカゴ大学に職を得たゲルマンは，以後，素粒子の研究に没頭する．

中野–西島–ゲルマンの法則　1953年，西島和彦*，中野董夫，ゲルマンは，ハドロンの電荷 Q，バリオン数 B，アイソスピン I_3，ストレンジネス S を関係づける次の式を導出した．

$$Q = I_3 + \frac{B+S}{2}$$

(現在は電荷，バリオン数，すべてのフレーバー量子数との関係式に拡張されている．) 後の坂田模型は，この法則に基づいて構築されることになる．

V–A 相互作用　1956年にT. D. リー*とC. N. ヤン*が弱い相互作用でのパリティ対称性の破れを提唱し，その翌年にC. S. ウー*らがβ崩壊におけるこの破れを実験的に確認したことにより，それまでE. フェルミ*により提案されていたフェルミ相互作用（β崩壊において中性子，陽子，電子，ニュートリノが1点で相互作用するモデルであり，パリティを保存する）の修正が迫

図1　マレー・ゲルマン
(Joi@Wikipedia)

られた．具体的には，相互作用の型としてベクトル型と軸性ベクトル型が必要であることがわかったのである．

これに対しゲルマンとR. ファインマン*は独立に，弱い相互作用としてテンソル構造をしたV–A相互作用を提案した（発表論文は2人の共著となった）．フェルミがベクトルカレントのみで相互作用を

$$H_\mathrm{F} = \frac{G_\mathrm{F}}{2}(\bar{u}_p \gamma_\mu u_n)(\bar{u}_e \gamma^\mu u_{\mu_e})$$

と記述したのに対し，V–A相互作用はベクトルカレントと軸性ベクトルカレントの両方を取り込み，

$$H_\mathrm{V\text{-}A} = \frac{G_\mathrm{F}}{2}(\overline{u_p}\gamma_\mu(1-1.26\gamma^5)u_n)$$
$$\times (\overline{u_e}\gamma^\mu(1-\gamma^5)u_{\nu_e})$$

と書かれる．ただし，クォークのレベルでは上式 γ^5 の係数1.26は1と考えられている〔⇒ワインバーグ〕．ここで，

$$u_\mathrm{L} = (1-\gamma^5)u/2$$
$$u_\mathrm{R} = (1+\gamma^5)u/2$$

によって左巻きおよび右巻きの粒子 $u_\mathrm{L,R}$ を定義すると，

$$\overline{u_e}\gamma^\mu(1-\gamma^5)u_{\nu_e} = \overline{u_{e_\mathrm{L}}}\gamma^\mu(1-\gamma^5)u_{\nu_e}$$

と書き換えられることから，弱い相互作用が左巻きの粒子にのみ働くことがわかる．

八　道　説　1960年代初頭までに多くの加速器が建設され，新粒子の発見が相次いだ．しかし発見されたハドロンの数があまりに多いことから，それがもはや素粒子

ではないと考えられるようになり，究極の粒子に関するモデルが多数提唱されることになる．

坂田昌一*は，中性子，陽子，ラムダ粒子およびそれぞれの反粒子を基本粒子とする坂田模型を提唱し，その発展形として様々なモデルも提案されたが，実験データの再現には至らなかった．

坂田モデルおよびその後の発展により，モデルの $SU(3)$ 対称性の重要性が指摘されるようになった．これにより中間子が 8 組の多重項（8 重項）として現れることが示されたが，その後実験的にバリオンも 8 重項で現れることが明らかになった．

これに対し 1961 年，ゲルマンと Y. ネーマンは，ハドロンを対称性に基づいて分類する枠組みとして八道説を唱える．8 重項を基本に置いたこの分類は，仏教における釈迦の説法の一つ「八正道」からその名がとられている．

クォークモデル　1964 年，ゲルマンと G. ツヴァイクは独立に，ハドロンを構成する粒子としてクォークを提案した．クォークの存在を仮定することで，$SU(3)$ 対称性の考えを継承しつつ，ハドロンの 8 重項を再現することに成功したのである．クォークの名は，ゲルマンがアイルランド人作家ジェイムズ・ジョイスの『フィネガンズ・ウェイク』の一節から引用したものである（"クォーク"は鳥の鳴き声）．クォークの導入により，ゲルマンは「クォークの父」とも呼ばれる．

1972 年にはゲルマンはクォークの持つ量子数としてカラーチャージの存在を確立した．クォークから原子核を作る力，すなわち強い相互作用はカラーチャージの混ぜ合わせによって生成消滅するゲージ粒子（グルーオン）の交換によって説明される．これを量子色力学という〔⇒グロス〕．以上のような素粒子の分類や相互作用の研究における多大な貢献により，1969 年ゲルマンは

クォーク一覧	第 1 世代	アップ	u
		ダウン	d
	第 2 世代	チャーム	c
		ストレンジ	s
	第 3 世代	トップ	t
		ボトム	b

図 2　6 種類のクォーク

ノーベル物理学賞を受賞する．

クォークは各 2 種類ずつの 3 世代に分類される（図 2 参照）．各世代の 2 種類のクォークは正負が異なる電荷を持ち，質量は世代が上がると大きくなる．バリオンは三つのクォークで構成され，たとえば陽子は二つのアップクォークと一つのダウンクォーク (uud)，中性子は一つのアップクォークと二つのダウンクォーク (udd) からなる．また，中間子は，クォーク 1 個と反クォーク 1 個から構成される．

ゲルマン–大久保の質量公式　八道説を唱えていた 1961 年，ゲルマンはバリオンや中間子の質量が満たす関係式を導出した．翌年，大久保進がハドロンの質量 m をアイソスピン I およびハイパーチャージ Y と関連づける，より一般的な次式を導出した．

$$m = a + bY + c\left[4I(I+1) - Y^2\right]$$

ここで a, b, c は定数である．この式は 2 人の名前をとってゲルマン–大久保の質量公式と呼ばれ，実験とよく一致する．

複雑系　1980 年代後半以降，ゲルマンの興味は複雑系に移る．複雑系は，力学系から生物学，経済学に至るまで，多方面に関連している研究分野である．その研究の中心拠点の一つ，サンタフェ研究所の設立には，ゲルマンも貢献している．また『クォークとジャガー』（草思社）など，複雑系に関する一般向け書籍の執筆でも知られる．なお，ゲルマンは，単純さと複雑さの両方をカバーする研究分野を，「プレクティクス」という造語で表現している．

コーエン゠タヌジ，クロード
Cohen-Tannoudji, Claude
1933–

レーザー冷却法の開発

フランス領アルジェリアでユダヤ人家系に生まれたフランスの物理学者．レーザー光を用いて原子気体を極低温に冷却し捕獲する技術（レーザー冷却法）を考案・開発．1997 年に S. チュー，W. D. フィリップスと共にノーベル物理学賞を受賞．

経　　歴　パリ高等師範学校で大数学者 E. J. カルタンと L. シュワルツに数学を学ぶ．原子分光学の開拓者 A. カストレルに物理学を師事．カストレルの学問と人格に魅了されて物理へ進む．

気体原子のレーザー冷却　空気中の分子は室温で 1 km/s 程度の速度で乱雑に運動している．気体原子や分子の物理的特性を詳しく調べ操作するには，熱運動は邪魔であり極低温に冷却して速度を落とすことが望まれる．コーエン゠タヌジは，チュー，フィリップスと共に，レーザー光を用いた原子の極低温冷却法 (laser cooling) を考案し開発した．彼らの冷却法は原子気体のボース-アインシュタイン凝縮への道も拓いた．

ドップラー冷却　気体原子のレーザー冷却への道は，まずチューらが開発・実現したドップラー冷却 (Doppler laser cooling) によって突破口が開かれた．ある温度で乱雑な熱運動をしている原子の集団を考え，この原子集団にレーザー光を照射する．レーザーの波長を原子固有の吸収線の波長よりわずかに長波長側に選ぶ．レーザー光とある原子が逆方向へ進行する場合を考える．ドップラー効果により原子からみてレーザー光の波長は短波長へずれるから，原子がレーザー光を吸収できる．光子は運動量を持つので光子を吸収した原子は光子の運動量分だけ反跳を受け，その原子の運動量は減少し，速度は低下する．四方八方からレーザー光を照射すればレーザー光の対向方向の速度を持つ気体原子の速度を低下させ気体を冷却できる．この方法では励起準位の寿命で決まる冷却限界温度 (ドップラー限界) がある．チューらは Na 原子に対し限界温度 ($240\,\mu$K) に近い $200\,\mu$K を達成した．フィリップスは，さらに磁場とレーザー光による磁気トラップで Na 原子を捕獲し $40\,\mu$K まで冷却することに成功した．理論はレーザー光の周波数が共鳴から半値幅の半分だけずれたときに最低到達温度を予言したが，実際には共鳴から半値幅の数倍もずれたところで最低温が達成された．

偏光勾配冷却　コーエン゠タヌジはフィリップスと共同して，光ポンピング法を利用した．図 1 にその方法の原理を示す．互いに直交する方向に直線偏光した可干渉性のレーザー光を左右逆方向から原子気体に照射する (図 1(a))．このとき弦の振動と同様に，干渉により波が進行せず同じ位置で振動する定在波が生じ，光強度の強い場所 (山) と強度の弱い場所 (谷) ができる (図 1(c))．光の偏り状態も空間的に変化し，位置エネルギーの山谷と坂に対応して円偏光状態と直線偏光状態が交代する (図 1(b))．これが偏光勾配である．

原子の基底状態に二つの状態 ($g_{\pm 1/2}$) がある場合を考える．原子は各位置での光遷移強度に比例するポテンシャルを感ずる (図 1(c))．原子が左から右へ進むと，位置エネ

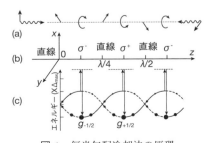

図 1　偏光勾配冷却法の原理

ルギーの坂を上るときに位置エネルギーを獲得する代償に運動エネルギーを失い，速度が減少する．原子は山の頂上で光を吸収する条件にセットされており，山頂で光を吸収しすぐに自発的に光を放出して谷に落ちる．吸収より放出の光子エネルギーが大きければ，その差だけ低エネルギーの状態に落ちる(図1(c))．このように坂を上がりながら速度を落とし頂上で谷へ落下することを繰り返して，速度が減少し温度が下がる．この手法は，原子の冷却だけでなく周期的に原子を配列できる大きな長所がある(図1(c))．これが偏光勾配レーザー冷却・捕獲法 (polarization gradient laser cooling and trapping) である．ギリシャ神話のシジフォス王 (シシュフォス王) が，大石を山頂まで運ぶと石を落とされ，永久に大石を山頂まで運ぶ作業を続ける話に似ているので，コーエン=タヌジはシジフォス冷却 (Sisyphus cooling) と命名した．巧みな命名に感心する．古代ギリシャ・ローマ文化の伝統であろう．

偏光勾配冷却では，静止原子が1光子から受け取る運動量で決まる反跳限界温度がある．しかし十分に冷却した原子を光吸収・放出サイクルから抜け出させれば，反跳限界以下まで冷却が可能である．コーエン=タヌジはこの方法で He 原子を 180 nK の極低温まで冷却することに成功した．

極低温の物理　W. ケターレ，E. A. コーネル，C. E. ワイマンらは，1995年にレーザー冷却法を応用して，遂にボース−アインシュタイン凝縮〔⇒ボース〕に成功した．この凝縮は引力を必要とせず，ボース粒子が極低温でただ一つの量子状態に落ち込む純粋に量子統計力学的な相転移現象である．この現象は，アインシュタインがボース−アインシュタイン統計に基づき1925年に予言していた．コーエン=タヌジらが開発し発展させたレーザー冷却法は，物理学の最も基本的な現象の実証を可能にした．

コーシー，オーギュスタン=ルイ
Cauchy, Augustin-Louis
1789–1857

解析学の基礎を築いた数学の巨人

フランス生まれ．12歳年長の C. F. ガウス*と並び 19 世紀前半を代表する大数学者．近代数学の基礎，特に複素関数論の創始者として数学史に大きな足跡を残す．

人物・経歴　フランス革命の嵐の最中にパリで生を受け，家族が疎開したパリ近郊の村アルクイユで貧窮の幼年時代を過ごす．教育熱心な父親が元老院秘書の職を得てパリに戻ってほどなく，息子を大数学者 J. L. ラグランジュ*に引き合わせたとき，彼はコーシーの才能を認め「この子には，文芸の学習が済む前には決して数学の本を与えないように」と忠告したという．学校では，ギリシャ語，ラテン語，人文学などで抜群の成績だったが，コーシーは最初土木技術者を目指した．彼の数学に関する卓抜な才能は，22歳のとき多角形に対するオイラーの公式を多角形の合成図形にまで厳密な論理によって拡張した論文によって当時の指導的数学者が認めるところとなり，数学史上 18 世紀の L. オイラー*に次ぐとされる多産 (論文数は 800 編近い) な数学者としての生涯が始まった．1814年，複素関数論の出発点になった定積分に関する画期的な論文を科学アカデミーに提出し，1816年エコール・ポリテクニク教授に任命され，翌年アカデミー会員に就任した．

彼の仕事の幅は極めて広い．数理物理学，特に流体力学，波の伝播や弾性体の理論を含む連続体の力学でも重要な貢献をしたが，19世紀数学の潮流における位置づけとしては，無限級数の収束性の問題などに関し従来と比べて厳密な方法論を持ち込んだ立役者として知られる．P. S. ラプラス*や S. D. ポアソン*ら，同時代の先輩数学者の非

厳密性を厳しく批判した．また，生涯を通じて極めて保守的なカトリック信者であり，自己に沈潜し外部の干渉を嫌う人物であった．我が道を行く彼と N. アーベルら，他の数学者たちとの時に悲劇的な関係について興味深い伝説的逸話が伝わっている．

コーシー–リーマンの関係式　現在の物理学，応用数学の広い分野で欠かせない方法になっている複素関数論に関連し，今日コーシーの名を冠して知られている定理と応用について述べる（証明[1]は省略）．複素数 $z = x + iy$（x が実部，y が虚部，$i^2 = -1$）の（解析）関数 $f(z)$ は，複素平面のある領域 K の各点で微分可能（つまり，導関数 $\frac{df}{dz} = \lim_{\Delta z \to 0} \frac{f(z+\Delta z)-f(z)}{\Delta z}$ が存在）のとき，K で正則であるという．例えば無限級数 $\sum_{n=0}^{\infty} a_n z^n$（$a_n$ は定数）は，収束半径内では正則である．このとき，f の実部 u と虚部 v により $f = u + iv$ と表すと，$\frac{df}{dz} = \frac{\partial u}{\partial x} + i\frac{\partial v}{\partial x} = -i\left(\frac{\partial u}{\partial y} + i\frac{\partial v}{\partial y}\right)$．書き換えると次式が成り立つ．

$$\frac{\partial u}{\partial x} = \frac{\partial v}{\partial y}, \quad \frac{\partial u}{\partial y} = -\frac{\partial v}{\partial x}$$

（コーシー–リーマンの関係式）．正則条件を用いて得られる解析関数の積分に関する最も重要な定理の一つが次の定理である．

コーシーの積分定理　$f(z)$ が K で正則ならば，C が K 内に含まれる自分自身と交わらない閉曲線でその内部も K に含まれるとき，次式が成り立つ．

$$\int_C f(z)\mathrm{d}z = 0 \qquad (1)$$

この定理から次の有用な公式が導かれる．

コーシーの積分公式　閉曲線 C の内部および周上で $f(z)$ が正則で，a が C の内部の任意の点のとき，次式が成り立つ．

$$f(a) = \frac{1}{2\pi i}\int_C \frac{f(z)}{z-a}\mathrm{d}z \qquad (2)$$

展開式 $\frac{1}{z-\zeta} = \sum_{n=0}^{\infty}\frac{(\zeta-a)^n}{(z-a)^{n+1}}$ を用いると，正則な領域内の任意の点 ζ における $f(z)$ のテイラー展開の公式が得られる．$f(\zeta) = \sum_{n=0}^{\infty} A_n(\zeta-a)^n$（$A_n = \frac{1}{2\pi i}\int_C \frac{f(z)\mathrm{d}z}{(z-a)^{n+1}}$）．

(1) 式の閉曲線上の異なる 2 点を α, β とすると，$0 = \int_C f(z)\mathrm{d}z = \int_\alpha^\beta f(z)\mathrm{d}z + \int_\beta^\alpha f(z)\mathrm{d}z$ により，同じ始点 α から終点 β までを結ぶ異なる積分路 C_1, C_2 で

$$\int_{C_1} f(z)\mathrm{d}z = \int_{C_2} f(z)\mathrm{d}z$$

が成り立つ．よって始点と終点が同じなら，関数 $f(z)$ が正則な領域では積分路を任意に変形できる．これにより実軸上の積分を複素平面で変形でき，積分計算の新しい方法（例えば留数積分）が得られる．また，$f(z)$ が無限遠 $|z| \to$ で 0 なら，(2) 式で C を実軸を含み複素平面の無限遠を通る閉じた閉曲線に選ぶと，二つの実関数 u, v を積分により関係づけられる．この方法は，エネルギーや運動量を複素数に拡張することにより，波動や量子場の理論において異なる物理量を結びつけるのに応用できる．

他の業績と影響　土木技術者として出発したコーシーは，数学へのインスピレーションを物理学から得ることも多かった．先に触れたように，弾性体の理論で基本的な貢献をしている．例えば，弾性体の微小変形と力を，歪みテンソル，応力テンソルとよばれる 2 階の対称テンソルで表す現在標準的な連続体力学の方法を与えた．これを巡っては，C. L. ナヴィエやポアソンと先取権論争が起きた．一方，エコール・ポリテクニクで同僚の物理学者 A. M. アンペール*とは協力して熱心に教えた．教育もコーシーにとってインスピレーションの源だった．ちなみに，アンペールが偉大な業績をあげた電気力学は，数理物理学でコーシーが目立った足跡を残さなかった分野の一つである．彼の関数論の講義は最晩年まで続き，C. エルミート*ら，次世代を担う若手学者が聴講した．

■参考文献

1) 例えば，高木貞治：解析概論，岩波書店 (1983).

小柴昌俊
Koshiba, Masatoshi
1926–

ニュートリノ天文学の開拓

　日本の物理学者．1987年，カミオカンデで史上初めて自然に発生したニュートリノの観測に成功したことにより，2002年にノーベル物理学賞を受賞した．

　経　　歴　小柴は1926年愛知県豊橋市に生まれた．東京明治工業専門学校(現・明治大学理工学部)，旧制第一高等学校(現・東京大学教養学部)，東京大学理学部物理学科を経て，1951年に東京大学大学院理学系研究科に進学した．1953年9月にはアメリカのロチェスター大学に留学．1955年，ロチェスター大学でPh.D.を取得した．1962年に帰国し，東京大学原子核研究所助教授に就任し，翌1963年には東京大学理学部物理学科助教授となる．1967年，東京大学理学博士．論文の題は「超高エネルギー現象の統一的解釈」．1970年には東京大学理学部教授となる．1974年に東京大学理学部内に高エネルギー物理学実験施設(現・東京大学素粒子物理国際研究センター)を設立し施設長・センター長を務める．自らを「変人学者」「東大物理学科をビリで卒業した落ちこぼれ」と称し，「現場主義の研究者」としての立場を貫いている．

　1979年には，素粒子の大統一理論の予言する陽子崩壊を検出するために，岐阜県神岡鉱山跡にニュートリノ観測装置のカミオカンデの建設を開始し，1983年には観測を開始した．しかし3年間観測しても陽子崩壊は全く見つからなかった．そこで陽子崩壊の起きる確率が非常に低いとの結論に達し，1986年には方針転換して太陽ニュートリノの検出用に装置を改修して1987年1月に観測を開始した．すると，まるでそれを待っていたかのように，1987年2月に大マゼラン星雲内で起きた超新星SN1987Aからのニュートリノをカミオカンデが捉えた．この功績により，2002年小柴は，ノーベル物理学賞を受賞した．

　日本学士院会員．1997年，文化勲章，2003年勲一等旭日大授章受章．

　ニュートリノ　ニュートリノは，素粒子のうちの中性レプトンの名称．中性微子とも呼ぶ．電子ニュートリノ，ミューニュートリノ，タウニュートリノの3種類もしくはそれぞれの反粒子をあわせた6種類あると考えられている．W. E. パウリ*が中性子のβ崩壊でエネルギー保存則と角運動量保存則が成り立つように，その存在仮説を提唱した．ニュートリノの名はβ崩壊の研究を進めた E. フェルミ*が名づけた．

　ニュートリノは強い相互作用と電磁相互作用がなく，弱い相互作用と重力相互作用でしか反応しない．しかも，質量が非常に小さいため，重力相互作用もほとんど反応せず，他の素粒子との反応がわずかで，透過性が非常に高い．そのため，原子核や電子との衝突を利用した観測が難しく，他の粒子に比べ研究の進みは遅かった．

　カミオカンデ　カミオカンデは，素粒子の大統一理論の予言する陽子崩壊を実証するために，岐阜県 神岡鉱山地下1000 mに建設されたニュートリノ観測装置である．3000トンの超純水を蓄えたタンクと，その壁面に設置した1000本の光電子増倍管からなる．ニュートリノは物を貫通する能力が高く，他の物質と反応することなく簡単に地球を抜けていってしまうが，ごくまれに他の物質と衝突することがある．この衝突によって生じるチェレンコフ光〔⇒チェレンコフ〕を多数の光電子増倍管を使って検出する．

　1996年にスーパーカミオカンデが稼動したことによりその役目を終え，現在は跡地にカムランドが建設され，2002年より稼動を始めている．

カミオカンデ建設の当初の目的は，素粒子の大統一理論の候補の多くが予想する陽子崩壊を観測することであった．大統一理論は，電磁相互作用，弱い相互作用と強い相互作用を統一する理論である．中でも最もシンプルで有力であった $SU(5)$ 理論が正しければ，少なくとも年に数回の陽子崩壊検出が期待された．さらに複数予想される崩壊形式の分岐比も測定可能なように設計された．

カミオカンデ建設当時に $SU(5)$ 理論の予想する陽子の寿命は $10^{30} \sim 10^{32}$ 年であったが，陽子崩壊は観測されず，陽子の寿命は 10^{33} 年以上であることがわかった．これにより，$SU(5)$ 理論は否定されたが，大統一理論が否定されたわけではない．スーパーカミオカンデにおいても，陽子崩壊の観測が引き続き行われている．

ニュートリノ振動 光子は質量が 0 であるが，ニュートリノについては質量が 0 でない値を持ってもかまわない．しかし，この粒子は弱い相互作用しかしないこともあって，その質量が観測できず，質量を持たないとするのが一般的であった．

1962 年，坂田昌一*・牧二郎・中川昌美がニュートリノが質量を持ち，ニュートリノが電子，ミュー，タウの型の間で変化するニュートリノ振動を予測した．この現象について，1998 年にスーパーカミオカンデ共同実験グループは，宇宙線が大気と衝突する際に発生する大気ニュートリノの観測から，ニュートリノ振動の証拠を 99% の確度で確認した．また，2001 年には，太陽からくる太陽ニュートリノの観察からも強い証拠を得た．ニュートリノ振動からは型の異なるニュートリノの質量差が測定されるのみで，質量の値はわからない．1987 年小柴らによる大マゼラン雲の超新星 SN 1987A からの電子ニュートリノの観測時刻が光学観測との間で理論的に有意な差を観測できなかったことから，極めて小さな質量の上限値 (電子の質量の 100 万分の 1 以下) が得られており，共同研究チームは 3 種のニュートリノの質量を発表している．

その後，つくば市にある高エネルギー加速器研究機構 (KEK) からスーパーカミオカンデに向かってニュートリノを発射する K2K の実験において，ニュートリノの存在確率が変動している状態を直接的に確認し，2004 年，質量があることを確実なものとした．

戸塚洋二 小柴らのニュートリノ実験において，戸塚洋二 (1942–2008) は中心的役割を果たした．

戸塚は 1965 年，東京大学理学部物理学科卒業．1972 年，東京大学大学院理学系研究科博士課程修了．指導教授は小柴であった．その後，東京大学理学部教授，東京大学宇宙線研究所教授を経て 1995 年には神岡宇宙素粒子研究施設長に就任，1997 年からは東京大学宇宙線研究所長．翌 1998 年，梶田隆章 (1959–) らとともに，スーパーカミオカンデでニュートリノ振動を確認しニュートリノの質量が 0 でないことを世界で初めて示した．2001 年に起きたスーパーカミオカンデの光電子増倍管の 70% を損失する大規模破損事故の責任をとり，東京大学を辞職した．翌 2002 年には高エネルギー加速器研究機構素粒子原子核研究所教授，2003 年より 2006 年まで同機構長．2008 年，病気のため死去．

戸塚はスーパーカミオカンデで，ニュートリノに質量があることを発見し，小柴に次ぐノーベル賞候補と期待されていた．小柴は戸塚の告別式での弔辞で「あと少し，君が長生きしていれば，国民みんなが喜んだでしょう」と，ノーベル賞受賞を期待されながらの死去を惜しんだ．

戸塚の仕事を継承した梶田は，ニュートリノに質量があることの発見により，2015 年のノーベル物理学賞を受賞した．

コッククロフト，サー・ジョン・ダグラス
Cockcroft, Sir John Douglas
1897–1967
高速核子と原子核の衝突実験

経歴 イギリス・トッドモーデンで数代にわたって続いた綿製造業一家の長男として生まれる．第一次大戦の兵役勤務を挟み，数学と電気工学を複数の大学で学んだ後，電気会社で2年間実習してからケンブリッジ大に進み，1924年に数学の卒業試験に合格．その後，ラザフォード研究室でP.カピッツァ*と一緒に強磁場と低温の研究を開始している．1928年にやはりE.ラザフォード*の弟子であったE.ウォルトンが加わって陽子加速の研究に転じる．

加速器の開発 1932年に現在コッククロフト–ウォルトン回路とよばれる高圧発生回路と加速管を組み合わせた700 kVの静電加速装置を完成させた．加速された690 keVの陽子をリチウム標的に照射し，リチウムが崩壊して発生した2個のα粒子の観測に成功した．世界で初めての人工的核変換の試みであった．1951年にウォルトンと共にノーベル物理学賞を受賞している．

この実験の成功が今日至るまでのエネルギーフロンティア研究の究極の手法としての加速器の開発競争をトリガーしたといえる．静電加速を用いない線形加速器，サイクロトロン，ベータトロン，シンクロトロンの発明と実証がその後20年間にわたって続くことになる．静電加速手法として生き残ったのは，コッククロフト–ウォルトンとヴァン・デ・グラーフとよばれる装置だけであった．やがて，他の加速器の加速電圧がこれらの静電加速器の到達電圧を越えるに至ったので，当初の役割を終えたが，他の加速器の前段加速器としての利用や静電加速器の電圧安定度を生かした精密原子核実験に使用されて今日に至っている．

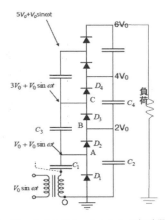

図1 コッククロフト–ウォルトン加速器等価回路

2人が共同で実現した直線型加速器は図1に示される．整流器とコンデンサーを組み合わせたシェンケルの回路を変形した実に単純な構成のものであった．

コッククロフトは第二次大戦中はナチスドイツの空爆に備えるためのレーダー防空網構築の研究にたずさわる．戦後は長くカナダやイギリスの原子力研究組織の長・責任者や大学学長として公的役職を務めた．

E. ウォルトン E. ウォルトン (Walton, Ernest Thomas Sinton; 1903–1995) はアイルランドの牧師の息子として生まれた．父親の転勤に合わせてアイルランド国内を転々としている．1915年にベルファストのメソジスト大の寄宿生になり，数学と自然科学を学んだ後，1922年にダブリンのトリニティー大学へ入学，1927年に数学と物理で最優秀の成績で卒業，理学修士号を得ている．奨学金を得てラザフォードの下で研究を開始した．ここでコッククロフトと出会い，前述した研究を共同で実施した．1931年に博士号を取得した後，ダブリンのトリニティー大学へ特別研究員として帰国後は，アイルランドの学術，行政に様々な形で寄与している．研究分野も流体力学，マイクロ波へも展開させた．

小林　誠
Kobayashi, Makoto
1944–

CP 不変性の破れの起源の発見

　日本の理論物理学者．自然界にクォークが少なくとも 3 世代以上あるという理論「小林–益川理論」に基づく CP 不変性の破れの起源の解明により，2008 年にノーベル物理学賞を共同研究者の益川敏英と受賞．

　経　　歴　　小林は名古屋で生まれた．1967 年に名古屋大学を卒業．坂田昌一*の研究室に大学院生として入り，1972 年に博士課程修了．名古屋大学・大学院の先輩で京都大学理学部の同僚となった益川敏英*と共同で CP 不変性の破れに関する研究に取り組み，小林–益川理論〔⇒益川敏英〕を構築する．その後，高エネルギー物理学研究所(現在は高エネルギー加速器研究機構) の助教授，教授，所長，理事などを歴任．

　CP 不変性　　CP 不変性とは荷電共役変換 (C：粒子と反粒子を入れ替える変換) とパリティ変換 (P：空間を反転させる変換) を合成した変換の下で物理法則が不変に保たれる性質のことである．1956 年に T. D. リー*と C. N. ヤン*が弱い相互作用におけるパリティの破れを予測し，翌年 C. S. ウー*らによりコバルト 60 を用いた β 崩壊の実験で確認された．パリティの破れはカイラリティが -1 のフェルミオンだけが β 崩壊に寄与するために起こる．1964 年，J. H. クリステンソン，J. W. クローニン，V. L. フィッチ，R. ターレイにより，中性の K 中間子に関する崩壊現象により CP 不変性の破れが発見されたが，その起源を記述する基礎理論は不明であった．

　一般に，物理的な複素位相 δ が存在すると，CP 不変性の破れが起こる．ここで，
$$\mathcal{H}_{\mathrm{int}} = \alpha O + \alpha^* O^\dagger$$
を例にとる．$\mathcal{H}_{\mathrm{int}}$ は相互作用ハミルトニアン密度で素粒子間の相互作用を記述する物理量である．$\alpha\,(=e^{i\delta})$ は複素パラメータで，α^* は α の複素共役，$O^\dagger$ は O のエルミート共役で O において粒子と反粒子を入れ替えた場合の相互作用を表し，CP 変換の下で O が $O^\dagger$ に，$O^\dagger$ が O に変わる．δ が 2π の整数倍でない場合，CP 変換の下で，
$$\mathcal{H}_{\mathrm{int}} \stackrel{\mathrm{CP}}{\rightarrow} \alpha O^\dagger + \alpha^* O \neq \mathcal{H}_{\mathrm{int}}$$
となり，CP 不変性の破れが起こる．

　CP 不変性の破れを説明する基礎理論を構築するためには，基本粒子の特定と弱い相互作用を記述する理論が必要である．

　ハドロンの構成子　　坂田模型〔⇒坂田昌一〕を参考にして，1964 年に M. ゲルマン*と G. ツヴァイクが独立に，ハドロンを構成する基本粒子として「クォーク」を提唱した．1967 年に S. ワインバーグ*や A. サラムが弱い相互作用を記述するゲージ理論として，S. グラショウの理論とヒッグス機構を基にして「電弱統一理論」を構築した．ヒッグス機構〔⇒ヒグス〕は 1964 年に F. アングレール，R. ブラウトおよび独立に P. ヒッグス*により提唱された質量生成機構で，南部陽一郎*の自発的対称性の破れによる質量生成機構をゲージ粒子の質量生成機構に拡張したものである．1971 年に G. トフーフト*がヒッグス機構を含む一般的なゲージ理論のくりこみ可能性を解明した．

　このような発展を踏まえて，1972 年，小林と益川はレプトンの他にクォークを基本粒子とする電弱統一理論において，CP 不変性の破れを誘発する複素位相が現れるためには，一つの可能性としてクォークが少なくとも 6 種類必要であることを見つけた．当時は，3 種類のクォーク u, d, s しか知られていなかったが，現在では，予言された 3 世代 6 種類のクォークが全て発見され，さらに，B 中間子に関する CP 不変性の破れも確認され，小林–益川理論が CP 不変性の破れの基礎理論として確立した．

コペルニクス，ニコラウス
Copernicus, Nicolaus
1473–1543

太陽中心説による新しい世界像

ポーランドの天文学者．太陽中心説を唱え，科学革命の祖といわれる．

経歴 1473年にトルンに生まれ，1491年クラコフ大学に入学，1496年からイタリア遊学，ボローニャで教会法を専攻するが，この間天文学に興味を持ち天体観測を行う．1501年，フラウエンブルク聖堂参事会員に就任し，研究のかたわら生涯司祭職に就く．パドヴァ大学で医学を修め(1506)，故郷に帰って司教である伯父の侍医・秘書を務め，1512年伯父の没後は司祭職を務める．コペルニクスは，生前は天文学者としてより医師として高名であった．1506年からエルムラントに居をかまえ，新しい天文学体系の構想を練り，天体観測を続ける．1582年のグレゴリウス改暦にはコペルニクスの観測資料がその基礎となった．

地動説の着想 コペルニクスの地動説を著した『天球の回転についての六巻』が出版されたのは死の直前であるが(1543)，構想が生まれたのは1514年ころとみられる．コペルニクスは，学生の頃，ギリシャの古典に親しみ，プラトン*が天体の運動について提出した問題，できるだけ少ない数の等速円運動を組み合わせて惑星体系を組み立てるという問題に強い関心を持った．そして，2世紀の天文学者C.プトレマイオス*の惑星理論『アルマゲスト』には，多くの困難があることを感じていた．「私はもうすこし合理的に円を組み合わせ，それで見かけ上の不均衡を説明でき，すべての運動が正しい等速円運動をするような体系はないかと考えるようになった」と，1512年頃のメモに記している．そして『天球の回転について』の序文には，「地球が動く」というのは「見かけはばかげて見えるが」ギリシャの先人ニケタスらの主張を取り入れて「地球がある種の運動をすると仮定するなら，天球の回転に確かな理論を見出すことができるのではないか」と考え，「長い間の数多くの観測事実の助けをかりて」私は次のことを発見した，「他の諸惑星の運動を地球の円運動と関連づけ，またそれらの運動を各惑星の回転に合わせて計算すれば，そこから全ての惑星の現象が導き出されるばかりでなく，この関係は，全ての惑星およびその天球あるいは軌道の円の順序と大きさ，および天界そのものと，きわめて密接にかかわり合っているために，そのどこかに変更を加えても残りの部分と宇宙全体がこわれてしまうほど，みごとにできあがっている」と記す．ほとんど40年を費やした研究の結果生まれたこのコペルニクスの太陽中心体系では，内惑星を正しい位置に位置づけ，地軸の傾斜や，視差による天体の距離を決定することができた．

しかし，プトレマイオス説と同じように，「有限半径の天球を想定し，天体はすべて円軌道を描く．そして太陽は宇宙を照らす光源で引力の中心ではない」とし，また観測結果と整合させるため，プトレマイオスと同様の複雑な離心円，周転円を導入せざるをえなかった．当時のコペルニクスの意図は，プトレマイオス理論の不十分を補正する改良版を作ることにあり，プトレマイオスのデータの多くをそのまま使用した．

コペルニクスの理論 コペルニクスの理論を支えた前提は，以下の諸点である．①全ての天球に共通するただ一つの幾何学的中心は存在しない，②地球の中心は宇宙の中心ではない，③全ての天球は太陽を中心に回転する．太陽は宇宙の中心である，④地球から太陽までの距離は地球から恒星までの距離に比べれば極めて小さい，⑤空に見られる運動は，全て地球の運動に由来するのであり地球は地軸を中心に毎日1回回

図1　コペルニクスの宇宙像
図中文字は外側から I. 不動の恒星球, II. 30年で1周する土星, III. 12年で1周する木星, IV. 2年で1周する火星, V. 1年で1周する地球および月の軌道, VI. 9月で〔1周する〕金星, VII. 80日で〔1周する〕水星, 中央は太陽 (Sol)（コペルニクス『天体の回転について』矢島祐利訳, 岩波書店, 1953 より）

転する, ⑥太陽は運動しない, 地球が他の惑星と同様に太陽の周りを回転している, ⑦惑星の逆行運動も地球の運動のせいである.

コペルニクスがプトレマイオスにまさったのは次の二つの点, (1) それぞれの惑星が太陽をめぐる運動の周期と, (2) 地球の軌道の大きさに対する他の惑星の軌道の大きさの相対比とを, 算出できたことであった. これにより宇宙の大きさを観測に基づいて測る尺度が初めて得られた.

拒絶される地動説——理論の弱点とキリスト教会の反発　だが, コペルニクスの理論は世間一般になかなか受け入れられなかった. コペルニクス説の利点はその見かけの単純さにあるが, プトレマイオス説では説明できず, コペルニクス説によってのみ説明できるという観察事実は見当たらず, その予言の正確さもプトレマイオス説とたいして違わなかった. 両者の違いは観察する際の座標の選び方によるのだが, コペルニクスはこのことをはっきり記述している. 当時恒星の視差を観測する手段を持たなかったことも, コペルニクス体系の弱点であった. コペルニクスの時代の人々にとっては, 地球から恒星への実際の距離は想像もつかぬほど大きいものだった.

コペルニクス体系がかかえる厄介な問題はその他にもあった. コペルニクス体系は, 太陽と惑星の軌道との距離を決定した. それは単に惑星の位置を予言するためだけの数学的手段ではなく, 諸惑星の軌道の真実の姿を示していた. とすれば, その広大な惑星軌道の存在する空間には, 「自然は真空を嫌う」(アリストテレス*) のだから, なにかがつまっているはずである. それはなにか, という問題があった.

ヨーロッパでは, 新旧を問わず全てのキリスト教信奉者が地動説に反対し, 神学による神の聖なる計画として, プトレマイオス説を採用していた. 1616年にガリレイの宗教裁判が始まった. ローマ教皇庁は『天球の回転について』を禁書に指定した. 人間は神の計画の中心にあるのだから, 人間の住む地球は宇宙の中心でなければならない. さらにコペルニクス説はアリストテレスの自然学にも抵触し, 支配的な思想全体の根幹を揺るがす危険を蔵していた.

パラダイムへの挑戦　コペルニクスの地動説は, 約150年をかけて次第に人々に受け入れられるようになった. コペルニクスの周転円と離心円を持った等速円運動による理論体系は否定されるが, コペルニクスの太陽中心説の科学的意義は大きく, それは惑星運動を理解するための新しい道を開いた. コペルニクスの体系によって惑星が軌道の上を回転する物体として考えられるようになり, のちのJ. ケプラー*たちの仕事を支えるもととなったのである. 今日では, コペルニクスは, 当時の支配的な世界像に挑戦した, 独創的で革新的な人物として高く評価されている.

コリオリ,ガスパール=ギュスターヴ
Coriolis, Gaspard-Gustave
1792–1843
コリオリの力の導出

フランスの物理学者.回転座標系における慣性力の一種である「コリオリの力」を見出した.この力は転向力とも呼ばれる.

経歴 コリオリはパリで生まれ,エコール・ポリテクニクに学んだ.1816年にエコール・ポリテクニクの講師となり,摩擦や水力学の研究に従事した.1829年にエコール・サントラル・パリ(中央工芸学校)の教授となる.機械の働きの研究を行い,1829年には『機械の効率の計算』を著している.コリオリは,「仕事」を現在の意味(力×移動距離)に定義し,運動エネルギーに $(1/2)mv^2$(m は物体の質量,v は速度)という正しい表現を与えたことで知られる.S. D. ポアソン*の弟子として最も有名な人物の1人.

コリオリの力 コリオリは1835年,回転座標系における物体の運動方程式を導いた.物体は回転座標系上で移動した際に移動方向と垂直な方向に移動速度に比例した大きさで力を受けるが,これは運動方程式を慣性座標系から回転座標系に座標変換したときに現れる慣性力の一種である.この力がコリオリの力,または転向力と呼ばれるものである.

コリオリの力は,慣性座標系で記述された運動方程式を回転座標系に座標変換することで自然に導けるものである.まず慣性座標系での座標を (x, y, z) と表す.ニュートンの運動方程式を成分表示したものは,
$$m\ddot{x} = F_x, \quad m\ddot{y} = F_y, \quad m\ddot{z} = F_z$$
と表される.この座標系に対して z 軸の周りに角速度 ω で回転している新しい座標系を (x', y', z') と書くと,もとの座標系との関係は $x' = x\cos\omega t + y\sin\omega t$, $y' = -x\sin\omega t + y\cos\omega t$, $z' = z$ と表せる.これを逆変換して (x, y, z) を (x', y', z') で表した式をもとの運動方程式に代入する.力 F についても回転座標系との関係式 $F_x = F_x'\cos\omega t - F_y'\sin\omega t$, $F_y = F_x'\sin\omega t + F_y'\cos\omega t$ に代入して変形し,回転座標系での運動方程式に変換した結果は
$$m\ddot{x}' = F_x' + 2m\omega\dot{y}' + m\omega^2 x'$$
$$m\ddot{y}' = F_y' - 2m\omega\dot{x}' + m\omega^2 y'$$
$$m\ddot{z}' = F_z'$$
と表され,右辺の第2項目以降に,慣性力と呼ばれる力が現れる.第2項が「コリオリの力」,第3項が「遠心力」に当たる.

地球の自転とコリオリの力 コリオリの力の具体的な例を図1に示す.地点Aから北に向かって発射された物体は,地球の自転の影響により,地点Bではなく水平方向にずれた地点B′に向かう.このため,地球表面から物体を観測すると,あたかも水平方向の力が働いているように見える.台風が北半球で反時計回りの渦を巻くのも,風が低気圧中心に向かって進む際にコリオリの力を受けて,中心からずれた地点に向かうことにより説明される.

このようにコリオリの力は地球の自転を証明することになるが,コリオリ自身がそれを意図したわけではなかったようである.コリオリの死後,フーコーの振り子で知られるL.フーコー*により,コリオリの考えに基づいて「自転の証明」がなされた.

図1 地球の自転とコリオリの力

コワレフスカヤ, ソフィア
Kovalevskaya, Sofia Vasilyevna
1850–1891

微分方程式の研究

ロシアの数学者. コーシー–コワレフスカヤの定理, コワレフスカヤのコマを発見, 土星の環の形, アーベル積分についての研究を行った.

図1　ソフィア・コワレフスカヤ

経　歴　当時のロシアでは, 女性は大学に進学することもできなければ, 父親や夫の許可なしに出国することもできなかったので, 17歳のときに偽装結婚してドイツに留学したといわれている. ベルリン大学の数学者, K. ワイエルシュトラスに学び, ゲッティンゲン大学で学位を得た.

コマの運動　コマとは, 一般に, ある固定点の周りを回転する剛体と定義される. オイラーのコマ, ラグランジュのコマがあり, 前者は無重力の環境で, 重心を固定点として自由回転する剛体, 後者はおなじみのコマで, 重力の存在下で, 固定点 (接地点) とコマの重心を結ぶ軸の周りを回転する. コワレフスカヤはこれらの他に新たなコマがあることを発見した. コマが回転運動するとき, 全エネルギーと, 角運動量の鉛直成分が保存する. これに加えて, オイラーのコマでは, 角運動量の大きさが保存し, ラグランジュのコマでは, 3成分の主慣性モーメントのうち, 2成分の間に $I_1 = I_2$ の関係があるとき, 角運動量の対称軸成分 L_3 が保存する. 下付きの数字は慣性主軸を表す. コワレフスカヤは, $I_1 = I_2 = 2I_3$ の関係があり, 重心が慣性主軸1と2で作られる平面内にあるときに,

$$\zeta_\pm = (\omega_1 \pm i\omega_2)^2 - \frac{mga}{I_1}(n_1 \pm in_2) \quad (1)$$

として, $\zeta_+\zeta_-$ という量が保存することを見出した. この量はコワレフスカヤ積分と

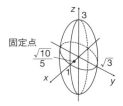

図2　コワレフスカヤのコマの例

よばれる. ここで, ω_1, ω_2 は角速度の主軸成分, n_1, n_2 は主軸ベクトル成分, m, g, a はそれぞれ, コマの質量, 重力加速度, 固定点とコマの重心との距離を表す. 図2に, 一様密度の場合のコワレフスカヤのコマの例を示す. J. リウビルはこの発見の後, 厳密解の得られる (可積分な) コマは, この3種類 (オイラー, ラグランジュ, コワレフスカヤのコマ) 以外にないことを証明した.

土星の環の研究　土星と土星の環のあいだに働くポテンシャルエネルギー V は, ラプラス方程式,

$$\nabla^2 V = \frac{\partial^2 V}{\partial x^2} + \frac{\partial^2 V}{\partial y^2} + \frac{\partial^2 V}{\partial z^2} = 0 \quad (2)$$

を満たす. P. S. ラプラス*は, 環の断面の形状を楕円とするなど, いくつかの近似を使ってこの方程式を解いた. しかし, コワレフスカヤは, ラプラスが, 近似の結果生じる計算誤差を評価しないで複数の近似を導入していることや, 環の断面の形に対する摂動については検討していないことなどに疑問を感じ, より詳しい計算を試みた. 環の断面の形状について,

$$z(\theta) = \beta\sin\theta + \beta_1\sin 2\theta + \cdots \quad (3)$$

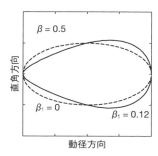

図3 土星の環の断面

のように級数展開すると, $\beta \neq 0$, $\beta_j = 0$, $j = 1, 2, \cdots$ のときは楕円状であるが, $\beta_1 \neq 0$ とすると卵型になる (図3). コワレフスカヤは, (2) 式を解いて, このときの係数 β, β_1 と土星の質量の間の関係式を導くことができた.

しかし, 土星の環の研究は未完に終わった. その理由は, 彼女自身がいうように, 計算があまりにも煩雑だったこと, もう一つの理由は, 当時, J. C. マクスウェル*も土星の環の研究を行っており, 環が小天体の集合体でなければ安定に存在しえないことを理論的に示したことであった. ラプラス, コワレフスカヤの研究路線では, 環を連続体と仮定していた. 土星の環についてのコワレフスカヤの研究の意義は, 新しい計算手法を開拓した点の方にあるといわれる. 楕円積分に対して級数展開を適用するなどの彼女の計算手法は, 友人の J. H. ポアンカレ*が利用した.

1883年以降はスウェーデンのストックホルム大学に移り, 教授職に就いた. 1890年暮れに, フランスのニースへの旅行から帰ってすぐにインフルエンザを発症し, 肺炎を併発して, 翌年1月, 41歳で死去した. 美人薄命とはまさにこのこと. A. ノーベルは, コワレフスカヤにふられたので, 腹いせのためにノーベル数学賞を設立しなかったとの俗説もある.

近藤 淳
Kondo, Jun
1930–
希薄磁性合金の電気抵抗極小 (近藤効果) の解明

日本の理論物理学者. 希薄磁性合金の電気抵抗極小 (近藤効果) の理論的解明で知られる.

経　歴　近藤は1930年に東京で生まれる. 1954年に東京大学理学部物理学科卒業. 1959年, 理学博士 (東京大学) を取得. 日本大学理工学部助手, 東京大学物性研究所助手を経て, 通商産業省工業技術院電気試験所/電子技術総合研究所 (現独立行政法人産業技術総合研究所) に入った.

1964年に希薄磁性合金の電気抵抗極小を理論的に解明し, その業績により, 1973年に日本学士院恩賜賞, 日本学士院賞を受賞した. その他, 仁科記念賞, 朝日賞, 藤原賞などを受賞. 2003年には文化功労賞を受賞している.

近藤効果　図1のAに示すように, 金属の電気抵抗は温度を下げるとともに減少していくのが普通だが, 金中に希薄な鉄を含む合金などのように, 希薄磁性金属合金の電気抵抗の温度変化は, 図1のBに示すように低温で抵抗極小現象を示すという現象が見つかっていた. この現象は, 1933年にW. J. ド・ハース*, J. ド・ブール, G.

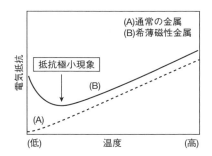

図1　希薄磁性金属の抵抗極小現象

J. ファン・デン・バーグが金の電気抵抗を測定したときに初めて観測された．その後の研究により，この現象は，金，銀，銅などに鉄，マンガン，クロムなどの磁性不純物を微量に加えた合金で起こることが明らかになったが，この抵抗極小の現象の機構は長年にわたって解決されずにいた．

電気抵抗率 ρ の温度変化は

$$\rho(T) = \rho_0 + aT^2 + c_m \ln\frac{\mu}{T} + bT^5$$

と書ける．ここで ρ_0 は残留抵抗，aT^2 の項は電子のフェルミ流体からの寄与，bT^5 の項は格子振動による寄与であり，a, b 及び c_m は定数である．近藤は第3項の対数発散する項を図2のような伝導電子と不純物スピンの相互作用を考慮することにより理論的に導いた．これを近藤効果とよぶ．

近藤理論　鉄などの磁性不純物の一番外側の電子殻である 3d 電子のスピンと，伝導電子の s 電子が相互作用するのが，s-d 交換相互作用である．近藤は，摂動の 2 次の効果まで考慮し，この相互作用が温度の対数に比例することを導いた．交換相互作用の係数が負のとき（すなわち相互作用が反強磁性的な場合），温度が減少するにつれて電気抵抗が増大することになり，電気抵抗の極小が説明できる．

近藤理論により温度が下がると共に電気抵抗は大きくなることが示され，抵抗極小問題は解決した．しかし，絶対零度ではどうなるかは問題として残された．これがその後 10 年以上にもわたって物理学者を悩ませた近藤問題であった．

近藤理論では，電気抵抗は絶対零度で無

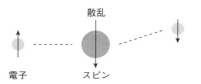

図2　磁性不純物のスピンによる伝導電子の散乱

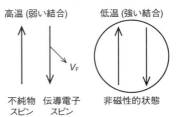

図3　高温と低温での伝導電子の磁気モーメントと不純物の磁気モーメントの結びつきの様子

(左) 高温での弱く結合した伝導電子の磁気モーメントと不純物の磁気モーメント．(右) 低温 (0 K 付近) では不純物の磁気モーメントと伝導電子の磁気モーメントが強く結合し，全体として非磁性的な状態にある．

限大に発散する．しかし，実際には有限値に留まる．これは低温においては，磁性不純物の磁気モーメントと伝導電子の磁気モーメントが反強磁性的に結合した一重項基底状態として磁性不純物の磁気モーメントが見かけ上消滅するためである．

近藤温度　近藤による磁気モーメントの交換相互作用による異常な振舞から，磁性不純物の磁気モーメントが非磁性的な状態へと移り変わる温度を近藤温度 T_K とよぶ．kT_K は磁性不純物の磁気モーメントと伝導電子の磁気モーメントの結合エネルギーに相当する．近藤温度は数 mK 程度の低いものから，1000 K 程度の高いものまである．

近藤効果の理論は，希土類化合物を中心とした重い電子系の研究でも重要な役割を果たしている．

最近，近藤効果は量子ドット系においても観測されている．少なくとも一つの不対電子を含む量子ドットは磁気的不純物と同じように振る舞い，量子ドットが金属の伝導体と結合したとき伝導電子がドットによって散乱される．これはこれまでの磁気的不純物による散乱過程と類似な現象である．

コンプトン,アーサー
Compton, Arthur
1892–1962

コンプトン効果の発見

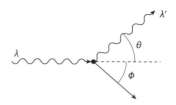

図1 コンプトン散乱

アメリカの実験物理学者.コンプトン効果の発見で知られ,この業績により1927年にノーベル物理学賞を受賞した.

経歴 コンプトンはアメリカのオハイオ州で生まれた.1920年からセントルイスのワシントン大学,1923年からはシカゴ大学で教職に就いた.

コンプトンは1922年に自由電子によって散乱されたX線の波長が長くなっていることを実験によって発見した.このコンプトン効果は光の粒子性を証明している.コンプトン効果の発見当時,1905年のA.アインシュタイン*による光量子仮説により,振動数νを持つ光は$h\nu$のエネルギーを持つ粒子としての性質を示すことが明らかになっていた.アインシュタインはさらに,光子は$h\nu/c$の運動量を持つと予想していたが,コンプトン効果の実験によりこの予想が裏づけられた.アインシュタインの光量子仮説は当初懐疑的な研究者が多かったが,コンプトン効果の発見に及んで多くの研究者が真剣に受け止めるようになった.

マンハッタン計画 第二次大戦中,アメリカ,イギリス,カナダが原子爆弾の開発・製造のために科学者,技術者を総動員した計画である.コンプトンはマンハッタン計画の主要メンバーであった.1941年から原子爆弾の製造に必要なウランの必要量と製造に関する委員会の委員長を務めた.ウラニウム–235を用いた原子爆弾とプルトニウムを用いた原子爆弾について検討を加えた.また,原子炉でウラニウムからプルトニウムを製造し分離する計画にも加わった.製造された原子爆弾は,1945年に日本の広島と長崎に投下されたが,広島に投下された原子爆弾はウラニウム–235を用いたものであり,長崎に投下された原子爆弾はプルトニウムを用いたものであった.第二次大戦後はセントルイスのワシントン大学の学長を務めた.

コンプトン散乱 波長λの入射X線が静止している電子に衝突し,入射X線に対してθの向きにX線が散乱され,ϕの向きに電子が速さvで跳ね飛ばされるとする.

X線などの光子(電磁波)の運動量pは
$$p = \frac{E}{c}$$
で表される.ここで,Eは光子のエネルギー,cは光速を表す.入射X線の方向と,これに垂直な方向の運動量保存の法則より,次式が成り立つ.
$$\frac{h}{\lambda} = \frac{h}{\lambda'}\cos\theta + mv\cos\phi$$
$$0 = \frac{h}{\lambda}\sin\theta - mv\sin\phi$$
ここで,λ'は散乱X線の波長,λは入射X線の波長,hはプランク定数,mは電子の質量である.

また,エネルギー保存の法則より次式が成り立つ.
$$\frac{hc}{\lambda} = \frac{hc}{\lambda'} + \frac{1}{2}mv^2$$
これらより
$$\lambda' - \lambda = \frac{h}{mc}(1 - \cos\theta)$$
が得られる.

衝突される電子が静止しないで運動量を持つ場合も,同様の考察から散乱されたX線のエネルギーと散乱角の関係がわかる.コンプトン散乱の角度分布やエネルギー分布を詳細に測定すると,X線を散乱させた

電子の持つ運動量を調べることができる.

電子の運動量分布を測定する方法として,陽電子消滅の際にほぼ正反対の方向に放出される二つのγ線の角度分布の測定がある.陽電子消滅角度相関法では,陽電子は正の電荷をもつので,対消滅する相手側の電子はほとんど価電子であるのに対し,コンプトン散乱法で測定される電子の運動量分布は,内殻電子と価電子の全体の運動量分布になる.

単結晶試料にコンプトン散乱法を用いると,金属のフェルミ面の測定ができる.

逆コンプトン散乱　電子がすでに高いエネルギーを持っているときは,電子が光子と衝突することで,電子の運動エネルギーが光子のエネルギーに移されることがある.このように光子の波長が短くなるようなコンプトン散乱の過程を逆コンプトン散乱という.これは,宇宙空間での高エネルギーγ線発生過程として重要なものである.

コンプトン波長　コンプトン波長は,質量mの静止した粒子と光子が衝突したとき,光子の波長の変化を表し,光子の散乱角が90°の場合に定義される.粒子の静止エネルギーと同じエネルギーを持つ光子の波長と同じである.

$$\lambda = \frac{h}{mc}$$

と表される.電子のコンプトン波長は$2.4263102389(16) \times 10^{-12}$ m である.コンプトン波長は,量子場理論で力を粒子の交換により説明するときに力の到達距離の目安となる.湯川秀樹*はそれに基づき中間子論を着想した.

宇宙線の研究　コンプトンはX線の研究を長く続けたが,後に宇宙線の研究に転じた.世界各地における宇宙線の強度分布を調べ,緯度効果を明らかにした.

坂田昌一
Sakata, Shoichi
1911–1970

二中間子論，坂田模型の提唱

日本の理論物理学者．二中間子論，C中間子仮説・混合場理論，くりこみ可能な相互作用の分類，坂田模型，名古屋模型，ニュートリノ振動などの先駆的な研究を遂行し，素粒子物理学の発展に貢献した．また，民主的な研究組織の構築や科学者による世界平和の運動に尽力した．

経　歴　坂田は東京で総理大臣秘書官（後に香川県知事，高松市長を歴任）の長男として生まれた．1933年に京都帝国大学を卒業．理化学研究所で朝永の指導を受けて研究を始める．1934年，大阪帝国大学助手に着任し，湯川の中間子論に関する第2論文から第4論文の共著者として中間子論の発展に貢献する．京都帝国大学講師を経て，1942年に名古屋帝国大学教授に就任．

二中間子論　1942年，核力の起源となる中間子と宇宙線による実験で発見された新粒子の違いを説明するために「二中間子論」を提唱した．同時にニュートリノも2種類存在することを予言した．1947年，C. F. パウエルらが行った宇宙線による実験で，井上健とともに提唱した模型が正しいことが確認された．この実験と前後して，R. E. マルシャク，H. A. ベーテ*も二中間子論を提唱した．現在では，π中間子が核力を媒介し，宇宙線で見つかった新粒子はμ粒子とよばれる電子と似た性質を有する粒子であることがわかっている．

C中間子論とくりこみ　1946年，原治，梅沢博臣と共に，電子の自己エネルギーの発散がC中間子とよばれる凝集力場の効果により打ち消されるような場の理論（混合場理論）を構築した．この理論は後に朝永振一郎*が「くりこみ理論」を生み出す際にヒントの一つになった．さらに，1952年，梅沢，亀淵迪と共に，くりこみ可能な相互作用の分類を行った．

1950年頃から，核子（陽子と中性子の総称）とπ中間子の衝突実験を通して，強い相互作用をする新粒子が数多く発見され，それらが「中野–西島–ゲルマンの法則」に従うことがわかった．中野–西島–ゲルマンの法則とは，1953年に，中野董夫，西島和彦*及び独立に M. ゲルマン*により提唱された法則で，電荷 Q，アイソスピンの第3成分 I_3，バリオン数 B，奇妙さ S とよばれる量子数の間に，

$$Q = I_3 + (B + S)/2$$

という関係が成り立つ．

坂田模型　1956年，原子核構造を参考にして，ハドロン（強い相互作用をする粒子の総称）は三つの基本粒子（陽子，中性子，Λ粒子）及びこれらの反粒子からなる複合粒子であるとする模型「坂田模型」を提唱した．坂田模型において，ハドロンが中野–西島–ゲルマンの法則に従っているのは，ハドロンを構成する基本粒子がその法則に従っているためである．

1958年，池田峰夫，小川修三，大貫義郎及び独立に山口嘉男により，強い相互作用を記述する理論として，坂田模型の基本粒子を同等に扱う $U(3)$ 対称性の理論が展開された．また，坂田模型は1964年にゲルマンと G. ツヴァイクが独立に提唱したクォーク模型の原型ともいえる模型である．

1960年，牧二郎，中川昌美，大貫と共に，当時知られていたレプトン（電子，μ粒子，ニュートリノ）とバリオン（陽子，中性子，Λ粒子）の間の対応関係を説明する模型「名古屋模型」を提唱した．

1962年に牧，中川と共に，名古屋模型の修正版である「新名古屋模型」を提案した．この模型において2種類のニュートリノが0でない質量を有していると仮定し，相互

作用の固有状態が質量の固有状態と異なることに起因して，ニュートリノ振動が起こることを予測した．さらに，バリオンの混合も考察されているため，Λ粒子の崩壊現象を理解するために中性子とΛ粒子の混合を仮定したカビボの理論の原型と考えられる．ニュートリノ振動の存在は1998年に梶田隆章らによりスーパーカミオカンデとよばれる神岡鉱山内の実験装置を用いて確認された．レプトンの世代混合を表す行列は「牧–中川–坂田行列」，3世代のクォークの世代混合を表す行列はその提唱者である小林誠*と益川敏英*に因んで「小林–益川行列」とよばれている．

坂田模型はハドロンが関与する反応過程を理解する際にも有用で，大久保進，ツヴァイク，飯塚重五郎により独立に発見された「大久保–ツヴァイク–飯塚則（OZI則）」とよばれる規則を用いてある種の崩壊過程が抑制されることがわかる．

「物の論理」　坂田は武谷三男の「三段論法」の認識論的意義を評価し，唯物論を拠り所とした独特な研究方法を採用した．具体的には，「形の論理」の背後には「物」と称される実体が存在すると考え，「物の論理」を追求した．坂田模型がその典型例で，中野–西島–ゲルマンの法則という「形」の背後にハドロンを構成する基本粒子という「物」が存在すると推論した．また，坂田学派とよばれる多くの弟子を育て，彼の精神は現在も受け継がれている．

1946年，名古屋大学理学部物理学教室の復興を民主主義に求め，教室憲章の制定に中心的な役割を果たした．1949年，日本学術会議の会員に選ばれ，後に原子力問題委員会委員長などを務め，原子力平和利用三原則の徹底などに尽力した．また，ストックホルムの世界平和協議会特別総会，ウィーンのパグウォッシュ会議に出席，科学者京都会議を開催するなど，科学者による世界平和の運動に貢献した．

佐藤勝彦
Sato, Katsuhiko
1945–

インフレーション宇宙論とマルチ宇宙

経歴　佐藤は林忠四郎*に「全ての現象を物理の基礎から研究する」方針で徹底して鍛えられた．主要な仕事は，初期宇宙論と，超新星爆発のメカニズムの解明である．これらは，素粒子論の革命的論文をいち早くキャッチしたことにつながる．佐藤が注目したのは，ワインバーグ–サラム（WS）理論〔⇒ワインバーグ〕の基礎になっている「自発的対称性の破れ」〔⇒南部陽一郎〕の機構であった．この理論において，温度（T：エネルギースケール）を時間（t）に置き換えれば，直ちに宇宙の初期の情報へ転換できることを，すでに大学院時代に意識しており，そこで起きる宇宙の相転移シナリオを，1978年には提唱している．

インフレーション宇宙〔⇒グース〕に関する最初の論文は1980年2月に投稿．そこでは相転移が起こす「宇宙の指数関数的膨張」であることを明確にし，これによって地平線が急拡大し地平線問題が解けることを示した．さらにこの急拡大によってバリオン・反バリオンドメイン構造をなす宇宙が消滅せず存在可能であることを示した．続けて，この指数関数的膨張による地平線の拡大によって宇宙の大構造の起源を説明できることを示した．7月には，A. H. グース*とH. タイの論文では見落とされた宇宙の「指数関数的膨張」によってモノポール問題が解決することを第3論文で明らかにした．

素粒子宇宙論　宇宙の情報から素粒子模型に制限を加える処方（小林誠*と共著）を大学院時代に提唱し，超新星とニュートリノ物理を連動させるなど，素粒子論の常套手段を確立した．南部陽一郎*と林忠四郎*を結合し，それを超えたといえよう．

サハ, メーグナード
Saha, Meghnad
1893–1956

サハの電離式の提案

インドの物理学者. サハの電離公式を導いた.

経歴 サハは1893年に現在のバングラデシュのダッカの近郊に貧しい商人の第5子として生まれ, 篤志家の医師の援助や奨学金を受けて学業を続けた. 1909年ダッカ大学に入学. その後カルカッタのプレジデンシー・カレッジでJ. C. ボースなどの指導を受けた. 同級生の中にS. N. ボース*がおり, いつもよきライバルであった. 1920年から2年間ヨーロッパに留学し, 1923年から1938年までアラハバード大学の教授, その後カルカッタ大学の教授になった. 1919年にサハの電離公式を提出した. またサハはアラハバード大学の物理学科やカルカッタ大学の原子核研究所などの創設に尽力した. インドの国立科学アカデミーやインド物理学会, インド科学研究所などの科学機関を組織することにも努めた.

サハは『科学と文化』誌を創刊し死ぬまで編集者を務めた. 科学者は象牙の塔に籠もりがちであるが, そうであってはいけないと考えるようになり, インドの科学技術の発展に尽力した.

サハの電離公式 気体の電離度を気体の温度, 密度, イオン化エネルギーの関数として求めたものである. プラズマ中でA原子に電子が衝突し, A^+イオンと電離した電子が生じる反応と, イオンと電子が再結合して元に戻る反応の式は

$$A + e^- \Leftrightarrow A^+ + e^- + e^-$$

と書ける. 熱平衡状態では質量作用の法則 (反応物質の各濃度の積と生成物質の各濃度の積との比は, 一定温度の下においては一定であるという法則) より, それぞれの数密度の間に

$$\frac{n_i n_e n_e}{n_A n_e} = \frac{n_e n_i}{n_A}$$
$$= \frac{(2\pi m_e k_B T)^{3/2}}{h^3} \frac{2g_i}{g_e} \exp\left(-\frac{eI}{k_B T}\right)$$

の関係がある. ここで, n_iはA^+イオン数密度, n_eは電子数密度, n_Aは原子Aの数密度, k_Bはボルツマン定数, hはプランク定数, Iはイオン化エネルギー, g_iはイオン基底状態の統計的重み, g_0は中性原子の基底状態の統計的重みである.

$$X = n_e/n$$

を電離度とすればサハの公式は

$$\frac{X^2}{1-X} = \frac{1}{nh^3}(2\pi m_e k_B T)^{3/2} e^{-I/k_B T}$$

と表される. $X=1$は気体中の分子が全て電離して中性分子がなくなった状態を示し, 完全電離とよばれる. 上記公式から温度Tが十分に高いと完全電離になり, 高温の星では, 電離度が大きくなることがわかる.

一方この公式から, 密度nが十分に小さくなっても完全電離になることがわかる. このため, 極めて稀薄な宇宙空間の星間ガスは完全電離プラズマの状態にある.

この式は宇宙物理学で, 星のスペクトルを研究する上で有用であった. 星の光のスペクトルから, 星の温度がわかり, 星を構成している元素のイオン化状態を知ることができる. 例えば, 太陽などの水素を主成分とする恒星では, 水素の電離度をスペクトルの測定から推定すれば, 恒星の温度を推定できる.

プラズマの研究では, 混合ガスや, 多価イオン状態を含むプラズマ中での電離度の研究にサハの電離公式が拡張して用いられている.

サマヴィル，メアリー
Somerville, Mary
1780–1872

天体力学をイギリスへ

スコットランド生まれのイギリスの数学者，天文学者．代表作は『天体の機構』(1831)．イギリス王立天文学会最初の女性名誉会員．

経歴・人物 メアリー・フェアファクス（のちのメアリー・サマヴィル）は，スコットランド（1704年にイギリスに併合されていた）のイギリス海軍大佐の娘として生まれる．ここは歴史的に学問的伝統の豊かな土地柄だったが，女子教育に関しては他の地域同様レベルが低く，少女メアリーは父の蔵書などから独学で数学と天文学を学んだ．

1804年に従兄弟のサミュエル・グレイグと結婚した後も学問を続けたが，夫の理解が得られずつらい日々を送った．3年後に2児を残して夫は他界し，メアリーは「裕福な未亡人」という自由な身分になる．彼女はこの時期に I. ニュートン*の『プリンキピア』や P. S. ラプラス*の『天体力学』を学び，ニュートンの科学を天文学に応用・発展させたフランス科学を本格的に学び始める．というのも，微積分の発見者の1人ニュートンの国イギリスでは，18世紀の天文学は観測の科学であり，解析学と天文学を関連させる方法は，むしろフランスのお家芸となっていたからである．

1812年にウィリアム・サマヴィルと再婚．ウィリアムは妻の向学心を歓迎し，以後夫妻は共に学問的な旅行やイベントに参加し，メアリーの科学研究が本格化する．フランス旅行では，ラプラスその人とも対面した．

科学界からの高い評価 こうして，1826年にはロンドン王立協会の学会誌に，1787年の C. L. ハーシェル*についで史上2番目の女性の論文として太陽光線の青から紫にかけての帯が磁気と関係するとした「高屈折性の太陽光線の磁力化について」が掲載された．1831年にはラプラスの『天体力学』の翻訳に，平易な解説をつけた『天体の機構』を出版した．これは J. ハーシェルなどの高名な天文学者たちから高い評価を得た上，高等数学や天文学のすぐれた教科書として，ケンブリッジ大学で使用された．この業績により，王立協会はその翌年にサマヴィルの胸像を協会の大ホールに設置することを決定した．ただし，彼女を会員にはしなかった．王立協会が女性会員を最初に認めたのは1945年のことである．

女性初の王立天文学会名誉会員 さらに1835年，"天文学における業績評価は男女平等である" という趣旨の宣言とともに，サマヴィルは女性初の王立天文学会の名誉会員に選出された．このとき，優れた観測天文学者であった C. ハーシェルも同時に選出された．

サマヴィルは天文学以外の研究も行い『自然諸科学の関連』(1834)は10版を重ね，『自然地理学』(1848)も7版を重ねた．90歳代でも，毎朝数学の研究を欠かさなかったという．死後の1879年に，オックスフォード大学は彼女の名をとった女子大学サマヴィル・カレッジを設立し，今日に至っている．

図1 メアリー・サマヴィル
(T. フィリップス作)

猿橋勝子
Saruhashi, Katsuko
1920–2007

微量分析の達人

日本の地球化学者. 東京生まれ.

経歴 17 歳で東京府立第六高等女学校 (高女) を卒業した後, 医学の道に進みたいと考えていたが, 親の意向で就職した. 当時, 高女卒業後に正規の高等教育機関に進学した女性は, 同年齢の女性の約 0.6% にすぎなかった. 猿橋は学問への思い断ち難く, 4 年の空白の後, 21 歳で新設の帝国女子理学専門学校 (現東邦大学理学部) に進学. 卒業後は, 中央気象台の研究所で地球化学の研究に携わり, 60 歳で定年退官するまで勤務.

海水中の炭酸物質の存在比に関する式 研究室での指導者・三宅泰雄の指導の下, 海洋における炭酸物質の研究を始める. 溶解している全炭素の量を測定するために, 猿橋は「微量拡散分析装置」を開発した. さらに, 各種炭酸の存在比を求めるために, それらの間の関係式を以下のように理論的に求める. 二酸化炭素は水に溶けると, 遊離炭酸 (H_2CO_3), 炭酸水素イオン (HCO_3^-), 炭酸イオン (CO_3^{2-}) の平衡混合物になる. この三つの炭酸物質の存在比をそれぞれ $F \equiv [H_2CO_3]$, $B \equiv [HCO_3^-]$, $C \equiv [CO_3^{2-}]$ とすると,

$$F/C = K_1'/[H^+]$$
$$C/B = K_2'/[H^+]$$

の関係があることを, 平衡条件などから導いた[1]. ちなみに, $F+B+C=100$ である. また, $[H^+]$ は水素イオンの存在比で, K_1' と K_2' はそれぞれ, 遊離炭酸及び重炭酸の解離平衡定数で, (a) 塩素 (Cl) 量, (b) 水温, (c) pH (水素イオン指数) の値に依存する. したがって, 水温と塩分濃度から

図1 科学を志した頃の猿橋

K_1' と K_2' がわかれば, F/C 及び C/B を知ることができる. さらに猿橋は, 異なる塩素量, 水温, pH に対する炭素物質の存在比 F, B, C を数値的に計算して表にした. 表は十数頁にわたるもので,「サルハシの表」として国際的な評価を得た. 計算機が普及するまでの 20〜30 年の間, この表は世界中の海洋学者に重宝された.

海洋の放射能汚染調査 1954 年, アメリカは太平洋マーシャル諸島のビキニ環礁で水爆実験を行い, 爆心地から 160 km の位置にいた日本の遠洋マグロ漁船・第五福竜丸を含め 10 隻余の船が被爆した. この水爆実験で生成された高濃度の放射性物質は, 北赤道海流に乗って移動しフィリピン沖に達する. そこから黒潮に乗って北上. 翌年夏には日本の南岸に至り, 日本近海は放射線で汚染された. 放射能はそこからさらに東に広がりアメリカ西海岸に到達する. しかし, 長い旅で放射性物質の濃度は薄められ, アメリカに届く頃には低くなる.

アメリカ・カリフォルニア大学の T. R. フォルサムは海水中のセシウム 137 の濃度を測定して発表. 一方, 三宅と猿橋は日本近海のセシウム 137 の濃度を報告. その値はフォルサムの値の 30〜50 倍だった. 猿橋らは日米の測定値の差を海流の解析で説明したが, アメリカの科学者たちは「海水で希釈されるので放射能汚染の心配はない」

と核実験の安全性を主張．猿橋らの測定は誤りだと批判した．そこで三宅はアメリカ原子力委員会に「同一の海水を用いた日米の相互検定」を申し入れ，猿橋は 1962 年から 1 年間，相互検定のためにカリフォルニア大学に招聘される．フォルサム相手に，微量放射性物質に対する分析測定法の精度を競った結果，猿橋の分析は高い精度を示し，フォルサムは猿橋の分析を高く評価するようになる．「微量分析の達人」の面目躍如の場面だ．2 人の結果は共著として発表．

猿橋賞の創設　猿橋は 1980 年に退官．翌年，女性として初めて，日本学術会議の会員に選出される．また，退官の年に「猿橋賞」を創設．この賞は，自然科学の分野で優れた研究業績をあげた 50 歳未満の女性科学者を毎年 1 人顕彰するもので，2014 年までに 34 人の女性が受賞し，励まされた．

女性研究者の地位向上への貢献　猿橋はまた，原水爆実験によってもたらされる人類の運命を憂えて，人道的な立場から核兵器廃絶を希求し，湯川秀樹*らが 1958 年に設立した「世界平和アピール七人委員会」の活動を支える．猿橋はさらに「日本婦人科学者の会」を創立．これは，わが国で初めての女性科学者の全国組織である．その目的には「女性科学者の地位向上」「世界平和に貢献」などが含まれる．猿橋は初の日本学術会議の女性会員として，「婦人研究者の地位委員会」を立ち上げる．大規模な全国調査を行い，「同じ業績でも女性は地位が低い」ことをデータで示した．これは新聞紙上でも紹介され，女性研究者の地位向上を学会が取り上げる契機となった．

■参考文献
1)　猿橋勝子：日本化学雑誌 **76**(11) (1955) 1294.

シェヒトマン，ダニエル
Shechtmann, Daniel
1941–

準結晶の発見

イスラエルの化学者，物性物理学者．準結晶の発見により，2011 年にノーベル化学賞を受賞．

経　歴　1941 年 1 月 24 日，イスラエルのテルアビブ生まれ．1972 年にイスラエル，テクニオン工科大学博士課程を修了し，1975 年より同大学に勤務している．1981 年から 1983 年にかけ，アメリカのジョンズ・ホプキンス大学滞在中に，準結晶を発見した．1999 年にウルフ賞物理学部門，2011 年には準結晶の発見によってノーベル化学賞を受賞した．

準結晶の発見　1982 年，ジョンズ・ホプキンス大学に訪問研究員として滞在中，Al-Mn 合金から正 20 面体に相当する 5 回対称性を持つ電子線回折像を発見した．準結晶とは，結晶でもアモルファス (非晶質) でもない物質の新しい存在形態である．周期構造を持つ結晶では許されないとされていた 5 回対称の対称性を持つ回折像を見出したことが，発見の端緒であった．

シェヒトマンらの準結晶発見を報告する論文は，1984 年に公刊されている．当時，「結晶には，1 回対称，2 回対称，3 回対称，4 回対称，6 回対称のものしか存在し得ない」という定理が広く定着していたので，このシェヒトマンの発見は大きな驚きをもって受けとめられた (ないしは，直ちには受け入れられなかった)．準結晶は，実は結晶のような並進対称性を持っていないので，その存在は結晶に関する先の定理とは何ら矛盾していない．

準周期性とフィボナッチ格子　準結晶は通常の結晶のような周期性も持たないものの，その回折パターンには鋭い回折スポッ

トが観測され，アモルファスのような乱れた構造ではなく高い秩序度を内包していることを示していた．そこで重要な役割を演じる概念として「準周期性」がある．準周期性の簡単な例として，1次元のフィボナッチ格子がある．

フィボナッチ格子とは，2種類の線分 (長い線分 (long; L) と短い線分 (short; S)) からなる1次元格子で，線分の配列は，以下のルールによりステップ毎に形成されていく．すなわち，「n 番目のステップでの L は $n+1$ 番目のステップでは LS に，n 番目のステップでの S は $n+1$ 番目のステップでは L になる ($L \to LS, S \to L$)」というルールである．最初，L 一つからスタートし，このルールを順次適用していくと，$F_1 = L, F_2 = LS, F_3 = LSL, F_4 = LSLLS, F_5 = LSLLSLSL, \cdots$ である．n ステップのフィボナッチ格子は，$n-1$ ステップのフィボナッチ格子の右に，$n-2$ ステップのフィボナッチ格子をくっつければ得られる．模式的には $F_n = F_{n-1} + F_{n-2}$ である．

このような決定論的なルールに従って作られる1次元フィボナッチ格子は，いかなる周期性も持っていない．すなわち，n ステップでの L の個数を N_n とすると，L と S の個数の比は N_n/N_{n-1} となるが，上述のルールから，$N_{n+1} = N_n + N_{n-1}$ というフィボナッチの漸化式が成立し，比 N_n/N_{n-1} は，n が十分大きい極限では黄金比 $\tau = \frac{1+\sqrt{5}}{2} \simeq 1.618\cdots$ に漸近することになる．黄金比は無理数なので，L と S の配列からなるフィボナッチ格子は，L と S のいかなる組み合わせをユニットとした繰返し構造も持ちえない．

準結晶の性質　その後，Al–Mn 合金以外の様々な物質において，5回対称以外の対称性のものも含めて (8回, 10回または12回対称) 続々と準結晶が見出され，結晶でもなくアモルファスでもない新たな物質の存在形態としての準結晶の存在は，現在では十分確立している．

準結晶構造を与える分子の配列モデルとして，1次元のフィボナッチ格子に加え，数学者 R. ペンローズ*によって提唱されていた「ペンローズタイル張り」が著名である〔⇒ペンローズ〕．他にも，平面や空間を複数種類のユニットでランダムに覆い尽くす「ランダムタイル張り」モデルが知られている．いずれも，分子配列に周期性を持たずに，しかし鋭い回折パターンを与える構造になっている．

一般的に，準結晶の原子配列は，高次元空間の結晶構造を，その結晶の対称軸に平行でない低次元空間に射影することで得られる．1次元のフィボナッチ格子は，2次元の正方格子上に傾き τ の直線を描き，正方格子の断面の格子点をその直線上に射影することにより得られる．またペンローズタイル張りは5次元の周期格子から2次元への射影によって，3次元の準結晶構造は6次元の周期格子から3次元への射影によって，作ることができる．

準結晶はこのように特異な原子配列を持っているため，通常の結晶と比べての物性に興味が持たれる．原子配列に周期性を持たないために，原子面が滑りにくく，劈開しにくい．そのため，準結晶は一般に固く変形しにくい．通常の金属が熱や電気をよく通すのには，金属を形成する原子が周期的な結晶配列をしていることが寄与しているが，周期性も持たないことを反映して，準結晶は熱や電気をあまり通さない．例えば，アルミニウム，銅，鉄はいずれも良導体であるが，これらからなる準結晶 Al-Cu-Fe では電気抵抗が10万倍程度大きくなる．温度が低くなるほど電気抵抗が大きくなるのも，通常の金属とは逆の性質である．

ジェルマン，ソフィー・マリー
Germain, Sophie Marie
1776–1831

時代を先駆けた女性数学者

パリの富裕な商人の家に生まれたフランス人女性数学者．フェルマーの最終定理の証明に関する貢献で有名．音響学と弾性体の数学的な理論でも業績を遺している．

ソフィー・ジェルマンの定理　フェルマーの最終定理とは，「$n \geq 2$ の整数 n に対し，方程式 $x^n + y^n = z^n$ は $n=2$ 以外に x, y, z が自然数となる解を持たない」というもの．1637年頃フェルマーが「証明した」と書き記したが，最終的な証明は1994年になされた (A. ワイルズ)．ジェルマンは「ジェルマン素数 (Germain prime) n に対して，$x^n + y^n = z^n$ が成り立つならば，x, y, z のどれかが n で割り切れる」というソフィー・ジェルマンの定理を証明した．ここで，素数 p がジェルマン素数であるとは，整数 $2p+1$ も素数である場合をいう．例えば，2, 3 はジェルマン素数であるが，7, 13 は違う．この定理により，最終定理関連の歴史上初めて，個別の n に対してではなく，ある集合に属する n に対する攻略法を示したのだ．

経歴・人物　科学における女性の立場が劣悪だった時代，後世に名が残る女性科学者の多くは，近親者に大学教授がいるなど，学問に理解のある環境に置かれていた．その点でジェルマンは例外的な存在であり，かつ正規の高等教育を全く受けず，独学で画期的な業績を残した稀有な例であった．

13歳の頃から，父の蔵書により独学で数学や L. オイラー*，I. ニュートン*の著作などを学び始めた．ジェルマンの両親は，彼女に勉学をやめさせるため，冬に衣類，灯り用のロウソク，暖を取るための設備など

図1　ジェルマン 14 歳のときの肖像画
(*Histoire du Socialisme*, c.1880)

を彼女の部屋から隠したりしたが，布団のカバーにくるまり，隠しておいたロウソクの灯を使って深夜に勉強を継続した．

偽名での研究　1794年，名門のパリ理工科大学が開校．当時は女性に入学資格はなかった．同校の教科主任であった J. L. ラグランジュ*は，ルブランという男子学生から送られる数学レポートの内容が，ある日を境に劇的によくなるという不思議な体験をした．また1804年のある日，大数学者 C. F. ガウス*の下に，ルブランという男性から，数論に関する成果が送られてきた．内容に感心したガウスは，彼と研究上の文通を始めた．その4年後，ガウスは文通相手の姓がルブランではないことを知った．それどころかその人物は，「彼」ですらなく，「彼女」だったのだ．ルブランとは，ラグランジュの不思議な体験直前まで理工科大学に在籍した元学生の実名である．性別を伏せた方が数学を公平に評価してもらえる，と判断したジェルマンが用いた偽名だったのだ．

晩年　ガウスの尽力により，ゲッティンゲン大学からジェルマンに名誉博士号を贈ることが決まっていたが，直前に彼女はパリで息を引き取った．現在，パリには彼女の名前を冠した学校や通りが存在する．

シーグバーン,カール・マンネ
Siegbahn, Karl Manne Georg
1886–1978

X線分光学への貢献

スウェーデンの物理学者.X線分光学の分野の研究で大きな成果をあげた.息子のK.シーグバーンは高分解能光電子分光法の開発で1981年ノーベル物理学賞を受賞している.

経歴 シーグバーンはスウェーデンのエーレブルーに生まれ,ルンド大学で学んだ.1907年から1911年までJ.R.リュードベリ*の助手を務めた.その後,ルンド大学,ウプサラ大学の教授になり,1924年には「X線分光学における研究および発見」によりノーベル物理学賞を受賞した.X線分光学の分野でX線装置の改良などに業績をあげた.

その後研究の分野を原子物理の分野に移して1939年にサイクロトロンの建設を行った.国際的にも活躍し,1938年から1947年まで国際物理学会の会長を務めた.

特性X線 X線管球などのX線発生装置から放出されるX線には,図1に示すように,連続スペクトルを持つ白色X線と,原子特有のエネルギーを持つ特性X線がある.特性X線は電子構造と対応づけて,1s電子準位に上の電子準位から電子が遷移したときに放出される特性X線をK系列,2s,2p電子準位に遷移したときに放出される特性X線をL系列などと表される.シーグバーンの表記法では,K殻の電子準位にL_3殻の電子が遷移するときに放射される特性X線を$K_{\alpha 1}$線,L_2殻の電子のときを$K_{\alpha 2}$線などと表す.

シーグバーンの精密なX線のエネルギー測定は,量子力学や原子物理学の発展に寄与した.

波長計測の長さ単位シーグバーン X

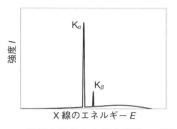

図1 X線発生装置から出る特性X線と白色X線

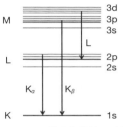

図2 電子構造と特性X線

線単位(記号:xu)は,かつてX線・γ線の波長の計測に使用されていた長さの単位である.約100.21フェムトメートルに相当する.1925年にシーグバーンによって定義されたもので,この単位はシーグバーンともよばれる.X単位ともいう.

X線単位は,X線の波長の測定装置で使われる方解石の結晶の格子間隔に基づいて定義したものであるが,実際にその長さを測定することは当時はできなかった.シーグバーンは結晶の密度とアヴォガドロ数から,18°Cの方解石の(200)面の格子間隔を計算し,1オングストローム(Å)(100フェムトメートル)に相当する値として格子間隔の1/3029.04をX線単位と定めた.実際には,アヴォガドロ数の誤差などにより100フェムトメートルよりもわずかに大きい値となっている.しかし,それまでに得られた膨大なX線の波長のデータを全て書き換えるのは大変であることと,二つの単位の差が小さいため,これまでの単位をX線単位として残すことにした.

志筑忠雄
Shizuki, Tadao
1760–1806

日本にニュートン力学を初めて紹介

江戸時代中期の蘭学者．ニュートン物理学の解説書を翻訳した『歴象新書』（1798–1802）が有名．この書は単なる翻訳ではなく，「忠雄曰く」として陰陽五行説と気の思想に基づく独自の自然観や太陽系の形成に関する星雲仮説などを披瀝している．

経　　歴　長崎の中野家に生まれたが，幼少時にオランダ通詞の志筑家の養子に出され，1776年に養父の跡を継いで稽古通詞（通訳見習い）になった．その後，病弱を理由に通詞職を退いて，本木良永に弟子入りする．本木はN. コペルニクス*の地動説を初めて日本に紹介した人物である．当時蘭書を訳した通詞はみなそうであったように，本木も本業が通詞で翻訳はあくまで余技であった．しかし弟子の志筑は異なっていた．通詞職を辞めて専ら翻訳をしながら蘭学の研究に勤しんだからだ．

『歴象新書』　志筑の『歴象新書』の原書は，イギリスのJ. A. キール（オランダ語読みでケイル）の『真正なる自然学および天文学への入門書』（1725年）のオランダ語訳（1741年）が底本になっている．しかしその全訳ではなく数章の部分訳である．

ケプラーの3法則とニュートンの運動の3法則が，上・中・下の各編に順不同で散見される．数式は使われず具体的な数値の関係から説明される．また彼が独自の計算や簡単な測定を行っていたことが窺い知れる．例えば地球–太陽間の平均距離を10万として，5惑星の楕円軌道の平均半径についてJ. ケプラー*，I. ニュートン*，キールらの計算値を一覧表にしている．これに加えて天動説に基づく中国の書『天経或問』のデータから，志筑自身が三角算術で算出した計算値を加えている．これをみると地動説に基づく計算表の間には大差はないが，天動説の計算表と比べると大きく違っている．ただし志筑本人は，データを併記するだけであえて優劣を論じてはいない．

西洋科学への視線　総じて志筑がニュートン物理学の内容をよく理解していることはわかるが，これを陰陽五行説で解釈しようとしているところに彼の苦心が見られる．例えば地動説と天動説を比べて天動説は目で見た観察に合うが，地動説は，表層的な現象の基層にある窮理（自然学のこと）に基づく見解であるとしている．陰陽思想に従うと「天は陽なり，地は陰なり．動は陽に属し，静は陰に属す」から地は動かないことになってしまうが，西洋の地動説の説明は理を持って丁寧に説明していることから無下に間違いであると退けるわけにはいかないとも述べている．真空についての説明も興味深い．まず「宇宙ノ間常ニ真空ト実素（物質）トノ二アリ」としながら「真空はあるがごとくなきがごとく」と曖昧になる．しかし彼が真空を認めていないことは水銀気圧計の説明の所でわかる．彼は，E. トリチェリ*の真空には確かに空気はないが，ガラス管を通り抜けて気が入り込んでいて真空ではないと説明しているからだ．その証拠として志筑は，この空間部分を太陽光（物質）が通り抜けることができるからだ，と説明している．

現代に生きる物理"造語"　キールの本がヨーロッパの大学の教科書として読まれていたのとは対照的に，志筑の訳述書はすべて写本で伝えられただけなのでその影響は少なかった．それでも吉雄常三（南皐）『遠西観象図説』や帆足万里の『窮理通』などにその影響がみられる．しかし評価すべき彼の後世への貢献は，翻訳過程で造語した重力，引力，真空，分子などが現在の物理用語の中に生き続けていることだろう．

シーベルト，ロルフ・マキシミリアン
Sievert, Rolf Maximilian
1896–1966
放射線が人体に与える影響

スウェーデンの物理学者.

経　　歴　機械製品卸業を営むドイツ生まれの父とスウェーデン人の母の間に生まれる．ウプサラ大学などに学びながら，ストックホルムに設立されたラジウム研究所で働き，線源周辺のγ線強度分布や，生物に及ぼす放射線の影響を研究し大きな功績を残した．これらの功績により，放射線の生物学的影響の大きさである被曝線量を表す国際単位系としてSv（シーベルト）が定義された．1924年に同研究所物理研究室室長，1941年放射線防護研究所所長．1924年に同研究所物理研究室室長，1956年(–62) ICRPの委員長を勤めた．L. H. グレイ*とは1940年ごろから交流があった．

放射線の等価線量　放射線が物質に持ち込むエネルギー（吸収線量）の単位として，物質の単位質量当りのエネルギー[J/kg]という単位はGr（グレイ）とよばれる．この放射線量は物理的に明確に定義されているが，放射線を被曝した場合の生体への影響は放射線の種類によって異なる．細胞に対する影響などを考慮して，国際放射線防護委員会(International Commission on Radiological Protection: ICRP)は放射線防護のため放射線の種類による放射線荷重係数（β, X, γ線では1，中性子，α，重粒子では5〜20）を定めている．この係数を吸収線量(absorbed dose)にかけた量を「等価線量」(equivalent dose)とよび，この単位をシーベルトSvで表す．生物学的な影響を議論するときには，単位Svは大きすぎるので，通常はmSv（ミリシーベルト）またはμSv（マイクロシーベルト）が用いられる．

実効線量　同じ線量を全身に浴びた場合と内部被曝などにより身体の一部分に浴びた場合では，その生物学的な影響は異なる．そのため，部分的に被曝した場合の影響を全身に浴びた場合の影響に換算するには，組織ごとの等価線量に組織荷重係数w_Tをかけた「実効線量」を用いる．その単位もSvである．w_Tは総和が1になるように規格化されている．

外部被曝と内部被曝　外部被曝の場合は，ある量の放射線（問題となるのはγ線）を出している放射性物質が存在すればその近くでは放射線量も大きいが，一般的に距離の2乗に反比例して弱くなる．ある地点において，1時間滞在した場合のこれらの放射線の与える影響を表す単位としてSv/hを用いる．

それでは放射性物質を体内に取り込んだ場合（内部被曝という）の生物学的な影響はどのように評価すればいいのだろうか．放射性物質がどれだけの放射線を出しているかを表す単位はBq（ベクレル）である．これは不安定な原子核が単位時間に何個崩壊するかを表している．汚染された食品などの放射能を表す場合は，単位質量当りで表現してBq/kgを用いる．

生物学的な影響を議論するには，体内に取り込んだ放射性物質の半減期，また体内から排出されるまでの生物学的半減期などを考慮して，大人の場合は50年間（子供の場合は70歳になるまで）でどれだけの量の放射線量を浴びるかを求めて単位Svで表す．取り込んだ放射性物質の放射能(Bq)と生物学的な影響を表す量(Sv)の比を実効線量係数(Sv/Bq)とよぶ．この係数は放射性核種に依存し，また摂取方法が「経口摂取」か「吸入摂取」かにも依存する．

■参考文献
1) ICRP Publication 103 (Anals of the ICRP, 2007)

ジーメンス，ヴェルナー・フォン
Siemens, Werner von
1816–1892

ドイツの電気工学の父，実業家

ドイツの電気工学者，発明家，実業家．コンダクタンスなどのSI単位ジーメンスに名を残している．また，電機・通信・鉄道車両の大手企業シーメンスの創業者でもある．

経歴　ジーメンスはドイツのハノーファー近郊のレンテで生まれる．14人兄弟の4番目だった．

陸軍に入隊して工学を学ぶ．陸軍にいる間に，電磁式指針電信機を発明した．これはそれまでのモールス信号による通信法に代わって，電磁式の針が文字を指し示す方式の電信機である．

戦争から戻るとそれまでの発明を基にして事業を起こした．1847年にベルリンで，精密機械技師J. G. ハルスケと共にジーメンス・ハルスケ社を創業した．ジーメンスの兄弟たちも参加して，国際的に手広く展開し，世界的な会社となった．日本での表記はドイツ語読みのジーメンス社から，英語読みのシーメンス社になっている．

ジーメンス・ハルスケ社は1848年にベルリンとフランクフルト間の500 km以上の距離にわたる電信線の敷設を受注したほか，ロシアのバルチック海から黒海までの電信線網や，イギリスとの海底ケーブルの敷設などに成功した．

電気工学分野での多数の発明　ジーメンスは電磁式指針電信機以外にも電気工学分野で様々な発明・開発を行っており，ドイツにおける電気工学の父とよばれている．1866年には，自励式自動発電機（ダイナモ）を発明し，電気を用いた機器の実用化に大きな貢献をした．1877年には，電流を振動に変換するコイルの特許を取得している．1920年代にアメリカのベルシステム社のE. ヴェンテらがこの発明を利用してダイナミック型スピーカーを発明した．

ジーメンスは1879年には，2本のレールの真ん中に第3のレールを設け地上の固定電源から給電する方式の電気機関車を開発した．1880年には，世界初の電気式エレベーターを開発している．1882年にはトロリーバスの前身となる電気バスの試験走行を行っており，トロリーバスの生みの親とされている．W. C. レントゲン*がX線の研究に使った放電管はジーメンス社製だった．

国立理工学研究所の設立　ジーメンスは国立理工学研究所の設立に大きく貢献した．1882年に招集された国立研究所の計画を詳細に協議するための会議に，このとき工学家としても既に大きな社会的名望のあったジーメンスが参加した．この会議の結果，1883年に精密自然研究と精密工学の実験振興のための研究所設置の建白書ができた．ジーメンスは土地と50万マルクの資金を寄付するとの書簡を提出した．これにより，国立理工学研究所が実現した．1887年には研究所が仕事を始めた．初代総長はH. ヘルムホルツ*であった．

コンダクタンスなどの単位：ジーメンス　ジーメンス（記号: S）は，コンダクタンス，アドミタンス，サセプタンスの単位で，SI組立単位の一つである．1971年の第14回国際度量衡総会において，ジーメンスをSI組立単位に導入することが採択された．

1アンペアの直流の電流が流れる導体の2点間の直流の電圧が1ボルトであるときのその2点間の電気のコンダクタンスは1ジーメンスである．

単位モー　コンダクタンス，アドミタンス，サセプタンスの単位として，かつてはモー (mho) が用いられていた．これはオーム (ohm) を逆につづったもので，ムオーと読まれることもある．1モーは1ジーメンスに等しい．単位記号はΩの上下を逆にした℧が用いられた．

シャノン,クロード
Shannon, Claude Elwood
1916–2001

情報理論の父

人物 アメリカの電気工学者,数学者であり,情報理論の考案者.情報,通信,暗号,データ圧縮,符号化など情報科学の基本項目に先駆的研究を残し,A. M. チューリングや J. フォン・ノイマン*らと共に今日のコンピュータ技術の基礎を作り上げた最大の功績者の 1 人とされる.シャノンの功績は 20 歳代の頃に集中しており,現在の情報工学の基本科目として教えられている多くの内容の出発点となっている.

論理回路 1937 年にマサチューセッツ工科大学に提出した修士論文 "A Symbolic Analysis of Relay and Switching Circuits" において,電気電子回路と論理演算の対応を示した.スイッチのオンとオフを真偽値に対応させると,その直列接続を AND に,並列接続を OR に対応することを示し,論理演算がそのような回路の組合せで実行できることを示すことで,論理回路の概念基礎を作った.それ以前の電話交換機などが職人の経験則によって設計されていたものを一掃し,ブール代数と等価な理論に基づく回路設計を行えるようにした.その整備された形としての「論理回路」は現在でも情報工学の学部学生が最初に学習するカリキュラムとなっている.ハーバード大学教授の H. ガードナーは,この論文について「たぶん今世紀で最も重要で,かつ最も有名な修士論文」と評した.ただし,わずかな時間差であるが,中嶋章による発表の方が先行しており,独立な成果か否かは不明とされている.

情報理論 1948 年ベル研究所在勤中に論文「通信の数学的理論」を発表し,それまで曖昧な概念だった「情報」(information) を定義し,情報理論という新たな数学的理論を創始した.これは翌年 W. ウィーバーの解説をつけて同名 (ただし "A" が "The" に変わった) の書籍として出版されたが,ここで,シャノンは通信における様々な基本問題を取り扱うために,情報量を事象 i の起こる確率 p_i の逆数の対数 $\ln(1/p_i)$ の期待値として定義し,連続して起こる確率事象の情報量の期待値,すなわち平均情報量

$$H = -\sum_{i=1}^{n}(p_i \ln p_i) \qquad (1)$$

としてエントロピーの概念を導入した.またここで,情報量の単位としてビットを初めて使用した.そして,ノイズがない通信路で効率よく情報を伝送するための符号化について考察し,その符号長の下限が (1) 式のエントロピーを拡大情報源に適用したときの極限値で与えられることを示した.これを情報源符号化定理,またはシャノンの第 1 基本定理とよぶ.さらに通信路符号化定理,またはシャノンの第 2 基本定理として,ノイズがある通信路で,伝送容量より遅い伝送速度を用いれば誤りのない伝送を可能にする符号が存在することを示した.これらはそれぞれデータ圧縮の分野と誤り訂正符号の分野の基礎理論となっている.これらの定理は現在,携帯電話などでの通信技術の基礎理論となっており,その後の情報革命とよばれる情報技術の急速な発展の出発点となった.

標本化定理 アナログデータをディジタルデータへと変換するとき,一定間隔で離散データを取り出す (サンプリングする,と言う) が,これにより大事な情報が失われる懸念がある.しかし元データに含まれる周波数の大きさに上限があれば,その値の 2 倍を超える周波数に対応する間隔で離散データに変換することにより,情報の損失をなくせる,つまり元のアナログデータを完全に復元できることを 1949 年の論文 "Communication in the Presence of Noise" の

中で証明した．この標本化定理は 1928 年に H. ナイキストによって予想されており，またシャノンの証明発表の同時期に複数の人が証明しているが，英語圏では「ナイキスト–シャノンの標本化定理」という名前で知られている．標本化定理は，コンパクトディスク (CD) を始めとしたあらゆるデジタル化技術の基礎となっている．例として，原信号に含まれる周波数が最高で 22.05 kHz の場合，その 2 倍の 44.1 kHz よりも高い周波数で標本化すれば，原信号を完全に復元可能であることが CD の回転数 (1 秒間に 44100 回超) を決めているのである．

暗号・人工知能・人間乱数　1949 年に論文「秘匿系の通信理論」を発表し，情報理論的に解読不可能な暗号について数学的な証明を与えている．さらに，1949 年にコンピュータチェスに関する画期的な論文「チェスのためのコンピュータプログラミング」を発表し，力づくの総当たりでなくコンピューターがチェスをする方法を示した．そこでは，ゲーム展開の局面を探索木 (search tree)，すなわち「ゲームの木」を用いて追跡し，各局面を評価関数で定量化したうえで，ミニマックス定理を適用するものであった．この論文は，コンピュータゲーム設計の原典となった．また，ヒトが作る乱数とコンピュータに発生させた乱数とは異なる特徴を持つことを利用した「人間乱数」の実験を行い，ヒトの脳とコンピュータの違いから機械による成り済ましを見破る可能性を指摘した．

このように，情報科学全般の基礎を確立した成果を次々発表して権威ある賞を総なめにし，1985 年には京都賞を受賞した．

シュタルク，ヨハネス
Stark, Johannes
1874–1957

シュタルク効果の発見

ドイツの物理学者．シュタルク効果の提唱者．陽極線のドップラー効果及びシュタルク効果の発見により 1919 年にノーベル物理学賞受賞．

経　歴　ミュンヘン大学で物理学，数学，化学，結晶学を学び，1897 年学位取得．1900 年からゲッティンゲン大学助手．1905 年に陽極線 (高速イオン線) 中にある水素原子からの発光スペクトル (バルマー線) が，観測方向により長波長側，あるいは短波長側に広がることを見出した．これは地上光源で初めて見つかったドップラー効果である．1909 年アーヘン工科大学の教授となる．

原子のシュタルク効果　1913 年，陽極線中にある水素原子が強い電場中を通るとき，発光スペクトルが広がることを見出した．これは，電場により水素原子のエネルギー準位がシフト，分裂するためで，シュタルク効果とよばれる．磁場による原子スペクトルのシフト，分裂はこれより先に発見され，ゼーマン効果として知られていた〔⇒ゼーマン〕．電子は軌道角運動量，あるいは，スピン角運動量に伴う磁気双極子モーメントを持つため，角運動量の磁場方向の射影である磁気量子数 m と磁場の強さの積に比例した 1 次のゼーマン効果を示す．一方，電子の軌道波動関数はパリティーの固有状態で，電気双極子モーメントの対角要素は 0 となる．つまり，永久電気双極子モーメントを持たない．このため，1 次のシュタルク効果はなく，印加電場の 2 乗と m^2 の積に比例した 2 次のシュタルク効果を示す．しかし，水素原子の励起状態は例外で，パリティーが正と負の状態が (非相対論的量子力学の範囲で) 縮退している．こ

のため，印加電場に比例した 1 次のシュタルク効果を示す．

その他のシュタルク効果　原子と異なり，永久電気双極子モーメントを持つ分子は珍しくない．電場を印加して分子の振動遷移や回転遷移を観測し，そのシュタルク効果を利用して，分光計の感度向上，遷移の同定，永久電気双極子モーメントの決定を行える．対称コマ分子 (3 本の主慣性モーメントのうち二つの値が等しい分子) では，パリティーが正と負の状態が縮退しており，μE に比例した 1 次のシュタルクシフトをする．ここで μ は永久電気双極子モーメント，E は印加した電場強度である．

静電場だけでなく，交流電場でもシュタルク効果は観測される (AC シュタルク効果，ダイナミックシュタルク効果，オートラー–タウンズ効果)．許容遷移に近い周波数を持つ強い電磁波を照射すると，遷移の上下準位のエネルギーが $(\mu' E')^2$ に比例してシフトする．その符号は離調の符号により変わる．ここで，μ' は遷移電気双極子モーメント，E' は電磁波の電場振幅である．

原子や分子の電気双極子モーメントを D (デバイ) 単位で表すと数値が 1 程度となるため広く用いられている．$\mu = 1\mathrm{D} = 3.3356 \times 10^{-30}\ \mathrm{C \cdot m}$ に，電場 $E = 1\ \mathrm{V/cm}$ を印加すると周波数に換算したシュタルクエネルギー $\mu E/h$ は 0.5MHz となる．

人　　物　1924 年，台頭してきたヒトラーへの支持を表明し，1930 年にナチスに入党．A. アインシュタイン*や W. ハイゼンベルク*(彼はドイツ人だが，アインシュタインの相対論を支持した) のユダヤ物理学に対抗してドイツ物理学運動を起こし，ドイツ物理界のリーダーを目指した．1933 年から 1939 年まで国立物理工学研究所所長，1934 年から 1936 年までドイツ学術助成会総裁を務める．1945 年，ナチスが倒れ，1947 年非ナチ化法廷で 4 年の懲役刑の判決を受けた．

シュテファン，ヨーゼフ
Stefan, Joseph
1835–1893

黒体放射に関する法則

人　　物　オーストリア国籍のスロベニア人物理学者，数学者．黒体放射に関するシュテファン–ボルツマンの法則を発見．また，詩人としても著名で，スロベニア語の詩を数多く出版している．

シュテファン–ボルツマンの法則　あらゆる物体はその温度に応じた電磁波を放射し，温度が高くなれば電磁波の波長が短くなり，赤色から青色に変化していく．これを黒体放射という〔⇒ウィーン〕．シュテファンはこの現象を実験的に解明するため，過去に行われた実験結果を踏まえた上で，自らも白金の針金に電流を流して赤熱させるなどして実験を行った．この結果，黒体の表面から放射されるエネルギーフラックス (単位面積から単位時間当りに放出される電磁波のエネルギー) が，その黒体の熱力学温度 (絶対温度) T の 4 乗に比例するという関係式を 1879 年に提出した．

この関係式は，その後シュテファンの弟子である L. E. ボルツマン*が 1884 年に理論的な証明を与えたので，シュテファン–ボルツマンの法則とよばれている．

$$I = \sigma T^4$$

ここで，I はエネルギーフラックス，σ はシュテファン–ボルツマン定数で $\sigma = 5.670373 \times 10^{-8}\ \mathrm{Wm^{-2}K^{-4}}$ である．

電磁気学によると電磁波はその粒子的側面として，エネルギーだけでなく運動量を持っている．従って電磁波は，閉じ込められた容器に圧力 p を及ぼす．この圧力と電磁波のエネルギー密度 (単位体積当りのエネルギー) u の間には，$p = u/3$ の関係が知られている．一方，熱力学ではエネルギー

方程式という関係式が知られている：
$$\left(\frac{\partial U}{\partial V}\right)_T = T\left(\frac{\partial p}{\partial T}\right)_V - p$$
ここで，U はエネルギー，V は体積である．電磁波の場合この左辺はエネルギー密度 u そのものであるので，この式に $p = u/3$ を代入すると，以下の関係式が得られる．

$$u = \frac{1}{3}T\frac{du}{dT} - \frac{u}{3}$$
$$4u = T\frac{du}{dT} \qquad \frac{du}{u} = 4\frac{dT}{T}$$
$$\log u = 4\log T + C$$
$$u = aT^4$$

ここで，C，a は定数である．物体の表面からはあらゆる方向の電磁波が放射されるので，特定の立体角へ放射されるエネルギーフラックス I はエネルギー密度 u に比例すると考えてよく，この関係式でシュテファン–ボルツマンの法則を示したことになる．

シュテファンはこの法則を用いて，太陽の表面温度を 5430°C と推定した．これは太陽表面温度の初めての推定である．

その他の業績 シュテファンはこの法則の発見の他にも多くの業績を残している．例えば蒸発現象の研究の中でガスの熱伝導率を初めて測定したり，流体の拡散や熱伝導も調べた．蒸発や拡散に対するこれらの先駆的な仕事が評価されて，物体の表面における蒸発や凝固による液滴の流れのことを，今日ではシュテファン流と呼んでいる．

また，シュテファンは当時の最新の理論であったマクスウェルの電磁気学にも造詣が深く，正方形断面のコイルのインダクタンスについて，マクスウェルの計算間違いを指摘したなど，イギリス以外で電磁気学を完全に理解していた，数少ない研究者の一人であった．シュテファンの光学に対する業績に対してはウィーン大学から，リチャード・リーベン賞が贈られている．

さらに，数学に対する理解も深く偏微分方程式に対する境界値問題としてのシュテファン問題など，数多くのシュテファンの名前を残している事柄がある．

シュミット，ブライアン・ポール
Schmidt, Brian Paul
1967–

宇宙の加速膨張の発見

オーストラリアの天文学者．宇宙の加速膨張に関する研究で A. リース，S. パールムッターと共にノーベル物理学賞を受賞．

経　歴　B. P. シュミットは，1967 年にアメリカ，モンタナ州に生まれた．父親は魚類学者であった．1989 年にアリゾナ大学で天文学と物理学の学士を取得し，1993 年に R. キルシュナーの指導の下，ハーバード大学で博士号 (天文学) を取得した．ハーバード大学在学中に知りあったオーストラリア人女性と後に結婚し，1994 年にオーストラリアへ移住した．アメリカとオーストラリアの二重国籍を取得している．1995 年，ハーバード・スミソニアン天体物理学センターで行われた会議で，高赤方偏移超新星探査チーム (high-z supernova search team: HZT) の代表者に 27 歳の若さで選出される．1998 年には，宇宙の加速膨張を示す結果を発表する．2006 年，リース，パールムッターと共にショウ賞を受賞．同じメンバーで 2011 年，ノーベル物理学賞を受賞した．趣味は料理とワイン造りで，オーストラリアのキャンベラにワイナリーを所有している．

宇宙の加速膨張の観測　一様で等方的な宇宙は，アインシュタインの一般相対性理論から導かれるフリードマン方程式
$$\left(\frac{\dot{a}}{a}\right)^2 + \frac{k}{a^2} - \frac{\Lambda}{3} = \frac{8\pi G}{3c^2}\rho$$
に従うと考えられる．ここで a は宇宙のスケール因子，k は時空の曲率，Λ は宇宙定数，G は万有引力定数，ρ はエネルギー密度である．これから，物質のみで満たされている宇宙 ($\Lambda = 0$) は「減速膨張」をすることが導かれる．シュミットとリースは

HZTを率い，またパールムッターは超新星宇宙論プロジェクト (supernova cosmology project: SCP) を率いて，遠方のIa型超新星爆発を多数観測した．Ia型超新星爆発は，白色矮星の質量がチャンドラセカール質量 (1.4 太陽質量) に到達する際に爆発的な核反応が起きることにより発生する．爆発が起きるときの白色矮星の質量が均一であるため，超新星のピーク光度が一定であり，そのため見かけの明るさから光源までの距離が測定できる．二つのチームは，現在の宇宙年齢から約20億年前のIa型超新星爆発を観測し，それらの明るさが減速膨張宇宙からの予想より暗くなっている事実を突き止めた．一方で，SN1997ffという30億年前のIa型超新星爆発の光度は予想より暗くなかったため，約30億年前までは減速膨張していた宇宙が，途中で加速膨張に転じたものと結論づけられた．

未解決の加速膨張　加速膨張を起こす原因としては，宇宙定数が0でない，つまり通常の物質とは異なる性質を持つエネルギー (ダークエネルギー) が宇宙に充満しているためと考えられている．宇宙定数は，一般相対性理論においてアインシュタイン方程式に現れる宇宙項の係数であり，値が正の場合は時空が持つ斥力を表す．A. アインシュタイン*が宇宙項を導入した理由は明確には語られていないが，これをわずかに正とすることで質量が持つ万有引力に拮抗させ，定常宇宙を導くためであったと言われている．しかし，E. ハッブル*によって宇宙が膨張していることが発見されると，アインシュタイン自ら宇宙項導入について誤りを認めた．ところが，加速膨張宇宙の発見により，再びこの宇宙項の存在が支持されることとなった．この宇宙項を生じるダークエネルギーは，現在の密度が1cc当り 10^{-30} g 程度と推定されているが，その正体は全くわかっていない．

ジュール，ジェームス
Joule, James Prescott
1818–1889

エネルギーは保存される

イギリスの物理学者．エネルギー保存の法則 (熱力学第1法則) の確立に寄与した．

ジュールの法則　裕福な醸造家の次男に生まれた．原子論で有名な J. ドルトン*の個人教授で学習し，成人後は家業を営むかたわら，自宅の一室を研究室に改造して実験を続けた．

M. ファラデー*の影響を受け，定常電流によって導体内に発生する熱量を精密に測定．1840年「ジュールの法則」を導く．抵抗 R の導線に，電流 I が流れているとき，単位時間中に発生する熱量 Q は，

$$Q = RI^2$$

である．Q をジュール熱という．電圧を V とすると，上式はオームの法則〔⇒オーム〕$V = IR$ を使って，$Q = VI = V^2/R$ とも書ける．

熱の仕事当量とエネルギー保存則　1847年には，熱の仕事当量 (仕事の量 A と得られる熱量 Q との比)

$$J = A/Q$$

を実験的に求めた．重りの降下によって水中の羽根車を回し，仕事の量 A は重りの位置の変化から，熱量 Q は水温の上昇から，それぞれ計算した．J の値はいつも一定で，約4.2 ジュールの仕事から1カロリーの熱量が得られる．SI単位では，仕事も熱量もジュールを単位として測り，$J = 1$ となる．

仕事から熱量への変換の比が常に一定というジュールの仕事は，最初は科学者たちにもなかなか受け入れられなかったが，その重要性がやがてケルヴィン卿*(W. トムソン) によって正しく評価され，エネルギー保存則の確立に重要な役割を果たした．

ジュール–トムソン効果　ジュールはトムソンと親交を深め，研究上の議論も交えるようになる．トムソンは，圧縮気体を急に膨張させると気体の温度が下がるのではないかとジュールに提唱し，ジュールは実際に測定を行ってその現象を確かめた．この現象は「ジュール–トムソン効果」と呼ばれるようになり，気体を液化する目的などに応用される．

ゴム状弾性に関するジュール効果　ゴムおよびゴム類似物質は，断熱的な伸長の際に発熱することは以前から知られていた．この事実は，伸長の際のエントロピー減少が弾性力の起源であることを意味する．ジュールはこの温度を測定して理論値と一致することを確かめた．これは「ジュール効果」とよばれる．

全財産で購ったエネルギー保存則　ジュールは，1870 年には王立協会からコプリーメダルを受賞．1872 年と 1887 年に英国科学振興協会の会長になる．

ジュールは温度変化を数 mK の細かさで測定できる装置を開発していた．上記のようにジュールがいくつもの法則を発見できたのは，当時は誰も実現できない精度の装置を作ることができたからである．それを可能にしたのは，ジュールの実験家としての才能に加えて，ジュールの財力も大きな貢献をした．しかし長年にわたる実験装置への出費で財産を使い果たし，1878 年以降は政府から年 200 ポンドの年金を受けることになる．その後は，王立協会などから研究費を受けつつ実験を続けた．

このように，エネルギー保存則はジュールの財産で購われたともいえるが，値打ちのある買い物ではある．

エネルギーと仕事の単位ジュール　単位のジュール (J) は「エネルギー」および「仕事」の SI 単位で，$1\,\mathrm{J} = 1\,\mathrm{N}\cdot\mathrm{m}$ である．

シュレーディンガー，エルヴィン
Schrödinger, Erwin
1887–1961

波動力学の提唱

オーストリアの理論物理学者で量子力学の創設者の 1 人．1933 年にその功績によりノーベル物理学賞を P. ディラック*と共に受賞．

経　歴　L. E. ボルツマン*の死後にウィーン大学に入学したが，終世その強い影響を受けた．学位取得後，イェーナで助手，シュツットガルトで准教授など歴任のあと，1921 年からスイスのチューリヒ大学で数理物理学の教授を務める．そこで，数学者の H. ワイル*と親交を結んだ．固体比熱，熱力学，原子スペクトルなどの研究のほか，色彩学について，現代的にも意義のある色の混合に関する重要な貢献をしている．

波動力学とシュレーディンガー方程式　1923 年に発表された L. ド・ブロイ*の物質波の概念から大きな影響を受けて，シュレーディンガーは 1925 年に波動力学を発表した．それは，水素原子のスペクトルを説明するなど量子力学の創設にとって決定的であった．その基本方程式であるシュレーディンガー方程式は，Ψ を時間座標 t と電子の位置座標の関数として，

$$i\hbar\frac{\partial \Psi}{\partial t} = H\Psi \tag{1}$$

と書ける．ここに，H はハミルトン演算子 (ハミルトニアン) であり，非相対論的な場合は $H = -\frac{\hbar^2}{2m}\triangle + V$ と与えられる．ただし，$\triangle$ はラプラス演算子 (ラプラシアン) で，V はポテンシャルエネルギーである．この方程式は，チロルの田舎町アルバッハにあるシュレーディンガーと妻の墓標に刻まれている．

水素原子の場合にシュレーディンガー方

程式を解くことは，物理学科の学部の授業で行う標準的なものであるが，本格的な微分方程式論を知らないとできない難度の高いものである．シュレーディンガー自身数学を得意としていたが，ワイルの助言も受けながらクーラン–ヒルベルトの教科書を参考に解いたという．このことと，彼が理論物理学を志す初学者に数学の勉強を強調したという逸話は関係があるのだろう．

シュレーディンガー方程式自体は基本方程式であり，どこからも導出できないものではあるが，解析力学におけるハミルトン–ヤコビの方程式と波動方程式の関係から示唆されることを論文に書いている．現代風にいえば，量子力学の準古典近似として古典力学が再現されることに当たっている．シュレーディンガーは，はじめ相対論的なクライン–ゴルドン方程式をもとに水素原子の問題を解こうとして，うまくいかなかったので非相対論的な方程式 (1) に切り替えて成功した．

当時，量子力学に対する粒子的なアプローチには W. ハイゼンベルク*による行列力学が先行し，水素原子のスペクトルについては同じ結論を出すことが知られていたにもかかわらず，シュレーディンガーによる波動力学はそれと対立するかに見えていた．そのために，N. H. D. ボーア*，ハイゼンベルクと激しい論争を引き起こしたが，その二つが数学的に同等であることがシュレーディンガー自身によって示された．そのポイントは，ハイゼンベルクの行列力学における位置 x と運動量 p の間の正準交換関係：$[p, x] = -i\hbar$ が運動量演算子を微分演算子 $p \to -i\hbar \frac{d}{dx}$ で置き換えると実現するところにある．ハミルトニアンの表式において，運動量を微分演算子に置き換えて，その固有値問題を考えるとシュレーディンガー方程式の定常解を与える．その後，P. ディラック*と P. ヨルダンによる変換論により量子力学の形式が整ってきた．

シュレーディンガーは，当初は波動関数 Ψ を実在波と考えていたが，量子力学の主流はその絶対値の 2 乗を確率密度とする M. ボルン*による確率解釈に従うようになった．シュレーディンガー自身は，遷移の途中で電子がどこにいるかを問い続けたという意味で，コペンハーゲン学派〔⇒ボーア〕に対して批判的であった．1926 年のコペンハーゲン滞在中，解釈問題についてボーアと激しく論争して消耗し入院したエピソードは伝説になっている．

1927 年には，M. K. E. L. プランク*の後任としてベルリン大学の教授に就任した．しかし，ナチス政権のユダヤ人迫害政策に反対し 1933 年にそれを辞職し，オックスフォード大学にフェローとして滞在した後，イギリス，オーストリアの諸大学をいわば放浪した．その後，1939 年に新しくできたアイルランドのダブリン高等研究所に招かれ落ち着いた研究生活に戻った．

ダブリンにいる間には，物理学としては相対性理論，宇宙論，統一場の理論を研究した．その一つとして，膨張宇宙において量子場の理論の効果として粒子が生成されることを示していて，曲がった時空の場の理論の先駆的研究も行っている．

量子もつれ 量子力学についていえば，1935 年の A. アインシュタイン*，B. ポドルスキー，N. ローゼンによるいわゆる EPR パラドックス〔⇒ベル〕については，その本質が波動関数を 2 粒子の波動関数の積では表せない量子もつれ（エンタングルメント）状態にあることを正しく指摘し，言葉の由来にもなった．もつれた状態の一例としてスピン 1/2 を持つ 2 粒子 1, 2 の合成スピンが 0 の状態をあげよう．スピン上向き状態を ↑，下向き状態を ↓ と書くと，全体の量子状態は

$$\psi_1(\uparrow)\psi_2(\downarrow) - \psi_1(\downarrow)\psi_2(\uparrow) \qquad (2)$$

となり，波動関数の単なる積では表せない．

このもつれた EPR 対の数こそが，量子情報処理の資源であることが定説になっている．

密度行列についての混合定理など量子情報理論家により再発見される貢献をしている．量子力学の解釈問題についてアインシュタインとの長い文通が最近公開されている．

シュレーディンガーの猫　おそらく EPR 論文に触発されて，重ね合せ状態の測定の問題点を例示したものが「猫」である．箱の中に猫と放射線源を置いておく．放射線源から放射線が確率的に放射され，それがくると毒薬が箱の中に飛び散る仕掛けになっていて猫が死ぬ．コペンハーゲン解釈に従えば，箱を開けて中をみなければ猫の状態は，生きた猫と死んだ猫の重ね合せであり，箱を開けて測定すれば波束が収縮して，生きた猫か死んだ猫のどちらかになるという，いわば非常識の世界である．最近ではかなり巨視的な重ね合せの「猫状態」が実験的に実現できるようになった．以後，「猫」は量子力学のシンボルとなった．

生物学についての物理学的考察である「生命の起源」を著し，インド哲学に影響された哲学的考察と講演と著作も多い．墓碑銘にもインド哲学的宇宙観と死生観が表れている．それらの思索を順番に行ったのではなく，ショーペンハウエルに親しんだ若年の頃から同時並行で行われた知的な営みであったという．それらを背景に，科学全般，広範囲にして決定的な貢献をしてきたシュレーディンガーはよい意味でヨーロッパ伝統の自然哲学者といえる．一方，有名なソルベイ会議の集合写真ではアインシュタインを始め他の人たちが正装しているのに対して，洒落た服装で写っている．そのことからも知れるように，シュレーディンガーは今日の理論物理学者のカジュアルなライフスタイルの先達でもある．

シュワルツ，ジョン・ヘンリー
Schwarz, John Henry
1941–

超弦理論の指導的研究者

アメリカ生まれ．超弦理論の発展の中で指導的な役割を果たした理論物理学者．

経　歴　ハーバード大学で数学を学んだ後，カリフォルニア大学バークレー校大学院 (D. グロス* と同級) にて，G. チューのもとで理論物理を専攻．S 行列理論のテーマで博士号を取得．1966 年より 1972 年までプリンストン大学で助教授を務めた後，カリフォルニア工科大学に移り，1985 年教授に就任．

超弦理論　弦理論は 1969 年に G. ヴェネツィアーノ* が提唱した中間子散乱の振幅の公式に対して，南部陽一郎*，L. サスキンド，H. ニールセンらが与えた相対論的弦の運動の描像から出発した (1969 年)．弦の描像はこの公式が示す s-t 双対性とよばれる性質を自然に説明する時空的解釈を与えた (図 1：上は端点を持つ開弦，下は端点を持たない閉じた輪の形の閉弦の散乱が時空で描く軌跡を表す世界膜，横方向 (t) の粒子交換，縦方向 (s) の粒子生成のどちらの立場でも同等に解釈できる)．この公式をループ状の世界膜を含めて拡張するアプローチが吉川圭二，崎田文二，M. A. ヴィラソロらによって提唱され，ハドロンの強い相互作用の理論として 1969 年から 1970 年代初頭にかけて急激に発展した．1970 年代中盤に近づく頃から，A. ヌボー，J. シャークによっ

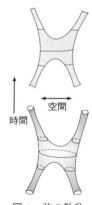

図 1　弦の散乱

て弦理論とヤン–ミルズ理論〔⇒ヤン〕との関係 (1972 年),米谷民明およびシャーク,シュワルツの仕事によって,一般相対性理論との関係 (1973–75 年) が明らかになった.さらにヌボーとシュワルツ,および P. ラモンによってフェルミオンを含むように拡張された NSR 模型と,時空超対称性との関係がシャークらにより示され (1976 年,超弦理論の「超」の起源),ハドロンの相互作用の理論ではなく,むしろ,重力を含む力の統一理論と見なされるべきことが次第に認識された.1970 年代後半の超重力理論の発展も,数学的には超弦理論との密接な関係の下でなされた.

しかし,超弦理論の重要性は一般的には直ちには理解されず,統一理論として今日の中心的な流れに成長するには,10 年近く埋伏期間があった.1980 年代中盤からの復活的発展の突破口を開いたのが,周囲の無理解にめげず地道に研究を進めていたシュワルツと M. B. グリーンによる量子異常〔⇒ベル〕の新しい打ち消し機構の発見である.すなわち,局所場の理論の枠内で構築されるカイラルゲージ理論及び重力理論に矛盾をもたらす量子異常が,10 次元時空で自己矛盾なく定式化される I 型 (及びヘテロティック) 超弦理論 (ゲージ対称性群が SO(32) の場合と $E_8 \times E_8$ の 2 種) では,自動的に打ち消される機構が内蔵されている.これにより,超弦理論の統一理論としての可能性が広く認識された.超弦理論は理解が進むにつれ,内容の豊富さと構造の深遠さが新たに認識され続けるという経過をたどっており,今日でもその全貌,また背後の原理は明らかになっていない.そのため,実験と比較できる具体的予言を与えることが課題となっている未完成の理論だが,現実に存在する重力とゲージ相互作用を量子力学の立場から自然に統一的に導く機構を備えた唯一の理論として,潜在的重要性は計り知れない.

シュワルツ,メルヴィン
Schwartz, Melvin
1932–2006

ニュートリノビーム法

アメリカの素粒子物理学者.創造性に溢れ,性格は楽観的で情熱的,しかし初恋の相手は物理学だったという.

1959 年 11 月,午後のコーヒータイムに,高エネルギーのニュートリノを作り出すというアイデアを思いついた.それは,T. D. リー*の質問,「われわれが弱い相互作用について知っていることは,粒子の崩壊の観測に基づくことだけで,エネルギーの大きさも限定されている.だが,なにか他に前進する手立てはないのか?」に対する答えを思案しているときだった.

ミューオンの崩壊様式の謎 弱い相互作用によって引き起こされる β 崩壊で,中性子 (n) または陽子 (p) は,それぞれ電子 (e^-) とニュートリノ (ν),陽電子 (p) と反ニュートリノ ($\bar{\nu}$) を放出する.

$$n \to p + e^- + \bar{\nu}, \quad p \to n + e^+ + \nu \tag{1}$$

1950 年代に,π 中間子 (パイオン;π) が,μ 粒子 (ミューオン;μ) とニュートリノに崩壊したあと,ミューオンが,電子,ニュートリノ,反ニュートリノに崩壊することが明らかにされた.

$$\pi^\pm \to \mu^\pm + \nu/\bar{\nu}, \quad \mu^\pm \to e^\pm + \nu + \bar{\nu} \tag{2}$$

しかし,ミューオンについては,ニュートリノではなく,光子を放出する崩壊様式,

$$\mu^\pm \to e^\pm + \gamma \tag{3}$$

もありえるのに,観測されたことがなかった.このことは,おそらく新しい保存則があることを示しており,エレクトロン数,ミューオン数という量子数 (フレーバー) があると仮定すると,これらは個別に保存さ

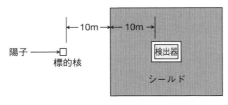

図1 実験レイアウト

れ,電子,ミューオンに対応する2種類のニュートリノ,ν_e, ν_μ が存在すると考えられた.この場合,パイオンの崩壊((4)式)で生成されたニュートリノは ν_μ であり,中性子,陽子と,それぞれ,

$$\nu_\mu + n \to p + \mu^-, \quad \bar{\nu}_\mu + p \to n + \mu^+ \tag{4}$$

という相互作用をする.これが当時提唱されていた仮説である.

ニュートリノビーム法 シュワルツは,この仮説を調べるためのたいへんシンプルな方法を考え出した(図1).まず,加速器で高エネルギー・高強度の陽子ビームを作り,標的核(ベリリウムなど)に入射させて,大量のパイオンを生成する.パイオンは少し進んで,ミューオンとニュートリノに崩壊するので,このとき高エネルギーのニュートリノビームが得られる.ミューオンと,生き残ったパイオンはシールドで止められるが,ニュートリノは通過し,シールドの真中に設置された検出器で検出される.もし,パイオンの崩壊で放出されるニュートリノがミューオンのフレーバーを持っていれば,検出器内の陽子または中性子と相互作用したときに,ミューオンしか作られない((4)式).しかし,フレーバーというものが存在しないなら,電子も作られる.後者の場合,反応(3)が観測されないのは謎のままということになる.

実証実験 実験は,ブルックヘブン国立研究所に新しく建設された加速器,Alternating Gradient Synchrotron (AGS)と,電子とミューオンを明確に識別できる最新式の検出器,スパークチェンバーを使って行われた.実験の結果,51回の反応が観測されたが,検出器内で電子は生成されず,ニュートリノが1種類でないことを実証した.1962年に発表されこの研究により,シュワルツは,L. レーダーマン,J. シュタインバーガーと共に,1988年のノーベル物理学賞を受賞することになった.

数々の加速器実験 1966年は,シュワルツはコロンビア大学からスタンフォード大学に移籍し,SLAC 30GeV 線形加速器で二つの実験を行った.一つは,ケイ中間子(ケイオン)の崩壊,

$$K_L^0 \to \pi^\pm + \mu^\pm + \bar{\nu}/\nu \tag{5}$$

における CP 対称性(荷電共役変換(C)と空間反転(P,パリティ)を同時に行った場合に,ハミルトニアンが不変であること.〔⇒小林誠〕)の破れの測定実験であった.弱い相互作用では,パリティが保存しないことがわかっていたが,その頃,ケイオンの崩壊では,CP 対称性(荷電共役とパリティの組合せ)も破れていることが明らかにされつつあった.

もう一つは,シュワルツお得意のビームダンプ実験だ.図1と同様に,高エネルギー電子線を鉄の標的核に入射させ,その先に設置した吸収装置でハドロンとミューオンを吸収する.観測にかかったのは,たったの2個のイベントだったが,これは,後に CERN で発見された,ニュートリノに誘発された中性カレント(Z ボソンが媒介する反応)ではなかったかと考えられている.

ブルックヘブン国立研究所とフェルミ研究所では,ケイオンの崩壊((5)式)で放出されるパイオンとミューオンで,異種原子を作るという実験も行った.こちらの方は,155個のイベントが観測された.

1970年,コンピュータセキュリティ会社のディジタルパスウェイズ社を設立した.アップル社のスティーブ・ジョブス(1955–2011)とも親しい間柄だった.

ジョセフソン, ブライアン・デイヴィッド
Josephson, Brian David
1940–
ジョセフソン効果の理論的予測

イギリスの物理学者.王立協会フェロー.

経歴 ウェールズ南部のカーディフ出身.ケンブリッジ大学卒業後(1960年),同大学にて博士号を取得(1964年).1974年に同大学物理学教授に就任,以後退職まで同職を務める.

22歳のときにジョセフソン効果とよばれることになる現象を予測し,その翌年に P. W. アンダーソン*と J. ローウェルによって実験的に検証された研究に対して1973年のノーベル物理学賞を受賞した.その後は生物物理分野に研究の中心を移し,精神物質統合プロジェクトで生命および精神に関する研究を行った.

ジョセフソン効果 絶縁体の薄膜を二つの金属で挟んで直流電源につなぎ金属の電子がトンネル効果で薄膜の中を移動して電流が流れる構造をトンネル接合とよぶ.このとき,接合面での電気抵抗(トンネル抵抗)が生じているが,ここで金属が超伝導状態になるとトンネル抵抗が消失する.超伝導電子対の波動関数が二つの超伝導体間でつながることによる現象であり,これを直流ジョセフソン効果という.

ジョセフソン接合を流れる超伝導電流(ジョセフソン電流 I_S) は時間に対して以下の式のように変化する.

$$I_S = I_C \sin\phi \quad (1)$$
$$\frac{d\phi}{dt} = \frac{2eV}{\hbar} \quad (2)$$

ここで I_C は接合を流れることのできる最大の超伝導電流(臨界電流),ϕ は二つの超伝導体中で電流を運ぶ超伝導電子対(クーパー対〔⇒バーディーン〕)の波動関数の位相の差,e は電気素量,V は絶縁体をはさむ二

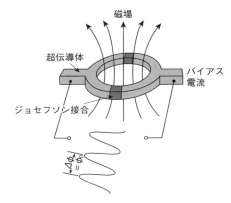

図1 SQUID 磁束計の動作原理

つの金属間の電位差,$\hbar$ はプランク定数である.

接合の両端の電位に差がない,つまり $V = 0$ のとき ϕ は時間に対して変化しない.V が 0 でないならば ϕ は V に比例して時間と共に増大する.ジョセフソン電流は,(1),(2)式からわかるように周波数 $2eV/h$ の交流電流となる.これを交流ジョセフソン効果という.周波数と電圧の比例関係から電圧を精密に測定することができる.周波数は十分によい精度で制御できるため電圧の正確さはジョセフソン定数 $2e/h$ がどれだけ正確かによって決まる.現在,483597.9 GHz/V が世界標準値として使用されている.また,ジョセフソン素子はそのスイッチング速度がシリコン素子よりも速いため,スイッチング素子としての応用が期待されている.

ジョセフソン接合を用いた素子(磁気センサ)は超伝導量子干渉計(SQUID)として知られている.回路のリング内をつらぬく磁束の変化に対応する電気抵抗の変化を計測することによって磁場の変化を精密に検出することができるため,微弱な磁場を高感度に測定することができる.

ショックレー，ウイリアム
Shockley, William Bradford
1910–1989

トランジスタの発明

イギリス生まれのアメリカの物理学者．トランジスタを発明．

経歴　1910年ロンドンに生まれ，アメリカに移住．カリフォルニア州パロアルトで育つ．1932年カリフォルニア工科大学で学士号を取得．1936年には，マサチューセッツ工科大学でJ. C. スレイター*の指導の下，博士号を取得した．大学卒業後，ベル研究所に入り，C. J. デイヴィソン*の研究チームの一員として，固体物理学の基礎的研究で数多くの成果をあげる．

第二次大戦が始まると，レーダーや対潜水艦技術の研究開発など，軍を支援する活動に携わった．その功績から，1946年に陸軍長官から功労賞を授与されている．

半導体の研究　終戦後，ベル研究所に固体物理学部門ができ，1946年ショックレーは指導者として半導体研究を開始した．J. バーディーン*やW. ブラッテン，G. ピアソン，H. ムーアら優れた研究者たちと自由で活発な議論が行われ，数々の成果をあげた．彼らの使命は，三極真空管のような増幅機能を持った固体素子を開発することであった．

量子力学を基礎としたバンド理論によれば，負電荷の電子以外に，電子の抜けた穴（正電荷の正孔）も電流を運ぶキャリアとなる．半導体のすばらしさは，不純物の注入によりキャリアの種類や数を精密に制御できること，また異なるキャリアを持つ半導体を接合させると整流機能が現れることである．これを生かして，1947年バーディーンとブラッテンが金属を半導体に接触させた「点接触型トランジスタ」を完成させた．ショックレーは点接触型では安定動作が難

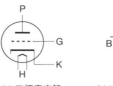

(a) 三極真空管　　(b) NPNトランジスタ

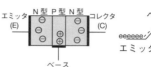

(c) 接合型トランジスタの構造　　(d) 接合型トランジスタにおける電子のポテンシャルエネルギー

図1　三極真空管及び接合型トランジスタの構造と動作原理

しいと判断し，n型半導体（電子がキャリア）とp型半導体（正孔がキャリア）を接合させた「接合型トランジスタ」を考案して，1949年動作原理の完全な証明に至る．

それまでの三極真空管（図1(a)）では，カソードから放出された熱電子は正の高電圧がかけられたアノードに向かうが，この流れは途中にあるグリッドの負電圧の大きさで制御できる．わずかなグリッド電圧の変化で大きな電流変化をもたらし，増幅器として働く．それに対して，接合型トランジスタでは，n型半導体の間にp型半導体を挟んだ（あるいはその逆）構造をしている（図(b), (c)）．二つのn型半導体（エミッタとコレクタ）の間に電圧をかけても，間にあるp型半導体（ベース）がエネルギー障壁となって電子が流れないが，ベースに正の電圧をかけると障壁が下がり（図(d)），エミッタからベース，そしてコレクタに電子が流れる．ベース電圧を変化させることで，エミッタ-コレクタ間の電流を制御することができ，増幅機能が得られる．ベースの幅は数μmであり，素子全体の大きさを考えても，真空管を使った増幅器と比較し

てそのコンパクトさは歴然である．

その後，接合型トランジスタが市場を席巻し，微細化・集積化によりコンピュータが作られ，第2の産業革命といわれるまでに世の中を一変させた．この業績により，1951年，ショックレーはわずか41歳で米国アカデミーの会員に選ばれ，1956年には，バーディーン，ブラッテンらと共にノーベル物理学賞を受賞した．

半導体物理学における彼のもう一つの大きな功績は，1950年に *Electrons and Holes in Semiconductors* という大著を出版したことである．これはその後，全世界の半導体分野の研究者・技術者にとってバイブル的存在となった．本書の副題は，*with applications to transistor electronics* となっており，トランジスタ応用への明確な意図を持って研究が進められたことがわかる．

シリコンバレー 1953年にベル研究所を辞めたショックレーは，1955年にベックマン・インスツルメントの支援のもと，サンフランシスコ郊外にショックレー研究所を設立し，その所長となった．R. ノイスやG. ムーアなどの研究員が，後に研究所を辞めて会社を創業したことから，ショックレー研究所の周辺には数々の半導体関連企業が集まるようになった．これが「シリコンバレー」とよばれる世界の半導体産業の中心地域に発展していく．この名は，半導体材料としてシリコンが多く使われたことに由来する．ショックレー研究所自体は，成果を出せないうちにわずか7年で売却されてしまった．

1963年，スタンフォード大学の教授職に就き，約10年をそこで過ごす．晩年のショックレーは，人口統計や優生学に興味が移り，人種差別と受け取られかねない発言を繰り返したため，世間から多くの批判を受けた．1989年79歳で前立腺癌のため世を去った．

ジョリオ゠キュリー，イレーヌ
Joliot-Curie, Irène
1897–1956

放射性新元素を作り出す

フランスの物理学者．夫のフレデリック*と共に人工放射性元素を発見．1935年度のノーベル化学賞を夫妻で受賞．

経歴・人物 キュリー夫妻の長女としてパリに生まれる．共和主義者の医師であった父方の祖父から大きな影響を受け，科学的合理主義と左翼思想を受け継いだ．

6歳のとき，両親が第3回ノーベル物理学賞を受賞 (1903)．しかし8歳で父ピエール・キュリー*を事故で失い，4年後には祖父も亡くなった．多忙な母マリー・キュリー*は，それでも子供たちの教育に積極的で，イレーヌは一時期普通の学校ではなく，母たちが主催する，自由な発想に基づく科学教育重視の「共同授業」を受けた．

14歳のときに母が二度目のノーベル賞 (化学賞，1911) を受賞し，イレーヌはストックホルムで母の講演を聞いた．第一次大戦中は，母を助けてX線車に乗り込み，負傷兵の看護に尽くして叙勲された．21歳で母が所長を勤めるラジウム研究所の助手になり，放射能研究を開始した．

両親が発見したポロニウムから放出される α 線についての研究で，1925年に国家理学博士号を取得．翌年，同僚フレデリック・ジョリオと結婚してジョリオ゠キュリー夫人となる〔⇒ジョリオ゠キュリー，F.〕．夫妻は「キュリー」姓を捨てず，慣習を無視して複合姓を名乗り，論文では共に旧姓で通した．

人工放射能の発見 電子，陽子に続き，1932年に発見された中性子と陽電子により放射能研究は新しい局面を迎えた．夫妻は α 線をアルミニウムの原子核に照射し，中性子と陽電子の同時放出を確認した．当初ドイツのL. マイトナー*が強く疑義を呈

ジョリオ=キュリー，フレデリック

Joliot-Curie, Frédéric
1900–1958
原子力の平和利用を訴え続けて

フランスの物理学者．妻のイレーヌ*と共に人工放射性元素を発見．1935年度のノーベル化学賞を夫妻で受賞．フランス原子力委員会初代委員長．

経歴・人物　キュリー夫妻に憧れていた少年は，長じてパリ市立物理化学学校に入学．そこでピエール・キュリー*の弟子 P. ランジュヴァン*に認められ，1925年にマリー・キュリー*が所長を務めるラジウム研究所の助手となった．

翌年キュリー夫妻の長女で，同僚イレーヌ・キュリーと結婚．ジョリオ=キュリー夫妻と名乗る．夫妻は「キュリー」姓を捨てず，慣習に反して複合姓を名乗った．論文では両者とも結婚前の姓で通した〔⇒ジョリオ=キュリー，I.〕．

人工放射能の発見　電子，陽子についで，1932年に発見された中性子により，原子核の構造が解明され，原子を変革させる可能性がより現実味を帯びた．ジョリオ=キュリー夫妻は α 線をホウ素やアルミニウムなどの軽い原子核に照射し，窒素やリンの放射性同位体ができることを確認した．人工放射能の発見であり，ここに物質転換の化学的証明がなされた．1934年のこの年，義母マリーはこれを見届けて満足し，まもなく他界した．

この功績で夫妻は1935年度のノーベル化学賞を受賞．式典では妻が先に講演を行い，夫は後半を受け持った．これも複合姓同様，異例の行動であった．

1937年にはコレージュ・ド・フランスの教授となり，教師としても活躍した．第二次大戦中は，ドイツ軍による研究成果の悪用を防ぐため，重水と原子炉建設計画書類

したこの現象は，実は人工放射能の発見であった．まもなく夫妻はここにリンの放射性同位体を確認した．母マリーは1934年のこの発見に満足し，その年に没した．

この功績により夫妻は1935年度のノーベル化学賞を受賞．科学部門で2人目の女性受賞者．イレーヌは夫より先にノーベル賞講演を行った．キュリー夫妻の受賞ではピエールのみが講演したことに比べると，女性の地位の大きな変化であった．翌年には，人民戦線のブルム内閣で，女性初の閣僚(科学担当長官)にも就任している．

母と異なり，イレーヌは自覚的なフェミニストで，「科学研究は男女双方に開かれたもの」という信念を発信しつづけた．

原子力の平和利用　第二次大戦で，人工放射能研究から予言された核分裂理論を応用して作った原爆が使用されたことから，戦後は夫と共に原子力の平和利用を訴えた．フランス原子力委員会では，夫が委員長，自分は委員となった．その自由な政治思想のため，アメリカ入国を拒絶されたりもしたが，自分の主義を守り通した．

第一次大戦中の X 線と，長年の放射能研究による被曝のため，白血病で死亡した．享年59歳．葬儀は国葬となった．この後，イレーヌがやり残したオルセー核物理学研究所のシンクロサイクロトロンの建設を完成させたのはフレデリックである．

図1　イレーヌ・ジョリオ=キュリー

をイギリスに避難させた．湯浅年子*がフレデリックに師事したのはこの頃である．亡命をすすめる者も多かったが，あくまでフランスに留まり，純粋研究については，ドイツ人の科学者も受け入れた．1941年にレジスタンス運動に参加して，国民戦線議長となり，翌年共産党に入党した．

原子力の平和利用 1945年にはフランス原子力委員会を組織．翌年に委員長となり，妻イレーヌは委員となった．自身が1939年に予言した連鎖反応の可能性が実現し，その結末が原爆となったことから，原子力の平和利用を強く訴えた．フレデリックの主導の下，原子核センター建設が計画され，1948年にフランス初の原子炉ゾエが始動した．

世界平和擁護大会常設委員会議長職など多数の国際的な要職を歴任した．その行動力や美貌，科学的業績なども相まって，科学界のスターだったが，断固たる左翼運動家であることから政府に危険視され，1950年には原子力委員長職を解任された．

妻が1956年に放射線被曝による白血病で死亡．自身も長年の研究で被曝．重い肝臓病を押して，妻のやり残した仕事を受け継ぎ，オルセー核物理学研究所所長としてシンクロサイクロトロンの建設を指導した．装置は1958年6月に始動したが，フレデリックは8月に死亡．葬儀は国葬となった．

図1　フレデリック・ジョリオ゠キュリー

白川英樹
Shirakawa, Hideki
1936–

導電性ポリアセチレンの発見

日本の化学者．導電性高分子であるポリアセチレンの合成法を発見し，導電性高分子の科学を発展させた功績で，2000年にA. G. マクダイアミッド，A. J. ヒーガーと共にノーベル化学賞を受賞した．

経　　歴 1936年東京で5人兄弟の第3子として生まれた．父は陸軍の軍医であった．兄，姉，弟，妹が各1人ずついる．父の仕事の関係で，台湾や満州（中国北東部）に住んだこともあったが，44年に，母の実家がある岐阜県高山に戻った．中学の卒業文集に，「将来はプラスチックの研究をしたい」と書いたことが知られている．57年，東京工業大学に入学．ポリマーの研究を希望して，化学工業関連の学科を選択した．卒業研究では希望した合成の研究室には抽選で入れず，高分子物性の研究室に配属された．そのまま，大学院に進学したが，指導教官の定年退官で，当初の希望先であった合成の研究室（神原周教授）に移籍．66年には，「共重合体のブロック鎖に関する研究」で工学博士の学位を取得した．

導電性ポリアセチレンの合成と物性研究 博士課程修了後，資源化学研究所の池田朔次教授の助手に採用され，ポリアセチレンの重合の仕組みについての研究を開始した．韓国からきていた研究員にポリアセチレンの重合のレシピを渡して実験をさせた際，触媒の濃度を1000倍にするというミスがあり，偶然に溶液表面にポリアセチレンの薄膜が生成された．このことから，白川は，触媒濃度を増やして合成することを思いつき，一定濃度以上できれいな薄膜が生成されることがわかった．溶媒濃度を大幅に高めたために，触媒溶液の表面でアセチレン

$$H-C\equiv C-H$$

図1 上から，アセチレン，シス型ポリアセチレン，トランス型ポリアセチレン

の重合反応が急速に進んだ結果，薄膜ができるというメカニズムであった．さらに，得られた薄膜試料に関する赤外分光解析の結果，トランス型の構造より吸収帯が多いことが判明し，理論的な解析などによって，まずシス型ができてからトランス型に異性化するというプロセスが明らかになった．アセチレンの三重結合がシス型に開いて，シス型ポリアセチレンが合成されることがわかったのである（図1参照）．

1975年，当時ペンシルベニア大学で化学の教授を務めていたマクダイアミッドが資源化学研究所を訪れた際，硫化窒素 NS を重合させたポリチアジル $(SN)_x$ の金色の結晶を持参した．これを見た有機化学者の山本明夫が，白川が合成していた銀色のポリアセチレンとの類似性に着目し，2人を紹介した．マクダイアミッドはポリアセチレンに強い関心を示し，即座に共同研究を申し入れ，翌年の76年から白川はペンシルベニア大のマクダイアミッド研究室で博士研究員となった．ポリアセチレンの導電性を高めるために，ハロゲンのドープを行うことにし，臭素 Br をドープすることによって，電気抵抗が千万分の1まで減少する結果を得た．物理的な測定などは同じくペンシルベニア大学で物理学の教授であったヒーガーが担当した．追試によって，Br ドープによる金属-絶縁体転移の再現性が確認され，また，二重結合に付加反応を起こさないヨウ素のドーピングがより効果的であることも判明した．77年にニューヨークで開催された低次元物質の合成と物性に関する国際学会では，マクダイアミッドの発案で公開実験を行い，ヨウ素などのハロゲンをドープすることで，ポリアセチレンの電気伝導度を増大させ，豆ランプの点灯という形で演示することに成功した．

導電性高分子研究の発展 ヒーガーはさらに研究を発展させ，W. P. スー，J. R. シュリーファーと共に，トランス型ポリアセチレンにおけるトポロジカル欠陥としての中性ソリトン，荷電ソリトンの存在を示唆し，準1次元物質における非線形励起の研究の先駆けとなった．

白川らによってなされた伝導性高分子の発見は，それまで絶縁体と考えられていたプラスチックに，電気を通すものが存在しうることを示した画期的なものであり，その後の有機導体，有機超伝導体の研究開発などに道を拓くことになった．

白川は1979年に筑波大学物質工学系の助教授に着任，ポリアセチレンに関する基礎的研究を続け，82年には教授に昇任した．84年には，日立製作所との共同研究で，液晶の配向性を利用して，ポリアセチレン繊維の向きを揃えたポリアセチレン薄膜の作成に成功し，飛躍的に伝導性能を高めることができるようになった．学生や若手研究者に対する接し方も柔軟で，教育にも関心が高く，熱心であった．2000年3月に筑波大学を定年退官したが，10月にはヒーガー，マクダイアミッドと共にノーベル化学賞受賞の知らせを受け取った．また，同年文化勲章も受章した．

ステヴィン，シモン
Stevin, Simon
1548–1620

オランダの軍事・水利技術者

経歴・人物 学者と職人の中間に位置する数学的な知識を持った技術者．帆船に車輪をつけて陸上を走る乗り物を発明したり，歯車のかみ合せを改良して風車の揚水効率を上げたりしている．

南ネーデルランド(現ベルギー)のブリュッヘ(ブリュージュ)に生まれる．幼少の頃から数学と科学に長けていたという．最初アントワープで会計士をした後ブリュッヘの税務署の書記もしている．それからドイツ，東欧諸国を漫遊し，1580年に北ネーデルランド(現オランダ)に移り，1583年にライデン大学に入学．在学中にナッサウ伯爵マウリッツと親しくなり，彼の家庭教師兼相談役を務めることになる．宗主国スペインに反旗を翻して独立戦争が起きると，マウリッツは戦争を勝利に導く軍事技術の重要性を見抜き，ステヴィンに命じて1600年に大学内に技術学校を設立させてオランダ語による教育を行わせている．

幅広い著作 生涯を通して書かれた著作は会計学，算術，力学など11冊ある．彼の著書には二つの信条が守られている．一つは，科学理論は常に応用性を持つべきだというもの．もう一つは専門知識を持たない一般市民も理解できるように説明するというものであった．そのため彼の著作は学問の言葉であるラテン語を使わず日常語であるオランダ語で書かれている．ただしこれはステヴィンだけではなく16世紀になると自国語で出版される傾向がみられるようになっていた．例えばG. ガリレイ*やR. デカルト*もそうである．

『つり合いの原理』 1586年に出版されたステヴィンの『つり合いの原理』では，彼

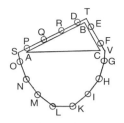

図1 「閉じた輪の証明」

がアルキメデス*の数学に影響されていたことがよくわかる．特に有名なのは「閉じた輪の証明」である．図1のような∠Bが直角の△ABCに，14個の重さの等しい球が等間隔につながった数珠がかけてある．この数珠は釣り合って動きだすことはないだろうとステヴィンはいう．永久運動は存在しないからだ．静止状態でSとVの間に垂れ下がっている数珠の部分を取り除いても，TSとTVの間にある数珠の釣り合いは保たれるであろう．そこから斜面ABとBC上の球の個数の比は斜面の長さの比に比例するという結論を導く．さらにこの議論を∠Bでなく∠Cが直角の△ABCの場合に応用して，斜辺AB上の球の重さと，垂直辺BCに垂れ下がった球に働く重力の間の比はBの高さと斜辺ABの長さの比になると一般化して「斜面の法則」を導くのであった．同書の付録では，教会の塔の上から10倍重さの異なる二つの鉛球を同時に落としても重い方が速く落ちることなく同時に着地したことを実証している．ガリレイの落体実験の話より3年も早く行われた．

1586年の『水の重さの原理』では容器内の水の単位面積当りの水圧は深さのみに依存することを指摘している．ステヴィンの流体静力学はデカルトやI. ベークマンらに影響を与えた．

しかし，当時の科学の中心地であったイギリス，ドイツ，イタリアなどと比べると，ネーデルランド共和国は周辺地域であり，ステヴィンはその一代表者でしかなかった．

ストークス，ジョージ・ガブリエル
Stokes, George Gabriel
1819–1903
流体力学・光学・数学等の分野に貢献

アイルランドの数学者・物理学者．

経歴・人物 流体力学，光学，数学の分野において数々の定理や関係式を発見し，それぞれの分野で重要な貢献をした．ストークスは1851年に王立協会フェローに選出され，1885年から1890年まで会長を務めた．1849年から死去する1903年までルーカス教授職も務めている．ルーカス教授職はケンブリッジ大学の数学関連分野の教授職の一つであり，I. ニュートン*，P. ディラック*，S. ホーキング*らも務めた大変名誉ある職位である．

ストークスの定理——名前の由来 ストークスの名前のついた定理や関係式は数多くあるが，数学の分野では「ストークスの定理」が有名である．この定理はガウスの定理とならんで，ベクトル解析における基本定理の一つである．この定理を最初に証明したのはW. トムソン（ケルヴィン卿*）で，トムソンがケンブリッジへの列車の中でこの積分定理を思いつき，それをストークスへの手紙に書いたことが伝えられている．これを，ストークスがケンブリッジ大学の数学の試験問題として出題した．これが印刷物として最初に世の中に現れたという興味深いエピソードが伝えられている[1]．このような経緯があるので，ケルヴィン–ストークスの定理ともよばれる．

ストークスの定理 ストークスの定理は，非圧縮性流体の定常的な流れを考えるとわかりやすい．流れの各点で速度を接線とするような滑らかな曲線を考えると流れを可視化できる．この流れの中に無限に細い管でできた滑らかな閉曲線を仮想的に考える．次にこの細管の内部以外が瞬時に凍結したと考えると，細管内にはそれぞれの場所での速度の接線成分のみが残る．この接線成分とその場所の接線方向の微少な線要素との積を，細管に沿って一方向に足し合わせた量を「循環」という．循環が0なら細管中の流れは止まるが，0でなければ流体はこの仮想的な細管の中を，どちらかの方向に流れ続けることになる．つまり，この場合には「渦」が存在する．

閉曲線で囲まれた平面を多数の微少な四角形に分割し，周りの循環を計算すると「渦度」というベクトルの法線成分と微少面積の積になる．この量を平面全体で足し合わせると平面を貫く渦度の総量になる．一方，隣りあった四角形では，各辺で足し合せの方向が逆になるので，和はすべて打ち消され，結局，外側の閉曲線の循環のみが残る．ストークスの定理は，任意の面を貫く「渦度」の総量が周辺の「循環」の値に等しいということを示す定理である．

ナヴィエ–ストークスの方程式 流体力学の分野では「ナヴィエ–ストークスの方程式」が有名である．この方程式は，C. L. ナヴィエ (Navier, Claude Louis Marie Henri; 1785–1836) とストークスによって導かれた流体力学の基本方程式で「運動量の流れの保存則」を表す2階の非線型偏微分方程式である．これは，ニュートン力学における運動の第2法則に相当するが，非線型なので特別な場合以外は解析的には解けない，通常はいくつかの仮定を用いて近似的な数値解を求めて現象を記述する．

ストークスは，ナヴィエ–ストークスの方程式を取り扱う際に「レイノルズ数」という概念を導入した．この概念はO. レイノルズ*に因んだもので，流体に働く慣性力と粘性力との比で定義される無次元の量である．この量の大小により慣性力と粘性力との寄与の仕方がわかる．レイノルズ数 Re が小さい場合は整然とした層流になり，大きくなるにつれ渦が発生する場合が出てく

図1 円柱の周りのカルマン渦列

る. Re が 50～200 くらいになると, 図 1 に示したように円柱の後側に規則的な渦 (カルマン渦) が発生する. レイノルズ数がさらに大きくなると, 流れは乱流という乱れた流れになる. ナヴィエ–ストークスの方程式を用いると, 層流といわれる整った流れから, 渦の発生, さらに, 乱流のような複雑な流れまでを統一的に記述できる.

ストークスの法則　粘性流体中を落下する粒子の終端速度は, 粘性流体中の粒子に上向きに働く抵抗力と浮力が下向きに働く重力と釣り合ったときの速度として求められる (ストークスの式).

$$v_S = \frac{D_p (\rho_p - \rho_f) g}{18\eta}$$

ここで, D_p は粒子径 [m], ρ_p は粒子の密度 [kg/m^3], ρ_f は流体の密度 [kg/m^3], g は重力加速度 [m/s^2]. η は流体の粘度 [Pa·s]. この式は, 実在の粘性流体中の粒子の運動の解析には欠かせない重要な関係式である.

光学への貢献：ストークス散乱光　ストークスは光学の分野でも重要な貢献をした. ストークスは, 光ルミネッセンスの際の蛍光スペクトルが, 励起光より長波長になるという蛍光に関するストークスの法則を発見した. また, 光強度の実験で散乱光の偏光特性を議論できるようした.

これらの一連の光学に対する業績が評価されて, ラマン散乱において, 入射光に対して振動数の下がる散乱光のことをストークス散乱光, 振動数の上がる散乱光のことをアンチストークス散乱光とよんでいる.

■**参考文献**

1) http://www.kurims.kyoto-u.ac.jp/~okamoto/paper/green/node5.html

スネル, ヴィレブロルト
Snell, Willebrord van Roijen
1580–1626

光の屈折の法則を発見

オランダの天文学者, 数学者. 光の屈折に関するスネルの法則で知られる.

経　歴　父はライデン新大学の数学教授. 大学で法律を学ぶが数学に興味が移り, 1600 年, 大学で数学を教える許可を得る. プラハに移り, そこでデンマークの天文学者 T. ブラーエ*のもとで観測を行う. 1613 年に父が死亡してその仕事を継いで教鞭をとり, 1615 年に教授. 測量学や翻訳の仕事をしている.

スネルの法則　彼の最も有名な発見は彼の名前がついた光の屈折の法則である. 長年の実験, および, J. ケプラー*の著書の研究の結果, 1621 年かその後に公式化された. 彼の結果を含む原稿は現在失われているが, C. ホイヘンス*らがそれを精査している. 彼の法則に関する彼自身の言葉はアムステルダムに残された彼の原稿の索引にみられる.

図 1 のように, 目 O (空気中) が媒質 (例えば水) の中の点 R から出て, 媒質の表面 A 上の点 S で屈折した光線を観測する. このとき, O は点 R が表面 A と垂直な直線 RM 上の位置 L にあるように観測する. ここで比 SL : SR は全ての光線で等しい. こ

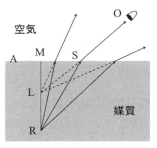

図 1 屈折の法則 1 (説明図)

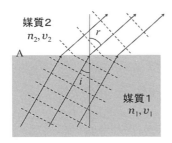

図 2 屈折の法則 2 (説明図)

スレイター，ジョン・クラーク
Slater, John Clarke
1900-1976

バンド理論による固体物理学の理解

波動力学の近似法を駆使して，多電子原子や分子，固体の電子状態の解法を開発したアメリカの理論物理学者．

経歴 1900年，イリノイ州オークパークに生まれる．1917年ロチェスター大学入学．卒論のテーマは，水素のバルマー系列〔⇒バルマー〕のスペクトル線の強度と圧力の関係を測定実験したもの．N. H. D. ボーア*の1913年の原子論を参考に測定結果を考察した．この卒論で，1920年にハーバード大学大学院に入学して助手職を得る．E. C. ケンブルからは量子論を学び，博士号は P. W. ブリッジマン*の下で1923年に取得する．ポスドクとして1923-24年にコペンハーゲン大学のボーアの下へ留学．

放射論 ここでボーアとその弟子 H. A. クラマース*と共著で1924年に三者論文「放射の量子論」が生まれた〔⇒クラマース〕．ボーアは光量子に懐疑的だったのでこれを排除し，仮想放射場に変えた．原子は仮想振動子の集まりに置き換えられ，仮想振動子が吸収・放出する仮想場は原子の遷移過程を仲介する役割を担う．しかし遷移過程と実際の放射エネルギーの放出 (吸収) は一対一に対応せず，統計的に生起するという描像であった．この統計的エネルギー保存則は，コンプトン効果の実験〔⇒コンプトン〕で否定され，この論文は短命に終わる．スレイターの回想によると，ボーアと共著者として名を連ねたことで，彼の名前が広く知られるようになったという．帰国後ハーバード大学講師，1930年MIT教授，1965年からはフロリダ大学教授に就任，1976年に退職．

スレイター行列式 彼の最初期の研究

れは光を電磁波として導かれる屈折の公式

$$\frac{\sin r}{\sin i} = \frac{n_1}{n_2} = \frac{v_2}{v_1} \quad (1)$$

と一致する．ここで，図2が表すように，i は平面波が媒質1と媒質2の界面に入射するときの入射角，r は屈折角，n_1 と n_2 は媒質1と媒質2の屈折率，v_1 と v_2 は媒質1と媒質2の光速である．実線は光線，破線は等位相面を表す．媒質の境界で位相が連続となる条件から (1) 式が導かれる．

図2の屈折の法則を図1の光線 RSO に適用する．点Sでの入射角 i と屈折角 r を使うと

$$\mathrm{SM} = \mathrm{ML}\tan r = \mathrm{MR}\tan i \quad (2)$$

となる．入射角と屈折角が小さいとき (真上近くから媒質をのぞき込むとき)，tan と sin の値はほぼ一致するので

$$\frac{\mathrm{ML}}{\mathrm{MR}} = \frac{\tan i}{\tan r} \approx \frac{\sin i}{\sin r} = \frac{n_1}{n_2} \quad (3)$$

となり，屈折率比と見かけの深さから実際の深さを知ることができる．

法則を最初に公刊したのは R. デカルト*だったが実験的検証は含まれていなかった (1637年)．デカルトはスネルの生存時と死後にライデンを訪れており，そのとき彼の原稿をみて剽窃したと批判されているが (例えば C. ホイヘンス*) 証拠はない．

スネルの法則の現代的解釈 図1でRから出てOに至る経路のうち，最短時間で光が通過する経路が実際に観測される光線と一致する．

は実験であったが，元々は理論志向だったという．したがって，1925年以降は，原子，分子，固体の電子状態を主テーマにして，シュレーディンガーの波動関数を使った近似式の開発を行っている．例えばN個のフェルミ粒子で構成されている系の波動関数 ψ_i を，パウリの原理を満たすようにしてN個のスピン・軌道関数を用いて近似した行列式

$$\Psi(x_1,\cdots,x_N)$$
$$=\frac{1}{\sqrt{N!}}\begin{vmatrix}\psi_1(x_1)&\cdots&\psi_1(x_N)\\ \vdots&\ddots&\vdots\\ \psi_N(x_1)&\cdots&\psi_N(x_N)\end{vmatrix}$$

はスレイター行列式とよばれる．1930年にD. R. ハートリー*とV. A. フォック*は，多電子系のハミルトニアンの固有関数を1個のスレイター行列式で近似した〔⇒フォック〕．スレイターは，この近似法より若干精度を落とす代わりに比較的扱いやすい方法で，多電子の定常状態とそのエネルギーを求める方法を考えた．つまりハートリー–フォックの方程式中の交換ポテンシャルエネルギーの項を，多電子を自由電子と見なして，各電子について平均した交換ポテンシャルで置き換えて解いたのだ．このやり方を拡張したのが$X\alpha$法である．

APW法 1937年には，固体電子のバンド構造を計算するために，電子の波動関数がイオンの周りでは原子的に，イオン間では平面波的に振る舞うと近似してシュレーディンガー方程式を解く平面波近似（APW）法を開発している．この方法の有効性は，今日ではコンピュータでも実証され，少しも色褪せることなくバンド計算の標準的な方法の一つになっている．

また，遍歴電子モデルに基づいて，遷移金属の自発磁化から得られる平均原子磁気モーメントと平均バンド電子数との関係を表した曲線をスレイター–ポーリング曲線という．

関　孝和
Seki, Takakazu
?–1708

近世日本を代表する数学者

江戸時代の和算家．近世の日本数学に大きな足跡を残した．

経　歴 関孝和は，残した業績の大きさに比べ，生涯についてはあまり多くの記録が残っていない．そのため生年や生誕地については諸説ある．

生年は確定していないものの，幕臣内山永明の二男として誕生したことははっきりしている．その後甲府藩勘定役の関五郎左衛門の養子となり，関姓を名乗ることとなる．関孝和自身も同藩の勘定吟味役となるが，藩主の徳川綱豊が6代将軍（家宣）になると，江戸に直参する．しかし関孝和の仕事内容についても多くのことは伝わっていない．

中国から入ってきた数学が和算として発展したのは江戸時代のことであるが，それは戦国時代が終わり，経理に強い藩士が重用されるようになったためである．関が和算を学んだ経緯についてもすべてが明らかになっているわけではないが，吉田光由が中国の数学書に基づいて著した江戸時代のベストセラー『塵劫記』（1627年）は読んでいたようである．その後も中国から伝わった数学書で学び，少なくとも師とよべる人はいなかった．

点竄術の体系 多彩な業績を持つ関であるが，特に独自の記号法である傍書法を開発し，それに基づいて中国の数学である天元術を大幅に改良した点は評価が高い．これにより和算は高等数学として発展を遂げることとなった．このような関の数学体系は点竄術（てんざんじゅつ）とよばれている．

関は，和算家である沢口一之が『古今算法記』（1671年）の中で天元術では解けな

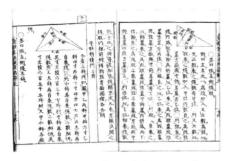

図1 関の著書『発微算法』(1674年)

い問題として提示していた15題を独自の手法で次々に解き明かし，その成果として『発微算法』(1674年)を著した．

円周率の計算，行列式の考案 関の研究対象には，例えば円周率がある．円に内接する正多角形の辺の長さから近似値を計算する方法を採用したが，この方法自体は新しいものではなく，アルキメデス*がすでに正96角形を使って3.14を出していた．しかし関は，正131072角形を使い，「3.14159265359微弱」という値を求める驚異的な計算を行った．

また，行列式の概念をG. W. ライプニッツ*に先立って考案し，ベルヌイ数もヤコブ・ベルヌイと同時期に発見している．さらには，導関数に相当する考え方にも到達していた．

一方で，それまで使われてきた暦に誤差が生じていたため，将軍の命を受けて新たな暦の作成にもとりかかっている．暦の基礎から研究を始めたが，時間をかけているうちに，天文学者渋川春海*が西洋の暦を取り入れて作成した暦法が貞享暦として採用されてしまうということもあった．

I. ニュートン*やライプニッツとほぼ同時代を生きた関孝和は，西洋の数学者に匹敵する江戸時代の数学者として，「算聖」と謳われている．

セグレ，エミリオ
Segrè, Emilio Gino
1905–1989

反陽子の発見

イタリアの物理学者．

経　　歴　父は工場主であった．1922年にローマ大学工科に入学，1927年に物理に転じた．フェルミが指導した最初の博士号取得者であった．1928–29年軍に服務後，大学に戻る．ロックフェラー財団の奨学生としてヨーロッパの複数の大学に滞在し，共同研究を遂行する．1936年にパレルモ大学の物理研究所所長に就任するが，ムッソリーニの反ユダヤ法の成立に伴い，大学の地位を追われる．1938年にバークレーの放射線研究所研究員として渡米し，J. R. オッペンハイマーの要請で1942年にマンハッタン計画に参加，1946年にバークレーに戻り1972年まで教授を務める．

ヨーロッパ時代の研究は原子分光学，E. フェルミ*と行った中性子に関する先駆的な仕事と放射能化学に分類できる．後者ではテクネチウムの発見が有名である．テクネチウムは1936年にサイクロトロンで加速した重陽子線で照射されたモリブデン箔をパレルモに送ってもらい，それを分析して確認された最初の人工生成の元素であった．バークレーではアスタチンとプルトニウム239の発見に貢献する．後者が長崎に落とされた原爆(Fat Man)の材料になった．

反陽子の発見　新元素生成の特許を巡るトラブルと新たな兵器研究所(現ローレンスリバモア研究所)を作る計画に関してE. ローレンス*と対立し，バークレーを離れるが，1952年に復帰し，かつての教え子であるO. チェンバレン(Chamberlain, Owen; 1920–2006)と共に反陽子の発見に成功する．戦後，国の威信をかけてアメリカが完成させた2台の大型シンクロトロン

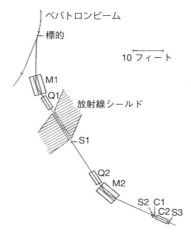

図1 反陽子発見の実験セットアップ

のうちの1台である6 GeV ベバトロンが1954年に放射線研究所に完成し,運転を開始した.当初から陽子–反陽子対創成を意識してのエネルギー設定であった.

セグレらの反陽子発見の実験セットアップを図1に示す.銅の標的から生成される速度 $v = 0.78c$ ($c =$ 光速) の反陽子に狙いを定め,同時に生成される同運動量の中間子との分離のため,磁気レンズ (M1, Q1, Q2, M2) と二つの計数管 (S1, S2) とチェレンコフ計数管 (C1) を用い,飛行時間差を利用して反陽子の質量が予想通りであることを確認した.

反陽子の発見は M. ゴールドハーバーらによる写真乾板解析でも確認されている.1959年にチェンバレンと一緒に反陽子の発見でノーベル賞を受賞.2人の受賞はグループ内でアイデアが盗まれたと反論が出るほど微妙であった.後年,研究代表者として企画,予算獲得などに東奔西走していた功績は客観的に評価されるに至っている.今日のビッグサイエンスでのノーベル賞にまつわるエピソードのはしりであろう.

セグレは学生教育にはとりわけ熱心で,多くの著作を著わしている.「原子核と素粒子」のテキストは有名で,邦訳も出ている.

ゼーベック,トーマス
Seebeck, Thomas Johann
1770–1831

ゼーベック効果の発見

ドイツの物理学者.熱電効果の一つであるゼーベック効果を発見.

経歴 レバル(現エストニア,タリン)の生まれ.大学では医学を学び,1802年にゲッティンゲン大学から医学博士の学位を受けている.ゼーベックは医業のかたわら物理実験を行っていた.太陽スペクトルの異なる色における熱効果や化学作用を調べるなどの光学分野の研究を経て,その後ベルリンに移り,電気磁気現象の研究を始める.そして,1821年,後にゼーベック効果と呼ばれることになる現象を偶然発見する.

ゼーベック効果の発見 ゼーベックは異なる2種類の金属ワイヤ(例えば銅とビスマス)の両端を繋いでリングにした回路を作り,金属同士の2カ所の接点に温度差を与えると方位磁針が振れることを発見した.当初ゼーベックは温度差によって金属が磁性を帯びたと考えた.しかしその後,発生しているのは電流であり,ループ電流が磁場を発生させるというアンペールの法則により方位磁針が振れたことがわかった.言い換えれば,温度差によって電位差が生じ,それによって閉回路に電流が流れたのである(図1).

ゼーベック効果では,発生する電圧は,金属同士の2カ所の接点の温度差 $T_h - T_c$ に比例する.このときに生じる電位差を V と

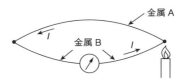

図1 ゼーベック効果

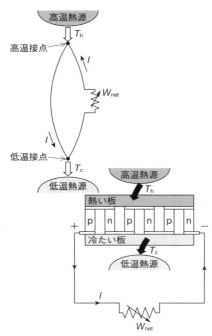

図2　熱電発電

すると,
$$V = a(T_h - T_c)$$
と表され，比例定数 a をゼーベック係数または熱電能と呼ぶ．この電位差は接点の場所以外での金属における温度勾配には依存しない．熱電対はこの効果を利用しており，温度測定によく使われる．この効果を利用すれば，熱を電気に換えることができるため，最近では，熱電発電への応用が注目されている(図2)．ゼーベック係数と電気伝導度は一般にトレードオフの関係にあるため，熱電発電には，両者の効率化が課題となっている．

また，半導体ではゼーベック係数の正負によってn型かp型かを判断することができる．

なお，電流を流すと接点の金属面に温度差が生じるペルティエ効果〔⇒ペルティエ〕は，ゼーベック効果とちょうど逆の効果に当たる．

ゼーマン，ピーター
Zeeman, Pieter
1865–1943

磁場で分裂するスペクトル線を発見

オランダの物理学者．ゼーマン効果の発見で，同じオランダの物理学者 H. A. ローレンツ*と共にノーベル物理学賞を受賞した．

経　歴　ルター派牧師の家に生まれたゼーマンは，1885年にライデン大学に入学し，H. カマリング=オネス*と H. A. ローレンツ*の下で学び，1890年，ローレンツの助手となった．1893年，磁気光学カー効果で博士号を取得してライデン大学の私講師になった．私講師は，大学からの俸給はなく，受講学生からの聴講料を収入としていた．

磁場とスペクトル　M. ファラデー*は1845年，スペクトルに対する磁場の影響を検知しようとする実験を行ったが成功しなかった．1896年，ゼーマンは最新の分光器で同じ実験に挑戦した．そして，ナトリウムのD線が強い磁場をかけたときにスペクトル幅の広がりを見せることを発見した．

その結果に対してローレンツは原子内に磁場に反応する荷電粒子が存在することを見抜き，理論的計算を行った．そして，スペクトルの広がり端の光が偏光していること，振動しているのが負の荷電粒子であり，その e/m 比（電気素量と質量の比）は J. J. トムソン*が陰極管での実験から求めた陰極線の数値と同程度であることを示した．

翌1897年，ゼーマンは広がったスペクトルが異なる偏光の3本の線に分かれていることを見出した．ゼーマン効果は実質的にはゼーマン–ローレンツ研究成果といえ，2人は1902年にノーベル物理学賞を受賞した．

1896年のゼーマン効果の発見以降，スペクトル線が複雑に分裂する異常ゼーマン効

図1 ゼーマン効果の模式図

果が発見されていった．それらは古典物理学や軌道運動に関する古典量子論では説明不可能で，後に電子の持つスピン角運動量概念の導入につながっていき，原子核を取り巻く電子配置の構造が解明されていった．

正常ゼーマン効果 原子の電子殻の主量子数 n，方位量子数 l が等しいとき外部磁場がない場合，軌道のエネルギー準位は等しい（縮退している）．図1の左がその軌道のエネルギー状態を表している．方位量子数は電子軌道の角運動量によるものなので，外部磁場がかけられると磁場の影響を受け，縮退が解けて，図1の右のようにエネルギー準位は三つに分裂する．すなわち磁気量子数が現れる．その際の電子のエネルギーは下記のような ΔW だけ変化する．

$$\Delta W = \frac{e}{2mc}\frac{h}{2\pi}m_l H$$

ここで，e は電気素量，m は電子の質量，c は真空中の光速度，h はプランク定数であり，$m_l H$ 以外は，すべて定数であるので，分裂エネルギー幅は磁気量子数 (m_l) と外部磁場 (H) の積に比例することを示している．

異常ゼーマン効果 正常ゼーマン効果の場合よりも強い外部磁場がかけられると，電子に固有のスピン角運動量との相互作用も顕在化し，さらにエネルギー準位は分裂する．

ゼーマンは，1895年に結婚し，4人の子供ができた．1897年以降は，アムステルダム大学で終生を過ごし，1943年に78歳で没した．

セルシウス，アンデルス
Celsius, Anders
1701–1744

摂氏温度の提唱者

経歴・人物 高校物理の学習ではセルシウスは摂氏温度 (degree Celsius，記号 °C) の提唱者として知られる名前であるが，西欧の文献においてはスウェーデンの天文学者として項目をたてられる場合が多い．

祖父の代からの天文学者であり，父に続き，1730年にウプサラ大学の天文学の教授となる．1732年から足掛け4年にわたり，各国の著名な天文学者の協力を得つつ，独，伊，仏といった，欧州各地の有名な天文台のほとんどすべてを訪問した．そして，帰国後も活発に緯度計測やオーロラの調査に出かけ，1744年に結核で没するまで同大学で天文学の教授を務めた．

セルシウスが温度単位に名を残すことになったのは，まさに天文学者であったことによる．18世紀当時，スウェーデンで天文学の教授であることは，今日の地学の範囲である地理測定や気象観測などに関しての研究を行うことも含まれていた．気圧や温度問題に敏感であったことは当然の帰結である．セルシウスの活躍した時代は，温度計に関する研究が成熟してきていた上に，正に各所で単位の必要性，重要性が認識され，長さや重さを始めとする様々な共通単位が模索されていた．

温度の基準 温度を知る機器は17世に入る頃に，G. ガリレイ*やアカデミア・デル・チメント（実験のアカデミー．17世紀イタリアで作られた科学分野の先駆的学会）が作った空気温度計を皮切りに，18世紀に至るまでにはアルコール温度計，水銀温度計，気圧を考慮した空気温度計が次々に登場した．一方で1665年にC. ホイヘンス*が沸騰している水の温度は一定であるこ

とを明らかにするなど, 水の特性が 17 世紀の終わりには知られてきたが, 凝固点や沸点がすぐに温度計の目盛りの基準に使われることはなかった. むしろ, 基準そのものよりは, 温度計に使われる物質の膨張過程に研究の力点が置かれていたといえよう. 同じ度合いで上下する温度計を複数作ることが困難であった時代である. 提案された温度基準には, 低温側として結氷期の気温や深い地下室の温度といったたやすく確定できるものが選ばれ, 高温の基準となると, 牛や鹿の体温, バターの融解温度などもあり, 今日であれば誰しもが個体差を疑うものも少なくなかった.

そんな中, D. G. ファーレンハイトが 3 点の定点を目盛りの基礎とした実用的な温度計の製作に成功する. その一点が水の融点であった. また I. ニュートン*が雪融けの温度を 0 度, 水が沸騰するときの温度を 33 度と提唱, R. レオミュールは氷点でのアルコールの体積を基準に目盛りを考えた.

セルシウスの水銀温度計 そのような潮流の中で, 入門者への啓蒙にも熱心であったセルシウスは, 誰もが納得できる基準として, スウェーデン王立科学アカデミーから出版した 1742 年の論文の中で, 水の標準状態下 (1 気圧下) での沸点と氷点の間を 100 等分する目盛りを用いた実用水銀温度計を提唱している.

セルシウスはまず, 上下の定点を厳密に確定するために, 温度計の管を融解し始めた雪に入れ, 熱平衡により収縮した水銀柱の高さを記録して 100 度とし, 次に, 今日の 1 気圧下で, 沸騰水に入れて上がった水銀柱の高さを記録して 0 度とした. そしてこの間を 100 等分して, さらに目盛りを外延した. セルシウスの死後, この目盛りは逆転して現在に至る. その原因については諸説あるが, 温度計製作者の D. エクストレムか, 実験で活用した C. リンネが便利を図ったことによるとされる.

ゾンマーフェルト, アルノルト
Sommerfeld, Arnold Johannes
1868–1951

量子化条件の一般化, 金属自由電子論

ドイツの物理学者. 初期の原子物理学, 量子力学で開拓的研究を行い, N. ボーア*の量子化条件の一般化, 微細構造定数, 軌道磁気量子数の導入, 金属自由電子の量子論などの功績で知られる. また, 多くの弟子の中には 4 名のノーベル物理学賞受賞者 (H. A. ベーテ*, P. J. W. デバイ*, W. ハイゼンベルク*, W. E. パウリ*) がおり, 才能ある若手研究者を発掘し延ばす能力についても定評がある. これほど多くのノーベル賞受賞者を育てた指導者は他にいない.

経　歴　生まれは東プロイセンのケーニヒスベルク (現ロシア, カリーニングラード) で, そこのアルベルティナ大学で C. L. F. フォン・リンデマンの指導の下, 数学を学んだ. 1891 年に Ph.D の学位を取得, 翌 92 年から 1 年余の兵役に就いた.

1893 年, 兵役終了後, ゲッティンゲン大学に移り, 家族の知己であった鉱物学の T. リービッシュの助手になった. 翌 94 年には C. F. クラインの助手になり, その指導の下, ハビリタチオンを取得して, ゲッティンゲン大学で私講師となった. 1897 年には, クラウスタール=ツェラーフェルトのベルクアカデミーで W. ウィーン*の後継となる数学の主任教授に就任し, その頃結婚もしている. 1889 年には, クラインの要請で数学百科事典第 5 巻の編者となり, 完成まで 37 年も要する大仕事となった. この百科事典の執筆者には W. E. パウリらがいる.

1900 年に, アーヘン工科大学応用力学講座の主任教授に就任, 流体力学の理論を発展させた. この分野では流体潤滑に関連する無次元量, ゾンマーフェルト数に名を残している. 1905 年にはミュンヘン大学に新設

された理論物理学教室の主任教授となった．この当時ドイツの実験物理学は世界最高水準であったが，そのことがそれまで数学分野にいたゾンマーフェルトや M. ボルン*を理論物理学，数理物理学に向かわせ理論物理学の分野でもドイツが世界をリードすることになった．ミュンヘンでゾンマーフェルトの指導の下，博士の学位を取得したパウリ，ハイゼンベルク，W. ハイトラー*らはゲッティンゲンでボルンの助手になり，量子力学の発展に大いに寄与することになった．その他にも R. E. パイエルス*，H. A. ブリュック，P. P. エバルト*，W. レンツ，G. ウェンツェル，L. N. ブリユアン*を含む多くの博士課程学生を指導した．

32 年間に及ぶミュンヘンでの教育活動では，力学，弾性体力学，電磁気学，光学，熱力学・統計力学，物理学における偏微分方程式などの一般物理学の講義と，より専門的なセミナー，コロキウムを担当した．1942 年から 51 年にかけて，ゾンマーフェルトは，自己の講義を集大成する全 6 巻からなる理論物理学講義集を執筆した．ゾンマーフェルトの教え方は，多くの問題を解くことによって解法を体得させるねらいで，演習形式を多用した．彼自身も，超音速で発生する衝撃波の考察に基づき，高速電子の制動放射の理論を提唱している．

ゾンマーフェルトは 1917 年から 1950 年の間に 81 回ノーベル賞候補にあがったが，受賞することなく，1951 年交通事故で受けた重傷のため，ミュンヘンで亡くなった．

量子化条件の一般化　1913 年，N. H. D. ボーア*は原子核とその周りを運動する電子からなる原子モデルを考えたが，加速している荷電粒子からは古典電磁気学によって電磁波が放出され，安定な軌道が得られないという問題を解決するために，電子軌道の量子条件を要請して，原子からの発光スペクトルを説明した．ボーアの量子条件は電子軌道が円状である場合を想定していたが，1916 年，ゾンマーフェルトは解析力学の正準変数を用いて，多自由度周期運動の場合に拡張した．一般化座標と一般化運動量の組 $(q_k, p_k)[k=1,\cdots,N]$ で記述される系において，古典的な運動が変数分離可能な多重周期運動で，位相空間内の軌道が閉軌道をなすものとするとき，量子化条件は

$$\oint p_k \mathrm{d}q_k = n_k h \quad (n_k = 1, 2, \cdots) \quad (1)$$

のように表される．ただし，h はプランク定数である．ほぼ同時期に，日本の石原純*や米国の W. ウィルソンも同様の結論に達している．この量子化条件はボーア–ゾンマーフェルトの量子化条件，ゾンマーフェルト–ウィルソンの量子化条件などとよばれる．

ゾンマーフェルトは，この量子化条件の一般化を水素原子の問題に適用して，円運動の仮定では一つしかなかった量子数(主量子数)に方位量子数，磁気量子数を加えた複数の量子数が存在しうることを示し，特に磁場中でのスペクトル分裂である正常ゼーマン効果(軌道ゼーマン効果)の説明に成功した．また，電子の質量に関する相対論的補正をこの条件に付加することによって，1s 軌道の電子速度と光速 c の比から，スペクトルに現れる微細構造をも説明した．微細構造定数 $\alpha = e^2/4\pi\varepsilon_0 \hbar c (\simeq 1/137)$ [$\hbar = h/2\pi$，ε_0 は真空の誘電率] を導入したのもゾンマーフェルトである．

金属自由電子の量子論　1927 年，ゾンマーフェルトは古典的なドルーデの自由電子モデル〔⇒ドルーデ〕に，フェルミ–ディラック統計の効果を取り入れることに成功した．フェルミ–ディラック分布はエネルギー ε の関数として

$$f(\varepsilon) = \frac{1}{\exp\left(\frac{\varepsilon-\mu}{k_\mathrm{B}T}\right)+1} \quad (2)$$

のように表される．ただし，μ は化学ポテンシャル，k_B はボルツマン定数である．こ

こでは絶対温度 T が指数関数の引数の分母に入るため，$T=0$ が温度の関数とみなしたときの真性特異点となり，低温での温度展開が簡単にはできない．ゾンマーフェルトは $\varepsilon=\mu$ の近傍でテイラー展開可能な任意関数 $g(\varepsilon)$ とフェルミ分布関数のエネルギー微分の積の積分が以下のように温度の冪に展開できることを示し（ゾンマーフェルト展開，ゾンマーフェルトの公式），

$$\int_0^\infty \left(-\frac{\partial f}{\partial \varepsilon}\right) g(\varepsilon) \mathrm{d}\varepsilon$$
$$= g(\mu) + \frac{\pi^2}{6} g''(\mu)(k_\mathrm{B}T)^2$$
$$+ \frac{7\pi^4}{360} g^{(4)}(\mu)(k_\mathrm{B}T)^4 + \cdots \quad (3)$$

これを用いて，低温極限（$k_\mathrm{B}T \ll \varepsilon_\mathrm{F}$，$\varepsilon_\mathrm{F}$ はフェルミエネルギー（絶対零度の化学ポテンシャル））での諸量の温度依存性を導出した．特に，金属の低温電子比熱 C がフェルミ準位における状態密度（スピン縮重因子を含む）$D(\varepsilon_\mathrm{F})$ を用いて，

$$C = \gamma T = \frac{\pi^2 k_\mathrm{B}^2}{3} D(\varepsilon) T \quad (4)$$

となることを導き，電子比熱の実験からフェルミ準位の状態密度を得る根拠を与えた．電子比熱係数 γ は，ゾンマーフェルト定数とよばれることもある．電気伝導度や熱伝導度，熱起電力などの温度依存性も導き，熱伝導度と電気伝導度の比に関するウィーデマン–フランツ則〔⇒ウィーデマン〕も理論的に裏づけた．フェルミ–ディラック統計の効果を取り入れた金属自由電子モデルは，ドルーデ–ゾンマーフェルトモデルとよばれる．

(3) 式の証明には，フェルミ分布関数のエネルギー微分が，$\varepsilon=\mu$ で，最大値が $1/T$ に比例し，幅が $k_\mathrm{B}T$ 程度の鋭いピークを持つことが利用される．低温極限の第 1 近似では，このエネルギー微分が本質的にデルタ関数 $\delta(\varepsilon-\mu)$ で置き換えられ，低温の電子物性にフェルミ準位近傍の状態密度の振舞が重要な役割を果たす根拠となる．

ダイソン，フリーマン
Dyson, Freeman
1923–

量子電磁力学における基礎的研究

アメリカ（イギリス出身）の理論物理学者．量子電磁力学の完成に貢献した．

経歴 1945年にケンブリッジ大学（イギリス）を卒業．1947年から49年にかけて，コーネル大学およびプリンストン大学（いずれもアメリカ）に留学．ケンブリッジ大学で数学を専攻したが，コーネル大学ではR.ファインマン*やH. A. ベーテ*の影響を受けて物理学に転向．1951年にコーネル大学教授．1953年にプリンストン大学高等研究所教授に就任．1957年には，アメリカの市民権を取得．

1949年，量子電磁力学における正準形式に基づく朝永–シュウィンガーの定式化とファインマンダイヤグラムを用いたファインマンの定式化〔⇒ファインマン〕が等価であることを証明し，くりこみ理論を用いてS行列が有限に計算できることを明らかにした．長距離バスの中で等価性に関する着想を得たと述懐している．1962年，E. P. ウィグナー*のランダム行列理論〔⇒ウィグナー〕を発展させる研究を行った．

ダイソンのS行列 「ダイソンのS行列」とよばれる表示
$$S = \sum_{n=0}^{\infty} \frac{(-i/\hbar)^n}{n!} \int_{-\infty}^{\infty} dt_1 \cdots \int_{-\infty}^{\infty} dt_n \, \mathrm{T}(H_I(t_1) \cdots H_I(t_n))$$
は簡潔で有用である．ここで，$\hbar$は換算プランク定数，Tは時間順序積とよばれる場を時間の順序に並べた積を表す．H_Iは相互作用ハミルトニアンとよばれる素粒子の間の相互作用を記述する物理量である．

また，電子のグリーン関数と自己エネルギーを含む二つの関係式を導いた．このような関係式は一般に「ダイソン方程式」とよばれ，そのうちの一つは，
$$G(p) = G^{(0)}(p) + G^{(0)}(p)\Sigma(p)G(p)$$
で与えられる．ここで，pは粒子のエネルギーと運動量を表す4元ベクトル，$G(p)$は相互作用を受けた1粒子のグリーン関数，$G^{(0)}(p)$は自由な1粒子のグリーン関数，$\Sigma(p)$は自己エネルギーである．もう一つの関係式は，頂点とよばれる相互作用を表す関数を含んだ公式である．

シュウィンガー–ダイソン方程式 相関関数に関する運動方程式は一般に「シュウィンガー–ダイソン方程式」とよばれ，ファインマンの経路積分の微分形に相当し，非摂動的な解析に活用されている．

量子電磁力学において，ダイソンが導出した関係式は，ファインマンダイヤグラムが示唆する関係を数式化したもので，これらを通じて，ファインマンダイヤグラムの有用性が広く認識されるようになった．

人物 理論物理学に届まらず，数学，原子力工学，宇宙工学，地球環境学，生命科学など幅広い分野で独特な発想に基づく壮大な提案を行っている．

例えば，宇宙工学の分野では，恒星のエネルギーを有効利用する「ダイソン球」の開発や「アストロチキン」（あるいは宇宙蝶）と名づけられた遺伝子工学により育てられ人工知能を有する超小型の宇宙船を用いた観測を提案している．

ダイソンは早熟の科学大好き少年だったようで，ジュール・ヴェルヌの『月世界旅行』に夢中になり，9歳にして（未完ではあるが）『小惑星と月の衝突』という題名の空想科学小説を書いている．ダイソンの描く科学文明・技術の未来像は興味深く，自伝『宇宙をかき乱すべきか』を始め，多数の科学啓蒙書（『科学の未来を語る』など）に収録されていて，一読の価値がある．

タウンズ, チャールズ・ハード
Townes, Charles Hard
1915–2015

メーザー, レーザーの父

アメリカの物理学者. 誘導放出を用いた電磁波増幅器のメーザー (maser: microwave amplification by stimulated emission of radiation) とレーザー (laser: light amplification by stimulated emission of radiation) の原理を考案し, 実際にメーザーを作った.

経歴 カリフォルニア州グリーンビルにあるファーマン大学で物理学と現代語学を修めた後, 1939 年カリフォルニア工科大学 (カルテック) で安定同位体の分離と稀少同位体の核スピンの決定で物理学の学位を得た. ベル研究所でレーダーの開発に従事し, 第二次大戦後はマイクロ波分光学を進展させ, 1948 年コロンビア大学の准教授になった. 当時, 電子管により波長 1 cm 程度のマイクロ波は得られていたが, それより短波長の発振器を作る新しい原理が求められていた.

メーザーとレーザーの発振 1951 年 4 月 26 日, 会議に出席するためワシントンにきていたタウンズは早朝に起きて, ホテル近くのフランクリン公園を散歩していた. このとき, 誘導放出を用いたマイクロ波発振器のアイデアを思いつき, 持っていた封筒に走り書きした. 同室で宿泊していた A. L. ショーロー (1921–1999, 1981 年ノーベル物理学賞, タウンズの義理の兄弟) は後日しばしば講演の中でいっていた. 「私の科学への最大の貢献はあの日の朝, 起きなかったことである」.

その後, アンモニア分子の反転二準位間の遷移を用いてこの原理に基づいた電磁波発振器の製作に着手し, 1954 年 4 月, 波長 1.2 cm のマイクロ波の発振 (メーザー) に成功した. さらに短波長の発振器 (レーザー) を目指し, 1958 年に, 2 枚の平行平面鏡で光共振器を作るアイデアを発表した. これを使って, 1960 年 T. H. メイマンがルビーレーザーから赤色のパルス発振を得た. その後, 様々な媒質でレーザー発振が報告され, 現在では多くの波長域でレーザーが開発されている. これらは, 基礎科学から計測, 通信情報, 医療応用など幅広く使われている.

メーザー, レーザーの発見および量子エレクトロニクスの基礎的研究によりタウンズは N. G. バソフ, A. M. プロコロフと共に 1964 年のノーベル物理学賞を受賞した.

その後, タウンズは宇宙からくるマイクロ波を調べ, 1968 年にアンモニア, 続いて水のマイクロ波スペクトル線を発見した.

誘導放出 図 1 は電磁波と 2 準位系の相互作用を示す. 2 準位のエネルギーを E_1, E_2 とすると共鳴電磁波は周波数

$$\nu = \frac{E_2 - E_1}{h}$$

を持つ. ここでは h はプランク定数である. (a) では, 最初下準位にいた原子が共鳴電磁波を吸収して上準位に励起される (誘導吸収). (b) では, 最初上準位にいた原子が共鳴電磁波をランダムに放出して下準位へ脱励起する (自然放出). (c) では, 最初上準位にいた原子が共鳴電磁波を受けて下準位へ脱励起される (誘導放出). これは A. アインシュタイン*により導入された.

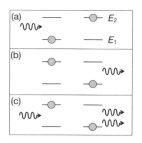

図 1　電磁波と 2 準位系の相互作用

タウンゼント，サー・ジョン・シーリー・エドワード

Townsend, Sir John Sealy Edward
1868–1957
放電現象を解明

アイルランド生まれの物理学者．

経歴 都市工学教授エドワード(クイーンズ・カレッジ)を父とし，ゴールウェイに生まれた．27歳のとき，E. ラザフォード*と共に，ケンブリッジ大学卒業生以外では初めてキャヴェンディッシュ研究所への入所を許可され，J. J. トムソン*の下で研究を始める．1900年，イギリスのオックスフォード大学教授．気体の電離，電気伝導現象の解明に貢献した．1923年にラムザウアー–タウンゼント効果を C. ラムザウアー*とは独立に発見〔⇒ラムザウアー〕．

タウンゼント放電 気体中にある電極間に電圧を印加して，極板間に電場を準備する．光電効果などのきっかけで陰極からたたき出された自由電子は，電場により陽極方向に加速される．その際に獲得するエネルギーが大きければ，この電子が陽極に向かう途中で衝突する気体分子はイオン化し，自由電子を作る．衝突後は，元の自由電子も新たな自由電子も，陽極に向けて加速され，途中で別の気体分子との衝突により別の自由電子を生み出し，といった過程が連鎖反応的に継続することがある(図1)．次々に電子の数が増える様を，雪崩の際に雪量が増える様子に例え，電子雪崩(electron avalanche)とよぶ．その結果極板間に放電が生じ，電流が観測される．1897–1901年にこの現象を研究したタウンゼントに因み，タウンゼント放電(Townsend discharge)とよぶ．放電で生じる電流の大きさ I は，極板間隔 d，印加電圧，気体の圧力などの条件によって，10桁程度の大幅な変化を示す．その結果は低電圧，低圧力下で予想された電流を大きく上回り，タウンゼントが

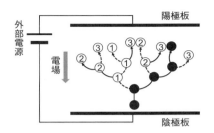

図1 タウンゼント放電の概念図
最初の自由電子(●)から，1，2，3世代のイオン化で生じた電子を1，2，3とした．

その機構を解明した．

彼は，極板間に流れる電流が，ある状況で次式で表せることを発見した．

$$I = I_0 e^{\alpha_n d} \left[1 - (\alpha_p/\alpha_n)e^{\alpha_n d}\right]^{-1} \quad (1)$$

I_0 は陰極版に生じた光電流の大きさを表す．係数 α_n と α_p は，それぞれ陰イオンと陽イオンにより，単位長さ当りでイオン化された気体分子の数を表し，第1タウンゼント係数とよばれる．タウンゼント放電による電流特性は大変複雑なので，(1)式では記述できない場合も知られており，そのほかにも様々な表式が提案されている．

雷の発生機構は完全には未解明だが，上空で宇宙線などの影響により生じた電子雪崩がきっかけとなる放電現象という説も有力である．

電子の電荷量の測定 電子の存在が証明された同じ年に，初めて電子の電荷量を測定したのもタウンゼントである(1897年)．電気分解の際にできる気体中のイオンを核にしてできる水滴の落下運動を利用した．すなわち，重力と，ストークスの法則〔⇒ストークス〕で決まる空気の粘性抵抗が釣り合い，落下速度が一定となる状況で成り立つ条件と，別に測定した水滴に帯電した電荷量と水滴の質量の比を組み合わせて電荷量を求めるという原理である．この原理は水滴を油滴に代え，R. ミリカン*が素電荷を精度よく求める際にも採用された．

高橋 秀俊
Takahashi, Hidetoshi
1915–1985

日本のコンピュータのパイオニア

理論物理学者,計算機科学者.1975 年紫綬褒章受章,1980 年文化功労者.

経　歴　中学,高校は 7 年制の武蔵高等学校に通った.学校における物理の授業にはあまり関心を示さず,専ら数学や物理の本を独学して深くのめり込んでいった.大学受験では数学科,物理科,電気工学科を候補に考えたが,苦手な体育を入試に課していた電気工学科は避け,物理学ならば物理も数学も勉強できるとの思いから東京大学理学部物理学科に入学する.相対性理論や量子論の登場にも進路選択の上で背中を押された.

1937 年,高橋は東京大学を卒業し,放電を専門とする研究室の助手になる.しかし放電そのものには興味のなかった高橋は,研究室で行われているいろいろな測定に役立つ装置や回路の開発に従事した.そのため物理学教室とはいえ,電気工学や通信工学の諸分野が研究の中心であった.

物性論研究　一方で,物理学に関する話題にも常に関心を払い,また当時量子力学や統計力学の応用先として多くの興味を集めていた物性論にも注目するようになる.1941 年には熱雑音に関する優れた業績をあげ,これはその後,揺動散逸定理に結びつく.1942 年には 1 次元では相転移が起こらないことを短い論文で簡潔に論じ,注目を浴びた.この論文では,粒子間相互作用が最隣接粒子間のみに働くという簡単なモデルを扱い,ラプラス変換を利用して自由エネルギーが全ての有限温度,全ての有限圧力で正則関数であることを示して相転移の不在を証明した.この研究は,後に大きく広がる低次元系の統計力学の出発点とな

図 1　高橋秀俊(右)と後藤英一
(出典:一般社団法人情報処理学会 Web サイト『コンピュータ博物館』)

るものであった.

これらは物性論や統計力学の本質に迫る研究であり,高橋自身,すべてのものに通じる法則に特別の興味を持っていると語っている.また,これらの研究は高橋が 20 歳代のときに行ったものであるという点も特筆に値する.

高橋はさらに誘電体に着目し,以後しばらくは誘電体の理論研究に没頭する.強誘電体の KH_2PO_4 や $BaTiO_3$ などに関する優れた理論を提唱し,誘電体分野でも顕著な業績をあげて日本の誘電体研究を牽引した.特に高橋がその物性の解明に大きく貢献した $BaTiO_3$ は,今日ではコンデンサ材料,圧電素子材料として欠くことのできないものとなっている.

誘電体の研究に並行し,戦後まもなく再び通信工学に目を向けるようになり,新しく登場した情報理論,ディジタル理論,ディジタル計算機に研究の中心を移していく.

パラメトロン計算機　1954 年,それまでコンピュータに使われていた真空管に変わる素子として,高橋研究室の大学院生後藤英一がパラメトロンを開発する.パラメトロンは,二つのフェライトコアを用いた LC 共振回路である.入力する励振電流に対し,発生するパラメータ励振の位相は 0 または π となり,これをディジタル信号の 0 または 1 として扱うのである.パラメト

ロンは，当時の真空管やトランジスタに比べて信頼性も高く，何より圧倒的に安価であった．

パラメトロンの成功以降，高橋はパラメトロン計算機の開発に乗り出し，ソフトウェア開発も含めて計算機が高橋の研究の中心となる．1958年にはパラメトロン計算機 PC-1 が完成した．企業も高橋に続き，商用コンピュータも登場した．

パラメトロンはやがて素子としてよりすぐれた高品質のトランジスタに主役の座を奪われる．こうしてパラメトロン計算機はその誕生から数年で役割を終えるが，日本が独自に開発したコンピュータとして歴史的な意義は大きい．

またこの開発に伴い，高橋は使える数学「実数学」を看板に掲げ，高速フーリエ変換など様々な数値計算技法を生み出した．1965年には東京大学の大型計算機センターの初代所長に就任している．

人　　物　高橋の物理学者としての特徴の一つは，その関心の広さである．それも単に関心を持っているだけでなく，それぞれの分野に造詣が深く，分野を横断して議論ができた．専門の細分化が進んだ現代の物理学の世界では望むことのできないものであるが，それは高橋の時代においても稀有なことであった．このような物理学汎論的視点を持った高橋は，物理学の特定の分野の専門家というよりも，「物理学の専門家」というにふさわしい．また，問題の本質を見抜く洞察力に優れ，対象に対する高い美意識を持った学者でもあった．

同人「ロゲルギスト」　物理学者としての鬼才ぶりを発揮する一方で，ロゲルギストの名で身の回りの物理現象を平易な言葉で語るエッセイも出版している．ロゲルギストは数名の物理学者で構成された，様々な現象を議論する同人会であった．その議論をもとにしたエッセイは雑誌に連載され，人気を博した．

タッケ，イーダ
Tacke, Ida
1896–1979

レニウムの発見，核分裂の予見

ドイツの化学者．W. ノダック (化学者), O. ベルク (物理学者) と共に，1925年に元素レニウムを発見した．1934年にウランの核分裂反応の可能性を示唆した．なお，「タッケ」は旧姓で，結婚後の姓「ノダック」で言及されることも多い．

経　　歴　ドイツのヴェーゼルに近い小村ラックハウゼンに生まれる．父はワックス・ラッカーの製造業者．ベルリンの高等工業学校 (のちベルリン工科大学) で化学を学び，1919年化学と冶金学で1等賞をとり卒業，1921年に工学博士号を取得した．1921–23年，ドイツの電気会社アルゲマイネ電気会社 (AEG) に，1924–25年，ジーメンス–ハルスケ社に，化学者として勤務した．1925年ドイツ物理工学研究所化学研究室に移り，室長 W. ノダックの下で研究，26年ノダックと結婚した．1935年，ワルターはフライブルク大学の教授，イーダは研究助手となった．第一次大戦後 1919年女性の大学入学が初めて認められ，女性の社会進出が可能となったワイマール時代と変わって，1933年にナチスが政権をとると，ユダヤ系の人々と同様女性の社会進出が阻まれ，イーダも辞職を余儀なくされた．1942年夫妻はナチス占領下のストラスブール大学に (ワルターは物理化学科と光化学研究所の長として) 移った．1944年フランスによってナチス占領から解放されると，夫妻はドイツに戻り，44–56年のある期間トルコに滞在，1956年バンベルクに新設された州立地球化学研究所に移った．イーダは1968年退職した．

レニウムの発見　1920年当時 D. I. メンデレーエフ*の周期表において未発見とさ

れていた元素は原子番号 43, 61, 72, 75, 85, 87 に当たるもので, 周期表の最後の元素はウラン (原子番号 92) であった. 未発見元素は, H. G. モーズリーの特性 X 線〔⇒シーグバーン〕スペクトルの研究 (1913–14) から予想されていた. 高速電子線や短波長の X 線によって励起された原子はその元素に固有な X 線スペクトルを発するが, それが原子番号の増加と共に単調に変化するということをモーズリーが明らかにしていたのである. 1921 年 N. H. D. ボーア*の原子構造論 (原子内電子の配置) からジルコニウムと同じ族に属すると予想された 72 番元素 (ハフニウム) が, 1923 年に G. ヘヴェシーと D. コスターによるジルコニウムを含む鉱石の X 線スペクトル分析によって発見された.

イーダとワルターが注目したのは周期表における VII 族マンガンの下の二つの未発見元素 (原子番号 43, 75) であった. 彼らはコロンブ石 (コロンバイト) から 75 番元素を抽出し, ジーメンス・ハルスケ社のベルクがその X 線スペクトル分析によって確認した. 彼らはそれをライン川にちなんで「レニウム」と命名した. イーダは 1925 年 9 月のドイツ化学者協会において新元素について講演した. それはこの協会で女性で初めての講演であった.

彼らは同じ鉱石から 43 番元素も発見したと発表し「マズリウム」と名づけたが, 確認されず, のち 1937 年 E. セグレ*と C. ペリエがバークレーのサイクロトロンを使ってモリブデンに重陽子を衝突させて原子番号 43 番元素の放射性同位体を発見し, 「テクネチウム」と名づけた. テクネチウムはウランの核分裂生成物の中にも見出される. ノダック夫妻らの調べた鉱物の中には微少量の分裂性ウランが含まれており, その生成物を彼らが発見していた可能性も十分考えられるという.

核分裂反応の着想　　1934 年, E. フェルミ*のグループはウランに中性子を照射する実験から, 超ウラン元素が得られたと発表した. 同年それに対してイーダは, ウランがいくつかの大きな破片, すなわちいくつかの既知の元素の同位体, に壊れているのかもしれないと批判し, 核分裂反応の可能性を初めて示唆した. この論文は, フェルミグループ, 核分裂反応の発見者となる O. ハーンと L. マイトナー*, フレデリックとイレーヌのジョリオ=キュリー*夫妻その他各方面に知られたが, 完全に無視された. とても起こりそうもない現象だと思われていたこと, 彼女自身がその証拠を示す実験をしていないこと, が主な理由であろう. 1939 年ハーンらの核分裂反応発見の報に, 自分の示唆を引用していないと抗議したが, そこでも無視された.

ノダック夫妻は, 親ナチ派であったわけではないが, ワルターがナチスに優遇されたことから, 反ナチ派の研究者たちから, 日和見主義者とみられたという.

彼女は, ドイツ化学会のリービヒメダル (1931), スウェーデン化学会のシェーレメダル (1934) を受賞, ハンブルク大学の名誉博士 (1966), スペインの物理学会, 化学会の名誉会員, 栄養学研究国際学会名誉会員などになっている. また, ノーベル賞候補に 3 度名前があがったことが知られている.

図 1　イーダ・タッケ
(FRAUEN.ruhr.GESCHICHTE)

ダランベール,ジャン・ル・ロン
d'Alembert, Jean Le Rond
1717–1783

百科全書派の哲学者,数学者,物理学者

フランスの 18 世紀の百科全書派の哲学者,数学者,物理学者.D.ディドロらと並び,百科全書派知識人の中心人物.

経歴 1743 年に『動力学論』を刊行,次いで「流体の釣り合いと運動論」「風の一般的原因に関する研究」などの物理学的研究を次々に発表した.その知名度と関心の広さを見込まれ,ディドロとともに『百科全書』の責任編集者となり,1751 年の刊行にあたっては序論を執筆した.「動力学」の項目では「ダランベールの原理」を明らかにしている.

1761 年には『数学小論集』の刊行を開始し,1780 年に完結させた.

ダランベールの原理 質量 m の質点に力 $\boldsymbol{F}$ が加えられ,質点 m が加速度 $\mathrm{d}^2\boldsymbol{r}/\mathrm{d}t^2$ で運動する場合を考える.質点の運動を記述するニュートンの運動方程式は,
$$m\frac{\mathrm{d}^2\boldsymbol{r}}{\mathrm{d}t^2} = \boldsymbol{F}$$
となる.この式を移項すると,
$$\boldsymbol{F} - m\frac{\mathrm{d}^2\boldsymbol{r}}{\mathrm{d}t^2} = 0$$
と書ける.これは質点に作用する外力 $\boldsymbol{F}$ に対し,$-m(\mathrm{d}^2\boldsymbol{r}/\mathrm{d}t^2)$ の力がかかって全体が力の釣り合った状態であると見なすことができる.このように見かけの力 $-m(\mathrm{d}^2\boldsymbol{r}/\mathrm{d}t^2)$ を仮定することで,運動の問題を力の釣り合いの問題に帰着させることを,ダランベールの原理という.このとき,見かけの力 $-m(\mathrm{d}^2\boldsymbol{r}/\mathrm{d}t^2)$ を慣性力とよぶ.この原理は,n 個の質点系や,大きさのある物体についても成り立つ.
$$\sum_{i}^{n}\left(F_i - m_i\frac{\mathrm{d}^2 r_i}{\mathrm{d}t^2}\right) = 0$$
釣り合っている位置から質点を仮想的に動かしたときに質点がする仕事を考えることで,動力学の問題を扱うことができる.束縛力の伴う質点系の問題などで有効である.

ダランベールの原理に仮想仕事を考えることによってラグランジュの運動方程式が導出され,さらにハミルトン力学などの解析力学へと発展していった.解析力学はこの後の量子力学の基礎となった.

ダランベール演算子 ダランベール演算子(ダランベルシャン)とは,物理学の特殊相対性理論,電磁気学,波動論で用いられる演算子(作用素)であり,ラプラス演算子(ラプラシアン〔⇒ラプラス〕)Δ をミンコフスキー空間〔⇒ミンコフスキー〕に適用したものである.ダランベール作用素,あるいは波動演算子とよばれることもあり,記号 $\Box$ で表される.標準座標 (ct, x, y, z) で表されるミンコフスキー空間において,ダランベール演算子は次の形で定義される.
$$\begin{aligned}\Box &:= \partial_\mu \partial^\mu = g_{\mu\nu}\partial^\nu \partial^\mu \\ &= \frac{\partial^2}{\partial(ct)^2} - \frac{\partial^2}{\partial x^2} - \frac{\partial^2}{\partial y^2} - \frac{\partial^2}{\partial z^2} \\ &= \frac{1}{c^2}\frac{\partial^2}{\partial t^2} - \nabla^2 \\ &= \frac{1}{c^2}\frac{\partial^2}{\partial t^2} - \Delta\end{aligned}$$
振動の変位を表す関数を u,振動の位相速度を s とすると,u は波動方程式
$$\frac{1}{s^2}\frac{\partial^2 u}{\partial t^2} = \frac{\partial^2 u}{\partial x^2} + \frac{\partial^2 u}{\partial y^2} + \frac{\partial^2 u}{\partial z^2}$$
を満たす.ダランベール演算子を用いると
$$\Box u = 0$$
と記述できる.

ダランベールの収束判定法 実数や複素数を項に持つ級数が,収束するか発散するかを判定する方法である.級数の前後の項の比の絶対値 $|a_{n+1}/a_n|$ の極限が 1 未満であれば級数は絶対収束する.この判定法はダランベールによって発表された.

丹下ウメ
Tange, Ume
1873–1955

アメリカと日本で二つの博士号

経　歴　丹下ウメ（梅子）は 1873（明治 6）年に鹿児島県の裕福な商家に，8 人兄弟姉妹の 7 番目の子供として生まれた．3 歳のときままごと遊びの竹箸で右目を突き刺し失明する不運に見舞われた．娘の将来を案じる母親に対し，一緒に遊んでいて責任を感じていた姉ハナは，ウメを立派な学者にしてみせるといって母を慰め，その言葉通り生涯ウメを支えた．

鹿児島県立師範学校を首席で卒業し，ウメは小学校の教員となったが，抑えがたい向学心と家業の衰退から進路に思い悩んでいた．幸運にも母方の遠縁の前田正名男爵の尽力と援助によって，彼女は 1901 年日本女子大学校家政学部の第 1 回生となり卒業し，1904 年には女性初の中等化学教員検定試験に合格した．しかし，日本女子大学校が誇るドイツ式実験施設である香雪化学館で学生の研究指導に当たった東京帝国大学教授長井長義博士の化学助手として彼女は大学に残った．

3 人の帝国大学女子学生　1913 年日本の帝国大学の中で初めて女性に門戸を開くことになった東北帝国大学理科大学を長井の勧めで受験し，黒田チカ*，牧田らくと共に入学を果たした．ウメ 40 歳という遅い出発であったが，優秀な成績を修め特待生扱いとなった．しかし初期肺浸潤の診断により 1 年の休学を余儀なくされ，45 歳で卒業し，さらに大学院に進学し，助手になった．ウメの願いを聞き届け東京に出してくれた前田男爵は，今度はウメにアメリカ留学のチャンスをもたらしてくれた．栄養学探究の願い止み難く，彼女は政府による海外派遣を切望していたのである．

留学と博士号取得　まずはスタンフォード大学で夏期講習を受け，その後 10 カ月ほどスタンフォードで欧米の文化に慣れ親しんだ．その後，コロンビア大学に移り栄養に関する調査を行ったりしたが師事すべき指導者に出会えぬまま 2 年が過ぎた．人を介してジョンズ・ホプキンス大学の E. マッカラム教授を頼って急遽移り，奨学金を得て医学研究科公衆衛生学専攻の大学院生となった．よき指導者に巡り合い彼女は勉学に打ち込み，3 年目には学位論文「ステロール類のアロファン酸エステルの合成と性質」をまとめ，1927 年 Ph.D. を得た．日本ではこの年，保井コノ*が日本女性初の理学博士になった．この後シンシナティー大学医学部の生物化学教室に短期間勤務して，8 年の滞米生活を終え，ヨーロッパ各地を見物して 1929 年 11 月に帰国した．

二つめの博士号　日本女子大学校生物化学教授に任ぜられ懐かしい香雪化学館で学生指導に当たるとともに，理化学研究所の嘱託として鈴木梅太郎の研究室に所属し，さらに研鑽を積み 1940 年「ビタミン B_2 複合体の研究」で東京帝国大学より農学博士の学位を取得した．ウメ 67 歳のことである．女性農学博士第 1 号は辻村みちよである（1932 年東京帝国大学）．1951 年香雪化学館に別れを告げ長年奉職した日本女子大学を退職，1955 年他界．

図 1　丹下ウメ
（東北大学史料館蔵）

チェレンコフ, パーヴェル・アレクセイヴィチ
Cherenkov, Pavel Alekseyevich
1904–1990
チェレンコフ放射の発見

ソ連の物理学者. チェレンコフ放射を発見した.「チェレンコフ効果の発見とその解釈」により, I. M. フランク (Frank, Ilya Mikhailovich; 1908–1990. ソ連の物理学者) と I. Y. タム (Tamm, Igor Yevgenyevich; 1895–1971. ソ連の物理学者) とともに 1958 年のノーベル物理学賞を受賞した.

経　歴　チェレンコフはロシアのヴォロネジで生まれた. 1928 年にヴォロネジ州立大学理数学部を卒業し, 1930 年にレベデフ物理学研究所の上級研究員となる. 1940 年には理数学の博士号を得, 1953 年には実験物理学の教授に就任する. 1959 年から光中間子プロセス研究所を率いた. 1970 年にはソ連科学アカデミーの会員となる.

チェレンコフ光の発見　チェレンコフは 1934 年に, 放射線が照射された一本の水の入ったビンから青い光の放射を観察した. 荷電粒子が物質中を運動するとき, 荷電粒子の速度がその物質中の光速度よりも速い場合に光が出る現象であり, チェレンコフ放射と名づけられた. 光をチェレンコフ光, または, チェレンコフ放射光という. この現象は, フランクとタムにより, その発生原理が解明された.

チェレンコフ光の原理　相対論では真空中の光速 c は一定であると仮定しているが, 屈折率 n の物質中を伝播する光の速度は, c/n と c よりもかなり遅くなる. たとえば, 水中の伝播速度は光速の 0.75 倍である. チェレンコフ放射は, 荷電粒子が誘電体中を, そこでの光よりも速い速度で通過するときに放射される.

荷電粒子が物質中を通過すると, 物質の原子中の電子は, 通過する荷電粒子の場によって動かされ, 偏極する. 粒子が通過したあと, 電子が再び平衡状態に戻るとき, 光子が放出される. 通常は放出される光はお互いに打ち消してしまうが, 荷電粒子がその物質中の光速を超えて伝播するとき, 光子の衝撃波は干渉しあい, 放射された光は増幅される.

チェレンコフ放射　チェレンコフ放射は, 飛行機や弾丸が超音速で移動するときに発生する衝撃波と同じように, 物質中の光速よりも速く粒子が通過するときに発生する. 超音速の飛行体によって発生する音波は, 十分な速度がないため, 飛行体自身から離れることができない. そのため音波のエネルギーは蓄積され, 衝撃波面が形成される. 同じようにして, 荷電粒子も絶縁体を通過するときに, 光子の衝撃波を生成することができる.

図 1 において, 粒子は速度 c/n で物質中を通過する. ここでは, 粒子の速度と真空中の光速との比を
$$\beta = v_\mathrm{p}/c$$
とし, n を物質の屈折率とすると, 放射される光の伝播速度は
$$v_\mathrm{em} = c/n$$
となる. 時間 t での粒子の移動距離は
$$x_\mathrm{p} = v_\mathrm{p} t = \beta c t$$
であり, 光の移動距離は
$$x_\mathrm{em} = v_\mathrm{em} t = \frac{c}{n} t$$
となるので, 放射角 θ は
$$\cos\theta = \frac{1}{n\beta}$$

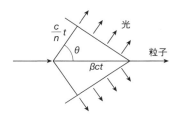

図 1　チェレンコフ放射

となる.

観測とその応用 チェレンコフ光の例としては,原子炉の燃料が入ったプールの中で青白くボーッと輝いた光がよく知られている.使用済燃料が貯蔵されているプールでもうっすらと見られることがある.カミオカンデやスーパーカミオカンデにおける研究では,大量の水と衝突したニュートリノから発生した電子が,水中の光速よりも早く移動したとき,円錐状に広がるチェレンコフ光を捉えることにより粒子の観測を行っている.チェレンコフ光の観測結果から電子の運動方向や速度がわかり,それらからニュートリノの飛来方向などを計算することができる.

図2にチェレンコフ光を用いた観測の例を示す.スーパーカミオカンデで捉えたミューオンニュートリノイベントのディスプレイである.ミューオンが放出したチェレンコフ光が壁にリング状に投影されている.

高エネルギー粒子線の検出にもチェレンコフ放射を用いた検出器が用いられる.

電子顕微鏡の試料に電子線を照射する場合にもチェレンコフ光が観測され,物質の屈折率についての情報が得られる.

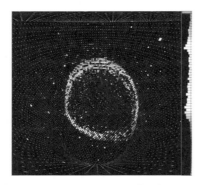

図2 スーパーカミオカンデでとらえたミューオンからのチェレンコフ光
(提供:高エネルギー加速器研究機構)

チャドウィック,サー・ジェームズ
Chadwick, Sir James
1891–1974
中性子の発見

イギリスの実験物理学者.

経歴 1891年,ボリントンに生まれた.1908年マンチェスター大学入学.E. ラザフォード*が指導教授だった.1913年ベルリンのH. ガイガー*の下に留学.尖針計数管を改良したガイガー計数管を使って導いたβ粒子の個数と電位との関係から,β線が連続スペクトルになることを明らかにした.マンチェスターに戻ってからの研究では,原子核の電荷数と原子番号が等しいことを見出している.1919年4月にラザフォードがキャヴェンディッシュ研究所の所長に就任したため一緒にケンブリッジに移り,大学で博士号を取得する.その後実験主任を務める.

中性子発見前史 チャドウィックがノーベル賞を受賞することになる研究のきっかけは,1930年にドイツのW. W. G. ボーテと弟子のH. ベッカーが行っていたα粒子の衝突実験であった.比較的軽いベリリウムなどの元素が標的の場合,陽子が飛び出さずにエネルギーの強いγ線のような2次放射線が出てくることに気がついた.鉛板の透過力からその2次放射線は自然放射性元素から出るγ線の最も硬いものと同じ程度であるとした.このようなおおざっぱな結論しか出なかったのは,使用したα線源のポロニウムの線量が小さかったためだ.

ボーテらの発見を知ったI. ジョリオ=キュリー*とF. ジョリオ=キュリー*夫妻は,強い線源のポロニウムを用いて謎のγ線のエネルギーを電離箱で精度よく測定する実験を行った.その際,遮蔽効果を調べるために,水素を多く含むパラフィンを挿入してみた.するとパラフィンから陽子が飛び

出てくることを発見したのだ．そこで入射するγ線のエネルギー量子と出てくる陽子のコンプトン散乱を想定して計算すると，このγ線は 50 MeV のエネルギーを持つことになった．これは線源のポロニウムから放出される α 粒子のエネルギーの約 10 倍のエネルギーに相当し，明らかにエネルギー保存則に反する結果であった．

中性子の発見　1932 年キュリー夫妻の報告を読んだチャドウィックは，すぐにこの「ベリリウム線」の正体がラザフォードと一緒に長年探し求めて徒労に終わっていた中性子であることに気がついた．1919 年に陽子を発見していたラザフォードは，原子核は基本的に陽子と電子から構成されているとして，陽子と電子が緊密に結合してできる電気双極子の中性粒子を neutron と名づけていたのだ．

チャドウィックは，この中性子を導入すれば保存則は保持されるとした．さらに中性子の質量を陽子の 1.005 〜 1.008 倍とし，これから中性子は陽子と電子が結合し，その結合エネルギーが 1 ないし 2 MeV になると示唆している．しかし不確定性関係から核内に電子が存在し得ないことがわかる．真の解決は湯川秀樹*の中間子理論の登場まで待たねばならなかった．

それでも中性子の発見によって，原子番号は陽子数に等しく，同位体は原子番号が同じで，中性子数だけが違うことだということもわかった．さらに電気的反発力を受けずに原子核に深く進入することができる中性子は，核反応を起こすための格好の道具となった．こうして核分裂発見への道を拓いたのだ．1935 年に中性子の発見でノーベル物理学賞を受賞．

第二次大戦中はイギリス科学者団の代表としてマンハッタン計画に参画している．1974 年ケンブリッジの自宅で逝去．

チャンドラセカール，スブラマニアン
Chandrasekhar, Subrahmanyan
1910–1995
恒星の進化と終焉の理論的研究

インド生まれのアメリカの天体物理学者．恒星の内部構造やその進化を理論的に研究．

経　歴　1910 年，イギリスの統治下にあったインドのラホール (現パキスタン領) で上流階級の家庭に生まれた．父親は公務員で，会計監査局の局長補佐であった．ラマン効果の発見者で知られる C. V. ラマン*は叔父に当る．13 歳のとき，家族と共にマドラス (現チェンマイ) に移り住む．高校では数学や物理において極めて優秀な成績を収め，15 歳で高校を卒業した．1930 年にマドラスのプレシデンシ大学を卒業，当時の宗主国イギリスのケンブリッジ大学に特別奨学生として招待される．イギリスへの渡航途中，船上にて，白色矮星の質量には上限があることを発見した．

チャンドラセカール限界　質量が太陽の 8 倍より軽い恒星は，進化の終末期に外層を散逸させながら核融合反応を終え，余熱で輝く白色矮星となる．白色矮星は，自身の重力と電子縮退圧が釣り合った状態にある．その場合，質量が大きいほど星の半径は小さくなり，密度が高くなることで電子の振舞は相対論的になる．その結果，ある程度以上質量が大きいと重力熱力学的に不安定になり，白色矮星としては安定に存在できない．その限界質量は現在「チャンドラセカール限界」とよばれるものであり，彼によって 1931 年に発表された論文において

$$M_{\text{ch}} = 1.822 \times 10^{33} \text{ g}$$
$$= 0.91\, M_\odot$$

と算出された．ここで $M_\odot$ は太陽質量である．ちなみに，現在のより厳密な計算値は

1.44 $M_\odot$ となっている.この結果は,この限界質量を超えた天体が一点に収縮してしまうこと,つまりブラックホールの存在を予見するものであり,後年に高く評価される結果であった.

チャンドラセカールはケンブリッジ大学でA. S. エディントン*に師事し,1933年に学位を取得した.しかしながらチャンドラセカールの学説を当のエディントンが強く否定したため,両者の間には強い確執が生じることになる.当時エディントンは既に科学者として大きな名声を得ており,その影響力は絶大なものがあった.1935年,チャンドラセカールはイギリス王立天文学協会の場で発表する機会があったが,彼の講演の後にエディントンが講演しチャンドラセカールの学説を徹底的に批判した.多くの物理学者がチャンドラセカールを支持したものの,彼は大きく失望した.エディントンはその後も執拗に彼の学説への攻撃を続けたが,それでもなおこの学説によりチャンドラセカールの名声は高まっていく.

アメリカでの活躍 1936年,かねてより誘われていた特別研究員の職に就くため,アメリカのウィリアムズベイにあるヤーキス天文台に赴任し,シカゴ大学と兼任しながら精力的に研究を進めた.以後行った研究テーマは,星の構造論,恒星系の力学,放射の伝達論,電磁流体の力学的安定性,楕円形状の平衡,一般相対論的天体物理,ブラックホールの数学的解明などである.第二次大戦が始まると,アバディーン実験場で弾道理論の研究を行った.1942年に助教授,翌年に教授に就き,学者としての地位を確固たるものにしていった.第二次大戦が終わり,ヤーキスに戻った後,アメリカ天文学会の論文誌 Astrophysical Journal 誌の編集長を務め,最後にはシカゴ大学特別教授の称号を得た.1966年にアメリカ国家科学賞を,1983年には「星の構造と進化にとって重要な物理的過程の理論的研究」でW. ファウラーと共にノーベル物理学賞を受賞した.その後も研究を続けながら多くの著作を記し,1995年にシカゴで心不全のため死去した.1970年に発見された小惑星チャンドラ (1958 Chandra),および1999年に打ち上げられたNASAのX線観測衛星「チャンドラ」は,彼に因んで名づけられたものである.

人　　物　チャンドラセカールの研究範囲は極めて広いが,特徴として全ての論文において数学が中心的な役割を演じていることがあげられる.これは,物理学をふんだんに使用するエディントンの研究スタイルとは大きく異なっていた.2人の強い確執が,この研究スタイルの相違に起因していた可能性は否定できない.論理的な帰結とはいえ,やはり物理学的にみて常識からは想像できない結論,すなわち星が一点に収縮してしまうことなど,一般相対性理論にも精通していたエディントンには到底受け入れられなかったのかもしれない.

1936年,チャンドラセカールはマドラスのプレシデンシ大学時代から婚約していたラリータという女性と結婚した.彼女も上流階級の出身で,優秀な成績で大学を卒業した後,結婚前には学校の校長として働いていた.彼が最初に彼女に送ったプレゼントは,A. ゾンマーフェルト*の『原子構造とスペクトル線』という物理書だったという逸話がある.

チャンドラセカールは数多くの著作を残している.これらは標準的学術書として,一般読者の啓蒙および後進の育成に大きく貢献した.代表的な著作として,『星の構造』(An Introduction to the Study of Stellar Structure) (1967年),『真理と美　科学における美意識と動機』(Truth and Beauty : Aesthetics and Motivations in Science) (1987年),『「プリンキピア」講義　一般読者のために』(Newton's Principia for the Common Reader) (1995年) などがある.

デイヴィソン, クリントン・ジョセフ
Davisson, Clinton Joseph
1881–1958
電子線回折実験による電子波の検証

アメリカの実験物理学者. ニッケル単結晶による電子線の回折現象を確認し, L. ド・ブロイ*の提唱した物質波の存在 (電子の波動性) を実証した.

経　　歴　デイヴィソンは, イリノイ州ブルーミングトンの職人の家に生まれる. 1902 年にシカゴ大学に入学し, R. A. ミリカン*の下で学ぶ. 途中, 経済的理由により学業を中断するが, ミリカンの推薦によりパデュー大学やプリンストン大学で物理学の助手を努めながら, 1908 年にシカゴ大学を卒業する. 1911 年, O. W. リチャードソン*の指導の下, プリンストン大学で学位を取得する. その後, カーネギー工科大学物理学科で教鞭をとるが, 第一次大戦中の 1917 年にウェスタン・エレクトリック社の技術部 (後のベル研究所) で戦時雇用されて以来, 1946 年に退職するまで 29 年間をベル研究所で過ごす. 1947 年, ヴァージニア大学で物理の客員教授となる. 1937 年, G. P. トムソン*と共に, 結晶による電子線回折現象の発見によりノーベル物理学賞を受賞する.

電子線回折実験　1919 年, デイヴィソンは C. H. クンスマンと共に, 金属表面での低速電子の散乱に関する一連の実験を開始し, 反射された電子線強度の角度分布に極大・極小が現れること示した. 1925 年, これらの実験に興味を持った W. エルザッサーは, この現象がド・ブロイによる物質波の考えで説明できることを明らかにした. デイヴィソンらは当初, 物質波の検証を目的として実験を行っていたわけではなかったが, 1926 年夏に M. ボルン*の講演で電子波の話を聞いて以来, 電子波の検証に目標を転換する. そして 1927 年春, デイヴィソンは L. H. ジャーマーと共に, ニッケル単結晶の薄膜に低速電子線を入射させる実験を精巧に行い, 電子波の存在を実証する散乱電子線の回折現象を確認した. 同様の検証実験は, エルザッサーを始め多くの研究者が試みたが, 誰一人成功しなかった. デイヴィソンらの実験の成功は, 長年彼らが培ってきた高度な真空技術に負うところが大きい.

電子が速さ v で運動するとき, その運動エネルギー K は, $K = (1/2)mv^2$ と書ける (m は電子の質量). 一方, この電子の運動をド・ブロイの物質波 (ド・ブロイ波) として見れば, その波長 (ド・ブロイ波長) λ は, $\lambda = h/p$ となる (h はプランク定数, p は電子の運動量の大きさ). v が光速 c に比べて非常に小さいときには, 相対論的効果が無視でき, $p = mv$ となる. これらの式から v を消去すると, $\lambda = h/(mv) = h/\sqrt{2mK}$ が得られる. 加速電圧を V とすると, $K = eV$ であるから, $\lambda = h/\sqrt{2emV}$ となる (e は電気素量). なお, 相対論的効果が無視できない場合には, $\lambda = (h/\sqrt{2emV})/\sqrt{1 + eV/(2mc^2)}$ となる. デイヴィソンらは, 加速電圧が数百ボルト程度の低速電子線を用いて実験を行った. この場合, ド・ブロイ波長は原子スケール (0.1 nm オーダー) となる.

1927 年, デイヴィソンらとは独立に, G. P. トムソンらは加速電圧が数万ボルト程度の高速電子線 (ド・ブロイ波長は 0.01 nm オーダー) をセルロイドや金属の薄膜に透過させる実験を行い, 電子の波動性を実証した. 彼らの研究により電子線回折研究の道が拓かれ, 電子顕微鏡の発明へと繋がっていく. また, 日本においてもデイヴィソンやトムソンらの研究に触発されて, 1928 年, 菊池正士*らは薄い雲母の単結晶膜に電子線を入射する実験を行い,「菊池パターン」という電子線回折パターンを発見した.

ディッケ, ロバート・ヘンリー
Dicke, Robert Henry
1916–1997

宇宙論研究と人間原理の提唱

アメリカの物理学者. 宇宙論, 重力理論の分野で重要かつ革新的な研究を行った. ブランス–ディッケ理論を提唱.

経歴 ミズーリ州セントルイスで生まれる. 1938年プリンストン大学を卒業, 1941年にロチェスター大学で核物理学の博士号を取得した. その後, マサチューセッツ工科大学の電波研究所でレーダーの開発に従事する. このとき (第二次大戦中) ディッケ型放射計を開発し, 宇宙の背景放射が20 K以下であることを示した. このディッケ型放射計は, 宇宙電波受信形式の基本となっている. 1946年にはプリンストン大学に戻り, 物理学助教授, サイラス・フォッグ・ブラチェット教授職, 物理学部の学部長職を歴任した後, 1975年にアルバート・アインシュタイン教授職となる. 1973年には, アメリカ航空宇宙局 (NASA) の特別科学業績 (Exceptional Science Achievement) メダルを授与されている.

ブランス–ディッケ理論 1961年, ディッケはC. H. ブランスと共に, A. アインシュタイン*の一般相対性理論〔⇒アインシュタイン〕を拡張した重力理論を発表した. このブランス–ディッケ理論は, 一般相対性理論と同様に,

- 大域的一般相対性原理
- 局所的特殊相対性原理
- 等価原理

を満たす重力理論であるが, 重力定数Gの逆数を意味する時間変化するスカラー場が加えられていることが特徴である. 一般相対性理論の重要な実証と考えられてきた実験結果として, 水星軌道の近日点移動がある. 43秒角/周の移動量は一般相対性理論の予言とよく一致する. しかしながらディッケは1967年, 太陽の内部が高速度で回転しているとすると太陽は偏平になり, その効果を考慮すると近日点移動量は一般相対性理論の予言から4秒角ほどずれると主張した. その4秒角のずれは, ブランス–ディッケ理論により説明できるという.

宇宙背景放射の予測 1964年, ディッケはビッグバン理論から5 K程度の宇宙背景放射〔⇒ウィルソン, R.W.〕の存在を示唆し, D. T. ウィルキンソンらとマイクロ波検出装置の建設を始めていた. その矢先, お昼休み中にベル研究所のA. A. ペンジアスらから正体不明の電波を受信したとの電話を受ける. 先を越されたことを悟ったディッケは, ウィルキンソンらに "Boys, we've been scooped." といったという.

人間原理 ディッケは人間原理 (名づけはB. カーター) を初めて提唱した人物であるといわれる. 彼は「宇宙は現在のように極めて平坦でなければ人間は存在していない. だから人間は選ばれた存在である」と主張した. この平坦性問題はインフレーション理論によって解決されたが, その後ディッケの思想は, B. カーター, M. テグマークらによって引き継がれた.

ディッケには3人の子供 (2男1女) がおり, 1997年に彼が81年の生涯を閉じたとき, 6人の孫と2人の曾孫がいた.

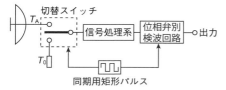

図1 ディッケ型放射計の模式図
同期パルスによってアンテナ入力と基準雑音入力を切り替え, 位相弁別検波回路によって同期成分を分離・増幅する.

テイラー，ジョゼフ
Taylor, Joseph Hooton, Jr.
1941–

連星パルサーの発見

アメリカの天体物理学者，宇宙物理学者．アマチュア無線への興味がきっかけとなって，電波天文学の道に進んだ．重力研究の新しい可能性を拓いた新型連星パルサー発見の功績により，1993 年，R. ハルスと共に，ノーベル物理学賞を受賞．

連星パルサーの発見 ケンブリッジ大学の J. バーネル* と A. ヒューイッシュ* が，1967 年にパルサーを発見した後，テイラーは，パルサーを探索するための新しいコンピューター・アルゴリズムを開発し，1968 年，アメリカ国立電波天文台において，ケンブリッジ大学以外で初めてとなるパルサー HP1506 を発見した．

1974 年 7 月 2 日，当時大学院生のハルスとともに，プエルトリコのアレシボ天文台で発見したパルサー PSR 1913+16 を観測しているとき，パルスが $P = 0.059$ 秒の周期で規則的に変動していることに気づいた．2 人は，このパルサーが，別の星の非常に近くを高速で公転しており，ドップラー効果のためにパルスの周期が変わる，すなわち連星であるためだと結論づけた．公転周期は $P_b = 7.75$ 時間と見積もられた．

連星パルサーと重力波 パルサーは，極めて規則的なパルスを放射する天体で，超新星爆発の残骸の，高速回転する中性子星であると考えられている〔⇒バーネル〕．連星パルサーとは，連星の少なくとも一方がパルサーであるもので (図 1)，その発見の重要性は，重力波の検出の可能性にある．A. アインシュタイン* の一般相対性理論によれば，連星系が重力波を放射すると，それに

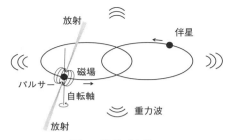

図 1　連星パルサー

相当する系の運動エネルギーが失われるので，公転周期が短くなっていく．テイラーたちは，PSR 1913+16 の詳しい観測結果から，公転周期が年間 76 μs ずつ短くなっていることを見出し，一般相対性理論が予言する重力波の存在を間接的に証明した．

一般相対性理論に基づいて計算すると，連星の公転周期の変化率は，

$$\dot{P}_b = -\frac{192\pi G^{5/3}}{5c^5}\left(\frac{P_b}{2\pi}\right)^{-5/3}(1-e^2)^{-7/2}$$
$$\times \left(1+\frac{73}{24}e^2+\frac{37}{96}e^4\right)\frac{m_p m_c}{(m_p+m_c)^{1/3}}$$

と計算される．ここで，$G = 6.67 \times 10^{-11}\,\mathrm{m^2/kg/s^2}$ は重力定数，$c = 3.00 \times 10^8\,\mathrm{m/s}$ は光速である．この式に，近星点移動，重力による赤方偏移などの観測結果から見積もられる，連星パルサー PSR 1913+16 の質量 $m_p = 1.1414 M_\odot$，伴星の質量 $m_c = 1.383 M_\odot$ (太陽質量 $M_\odot = 1.989 \times 10^{30}\,\mathrm{kg}$)，公転軌道の離心率 $e = 0.617$ を代入すると，軌道周期 $P_b = 7.75$ 時間のとき，$\dot{P}_b = -79.0\,\mu\mathrm{s}/$年と計算され，測定値とよく一致することを示した．

テイラーは，アマチュア無線の分野でも，月面反射通信，微弱信号通信，通信プロトコル・ソフトウェア・パッケージ WSJT (Weak Signal/Joe Taylor) の開発など，精力的な活動を展開している．

ディラック, ポール
Dirac, Paul Adrien Maurice
1902–1984

量子力学を確立

イギリスの理論物理学者. 量子力学及び量子電磁力学の理論体系を確立. 量子力学の相対論化を行ってディラック方程式を導き, 陽電子の存在を示唆するなど, 多くの貢献をした.

量子力学の数学的基礎の確立　1925年8月, ケンブリッジ大学の大学院生だったディラックは, 夏休みに故郷のブリストルで23歳の誕生日を迎えた. そのブリストルへ, 指導教授のR. H. ファウラーからW. ハイゼンベルク*の論文が校正刷りの段階で送られた.

論文は量子力学の一形式としてやがて定着する「行列力学」に関するもので, 観測可能な物理量 (observable) は量子準位 (E_m や E_n) の間の遷移確率に関係し行列の形で表示できると指摘. ハイゼンベルクは24歳だった.

ディラックはこの論文の重要性を見抜き, 量子力学で物理量を表す演算子の行列 q は運動方程式

$$i\hbar \dot{q} = qH - Hq \equiv [q, H] \quad (1)$$

に従うことを導いた. H は E_m を要素とする対角行列である. 交換子 $(-i/\hbar)[,]$ をポアソン括弧と読み直せば古典力学の正準方程式と同じ形になる.

1926年, E. シュレーディンガー*は, L. ド・ブロイ*の物質波の考えを発展させて量子力学における「波動力学」を創設した.

その年, ディラックはコペンハーゲンのニールス・ボーア研究所に6カ月間滞在. その滞在中にディラックは, 交換理論 (transformation theory) により, 行列力学と波動力学が量子力学の異なる表現形式であり, 内容的には同等であることを示し, 量子力学の数学的基礎を確立した.

フェルミ–ディラック統計　ディラックは交換理論の副産物として, フェルミ粒子に対する特性を発見した. フェルミ粒子というのは, スピン角運動量の大きさが $\hbar$ の半整数 ($1/2, 3/2, 5/2, \cdots$) 倍の量子力学的粒子で, 電子がその代表である. 同種の複数のフェルミ粒子からなる系の全波動関数は, どの2個の粒子の入れ替えに対しても, 反対称となる.

その結果, フェルミ粒子は, 一つの体系内で2個の粒子が同じ量子状態を占めることが許されない. すなわち, フェルミ粒子はパウリの排他原理に従う. この規則を使って, フェルミ粒子からなる体系が従う量子統計が得られる. これを「フェルミ–ディラック統計」とよぶ 〔⇒フェルミ〕.

(特殊) 相対論的量子力学の提唱　1928年, ディラックは (特殊) 相対論的量子力学を見出した. 電磁場 $A^\nu = (\Phi/c, \boldsymbol{E})$ の中を運動する電子 (電荷 e) に対して, 量子論と特殊相対論の要求を共に満たす基礎方程式として,

$$i\hbar \frac{\partial \Psi}{\partial t} = [e\Phi + c\boldsymbol{\alpha}(\boldsymbol{p} - e\boldsymbol{A}) + m_e c^2 \boldsymbol{\beta}]\Psi \quad (2)$$

を提唱した. この式はディラック方程式とよばれる. ここで, $\boldsymbol{p}$ は電子の運動量演算子で $\boldsymbol{p} = -i\hbar \nabla$ で定義される. m_e は電子の質量, c は光速, Ψ は4成分を持つ電子波動関数である. $\boldsymbol{\alpha}$ と $\boldsymbol{\beta}$ はそれぞれ 4×4 の行列で W. E. パウリ*のスピン行列 (2×2)

$$\boldsymbol{\sigma} = (\boldsymbol{\sigma}^1, \boldsymbol{\sigma}^2, \boldsymbol{\sigma}^3), \boldsymbol{\sigma}^1 = \begin{pmatrix} 0 & 1 \\ 1 & 0 \end{pmatrix},$$

$$\boldsymbol{\sigma}^2 = \begin{pmatrix} 0 & -i \\ i & 0 \end{pmatrix}, \boldsymbol{\sigma}^3 = \begin{pmatrix} 1 & 0 \\ 0 & -1 \end{pmatrix}$$

2×2 の単位行列 $\boldsymbol{1}_2$ とゼロ行列 $\boldsymbol{0}$ を使い,

$$\boldsymbol{\alpha}^i = \begin{pmatrix} \boldsymbol{0} & \boldsymbol{\sigma}^i \\ \boldsymbol{\sigma}^i & \boldsymbol{0} \end{pmatrix}, \boldsymbol{\beta} = \begin{pmatrix} \boldsymbol{1}_2 & \boldsymbol{0} \\ \boldsymbol{0} & -\boldsymbol{1}_2 \end{pmatrix}$$

と表される．この式によって，実験的に観測される「スピン」を説明できた．

全ての素粒子の反粒子の存在を予言
ディラックはこの式から，新しい素粒子「陽電子」(positron) の存在を予言した．陽電子は電子の反粒子で，「質量」，「スピン角運動量」(1/2)，「電荷の絶対値」が電子と等しく，「電荷の符号が電子と逆」である．陽電子は 1932 年にアメリカの物理学者 C. D. アンダーソン*によって実験的に発見された．

ディラック方程式は，陽子の反粒子である「反陽子」(antiproton) の存在も予言．反陽子は，アメリカの物理学者 E. セグレ*と O. チェンバレンが加速器を用いて 1955 年に発見した〔⇒セグレ〕．

ディラック方程式は，陽電子 (反電子) と反陽子のみでなく，全ての素粒子には「反粒子」が存在することを予言している．粒子と反粒子は荷電共役変換によって相互に入れ替わる．粒子と反粒子は，同じ質量，同じ寿命を持つ．電荷やバリオン数，レプトン数，ストレンジネス，チャームといった量子数 (内部量子数，internal quantum number) は，粒子と反粒子で互いに反対符号で同じ絶対値を持つ．磁気モーメントを持つ場合は，反対の符号で同じ値を持つ．

1930 年，ディラック 28 歳のときに著した『量子力学』(The Principles of Quantum Mechanics) は，科学史におけるランドマーク (画期的出来事) と位置づけられている．見事な式の展開とディラックの哲学的洞察の魅力が集約されていて，名著の誉れが高く，版が重ねられて世界中の幾多の学徒がこの本の虜となった．

ノーベル賞を断りたい ディラックは並外れた天才で，頭の中はいつも物理ばかり．口数が少なく，人づきあいもよくなかった．有名になることを極度に嫌い，31 歳の 1933 年，「原子の理論における新しい生産的な理論形式の発見」に対してシュレーディンガーと共にノーベル物理学賞授与が決まったときも，辞退しようとした．「辞退したら余計有名になる」という師・E. ラザフォード*の説得で，渋々受け取ったという逸話が残っている．

磁気単極子の予言 その年，ディラックは「磁気単極子」(magnetic monopole) の存在を仮定すれば「電荷の量子化」が説明できることを示した．磁気単極子は現在もまだ見つかっていないが，スーパーカミオカンデなどで磁気単極子の素粒子を観測する試みが続けられている．

量子電磁力学 (QED) の創始者 ディラックの方程式は，クォークやレプトンなどの素粒子間の電磁相互作用を量子論的に記述する場の理論において，最も基本的な式である．場の理論は，「量子電磁力学」(quantum electrodynamics: QED) あるいは「量子電気力学」と呼ばれるが，QED という言葉を最初に使ったのもディラックであり，「QED の創始者」とされている．

ブラケット記法の導入 1939 年，上述の『量子力学』の第 3 版でディラックは「ブラケット記法」(bra-ket notation) を導入した．二つの量子力学的状態 ϕ と ψ の内積を「括弧」($\langle$bra$|$c$|$ket$\rangle$)$\langle\phi|\psi\rangle$ で記述することから命名された．$\langle\phi|$ を「ブラ」，$|\psi\rangle$ を「ケット」と呼ぶ．この記法は，量子力学においても数学においても膨大な分野で利用されており，今や不可欠なものになっている．

この本では，ディラックのデルタ関数 (δ-function) も導入されている．ディラックはデルタ関数 $\delta(\boldsymbol{x})$ を $\boldsymbol{x}$ の関数とし，$\boldsymbol{x} \neq 0$ のときは $\delta(\boldsymbol{x}) = 0$ であり，$\boldsymbol{x} = 0$ を含む領域にわたる積分が $\int \delta(\boldsymbol{x}) \mathrm{d}\boldsymbol{x} = 1$ を満足するようなものと定義した．デルタ関数も広い分野で使われている．

並外れた逸話の数々 科学者というものは一般に，普通の人たちとは異なる判断基準で暮らしていて，科学者は誰しも大な

り小なり変人奇人のきらいがある．しかしディラックは，その程度が並ではなく，逸話は枚挙にいとまがない．

ディラックは無口で何時間もしゃべらない．同僚たちは，「1 時間にひと言話す単位を，1 dirac としよう」と決めた．

ディラックは仲間の E. P. ウィグナー*の妹マルギートと結婚した．新婚のころ，家に遊びにきた友人たちに，「こちらはウィグナーの妹さんです」とマルギートを紹介し，一呼吸おいてから，「あ，今は私の妻になっていますが」と付け加えた．

ある学会でディラックが講演で話し終えた後，司会者が聴衆に「ご質問をどうぞ」と促した．1 人の物理学者が立ち上がって，「黒板の右上のその式が，よく理解できなかったのですが…」といった．満場の聴衆はディラックの言葉を待って息を潜めた．だが，待てど暮らせど壇上のディラックは口を開かない．困り果てた司会者が「ディラック先生には，ただ今の質問にお答えいただけないでしょうか」と遠慮がちに尋ねた．ディラックは「今のは質問ではない．事実を述べたにすぎない」といった．悪気は全くなく，ユーモアのつもりでもない．本人は至って真面目に対応しているのである．

このように，日常生活における不器用さ，融通の利かなさは常人の思惑を超えていて，笑い話になるほどだった．この逸話も，そういうディラックの側面を伝える話として物理学者の間で長く語り継がれている．

美しい数学表現の追究　ディラックは，自然の原理は美しい数学で表現されるはずだと信じていて，式が美しくならない理論はどこかに問題があるとまで考えた．

ディラックは，1932 年から 1969 年までの 37 年間，ケンブリッジ大学の「数学のルーカス教授職」にあった．1663 年にヘンリー・ルーカスによって設けられたポストで，I. ニュートン*や S. W. ホーキング*も就いた名誉職である．

ティンダル，ジョン
Tyndall, John
1820–1893

ティンダル効果，科学教育

アイルランド，リーフリンブチッジ出身の物理学者．

経歴・人物　アイルランド陸地測量局の製図工，土木技師の職に就いたのち，1847 年，イングランド，ハンプシャーのクイーンウッドカレッジで数学と製図の教師となる．クイーンウッドは科学教育のための実験室を備えたイングランドで最も初期の学校の一つである．そこの化学の教師の影響を受け，ドイツのマールブルク大学に留学．F. L. ステグマンの下でらせん面に関する数理的な論文で学位を得る．K. H. ノブロックの実験室に入り，反磁性及び結晶の磁気光学的性質について研究する．イングランドに戻ると，*Philosophical Magazine* 誌の創設者であり編集者であった W. フランシスの知己を得，海外の科学論文の翻訳・紹介を依頼される．ティンダル自身は 1854 年から 1863 年まで同誌の編集者を務めた．

1853 年に王立研究所 (Royal Institution) の金曜講座で反磁性の講演をしたことが契機となり，王立研究所自然哲学教授に就任する．そこでティンダルは M. ファラデー*からその実験手法や一般公衆に対して科学を面白く，わかりやすく提示する手腕を引き継ぎ，彼の後継者となる．公開実験講座を手広くこなす一方，音，光，電気，熱などに関する一般向けテキストを多数執筆する．これらの著書は英語圏で多くの読者を獲得した．さらに，1872 年に訪米して行われた一連の演示実験講座が大成功するなど，19 世紀の科学教育に多大な影響を与えている．

大気中に含まれる水蒸気は強く赤外線を吸収することを示したことにより，ティン

ダルは「温室効果ガス」の第1発見者と見なされている．反磁性，気体や蒸気による熱放射，氷河の運動，微粒子による光の散乱などに関する学術研究にも足跡を残す．

ティンダル効果　ティンダル効果（ティンダル現象ともいう）は，コロイド溶液や懸濁液に強い光線を当てると，微粒子が光を散乱することにより，その光の筋道が光って見える現象で，ティンダルの研究による．微粒子の直径を R，光の波長を λ とすると，$\delta = \lambda/R \geq 10$ の場合をレイリー散乱〔⇒レイリー卿〕，$10^{-2} \leq \delta \leq 10$ の場合をミー散乱，$\delta \leq 10^{-2}$ の場合をティンダル散乱という．レイリー散乱の散乱断面積は波長 λ の4乗に反比例するので，小さな波長の光ほど多く散乱される．空が青いのは，大気により，波長の小さな青の光が赤よりも多く散乱されるからである．ミー散乱やティンダル散乱では波長依存性がなくなる．雲が白いのはそのためである．

霧中の音波伝播の研究　ティンダルは霧中の音波の伝播についても興味深い研究をしている．ドーバー海峡ではしばしば濃霧のため，船舶が灯台の光すら視認できない状況であった．そこで霧笛 (fog hone) を設置し，光よりもはるかに波長が長い音波を使って船舶に陸地の位置を知らせていたが，霧の状況によっては音波ですら届かないことがしばしばであった．ティンダルは特別な実験装置を作り，濃霧の不均一性にその原因があることを見出している．ティンダルは装置の音源に電動ベル，音波の検出に「感応炎」(sensitive flame) を用いている．感応炎は音に応じて炎が伸びたり縮んだりする現象で，映画『マイ・フェア・レディ』(1964年) の主人公イライザが発声練習する場面にも登場している．19世紀の科学者の苦労がしのばれる．

エネルギー保存の法則に貢献した J. R. マイヤーを H. ヘルムホルツ* と協力して英語圏に紹介したのもティンダルである．

デカルト，ルネ
Descartes, Rene
1596-1650

数学的な方法論，機械論的自然観

　フランスの哲学者，数学者，物理学者．スコラ哲学を批判し，明白な原理から確実に論理的に推理する，数学的分析による学問の確立を主張，機械論的自然観を唱えた．

経　歴　近代哲学の父といわれるデカルトは，1596年フランス中部トゥレーヌ地方のラ・エに生まれた．父はブルターニュの法官貴族である．イエズス会の学院で人文学とスコラ哲学を学んだのちポアティエ大学で法律学を修めたが，数学以外の学問に失望し，広く世界を知るべく旅に出る．オランダ軍に志願士官として参加，1618年オランダで科学者 I. ベークマンと知り合い自然学の研究に数学を用いることを学ぶ．1619年に三十年戦争に旧教軍の士官として従軍し，同年冬，南ドイツの駐屯地で，世界認識と自己の生き方について思索し，数学的解析を学問の普遍的方法として一般化し，用いることにより，全ての学問を統一的に把握する確信を得た．

　その後ヨーロッパ各地を転々として，哲学と数学の研究を深める．フランスでは M. メルセンヌや P. フェルマーらと交わり，1628年に最初の論文「精神指導の規則」（未完，死後刊行）を執筆．同年安全・快適で自由な空気のオランダに定住することを決意し，以後21年間学究生活に入る．1633年，「光論」と「人間論」からなる『宇宙論』を完成したが，ガリレイ『天文対話』のローマ教皇庁による異端断罪〔⇒ガリレイ〕を知って，太陽中心説による『宇宙論』の発表をやめ（死後刊行），代わりに1637年，『方法序説』を序文とする「屈折光学」「気象学」「幾何学」を刊行した．1641年に『省察』，1644年に『哲学の原理』を発表，最後の弟

子エリーザベトへの書簡に基づく『情念論』を出版した 1649 年の秋に,スウェーデンの女王クリスティーナの招きでストックホルムを訪問,哲学の講義を始めるが,翌年 2 月に肺炎にかかり急死した.

真理へ至る方法――『方法序説』　デカルトの主著『方法序説』によれば,キリスト教と哲学からなるスコラ哲学は,明確な真理に達することなく蓋然的な知見にしか到達できない,真の学問は数学の命題のように分析によって徹底して真理を確かめねばならない,と批判する.彼によれば学問的に「知る」とは,まず明白な原理を捉え確かな推理によって事実を秩序立てることである.形式とは新たな真理を発見する方法形式であり,この方法を数学の中に見出し,幾何学で扱う解析の手続きに注目した.デカルトは『方法序説』に,その方法を四つの規則として明示した.① 明晰判明なもののみを真と認める,② 問題をできるだけ小さく認識しやすい要素に分解する,③ 単純なものから複雑なものへと思考を順序よく総合する,④ 見落としがないよう完全に枚挙し,全体的に通覧する.

同時代の百科全書派的学問に対しては,その基礎があいまいな点で真の学問ではないと批判し,あらゆるものが疑わしいとした上で(方法的懐疑),しかし思惟する限りにおいて自己が存在する,すなわち「われ思うゆえにわれあり」の「考える私」の存在を確実な基礎として,魂と物体を二つの実体として認め,その本質をなすものを,魂では思惟,物体では広がりにある,とした.これは近代的自我の確立を意味すると同時に,自然からその隠れた性質を排して運動を空間的広がりの中での位置の変化と捉える,機械論的自然観を確立するものであった.

完全な神,3 元素論と宇宙観　さらに,デカルトがもう一つ疑うことなき存在と位置づけたのが神である.不完全な自己に対

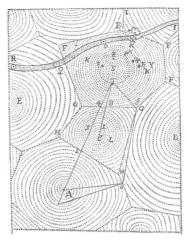

図 1　デカルトの渦状宇宙論
(デカルト著作集 4, 白水社 (1974) p.169, 第 2 図より)

して完全な神(聖書とは独立な理性的自然神)を「ある無限な,独立な,全知かつ全能な,そして私自身と私以外のすべてのものを創造した,実体である」とした.こうしてデカルトは,『宇宙論』において,3 元素説を論じ,光を放つ太陽や恒星は最も微小な形がない第 1 元素からなり,空気は少し大きく球形の第 2 元素からなり,地球や惑星は最も大きい第 3 元素でできているとした.物質の性質である運動に関しては,慣性や作用,反作用,運動量保存則など基本的な運動の法則を導きうる「自然法則」なる概念を確立し,近代物理学の先駆者となった.

ただし彼の物質の微小な第 1 元素は,デモクリトス*同様に知覚できない微小粒子で,大きさや重さもあるが,不可分ではない.また,真空を認めず,等方的な空間を,物質の広がりとして定義し,物質が運動可能な円環説を取り入れ,宇宙は恒星を中心とした無数の微小粒子の渦巻きや,遊星がめぐる渦巻きの集合であるという渦状宇宙論を提示し(図),それは神が与えた不変の法則に従った運動であるとした.

光学・物質論　『方法序説』には「屈折光学」と「気象学」がついているが,「屈折光学」では当時使用され始めたレンズや望遠鏡,眼球における光の反射や屈折の現象を,地上の弾性球の運動との類似によって論じ,光の進路を図解で詳しく説明している.光の伝達説をとり,アリストテレス*に始まるスコラ哲学的光の本性論に反論している.

さらにデカルトは,1644 年に刊行された『哲学の諸原理』において,物質と運動の概念から全ての自然現象を説明するために「数学者が量とよぶもの」以外の物質を認めないことを宣言して,広がりを物質の本質と見なし,「物体とは,固さや重さや色やその他の方法で感じうるものによるのでなく,ただ長さ,幅,深さ,すなわち広がりだけからなる」と主張した.

解析幾何学の開拓──『幾何学』　数学に関しては,『幾何学』(1637) 第 1 巻の初めに記号の用法や代数式を図形で解く簡潔な方法を示し,2 乗の式を平面上の曲線として扱うことから始めて,円錐曲線から卵型やサイクロイドなど,複雑な高次式のグラフへの道を開くと同時に,数と線分とを対応させる着想を提出して,解析幾何学の発達に寄与した.これは曲線や図形の幾何学的性質を代数方程式に帰着させ,解析幾何学あるいは座標幾何学とよばれる分野を開く発見でもあった.数学はデカルトの思索の武器であったが,彼によって数学は画期的な前進をみることとなった.デカルトは座標概念を明示していないが,これを前提として考えており,曲線と方程式の結びつきにより平面の幾何学図形は全て計算によって解きうるものとなり,デカルト座標の名が用いられるようになった.

デカルトの思想は,機械論的自然観と自然法則の概念を明確にすることによって,近代物理学を始めとする,自然科学の発展に大きな影響を与えた.

テスラ,ニコラ
Tesla, Nikola
1856–1943
多相交流システムの開発,無線送電の研究

クロアチア,アメリカの工学者,発明家.

経歴　旧ユーゴスラヴィア連邦クライナ地方スミリャン出身.1891 年にアメリカの市民権を得る.交流発送電システムを開発しエジソンの直流システムと激しく対立した.電力の無線送電の研究に没頭したが,成果を出せないまま研究所は閉鎖された.磁束密度の SI 単位テスラ (T) は,テスラ生誕 100 年の 1956 年に採択された.$T = Nm^{-1}A^{-1}$ である.歴史的経緯により電流が作り出す場を磁束密度,磁石が作り出す場を磁場とよんでいるが,最近は磁束密度を改めて磁場とよぶことが多い.

多相交流モーター　1875 年オーストリア,グラーツの名門工科大学に進学し,直流モーターの実演と出会う.整流子やブラシが度々火花を散らしてトラブルが発生するのを観察し,これらを必要としないモーターを構想するが,教授からはそれは不可能だと断言される.1882 年,友人と公園をゲーテの「ファウスト」を暗誦しながら散歩していたときに,整流子のいらない回転磁場による交流モーターの着想が突然ひらめき,1883 年に 2 相交流モーターを完成させる.

図 1 は回転磁場の原理を示している.交流電流 I_x, I_y が同位相であれば H_x, H_y による合成磁場は右斜め 45° を向いた単振動をする.しかしコイル,コンデンサーなどの分相器を挿入し I_x, I_y の位相をグラフのように 90° ずらせば,反時計回りに回転する合成磁場が得られる.回転磁場内に閉じたアルミ製コイルからなるローター (回転子) を入れると,そこに誘導電流が生じ,電磁力によるトルクが発生する.これは 2

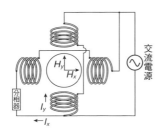

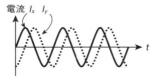

図1 2相交流モーターの原理

デバイ,ピーター・ヨハネス・ウィリアム
Debye, Peter Joseph William
1884–1966
分子構造の研究

相交流モーターの原理であるが,3組のコイルを用いてそれぞれの位相を120°ずらせば3相交流モーターとなる.

1884年に渡米しT. A. エディソン*の下で働くが,すぐに決別する.やがて1887年に「テスラ電気会社」を設立,リバティ通りに研究所を開設し,多相交流システムに不可欠な発電機やモーター,変圧器,自動制御装置などを数多く設計し特許をとる.さらに技術者でもある実業家 G. ウェスチングハウスと組んでエディソンの直流発電システムと鋭く対立するが,1893年にはテスラ側の勝利が決定的となる.

テスラコイルと無線の研究 その後,高周波高電圧交流の研究に専念し,高周波変圧器であるテスラコイルを発明する.テスラコイルによる公開実験はマスコミに広く喧伝され,テスラは一躍時代の寵児となった.1899年,コロラドスプリングズに拠点を移し,無線送電システムや無線通信の本格的研究に着手する.テスラはエネルギー輸送を含む全ての通信技術を一つのシステムに統合し,これを世界システムとよんだ.1901年にはロングアイランドに巨大な無線送電塔の建設を開始するが,成果を出せず,やがて資金難で打ち切られてしまった.

人物 オランダのマーストリヒト出身の物理学者・化学者.1936年「双極子モーメント及びX線・電子線回折による分子構造の研究」でノーベル化学賞を受賞.物理学と化学の広い分野で多くの貢献をした.

電気双極子の研究 一般に分子は電気的中性が保たれているが,空間に対する反転対称性がないような非対称な分子では,正電荷の分布の重心と負電荷の分布の重心がずれ,電気双極子モーメントが発生する.このような分子を極性分子というが,デバイは,これらの非対称な分子の電気双極子の状態についての定量的な研究を行った.

デバイの比熱式 室温付近の多くの固体の比熱(熱容量)は温度に対して一定の値になる.特に,定積モル比熱(体積一定の場合の1モル当りの熱容量)C_V/Nk_B の数値は物質によらず同じで3になる.ここで C_V は定積熱容量,N は固体のモル数,k_B はボルツマン定数を表す.これをデュロン–プティの法則という.

この法則は,固体中での原子の格子振動はそれぞれ独立な古典的な調和振動と考え,それぞれの振動モードにエネルギー等分配則を適用することによって得られる.

ところが,低温では固体の比熱(熱容量)は温度と共に急激に減少する.特に,極低温では T^3(T は絶対温度)に比例することが知られている.

A. アインシュタイン*は,固体を相互作用のない量子的な調和振動子の集まりと考えて,低温で比熱が急激に減少することを示した〔⇒アインシュタイン〕.このアインシュタイン模型は低温での比熱の実験結果を驚

くほどよく記述するが，極低温での T^3 則を説明できなかった．これは，全ての原子振動が同じ振動数で振動していると仮定したためである．

これに対して，デバイは比熱に寄与する格子振動は，箱に閉じ込められた音響型フォノンとして記述するべきで，この格子振動の振動数は，0 からある最大値 ν_D（デバイ振動数）までの振動数領域にわたって分布していることに気づいた．この ν_D の振動は，結晶中に存在する最小波長の振動，つまり，原子間隔の 2 倍の波長の格子振動と考えてよい．これらの格子振動の寄与の複雑さを考慮に入れるため，デバイは固体に存在する格子振動を振動数全体にわたって，巧妙な平均をした．これらを電磁波に対するプランクの法則の導出と同様に取り扱うことで，固体の比熱を定量的に記述することに成功した．最終結果は，

$$\frac{C_V}{Nk_B} = 9\left(\frac{T}{T_D}\right)^3 \int_0^{T_D/T} \frac{x^4 e^x}{(e^x - 1)^2} dx$$

ここで，C_V は定積熱容量，N は原子数，k_B はボルツマン定数，$T_D = h\nu_D/k_B$ はデバイ温度である．$T \ll T_D$ の場合，積分の上限が無限大となり定積分になるので，

$$\frac{C_V}{Nk_B} \sim \frac{12\pi^4}{5}\left(\frac{T}{T_D}\right)^3$$

これで，低温での T^3 則が説明できる．また，$T \gg T_D$ の場合は，$|x| \ll 1$ で $e^x - 1 \approx x$ と近似できるので，

$$\frac{C_V}{Nk_B} \sim 9\left(\frac{T}{T_D}\right)^3 \int_0^{T_D/T} \frac{x^4}{x^2} dx$$
$$= 9\left(\frac{T}{T_D}\right)^3 [x^2]_0^{T_D/T} = 3$$

これで，高温でのデュロン–プティの法則が説明できる．図 1 にアインシュタイン模型とデバイ模型による比熱の温度依存性を比較して示す．

デバイ–シェラー法 1913 年ブラッグ父子 (W. H. ブラッグと W. L. ブラッグ*) は，結晶格子の間隔と X 線ビームの回折点

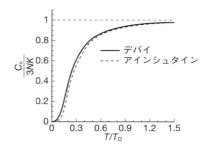

図 1 デバイ模型による比熱 (実線)．$T \to 0$ で T^3 則になる．破線はアインシュタイン模型：$T \to 0$ で指数関数的減少

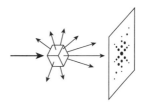

図 2 単結晶のラウエ法

が一定の法則を持つことを見出しブラッグの法則として定式化した．この法則を用いて M. T. F. ラウエ*は，白色 X 線（広い波長領域の X 線）を単結晶に照射して，その回折強度から結晶構造を解析する手法を確立した（ラウエ法．図 2）．

デバイと P. シェラーは，1916 年に粉末や多結晶の試料に X 線を照射すると，ブラッグ反射による物質固有の環状の回折像が得られることを見出し，この原理による物質の構造解析の方法を確立した．この手法は「デバイ–シェラー法」とよばれ，この分野に欠かせない実験方法として広く利用されている（図 3）．このデバイ–シェラー法によって，単結晶でなくても固体の構造解析ができるようになり，固体物理学の発展に多大な貢献をした．

デバイ–ヒュッケルの式 電解質溶液の性質を説明するために提出されたアレニウスの電離説では，全ての電解質が溶液中で電離平衡の状態にあると考えた．この理

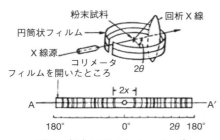

図3 粉末のデバイ-シェラー法
出展:http://mcm-www.jwu.ac.jp/~physm/buturi14/x-ray/genri.html

論は弱電解質では成功したが，強電解質の性質を記述することはできなかった．1923年にデバイと E. ヒュッケルは，強電解質溶液に対して溶液全体では電気的中性の条件が成り立っていること，各イオンが統計的に分布していることを仮定して，それぞれの成分に対する活量係数を表すデバイ-ヒュッケルの式を提出した．

混合溶液において，ある成分の蒸気圧とその成分が純粋な場合での蒸気圧の比を「活量」という．電解質溶液中の i 番目の成分のイオン濃度（モル分率）を c_i，活量を a_i とすると，理想的な溶液では濃度を0に近づけると活量 a_i はモル分率 c_i に近づく．そこで，実在の溶液中での活量を $a_i = f_i \cdot c_i$ で表し，この f_i を活量係数という．

デバイとヒュッケルは，電解質溶液における i 番目の成分における活量係数 f_i について以下の式を提出した．

$$\ln f_i = -\frac{z_i^2 e^2}{8\pi\varepsilon k_B T} \cdot \frac{\kappa}{1+\kappa r_i}$$

$$\kappa = \left(\frac{2N_A e^2 I}{\varepsilon k_B T}\right)^{1/2} \qquad I = \frac{1}{2}\sum_i c_i z_i^2$$

ここで，z_i はイオンの電荷，e は電荷素量，ε は誘電率，k_B はボルツマン定数，T は絶対温度，r_i はイオン半径，I はイオン強度である．

このデバイ-ヒュッケルの式は，電解質溶液の性質を議論する際の基礎的な式として広く利用されている．

デモクリトス
Democritus
460B.C.–370B.C.

分割不可能な物質単位を考える

経歴　デモクリトスはギリシャ・アブデラ出身の哲学者で，レウキッポスの弟子である．2人は原子論を唱えたとされるが，レウキッポスに関してはほとんど記録がない．デモクリトスの著作に関しては自身によると思われる断片がわずかに残っており，その多くは道徳に関する記述である．原子論に関わる文は極めてわずかだが，そのわずかな一文で，デモクリトスは「現実に存在するのは原子と虚空である」とはっきり述べている．

デモクリトスの原子論　この内容をもう少し具体的に理解するためには，続く学者たちの学説誌に現れるデモクリトスの主張とされる論を見渡すしかない．

アリストテレス*や D. ラエルティオス，シムプリキオスらの著作に現れるデモクリトスの主張を総括すると，

①世界は原子（分割不能な粒）と，その間にある虚空からなる．

②原子は知覚できないほど微細で，極めて固く，全て同じ実質からなる．形や大きさが違う．

③原子は空間を動いていて，互いに衝突し，接触して知覚可能な形になる．

④虚空は空虚な空間であって，①で述べたような虚空を含む世界は，連続ではなく，分割可能である．

といったところである．③は原子が他の原子と結合しても原子そのものに変化がないこと，知覚可能な形は場合によっては再分化し，再び異なる結合が可能であることなどを含んでいる．

原子の動きの背景には，何らかの目的や世界を構成するロゴスのような論理は考え

られておらず，そのことから極めて機械論的立場に当たると解釈することも可能であるが異説もある．

感覚論の追究 デモクリトスが原子論をもって詳細に説明しようとしたのは感覚論であった．感覚による知覚を約束事であると懐疑し，知覚できないほど微細だが実在する原子があり，その配列の違いが作り上げた世界を感覚が知覚しうるとしている．そして，特定の味や色などを，具体的に原子の特徴に関係づけて説明しようと試みた．しかし，「知覚できない原子」が作る「知覚できる現実」を，いかに認識できるのかという説明が曖昧であり，体系の弱点ともいわれる．

いずれにせよ，総括で述べたような性質を「原子」という存在に想定している以上，デモクリトスの想定は確実に後の原子論の黎明であるといえよう．

幅広い業績，後世への影響 他に，デモクリトスは，円錐の断面に関して微積分に通じる考察を述べた一文を残した数学者でもあり，さらに，倫理学や論理学のほかに，医学，生物学，絵画，農業など多岐にわたる主題について自然界の事象の解釈を書き残した著作があったと伝わっているが，現存していない．エジプトやカルデア，インドまで旅をしたと思われ，それで財産を使い切ったようだが，アブデラ市民に広場で著作を朗読して聞かせ，名声を得たと伝わっている．

デモクリトスの原子論は，その道徳的思想とともに，弟子のナウシパネスをへてエピキュロスに，そしてローマ時代のティトゥス，ルクレティウス，カルスに受け継がれた．詩として残された思想は，ルネサンスの文芸復興で再び日の目をみることとなり，印刷術発明による書物の普及とともに広く知られる．そして，P. ガッサンディに多大な影響を与え，今日へと繋がっていくことになる．

デュ・シャトレ，エミリー
Du Châtelet, Émilie
1706–1749

『プリンキピア』の翻訳者

フランスの科学啓蒙家．自然哲学の教科書『物理学教程』(1740) の作者にして，I. ニュートン*の『プリンキピア』の仏訳者．

経歴・人物 由緒ある男爵家の令嬢としてパリに生まれる．自由思想家の父は当時の慣習に反して，娘に兄弟と同じ教育を与えた．語学と数学に卓越した才能を発揮し，少女の頃から父のサロンでその才知を披露していた．

18歳でデュ・シャトレ侯爵と結婚して侯爵夫人となる．結婚後も勉強を続け，一男一女を出産した後は社交界で自由を満喫した．26歳で哲学的詩人ヴォルテールと恋愛関係に入る．彼はイギリス遊学を経験し，ニュートンの万有引力理論を含むイギリスの事情を母国に紹介するための本を執筆していた．当時フランスの主流はデカルト科学であり，万有引力は異端の理論であった．

同時に E. デュ・シャトレは，ヴォルテールの友人で引力支持の科学アカデミー会員 P. L. M. モーペルテュイから，無限小解析 (現在の微積分) を学び，『プリンキピア』〔⇒ニュートン〕翻訳のための下地が形成された．

完成したヴォルテールの本『哲学書簡』(1734) が体制批判として迫害され，2人は国境近くのデュ・シャトレ家の城シレーに避難する．以後この城を主な拠点として，科学に関する様々な活動を行った．

科学の啓蒙者として はじめはヴォルテールやアルガロッティといったニュートン主義「男性の協力者」としてのみ行動していたが，徐々に自分の作品を書くことを決意する．

科学アカデミーの懸賞論文「火の本性と伝播について」に応募し，次点作品として雑

誌に掲載された (1739). アカデミー雑誌史上初の女性の論文である. デュ・シャトレはこの頃からライプニッツ理論にも興味を示し, 運動する物体の力としてはライプニッツの活力 (mv^2: 現在の運動エネルギーの倍) を支持し, 運動の量 (mv: 現在の運動量だが, デカルトはスカラーで考え, ニュートンは方向を含めた) を主張するニュートンには反対した.

1740年にはデカルト的枠組みで, ライプニッツ, ニュートン理論を紹介する『物理学教程』を出版した. 当時これはライプニッツ哲学のフランスへの最初の紹介本と解釈された. 特に活力をめぐって, 科学アカデミー終身書記と激しく論争したことが先の印象を決定付けた. この本は伊訳や独訳も出版され, 広くヨーロッパに知られた.

1745年頃から, ラテン語で書かれた『プリンキピア』の仏訳・注釈を書き始める. しかしライプニッツ理論も捨ててはいない. デュ・シャトレはこの本の出版を見届けることができなかった. ヴォルテールの心変わりに傷つき, 年若い詩人との恋の末に出産で命を落とす. 享年42歳. 死後10年の1759年に出た本は, 現在でも唯一の『プリンキピア』完訳で, その完成度は傑出している.

図1 エミリー・デュ・シャトレ
(M. ロワール画)

デュロン, ピエール・ルイ
Dulong, Pierre Louis
1785-1838

比熱に関するデュロン–プティの法則

フランスの化学者, 物理学者.

経歴 ルーアンの生まれで, 医学を学んで開業したが, 化学者ベルトレの下で物理と化学を勉強し, エコール・ポリテクニクの教授, 学長を歴任した. 固体の比熱についての法則を1819年にデュロンと A. T. プティ (Petit, Alexis Thérèse; 1791–1820) が実験的に見つけだした. プティはエコール・ポリテクニクに1807年に, 入学を許される最年少で入学し1809年に卒業した秀才であり, 1815年に23歳という異例の若さで物理学教授になった. しかしながら1820年に病死し, その教授職はデュロンによって引き継がれた.

比熱とデュロン–プティの法則 比熱とは, 1 kg の物質の温度を1°C上げるのに必要な熱量であり, 水1 g の温度を1°C上げるのに必要な熱量を1カロリー [cal] という. 表1にいくつかの金属についての常温での比熱を示す. 比熱は金属によって異なるが, デュロンとプティは比熱が原子量に反比例することを見つけだした. デュロン–プティの法則とよばれる.

単原子分子気体の比熱は, 温度 T で各分子が持つ平均の運動エネルギーが $3k_B T/2$ であることより, 定積モル比熱は以下のようになる.

表1 金属の比熱 (温度は 20 °C)

金属	比熱 J/kg·K	原子量	モル比熱 J/mol·K
アルミニウム	900	26.98	24.3
鉄	461	55.85	25.7
銅	385	63.55	24.5
銀	234	107.9	25.2
金	130	197.0	25.6

$$\frac{3}{2}N_A k_B = \frac{3}{2}R = 12.47 \text{ J/mol} \cdot \text{K}$$

ここで, k_B はボルツマン定数, N_A はアヴォガドロ数, R は気体定数で $R = N_A k_B = 8.314\cdots \text{J/mol} \cdot \text{K}$ である.

気体のモル比熱は常温では気体の種類によらずほぼ一定であり, このモデルで説明できる. ここで金属の比熱に原子量をかけたモル比熱を見てみると表からわかるようにほぼ一定であり, その値はほぼ $3R$ である.

理想気体の場合は粒子間には相互作用はなくて, 自由に動いているとした. そのために各粒子が持つエネルギーは運動エネルギーだけで, 3次元空間の運動では

図1　固体

3個の自由度があるために平均の運動エネルギーは $3k_B T/2$ であった. 固体の場合には原子の間に力が働いて結合していると考える. そして安定点の周りの原子の微少振動のエネルギーを考えると, 温度 T においては, 運動エネルギーが $3k_B T/2$, 分子間の力によるエネルギーが, 微少振動をバネで記述して $3kT/2$ となるので, 原子当り $3k_B T$ である. したがってモル比熱は $3N_A k_B = 3R$ となり, デュロン–プティの法則を説明できる.

固体の比熱は低温では小さくなり, T^3 の振舞となる. A. アインシュタイン*は, 固体を単一の振動数の調和振動子の集まりと見なして量子論を適用して求めた. しかし温度の低下につれて指数関数的に減少し実験値よりも速く比熱が小さくなってしまう. これを説明するモデルとして振動数の分布を考慮したデバイ模型があり, 低温では量子論的な効果を考慮することで比熱が T^3 の振舞をすることを示すことができる. これらのモデルでも高温では比熱は $3R$ となり, デュロン–プティの法則と一致する.

デュワー, サー・ジェイムズ
Dewar, Sir James
1842–1923

低温工学における先駆的研究

イギリスの化学者・物理学者.

経歴　スコットランドのキンカージン・オン・フォースに生まれる. エディンバラ大学で学び, 助手などを務めた後, 1875年ケンブリッジ大学自然哲学教授, 1877年王立研究所化学教授に就任, 終生両者を兼任した. 物理学, 化学, 生理学, 分光学と広範囲にわたる研究に携わった.

化学・分光学　 $(CH)_6$ の組成を持つベンゼンの構造として1866年にデュワーが提唱したものはデュワーベンゼンとして知られている. デュワーの恩師の1人でもある A. ケクレがその後に提唱した構造がベンゼンの最も安定な構造であり, デュワーベンゼンは多種の構造異性体のうちの一つであることが明らかになった.

分光研究では, G. D. ライビングと共同で発光スペクトルを分類して, principal, diffuse, sharp, fundamental という系列名を与えた. 原子の電子構造を議論する際に方位量子数 $l = 0, 1, 2, 3, \cdots$ に対応する軌道を s, p, d, f, $\cdots$ と書くのはこの名称による.

デュワー瓶の発明　1877年酸素の液化が行われたことに刺激され, 低温物理学に取り組み始めた. 彼の興味は, 気体の液化より, むしろ, これまで研究されなかった絶対零度近傍の物性にあった. 1891年には膨張させた気体の温度が下がるというジュール–トムソン効果〔⇒ケルヴィン卿〕を利用して水素を液化, 翌年にはさらにその減圧により $-259°C$ という低温を実現して水素の固化に成功した. また, 1892年低温での研究に不可欠な魔法瓶 (デュワー瓶) を発明した. 水素の液化に成功した後, 唯一残されたヘ

寺田寅彦
Terada, Torahiko
1878–1935

X 線回折，地球物理学の研究，随筆家

国際的な観点から実験物理や地球物理を研究．1913 年に X 線回折の実験を日本で独自に行い国内外で評価される．

経歴 東京・麹町で，土佐士族の長男として生まれ，1881 年より高知市に転居．1896 年高知県尋常中学校を首席で卒業し旧制第五高等学校に入学した．

寺田寅彦は中学時代に文学書，科学書，英字新聞などを自分で本屋に注文して購入していたが，東洋学芸雑誌に掲載されたレントゲンの手の X 線写真に驚いたことを 1896 年の日記に書いている．第五高等学校では，英語を夏目金之助 (漱石) に，物理を田丸卓郎に学ぶ．1899 年東京帝国大学理科大学物理学科に入学，1903 年に実験物理学科を卒業，翌年に同大学講師となる．音響学を主とする実験物理および地球物理などの研究を行い，1904 年から 1908 年までに，英文の科学論文 43 編を発表している．

1909 年東京帝国大学助教授となりベルリン大学へ留学．次いでゲッティンゲン大学で学び，ストックホルム，パリ，イギリス，アメリカを歴訪して，1911 年帰国した．

X 線回折実験 1912 年に発表された M. T. F. ラウエ*の X 線回折に関心を持ち，1913 年に結晶による X 線回折の実験を自作の装置で独自に行い，$Nature$ 誌に論文を送る．同時期に同様な研究を行った W. L. ブラッグ*が 1915 年にノーベル賞を受賞する (ラウエは 1914 年に受賞)．寺田も国際的に高く評価され，1916 年東京帝国大理科大学教授となり，1917 年には帝国学士院恩賜賞を受賞する．1921 年同大学航空研究所所員，1924 年理化学研究所研究員となり，生涯，理化学研究所を主要な研究室として

図 1 デュワー瓶
(by LepoRello@Wikipedia)

リウムの液化にも挑んだがかなわなかった．しかしその研究は 1981 年の H. カマリング＝オネス*による成功へとつながった．

魔法瓶は断熱容器として用いられる．熱の移動の 3 要素である伝導，対流，放射をうまく防ぐことのできる構造として，容器の壁が二重構造で内外層の間が真空，またガラス製の場合は真空側が鏡面メッキされている．家庭に普及した製品としては保温用途のものがよく知られているが，もともとデュワーは液化ガスの容器として開発した．

1908 年炭素の吸着作用を用いてラジウムの α 崩壊によるヘリウム生成レートを測定．1913 年には固体元素の原子熱が，平均温度 50 K では原子量の周期関数になることを発見した．そのほか，低温での化学反応，材料強度，蛍光，電気伝導，磁性，熱電気現象，比熱，潜熱など広範な研究がある．

図1　1909(明治42)年ベルリンにて．左より本多光太郎，桑木或雄，友田鎮三，寺田寅彦(31歳)
(寺田寅彦全集第14巻(岩波書店)より)

使用する．1926年東京帝国大学地震研究所所員となり，1929年水産試験所研究嘱託．一方で1916年震災予防調査会委員，1920年学術研究会議会員，1925年帝国学士院会員，1934年日本学術振興会委員などを兼任．広範囲の分野で独創的な研究を行った．

人　　物　直観力，理解力に秀で，自然科学や実験ばかりでなく，語学や文学においても天才的で人間的にも優れていた寺田は，人々や社会に影響を及ぼす自然現象の解明にも積極的に取り組んだ．生涯に発表した科学論文は，欧文209編，和文58編で，その半数は地球物理学(地震，測地，火山，気象，海洋等)である．野外での観測にも積極的で，全国の潮汐の副振動調査を始めとし，当時まだ一般には受け入れられていなかった大陸移動説に基づく地震前後の地殻変動の研究などがある．昭和初期から中期にかけて活躍した物理学，地球物理学，応用科学の研究者の多くが寺田寅彦の影響を受けているが，若い人々や一般の人々の教育にも熱心で，独創性を重んじた．

寺田寅彦は権威を斥け，庶民を大切にして，科学的認識に基づく，自然災害の予防を説いた．また，日常生活のことから社会の問題，芸術や科学に関することなど，広範囲のテーマについて平易な文章で優れた随筆を数多く書いた．第五高等学校時代から漱石の影響で『ホトトギス』に俳句を投稿し，文人や芸術家の友人も多かった．

デルブリュック，マックス・ルードビッヒ・ヘニング
Delbruck, Max Ludwig Henning
1906–1981
不本意ながら(?)ノーベル賞

経　　歴　ドイツ生まれのアメリカ人物理・生物学者．7人兄弟の末子としてベルリンで生まれる．父はベルリン大学の歴史学教授，母は19世紀最大の化学者の1人J. リービッヒの孫という学術的な香りの高い家庭で育つ．量子力学創成期の中心地の一つ，ゲッティンゲン大学で物理の学位を取得後(1930年)，W. E. パウリ*，N. H. D. ボーア*の下で博士研究員を経験．当時ボーアは，自身の提案した，古典力学と量子力学を結びつける相補性原理〔⇒ボーア〕が量子力学と生物学との間にも成り立つのではないかと考えていた．デルブリュックはこれに大きな影響を受け，研究分野を生物学にシフトした．

デルブリュック散乱　研究生活の初期に，L. マイトナー*の下で物理学に対する重要な貢献を残した．1933年，マイトナーとH. ケスターによる，高エネルギーの光を鉛と鉄に散乱させたコンプトン散乱実験の論文が発表された．実験データは，散乱の前後で光のエネルギーが保存する弾性散乱の寄与と，保存しない非弾性散乱の寄与を含んでいた．後者の寄与がクライン–仁科の公式〔⇒仁科芳雄〕で説明できたのに対し，弾性散乱の寄与には，由来の不明な寄与が存在した．その起源を説明する理論解釈が，デルブリュックにより，この論文末尾の補遺に与えられた．真空の分極により，高エネルギーを持った光が，重い原子核が作るクーロンポテンシャル内で進路を曲げられるというもので，デルブリュック散乱と名づけられた．図1はこの散乱過程を煩雑な式で表す代わりに，特別な規則で表現したファインマン図形と呼ばれるものであ

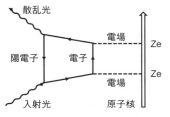

図1 デルブリュック散乱のファインマン図形

る．詳しくみると，光子を吸収して生成した電子・陽電子対が，外電場との偶数回の相互作用を繰り返した後，光を放出して対消滅する過程になっている．この散乱過程は，定量的な確認が大変難しく，最初の進展は提案からほぼ20年後，本人が研究分野を生物学に移した後のことであった．

分子遺伝学研究のパイオニア　その後，生物学においても，根源に至れば相補性原理が顔を現すはずだという信念の下，研究分野を生物学に移し，ロックフェラー財団の奨学金でアメリカに渡った（1937年）．物理研究の経験から，水素原子の研究が量子力学の発展に大きく貢献した経緯を重視し，生物学において「水素原子」に相当する，最も基本的な対象を研究しようと考えた．対象としてバクテリアを攻撃するウイルス（バクテリオファージ）が選ばれた．彼は，プラーク法によるファージの定量的な測定法の開拓，耐性を持ったバクテリアがC. ダーウィンの自然淘汰説と合致する突然変異で生じること，バクテリアが遺伝子を持つ統計的な証拠の発見，など，数々の成果をあげた（1943年）．これらの成果は，S. ルリア，A. ハーシーとのノーベル医学・生理学賞の共同受賞に結実したが（1969年），生物学においてボーアのいう相補性が本質的となる事象に出会いたい，というデルブリュックの願望は満たされなかった．彼は自身が拓いたバクテリア遺伝学などには固執せず，感覚生理学へ分野を替えて研究を続けた．相補性との出会いを求めて….

ド・ジェンヌ，ピエール＝ジル
de Gennes, Pierre-Gilles
1932–2007

相転移現象の数学的研究

フランスの理論物理学者．単純な系の秩序現象を研究するために開発された手法が，より複雑な物質，特に液晶や高分子の研究にも一般化されうることを発見．1991年にノーベル物理学賞を受賞．

経　　歴　パリ生まれ．幼少期は自宅学習．エコール・ノルマル・シュペリウールに学ぶ．サクレー研究所でA. アブラガムとJ. フリーデルの下に中性子散乱と磁性の研究で博士号取得．

液体の水を室温から冷やしていくと0°Cで固体の氷になることは，日常生活で馴染み深い．この現象と同様に，温度や圧力などの変化に伴い，その特定の値（転移点）を境に物質の存在形態が全く異なる形態に転化する現象を相転移（phase transition）と呼ぶ．ド・ジェンヌは初期に磁性体の相転移や超伝導を研究し，後にソフトマター（soft matter，柔らかい物質）とよばれる液晶や高分子の相転移現象を数学的に解明した．

磁性体の相転移と超伝導　強い磁石を熱すると，全てのミクロ原子磁石が平行配列した秩序状態（図1(a)）からミクロ磁石の無秩序配列状態（図1(b)）への秩序の変化，すなわち磁気相転移が転移温度T_cで起こる．ド・ジェンヌはこの相転移を研究し，転移点近傍の振舞を解明する成果をあげた．ある種の金属・合金では転移温度以下で，電子対の凝縮による量子力学的秩序状態として超伝導状態が出現する．ド・ジェンヌは超伝導の数学的研究を行い大きな成果をあげた．特に超伝導のボゴリューボフ–ド・ジェンヌ方程式を発見した．

液晶の相転移　ド・ジェンヌはその後，液晶という未開拓分野に向かった．彼以前

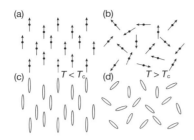

図1 磁性体（上）と液晶（下）の相転移

には液晶の理論的扱いは困難と考えられ，研究の長い空白期間があった．通常の固体物理学者は「この複雑な系をいかに数学の掌に載せられるか？」と途方にくれる問題である．液晶はパソコンやテレビの表示素子に使われる馴染み深い物質である．図1(c)のように，液晶は長さがnm程度の棒状の分子の集団で長軸の向きが特定方向に揃い全体として異方性のある液体である．温度を上げると，液晶分子の配向は転移温度T_c以上で乱雑かつ等方的になる（図1(d)）．

ド・ジェンヌは，これを図1(a)(b)の強磁性/常磁性転移と類似の数学形式に定式化した．彼はさらに液晶の巨視的秩序変数はベクトル量ではなくテンソル量であることに気づき，液晶の相転移現象の理論を打ち立て多くの現象を説明した．彼の理論は液晶表示素子の問題解決に必須である．

高分子の研究　液体の研究にブームが起こると，ド・ジェンヌ自身は高分子の研究に移った．高分子は，紐状の細長い分子であり液体状態で絡み合って運動する．統計力学的には液晶以上に複雑な系である．ド・ジェンヌは独自の理論を打ち立てて研究の突破口を開いた．第1は「2個のモノマーが同時に空間の1点を占めることはできない」ことに起因する排除体積問題の研究である．ド・ジェンヌは，強磁性体におけるスピンの相関関数と排除体積効果で制限される高分子鎖の統計との密接な関係を発見した．ド・ジェンヌはさらに，高分子の溶液は一種の臨界状態にあるとの考えに到達し，スケーリング則を利用して実験と見事に一致する理論結果を導いた．対相関関数$g(\boldsymbol{r})$とフーリエ変換$\tilde{g}(\boldsymbol{q})$はスケーリング則に従う．半径$r$内の有効長$a$のモノマー数$n$は排除体積効果により$n^{3/5}a \sim r$であり，$g(\boldsymbol{r}) \simeq 1/(r^{4/3}a^{5/3})$，$\tilde{g}(\boldsymbol{q}) \simeq 1/(qa)^{5/3}$が成り立つ．この冪乗則はX線を用いて実証された．第2の重要な業績は，絡みあい問題に突破口を開いたことである．絡み合い問題とは「高分子鎖が他の鎖を横切って動くことはできない制約条件の下で高分子鎖の運動を論ぜよ」，という問題である．これは一見して数学的に難しいとわかる問題である．ド・ジェンヌは，管模型という極めて優れたアイデアを提唱し，高分子の拡散，粘性，弾性などの物理的性質に見事な理論的説明を与えた．

人物：未踏分野の開拓者　液晶や高分子の分野は，ド・ジェンヌ以前，正当な物理とは見られておらず研究者数は少なかった．彼のお蔭で，これらの分野は正当な物理へと変貌を遂げた．彼の物理は粗削りだが新しいアイデアに満ちており，複雑さと柔軟さを兼ね備えたソフトマターの物性物理学（soft condensed matter physics）を開拓した．彼はいくつもの未開拓分野を切り開いたが，一つを終えると本を執筆した．それらはバイブル的教科書になり，若い研究者の鼓舞・教育に多大の貢献をした．

ド・ジェンヌは身なりや食事のマナーなど日常生活の細部に頓着しない生き方をした．一方で『源氏物語』などに関し何時間でも語るほど文学に造詣が深く，日本の古寺で仏像をスケッチする絵画好きであった．天衣無縫の文化人なのだ．

ド・ジェンヌは，実験室でみた液晶の偏光顕微鏡像の美しさに魅了されて液晶の研究に入ったと語っている．若い時期に自然現象の美しさに感嘆することは，科学研究への強い動機になることを如実に示す．

ド・ジッター, ウィレム
de Sitter, Willem
1872–1934

宇宙の指数関数的膨張の提唱

オランダの天文学者.

経歴 法律家の家に生まれ，両親からは法律家になるよう教育されたが，大学で数学や物理学の面白さに目覚め，天文学の道に進んだ．木星の衛星の観測で博士論文を執筆した．その後オランダ天文学の基礎を作り上げた．また，A. アインシュタイン*の一般相対論に宇宙項がある場合を，物質や放射のない真空に適用して1917年にド・ジッター宇宙モデルを提唱した．

ド・ジッター宇宙モデル 宇宙項は定数なので，ド・ジッターは，宇宙は一様等方という宇宙原理が前提としている．したがって，ド・ジッターの時空 (宇宙) の線素は以下のように表される〔⇒フリードマン〕．

$$ds^2 = -c^2 dt^2 + a(t)^2 \left\{ \frac{dr^2}{1-kr^2} + r^2(d\theta^2 + \sin^2\theta d\varphi^2) \right\}$$

ここで，$a(t)$ はスケールファクター，c は光速，k は ± 1 か 0 をとる定数である．

ド・ジッターのモデルでのアインシュタイン方程式は

$$\left(\frac{da(t)}{dt}\right)^2 = \frac{\Lambda}{3} a(t)^2 c^2 - kc^2$$

となる．ここで Λ が定数の宇宙項である．この方程式の解は $\Lambda > 0$ で $\Lambda - 3k > 0$ のとき

$$a(t) = \cosh\left\{\sqrt{\frac{\Lambda}{3}} c(t-t_0)\right\} + \sqrt{1 - \frac{3k}{\Lambda}} \sinh\left\{\sqrt{\frac{\Lambda}{3}} c(t-t_0)\right\}$$

である．ここで t_0 は定数である．このスケールファクターを持つメトリックが，ド・ジッターメトリックで，このメトリックで表される時空や宇宙をド・ジッターモデルという．

ド・ジッター宇宙では，$t \gg t_0$ としてみるとわかるように，その膨張が指数関数的になる．正の宇宙項はスケールファクターを加速的に増大させる．斥力の作用である．

宇宙モデルと「宇宙項」 宇宙の膨張を表す別の理論的モデルは，1922年にソ連の天体物理学者 A. A. フリードマン*が，宇宙項なしで物質のみを扱ったフリードマンモデルを導いた．ベルギーの天文学者の G. H. ルメートルが，物質と宇宙項が共に存在する場合のメトリックを1924年に発表している．1917–24年当時は宇宙の構造に関する観測的なデータは存在しておらず，現実の宇宙とこれらの理論モデルの関連はつけられなかった．アインシュタイン自身は，自らが信じていた宇宙の静的なモデルを作るために，斥力作用を持つ宇宙項を導入した．しかし，1929年に E. P. ハッブル*によって宇宙膨張が発見されると，宇宙項を扱うことは研究の主流ではなくなった．

ところが，近年の観測で，状況が大きく変わってきた．一つには，衛星による宇宙背景放射の非等方性の精密な観測結果 (2003, 2013) は，宇宙項に対応する可能性のあるダークエネルギーとよばれるものの存在を要求している．また，1998–99年には遠方の Ia 型超新星の観測から，宇宙が「加速膨張」をしていることがわかり，宇宙項のような斥力が現実の宇宙に存在している可能性が高まってきた．こうしてド・ジッターモデルが再登場することになる．

なお，宇宙項が負の場合，最近の高次元宇宙モデルにおいては，反ド・ジッターモデル (AdS=Anti-de-Sitter) として，ブレーン宇宙や超弦理論におけるゲージ/重力対応の理論などで盛んに議論されている．

戸田盛和
Toda, Morikazu
1917–2010

完全可積分な戸田格子の提唱

日本の理論物理学者．統計力学，凝縮系物理学，数理物理学を主な専門分野とし，特に完全可積分な非線形離散模型を提唱したことで世界的に著名．そのモデルは，可積分系の典型例として認められており，戸田格子と名づけられている．また，多くの物理学の教科書や啓蒙書を執筆したことでも知られる．「おもちゃ博士」の異名を持ち，金平糖やおもちゃの物理に関する考察をまとめた『戸田盛和エッセイ集 I おもちゃと金平糖』(2002 年，岩波書店) は有名．

経　　歴　戸田は東京生まれで，1940 年に東京帝国大学理学部物理学科を卒業後，東京大学工学部の教授寺沢寛一の助手を務めた後，京城帝国大学，東京文理科大学 (後の東京教育大学) で助教授を務め，1949 年に新制大学となった東京教育大学で，1952 年から教授．1975 年に，定年前退官をしたが，その後も千葉大学，横浜国立大学，放送大学の教授を歴任した．

液体理論の研究と戸田格子の発見　東大の卒業研究では，落合麒一郎の指導の下，液体論を研究し，その後の成果も含め 1947 年に『液体構造論』(共立出版)，『液体理論』(河出書房) として，出版した．同年，当時として最も網羅的でまとまった液体の記述であると評価されたそれらの出版物に対し，第 1 回毎日出版文化賞が贈られた．1965 年頃から始めた 1 次元非線形格子に関する研究は，1967 年，後に戸田格子と名づけられるモデルの発見に結実し，その後そのモデルが完全可積分系であることが証明され，その価値の高さが認められるようになった．戸田格子の発見は，非線形力学系のソリトン概念の確立に大きな寄与を残し，この功績に対し，1981 年藤原賞，2000 年に学士院賞が授与された．

戸田格子　戸田格子は，線形のバネでつながった 1 次元格子における振動解が三角関数を用いて表されることから，非線形で楕円関数を解として持つような方程式を探求するという着想から生まれた．n 番目の格子点にある粒子の位置を x_n のように表し，変数 $r_n = x_n - x_{n-1}$ を導入する．x_n と x_{n-1} にある粒子間に働く相互作用ポテンシャルを $\phi(r_n)$ で表せば，戸田格子は

$$\phi(r_n) = \frac{a}{b}e^{-b(r_n - \sigma)} + ar_n \quad (1)$$

の場合として定義される．a は相互作用の強さを，b^{-1} は相互作用の及ぶ範囲を表す．$b \to 0$ の極限は線形のバネに，$b \to \infty$ の極限は直径 σ の剛体球に対応する．通常 σ は 0 と置かれる．粒子の質量を m として，運動方程式は

$$\begin{aligned} m\frac{d^2}{dt^2}r_n &= -2\phi'(r_n) + \phi'(r_{n-1}) + \phi'(r_{n+1}) \\ &= a(2e^{-br_n} - e^{-br_{n-1}} - e^{-br_{n+1}}) \end{aligned} \quad (2)$$

となる．戸田は運動量と座標の役割を入れ替えた方程式と元の方程式の等価性を利用する双対格子の考え方に基づいて，方程式 (2) の周期解が楕円関数を用いて表されることを示した．その周期解の周期無限大の極限としてソリトン解が含まれることも示し，2 ソリトン解も導いた．

その後，逆散乱法などを用いて，多くの研究者が戸田格子の完全可積分性を確認することとなった．完全可積分とは，自由度 (1 次元戸田格子の場合は格子点数) と同じ数の独立な保存量が存在することを意味し，その場合，系の任意の初期値問題は求積法によって解けることが保証される (リウビル–アーノルドの定理)．戸田格子は必ずしも現実の系に対応するモデルではないが，非線形物理学の発展に及ぼした影響は多大である．

ドップラー，ヨハン・クリスチアン
Doppler, Johann Christian
1803–1853
ドップラー効果の定式化

オーストリアの物理学者，数学者，天文学者．観測者と波源との相対運動によって振動数が変化することを詳しく調べ，1842年，それをもとに数学的な関係式を作った．いわゆる「ドップラー効果」である．

経歴 ザルツブルクで生まれ，生家は W. A. モーツァルト (1756–1791, 音楽家) の住居に近い．王立工科研究所 (現ウィーン工科大学) で物理学と数学を学び，そこで助手を務めた後，1841 年，プラハ工科大学 (現チェコ工科大学) で教授となった．1842 年に「連星と他の天体の色について」と題した論文を著した．この中で観測者のみる周波数 (色) が波源 (光源) と観測者の相対速度により波源 (光源) の周波数からずれることを初めて定式化し，星が地球に近づくか遠ざかるかで色が変わることを述べた．これはドップラー効果とよばれ，1845 年に音波で実証実験が行われた．1850 年，ウィーン大学物理学研究所の所長になる．遺伝の法則で知られる G. J. メンデルは教え子．

ドップラー効果 音波は空気が媒質で密度の疎密が波動として伝わる．水面波では水が媒質で波面の高低が波動として伝わる．図 1 は媒質が静止している場合のドップラー効果を示す．伝搬速度 u，振動数 f_s の波を発生する波源は観測者に向かって速さ v_s で進んでいる．観測者も波源に向かって速さ v_o で進んでいるとき，観測者が観測する波の周波数は

$$f_o = \frac{u + v_o}{u - v_s} f_s \quad (1)$$

となる．つまり，波源と観測者が近づくとき，波源より高い周波数の波を観測する．

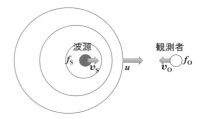

図 1 ドップラー効果の原理 (説明図)

波源が観測者から遠ざかるときは v_s の符号を負に，波源が観測者から遠ざかる場合は v_o を負にとれば (1) 式が成り立つ．波源の速さが音速より大きい場合，(1) 式は意味がない．このときは各時刻に波源から出た波が重なりあい衝撃波が発生する．

音波では風，水面波では水の流れが媒質の運動に当たる．媒質が波源から観測者に向かって速さ v_M で進んでいる場合，観測者が観測する波の周波数は

$$f_o = \frac{u + v_M + v_o}{u + v_M - v_s} f_s \quad (2)$$

に修正される．つまり，媒質を基準にして波源と観測者の運動が扱われる．

波源と観測者と媒質の速度が任意の方向を向いている場合は，それぞれの速度の波源と観測者を結ぶ直線への射影を (2) 式の v_s, v_o, v_M に代入すればよい．つまり，波源と媒質の距離が変わらなければドップラー効果は起きない．

電磁波におけるドップラー効果 電磁波の伝搬では運動の基準になる媒質に相当する物がない (A. A. マイケルソン*と E. W. モーリーは電磁波が伝搬する媒質を探そうとしたがこの試みは成功せず，特殊相対論を生むきっかけとなった〔⇒マイケルソン〕)．図 2 は電磁波のドップラー効果を表す．特殊相対論からドップラー効果は波源と観測者の相対速さ v と運動の相対角度 θ だけに依存し，

$$f_o = \frac{\sqrt{1 - v^2/c^2}}{1 - (v/c)\cos\theta} f_s \quad (3)$$

図 2 電磁波のドップラー効果 (説明図)

となる．ここで，c は光速を表す．$\theta = \pi/2$ の場合，波源と観測者の距離は変わらないにもかかわらずドップラーシフトが起こる．これは横ドップラーシフトとよばれ，波源と観測者の系で時間の進みが違うことに起因する．

相対速度が光速より十分小さい場合，(3)式は v/c の 1 次までで

$$f_o = \left(1 + \frac{v}{c}\cos\theta\right) f_s \tag{4}$$

となる．これは (1) 式で，u を c とし，v_o/c と v_s/c の 1 次までとると，

$$f_o = \left(1 + \frac{v_s + v_o}{c}\right) f_s \tag{5}$$

となり，(4) 式と一致する．

応用と後世への影響　ドップラー効果は緊急自動車のサイレンなどで身近な現象だが，実用上も雨雲の動き，車，投手の投げた球の速度を測るドップラーレーダー，流体の流速を測るドップラー流速計で活用されている．地球から遠ざかる星からの光はドップラー効果により周波数が下がり，スペクトル線は赤方偏移する．1929 年，E. P. ハッブル*は遠方の星ほど赤方偏移が大きいことを見出し，ハッブルの法則を定式化した．これは宇宙背景放射の発見と共にビッグバン理論を含む宇宙論の展開を導いた．

太陽と同じように惑星を持つ恒星の存在は予想されていたがその観測は難しかった．恒星の視線速度はその周りを周回する惑星の重力によりわずかに変化する．最近この小さな変化を光のドップラー効果により測定できるようになった．これには光周波数の目盛を精密に与えることができる光周波数コムの開発によるところが大きい (アストロコム)．現在，系外惑星の探索が盛んに行われている．

外村　彰
Tonomura, Akira
1942–2012

アハラノフ–ボーム効果を検証

日本の物理学者．日立製作所中央研究所で電子顕微鏡開発に携わる．「電子線ホログラフィー」で先駆的な業績をあげ，世界で初めて実用化に成功．アハラノフ–ボーム効果の検証実験など数々の業績をあげた．

経　　歴　兵庫県西宮市生まれ．東京都立新宿高等学校，東京大学理学部物理学科を卒業．1965 年日立製作所に入社．

電子線ホログラフィーを計画し，そのため必要になる輝度が高くかつ干渉性の高い電子線源を 10 年かけて開発した．

アハラノフ–ボーム効果〔⇒ボーム；ベリー〕の実証実験に向かい 3 年後には永久磁石による電子波の位相のずれを観測し，「新技術の光に照らした量子力学の基礎」国際会議で発表した．さらには電子の通る領域に磁場がなくてもこの効果が観測できることを磁気を完全に遮蔽する超伝導ニオブで永久磁石を包んで示すことに成功した．

この業績により 1991 年の学士院賞恩賜賞を，2002 年には文化功労賞を受けた．1998 年には英国王立協会においてファラデーによって始められた伝統の「金曜講話」を行った．わかりやすく電子の干渉やミクロの世界の映像を示し物理教育にも貢献した．

その後も電子顕微鏡を用いて量子現象の観察の研究を発展させ，超伝導体の磁束量子を完璧に捉えた画像，温度上昇により超伝導が壊れるに際しての磁束量子の連続磁束への変化の過程などを捉えることに成功した．更に大きな 120 万ボルトの電子顕微鏡の開発に取り組み，国の最先端研究開発支援プログラムのプロジェクトを率いて国際会議を控えた中，電子顕微鏡の完成を見ずに癌に冒されこの世を去った．

図1 電子の積算により干渉縞が形成されていく様子．電子数 6000 個の段階
(ICPE 国際会議 (2006) における講演「英国王立協会金曜講話の再現」報告より)

大学生の時にボーム–パインズ理論の決定的証拠となる電子顕微鏡写真を見て「一枚の写真が全てを語っている」と感動した．ある対談で，自分の撮った写真を理論研究の先頭に立つ人々に見せたい，ともいった．

電子線の波としての干渉　電子波の二重スリット通過による干渉縞を電子線バイプリズムという装置によって観測することができる．しかし粒子としての電子は到達したスクリーン上の点として観測される．

外村は電子線源を極限まで弱くし，スクリーンに当たる電子一つひとつを検出する実験を行った．観測された電子の位置は古典力学で予測できる位置ではなく，繰り返す度に異なった．点の頻度に従ってできる画像の濃淡が干渉縞を与えた．つまり，電子1個ずつに対して干渉により決まるのはその粒子が当たる確率である．外村は実験により美しい動画を作り，一般向けにも提供した．これを写真で示す (図1)．

電子線ホログラフィー　ホログラムとは，物体から出た光の波がスクリーンに到達したとき，物体を照らす光源から直接に届いた光の波 (参照波) と干渉してできる像であり，物体から出た光の強さと位相を記録したもの．物体を取り除いて参照波をホログラムに当てると，通過する波は物体から出た波のように進む．これがホログラフィーの原理である〔⇒ガボール〕．

同じように，電子波の干渉によってホログラムを作ることができる．電子では電場や磁場によって波面が影響を受けることを使って，真空中や物質中の電磁場の様子を可視化することができる．これが電子線ホログラフィーである．ホログラムから像を再生する際に光の波を用いれば，像を観察できる．電子波の波長は電圧により，例えば光の波長の 20 万分の 1 であるならば，電子線の干渉像を電子レンズで拡大し，倍率 20 万倍でホログラムを撮影しておく．

アハラノフ–ボーム効果の検証　外村は，トロイダル永久磁石を使った．磁力線は閉じたループをなし，磁石外には磁場が存在しないので，電子波はベクトルポテンシャルだけに影響されるといえる．図2に示すように，永久磁石の輪の内側を通り抜けた電子波の位相は外側を通ったものより，ベクトルポテンシャル (磁石中の磁束量に比例) に応じて例えば遅れるであろう．スクリーンに到達したとき，その分だけ参照波との干渉縞にずれを生じる．

この干渉縞の様子は電子線ホログラムとして得られ，アハラノフ–ボーム効果を見事に映像で捉えた．磁石を超伝導体で包むと磁力線の漏れの可能性は殆どなくなる．超伝導シールドにより磁束量は超伝導による量子磁束 $\frac{h}{2e}$ の整数倍に限られることも画像で確かめられた (図3)．

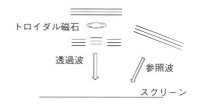

図2　アハラノフ–ボーム効果検証の概念図

図3　超伝導で磁場を閉じ込めた磁石による電子線ホログラム (外村による)

ド・ハース,ワンダー・ヨハン
de Haas, Wander Johannes
1878–1960

低温物理学,磁気測定分野での発見

オランダの物理学者,数学者.シュブニコフ–ド・ハース効果,ド・ハース–ファン・アルフェン効果,アインシュタイン–ド・ハース効果で知られる.

経歴 ド・ハースは 1878 年にオランダのライデン近くの小さな町で生まれた.1900 年にライデン大学で物理学を学んだ.1912 年に H. カマリング゠オネス*の指導の下に博士の学位を得ている.1910 年には H. A. ローレンツ*の娘であるローレンツ・ゲールトルイダ・ルベルタと結婚した.

ド・ハース–ファン・アルフェン効果 金属の磁化率を磁場の関数として測定すると,磁場の逆数に比例して振動する現象.ド・ハースと P. M. ファン・アルフェンによって 1930 年に実験で発見された.同じ年に L. D. ランダウ*は実験のことを知らずにこの現象を理論的に予測した.

金属中のフェルミエネルギーを持った電子が磁場に垂直な平面内でフェルミ面上を円運動するとき,ランダウ準位〔⇒ランダウ〕による量子化が起こるため,磁化率が磁場の逆数に比例して振動する.その振動成分の周期 $\Delta(H^{-1})$ は

$$\Delta(H^{-1}) = 2\pi \frac{eh}{2\pi c S_m}$$

である.ここで S_m はフェルミ面の磁場に垂直な断面積の極値,h はプランク定数である.電子が円運動をする間に散乱を受けてしまうと測定できないので,単結晶試料で,かつ低温での測定が必要である.

シュブニコフ–ド・ハース効果 低温で強い磁場中で電気伝導度を磁場の関数として測定すると,磁場の逆数に比例して振動する現象.ド・ハース–ファン・アルフェン効果と同じように,磁場に垂直な面内での電子の円運動により電子のエネルギー準位が量子化されることによって生じる.2 次元電子密度の測定に用いられる.磁場の逆数に比例する振動成分の周期は

$$\Delta(H^{-1}) = \frac{2e}{nh}$$

である.ここで n は単位面積当りの電子数である.この現象の名前はド・ハースと L. V. シュブニコフに因んでいる.

アインシュタイン–ド・ハース効果 A. アインシュタイン*とド・ハースによって 1910 年代に発見されたものであり,スピンが角運動量保存則を満たしており,物体のマクロな回転にまで影響を与えることを示した.ド・ハースの息子のローワンもこの理論に貢献した.スピンの概念が現れる前のことである.

実験は磁性体の円柱に磁場をかけておいて,円盤を静止させ,急に磁場を切ると円柱は勝手に回りだす.逆に静止した着磁していない磁性体の円柱に急に磁場をかけると,やはり円柱は回り始める.これをアインシュタイン–ド・ハース効果とよぶ.磁場がかかっているときには円盤磁性体中のスピンはみんな磁場に対して同じ方向を向こうとして,向きが揃い,全体として磁場に平行な向きの大きな角運動量が作られている.その後,磁場がなくなると,スピンは互いに同じ方向を向いているより,ばらばらな方向を向いた方が自由エネルギーが低くなって安定していられるので,スピン角運動量は互いに打ち消しあって全体の角運動量は 0 になってしまう.このとき,角運動量保存則を満たすためには,円盤全体が回らなければならない.スピンが角運動量保存則を満たしており,物体のマクロな回転にまで影響を与えるような存在であることがわかる.

トフーフト，ゲラルド
't Hooft, Gerardus
1946–

ゲージ理論のくりこみ可能性の解明

オランダの理論物理学者．非可換ゲージ理論のくりこみ可能性の解明を始め，非常に多くの先駆的な研究を行い，ゲージ場の量子論や量子重力理論の発展に寄与した．1972年，ユトレヒト大学で博士号を取得．1999年に師 M. フェルトマンと共にノーベル物理学賞を受賞．

非可換ゲージ理論のくりこみ　1968年，ユトレヒト大学の卒業論文のため，フェルトマンの指導を受けて，非可換ゲージ理論（ヤン–ミルズ理論）を勉強する．1969年，学位論文のテーマとして，フェルトマン自身が研究していた「非可換ゲージ理論のくりこみ」を選んで，その証明に取り組み，1971年，非可換ゲージ理論〔⇒ヤン〕のくりこみ可能性の解明に関する2編の単著論文を発表して，一躍注目される．その後，フェルトマンと共に「次元正則化法」を用いて，くりこみ可能性の証明をより完全なものにした．その証明により，理論的な計算の信頼性が高まり，理論値と精密実験による測定値との一致により，標準模型が理論的に確立した．また，解析に際しファインマン規則の導出に経路積分を用いたことも特徴的である．

統計物理学の権威である N. ファン・カンペンを母方の伯父に持ち，「位相差顕微鏡の原理の考案」に対して1953年にノーベル物理学賞を受賞した F. ゼルニケを大伯父（祖母の兄弟）に持つ．早期に物理学を志し，「ゲージ原理」（局所的な変換の下で物理法則は不変である）に魅せられ，フェルトマンの提示した課題の重要性に気づき，大学院に入る時点でその難題を解く能力を併せ持っていたことがくりこみ可能性の証明という快挙を成し遂げた要因と考えられる．

彗星のごとく現れ，世界的な名声を博した後も様々な画期的な研究業績をあげて，指導的な役割を果たしている．

1974年に非可換ゲージ理論の非摂動的な計算方法として「$1/N$ 展開法」を開発した．ここで N はカラーの自由度を表す．$1/N$ 展開法は超弦理論を含む様々な理論において適用され，その有用性が広く認識されている．また同年，非可換ゲージ理論において自発的対称性の破れに伴い磁気単極子が現れることを A. M. ポリャコフ*とは独立に発見．この粒子はトフーフト–ポリャコフモノポールとよばれている〔⇒ポリャコフ〕．

1975年，標準模型を超える理論を探る指針として「自然さ」（naturalness）の概念を明確にし，量子力学的異常項の釣り合い条件に基づいて複合粒子模型を探究した．

1976年，インスタントンに基づいて，バリオン数やレプトン数の非保存を定量的に評価した．インスタントンとは場の量子論におけるソリトン解の一種で，これを用いて複数の真空の間で起こるトンネル効果を評価することができる．また，同年，双対マイスナー効果に基づくカラーの閉じ込め機構を提案した．1978年から1982年にかけて，量子色力学においてアーベリアンプロジェクションとよばれるゲージ固定の下で，先の提案に関する具体的な枠組みを構築した．この枠組みに基づき，格子ゲージ理論を用いた検証が試みられている．

1993年，量子重力理論において，空間内部の情報は重力の地平面に集約されているとする「ホログラフィック原理」を提案し，ブラックホールに関する情報パラドックスの問題〔⇒ホーキング〕に取り組んだ．

トフーフトを P. ディラック*の再来とよぶ人がいるが，劇的な登場，1人でじっくり思考を重ねる研究スタイル，ディラックの提案した磁気単極子や自然さを深化させたことなどを鑑みて，的を射た表現である．

ド・ブロイ，公爵ルイ・ヴィクトル・ピエール・レーモン

De Broglie, Prince Louis Victor Pierre Raymond

1892–1987

物質波を着想した孤高の貴公子

アインシュタインが光の粒子性を明らかにしたのに対して，ド・ブロイは粒子の波動性から物質波の概念に到達し，シュレーディンガーの波動力学誕生の端緒となった．

経歴 ド・ブロイの祖先はイタリアから移住して，ルイ14世の時代に公爵に叙せられた貴族である．ルイは1892年，フランスのディエップに生まれる．1909年にパリ大学ソルボンヌに入学．初め歴史学を専攻するが，程なくして数学と物理学に興味を持つようになった．1913年に理学士を取得する．それから間もなく兵役に就くことになり，陸軍無線通信隊に配属されてエッフェル塔の無線局に勤務することになる．大戦後1919年から量子に関する数理物理学の研究を始める．

新しい量子論に興味を持つきっかけになったのは第1回(1911年)と第3回(1921年)のソルベイ会議であった．第1回の議事録の刊行に兄モーリスが関わっていたため，議事録を熱心に読んだという．その結果，M. K. E. L. プランク*が導入した量子の本性を研究しようと決心したのだ．第3回の会議でモーリスは A. ドーヴィリエと X 線の量子性の実験結果を発表した．A. アインシュタイン*は紫外線の量子的振舞を1905年に指摘していたが，モーリスらは X 線が物質に吸収されるとき不連続的な量子単位で吸収されることを確かめたのだ．

物質波の着想 彼らの実験からルイは，放射線の波動と粒子の二つの性質を何らかの形で折り合わせようと考えたという．この考えを論文にまとめて1924年に博士号を取得する．彼の大胆な発想は，アインシュタインの光量子と異なり静止質量を持つ光の粒子を考え，それを相対論的に論じたことである．静止質量を想定すると，物質粒子の場合にもそのまま応用できる．例えば v の速度で運動する粒子には，

$$\lambda = h/p = h(1-\beta^2)^{1/2}/m_0 v$$

(h：プランク定数，p：粒子の運動量，$\beta = v/c$，c：光速度，m_0：粒子の静止質量) の波長 (ド・ブロイ波長) を持った波が付随する．この波は粒子を先導して光速度よりも早く空間を伝播する「位相波」である．エネルギーを運ばないので仮想的な波 (onde fictif) とド・ブロイはよんだ．また分散がない場合，粒子の速度 v は位相波の群速度であることを立証した．位相波を一定周期の原子内電子の軌道運動に適用すると，電子の内部位相と仮想波の位相が一致する安定条件がボーア–ゾンマーフェルトの量子条件

$$\oint p\,dq = nh$$

(p：運動量，q：座標，n：整数) に他ならないことを示した．

二重解の理論 1927年の第5回ソルベイ会議でド・ブロイは，博士論文をさらに発展させた二重解の理論をひっさげて登壇した．「量子の新しい動力学」と題する講演で，波動力学の線形方程式は二つの異なった種類の解からなるという．一つはシュレーディンガーの波動関数 ψ の解で，ψ の絶対値の2乗 $|\psi(q)|^2$ が粒子の存在確率を表す．もう一つは特異点の解で，特異点が空間に局在する古典的な粒子として振る舞う．この粒子に付随する誘導波が回折などの波動現象を担う．さらに電子のド・ブロイ波長は電子の速度が光速度より非常に小さければ ($\beta \sim 0$) $\lambda = h/m_0 v$ に縮約され，具体的には X 線の波長のオーダーになると計算．さらにアメリカの C. デイヴィソン* 及びイギリスの G. P. トムソン*(J. J. トムソン*の息子) らの結晶による電子線の回折

像の実験に言及して，電子線の波長が自分の計算と合っていると指摘している．しかし彼の講演はさほど出席者の注意を引かなかった．実はこの会議の山場は，N. H. D. ボーア*とアインシュタインの量子力学の解釈を巡る論争の方だったからだ．歴史的にはコペンハーゲン解釈が勝利につながる舞台となった．コペンハーゲン解釈はボーアの相補性原理とハイゼンベルクの不確定性原理の二つからなる．素粒子は粒子と波動の二重性を備えていて，波動関数は実在波ではなく，波動関数の絶対値の2乗が存在確率を表す．ド・ブロイも物質波を捨て結局このコペンハーゲン解釈を受け入れることになる．

人　　物　彼はその後 1928 年までソルボンヌで物理を教えるが，アンリ・ポアンカレ研究所が新設されると 1928 年から 32 年まで理論物理学教授に就任．以後パリ大学の理論物理学教授を 1962 年まで務めた．その間 1929 年に「電子の波動性の発見」でノーベル物理学賞を受賞する．1949 年には欧州原子核研究機構 (CERN) の設立準備理事会で主導的な役割を果たしている．

1951 年末に D. J. ボーム*が誘導波理論を復活させたことや，特異点を誘導する位相波の着想が，アインシュタイン（と L. インフェルト）が重力の下での粒子の運動方程式を，重力場の方程式から特異点の運動として導いた概念と類似していることを，弟子のヴィージェイが指摘したことなどがきっかけで，再び二重解の理論に回帰して，1952 年以降，量子力学の根底には決定論的因果的物理過程が隠れているという見解をとった．これは J. フォン・ノイマン*が否定した「隠れた変数 (hidden variable)」の存在を認める立場であった．

トムソン, サー・ジョージ・パジェット
Thomson, Sir George Paget
1892–1975
電子線回折現象の発見

イギリスの物理学者．電子線回折実験で電子の波動性を証明．

経　　歴　1892 年，物理学者 J. J. トムソン*の息子として生まれる．父は彼が 5 歳のときに電子を発見し，その功績で 1906 年ノーベル物理学賞を受賞している．

パジェットは，ケンブリッジ大学で物理学と数学を学んだが，卒業のころに第一次大戦が勃発．戦争中は軍関係の研究の仕事をした．

戦争が終わると，母校ケンブリッジ大学のキャヴェンディッシュ研究所に職を得，その 4 年後 (1922 年) にはアバディーン大学の自然哲学科の教授となった．そこで彼は，1924 年 L. V. P. R. ド・ブロイ*が提唱した画期的な「電子の波動説」に非常に興味を持ち，その検証実験に取り組む．

電子線回折　それまで，電子は粒子なので，波である X 線のような回折現象は起きないと考えられていた．しかし，A. アインシュタイン*が，「波である光は粒子としての性質も持つ」と考えることで光電効果を説明したのを受け，ド・ブロイは「粒子である電子は波動としての性質も持ち，その波長 λ は，電子の運動量 p とプランク定数 h とで，$\lambda = h/p$ と表せる」と主張した〔⇒ド・ブロイ〕．

トムソンは，1927 年，セルロイドや金，アルミニウムなどの薄い箔に電子線を当て，回折パターンの観測に成功した．電子がド・ブロイの予想通り 1Å 程度の波長の波であれば，図 1 のように 1Å 程度の間隔で規則正しく整列した原子群により回折され，ブラッグの条件 $2d\sin\theta = n\lambda$ を満たす角度で反射強度が増幅されるはずである．彼が

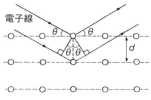

図1　電子線の回折条件

観測したのは多結晶試料による回折パターンであるデバイ-シェラー環であった．同じ年，これとは全く独立に，アメリカの物理学者 C. J. デイヴィソン*らは，ニッケルの単結晶を用いて電子線回折実験に成功しており，トムソンとデイヴィソンは1937年，「結晶による電子線回折現象の発見」の功績で，ノーベル物理学賞を共同受賞した．父である J. J. トムソンが粒子としての電子を発見し，息子のパジェットがその波動性を証明したことになる．

その後，電子線回折は X 線回折や中性子回折と並んで，物質の構造を決定する重要な実験手法として使われるようになった．また，電子顕微鏡という形で大きく技術展開し，広く世の中で使われるようになる．電子線回折なしには，ナノテクノロジーや半導体微細加工など，今日の科学技術・産業技術を語ることはできない．

人　　物　1930 年，トムソンはロンドン・インペリアル・カレッジの教授に就任．研究の興味が，電子から中性子や原子核に移っていったのは自然な流れである．1940-41 年にはイギリスの原子力委員会議長を務める．このころから第二次大戦後にかけて，当時の多くの原子核物理学研究者と同様，核兵器を始めとする原子力の実用の可能性についての研究に携わる．

1943 年にはナイトの称号を与えられ，ケンブリッジのコルプス・クリスチ・カレッジに移って，1962 年の定年までそこで過ごした．1952 年から 10 年間は学長．1975 年，83 歳で世を去る．

トムソン，サー・ジョセフ・ジョン
Thomson, Sir Joseph John
1856-1940
電子発見に貢献した物理学者

イギリスの物理学者．陰極線の研究から電子の発見に貢献し，ノーベル物理学賞を受賞した．

経　　歴　トムソンは，マンチェスターのチータムで生まれた．父は書籍商で，トムソンを技師にするつもりであったが，徒弟先が見つからなかったので，トムソンをオーウェンス・カレッジ (現マンチェスター大学) に通わせた．しかし，入学後 2 年して父が死去したので，トムソンは奨学金を獲得する必要性に迫られ，カレッジの奨学金を取得して 5 年間の学業を継続することができた．

トムソンは，このカレッジで優秀な学者に接することができた．レイノルズ数の O. レイノルズ*は工学の教授で，放射熱研究の B. スチュワートは物理学教授であった．しかし，トムソンに最も影響を与えたのは，数学教授の T. バーカーである．技師になる機会を失くしたトムソンに，ケンブリッジ大学のトリニティ・カレッジへ奨学金を獲得しての入学を進めたのはバーカーである．バーカー自身もケンブリッジの数学優等卒業試験の合格者であった．トムソンは 1880 年，数学優等卒業試験に J. ラーモア*に次いで次位で合格し，翌年特別研究員となる．そして，終生，ケンブリッジで活躍した．

電子の存在の証明　トムソンの最も有名な業績である．当時，クルックス管の陰極から陽極に向かって進む陰極線の正体が何かが問題であった．トムソンは，1897 年に，陰極線に電場をかけられるような装置を作成し，陰極線の偏向から，陰極線が負電荷を持つことを確認した．次に図1のよ

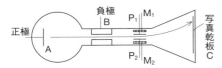

図1　電場・磁場下における電子線の偏向

うな装置で，電場と磁場両方をかけた際の陰極線の曲がりを測定し，比電荷 e/m (e は陰極線の電荷量で，m はその質量) の測定を行った．その数値は水素原子の場合の 1/1000 よりも小さかった．

さらにトムソンは，クルックス管中の気体を空気や窒素などの種々のものに変えても結果は同じであり，また使用する電極の種類が白金であろうとアルミであろうと，同じ結果となることを見出した．これは，管中に発生した電子が，あらゆる原子に共通した構成要素であることを示唆している．

別の実験でトムソンは，この微粒子の電荷 e を測定し，水素イオンと同じであると推定し (後に R. A. ミリカン*が正確な測定に成功)，微粒子 (電子) の質量 m は水素原子の約 1/1000 と推定した．すなわち電子はあらゆる原子に共通の，質量の非常に小さい負電荷を持つ粒子であることを明らかにしたのである．これにより，それまで分割不可能な存在とされてきた原子に構造が想定され，原子模型が活発に論議されるようになった．

トムソンの原子模型　1904年に発表されたトムソンの原子模型は，陽電荷球の内部に電子が回転運動しているというモデルである．このモデルは，原子内電子の回転リング群への配列の仕方が，元素の化学的性質すなわち周期律と関係していることを示し，原子構造と化学的性質を結びつけた．この考えは後に，N. H. D. ボーア*の原子論に受け継がれていった．

陽イオンの粒子線　放電管に少量の気体を封入し，図1のようにAを陽極側にしてAB間に電圧をかけると，Aの方から陽子線がB方向に放出されてくる．これは，陽極付近で気体が陰極線によってイオン化し，そのイオンがAB間の電場によって加速され，飛翔するからである．図の P_1P_2 は，電場を与える電極板で，M_1M_2 は電極板と同じ方向に設置された磁石の極板である．陽イオン線は，極板間を通過するときに，電場と磁場で互いに直角の方向に，その質量と電荷に対応した電磁力を受け，写真乾板Cに到達し，感光させる．この装置を使えば，電荷量が同じで，質量の異なる原子が区別できる．

トムソンは，1912年に，ネオンがネオン20とネオン22の混合物であることを見出し，トムソンの助手 E. エベレットと F. W. アストンの助力も得てネオン同位体の存在を証明した．アストンは後に，この装置を発展させ，質量分析器の開発を行った．ネオン22の発見後，1914年に第一次大戦が勃発し，トムソンの仲間たちも各地にちりぢりとなり，60歳近くになっていたトムソンは，これ以降は，実質的に，研究者から国家の研究行政の業務に移行していった．

人　物　トムソンは，キャヴェンディッシュ研究所実験物理学教授に28歳という若さで就任した．著名な物理学者，J. C. マクスウェル*，レイリー卿*に次いで3代目であった．トムソンは，この研究所を世界屈指の原子物理学研究機関に育て上げた．トムソンは，多くの弟子を養成している．弟子のうち8人がノーベル賞を受賞しており，アストンは，1922年ノーベル化学賞を，E. ラザフォード*は1908年にノーベル化学賞を受賞している．弟子のうち79人は教授職を獲得した．

トムソンは色々な官職につき，1915年から1920年までは王立協会の会長であった．また多くの賞を受賞した．主なところでは，1902年にメリット勲章，1906年にノーベル物理学賞，1914年にコプリメダルを受賞した．

朝永振一郎
Tomonaga, Sin-ichiro
1906–1979

量子電磁力学における基礎的研究

日本の理論物理学者．量子電磁力学における基礎的研究により，1965年にノーベル物理学賞を J. S. シュウィンガー，R. ファインマン*と共に受賞．中間結合理論，超多時間理論，くりこみ理論 (renormalization theory)，集団運動の理論などの先駆的な研究を遂行し，素粒子物理学及び物性物理学の発展に貢献した．また，磁電管 (マグネトロン) の発振機構や極超短波の立体回路の理論を研究した．さらに，科学行政家として基礎科学の発展に寄与し，また核兵器根絶を目指し科学者による平和運動に尽力した．

経　歴　朝永は東京で哲学者・三十郎の長男として生まれた．1929年に京都帝国大学を卒業．同級生に湯川秀樹*がいた．1937年，ドイツのライプチヒ大学に留学し，W. ハイゼンベルク*の下で原子核理論の研究を行う．1941年，東京文理大学 (後に東京教育大学と改名，現在は筑波大学) 教授に就任．1949年から1950年にかけて，プリンストン高等研究所 (アメリカ) に滞在．1956年から1962年まで東京教育大学学長を務めた．

1941年，核子の周りに存在する中間子の構造を明らかにするために「中間結合理論」を開発した．中間結合理論は弱結合理論と強結合理論を内挿する理論で，場の量子論における非摂動論的な方法の先駆けとして位置づけられる．

超多時間理論　1943年，場の量子論をあらゆる慣性系で同じ形に定式化する「超多時間理論」を和文の論文で発表した．この理論の目的は，場の量子論に現れる発散の問題を解決する足がかりを見つけることであった．朝永は，確率振幅を定義する時空として，空間的超曲面 (任意の2点間で因果関係がない3次元空間) に制限して，理論を構築した．物理系の状態 $\Psi(\sigma)$ に関する基礎方程式は「朝永–シュウィンガー方程式」とよばれ，

$$i\hbar \frac{\delta \Psi(\sigma)}{\delta \sigma(x)} = \mathcal{H}_I(x)\Psi(\sigma)$$

で与えられる．ここで，$\sigma(x)$ は空間的超曲面 σ と点 x の周りの微小変形 σ' ではさまれた4次元体積である．$\mathcal{H}_I(x)$ は相互作用ハミルトニアン密度とよばれる素粒子間の相互作用を記述するエネルギー密度の次元を持つ量である．物理量は自由なハミルトニアンにより時間発展するという，相互作用表示を採用している．この表示は「朝永表示」ともよばれる．

くりこみ理論　1947年から1949年にかけて，超多時間理論をもとにして，量子電磁力学における発散の問題に朝永スクールとよばれるゼミで育った弟子たちと精力的に取り組み，くりこみ理論を構築した．電子が電磁相互作用を受けて散乱される過程の量子補正に現れる無限大が電子の自己エネルギーや真空の偏極に現れる無限大と関係し，これらの無限大を電子の質量と電荷にとりこんだものを観測量として再定義する操作により，無限大を取り除くことができることを示した．この操作は朝永により「くりこみ」と命名された．

ラムシフトとよばれる水素原子の第1励起状態 $2S_{1/2}$ と $2P_{1/2}$ のエネルギー差の測定値や電子の異常磁気能率の測定値はくりこみ理論による理論値と極めてよく一致する．1947年9月29日号の *Newsweek* 誌の記事でラムシフトの存在を知り，朝永自身がセミナーでその内容を紹介した．同時期にアメリカで朝永とは独立にシュウィンガーが朝永と同じ方法を用いて，またファインマンが別の方法を用いて，量子電磁力学に関する基礎的な研究を行い同様の結果

を得ていた．その後，F. ダイソン*により，朝永-シュウィンガーの方法とファインマンの方法は等価であることが示された．学術誌『理論物理学の進歩』に掲載された朝永らの論文はアメリカの研究者に衝撃を与えた．それは戦争による廃墟と混乱のさなかに孤立した状態で最先端の研究がなされていたからである．ダイソンは「深淵からの声のように響いた」と述懐している．

他の研究課題 1949 年から 1950 年にかけて，J. R. オッペンハイマーの招きにより，プリンストン高等研究所（アメリカ）に滞在し，フェルミ粒子の集団運動の理論に関する先駆的な研究を行った．空間が 1 次元のフェルミ粒子の集団において，ボース粒子の特徴の一つと考えられていた音波的な振動状態が存在することをボソン化の方法を用いて示した．後年，J. M. ラッティンジャーにより数学的に整備され，「朝永-ラッティンジャー模型」とよばれ，超伝導現象を含む 1 次元フェルミ粒子系に関する最も基本的な模型となっている．

超多時間理論とくりこみ理論の研究期間には数年の開きがあるが，その間，海軍の要請を受けて，静岡県島田市にある研究所で磁電管の発振機構や極超短波の立体回路の理論を研究した時期（1944 年）がある．前者には前期量子論の方法が，後者には S 行列理論や散乱理論の方法が用いられ，学際的研究の好例といえる．

人　　物 1963 年から 1969 年まで日本学術会議会長を務め，科学行政家として基礎科学の発展に寄与した．また，1957 年，第 1 回パグウォッシュ会議に湯川，小川岩雄と共に参加．1962 年，湯川，坂田昌一*と共に科学者京都会議を開催し，核兵器根絶を目指す科学者による運動に積極的に関与した．

朝永と湯川は終生のライバルで切磋琢磨しながら，偉大な研究業績をあげ，日本の科学水準を引き上げる原動力となった．

以下で，朝永，ファインマンと共にノーベル物理学賞を受賞したシュウィンガーについて紹介する．

J. シュウィンガー ジュリアン・シュウィンガー (Schwinger, Julian; 1918–1994) はアメリカの理論物理学者で，コロンビア大学でラビの下で 1939 年に博士号を取得．カリフォルニア大学助手，パデュー大学講師などを経て，1945 年にハーバード大学教授に就任．

朝永とは独立に超多時間理論の定式化，くりこみ理論の構築，ラムシフトや電子の異常磁気能率に関する計算を行い量子電磁力学の確立に貢献した．

1951 年，量子電磁力学を用いて，強い電場中で真空から電子と陽電子が対生成することを示した．この現象は「シュウィンガー機構」とよばれている．また，1962 年，「シュウィンガー模型」とよばれる 2 次元時空上の量子電磁力学を提唱した．この模型は厳密に解くことができる場の量子論の代表例である．

シュウィンガーの業績は量子電磁力学に届まらず多岐にわたる．ラリタ-シュウィンガー方程式とよばれるスピン 3/2 の粒子が従う波動方程式の導出，ダイオン (dyon) とよばれる電荷と磁荷を併せ持つ粒子の研究，リップマン-シュウィンガー方程式に基づく散乱問題の定式化，ゲージ理論に基づく弱い相互作用に関する研究などがある．

他にも，シュウィンガー項，シュウィンガー-ダイソン方程式〔⇒ダイソン〕，シュウィンガー関数など彼の名前がつけられた物理用語が多数存在する．10 代で論文を書き始めた怪童のその後の研究業績はやはり凄い．

朝永とシュウィンガーの間には，次のような共通点が存在する．くりこみ理論の構築，レーダーの開発など研究内容が似通っている．多くの優秀な研究者を育てている．名前に物理現象に関連深い「振れる」という意味の文字が含まれているなどがある．

トリチェリ, エヴァンジェリスタ
Torricelli, Evangelista
1608–1647

トリチェリの真空

イタリアの物理学者, G. ガリレイ*の弟子. トリチェリの真空と気圧計の発明など.

ガリレイとトリチェリ 1632 年ガリレイは『天文対話 (プトレマイオスとコペルニクスの 2 大世界体系についての対話)』という著書を出版したが, その直後にトリチェリはガリレイに書簡を送っている. その書簡には,「…プトレマイオスを学び, ティコ・ブラーエ*やケプラー*らのほとんど全ての考え方を眺めた結果, 私はコペルニクスの世界観の虜になり, ガリレオ学派の一員にならざるを得なくなりました…」と書かれている.

実は, ガリレイは翌 1633 年ヴァチカンのローマ教皇庁の異端審問所検査で有罪判決を受けたので, トリチェリがガリレオ学派であることを公言できたのは, この機会しかなかったことになる. トリチェリはガリレイの最もすぐれた弟子であり, ガリレイの晩年から亡くなるまで秘書を務めた.

トリチェリの真空 ガリレイは晩年に, 約 10 m より深い井戸から水を直接吸い上げることができないのはなぜか, という問題を研究していた. 彼は当時すでに, 空気はそれ自体に重さがあることを確かめていたが, そのこととポンプの問題が繋がらなかった. トリチェリはこの問題は管の中にある水の重さと空気の重さが釣り合っているのだろうと推論した. 1643 年 V. ヴィヴィアニと共同で, 水の代わりに水銀を用いた実験で, この推論を確める仕事にとりかかった. 彼の考えが正しければ, 水の約 13.5 倍重い水銀を使えば, 実験に必要な管の長さは, 水の場合に比べて 1/13 以下ですむはずである.

彼らはまず一端を閉じたガラス管に水銀を満たし, 開いた方の端を親指で押さえてガラス管を逆さにし, 水銀の入った皿につけて親指を離した. すると水銀の一部は皿の中に流れ出るが, 大部分はガラス管内に約 760 mm (約 30 インチ) の高さの水銀柱になって止まった. そして, 管の上部に何もない真空の部分が発生した. これをトリチェリの真空といって人類が初めて作った人工真空である. この実験は, 単に科学的知識の確認だけでなく, アリストテレス学派の「真空は存在しない」とした「運動についての理論」を決定的に論破したという歴史的な意味を持っている.

彼らはまた, 水銀柱の高さが日々微妙ではあるが変化することも発見した. これは, その日の気圧を測定していることになり, トリチェリは水銀気圧計を発明したことにもなる. 圧力の単位の Torr (トル) はトリチェリの名に因んでつけられたもので, 水銀柱 1 mm 分の圧力を表す. 標準大気圧は 1 気圧=760 Torr = 1013 hPa である.

その他の業績 トリチェリはその 39 年の短い生涯の間に, 水力学, 機械学, 光学, 幾何学, 微積分など多くの分野についても優れた業績を残した. 数学における「トリチェリのラッパ」の問題は, $1/x$ の双曲線を $x \geq 1$ の範囲で x 軸の周りに回転してできるラッパのような回転体を考えると, 表面積は無限大になるが体積は有限になるという不思議な問題である. トリチェリは, この問題で次元と無限に対する考えを深めた.

また, 流体における「トリチェリの定理」は, 液体を入れた容器の側面に小さな穴を開けたとき h の高さから落ちる液体の流出速度が, $v = \sqrt{2gh}$ で表されるというものである. ここで, g は重力定数である. この式は, 側面から出る液体の速度は, 液面の高さから自由落下した物体が穴の高さで得る速度と同じであることを表している.

ドルーデ, パウル・カール・ルートヴィヒ
Drude, Paul Karl Ludwig
1863–1906
金属に自由電子モデルを適用

ドイツの物理学者．金属の電気伝導に自由電子モデルを適用したことで知られている．

経歴 ドルーデはドイツのブラウンシュヴァイクで生まれた．ゲッティンゲン大学，フライブルク大学，ベルリン大学で数学を学び，後に物理学を学んだ．1894年ライプチヒ大学の教授になった．1900年に電気伝導に関する自由電子モデルによる解析を発表した．1901年から1905年までギーセン大学の教授，1905年にベルリン大学の物理学研究所の所長になった．

ドルーデモデル 古典電磁気学で自由電子が電磁場中を運動することを考える．運動量 $\boldsymbol{p}$ は電場 $\boldsymbol{E}$ と磁場 $\boldsymbol{B}$ による力によって時間変化すると共に，イオンと衝突することによって散乱され，運動量を失うと考える．衝突の緩和時間を τ とすると，次式が成り立つ．

$$\frac{d}{dt}\boldsymbol{p}(t) = e\left(\boldsymbol{E} + \frac{\boldsymbol{p} \times \boldsymbol{B}}{m}\right) - \frac{\boldsymbol{p}(t)}{\tau} \quad (1)$$

この式を解くと，電流密度 J と電場 E の間に比例関係があることが導かれ，

$$J = \sigma E \quad (2)$$

$$\sigma = \frac{ne^2\tau}{m} \quad (3)$$

が得られる．これはオームの法則を根拠づけている．量子力学では，自由電子は縮退したフェルミ粒子の気体として扱う必要があり，電子のうち伝導に寄与できるのはフェルミエネルギーから熱エネルギーの数倍程度の範囲にある電子だけである．全部の電子が自由に運動できるとするモデルは誤っている．しかし，例えば後に J. M. ザイマンが量子力学に基づき，ほとんど自由な電子の近似を用いて，電子の散乱はフェルミエネルギーを持つ状態間でのみ起こるとして導出した式は

$$\sigma = \frac{ne^2\tau}{m} \quad (4)$$

$$\frac{1}{\tau} = \frac{m}{12\pi^3 n} \int_0^{2k_F} K^3 |U(K)|^2 S(K) dK \quad (5)$$

である．ここで，K は散乱ベクトルの大きさ，$U(K)$ は擬ポテンシャル，$S(K)$ は構造因子で，回折実験から導くことができる．この電気伝導度の式は，ドルーデの導いた式と同じ形をしている．ドルーデモデルではすべての電子が伝導に関わっており，散乱は全ての方向に起こると考えているので(5)式はドルーデモデルが考えていたものとは違うものの，ドルーデの式が結果的に正しいことを示している．

また，光学的性質で，自由電子が存在すると，赤外線領域で大きな反射率を示すことも導かれる．複素誘電率は

$$\varepsilon(\omega) = 1 - \frac{\omega_P^2}{\omega^2 + (i\omega/\tau)} \quad (6)$$

$$\omega_P^2 = \frac{ne^2}{m\varepsilon_0} \quad (7)$$

と書ける．ω_P はプラズマ周波数である．図1にドルーデモデルでの反射率の例を示す．光反射率から，自由電子密度 n や衝突の緩和時間 τ を推定することができる．

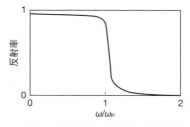

図1　ドルーデモデルでの金属の反射率の例

ドルトン，ジョン
Dalton, John
1766–1844

倍数比例の法則，原子説の提唱

イギリスの化学者，物理学者．

経歴 クエーカー教徒の織物職人の家に生まれる．初等教育しか受けていないが，1793年非国教徒の高等教育機関マンチェスター学院の数学と物理学の教師となり，1799年からマンチェスター文学・学術協会の建物で数学，物理学，化学の私塾を開きながら研究生活を続けた．化学反応における質量保存の法則や定比例の法則を発見し，それらを合理的に説明できる現在の理論の基礎となる原子説を提唱した．

原子説

①全ての元素は原子とよばれる粒子からできている．

②ある元素の原子は，別の元素の原子とは異なる．

③物質は異なる原子が一定の割合で結合してできる．

④化学反応は，原子の結合の組合せが変化するだけで，原子が消滅したり新しく生成されることはない．

これ以外に，「同じ元素の原子は大きさ，質量，性質が同じである」と提唱している（ただしこれは，同位体の存在が知られている現在の原子論においては正しくない）．

この原子説により，フランスの化学者A. L. ラヴォアジエ*の「ある量の物質がありそれらの物質の持つ質量について，化学反応において物質が次々と形を変えたとしても全ての物質の質量の総和は一定である」という「質量保存の法則」を説明できる．

一方，定比例の法則とは，化学反応に関与する物質の質量の割合は一定であるという法則である．これも化合物を構成するのは原子であり，成分原子の比は一定であるとする原子説から説明できる．

またドルトンは原子説と関係する，倍数比例の法則や分圧の法則も発見している．

倍数比例の法則 ある2個の異なる原子A, Bからできている化合物X, Yについて以下の法則が成立する．もし化合物X, Yに含まれる原子Aの質量が同じであるとすると，それぞれに含まれる原子Bの質量は簡単な整数比をなす．これが倍数比例の法則とよばれ，ドルトン自身が提唱した「原子説」の有力な証拠である．

簡単な例として一酸化炭素と二酸化炭素についてみてみよう．炭素を12g含む一酸化炭素と，同じ量の炭素12gを含む二酸化炭素では，含まれる酸素はそれぞれ16gと32gである．したがってそれぞれに含まれる酸素原子の質量比は，16:32=1:2という簡単な整数比になっている．

一酸化炭素は炭素原子1個と酸素原子1個が結合した分子COであり，二酸化炭素は炭素原子1個と酸素原子2個が結合した分子CO_2である．原子はそれ以上分割できない粒子であるから，それらに含まれる炭素原子と酸素原子は整数個同士で結合しており，その結果倍数比例の法則が成立する．

ドルトンの法則 —分圧の法則— 混合気体の全体の圧力は，各気体の圧力（分圧）の和に等しいという法則である．ここで分圧とは，その気体だけを同じ体積の容器にいれて同じ温度にした場合の圧力である．i番目の気体の量をn_iとすると，分圧p_iおよび全圧Pは

$$p_i = n_i \frac{RT}{V}, \quad P = \sum p_i$$

ここで，VおよびTは容器の体積と温度である．また気体の量n_iをモル数とするとRは気体定数である．従って

$$P = \sum p_i = \sum n_i \frac{RT}{V} = \left(\sum n_i\right) \frac{RT}{V}$$

となり，全圧は気体の種類によらずに，全体のモル数$n = \sum n_i$で決まる．

ナイチンゲール,フローレンス
Nightingale, Florence
1820–1910

統計学の基礎を築いた

ナイチンゲールは近代看護の創始者であり,クリミヤ戦争(1854–56)で活躍した「白衣の天使」として有名であるが,その同じ人がもしかして世界最初の統計学教授職の創設者になったかも知れないという話を知っている人は少ないと思う.

経 歴 ナイチンゲールは,幼時より利発で数学・芸術・社会情勢に関心を示し,冷静な観察力で内容を比較分析したりした.彼女は近代統計学の父とよばれるベルギーのL. A. J. ケトレーの論文「人間について・社会物理学論」(1835年)から統計学(現数理統計学)の基礎を学んだ.また現象を鋭く観察して問題点を明確に捉え,事実の統計的有意差を客観的に証明し,わかりやすくグラフで示す統計学者でもあった.

彼女は,独特の統計手法を用いて英国陸軍や病院の衛生改革をはじめ,公衆衛生活動に応用実践し,ひいてはインド,オーストラリアなど多くの植民地の衛生改革に及んだ.事実,統計学の発展に寄与し,英国統計学会会員,国際統計学会会員及び米国統計学会名誉会員にも選ばれている.

図1 フローレンス・ナイチンゲール(24歳頃)
(J. A. ドラン:*History of Society* (1916))

図2 イギリス民間男性と陸軍病院のイギリス兵士の全死因別死亡率の比較(15~45歳までの1000人当り年率死亡率) グラフ(2段1組.上段が民間男性,下段が兵士)は上から,「全死因」,「伝染性疾患」,「体質性疾患」,「局所性疾患」,「発育性疾患」,「傷害」を示す.全死因による死亡率では,兵士は民間男性の約23倍で,この大きな死亡率の原因は伝染病である.兵士の伝染病による死亡率は民間男性のそれの93.5倍で,その他は注目に値しない.クリミヤの兵士はほとんど軽減可能な伝染病のために死亡したといえる.

クリミヤ戦争と統計学 彼女は,クリミヤ野戦病院で,戦場より病院の衛生管理の怠慢が原因で死亡する兵士が多いことをつきとめ,徹底した衛生管理から兵士の死亡率を年率42.7%から3カ月で5.2%に下げた.彼女は,司令長官と軍医が本国の陸軍大臣へ送られた公式報告書の死亡率計算の誤りを指摘し,病院の正しい死亡率計算の方法に訂正した.比較基準は年率100分率とした.当時の大臣や軍医たちは,統計学の勉強をしていなかったのである.

彼女は,クリミヤから帰国後「英国陸軍の保健,能率及び病院管理に関する報告書」を陸軍大臣に具申し,クリミヤの兵士の異常な死亡率の原因を客観的に証明し,視覚に訴える図形を工夫し,カラーをつけ,事実を簡明かつ的確に認識できる新手法を用いた.ここに彼女は近代統計学の手法の基礎を築いたといえる(図2~5).イギリスではナイチンゲールを「統計学の先駆者」としている.

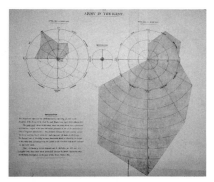

図3 陸軍病院におけるイギリス兵士の死亡率（1854年4月–翌3月／1855年4月–翌3月，1000人当り年率死亡率）

真中の小さい黒い円は，イギリスで最も不健康な町であるマンチェスターの，兵士と同年齢の男子の死亡率で1000人当り年率12.4である．伝染病だけを比較対称とした．中心から離れた第1, 2, 3の円は，1000人当り100ずつの死亡率で区切り，各月（円の左端より時計回りの目盛り）の死亡率は円の中心からの長さで表している．小さい円からはみ出した蝙蝠の羽根のような黒い部分は，マンチェスターの男子と兵士の死亡率の比較を示している．彼女はこのグラフを「蝙蝠の羽根図」と名づけた．

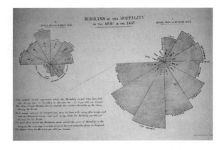

図4 陸軍病院におけるイギリス兵士の死亡率（1854年4月–翌3月／1855年4月–翌3月，1000人当り年率死亡率）

点線の円の中の面積は，イギリスで最も不健康な町であるマンチェスターの，兵士と同年齢の男子の死亡率で1000人当り年率12.4である．それぞれの扇形の面積は年率死亡率を示し，マンチェスターのそれと比較している．円外の部分は兵士の死亡率の超過部分を示している．彼女はこのグラフを「鶏のとさか図」と名づけた．

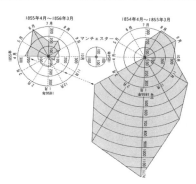

図5 図3を清書した図

彼女は，クリミヤ戦争で政府の大失態から，国の支配者たちが統計学を学ぶべきことを痛感し，オックスフォード大学に統計学教授職設置を提案し，自ら教授を志願したが，F. ゴールトンに反対された．そうでなければ彼女は統計学教授職の創設者になっていたといえる．

植民地の調査と衛生改革　1858年から植民地のインド英国陸軍の200駐屯地の統計調査をし，その周辺の国民全体の衛生改革をも加えて，年率6.9%の高死亡率を1.8%に減少させた．1874年以降は，インドの灌漑に力を入れ，国民の生活や健康，教育にも深い顧慮を払い，衛生改革の提言を怠らなかった．彼女はインドの救い主であった．1863年に発表された植民地衛生改革の提言は，病院や学校，老人と若者の統計調査による死亡率や疾病の原因が分析満載である．特にオーストラリアでは白人の進出以来，著しく原住民が衰退していることを憂い，可能な限り政府に提言し自らも改善措置を示し原住民の衰退を阻止した．

1860年には，ロンドンのセントトマス病院にナイチンゲール看護婦養成所（Nightingale Home）を創設して，近代的な看護教育を施した．以後，90歳まで，病院管理や衛生管理について，イギリス国内や外国政府の相談役になった．

長岡半太郎
Nagaoka, Hantaro
1865–1950

土星型原子模型の提唱

土星型の原子模型の提唱者．近代日本における物理学の父ともいえる．

経歴 現在の長崎県に，大村藩藩士長岡治三郎の一人息子として生まれる．父治三郎は明治維新後，新政府の役人となり，1877年に欧米視察もした人物である．この父の影響で半太郎は幼少より洋学に親しみ，東京英語学校(東京大学予備門)，大阪英語学校などを経て，1882年，東京大学理学部に進学した．1年間休学し，東洋人に独創的な科学の研究ができるか悩んだが，復学後は物理学科に進み，1887年に卒業した．その間，教授山川健次郎やイギリス人教師 C. G. ノットの指導を受ける．ノットに随行して全国の磁気測定を分担したことがきっかけとなり，大学院では磁歪の研究を行い，研究者としての地位を確立する．長岡が地球物理学の研究を終生続けることになった礎は，このころ築かれた．

1890年に東京大学理学部の助教授となり，1893年に理学博士の学位を取得．直後にドイツへ留学し，ベルリン，ミュンヘン，ウィーンの大学で3年間勉強した．特に，ミュンヘン大学において，L. E. ボルツマン*の影響を強く受けたという．1896年に帰国後，教授となり，1900年には，パリで開催された第1回国際物理会議に参加し，磁歪に関する招待講演を行った．同会議にはキュリー*夫妻，J. H. ポアンカレ*，E. ラザフォード*など第一線の研究者たちが参加しており，中でも M. キュリーの実験・講演に感銘を受け，原子の構造に関する研究に意欲を燃やすこととなった．

土星型原子模型 1904年，長岡は新しい原子模型を提唱し，イギリスの著名な物

図1 J. J. トムソンらのプラムプディング型原子模型

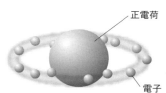

図2 長岡の土星型原子模型

理学者 W. トムソン (ケルヴィン卿*) や J. J. トムソン*が当時提唱していたモデルに異を唱えた．トムソンらのモデルは，図1のように +Ze の正電荷の球の中に Z 個の負電荷の電子が埋まっているスイカ型あるいはプラムプディング型とよばれるモデルであった．これに対し長岡は，正負の電荷が入り乱れて存在することはないと考え，図2のように，中心に正電荷が集まり，それを核として周りを土星の輪のように負電荷の電子が回っている模型を提唱した．彼はこの構造を，J. C. マクスウェル*の土星の輪に関する論文をヒントに組み立てたという．

7年後の1911年，ラザフォードによって原子核の存在が実験的に確認されたが，長岡がこの原子模型を提唱した当時は，国内でも評価するものは少なかった．電子がエネルギー補給なしに加速度運動 (円運動) し続けるのはおかしいという指摘もあった．国内での批判を受け，長岡はその後原子模型の研究をやめてしまうが，後にそれを後悔している．

原子の内部構造については，その後ボーアの原子模型や量子力学の確立を経て，現在の理解に至っている．電子の波動性・量子性を考えれば，電子は原子核を包むように広がっている雲のような存在と見なした方がよいが，原子の直感的理解を助けるモ

デルとして,「正電荷の周りを負の粒子が回っている」図は, 説明に用いられることも多い.

土星型原子模型を提唱した後, 長岡はこのモデルをもとに, 光の分散, スペクトルなど分光学の研究を進める. 一方, 津波の研究など地球物理学にも精力を注ぐと共に, 1909 年には, ソレノイドコイルのインダクタンスを求めるための長岡係数表を作成するなど, 物理学の広い分野において業績をあげた. 地球物理学の功績をたたえ, 月の裏側のクレーターには「ナガオカ」の名がつけられている.

日本の近代物理学の父　長岡の業績は, 学問上だけに留まらない. 1926 年に定年退官するまで務めた東京大学では, 本多光太郎*, 石原純*, 寺田寅彦*, 岡谷辰治, 仁科芳雄*など多くの物理学者を育てた. 1906 年, 閣議決定された東北帝国大学設立においては, 本多光太郎ら教授陣の人選に尽力し, 1931 年に設立された大阪帝国大学では自ら初代総長を務めると同時に, 初代理学部長に真島利行, 物理主任に八木秀次*, その他教授陣に岡谷辰治, 菊池正士*らを任命. 岡谷研究室に講師として所属していた湯川秀樹*の業績を高く評価し, ノーベル賞委員会への推薦も行った. 大阪大学の総長室には, 今でも「勿嘗糟粕」(そうはくをなむるなかれ) という独創的研究を鼓舞する長岡直筆の額がかかっている.

1937 年文化勲章第 1 号を受賞したほか, 日本学術振興会初代学術部長 (1933–39 年), 同会理事長 (1939–48 年), 帝国学士院院長 (1939–48 年), 貴族院勅撰議員 (1934–47 年) など要職を歴任し, 文字通り明治維新後急速な西欧化を目指した日本を背負ってたち, 日本の科学の発展に尽力した. 1950 年 12 月, 脳出血のため 85 歳で逝去. 直前まで読んでいた地球物理学の本が, 机の上に開かれたままであったという.

中村修二
Nakamura, Shuji
1954–
青色発光ダイオードの発明, 青色半導体レーザーの開発

日本の工学者. カリフォルニア大学サンタバーバラ校 (UCSB) 教授. 高輝度青色発光ダイオードや青紫色半導体レーザーの製造方法などの発明・開発者として知られる.

経歴　愛媛県に生まれ, 徳島大学大学院修士課程修了後の 1979 年, 徳島県の日亜化学工業に入社, GaP や GaAs 多結晶の開発, 製品化, GaAlAs の液相エピタキシャル成長などに取り組む. この頃, 結晶製作に必要な電気炉や反応管, エピタキシャルウェハー評価に必要な発光ダイオード (LED) まで自作した経験は後に生かされ, 発明につながっていく. 10 年近くが経過した頃, 中村は青色発光ダイオードの開発を当時の社長に直訴し, 億単位の開発費を得てその開発に取り組むことになる.

青色発光ダイオードの追求　当時既に赤色, 緑色の発光ダイオードは開発されており, 青色が量産化できれば光の三原色が揃い, その応用範囲が限りなく広がっていくことは明らかであった. 大手半導体メーカー各社も開発に取り組んでいたが, 青色の開発は遅れており, 20 世紀中の実用化は無理であろうと予想する向きもあった. 中村はその時点で青色発光素子研究の主流ではなかった窒化ガリウム (GaN) を材料に選ぶことで, これを乗り越えていくことになる. 結晶成長法として有機金属気相成長法 (MOCVD 法) を採用することとし, 手法の勉強のために 1988 年フロリダ大学に留学, 帰国後に MOCVD 装置の改造から始めた.

当時の中村には, 様々な逸話が残っている. 電話に出ない, 会議に出ない, 来客にも会わない, など全ての時間と精力を開発

に注いだ.

開発の成功　当時の青色発光素子の開発では，セレン化亜鉛 (ZnSe) に代表されるII–VI族半導体を材料とする研究が主流であった．一方 GaN は，1989 年に名古屋大学の赤﨑勇により初めて青色発光ダイオードが実現されていたが，この材料に取り組む研究者は多くなかった．中村は多くの研究者が開発にしのぎを削りながらも実用化に至っていない ZnSe より，競争相手の少ない GaN のほうに可能性が残されていると考え，GaN 膜の作製を目指した．結果の出ない日々が続いたが，この頃には論文を読むことも意図的にやめて，成膜と試験を繰り返し，純粋に実験結果だけを追求した．そして，ツーフロー MOCVD 法による成膜で高品質の GaN 膜を作製し，青色発光ダイオードの実用化に成功したのが 1993 年のことである．

GaN の材料特性　GaN が注目されなかった大きな理由の一つが，格子定数とのミスマッチであった．格子定数が大きく異なる層のうえに別の層を成長させると，歪みや断層ができるため，電気抵抗が大きくなりジュール熱が発生するなど，半導体発光素子作製に向かなかったのである．ZnSe は，すでに半導体レーザーで基板として確立していた GaAs とほぼ一致する格子定数を持つことから作製に適していると考えられていたのである (図 1)．一方で図 1 からわかるように窒化物系の材料は，もし実用化できればそのバンドギャップエネルギーは可視から紫外に相当する広い領域にわたるため，多彩な波長域での半導体発光素子を実現する可能性のある魅力的な材料でもあった．

青色レーザーの開発　GaN を材料に選んだ中村は，格子定数が 15 % ほど異なるサファイア (Al_2O_3) 基板の上に GaN を成長させるという難しい開発に挑む中，MOCVD 装置を改造してツーフロー MOCVD 法に行きつく．通常の MOCVD 装置では水平に置かれた基板に上方から材料ガスを供給するが，中村が選んだのは，横方向から窒素の原料となるアンモニア (NH_3) と有機金属ガリウムを流し，縦方向から不活性なガスを流して押さえつける，という方法であった．この方法で良質の GaN を製膜することに成功すると，さらに同手法を用いてインジウム (In) を添加（ドープ）した InGaN を作製し，1993 年の LED 発光に結び付けた．翌年には活性層をよりエネルギーギャップの大きい二つのクラッド層で挟むダブルヘテロ接合において，活性層に量子井戸を用いた LED を開発して，さらなる高輝度化に成功した (図 2 参照)．これにヒントを得て，多重量子井戸 (MQW) 構造を用いた青色レーザーの開発に着手し，波長約 400 nm のパルス発振に成功したのが 1995 年である．1996 年には青色レーザーの連続発振が

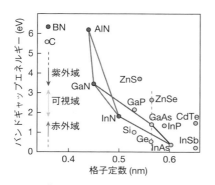

図 1　半導体レーザーにおける格子定数とバンドギャップエネルギーの関係

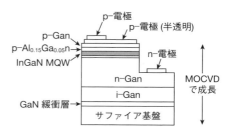

図 2　GaN 青色 LED の構造の例

実現され，1999年製品化されるに至る．

転身・渡米　当時，日本の地方企業から世界に先駆けて青色発光素子が次々と発表されたことは，驚きをもって受け止められたが，自分が最前線に立たなくても開発がグループで進むようになった状況に物足りなさを感じた中村は，1999年に日亜化学を退社し，2000年にカリフォルニア大学サンタバーバラ校の教授に転身した．その後，職務発明の対価をめぐって元勤務先と裁判（ツーフローMOCVD法に関するいわゆる「404特許」裁判）で争うなど，世間の耳目を集めたが，2005年に裁判所の勧告に従い和解という決着になった．中村は「研究の世界に戻る」との言葉を残し，その後も研究を非極性面のデバイスに展開するなど，精力的に研究を進めている．

なお，中村の元勤務先であった日亜化学は，青色発光素子の量産化にツーフロー法を使用していないとして，和解の翌年に特許の権利を放棄した．その一方で，歴史を振り返れば，結果的にこれが青色発光ダイオード，青色半導体レーザー実現への最大のブレイクスルーとなり，多くの研究者を再び窒化物素子の開発に向かわせる契機になったことに違いはない．1人の人間の強い信念が世の中を動かすようなことが科学技術の世界にも起こる，ということを私たちは学ぶのであろう．

2014年，中村は赤﨑勇，天野浩（名古屋大学）とともに青色発光ダイオード開発の貢績により，ノーベル物理学賞を受賞した．赤﨑は1970年代からGaN結晶の成長に取り組み，1980年代後半には天野らとともに窒化物半導体の作成，p-n接合青色発光ダイオードの実現に成功している．その後の高輝度青色発光ダイオードの成功は，赤﨑らの先駆的貢献に多くを負うことが，あらためて認識された．

中谷宇吉郎
Nakaya, Ukichiro
1900–1962

雪は天からの手紙

経　歴　石川県に生まれ，1922年東京帝国大学理学部に入学．卒業後，理化学研究所の寺田研究室の助手となる．雪や氷の諸現象を地道に注目し続ける独自の姿勢は寺田寅彦*の影響による．

「雪は天からの手紙」　イギリス留学を経て，北海道大学の助教授となり，1932年，教授に昇任．「風土にあった研究を」と考え，雪の結晶構造の解明に取り組んだ．手始めに $-10°C$ 以下に冷え込む十勝岳で天然雪を観測．雪の結晶の写真を3000枚も撮り，それをもとに結晶型を分類した．中谷の著作に「… 雪の結晶形及び模様が如何なる条件で出来たかということがわかれば〔中略〕上層から地表までの大気の構造を知ることが出来るはずである．そのためには雪の結晶を人工的に作ってみて，天然に見られる雪の全種類を作ることが出来れば，その実験室内の測定値から，今度は逆にその形の雪が降った時の上層の気象の状態を類推することが出来るはずである．このように見れば雪の結晶は，天から送られた手紙であるということが出来る．そしてその中の文句は結晶の形及び模様という暗号で書かれている …」（『雪』岩波書店，1994より）という一文があり，これが名言「雪は天からの手紙」として後世に残る．

人工雪の結晶化と中谷ダイアグラム　結晶形の分類の後，1935年北大に $-50°C$ まで下げることができる常時低温研究室を完成させ，翌年，人工雪の結晶を成長させることに成功する．この際，結晶が自然の状態に近い成長を遂げるのに適した核の選定に苦労し，装置内にウサギの毛を吊るすことで成功している．湿度と温度を変えて

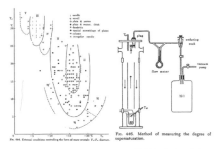

図1 "Snow Cristals"に掲載されたダイアグラム Tw-Ta と過飽和温度の測定方法を示す人工雪製作装置図

すべての結晶を再現した実験結果をもとに，それぞれの結晶型がどの条件で生じるかをまとめた「中谷ダイアグラム」が完成した．

雪氷研究の開拓　1941年日本学士院賞を受賞．その後，時代は第二次大戦となり，鉄道線路の凍上や航空機の着氷防止，消霧の研究を行う．戦後は農業物理の一翼を担い，さらにアメリカに招聘され雪氷永久凍土研究所の主任研究員として，天然氷単結晶の物性を研究した．氷内部の結晶底面を主として起こる内部融解に関して，ティンダル像や融解核を研究．ティンダル像が再凍結すると内部歪みが極大に蓄積されることを見出した．1954年ハーバードから研究の集大成である *Snow Crystals, natural and artificial* (雪の結晶，自然と人工)を発刊．雪の研究も再開し，ハワイ島マウナ・ロア山頂で降雪の観測を行った．さらに，アラスカやグリーンランドなどで氷河の氷の粘弾性を測定するなど物性研究を深めていったが，惜しくも未完に終わった．

研究以外にも，数々の味わい深い随筆や墨絵を残し，遺品がグリーンランドの氷冠に埋められている．また，中谷らが起こした中谷研究室プロダクションは岩波映画製作所の前身にあたり，今日まで貴重な科学映画を多く残している．

石川県に「中谷宇吉郎 雪の科学館」がある．

南部陽一郎
Nambu, Yoichiro
1921–2015

自発的対称性の破れ

日本生まれのアメリカ人理論物理学者．

経歴　2歳のとき関東大震災に遭遇．父の実家のある福井県福井市に転居．父は高校の英語教師．一高から東京帝国大学理学部に進学．2年生のとき太平洋戦争が勃発．課程を短縮されて卒業し，1943年に陸軍に入隊．1945年終戦と同時に東京大学に戻る．食糧不足で，大学の研究室に寝泊まりし，理研の朝永振一郎*の超多時間理論から研究をスタートさせた．当時，素粒子論は東大にはなく，「京大関係の独占物だった」と南部はいう．大学の壁を越えたネットワークがよりどころだった．仁科芳雄*のいる理研が若手研究者を支えていた．

オンサーガーの別解　その傍ら，物性論の問題に取り組んでいる．東大は物性論に強かった．自発磁化という興味深い現象をモデル化したイジング模型は1次元をL.オンサーガー*が解いてみせた．南部の「私の最初のうまくいった論文(1947)」は，これを「回転対称性をフルに使って」別解法を示したのである．この時すでに南部は，「対称性」の重要性を理解していた．「別解だから論文にするようなものではない」と思ったこの論文を発表したのは，伏見康治の勧めだそうだ．物性論を合わせた知見は，のちのち「自発的対称性の破れ」につながる．

黄金の大阪市立大学時代　1950年，南部の言葉によれば「定職にあぶれた」数人が，朝永振一郎の推薦で，新設の大阪市立大学に理論物理学研究室を立ち上げた．「私は今でも大阪市大の3年間を振り返ると感傷に絶えない，物理学の黄金時代だった」と南部は述懐する〔⇒西島和彦〕．この時代，order of magnitude thinking を身につけたとい

う．早川幸男はこの筋の第一人者だ．

プリンストン～シカゴ時代　1952年に，朝永の推薦を受けて，木下東一郎と共にプリンストン高等研究所（オッペンハイマー所長）へ．そこでは，錚々たる物理学者が競いあっていたが，南部は，「多体問題」や原子核構造に興味を持っていた．任期後，日本に帰らなかったのは，一流の仕事への強い希求の表れだろう．

1954年，南部はJ.ゴールドバーガーの推薦でシカゴ大学の核物理研究所に着任，大阪市立大学時代に続く黄金時代だった．フェルミの呼びかけで毎週開かれるセミナーでは，素粒子・原子核・宇宙線・天体物理など，幅広い議論が自由に飛び交い刺激的だった．ここで，BCS理論の誕生を目の当たりにし，自発的対称性の破れ，素粒子模型・弦理論などを始めた．同時に，Chew, Goldberger, Low, Nambu (CGLN) のS行列理論の仕事もした．

当時の素粒子論　南部の言葉を借りれば，1950～60年代は，reductionistsとgeneralistsという二つの流派に分かれていた．前者は，原理から攻めるのではなく，外からの情報から迫るという「S行列」アプローチであり，場の理論の発散の困難と現象の多様性に直面した研究者たちが多数この立場をとった．自然の構造は対称性で理解しようと思ったとたん，周りは対称性が破れている現象で溢れている．この複雑な現象を原理から考えるのは難しい．そういう一種のあきらめもあった．後者は，基本素粒子とその相互作用について統一像を見出そうとするアプローチである．

対称性はこのどちらからも，重要な概念となりその後の場の理論の定式化や統一理論に大きな影響を与える．しかし，当時は，対称性はどうして破れるのか，それが深刻な謎だった．

南部の特徴　南部はこの二つのアプローチを駆使し，対称性の原理を貫きながら，現象の豊かさを説明するという手法をとった．南部は，湯川秀樹・坂田昌一＊・武谷三男の「数式の背後に実体を考える」という日本の伝統に支えられつつ，それだけでは乗り越えられない限界を，数学を駆使して突破した．南部は世界の素粒子論研究者から，「南部はいつも10年先を見ている」と驚嘆と尊敬の念を持って語られた．南部には①自発的対称性の破れ，②ハン–南部模型，③超弦理論の先駆的業績などいくつかのノーベル賞級の仕事がある．2008年のノーベル賞は，遅きに失したともいえる．

ゲージ対称性とゲージ粒子　19世紀半ばに，J. C. マクスウェル＊が電気と磁気を統一し，電磁気学を完成させた．この理論では，ゲージ対称性をもとにした透徹した論理が貫かれているが，電磁気だけでなく，この世界のすべての相互作用の起源は，ゲージ原理から導かれる．電磁気の基本方程式はマクスウェルが与えたが，実はこの四つは究極には電磁場ポテンシャル $(A_1, A_2, A_3, \phi) = (\boldsymbol{A}, \phi)$（4次元ベクトル）で表すとすっきりまとまる．ここで $\boldsymbol{A}$ は3次元ベクトルである．このポテンシャルを微分すると電場や磁場が得られる．これは，天気図で気圧の分布がわかっていると，風の速度が出てくるのを思いうかべるとよい．この電磁ポテンシャルに対し，ある関数 $\chi(x,t)$ を導入して

$$\begin{cases} \boldsymbol{A} \to \boldsymbol{A}' = \boldsymbol{A} + \boldsymbol{\nabla}\chi(x,t) \\ \phi \to \phi' = \phi - \dfrac{\partial}{\partial t}\chi(x,t) \end{cases}$$

と変換しても，物理現象として観測される電場磁場は不変である．χ は時空の各点で異なった値なので局所的な変換を $(\boldsymbol{A}, \phi)$ にほどこすことになる．$(\boldsymbol{A}, \phi)$ をゲージ場，この変換をゲージ変換という．そして時空を埋めつくすゲージ場が電磁力の起源だとするゲージ原理の考え方につながる〔⇒ファラデー〕．このゲージ場が満たす微分方程式は質量0の場であることを示している．つまり，ゲージ場（量子論ではゲージ粒子）の

質量は0であることがわかる．重力も，後に発見された強い相互作用や弱い相互作用もゲージ原理が成り立っているはずだ．誰もが，強・弱相互作用もゲージ原理から導くことを夢見ていた．

南部にとって，BCSとの出会いが最も画期的だ．シカゴで，J. バーディーン*の院生だったJ. R. シュリーファーがセミナーをした．そのとき電磁相互作用から出発しているのに彼らの計算では，その電荷が保存していない．ゲージ対称性が破れている．こんなBoldな近似はおかしいと思い，それを徹底的に追究した．そして到達したのが，「自発的対称性の破れ」だ．基底状態が複数あれば，ゲージ対称性はあるが見かけは破れたように見える．その代わり質量0の粒子が現れ複数の基底状態の間を飛び交う．そしてゲージ粒子が質量を持つのだ．

自発的対称性の破れとカイラル対称性 南部は，BCS理論を他の現象に応用しようと試みる．結晶格子・常磁性体．そして，素粒子論への応用は，π中間子をカイラル対称性の破れの結果現れたNG粒子と捉え，$\pi \to \mu\nu$崩壊過程に応用した．BCS理論の相対論的拡張だ．その後，ポスドクのG. ヨナ・ラシニオと，フェルミオンの動力学を始めた．これがノーベル賞授賞対象となったNJL模型である (1961年)．

ハン–南部モデル 1960年代，坂田模型〔⇒坂田昌一〕からクォークへ至る道は，基本粒子の検討と模型作りが焦点となる．南部はパラフェルミ統計を付与するモデル (O. W. グリーンバーグ，1964年) をM. Y. ハンと提案した (1965年)．これは，後の量子色力学につながる画期的アイディアだった．

弦理論への幕開け S行列の双対性からの延長として弦理論〔⇒シュワルツ，マルダセナ〕への道を開く基本的な枠組みは，「南部action」として知られる．南部は弦理論の創始者の一人でもある (1970年)．

西澤潤一
Nishizawa, Jun-ichi
1926–

ミスター半導体

経歴 日本の工学者．pinダイオード，発光ダイオード，静電誘導型トランジスタおよびサイリスタの開発，イオン注入法，フォトエピタキシーなどの製造技術開発，光なだれダイオード (APD)，半導体レーザー，光ファイバー，テラヘルツ波利用の発案を行った．東北大学総長，岩手県立大学学長，首都大学東京学長を歴任．

半導体研究の道へ 戦後，「この九千万人が何とかひもじい思いをしないで暮らせないか」と考え，工業をやればよいと脳裡に浮かぶ．しかし，どうしても工業に不向きな社会状況であることを考えれば，新しい，他所にはない工業を興さなければならない．それで，嫌でしようがないと思っていた工学部に進む．その頃，アメリカで，ゲルマニウムを材料にして，トランジスタが開発されたと聞き，東北大学の渡辺寧の下で，半導体の研究を始めた．

ところが，ゲルマニウムが手に入らない．1949年，黄鉄鉱 (FeS_2)，方鉛鉱 (PbS)，シリコンも半導体であることを知り，溝口の地質研究所まで出かけていって黄鉄鉱を分けてもらい，実験を行った．金属針を黄鉄鉱に接触させて電圧をかけ，ダイオード特性を調べたのだが，理論上は，針にする金属の種類によって特性が変わるはずなのに，ほとんど変化がない．これを学会で発表すると，よほど実験が下手なんだなどと笑われて，めちゃめちゃにされ，いくら手を尽くしても，やはり結果は同じという発表をすると，頭までおかしいのではないかといわれる始末だった．このエピソードは，当時の日本の多くの半導体研究者が，下記の表面準位の理論を知らなかったことを示して

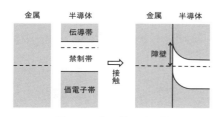

図1　エネルギーバンド
縦軸は電子のエネルギー，破線はフェルミ準位を表す．

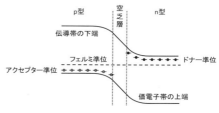

図2　半導体のpn接合

おり，この分野では日本は出遅れていたことがわかる．

半導体のエネルギー準位　半導体について考えるには，量子力学に基づいて計算される，エネルギーバンドを利用するのが便利である (図1)．金属と違い，半導体には価電子帯と伝導帯の間に禁制帯 (バンドギャップ) がある．W. ショットキー，N. F. モット*によると，金属と半導体を接触させると，エネルギーバンドは図1のように，フェルミ準位 (電子の存在確率が50％になるエネルギー準位) が一致するように変形し，接触面にエネルギー障壁がつくられる (ショットキーバリア)．この障壁があるために，電流は順方向には流れるが，逆方向には流れない (ダイオード特性)．障壁の高さは，金属と半導体の種類の組合せによって決まる．ところが，B. ダビドフは，この理論に合致しない実験結果を出していた．1947年，J. バーディーン*は，半導体表面には多数のエネルギー準位 (表面準位) が存在することを理論的に示した．金属中の電子がこれらを占有すると，界面にシールドが形成され，半導体からは接触している金属の詳細が見えなくなり，目隠しされた状態になる．

西澤の実験結果は正しかったのだ．表面準位があるために，多くの場合，障壁の高さはショットキーとモットの理論だけでは計算できない．西澤のエピソードは，既成の理論に翻弄されることなく，自分が本当に信じられると思った実験結果は，信じ抜く勇気が必要であることを物語っている．

pinダイオードの発明　W. ショックレー*は，p型とn型の半導体を接合する (pn接合) という着想を得て，1949年に論文を発表した．同様のアイデアを秘めていた西澤は，この論文を読んで，自分の考えが間違っていなかったことを確信し，ショックレーを超えることを考え始めた．そして発明されたのがpinダイオードだ．半導体には，不純物を添加して，母体結晶に対して電子 (ドナー) を与えたn型半導体と，正孔 (アクセプター：電子の受け皿) を与えたp型半導体があり，禁制帯の中に不純物準位が形成される (図2)．p型とn型の半導体を接合すると，エネルギーバンドは図2のような形になり，接合面に空乏層が形成される．この空乏層は，ショットキー障壁と同様の働きをして，ダイオード特性を生む．西澤は，p型とn型の間に，ほとんど不純物を含まない半導体高抵抗率層 (i層) を入れた．これにより，順バイアスでは，i層に電子と正孔が流れ込んで非常に低抵抗になり，pn接合よりも大きな電流を流すことが可能になり，逆バイアスでは，i層全体に空乏層が広がるので，高耐圧になる．

発光ダイオードの改良　スタンレー電気，新技術開発事業団のサポートを得て，発光ダイオードの研究は大成功であった．同事業団で特許料納入1位を7年ほど続けた．伝導帯にある電子が価電子帯に落ちると，その分のエネルギーは光に変換されて放出さ

れる．半導体には，直接遷移型と，間接遷移型がある．前者は，電子が価電子帯に落ちるときに，運動量が保存されるが，後者は保存されない．ガリウム・リン (GaP) は，間接遷移型の化合物半導体で，当時，GaP で発光ダイオードを作るには，電子の運動量保存の帳尻を合わせるために，別の元素 (窒素) を混ぜる必要があると考えられていた．しかし，西澤の発想は全く違っていた．当時の発光ダイオードは，材料が様々な方法で作られており，発光効率が悪く，暗かった．西澤は，これは結晶中に不純物や欠陥が多く含まれているためではないかと考え，結晶の完全性を向上させる製造法を開発した．その結果，発光効率は飛躍的に上がり，間接遷移型の半導体でも，明るく光らせることができるのを示した．ここでも，理論を鵜呑みにしていた人々の思い込みをひっくり返した．

西澤の業績は世界的に高く評価されている．権威ある米国電気電子学会 (IEEE) は，西澤の名を冠した Jun-ichi Nishizawa Medal を設け，電子デバイスとその材料科学の分野で顕著な貢献をした個人・団体を顕彰している．これは常設メダルであり，電子工学部門では最高レベルの栄誉とされている．

人　　物　西澤は，芸術的造詣も深い．絵画はモネや牧谿を好み，マルモッタン美術館では，池に映るすいれんの絵が上下逆さまに展示されていることを指摘して，ル・モンド紙の記事になった．音楽は，ベートーヴェンの交響曲，バッハのカンタータ，フランドル音楽を好んだ．自分が発明したトランジスターを組み立てたプレーヤーで音楽を聞くという贅沢を味わえるのは，古今東西，ショックレーと西澤だけである．学生時代は，ニーチェの『曙光』を読み，芥川龍之介の作品など子供だましであると豪語した．

西島和彦
Nishijima, Kazuhiko
1926–2009

中野–西島–ゲルマンルール

経　　歴　茨城県土浦市生まれ．理論物理学者．1948 年東京大学理学部物理学科卒業後，早川幸男に勧められ，50 年に先輩南部陽一郎*(教授) のいる大阪市立大学に助手として就任．1949 年に新制大学制度が発足，新しい研究室が生まれたのである．

新設の大阪市立大学物理教室は，大阪梅田の近く，正親町小学校の焼け残った建物に間借りしていた．早川幸男，山口義夫，それに宇宙線の小田実グループもいて，いわば，当時の最先端物理の中心地であり，宇宙線から見つかる新粒子の情報をいち早く捉え，多くの活発な議論が行われていた．南部は 20 歳代で理論物理の教授，西島はその下で助手だった．戦後の貧しい環境ではあったが，年長の教授に気をくばる必要もなく，完全に自由な立場で研究を始めた．

当時は量子力学のくりこみ理論が最も流行した時期，しかし，そこでは，新しい宇宙線の中に，新粒子が見つかってその正体を明らかにする議論が毎日のように沸騰した．流行にとらわれず興味を追って研究するという大阪市大は，新設の強みを象徴していたのであろう．南部・早川・山口・西島・中野グループは強力だった．このとき，基礎科学研究所が発行していたガリ版の『素粒子論研究 (素研)』は，加速器や宇宙線の重要な情報源だった．初期の素研を読むとその雰囲気が伝わる．場の理論の標準的なテキスト (*Fundamental Particles* や *Particles and Fields*) を出版した．1986 年には京都大学基礎物理学研究所所長に選出され，1990 年京都大学退官後，中央大学理工学部教授．

中野–西島–ゲルマン則　当時，新粒子は，「対発生」を起こすので宇宙線写真乾板にはVという形の軌跡として見つかった．V粒子の謎を解く議論を，南部・山口などとともに始める．そして，1953年中野董夫と共同で「西島–ゲルマンの法則」を提唱した．当時，陽子・中性子の仲間となる新しい種類の素粒子は，Λ, Σ粒子と呼ばれた．西島はこれらの粒子が「ストレンジネス(奇妙さ)」という新しい量子数を持っていると考えた．ストレンジネスS，粒子の電荷Q，アイソスピン第3成分I_3，バリオン数Bの間に

$$Q = e\left(I_3 + \frac{B}{2} + \frac{S}{2}\right) \quad (1)$$

という関係があることを示した(eは単位電荷)．同じ頃アメリカでもM.ゲルマン*が発見したので，中野–西島–ゲルマン則といわれている．そしてこのストレンジネスが素粒子の反応に際して，保存するとすると，宇宙線や加速器などの高いエネルギーから生成されるとき，ストレンジネスと反ストレンジネスという対で発生するので，Vの軌跡ができる．ちょうど光が電子(電荷–)と陽電子(電荷+)を対発生するのと似ている．西島はさらに，π中間子の仲間である新粒子K中間子の性質を言い当てた．

後に，チャームなどストレンジネス以外の香りが発見され，ハドロンがクォークから構成された現在では，(1)式は[ハドロンの電荷]=[クォークの電荷総和]という一般型に拡張され理解されている．「ストレンジネスは醜いあひるの子扱いでしたが，次はチャームという美しい名前がついたのです．」と西島は語っている．この功績で，2003年文化勲章を受章している．

素粒子の多様性と対称性　新しい量子数の導入は，当時，加速器で続々と発見される素粒子の統一的な分類に大きく貢献した．その推進役はゲルマンで，$SU(3)$という対称性をフルに使った．そして，さらに奥の階層の「クォーク」という基本粒子を導入した〔⇒ゲルマン〕．西島–ゲルマンの法則を打ち立て，パイ中間子を予言した日本では，新粒子の数が増えてきた段階で，より基本的な素粒子があるのではないかという考えを推進していた．特に，名古屋大学の坂田昌一*たちは，「ウルバリオン」と称していた．違いは，原子核がそうであったように，陽子や中性子の仲間(バリオン)は，陽子・中性子・ラムダというウルバリオンからできていると考えたのである．しかし，どうしてもスピンがうまく出てこない(当時，「スピンパラドックス」といわれた)．「対称性」を武器に推し進めたなら，当然，ゲルマンより早く結果に達したかもしれない．西島は，場の理論の方へ移る．

場の理論　1955年，西島は，ドイツのマックス・プランク物理学研究所のW.ハイゼンベルク*の下で研究する．ハイゼンベルクは，当時，非線形場の理論を構築していたが，西島の論文を高く評価したのだ．その後，1959年に大阪市立大に戻ったが，アメリカのプリンストン高等研究所で，複合粒子の散乱行列に関する研究をする傍ら，ハイゼンベルクと場の理論におけるパリティの破れなどの議論を続けていた．続いて，イリノイ大学アーバナ・シャンペーン校教授となり，長く海外で研究した．

場の理論における束縛状態の記述や分散理論を用いた場の理論の再構成，さらに繰り込み群を用いたゲージ理論の分析などにも優れた才能を発揮した．

エピソード　西島の先見の明を示すこんな逸話がある．小柴昌俊*が，1968年，東大物理教室で，国際共同実験を提案したとき，「そんな実験に大金を出しても，すでに正しいと分かり切ったことを確めるだけ」と猛反対された．このとき主任だった西島は，「全く予期しなかった結果が出る可能性がある」と賛成し，小柴のノーベル賞受賞へとつながった．

仁科芳雄
Nishina, Yoshio
1890–1951

クライン–仁科の公式

経歴・人物　仁科芳雄は，岡山県浅口郡里庄村 (現，里庄町) で，父・存正，母・津弥の四男として生まれた．兄弟は，姉4人，兄3人，弟1人である．祖父の存本 (ありもと) は池田藩代官であった．存本は，明治維新での藩札反故で困惑した村民に私財を投じて対応し，村民からの信頼が厚かった．仁科は，祖父・存本の影響を強く受けて育った．岡山中学校，第六高等学校と地元岡山で学んだ．テニス，ボートなどとスポーツ好きな少年であったが，肋膜炎を患って休学したこともあった．

1914年9月，東京帝国大学工科大学電気工学科に入学，1918年7月に首席で卒業した．卒業式翌日より，創立 (1917年) 間もない理化学研究所 (理研) の研究生になると同時に大学院工科に入学した．理研では，電気化学の鯨井恒太郎の研究室に所属した．長岡半太郎*の影響を受けて物理学の道を歩むことにした．1920年に理研・研究員補となり，留学 (2年間) の命を受け，1921年4月，神戸から郵船・北野丸でマルセイユへ出航した．

最初，長岡の紹介によりキャヴェンディッシュ研究所の E. ラザフォード*の下で研究した．主に，X線による電子の散乱分布の実験的研究，またガイガー計数管などの実験技術を習得した．1922年11月から1923年3月までゲッティンゲン大学に滞在し，D. ヒルベルト*の数学や M. ボルン*の力学，統計力学，量子論などの講義を聴講した．W. E. パウリ*がボルンの助手として着任していた時期である．ここでは，主にドイツ語を身につけることを目的とした．仁科は，N. H. D. ボーア*に滞在研究希望の依頼文 (3月25日付) を出した．ボーアから受諾の返事 (3月29日付) が届き，1923年4月10日からコペンハーゲン大学理論物理学研究所で研究生活に入った．

コペンハーゲン大学理論物理学研究所は，ボーアの構想と尽力により，1921年3月に開所された (現在のニールス・ボーア研究所). 名に「理論物理学」とあるが「基礎物理学」の意味である．実際，実験的研究でも多くの業績がある．G. ヘヴェシーの X線分光学の研究は著名である．ヘヴェシーは，研究所創設前からボーアのところに滞在していた．1922年12月に D. コスターと共同で，原子番号72の新元素ハフニウム (コペンハーゲンのラテン語ハフニアに因んで命名) を発見した．

仁科は，ジルコジウムの鉱石中のハフニウムの量を X線スペクトルの強度から見出す方法を考案した．その後も元素の化学結合状態による X線スペクトルの定量的変化など，主に実験的研究に携わった．理論的研究に重心を移したのは，留学最後の1年からである．ハンブルク大学に出向いて I. I. ラービとの X線吸収係数の理論 (1928年2月) と O. クライン (Klein, Oskar; 1894–1977) との電子による電磁放射の散乱断面積の導出 (1928年8月) である．

クライン–仁科の公式　クラインと共同で導出したコンプトン散乱の相対論的式は，クライン–仁科の公式として知られている．微分断面積は，次の式で表される．

$$\frac{d\sigma}{d\Omega} = \frac{1}{2}r_0^2 \frac{\nu^2}{\nu_0^2} \left(\frac{\nu_0}{\nu} + \frac{\nu}{\nu_0} - \sin^2\theta \right)$$

ここで r_0 は古典電子半径，ν_0 は散乱前の X線の振動数，ν は散乱後の振動数，θ は実験室系での散乱角である．この式で，散乱された X線の振動数が散乱角に応じてどのように変化するかがわかる．

O. クラインは，ストックホルム近郊に生まれ，父の影響のもと学問への情熱と優しさを育んだ．長年，ボーアのところで研究

を続け，1930年にストックホルム大学教授となり，定年まで教育・研究に従事した．クライン–ゴルドン方程式，クラインのパラドックス，クライン変換，クライン–ヨルダン第2量子化，カルツァ–クライン理論など彼の名を冠した物理用語は多い．クラインの共同研究者のW. ゴルドンが仁科にディラック理論に基づいてコンプトン散乱の計算を進めたと述べているが，仁科にとってはラザフォードのところで学んでいたときからのテーマであった．ディラック理論が確立していなかったこともあって，式の導出は，クラインにとっても，仁科にとっても，苦労が多かった．ボーアは，この式と実験との驚異的な一致のことを仁科宛の手紙に書いている．

仁科は，この式導出4カ月後，1928年12月21日に帰国した．7年半の滞欧生活において，仁科は知り合ったすべての人に極めて評判がよかった．謙虚であり，寛容であり，責任感が強く，心から人と接する仁科の態度が理解されたのだろう．

日本の物理学研究への寄与　帰国後は，理研の長岡研究室に所属した．1929年9月にW. ハイゼンベルク*とP. ディラック*を理研が招聘した際の通訳と解説を担い，1931年3月にはヘヴェシー来日講演の要旨を公開した．1931年5月に京都帝国大学理科大学で集中講義（ハイゼンベルク『量子論の物理的基礎』に即した内容）を行い，当時無給副手であった朝永振一郎*，小川（湯川*）秀樹，坂田昌一*など若手研究者を大いに刺激した．朝永は，「仁科先生は世界的学者ということから連想される剃刀の刃のような印象からは全く遠い，温かい顔つきと，全く四角ばらない話し方をされる方であった」，湯川は「私を非常に鼓舞した」と書いている．

理研の仁科研究室は，1931年7月に創設された．量子論，原子核，X線分光学による原子・分子などを研究テーマとした理論と実験の研究室である．当時，このようなテーマを掲げた研究室はなかった．ボーアのところで得た仁科の叡智である．1931年は，物理学の対象が原子から原子核へと急速に方向を変えてきた時期である．1932年の中性子発見後，仁科もX線分光から宇宙線へとテーマを変えた．この時期に仁科研究室が誕生したことは，日本の物理学の発展にとって意味があった．

仁科は，上下の別なく自由に討論し，納得するまで議論しあう雰囲気のある研究室運営に心がけ，定期的な輪講会の開催，また全国の研究者と協力関係を持って研究を進めた．嵯峨根遼吉（長岡の五男）が実験的研究，朝永が理論的研究の中心となり，日本の物理学を牽引した．念願であったボーア招聘も1937年4月に実現した．霧箱の改良を積み重ね，陽電子のエネルギー分布の測定，また宇宙線粒子の質量測定を可能にして電子質量の200倍程度の宇宙線粒子を発見した（1937年10月）．

サイクロトロン完成　E. ローレンス*の応援もあって，小サイクロトロン完成（1937年4月）と大サイクロトロン本体完成（1939年2月）を成した．小サイクロトロンは核分裂生成物確認など機能したが，1940年になるとローレンスとのやり取りが難しくなり，大サイクロトロンのビームが出たのは1944年1月であった．陸軍航空技術研究所が，1941年，理研に原爆研究を委託し，仁科のところで二号研究（ニシナのニ）が開始され，1945年の空襲で研究室の大半が焼失するまで続いた．大サイクロトロンは，GHQにより撤去・破壊・東京湾に投棄された．理研所長に就任するが，GHQにより理研は解体，その後，株式会社科学研究所を設立して社長に就任した．

多くの若手物理学者を精神面も含め育て上げ，「親方」とよばれて頼りにされ，日本の物理学の土台を作ったが60歳の誕生日前に入院し，肝臓癌のため亡くなった．

ニュートン，アイザック
Newton, Isaac
1642–1727

万有引力を発見した近代科学の祖

イギリスの物理学者，数学者．ニュートンの生年に没したG.ガリレイ*が創始した，物理法則を実験事実に基づき数学的に理解する方法を継承発展させ，運動方程式と万有引力の法則を発見した．これらをまとめた『自然哲学の数学的原理』(1687年，通称『プリンキピア』)は，人類が生み出した代表的知的遺産である．

若きニュートン ニュートンは，模型作りや読書に熱中する，もの静かな目立たない子供だった．彼の才能を見出した叔父の薦めでケンブリッジ大学のトリニティー・カレッジに入学した．卒業の年1665年，ペストが大流行し大学も閉鎖されたため，生まれ故郷ウールスソープ村に2年程疎開した．その間に流率法，光のスペクトル，重力の法則について着想を得た．流率法の成果としての新しい求積法を知った師の数学教授 I. バロウは，彼の天才を認め，自ら職を退き若きニュートンを後継者に推薦した．

a. 運動の法則

ニュートンの運動法則は，現代の標準的理解で整理すると次のように要約できる．

①慣性の法則：物体に力が作用しない限り物体は運動状態を変えない．

②運動方程式：物体の質量と加速度の積は物体に作用する力に等しい．式では
$$m\frac{d^2 x}{dt^2} = F \quad (1)$$

③作用・反作用の法則：物体1に別の物体2から力が作用しているとき，物体2には物体1から全く同じ強さで逆向きの力が作用する．

①は最初ガリレイによって発見され，R. デカルト*，C. ホイヘンス*らによって考察された事実を一般化し整理し定式化した．運動を観測する座標系が問題で，①が成り立つような座標系，すなわち，慣性系が存在すると言い換えられる．地表は，十分狭い領域や時間間隔に制限するなら，よい近似で慣性系と見なせる．慣性系の運動法則がわかれば，任意の座標系での運動法則が座標変換によって求まる．

②，③はプリンキピアで初めて明確化された．③は，複数の物体同士で力を及ぼしあっているとき，物体の運動量 $p = m\frac{dx}{dt}$ の和が保存すると言い換えられる．②はガリレイが認識した加速度の重要性を普遍的な定量的法則として発展させた．落体の法則は地表での重力が $F = mg$ であるのに対応し，摩擦抵抗など他の力が無視できるとき，一定の重力加速度 $\frac{d^2 x}{dt^2} = g$ の運動を表す ($|g| \simeq 9.8 \text{ m s}^{-2}$)．ここで(1)式の左辺で物体の慣性を決める質量(慣性質量)と，右辺の重力(mg)が作用する強さを決める比例定数としての質量(重力質量)が等しいことが重要だ．この等価性は，19世紀にL.エトヴェシュ*によって精密に検証され，A.アインシュタイン*の一般相対性理論の出発点(等価原理)になる．慣性系に対して加速度を持つ座標系では，慣性力とよばれる質量に比例する力が現れる．ニュートンは，水を盛ったバケツを中心軸回りに長時間回転させると，慣性力の一種である遠心力により水面の外側が盛り上がった形になる実験を例にとり，非慣性系と慣性系の間の絶対的な区別を強調した．これについて，19世紀終盤E.マッハ*は批判的な考察を深め，非慣性系と慣性系の区別は宇宙全体では恒星系との相対的関係として定義すべき(マッハの原理)と主張した．

②により質量が求まれば，任意の力の下での物体の運動がある時刻における位置と速度の情報(初期条件)から任意の時刻で運動を決められる．質量を定めるには運動を観察する必要があるため堂々巡りと思われ

がちだが，少数の基本的力から無限に異なる運動を予言できる．運動法則の定式化が出発点になり，18～19世紀の解析力学の発展，様々な応用・精密化を経て，近代科学の基礎としての古典物理学の体系が形成された．なお，運動法則には時間と空間の意味を明確にすることが必要だが，ニュートンはその基礎づけとして絶対時間，絶対空間の考えを『プリンキピア』で前提として強調した．時間は観測者によらずどこでも共通・一様に流れ，空間も物質の存在によらずに一様かつ等方的に無限に広がり慣性系が定義できるとした．これは，20世紀に入って相対性理論によって乗り越えられる．

b. 万有引力の法則

任意の2個の物体にはその質量の積に比例し，距離の2乗に反比例する引力が働く．2個の物体を番号1,2で区別して現代的に表すと次式となる(図1)．

$$\bm{F}_{1\leftarrow 2} = -\bm{F}_{2\leftarrow 1} = -G\frac{m_1 m_2 \bm{r}_{12}}{|\bm{r}_{12}|^3} \quad (2)$$

ただし $\bm{r}_{12} = \bm{x}_1 - \bm{x}_2$ は2から1への相対位置ベクトル，矢印 $1 \leftarrow 2$ は2から1への作用であることを示す．定数 $G = 6.6742 \times 10^{-11}$ m^3 kg^{-1} s^{-2} をニュートンの重力定数という．(2)式の最初の等式は作用・反作用の法則に他ならない．

(2)式は，物体を点(質点)として扱った式だが，任意の形・大きさの物体間の力を合成により求められる．

図1　万有引力の法則

例えば，物体 $2(m_2 = M)$ を地球とすると地表 ($\bm{x}_2 = \bm{R}$, 原点は地球の中心 $\bm{x}_1 = 0$) の物体 ($m_1 = m$) に働く力は $\bm{F}_{1\to 2} = -GmM\frac{\bm{R}}{|\bm{R}|^3}$ で $\bm{g} = GM\frac{\bm{R}}{|\bm{R}|^3}$ となる．

ニュートンは万有引力の法則と運動方程式に基づき，惑星の運動に関するケプラーの3法則〔⇒ケプラー〕を説明した．第2法則(面積速度一定)は力が物体間を結ぶ相対位置ベクトルに比例し，大きさは距離だけで決まる(中心力)ことによる．第1法則(軌道が楕円)と第3法則(公転周期の2乗が太陽からの近日点距離の3乗に比例)は，中心力に加えて力の強さが距離の2乗に反比例することによる．重力の逆2乗則は，ケプラーの第3法則の解釈として同時代の数人が定性的に認識していたが，運動法則に基づいた厳密な軌道の導出，地上と天体の運動の統一的理解は，彼の卓越した知力がなしえた偉業である．これを教わった天文学者E.ハレーは，成果を発表するように薦めた．『プリンキピア』は，それがきっかけになり1年半ほどの超人的な集中によって生み出された．

c. 光学と色の理論

ニュートンがケンブリッジ大学に就任して講義の最初に選んだのは光，特に色の理論であった．疎開中に暗い部屋で細穴から入る光線をプリズムを通して壁に投影するなど様々な実験を行い，光のスペクトル分解の分析によって色成分の固有性を確信した．当時，光線は真空に充満するエーテルの振動形態で本来一様だが，物質の影響により振動が変形を受けて色が生じるという説が有力であったが，彼は原子論の立場から太陽光線の白色光は異なる固有の振動をする光粒子の成分の混合によって生じると考えた．粒子説は光の干渉の説明がうまくできないためその後衰え，C. ホイヘンス*らが展開した光の波動説が勢いを得た．しかし，色の混合説は，色の違いに対応し異なる振動数(波長の逆数)の波の混合という形で継承された．20世紀にはアインシュタインが M. K. E. L. プランク* の放射公式を粒子説(光量子論)によって解釈した後，量子力学により波と粒子が融合された P. ディラック* の放射場の量子論につながる．

光の理論を集大成したニュートンのもう一つの大著『光学』(1704年)は，ラテン語で書かれたプリンキピアと違い最初から

英語で出版され，広範な読者層を獲得した．そこでは，ニュートンリングの現象 (微小に曲がったガラスと平らなガラスが接した点の周りで観察される縞模様) について詳しく論じている他，30 年以上も前に自作し彼の名を王立協会に知らしめた反射望遠鏡についても触れている．

d. 流率法 (微積分)

流率法の動機は運動法則②と関係する．加速度，すなわち速度の変化率はガリレイがユークリッド幾何学で記述した．だが，惑星や地表の落体の運動を精密に表現するには連続的変化を扱わなければならない．用語「流率」(fluxion) がそれを表す．ただし，プリンキピアは基本的には幾何学の手法によって貫かれている．なぜ流率法で展開しなかったかについては諸説がある．

例えば，x 軸上を質点が運動するとき，時刻 t のときの位置 x と，時間間隔 Δt を経た時刻 $t + \Delta t$ の位置 $x + \Delta x$ が与えられると，位置の変化率は双方の変化量の比 $\frac{\Delta x}{\Delta t}$ である．彼の着想は，Δt を 0 に近づけると Δx も 0 に近づき，その極限により時刻 t での位置変化率として速度 v が定義できることだ．この考えは連続的に変化する任意の量に適用できる．同じやり方を位置の代わりに速度で施せば，加速度が時間の関数として定義できる．また，x^2 の変化率なら $\frac{(x+\Delta x)^2 - x^2}{\Delta t} \to \frac{2x\Delta x}{\Delta t} \to 2xv$ などのようにして，一般的な関数に対して「流率」を定義できる．彼は関数 f の流率を記号 $\dot{f}$ で表した．現代の用語・記号では，導関数 $\frac{df}{dt}$ が流率，導関数を求める微分操作は

$$\frac{df}{dt} = \lim_{\Delta t \to 0} \frac{f(t + \Delta t) - f(t)}{\Delta t} \quad (3)$$

と表される．幾何学的には，関数をグラフで曲線として表したとき，接線の傾きを求める操作に対応する (図 2)．関数への微分操作は何度でも可能で，n 回微分して得られる n 階導関数を $\frac{d^n f}{dt^n}$ と表す．

さらに彼は導関数からもとの関数を求める積分法を確立した (両者の関係を微分積分の基本定理と言う)．例えば，1 階微分の積分は現代の記号では次式だ．

$$\int_a^b \frac{df}{dt} dt = f(a) - f(b) \quad (4)$$

これを定積分，また，積分の上限や下限を指定しないで，導関数 $\frac{df}{dt}$ からもとの関数を求める操作を不定積分といい，$\int \frac{df}{dt} dt = f$ と表す．

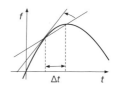

図 2　関数グラフと接線

運動方程式 (1) を解くことは，左辺が位置だけで決まるなら，位置ベクトルの関数としての 2 階導関数から位置ベクトルを求める積分に他ならない．

微分積分法は，同時代のドイツの哲学者・数学者 G. W. ライプニッツ*によっても独立に発見された．記号 $\frac{df}{dt}$ はライプニッツが使用したものだ．ニュートンは 20 代から万有引力や光の理論に関して R. フック*との論争にさらされた影響か，自分の発見を公表するのを嫌った．そのため，微分積分法についても先取権・剽窃論争が巻き起こった．現在では，ニュートンがライプニッツより 10 年ほど早いが，独立な仕事であったというのが定説となっている．

晩　年　ニュートンは当時の化学としての錬金術にも熱心に取り組んだ．また神学にも深く沈潜した．科学界の代表として政治にも関わり，1696 年に造幣局長官の職についた．1703 年には王立協会会長に選出された．晩年に残した言葉「世の中の人にどう見られているかわからないが，私は自分を未知なる真理の大海も知らず，海岸ですべすべした小石やきれいな貝殻を集め興じている子供のようなものだと思う」は，時代に先駆けた科学者としての精神を表すものであろう．

ネーター，アマーリエ・エミー
Noether, Amalie Emmy
1882–1935

ネーターの定理

図1　エミー・ネーター

人　物　ドイツの数学者．父のマックス，弟のフリッツも数学者．D. ヒルベルト*，H. ミンコフスキー*，F. クラインに学ぶ．当時は女性研究者に対する著しい差別があり，ヒルベルトは，ネーターに教授資格が与えられるよう，「学問の場は浴場ではない」と言ってゲッティンゲン大学当局と激しく争った．

ネーターの定理　「物理法則におけるすべての連続的対称性に対して，対応する保存則が存在する」という定理．A. アインシュタイン*はこれを，透徹した数学的思考，と絶賛した．

我々は，定規で物体の長さを測定するとき，無意識に0の目盛を物体の一端に合わせるが，例えば17の目盛に合わせても長さの測定は可能である．時刻については，0時を基準にしているが，それは人間が勝手に決めたことで，8時を0時に設定し直しても，自然現象には影響なく，物理法則は不変である．これらはそれぞれ，空間と時間の並進対称性である．分度器で角度を測定する場合は，回転対称性がある．

ラグランジアン L が座標や時間の変換に対して不変であるとき，ラグランジアンに対称性があるといい，古典力学では，ネーターの定理は，$L(q, \dot{q}, t)$ に対して（q は一般化座標，$\dot{q} \equiv dq/dt$，t は時間），

$$\frac{d}{dt} j = \frac{d}{dt}\left[\left(\frac{\partial L}{\partial \dot{q}}\dot{q} - L\right)\delta t - \frac{\partial L}{\partial \dot{q}}\delta q\right] = 0 \quad (1)$$

と表され，保存量 j をネーターカレントという．ネーターの定理を変分原理によって導出する場合は，作用積分の対称変換のもとでの不変性が利用できる．例として，ばね定数 k のばねで繋がれた質量 m_1, m_2 の2個の球を考えよう．この系のラグランジアンは，

$$L = \sum_{i=1}^{2} \frac{1}{2} m_i \dot{x}_i^2 - \frac{1}{2} k(x_1 - x_2)^2 \quad (2)$$

である．空間変位のみの場合（$\delta t = 0$）は，(1)式に代入して，ネーターカレントは，

$$j = \sum_{i=1}^{2} m_i \dot{x}_i \cdot \delta q \quad (3)$$

となり，δq は時間によらないので，運動量保存則が導かれる．同様に，時間変位のみの場合（$\delta q = 0$）は，

$$j = \left(\sum_{i=1}^{2} \frac{1}{2} m_i \dot{x}_i^2 + \frac{1}{2} k(x_1 - x_2)^2\right)\delta t \quad (4)$$

であり，エネルギー保存則が導かれる．

場の理論では，場 ϕ，座標 x^μ についてのラグランジアン密度 $\mathcal{L}(\phi, \partial_\mu \phi, x^\mu)$ に対して（アインシュタインの縮約記法を用いる），ネーターカレントは，

$$j_\mu = \left(\frac{\partial \mathcal{L}}{\partial(\partial^\mu \phi)}\partial_\nu \phi - g_{\mu\nu}\mathcal{L}\right)\delta x^\nu - \frac{\partial \mathcal{L}}{\partial(\partial^\mu \phi)}\delta\phi \quad (5)$$

となる．ここで，$g_{\mu\nu}$ はミンコフスキー計量テンソルである．また，ネーターカレントの時間成分の空間積分，

$$Q = \int d^3\boldsymbol{x} j^0 \quad (6)$$

をネーターチャージという．

4次元座標の変位で，場の変化がない場合（$\delta x^\nu \neq 0$, $\delta\phi = 0$），ネーターカレントはエネルギー・運動量テンソル，

$$T^{\mu\nu} = -2\frac{\delta L_M}{\delta g_{\mu\nu}} + g^{\mu\nu} L_M \qquad (7)$$

となり，ネーターチャージは，エネルギーと運動量である．ここで，L_M は電磁場，物質場などを表すラグランジアンである．

一般相対性理論では，$T^{\mu\nu}$ の共変微分，
$$\nabla_\nu T^{\mu\nu} = \Gamma^\mu_{\sigma\nu} T^{\sigma\nu} + \partial_\nu(\sqrt{-g}T^{\mu\nu})/\sqrt{-g}$$
$$= 0 \qquad (8)$$
をエネルギー・運動量保存則という．ここで，$\Gamma^\mu_{\sigma\nu}$ はクリストッフェル記号，g は $g_{\mu\nu}$ の行列式である．

場の位相変換 $\phi \to \mathrm{e}^{-i\alpha}\phi$, $\phi^\dagger \to \mathrm{e}^{i\alpha}\phi^\dagger$ に対しては ($\phi^\dagger$ はエルミート共役)，複素スカラー場のラグランジアンは不変で (ゲージ対称性)，ネーターカレントは4元電流密度，
$$j^\mu = i(\phi^\dagger \partial^\mu \phi - \partial^\mu \phi^\dagger \phi) \qquad (9)$$
であり，ネーターチャージは電荷となる．

ネーター環 結合法則が成り立ち，単位元が存在し，逆元が存在する，空でない集合を「群」という．「体」は，① 加法に対してアーベル群 (可換群) であり，② 乗法に対して半群 (結合法則が成立) であり，③ 加法に関する単位元を除いて乗法に関して群をなす，空でない集合，「環」は，上の①，②に加え，④ 分配法則が成立する，空でない集合をいう．環 R の空でない部分集合 I が，(a) $\forall a, b \in I$ に対し $a+b \in I, -a \in I$，(b) $\forall x \in R, \forall a \in I$ に対し $xa \in I$ または $ax \in I$，を満たすとき，I は R の左または右イデアルである，といい，I が左イデアルかつ右イデアルのとき (可換環の場合を含む)，両イデアルあるいは単にイデアルである，という．ネーター環とは，全てのイデアルが有限個の元で生成される (有限生成) 可換環をいう．

ネーターは自分の着想を惜しみなく学生に与えたことで知られており，多くの数学者を輩出した．

ネール，ルイ
Néel, Louis Eugène Félix
1904–2000

反強磁性と強磁性に関する発見

フランスの物理学者．

経歴 リヨンに生まれ，パリの高等師範学校で学び，続いて母校で講師を勤めた．1932 年にストラスブール大学の P. E. ワイス*の指導の下で磁性の研究を行い博士号を取得した．1939 年に戦争に召集され磁気機雷に対する有効な防衛方法の開発に携わった．休戦の 1940 年にはグルノーブルへ移動し，静電気学・金属物理学の研究室を立ち上げ，1945 年より教授となる．1946 年よりフランス国立科学研究センター (CNRS) の静電気学・金属物理学研究所の所長，1954 年よりグルノーブル工科大学 (現在の INP-Grenoble) 及び製紙・グラフィック産業高等専門大学 (EFPG, 現在の Pagora) の所長を務め 1970 年には国立グルノーブル理工科学院 (INP-Grenoble) の所長となった．CNRS の評議員，フランス海軍の科学顧問，北大西洋条約機構科学委員会のフランス代表などを歴任．1956 年にはフランス原子力庁のグルノーブル原子力研究センターを設立．1967 年，仏独高速原子炉の導入決定の一端を担っている．

磁性 主に磁性理論に取り組み，特に強磁性体であるニッケルの比熱については長年研究を続け 150 篇を超える論文を著した．ノーベル物理学賞を受賞するに至った反強磁性とフェリ磁性の概念の発見だけでなく磁性に関する多くの問題 (レイリー則の理論，微粒子の磁気特性，磁気粘性，超反強磁性，磁気履歴など) を明らかにした．

① レイリー則： 外部磁場が弱いときに強磁性体の透磁率が $a + bH$ の形で近似できることをレイリー卿*が発見した．ネー

図1 反強磁性状態(左),フェリ磁性状態(右)の磁気モーメントの配置の例

ルはこの法則を強磁性体の磁区構造を磁壁の移動によって理論的に説明した.

②反強磁性: 磁性体の秩序状態の一つで,磁気モーメントが互いに反平行に整列して全体のベクトル和(磁化)が0になっている.最も単純な反強磁性体は,二つの副格子に分けて考えられる結晶構造でそれぞれの副格子内では全ての格子点の磁気モーメントが平行にそろい異なる副格子間でその向きが反平行(例:酸化マンガン MnO).副格子が3種類以上あるものや磁気モーメントの周期性と結晶構造の周期性が整数比になっていないものなど,様々なものがある(例:クロム Cr).磁気モーメント同士が整列しようとする相互作用が熱振動に打ち負けて秩序状態が壊れる温度をネール温度とよび,一般にこれを相互作用の強さの目安と考えてよい.自発磁化を持たないことから発見後長らく実用にはつながらないと考えられていたが,近年ではエレクトロニクスデバイス材料としての用途を中心に利用されている.

③フェリ磁性: 強磁性状態と同様に0でない磁化を持つ磁気秩序状態であるが,磁気モーメントの整列の仕方としては反強磁性状態の一種であり,副格子の磁化の大きさが異なって打ち消しきれずに磁化が残ったり,あるいは互いに反平行でないためにある方向の磁化成分が残ったりしている状態である.磁気秩序が壊れる温度をやはりネール温度とよぶ.副格子ごとに相互作用の強さ,すなわちネール温度が異なるために複雑な温度依存性を示す物質も多い.

ネルンスト,ヴァルター
Nernst, Walter Hermann
1864–1941

熱力学第3法則の確立

ドイツの物理学者,化学者.

経歴 1864年,プロイセンのブリーゼン(Briesen,現在はポーランドのヴォンブジェジノ)で判事の子として生まれた.グラウデンツの高等学校(ギムナジウム)に入学,ラテン語が得意であったが,化学教師の影響で科学者への道を選び,卒業後,チューリヒ,ベルリン,グラーツで学び,1886年にはヴュルツブルグ大学に移り,翌年そこで博士号を取得した.ヴュルツブルグでは,F. W. コールラウシュやスウェーデンからきていた S. アレニウス*らと共同研究を行った.

その後,ライプチヒ大学で,物理化学の祖ともいうべき F. W. オストヴァルト(触媒作用の研究で1909年ノーベル化学賞を受賞)の助手を務め,1889年には同大でハビリタチオン(大学で講義できる資格)を取得.同年,ハイデルベルクで短期間講師を務めた後,ゲッティンゲン大学の講師となり,1895年にはそこに「物理化学および電気化学研究所」を設立し,教授となった.1897年には,セラミック白熱電灯(ネルンストランプとよばれる)を発明し,その特許を100万マルクで企業に売却して,その一部を研究室の拡充にあてた.研究室は大所帯になり,一時は国内外から40名もの学生が集まっていたという.研究成果を基に研究資金を得るという考え方は,終生変わらなかった.

1905年41歳になったネルンストは,ゲッティンゲンを離れて,ベルリン大学の教授になった.当時のベルリンはドイツにおける科学の中心であり,ネルンストは,1924年から1932年まで同大物理化学講座の主

任教授を務めた.

ネルンスト–エッティングスハウゼン効果　グラーツでは，大学院生として L. E. ボルツマン*の指導を受けたが，ボルツマンの助手の A. エッティングスハウゼンと共に，磁場中の輸送現象の研究を行い，現在ではネルンスト–エッティングスハウゼン効果とよばれる現象を明らかにした．これは，磁場中の導体に，磁場と垂直方向の温度勾配を与えると，磁場にも温度勾配にも直交する方向に電場が生じる（あるいは電流が流れる）というもので，熱流磁気効果の横効果の一つである．ネルンスト効果，横ネルンスト効果，エッティングスハウゼン–ネルンスト効果などの別称がある．z 方向にかけた磁場の強度を B，x 方向の温度勾配を $\partial T/\partial x$ で表せば，y 方向に現れる電場 E_y は

$$E_y = NB\frac{\partial T}{\partial x}$$

のように表される．N はネルンスト係数とよばれる．

ライプチヒでは，ガルヴァーニ電池の研究を行い，電池の起電力を酸化還元化学反応の熱力学によって説明するネルンストの式を導いた．この研究は高い評価を受け，その後の彼の躍進の始まりとなった.

熱力学第 3 法則　ベルリンに着任後まもなく，熱化学に関する着想を得て，これが後に熱力学基本法則の一つ，熱力学第 3 法則に発展した．現在では，エントロピーの統計力学的解釈も明確になり，第 3 法則は「絶対零度における（完全結晶の）エントロピーは 0 である」と記述されるが，これは多体系の量子力学的基底状態が，相互作用のために，縮退のないユニークなものになることによって保証される．ネルンストは化学反応における化学親和力 A と発熱量 Q の関係を考察する中で，両者の差が，絶対零度の極限では無限に小さくなるという要請を置くことによって，A，Q に関する微分方程式を矛盾なく解くことができるという着想を得，その後，1906 年から 1912 年にかけて研究を発展させ，「どのような過程を用いても，有限回の操作で，系の温度を絶対零度まで下げることは不可能である」という記述（ネルンストの定理あるいはネルンストの要請とよばれる）に到達した.

これは，その後 M. K. E. L. プランク*によって，絶対零度のエントロピーは 0 であるという表現にまとめられた．歴史的には，「等温可逆過程による凝縮系（固体や液体）のエントロピー変化は，温度が絶対零度に近づくにつれて 0 に近づく」，「どのような過程によっても，有限回の操作で，（熱力学的な）系のエントロピーを絶対零度における値に到達させることはできない」という記述も提唱されている．例えば，断熱消磁による冷却法では，磁場をオン・オフすることによって，磁化を制御し，断熱過程と等温過程を交互に繰り返しながら，低温を実現するが，有限回の操作で絶対零度を実現することは不可能である．つまり，限りなく絶対零度に近づけることはできても，真の絶対零度は実現不可能なのである.

ネルンスト自身はネルンストの定理について，「熱力学第 1 法則は 3 人（J. R. マイヤー，J. ジュール*，H. ヘルムホルツ*），第 2 法則は 2 人（S. カルノー*，R. J. E. クラウジウス*），第 3 法則は 1 人（ネルンスト）によって発見された．第 4 法則を発見する人は 0 人になってしまうから，熱力学はこれで完成された」と語っている.

ネルンスト–トムソンの法則　ネルンストの電気化学分野における業績には電池の化学的説明の他に，ネルンスト–トムソンの法則が有名である．これは J. J. トムソン*によっても独立に発見されたものであるが，溶液中の陽イオンと陰イオンとの間の引力は，高誘電率溶媒中では小さく，低誘電率溶媒中では大きくなると表現される．したがって，誘電率の高い溶媒中ほど，溶質

は溶けやすく，電離しやすいことになる．

これら熱力学第3法則を含む熱化学に関する功績により，ネルンストは1920年ノーベル化学賞を受賞した．また，その翌年にはベルリン大学の総長に選ばれている．

ベルリン時代のネルンストは古典物理学では説明できない固体の低温比熱にも興味を持ち，比熱測定を実施した．1907年にその実験に合う理論を A. アインシュタイン*が発表すると，アインシュタインの才能を高く評価し，ベルリンに呼び寄せた．

光化学反応　ネルンストは光化学反応についての研究も行っている．塩素ガスと水素ガスの混合系に光を照射し，塩化水素を大量発生させるという実験で，この実験では光の共鳴吸収と化学的連鎖反応が関わっており，プランクの量子論や連鎖反応によるポリマーの大量生産技術などに影響を与えた．

ソルベー会議　1911年にはプランクと共に第1回ソルベー会議(著名な科学者を集めて討論する会議，費用はベルギーの化学者，実業家であった E. ソルベーが負担した)を組織した．このことからも，ネルンストが，当時を代表する科学者の一人であったことがわかる．

人　　物　第一次大戦の折には，研究者として祖国に協力し，また2人の息子が兵士として戦死している．ナチスの時代には，3人の娘のうち2人がユダヤ人と結婚したこともあって，国外への逃亡を余儀なくされた．性格はせっかちで短気であったが，研究員には平等に接し，敬愛された．短気な性格は，グラーツで共同研究を行ったエッティングスハウゼンの落ち着いた性格とは真逆であったが，ネルンストは後に，その穏やかな性質に助けられたことを感謝している．主な弟子には M. ボーデンスタイン，F. リンデマン，I. ラングミュア，F. シモン，K. メンデルスゾーンらがいる．

ノイマン，フランツ・エルンスト
Neumann, Franz Ernst
1798–1895

合金固体のモル比熱の研究

ドイツの物理学者，数学者，鉱物学者．ケーニヒスベルク大学に数理物理学講座を設立し，多くの後進を育て，弟子たちはケーニヒスベルク学派とよばれた．

経　　歴　ノイマンはベルリンからそう遠くないヨアヒムスタールで1978年，農園管理人の息子として生まれた．母方はプロイセンの軍隊で高官を務め，農園も母の所有するものであった．母方の親戚の影響もあり，愛国者として育てられ，1815年には，ベルリンでの勉学を中止して，十代の若さで対ナポレオン百日戦争に参加し，戦闘で負傷した．その後，1817年にベルリン大学に，父の要望もあって，神学の学生として入学したが，元々数学に興味を持っていたので，すぐに自然科学に転向した．

結晶学者の C. S. ワイスの指導の下で学位を取得し，初期の研究論文には，結晶学に関するものが多く，高い評価を受けて，1826年にケーニヒスベルク大学の講師に採用され，1829年には，鉱物学と物理学の正教授に昇進した．1840年代には同大の学長に選出されている．主任教授は1877年まで，その後は名誉教授．1895年，ケーニヒスベルクで逝去．

ノイマンの最も主要な著書は，1843年から1847年にかけて，4巻にわけて出版された *Die Geschichte der Chemie* (化学の歴史) である．1880年にはドイツ化学会会長にも選出されている．

ノイマン–コップの法則　1830年代前半は主として合金や鉱物結晶などに関する研究を行い，1831年には化学者の H. F. M. コップと共に，ノイマン–コップの法則を発見した．これは，合金などの混合物固体の

比熱が，構成元素の比熱に，その元素の混合物中での組成比をかけたものの和で近似できるという経験則である．

また，当時は，C. ホイヘンス*らが主張していた光の波動説と I. ニュートン*に代表される粒子説の論争が盛んな頃で，ノイマンも波動説の立場からいろいろな研究を行った．特に，エーテルを弾性的な媒質と見なす波動方程式を扱うことによって，二重回折の法則を導くことに成功した (1832 年)．

ノイマンの法則 (ファラデーの誘導則) 1840 年代には電磁誘導の研究を行い，M. ファラデー*によって定性的なレベルで発見された誘導起電力を数学的に定量化して，確立した (1845 年，1847 年)．閉回路によって囲まれる面積を貫く磁束 Φ が時間変化するときに回路に誘起される起電力 V に対する公式

$$V = -\frac{d\Phi}{dt}$$

はファラデーの誘導則とよばれるのが普通であるが，ノイマンの法則とよばれることもある．この公式は，さらに一般化して，起電力に対応する電場 $\boldsymbol{E}$ と磁束に対応する磁束密度 $\boldsymbol{B}$ の関係として，

$$\oint \boldsymbol{E} \cdot d\boldsymbol{l} = -\frac{d}{dt} \int_S \boldsymbol{B} \cdot d\boldsymbol{S}$$

のように表現することもできる．ここで，$d\boldsymbol{l}$ は閉回路に沿った線要素ベクトル，$d\boldsymbol{S}$ は閉回路が囲む開曲面 S の面要素ベクトル (面積要素を大きさとし，局所的法線ベクトルを向きとする) であり，線要素ベクトルの方向に右ねじを回転するとき，ねじの進む方向が面要素ベクトルの向きになるように選ぶ．J. C. マクスウェル*によって電磁気学の体系が完成されるまで，ノイマンの理論は，この分野における基礎であった．

ノイマンは 1835 年からベルリンにあった科学アカデミーの会員であり，その後も，ペテルスブルグ科学アカデミーなどヨーロッパの色々なアカデミーの会員に選出されている．

パイエルス，サー・ルドルフ・エルンスト
Peierls, Sir Rudolf Ernst
1907–1995
1次元系のパイエルス転移を発見

ドイツ生まれのイギリスの物理学者．

経歴 1907年，ドイツのベルリンで裕福なユダヤ人両親の下に生まれた．1925年にベルリンのフリードリッヒ・ヴィルヘルムス大学(現在のフンボルト大学)に入学して物理学の勉強を始め，M. K. E. L. プランク*やW. ネルンスト*らの講義を聴講，1926年からはミュンヘン大学に籍を移し，A. ゾンマーフェルト*から量子力学の手ほどきを受け，金属電子論に興味を持つきっかけとなった．

1927年からは，ライプチヒのW. ハイゼンベルク*の下で研究することになり，そこで，伝導帯がほとんど満たされている金属で観測されていた負のホール効果を説明するために，正孔理論の論文を書いた．1929年春には，スイス連邦工科大学チューリヒ校(ETHZ)のW. E. パウリ*の下で働くことになった．そこでの主な仕事は，結晶の熱伝導の基礎的な理論に関するもので，低温におけるウムクラップ過程の重要性を指摘し，温度Tの関数としての熱伝導度が，極低温で$T^\alpha \exp(-\theta/T)$のように振る舞うことを示した．α, θは物質に依存するパラメータである．この研究で，ライプチヒ大学から博士号を与えられている．学位取得後，1932年までの3年間，パウリの助手となり，1次元金属に対する最初のバンド理論を展開し，格子の影響を弱い周期的相互作用によって導入した．この研究は，後にパイエルス転移とよばれる相転移の機構の発見に発展した．

1957年から1958年にかけて，王立協会評議員を務め，1959年には，ロイヤルメダルを授与されている．同年，英国パグウォッシュグループ(科学と世界の諸問題に関するパグウォッシュ会議国別メンバー)の設立メンバーとなった．1963年から，1974年までオックスフォード大学に籍を置いた．1968年にはナイトの称号を授与され，以降，サー・ルドルフ・パイエルスとよばれるようになった．

パイエルスは幅広い交友関係を持ったことでも知られており，H. A. ベーテ*やG. プラチェックとは生涯を通じて親交があり，また，オランダではユトレヒト大のH. A. クラマース*，ライデン大のP. エーレンフェスト*，ハーレム大のA. フォッカー，F. ブロッホ*らとも親交があった．またローマ大のE. フェルミ*，コペンハーゲンのN. H. D. ボーア*，ロシアのL. D. ランダウ*，G. ガモフ*らとも付き合いがあった．

原子核の研究 1933年から1935年にかけて，パイエルスはベーテと共に，イギリスのマンチェスターに移り住み，物理学の教授を務めていたW. L. ブラッグ*の下で働いた．また，この間，J. チャドウィック*が実験で得ていた重水素の光分解のデータを説明できるかという課題を2人に与え，原子核の研究も始めることとなった．この分野の研究は，1940年にO. フリッシュと協力して，原子爆弾作成のために必要な^{235}Uの量を見積もり，フリッシュ–パイエルスメモを英国政府に提出する活動につながっている(ナチスの手を逃れて1940年には英国に帰化しており，このときはバーミンガム大学に在籍していた)．このメモは，1941年に開始された英国の原爆プロジェクト「チューブアロイ」計画のきっかけになった．パイエルス自身，1943年にアメリカに渡り，マンハッタン計画に参加した．

パイエルス転移とパイエルス不安定性 1945年にはバーミンガム大学に戻り数理物理学の主任教授となった．1953年にはフランスのレジュースで開かれた夏の学校で一連の講義を行い，それを基に，1955年

有名な教科書 *Quantum Theory of Solid* を執筆.その間に,パイエルス転移を発見した.これは,1次元電子系で,フェルミ準位上の縮退する二つの状態(フェルミ波数 k_F と $-k_F$ の状態)が波数 $2k_F$ の周期的摂動に敏感に反応して,不安定になる(この不安定性はパイエルス不安定性とよばれる)ことから,波数 $2k_F$ の歪み(パイエルス歪み)が低温で自発的に生成されるという現象である.1次元系でなくても,フェルミ面がネスティング(一定の波数ベクトル分だけずらすことで,フェルミ面の異なる部分が重なる現象)を起こす場合には2次元系でも3次元系でも起こりうる.

1次元系で最も単純なパイエルス歪みは,強束縛電子模型(tight-binding electron model)で電子のエネルギーバンドが半充塡の場合にみられる.この場合,$k_F = \pi/2a$ (a は格子定数)であり,格子点上のイオンの変位が,周期 $2a (= 2\pi/2k_F)$ で振動する.この結果,格子間隔が長短を交互に繰り返す歪み構造が得られる.

パイエルス不等式 場の量子論や量子統計力学の分野でしばしば用いられる行列の対角和(トレース)に関する不等式の一つにパイエルス不等式がある.これは,強磁性体に対する2次元イジング模型が有限温度で相転移を示すことを厳密に論じた論文において,パイエルスが提唱したものである.内容は,同じサイズのエルミート行列 A と B があり,$\mathrm{Tr}\, e^A = 1$ が満たされているとき,

$$\mathrm{Tr}\, e^A e^B \geq \mathrm{Tr}\, e^{A+B} \geq e^g$$

が成り立つというものである.ここで,$g \equiv \mathrm{Tr}\, B e^A$ である.パイエルスはこの不等式を巧妙に利用して,2次元イジング模型の低温相で磁気的秩序が実現することを示した.N. N. ボゴリューボフ*も同様の不等式を独立に提唱したので,パイエルス–ボゴリューボフ不等式とよばれることも多い.

ハイサム,イブン・アル゠
al-Haytham, Ibn
965–1040

最初の真の科学者

後の物理学や数学に多大な影響を与えた近代光学の父.

経歴 9世紀から13世紀頃,イスラム圏は科学分野で世界をリードしていた.その初期の段階の965年,現在のイラクのバラクにアル゠ハイサムは生まれた.

バグダッドで教育を受け,その後ナイル川の洪水対策の研究のためにエジプトのカイロによばれる.アル゠ハイサムは堤防と水路の建造で洪水が防げると主張したが,やがてそれが非現実的であることを悟った.しかしその計画が不可能であることを告げると身に危険が及ぶと考えたアル゠ハイサムは,気が触れたふりをし,その結果およそ10年間軟禁されることになる.ただしこれにより多くの時間を手に入れ,結果として自分の研究に没頭することができた.その期間,そしてその後スペインに旅をした際に多くの研究をし,後世に影響を与える様々な著作物を残している.

光学の基礎研究 物理学,天文学,数学など多岐にわたる業績の中で,特に光学理論に関するものが顕著である.例えば壁の前に置いた衝立に小さな穴をあけ,その前にロウソクを置いて壁に映るロウソクの像を観察した.この実験により,光が直進することを突き止めた.今では当たり前と思われる光の直進性も,アル゠ハイサムが実験により最初に確認したものである.

また,物が見えるというのは光源から発せられた光が対象物に反射して目に届くためであるということを発見し,目の構造についても詳しい研究を行った.中世ヨーロッパで議論になっていた水平線近くにある太陽や月が大きく見える理由についても,屈折

図1　イブン・アル＝ハイサム

を主張していたプトレマイオス*に対抗し，錯覚に基づいた説明を提示している．この説はやがて西欧でも受け入れられていくことになる．同様に，光の屈折や反射，レンズが物を大きく見せる仕組みなどについても多くの研究成果をあげている．

さらに光学研究からは，円と交わる二つの直線が作る角の大きさに関するアルハゼンの定理（アルハゼンはアル＝ハイサムのラテン読み）という数学上の副産物も生まれた．他にも，解析幾何学や整数論に大きな足跡を残した．

西洋科学への影響　7巻からなる彼の著作 Kitab al-Manazir（『光学の書』）は，特に12世紀末から13世紀初頭にかけてラテン語に翻訳されてから，西洋の科学に大きな影響を与えた．F.ベーコン，P.フェルマー，J.ケプラー*，レオナルド・ダ・ヴィンチ*，C.ホイヘンス*，I.ニュートン*らも影響を受けたとされている．

アル＝ハイサムの研究方法の特徴は，実験を徹底的に行い，実験データやその再現性を重視し，そこから演繹的に理論を構築するというものである．これは現在の科学的手法の原型ともいえる．これによりアル＝ハイサムは，「最初の真の科学者」ともよばれている．彼の業績を称え，月面には彼の名（西洋ではアルハゼンとよばれる）を冠した「アルハゼンクレーター」があり，さらにはアルハゼンの名がついた小惑星もある．

ハイゼンベルク，ヴェルナー
Heisenberg, Werner Karl
1901–1976

行列力学，不確定性原理，量子場の理論

ドイツの理論物理学者．A.アインシュタイン*，N. H. D.ボーア*，E.シュレーディンガー*，P.ディラック*と共に量子力学の建設者の1人．1925年に行列力学，1927年に不確定性原理に関する論文を発表し，オルソ水素とパラ水素の予言と合わせて，その功績により1932年に31歳の若さでノーベル物理学賞を受賞．

経　歴　ミュンヘン大学でA.ゾンマーフェルト*に学び，ゲッティンゲン大学のM.ボルン*の下で助手を務めた後，1924年にコペンハーゲンのボーアの下に留学．この3カ所が量子力学発祥の地でもあった．その後もボーアとは議論を続け，そこから大きな影響を受ける[2]．ただし，博士論文は量子力学に関するものではなく，流体力学に関するものであった．1941年ベルリン大学教授，1946年から70年までミュンヘンのマックス・プランク研究所所長．

行列力学　当時，量子力学に対するアプローチにはハイゼンベルクによる行列力学とシュレーディンガーによる波動力学があり，W. E.パウリ*の計算によって水素原子のスペクトルについては同じ結論を出すことが知られていた．それが表示の違いにすぎないことがシュレーディンガー自身によって示されて，量子力学の形式が整ってきた．そこでは，物理量を波動関数に作用する演算子であるとする．ハイゼンベルクの定式化は物理量が時間の関数であり波動関数は時間によらないのに対して，シュレーディンガーによるものはその逆である．今日では，素粒子場の理論の分野の人たちが，ハイゼンベルク描像を用い，物性物理学分野の人たちの多くがシュレーディンガー

描像を用いているようだ．学部の量子力学はほぼ後者に従っている．現代的な教科書で，行列力学を説明しているものは少ないので，少し説明しよう．詳しく知りたい人には，朝永振一郎*の教科書を勧める[1]．

原子の中の電子の位置座標と運動量をそれぞれ X, P とし，それぞれの行列要素を

$$X_{nm} e^{i\frac{E_n - E_m}{\hbar}t}$$
$$P_{nm} e^{i\frac{E_n - E_m}{\hbar}t}$$

とし，行列の積を

$$(PX)_{ln} = \sum_m P_{lm} X_{mn} \quad (1)$$

で定義する．それに対して正準交換関係：

$$(PX - XP)_{ln} = i\hbar \delta_{ln} \quad (2)$$

を課す．ここに $\hbar$ はプランク定数 h を 2π で割ったものである．

ハミルトニアン $H(P, X)$ を P と X で表したものも行列と見なして，その固有値としてエネルギー準位 E_n が離散的に求まる．電子がエネルギー E_m の量子状態 m からエネルギー E_n の量子状態 n に遷移するときに，エネルギー差 $E_n - E_m$ のエネルギーを持つ光子を放出するとしよう．行列要素 $X_{nm} e^{i\frac{E_n - E_m}{\hbar}t}$ の絶対値の2乗が，その遷移の確率に比例する．それが水素原子のスペクトロスコピーをよく説明した．

調和振動子の場合，ハミルトニアンは $H = \frac{1}{2m}P^2 + \frac{m\omega^2}{2}X^2$ と与えられる．

$$X = \sqrt{\frac{\hbar}{2m\omega}} \begin{pmatrix} 0 & \sqrt{1} & 0 & 0 & \cdots \\ \sqrt{1} & 0 & \sqrt{2} & 0 & \cdots \\ 0 & \sqrt{2} & 0 & \sqrt{3} & \cdots \\ 0 & 0 & \sqrt{3} & 0 & \cdots \\ \vdots & \vdots & \vdots & \vdots & \ddots \end{pmatrix}$$

$$P = -i\sqrt{\frac{m\hbar\omega}{2}} \begin{pmatrix} 0 & \sqrt{1} & 0 & 0 & \cdots \\ -\sqrt{1} & 0 & \sqrt{2} & 0 & \cdots \\ 0 & -\sqrt{3} & 0 & \sqrt{2} & \cdots \\ \vdots & \vdots & \vdots & \vdots & \ddots \end{pmatrix}$$

とすると確かに正準交換関係を満たす．ハミルトニアンは対角項が $\hbar\omega(n+1/2)$, $n =$ 0, 1, 2, ... となり，それが固有値を与える．

X と P は，ある表示では無限次元の行列として具体的に書くことができる．行列力学という名前の由来はここからくる．もっともハイゼンベルクは物理的直観に導かれて到達したようで，それが行列であることはボルンによって指摘された．この場合の運動方程式は，交換子積 $[A, B] := AB - BA$ を用いて書くと，

$$i\hbar \frac{dX}{dt} = [X, H(P, X)]$$
$$i\hbar \frac{dP}{dt} = [P, H(P, X)]$$

となり，ハイゼンベルクの運動方程式とよばれる．これが，古典力学におけるハミルトンの方程式と直接対応し，内容的にはニュートンの運動方程式と同等である．

原子の中の電子はあるエネルギー固有状態から別のエネルギー固有状態へと，飛躍し，そのエネルギー差が $h\nu$ であるような振動数 ν の光子を放出あるいは吸収する．その飛躍の間に電子はどこにいたかについて述べない．この量子力学的見方は古典力学の描像とは異なるが，その根本的原因は観測可能量の間の非可換性にある．

不確定性原理　ハイゼンベルクは電子の運動を詳細に追うことが不可能であることを測定における不確定性関係として表現した．電子の位置座標を誤差 δX で測定し，その測定過程により運動量の擾乱 δP が生じ，両方を正確に知ることはできない．彼は，それを γ 線顕微鏡による思考実験に基づいて不確定性関係

$$\delta X \delta P \approx h \quad (3)$$

を示唆した．思考実験の大略は以下の通りである．電子の位置を測定するためには，その誤差よりも短い波長の光子を必要とする．波長が短いということは光子の運動量が大きいことを意味するので，それが電子を散乱して，結果的に電子に運動量の擾乱を与える．この仕事はボーアに厳しく批判

され，出版を反対されるが，それを押し切って発表された．このように測定過程自体が対象を変化させることが量子力学の特徴であると捉えると認識論的にも意味深長なので一般にも流布した．一方，初期状態の性質として，位置のゆらぎ $\sigma(P)$ と運動量のゆらぎ $\sigma(X)$ の間に成り立つ数学的な関係 $\sigma(P)\sigma(X) \geq \frac{\hbar}{2}$ も同じ名前でよばれることがあるので注意を要する．測定における位置の誤差と運動量の擾乱の間の厳密な不等式を小澤正直は，一般化された量子測定理論に基づいて導き，実験的に検証された．

ボーア対アインシュタインの論争ではハイゼンベルクはボーア流の「コペンハーゲン解釈」の方に属していたと思われるが，論争からは距離を保っていたようである〔⇒ド・ブロイ〕．

量子場の理論　ハイゼンベルクは，パウリと共同で，場の量子論について，基本になる論文を著して，その後の場の量子論の標準的な文献となり，さらにその後の量子電磁力学の発展の基礎となった．晩年は，フェルミオン場のみの非線形方程式による統一理論を追求し，素粒子理論の主流からは離れた．この理論はパウリからは批判された[2]．

人物　ハイゼンベルクは健脚家にしてピアノの名手で，家族合奏をする家庭人でもあった．一方，花粉症に悩まされその季節には北方に疎開していた．行列力学はドイツ北方のヘルゴランド島にいたときに生まれたといわれている．古典学者であった父親の影響か，ギリシャ哲学などにも通じている教養人でもあった．戦前戦後を通じてドイツの物理学の大御所であったので，彼の果たした指導的役割についても様々な評価があるが，彼自身多くを語っていない．

■**参考文献**
1) 朝永振一郎：量子力学 I, II，第 2 版，みすず書房 (1997)．
2) 山崎和夫訳：部分と全体 私の生涯の偉大な出会いと対話，みすず書房 (1999)．

ハイトラー，ヴァルター
Heitler, Walter
1904–1981

量子力学による共有結合の解明

ドイツの理論物理学者．カールスルーエ，ベルリン，ミュンヘンの各大学で学び，1926 年に博士号を取得．ミュンヘン大学では，A. ゾンマーフェルト*の指導を受ける．

ハイトラー–ロンドン理論　その後，チューリヒに留学し，そこで F. W. ロンドンと出会い，1927 年に，「ハイトラー–ロンドン理論」とよばれる理論を提唱する．水素分子に関する時間に依存しないシュレーディンガー方程式 $H\psi = E\psi$ に対して，電子がスピン 1 重項状態にある場合，
$$\psi = N[\varphi_\mathrm{A}(\bm{r}_1)\varphi_\mathrm{B}(\bm{r}_2) + \varphi_\mathrm{A}(\bm{r}_2)\varphi_\mathrm{B}(\bm{r}_1)]$$
の形の解を仮定し，変分法を用いてエネルギー E を求め，水素分子が安定に存在することを明らかにした．ここで，N は規格化因子，$\varphi_\mathrm{A}(\bm{r}_i)$ は電子 i が陽子 A を中心とする 1s 軌道にある場合の波動関数を表す．この理論により水素分子の結合力が量子力学を用いて初めて理解できることが示され，量子化学の原型が形作られた．後年，J. C. スレイター*と L. C. ポーリング*により，一般の多原子分子に適用可能な形 (原子価結合法とよばれる方法) に拡張されている．また，W. ハイゼンベルク*により，強磁性の理論に応用され，物性物理学の創成や発展にも関与している．

ベーテ–ハイトラーの公式　1933 年にイギリスに渡り，そこで，H. A. ベーテ*と共に，「制動放射」(Bremsstrahlung) とよばれる加速された電子が光子 (電磁波) を放出する過程及び光子から電子と陽電子が対生成される過程について理論的に解析した．制動放射に関する微分断面積の公式は「ベーテ–ハイトラーの公式」とよばれ，電子・陽電子対生成過程の微分断面積を求め

パウリ，ヴォルフガング・エルンスト
Pauli, Wolfgang Ernst
1900–1958
パウリの排他律，ニュートリノの予言

オーストリア生まれでスイスの理論物理学者．排他律で有名．1945年にその功績によりノーベル物理学賞を受賞．

経　　歴　学生でありながら師のA. ゾンマーフェルト*の推挙で相対性理論の大部のレビューを書き，A. アインシュタイン*に激賞された．アインシュタイン自身が相対性理論の本格的な教科書もレビューも書いていないことを考慮すると，研究者の個性として興味深い．おそらく完全主義者であったために，論文にしてはいないが，N. H. D. ボーア*やW. ハイゼンベルク*との議論と文通による影響力の大きさから量子力学の創設の影の立役者と見なされている．排他律の他に，スピンと統計の関係，ニュートリノの存在を予言した大きな功績がある．

ミュンヘン大学でゾンマーフェルトの下で学位を取得し，ゲッティンゲン大学でM. ボルン*の助手を務めてからコペンハーゲンでボーアの助手となる．この3カ所が量子力学発祥の地でもあった．1928年からチューリヒ連邦工科大学の教授，1940年からプリンストン高等研究所教授．晩年はチューリヒに戻り哲学的な著作を著した．

排　他　律　パウリは磁場中のアルカリ金属のスペクトル，特に異常ゼーマン効果〔⇒ゼーマン〕を研究していて，1925年，原子中の電子配置を，四つの量子数，すなわち主量子数，角運動量量子数，磁気量子数と新たに導入した2価性の量子数の組で記述して，2個以上の電子が同じ量子数の組を持つことはないとする排他原理を導入するとスペクトルを説明できることを見出した．4番目の量子数については，G. E. ウーレンベック*とS. A. ハウトスミットによ

る際にも応用され，量子電磁力学の初期の検証に役立った．

その後，H. J. バーバー*と共に，宇宙線に関するカスケードシャワーの理論を構築し，宇宙線の軟成分の起源を明らかにした．

1938年，H. フローリッヒ，N. ケンマーと共に，核力に関する荷電独立性から中性中間子の存在を，湯川秀樹*，坂田昌一*らとは独立に予言した．

減衰理論　1941年，量子電磁力学における発散の問題に対して，「減衰理論」とよばれる理論を提案した．この理論では，摂動展開の高次項の一部を減衰効果として取り扱うもので，仮想光子の効果を切り捨てることにより紫外発散の出現が抑えられる．しかし，同時に赤外部の項（長波長の光子による寄与）も抑えられるため，実験値と合わなくなるという新たな問題が生じる．発散の問題は最終的に朝永振一郎*，J. シュウィンガー，R. ファインマン*，F. ダイソン*らにより提唱された「くりこみ理論」を用いて解決されることになる．減衰理論はくりこみ理論の成立過程で興味深いヒントを与えた理論と位置づけられる．

同年，アイルランドに渡って，ダブリン大学高等研究所教授に就任．1946年から1949年にかけて，同研究所所長を，1949年からは，チューリヒ大学教授を務める．

人　　物　ハイトラーはヨーロッパ各地を渡り歩き，量子力学や場の量子論の応用に関する様々な研究を実験との関連性を重視しながら遂行し，理論的発展の礎を築いた．複数の研究機関で色々な研究者と出会い，分野の垣根を越えて，数々の先駆的な業績を挙げた典型例である．

場の量子論に関する著書『輻射の量子論』(*The Quantum Theory of Radiation*) は素粒子物理学，原子核物理学，宇宙線物理学などの（実験，理論を問わず）研究者を目指す学生のテキストとして，世界中で愛読されている．

り電子のスピンの量子数であるとすると異常ゼーマン効果を説明できることが後で判明した．

この排他律のおかげで，原子の安定性が保証され周期表が説明できるなど，原子物理学の基本になっている．安定原子において，電子はまず一番低いエネルギー状態に入り，スピンの自由度を考えるともう1個電子が入る．3個目は第1励起状態に入る．以下同様にして，電子はエネルギーの低い状態から順番に埋まっていく．陽子1個，電子1個の場合は水素原子．陽子が2個で，2個の電子が基底状態を埋める場合はヘリウムなどとして周期表が説明される．原子核に対してもアイソスピン2重項をなす陽子と中性子が，原子核内の軌道を順次占めるとするシェルモデルが近似的に成り立っている．固体電子論におけるバンド構造においてもパウリの排他律が本質的な役割を果たしている．

また，宇宙物理学においては白色矮星における電子と，中性子星における中性子の縮退圧の原因である．その縮退圧と重力の釣合いが白色矮星と中性子星の安定性にとって本質的である．

スピンと統計の関係　排他律が適用される粒子は，電子以外にも陽子，中性子などスピンが半整数 $(1/2, 3/2, \cdots)$ のもので，フェルミオンとよばれる．それと対照的に同じ量子状態に何個でも存在できる粒子としては，光子を代表としてヘリウム原子核など整数 $(0, 1, 2, \cdots)$ のスピンを持つ粒子たちでボソンとよばれる．同じ量子状態に存在できる粒子の数が高々1である場合をフェルミ–ディラック統計とよび，いくらでも存在できる場合をボース–アインシュタイン統計とよぶ〔⇒ボース〕．

スピン半整数の粒子がフェルミ–ディラック統計に従い，スピン整数の粒子がボース–アインシュタイン統計に従うことを，パウリは1940年に理論的に示している．その根拠の本質は，相対論的不変性，エネルギーに下限があること，確率が非負であることで，極めて一般的である．論文は徹底して明晰であり，理論論文の模範である．

ニュートリノの予言　1930年に，パウリは放射性元素の β 崩壊から出てくる電子のエネルギーが連続的な値をとることを，未知の中性粒子を仮定して説明した．中性子 n が β 崩壊すると荷電粒子としては陽子 p と電子 e^- が出てくる．その他に軌跡の見えない反ニュートリノ $\bar{\nu}$ があるとすると，崩壊プロセスは $n \to p + e^- + \bar{\nu}$ となる．この場合は，電子と反ニュートリノがエネルギーを分担するので電子 e^- のエネルギーが連続的な値をとることができる．当時はエネルギー保存則を放棄する提案すらあったが，パウリは未知の粒子を仮定するというよい意味で保守的な態度をとった．ニュートリノの命名は E. フェルミ*による．

1959年にニュートリノの存在の直接的な実験的証明がなされた．最近ではニュートリノは素粒子の理論において重要な役割を果たすと同時に，超新星爆発などの宇宙，天体現象に対する重要な観測手段となっている．

パウリはその歯に布を着せない言い方で畏れられていたが，その真実に対する誠実さは多くの人に認められ尊敬されて数多くのエピソードが残されている．例えば，「この講演はつまらない．間違いですらない」は現代でも使えるコメントだろう．また，パウリが近くを歩くと実験装置が故障するという「パウリ効果」も伝説になっている．ハイゼンベルクの友人にして学問上の相談相手．晩年まで，微細構造定数 $e^2/4\pi\varepsilon_0 c\hbar$ （e は素電荷，ε_0 は真空の誘電率）の逆数が整数137に近い値であること〔⇒ボーア〕を気にしたという．

ハーシェル，カロライン・ルクレツィア

Herschel, Caroline Lucretia
1750–1848
女性初の彗星発見者

ドイツ生まれのイギリス人女性天文学者．

経歴・人物 兄であるウィリアム・ハーシェル (Herschel, Sir Frederick William; 1738–1822. 1781 年に天王星を発見, 1785 年にわれわれの銀河の形を星の分布の観測から推測した天文学者) の天体観測と計算に関して長年にわたり献身的な補助者として協力すると共に，1783 年には三つの新たな星雲を発見し，1786–97 年の間に，彗星を 8 個発見した．女性が彗星を発見したことで記録されているのは，C. ハーシェルが初めてである．

C. ハーシェルの若い時代には，通常の肖像画を描いてもらうにはかなりの経費がかかった．その余裕のない人は，「肖像画」としてはシルエットを描いてもらっていた．それが図 1 左の C. ハーシェルの横顔のシルエットである．そして，C. ハーシェルが天体望遠鏡で観測をしている姿のスケッチも掲載した．スケッチに描かれた横顔とシルエットの横顔はよく対応している．

図 1 C. ハーシェルを描いたシルエット (左) とスケッチ (右)
(M. Hoskin: *William and Caroline Herschel* (2013) より)

兄ウィリアム・ハーシェル 生まれて以来，ドイツのハノーバーで暮らしていた C. ハーシェルは，当時は音楽家として生計を立てていた兄のウィリアムと共に，1772 年にイギリスに渡った．ウィリアムは，音楽で生計を立てながら，その当時の「世界で最も性能の高い」望遠鏡を自作し改良を重ねながら，夜空を観測していた．その結果が天王星の発見であり，「銀河の形状の推定図作成」であった．

星雲，彗星の発見 カロラインは，望遠鏡の作成や望遠鏡で使用する反射鏡の研磨に精力的に協力をした．そうした中で，ウィリアムは，妹カロラインのために小型望遠鏡を作成して，カロライン自身でも夜空を探索できる環境を作った．そこで，カロラインは，ウィリアムの望遠鏡作成や観測結果の整理やそれに関わる計算の手助けだけでなく，自らが夜空の観測を始めた．

そして，夜空に広がって見える「星雲」を新たに発見し，また「新たに望遠鏡の視野に入ってくる天体」として「彗星」を発見していったのである．1782 年にウィリアムがイギリスの当時の国王ジョージ 3 世の宮廷づき天文官に任命されると，助手として協力した．その後，1787 年に，ウィリアムの正式な助手として認められ，宮廷からの報酬を受けることになった．職業としての女性天文観測者の誕生である．

カロライン・ハーシェルが第 1 発見者となった彗星は，現在ハーシェル–リゴレー彗星と命名されており，ハーシェルが 1788 年 8 月 1 日夜に発見している．この彗星の公転周期は 155 年であり，1939 年にフランスの R. リゴレーが再発見 (彗星の発見は，同じ位置でなされるわけではないので，周期とは異なっている) したので，ハーシェル–リゴレー彗星という．

カロライン・ハーシェルの名前は，小惑星ルクレツィア，月のクレーターの C. ハーシェルに使用されている．

パスカル, ブレーズ
Pascal, Blaise
1623–1662

大気圧の実証, パスカルの原理

経歴・人物　法服貴族エチエンヌ・パスカル (1588–1651) の第 2 子として, フランス中央高地クレルモンで生まれた. 母は, クレルモンの大商人の娘であるが, ブレーズの 2 歳下の妹を生んだ 1 年後に亡くなった. エチエンヌは, 妻の死を深く悲しみ, 租税法院副委員長を辞任し, 家を売り, 息子・娘にとって十分な教育環境を与えるために 1631 年にパリに移った.

「パスカルの蝸牛線」で知られる数学者でもある父は, メルセンヌ・アカデミー (後の王立科学アカデミー) の非公式な会合に 14 歳となったパスカルを連れて参加した. すでに独学でユークリッドの『原論』を学んでいたパスカルは, そこで円錐曲線のことを知り, 16 歳で論文「円錐曲線試論」(1640 年) を発表した. そこに記載されている命題「神秘の 6 角形」が, 現在知られているパスカルの定理 (円錐曲線に内接する任意の 6 角形の対辺の交点は一直線上にある) である.

パスカルは, 1640 年, 父が増税反対の中心地ルーアンで税務業務に就くことになり, ルーアンに移った. 日々税の計算に明け暮れている父の仕事を容易にしたいとの思いが動機となり, パスカルは, 歯車式加減計算機を考案 (1642 年) し, 父の協力により, 50 台ほど完成させた.

真空は存在するか　1646 年 10 月, 父の友人である築城官ピエール・プティが, パスカル家に立ち寄り, トリチェリの実験を伝えた. パスカルは, プティと共に, E. トリチェリ*の実験 (1643 年) を再現した. パスカルが真空のことを深く考えるようになったのはこのときからである.

アリストテレス*の説によると, 真空の存在そのものに問題 (真空嫌悪説) があり, それにアリストテレスの位置的運動論に従うと空気には重さがないことになる. また, パスカルより 29 歳年上の R. デカルト*も, 宇宙は無数の微細な物質粒子によって満たされ, それらが渦巻き運動していると考え, 真空の存在を認めなかった.

当時, トリチェリの実験には二つの解釈があった. ①閉管の先端にできた空所は, 自然が真空を嫌うために, 外の空気中の微小な成分がガラスの微細な穴から入り込み, それが元の混合状態に戻ろうとすることで水銀を引っ張り上げているという説と ②トリチェリの考察通り, 大気の圧力が水銀層の表面を押しているために水銀柱ができたという説である. 真空嫌悪説が一般的であったため ①が主流であった.

大気圧の実証　パスカルは, これらを決定するための実験を二つ考案した. 一つは真空中で真空実験を行うことである. 真空中で閉管の先を水銀溜りに差し込んだ場合に水銀柱が生じなければ, 水銀柱には大気圧が必要であることが示されることになる. もう一つは, 山の麓から山頂まで何箇所かにおいてトリチェリの実験を行うことである. 測定位置の標高と水銀柱の高さとの関係がわかれば, 大気圧の存在が示されることになる.

パスカルは, 1647 年 11 月, 故郷クレルモンに住む姉婿 F. ペリエに, 水銀柱と標高との関係を知るための実験を依頼した. クレルモンの街は, 標高 1465 m のピュイ・ド・ドームの麓近くにある. ペリエは, 義弟の依頼を受けて 1648 年 9 月に実験を実施した. 標高が上がるにつれて水銀柱が低くなることを実験的に確かめた. これは, 山頂に近づくにつれ, 大気の層が薄くなり, 大気圧が低くなることの確かな証拠となる. パスカルは, ペリエの測定結果を真空の存在と大気圧とを結び付けて考察し, 小冊子

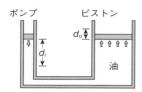

図 1 油圧式ジャッキ

パスカルの原理によると，密閉されている液体の圧力変化は全体に伝わる．ピストンの下の面積がポンプの下の面積より大きければそれに比例して上げる力は大きくなる．

「流体の平衡に関する大実験談」(1648 年 10 月) として報告した．

パスカルの原理　空気と水銀との平衡を，より一般的に流体の平衡として論じ，1654 年に「流体の平衡について」と「大気の重さについて」として執筆した (刊行は 1663 年)．そこに現在知られているパスカルの原理 (密閉容器の中で静止している流体内の 1 点の圧力をある大きさだけ増すと，流体内の全ての点の圧力は同じだけ増す) の記載がある．

液体を入れた容器の底面が受ける力は，底面積が同じであるなら，その容器の形によらず，液体の高さだけで決まることは，オランダの S. ステヴィン*が 1586 年に示していたが，パスカルはこの静流体の規則を一般化した (図 1)．

パスカルは，「人間は 1 本の葦にすぎず，…，しかしそれは考える葦である」(『パンセ (瞑想録)』) などの思索を残し，病のため 39 歳の若さで亡くなった．18 歳からずっと体調不調の日々であったという．

圧力の単位パスカル　パスカルの名は，圧力や応力の SI 組立単位 Pa として冠されている．1 Pa = 1 N/m^2．1 気圧は 1013.25 hPa である．

■**参考文献**

1) パスカル (松浪信三郎訳)：科学論文集，岩波文庫 (1953).

パーセル，エドワード・ミルズ
Purcell, Edward Mills
1912–1997

水素の囁きを聴いた男

アメリカ人実験物理学者．

経歴・人物　電話交換会社の支配人の父と高校でラテン語を教える母の下，イリノイ州テイラービルに生まれる．パデュー大学を 1933 年に卒業の後，1938 年にハーバード大学で学位を取得．第二次大戦中に携わった短波長発生技術を駆使し，核磁性に関連した多くの業績を遺した．

I. ラービが考案した，磁気スピン共鳴の原理を応用し，H. トーリーや R. パウンドと共に水素原子核の核磁気モーメントによる共鳴現象を観測した (1945 年)．この現象は NMR (nuclear magnetic resonance, 核磁気共鳴) とよばれている．パーセルはこの仕事により，数週間遅れで彼らとは独立に同等の実験に成功した F. ブロッホ*とノーベル賞を共同受賞している (1952 年).

核磁気共鳴　原子核のスピン角運動量 $\hbar\boldsymbol{I}$ と磁気モーメント μ の関係は，磁気回転比 γ を用いて $\mu = \gamma\hbar\boldsymbol{I}$ である．$\boldsymbol{I}$ の大きさ I は整数か半整数値である．磁場がない状態では，$(2I+1)$ 個の I の全多重項のエネルギーは縮退している．これに対し，例えば z 軸方向に定常磁場 B を印加すると，ゼーマン効果〔⇒ゼーマン〕により

$$E(I_z) = -|\boldsymbol{\mu}|B = -\gamma\hbar B I_z$$

と，一定間隔 $\Delta = \gamma\hbar B$ で，$(2I+1)$ 準位に分裂する．この系に，B とは垂直な方向に偏光した周波数 ω の電磁場を印加すると，ちょうど $\hbar\omega = \Delta$ の条件を満たす場合にのみ，共鳴現象が起こり，I の差が 1 となる 2 状態間で吸収遷移が起こる．よって共鳴条件は $\omega = \gamma B$ と表され，共鳴条件を満たす B や ω を測定すると，様々な原子核に対し，γ の情報が得られる．このように，

パーセルは量子力学的な状態間遷移という観点から NMR を理解しており，角運動量の歳差運動という古典力学の道具立てで理解したブロッホらと好対照をなしている．

MRI　結晶中や分子中では，狙った原子核の環境に応じて共鳴条件に補正が入るため，共鳴周波数のずれ (化学シフト) を調べると，原子間の化学結合や原子の位置に関する情報が得られる．特に水素原子核の位置を決めるのに有効である．使用するマイクロ波は X 線に比べてエネルギーが小さいので，生体組織に損傷を与える確率を抑えながら生命体の内部を調べることができ，この手法，MRI (magnetic resonant imaging) は，医療の現場で広く使用されている．

電波天文学への貢献　その後，パーセルの関心は宇宙へも向かった．オランダ人天文学者 H. ファン・デ・フルストは，大学院生だった 1944 年，ナチ占領下の祖国におり，天体観測がままならなかった．やむをえず紙と鉛筆を用いた理論研究を行い，宇宙空間にある水素原子が波長 21.12 cm のマイクロ波を放射することを予言した．水素原子核と電子のスピンが，平行か反平行かで，基底状態にエネルギー差 (超微細構造) がある．この 2 状態間の遷移の際に放出される電磁波に相当する．この遷移が実現する頻度は，水素原子一つ当り 1100 万年に一度と見積もられるが，宇宙には大量の水素原子が存在するので，検出器を宇宙に向ければ検出できるであろうというわけである．

これを 1951 年，大学院生の H. ユーエンと共に，検出に成功したのがパーセルである．星間に存在する原子や分子の検出にラジオ波が有効であることを，この観測で知らしめた．この手法は電波天文学の興隆の礎となった．

バッシ，ラウラ
Bassi Laura
1711–1778

ヨーロッパ初の女性物理学教授

イタリアの物理学者，ボローニャ大学教授兼ボローニャ科学アカデミー会員．

経歴・人物　法律家の娘としてボローニャに生まれる．娘の知性に気づいた父親は，医師で学者の G. タッコーニを家庭教師に雇う．ルネサンス人文主義の伝統があるイタリアは，欧州のほかの地域より女子教育に熱心な富裕層が多かった．教師に勧められ，L. バッシは特例としてボローニャ大学で学位をとることになった．というのも当時の女性は大学生になれなかったからである．

学位取得では，「女性が聴衆の前で男性 (教授はすべて男性) と討論する」公開審査が必要であり，当時の性規範にははずれていた．しかしバッシは 1732 年にこれを完璧にこなし，市民の喝采を受けた．じつは 18 世紀のイタリアは政治的衰退期にあり，ヨーロッパ最古の大学町ボローニャは，この「稀有な女博士」によって，かつての栄光を取り戻そうと考えたのである．法王ベネディクトゥス 14 世もバッシを支持した．

学位の取得と公開講座　こうして，バッシは，1678 年の E. C. ピスコピアに次いで，イタリア史上 2 人目の女性として学位を取得し，同時にボローニャ大学教員兼ボローニャ科学アカデミー会員に任命される．学位授与式は町の大イベントとなり，国内外の見物客が押し寄せた．以後バッシはボローニャの知的広告塔として，毎年のように公開実験や公開講座を行い，町の活性化に尽くした．講座にはヨーロッパ全土から見物人が殺到した．バッシは詩に謳われ，メダルに彫られた．

バッシの学問上の専門は，G. ガリレイ*

の流れを汲んだニュートン主義を基盤とした実験物理学である．ただし，高い名声にもかかわらず，具体的な業績について詳しいことがわかっていない．

実はバッシの公開実験の目玉は，物理実験ではなく人体解剖だった．それは「女性学者と解剖用死体」という組合せが多くの見物客を集めたからである．彼女の地位は「女性」学者という希少性に負っており，イベント参加の義務のため，自分の専門にだけ集中することはできず，同時期の有名な女性学者 M. G. アニェージ*のような著作を残せなかった．ただし啓蒙家としては超一流であり，講義のほかにヨーロッパ中の著名な学者，知識人との文通を通して，科学知識の普及につとめた．

バッシはまた，既婚女性に学問は不可能という当時の常識を覆し，同業者の G. G. ヴェラッティとの結婚で8人からの子供を出産しても，学問活動を続けた．結婚後は主に自宅で科学講義を行ったが，ここにも学生や有力貴族が殺到し，彼女の講義は前よりも有名になった．

1776年には自ら実験物理学の教授職に名乗りを上げ，夫は彼女の助手となった．晩年には，ボローニャ大学ではバッシの給与が最高額だったといわれている．

図1　ラウラ・バッシ

パッシェン，フリードリッヒ
Paschen, Louis Carl Heinrich Friedrich
1865–1947
原子スペクトルの研究

ドイツの物理学者．気体放電に関するパッシェンの法則を発見し，水素原子に固有な原子スペクトルのうち，赤外線領域にある系列 (パッシェン系列) を発見した．また，非常に強い磁場中では原子スペクトルが正常ゼーマン効果を示すというパッシェン–バック効果を発見した．

経　歴　1884年，シュトラスブルク大学に入学．1888年，A. クント*の下で放電開始電圧がガス圧 p と電極間隔 d の積だけに依存することを示し (パッシェンの法則) 学位を取得．図1は空気のパッシェン曲線の概形を示す．電極間隔を狭め空気の圧力を下げると急激に放電しにくくなることがわかる．1888年から1893年まで J. W. ヒットルフの最後の助手として電解液の電気化学ポテンシャルを調べた．その後，ハノーバー工科大学の助手．1893年に黒体放射に関する理論的考察からウィーンの変位則 (黒体からの放射のピーク波長と黒体の温度の積は定数であるとする法則〔⇒ウィーン〕) が発表されていたが，パッシェンはこれを知らずに熱した白金からの放射を分光測定して，1894年に実験的に同法則を発見した．1895年には当時地上で発見されたヘリウムのスペクトルを調べた．1901

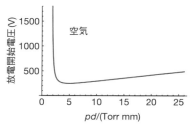

図1　パッシェンの法則 (説明図)

年にテュービンゲン大学教授．1908年に，赤外域でヘリウムと水素（パッシェン系列）のスペクトル（後述）を発見した．

電子の磁気モーメント 原子のスペクトル線は磁場中ではゼーマン効果〔⇒ゼーマン〕により分裂する．分裂のパターンはスペクトル線が属する系列により異なる．対称に3本に分かれる正常ゼーマン効果は，電子の軌道運動で誘起された磁気モーメントが磁場の周りに歳差運動することで説明できる．しかし，これでは説明できない異常ゼーマン効果が多くの原子の系列で観測された．これを説明するには，電子のスピン（1925〔⇒ウーレンベック〕）による磁気モーメントと軌道運動による磁気モーメントの相互作用（スピン–軌道相互作用）を考慮しなければならなかった．1912年，弟子のE. バックと共に，強い磁場中では原子のスペクトル線は正常ゼーマン効果の分裂パターンになることを見出した（パッシェン–バック効果）．これはゼーマンエネルギーがスピン–軌道相互作用より大きくなると，軌道運動による磁気モーメントがスピンによる磁気モーメントに影響されずに自由に外部磁場のまわりに歳差運動することができるためである．

水素原子のスペクトル スペクトル線の波長 λ は，リュードベリの式〔⇒リュードベリ〕

$$\frac{1}{\lambda} = R_\infty \left(\frac{1}{n'^2} - \frac{1}{n^2} \right) \quad (1)$$

を満たす．ここでリュードベリ定数 $R_\infty = 1.0974 \times 10^5 \mathrm{cm}^{-1}$，$n'$ と n は正の整数で $n' < n$．$n' = 1$ は紫外域でライマン系列で波長の長い方から $L_\alpha, L_\beta, L_\gamma, \cdots$，$n' = 2$ は可視域でバルマー系列〔⇒バルマー〕で同様に $H_\alpha, H_\beta, H_\gamma, \cdots$，$n' = 3$ は赤外域でパッシェン系列で $P_\alpha, P_\beta, P_\gamma, \cdots$ とよばれる．

ハッブル，エドウィン・パウエル
Hubble, Edwin Powell
1889–1953

ハッブルの法則の提案

アメリカの天文学者．

経歴 ミズーリ州で保険会社役員の父の下に生まれた．若い頃はスポーツが得意で，高校では7種目で1位，1種目で3位だった．シカゴ大学に入学し，R. A. ミリカン*などの影響を受けた．大学でもヘビーウェイト級のボクサーとして有名だった．大学で数学と天文学を学び，1910年卒業後，イギリスのオックスフォード大学で法学の修士号取得．その後，アメリカに戻って法律事務所勤務や高校教員を経験した．第一次大戦では軍隊で少佐となった．終戦後，法律関係の仕事をしたが，「自分は2流でも3流でもいい！天文学こそやりがいのある仕事」と法律の道を捨ててシカゴ大学に．天文研究で博士号を取得（1917年）．1919年，カリフォルニア州パサデナ近郊にあるウィルソン山天文台の職を紹介された．ウィルソン山天文台は，当時世界最大の望遠鏡100インチ（2.5m）フッカー望遠鏡を所蔵していた．ハッブルはこれを用いて銀河を観測し，宇宙にある多くの銀河を，その大きさ，組成，距離，形状，光度などの指標を使って分類していった（ハッブル分類と呼ばれる）．

系外銀河の存在の実証 1923年から1924年にかけて，ハッブルはこのフッカー望遠鏡で観測を行った．そして，それまでの小さな望遠鏡での観測ではわからず，我々の銀河系内の天体ではないかと思われていた「星雲（nebula）」の中に，我々の銀河系外にある銀河（系外銀河）が含まれていることを明らかにし，1924年12月30日の論文で発表した．

ハッブルの法則　1929年，ハッブルとミルトン・ヒューメイソン（フマーソン）は，銀河の赤方偏移と距離の間に，比例関係があることを発表した（図1参照）．系外銀河の星からくる光が赤方偏移していることを意味する（ハッブルの法則）．そして，銀河までの距離が遠いほど，後退速度が大きいと主張した．ハッブルの法則は次のように表せる．銀河の後退速度を v，銀河までの距離を r とすると，

$$v = H_0 r$$

の関係がある．H_0 は宇宙の現在の膨張率を表す定数（ハッブル定数）で，単位は $\mathrm{km \cdot s^{-1} Mpc^{-1}}$ である（Mpcはメガパーセク）．こうして，宇宙の創生についての科学的探究の先駆け，宇宙物理学の新展開をもたらした．

M. ヒューメイソン　M. ヒューメイソンは，天文台へ資材を運ぶ仕事をしていた．高校も出ていなかったが，好奇心が強く，1917年に職員として雇われ，仕事をすぐに覚え観測技術の敏腕ぶりを示し，ハッブルの助手となった．R. ファインマン★もそうだし，女性研究者もだが，庶民にこうした機会があったことは，歴史にとどめておきたい．近日点の遠い彗星 C/1961 R1（フマーソン）の発見者としても知られている．

膨張宇宙論への道　図1左は当時の観測結果である．現在の観測結果を併記すると（図1右）精度が極端に異なり，距離もけた違いに大きいところまで測定されていることがわかる．当時ハッブルが変光星の型を区別していなかったために，ハッブル定数は現在の約7倍だった（500 $\mathrm{km \cdot s^{-1} Mpc^{-1}}$）．1917年には，A. アインシュタイン★が一般相対性理論の枠内で宇宙の収縮解を見つけていたが，おかしいと思い式を変更したことがあった．別に，A. A. フリードマン★の膨張宇宙論も出ていたが〔⇒ガモフ〕，膨張宇宙論が科学界全体の合意を得るのは，A. A. ペンジアスとR. W. ウィルソン★により

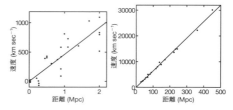

図1　天体までの距離と天体の後退速度の関係（船久保博士提供）

「宇宙背景放射」が確認された1964年以後である〔⇒ウィルソン，R.W.〕．しかし，アインシュタインをはじめ，先取の気風を持つ科学者たちは，ハッブルの発見で宇宙観の転換を意識した．アインシュタインは，ハッブルの発見を聞いてショックを受け，「方程式を変更したのは，人生最大の過ち」と言ったという．実はもう一度どんでん返しがあって，このとき変更したいわゆる宇宙項は，現在ではダークエネルギーと関連する重要な意味を持っていると考えられている（アインシュタインの「宇宙項」の波紋）．

天文学の分野開拓へ　ノーベル賞は天文学には長い間与えられなかった．本来ならノーベル賞級の業績のあったハッブルでさえ，長い間，受賞候補にならなかった．ノーベル賞委員会が，天文学を物理学賞の中に組み入れると決定したのは，1953年である．ノーベル賞は生きている人にしか与えられない．ハッブルはこの年，ノーベル賞受賞通知を受ける直前の1953年9月28日に他界した．ハッブルの功績をたたえて，その名を冠した「ハッブル宇宙望遠鏡」が1990年にスペースシャトル・ディスカバリーにより打ち上げられ，地球の約600km上空をいまも回り続けている．

バーディーン，ジョン
Bardeen, John
1908–1991

ノーベル賞 2 度受賞の理論物理学者

アメリカの理論物理学者．半導体と金属の電気伝導を主に研究し，2 度のノーベル物理学賞を受賞．実験物理学者との共同によりトランジスターの原理を発見．また，理論研究者を指導して長年未解決であった超伝導現象の機構解明に成功した．

経　　歴　1908 年にウィスコンシン州マディソンに生まれた．小学校 3 年生から中学校へ飛び入学し，15 歳でウィスコンシン大学の電気工学科に入学した．1929 年に修士課程を修了，ピッツバーグにあったガルフ・オイルの研究所に入り，磁気や重力を使う鉱脈の探索における数学的解析方法の開発研究に当たった．

本当にやりたいことは理論的な科学だと気づいて 1933 年にプリンストン大学の数理物理学の博士課程大学院に入った．E. P. ウィグナー*と F. ザイツの下で固体物理学に興味を持ち電子の量子論の研究をした．金属の仕事関数の研究で学位を取得したが，論文完成の前にハーバード大学にジュニアフェローとして就職した．3 年間 J. H. ヴァン・ヴレック*と金属凝集と電気伝導の研究をし，その間に結婚した．

トランジスタの発明　ミネソタ大学へ准教授として移動したが，大戦中は国防省海軍武器研究所で戦時研究に携わった．戦後の 1945 年，そこで知り合った W. ショックレー*にベル研究所によばれた．グループに入ったもう 1 人，W. H. ブラッテンは，ミネソタ時代に親しくなっていた実験物理学者だった．

その 2 年後にトランジスタを発明〔⇒ショックレー〕，これによってその 3 人で 1956 年のノーベル物理学賞を受賞した．この発明は，バーディーンの理論とブラッテンの実験により半導体表面の性質の把握と制御を進める中でなされたものだったが，ショックレーは自分の研究から 2 人を外していった．

BCS 理論　1951 年バーディーンはサイツの誘いに応じてイリノイ大学に移った．プリンストン大学で学位をとっていた D. パインズを 1952 年に，また，プリンストン大学でポスドクをしていた L. N. クーパー (Cooper, Leon Neil; 1930–) を 1955 年に，共にポスドクとして招いた．1953 年には MIT を卒業した J. シュリーファー (Schrieffer, John Robert; 1931–) が大学院生としてバーディーンの下に入学していた．バーディーンはこれらの人々を指導して，実験的に発見されてから 50 年経過した超伝導の，基礎理論に取り組んだ．

超伝導は電子間引力による　超伝導〔⇒カマリング=オネス〕は，金属で発見された現象で，温度を下げると物質に固有の「転移温度」以下で電気抵抗が消失する (零抵抗)．今では，合金，セラミックスや有機物質などで広くみられる．磁場中ではそれを打ち消す磁化が生じて磁石との間に大きな反発力が現れる (完全反磁性)．

零抵抗は通常の金属が示すオームの法則〔⇒ドルーデ〕とは相容れない．オームの法則は，電子が金属中では殆ど自由に飛び回ると考え説明される．

超伝導が起こるためには，電子が独立ではなく互いに引きあっていることが必要である．電子は互いに斥けあうはずだが，ある領域を電子が通過すると正電荷のイオンを引きつけて領域が正に帯電するため，別の電子をその領域に引きつける，と考える．バーディーンとパインズは，金属中では，電子がフォノン (音波つまりイオンの格子振動の量子) をやりとりすることにより，フェルミ準位に近いエネルギーを持つ電子の間に引力が働くことを 1955 年に示した．

クーパー対はボース粒子　翌年には

クーパーが，フェルミ準位近くの，運動量が互いに逆向きの電子が2個まとまった状態を考えると，別々だった場合よりもエネルギー的に得になることを示した．2個まとまったものをクーパー対という．

フェルミ準位を挟んでエネルギー $\pm E_D$ の範囲にある準位を占める電子間に大きさが一定の引力が働くと仮定した．E_D はフォノンの代表的なエネルギー，例えばデバイエネルギーとする．するとエネルギーの得は，$E_D e^{-1/g}$ となる．g は引力の大きさと電子密度に比例する定数である．

この結果は，小さくても引力がありさえすればクーパー対ができることを表す．クーパー対はボース粒子として扱えるので，超伝導はボース–アインシュタイン凝縮のように考えられる．

BCS波動関数 クーパー対が次々と作られていく不安定性に着目して，バーディーン，クーパー，シュリーファー (BCS) は超伝導現象の特徴を見事に説明する理論を作り1957年発表した．これにより，3人は1972年のノーベル物理学賞を受賞した．

この理論では次々と付け加わるクーパー対全体を表す量子力学的状態が求められた．

まずフェルミ凝縮状態の波動関数は，1電子状態の運動量を p，フェルミ運動量を p_F として，フェルミ準位以下 ($|p| < p_F$) の1電子準位のスピン↑及び↓の波動関数の全てに，全ての電子を配置したスレイター行列式とする．

これに対して，BCSの波動関数は，

電子準位対		重み係数
$(p,\uparrow)$ と $(-p,\downarrow)$	占有	$v(p)$
$(p,\uparrow)$ と $(-p,\downarrow)$	非占有	$u(p)$

で示すように，一対の準位を共に占有している状態が重み $v(p)$ で，共に非占有の状態を重みが $u(p)$ で含まれるように重ね合わせ，これを全ての1電子状態 (p とスピン) について積をとり，反対称化の操作を行ったものである．この波動関数はスレイター行列のようにはわかりやすくない．一般には第2量子化を使って記す．u, v は複素数でありその位相が超伝導状態の持つ量子的な位相を決めている．

BCS波動関数で特に次のような重み係数

重み係数	$|p| < p_F$	$|p| > p_F$
$v(p)$	1	0
$u(p)$	0	1

の値 (規格化は別にして) をとらせると，フェルミ凝縮状態に一致する．

u, v を調節して，引力を及ぼしあう電子系のエネルギー期待値が最小になるようにする (数学的には変分法を利用する) と，u, v が定まり，基底状態が求まる．図1にその概略を示す．

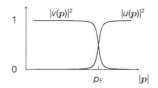

図1 BCS波動関数の係数

ここで積 uv は常伝導状態では恒等的に0，超伝導状態ではフェルミ面近くでのみ有限になる量であり，超伝導を特徴づけているものである．$g \sum u(p)v(p)$ のように全ての状態で和をとったものを秩序パラメータと定義する．

基底状態はクーパー対が凝縮している状態であり，外から電磁波などでエネルギーを与えて生ずる励起は，クーパー対が壊されてできる2個の電子 (正確には準粒子) である．励起エネルギーには束縛を解くために必要な最小値があり，それはエネルギーギャップとよばれる．

温度によって占有数に変化が生じて秩序は弱まる．統計力学的な計算から転移温度を求めることができ，転移温度は E_D に比

例することが導かれる．格子振動の振動数は原子の質量の平方根に反比例することから，フォノンの代表的なエネルギー E_D は原子の質量の平方根に反比例する．したがって，転移温度は同位元素の質量数の平方根に反比例するはずである（同位元素効果という）．実験的に転移温度はスズで質量数の -0.505 乗，鉛で -0.478 乗，水銀で -0.504 乗になっていることが知られていて，理論予測とよく一致している．このことは，BCS理論が認められる一つの理由になった．

この他，転移温度における比熱の不連続変化の特徴，核磁気共鳴の温度変化，電磁波の吸収にみられる波長依存の特徴など，超伝導の基本的な性質が次々と説明でき，電気抵抗の消失についても理解が得られた．一様な系の性質だけではなく，後に続く研究により空間的に分布した超伝導の色々な振舞を理論的に説明することができるようになり，実験も更に進むことになった．

複素数係数 v の位相が全ての対 $(\boldsymbol{p}, -\boldsymbol{p})$ についてそろっていて，超伝導状態が一つの量子状態であることに基づいてジョセフソン効果が予測された〔⇒ジョセフソン〕．

超伝導体の中で電流はクーパー対によって運ばれるので，常伝導金属から超伝導体に電子が注入される接合部では，注入電子の運動量とは逆向きの運動量を持つ空孔が返される．これがアンドレエフ反射である．

BCS 理論で用いられたモデルは単純すぎて現実の多くの超伝導物質には合わない．しかし，体系全体で位相がそろった量子状態を表す波動関数を示したこと，粒子と空孔の重ね合せの状態という新しい考えを取り入れたこと，は失せることのない BCS 理論の功績である．

バーディーンは穏和で謙虚な人柄で知られた．接する相手の年齢や階層や人種によって態度が変わることはなかったという．

ハートリー，ダグラス・レイナー
Hartree, Douglas Rayner
1897–1958

最初の計算物理学者

イギリス人数学者・物理学者．

経歴 ケンブリッジ大学の工学の研究室で教えるウイリアム・ハートリー，ケンブリッジの市長も務めたエヴァ・レイナーを両親として生まれる．1926 年に学位を取得し，1946 年から生涯ケンブリッジ大学プラマー教授職にあった．

ハートリー近似 多電子を含む原子に対する波動関数は，電子数を N 個とし，i 番目の電子座標を $\boldsymbol{r}_i$ として，$\Psi(\boldsymbol{r}_1, \boldsymbol{r}_2, \cdots, \boldsymbol{r}_N)$ と書ける．この関数の近似解として，個々の電子の波動関数の積である以下の形を仮定する．

$$\Psi = \varphi_a(\boldsymbol{r}_1)\varphi_b(\boldsymbol{r}_2) \cdots \varphi_n(\boldsymbol{r}_N) \quad (1)$$

一方，ハミルトニアンは，i 番目の電子座標に作用するラプラス演算子を ∇_i^2 として

$$H = \sum_{i=1}^{N} h(\boldsymbol{r}_i) + \frac{1}{2}\frac{e^2}{4\pi\varepsilon_0}\sum_{i \neq j}\frac{1}{|\boldsymbol{r}_i - \boldsymbol{r}_j|} \quad (2)$$

$$h(\boldsymbol{r}_i) = -\frac{\hbar^2}{2m}\nabla_i^2 + V(\boldsymbol{r}_i) \quad (3)$$

となる．原子核からのポテンシャルは各電子に共通の形 $V(\boldsymbol{r}_i)$ である．変分法を用いると，(1) 式の型の範囲で基底状態に対する最適解が求まる．その結果，解を構成す

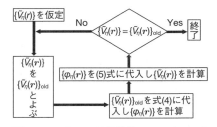

図 1　ハートリー近似計算フローチャート

る関数の集合 $\{\varphi_\eta(\boldsymbol{r})\}$ が，以下の固有値問題の解となることが導かれる．

$$[h(\boldsymbol{r}) + \tilde{V}_\eta(\boldsymbol{r})]\varphi_\eta(\boldsymbol{r}) = \varepsilon_\eta \varphi_\eta(\boldsymbol{r}) \quad (4)$$

$$\tilde{V}_\eta(\boldsymbol{r}) = \frac{e^2}{4\pi\varepsilon_0} \sum_{\zeta \neq \eta} \int \frac{|\varphi_\zeta(\boldsymbol{r}')|^2}{|\boldsymbol{r}-\boldsymbol{r}'|} d\boldsymbol{r}' \quad (5)$$

$\tilde{V}_\eta(\boldsymbol{r})$ 内の $|\varphi_\zeta(\boldsymbol{r}')|^2 d\boldsymbol{r}'$ の部分は，$\boldsymbol{r}'$ を中心とする微小体積 $d\boldsymbol{r}'$ の領域内において，状態 ζ を持つ電子の存在確率を表す．従ってこの項は，$\varphi_\eta(\boldsymbol{r})$ 状態の電子がその状態以外の全ての電子から受ける平均ポテンシャルを表す．このようにある一つの電子の波動関数を考える際に，残りの電子の影響を，それらの電荷分布で置き換える近似をハートリー近似という．(4)，(5) 式を合わせて「ハートリーの方程式」とよぶ．

数値解の計算　未知関数 $\{\varphi_\eta(\boldsymbol{r})\}$ を陰関数の形で含むこれらの方程式を解く有力な方法に，図 1 に示したような自己無撞着な (self-consistent) 計算による方法がある．電子計算機が開発途上だった当時，ハートリーは機械的に積分を行う微分解析機械を (最初は子供のおもちゃの部品を使って！) 自ら製作し，これを駆使して，父と協力して多数の原子に対する基底状態の数値解を求めた．計算機を使用する計算物理学の草分けであった．

なお，(1) 式は，電子の非個別性とスピンの存在を無視しているため，電子座標の交換に対する反対称性を満たしていない点が不十分である．この点を改良したハートリー–フォック近似が知られている〔⇒フォック〕．

人　　物　音楽好きのハートリーは，自らピアノ，ドラムなどの楽器を演奏し，アマチュア・オーケストラの指揮者もこなした．1930 年代にマンチェスター大学の応用数学教授を務める傍ら，同大学に音楽学科を設立し，自ら初代学部長を務めた．大の鉄道 (の信号問題?!) 好きでもあり，1926 年の有名なストライキの際には，踏切に信号所を設置する手伝いを嬉々として行った．

バーネル，ジョスリン
Burnell, Susan Jocelyn Bell
1943–

パルサーの発見

北アイルランド出身の女性天文学者．父は，アーマー・プラネタリウム (北アイルランド) の設計に関わった建築家で，彼女が天文学に興味を持つきっかけを作った．イギリス天文学会会長，イギリス物理学会会長，プリンストン大学客員教授，オックスフォード大学客員教授を歴任．フィラデルフィアのフランクリン協会からアルバート・マイケルソンメダル，マイアミ大学理論物理センターからロバート・オッペンハイマー記念賞，王立天文学協会からハーシェル賞，国際ラジオ科学ユニオンからグロート・レバーメダルを贈られた．2013 年，英国 BBC ラジオの番組で「連合王国で最もパワフルな女性 100 名」に，2014 年，女性として初めて，エディンバラ王立協会の会長に選出された．

惑星間シンチレーション　A. ヒューイッシュ*の博士課程の学生として，ケンブリッジ天文台にヒューイッシュが建設したマラード電波望遠鏡で観測を行い，惑星間シンチレーションの研究を行った．地球上から観測すると，大気の流れのために，恒星はちかちかとまたたいて見えるが，同様に，宇宙からやってくる電波は，太陽系内を流れる太陽風のために，観測される強度がゆらぐ．これを惑星間シンチレーションという．電波の発信源が小さいほどシンチレーションの効果は大きく，クエーサーの発見などに有効とされる．しかし，バーネルは，シンチレーションの測定結果の中に潜んでいた，別物の大発見を釣り上げた．

パルサーの発見　1967 年，観測を始めて 6～8 週間後，バーネルは，データの中に，シンチレーション源には見えない「ご

図1　ジョスリン・バーネル

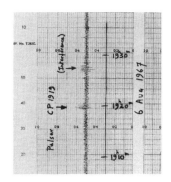

図2　パルサー PSR B1919+21 からの最初の信号
(*Reviews of Modern Physics* **47** (1975) 597)

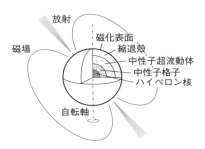

図3　パルサーの模式図

み」(スクラフ)を見つけた(図2).その電波源は,シンチレーションが弱まるはずの夜間でも点滅し続けており,解析の結果,周期4/3秒の一連のパルスであることがわかった.ケンブリッジで講義をしていたヒューイッシュに報告したところ,最初は,それは人工物だ,と返答された.しかし翌日,彼は観測所にやってきた.

詳しい解析の結果,この電波源は,太陽系外かつ銀河系内にあることがわかった.極めて規則的な周期性のため,地球外知的生命体からの信号ではないかという疑いが生じ,緑の小人(欧米人の間で知られている架空の生命体)と名づけられた.

同じ年のクリスマス間近のある日,おろそかにしていたシンチレーションの解析を再開したとき,カシオペア座にもスクラフがあるのを見つけた.周期は1.2秒だった.別の二つの星に住む緑の小人が,同じような周波数を選び,時を同じくして,偶然,地球という惑星に向けて信号を送ってくるなど,ありえないことだった.クリスマス過ぎには,さらに二つのスクラフを見つけた.これにより,観測されたパルスが天体現象であることが明らかとなった.パルサーの発見だった.バーネルが発見した4個のパルサーは現在,PSR B1919+21,PSR B1133+16,PSR B0834+06,PSR B0950+08,と名づけられている.

「パルサー」という名前は,一定の周期(数ミリ秒〜数秒)でパルス状の電磁波(可視光線,紫外線,X線,γ線)を放射する天体の総称として導入された.特徴はパルスの周期が一定なことで,10^{-8}の精度を示す.超新星爆発後に残った中性子星がパルサーの正体と解釈されている.放射のエネルギー源としては,星の回転エネルギーの減少,近接連星系における重力エネルギーの解放〔⇒テイラー〕,極端に強い磁場エネルギーの放出が考えられる.

バーネルが,ヒューイッシュのノーベル賞共同受賞者にならなかったことに関しては,しばしば取り沙汰されてきた.このことについて,バーネルは,指導教授と学生の研究の線引きは難しい,成功も失敗も責任は指導教授にある,学生が受賞したらノーベル賞の品位を落とす,などの理由をあげて取り合わなかった.また,科学の研究における興奮と幸運について,自分の取り分以上のものをすでにとった,とも語った.

バーバー, ホーミ・ジャハンギール
Bhabha, Homi Jehangir
1909–1966
インド原子炉の父

インド人物理学者.主な研究分野は宇宙放射,素粒子理論,量子論.

経歴 1909 年,ムンバイ (旧ボンベイ) の富裕な家庭に生まれ,そこで教育を受け,学位はイギリスに渡ってケンブリッジ大学から受けた (1934 年).第一次大戦中に活動拠点を母国に移し,1945 年からは,インドでタタ基礎研究所の所長を勤め,1956 年,アジア初の原子炉の稼働を指導するなど,インドの原子力政策の設計者とされた.1966 年 1 月,飛行機事故で亡くなった.

父親はバーバーを技術者にしたかったが,本人は理論物理を志した.父親を説得する手紙の中で,「科学者は素晴らしいから科学者になるべきだとベートーベンに言っても無駄なことです.技術者こそ知性のある男のなるべきものだとソクラテスに言っても,それは自然の本当の姿ではありません.自分は物理をやりたいのです」といった例え話で説得した.

バーバー散乱 高エネルギーの電子・陽電子の弾性散乱はバーバー散乱とよばれている.従来,陽電子を独立な素粒子と考えるか,負のエネルギーに詰まった空孔と考えるかで,散乱断面積の結果に,交換項の有無という食い違いが知られていた.陽電子を独立粒子と考えるなら,電子の非個別性に起因するような交換項が現れるはずはないということである.バーバーは散乱振幅の計算において,電子・陽電子間の対消滅,対生成の過程を考慮に入れることにより,どちらの場合でも交換項に相当する寄与があることを示した (1935 年).計算は放射補正を無視した摂動の最低次の範囲

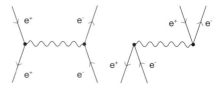

図 1 バーバー散乱のファインマン図形

までであったが,理論提唱から 20 年近く経過してようやく実験的な確証が得られた (1954 年).図 1 はそのような散乱過程のうち,最低次のものを煩雑な式で表す代わりに,特別な規則で表現したファインマン図形とよばれるものである〔⇒ファインマン〕.

素粒子の寿命の相対論的効果 1937 年,W. ハイトラー*と電子シャワーのカスケード理論を展開した.これは,地球外からくる宇宙線が,大気の上層に到達すると,大気との相互作用により 2 次的な宇宙線を生じるというものである.

また,1937 年に C. D. アンダーソン*らが発見した新粒子 (現在のミュー粒子) に関連し,寿命の短い宇宙線でも地上で観測されることについて,以下の説明を提案した (1938 年).寿命 t_0 が短いと,上空で発生した宇宙線は地上に到達する前に消滅してしまう.しかし,特殊相対論によれば,速さ v で移動する宇宙線と一緒に動く時計は遅れるので,地上からみた寿命 t は

$$t = t_0/\sqrt{1-(v/c)^2}, \quad c は光の速さ$$

となる.高エネルギーの宇宙線 ($v/c \simeq 1$) ならば寿命はとても長くなり,地上での観測が可能になる.バーバーの案は,1941 年,B. ロッシによって検証がなされた.この事実は,特殊相対論の正しさを示す最良の証拠のうちの一つになっている.当初この新粒子は,「中間の (質量)」という意味に因み,メストロンとよばれたが,ラテン語の語源まで遡り,メソンとするべきだというバーバーの提案が採用された.「メソン」は現在,その後発見された π 中間子など〔⇒湯川秀樹〕,中間子の呼び名になっている.

ハバード，ジョン
Hubbard, John
1931–1980

電子のハバードモデルの提唱

　イギリスの理論物理学者．相互作用を持つ電子のハバードモデルで知られる．

　経歴　ハバードは1931年にイギリスのロンドンで生まれた．ロンドン大学（インペリアル・カレッジ・ロンドン）を1955年に卒業し，1958年には「多体摂動理論による集団運動と金属及びプラズマへの応用」で博士号を取得した．1961年にはイギリスのハーウェル原子力研究所の理論物理学グループ長となった．1963年から1966年にかけてハバードモデルに関する「狭いエネルギーバンドにおける電子相関I〜VI」の6編の論文を発表している．アメリカ・カリフォルニアのIBMサンノゼ研究所に1976年に移り，鉄，ニッケルや1次元導体の磁性に関する研究を行った．

　ハバード–ストラトノヴィッチ変換　R. L. ストラトノヴィッチによって導入されハバードが発展させた，ハバード–ストラトノヴィッチ変換で多体系の大分配関数の計算法を発展させた．2体ポテンシャルによって相互作用する粒子系を，揺動する場と相互作用する独立粒子系に変換するもので，高分子物理学，スピングラス理論，電子構造理論で広く用いられている．

　ハバードモデル　固体物理学で金属–非金属転移を記述するときに多く用いられるモデルで，ハミルトニアンは次式で表される．

$$H = -t \sum_{\langle i,j \rangle, \sigma} (c^+_{i,\sigma} c_{j,\sigma} + c^+_{j,\sigma} c_{i,\sigma})$$
$$+ U \sum_{i=1}^{N} n_{i\uparrow} n_{i\downarrow} \quad (1)$$

ここで，$\langle i,j \rangle$ は隣接する格子点間での相互作用を表し，c^+ は生成演算子，c は消滅演算子，n は数演算子である．t はホッピングの係数で，電子が原子間をホッピングするのに必要な運動エネルギーを表す．U は電子間のクーロン相互作用により，二つの電子が同じ軌道にきたときに増加するエネルギーを表す．

　ハバードモデルは，強束縛モデルの改良とみることができる．強束縛モデルでは隣の格子点に移動することによる項のみが考えられている．電子が格子点で受けるポテンシャルエネルギーが大きいときは，強束縛近似とは全く違った挙動を示し，モット転移による金属–非金属も正しく示すことができる．

　水素原子が等間隔に1次元結晶を組んでいる系では原子間距離が十分大きいときは，(1)式の第1項のホッピング積分は小さくなり，第2項のポテンシャル項がスピン↑の電子とスピン↓の電子の間のクーロン斥力で大きな正であると，どの原子も2個の電子が占めることができないので，電子は隣の原子に移動することができなくなり，系は非金属となる．原子間距離を小さくしていくと，ホッピング積分が大きくなっていき，(1)式の第1項が大きな負の値となるので，電子は隣の原子に移動した方がエネルギーが低くなり，系は金属となる．

　ハバードモデルは，遷移金属のように最外殻電子がd軌道やf軌道にあり，電子の波動関数の広がりが大きく，電子同士の波動関数の重なりのために生じる電子相関が大きな固体中の電子を記述するモデルとして提出された．ハバードモデルは単純なハミルトニアンを持つモデルであるが，多様な電子の振舞を説明できた．電子相関が物性に大きな役割を果たす系を強相関電子系とよぶが，ハバードモデルは強相関電子系の基本的なモデルである．モット絶縁体や酸化物高温超電導体の研究に多く用いられている．

バービッジ，マーガレット
Burbidge, Eleanor Margaret Peachey
1919–

女性初のグリニッジ天文台長

イギリスの宇宙物理学者．核物理学者の夫，G. R. バービッジを宇宙物理学の世界に引き込み，共同研究を行った．夫妻を，美女と野獣，とひそかに評する人もいた．

B^2FH 論文 天文学者のF. ホイル*は，1940年代に，元素は，ビッグバンのような1回の出来事で作られたものではなく，宇宙の成長の中で，恒星内で徐々に作られていったという仮説を提唱していた．バービッジは，この学説に魅力を感じ，1954年に共同研究を始め，恒星の表面層のスペクトル観測から，元素の成分分析を行った．バービッジ夫妻，W. ファウラー，ホイルの共著論文は B^2FH として著名〔⇒ホイル〕．

銀河の諸特性の研究 渦巻き銀河のスペクトル測定の研究では，銀河が回転による中心力で形を維持していることを見出し，銀河についての様々な特性を明らかにした．例えば，図2は，バービッジが観測した，NGC7479という銀河のスケッチである．数値は，赤方偏移の測定から計算した，銀河内の各部分の地球に対する相対速度(km/秒)である．我々の銀河の回転速度を考慮して補正すると，NGC7479の平均速度は $v = 2637$ km/s と計算され，ハッブルの法則 $v = Hd$ より，NGC7479までの距離は $d = 35.2$ メガパーセク(Mpc)となる．ここで，ハッブル定数は，1960年当時の値 $H = 75$ km/s/Mpc を使った．

クエーサー (quasar) 恒星に似た(準星)電波放射源を意味する quasi-stellar radio source の略で，実体は活動銀河核であり，電波だけでなくあらゆる波長の電磁波を放射することがわかってきている．極めて明るい天体で，明るさは天の川銀河の1000

図1 天体観測中のバービッジ

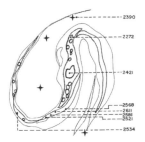

図2 銀河 NGC7479 のスケッチ
(*The Astrophysical J.* **132** (1960) 654)

倍，太陽の10兆倍にも上り，エネルギー源は，活動銀河核内の大質量ブラックホールへの物質の落ち込みだと考えられている．大きな赤方偏移もその特徴の一つであるが，バービッジはこれを測定して，クエーサーは宇宙の端ではなく，もっと近くに存在していて，赤方偏移は，宇宙の膨張ではなく，深い重力井戸によるものではないかと推論した．この推論はビッグバン宇宙論に反する可能性があり(定常宇宙論)，たびたび物議を呼んできた．

1972年には，女性初のグリニッジ天文台長となった．しかし，グリニッジ天文台長に与えられる王室天文官の称号が別の人に与えられるなど，様々な女性差別を受けた．女性天文学者に与えられるアニー・J・キャノン賞〔⇒キャノン〕の受賞を，逆差別であるとして辞退した．バービッジに因んで命名された小惑星帯の小惑星 5490 Burbidge がある．

ハミルトン，ウィリアム・ローワン
Hamilton, William Rowan
1805–1865
ハミルトン方程式と4元数の提唱

アイルランド生まれのイギリスの数学者，理論物理学者．解析力学におけるハミルトン形式と4元数で有名．

経歴 幼少より，語学と数学に天才的な能力を持ち，ダブリンのトリニティカレッジに最優秀で入学した．学部の学生時代に光学の研究を行い，論文 "Theory of System of Rays" を発表した．その中には特性関数を用いた火線 (caustic, 光線の包絡線) の研究も含まれる．たとえば，水中から水面を見上げると美しい光の模様が見えるが，それが火線である．現代風の言い方だとアイコナールの方法に当たる．1827年にはトリニティカレッジの天文学の教授に就任し，形式的には天文台勤務であったが観測には熱心でなく，専ら数学的研究に没頭した．

その仕事の中で後世にまで記憶されている代表的なものは，1834年に論文 "On a General Method in Dynamics" に発表された解析力学におけるハミルトン形式と高次複素数である4元数 (quaternion) であろう．

ハミルトン形式の解析力学 ここで変分原理を，正準変数 p, q を変数とするハミルトン形式のもので書こう．ただし，時間の両端で固定するものは座標 q である．

ハミルトニアン $H(q, p)$ が与えられたときに，作用 S を
$$S = \int_{t_1}^{t_2} [p\dot{q} - H(q, p)]dt$$
と置こう．ここで力学変数は，座標 q と共役運動量 p であることに注意しよう．また，$\dot{q} = dq/dt$ である．ラグランジアン L は $L = p\dot{q} - H(q, p)$ と書けるが，これは変数を座標と運動量 q, p 座標から速度 $q, \dot{q}$ に変換する，ルジャンドル変換と見なせる．(q, p) で表される空間を位相空間とよぶ．上の作用を相空間で定義された作用とよぶこともある．

変分原理を位相空間で定義された作用に適用すると，$\dot{p} = dp/dt$ として，
$$\delta S = \int_{t_1}^{t_2} [\delta p \dot{q} + p\delta\dot{q} - \delta H(q,p)]dt$$
$$= \int_{t_1}^{t_2} \left[\delta p \dot{q} - \dot{p}\delta q - \frac{\partial H}{\partial q}\delta q - \frac{\partial H}{\partial p}\delta p\right]dt$$
$$= \int_{t_1}^{t_2} \left[\left(\dot{q} - \frac{\partial H}{\partial p}\right)\delta p - \left(\dot{p} + \frac{\partial H}{\partial q}\right)\delta q\right]dt$$
$$= 0$$
ここで，時間について部分積分を行い積分の両端で $\delta q = 0$ とした．さて，δq と δp は任意だったので，( ) の中が0でなければならない．すなわち，
$$\dot{q} = \frac{\partial H}{\partial p} \qquad \dot{p} = -\frac{\partial H}{\partial q}$$
となる．

これをハミルトンの運動方程式とよぶ．

ハミルトン–ヤコビの方程式 ハミルトンは時刻 t における粒子の座標の関数として定義された作用関数 $S(q, t)$ が方程式：
$$\frac{\partial S}{\partial t} + H\left(q, \frac{\partial S}{\partial q}\right) = 0$$
を満たすことを示した．C. G. ヤコビは，正準変換の方法により，その完全解が，ハミルトンの運動方程式の一般解を与えることを示した．現在では，上記の方程式はハミルトン–ヤコビの偏微分方程式と2人の名前でよばれている．

量子力学におけるハミルトニアン 解析力学におけるハミルトン形式は，それ自体ラグランジュ形式に対して有利なところはないのだが，量子力学に移行するときに真に威力を発揮する．

量子力学における基本方程式であるシュ

シュレーディンガー方程式は，ハミルトニアン演算子 $H = H(q, -i\hbar\frac{\partial}{\partial q})$ を用いて，

$$i\hbar\frac{\partial \Psi}{\partial t} = H\Psi \tag{1}$$

と書ける．これは，解析力学におけるハミルトニアン $H(q,p)$ において，正準量子化の手続きを踏まえ，$p \to -i\hbar\frac{\partial}{\partial q}$ の置き換えを行ったものである．

一方，波動関数を $\Psi = e^{i\frac{S}{\hbar}}$ と置くと，S は $\hbar$ の最低次の近似で，解析力学のハミルトン–ヤコビの偏微分方程式を満たす．このことからも，量子力学の近似として古典力学を理解することができる．作用 S は古典力学では物理的な意味がつかなかったが，量子力学における位相を $\hbar$ で割ったものであることがわかる．

4 元 数 複素数の拡張で掛け算について非可換な数体系．1843 年，ハミルトンは散歩の最中に発想し，ブルーム橋に書きつけたという伝説が残っている．4 元数の基底を，$\{1, \boldsymbol{i}, \boldsymbol{j}, \boldsymbol{k}\}$ とすると，積の関係

$$\boldsymbol{ij} = -\boldsymbol{ji} = \boldsymbol{k},$$
$$\boldsymbol{jk} = -\boldsymbol{kj} = \boldsymbol{i},$$
$$\boldsymbol{ki} = -\boldsymbol{ik} = \boldsymbol{j},$$
$$\boldsymbol{i}^2 = \boldsymbol{j}^2 = \boldsymbol{k}^2 = -1$$

を満たす．一般の 4 元数は基底を用いて，a,b,c,d を実数とし

$$q = a + b\boldsymbol{i} + c\boldsymbol{j} + d\boldsymbol{k}$$

と書ける．4 元数は実数，複素数と共に「体」であり，代数学において重要な役割を果たす．天体力学などに実際的な応用がある．素粒子理論に時おり登場するリー群，リー代数の中に 4 元数によって性格づけされる一群のものがある．

ハミルトン自身，4 元数の研究に多くの時間を使ったという．その次に時間を費やしたのが光学で，彼を最も有名にした解析力学の研究にはあまり時間を使わなかったといわれている．

林　忠四郎
Hayashi, Chushiro
1920–2010

現代宇宙物理学の開拓

宇宙物理学，天文学，惑星科学を横断する 3 分野の開拓．特に，原子核から流体力学まで幅広い知見と手法を駆使して宇宙現象へ適用し，星の進化や，太陽系起源を解明した業績を後世に残した．

経　歴 1920 年京都市生まれ．42 年東京大学理学部（南部陽一郎*と同級生）卒後，海軍に出向，終戦後東大へ．46 年，住宅事情悪化で実家のある京都へ．京大宇宙物理学教室助手となる．当時は素粒子と天体核，両方を手掛けるつもりだったが，49 年大阪府立大学工学部在職中は素粒子論に専念．54 年京大理博取得．当時，日本では原子力ブームの中で新学部が誕生．湯川秀樹*はこの機会に基礎的な核物理研究の重要性を見据えた天体核物理教室を設置した．林がこのポストを得，57 年京大教授となった意味は大きい．77 年京大理学部長，84 年定年退官．87 年日本学士院会員，95 年，星の形成・進化と太陽系形成の理論的研究による宇宙科学への貢献で京都賞．

天体核物理事始め 林にとって決定的な転機となったのは，1955 年早川幸男らと組織した基研の長期研究会「天体核現象」である．この頃，湯川は原子力委員に就任し，日本の原子力エネルギー政策の未来を展望する中で，地上の核融合と天体核融合を，見据えていた．この研究会に触発され，林は天体核物理を真正面から取り組む決心を固め，戦略をたてる．「人と同じ問題はやらない」「やる時は徹底的に基礎から始める」．超マクロ（天体）現象を超ミクロ理論（素粒子原子核）から定量的に詰める方針だった．

General Education 林は，湯川に会った 42 年，湯川から天体核現象を素過程か

ら，星のエネルギー源・元素の起源を説明するときだと説得されたとよくいわれる．湯川は，39年 C. F. ヴァイツゼッカーが始めたソルベィ会議を主目的にした外遊で（実際には会議は中止になった），G. ガモフ★，H. A. ベーテ★，ヴァイツゼッカーらと会い，世界の動向に刺激を受けた．しかし，林は，東大時代に，ガモフの論文（PRL, '41）〔⇒ガモフ〕を読んでいたことでその素地があったのだ．後年，大学院生に他分野にも興味を持ち基礎訓練を蓄えるようにいい，京大大学院教育に，General Education を組み込んで，基礎から学ぶべきことを強調していたのにはこの経験もあったのだろう．こうして，幅広い優秀な若手が次々と新分野のリーダーになっていく（以下では林の先駆的業績とともに弟子の仕事を紹介する）．学問的刺激に反応するには，その受容体が必要なのだ．

宇宙の元素合成　宇宙の元素合成についての研究は，α-β-γ 理論の見直しから始まる〔⇒ガモフ〕．この理論は，初期宇宙が中性子だけ存在したと仮定している．しかし実際には高温の宇宙初期には，中性子と陽子の比（N/P）は1で，温度が冷えるに従い平衡からずれ，素粒子間の相互作用と冷却速度との拮抗の中で落ち着くはずだ．林はこの問題から取り掛かる．

質量が少し高い N は P に β 崩壊するが，逆に高温の環境下では，P が陽電子を捕獲して N に変化するプロセスもある．この拮抗の中で，N/P が決まる．林は，素粒子論でわかり始めた弱い相互作用（フェルミ相互作用）の知見をもとに定量的に計算した．今では α-β-γ-林理論と呼ばれている．まさに素粒子論的宇宙物理の創始者であった．さらに，初期宇宙の He 合成過程の研究を佐藤文隆と行うが，佐藤はさらに，軽い元素（Li, Be, $\cdots$）の合成についての検討へと向かった．後に，佐藤は，素粒子論的宇宙論に加えて，アインシュタイン方程

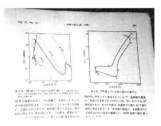

図1　林の手書きの HR 図
2005年の林の最後のレクチャー：宇宙物理学事始め，基礎物理研究所研究会「学問の系譜―アインシュタインから湯川朝永へ」でのスライド．

式を基礎とした相対論的宇宙論の大家となる．林は「私は，相対論的宇宙論は佐藤君に任せた」と語っている．自分の守備範囲を正確に判断し，弟子の才能を見分けて適切な分野へ導く戦略家でもあった．

星の進化・原始星形成　林は，星の進化，特に，原始星などの構造に迫る仕事をした．林フェーズの提唱だが，林はこのとき杉本大一郎（天体核研の最初の院生）に，「副産物ができたよ」といったそうだ．これが星にまで進化するには，内部の核反応が起こらなければならない．

星の表面の有効温度 T と光度 L を $\log T, \log L$ でプロットすると（HR図〔⇒グース〕．図1），原始星は，主系列より上の赤色矮星の下あたりに位置する．星の進化の研究では，① 構造のマクロ方程式，② 化学組成，③ ミクロ過程を駆使する必要がある．気体方程式・流体方程式・熱伝導・放射，さらに量子力学・核反応・素粒子反応，全て必要だ．原始星の場合，周囲の星団を通過した赤外線だけからの情報である．原始星では周りの宇宙空間の物質が超スピードで落下するので膨大な熱エネルギーを発生し，徐々に中心核の温度が上がり，また周囲の暗黒星雲を吹き飛ばす．この段階で可視光での観測が可能になる．おうし座T型星などはこれにあたる．さらに中心核の温度が上昇し，水素の核融合反応が開始されると主系列星となる．この段階は，林フェー

ズとよばれる．流体力学を駆使して，星間ガス雲の塊が原始星として進化する過程では，対流が支配的であることを示し，星に成長する限界温度があることを示した（1961年発表）．原始星は，この境界線にそって進化するが（林トラック），HR 図ではそれより低温領域は，林の禁止領域と呼ばれている．林はこの業績でエディントン賞を得ている．

太陽系・銀河系・地球科学 林は，「仕事を完成すると，ペーパーに書くよりも，次の問題に取り掛かる方が早かった．終了時点で次の問題が頭に浮かびあがってしまった」と述懐する．太陽系の起源の仕事は「京都モデル」といわれ，国際的にも評価が高い．すぐ続いて，地球形成，原始大気の構造などへと発展し，優秀な研究者を輩出した（中沢清ほか）．また，林の魅力に魅せられて優秀な若手が集まり，流体力学のプロ（松田卓也ほか）など，多くの優れた弟子を世に送り出した．

エピソード ①京大物理教室では，各研究グループの成果を発表する「教室発表会」が毎年行われるが，このとき，理論で終わっている仕事に対して，「それは実験で検証できるか」という質問が飛んできた．また，研究テーマも，星の進化 → 太陽系の構造 → 地球惑星の構造，と次々と先に進む．定年退官の講演も，新しく始めた銀河系の起源の話だった．研究室の若手の仕事も必ず自分でわかるまで突き詰めて質問攻めにしていた．②理学部長時代，教授会のあと遅くまでオフィスに電気がついていた．教授会で消費（？）した時間だけ仕事をしたからだ．しかし，経費節減のため省エネ運動を始め，電灯を半分に減らすのに自ら教室を回った．そして，電力消費量データを分析，入力と出力の不明のロスから，電線の一部が他学部に流入していたことを突き止めた．徹底的に解明する林ならではのしごさだ．

バルマー，ヨハン・ヤコブ
Balmer, Johann Jakob
1825–1898

水素原子の線スペクトルの実験式

スイスの物理学者．

経歴 バーゼル，カールスルーエ，ベルリンの各大学で数学を学び，バーゼル大学で博士号を取得した．1859 年から終生バーゼルの高等女学校の教師を勤めた．1885 年に水素原子の可視領域の線スペクトルを記述する実験式を見つけだした．

バルマーの公式 水素原子の線スペクトルで，可視領域から紫外線部にかけて現れるバルマー系列とよばれる中で次の 4 本が確認され命名されていた．それらの名称および波長は以下の通りである．

H_α: 656.28 nm, H_β: 486.13 nm,
H_γ: 434.05 nm, H_δ: 410.17 nm

この 4 本のスペクトル線の波長を表すのに，バルマーは以下の公式を発見した．

$$\lambda = f \frac{n^2}{n^2 - 4} \quad (n = 3, 4, 5, 6)$$

ここで f は定数である．$n = 7$ に対する線は H_ε とよばれ，紫外線で 397.0 nm である．実験的には $n = 20$ まで観測できる．このバルマー公式は 1913 年に N. H. D. ボーア*によりラザフォード原子にプランクの量子論を適用して説明された．

実はバルマーの公式は，J. R. リュードベリ*によって一般化された次のリュードベリの公式の特別な場合である．

$$\frac{1}{\lambda} = R \left(\frac{1}{n'^2} - \frac{1}{n^2} \right) \quad (n' < n = 1, 2, \cdots)$$

定数 R はリュードベリ定数とよばれ，水素に対する実験値より $R = 1.097 \times 10^7 / \text{m}$ である．$n' = 2$（$f = 4/R$）がバルマー系列であり，$n' = 1$ をライマン系列，$n' = 3$ をパッシェン系列，$n' = 4$ をブラケット系列，$n' = 5$ をプント系列，$n' = 6$ をハン

フリーズ系列とよぶ．

上記の公式は古典論では説明することができず，量子力学でもって初めて理論的に説明できる公式である．ここで簡単に水素原子のエネルギー状態について説明しておこう．陽子からの引力のクーロンポテンシャル

$$V = -\frac{e^2}{4\pi\varepsilon_0}\frac{1}{r} = -\frac{\alpha\hbar c}{r}\left(\alpha = \frac{1}{137.036}\right)$$

に束縛された電子の運動について考える．ここで r は陽子と電子の距離，e は電気素量，ε_0 は真空の誘電率，α は微細構造定数，$\hbar = h/2\pi$，h はプランク定数，c は真空中の光速である．ニュートン力学では上記のポテンシャル中での束縛された運動は楕円軌道であり，どんな束縛エネルギーでもとれる．しかしながら，量子力学では可能な束縛エネルギーは離散的な値しかとれない．電子の質量（厳密には電子と陽子の換算質量）を m として，シュレーディンガー方程式を解くことで以下の離散的なエネルギー値をとれることがわかっている．

$$E_n = -\frac{\alpha\hbar c}{2a}\frac{1}{n^2} \quad (n = 1, 2, 3, 4, \cdots)$$
$$a = \frac{\hbar c}{\alpha mc^2}$$

ここで a は水素原子のボーア半径とよばれ，水素原子のおおよその大きさを表す量である．

水素原子が励起され，$n (> 1)$ の状態にある電子が $n'(< n)$ の状態に遷移する場合，電磁波を放出する．これが観測される水素のスペクトル線である．波長 λ の電磁波は状態 n と n' の間の束縛エネルギーの差で決まっている．

$$\frac{2\pi\hbar c}{\lambda} = E_n - E_{n'} = \frac{\alpha\hbar c}{2a}\left(\frac{1}{n'^2} - \frac{1}{n^2}\right)$$

従って

$$\frac{1}{\lambda} = \frac{\alpha^2 mc^2}{4\pi\hbar c}\left(\frac{1}{n'^2} - \frac{1}{n^2}\right)$$

これでリュードベリの公式が得られ，リュードベリ定数が電子の質量と微細構造定数で書けることがわかる．

ビオ，ジャン=バティスト
Biot, Jean-Baptiste
1774–1862

ビオ–サバールの法則

フランスの物理学者．

経歴 パリに生まれ，リセで学んでのち砲兵隊に入り，1795 年エコール・ポリテクニクに入学した．1797 年にエコール・セントラールの数学教授となり，1800 年コレージュ・ド・フランスの物理学教授，1809 年はパリ大学天文学教授となった．1820 年に物理学者 F. サバール (Savart, Félix; 1791–1841) と共に，電流が磁石へ及ぼす作用について詳細に検討し，電流が作る磁場に関する，ビオ–サバールの法則を定式化した．サバールは，メジエールの生まれで，陸軍軍医となり，その後開業したが物理に転向．音響学の研究で知られる．

電流の作る磁場 実験の結果，図 1 左に示したように以下のようなことがわかった．

(1) 磁場の大きさは，電流の大きさ I に比例し電流 (導線) からの距離 R に反比例する．

$$B = \frac{\mu_0}{2\pi}\frac{I}{R} \tag{1}$$

ここで μ_0 は透磁率で，$\mu_0 = 4\pi \times 10^{-7}$ N/A^2 である．

(2) 磁場の方向は，電流を軸とする円の接線方向で電流の向きに進む右ねじの回転方向である．

ビオ–サバールの法則 さて，上記の結果は十分に長い導線を流れる電流全体からの寄与を加えたものである．それでは電流の微少要素 $Id\boldsymbol{s}$ からの寄与はどのように書けるのだろうか．点 P における磁場の方向と大きさについては次のようになる．

方向は電流要素 $Id\boldsymbol{s}$ とそこから点 P までのベクトル $\boldsymbol{p}$ と垂直で，大きさは距離 p の 2 乗に反比例し，電流要素 $Id\boldsymbol{s}$ とベクト

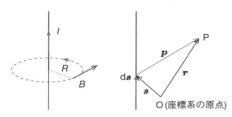

図1 (左) 直線電流の作る磁場．(右) 微少電流要素の作る磁場

ル $\boldsymbol{p}$ の間の角度を θ とすると，$\sin\theta$ に比例する (図1右)．

つまり，ビオ–サバールの法則は以下の形で表すことができる．
$$d\boldsymbol{B} = \frac{\mu_0 I}{4\pi} \frac{d\boldsymbol{s} \times \boldsymbol{p}}{p^3}$$

導線全体からの寄与を求めるためにはこの式を導線に沿って積分する．導線上の点の位置を $\boldsymbol{s}$，磁場を求めたい点の位置Pの座標を $\boldsymbol{r}$ とすると $\boldsymbol{p} = \boldsymbol{r} - \boldsymbol{s}$ だから以下のように書ける．
$$\boldsymbol{B} = \frac{\mu_0 I}{4\pi} \int \frac{d\boldsymbol{s} \times (\boldsymbol{r}-\boldsymbol{s})}{|\boldsymbol{r}-\boldsymbol{s}|^3}$$

この式の応用として，無限に長い直線電流の作る磁場を計算してみよう．導線を z 軸とすると，$\boldsymbol{s} = (0,0,z)$ となる．また点Pを x 軸上の $x = R$ にとるとすると $\boldsymbol{r} - \boldsymbol{s} = (R,0,-z)$ となるから，$|\boldsymbol{r}-\boldsymbol{s}| = \sqrt{z^2 + R^2}$ となり，ベクトルの外積 $d\boldsymbol{s} \times (\boldsymbol{r}-\boldsymbol{s})$ では y 成分だけ残り Rdz となる．したがって磁場は y 成分だけ残って以下のようになる．
$$B_y = \frac{\mu_0 I}{4\pi} \int \frac{R}{(\sqrt{z^2 + R^2})^3} dz$$
$$= \frac{\mu_0 I}{4\pi} \left[\frac{Rz}{R^2\sqrt{z^2+R^2}}\right]_{-\infty}^{+\infty} = \frac{\mu_0 I}{2\pi R}$$

この結果は，前述の直線電流の作る磁場 (1) 式と一致する．

ビオ–サバールの法則は電流から磁場を求める法則であるが，逆に磁場から電流を求める方法はアンペールの法則とよばれる．

ヒグス，ピーター
Higgs, Peter Ware
1929–

ヒグス粒子の予言

イングランド出身の理論物理学者．

経　歴　幼少期は小児喘息もあり，母を家庭教師に勉強．小学校は P. ディラック*が卒業した学校に進学し，影響を受けた．その後，キングス・カレッジ・ロンドンへ進学．1954年 Ph.D. を取得．55年から56年までエディンバラ大学上席研究フェロー，56年から57年までユニヴァーシティ・カレッジ・ロンドンやインペリアル・カレッジ・ロンドンで研究フェロー，59年ユニヴァーシティ・カレッジ・ロンドン数学科講師，60年にエディンバラ大学テイト研究所数理物理学講座講師．80年に同教授．83年に王立協会会員，91年英国物理学会フェロー．96年引退．

ヒグス粒子の予言　「ヒグス粒子予言」の業績に対して2013年にノーベル賞受賞．これは，ヒグスの1964年の論文であるから，その発見まで半世紀を費やしている．素粒子研究にとってヒグス粒子は発見に時間がかかっただけでなく，ある意味で特別な意味を持っている．実は，今発見には多くの科学者が関与している．ヒグスの論文は，レフェリーが実は南部陽一郎*だった．この決定的な契機となったのは，なんといっても南部の自発的対称性の破れの理論 (1959年) である〔⇒南部陽一郎〕．すでに南部はそこで，第1に，自発的対称性の破れとは対称性が破れるのではなく，対称性を保証する南部–ゴールドストーン (NG) 粒子が発生することを指摘していた．基底状態が複数あるので，その間を行き来するモードである．第2に，ゲージ粒子が質量を持つことを南部は指摘した．これは，電磁相互作用の場合には「マイスナー効果」としてよ

く知られている．このNG粒子はどこになるのかを巡ってC. R. ハーゲン，F. アングレール，G. S. グラルニク，ヒグス，R. ブラウト，T. W. B. キッブル (2010年 J. J. Sakurai賞を受賞) などの議論で正しい認識に至る．1論文の波紋が広がり解明する共同作業だった．

ゲージ対称性とその破れ　J. C. マクスウェル*の電磁場の理論は，数式で四つの微分方程式で表されるが〔⇒マクスウェル〕，スカラーとベクトルポテンシャル，$A \equiv (\boldsymbol{A}, \phi)$，$\boldsymbol{A} \equiv (A_x, A_y, A_z)$を用いて，

$$\boldsymbol{B} = \nabla \times \boldsymbol{A} \equiv (A_x, A_y, A_z),$$

$$\boldsymbol{E} = -\nabla \phi - \frac{\partial}{\partial t} \boldsymbol{A} \tag{1}$$

と簡単な式で表される．電磁ポテンシャルは「電磁場」と呼ばれる電磁場の微分が，電・磁気力を表すのである．力を生み出すもとのポテンシャルは式が簡単になるのだ (M. ファラデー*の場の概念を参照)．$A \equiv (\boldsymbol{A}, \phi)$は時空 (x, y, z, t_z) の関数で次式を満たす．

$$\left(\Delta - \frac{1}{c^2} \frac{\partial^2}{\partial t^2} \right) A = 4\pi \sum_i e_i \delta(x - x_i) \tag{2}$$

右辺は，電荷ソースタームである．X=Oに電荷eを置いたときの球対称な解はクーロンポテンシャルの形，$\phi = e/r$となる．(2)式は電磁場の質量が0であることを表している〔⇒湯川秀樹〕．この電磁場に

$$\boldsymbol{A} \rightarrow \boldsymbol{A}' = \boldsymbol{A} + \nabla \xi,$$

$$\phi \rightarrow \phi - \frac{\partial \xi}{\partial t} \tag{3}$$

と変換してもは変わらない．つまり物理量を変化させないで空間の各点で電磁場を変換できる．この変換を局所変換 (ゲージ変換) とよぶ．つまり質量0の場のときのみゲージ不変性が成り立つ．ヒグス機構は，ゲージ粒子がヒグス場 (h) と相互作用をして，その結果「ヒグス粒子をまとったゲージ粒子」に変身し，着物を着たゲージ場 $\boldsymbol{\Omega} = \boldsymbol{A} - c\partial h$ が質量を持つという機構である．対称性は保持しながら質量が生成されるので，ゲージ対称性はちゃんと満たしているのである．

南部とヒグス　ヒグスはラッキーだった．ヒグスは欧州のジャーナルに断られた論文をアメリカ物理学会のレタージャーナルに投稿した．そのときのレフェリーが南部だった．南部は「このモードが新しい粒子を生み出す」とヒントを与えた．こうして，ヒグス粒子を強調する論文が掲載された (アングレールの論文も同じ頃ジャーナルにでた)．1964年だった．ヒグスは，受賞後のインタビューで，「ヒグス粒子は南部が予言したようなものだ」といった．

標準理論への道　このヒグス機構から，標準理論へ導いたのはS. ワインバーグ*であった〔⇒ワインバーグ〕．標準理論は，Z粒子をはじめとしてほぼ全面的に実験で検証された．しかし，最も焦点になるヒグス粒子だけがまだ見つかっていなかった．

ヒグス粒子の探索　スイスとフランスの国境をまたいで位置する欧州原子核研究機構 (CERN) の加速器，LHC (Large Hadron Collider) を用いた実験が始まったのは2008年．標的はヒグス粒子の探索だった．CERNは，欧州諸国が出資して運営する，いわば，科学の世界連邦，国を超えて知識を共有するネットワークシステム，WWWの生みの親でもある．3000名を超えるチーム，アトラスとCMSは，実験期間，情報交換しなかった．独立に結果を出し確認したかったからだ．1年作業を進め，2013月7日付専門誌に結果が掲載され，2013年のノーベル賞が与えられた．実験を遂行した科学者の貢献も大である．国際協力の下，開発された技術は，医療・宇宙開発などにも応用されている．世界の科学者が純粋に真理探究のために集い国際協力するCERNで，ヒグス粒子が検出された意味は大きい．

ピタゴラス
Pythagoras
570B.C. 頃–495B.C. 頃

教団を率いた哲学者かつ数学者

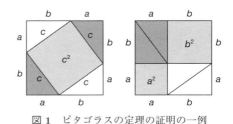

図1 ピタゴラスの定理の証明の一例
直角三角形と正方形で作るタイル (左図) を並べ替えるだけで (右図) $a^2 + b^2 = c^2$ がわかる.

古代ギリシャ時代の数学者, 哲学者, 宗教家. 古代ギリシャ語ではピュタゴラスとよばれていたが, 現在はピタゴラスとよばれることが多い.

経歴 ギリシャのサモス島で生まれ育つ. 生没年は諸説あり確定していないが, 東方の釈迦や孔子とほぼ同時代を生きている. 資料は少ないものの, 明らかに十分な教育を受けており, 竪琴を奏でたり, 詩を作ったりすることも学んだと思われる.

ピタゴラスには哲学者の師が何人かいたとみられる. その中の1人からは数学のおもしろさを学び, さらなる知識の吸収のためエジプトいきを勧められる. エジプトにいったピタゴラスは, エジプト人司祭からその後のピタゴラスの行動に影響を及ぼす多くの慣習を吸収した. 例えば秘密主義, 食べ物や衣類に関する厳しい制約 (豆を食べない) などは, その後結成されるピタゴラス教団にも引き継がれた.

その後ピタゴラスは様々な地を旅するが, 後に南イタリアのクロトンに移り住み, その地で教団を立ち上げる. ピタゴラスがサモスを離れたのは, エジプトで学んだことをサモスの人々に教えようとしたが興味を示されなかったためといわれている.

ピタゴラス学派 クロトンで立ち上げたこの教団はピタゴラス学派ともよばれ, 男女とも入会が許された. 女性の中には後に有名な哲学者になる者もいた. 教団では秘密主義をとり, 宗教を重んじて上述のような日々の生活に対する制約を課す一方で, 数学や音楽の研究も行っていた.

しかし徐々にピタゴラス教団の排他的な姿勢はクロトンで受け入れられなくなり, ピタゴラスは南イタリアの他の町に逃げ, そこで亡くなったといわれている.

ピタゴラスの定理 ピタゴラスの名を冠した数学上の定理といえばピタゴラスの定理が有名である. 三平方の定理ともよばれるこの定理は, 直角三角形の斜辺の2乗は残る2辺のそれぞれの2乗の和で与えられるという関係式であるが, これがピタゴラス自身の発見であるのか, それともピタゴラス教団の誰かの発見によるのかは明らかではない. いずれにしてもピタゴラスを含むピタゴラス教団は数学にも強い関心を持っていたことは間違いなく, しかもそれは哲学の一部としての研究であった.

ピタゴラス教団は数についてとりわけ強い興味を持っていた. まず, 数というものを抽象的に考えていた. 三つの器と五つの器は合計で八つの器になるが, これを $3+5=8$ という抽象的な記述で表記するには思考レベルを一段階上げなければならない. ピタゴラスらはこのような「数」の存在を理解していた.

三角数, 完全数, 無理数 一方で彼らは, 数というものはすべて (正の) 整数とその比 (有理数) のみで構成されていると考えていた. そして奇数, 偶数, 三角数, 完全数などの概念にも到達していた. 三角数とは, 自然数を1から n まで足し上げた合計を指す. またある数がその数自身を除く約数の和になるとき, それを完全数という. たとえば完全数には, 6 (約数1, 2, 3の和)

や28（約数1，2，4，7，14の和）などがある．

しかし数には整数とその比しかないというこの考えは，同じ教団が考え出したピタゴラスの定理自体から否定される．すなわち，等辺の長さが1の直角二等辺三角形の斜辺の長さは，ピタゴラスの定理から$\sqrt{2}$という無理数になり，これは教団が考える数の中に入っていなかったからである．一説ではこのことを発見したピタゴラスの弟子の1人は，無理数の存在を否定する教団によって溺死させられたという．

協和音程の発見　一方でピタゴラス自身が発見したと考えられているものの中に，協和音程がある．ピタゴラスが鍛冶屋の金槌の音を聞き，重さの比が2：1の二つの金槌から出る音は1オクターブだけ離れていることに気づいたという話も伝わっているが，その真偽は明らかではない．いずれにしても振動数比が1：2でオクターブ，2：3で完全五度，3：4で完全四度という音程になることを発見していたと考えられる．それまで弦楽器の弦の調音は経験に頼っていたが，この発見により弦の長さを調節して振動数を変化させて調音できるようになった．音程と振動数の関係を音律というが，上述の音律はピタゴラス音律ともよばれている．

人　　物　ピタゴラス自身は何も書き残さなかった．そのため，後年ピタゴラスの業績として語られた内容が本当に彼の業績なのかどうか不明な部分も多い．他人が自分の説を権威づけるためにピタゴラスの名を利用したことも多々あったと考えられている．現代ではピタゴラスは数学者として知られているが，当時はむしろ，死後に人の魂がたどる運命（ピタゴラスは魂は生まれ変わると考えていた），宗教儀式，厳しい生活習慣や道徳の指導などの専門家として有名であった．

ヒューイッシュ，アントニー
Hewish, Antony
1924–

パルサーの発見

イギリスの電波天文学者．

電波望遠鏡　電波（ラジオ波）とは，赤外線よりも波長の長い（およそ1mm以上）電磁波を指し，放送，無線，レーダーなどに利用される．ヒューイッシュは，第二次大戦中に学業を中断して，イギリスのトップシークレットセンターで，敵の夜間戦闘機のレーダーを妨害する装置の開発に携わっていた．このときのチームリーダーが，1974年にノーベル物理学賞を共同受賞することになる，M. ライルであった．

アンテナの分解能は，電磁波の波長に反比例する．電波は可視光よりも波長が長いので，電波望遠鏡は，1台では，光学望遠鏡よりも分解能が低い．この欠点を補うため，ライルは開口合成という方法を考案した（開口とは受信機を意味する）．

2機のアンテナを，距離をおいて設置した場合を考えよう．アンテナの位置を結んだ線分は基線とよばれる．これらのアンテナで同じ電波源を観測すると，信号を受信するタイミングがずれるため，このずれを利用して電波源の位置を決定することができる．基線の長さが長いほど信号受信のタイミングのずれが大きくなるので，分解能は高くなり，アンテナの数を増やせば，さらに測定精度を上げることができる．

電離層の測定　ヒューイッシュは，開口合成型電波望遠鏡を使って，宇宙からの電波のゆらぎについての研究を行った．宇宙からやってくる電波は，地球上で受信するときに，いくつかの妨害を受ける．一つは，地球の大気上空の電離層である．大気には流れがあり，しかも密度が不均一なので，電磁波の屈折率が空間的・時間的に変

化する．この変化が，星を観測するときに星像の乱れを引き起こす．特に，電磁波の強度の時間的乱れはシンチレーションとよばれる．彼は，星からの電波の電離層による妨害が，シンチレーションと関係することを見出し，電離層の性質を調べるために，シンチレーションが利用できることに気づいた．1対のアンテナを基線の長さ1 kmで設置し，各アンテナの強度変化のタイミング測定から，電離層のサイズと風速を測定することに成功した．風速は300 km/hと見積もられた．この研究結果には興奮して，家の周りをぐるぐる回ったという．

太陽コロナの観測　電波の受信を妨害する二つめは，太陽の大気，すなわち，太陽コロナである．1950年代初頭，かに星雲からの電波が，太陽との角距離が小さくなる7月の数日間，太陽コロナの影響を受けることが知られていた．ヒューイッシュは，太陽コロナは，シンチレーションを起こすのではなく，電波源の像をぼやけさせる，という違いがあるものの，星からの電波に対して，地球の電離層と同様の効果を与えているのだと考えた．そのように考えると，太陽コロナを調べるには，開口合成型電波望遠鏡が適している．彼は，ケンブリッジからオックスフォードまで，基線の長さ10 kmの巨大電波望遠鏡を建設して，それ以前は，めったに起こらない皆既日食のときに，可視光で観測していた太陽コロナを，いつでも調べることができるようにした．

太陽風の観測　三つめは，太陽系内を流れる太陽風である．ヒューイッシュは，電波銀河の中には，シンチレーションを起こすものがあるのを発見した．これらは当時発見されたばかりのクエーサー〔⇒バービッジ〕だった．このシンチレーションは，電波源と太陽の角距離がどれだけ大きくても起こったので，惑星間シンチレーションとよぶことにした．そして，上述の二つの研究との類推で，惑星間シンチレーションは，惑星間を流れる太陽風を調べるのに使えると考えた．

パルサーの発見　その頃，ライルは電波望遠鏡によるスカイサーベイで，数千個の銀河の位置を測定していた．その中には，クエーサーも多く含まれていたが，ライルの電波望遠鏡は高周波数にチューニングされており，クエーサーを見分けるためには，もっと低周波数にチューニングされた電波望遠鏡が必要であった．そこで，ヒューイッシュは，1965年，ケンブリッジ近郊のマラードに，81.5 MHzで稼働する，東西に8列，各列に128本，計1024本の双極子からなる，総面積16000 m^{2}の前代未聞の電波望遠鏡を建設した．1967年7月からスカイサーベイを始めたのだが，ここで，思いがけないことが起こることになる．

出力される記録の解析は，大学院生のS. J. バーネル*の役目だった．電波の干渉が最大の問題だったので，本物のシンチレーション源だけをプロットしてスカイマップを作るよう，バーネルに伝えた．本物は同じ場所で繰り返し点滅が起きるが，干渉はランダムに起きる．8月，バーネルから，同じ場所に現れるシンチレーション源があるのだが，それはときどき消える，という報告を受けた．シンチレーションがあまりに強いことも奇妙であった．11月にさらに測定を進めた結果，それは，規則的な周期を持つ一連のパルスであることがわかった．パルサーの発見だった〔⇒バーネル〕．クエーサーを識別するために，短い周期で変化する信号を捉えるよう設計された，高感度な電波望遠鏡が，パルサーを発見する上で，幸運にも理想的な装置として働いたのだ．翌1968年，超新星爆発の残骸として知られるかに星雲の中にもパルサーが発見され，その正体が，高速回転する中性子星であるということが判明した．

ヒュパティア
Hypatia
370–415

世界初の女性数学者

記録上最初の女性数学者.

人物 400年頃,アレキサンドリアの新プラトン主義哲学校の校長となり,哲学,天文学も教えた.人々に好かれ,カリスマ的で多才な,美しい教師であったと伝えられている.父は,数学者,哲学者のテオン.父から,「考える権利を守りなさい,間違った考えであっても,何も考えないよりずっとよいのだから」と教育された.

古典の注釈家として アポロニウスの『円錐曲線論』,ディオファントスの『算術』についての注釈書を書き,C.プトレマイオス*の『アルマゲスト』,ユークリッド*の『原論』についての父の注釈書の編纂を行った.また,『天文学正典』という教科書を書いた.しかし,これらは,原著も注釈書も現在は失われており,編纂や注釈の事実については不明な点も多い.

当時の注釈書は,原著全体が書き換えられたり,数学の場合,別解や,注釈者が新しく考案した問題が加筆されて,原著とはかなり違ったものになることもあった.しかも,注釈部分は,オリジナルの部分と区別して書かれていなかった.ヒュパティアの注釈書は,もともとは,彼女が教科書として書いて,学校で使っていたものなのではないかと考えられている.

『算術』の注釈と加筆 現存する,ディオファントスの『算術』は,ヒュパティアの注釈書の複製である可能性が高い.次にあげる,生徒のための練習問題とよばれているものは,彼女による加筆とされている.

「第2巻第6問:a, bを定数として,連立方程式,$x-y=a, x^2-y^2=x-y+b$を

図1 ラファエロ作『アテナイの学堂』(バチカン宮殿)
中央左の白い衣装の女性がヒュパティア.右上はプラトンとアリストテレス.

解け(このような整数係数多変数高次不定方程式をディオファントス方程式という)」.
$x = z + a/2, y = z - a/2$とおくと,$x^2 = z^2 + za + a^2/4, y^2 = z^2 - za + a^2/4$なので,$x^2 - y^2 = 2za$となる.従って,$z = (a+b)/2a$であり,解は,$x = (a+b)/2a + a/2, y = (a+b)/2a - a/2$となる.この解法は,次の問題の解法に類似している.「第1巻第29問:和が20で,2乗の差が80となる二つの整数を求めよ」.二つの整数を$10+x, 10-x$とすると,それぞれ2乗して,$100+20x+x^2, 100-20x+x^2$となるので,その差は$40x$である.従って,$x=2$であることがわかり,求める二つの整数は,12と8である.後者は,ディオファントスによる問題と解法だと推論される.

科学知識の継承 科学の研究において,ヒュパティアが何か大きな進歩をもたらしたという記録は残っていない.天体計算に使うアストロラーベ,液体の密度を測定するハイドロメーターを発明したといわれるが,事実は少し違うようである.しかし,彼女の注釈・編纂がなければ,古代の科学が後世に伝えられなかった可能性がある.このことは,オリジナルな研究成果をあげるのもさることながら,新しい切り口で既存の知識を捉え直すことも,科学の発展に大きく寄与することを示唆している.

平賀源内
Hiraga, Gennai
1728–1780

エレキテルの復元

日本の発明家．江戸時代中頃に活躍した本草学者，発明家．エレキテル (Elekiter, オランダ語の elektriciteit (電気, 電流) がなまったもの) の復元で知られるが，蘭学者，医者，戯作者，浄瑠璃作者，俳人，などの多彩な顔を持っていた．

経歴 讃岐国寒川郡志度浦 (現在の香川県さぬき市志度) の生まれ．幼少の頃から才気を発揮し，藩内で本草学，儒学を学んでいた．1752 (宝暦2) 年頃に1年間長崎へ遊学し，本草学，オランダ語，医学などを学んだ．その後も各地で様々な学問を学んだが，鉱山開発者や浄瑠璃作家など実に多くの顔を持ち，幅広い分野で活躍した天才であった．江戸において数多くの物品展を開催したことから知名度も高く，『解体新書』を翻訳した杉田玄白らとも交流があり，その名は当時の幕府老中の田沼意次にも知られるようになった．

エレキテルの復元 科学の側面から平賀源内を有名ならしめているのはエレキテルの復元であろう．エレキテルはオランダで発明された静電気発生装置で，医療などに使われていたものである．日本にも江戸中期に幕府献上品として持ち込まれたらしい．これを知った源内は 1770 (明和7) 年に破損した中古のエレキテルを入手し，復元にとりかかった．

エレキテルは，摩擦を利用して静電気を発生させる装置である．外側は木箱で，中にライデン瓶と呼ばれる蓄電瓶が設置されている．箱の外のハンドルを回すと，中のガラス円筒が回転し，金箔を貼った枕との摩擦によって静電気が発生する (図1)．静電気は銅線を通じて蓄電瓶にたまり，この

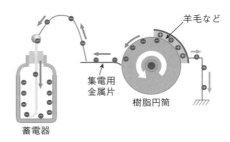

図1 エレキテルにおける静電気発生のしくみ

たまった静電気はさらに銅線によって外部に導かれ，放電する．源内は電磁気学の体系的知識を持っていなかったとされるが，独学の末，6年の歳月をかけて 1776 (安永5) 年，復元に成功，数台を製作した．これらは江戸の大名屋敷などで見世物，また医療目的で使用されていたが，その後も江戸時代の日本においては電気に関する科学的理解・研究が深まることはなかった．このような社会的背景の中，エレキテルを製作した源内の異才は際立っていたといえよう．

なお，源内製造とされるエレキテルは国の重要文化財に指定され，現在1基が通信総合博物館 (東京都千代田区) に収蔵されている (図2はその複製である)．

図2 平賀源内のエレキテルの複製
(国立科学博物館展示)

土用の丑の日に鰻を食べる習慣は，この頃始まっており，源内が鰻屋のために作った宣伝文句に由来する，との説がある．

平田森三
Hirata, Morizo
1906–1966

割れ目の研究

身近にみられる破壊現象を研究し，1945–65年の物理教育改革に国際的視野で貢献した．

経歴 1928年に東京帝国大学理学部物理学科卒業後，理化学研究所において寺田寅彦*の下で研究を始めた．1935年に東京大学教官となり1966年東京大学教授を定年退職後，上智大学教授になったが，広島での被爆が原因と思われる白血病でその年の5月に亡くなった．

破壊現象の物理学 主な研究は物質の破壊現象についての実験的研究で，深く鋭い物理的考察と，統計的手法によって，物質の温度分布や外力による歪みと応力とが割れ目の成長に及ぼす関係を時間の関数として研究した．そして単位時間内にガラスが破壊する確率は一定であることを実験的に解明した．1960年ごろには原子炉用鋼材に関連して，試料に与えた衝撃による破壊の吸収エネルギーの閾値を統計的分析により実験的に求めた．これらの実験に使用した割れ目模様は，巧みに工夫して撮影された鮮明な高速度撮影の写真で示された．また，一般の人々に向けても講演や執筆によって，理解しやすい表現で説明した．

1920年代に始めた「一様に熱した時に生ずる割れ目」（図1）から，1960年代の原子炉の「放射線しゃへい窓ガラスの割れ目」や「電子線照射アクリル酸樹脂による割れ目」（図2）まで，様々な研究がなされた．

また，日常みられるキリンやトラなどのまだら模様など生物についても割れ目との関連で考察したが，その後の生物学の発展で平田の説は否定された．

一方で，捕鯨用電気銛に使用する電線入

図1　一様に熱したガラス板を水にゆっくりつけたときに生ずる割れ目
（『キリンのまだら』中央公論社，1975より）

図2　電子線照射アクリル酸樹脂による割れ目
（『キリンのまだら』中央公論社，1975より）

りロープの研究のため，1949年に電気捕鯨試験船に乗った際，銛が海面で反跳するのをみて，銛の先端を切り落とし，平頭銛の有効性を実験的に証明し，反跳することなく水中に入射する平田銛として有名になった．

物理教育への貢献 日常的現象に対する深い科学的洞察力を育てようと，平田は実験教育の普及に熱心であった．戦後の日本物理学会，応用物理学会，日本物理教育学会の設立に大きく貢献し，国際交流を推進して物理教育の現代化のために活躍した．1960年代に新制大学における基礎的な物理教育について，文部省科学研究費を使用して実地調査を行い各地の大学教員との議論を推進した．広範な科学的関心と円満な人柄や大きな包容力によって，宇宙線観測所や生産技術研究所の設立や初期の運営にも貢献した．

ヒルベルト，ダヴィッド
Hilbert, David
1862–1943

現代数学を切り開いた数学の巨人

ドイツ生まれ，19 世紀終盤から 20 世紀前半を代表する数学界の巨人．

経　歴　18 世紀ドイツの大哲学者カントが生涯を過ごしたケーニヒスベルク (現在ロシア連邦，カリーニングラード) で生まれ育つ．同地で彼と深い友情を結んだ早熟の天才的数学者 H. ミンコフスキー*とは違い，ヒルベルトの才能は少年時代は目立たなかった．しかし，彼自身は自分が将来数学者になることを少年時代から確信していた．1885 年博士号を取得し，ライプチヒ大学で指導的数学者 F. クラインのもとで研究し大きな影響を受けた．ヒルベルトとミンコフスキーが共に青年時代に友情を結んだ年長の A. フルヴィッツがスイス連邦工科大学教授に異動した後を継ぎケーニヒスベルク大学で教えた後，ライプチヒからゲッティンゲンに移っていたクラインの推薦により，1895 年ゲッティンゲン大学教授に就任．18 世紀から 19 世紀前半に活躍した大数学者ガウス以来のドイツ科学の伝統を誇るこの地で生涯を閉じた．

『幾何学の基礎』　ゲッティンゲンにおける彼の幾何学の講義をまとめて 1899 年に出版された『幾何学の基礎』で，幾何学の可能な体系と基本概念を非ユークリッド幾何学を含む公理系として数論の公理と結びつけ整理した．この本は現代幾何学にとって，古代ギリシャ数学におけるユークリッド*の『原論』に匹敵するといわれ，彼の名声は数学の世界を越えて広がった．この本で表明されている公理系 (特に「無矛盾性」) の意味についての思想は，現代数学全般の展開に大きく影響し，(ヒルベルトの期待に反する結果だが) 後の K. ゲーデルの不完全性定理 (1931 年) の証明にもつながる．彼は生涯，科学における数学の最重要な役割は「公理論的」方法論にあるという信念を貫いた．物理学にも数学者として並外れた関心を持った．1900 年パリにおける第 2 回国際数学者会議の歴史的講演で当時の数学における 23 の未解決問題を提起したが，その 6 番目は「数学が重要な役割を持つような物理学の各分野の公理化」であった．

ヒルベルト空間　公理化のプログラムは別にして，同時代のフランスの数学者 H. J. ポアンカレ*と並び称される彼の燦然たる業績のうち，物理学にとって最も重要なのは 1902 年頃から 10 年にわたって取り組んだ積分方程式の理論だ．このテーマの起源は，電磁気学や連続体の振動の物理学の境界値問題にある．例えば太鼓の膜の振動は枠の形によって異なるが，振動モードを求めるのは境界条件の下での固有値問題に帰着でき，典型的には次の型の積分方程式で表される (簡単のため 1 次元で説明)．

$$\phi(x) - \lambda \int_0^1 \mathrm{d}y K(x,y)\phi(y) = 0$$

λ を固有値，$K(x,y)$ を積分核 (膜の振動の場合，ラプラス演算子のグリーン関数に他ならない〔⇒グリーン〕)，$\phi(x)$ を固有関数とよぶ．これを満たす $\lambda = \lambda_n (n = 1, 2, \cdots)$ と対応する $\phi_n(x)$ の組を求めることが固有値問題だ．ヒルベルトは無限に続く固有値 $\lambda_n \to \infty (n \to \infty)$ と，正規直交条件

$$\int_0^1 \mathrm{d}x \phi_n(x)\phi_m(x) = \delta_{mn}$$

を満たす固有関数列が存在することを証明し，フーリエ係数 $c_n = \int_0^1 \psi(x)\phi_n(x)$ が存在する任意の関数 $\psi(x)$ に対して

$$\int_0^1 \mathrm{d}x \int_0^1 \mathrm{d}y\, K(x,y)\psi(x)\psi(y) = \sum_n \frac{c_n^2}{\lambda_n}$$

を導いた (スペクトル表示)．彼はさらに (関数のノルム) $\|\psi\|^2 = \sum_n c_n^2$ が有限な関数の集合がなす (加算) 無限次元の空間を考え，固有値問題を数学的に厳密な理論に作

朝倉書店〈物理学関連書〉ご案内

原子分子物理学ハンドブック

市川行和・大谷俊介編
A5判 536頁 定価(本体16000円+税)(13105-5)

自然科学の中でもっとも基礎的な学問分野であるといわれる原子分子物理学は、近年急速に進歩しつつある科学や工学の基礎をなすとともに、それ自身先端科学として重要な位置を占め、他分野に多大な影響を与えている。この原子分子物理学とその関連分野の知識を整理し、基礎から先端的な研究成果までを初学者や他分野の研究者にもわかりやすく解説する。〔内容〕原子・分子・イオンの構造および基本的性質／光との相互作用／衝突過程／特異な原子分子／応用／物理定数表

物性物理学ハンドブック

川畑有郷・上田正仁・鹿児島誠一・北岡良雄編
A5判 692頁 定価(本体18000円+税)(13103-1)

物質の性質を電子論的立場から解明する分野である物性物理学は、今や細分化の傾向が強くなっている。本書は大学院生を含む研究者が他分野の現状を知るための必要最小限の情報をまとめた。物質の性質を現象で分類すると同時に、代表的な物質群ごとに性質を概観する内容も含めた点も特徴である。〔内容〕磁性／超伝導・超流動／量子ホール効果／金属絶縁体転移／メゾスコピック系／光物性／低次元系の物理／ナノサイエンス／表面・界面物理学／誘導体／物質から見た物性物理

ペンギン物理学辞典

清水忠雄・清水文子監訳
A5判 528頁 定価(本体9200円+税)(13106-2)

本書は、半世紀の歴史をもつThe Penguin Dictionary of Physics 4th ed.の全訳版。一般物理学はもとより、量子論・相対論・物理化学・宇宙論・医療物理・情報科学・光学・音響学から機械・電子工学までの用語につき、初学者でも理解できるよう明解かつ簡潔に定義づけするとともに、重要な用語に対しては背景・発展・応用等まで言及し、豊富な理解が得られるよう配慮したものである。解説する用語は4600、相互参照、回路・実験器具等図の多用を重視し、利便性も考慮されている。

素粒子物理学ハンドブック

山田作衛・相原博昭・岡田安弘・坂井典佑・西川公一郎編
A5判 696頁 定価(本体18000円+税)(13100-0)

素粒子物理学の全貌を理論、実験の両側面から解説、紹介。知りたい事項をすぐ調べられる構成で素粒子を専門としない人でも理解できるよう配慮。〔内容〕素粒子物理学の概観／素粒子理論（対称性と量子数、ゲージ理論、ニュートリノ質量、他）／素粒子の諸現象（ハドロン物理、標準模型の検証、宇宙からの素粒子、他）／粒子検出器（チェレンコフ光検出器、他）／粒子加速器（線形加速器、シンクロトロン、他）／素粒子と宇宙（ビッグバン宇宙、暗黒物質、他）／素粒子物理の周辺

発光の事典 —基礎からイメージングまで—

木下修一・太田信廣・永井健治・南不二雄編
A5判 788頁 定価(本体20000円+税)(10262-8)

発光現象が関連する分野は物理・化学・生物・医学・地球科学・工学と実に広範である。本書は光の基礎的な知識、発光の仕組みなど、発光現象の基礎的な解説を充実させることを特徴にした事典で、工学応用への一端も最後に紹介した。各分野において最先端で活躍している執筆者が集まり実現した、世界に類にない発光のレファレンス。〔内容〕発光の概要／発光の基礎／発光測定法／発光の物理／発光の化学／発光の生物／発光イメージング／いろいろな光源と発光の応用／付録

現代物理学[基礎シリーズ]
倉本義夫・江澤潤一 編集

1. 量子力学
倉本義夫・江澤潤一著
A5判 232頁 定価（本体3400円+税）（13771-2）

基本的な考え方を習得し、自ら使えるようにするため、正確かつ丁寧な解説と例題で数学的な手法をマスターできる。基礎事項から最近の発展による初等的にも扱えるトピックを取り入れ、量子力学の美しく、かつ堅牢な姿がイメージされる書。

2. 解析力学と相対論
二間瀬敏史・綿村 哲著
A5判 180頁 定価（本体2900円+税）（13772-9）

解析力学の基本を学び現代物理学の基礎である特殊相対性理論を理解する。〔内容〕ラグランジュ形式／変分原理／ハミルトン形式／正準変換／特殊相対性理論の基礎／4次元ミンコフスキー時空／相対論的力学／電気力学／一般相対性理論／他

3. 電磁気学
中村 哲・須藤彰三著
A5判 260頁 定価（本体3400円+税）（13773-6）

初学者が物理数学の知識を前提とせず読み進めることができる教科書。〔内容〕電荷と電場／静電場と静電ポテンシャル／静電場の境界値問題／電気双極子と物質中の電場／磁気双極子と物質中の磁場／電磁誘導とマクスウェル方程式／電磁波，他

4. 統計物理学
川勝年洋著
A5判 180頁 定価（本体2900円+税）（13774-3）

統計力学の基本的な概念から簡単な例題について具体的な計算を実行しつつ種々の問題を平易に解説。〔内容〕序章／熱力学の基礎事項の復習／統計力学の基礎／古典統計力学の応用／理想量子系の統計力学／相互作用のある多体系の協力現象／他

5. 量子場の理論 ―素粒子物理から凝縮系物理まで―
江澤潤一著
A5判 224頁 定価（本体3300円+税）（13775-0）

凝縮系物理の直感的わかり易さを用い，正統的場の量子論の形式的な美しさと論理的透明さを解説〔内容〕場の量子論演算子／場の量子／第二量子化／自発的対称性の破れ／電磁場の量子化／ディラック場／場の相互作用／量子電磁気学／他

6. 基礎固体物性
齋藤理一郎著
A5判 192頁 定価（本体3000円+税）（13776-7）

固体物性の基礎を定量的に理解できるように実験手法も含めて解説。〔内容〕結晶の構造／エネルギーバンド／格子振動／電子物性／磁性／光と物質の相互作用・レーザー／電子電子相互作用／電子格子相互作用，超伝導／物質中を流れる電子，他

7. 量子多体物理学
倉本義夫著
A5判 192頁 定価（本体3200円+税）（13777-4）

多数の粒子が引き起こす物理を理解するための基礎概念と理論的手法を解説。〔内容〕摂動論と有効ハミルトニアン／電子の遍歴性と局在性／線型応答理論／フェルミ流体の理論／超伝導／近藤効果／1次元電子系とボソン化／多体摂動論，他

8. 原子核物理学
滝川 昇著
A5判 248頁 定価（本体3800円+税）（13778-1）

最新の研究にも触れながら原子核物理学の基礎を丁寧に解説した入門書。〔内容〕原子核の大まかな性質／核力と二体系／電磁場との相互作用／殻構造／微視的平均場理論／原子核の形／原子核の崩壊および放射能／元素の誕生

9. 宇宙物理学
二間瀬敏史著
A5判 200頁 定価（本体3000円+税）（13779-8）

宇宙そのものの誕生と時間発展，その発展に伴った物質や構造の誕生や進化を取り扱う物理学の一分野である「宇宙論」の学部・博士課程前期向け教科書。CCDや宇宙望遠鏡など，近年の観測機器・装置の進展に基づいた当分野の躍動を伝える。

現代物理学[展開シリーズ]
倉本義夫・江澤潤一 編集

3. 光電子固体物性
髙橋 隆著
A5判 144頁 定価(本体2800円+税)(13783-5)

光電子分光法を用い銅酸化物・鉄系高温超伝導やグラフェンなどのナノ構造物質の電子構造と物性を解説。〔内容〕固体の電子構造／光電子分光基礎／装置と技術／様々な光電子分光とその関連分光／逆光電子分光と関連分光／高分解能光電子分光

4. 強相関電子物理学
青木晴善・小野寺秀也著
A5判 256頁 定価(本体3900円+税)(13784-2)

固体の磁気物理学で発見されている新しい物理現象を，固体中で強く相関する電子系の物理として理解しようとする領域が強相関電子物理学である。本書ではこの新しい領域を，局在電子系ならびに伝導電子系のそれぞれの立場から解説する。

6. 分子性ナノ構造物理学
豊田直樹・谷垣勝己著
A5判 196頁 定価(本体3400円+税)(13786-6)

分子性ナノ構造物質の電子物性や材料としての応用について平易に解説。〔内容〕歴史的概観／基礎的概念／低次元分子性導体／低次元分子系超伝導体／ナノ結晶・クラスタ・微粒子／ナノチューブ／ナノ磁性体／作製技術と電子デバイスへの応用

7. 超高速分光と光誘起相転移
岩井伸一郎著
A5判 224頁 定価(本体3600円+税)(13787-3)

近年飛躍的に研究領域が広がっているフェムト秒レーザーを用いた光物性研究にアプローチするための教科書。光と物質の相互作用の基礎から解説し，超高速レーザー分光，光誘起相転移といった最先端の分野までを丁寧に解説する。

8. 生物物理学
大木和夫・宮田英威著
A5判 256頁 定価(本体3900円+税)(13788-0)

広範囲の分野にわたる生物物理学の生体膜と生物の力学的機能を中心に解説。〔内容〕生命の誕生と進化の物理学／細胞と生体膜／研究方法／生体膜の物性と細胞の機能／生体分子間の相互作用／仕事をする酵素／細胞骨格／細胞運動の物理機構

納得しながら学べる物理シリーズ〈全5巻〉
難しい数学を使わずに物理の基本がわかる初学者向けテキスト

1. 納得しながら 量子力学
岸野正剛著
A5判 228頁 定価(本体3200円+税)(13641-8)

納得しながら理解ができるよう懇切丁寧に解説。〔内容〕シュレーディンガー方程式と量子力学の基本概念／具体的な物理現象への適用／量子力学の基本事項と規則／近似法／第二量子化と場の量子論／マトリックス力学／ディラック方程式

2. 納得しながら 基礎力学
岸野正剛著
A5判 192頁 定価(本体2700円+税)(13642-5)

物理学の基礎となる力学を丁寧に解説。〔内容〕古典物理学の誕生と力学の基礎／ベクトルの物理／等速運動と等加速度運動／運動量と力積および摩擦力／円運動，単振動，天体の運動／エネルギーとエネルギー保存の法則／剛体および流体の力学

3. 納得しながら 電磁気学
岸野正剛著
A5判 216頁 定価(本体3200円+税)(13643-2)

基礎を丁寧に解説。〔内容〕電気と磁気／真空中の電荷・電界，ガウスの法則／導体の電界，電位，電気力／誘電体と静電容量／電流と抵抗／磁気と磁界／電流の磁気作用／電磁誘導とインダクタンス／変動電流回路／電磁波とマクスウェル方程式

光科学の世界
大阪大学光科学センター編
A5判 232頁 定価（本体3200円＋税）（21042-2）

光は物やその状態を見るために必要不可欠な媒体であるため，光科学はあらゆる分野で重要かつ学際性豊かな基盤技術を提供している。光科学・技術の幅広い知識を解説。〔内容〕特殊な光／社会に貢献する光／光で探る・光を操る／光で探る

ドレスト光子 ―光・物質融合工学の原理―
大津元一著
A5判 320頁 定価（本体5400円＋税）（21040-8）

近接場光＝ドレスト光子の第一人者による教科書。ナノ寸法領域での光技術の原理と応用を解説〔内容〕ドレスト光子とは何か／ドレスト光子の描像／エネルギー移動と緩和／フォノンとの結合／デバイス／加工／エネルギー変換／他

イラストレイテッド 光の科学
大津元一監修　田所利康・石川謙著
B5判 128頁 定価（本体3000円＋税）（13113-0）

豊富な写真とカラーイラストを通して，教科書だけでは伝わらない光学の基礎とその魅力を紹介。〔内容〕波としての光の性質／ガラスの中では何をしているのか／光の振る舞いを調べる／なぜヒマワリは黄色く見えるのか

金属－非金属転移の物理
米沢富美子著
A5判 264頁 定価（本体4600円＋税）（13110-9）

金属‐非金属転移の仕組みを図表を多用して最新の研究まで解説した待望の本格的教科書。〔内容〕電気伝導度を通してミクロな世界を探る／金属電子論とバンド理論／バイエルス転移／ブロッホ‐ウィルソン転移／アンダーソン転移／モット転移

やさしく物理 ―力・熱・電気・光・波―
夏目雄平著
A5判 144頁 定価（本体2500円＋税）（13118-5）

理工系の素養，物理学の基礎の基礎を，楽しい演示実験解説を交えてやさしく解説。〔内容〕力学の基本／エネルギーと運動量／固い物体／柔らかい物体／熱力学とエントロピー／波／光の世界／静電気／電荷と磁界／電気振動と永遠の世界

プラズマ物理の基礎
宮本健郎著
A5判 336頁 定価（本体5600円＋税）（13114-7）

第一人者が基礎理論から核融合に関わる最近の話題までを総合的に解説する待望の基本書。プラズマのおおよその概念をつかむところから始め，電磁流体とみなす場合，電磁波動の伝播媒質と見なす場合，それぞれの性質を丁寧に解説する。

基礎解説 力学
守田治著
A5判 176頁 定価（本体2400円＋税）（13115-4）

理工系全体対象のスタンダードでていねいな教科書。〔内容〕序／運動学／力と運動／慣性力／仕事とエネルギー／振動／質点系と剛体の力学／運動量と力積／角運動量方程式／万有引力と惑星の運動／剛体の運動／付録

初歩の統計力学を取り入れた 熱力学
小野嘉之著
A5判 216頁 定価（本体2900円＋税）（13717-0）

理科系共通科目である「熱力学」の現代的な学び方を提起する画期的なテキスト。統計力学的な解釈を最初から導入し，マクロな系を支えるミクロな背景を理解しつつ熱力学を学ぶ。とりわけ物理学を専門としない学生に望まれる「熱力学」基礎。

分子性物質の物理 ―物性物理の新潮流―
鹿野田一司・宇治進也編著
A5判 208頁 定価（本体3500円＋税）（13119-2）

分子性物質をめぐる物性研究の基礎から注目テーマまで解説。〔内容〕分子性結晶とは／電子相関と金属絶縁体転移／スピン液体／磁場誘起超伝導／電界誘起相転移／質量のないディラック電子／電子型誘電体／光誘起相転移と超高速光応答

アドバンスト物理学シリーズ 1　表面界面の物理
笠井秀明・坂上 護著
A5判 168頁 定価（本体2900円＋税）（13661-6）

測定技術の飛躍的進歩により，個々の原子や分子の振舞が明らかになり，こうした物性の基礎から研究成果を詳述。〔内容〕構造と物性／表面状態／表面と原子・分子の反応／表面近傍での水素反応／表面電子系のダイナミクスと強相関現象／他

ISBN は 978-4-254- を省略　　　　　　　　　　　　　　　　（表示価格は2015年9月現在）

朝倉書店
〒162-8707　東京都新宿区新小川町6-29
電話　直通(03)3260-7631　FAX(03)3260-0180
http://www.asakura.co.jp　eigyo@asakura.co.jp

り上げた.これがヒルベルト空間の理論の原型だ.この仕事は解析学における新たな分野を創始しただけでなく,1925年から1926年にかけて,W. ハイゼンベルク*とE. シュレーディンガー*らによって提唱された量子力学の数学的枠組みとなった.この分野の研究をヒルベルトの影響の下で開始したJ. フォン・ノイマン*は,ヒルベルト空間の理論をさらに拡張・抽象化し,量子力学の数学的基礎を築いた〔⇒フォン・ノイマン〕.クラインの引退後を引き継いだヒルベルトのかつての学生R. クーラントは,積分方程式論の発展の成果をまとめ『数理物理学の方法』という本をヒルベルトの精神に基づくという意味で,自分と師ヒルベルトの名で出版した(1924年).1930年ゲッティンゲン大学の定年を迎え,ケーニヒスベルクの名誉市民称号を受けての講演の結びの言葉「我々は知らねばならぬ.我々は知るであろう」は,純朴な表現の中に彼のゆるぎない精神が表出したものだろう.

物理学への貢献 物理学の公理化の夢は実を結ぶことはなかったが,物理学に深い関心を寄せ,A. アインシュタイン*やN. H. D. ボーア*らの仕事を重んじた.物理学研究のための助手を雇い,自身でも物理学の講義を受け持ち,物理学の新しい発展に関するセミナーを熱心に開催した.1910年代のアインシュタインによる一般相対性理論の展開に触発され,重力場の方程式にアインシュタインとほとんど同時に到達している.特に,重力の作用積分 $\int d^4x \sqrt{-g} R$ は,これに因みアインシュタイン–ヒルベルト作用とよばれる.

彼が在任中のゲッティンゲンは数学と理論物理学の分野で世界の中心地であり,数多くの俊秀が集った〔⇒ワイル〕.ヒルベルトの予想に導かれて類体論とよばれる代数的整数論の一分野で重要な貢献をした数学者高木貞治もその1人である.

ファインマン,リチャード
Feynman, Richard
1918–1988

経路積分,ファインマン規則の提唱

ニューヨーク生まれ,20世紀中盤を代表する理論物理学者.教育的著作も含む多方面の独創的業績は大きな影響を与えた.

経歴と人物 抜きん出た数学的才能を示し,MITで最初数学を専攻するつもりだったが物理学に転じ3年で学部を終え,プリンストン大学で博士号を取得(1942年).具体的な物理的描像を重視.あらゆる問題で独自の大胆なアプローチを追求しプリンストンでの師J. A. ホイーラー*と共鳴.博士論文準備中にマンハッタン計画に参加.最若年のグループリーダーとして活躍.戦後,マンハッタン計画で上司のH. A. ベーテ*に誘われコーネル大学准教授,1950年カリフォルニア工科大学教授に就任し生涯を過ごした.E. P. ウィグナー*の評語「彼は第2のディラックだ.ただ,今度は人間だがね」は彼の偉才と性格を言い当てている.

経路積分 彼は電磁場によらないで電磁相互作用を定式化するという独特な問題意識でなされたホイーラーとの共同研究の経験から,粒子のラグランジアン〔⇒ラグランジュ〕だけで量子力学を直接定式化しようと模索するようになった.たまたまパーティーで隣り合わせたイギリスの物理学者に,P. ディラック*の1933年の論文を知らされた.そこでは無限小時間間隔 $(t \to t+\delta t)$ の状態間遷移振幅と,古典力学のラグランジアン $L(x, dx/dt)$ を用いて表される $e^{iL\delta t/\hbar}$ との類似性が指摘されていた($\frac{dx}{dt} = \frac{x'-x}{\delta t}$,簡単のため1次元).ファインマンはこれを波動関数 $\psi(x,t)$ に対する式 ($a = \sqrt{\frac{2\pi i \hbar \delta t}{m}}$),

$$\psi(x', t+\delta t) = \int \frac{dx}{a} e^{iL\delta t/\hbar} \psi(x,t) \quad (1)$$

に具体化し,シュレーディンガー方程式を

導出した.つまり,(1) は後者の積分形と見なせる.有限の時間間隔 $t \to t' = t+T$ を $N(\gg 1)$ 個の微小間隔 $dt = \delta t = T/N$ に細分化し (1) を N 回適用すると,時刻 t' の波動関数を作用積分 $S(x',x) = \int_t^{t'} L dt$ を用いた N 重積分として表せる.

$$\psi(x',t') = \left[\prod_{i=1}^N \int \frac{dx_i}{a}\right] e^{iS/\hbar} \psi(x,t) \quad (2)$$

(2) は極限 $N \to \infty$ で始点 $x = x(t)$ から終点 $x' = x(t')$ ($x_i = x(t+(i-1)\frac{T}{N}), i = 1,\cdots,N$) を結ぶあらゆる経路からの寄与の重ね合わせの形をしており,経路積分と呼ぶ.古典力学の最小作用の原理を拡張し ($\hbar \to 0$ 極限で古典軌道に帰着),時空間での粒子軌道の描像に基づく新たな観点を量子力学にもたらした.この仕事が彼の博士論文で,後に「非相対論的量子力学への時空的アプローチ」と題し学術誌で公表した (1948 年).

量子電気力学:ファインマン規則 1947 年,W. ラム*と R. レザフォードは,水素原子のエネルギー準位についての精密な実験により,ディラック方程式による電子の相対論的量子力学では縮退している第 1 励起状態が,二つに分裂 (ラムシフト) していることを発見した.これはニューヨーク近くのシェルター島で開催された会議で報告され,中心的話題となった.ディラック理論で無視された電磁場の量子的ゆらぎが原因と予想され,ベーテは会議の帰途の車中で行った非相対論的な近似計算からその傍証を得た.ファインマンはこれに触発され,相対論的な量子電気力学の定式化の可能性を確信し,新しい方法を組み立てた.(2) を $\psi(x',t') = \int dx\, K(x',t';x,t)\psi(x,t)$ と置いたとき,$K(x',t';x,t)$ は時空位置 (x,t) から (x',t') への粒子伝播を表すとの解釈がヒントになった.K を伝播関数と呼ぶ.これにかつてホイーラーが示唆した「反粒子〔⇒ディラック〕=時間を逆に進む粒子」という考えを取り入れ相対論化に成功した.

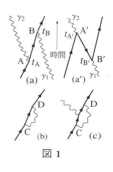

図 1

電子と光子との散乱を表す図 1 の (a),(a′) でいうと,(a):入射電子が光子 γ_2 (波線) を時空点 A で放出,B まで伝播 (上向き矢印実線),入射光子 γ_1 を吸収.(a′):γ_1 が B′ で電子と陽電子 (電子の反粒子) を対生成の後,陽電子が A′ まで伝播,入射電子と対消滅し γ_2 を放出.(a′) は (a) から,時刻順序を $t_A < t_B \to t_{B'} < t_{A'}$ と逆転して得られる.ファインマンの方法では二つを区別する必要はなく,AB (A′B′) の電子伝播関数は単一の表式で,光子の生成消滅が起こる頂点 A(A′),B(B′) の位置に関する時空全体での独立な積分により両者が自動的に入る.(a′) の A′B′ 下向き矢印が陽電子で,ホイーラーの考えが実現している (光子は粒子と反粒子が同一).粒子と反粒子を別に扱う従来の方法に比べて単純で物理的な描像の見通しがよく,従来は計算に何ヵ月も要した複雑な過程もはるかに短い時間と労力で計算が可能になる.粒子の伝播関数と頂点の図 (ファインマン図) に具体的な表式を対応させ,様々な過程を相互作用の強さ $\alpha = \frac{e^2}{4\pi\varepsilon_0 \hbar c} \simeq \frac{1}{137}$ (微細構造定数) の級数展開として計算する方法がファインマン規則である.

図 1(b),(c) は電磁場の量子的ゆらぎに対応する最も簡単なファインマン図を示す.C→D の光子伝播関数がゆらぎに相当する.それらの計算では途中に無限大の寄与が現れるが,電子の質量や電荷にも無限大が現れ,実際の観測量の間の関係として表せば無限大が互いに打ち消し有限な結果が得られる.この性質をくりこみ可能という.

この定式化には彼を経路積分に導いた直観的な粒子像が指針として役立った.一方,朝永振一郎*のグループ,および J. S. シュ

ウィンガーは，独立にハミルトン形式に立脚した伝統的な手法を相対論的に拡張する方法を発展させた(朝永-シュウィンガー方程式)．この3名には1965年度のノーベル物理学賞が授与された．朝永-シュウィンガーの方法とファインマン規則の同等性はF. ダイソン*によって確立され，繰り込み可能性の一般証明への見通しがつけられた．いずれのアプローチも場の量子論にグリーン関数の方法を適用したものといえる．1960-70年代，場の時間発展の力学に経路積分を適用する一般論が発展し，標準的定式化に成長した．

他の貢献 ファインマンはMIT時代から研究論文を発表し広い分野で貢献した．量子電気力学以後の仕事では，例えば，液体ヘリウムが極低温で示す超流動に関して，L. D. ランダウ*の現象論を強い反発力で相互作用するボース粒子の量子力学により裏づける仕事(1953年～)は，後の計算機実験などに基づく詳細な研究への発展の出発点になった．素粒子論に関しては，弱い相互作用のV-A理論〔⇒ワインバーグ〕を確立し電弱統一理論に繋がる仕事(同僚のM. ゲルマン*と共著，1957年)，1970年代初めのパートン模型(核子を構成するパートンが核子内で自由粒子として振る舞い光子と相互作用)の提唱がある．後者はパートン＝クォーク〔⇒ゲルマン〕の力学＝量子色力学〔⇒グロス〕への発展で決定的な意味を持った．重力＝一般相対性理論の量子化に関しても，「ゴースト」と呼ばれる寄与の必要性を指摘した先駆的仕事がある．

彼は大学の管理運営的な仕事を一切拒否したが，講義には非常に熱心だった．『ファインマン物理学』として出版された新入生向きの基礎物理講義は画期的で，物理学徒必携の書となった．レベルが高く学部生の出席は次第に減る代わりに大学院生や同僚らが多数聴講したという．彼の講義は他にも多数出版されている．

ファラデー，マイケル
Faraday, Michel
1791–1867

電磁場理論の開拓者

イギリスの化学者・物理学者．電気素量の発見，電磁誘導の発見，場の概念の導入など，数々の成果を収め，電磁場理論への道を拓いた．

経歴 ファラデーは，ロンドンの場末で貧しい鍛冶屋の3男に生まれ，小学校卒業後12歳で製本屋の年季奉公に入る．店で扱う科学書を読み，好きな化学や物理学を独学で習得．ささやかな蓄えを投じて市の哲学協会の科学講義にも通った．王立協会会長で，著名な化学者H. デイヴィーに見出され，22歳で実験助手に雇われる．

実験物理化学上の成果 デイヴィーから実験手法などを学び，1823年に塩素液化に成功，25年にベンゼンを発見．33年に「ファラデーの電気分解の法則」を発見した．電気分解において，析出する物質の量は通じた電気量に比例し，さらに1グラム当量の物質が析出するのに要する電気量Fは物質によらず一定であることを発見．この電気量$F = 9.64853 \times 10^4$ C/molを，ファラデー定数あるいは単にファラデーとよぶ．この法則により電気素量(e)の存在が初めて示された．N_Aをアヴォガドロ数とすると，$e = F/N_A$となり，$e = 1.60218 \times 10^{-19}$ Cが求まる．なお，電気分解で発生する荷電粒子に「イオン」という名称を最初に用いたのはファラデーである〔⇒アレニウス〕．

世界最初の電動モーター 1820年のH. C. エルステッド*による電流の磁気作用発見後，21年にファラデーは図1のような装置を考案．水銀(液体金属)を満たした容器の中央に棒磁石を立て，上から水銀に浸るように金属棒をつるし，金属棒と水銀に電流を流すと，電流によって生じた磁場

図1 ファラデーの電動モーター

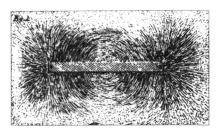

図3 棒磁石の周りの磁力線
鉄粉の分布から，棒磁石の周りの磁力線が目で見られる（実験結果をファラデーが描写したもの）．

が磁石の磁場に反発し，金属棒が磁石の周囲に回転する．「電気を運動に変える」ことに成功した，世界初の電動モーターだ．電磁誘導の法則発見以前のことである．

電磁誘導の法則の発見 エルステッドが「電流が磁場を作る」ことを発見して以来，磁場が電流を作りだす可能性を追求する実験が多くの研究者によって行われた．ファラデーは試行錯誤の末，回路の近くに磁場が存在するだけでは電流は発生しないが，「磁場を変化させると回路に起電力が生じる」ことを 1831 年に発見した．

図2にいくつかの例を示す．(a) 回路に棒磁石を差し込んだり取り出したりする，(b) 回路を通過する磁場の強さが変動する，(c) 回路②のスイッチを開閉することにより，目的の回路①に電流が流れる．この現象は，「ファラデーの電磁誘導の法則」(Faraday's law of electromagnetic induction) とよばれる．回路のない空間でも，磁束密度 B が時間的に変化すると電場 E が生じる．この電場は $\mathrm{rot}\,E = -(\partial B/\partial t)$ で決められ，J. C. マクスウェル*の四つの方程式の一つになった．電磁誘導の発見によって，人類は電力を手に入れた．

単位のファラド (F) は静電容量の SI 単位．ファラデーの名に因む．1 F は，1 C の電気量で対極間に 1 V の電位差を生じる電気容量である．

場の概念の導入 ファラデーは，発想の名人である．エルステッドの「電流を流すと周りに磁場ができる」という発見を逆手にとって，「電線の周囲に磁石をおいたら電流が流れるはず」と考えたが，なかなかうまくいかなかった．偶然，実験の最中に磁石を動かしたら，(上述のように) 電流が流れることを知ったといわれている．

ファラデーの発想の豊かさは，さらに，電磁気現象を「遠隔力」ではなく電気力線・磁力線で表現される「近接力」を通して力が伝わるという考えへと導くこととなった (図3，4)．鉄粉のおかげで見えるようになった磁力線 (図3) は，空間独自の持つ「渦」を可視化したもので，空間自体が磁荷を配置すると，渦を通してその影響が空間に広がっていく．空間がもともと持っている「渦」の影響で，磁石が周りに磁気力を生じる，その伝達の速度が光速なので，一般には遠隔力のように見えるのだ．

このような発想から空間の概念の変革が

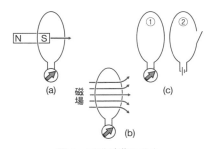

図2 電磁誘導の発生

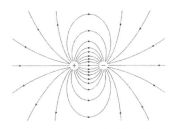

図4 正の点電荷と負の点電荷が並んでいるときの周りの電気力線

始まった．ファラデーの豊かな発想は，「重力や電磁力は遠隔力」という時空を超越したような発想しかなかった当時の学者には受け入れがたいものだった．これを高く評価したのはマクスウェルで，数学を駆使して電磁統一理論を完成させた．

この枠組みには，空間の特徴的な局所変換（ゲージ変換）に対する対称性が現れている．空間の各点に渦があるなら，その個々の渦の変化が，近接の渦に影響を与える．それが局所的に伝わって影響が遠くに及ぶ．それが力の起源である．局所的な接触変換の方が自然ではないか．

マクスウェル方程式は，この局所（ゲージ）対称性が成立していて，次々伝わる情報，すなわち，場を媒体とした質量0のゲージ粒子の伝搬こそ力の根源であることを意味したのである．

これが，A. アインシュタイン*の重力理論，ヤン−ミルズ理論〔⇒ヤン〕を経て，力の統一理論に繋がったのだ．まさに，ファラデーの直感力がゲージ理論を先導したといえよう．

人　物　ファラデーは，幅広い興味と直感力を持つ実験科学者であった．一般向けの講演も多く行ったが，中でも「ロウソクの科学」は有名である．肩書を好まずナイトの称号も辞退した庶民派の代表である．化学兵器の作製は断固拒否したというのが印象的だ．

ファン・デル・ワールス，ヨハネス・ディーデリク
van der Waals, Johannes Diderik
1837–1923
実在気体の状態方程式

人　物　オランダの物理学者．分子の大きさと分子間引力を考慮した「ファン・デル・ワールスの状態方程式」を発見．1910年「気体および液体の状態方程式に関する研究」に対して，オランダ人として3人目のノーベル物理学賞を受賞．

1873年「液体と気体の連続性について」と題する博士論文をオランダ語で発表した．この論文で従来の理想気体の状態方程式では表せなかった，気相−液相間の相転移という現象を解析的に記述できる状態方程式を提案した．J. C. マクスウェル*は Nature 誌でこの論文を以下のように激賞したといわれている．「ファン・デル・ワールスの名はまもなく分子科学の最先端に記されるであろう．また，この論文はオランダ語を勉強しようという気運を起こさせるであろう」

ファン・デル・ワールスの状態方程式
理想気体の状態方程式は，

$$pV = RT \qquad (1)$$

ここで，p は圧力，V は気体1モルの体積（モル体積），T は絶対温度，R は気体定数である．この状態方程式は，室温以上で多くの単純な気体の振舞をよい近似で再現する．しかし，実在気体が示す凝縮のような，気相−液相間の相転移を記述することができなかった．

ファン・デル・ワールスは，実在気体の分子には「大きさ」があり，また，お互いの分子が「分子間引力」で相互作用をしていることに気づき，これらを，二つのパラメータによって実現した．ファン・デル・ワールスの状態方程式は

$$\left(p + \frac{a}{V}\right)(V - b) = RT \qquad (2)$$

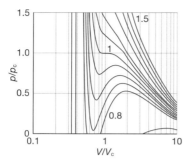

図1 ファン・デル・ワールスの状態方程式の等温曲線

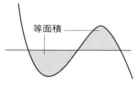

図2 等面積の法則

ここで，a が分子間の引力の効果を，b が分子の大きさによる体積排除効果を表す．

　(2) 式を圧力を横軸，体積を縦軸にした等温線群において，ある温度（臨界温度）T_c より低温では，等温線は全て振動的な振舞を示し，極小に続いて極大をとる．これらの極値は $T \to T_c$ につれて収斂し，$T = T_c$ で一致する．この臨界点では曲線は平らな変曲点になる．変曲点では，1階と2階の導関数が共に 0 になるので，(2) 式からこのときの臨界圧力 p_c と臨界モル体積 V_c が求められる．さらに，これらを (1) 式に代入すると臨界温度 T_c が得られる．

$$V_c = 3b, \quad p_c = \frac{a}{27b^2}, \quad T_c = \frac{8a}{27Rb} \quad (3)$$

図1に V/V_c を横軸，p/p_c を縦軸にした等温線群を示す．温度が高い右上の曲線群では理想気体のボイルの法則〔⇒ボイル〕に近づく．しかし，臨界温度 T_c より低い左下の等温線群には振動部分が発生する．この極小と極大の間の状態は圧力の増加が体積の増加を起こすことになるので，実際には対応する状態は実現しない．この領域では図2のように，振動部分に p/p_c が一定の水平線を引き，その線の上と下になる部分を等面積にすると，水平線上の状態が実際の液相と気相が共存する状態になる．このマクスウェルの等面積則は，状態方程式のモデルのよらず一般的に成立する．

　ファン・デル・ワールスの状態方程式は極めて普遍性が高かったので，その後，J. デュワー*の水素の液化や，H. カマリング＝オネス*のヘリウムの液化など，低温物理学への道が拓かれた

　ファン・デル・ワールス力　ファン・デル・ワールスが状態方程式を定式化した際に導入した分子間引力は，電荷を持たない中性の原子や分子などの間に働く．この凝集力を総称してファン・デル・ワールス力という．この力のポテンシャルは距離の6乗に反比例する．これは，中性の原子や分子であっても，量子力学的なゆらぎによって，瞬間的には電荷分布が非対称になり電気双極子モーメント μ を持つ．この双極子モーメントは距離 R の3乗に反比例する電場 $E = A\mu/R^3$ を作る．この電場によって，R の場所にある別の分子は双極子モーメント $\mu' = \alpha E = \alpha A\mu/R^3$ が誘起される．この二つの双極子モーメントは引力的な相互作用をし，そのポテンシャルは $U = -C\mu\mu'/R^3$ で表される．これが，ファン・デル・ワールス力の起源と考えられるので，結局ポテンシャルは $U = -CA\alpha\mu^2/R^6$ となり，距離の6乗に反比例する．ここで，A, C は定数で α は分子の分極率である．

　ファン・デル・ワールス力は力の到達距離が短くかつ弱い．この凝集力によって分子間に形成される結合をファン・デル・ワールス結合とよぶ．ファン・デル・ワールス自身はファン・デル・ワールス力が発生する機構は示さなかったが，今日では励起双極子やロンドン分散力などがもとになって引力が働くと考えられている．

フィゾー，アルマン・イッポリート・ルイ
Fizeau, Armand Hippolyte Louis
1819–1896
実験装置による光速度測定の開拓者

フランスの実験物理学者．L. フーコー*と共に，地上での光速度測定実験を初めて行った．

経歴 フィゾーは，パリ大学医学部教授の父の下に生まれ，裕福な家庭で育った．当初，父と同じ道を目指して医学部生になる勉学を始めたが，健康不良のために物理学に転向した．コレージュ・ド・フランスで，H. V. ルニョーに光学を学び，パリ天文台で物理学者・天文学者 F. アラゴーの指導を受けた．

1839 年，当時発明されたばかりのダゲレオタイプ(銀板写真)の写真撮影術を，金塩を使用するなどして改良して太陽撮影道具に仕上げた．この頃，フーコーとの共同研究が始まり，2 人は，鮮明な太陽表面写真の撮影に 1845 年に初めて成功した．

光の波動説 フィゾーとフーコーは，当時の物理学上の根本問題，「光は波動か粒子か」という大問題に取り組んだ．1838 年，アラゴーは，空気中と水中の光速度を比較測定し，水中の光速度が小さければ，波動説の正しさが立証されること，その実験には，1834 年発明のウォラストンの回転鏡の方法が利用できることを示唆した．フィゾーとフーコーは，その実験に取り組んだが，途中で仲たがいをしてしまった．1850 年に 2 人はそれぞれ別の論文を科学アカデミーに提出したが，結果は，どちらも水中の光速度の方が遅いことを示した．すなわち波動説に有利な結果となった．

光速度測定の実験 1849 年，フィゾーは以下の方法で，光の絶対速度の精密測定に取り組み，315000 km/s の値を得た．それまで天体の運動を用いた測定値しか得られておらず，地上の実験機器では初めての測定であった．

フーコーが回転鏡を使用したのに対して，フィゾーは回転歯車を使った．光源から発した光は，半透明の鏡で反射し，歯車の歯間の隙間を通過し反射鏡にいく．反射鏡で反射した光は，再び歯車の歯間隙間を通過して，半透明鏡を透過して観測者に到達する．

図の l をできる限り大きな値にするため，フィゾーは父の家のあるシュレスヌとモンマルトルの間の距離 8.67 km を利用した．光が $2l$ を移動している時間に，隣りあう歯間距離分が回転していれば，光は透過して観測者に到達する．そのときの回転数から，光速度を測定する．

このような光速度の地上での精密測定は，この後，マイケルソン–モーリーの光速度測定〔⇒マイケルソン〕の方法的基礎を提供し，アインシュタインの相対性理論の成立につながる重要な研究となった．

フレネルのエーテル随伴説の支持実験 1818 年，A. J. フレネル*は光波が透明媒質中をエーテルの一部を随伴して進行すると論じて，随伴係数を算出した．フィゾーは 1851 年，逆方向に流れる流水中の 2 光波の干渉を測定し，フレネルの随伴係数が成立していることを，初めて地上の実験で確かめた．

19 世紀中庸，職業的科学者による科学研究が拡大する中で，フィゾーは，最後のアマチュア科学者の 1 人であったと言える．フィゾーは，余暇を研究にあて，個人資産を研究資金にあてることができたのである．

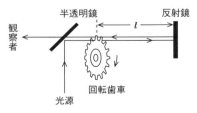

図 1　光速度測定の実験

フェルミ，エンリコ
Fermi, Enrico
1901–1954

理論・実験両面で歴史的業績

イタリアの物理学者．理論家として量子論や核物理学の構築に貢献し，実験家として世界初の原子炉を完成させた．

経　　歴　ローマに生まれたフェルミは，ピサ高等師範学校に首席で入学して物理学を専攻，すぐに頭角を現す．20歳から論文を書き始め，当初は主に相対性理論に関する研究を行っていた．しかし当時のイタリアでは理論物理学では博士の学位を取得できなかったため，X線回折の実験に関する論文により21歳で学位を取得した．それ以後，フェルミは理論物理学者と実験物理学者の二つの顔を持つ当時としても珍しい研究者として歩み始める．

フェルミ統計の導出　1925年にW. E. パウリ*が排他原理を提唱すると，フェルミはすぐにこれを理想フェルミ気体に適用し，有名なフェルミ統計を導き出した (同時期にP. ディラック*も導出していたため，フェルミ–ディラック統計とも呼ばれる)．パウリの排他原理に従う粒子をフェルミ粒子 (素粒子として12種類，およびそれぞれの反粒子が知られている) というが，この粒子の集合が熱平衡状態で従う量子統計がフェルミ–ディラック統計である．この統計によると，温度 T で熱平衡状態にある理想フェルミ気体において，エネルギー ε をとるフェルミ粒子の数 $n(\varepsilon)$ の統計力学的期

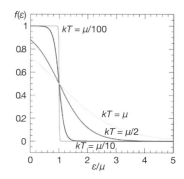

図2　いくつかの温度に対するフェルミ分布関数

待値 $f(\varepsilon) \equiv \langle n(\varepsilon) \rangle$ は，
$$f(\varepsilon) = \frac{1}{\exp\{(\varepsilon - \mu)/k_{\mathrm{B}}T\} + 1}$$
で与えられる．この $f(\varepsilon)$ をフェルミ分布関数という．μ と k_{B} は，それぞれ化学ポテンシャルとボルツマン定数である．電子がフェルミ粒子であることから，フェルミ分布関数は特に固体物理学において様々な計算の出発点となる重要な関数となっている．

β 崩　　壊　24歳でフェルミはローマ大学の教授に就任する．当時のフェルミの研究室には，E. マヨラナ*やE. セグレ*らが学生として在籍していた．

その頃，原子核から電子が放出される β 崩壊が問題になっていた．放出される電子のエネルギーが連続的に分布しており，その説明がつかなかったからである．この問題に対しパウリは，未知の中性粒子の存在を指摘した．この粒子が電子と共に放出されれば，二つの粒子間でエネルギーを分け合うため，電子のエネルギーは連続的に分布するというわけである．

フェルミはこの仮定に基づき，β 崩壊の理論を構築した．そしてその未知の粒子をニュートリノと名づける (ただしその発見はフェルミの死後であった)．この理論をまとめた論文は，当初 Nature 誌により掲載を拒否され，イタリアおよびドイツの雑誌に

クオーク	アップ	チャーム	トップ
	ダウン	ストレンジ	ボトム
レプトン	電子ニュートリノ	ミューニュートリノ	タウニュートリノ
	電子	ミューオン	タウ

図1　素粒子としてのフェルミ粒子 (反粒子を除く)

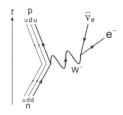

図3 中性子 (n) が陽子 (p) になる際に電子 (e) とニュートリノ (ν) を放出するダイヤグラム
力を伝える W ボソンの到達距離を 0 としたのがフェルミ相互作用である.

図4 エンリコ・フェルミ

先に掲載されることになる．フェルミが提案した理論は，場の量子論を電磁場相互作用以外の素粒子相互作用に拡張した点で意義深い．そして，自然界の四つの相互作用のうちの一つ，弱い相互作用の研究の先鞭をつける理論として，重要な意味を持つものである．

β 崩壊では，中性子が電子 (β 粒子あるいは β 線と呼ぶ) とニュートリノを放出して陽子となる．フェルミは，中性子，陽子，電子，ニュートリノの四つが1点で相互作用すると仮定した．この相互作用はフェルミ相互作用と呼ばれ，のちの標準理論で W ボソンを導入して記述される相互作用に対する近似と位置づけられている．この相互作用の強さを表すパラメータがフェルミ結合定数 G_F であり，$G_F/(\hbar c)^3 = 1.166 \times 10^{-5}$ GeV^{-2} と見積もられている．

なおこのフェルミの理論を知った湯川秀樹*が，陽子と中性子の間の核力にもニュートリノが関与していると考えたが，それでは弱い核力しか得られないことがわかり，新しい粒子 (中間子) の着想に至ったことは有名である．

同位元素の生成　1934 年，ジョリオ=キュリー*夫妻が α 粒子 (ヘリウム 4 の原子核) を様々な物質に照射すると，その物質を放射性物質に変えられるという，人工放射性核種の生成に初めて成功した．

フェルミはこれに刺激を受け，α 粒子の代わりに 1932 年に発見されたばかりの中性子を照射する実験に思い至った．

フェルミ率いるローマ大学のグループは精力的に実験を行い，様々な新しい放射性同位元素を生み出した．またその際，中性子を減速すると衝突相手の核に入り込みやすくなり，放射化が促進されることを見出した．このような新たな放射性元素の生成および減速させた中性子と放射化との関係の発見に対し，1938 年ノーベル物理学賞が授与される．

フェルミと妻のラウラは，ストックホルムでのノーベル賞授賞式に出席の際，アメリカに亡命する．ユダヤ人のラウラが，ムッソリーニ政権による迫害から逃れるためであった．

マンハッタン計画　アメリカに渡ったフェルミはコロンビア大学の教授となり核分裂反応の研究を始める．1942 年，フェルミはシカゴ大学にて世界初の原子炉シカゴパイル 1 を稼働させることに成功した．そしてマンハッタン計画の物理学者チームに参加し，原爆の開発に大きく関与する．しかし第二次大戦後，フェルミは原爆による人類の被害があまりに甚大であったことから，水爆の開発には反対した．

1954 年 11 月，フェルミは腹部の癌でこの世を去った．

フォック,ウラジミール・アレクサンドロヴィチ
Fock, Vladimir Alexandrovich
1899–1974
量子論に関する基礎的研究

旧ソ連の理論物理学者.クライン–ゴルドン方程式の導出,ハートリー–フォック近似の開発,場の量子化に関するフォック表示,フォック空間の開発など量子力学及び場の量子論に関する基礎的研究を行った.

1922年にペトログラード大学(現サンクトペテルブルク大学)を卒業.1932年,レニングラード大学教授に就任.

クライン–フォック方程式　1926年,スピン0の自由粒子に関する特殊相対論的波動方程式を導出した.この方程式は,

$$\left[\frac{1}{c^2}\frac{\partial^2}{\partial t^2} - \nabla^2 + \left(\frac{mc}{\hbar}\right)^2\right]\phi(x) = 0$$

と書き表され,通常,「クライン–ゴルドン方程式」とよばれている.ここで,cは光の速さ,$\hbar$は換算プランク定数,mは粒子の質量である.フォックの論文が受理されたのは,O. クラインのよりも少し遅く,W. ゴルドンのよりも早いので,ロシアなどではクライン–フォック方程式とよばれている.

1929年,D. イバネンコと共に,重力が存在する曲がった時空において,四脚場形式に基づき,スピン1/2の粒子に関する波動方程式を導出した.特殊相対論に準拠するディラック方程式の一般相対論版である.

ハートリー–フォック近似　1932年はフォックにとって,実り多い年で以下のような目覚ましい研究業績をあげている.

D. R. ハートリー*が1928年に提案した自己無撞着場の理論に対して,フェルミ–ディラック統計性を考慮した電子交換の効果を取り入れ,変分法に基づいて理論的枠組みを完成させた.この方法は,「ハートリー–フォック近似」とよばれている.ここで,自己無撞着場とは,「つじつまの合う場」を意味し,多粒子系の相互作用の効果を一体ポテンシャルV_aで表したもので,次のような手続きの下で決定される.まず,適当なV_aを仮定して方程式を解き,その解を用いてV_aを求めると一般に最初に仮定したものとは異なるもの$V_a^{(1)}$が得られる.そこで,今度は$V_a^{(1)}$を仮定して方程式の解を求めてV_aを得る.このような手続きを繰り返し行い,仮定したV_aと方程式の解から得られたものが一致すれば,問題が解かれたことになる.

P. ディラック*,B. ポドルスキーと共に,ディラックが提案した多時間理論がハイゼンベルク–パウリの場の量子論と等価であることを示した.多時間理論において,電子は個々の時間を有する粒子として特殊相対論的かつ量子力学的に扱われる.後年,多時間理論は朝永振一郎*やJ. S. シュウィンガーにより,場の量子論の枠内で超多時間理論として一般化された.

フォック表示,フォック空間　また,「フォック表示」や「フォック空間」とよばれる概念を導入することにより,粒子の生成・消滅を記述する「第2量子化」とよばれるディラックが考案した方法に対して,実用的で明快で数学的に整備された基盤を与え,場の量子論の礎を築いた.

フォック表示とは,粒子の位置に着目した状態の表示法である.同種粒子からなる多体系において,粒子数がnでそれらの位置が$\boldsymbol{x}_1, \boldsymbol{x}_2, \cdots, \boldsymbol{x}_n$である状態を$|\boldsymbol{x}_1, \boldsymbol{x}_2, \cdots, \boldsymbol{x}_n\rangle$とすると,真空状態$|0\rangle$と$|\boldsymbol{x}_1, \boldsymbol{x}_2, \cdots, \boldsymbol{x}_n\rangle$,$(n = 1, 2, \cdots)$で完全系をなし,これらを基底として状態ベクトルおよび物理量を表示することができる.位置$\boldsymbol{x}$に粒子を生成させる演算子$\psi^\dagger(\boldsymbol{x})$を用いて,フォック表示の基底は,

$$|\boldsymbol{x}_1, \boldsymbol{x}_2, \cdots, \boldsymbol{x}_n\rangle$$
$$= \frac{\psi^\dagger(\boldsymbol{x}_n)\cdots\psi^\dagger(\boldsymbol{x}_2)\psi^\dagger(\boldsymbol{x}_1)}{\sqrt{n!}}|0\rangle$$

と表される.

フォック空間とは，粒子数に着目した状態ベクトルの張る空間である．離散的な変数 $k(=1,2,\cdots,f)$ で指定される状態の粒子の個数演算子 N_k は $\psi^\dagger(\boldsymbol{x})$, $\psi(\boldsymbol{x})$ に含まれる生成・消滅演算子 $a_k^\dagger$, a_k を用いて，$N_k = a_k^\dagger a_k$ で与えられ，

$$[N_k, a_l^\dagger] = \delta_{kl} a_l^\dagger, \quad [N_k, a_l] = -\delta_{kl} a_l$$

を満たす．ここで，δ_{kl} はクロネッカーのデルタで，$k=l$ のときは 1，$k \neq l$ のときは 0 である (k が連続変数の場合，N_k は個数密度演算子となり，δ_{kl} はディラックのデルタ関数に置き換わる)．生成・消滅演算子の間に量子化条件として，

$$a_k a_l^\dagger \mp a_l^\dagger a_k = \delta_{kl}$$
$$a_k a_l \mp a_l a_k = 0, \quad a_k^\dagger a_l^\dagger \mp a_l^\dagger a_k^\dagger = 0$$

が課される．ここで，マイナス符号の式はボース粒子に，プラス符号のはフェルミ粒子に課される．N_k はエルミート演算子で，その固有値はボース粒子の場合，$n_k = 0, 1, 2, \cdots$ で，フェルミ粒子の場合，$n_k = 0, 1$ である．

状態ベクトルは真空状態と有限個の粒子を含む状態からなる．全ての N_k に対して，固有値が 0 である状態ベクトル $|0\rangle$ は真空状態に対応し，$a_k|0\rangle = 0$ を満たす．フォック空間の正規直交基底は，

$$|n_1, n_2 \cdots, n_f\rangle = \frac{(a_1^\dagger)^{n_1} (a_2^\dagger)^{n_2} \cdots (a_f^\dagger)^{n_f}}{\sqrt{n_1! n_2! \cdots n_f!}} |0\rangle$$

で与えられる．ここで，$|n_1, n_2 \cdots, n_f\rangle$ は k で指定される状態の粒子がそれぞれ n_k 個存在する状態を表す．

フォックの研究スタイルはディラックのスタイルと似通っていて，物理的直観や洞察力に基づき数学的手法を駆使して，数学的に美しい方程式や定式化を導くというものである．後年，一般相対論における有限質量の運動や地球表面に沿った電波の回折に関する研究を行っているが，そこでも彼の数学の知識と手法が生かされている．

フォン・クリッツィング，クラウス
von Klitzing, Klaus-Olaf
1943–
量子ホール効果の発見

ドイツの実験物理学者．

経　歴　1943 年ドイツ占領下にあったポーランドのシローダという町で生まれ，世界大戦後の 1945 年，ドイツに難民として移住．物理学はまず，ブラウンシュバイク工科大学で学んだ．1969 年，そこを卒業した後，ヴュルツブルグ大学 (ユリウス・マクシミリアン大学) に移り，G. ラントヴェーアの指導の下，1972 年に「強磁場下のテルルにおける電流磁気効果」をテーマに学位論文を書き上げた．1978 年には磁場中の電子輸送現象に関する研究をさらに進めてハビリタチオン (Habilitation, ドイツ語圏の国々で用いられている，大学で講義をする資格) を取得している．

1975 年から 1976 年までは，オックスフォードのクラレンドン研究所で，また 1979 年から 1980 年まではグルノーブルの強磁場研究施設で研究を行った．その研究が量子ホール効果の決定的発見につながり，1980 年にジーメンス社の研究所に在籍していた G. ドルダおよびキャヴェンディッシュ研究所の M. ペッパーと共に論文を発表した．1980 年にはミュンヘン工科大学の教授になり，1985 年には量子ホール効果の発見の功績に対し，ノーベル物理学賞が授与されている．同年からフォン・クリッツィングはシュツットガルトのマックス・プランク研究所で固体物理研究部門の終身部局長となっている．

量子ホール効果　量子ホール効果は，MOSFET (metal-oxied-semiconductor field-effect transistor) やヘテロ接合などにおける界面 2 次元電子系のホール伝導度が普遍的な物理定数であるプランク定数 h

と素電荷 e で表される定数 e^2/h の整数倍になるという現象であり，その可能性は日本の安藤恒也，植村泰忠らの研究によって，1970年代半ばに理論的に示唆されていた．また，川路紳治らの先駆的研究でもその兆候はみられていた．

しかし，フォン・クリッツィングは Si-MOSFET におけるホール抵抗 (ホール伝導度と電気伝導度で表すことができる横方向の抵抗，z 方向の静磁場中で，y 方向に電流 I_y を流し，x 方向には電流が流れないようにしたとき x 方向に生じる電圧 V_x を $V_x = \rho_{xy} I_y$ のように表す係数 ρ_{xy} のこと) をひたすら精度よく測定することを目指し，極低温，超強磁場下での測定を行った．その結果，ホール抵抗は抵抗の次元を持つ h/e^2 の整数分の 1 に量子化されること，同時に電流方向の抵抗が 0 になることを発見した．これは，ホール伝導度でいえば，e^2/h の整数倍に量子化されることに対応している (量子化ホール伝導度とよばれる)．しかも，その量子化の精度は 10^{-8} もの高精度であることがわかった．

フォン・クリッツィングの研究は，Si-MOSFET という，どちらかというと，不純物を含む 2 次元電子系を用いたものであったが，そのような系で，物理学の基礎定数に関わる量子化現象が観測できるということは驚くべきことであった．その後，より不純物の少ない系と考えられる GaAs-AlGaAs ヘテロ構造における 2 次元電子系でも量子ホール効果は測定された (1982年，M. A. パーラネン，D. C. ツイ，A. C. ゴサード，図 1 参照)．これらの研究は，その後分数量子ホール効果の発見につながった〔⇒ラフリン〕．

フォン・クリッツィング定数 量子ホール効果の実用的な面では，抵抗の標準値としての応用がある．量子ホール効果が起こっている系では，ホール抵抗やホール伝導度が磁場の関数として図 1 のように振る舞う

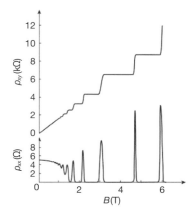

図1 GaAs-AlGaAs ヘテロ構造で測定された量子ホール効果の例

横軸は 2 次元電子系に垂直に加えられる磁場の強さ (単位はテスラ)，上段はホール抵抗 (単位は kΩ)，下段は電流方向の抵抗 (単位は Ω) (M.A. Paalanen, D.C. Tsui, and A.C. Gossard: *Phys. Rev. B* **25** (1982) 5566).

が，その平坦な部分が，量子ホールプラトーとよばれる．磁場を変えることは，電子系のフェルミ準位を変えることに対応するので，横軸をフェルミエネルギーとしても，同様のプラトーは現れる．いずれにしても，プラトー間のホール抵抗 (あるいはホール伝導度) の差から得られる，抵抗の次元を持つ普遍的な定数 $R_{\mathrm{K}} = h/e^2$ はフォン・クリッツィング定数とよばれ，電気抵抗の標準値として用いられており，また，微細構造定数 $\alpha = e^2/2\varepsilon_0 ch$ (ε_0 は真空の誘電率，c は光速) を決めるのに利用されることもある．科学技術データ委員会 (CODATA) による R_{K} の国際的な推奨値は，25 812.807 4434(84)[Ω] で，相対不確かさは 3.2×10^{-10} である．

基礎的な研究における緻密な測定の重要性を明らかにしたフォン・クリッツィングの業績は高く評価され，ノーベル賞の他にウォルター・ショットキー賞，ディラックメダルなどを受賞しただけでなく，多くの大学で名誉博士号を授与されている．

フォン・ノイマン，ジョン
von Neumann, John
1903–1957

量子力学の数学的基礎を築く

ハンガリー生まれ．20世紀前半を代表する天才的数学者の1人．

経歴 幼いときから数学の異常な才能を示し，18歳で最初の研究論文を発表．父親の勧めにより大学では化学を学びスイス連邦工科大学を卒業，同時に数学の博士号をブダペスト大学で取得．1933年よりアメリカ，プリンストン高等研究所教授として生涯を過ごす．物理学に関連しては量子力学の数学的基礎に関する仕事で大きく貢献．

量子力学の数学的基礎 量子力学は1925年から1926年にかけて，当時「行列力学」〔⇒ハイゼンベルク〕，「波動力学」〔⇒シュレーディンガー〕とよばれた二つの異なる方式で展開された．その同等性はE.シュレーディンガー*ら数人の物理学者によって示され，さらにP.ディラック*は，両者を同一原理の表現の違いとして理解できる定式化(変換理論)を与えた．だが，変換理論は，例えば，1点だけで無限大だが，他の点では0で積分が1に等しい奇妙な関数(ディラックのデルタ関数：任意の関数$f(x)$に対して$\delta(x-y)$, $\int_{-\infty}^{\infty} dx f(x)\delta(x-y) = f(y)$を満たす)を用いるなど，数学の立場から真に有意味と言えるかどうか難点があった．

フォン・ノイマンは，量子力学の「状態」全体が構成する抽象的な空間を，彼のゲッティンゲン滞在中の師である数学界の巨人D.ヒルベルト*が積分方程式の理論のために構築した関数のなす無限次元空間の理論をさらに抽象化・一般化した抽象ヒルベルト空間として定式化し，数学的な基礎づけを与えた．「状態」はこの空間の元，「物理量」はこの空間内で線形な写像作用を引き起こす(自己共役)演算子である．

彼はこれに基づき，いくつかの重要な一般定理を確立した．例えば，1個の粒子の位置と運動量の演算子を$\hat{x}, \hat{p}$とすると(簡単のため1次元)，正準交換関係$[\hat{x}, \hat{p}] = i\hbar$が成り立ち，$\hat{U}(a) = e^{ia\hat{x}}$, $\hat{V}(b) = e^{ib\hat{p}}$ (ワイル演算子とよぶ)は$\hat{U}(a)\hat{V}(b) = e^{-iab\hbar}\hat{V}(b)\hat{U}(a)$を満たす．$\hat{U}, \hat{V}$は(可分)ヒルベルト空間においてユニタリ変換を除いて一意的に定まり，シュレーディンガーの表現($\hat{x}$は関数にxをかける演算，すなわち，$\hat{x} = x$, $\hat{p}$は関数の微分により$\hat{p} = -i\hbar\frac{\partial}{\partial x}$)に一致する(「可分」とは，元$|\psi\rangle$が可付番な正規直交基底$|\psi_a\rangle$ ($a = 1, 2, \cdots$)により$|\psi\rangle = \sum_{a=1}^{\infty} c_a |\psi_a\rangle$と展開できること．$c_a = \langle \psi_a | \psi \rangle$は複素数の係数)．つまり，有限個の粒子の量子力学は基本的にシュレーディンガーの定式化と同等である．これをストーン-フォン・ノイマンの一意性定理とよぶ(この定理に最も貢献した2人に由来)．無限個の自由度を扱う場の量子論では，一般にストーン-フォン・ノイマン定理は成り立たない．特に，対称性の自発的破れ〔⇒南部陽一郎〕が起こると，ユニタリ変換で結ばれない無限に多くの表現が存在する．

量子統計力学の基礎 フォン・ノイマンはさらに量子力学に基づく統計熱力学(すなわち，量子統計力学)の基礎を築いた．量子力学では物理量には一般にゆらぎが必然的に付随し，物理量の数値は確率的にしか予言できない．(正規化$\langle\psi|\psi\rangle = 1$された)状態がヒルベルト空間の一つの元として同じ$|\psi\rangle$のとき，任意の演算子$\hat{Q}$に対応する物理量の観測結果は一般にばらつき，測定値の平均(期待値)は次式で表せる．

$$\langle\psi|\hat{Q}|\psi\rangle = \mathrm{Tr}(\hat{\rho}_\psi \hat{Q}), \quad \hat{\rho}_\psi = |\psi\rangle\langle\psi|$$

記号Trはヒルベルト空間全体にわたる跡の操作である($\mathrm{Tr}(\hat{\rho}_\psi \hat{Q}) = \sum_{a=1}^{\infty}\langle\psi_a|\hat{\rho}_\psi \hat{Q}|\psi_a\rangle$)．このとき，$\rho_\psi$は

$$\mathrm{Tr}(\hat{\rho}_\psi) = 1, \quad \hat{\rho}_\psi^2 = \hat{\rho}_\psi$$

を満たし,「純粋」状態 $|\psi\rangle$ を表す密度演算子 (統計演算子ともいう) とよぶ. 純粋状態は量子力学において最大の情報量を持つ状態であるが, 古典力学に基づいた統計力学と同様に, マクロな系を扱うときには必然的に粗視化が起こり, 状態は複数の純粋状態 $|\psi_a\rangle$ が確率 α_a ($\alpha_a \geq 0$) で混合した統計集団に置き換えられる. この統計集団は適当に基底を選ぶと

$$\hat{\rho} = \sum_a \alpha_a |\psi_a\rangle\langle\psi_a|, \quad \sum_a \alpha_a = 1$$

という形の密度演算子で表される. このような統計的状態を一般に「混合」状態とよぶ. フォン・ノイマンはこれに基づき, 量子論的な統計熱力学を構築した. このとき, エントロピーは (k_B: ボルツマン定数)

$$S = -k_\mathrm{B} \mathrm{Tr}(\hat{\rho} \log \hat{\rho})$$

である (フォン・ノイマンエントロピー). 特に, 絶対温度 T で定まるカノニカル分布では, $\alpha_n = Z^{-1} \mathrm{e}^{-E_n/k_\mathrm{B} T}$ ($Z = \sum_n \mathrm{e}^{-E_n/k_\mathrm{B} T}$ を分配関数とよぶ) である.

後世への影響と人物 これらの成果をまとめて 1932 年に刊行された『量子力学の数学的基礎』は, 量子力学の歴史の中の記念碑的大著である. そこでは, 隠れた変数の可能性についての議論を含む, 測定理論の出発点を与え, 量子力学の解釈に関しても基礎を築いた. 彼の多才ぶりは止まるところなく, エルゴート理論, 乱流の流体力学を含む数理科学の広い分野に影響を残し, ゲームの理論, 計算機の理論でも創始者的役割を果たした.

高等研究所で同僚の A. アインシュタイン* とは, 思想的にも性格的にも距離があり, 親しい間柄ではなかったという. マンハッタン計画を始めとして, 軍事研究に深く関わった. アメリカ政府の諮問委員会委員長などを務め, 軍事政策にも影響を与えた. 極めて多忙な生活を送った晩年, 最後は癌に倒れ陸軍病院で軍の監視のもとで生涯を閉じた.

福井 謙一
Fukui, Ken-ichi
1918–1998

化学反応のフロンティア軌道論

経歴 福井謙一は理論化学の分野で活躍した化学者で, 化学反応の本質の解明に貢献した. 数学的な記述に長け, その意味で他の化学者と一線を画す. 量子力学や数学の理論を用いて分子や原子の振舞を説明することに貢献した. 化学反応の過程を説明し, その理論体系をわかりやすく示すことに成功した. その業績が認められ, 1981 年には R. ホフマンと共にノーベル化学賞を受賞した.

京都帝国大学卒業. 1951 年京都大学教授. 1982 年京都工芸繊維大学学長. 1988 年京都大学基礎化学研究所所長. 1962 年学士院賞. 1981 年文化勲章. 著作に『化学反応と電子の軌道』など.

フロンティア軌道論 1950 年代に福井は化学反応には一つの分子の最高占有分子軌道 (HOMO) にある電子と, もう一方の分子の最低非占有分子軌道 (LUMO) が関与していることを理論づけた. 福井はこれらの軌道を「フロンティア軌道」と名づけた. HOMO にある電子は, エネルギー状態が高いので, 電子を失う方向に働き, この軌道のエネルギー準位が高いほど, 電子を与えやすく, 求核反応性が高くなる. 一方 LUMO 軌道はエネルギー準位が低いので電子を受け取りやすい状態にあり, この軌道のエネルギーが低いほど, 求電子反応性が高くなる. 福井によるとこれら二つの軌道が関わって新しい化学結合が形成されるが, 反応の起こりやすさは, 軌道の振幅の大きさや位相に支配される. 現在では, 有機分子の化学反応における反応生成物の選択制などがフロンティア軌道論でよく説明されることが知られているが, 福井はその

後の 10 年間ほどかけて，複雑な数学の公式を駆使して彼の仮説を固め，分子間の相互作用や分子間結合形成過程を説明することに没頭した．

1960 年代になると，他の化学者も同様の問題に取り組むようになるが，福井は，先端的な数学を使うため，他の化学者には難しすぎてなかなか理解されなかった．後に *New York Times* 紙のインタビューに「新しい理論は保守的な日本人には簡単には受け入れられませんが，アメリカやヨーロッパで受け入れられると日本に逆輸入される傾向があります」と語っている．

福井がフロンティア軌道論を開発していたころ，全く偶然に 2 人の化学者が同じ理論に取り組んでいた．コーネル大学の R. ホフマンとハーバード大学の R. B. ウッドワードである．2 人は難解な数学を使わずに，作図で示せるほど簡単な表現で同じ化学反応を示すことに成功していた．異なるアプローチではあったが，福井と彼らの理論が同じであることに 1965 年に気づく．福井の数学的な表現と合わせると，それまで説明が困難だった複雑な化学反応の真意を解明することができた．

化学研究の近代化　これらの公式により，ある種の分子間でなぜ反応速度が早かったり遅かったりするかをよく説明でき，またある種の分子が他の分子に比べてなぜよく反応するのかなどを説明することができた．この仕事により経験や勘によっていた化学研究の一部が近代科学に置き換わった．

彼らの研究によって化学反応の理解が大きく進んだ．この功績によって，福井とホフマンには 1981 年にノーベル化学賞が与えられた．ウッドワードが生きていたらおそらく一緒に受賞したであろうが，この 2 年前に亡くなっていた．福井は日本で最初のノーベル化学賞受賞者となった．

求電子置換反応の例：ナフタレンのニトロ化反応　ナフタレンのニトロ化反応は，

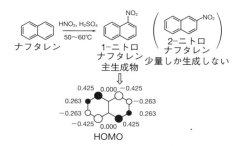

図 1　ナフタレンのニトロ化反応

選択的に 1 位 (α 位) に起こる．この選択制はナフタレンの HOMO 軌道の空間的な広がりによって説明できる．ナフタレンの HOMO 軌道は八つの炭素の 2p の混成による π 軌道であるが，1 位の炭素の係数が最も大きいため，求電子反応がこの位置で最大となる (図 1)．化学反応の選択性が，フロンティア軌道論によって明確に説明される一例である．

付加環化反応：ブタジエンとエチレンのディールス–アルダー反応　ディールス–アルダー (Diels–Alder) 反応は，共役ジエンとジエノフィルの HOMO と LUMO の付加環化反応である．ブタジエンとエチレンの反応の例を図 2 に示す．ブタジエンの HOMO (LUMO) とエチレンの LUMO (HOMO) 間での電荷移動相互作用が反応の基本である．これらの二つのフロンティア軌道は 2 カ所の反応点で 2 種の位相を同じくする相互作用が可能である．

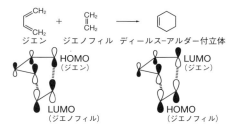

図 2　ブタジエンとエチレンのディールス–アルダー反応

フーコー, レオン
Foucault, Jean Bernard Lèon
1819–1868

フーコーの振り子

フランスの実験物理学者.

経歴 パリ医学校顕微鏡教室助手として, 銀板写真術 (ダゲレオタイプ) を用いた顕微鏡写真の撮影, 光源である炭素アーク灯の発光強度を一定に保つ電極自動調節装置の開発などに携わる. 銀板写真改良の研究中, フランス科学アカデミーの中心的人物である, パリ天文台の F. アラゴーから依頼を受け, 1845 年までに多数の太陽の銀板写真を撮影し, 太陽黒点や太陽周辺部が暗くなる現象を研究する.

光の波動説の検証 当時光の波動説に懐疑的な科学者も多かった. 光速度を空気中と水中で測定できれば, 光は波動か, 粒子かを確かめることができる. 光が波動であれば, ホイヘンスの原理により, 光の屈折を説明することができる. ただし, 光速度は水中で遅くなければならない. 一方, 光が粒子であれば, 屈折面に平行な速度成分が屈折前後で変わらないとして, 垂直成分が水中で大きくなる必要がある. つまり, 光速度が水中で小さくなるか, 大きくなるかがわかれば, 光は波動であるのか, 粒子であるのかが決定できるのである. アラゴーは回転鏡を用いれば光速度を測定できると考え, 実験手腕に長けたフーコーと A. フィゾー*に依頼する. 2 人は共同で実験を始めるが, 途中で意見が分かれ, 1849 年フィゾーは歯車を用いた有名な実験で光速度の測定に成功する〔⇒フィゾー〕. しかし水中での最初の光速度測定は回転鏡を用いたフーコーによるもので, 1850 年に水中で光速は遅くなると結論し, 光の波動説を決定づけた. またその後の空気中での測定では, フィゾーの測定の 10 倍の精度を得た.

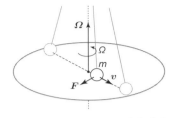

図 1 振り子はコリオリの力を受ける

地球自転の検証実験——フーコーの振り子 さて, 天体の銀板写真を撮影するには, 露光のため天体望遠鏡を天体の動きに応じて長時間回転させる必要がある. そこでフーコーは, 振り子時計のメカニズムを天体望遠鏡の回転台にとりつけた. そのとき, 回転台に一端を固定した細い棒が振動すると, 回転台が回転しても, 棒の振動面は変わらないことに気がつく. 1851 年, 自宅の実験室で長さ 2 m のスチール製ワイヤーに 5 kg のおもりをつけた振り子の振動面が, 地球の自転に伴ってゆっくりと回転することを確認する. その後パリ天文台子午線ホールでの実験も成功し, パンテオンで全長 67 m, 質量 28 kg の振り子による公開実験がなされ, 世界を驚かせた.

フーコーの正弦則 G. G. コリオリ*によると, 回転座標系 (角速度 Ω) で図 1 の向きに振り子 (質量 m, 速度 v) が運動すると, 進行方向右向きに慣性力であるコリオリの力 F を受け, 振動面は次第に時計回りに回転する〔⇒コリオリ〕. しかしコリオリは地球の自転が振り子の振動面に与える影響は小さくて検出できないと考えていた.

地球自転の角速度を Ω とすると, 地球上北緯 ϕ の地点での角速度は $\Omega \sin \phi$ である. 従って振り子振動面の回転周期は

$$T = \frac{2\pi}{\Omega \sin \phi} = \frac{24}{\sin \phi} \text{h}$$

となる. これはフーコーの正弦則とよばれ, フーコーによって初めて見出された.

その他フーコーの研究はジャイロスコープの開発など多岐にわたる.

プタハ，メリト
Ptah, Merit
2700 B.C. 頃

史上初の女性科学者か

　青銅器時代のエジプトの医者，記録に残る歴史上最初の女性科学者．

　人　　物　経歴や業績については全く知られていないが，メンフィスの近くサッカラの階段ピラミッド（おそらくジェゼル王のピラミッド）の近くの墓に彼女の像が描かれ，高位の神官とみられる彼女の息子によって「医者の長」と刻まれた碑があるといわれる．ただし，その絵からはそれらしい服装や物腰は感じられないという．

　古代エジプトの専門職女性　古代の神話には絶大な能力を持った女神が多く登場するが，それは，古代社会で女性が男性と同様に様々な方面で働いていたことを物語っている．科学的活動においても，古代エジプトの女神イシスから想像されるように，とりわけ医療において女性が重要な役割を演じていたことがわかる．古代エジプト人には，女性が病を癒すために教育を受けることは当然のことであった．記録に残っている科学の歴史は，エジプトの古代王国，ピラミッドの時代から始まる．実用的な要求から天文学や数学が発展し，紀元前3000年頃にはエジプトでは医師は専門職として確立していた．メンフィスの北，サイスに医学校があり，そこで教育された女性たちが（それほど多くはなかったらしいが）医師や外科医として活躍していた．プタハはそうした医師たちの中でも特筆すべき存在であったと思われる．メリト・プタハという名前は，エジプトの技工・職人の神であるプタハ神に愛された女性を意味するという．

　金星の衝突クレーターの一つがプタハと名づけられている．

フック，ロバート
Hooke, Robert
1635–1703

弾性に関する法則と細胞の顕微鏡観察

　経　　歴　ユリウス暦1635年7月18日イギリス，ワイト島西端の小さな町フレッシュウォーターで，教区教会の牧師補の次男として生まれたフックは，ピューリタン革命を背景に成長した．グラマースクールにはいかず父を師としていたが，13歳で父を失い，ロンドンで著名な画家の徒弟となった．しかし，まもなく才能を見出され，名門ウェストミンスター・スクールの生徒となって，エリート学者への道に踏み込む．パブリックスクール時代は，後々まで親交の深い恩師となる校長 R. バシュビーの下で寄宿生活を送りつつ，主に言語と数学を学んだ．同窓にセントポール大聖堂の建築家 C. レンがおり，大学時代から親交を持った．ピューリタン革命で議会派を率いて共和制を樹立したクロムウェルが，議会を解散して独裁的な護国卿の地位に就いた年，オックスフォード大学クライストチャーチに進んだ．

　I. ニュートン*とは，光学，天文学，力学，例えば万有引力の法則の優先権争いなど多くのテーマで議論が対立に至っていたことで知られるフックだが，2人の人生は似通っている．幼少期は体が弱く，工作や絵を描くことに秀でていたこと，上流の貴族ではなく，さりとて労働階級でもなく，それなりに裕福で知的教育を受ける階級として，当時の援助システムを利用しつつ高等教育の場で自在に学ぶなど，人生の前半の足場が片やオックスフォード，片やケンブリッジとはいえ，王立協会での後の2人の対立関係につながる道筋は，初期は奇妙なほど重なっていた．ただ，フックが7歳ほど年上で，先にその道を歩んでいたのである．

顕微鏡観察記録「ミクログラフィア」 研究者としてのフックの業績は，まず毛細管現象論 (*An Attempt for the Explication of the Phaenomena Observable in an Experiment*) と天文観測機器に関する著書 (現存しない) から始まる．これはロンドン王立協会ができてまもなく発刊され，協会での実験主任への道を開くことになった．

フックの名声を確定したのは，王立協会員となってから 1665 年に出版したミクログラフィア (*Micrographia*) と題される顕微鏡の観察記録によるところが多い．精密な図版で構成され，人間の能力を補完する道具に関する論から始まり，鉱物，植物，動物の観察から，望遠鏡による天空の観察まで話が広がる．有名なコルクの細胞の図はこの本にあり，"cell" という言葉をコルク1立方インチ当り 12 億個もある「小部屋」を表現する言葉として使用した．厳密な意味で細胞の発見者といえるかどうかは議論が分かれるが，少なくともコルクの持つ小単位の構造が他の植物にもあることまで示唆しているなど，細胞概念の確立上，重要人物であったことには間違いない．

フックの法則 物理学において有名な業績は，フックの法則として名が残っている弾性の法則であるが，力と伸びとの比例関係を示したものである．

フックが今日「フックの法則」とよばれるものについて論じたのは，1678 年の王立協会の公開講座 (カトラー講義) においてであり，内容は「復元力についての講義」としてまとめられている．

講義に先立ってラテン語のアナグラム "ceiiinosssttuu" で弾性に関する理論の先取権を示していたフックは，講義冒頭で "*Ut tensio, sic vis* (伸びは力の通り)"，すなわち「力は伸びに比例する」，今日の表現で

$$\boldsymbol{F} = k\boldsymbol{x}$$

という法則であったことを示し，その汎用性をバネやワイヤーなどを例に説明した．ここで $\boldsymbol{x}$ は自然長からの伸びまたは縮み，$\boldsymbol{F}$ はバネによる反力，k はバネ定数である．さらに，希薄化，濃密化，伸張，圧縮のあらゆる復元あるいはバネ運動に成り立つとも述べ，さらにバネ振り子の振動周期が一定になる理由を考察している．これは，精選された概念ではないとはいえ，エネルギー概念に相通じる視点がある．

講義録には法則を見つけてから約 18 年が経ったと記されていて，その当時フックは R. ボイル*の実験助手として気体に関する研究を行っており，弾性の法則の着想の基軸がバネだけではなく，極めて広い弾性体を念頭においていたと考えられる．ちなみに，化学実験助手としてのフックは真空ポンプの作成をはじめ，多くの貴重な実験を行った大変優秀な研究者で，8 歳年上のボイルとの尊敬を伴った親交は，ボイルが没するまで続いた．

公共事業での活躍 また，多彩な科学的業績とは別の面での活躍もある．ロンドンのペストの流行終結後間もなくロンドンは大火に見舞われた．この再興において，前述のレンとともに，フックは設計，建造といった多くの公共事業に関わっている．

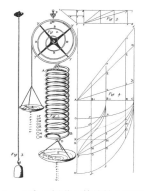

図 1 バネの振動の等時性の説明図

プトレマイオス,クラウディオス
Ptolemaeus, Claudius
83–168

『アルマゲスト』を著す

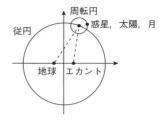

図1 惑星,太陽,月の軌道モデル

古代ローマの天文学者,数学者,地理学者,占星術師.トレミー(Ptolemy)ともよばれる.『アルマゲスト』『ゲオグラフィア』『テトラビブロス』『オプティクス』『ハーモニクス』など多くの著作を残した.しかし,その生涯についてはほとんど不明である.

『アルマゲスト』 数理天文学書である.プトレマイオスより以前のギリシアでは,アポロニウスが,天文学に従円,周転円という概念を導入し,ヒッパルコスが,これらを使って,太陽と月のモデルを作っていた.従円は,太陽,月,惑星の明るさが常に一定ではないことから,回転運動の中心が地球とは違うところにあるという考えから導入された(図1).

近世以前の宇宙モデルの主流は,天動説に基づいていたが,必ずしも地球が全ての中心とは考えられていなかったことに注意しよう.周転円は,惑星が空を逆行することを説明するために導入された.その中心は従円上を回転し,惑星は周転円上を回転する(図1).これらに加えて,プトレマイオスは,惑星が地球に近づいたときは動きが速く,遠くでは遅くなることをモデルに取り入れるために,エカントという概念を新たに導入した.これは,地球と従円の中心を結んだ直線上で,従円の中心に対して地球と対称な位置にある点である(図1).

ヒッパルコスは惑星の正確なモデルを作ることができなかったが,プトレマイオスは,惑星はエカントに対して等角速度で運動すると考えることによって,惑星の位置を精度よく計算することを可能にした.

図1は,モデルの基本的な要素のみを示している.実際のプトレマイオスのモデルは,惑星ごとに,構成する円や球の軸の角度などを考慮した複雑なものであるが,『簡易表』を作成して,惑星の位置を簡単に計算するための努力も怠らなかった.

一方,図1をみていると,楕円軌道という発想が出てもおかしくはなかったように思える.しかし人類は,ケプラーの法則が発見されるまで,何百年もの間,円や球という形が,美しく,神秘的であり,完璧なものであるという観念から離れることができなかったのだ.プトレマイオス体系は精巧にできた数学的宇宙モデルだったため,古代,中世はいうまでもなく,近代の初めまで支配的で,ずっと権威を持ち続けた.

『オプティクス』 この著書には,光の反射,屈折についての考察が書かれている.表1に,プトレマイオスが測定した,空気中から水中に光が入射したときの入射角と屈折角を示す.3列目は屈折角の各行の差である.4列目はさらにその差,すなわち2階の差分で,定数となることがわかる.このことから,プトレマイオスが考えていた論理を現代的に表すと,媒質Aから媒質Bに光が入射するときの入射角と屈折角をそれぞれθ_A, θ_Bとして,

$$\theta_B = p\theta_A + q\theta_A^2 \tag{1}$$

となる.ここで,p, qは,媒質の種類によって決まる定数である.下表の場合,$q = -0.5$である.一方,1621年に発見されたスネルの法則では,

$$\frac{\sin\theta_A}{\sin\theta_B} = n_{AB} \tag{2}$$

表1 空気と水の界面での光の屈折

入射角	屈折角	屈折角の差	屈折角の差の差
0	0.0		
10	8.0	8.0	
20	15.5	7.5	-0.5
30	22.5	7.0	-0.5
40	29.0	6.5	-0.5
50	35.0	6.0	-0.5
60	40.5	5.5	-0.5
70	45.5	5.0	-0.5
80	50.0	4.5	-0.5

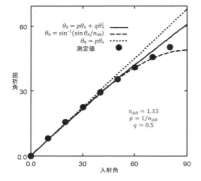

図2 空気と水の境界での光の屈折

ブラウン,カール・フェルディナンド
Braun, Karl Ferdinand
1850–1918
無線電信の発達に貢献

ドイツ人物理学者.

経歴 ヘッセン州フルダで生まれる.マールブルク,ベルリン両大学で学び,1872年,ベルリン大学から博士号取得.マールブルグ,カールスルーエ,テュービンゲン大学などドイツを拠点に研究を行った.無線電信技術の発展への貢献が認められ,G.マルコーニ*とともに1909年ノーベル物理学賞を受賞.第一次大戦勃発後に,参戦前のアメリカに渡り,健康上の理由もありアメリカで静かに余生を過ごした.

ブラウン管 1874年,半導体鉱石(方鉛鉱; PbS)に金属針を接触させると,電流が一方向にしか流れないことを発見した.この結晶を用いれば,交流を直流に変換することができる,この現象は,(点接触,point-contact)整流作用とよばれており,1910年代になって,鉱石ラジオ(crystal set)の開発に進展した.

1897年,陰極線管に手を加え,高速の荷電粒子の流れによって生じる緑の蛍光点の位置が,変化する電流によって決まる電磁場に対応しながら移動する装置を開発した.テレビのスクリーンなどに応用され,その装置はブラウン管(Braun tube, cathode-ray tube : CRT)とよばれた.概念図を図1に示す.電子銃から打ち出された電子が,蛍光塗料を塗った画面に到着すると光る仕組みである.グリッド部分に印加する電圧で通過する電子の量を調節すると,光の明るさを制御でき,偏向板で電子軌道の向きを調整すると,画面上で光る位置を制御できる.偏向板の代わりにコイルによる磁場で方向の調整を行うこともなされる.

その後約100年間,液晶型など様々なタ

の関係がある.ここで,n_{AB}は媒質A,Bの相対屈折率で,空気と水の場合は$n_{AB} = 1.33$である.図2に,(1),(2)式およびプトレマイオスによる測定値を示す.(1)式と測定値は,大きい入射角の領域で,スネルの法則からずれるものの,微積分も三角関数も知られていない時代に,彼はここまでやり遂げることができた.そして,最も評価すべき点は,ユークリッド*が,光学を幾何学としか捉えていなかったとされるのに対し,プトレマイオスは,現象を実験によって実証しようとしたことだ.まさに,物理学の精神である.『オプティクス』では,左右の人差し指を前後に重なるように立てて一方の指に目の焦点を合わせると,その両側にもう一方の指が1本ずつ見える,といった,人間の錯覚,幻影についても科学的に議論されている.

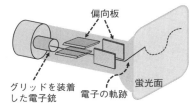

図1 ブラウン管の原理 (説明図)

イプのディスプレイが主流になるまでブラウン管は使用され続けた．テレビの受像器に使用されていたため，ブラウン管といえばテレビの代名詞であった時代もある．

また，時間依存する信号波形を，ブラウン管の面上に輝点の軌跡波形として表示観測できるようにした測定装置を開発した．これはオシロスコープ (oscilloscope) とよばれている．爾来，この種の装置やその派生技術は，最近になって液晶ディスプレイを用いるディジタルオシロスコープが登場するまで，科学技術の研究の現場で主役級であり続けた．

無線通信技術　また，急速に発展する無線電信の技術に関しても大小多数の貢献をした．例えば，従来の無線通信技術では，アンテナが電源回路に組み込まれていたことが原因で，送信範囲が 15 km 前後に限られていた．ブラウンは，変圧器の電力を電磁誘導的にアンテナ回路に伝えるスパークレスというタイプのアンテナ回路を開発することで，送信範囲を大幅に広げることに成功した (1899 年の特許)．この技術は，ラジオ，テレビ，レーダーなどに利用された．

少し傾向の異なる業績に，化学反応の進む方向を決める原理にも名前を残している．ル・シャトリエ–ブラウンの原理として知られ (1887 年)，その内容は「安定な平衡状態にある系においては，系を平衡から引き離す外部作用は，この作用の間接的な効果を弱める過程を引き起こす．つまり系の変化は抑制される」とまとめられる．

フラウンホーファー，ジョセフ・フォン
Fraunhofer, Joseph von
1787–1826
分光学の開拓者

ドイツの器械製造業者，物理学者．回折格子を発展させ，太陽光線中の多数の暗線を発見した光学分野の研究者．

経　歴　ドイツ・バイエルンの貧しいガラス工の 11 番目の息子として生まれた．19 歳のとき，ミュンヘンの科学器械製造会社の光学器械工場で働き始めた．1809 年，スイスの著名な光学ガラス製造業者ギナンから，光学ガラス製造技術を修得した．2 年後には会社の経営にも携わると共に，学術の世界にも関与していき，1823 年には，ミュンヘンのバイエルン科学アカデミーの物理学博物館の館長に就任した．

光学ガラス製造において，屈折率や分散能を精密測定することが当時の重要課題であった．フラウンホーファーは，分光器により炎のスペクトルを測定し，それが太陽光線中の暗線と一致することを見出した．これは今日，フラウンホーファー線とよばれている．

1821 年，多数のスリットに入射した光の回折像を調べ，一定波長の光線におけるスリット幅と分散角度の関係を明らかにした．さらに，260 本の平行な細金属線で回折格子を作成した．

フラウンホーファー線　太陽の内部は約 1500 万度という高温で，連続スペクトルを発している．その発光光線は，太陽の周囲にある比較的低温の気体，たとえば水素，ナトリウム等の気体元素などによって，それぞれの元素に特有の色光部分が選択吸収されて，その部分が連続スペクトル中の暗線となって現れる (図 1 上)．特定の天体からのフラウンホーファー線を撮影することによって，その天体大気の化学組成が判

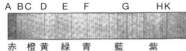

図1 フラウンホーファー線の観測（上）と，太陽光スペクトル（下）

明する．フラウンホーファーは1814年に太陽光線中に574本のフラウンホーファー線を観測した．現在では，数万本以上が観測されている．図1下は太陽光スペクトルで，暗線（フラウンホーファー線）が多数見える．

回折格子 回折格子は，光を回折してスペクトルに分解する光学素子である．透過型回折格子では，ガラス表面に1 cm当り数千本の平行な格子状刻線を等間隔に刻み込んである．入射した平行光線が透過格子での回折と干渉によって，次のような式に従って，干渉縞を発生させる（図2）．

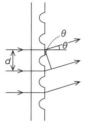

図2 回折格子

$$d\sin\theta = m\lambda \quad (m = 1, 2, 3, \cdots)$$

ここで d は刻線間の間隔，θ は回折角，λ は光の波長である．二つの光線の光路差が波長 λ の整数倍のときは強めあい，明線となり，波長 λ の（整数 +1/2）倍のときは弱めあい，暗線となる．角度 θ は，λ に依存して変化するため，プリズムと同じように，分光することができる．フラウンホーファーは1823年にはダイヤモンドの先端部で刻印し，1200本/cmの回折格子作成に成功した．

ブラーエ，ティコ
Brahe, Tycho
1546–1601

膨大な天体観測記録

デンマークの天文学者，占星術師．1560年8月21日の日食に強い印象を受けたことが，天文学の研究を始めるきっかけとなったという．裸眼にもかかわらず，精密な観測で天体の視差（観測地点の違いでできる，対象物の見える方向の差）を測定し，多くの重要な発見を成し遂げた．

超新星「ティコの星」と彗星の発見
1572年11月11日，ブラーエは，カシオペア座に突如現れた非常に明るく輝く星（ティコの星とよばれる）を発見した．今日，これは超新星であることがわかっており，SN1572と名づけられている．彼は，この星には，月や惑星で観測される日周視差がないことを見出し，月や惑星よりも遠い場所に存在していると考えた．また，何カ月も位置を変えなかったので，惑星である可能性がなかった．これは，月の軌道よりも遠方の世界では何事も永遠に変化しないという，アリストテレス*の宇宙モデルに反する現象で，翌年この発見を *De Nova Stella*（『新星について』）という本にまとめた．

1577年には，その年に出現した彗星を，二つの場所（デンマークのヴェーン島とチェコのプラハ）で観測して，視差を測定した．彗星と月の測定比較から，彗星もまた，月よりも遠い場所にある天体であることを見出し，彗星が，それまで考えられていたような大気中の現象ではないことを示した．

宇宙モデル 彼は天動説と地動説の中間的な宇宙モデルを提唱した（図1）．このモデルでは，太陽と月は地球の周りを公転し，惑星は太陽の周りを公転する．彼はコペルニクスの地動説を認めてはいたが，年周視差が観測できなかったことから，地球

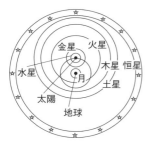

図1 T. ブラーエの宇宙モデル

は公転も自転もしないと考えた. そもそも, 地球は動くには重すぎる. なお恒星の視差は1838年, F. W. ベッセル*によって初めて観測された.

また, C. プトレマイオス*, N. コペルニクス*の宇宙モデルはいずれも, 惑星は透明な回転球によって運ばれるとしていた. これに対し, T. ブラーエは, 日周視差の測定により地球から火星までの距離が火星が太陽の反対側にあるときに, 太陽までの距離よりも小さくなることを見出した. これは, 太陽と火星の軌道が交差していることを意味し (図1), 回転球があるとすればお互いを貫いてしまう, すなわち, 回転球というものが存在しないことを示した. 1577年の彗星の観測もこれを裏づけていた.

月の運動　三つの重要な発見をした. ①2近差 (バリエーション): 満月および新月のときは予測よりも速度が大きく, 半月のときは小さい. ②秤動: 黄道面に対する月の軌道面の傾きにゆらぎがある. ③年差: 1月は運動速度がやや遅く, 7月はやや速い. これらの現象の解明には, 地球, 月, 太陽の3体問題の考察が必要で, 現在も研究が続けられている.

弟子のJ. ケプラー*は, ティコ・ブラーエから日常的に侮辱されたと日記に記しているが, めげずに観測データを解析し, 惑星運動の法則を発見した. ケプラーの著書『新天文学』の表題には「偉大なティコ・ブラーエの観測に基づく」とある.

ブラケット卿 (ブラケット, P.)

Lord Blackett (Blackett, Patrick Maynard Stuart)
1897–1974

霧箱で発見, また発見

イギリス人物理学者.

経　歴　ロンドンに生まれ, 海軍の将校として教育を受け, 第一次大戦にもフォークランド島の戦闘に従軍した. 戦後, 物理の勉強を始め, ケンブリッジでE. ラザフォード*の指導の下, 学士号をとった (1921年). 授与された名誉博士の数は20を数えるが, 生涯学位はとらなかった.

霧箱の実験　当時ラザフォードのところには, 日本から留学していた清水武雄 (後の東大教授, 初代日本物理学会会長) がおり, 電子や陽子などの荷電粒子の飛跡を調べる霧箱の機能の改良を目指していた〔⇒ウィルソン, C.〕. まもなくその成果が出て, 本格的な実験が始まろうかという時期に清水の留学期間が切れ, 日本に帰国してしまった. 大学院生になったばかりのブラケットが清水の研究を継続し, カメラを内蔵させて改良した霧箱の開発に成功した. これを使用した実験を行い, 1924年, 窒素が酸素の同位体に元素置換する,

$$^{14}_{7}N + ^{4}_{2}He \rightarrow ^{17}_{8}O + ^{1}_{1}H$$

という核破壊過程の写真撮影に初めて成功した (図1). 撮影した写真およそ2万枚の中に, 40万例もの飛翔過程が写っていた. その中から人力によるチェックにより, 結果的に見つかった核破壊過程がわずか8例という忍耐を要する研究であった. この成果を含む業績により後年ノーベル物理学賞を受賞し (1948年), 受賞講演では清水の貢献にも言及がなされている.

霧箱の改良　1930年代には宇宙線の研究にも霧箱が利用されていた. 降り注ぐ宇宙線が, 設置した霧箱にいつ飛び込んでくるか予測ができないため, 従来は, 霧箱を

図1 最初の原子核破壊過程のデータ
(*Proc. R. Soc. Lond. A* **107** (1925) 349)

ランダムに作動させ,偶然に任せて宇宙線の飛跡を撮影していた.これでは時間(と研究費!)が浪費されるばかりである.ブラケットは,イタリア人科学者 G. オッキアリーニとともに,霧箱に宇宙線が入射した瞬間に,自動的に作動して写真撮影ができる仕組みを開発し,霧箱の更なる改良に成功した.撮影した写真に対して宇宙線の飛跡が写っているものの割合は,改良前の 2〜5% 程度から改良後には 80% 程度にまで飛躍的に向上した.

この新機能つきの霧箱を駆使し,1933 年には,宇宙線中の電子シャワー現象の存在を確認,γ 線から電子–陽電子の対発生とその逆過程の対消滅を発見した.これは A. アインシュタイン*の特殊相対性理論の中の予言,「$E = mc^2$,物質がエネルギーから形成される」ことの有力な証拠となった.これらの発見には「新粒子(陽電子)の発見」も含まれていたが,慎重を期して発表を控えているうちに,C. D. アンダーソン*による新粒子発見の報告がなされた.この件に関して,ブラケットの友人の P. ディラック*の方がやきもきし,当人は意に介さなかったという.彼の関心事は新粒子の発見者になることではなく真理の探求だったのだ.

その他 第二次大戦中は,護送船団の効果的な運用形態などを研究し,オペレーションズ・リサーチ手法の先駆けとなり,オペレーションズ・リサーチの父とも称されている.

ブラッグ,サー・ウィリアム・ローレンス
Bragg, Sir William Lawrence
1890–1971
X 線による結晶構造解析の創始者

イギリスの結晶構造物理学者.X 線回折におけるブラッグの法則を発見.1915 年に父ヘンリー・ブラッグと共に史上最年少でノーベル物理学賞受賞.

経　歴 オーストラリアのアデレードに生まれ,少年時代から科学と数学に強い興味を示した.ブラッグは極めて優秀で,生地のアデレード大学に 14 歳で入学,数学・物理学・化学を学ぶ.後にケンブリッジ大学トリニティ・カレッジに学ぶ.数学の才能を発揮し,後に物理学へ向かった.理論にも実験にも強い.

X 線研究の進展 W. C. レントゲン*は 1895 年に透過力が異常に強い謎の放射線を発見した.彼の努力にもかかわらず,その放射線の本性は謎のままであり X 線とよばれた.M. T. F. ラウエ*は,1912 年に X 線の干渉効果の論文を発表し,この難問を解いた.この論文の第 1 部で周期配列した原子からの X 線回折 (X-ray diffraction) の基礎理論が展開され,第 2 部で W. フリードリヒと P. クニッピングは結晶からの最初の X 線回折の実験結果を提示した.この研究結果は,X 線が波動であること,及び結晶は原子の周期配列であることを決定的に実証した.ここでブラッグが登場する.

散乱 X 線のブラッグピーク ブラッグは,大学卒業後直ちに X 線回折に関するラウエの論文を再分析すると共に,父ヘンリーと X 線回折の実験研究を開始した.X 線は周期的に配列しているイオンによって散乱される.ブラッグ父子の研究の動機と目的は,「散乱された X 線の分布からイオンの位置をどのようにして決定するか」であった.ブラッグ父子は,結晶を構成して

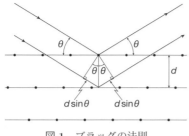

図1 ブラッグの法則

いる物質による反射 X 線は液体による散乱とは全く異なり，極めて特徴的なパターンを示すことを発見した．入射 X 線が明確に決まった波長と入射方向を持つ場合に限って，結晶物質においては散乱 X 線の鋭く強いピーク（ブラッグピーク）が現れた．

ローレンス・ブラッグはこの現象を説明するために，次のように考えた．(1) 入射 X 線は結晶内の平行原子面内のイオンによって，あたかも鏡面反射のように反射されると仮定する (図1)．(2) 各原子面から反射される X 線が強めあいの干渉をするときにのみ鋭く強いピーク（回折ピーク）が現れる．ブラッグはこの研究の結果，結晶による回折スポットの回折角に関するブラッグの法則を発見した．彼がまだケンブリッジ大学の研究生だった 1912 年のことである．

ブラッグの法則 図1のように，平行な原子格子面の間隔を d，入射 X 線の視射角を θ とすると，隣接する原子面から反射される波の行路差は $2d\sin\theta$ である．行路差が波長 λ の整数 (n) 倍のときに干渉して強めあうから考察 (2) より

$$2d\sin\theta = n\lambda$$

これがブラッグの法則（ブラッグの公式，Bragg law）である．この法則は単純明快で，いったんわかってしまえば誰にでも理解できるコロンブスの卵のようである．この法則によれば，波長 λ と角度 θ がわかると原子面間隔 d が求まる．逆に格子間隔 d がわかっている結晶を用いれば，角度 θ より入射 X 線の波長 λ がわかる．$\sin\theta \leq 1$ であるからブラッグ反射は $\lambda \leq 2d$ の X 線域でのみ起こる．

結晶の構造解析 この法則は，結晶格子による X 線回折パターンから結晶内の原子の配置を実験的に決定する全く新しい方法を与える．この結果に基づき，ブラッグ父子は 1915 年までに食塩，ダイアモンド，方解石など 9 種類の結晶の構造を解いた．食塩では，Na^+ イオンと Cl^- イオンが 3 次元的に碁盤の目のように規則的に並んでいる．この成果は，X 線回折が結晶の構造解析に強力な手法となることを実証した．

ブラッグより少し前にラウエは，周期的な結晶構造による X 線散乱 (X 線回折) を記述するために，逆格子ベクトルの利用に基づく数学的定式化を与えていた．ラウエの方法はあらわに逆格子ベクトルを用いるから，固体物理の手法に適合している．これに対しブラッグの公式は実空間の量で表現されていて，直感的で単純明快であり応用範囲が極めて広い．したがってブラッグの公式は，X 線回折の研究で広範に利用される．この公式は，X 線回折を利用して研究を進める物性物理学者の宝である．

X 線顕微鏡の考案 第一次大戦終了直後，ブラッグはマンチェスター大学の物理学教授に就任．X 線散乱における原子散乱因子や結晶の熱振動による温度散乱因子などに関する基礎的研究を行い，鉱物の結晶構造を系統的に研究した．さらに，X 線回折スポットの写真から光学的フーリエ変換により電子密度の投影を得る X 線顕微鏡を考案した．ブラッグのこの考えは，D. ガボール*がホログラフィーを発明する上で大きな影響を与えた．

生命科学・電波天文学研究の推進 1938 年以来，ブラッグはキャヴェンディッシュ研究所長になり，研究所の方針の大改革を行った．ブラッグは，X 線回折を用いたタンパク質や DNA などの生命体物質の結晶構造研究に興味を持ち，物理学を生物学に

応用する研究グループの立ち上げに努力した．ブラッグのこの努力は実を結び，J. C. ケンドルーによるミオグロビンの構造解明，M. F. ペルツによるヘモグロビンの構造解明，J. D. ワトソン，F. H. C. クリック，M. H. F. ウィルキンス，R. フランクリン*によるデオキシリボ核酸（DNA）の二重らせん構造の発見など，画期的な構造解明に導いた．ブラッグはまた，電波天文学の研究を強力に推進した．電波天文学はブラッグの専門分野ではないが，ブラッグの強力な推進の下で電波天文学の飛躍的発展とパルサーの発見がもたらされた．

DNAの二重らせん構造とX線構造解析
DNAの二重らせん構造の発見でノーベル賞を受けたのは，ワトソン，クリック，ウィルキンスの3人である．不幸なことに重要な女性研究者が抜け落ちている．癌のため早世したR. フランクリンである．フランクリンは，ブラッグの直接的指導を受けなかったが，DNAの構造解明に必須の鮮明なX線回折像を撮った研究者その人である．ブラッグがフランクリンのことで複雑な気持ちを抱いたことは，ワトソン著『二重らせん』に書かれたブラッグの序文「このDNA物語は研究者が直面するつらいジレンマの一例を見せる」に見て取ることができる．パルサーの発見でも，A. ヒューイッシュ*はノーベル賞受賞で報われたが，女性大学院生S. J. ベル（バーネル*）の貢献が軽視され，物議をかもした．いずれの場合も，成果の極めて大きい科学研究では時にあることとはいえ，明暗の対照が際立っている．

ともあれ，DNAの二重らせん構造の発見を筆頭に，生命体分子の構造解明により，ブラッグ自身が開発し発展させたX線構造解析の絶大な威力が証明された．ブラッグが大きな満足感と喜びを感じたことは疑問の余地がない．

プラトン
Platon (Plato)
427B.C.–347B.C.

西洋哲学の源流をなす哲学者

古代ギリシャ最大の哲学者．ソクラテス（469B.C.–399B.C.）の弟子であり，アリストテレス*（384B.C.–322B.C.）の師である．プラトン哲学は西洋哲学に多大な影響を及ぼした．また，一様円運動の組合せで惑星運動が説明できるという新しい考え方を提示した．

経　　歴　プラトンは，古代ギリシャの都市国家アテナイ（アテネ）の貴族の家に生まれる．若い頃は政治家を志していたが，ソクラテスとの衝撃的な出会いにより，哲学の道に進む．ソクラテスの弟子となり問答術と哲学者としての姿勢を学んだプラトンは，イタリアやシケリア（シチリア）島などを遍歴した第1回シケリア旅行から帰国後まもなくの紀元前387年，アテナイ北西部郊外のアカデメイアの地に学園を設立する．アカデミーという言葉は，このアカデメイアに由来する．学園では対話が重視され，教師と生徒の問答によって教育が行われる．プラトンは，第1回シケリア旅行でイタリアを訪れた際，物事の根源は数であるとするピタゴラス学派と交流を持ったことにより，幾何学を重要視するようになる．学園の入り口に，「幾何学を知らざる者は，この門を入るべからず」と書かれた額が掲げられていたという逸話が残っている．

プラトン哲学　ソクラテスの刑死後，『ソクラテスの弁明』や『饗宴』など数多くの著作を遺し，ソクラテスの思想を広めると共に，イデア論を中心とする自身の思想も深めていった．プラトン哲学が西洋哲学に与えた影響は測り知れず，哲学者A. N. ホワイトヘッドは「全西洋哲学史はプラトン哲学に対する膨大な注釈にすぎない」と

述べている．紀元前367年，アリストテレスは学園に入門し，プラトンが亡くなるまでの20年間この学園で過ごした．ルネサンス期を代表するイタリアの画家ラファエロ (1483–1520) が描いたフレスコ画の最高傑作「アテナイの学堂」の中で，右手の人差し指を天に向けたプラトンと手のひらを地に向けたアリストテレスが並んで描かれているが〔⇒アリストテレス〕，これはプラトンの理想主義哲学とアリストテレスの現実主義哲学を象徴していると考えられている．

一様円運動による惑星運動の説明　古代ギリシャにおいて，ピタゴラス学派の人々は，宇宙をコスモス (調和のとれた秩序ある世界) と捉え，宇宙の中心に静止している地球の周りを他の天体が一様に回転していると考えた．しかしながら，惑星運動の不規則性は，この考え方では説明することができなかった (「惑星 (planet)」という言葉は，ギリシャ語の「さまよう者 (planetes)」に由来する)．このピタゴラス的宇宙観の影響を受けたプラトンは，天体の運動は一様円運動 (等速円運動) であると考えた．そこで，一様円運動の組合せで惑星運動を説明するにはどうすればよいのかという問題を数学者たちに提起した．

この問題に対する解答として，アカデメイアの門人エウドクソス (408B.C.–355B.C.) は同心天球説を提出した．同心天球説では，天体は地球を中心としてその周りを回っていると考え (天動説)，同心球 (天球) の回転運動を多数組み合わせることにより，天体の運動を説明する．プラトンの宇宙観は後に否定されることになるが，その精緻性は特筆に値する．エウドクソスの同心天球説は，アポロニウス (262B.C.–190B.C.) やヒッパルコス (190B.C.–120B.C.) により改良を加えられた．そして，C. プトレマイオス*(83–168) はプラトンに始まる古代ギリシャの天文学を体系化し，天動説を完成させた．

フラム，エリザベス
Fulhame, Elizabeth
18世紀後半–19世紀前半

燃焼の理論に関する著書

イギリスの化学者．A. L. ラヴォアジエ*の燃焼理論の信奉者．

　経　　歴　　エリザベスは，トーマス・フラムと結婚した．トーマスは，エディンバラ大学化学科を卒業している (1784年．以後1790年まで在籍)．著書『燃焼について』(*An Essay on Combustion, with a View to a New Art of Dying and Painting, wherein the Phlogistic and Antiphlogistic Hypotheses are Proved Erronious, By Mrs. Fulhame*, 1794, London) から知られること以外は不詳である．本書のドイツ語訳が1798年に出版され，1810年にはフィラデルフィアで復刻版が出版された．原書，復刻版，ドイツ語版，いずれも希少書．

フラムは1780年に化学の実験を始めた．研究を続けるよう J. プリーストリー (1733–1804, 酸素の発見者，フロギストン (燃素) 説の支持者，独立教会派の牧師，フランス革命を支持したので迫害を受けアメリカに移住) に勧められたという．彼女は1810年にはフィラデルフィア化学会の名誉会員に選ばれていた．これも，フィラデルフィアで著書の復刻版が出版されたのも，おそらくプリーストリーの推薦によるものであろう．

　『燃焼について』　　この本には，当時論争中の，フロギストン説とラヴォアジエの燃焼理論〔⇒ラヴォアジエ, A.L.〕とどちらをとるか決めることを主目的とした多くの実験が記述されている．その中には二つの先駆的な貢献が含まれている．一つは，初めて光学像が得られたこと．何片かの布に金塩と化学剤をしみこませ，それらを光に曝すことによって，像を得ていた．これは1839年の写真術の発見に約半世紀先立つもので

ある．彼女はこれを光の化学的作用によるものと正しく解釈し，それを証明したが，金塩の光による還元の実験を繰り返したランフォード伯は，それを単に光の熱作用による物理的現象だと考えた．

もう一つの重要な寄与は，ある酸化過程，例えば鉄が錆びるような過程，において水が関与しているということを示したことである．これも，J. J. ベルセリウスによって1836年に提出された触媒の考えを予見したものである．酸化とは，本来，文字通り，ある物質が酸素と化合することをいい，還元はそれを元に戻す化学反応であるが，今日では，酸化還元反応の本質は電子の移動であることがわかっている．つまり，ある物質（原子または原子団）から電子が奪われる化学反応を酸化，ある物質に電子が添加される化学反応を還元，という．この現代的観点にフラムの考えは矛盾するものではない．

フラムは，金属酸化物の還元では水素ガスは水の酸素と結合し，水の水素は酸化物の酸素と結合して金属酸化物を金属に還元するという．炭素による酸化物の還元では「木炭の炭素は水の酸素を引きつける，他方水の活性水素は金属の酸素と結びつき，金属を還元する」，「同様に，木炭の燃焼では，炭素は水の酸素を引きつけ酸化炭素を作り，水の水素は空気中の酸素と結びつき，分解した水と等量の水をあらたに作る」と述べている．

当時女性がこのような研究をすることは，一般的にも，科学界においても阻まれていた．これに対して同書の序文は，「あつかましいと思われるかもしれないが，研究の楽しみを見出したのだ，それを認めるのは，リベラルな人か学識のある人である．女性の研究を好ましくないと思う人々から非難を受ける覚悟はある」，と潔い．

プランク，マックス・カール・エルンスト・ルートヴィヒ
Planck, Max Karl Ernst Ludwig
1858–1947
エネルギー量子の発見

ドイツの理論物理学者．量子論の開祖．プランクの放射法則と量子論に導く画期的なエネルギー量子を発見．1918年ノーベル物理学賞を受賞．

プランクは，少年時代から数学や古典語の成績が抜群の上に，絶対音感に優れピアノやオルガンの演奏に堪能で，その美声は人々を感心させた．ミュンヘン大学，ベルリン大学で熱力学に傾倒．

空洞放射（黒体放射） 物体は，熱せられると500°C程度で鈍く赤く光り出し，さらに温度を上げて2000°C程度でまぶしい白色光を発する．この現象を原子論の観点からどう理解するかは空洞放射（黒体放射）の問題とよばれ，19世紀後半の重要な問題であった．ミュンヘン時代の恩師は熱力学を既に終わった学問と見なしたが，プランクはこの問題を執拗に追究した．

物理学におけるプランクは，絶対的な法則に強く惹かれ，熱力学第2法則から研究を始めた．科学の方法論に関しプランクは実在論に立った．19世紀中頃以降，G. R. キルヒホッフ*は空洞放射の問題を理想化し「温度 T の壁で囲まれた空洞の熱的釣合いの状態で，空洞の中に存在する放射のスペクトルを求めよ」と定式化した．さらにキルヒホッフは熱力学に基づいて，空洞放射のスペクトル分布関数 $u(\nu, T)$ が絶対温度に依存するが，物質や物体の形状によらない普遍的な関数であることを示した．ν は放射の振動数，T は絶対温度である．ここに絶対的な法則の存在を看破したプランクは，分布関数 $u(\nu, T)$ の問題を追究する．

ウィーンの式，レイリー–ジーンズの式 当時 W. ウィーン*が空洞の断熱変化を考

えた思考実験により，この分布関数が

$$u(\nu, T) \propto \nu^3 f(\nu/T) \quad (1)$$

の形を持つべきことを示した (1893 年). この式は $f(\nu/T)$ のスケーリング性を示しており，既に経験的に知られていた変位則 (後にウィーンの変位則) を含んでいる〔⇒ウィーン〕. この推論は，熱力学と電磁気学による確実な理論的基礎を持つ. ウィーンはさらに変位則と実測に基づき，気体運動論との類推に基づく発見法的議論から，次の分布関数の表式を提案した (1896 年).

$$u(\nu, T) = \frac{8\pi k_{\mathrm{B}} a}{c^3} \nu^3 \mathrm{e}^{-a\nu/T} \quad (2)$$

c は光速，k_{B} はボルツマン定数であり，パラメータ a は後に $k_{\mathrm{B}} a = h$ (プランク定数) と判明する. 一方，レイリー卿*は 1900 年，光の電磁波理論と古典統計力学に基づき，正当な放射分布式

$$u(\nu, T) = \frac{8\pi k_{\mathrm{B}}}{c^3} \nu^2 T \quad (3)$$

を導いた. 後にジーンズがこの式を正確に導出したので (1905 年)，レイリー–ジーンズの公式と呼ばれる. しかしこの式は熱放射の全エネルギーが無限大という致命的な欠陥を露呈した. これはエネルギー等配則の破れという古典物理学が抱える深刻な矛盾の一つであった. プランクは，ウィーンの分布式 (2) を支持したが，O. R. ルンマーと E. プリングスハイムおよび H. ルーベンスの精密測定は，低振動数領域でウィーンの式 (2) からのずれを示した.

プランクの放射式　かくてプランクは，全振動数領域で実験と一致する黒体放射のエネルギー密度の分布関数 $u(\nu, T)$ として，(2) 式と (3) 式の内挿公式を見出す努力をする. プランクは，各振動数の光と振動子からなる空洞の壁が熱平衡状態を維持するモデルをとる. プランクはまず熱放射の平均エネルギー密度 $u(\nu, T)$ と振動子の平均エネルギー $U(\nu, T)$ の間に

$$u(\nu, T) = \frac{8\pi \nu^2}{c^3} U(\nu, T) \quad (4)$$

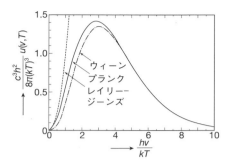

図1　プランク，ウィーン，レイリー–ジーンズの放射分布式

の関係を見出す. 統計力学に不慣れであったプランクは，問題の本質的な部分に関して古典統計力学のエネルギー等配則を適用せずに，熱力学的に考えた. プランクにとってこれは大きな幸運だった. なぜならば，もしもプランクがエネルギー等配則を用いていたならば，必然的にレイリー–ジーンズの公式 (3) に導かれたはずだからである.

プランクは，式 (2) と (3) の内挿式として

$$u(\nu, T) = \frac{8\pi k_{\mathrm{B}} a}{c^3} \cdot \frac{1}{\mathrm{e}^{a\nu/T} - 1} \nu^3 \quad (5)$$

を立てた. 実際この式は $a\nu \gg T$ の極限でウィーンの式 (2) を，$a\nu \ll T$ の極限でレイリー–ジーンズの式 (3) を再現するのみならず，全スペクトル領域で実測とよく一致した. 図1にプランク (後述の (9))，ウィーン，およびレイリー–ジーンズの放射分布式のグラフを示す.

エネルギー量子の発見　仮にプランクがここで研究をやめたとしても放射法則の発見者として科学史に名を留めただろう. しかしプランクが科学史に残る真の偉業を達成するのはここからである. 彼は放射法則 (5) のよって来たる物理的起源の解明に全力をあげた. プランクはボルツマンの統計力学的方法に頼ることになった. 彼は，空洞壁を構成する多数の調和振動子の集合に対して，統計力学的な観点から熱平衡におけるエントロピー S とエネルギー U の

関係を考察する．つまりエネルギー U を調和振動子の集まりに分配する仕方の数 W (統計的重率)を計算し，ボルツマンの原理

$$S = k_B \log W \tag{6}$$

によって S を求める．そしてエントロピー極大の条件から放射分布を導こうとする．

その場合に，プランクは U があるエネルギー単位 ε からなるとして W を計算し，計算の最後に $\varepsilon \to 0$ の極限をとる数学的技法を用いようとした(この種の計算手法は理論物理でしばしば用いられる)．ところが求めたエントロピー関数 S は

$$S = k_B \left[\left(1 + \frac{U}{\varepsilon}\right) \log\left(1 + \frac{U}{\varepsilon}\right) - \frac{U}{\varepsilon} \log \frac{U}{\varepsilon} \right] \tag{7}$$

であった．他方，(1)式に基づくと振動子のエントロピーの表式は U/ν のみの関数である．従って(7)式より

$$\varepsilon = h\nu \tag{8}$$

と取らねばならないことがわかる．h は定数であるから，プランクにはもはや $\varepsilon \to 0$ の極限をとる余地は残されていなかった．(8)式を(7)式に代入して dS/dU を計算し，$1/T$ に等置すると，直ちに $U = h\nu/(e^{h\nu/k_B T} - 1)$ を得る．従って(4)式より

$$u(\nu, T) = \frac{8\pi \nu^2}{c^3} \cdot \frac{h\nu}{e^{h\nu/k_B T} - 1} \tag{9}$$

を得る．これが有名なプランクの放射式である．(5)式と(9)式より，パラメータ a は $a = h/k_B$ である．ここまでくると，(8)式の ε は計算の方便ではあり得ないと考えねばならない．ここに「エネルギー量子」(energy quantum)の考えがひっそりと導入され，プランクのこの考えは，量子論という現代の自然観に発展していった．$h = 6.626 \times 10^{-34}$ J·s の値を持つこの定数は，プランク定数(Planck's constant)または作用量子(quantum of action)とよばれ，量子を決定的に特徴づける．

量子論の展開　プランクのエネルギー量子の発見は，量子論による物理学の進歩に巨大な貢献をした．実際エネルギー量子はその後，A. アインシュタイン★により光量子や格子振動の量子に拡張された．しかしプランク自身はエネルギー量子の実在性よりも普遍定数 h の存在を重視した．プランクの発見はその後 N. H. D. ボーア★らの前期量子論を経て，1925–1926 年に W. ハイゼンベルク★, E. シュレーディンガー★, P. ディラック★らの若い天才たちによる量子力学の創造・完成に至る．プランクは特にシュレーディンガーによる波動力学の創造を喜んだ．「遂に合理的な量子力学の創造をみることができた」とプランクが喜んだことは，プランクとシュレーディンガーの往復書簡に明瞭にみられる．

宇宙マイクロ波背景放射は，宇宙開闢のビッグバンの名残と考えられている〔⇒ウィルソン, R.〕．COBE 衛星(cosmic background explorer, 宇宙背景放射探査機)による背景放射の観測は，驚くべき精度でプランクの放射式(9)を検証しており，背景放射の温度は 2.725 ± 0.001 K と測定されている．放射式(9)の実証はエネルギー量子(8)の実証を意味する．宇宙のビッグバンの名残とミクロの量子の分かちがたい結びつきは，プランクが愛した科学の普遍性を示している．さらに現代の超弦理論において長さの基本単位としてプランク長が導入されている．もしもプランクが生き返って宇宙マイクロ波背景放射の実験事実や超弦理論の発展を知ったならば，どんなに喜ぶだろうか．

プランクの晩年に，双児の娘が出産の際に亡くなり，さらに息子がヒットラー暗殺計画に加担したとの嫌疑で処刑されるという悲劇が襲った．その悲劇の渦中で，自らの大発見は音楽愛好と共に，プランクに生きる勇気を与え続けたに違いない．

フランクリン，ベンジャミン
Franklin, Benjaminn
1706–1790

電気の研究，避雷針の発見・発明

　アメリカの政治家，外交官，科学者，著述家．植民地時代に活躍したアメリカ初の物理学者．電気の一流体説，雷は電気であることの証明，避雷針の発明などが有名であるが，科学研究は海洋学など自然科学全般にわたる．遠近両用メガネやフランクリンストーブなどの発明家としても知られている．アメリカ独立宣言を起草，アメリカ建国の父として慕われている．

　経　歴　ボストンに生まれ，フィラデルフィアで印刷業，出版業者として成功後1748年に42歳で引退，公職に専念する．1745年，王立協会フェローのP. コリンソンから摩擦帯電に必要なガラス棒を送ってもらい，本格的な電気の実験に着手する．当時すでにフランクリンはR. ボイル*の著作やI. ニュートン*の『光学』に親しんでいたことが知られており，科学の専門教育こそ受けてはいないが，ニュートン光学の流れを継ぐ実験科学に通じていた．

　電気とは何か　帯電体に針などの尖ったものを取り付けると球体のときに比べ，速やかに放電することを直ちに発見する．また，「電気物質 (electrical matter)」なるものが全ての物質に「自然な」量だけ存在し，電気物質が過剰になると物体は正 (plus, positive) に，不足すると負 (minus, negative) に帯電すると考えた．フランクリンはこのような電気一流体説を1747年，コリンソンを通じて発表している．

　ライデン瓶の改良と電荷保存則　とりわけ重要な研究はライデン瓶の実験である．ライデン瓶はガラス瓶の内側と外側を銀箔などの導体で覆い，電極としたコンデンサーである．ライデン大学のP. ミュッセンブルークが考案したもので，初期のものはガラス瓶に水を入れ，そこに導体棒を差し込んだだけのものであった．内側の水と，瓶を持つ実験者の手がコンデンサーの極板を形成し，電気を蓄えることができた．フランクリンは，ライデン瓶に水を溜めて帯電させた後，外側の電極を絶縁した状態で中の水を外に出しても，水自体は帯電していないことを確かめ，帯電はガラスを挟んだ極板間に生じていること，またそれぞれは必ず正，負に帯電し，その絶対量は等しいと結論した．さらに電気を蓄える働きは瓶の形状に依存せず，ガラス板の両面に電極を形成しても同様に機能すること，これらを並列に接続すると大量の電気を蓄えることができることを示している．ライデン瓶の外側の電極が接地してあるか絶縁してあるかを識別し，絶縁してあれば内側の電極は決して放電しないことを確かめ，帯電を一方の電極から他方の電極への電気物質の移動と考えた．こうしてフランクリンの電気一流体説は電荷保存則への重要な一歩となり，A. ヴォルタ*からも強い支持を受けた．その後，電気は一流体か二流体かで論争になったが，簡単に決着はつかなかった．しかし電流は負電荷を持つ自由電子の流れであるということからすれば一流体であるが，正，負の電荷が存在するということから，二流体ともいえる．

　稲　妻　実　験　稲妻は雲に蓄えられた電気の放電と考え，雷雨の日に歩哨小屋から鉄棒を伸ばして雷を引き寄せる実験を1750年に提案，1752年には自ら雷の中に凧を上げ，雷が電気現象であることを確認している．また，雷雲は通常負に帯電しているが，正に帯電しているものもあるなど，新たな発見もしている．こうした研究に基づき，避雷針が考案された．フランクリンの避雷針は純粋な科学研究の成果が応用された最も初期の例として，科学技術史に特筆されている．

フランクリン，ロザリンド
Franklin, Rosalind Elsie
1920–1958

DNA の化学構造を明らかに

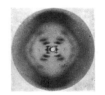

図 1　DNA B 型の X 線回折像
(*Nature* **171** (1953))

イギリスの物理化学者，X 線結晶学者．石炭やグラファイト，DNA (デオキシリボ核酸)，タバコモザイクウイルスの化学構造の解明に貢献．

経　歴　ロンドンの裕福なユダヤ人家系に生まれる．厳格な進学校セントポール女学校で学び，1938 年ケンブリッジ大学のニューナム女子カレッジに進学し，物理化学を専攻した．卒業して，英国石炭利用研究委員会で戦時研究を行う．そこで発表した石炭や炭素の構造は世界的に有名である．1945 年ケンブリッジ大学で博士号を取得し，1947 年から 50 年末までパリの国立化学中央研究所において，石炭のような不完全結晶物質の X 線回折技術を修得した．1951 年 1 月，ロンドン大学キングスカレッジ (KCL) 医学研究評議会 (MRC) 生物物理学ユニットの J. T. ランドールの推薦で KCL の特別研究員となり，DNA の構造の X 線による研究を始める．1953 年ロンドン大学バークベックカレッジに移り，タバコモザイクウイルス (TMV) の研究業績を残した．フランクリン家の女性で給料生活をするのは異例なことであった．

DNA の X 線回折像　KCL の生物物理学ユニットの M. ウィルキンスはすでに DNA に関する優れた論文を発表しており DNA 研究プロジェクトのリーダー格であった．ウィルキンスは彼女を自分のチームで協力するためにきたと思いこみ，彼女は独立に研究できるものと思っていたので，ウィルキンスとの関係はよくなかったが，研究は順調に進んだ．ただ 1 人の大学院生 R. ゴスリングの協力の下に，二つの重要な成果をあげた．まず，DNA に A 型と B 型の二つの型のあることを見出した．それまで得られていた DNA の X 線回折写真は不明瞭なものばかりであったが，彼女は高湿度で実験を行い，鮮明な画像を得た．DNA 繊維は水を吸収すると長く薄くなり (B 型)，乾かすと短く元に戻る (A 型)．

二重らせんモデルへの貢献　第二の成果は，J. D. ワトソンと F. クリックの有名な DNA の二重らせんモデルの完成に重要な貢献をしたことである．彼女は DNA 繊維の系統的 X 線回折写真から，分子の単位胞の大きさとそのリン酸塩の位置を計算し，1952 年の初め，「らせん構造 (極めて高密度に詰まっているはず) をしており，単位らせんにおそらく共軸に 2，3 又は 4 個の核酸鎖を含んでいること」を示唆する，と結論した．さらに 1952 年 5 月 1 日から 2 日にかけて，彼女とゴスリングは，DNA B 型の極めて明瞭な像を得た．それは "X" 字をはっきり示し (図 1)，らせんを示唆するものであった．らせんの巻き間の隔たり，塩基対の数を算出し，彼女はその写真に 51 と番号をつけて脇におき，A 型の研究に移った．A 型，B 型どちらも 2 本のらせんからなることを示す結果を論文にしたのは翌 1953 年 3 月であった．

ワトソン–クリック論文　ほとんど同時にワトソン–クリック論文も提出され，どちらも 1953 年 4 月 25 日の *Nature* 誌に載った．ワトソン–クリック，ウィルキンスと共同研究者，フランクリンとゴスリングの順で論文が掲載されたため，彼女の研究はあたかもワトソン–クリックモデルを検

証するためになされたという印象を与える．実際，X線回折写真51番の載っている彼女の論文には「従って，われわれの一般的な考えはワトソン–クリックによって提案されたモデルとコンシステントである」という一文が挿入されており，彼らのモデルの重要部分が彼女の研究から導かれたものである，とは書かれていない．しかし，ワトソンとクリックは51番写真を事前に見ており，それによって，彼らのモデルを完成させたことが明らかにされている．

クリックとワトソン　F. クリック (Crick, Francis Harry Compton; 1916–2004) はロンドン大学ユニヴァーシティカレッジで物理学を学び1937年卒業，第二次大戦中軍事研究，1947年生物学を勉強しケンブリッジ大学のMRCの研究員として生物物理学ユニットに加わっていた．ウィルキンスの旧友で馬のヘモグロビンの研究をしていたがDNAにも関心を持っていた．J. D. ワトソン (Watson, James Dewey, 1928–) はシカゴ大学で動物学を学び1947年卒業，インディアナ大学で学位を取得 (1950) 後，コペンハーゲン大学で研究，1951年ウィルキンスと出会う．DNAのX線回折像に興味を持ち，その年10月からキャヴェンディッシュ研究所で研究を始め，クリックに出会う．1953–55年カリフォルニア工科大学上級研究員，1956年ハーバード大学生物学助教授，61年同教授．

ワトソンが1953年1月KCLを訪れたときにウィルキンスが彼女の51番X線写真を見せた．このとき，フランクリンはバークベックカレッジに3月から移るための準備をしていた．学位論文の指導者が去るというので，ゴスリングが実験データをウィルキンスに渡していたのである．ケンブリッジにもどったワトソンはクリックと，MRCの生物物理委員会に提出されたKCLの1952年の報告書をケンブリッジの生物物理委員会委員に見せてもらった．この報告書には彼女の51番写真が含まれており，研究概要では，DNA単位胞全体の大きさとその密度が与えられ，「確信を持って」この結晶は結晶学者が面心単斜晶とよぶC2空間群に属すると主張されていた．クリックはこの証拠を目にするや直ちに，DNA核酸の二つのらせん鎖が反平行でなければならないことに気づいた．ワトソンは，二つの鎖が塩基対で結ばれ，鎖が離れるとお互いに他の塩基を求めるという，複製のメカニズムを見てとった．2月の終わりには彼らは有名なモデルを完成した．

バークベックカレッジへ　3月に移ったバークベックカレッジでの上司はJ. D. バナールで，彼は優れた結晶学者であり，影響力を持った科学史書『歴史における科学』の著者でもある．フランクリンは自分の研究チームを作り後進 (のちのノーベル化学賞受賞者A. クルーグもその1人) を育て，タバコモザイクウイルス (TMV) の研究業績を残した．1954年から，初期の炭素研究によってアメリカでいくつかのコンファレンスの招待講演を行うようになったが，1956年8月子宮がんと診断された．

1968年ノーベル医学生理学賞の授賞式にワトソン，クリック，ウィルキンスが登壇した．フランクリンもウィルキンスの隣に立つべき人であった．受賞講演ではフランクリンの貢献についてほとんど無視されたが，今日彼女の業績は正当に評価されている．

図2　ロザリンド・フランクリン
(*Phys. Today*, March (2003) 43)

フーリエ，ジョゼフ
Fourier, Jean Baptiste Joseph
1768–1830

フーリエ解析の創始者

フランスの数学者，物理学者．

経歴 1768年フランス中部のオセール (Auxerre) という町で，仕立屋を営む父の第9子として生まれ，10歳に満たない幼少期に父をなくした．その後，地元オセールのベネディクト派司教に預けられ，ベネディクト修道会が経営する陸軍幼年学校で教育を受け，そこで数学も学んだ．

数学が得意で興味を持っていたフーリエは数学が利用できる砲兵隊の将校になりたかったが，貧しい生まれの者にはチャンスがなく，司祭たちの勧めに従って修道士としての修業を始め，並行して数学の勉強も続けた．1789年数学の論文を発表するためにパリに向かい，そこでフランス革命に遭遇，その後オセール地区の革命委員会に属し，委員長にもなった．この間，貧しい家の出身者という身分から解放され，故郷の友人たちのはからいで，幼年学校の数学教師になった．フランス革命ではロベスピエールら保守派との対立から，逮捕などの政治的弾圧を受け，ギロチンにかけられそうになったこともあった．

ナポレオンの行政官として 革命後，フランスでは科学振興の重要性が認識され，いくつかの高等教育機関が設立された．フーリエはその一つであるパリのエコール・ノルマール・シューペリュール（高等師範学校）の第1期生として1795年に入学，J. L. ラグランジュ*やP. S. ラプラス*から指導を受けた．才能を認められた彼は，1797年同じくパリにあったエコール・ポリテクニクでラグランジュの後を継ぐ解析学と力学の教授となった．1798年にはイギリスとインドの分断を狙ってエジプトに遠征したナポレオン・ボナパルトに他の科学者たちと共に文化使節団の一員として随行し，現地でエジプト学士院の書記官を務めた．そこで，考古学探査を組織したり，数学に関する研究を行ったりした．1801年に帰国するまでの間に，ロゼッタストーンの拓本コピーを入手し，母国に持ち帰った．その拓本をJ. F. シャンポリオンがみたことがロゼッタストーンの解読につながったと言われている．

帰国後，ナポレオンによって，グルノーブルを首都とするイゼール県の県知事に任命され，知事として，治安の回復，道路建設，沼沢地の干拓，マラリアの一掃などの業績を残した．知事としての職務を遂行しながら，方程式論および固体中の熱伝導の研究を続けた．

熱伝導研究とフーリエの法則 熱伝導に関する最初の論文は，1807年に執筆されたが，ラグランジュ，ラプラス，A. M. アンペール*らに疑義や不十分な点があると指摘され，アカデミーの紀要に掲載されなかった．1822年にフーリエは『熱の解析的理論』という本を出版し，その中で固体中の熱伝導の研究を集大成した．具体的には熱伝導を記述する方程式，及びその解法を論じた．彼は固体中の熱流密度 q（単位時間当りに，固体の単位断面積を横切る熱エネルギー）が温度 T の勾配に比例すると考え，

$$q = -\kappa \nabla T \tag{1}$$

という方程式を提唱した．ここに，κ は熱伝導率とよばれる係数である．この方程式はフーリエの法則として知られている（熱流と温度勾配を，電流と電場に置き換えたものはオームの法則であり，物質の拡散流密度と密度勾配に置き換えれば，拡散の法則となる）．これと，熱エネルギーの保存則を表す連続の式

$$\dot{Q} + \mathrm{div}\,q = 0 \tag{2}$$

を組み合わせ，熱エネルギー密度 Q を比熱 C を用いて温度 T に，$Q = CT$ のように関連づければ，T の時間 (t)・空間 (r) 依存性に対する偏微分方程式

$$\frac{\partial T}{\partial t} = \lambda \Delta T \tag{3}$$

が得られる．この方程式は，熱伝導の方程式とよばれている．係数 λ は $\lambda = \kappa/C$ によって与えられ，また Δ はラプラシアンである．物質の拡散を記述する拡散方程式も形は同じである．

フーリエ展開　フーリエはこの方程式を解くに当たって，任意の関数は周期関数で展開可能であるというフーリエの定理を用いた．この級数展開はフーリエ展開として知られる．

この証明は初めから厳密性に欠けることが指摘されていたが，ある種の不連続関数は，周期関数の無限級数で展開できるというフーリエの考え方は，後世にも大きな影響を与え，フーリエ解析という数学の分野に発展した．特に，無限フーリエ級数がどのような条件下で収束するかという問題は，長い間にわたって，基本的な問題であり続けている．

フーリエ変換　ある限られた条件の下で，ある程度満足のいく証明を最初に与えたのは，彼の弟子の P. ディリクレーであった．方程式 (3) は線形であるため，時間・空間の周期関数で展開できれば，展開係数を決めるのは容易である．時間に関する周期関数は，角振動数 ω を用いて記述することができるし，空間に関する周期関数は波数ベクトル $\bm{k}$ を用いて表すことができる．時間間隔や空間領域を有限にとれば，ω や $\bm{k}$ は離散的であるが，無限に長い時間や無限領域を考えれば，連続的変数と考えることができる．このように，時間や空間座標の変数を角振動数や波数ベクトルの関数に積分変換することをフーリエ変換とよぶ．また，逆の変換はフーリエ逆変換とよばれる．

例えば，時間 t の関数 $f(t)$ のフーリエ変換 $g(\omega)$ は

$$g(\omega) = \int_{-\infty}^{\infty} f(t) e^{i\omega t} dt \tag{4}$$

逆変換は

$$f(t) = \frac{1}{2\pi} \int_{-\infty}^{\infty} g(\omega) e^{-i\omega t} d\omega \tag{5}$$

で与えられる．フーリエは有限サイズ，有限時間のフーリエ級数を用いて方程式を解いたが，一般的にフーリエ変換で解くことも可能である．

フーリエ展開やフーリエ変換は，電磁気学におけるマクスウェル方程式や量子力学におけるシュレーディンガー方程式を始めとする線形の偏微分方程式を解くときの常套手段の一つであり，現在では，幅広い分野で応用されていて，現代科学の発展に及ぼした影響は計り知れないものがある．

フーリエ数　『熱の解析的理論』でフーリエは，熱伝導方程式の導出，微分方程式を解くためのフーリエ級数の導入以外に，方程式の両辺の次元は等しくなければならないという次元解析のはしりともいうべき考え方を提唱した．

実際，固体における熱の伝わりやすさは無次元量 $F_o = \kappa t/CL^2$ で決まる．ここで，κ，C は熱伝導度と比熱であり，κ/C は熱拡散係数とよばれることもある．t は特徴的な時間スケールを，L は試料の長さを表す．この無次元量はフーリエ数とよばれる．

温室効果の先駆的考察　1820 年代には，地球の大きさと太陽からの距離を考慮すると，単純に考えれば，気温がもっと低いはずであるということを指摘し，その原因を考察した．フーリエ自身はその原因を正しく突き止めたわけではないが，その考え方は，現在の知られている温室効果の先駆けであると認識されている．

晩年は科学アカデミー会員に選出され，エコール・ポリテクニク理事長（ラプラスの後任）になるなど名誉に満ちていた．

プリゴジン, イリヤ
Prigogine, Ilya
1917–2003

散逸構造の提唱者

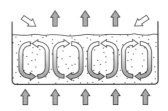

図1 鍋の中の熱対流

非平衡開放系における散逸構造に関する理論を提唱した物理化学者．1977年ノーベル化学賞受賞．また，非専門家を対象とした著作も多い．

経歴 1917年1月25日，イリヤ・プリゴジンはロシア革命が起こる直前のモスクワに生まれた．革命後，新たなソヴィエトの社会体制に不満を持っていたプリゴジン一家は1921年ドイツに移り住み，その後プリゴジンが12歳のときにさらにベルギーに移住する．32歳のとき，プリゴジンはベルギー国籍を取得する．

化学系の技術者だった父親と化学を学んでいた4歳年上の兄の影響を受け，プリゴジンはブリュッセル自由大学で化学を専攻した．しかしこの選択にはかなりの迷いがあった．プリゴジンの母親はピアニストであり，プリゴジン自身も幼いときからピアノを弾いていた．文字を読むより前に楽譜を読むことができるようになっていたほどである．このため音楽の道に進むことも考えていた．一方で歴史や考古学にも強い関心を持っていた．最終的に化学の道に進んだものの，これらへの興味はその後も失われることはなかった．

プリゴジンは大学入学後，とりわけ熱力学や統計力学に惹かれた．特に指導教授であったT. E. ド・ドンデの影響を受け，R. J. E. クラウジウス*やL. E. ボルツマン*の研究に引き込まれ，熱力学第2法則でエントロピーが増大するとされる不可逆過程に注目した．その後のプリゴジンの研究は，この第2法則の拡張や新たな適用に向けられることになる．

1941年ブリュッセル自由大学で博士号を取得し，1950年には同大学の教授に就任した．その後もいくつかの大学や研究所に籍を置き，複数の研究施設の立ち上げに貢献した．

プリゴジンはその膨大な研究業績に対し多くの賞を受賞しており，1977年には「非平衡熱力学，特に散逸構造の理論への貢献」によりノーベル化学賞を受賞している．

不可逆過程の熱力学理論 プリゴジンの業績は多岐にわたるが，中でも不可逆過程の熱力学理論でとりわけ大きな寄与をした．それまでの物理学や化学では，研究対象となるのは熱平衡系であった．非平衡系は扱いが難しく，また本質的に過渡的であると考えられていたからである．

1945年，プリゴジンは平衡に近い状態にある系が十分に安定な環境下にある場合，その系の定常状態はエントロピーの生成速度が最小になる条件から決まることを示した．これをエントロピー生成最小の原理と呼ぶ．これはエネルギーの流れを伴う熱平衡にない系の定常状態を決める条件であり，極めて多くの系に適用される．

散逸構造の発見 ノーベル賞受賞の理由にもあげられた散逸構造の発見は，プリゴジンの業績の中でも中心的な位置を占める．それまでの概念では，熱力学第2法則により非平衡状態にある系の変化はエントロピーを増やす方向に進むとされていた．これは系の秩序は壊れる方向に変化が進むということを意味する．しかしプリゴジンは，開放系において物質やエネルギーが散逸することによって，自己組織化されたパ

ターンが形成されうることを指摘した．

例えば，火にかけた鍋の中の湯は非平衡な開放系である（図1）．底から火で熱し，上部から熱を放出するという入力と出力により，対流構造が生じる．あるいは浴槽の栓を抜いたときにできる渦は，水の流出という出力の存在により生み出される構造である．

このように散逸構造は，物質やエネルギーの一定の入力や出力が維持されている間にだけ生じる構造であるが，多くの系で観測される．レーザーにおける脈動発振や乱流もその一例であるが，多岐にわたる適用分野から多くの研究が派生した．

生命科学・社会科学への適用 散逸構造の概念が対象とするのは非平衡開放系であるが，それを拡大して考えると生物に行き着く．生命現象が非平衡開放系である生物で起こる現象と捉え，散逸構造として理解するというアプローチが考えられている．生物という高度に組織だった系がなぜ生じうるのかという疑問に対し，散逸構造という新しい視点を与えたプリゴジンの功績は極めて大きい．一方さらに解釈を広げると，社会や経済も非平衡開放系と見なすことができる．そのため社会学や経済学にも散逸構造論を適用する試みがなされている．

このような散逸構造の概念の広がりはやがて自己組織化の考えに結びついていき，今では科学に留まらず大きな一分野を形成している．

プリゴジンは一般の読者を対象とした書籍（『混沌からの秩序』『存在から発展へ』『確実性の終焉』(邦訳はいずれもみすず書房）など）も多く出版している．これらは単に科学の啓蒙書というだけでなく，科学的思想を伝える本として広く読まれている．

ブリッジマン，パーシー・ウィリアムズ
Bridgman, Percy Williams
1882–1961
超高圧装置の発明と高圧物理学の研究

アメリカの物理学者．高圧力下の物理の研究で，1946年ノーベル物理学賞を受賞した．

経歴 ブリッジマンはマサチューセッツ州に生まれた．1900年にハーバード大学に入り，物理を学んだ．1905年から高圧下の物質の性質の研究を始め，高圧装置の改良を行った．当時の装置が0.3 GPaの圧力しか発生できなかったのに対して3 GPa以上の高圧を出すことのできる装置や10 GPa以上の高圧を出すことのできる装置を発明した．

ブリッジマンは開発した高圧装置を使って，高圧下の物質の電気抵抗などを研究した．また単結晶を成長させる方法をG. H. J. タンマンと独立に開発した．ブリッジマン法とよばれる．

ブリッジマンは科学関係の著作が多く，経験主義の一分枝である操作主義の提唱者であると見なされている．

ブリッジマンアンビル装置 図1に示すような，二つの円錐状のアンビルを対向させ，その間に圧力の漏れを防ぐためのガスケット材を挟み，中心部分に穴をあけ，軟らかい圧力媒体を入れる．二つのアンビルの中心軸の方向からそれぞれ力を働かせると，ガスケットの中心部分に高い圧力が発生する．ガスケット材の中では，中心に近い部分の圧力を，すぐ外側のガスケット

図1 質量支持の原理

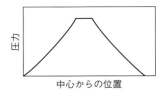

図2　対向アンビル装置の発生圧力

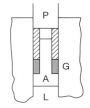

図3　不支持面積の原理によるブリッジマンシール

材が支持し，そのまた外側のガスケット材が次に支持することを繰り返して，多量のガスケット材がそれ自身でお互いを支える「質量支持の原理」によって高い圧力を発生する．図1に示すように途中の部分のガスケット材には，中心方向からの圧力による力と，すぐ外側からのガスケット材からの支持力の差を，アンビルとガスケット材との間の摩擦力が支える釣合いの関係と，これらの力がガスケット材に働いて生じるせん断力がガスケット材のせん断強さ $\tau(r)$ と等しくなることで，圧力の半径方向の分布 $p(r)$ と，中心部分の発生圧力 $p_{\max}$ が決まる．

$$p_{\max} = C \int_0^R \frac{\tau(r)}{h} dr$$

ここで，h はガスケットの厚さ，C は定数，R はガスケットの半径である．$\tau(r)$ は，高圧力になるほど大きくなるので，中心部の穴に軟らかい圧力媒体が入ったガスケットの発生圧力の分布は図2のようになる．

この質量支持の原理は，ダイヤモンドアンビル装置などの対向アンビルや，マルチアンビル装置の圧力封止の基本原理であり，ほとんどすべての高圧力装置で用いられる．

ブリッジマンシール　高圧力装置の容器の隙間から圧力が漏れるのを防ぐガスケット内の圧力は容器内の圧力よりも大きい必要がある．フランジ部分のガスケット内の圧力を，ねじによる締付力で発生させる方法だと，初期発生圧力以上の使用はできない．ブリッジマンは，図3に示すように，プラグAを支える部分の一部を支持しない構造としてピストンPで力を加えたとき，ガスケットに発生する圧力が，内部発生圧力に比例して，自動的に高くなり，常にガスケット内の圧力が内部発生圧力を上回るようにした．この方式によってブリッジマンは発生圧力を飛躍的に向上させることに成功した．

高圧力物理の研究　ブリッジマンは開発した高圧力発生装置を用いて，ほとんどの単体元素，代表的な化合物の体積と電気抵抗の圧力変化の測定を次々と行い，論文として発表した．多い年には1年間で約50編の論文を発表している．これらの論文のほとんどは単著である．周期表の位置によって圧縮率が系統的に変わっていることや，加圧中に体積や電気抵抗が不連続に変化する圧力誘起1次相転移が多くの物質で起こることを見出している．図4にセシウムの体積の圧力変化の測定例を示す．

またタンパク質が加熱による熱変性を起こすのと同じように，加圧により圧力変性することも見出している．これらは後の圧力の食品への応用の基になるものである．

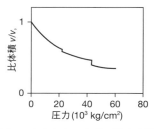

図4　セシウムの体積の圧力変化

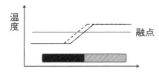

図5 結晶成長のブリッジマン法

単結晶成長のブリッジマン法 融体から温度を下げていき，融点で結晶を析出させるブリッジマン法では，その融液内に温度勾配をつけて，ヒーター(または融液)を移動させて凝固点となる箇所を結晶成長の速度と同じ速度で移動させて，種結晶の表面に単結晶を成長させる．図5にブリッジマン法の模式図を示す．温度勾配がある部分のうち，凝固点の位置が時間と共に移動して結晶が成長する様子が示されている．過飽和溶液からの結晶の析出の場合もほとんど同じである．

ブリッジマン賞 2年ごとに開催されている高圧力の科学と技術国際会議では高圧力の科学と技術分野で大きな功績をあげた研究者にブリッジマン賞を授賞している．受賞者には，1989年の地球物理学のH. K. マオ*，1991年の高圧物性の箕村茂，2007年の地球物理学の八木健彦などがいる．

鉱物ブリッジマナイト ケイ酸塩ペロブスカイト$((Mg, Fe) SiO_3)$とよばれていた鉱物は，地球の下部マントルに含まれると考えられており，地球上で最も多量に存在する鉱物であるが，その構造はわかっていなかった．地球深部の高温高圧力下でしか安定でないが，1879年にオーストラリアに落ちた隕石の一部にこの鉱物が見つかり，構造が調べられていた．電子線回折法では電子線の照射によって鉱物の構造が変化してしまうので，構造が決定できなかったが，放射光の強力なX線を用いることで，2014年に構造が決定された．国際鉱物学連合は新鉱物の名前を，高圧力研究者のブリッジマンに由来したブリッジマナイト (brigemanite) とすることを承認した．

フリードマン，アレキサンドル・アレキサンドロヴィッチ
Friedmann, Aleksandr Aleksandrovich
1888–1925
一様等方宇宙モデルの導出

ロシア(ソ連)の数学者，天体物理学者．

経歴・人物 高校入学後，数学において頭角を現し，17歳のときにベルヌイ数に関する論文を書き，D. ヒルベルト*に認められ出版された．フリードマンの弟子には，宇宙の火の玉モデルで有名な G. ガモフ*がいる．フリードマンは，1922年，単純な宇宙を仮定し，一般相対論により動的モデルを求めた．1929年に E. P. ハッブル*が観測した膨張宇宙の理論的モデルとして，長年利用されてきた．

フリードマンの宇宙モデル フリードマンが採用した宇宙に関する仮定は，①宇宙原理が成り立ち，②物質の圧力が無視でき，③宇宙項は存在しない，④重力理論として一般相対論を採用する，というものであった．宇宙原理とは，宇宙には「一様性」と「等方性」があるという仮定である．

フリードマン方程式 宇宙原理を仮定した場合，4次元時空のメトリックはスケールファクターという時間のみに依存する関数で決まり，その線素が次の形をとる．

$$ds^2 = -c^2 dt^2 + a(t)^2 \left\{ \frac{dr^2}{1-kr^2} + r^2(d\theta^2 + \sin^2\theta d\varphi^2) \right\}$$

ここで，$a(t)$がスケールファクター，cは光速，kは± 1か0をとる定数である．宇宙の中の物質が完全流体で，そのエネルギー密度を$\rho(t)$と表すと，アインシュタイン方程式から$\rho(t)a(t)^3 = $ 一定 $= C_0$となるので，

$$\left(\frac{da(t)}{dt}\right)^2 = \frac{8\pi G}{3c^2} \frac{C_0}{a(t)} - kc^2$$

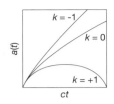

図1　フリードマンモデル

ブリユアン (ブリルアン), レオン・ニコラ

Brillouin, Leon Nicolas
1889–1969
ブリリアントな物理学者

フランス人物理学者.

経歴　大学教授の父マーセル(専門は理論物理)を含む学者一族に生まれた.第一次大戦で学業を中断された後,学位をとり (1920年), 1928年にはパリ大学の正教授になる.ブリユアンの研究分野は多岐にわたり,情報理論において負のエントロピーにネゲントロピーと命名したという業績もある.著名なものをいくつか紹介する.

が導かれ,これをフリードマン方程式とよぶ.この方程式の解は,初期条件として $a(t=0)=0$ としたとき, k の違いで,次の3種類となる.

$$a(t) = \left(\frac{6\pi G C_0}{c^2}\right)^{1/3} t^{2/3} \quad (k=0)$$
$$a(t) = A(1-\cos\zeta),$$
$$ct = A(\zeta - \sin\zeta) \quad (k=+1)$$
$$a(t) = A(\cosh\zeta - 1),$$
$$ct = A(\sinh\zeta - \zeta) \quad (k=-1)$$
$$A \equiv \frac{4\pi G C_0}{3c^2}$$

である.これらをグラフで表すと図1のようになる.これらの宇宙モデルを,フリードマンモデルという.

近年の研究の展開　曲率と関係する k の値は観測から決まる.宇宙の平均密度 $\bar{\rho}$ と臨界密度 $\rho_{\mathrm{cr}} \equiv 3H^2/(8\pi G)$ との比 $\Omega \equiv \bar{\rho}/\rho_{\mathrm{cr}}$ と関係するためである.ここで $H=(\mathrm{d}a/\mathrm{d}t)/a$ でハッブル定数という.これを使うと, $\Omega>1 \leftrightarrow k=+1$, $\Omega=1 \leftrightarrow k=0$, $\Omega<1 \leftrightarrow k=-1$ と対応する.3K宇宙背景放射の非等方性の観測 (2003, 2013) によって $k=0$ のモデルに対応することがわかってきた.

また1990年代の終わり頃までは,このフリードマンモデルが宇宙の基本的な振舞を反映すると考えられていた.しかし1998年に遠方のIa型超新星の観測から,宇宙膨張が加速的なものであることがわかり,加速させる効果を考慮したモデルが適切であることになってきている〔⇒ド・ジッター〕.

ブリユアン散乱　可視光が物質中でフォノン(格子振動の量子)と相互作用して,非弾性散乱する過程のうち,フォノンのモードが音響型の場合をいい,ブリユアンが予言した (1922年).フォノンを吸収,放出する場合で,それぞれ反ストークス線,ストークス線とよばれる信号が,散乱光に対して入射光の振動数 ν の両側 $\nu+\Delta\nu$, $\nu-\Delta\nu$ の位置に観測される.振動数の差 $\Delta\nu$ をブリユアンシフトとよび,この測定から物質の基本的な性質が導ける.例えば,エネルギー・(結晶の)運動量保存則を適用すると,物質内の音速 c_{s} が次式で求まる.

$$c_{\mathrm{s}} = \frac{\Delta\nu}{2\nu}\frac{c}{n}\frac{1}{\sin(\theta/2)} \quad (1)$$

c, n は光速,物質の屈折率, θ は入射,散乱光の波数ベクトル間のなす角を表す

WKB近似　1926年,ブリユアンは1次元のシュレーディンガー方程式の近似解法を提案した.同年,同様の提案を行ったG. ウェンツェル,H. A. クラマース*の頭文字をとってWKB近似とよばれている(同等の解法は,数学の問題としては, 1924年のH. ジェフリーズによってすでに知られていた).

質量 m の粒子が時間によらないポテンシャル $V(x)$ の下, 1 次元空間を運動しているとき, シュレーディンガー方程式は

$$-\frac{\hbar^2}{2m}\frac{d^2}{dx^2}\psi(x) = [E - V(x)]\psi(x) \quad (2)$$

と表せる. 解は $\psi(x) \propto \exp[\frac{i}{\hbar}S(x)]$ の形にとれる. これを (2) 式に代入すると

$$\left(\frac{dS}{dx}\right)^2 - i\hbar\frac{d^2S}{dx^2} = 2m[E - V(x)] \quad (3)$$

が得られ, $S(x)$ を求める問題に帰着する. $S(x)$ を $\hbar$ の冪で展開し, (3) 式に代入して $\hbar$ の冪ごとにまとめると, $\hbar^1$ の項までで閉じた解が得られる. 結果を以下に示す.

$E > V(x)$ の領域に対して $\psi(x)$ は

$$\frac{1}{\sqrt{p(x)}}[Ae^{iP(x)} + Be^{-iP(x)}] \quad (4)$$

$E < V(x)$ の領域に対して $\psi(x)$ は

$$\frac{1}{\sqrt{p(x)}}[Ce^{P(x)} + De^{-P(x)}] \quad (5)$$

となる. ただし $p(x) = \sqrt{2m|E - V(x)|}$ および $P(x) = \int^x p(x')dx'$ である. WKB 近似は $\hbar \to 0$ の極限でよい近似となるため, 準古典 (または半古典) 近似ともよばれる. 局所的なド・ブロイ波長を $\lambda(x) = h/p(x)$ で定義すると, この近似が正当化される条件 $|\hbar S_1/S_0| \ll 1$ は, 次式と同等である.

$$\frac{1}{4\pi}\left|\frac{d\lambda(x)}{dx}\right| \ll 1 \quad (6)$$

つまり, ポテンシャルの変化に比べ, 波長の変化が遅い領域でよい結果を与える. 古典力学における回帰点 ($E = V(x)$ の点) 近傍では, 波長は急速に発散するので破綻が予想される. しかし, 回帰点では境界条件による処理が可能となり, その結果は接続公式として知られている.

ブリユアンゾーン　結晶の格子点は, 三つの 1 次独立なベクトル a_1, a_2, a_3 と整数 n_1, n_2, n_3 を用いて

$$R = n_1a_1 + n_2a_2 + n_3a_3 \quad (7)$$

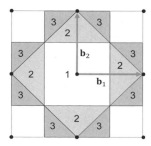

図 1　2 次元正方格子の第 1, 第 2, 第 3 ブリユアンゾーン (黒点は逆格子点)

と表せる. a_1, a_2, a_3 を結晶の基本ベクトルといい, これらで構成される平行六面体を結晶の単位胞という. また, 以下の関係

$$a_i \cdot b_j = 2\pi\delta_{i,j} \quad (i, j = 1, 2, 3) \quad (8)$$

で定義される三つのベクトル b_1, b_2, b_3 を逆格子の基本ベクトルとよび,

$$K = m_1b_1 + m_2b_2 + m_3b_3 \quad (9)$$

でできる格子点を逆格子とよぶ. m_1, m_2, m_3 は整数である. この逆格子に対する単位胞をブリユアンゾーン (Brillouin zone) という (以下 B.z. と記す).「ゾーン」の代わりに, 帯, 帯域などともよぶ. 単位胞の選び方は一通りではなく, 高次の B.z. を定義するのに便利な, 以下の構成法がよく利用される. すなわち, 逆格子の原点と, 任意の逆格子点との垂直二等分面をブラッグ面とよび, 原点からブラッグ面をちょうど $n-1$ 回横切って到達する点からなる領域を第 n B.z. とする. 第 1 B.z. は, 逆格子に対するウィグナー–ザイツ胞になっている.

図 1 には格子定数が a の 2 次元正方格子に対する B.z. の例を示した. このとき $|b_1| = |b_2| = \frac{2\pi}{a}$, $b_3 = 0$ である. ブリユアンゾーンはバンド理論の記述などに威力を発揮する有用な概念である. 例えば, 異なるエネルギーバンドの状態を, 異なった B.z. に対応させて分類できる.

ブルーノ，ジョルダーノ
Bruno, Giordano
1548–1600

ルネサンス最後の思想家

イタリアの哲学者．洗礼名はフィリッポ．

経歴・人物　N. コペルニクス*が地動説を発表して5年経った1548年にナポリの東北ノラで生まれる．ルネサンス最後の思想家とよばれる．記憶術の大家としても知られ，その方面の著作も多い．

1563年に聖ドミニコ修道院に入り修道士としての修練を開始．そこで学んだ古代ギリシャの哲学者たちの学説や，より新しいコペルニクスなどの学説に，啓蒙される．それ以降，それらの学説を信奉したためカトリック教会の権威から異端の告発を受け，ローマで放逐される (1576年)．1592年に教会に身柄を拘束されるまで，ヨーロッパ各所を放浪して，啓蒙活動を行った．8年間も拘留された後，異端審問所で有罪を宣告された．死刑判決を言い渡されたとき，「私よりも，判決を言い渡したあなたたちの方が恐れているではないか」とコメントした．罪状はあくまでカトリックの教義を否定したことによる異端の廉である．1600年2月，生きたまま刑を執行され，火刑台の露と消えた．最後の瞬間に，ブルーノが集まった群衆に何かを訴えることを恐れた当局により，舌は縛られたままだった．

宇宙観：地動説と無限宇宙　ブルーノは地動説の一番乗りではなかったが，彼の描いた宇宙観は近い時代の科学者たちのそれよりも進んでいた．例えば，コペルニクスや J. ケプラー*は，太陽が太陽系だけでなく，宇宙の中心であると想定し，太陽系の外側には球殻があって，遠くに見える星はその球殻の位置に固定されているというような，有限の閉じた宇宙観を持っていた．これに対しブルーノは，太陽は宇宙の中心

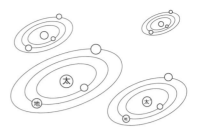

図1　ブルーノによる無限宇宙観

などではなく，宇宙は無限に広い．そこに含まれている星も無数にあり，その中には地球や太陽に似た星が無数にあるという宇宙観をもっていた (図1参照)．ただしブルーノは天文学者ではないので，これらの説はあくまで思弁による言及である．その点で，彼は科学者というよりも哲学者であった．

放浪生活において，イギリスに渡った1583年からの3年間は，ブルーノの人生において最も実りの多かった時期の一つとされている．彼の思想はイギリスの知識人に受け，女王エリザベス1世も彼とイタリア語で哲学を議論するのを楽しんだ．滞在中，6冊の本を全てイタリア語で出版したのであるが，その出版時期は G. ガリレイ*よりも若干早く，科学の問題を議論するのにラテン語ではなく日常語を用いた最初の哲学者の一人とされている．

影響　ブルーノの影響を受けた科学史上の重要な人物に，W. ギルバートと T. ハリオットがいる．ギルバートはその有名な著書『磁石論』の中で，磁性の理論をブルーノの宇宙観と対応させながら展開している．ハリオットはガリレイと同時期に太陽黒点を発見したとされている人物である．1608年，彼はブルーノの主張した無限の宇宙という考えをガリレイと議論する手紙のやり取りをして，ガリレイにその考えの受け入れを拒絶されたという．

フレネル，オーギュスタン・ジャン
Fresnel, Augustin Jean
1788–1827
電磁光学の基礎，光の波動説を確立

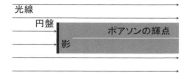

図1　ポアソンの輝点 (説明図)

フランスの物理学者，土木技術者．T. ヤング*とは独立に光の波動説を唱え，光の回折や複屈折現象など，光学に関する研究を行い，反射屈折に関するフレネルの公式を示した．また，フレネルレンズを発明するなど，実用的な研究にも業績を残した．

経歴　1804年，エコール・ポリテクニクに入学後，国立土木学校を卒業した．道路建設に携わる一方，1814年には光に関する実験を始めた．1815年，エルバ島を脱出したナポレオンに反対して王を支持して戦ったが，土木の仕事を失った．これで光の実験に没頭し，当時光の粒子説に押されていた波動説を確信するようになった．ナポレオンがワーテルローで敗れてから土木の仕事を再開したが，光の研究も余暇に続けた．

ポアソンの輝点　初期の研究は，C. ホイヘンス*，L. オイラー*，T. ヤング*の波動説も，当時多くの科学者が信じていた粒子説も知らずに行われた．1819年，科学アカデミーが懸賞をかけて回折に関する研究を募った．フレネルは波動説に基づいた，後にフレネル積分と呼ばれる数学的手法で開口の後ろの光強度を計算して応募した．審査委員のS. D. ポアソン*はフレネルの計算を進めると「光を照射した円盤の背後にできる影の中心に輝点が現れる」ことを導いた (ポアソンの輝点，図1)．審査委員長のF. アラゴーはこの予測を実験的に確かめ，フレネルが受賞者となった．

しかし，波動説は反射光の偏光を説明できず，このことが粒子説の論拠となっていた．フレネルは円偏光を発見し，1821年，光が横波であると論文発表し，後に，複屈折も光が横波なら説明できること，互いに直交する偏光は干渉しないことを示した．

1924年以降，灯台委員会に雇われ，鏡の代わりにのこぎり状の断面をもつ軽量な複合レンズ (フレネルレンズ) を開発した．

フレネルの公式　偏光が入射面 (カー，ジョンの項図2参照) と垂直 (s波) あるいは平行 (p波) の光が，屈折率が n_1 の媒質から n_2 の媒質に入射角 θ で入射すると，反射率は

$$R_\mathrm{s} = \frac{\sin^2(\theta - \varphi)}{\sin^2(\theta + \varphi)}, \quad R_\mathrm{p} = \frac{\tan^2(\theta - \varphi)}{\tan^2(\theta + \varphi)}$$

で与えられる．ここで，φ は屈折角でスネルの公式 $\sin\varphi = (n_1/n_2)\sin\theta$ を満たす〔⇒スネル〕．図2は $n_1 < n_2$ (上)，$n_1 > n_2$ (下) の反射率を示す．p波は $\theta = \theta_\mathrm{Br}$ (ブリュースター角) で反射率が0となる．下図で $\theta \geq \theta_\mathrm{cr}$ (臨界角) で全反射が起こる．

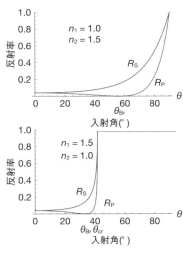

図2　反射率 (説明図)

フレミング, ウィリアミーナ
Fleming, Williamina
1857–1911

メイドから歴史に残る天文学者に

アメリカの天文学者．光のスペクトルによる星の分類に多大な功績．

経歴 スコットランドに生まれたフレミングは，幼いときより才能を発揮し，14歳のときには小学校の教壇にも立った．20歳で結婚し，21歳で夫とともにアメリカのボストンに渡る．翌年子供を身ごもるが，夫は彼女を残して姿を消す．フレミングは自身と息子のために仕事を探さなければならなくなった．幸い，ハーバード大学天文台館長で著名な天文学者の E. C. ピッカリング家のメイドとして雇われることになった．これに感謝したフレミングは，生まれてきた子供にエドワードの名をつけた．

まもなくフレミングは天文台で働くようになり，事務作業や数学的な計算を手伝うようになる．これは当時の男性助手の仕事ぶりにピッカリングが不満を持っていたせいもあり，「うちのメイドの方が良い仕事をする」と話したと伝えられている．

スペクトルによる恒星の分類 フレミングはすぐにその知性を生かして優れた仕事をし，ピッカリングの言葉を証明することになる．特に，プリズムで星の光をスペクトル分解し，スペクトルに基づいて星を分類するという新しいシステムを構築した．これに基づき，フレミングは1万個以上の星を9年間かけて分類，整理していった．その成果は，恒星スペクトルのヘンリー・ドレイパーカタログ (恒星の特性を記載した目録) に載せられることになった．当時の慣習で助手の名前がそこに載ることはな

図1　ウィリアミーナ・フレミング

かったが，ピッカリングはその前文の中で「この仕事の重要な部分はフレミングが行った」との記載をしている．

やがてピッカリングはハーバード大学天文台が発行するすべての論文の編集をフレミングにまかせるようになり，彼女の下に恒星探索の助手として数十人もの女性を雇い入れた．その中からめざましい研究成果をあげる女性も現れた．

ハーバード大学もそんなフレミングの仕事ぶりに対して黙ってはいなかった．フレミングは，アメリカの天文台の女性職員として初めて，天体写真部門長の地位を得たのである．

フレミングは生涯を通じて10の新星，59の星雲，310の変光星を発見した．天文学の教育を受けていない者として，驚くべき業績であった．これらの業績に対し，イギリス王立天文協会は1906年，フレミングを名誉会員に選んだ．女性としては6番目，アメリカの女性としては初めてのことであった．

1911年，フレミングは肺炎により54年の生涯を閉じた．彼女は天文学の進歩に大きな貢献をしただけでなく，その後の女性進出の道を切り開いた人物でもあった．その点でフレミング自身が輝く星であった．

フレミング, サー・ジョン・アンブローズ
Fleming, Sir John Ambrose
1849–1945
フレミングの法則と二極真空管の発明

イギリスの物理学者.「フレミングの法則」の考案者で, 二極真空管の発明者.

経歴 ランカスターの聖職者の息子として生まれる. 後にロンドンに移り, ユニバーシティ・カレッジで数学と物理学を学んで, 1870 年に学士号を取得した.

経済的には恵まれておらず, 働きながら学校に通う苦学生であったが, その後インペリアル・カレッジ・ロンドンでも化学を学び, ヴォルタ電池をテーマとした研究で論文を執筆. 1874 年, 設立されたばかりのイギリスの物理学会に「最初に」投稿された論文がそれである. 生涯で 100 以上もの論文を発表しているが, 65 年後に 90 歳で発表したフレミング最後の論文も同じ雑誌に収められている.

1877 年ケンブリッジ大学に入り, キャヴェンディッシュ研究所の J. C. マクスウェル*に師事する. ケンブリッジ大学の実験実演者を経て, 1881 年, 新設のノッティンガム・ユニバーシティ・カレッジの物理学と数学の教授になった. しかし 1 年で辞職してエディソン電灯会社の顧問となり, 再び大学に戻る決心をして, 1885 年にユニバーシティ・カレッジ・ロンドンの初の電気工学教授に就任. 以後 41 年間, その職を務めた.

右手の法則 フレミングは卓越した科学者であると同時に, 非常に優れた教育者でもあった. 有名なフレミングの右手の法則 (規則) は, 学生たちに, M. ファラデー*の電磁誘導の法則に基づく「磁場」,「導体の速度」,「発生する起電力」の向きの関係を覚えさせるために考えたものだったという. 図 1 のように右手の親指, 人差し指,

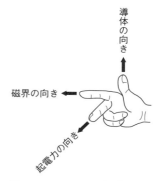

図 1 フレミングの右手の法則

中指をそれぞれ直角になるようにして, 上記物理量を対応させると, 磁場中で導体が動いたときに発生する起電力の向きが, 一目でわかるというものである. 磁場中で電流が流れたときに導体に働く力の向きを与えるのは, フレミングの左手の法則とよばれる. いずれも, $F = qv \times B$ ($\times$ は外積) で表される三つのベクトル (電荷 q の速度 v, 磁界 B, 電荷に働く力 F) のそれぞれの向きの関係を覚えやすい形にしたものといえる. これらの法則を用いた電磁気学の指導は, 現在世界中の多くの国の義務教育課程で採用されている.

二極真空管 フレミングの最大の学術的業績は, 二極真空管の発明である (図 2). 1884 年にアメリカを訪問して T. A. エディソン*に会い, その年に発見されたエディソン効果 (陰極から陽極に電子が飛ぶ熱電子放出現象) に大変興味を持ったフレミングは, 1889 年頃からその関連実験を始めた. 同時にマルコーニ社とも共同研究を行い, 大西洋横断無線電信のための送信機の設計を手伝っている. 1904 年, エディソン効果の研究をもとに整流機能のある二極真空管を発明し, 特許をとると, それは瞬く間に古い鉱石検波器に取って代わり, ラジオ受信機やレーダー機器などに使われ普及していった.

陰極 (カソード) から飛び出した電子は,

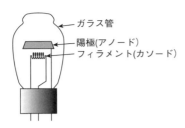

図2　二極真空管

それと対峙する電極（アノード）が正電圧であればそこに達するが，負の場合には押し戻されてアノードに達しない．もしアノードに正負に反転する交流電圧がかかっていると，正電圧のときだけ電流が流れることになる．これが整流機能である．まるで水を流したり止めたりできるバルブのようであることから，フレミング自身はこの素子を「熱電子バルブ」とよんだ．これは，世界初の真空管であり，後の電子通信分野で活躍するあらゆる電子デバイスの元祖といえる．

　人　　物　1926年に77歳でユニバーシティ・カレッジ・ロンドンを定年退職し，名誉教授となった後も，活発に研究を続けた．1930年テレビジョン学会の初代会長に就任し，95歳で亡くなるまで15年間，会長として電気工学分野の振興に尽力した．

　1910年に王立協会からヒューズメダル，1928年に電気工学会からファラデーメダル，1933年にラジオ工学会（後のIEEE）からゴールドメダルを受賞している．また，1929年にはナイトに叙されている．

　私生活では，68歳のときに30年連れ添った妻と死別したが，84歳で新しい妻を迎え，長命で幸せな人生を送った．父の仕事は継がなかったが，敬虔なキリスト教徒で遺産の多くを教会に寄付した．

フレンケル，ヤコブ・イリッチ
Frenkel, Yakov Il'ich
1894–1952

「空孔」概念の導入——フレンケル欠陥

　ロシアの物理学者．フレンケル欠陥で知られる．

　経　　歴　ロシアのロストフ・ナ・ドヌで生まれる．1910年にサンクトペテルブルク大学に入学，3年で卒業し，大学に残って物理学の研究を行った．1921年から物理工学研究所で研究した．1922年から物理学の教科書を執筆し，多くの学生がこの本で勉強した．1929年にはソ連の科学アカデミーのメンバーに選ばれている．1930年代には塑性変形の理論的研究を行った．彼の理論は転位の研究において重要である．

　フレンケル欠陥とショットキー欠陥　フレンケルは固体物理学の研究において，空孔の概念を導入した．フレンケル欠陥は，結晶中の格子点イオンが格子間に移り，その後に残った空孔のことである．塩化銀や臭化銀などのイオン結晶にて観察されやすい．これらのイオン結晶では陽イオンの大きさが陰イオンの大きさに比べて小さいため，陰イオンの作る格子の間に入りやすいためである．これに対して，格子点イオンが結晶の外に出た後に残った空孔を，ショットキー欠陥とよぶ．アルカリハライド結晶（NaCl，RbI，CsIなど）で観察される．

　フレンケル欠陥は，熱振動が原因で発生しやすい．フレンケル欠陥が生成しても，密度に変化はないが，格子間に入ったイオンが移動するイオン伝導により電気伝導度を増加させる．エネルギーギャップは大きいため，電子による伝導はほとんど生じない．一方，ショットキー欠陥が生成されると，密度が減少するが，イオン伝導はほとんど生じないので電気伝導度はほとんど増加しない．

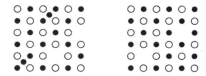

図1 NaCl結晶内のフレンケル欠陥(左),ショットキー欠陥(右)
黒丸:Na,白丸:Cl.

フレンケル欠陥の欠陥密度　フレンケル欠陥の欠陥密度は,ボルツマン分布で近似すると

$$C = A\exp\left(-\frac{E_\mathrm{f}}{k_\mathrm{B}T}\right)$$

と書ける.ここで,C は欠陥密度,A は比例定数,E_f は空孔の形成に必要なエネルギー,k_B はボルツマン定数,T は絶対温度である.どんな結晶でも,有限温度の熱平衡状態においては常にある割合の空格子点が存在する.これは,欠陥が存在したほうがエントロピーが大きくなり,自由エネルギーが小さくなるからである.

フレンケル励起子　半導体や絶縁体中で,価電子帯から伝導電子帯に励起された電子と,価電子帯に生成した正孔の対がクーロン力によって水素原子のように束縛状態になったものを励起子またはエキシトンとよぶ.励起子の中,波動関数の広がりが格子間隔に比べて小さいときは,フレンケル励起子とよばれ,格子間隔に比べてかなり大きい場合はワニエ励起子とよばれる.フレンケル励起子の励起状態は,各格子点の原子・イオンの励起状態に近く,格子点を共鳴的に移動して結晶中を伝搬する.

励起子は非金属結晶中における代表的な電子励起状態であり,光学特性に大きく寄与する.励起子を生成するために必要なエネルギーは,バンドギャップエネルギーよりも電子-正孔間の束縛エネルギーの分だけ低い.従って,反射スペクトルにおいては,バンド間遷移による連続スペクトルよりも低エネルギー側に鋭いピークとなって現れる.

ブロジェット, キャサリン
Blodgett, Katharine Burr
1898–1979

ケンブリッジ大学女性博士第1号

経　歴　ブロジェットは1898年アメリカ・ニューヨーク州シェネクテディで生まれる.父のジョージ・ブロジェットはゼネラル・エレクトリック(GE)社の弁理士だったが,彼女が生まれる直前に事故死している.15歳でハイスクールを終えると,奨学金を得てブリン・マール・カレッジに入り1917年に学士となる.在学中に物理学に興味を持ち,科学研究者を目指すようになる.

大学の休暇中に父親の知人を尋ねて,GE社のあるシェネクテディを訪問し,当時GE社の化学部門の研究者だったI. ラングミュア(Langmuir, Irving; 1881–1957. アメリカの物理化学者.界面化学の研究で1932年にノーベル化学賞受賞)に紹介される.研究室を紹介するうちに,ブロジェットの才能に気づいたラングミュアはさらに進んだ化学教育を受けることを勧めた.ラングミュアの勧めに従い,彼女は化学の修士号をシカゴ大学で取得し,さらに1926年,ケンブリッジ大学から女性として初の博士号を受けることになる.

ブロジェットの卓越した研究成果は多くの受賞につながった.1951年には米国化学会から優れた女性科学者に送られるGarvan Medalを受賞している.多くの大学から名誉博士号が送られている.Elmira College (1939), Brown University (1942), Western College (1942), Russell Sage College (1944).米国物理学会会員,米国光学学会会員.

ラングミュア–ブロジェット膜　ブロジェットは修士号を取得すると,GE社初の女性科学者として雇用され,ラングミュア

図1　キャサリン・ブロジェット

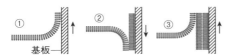

図2　ブロジェットの薄膜作製法

図3　薄膜による反射の抑制

のプロジェットに入り，電球のタングステンフィラメントの寿命を延ばす仕事 (1916年に特許取得) や表面化学の研究を勧められる．彼女の最も大きな功績は，ラングミュアが開発した油性物質の薄膜を形成する手法をヒントに，脂肪酸の薄膜を簡易的に作る方法を発明したことにある．脂肪酸は可視領域で透明な物質であり，彼女は，この物質の層の厚みを1分子層の単位で精密に制御してガラス板上に展開する技術を開発した．この発見はその後に無反射ガラスの開発に発展し，光学分野に大きく寄与する．

彼女の考案した方法[1]は実に簡便かつ見事なもので，希薄な脂肪酸 (最初の例はステアリン酸) のベンゼン溶液を少量，アルカリ土類金属イオン (Ca または Ba) を含む水溶液上に滴下することで，水溶液上にステアリン酸の単分子層を形成する．このとき分子は親水基を水中方向に向けて整列するので，水中に沈めた清浄なガラス板を，この単分子層を通して引き上げると，自動的に水をはじき，親水基を基板側に配置した，ステリアン酸の単分子膜をガラス上に作ることができる (図2 ①)．ブロジェットは，この方法で引き上げた単分子膜が，メチル基をガラスと反対側に向けており，水も油もはじく性質を示すことを発見した．基板を出し入れする回数により，膜厚も精密に制御できる (図2 ② および ③)．

良質の単分子膜を作るには，水溶液上に展開した脂肪酸膜の密度を均一に制御する必要がある．水溶液上の膜の外側に油膜を張り，わずかなテンション (圧力) をかけることで均一な膜ができることはブロジェットの研究以前に，ラングミュアやアダムスらの1917〜20年代の研究から知られており，このピストン油圧 (oil-piston) の方法が利用された．ブロジェットは油膜による圧力をかける方法と均一な引き上げ方法を組み合わせることで，均質な薄膜を1分子層単位で形成できることを示し，3000層を超える均一な膜を形成できることを証明した．薄膜を被せたガラスの単色光の反射率は，膜物質の屈折率，膜厚および光の入射角度に依存するので，決まった波長に対しては膜厚を精密に制御することで，反射率を極小にすることができる．図3は，1955年の *Physical Review* 誌に掲載されたもので，膜をつけた左半分では反射が抑制され，透明度が高いことがわかる．

その他の業績　第二次大戦中にブロジェットは特筆すべき発見をする．長持ちする煙幕の発明である．この発見により戦場で多くの命を救うことになる．

■参考文献
1) K. B. Blodget: *J. Am. Chem. Soc.* **57** (1935) 1007.

ブロッホ,フェリックス
Bloch, Felix
1905–1983

核磁気共鳴法の開発

スイスのユダヤ系物理学者で,後にアメリカに移住,帰化した.1952 年,核磁気共鳴法の開発により,E. M. パーセル*と共にノーベル物理学賞を受賞した.

経歴 1905 年スイスのチューリヒに生まれた.1927 年にチューリヒ工科大学を卒業,1928 年にライプチヒ大学で W. ハイゼンベルク*の指導の下,量子力学に基づいた固体中の電子状態の研究により博士号を取得した.その後,ドイツで,ハイゼンベルク,W. E. パウリ*,N. H. D. ボーア*,E. フェルミ*らの物理学の巨星と研究を行った.1933 年に,ユダヤ系であるブロッホは,ナチスから逃れるためにドイツを離れてアメリカへ移り,1939 年にはアメリカに帰化した.第二次大戦中は,原子力エネルギーやレーダーの戦時研究に従事したが,レーダーの開発でエレクトロニクス技術に精通したことが,戦後 1946 年の核磁気共鳴法 (nuclear magnetic resonance: NMR) の開発に繋った.1954 年から 1955 年にかけて,欧州原子核研究機構 (CERN) の初代長官を務めた.1983 年,77 歳で,スイス,チューリヒにて死去した.

核磁気共鳴法の開発 ブロッホの最もよく知られた業績は,核磁気共鳴法の開発である.核磁気共鳴は外部静磁場に置かれた原子核が,固有の周波数の電磁波と相互作用し共鳴する現象である.戦後,戦時研究からスタンフォード大学に戻り核磁気共鳴の研究に従事したブロッホは,1946 年,W. W. ハンセンや M. E. パッカードと共に,硝酸鉄水溶液を用いて NMR 信号の検出に成功した.後に医療分野を含む極めて広い分野で使われることになる核磁気共鳴法の開発である.1946 年には,磁気共鳴を現象論的に記述する方程式として,ブロッホ方程式を導入している.ほぼ同時期に,パーセルも独立に核磁気共鳴法の開発に成功し,1952 年には,ブロッホとパーセルは「核磁気の精密な測定における新しい方法の開発とそれに関する発見」により,ノーベル物理学賞を共同受賞した.体内の水分子に対する核磁気共鳴を,コンピュータ断層撮影法に応用した方法が核磁気共鳴画像法 (MRI) であり,現在では医療現場で必要不可欠な診断法になっている〔⇒パーセル〕.

ブロッホ方程式 ブロッホ方程式は,磁気共鳴を現象論的に記述する方程式として,ブロッホによって導入された.磁場中に置かれた核スピン S を考える.磁気共鳴の際は,核スピンには,静磁場とそれに垂直方向に高周波の回転磁場がかかっている.静磁場の方向に z 軸をとり,核スピンの各成分を $S = (S_x, S_y, S_z)$, その熱平衡値を $\langle S \rangle = (0, 0, \langle S_z \rangle)$ としよう.この場合のブロッホ方程式は,磁場を H として,

$$\frac{dS_x}{dt} = \gamma[S \times H]_x - \frac{S_x}{T_2}$$
$$\frac{dS_y}{dt} = \gamma[S \times H]_y - \frac{S_y}{T_2}$$
$$\frac{dS_z}{dt} = \gamma[S \times H]_z - \frac{(S_z - \langle S_z \rangle)}{T_1}$$

で与えられる.ここで,γ は核磁気回転比 (磁気モーメントとスピン角運動量の比), T_1 は縦緩和時間, T_2 は横緩和時間である.ブロッホ方程式は,核磁気共鳴に限らず,電子スピン共鳴 (electric spin resonance: ESR) の解析にも有用で,広く使われている.

ブロッホの定理 ブロッホの名は,また「ブロッホの定理」,「ブロッホ関数」や「ブロッホ振動」など,物理学で広く使われるいくつかの用語に冠せられている.

ブロッホの定理は,1928 年に提出された固体電子論の基礎を与える重要な定理である.結晶の周期ポテンシャル $V(r)$ 中を運

動する電子を記述する量子力学的波動関数が，結晶の並進対称性に関連して満たすべき性質を述べた定理である．すなわち，この定理によると，電子が感じる結晶ポテンシャルが位置ベクトル $r \to r + R$ で表される並進操作で不変に保たれる，すなわち $V(r + R) = V(r)$ なら，結晶内の電子の波動関数 $\Phi(r)$ は，

$$\Phi(r + R) = e^{ik \cdot R}\Phi(r)$$

を満たす．ここで k は波数に対応した量子数である．

ブロッホの定理を満たす関数をブロッホ関数といい，結晶の周期性を持つ関数 $u_k(r)$ を用いて，

$$\Phi_k(r) = e^{ik \cdot r} u_k(r)$$
$$(u_k(r + R) = u_k(r))$$

のように表される．結晶中の電子の1電子状態を表すのに用いられる．

また，ある種の金属は，その密度を変化させたとき，エネルギーバンドの重なりの変化に伴い金属から非金属に転移することがある．この種の金属–非金属転移を，ブロッホ–ウィルソン転移という．

ブロッホ振動 ブロッホ振動も，ブロッホによって理論的に指摘された，結晶中で電子がとる状態に関係した現象である．結晶中の電子が直流電界で加速され，そのド・ブロイ波長が結晶格子と同程度になると，電子は結晶格子によるブラッグ反射〔⇒ブラッグ〕を受け，固体内で往復運動する可能性がある．このような固体内の電子の振動を，ブロッホ振動とよぶ．現実の結晶では，格子欠陥等による電子の散乱に妨げられ，その観測は長らく困難であったが，最近になって半導体の超格子や冷却原子を舞台に観測にかかるようになっている．

ブンゼン，ロベルト・ヴィルヘルム
Bunsen, Robert Wilhelm
1811–1899
ブンゼンバーナー，分光による化学分析

ドイツの化学者．ブンゼンバーナーを発明，セシウム，ルビジウムを発見した．

経歴 言語学教授の息子としてゲッティンゲンに生まれた．1828年にゲッティンゲン大学に入学して，化学をF. シュトロマイヤーに学ぶ．地質，鉱物，物理，数学，生物も熱心に学んだ．勉強の余暇には町の機械工場に出入りして金工や木工を見習った．1830年に理学部の懸賞課題に応じ，湿度計に関する論文が1位に入賞して，学位論文としても認められ，1831年に大学を卒業した．卒業後はこの論文の賞金と政府の給費生であることを利用して，各地の地質学的調査と化学工業施設の見学とを目的に，1832年から33年にかけて，1人でヨーロッパ各地を遍歴した．ベルリン，ギーセン，ハイデルベルク，ボン，パリ，ウィーンでは大学も訪問して，著名な研究者たちと交流した．

1834年ゲッティンゲン大学講師となり，1836年カッセル工業専門学校教師，1839年マールブルク大学員外教授，1841年同大学教授，1851年ブレスラウ大学教授，1852年ハイデルベルク大学教授となり，1889年に退職するまで37年間同大学に勤務した．

カコジル化合物の研究 ブンゼンは1837年から1842年まで有機化学における一連のカコジル化合物（ヒ素を持つ1価のカコジル基：$(CH_3)_2As$ -を持つ化合物）に関する研究をほとんど単独で成功させた．極めて毒性の強いカコジル化合物の研究で，二度も死ぬほどの中毒を起こし，シアン化カコジルの爆発で右目を失った．その後は，無機・分析化学を研究するようになった．ブンゼンの趣味は旅行だが，1846年には火

山や間欠泉の科学的調査の目的で100日間アイスランドを旅した.

ブンゼンバーナーの発明と分光化学　ブレスラウ大学では，自分で開発した改良型電池を用いた電気分解で，マグネシウムを単離し，その後ハイデルベルク大学においても多くの金属を電気分解で遊離した.

以前から研究していたガス分析や光化学反応の研究も続けたが，1855年にはブンゼンバーナーを発明して，炎色反応による化学分析の道を開いた.

セシウム，ルビジウムの発見　1854年にブンゼンは，ブレスラウ大学で知り合った13歳年下のG. R. キルヒホッフ*をハイデルベルク大学の物理教授として招き，共同で分光化学の研究を進めた. 1860年にキルヒホッフとの共著「スペクトルの観察による化学分析」を発表した. ブンゼンは分光器を利用して，鉱泉やケイ酸塩から分離した新元素セシウムを1860年に，ルビジウムを1861年に発見した. また，火花スペクトル法を考案して，稀土類や白金族元素の研究も行った. 一方で氷熱量計や蒸気熱量計を発明して熱量測定の研究も行った.

人物　1858年にブンゼンは，エネルギー保存則で既に有名だったH. ヘルムホルツ*をハイデルベルク大学の生理学教授として招いた. ヘルムホルツは1871年に，キルヒホッフは1875年にベルリン大学の物理教授になったが，ブンゼンはハイデルベルクに残った.

ブンゼンは偉大な教育者であり，巧みな実験家で，学生実験や講義実験を重視した. また，学生や弟子たちの自主性を尊重して，多くの独創的な科学者を育てた. 温厚で親切なブンゼンは，世界の化学者たちから尊敬され，慕われていた. 彼の下には，世界各地から学生や研究者が集まり，後に有名になった化学者が多いが，一般の人々からの人望も厚かった.

フント，フリードリッヒ・ヘルマン
Hund, Friedrich Hermann
1896–1997
フントの規則，フントの結合則の発見

ドイツの物理学者. 原子分子の研究者. 原子の電子配置に関する経験則であるフントの規則や，分子の角運動量の結合の形式を分類したフントの結合則で知られる.

経歴　ドイツ，カールスルーエの生まれ. マールブルク大学，ゲッティンゲン大学で数学，物理学などを学んだ後，1925年にゲッティンゲン大学講師となり，その後ロストック大学，ライプチヒ大学，イェーナ大学，フランクフルト大学で教授を歴任，1957年よりゲッティンゲン大学で理論物理学の教授を務めた.

フントはE. シュレーディンガー*，P. ディラック*，W. ハイゼンベルク*，M. ボルン*，W. ボーテといった一流の物理学者たちとともに研究を行った. 特に原子・分子のスペクトル構造に関して大きな足跡を残している. フントはボルンの指導を受けながら，2原子分子のバンドスペクトルの量子論的解釈に取り組んでいた. そして1925年に「フントの規則」と呼ばれる，原子の電子配置を決定する三つの規則を，1933年には分子の角運動量の結合の形式を5種類に型分けした「フントの結合則」を発表している. これらはいずれも，分光学，量子化学の分野において重要な基本法則として知られるものである.

フントの規則　フントの規則は1番目の規則が有名であり，通常フントの規則とはこれを指す. 原子の最安定電子配置に関する経験則であるが，原子に限らず，イオンや分子においても成り立つことが多い. フントの規則は，同じエネルギーの軌道に2個の電子が入ると電子間で大きな静電反発が生じるので，同じエネルギーの準位に

図1 フントの規則

磁気量子数の異なる縮退した軌道がある場合，電子は異なる磁気量子数の軌道に許される限りスピンを平行にして入るのが最も安定な電子配置である，というものである（図1）．

パウリの排他律　原子の電子配置を議論する上で，フントの規則とともに重要な役割を担うのがパウリの排他律である．パウリの排他律によれば，二つの電子は主量子数 n，軌道角運動量 l，磁気量子数 m_l，スピン量子数 m_s の四つの量子数を同一にする状態をとることができない．最もエネルギー状態の低い軌道から次々に電子を原子の核電荷数まで詰めることにより原子が出来上がる．n, l, m_l が同一の電子軌道の場合，アップスピン1個とダウンスピン1個の2個が入ることになる．この二つの規則に従って，電子を軌道に詰めた様子を水素原子からネオン原子まで描くと図2のようになる．

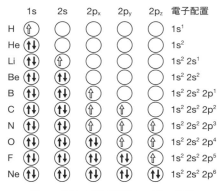

図2 原子の電子配置とスピン状態

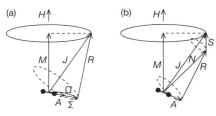

図3 フントの結合形式

フントの結合則　フントの結合則は，分子に関する角運動量の結合の形式を分類したものである．電子の軌道角運動量を L，スピン角運動量を S，分子の回転角運動量を O，分子軸方向の単位ベクトルを A，スピン以外の角運動量の合成を N として，これらの間の結合の強さを分類したのが，フントの結合形式である．

ケース (a)：　L, S がそれぞれ A と強く結合する場合

ケース (b)：　L は A と結合するが，S は A と O とを合成した N と結合する場合

ケース (c)：　L, S の結合が最も強く，その合成が A と結合する場合

ケース (d)：　L と O とが強く結合し，その合成に S が結合する場合

ケース (e)：　L と S とが強く結合し，その合成が分子軸には結合せず O に結合する場合

この分類は理想的なケースであり，実際の分子においては，(a) と (b) の中間的な状態にあるものが多い．

フントの原子・分子分光学および量子化学分野への貢献は大きく，他にもトンネル効果を最初に示唆し，分子軌道法に関するフント–マリケンの理論を確立するなどの功績がある．1966年にノーベル化学賞を受賞した R. S. マリケンは，分子軌道法におけるフントの貢献を高く評価している．

ヘヴィサイド，オリヴァー
Heaviside, Oliver
1850–1925

証明嫌いの数学の達人

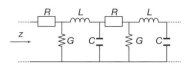

図 1　電信方程式のモデル等価回路

人物・経歴　ロンドン北部のあまり裕福ではない家庭に生まれる．C. ホイートストン*の甥．16 歳まで学校教育を受け，以後は会社勤めの傍ら独学で研究を行った．24 歳で電信会社を辞めたのを最後に定職には就かず，生涯をアマチュアの研究者として過ごした．学生時代，幾何学の成績は最悪で，ヘヴィサイド本人も幾何学嫌いを明言していた．厳密な証明も毛嫌いしていたが，彼の業績には独特な数学の能力が生かされたものが多い．電信技術，電気回路，電磁気学などの分野で多数の第 1 級の成果をあげた，稀有の才能の持ち主であった．

電磁気学の再構成　電磁気学の根幹をなすマクスウェルの方程式は，J. C. マクスウェル*による発表時には，20 個の式からなる複雑な体系であった〔⇒マクスウェル〕．ヘヴィサイドはこれを理解するために会社を辞め(!)，数年間独学した．彼は，体系全体がわずか四つの方程式の組に帰着することを示し，結果をベクトルを用いた簡潔な表現でまとめた (1885 年)．今日，私たちが大学で学ぶベクトル解析，マクスウェルの方程式は，全てヘヴィサイド版である．

電信方程式　z 軸と並行に並べた 2 本の導体からなる伝送線は，図 1 のような，抵抗 R，自己誘導 L，静電容量 C，及び漏電率 G を含む等価回路で表現できる．1881 年，ヘヴィサイドは時刻 t，位置 z における電位差 $V(z,t)$ が次式を満たすことを示した．

$$\frac{\partial^2 V}{\partial z^2} - LC\frac{\partial^2 V}{\partial t^2} - (RC+GL)\frac{\partial V}{\partial t} = GRV$$

これを電信方程式 (telegraphic equation) という．1855 年にケルヴィン卿*が解析した類似方程式に，L と G の項を加え一般化したものである．ヘヴィサイドは，この式が波形をくずさない解を持つ条件が $RC = GL$ であることを導いた．彼はこの結果を応用し，長距離の電話線の性能は，適切な間隔でコイルを挿入すれば大きく向上するはず，と提案した．これは，電磁波のエネルギーが導線内部だけでなく，場の量として周囲の空間を伝搬することの反映である．彼の提案は，自己誘導 L は送電線には悪影響である，という当時の業界の常識とは相容れず，雑誌への掲載を巡る騒動があった挙句，その成果はしばらく無視された．しかし，彼の理論をもとに作成された電話線は 1910–1960 年代に広く用いられた．

演算子法　ヘヴィサイドは，電信方程式を解く過程で，演算子法とよばれる解法を考案した．方程式中の微分記号 d^n/dt^n を p^n で置き換え，得られた代数方程式から，元の微分方程式の解を機械的に生成する手法である．彼がこの解法を含む論文を，自身もメンバー (フェロー) であった英国王立協会の機関誌に投稿したところ，数学的な厳密性の欠如を理由に掲載を拒否された (当時はフェローからの投稿は無条件で受け入れていたのに！)．これに対しヘヴィサイドは「私は消化過程を完全に理解しておりませんので，夕食も辞退しましょうか？」とコメントした．彼が求めていたのは証明された解法ではなく，正しい解だけだったのである．これらの研究の過程でヘヴィサイドの階段関数とよばれる便利な関数を導入した．この関数や，彼の演算子法は，後に超関数論という数学の枠組みをもって基礎づけがなされ，演算子法は現在も常微分方程式の現れる多くの分野で活用されている．

ベクレル, アントワーヌ・アンリ
Becquerel, Antoine Henri
1852–1908

放射能の発見

フランスの実験物理学者．ウラン放射線を発見し，ノーベル物理学賞を受賞した．

経歴 ベクレルは 1852 年，パリで生まれた．当時は，「世襲」で科学者になれる時代であった．ベクレルの家系は物理学者の系譜で，父も祖父も著名な物理学者であり，科学アカデミーの会員であった．ベクレルは生まれた時点ですでにフランス科学界の一員であることを約束されているようなものであった．

ベクレルは，V. ユゴーら著名人物を多数輩出しているパリきっての名門校，リセ・ルイ・ル・グランに入学した．1872 年，理工系エリート育成の名門校，エコール・ポリテクニクに入学した．そして，その後のベクレルは，エコール・ポリテクニクの自然史博物館，フランス国立工芸院，国立土木学校の三つの研究教育機関において物理学の職を保持した．国立土木学校では最高位の技術者の資格を得た．

ベクレルは，ポリテクニクの卒業とともに，ソルボンヌ大学教授の J. C. ジャマンの娘，L. Z. M. ジャマンと結婚したが，4 年後に死別した．そして 1890 年に再婚した．ベクレルは，主として偏光や燐光などの光学の研究を進め，1888 年にソルボンヌ大学から博士号を得て，その翌年には科学アカデミーの会員に選ばれた．

放射能の発見 1895 年末の W. C. レントゲン*による X 線の発見はベクレルの研究に幸運をもたらした．レントゲンは 1896 年の年初に論文の抜刷りと X 線写真を仲間の物理学者たちに郵送した．それを受け取った J. H. ポアンカレ*は，「陰極線でたたかれたクルックス管のガラスは蛍光を発する．蛍光の原因はどうあれ，強い蛍光を発する物体は全て光のほかに X 線を放出するのではなかろうか」という予想を述べた．ベクレルはその予想を確かめるための研究にとりかかった 1 人であった．

ベクレルは 1896 年の 5 月までに 3 本の論文を発表し，次のような事実を明らかにして，放射能の発見の業績を確実なものにした．①ウラン塩を太陽光線にさらすことは不必要である．②発生した放射線は空中でイオンを発生させる．③他の蛍光物質では写真乾板を感光させない．④結晶に熱を加えても無関係である．⑤ウランの含有量の多い化合物ほど写真感光作用が強い．これらのことから，放射能がウランそのものに備わった固有のものであることを明らかにした．後にベクレルは，放射線が X 線と異なり，磁場で偏向することも示した．

ベクレルの放射能発見は曇天が続いてウラン塩を太陽光に当てることができなかったという偶然によるという記述が散見されるが，必ずしもそうとは言えない．ベクレルの長期にわたる実験，思索，他の科学者たちとの交流の基本的な流れがあっての発見である．

ベクレルの放射能発見は，その後の原子核物理学研究に道を開くものであった．ポロニウムとラジウムを単離し，それらの放射線量を定量的に測定したキュリー*夫妻と共に 1903 年にノーベル物理学賞を受賞した．

放射能の単位ベクレル 放射能とは，放射性元素の原子核が崩壊して他の原子に転換していく能力を意味する．放射能の SI 単位ベクレル (Bq) は，放射性物質の原子が 1 秒当りに崩壊する個数を表す．1975 年の国際度量衡総会でベクレルに因んで，その名がつけられた．

ベクレルは 55 歳でブルターニュ地方の夫人の実家で没した．若くして没したのは，放射性物質のためと言われている．

ヘス, ヴィクトール
Hess, Victor
1883–1964

宇宙線の発見

オーストリア生まれの物理学者.

経歴 父はワルトスタイン城勤めの森林官. オーストリアのグラーツで教育を受け, 1910年にグラーツ大で博士号を取得している. 1910年から1912年にかけてウィーン科学アカデミーのラジウム研究所でS. マイヤーの助手として, 宇宙線の研究に従事する. 1921年からの2年間アメリカに滞在し, ニュージャージー州に米国ラジウム研究所を創設し, そこの所長に就任. 内務省鉱山局の顧問物理学者も兼任した. 1923年にグラーツ大に戻る. 1931年にインスブルック大の教授に就任. 1936年にC. D. アンダーソン*と共にノーベル賞を受けた. アンダーソンの受賞は当然とされたが, この発見に先立つ宇宙線研究の存命するパイオニアとしてヘスが選ばれたとする意見が当時多かった.

宇宙線の発見 1911年以前まで, 既に観測されていた大気電離の原因となる放射線の源は地球自身であり, 放射線強度は地上から離れるに従って減るだろうと考えられていた. 一方で, 他グループが行ったエッフェル塔や高度1000 mクラスの山上に置いた金箔検電器 (電気計) の測定結果はこの減衰を示していなかった. 1912年から1919年にかけて, ヘスらは気球観測による宇宙線強度の高度依存性を観測し, 以下の衝撃的結果を得た.

- 高度1 km以上で顕著に増加し, 5 kmで地上の数倍になること

これは放射線が地球外から到来していることを示すものとして解釈された.

- 日食の機会に高度2 kmから3 kmで得た観測結果は平常時と差はないこと

図1 気熱気球を使っての宇宙線観測中のヘス

これは主要な高いエネルギー放射線源を太陽に求めることはできないことを示唆した.

ヘスは以降の宇宙線の起源と組成について研究の指導的役割を果たすと共に, そのいくつもの提案は現代においても生かされ, 実験素粒子物理その他を先導したと言える.

- 高度25 km以上まで上げた観測気球による体系的研究／観測データの自動送信／1次宇宙線, 2次宇宙線の分離／シャワー, バースト現象の解明
- 地下坑道に設置した測定装置によるシャワー現象の解明
- 電離箱, 霧箱, 計数管を用いた同時観測
- 生物体に対する宇宙線の影響

人物 1938年にユダヤ人の妻と共にアメリカに移住. フォーダム大学の教授に就任し1958年の退職までそこに留まった. 1944年にアメリカ国籍を得ている.

戦後は一貫して, 核兵器に反対の立場を堅持しつつも, 大気核実験や地下核実験で人工的に放出された放射性物質の人体への取込み・蓄積に関しての精密測定に熱意を注いだ. 1950年に米国空軍の依頼で行った研究で, 大気核実験以降死の灰による人工放射能が環境中に残留していることを実験的に示した.

1964年にパーキンソン病のためニューヨークで没した.

ベッセル，フリードリヒ・ヴィルヘルム
Bessel, Friedrich Wilhelm
1784–1846
星の年周視差

ドイツ人天文学者・数学者.

経歴 高等教育を受けることなく，14歳で民間会社に無給の見習いとして就職するが，独学で天文学，地理学などの学問，スペイン語，英語と語学も習得した．ハレー彗星の軌道計算やその他の業績が認められ，C. F. ガウス*の推薦でゲッティンゲン大学から学位を授与された後，ケーニヒスベルクの天文台長となった (1812年)．天文学上の観測と，データ解析に必要な数学の扱いに大変優れた業績を残した．

年周視差 地球からある恒星を観察するとき，地球の公転軌道上の位置が変われば，恒星の位置も背景に対して移動して見える．図1のように，地球が公転軌道上の直径 (L) の両端にいる場合に見える角度の半分 (θ) を星の年周視差 (parallax) という．地球と恒星までの距離 X は，$X = L/(2\sin\theta)$ により算出できる．この測定原理自身は少なくとも紀元前3世紀には知られており，アリスタルコスやアルキメデス*は，年周視差が観測されないのは恒星までの距離が遠すぎるためだと推定していた．

1838年，ベッセルは性能の向上した望遠鏡を用い，星の年周視差を初めて観測．白鳥座の中の恒星，61番星の年周視差が0.314秒であることを報告し，この星までの距離がおよそ11光年であると算出した．角度が1秒とは，$1°$ の $1/3600$ であることから，測定の困難さが想像できよう．

シリウス伴星 E. ハレーの理論 (1718年) によれば，視差など，星自身の運動によらない効果を取り除くと，恒星の固有運動は一般に直線を描く．ベッセルは1844年，シリウスやプロキオンにおいて，様々な効

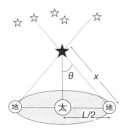

図1　年周視差 (説明図)

果を除外した後の運動が，直線にならず，波打っていることを発見した．彼はこれらの星には，大変暗い連星の相棒 (伴星) がいて，その重力が原因であると予言した．実際，シリウスの伴星は，太陽の1万倍も強い重力場を発生させている白色矮星であることがわかり，それに伴う赤方偏移も，1925年，W. アダムズにより観測された．

ベッセル関数 ヘルムホルツ型の偏微分方程式 $[\nabla^2 + k^2]\psi = 0$ (∇^2 はラプラス演算子) を，円柱座標や極座標で書き表す際の動径部分の方程式から生じる次式

$$\frac{d^2y}{dx^2} + \frac{1}{x}\frac{dy}{dx} + \left(1 - \frac{\nu^2}{x^2}\right)y = 0 \quad (1)$$

をベッセルの微分方程式とよぶ．ベッセルは惑星の軌道運動を調べている際に (1) 式に出会った．(1) 式の解を円柱関数，または広義のベッセル関数という．この方程式の解は，ν の値，x の領域に応じて

$$J_\nu(x) = \left(\frac{x}{2}\right)^\nu \sum_{n=0}^\infty \frac{(-x^2/4)^n}{n!\Gamma(n+\nu+1)} \quad (2)$$

$$N_\nu(x) = \frac{\cos(\nu\pi)J_\nu(x) - J_{-\nu}(x)}{\sin(\nu\pi)} \quad (3)$$

となる．$\Gamma(z)$ はガンマ関数．$J_\nu(x)$ と $N_\nu(x)$ は，順に第1種円柱関数 (ベッセル関数)，第2種円柱関数 (ノイマン関数) である．第3種円柱関数 (ハンケル関数) という解は $J_\nu(x) \pm iN_\nu(x)$ で作れる．これらの関数は，元々 D. ベルヌイ*が発見し，ベッセルにより詳しい分類がなされた．自然科学の多分野で姿を現す重要な関数である．

ベーテ，ハンス・アルブレヒト
Bethe, Hans Albrecht
1906–2005

星でのエネルギー発生に関する発見

アメリカの物理学者.

経歴 ドイツ領だったアルザス・ロレーヌ地方のシュトラスブルクに生まれ，フランクフルト大学とミュンヘン大学で学ぶ．1928年にミュンヘン大学から博士号を取得．ユダヤ系のためにイギリスに逃れ，イギリスの各地の大学で物理学を教えた．1935年からアメリカ・ニューヨーク州のコーネル大学教授．1941年にアメリカに帰化した．1967年に「核反応理論に対する貢献，特に星におけるエネルギー発生に関する発見」でノーベル物理学賞受賞．

多くの業績 太陽で生じる膨大なエネルギーがどのように生じているかについて，20世紀前半から熱核融合の可能性が提案されてきた．ベーテは1939年に「恒星におけるエネルギー生成」と題して，水素からヘリウムへの核融合の重要性について考察した．これは太陽質量の2倍より小さな恒星での主なエネルギー生成過程でppチェイン (陽子–陽子連鎖反応) とよばれる．また太陽質量の2倍より重い星では，ppチェインの競争過程として，C. F. ヴァイツゼッカーによって考察された，炭素 (C) や窒素 (N) を触媒とした核融合反応が重要となることを提唱した．後に酸素 (O) も重要であることがわかり，この過程はCNOサイクルとよばれる．

1935年にヴァイツゼッカーによって定式化されたベーテ–ヴァイツゼッカーの半実験的質量公式でも知られる．

1957年には2粒子系での散乱や束縛状態を記述する相対論的な波動方程式である，ベーテ–サルピーター方程式を，E. E. サルピーターと共同で導いている．

1956年には多粒子系において，パウリ原理の効果を考慮した方程式をJ. ゴールドストーンと共同で提案している．

他にもベーテ格子，1次元量子系の厳密解に関してベーテ仮説の導入，荷電粒子のエネルギー損失に関するベーテ公式などがあり，80歳を超えてからも太陽ニュートリノに関する論文を書くなど数多くの偉大な業績を残している．

恒星内での熱核融合反応 星のエネルギー生成は，星を作っている元素で最も多い水素同士の核融合反応である．この反応は中心の温度が 10^7 K，密度が 100 g/cm^3 くらいから起こる．質量が太陽の2倍以下で中心の温度が 2×10^7 K 以下くらいの星では以下のようなppチェインで水素から ^{4}He への核融合反応が起こる．

$$p + p \to D + e^+ + \nu_e$$
$$D + p \to {}^3He + \gamma$$
$$^3He + {}^3He \to {}^4He + 2p$$

ここで，pは陽子，Dは重陽子 (重水素の原子核)，e^+ は陽電子，γ は γ 線，ν_e は電子ニュートリノである．

質量が太陽の2倍以上で中心の温度が 2×10^7 K 以上の星では，以下のような炭素や窒素が触媒の働きをするCNOサイクルで水素から ^{4}He への核融合反応が起こる．

$$^{12}C + p \to {}^{13}N + \gamma$$
$$^{13}N \to {}^{13}C + e^+ + \nu_e$$
$$^{13}C + p \to {}^{14}N + \gamma$$
$$^{14}N + p \to {}^{15}O + \gamma$$
$$^{15}O \to {}^{15}N + e^+ + \nu_e$$
$$^{15}N + p \to {}^{12}C + {}^4He$$

これらの4pから ^{4}He への核融合反応においてニュートリノの運動エネルギーを差し引いて，およそ25 MeVのエネルギーが得られる．

ベーテ–ヴァイツゼッカーの質量公式　原子番号 $= Z$ (陽子数), 質量数 $= A = Z+N$ (中性子数) の原子核の質量 $M(A, Z)$ についての半実験的な公式である.

$$M - ZM_\mathrm{H} - NM_\mathrm{n} = -a_V A + a_S A^{2/3} + a_C \frac{Z^2}{A^{1/3}} + a_A \frac{(A/2-Z)^2}{A} + \delta(A,Z)$$

ここで M_H は水素原子の質量, M_n は中性子の質量であり, 式の左辺は束縛エネルギーに対応する. 右辺第 1 項が A に比例する体積項, 第 2 項が表面エネルギー項, 第 3 項が陽子間のクーロンエネルギーによる項, そして第 4 項が中性子数と陽子数の差による非対称項である. また最後の項は陽子数や中性子数の偶奇性に依存する対相互作用項である.

表 1　各項の大きさ

a_V	a_S	a_C	a_A
単位 MeV/c²			
15.56	17.23	0.70	93.15

これを使って安定な原子核に対して 1 核子当りの束縛エネルギー $(M(A,Z) - ZM_\mathrm{H} - NM_\mathrm{n})c^2/A$ を求めてみると, 極小値をとるのが鉄 (Fe) である. つまりこれより質量数 A が小さい原子核は融合した方がエネルギーが下がり, 大きい原子核は分裂した方がエネルギーが下がる. 例えばウラニウム (A=236) では 1 核子当り 7.6 MeV くらいで, これが 2 個に核分裂したとして, A=118 辺りでは 8.5 MeV であるからこの核分裂では $236 \times (8.5 - 7.6) = 212$ MeV のエネルギーを生じることがわかる.

このエネルギーを 1 核子当りに換算して pp チェインでのエネルギーと比較すると, pp チェインでは 1 核子当りおよそ 8 MeV であり, 核分裂では 0.9 MeV なので, 核融合の方が大きくエネルギー効率がよいことがわかる.

ベーテ–ゴールドストーンの方程式　原子核を構成するのは陽子と中性子である. これらを総称して核子と呼ぶ. 核子の多体系の記述においては, 核子間の相関が重要になる. 核子がフェルミ粒子であるために, パウリ原理による相関, そして 2 核子間に強い相互作用が働くための相関が重要になる. 一般的には多粒子相関まで考えなければならないが, 原子核においては 2 粒子相関が非常に重要であり, 3 粒子以上の相関は 2 粒子相関に比べてずっと弱いと考えられている. 孤立した系の 2 体問題は 2 核子間の相互作用 $V(1,2)$ が与えられれば以下のリップマン–シュウィンガー方程式で記述できる.

$$H = H_0 + V(1,2) \to \psi = \phi + \frac{1}{E - H_0} V\psi$$

ここで H_0 は粒子の 1 体のハミルトニアンで, 各粒子の運動エネルギーと 1 体場の和である. ϕ は 2 体相関がない場合の波動関数で, ψ は相関を考慮した場合の波動関数である. さて多粒子系での 2 体相関を考える場合は単純な 2 体問題では不十分で, 他の粒子に占有されている状態をこれらの粒子はとることができないことを考慮しなければならない. 他の粒子に占有されている状態を除く演算子を Q とすると方程式は

$$\psi = \phi + \frac{Q}{E - H_0} V\psi$$

と書け, これをベーテ–ゴールドストーンの方程式とよぶ.

ベーテ仮説とベーテ格子　ベーテ仮説 (Ansatz を仮設と訳す説もある) とは 1 次元の量子多体問題で, エネルギー固有値, 固有関数を厳密に求める方法である. ある関数形を仮定し, 係数を決める条件式を使って固有関数を求める.

配位数が z のベーテ格子は, 各格子点が z 個の最近接格子点を持つ閉じていない格子であり, 例外的にパーコレーション閾値の厳密に求められる格子である. d 次元超立方格子の次元 d が十分に大きい場合には格子のふるまいがベーテ格子のものに近づく.

ベトノルツ, ヨハネス・ゲオルク
Bednorz, Johannes Georg
1950–

酸化物高温超伝導体の発見

ドイツの実験物理学者・鉱物学者. 酸化物高温超伝導体の発見により 1987 年のノーベル物理学賞を K. A. ミュラーと共に受賞した.

経歴 子供の頃化学で理科が好きになった. 物理は理屈として教えられるが化学は実験ができて自分の現実感覚を試される, という. ミュンスターカレッジに在学中, 化学から結晶学へ専門を変えた. 夏期訪問学生としてスイスのチューリヒにある IBM 研究所にいき, 物理グループを率いていた理論家のミュラーに出逢った.

K. A. ミュラー (Müller, Karl Alexander; 1927–) はスイスのバーゼル生まれ. 初め無線通信・電子工学に興味を持っていたが教師に勧められてスイス連邦工科大学 (ETH) の物理学数学科に進み固体物理学を専攻しペロブスカイト型酸化物に最も興味を持った. 1958 年に学位をとったテーマはセラミックの $SrTiO_3$ (チタン酸ストロンチウム) であった. 1963 年に IBM 研究所に職を得てから再び本格的に取り組む.

1982 年に ETH で学位を受けたベトノルツは IBM 研究所に入り, ミュラーと酸化物超伝導物質を求める研究を始めた. 数年間は, 超伝導になる物質が見つかっても, 転移温度は低いものだった. たまたま文献の中に報告されている物質に目が止まった.

2 人はその組成を変えて系統的に調べ, 1986 年ついに 30 K 以下で電気抵抗に大きな温度変化が現れる物質を見つけ, 新しい超伝導物質の可能性があるとして論文を発表した. これを知った東京大学の田中昭二, 北澤宏一, 岸尾光二らのグループがマイスナー効果を確認し, 物質の特定も行っ

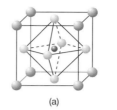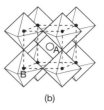

図 1　ペロブスカイト構造
(b) の A：Ca, B：Ti, 8 面体の頂点：O.

た. すぐに世界中を巻き込む研究の嵐が巻き起こった. この結果, 異例の早さで翌年のノーベル賞を受賞する.

ベトノルツとミュラーは, 一般に絶縁物質であるセラミックスに着目したこと, 電子密度を組成によって制御し, 異なる構造の物質が混在するような新しい物質を求めたことで成功した.

ペロブスカイト型銅酸化物超伝導体　ペロブスカイト ($CaTiO_3$) の結晶の単位胞は図 1(a) のように立方体の中心にチタン原子, 頂点にカルシウム原子, 面の中心に酸素原子を置いたものである. かなり詰まった構造である. 見方を変えて図 1(b) のようにカルシウム原子を立方体の中心に置くと, 頂点にチタン原子, チタン原子を取り囲む正 8 面体の各頂点に酸素原子を置く単位胞になる. 高温超伝導銅酸化物でよくみられる銅の周りに酸素を正 8 面体状に配した構造はこちらである.

ベトノルツとミュラーが発見した物質は $(La_{1-x}Ba_x)_2CuO_4$ である. x はバリウムの比率を表す. CuO_2 面の上下に La(Ba)O 面が 1 枚ずつある 3 層を単位として積み重ねた構造を持つ. CuO_2 面は銅原子の作る正方格子の辺の中点に酸素原子があり, 銅原子は, 正 4 面体の頂点をなす酸素原子のかごの中にいることになる (図 2).

様々な超伝導物質　最初に水銀の超伝導が発見された〔⇒カマリング=オネス〕. 転移温度は 4.2 K. 次第に金属, 合金, 金属間化合物の超伝導が見つかってきた. より転

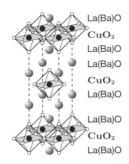

図 2　$(La_{1-x}Ba_x)_2CuO_4$ の結晶構造

移温度の高い物質を求める研究が続いたが，一方で，BCS 理論〔⇒バーディーン〕が示した超伝導機構では理論的に上限があることも示されていた．70 年代半ばまでにわかっていた金属間化合物 Nb_3Ge の 23.3 K が最高記録だった．有機物超伝導が 1980 年に発見されているが転移温度は高くはない．

ベトノルツとミュラーの発見後すぐにバリウムをストロンチウムに代えた物質の転移温度が 40 K であることが報告された．イットリウムを用いた銅酸化物で転移温度が 93 K の物質発見の後，ビスマスの層を持つもの，タリウムを用いるもの，水銀を用いるもの (転移温度 133 K) が発見され，より高い転移温度を求め，あるいはより使いやすい特徴を持ったものを作り，あるいは超伝導の機構解明のため実験事実を求め，研究が続いている．

物質開発は広がりを見せ，アルカリ金属を内包したフラーレン，2 ホウ化マグネシウム (MgB_2)，鉄ニクタイド系物質，ルテニウム酸化物，ホウ素ドープダイヤモンドなどで超伝導が発見されている．

物質の開発と共に，なぜ銅酸化物超伝導体の転移温度が高いのか，そもそも超伝導になるメカニズムは何なのか，物性物理学は大きな課題を突きつけられ，それにより様々な進歩を遂げることになった．

ペラン，ジャン・バプティスト
Perrin, Jean Baptiste
1870–1942
ブラウン運動の精密測定で原子や分子の存在を証明

フランスの物理学者．1926 年にノーベル物理学賞受賞．

経　歴　1870 年 9 月 30 日にフランスのリーユで生まれた．パリの高等師範学校で学び，1894 年から 1897 年までの間，師範学校の助手をしながら陰極線と X 線について研究した．1897 年に博士号を取得し，ソルボンヌ大学で物理化学を教え始めた．1910 年に教授となり 1940 年まで勤めた．この間，第一次大戦中はフランス軍のために潜水艦の音波探索の研究を行った．

19 世紀の化学は原子や分子の存在を仮定することで飛躍的に進歩した．そのため，それらの実在を信じる科学者が増えていた．しかし，19 世紀末になっても，化学反応を説明するための抽象概念にすぎないと考える有力な科学者たちもいた．実際，その実在の直接的・実験的な証明は当時なかった．

ペランは，原子や分子は実在を信じる立場で，1901 年には，太陽系のような構造をした原子のモデルも提唱した．

分子の存在証明前史　ペランが分子の存在証明に利用したブラウン運動は，1827 年にイギリスの植物学者 R. ブラウンが顕微鏡観察で見つけた，花粉から水中に出た微粒子の不規則な運動である．

1886 年に J. H. ファント・ホッフは，稀薄溶液の浸透圧が理想気体の状態方程式と同じ形で表されることを見出した．ペランは，分圧と見なせる浸透圧が気体と同じ法則を満たすのなら，分子よりはるかに大きいが顕微鏡でなければ見えないほど小さい微粒子も同じ性質を満たすかもしれないと考えた．そうなら，微粒子が懸濁した液体の高さが H だけ離れた微粒子の数密度 (上

n', 下 n とする) の間には，浮力も考慮して

$$\ln \frac{n}{n'} = 2.3 \log_{10} \frac{n}{n'} = \frac{N_A}{RT} v(\rho - \rho_0) gH$$

が成り立つ．ここで，N_A はアヴォガドロ定数，R は気体定数，T は絶対温度，v は微粒子の体積，ρ は微粒子の密度，ρ_0 は溶液の密度，g は重力加速度の大きさである．

アヴォガドロ定数の決定　　ペランは，ガンボージという天然樹脂と乳香の微粒子の大きさを，遠心分離器で分類した．数カ月かけて 1 kg から 0.1 g 取り出す困難な作業だった．粒子の密度 ρ は，密度を変えた溶液に微粒子を入れて遠心分離器にかけたときに，全く沈積が起きない溶液の密度から求めた．体積を計算するための半径は，液が蒸発したときにできる密着した微粒子の列の全長を個数で割って求めた．決まった高さの微粒子の数は，深さ 0.1 mm の容器に入れた懸濁液を，焦点深度が非常に浅い高倍率対物レンズを用いて観察し，決まった深さにある微粒子のみを数えた．一度に数個以下の微粒子しか見えないように視野を狭くして，照明を点滅して明るいときに見えた個数を記録した．この回数を増やして数の測定の精度を上げた．H は，顕微鏡の鏡筒を上下させるマイクロメータの目盛の読みを液体の屈折率で補正した．その結果を上式に代入して，未知数であるアヴォガドロ数を $N_A = 6.82 \times 10^{23}$ と求めた．

分子の存在の実験的証明　　ペランより早く，A. アインシュタイン*と M. スモルコフスキーは独立に，ブラウン運動が分子の実在を証明する現象として使えることに気づき，それを数学的に扱い，行うべき実験を示唆した．ペランは当初それらを知らなかったが，P. ランジュヴァン*を通じてアインシュタインの論文を知ってからは参考にしつつ彼の提唱している実験を行った．

高さによる微粒子の分布は，微粒子が分子と同等に扱えることを前提としている．ところが，エネルギー等分配則が成り立つときの速さは，観測される速さより何桁も大きい．この困難をアインシュタインは，微粒子は液体分子からの衝撃で瞬間的な速度の向きを頻繁に変えており，観察される速さはそれらの平均値にすぎないと考えた．

ペランは，ブラウン運動する微粒子の位置を 30 秒ごとに記録して図示し，確かに不規則な動きをしており，変位の分布がガウスの確率分布に従うことを確認した．また，同じデータを 120 秒ごとの変位で整理し直すと，その 2 乗平均が 4 倍になり，時間に比例することがわかった．時間 t ごとに測った変位 X の 2 乗平均から，x 方向の変位に対する拡散係数 D は

$$D = \frac{1}{2} \frac{\overline{X^2}}{t}$$

で求めることができ，これを液体の粘性抵抗に対するストークスの法則から得られる拡散係数の式

$$D = \frac{RT}{N_A} \frac{1}{6\pi a \eta}$$

に等しいとして $N_A = 6.9 \times 10^{23}$ と求めた．ここで a は微粒子の半径，η は液体の粘性係数である．また，グリセリン中の微粒子がガラス容器の壁に付着することを利用して拡散係数を測定し，それから $N_A = 6.9 \times 10^{23}$ と求めた．ペランはさらに，直径 12 μm の樹脂の球を作り，それらが沈みも互いに付着もしない溶液として尿素 27％水溶液を見出し，表面の気泡や不純物を目印として回転のブラウン運動を測定した．これによって，$N_A = 6.5 \times 10^{23}$ を求め，回転運動のゆらぎの測定は不可能と考えていたアインシュタインを驚かせた．

こうして求めた N_A の値が，目に見えない分子に対して求められていた N_A の値に極めて近いことが，分子も顕微鏡で見える微粒子のように非常に小さな粒子として存在し，互いに衝突しながら不規則に動いているに違いないと人々を確信させ，多くの人が分子の存在を信じるに至った．

ベリー，マイケル・ヴィクター
Berry, Michael Victor
1941–

ベリー位相の発見

イギリスの理論物理学者．

経　　歴　エクセター大学で物理学を学び，サンアンドリュース大学大学院で博士の学位を取得後，ブリストル大学で研究・講義をし，1979 年に同大学教授に就任．2006 年より同大学名誉教授．1984 に出版した論文「断熱的変化に付随する量子位相因子」で現在一般的に幾何学的位相，あるいはベリー位相と呼ばれる量子力学の状態関数 (波動関数ともいう) の顕著な性質を発見した．関連する現象は，以前に光の偏極の性質に関して S. パンチャラットナムが指摘し実験的にも調べられていたが (1956 年)，量子力学における普遍的な意味はベリーにより明らかにされた．

量子力学の状態ベクトル　量子力学の状態は状態関数の全体がなすヒルベルト空間とよばれる無限次元の空間における抽象的なベクトルとしての状態関数 $|\psi(t)\rangle$ (ディラックの記号) により表され，その性質はシュレーディンガー方程式

$$i\hbar \frac{\partial}{\partial t}|\psi(t)\rangle = \hat{H}|\psi(t)\rangle$$

で支配される．$\hat{H}$ は，古典力学のハミルトニアンを拡張した状態に対する演算子である．一般に物理量は状態ベクトルに対する操作として演算子で表される．状態の時間依存性が $|\psi(t)\rangle = e^{-iEt/\hbar}|\psi(0)\rangle$ と表されるとき，状態は定常状態にあるといい，そのときエネルギー E の可能な値と状態関数 $|\psi(0)\rangle$ は固有値方程式としての次式のシュレーディンガー方程式により定まる．

$$\hat{H}|n\rangle = E_n|n\rangle$$

エネルギー固有値の一つを $E = E_n$，対応する状態を $|\psi(0)\rangle = |n\rangle$ と記した．状態が固有状態 $|n\rangle$ にある確率はヒルベルト空間の内積 $\langle n|\psi \rangle$ の絶対値の 2 乗で決まる．

ベリー位相　ベリーは，環境がゆっくり変化 (断熱的変化) するときに定常状態がどう変化するかを調べた．例えば，この変化が 3 次元のベクトル $\bm{r}$ のパラメーターで記述できるとし，$\bm{r}(t) = \bm{r}_t$ と表す．$\hat{H}$ も変化するが，エネルギー固有状態は各時刻ごとにエネルギー $E(\bm{r}_t)$ の状態 $|n(\bm{r}_t)\rangle$ にあるとできる．しかし，位相因子は変化の道筋に依存し次式に従う．

$$|\psi(t)\rangle = e^{-i\int_0^t E(\bm{r}_s)ds/\hbar} e^{i\gamma_n(t)}|n(\bm{r}_t)\rangle$$

$$\frac{d\gamma_n(t)}{dt} = i\langle n(\bm{r}_t)|\bm{\nabla}_{\bm{r}_t}|n(\bm{r}_t)\rangle \cdot \frac{d\bm{r}_t}{dt}$$

特に，$t = T$ で最初の時刻 $t = 0$ の環境に戻る場合でも位相因子 (ベリー位相) $\gamma_n(T) = \gamma_n[C]$ は 0 ではなく $\bm{r}$ 空間の閉じた道筋 C に沿った積分で決まる．

$$\gamma_n[C] = -\oint_C \mathrm{Im}\langle n(\bm{r})|\bm{\nabla}_{\bm{r}}|n(\bm{r})\rangle \cdot d\bm{r}$$

この結果は様々な分野に応用・拡張されている．磁場中での電子の状態関数の干渉縞の効果としてよく知られているアハラノフ–ボーム (AB) 効果〔⇒ボーム〕もベリー位相の特別な場合と見なせる．

幾何学的位相は，曲がった空間の幾何学でホロノミーとよばれる性質と類似している．図 1 左右の比較が示すように，球面上で微小なベクトルを平行移動をして元の位置に戻ると，球面の曲率の効果によりベクトルの向きは一般に異なり，角度変化は原点からみた道筋が囲む立体角で表せる．ベリー位相は位相因子 $e^{i\gamma}$ で表されるガウス平面でのヒルベルト空間のホロノミーに相当する．

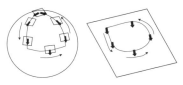

図 1　2 次元面のホロノミー

ベル, ジョン・スチュアート
Bell, John Stewart
1928–1990

量子異常とベルの不等式の提唱

イギリス生まれの理論物理学者. ゲージ理論における量子異常, および量子力学の隠れた変数の理論における業績で知られる.

経歴・人物 北アイルランドの生地ベルファストの工業高校を卒業, 家族を助けるためクィーンズ大学で技手として働いた後, 学生として登録し実験および数理物理学の学位を取得. 卒業後英国原子エネルギー研究機関で加速器設計のための助手に就職. 1953年在外研修の許可を得, ナチスが支配するドイツを離れてバーミンガム大学に就任していた R. E. パイエルス*の下で研究したのを期に, 理論物理学の分野で活躍. 1960年加速器物理学者の妻マリーと共に CERN (ジュネーブ, ヨーロッパ共同原子核研究機関) に職を得, 亡くなるまでそこで過ごした. ベルは量子論において全く異質な二つの問題に大きく貢献したが, 彼の独自な発想と経歴は時代は隔たるがどこか「自然哲学」にこだわった M. ファラデー*を思い起こさせるものがある.

ベルの不等式 量子力学においては, 状態の重ね合せのため, 状態は同じ測定を多数行ったときの結果の分布確率を記述すると解釈される. また, 物理量は状態に対する操作としての演算子により表される. 二つの物理量に対する演算子 $\hat{A}, \hat{B}$ の操作が非可換のとき ($[\hat{A}, \hat{B}] = \hat{A}\hat{B} - \hat{B}\hat{A} \neq 0$, 1次元の位置 $\hat{x}$ と運動量 $\hat{p}$ の場合, $[\hat{x}, \hat{p}] = i\hbar$), 一般に両者の値が同時に確定した状態は存在できない (不確定性原理). 具体例として, 2個のスピン1/2粒子 (上つき添字 (i),(ii) で区別) が遠く離れていて, α 軸方向のスピン成分 (+:上向き, −:下向き) について次の状態 (合成スピンの大きさが0)

$$|\psi\rangle = \frac{1}{\sqrt{2}}\left(|+\rangle_\alpha^{(i)}|-\rangle_\alpha^{(ii)} - |-\rangle_\alpha^{(i)}|+\rangle_\alpha^{(ii)}\right)$$

は, どの α でも ± が半々の確率で実現する同一の状態だ. このように遠く離れた粒子の間で性質が絡みあい重ね合わさることを, 量子もつれ (エンタングルメント) という. 粒子 (i) で任意の軸方向のスピンの測定結果が + のとき, 粒子 (ii) の同じ軸方向のスピンは確実に − だ. だが, 異なる軸に対応するスピン演算子は非可換である. A. アインシュタイン*は B. ポドルスキー, N. ローゼンとの論文で, これと同様な性質を持つ状態を考察し, 粒子 (i) の測定は粒子 (ii) に直接に影響しない (局所性の仮定) のに, (ii) の $\hat{A}, \hat{B}$ に関する性質がどちらも (i) の実験だけから予言できるのは不合理と考え, 量子力学は物理的実在の記述として不完全だと主張した (EPR パラドックス, 1935年).

この主張を具体化するなら, ある種の隠れた変数が存在し, その値により状態の完全な指定ができると考えられる. この種の試みとしては1952年に D. J. ボーム*が提唱した理論があったが, ベルはこれに触発されて考察を深め, 隠れた変数の理論で局所性が成り立つなら, $|\psi\rangle$ の測定において理論の詳細によらず満たされるべき条件として

$$|P(\alpha,\beta) - P(\alpha,\gamma)| \leq 1 + P(\beta,\gamma) \quad (1)$$

を導いた (ベルの不等式, 1964年). $P(\alpha,\beta)$ は, (i) の α 軸向きスピン向き (値 ±1) と (ii) の β 軸向きスピンの積の期待値 (測定結果の平均値) である. 量子力学の結果 $P(\alpha,\beta) = -\cos\theta_{\alpha\beta}$ は ($\theta_{\alpha\beta}$: α 軸と β 軸がなす角) これを満たさないため, ベル不等式が現実に成り立つなら, 局所性を満たす隠れた変数の理論の可能性がある. なおボームの理論は局所性を破っておりこれを満たさない. その後様々に拡張され, 1980年代以降, 精密な実験的検証が行われた結果, ベル不等式は成立していないと判明し, 局所

性を満たす隠れた変数の理論の可能性は否定された．この結果は，量子力学の理解を深め後の発展に強く影響している．

カイラル量子異常 クォークや電子など，ディラック方程式で記述されるフェルミ粒子の質量が0のとき，ディラック場を構成する2種のワイルスピノル〔⇒ワイル〕場の位相の独立な回転（カイラル変換）に対して方程式が不変というカイラル対称性が古典論で成り立つ．だが，量子論では無限自由度のためカイラル対称性とゲージ変換の対称性が両立する保証がなく，1種類の質量0のディラック場が電荷eを持つとき電磁相互作用の無矛盾性を要請すると，カイラル変換に対応するゲージ不変な流れ j_5^μ の保存則を表す連続方程式が次式になる（単位 $c=1, \hbar=1$）．

$$\partial_\mu j_5^\mu = \frac{e^2}{16\pi^2}\varepsilon^{\mu\nu\sigma\delta}F_{\mu\nu}F_{\sigma\delta}$$

右辺が対称性の破れでカイラル量子異常とよぶ．中性パイ (π^0) 中間子1個の状態は，崩壊寿命 10^{-16} 秒程度で光子2個に崩壊する．この寿命は量子異常の寄与なしには説明できない．一方，電弱相互作用の標準理論のようにカイラル変換そのものがゲージ変換を含む場合，無矛盾性を保証するため，量子異常を打ち消す必要があり理論に制限を課す．これらの二つの意味で，量子異常は素粒子の標準模型や，統一理論でも大きな役割を果たす〔⇒シュワルツ, J.H.〕．

π^0 中間子の光子への崩壊は，最初，福田博と宮本米二が調べた（1949年）．カイラル量子異常の定式化は，ベルとR. ジャキーフ，およびS. アドラーによって与えられ（1969年），木村利栄は重力場による量子異常へ拡張した．また，藤川和男は経路積分による量子異常の明解な導出を与えた（1979年）．なお，カイラル量子異常は代数位相幾何学におけるアティヤ–シンガーの指数定理と関係が深く，物理学と数学の間の新たな交流につながった．

ヘルツ，グスタフ・ルートヴィヒ
Hertz, Gustav Ludwig
1887–1975

ボーアの定常状態の存在を実験で検証

ドイツの実験物理学者．

経歴 1887年，ドイツのハンブルク生まれ．電磁波の実在性を検証し周波数の単位にその名を残すH. R. ヘルツ*の甥にあたる．1906年にゲッティンゲン大学に入学，その後ミュンヘン大学を経て1908年からベルリン大学．長波長領域の熱放射研究で知られるH. ルーベンスの指導を受けて1911年に学位を取得．その後1914年までルーベンスの助手を務める．この時期にJ. フランクと共同で，気体原子と電子の衝突現象を研究していた．フランクはベルリン大学で1906年に学位を取得後，ルーベンスの助手になっていた．

気体元素のイオン化ポテンシャル測定 ヘルツとフランクの実験は今日ではN. H. D. ボーア*が導入した不連続的なエネルギー準位の存在を検証するために行われた実験として知られる．しかし，彼らの当初の問題意識はイオン化エネルギーを測定することにあった．その最初の成果は1913年に「いく種類かの気体のイオン化ポテンシャルの測定」と題して発表された．それによるとHe, Ne, Ar, H, O, Nの気体元素のイオン化ポテンシャルを測定している．彼らの実験は，フィラメントから放出される熱電子を二つのグリッド間で加速させ，グリッドの後方に逆電圧をかけて集電極で捉え，グリッド電圧の変化とそれに伴う集電器に流れる電流の変化を測定したものだ（測定する気体はグリッドと集電器の間の空間に充塡しておく）．

ボーアは同年に発表した有名な原子構造論の論文の中で，早速彼らの実験に言及しているが，自分の定常状態の存在を検証し

たものとして引用したわけではなかった．ボーアは He のイオン化エネルギーを約 27 eV と計算していたが，彼らの実験の測定値 20.5 eV に着目し，理論値と同じオーダーになるとして，自分の原子モデルの正しさの根拠の一つにしたのだ．

水銀原子の定常状態の存在証明　フランクとヘルツはさらに実験を続け，1914 年には「電子衝突による水銀共鳴線 253.6 $\mu\mu$ の励起について」という論文を発表する．今回は電子の運動エネルギーを徐々に加速しながら水銀蒸気に衝突させた．すると，電子が 4.9 eV まで加速されたとき，電流が急速に落ち込んで波長 $\lambda = 2536$Å の紫外線が放出された．この現象は周期性を示し，集電器の電流のピークとピークの間隔はだいたい 4.9 eV と一定していた (図 1)．この実験結果から，電子の運動エネルギーが 4.9 eV に達すると，水銀原子のイオン化エネルギーに使われ，紫外線の共鳴放射として放出されたのだと考えた．そこでプランクのエネルギー量子の式 $h\nu = hc/\lambda$ (h：プランク定数，ν：振動数，c：光速度) に $\lambda = 2536$Å を代入して計算すると 4.84 eV が得られ，ほぼ実測値と同じになった．このことから原子内の電子の振動はあるエネルギー量子の塊でやりとりする量子論の考えと一致すると指摘した．彼らの頭にあったのは，ボーアの遷移過程で放出されるエネルギー量子ではなく，プランク共鳴子 (振動子)〔⇒プランク〕が不連続的にやりとりするエネルギー量子のことであった．フランクの回想によると，1915 年の段階でもボーアの 1913 年の論文のことを知らなかったし，コロキウムの話題にさえも上らなかったという．

ボーアによる理論的展開　彼らの実験が水銀原子の不連続的な定常状態の存在を証明したものであったと気がつくのはボーアの方だった．ボーアは 1915 年に「輻射の量子論と原子構造について」という論文を発表するが，ここで彼らの実験がボーアの $E_2 - E_1 = h\nu$ を検証したものと位置づけたのだ．基底状態のエネルギーを E_1，次の励起状態のエネルギーを E_2 とすると，入射電子の運動エネルギーが $E_2 - E_1$ より小さいときは，電子は原子によって弾性散乱を起こすが，大きければ $E_2 - E_1 = h\nu$ だけエネルギーを失い，水銀原子はその分のエネルギーに対応する励起状態に遷移する．4.9 eV はイオン化エネルギーではなく，基底状態から励起状態へ遷移するときのエネルギーであった．このエネルギーは再び基底状態に戻るときに共鳴放射として放出されるのだ．さらにボーアは，イオン化エネルギーを水銀のスペクトル系列の極限から 10.5 eV と正しく計算している．

その後の研究　ヘルツは，1917 年よりベルリン大学私講師．1919 年に再びフランクと共著で「遅速電子と気体分子の非弾性衝突の研究によって得られた，光学スペクトルにおけるボーア原子論の確証」というやや長い題の総説記事を発表して，自分たちの衝突実験がボーアの定常状態の存在を検証したものであることをようやく認めたのだった．1925 年に「原子と電子の衝突を支配する法則の発見」により，フランクと共にノーベル物理学賞を受賞．

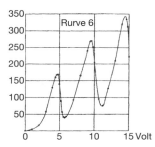

図 1　フランク–ヘルツの実験 (1914)
電流 (縦軸) と電圧 (横軸) の関係．

ヘルツ，ハインリヒ・ルドルフ
Hertz, Heinrich Rudolf
1857–1894

電磁波の検出，周波数の単位

　ドイツの物理学者．振動数，周波数の SI 単位ヘルツ (Hz) は彼の名に因む．

　経　歴　1879 年にベルリンで「電気伝導は質量輸送を伴うか」という懸賞問題と遭遇し，賞を獲得．H. ヘルムホルツ*に注目される．1880 年，回転する導体球における電磁誘導の研究で学位をとる．ベルリン物理学研究所にヘルムホルツの助手として 3 年間留まり，本格的な研究に着手する．研究は陰極線，電磁気学，弾性体，液体の蒸発等多岐にわたる．当時研究者としてのキャリアを積むには，大学「私講師」(Privat Dozent) から出発する必要があった．1883 年，G. R. キルヒホッフ*に勧められてキール大学で私講師を務めながら，マクスウェル電磁気学の研究を始める．1885 年カールスルーエ理工学校物理学教授に就任，ここで電磁波の検出という歴史的な実験がなされた．

　場の概念の検証　当時ドイツの理論物理学を牽引していた W. E. ウェーバー*，F. E. ノイマン*らは，電磁気力を I. ニュートン*の万有引力の法則同様，瞬時に伝わる遠隔力 (actions at a distance) としていた．これに対して，M. ファラデー*，J. C. マクスウェル*の場の考え方は，電磁気力を空間を満たす誘電媒質の状態変化によって生じる近接力とするものである．当時，ベルリン物理学に影響を及ぼしていたヘルムホルツは，媒質と無関係な外部の物体が遠隔力により誘電媒質の状態を変化させ，これによって物体は力を受けるとした．いったいこれらの理論の適否を実験的に見分けることができるのだろうか．ヘルムホルツは，回路に絶縁体を挿入して電流を流し，絶縁体部分に誘電媒質の変化を起こさせ，それが電流が流れるのと同等な電磁気力を及ぼすかどうかを調べれば，三つの理論の適否を検証できると考えた．これが先の問題に続くベルリン問題で，ヘルムホルツはその解決をヘルツの実験手腕に期待したのである．1879 年以来，ヘルツはこのベルリン問題が頭から離れることはなかった．

　電磁波の伝播速度　カールスルーエには演示実験用の直径 50 cm ほどの円盤状渦巻コイルが二つあった．一方の渦巻コイルに電圧をかけて急に切ると，電磁誘導により，その下に重ねた渦巻コイルの両ターミナル間に電気火花が飛ぶ．ヘルツ着任 1 年後の 1886 年，上の渦巻コイル (1 次コイル) をライデン瓶に接続して放電させると，1 次コイルのターミナルギャップに電気火花が飛ぶときだけ，下の渦巻コイル (2 次コイル) にも電気火花が飛ぶことに気がついた．ヘルツは 1 次コイルに火花が飛ぶ瞬間，コンデンサー (ライデン瓶) とコイルによる電気振動が生じているのではないかと推測した．さらに 2 次コイルの電流，電圧を測定するため，2 次コイルターミナルギャップの一方側に，やはりギャップを持つ回路をとりつけ，これを Nebenkreis (側回路) とよんだ．試行を繰り返すうちに，側回路をコイルから切り離してもそのギャップに火花が飛ぶこと，c, c' に金属板をとりつけ，電気容量を増やすと側回路の火花が強くなることなどを発見した．2 次コイル

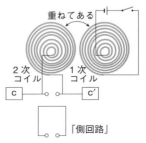

図 1　ヘルツの発信器と受信器「側回路」

と側回路に共振が生じていることは明らかであった．こうして2次コイル側は火花発信器に，側回路は電磁波の受信器へと次第に変貌していったのである．

ヘルツは誘導コイルにとりつけた火花発信器と受信器を大きな講堂に移して実験を繰り返し，電磁波が光と同様に偏光しており，反射，屈折，回折することを確かめた．また定常波を作り，波長 λ を測定した．製作した火花発信器の自己インダクタンス L と電気容量 C から周波数 $f = 1/(2\pi\sqrt{LC})$ を概算し，1887年暮れ，ついに電磁波の伝播速度 λf が光速 c と等しくなることを確認したのである．電磁波の発信器と受信器が理論に基づいて設計されたものではなく，ベルリン問題を探る試行錯誤の過程の中で，優れた洞察力と偶然により，徐々に形成されていった経緯は大変興味深い．

マクスウェル方程式　やがてヘルツはウェーバーやヘルムホルツらではなく，マクスウェルが完全に正しいと確信するに至った．「マクスウェル理論とはマクスウェル方程式である」として，マクスウェルが随所にちりばめた方程式を

$$\frac{1}{c}\frac{\partial \boldsymbol{H}}{\partial t} = -\mathrm{rot}\boldsymbol{E}, \quad \frac{1}{c}\frac{\partial \boldsymbol{E}}{\partial t} = \mathrm{rot}\boldsymbol{H},$$
$$\mathrm{div}\boldsymbol{H} = 0, \quad \mathrm{div}\boldsymbol{E} = 0$$

の四つの方程式にまとめ，電磁気学の全てはこれらの方程式から導出できるとした．また，媒質の状態変化を表すものは電場 $\boldsymbol{E}$，磁場 $\boldsymbol{H}$ に他ならず，「状態変化」の力学モデルは不要であると考えた．

ヘルツは火花放電の実験中，発信器の火花が見えないよう，受信器を覆うと受信器の放電が弱くなることに気がつき，発信器からの紫外線が遮断されるためだとした．これは光電効果発見の端緒となった．

1889年ボン大学物理学教授就任後，マクスウェル電磁気学と力学の原理の理解に関わる研究を続けるが，1894年1月に敗血症で亡くなってしまう．36歳の若さであった．

ペルティエ，ジャン＝シャルル
Peltier, Jean-Charles
1785–1845

ペルティエ効果の発見

フランスの物理学者．熱電効果の一つであるペルティエ効果を発見．

経　歴　フランス，アムの生まれ．30歳代までは時計職人として働くかたわら，物理の研究を行っていた．その後，物理の研究に専念し，電磁気の実験や気象観測を行うようになった．

ペルティエ効果　1834年にペルティエは，異なる金属を接合し電圧をかけると，片方の接点は冷やされ，もう一方は温められることを発見する．これは，異なる金属の接合に温度差を与えると電流が流れ電位差を発生させるゼーベック効果〔⇒ゼーベック〕の逆の現象であり，ゼーベック効果の発見から13年後のことであった．電圧から温度差を作り出すという，熱電効果の一つであるこの現象はペルティエ効果と呼ばれる（図1）．

電流 I は回路を流れる間，片方の接点（点 T_2）で熱を放出し，もう一方の接点（点 T_1）で熱を吸収する．単位時間当りに点 T_1 で吸収される熱量 $\dot{Q}$ は以下のようになる．

$$\dot{Q} = \Pi_{AB}I = (\Pi_B - \Pi_A)I$$

ここで，Π はペルティエ係数と呼ばれる係数で，Π_{AB} は熱電対全体，Π_A と Π_B はそれぞれの物質のペルティエ係数である．自由電子が運ぶ熱流と電流の比が導体の種類により異なるためにこのような現象が起こるのである．熱が移動する方向は電流の向

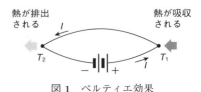

図1　ペルティエ効果

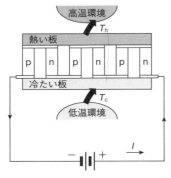

図2 ペルティエ素子

きによって制御できるので，電流の向きを変えれば熱を吸収，放出する接点も逆転する．また，二つの異種金属のかわりに，2種類の半導体を接合しても同様の効果を得られる．

ペルティエ素子 この効果を利用して，ペルティエ素子と呼ばれる熱電変換素子を作ることができる．p型のシリコンは正のペルティエ係数を持ち，n型のものは負の係数を持つので，p型の半導体とn型の半導体を銅電極で接合し，n型の方から直流電流を流すと，図2の上側の接合面から下側の接合面へ熱が運ばれる．このときに下側の電極から十分な放熱を行うと吸熱作用を連続的に得ることができる．また，電源の極性を逆にすれば，熱の移動方向も逆になるので冷却・加熱を逆転することができる．冷媒を使わずに冷却効果を得られるペルティエ素子は，現在様々な用途に応用されている．例えば，保冷・保温器，エアコンなどの電化製品，パーソナルコンピュータなどのIT機器や測定器の冷却に使われており，現在の情報技術社会を支えている．

ベルヌイ，ダニエル
Bernoulli, Daniel Svante August Arrhenius
1700–1782
ベルヌイの定理の発見，ゲーム理論の先駆け

ベルヌイ家 ダニエル・ベルヌイは，オランダのフローニンゲンで誕生．ベルヌイ家は，オランダからスイスに移住したニコラス (1623–1708) から始まる．

ベルヌイ家からは多くの高名な数学者がでている．まず，ニコラスの長男で微分積分学の発展の基礎を築いたヤコブ (1654–1705)．その弟ヨハン (1667–1748) も兄に見習い数学に熱中し，バーゼル大学の数学教授となる．そのヨハンの次男がダニエルで，父を超える優秀な数学者となり，1725年にはペテルブルグ科学アカデミー数学教授となる．ペテルブルグではあまり幸福ではなかったようで，1733年に病気を口実に職を辞した．後任として18世紀最大の数学者L.オイラー*を推薦し，自分はバーゼル大学の植物学・物理学教授となって，医学・形而上学・自然哲学を教えた．

ちなみに，オイラーの才能を評価し，息子を神学の道に進ませたいと思っていた親を説得して数学に転向させたのは，ダニエルの父ヨハンだった．ヨハンには，パリ大学の科学アカデミーのコンテストで息子と比較されることに耐えられず，ダニエルに論文提出を禁止したり，ダニエルの主著 *Hidrodynamica* を盗用し，*Hidraulica* と名を変えて発表しようとするなど，自分の息子ダニエルの才能には競争心をあらわにした逸話が残っていることと比較すると，対照的である．ダニエルは数学のみならず，いわゆるゲーム理論の先駆けとなるような問題で周囲を熱中させた．

ベルヌイの定理 1738年に，流体の流速と圧力の関係を表すベルヌイの定理が発表された．非粘性・非圧縮性流体が，例え

ば一様重力がある場合の定常流では，次の式が成り立つ．

$$\frac{1}{2}v^2 + \frac{p}{\rho} + gz = \text{constant}$$

ただし，v は流体の速さ，p は圧力，ρ は密度，g は重力加速度，z は鉛直方向の座標である．いわば，エネルギー保存則を表したものである．この式の意味するところは，流体の流線に沿った流速が速いほど圧力は弱まるということである．簡単な式であるが，パイプの中を流れる水や血管の血流の重要な情報を与えており，現在でも水理学では最重要の公式である．なお，圧縮性流体などもこの式を拡張した同様の式が得られる．ついでながら「飛行機はなぜ飛ぶか」は今もなおよく議論されている．翼の上面は流れが速く，下面は遅いので，ベルヌイの法則から揚力が上向きだ，というところまでは正しいが，なぜ流速の差が生じるかについては誤った議論が多いので注意が必要だ．なお，ベルヌイの定理の完全な導出は1752年にL.オイラーにより行われた．ベルヌイの定理は，多くの分野で活用され，今日の流体力学でも基礎となる定理である．

ゲーム理論の先駆け　「コインを表が出るまで投げ続けて n 回目に表が出たときに，賞金 2^{n-1} 円もらえるゲーム」を考えると，期待値は

$$\sum_{k=1}^{\infty}\frac{1}{2^k}\cdot 2^{k-1} = \frac{1}{2}+\frac{1}{2}+\frac{1}{2}+\frac{1}{2}+\frac{1}{2}+\cdots$$

となり発散するので，参加料をいくら高く設定しても，参加者の方が有利であることになる．しかし，参加料が高いとほとんどの参加者は損をしてしまう．これを「サンクトペテルブルクの逆説」という．サンクトペテルブルクは，ロシア帝国時代に，近代化をめざしたピョートル大帝により，政治・経済・芸術の都として栄えた都市である（革命後は一時レニングラードと改名された）．文化と経済が栄え，賭けも盛んに行われた街には，こうした思考実験を通じてゲーム理論の素材が転がっていた．中でもこの思考実験は，人々の好奇心をそそり，多くの挑戦者が現れた．

1738年，サンクトペテルブルクに住んでいたダニエルは，学術雑誌『ペテルブルク帝国アカデミー論集』で論文「リスクの測定に関する新しい理論」を発表した．その目的は，期待値による古典的な「公平さ」が現実には必ずしも適用できないとして，「効用」（ラテン語：emolumentum）という新しい変数を持ち込むことにあった．効用期待値の定義は期待値の対数をとるので正確には「対数関数的効用」という．このモデルで，(小さな) 資産の増加による効用は資産の総量に反比例するという「ベルヌイの規則」を提唱．満足度 (効用) という関数を導入したのである．微小な確率は無限回繰り返せばいつかは大当たりになることもある．しかし，そこまでゲームを続けるのは不可能だ．ダニエルの提案の特徴は，ゲーム理論において単なる期待値ではなく，人間が関わる行動あるいは判断について，「新たに付加された財から得られる効用はすでに所有している財の貨幣価値に反比例する」という限界効用逓減仮説を設けたことであろう．

後世への影響　ベルヌイの「リスクの測定に関する新しい理論」は，200年後に出版された数学者J.フォン・ノイマン*と経済学者O.モルゲンシュテルンの『ゲーム理論と経済行動』(1944年) に結実する．これは，当時の学会に大きな衝撃を与え，数学的慧眼を持つ若者たちを引きつけ，ゲーム理論は学問の世界で次第に重要な地位を占めるようになった．今日では，経済現象やJ.メイナード・スミスの生物の進化戦略などに活用されるだけでなく，逆に，力学系や集合論，離散数学，組合せ最適化などの基礎数学へのフィードバックにも貢献している．

ヘルムホルツ, ヘルマン・フォン
Helmholtz, Hermann Ludwig Ferdinand von
1821–1894
自由エネルギーの発案者

ドイツの物理学者,医師.

経歴 1821 年プロイセン王国のポツダムに生まれる.父はポツダムの高等学校 (ギムナジウム) で校長を務め,母方の祖先にはペンシルベニア州の創立者として知られるウィリアム・ペンがいる.

1835 年,ベルリンのフリードリッヒ・ヴィルヘルム医学校で,医学・生理学を学んだ.また,化学や高等数学についても学んだ.1842 年に,無脊椎動物の神経繊維と神経細胞に関する微視的解剖学の研究で,学位を取得.すぐにポツダム連隊に軍医として入隊,足かけ 8 年軍医として働きながら,兵舎内に研究室を作って実験を行った.その研究成果が認められ,1849 年除隊後,ケーニヒスベルク大学生理学教授に迎えられた.1855 年ボン大学生理学・解剖学教授,1858 年ハイデルベルク大学生理学教授を歴任後,1871 年から,ベルリン大学物理学教授となった.1887 年からは,主として W. ジーメンス*の尽力によってベルリン郊外のシャルロッテンベルクに設立された帝国物理工学研究施設 (Physikalisch-Technische Reichsanstalt: PTR, 後の連邦物理工学研究所 (Physicalisch-Technische Bundesanstalt: PTB)) の初代施設長になり,死ぬまで大学教授職と兼任した.

エネルギー保存則の発見 一世代前に活躍した,やはり医師で科学者の T. ヤング*同様,ヘルムホルツは広範な分野の研究に興味を示したが,最初に学んだ医学・生理学に関連づけられているものが多い.後世に最も大きな影響を与えた業績として知られるエネルギー保存則 (現代では熱力学第 1 法則として知られる) も筋肉の代謝に関する研究から思いついた.筋肉を動かすための生気 (vital force) のようなものは存在しないという考え方に基づいて,彼は筋肉の運動でエネルギー (当時は「力 (force)」と表現されていた)[*1] が失われることはないということを証明しようとした.

この研究はポツダム連隊で軍医をしていた頃に行われた.力学系のエネルギー保存則は以前から知られていたが,ヘルムホルツは,S. カルノー*,E. クラペイロン,J. ジュール*らの従前の研究に触発され,力学,熱,光,電気,磁気を全て一つの「力」(現代ではエネルギーに対応) の異なる形態であるという仮定をおいて理論を構築した.これらの理論は,1847 年に『力の保存について』という本で発表された.この種のエネルギー保存則については 1842 年に,J. R. マイヤーが論文を発表していたが,ヘルムホルツはその論文を引用しなかったため,同時代の研究者たちから剽窃の誹りを受けた.彼はその研究については知らなかったと反論している.

ヘルムホルツの記述はマイヤーのものに比べ,より詳しく包括的なもので,この本の出版以降,異なる形態のエネルギーを含めた保存則が一般に認められるようになった.現在では,ジュール,マイヤー,ヘルムホルツの 3 人をエネルギー保存則の発見者とするのが普通である.

自由エネルギー概念の導入 熱力学に関連して,自由エネルギーの概念を導入したのもヘルムホルツである.外部から熱量 ΔQ を与えて,気体の状態を等温変化 (温度 T) で A から B に変化させたとき,気体が外部になす仕事を W とし,状態 A, B の内部エネルギー,エントロピーを U_A, U_B, S_A, S_B のように表す.エネルギー保

[*1] 当時「エネルギー」という物理用語が確立しておらず「力」という表現が使われていた.エネルギーという用語を最初に使ったのは T. ヤング*である.

存則 (熱力学第 1 法則) から得られる関係式 $U_B - U_A = \Delta Q - W$ に熱力学第 2 法則 $\Delta Q \leq T(S_B - S_A)$ を組み合わせれば,
$$W \leq (U_A - TS_A) - (U_B - TS_B) \quad (1)$$
が導かれる. この結果は, 熱機関から等温変化で取り出しうる最大仕事は, 状態量 $F = U - TS$ の変化分で与えられることを意味する. ヘルムホルツは, この量を自由エネルギーとよんだ. 現在ではギブズの自由エネルギーと区別して, ヘルムホルツの自由エネルギーとよばれる. ヘルムホルツの自由エネルギーが最小になる状態が, 温度一定の場合の平衡状態であり, したがって, 平衡からずれた場合の自発的変化の方向は, ヘルムホルツの自由エネルギーを減らす方向となる.

ケルヴィン–ヘルムホルツ機構 エネルギー保存則に関連して, ケルヴィン卿*とヘルムホルツは太陽が輝き続けるためのエネルギー供給源を考察し, 重力収縮による機構を提唱した. このケルヴィン–ヘルムホルツ機構は, 核融合を起こすには内部温度が不足している木星や褐色矮星では成り立つ可能性もあるが, 太陽の場合にはこの機構では数百万年程度の寿命しか得られず当てはまらないことが指摘された. 太陽のエネルギー源は 1930 年代に H. A. ベーテ* が核融合機構を指摘するまで謎であった.

視覚・聴覚の物理的研究 ヘルムホルツはまた, 視覚, 聴覚などの生理学的な感覚を物理的な観点から研究した. カエルの筋肉を利用して, 神経の信号伝播速度を測定することにも成功している. 視覚に関しては, ヤングの説を発展させて, 色覚は赤, 緑, 青 (あるいは紫) の三つからなり, その刺激の相対強度の違いで色を識別するという色覚学説を唱えた. これはヤング–ヘルムホルツの三色説とよばれる. 聴覚に関しても, 音程を聞き分ける器官は内耳にある蝸牛という渦巻き状のものであることを明らかにした. その中には, 大きさの異なる一連の共鳴器が含まれていて, 小さいものほど高い周波数の音に反応する. 音程は, どの共鳴器の反応が強いかで判別される. 実際, ヘルムホルツは, 複数の音調を含む複雑な音の中から, 純粋な正弦成分を識別するための共鳴器 (ヘルムホルツ共鳴器) を発明した. また, 音質を決めるのは含まれる倍音 (overtone) の性質, 数, 強度であることも説明した. さらに, 和音や不協和音と「うなり」の関係も物理的に解明した.

ヘルムホルツの定理 ベルリン大学の物理学教授になってからは, 電磁気学に興味を持ち, 研究を行った. 一様な磁場を発生させる大半径のコイル対はヘルムホルツコイルとよばれ, 現在でも地磁気の効果を打ち消すことなどに利用されている.

電磁気学でよく用いられるベクトル解析に, ヘルムホルツの定理 (あるいはヘルムホルツ分解) とよばれるものがあるが, これは, 任意のベクトル場を回転なしの場と発散なしの場の和に分解できるという定理である. 具体的には, 任意のベクトル場 $\boldsymbol{F}$ に対し,
$$\boldsymbol{F}(\boldsymbol{r}) = -\mathrm{grad}\varphi + \mathrm{rot}\boldsymbol{A} \quad (2)$$
となるようなスカラー関数 φ とベクトル関数 $\boldsymbol{A}$ が必ず存在する (一意的ではないが) という内容である. (2) 式の右辺第 1 項が回転なしの場, 第 2 項が発散なしの場に対応する. フーリエ変換した場合に, 前者は波数ベクトルに平行な成分 (縦成分), 後者は垂直成分 (横成分) に対応する. また, マクスウェル方程式から導かれる波動方程式を, 時間変数と空間変数に変数分離したときに得られる空間座標に関する微分方程式
$$(\nabla^2 + k^2)\phi(\boldsymbol{r}) = 0 \quad (3)$$
はヘルムホルツ方程式とよばれている. 彼自身はこの分野で特に大きな功績を残すことはなかったが, ベルリン大学で彼の学生であった H. R. ヘルツ* は観測装置を自作し, 電磁波の存在の最初の実証者となった.

ペレー，マルグリット
Perey, Marguerite Catherine
1909–1975

フランシウムの発見

フランスの物理学者．

経歴 1929 年に M. キュリー*が所長をするラジウム研究所に就職し，ペレーはキュリーが 1934 年に没するまでの間アシスタントとして働く．1939 年，29 歳のときにアクチニウムの α 崩壊により生成した原子番号 87 の新しい元素を発見して単離した．1949 年にストラスブール大学の教授になる．1958 年にペレーは原子核センターの原子化学研究所の初代所長となった．

1929 年に女子科学技術高等教育機関 (CETF) 化学学士，1946 年にパリ第 1 大学ソルボンヌ校理学博士，1962 年にはフランス科学アカデミー (1666 年創立) の初の女性会員となる．

未知の元素の発見 D. I. メンデレーエフ*の周期表により元素の性質が整理されると，いくつかの未知の元素の存在が指摘された．ペレーがラジウム研究所に勤めるようになった 1929 年には，当時の周期表はウラン 92 に至る元素の中で四つを残して全てが発見されていた．

ペレーはキュリーの研究所でアクチニウム試料の調整を担当していた．当時 α 崩壊分光の研究に興味を持っていた S. ローゼンブラムは，パリ郊外のベルビューにある電磁石研究所に勤めており，研究所の巨大電磁石を使って放射性元素からの α 粒子の放出の観測に成功していた．ペレーは高品質の試料を提供した功績が認められ，1929 年に共著者として初めて論文に名を連ねた．アシスタントであるペレーが科学者と共に共著者としてその存在を対外的に認められる初めての成果である．

この後さらに，ラジウム研究所でペレーは，アクチニウム試料を調整する専門家として重用されていく．A. L. ドビエルヌと I. ジョリオ=キュリー*からの要請を受けて，ペレーは技師として限りなく純粋なアクチニウム試料の調整に時間をかけて励み，数 mg のランタノイド溶液からおよそ 10 μg のアクチニウムを分離した．この結晶化を進める過程でペレーは，アクチニウムの崩壊生成物から異常な β 放出があることに気づく．1938 年末に，彼女はこの原因が未知の放射性物質からのものであり，この物質はアクチニウムの α 崩壊によって生じたことを見出した．

その後この物質の化学的な性質を詳細に調べ，この物質が 87 番元素であることを突き止めた．最初アクチニウム K と名づけられたこの元素が何十年もの間，多くの人が発見に躍起になっていたメンデレーエフの周期表中で発見されていなかった元素の一つであり，残された未知の元素の一つであった．これが彼女がフランシウムと名づけた新元素である．フランシウムは放射性元素で，最も安定な同位体でも，その半減期はわずか 21 分である．

図 1 マルグリット・ペレー
(マリー・キュリー博物館蔵)

ヘンリー，ジョセフ
Henry, Joseph
1797–1878

自己誘導の発見，継電器の発明

　アメリカの科学者．自己誘導を発見．その名はコイルのインダクタンス (電磁誘導係数) の単位ヘンリー (H) に残されている．

　自己誘導　一般に電流によって作られるある回路を貫く磁束の大きさ ϕ は電流の大きさ I に比例する，すなわち $\phi = LI$ とおける．L がインダクタンスである．1 H = 1 Wb·A^{-1}．電流を変化させると，電磁誘導により $-LdI/dt$ の起電力が生じる．電流回路の電流が変化するときこの回路自身に起きる電磁誘導が自己誘導である．この現象は回路がコイルのように何回も巻かれていると特に著しい．回路に電流を流し，その回路を断つと，電流の急激な減少のためにスイッチの接点間に大電圧が現れてアーク放電を生じ，電流の切れるのが遅れる．

　経歴　ヘンリーはニューヨーク，オールバニに生まれた．両親はスコットランドからの移民．15 歳のとき，時計工・銀細工工の見習いになった．偶然科学の啓蒙書を読んで，科学に魅せられ，1819 年オールバニ・アカデミー (当時はカレッジと同程度) に入学．1826 年，同校の数学および自然哲学 (物理学) の教授となった．多忙で 1 年のうち 1 カ月しか研究できなかったが，その間の電磁誘導現象の発見で名をあげ，1932 年ニュージャージー・カレッジ (後のプリンストン大学) の自然哲学の教授となった．そこでは十分な研究時間があり，電気，磁気ばかりでなく毛細管現象，蛍光現象，オーロラなどの研究も行った．1846 年には新しく設立されたスミソニアン協会の初代所長となった．

　電磁誘導・自己誘導の発見　ヘンリーは，H. C. エルステッド*による電流の磁気作用の発見とその後になされた A. M. アンペール*の研究，特に地磁気の説明に興味を持ち，その逆に磁気 (磁石) によって電流が発生するはずだと考えた．同じ目的で試みた人々がことごとく失敗しているときいて，それらは，磁気力が足りないためだと考え，強力な磁場を発生する電磁石を作った．初期の電磁石は鉄心をワニスで塗って銅線を粗く巻いたものであったが，ヘンリーは銅線をワニスで被覆しぎっしりと密に幾重にも巻いた．600～700 ポンド (約 300 kg) の鉄を持ち上げられたという．この磁石を用いて，磁極の近くにガルバノメーター (検流計) をつないだ銅線のループを置いた．電磁石の電流を入れたときと切ったときにガルバノメーターの針が振れることを発見した．M. ファラデー*の発見よりおそらく早い 1830–31 年のことである．ヘンリーはこのとき，自己誘導現象も発見していた．電池の両極をそれぞれ銅線 (約 30 cm) につなぎその端を二つのカップの中の水銀にそれぞれ浸す．長い (約 10 m，らせん状に巻いてもよい) 銅線を用意しその端をそれぞれ水銀に浸すと，銅線に電流が流れる．銅線を水銀から引き離すとそのとき火花が飛ぶ．銅線が短いと火花は飛ばない．電流の流れている銅線自身の発生する磁場が変化しそれによって銅線に電流が流れたことによる (図 1)．

　ヘンリーは，1832 年アメリカの科学雑誌に，これらの実験を報告した．これによって彼の名声は上がったが，ヨーロッパではファラデーの名声に隠れてしまったようである．

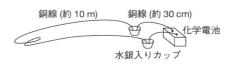

図 1　自己誘導を発見した実験

ペンローズ, ロジャー
Penrose, Roger
1931–

特異点定理の創始, カーター–ペンローズ図の考案

イギリスの数学者, 理論物理学者, 宇宙物理学者. オックスフォード大学ラウズ・ポール教授.

特異点定理の元祖で, 後に S. ホーキング*の名もつく一連のものが有名. 相対性理論における時空の大局構造の研究を行う. カーター–ペンローズ図, 回転するブラックホールに対するエルゴ領域におけるペンローズ過程, 宇宙検閲官仮説などに名前が残っている. また, 量子力学の基本問題などそのカバーする学問領域は広い.

特異点定理　測地線が有限時間で時空の外に出てしまう場合に, 相対論ではその点を特異点という. 特異点定理によれば, 物質が妥当なエネルギー密度の非負性を持っていれば測地線は途中で終わり時空の外に出る.

この定理は古典理論である一般相対性理論がどこかで破綻することを示している. ブラックホールの中心と宇宙の初期特異点がその代表である. この定理は背理法によって証明されているために特異点の位置と性質については述べていない. 上記の物理的な特異点の場合には, 曲率テンソルから構成される幾何学量が発散し, 潮汐力もそこでは無限大になる.

多くの研究者は, 特異点の回避に量子重力が必要であると考えているが, 解決の見通しは立っていない.

宇宙検閲官仮説　ペンローズは, 特異点が事象の地平の中に隠れていれば, 観測上何ら問題はないと考えて, 宇宙検閲官仮説を提唱した. 逆に, 事象の地平に隠れていない特異点を「裸の特異点」とよぶ. 宇宙の歴史は「裸の特異点」を作らなかった

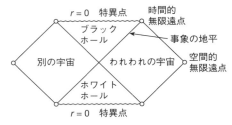

図1　シュバルツシルトブラックホールのカーター–ペンローズ図

はずだという仮説である. 簡単な数学的モデルで, 反例を作ることができるので, この仮説の証明はあり得ない.

カーター–ペンローズ図　共形変換を用いて, 時空の大局的因果構造を一括してみるのに便利な図形をカーター–ペンローズ図という. 最近では, 相対論の研究者だけではなく, 素粒子・場の理論の研究者も用いている. 一例として, アインシュタイン方程式の球対称真空解である, シュバルツシルトブラックホールのカーター–ペンローズ図を掲げる (図1).

ツイスター　ツイスターとはミンコフスキー空間のある点における幾何学量を2個のワイルスピノルの線形結合で表したものである. ペンローズが提唱したときは, 量子時空の記述に動機づけられていたが, 最近では数学の技巧として使われている. 物理ではスピンネットワークによる量子重力の理論に現れる.

ペンローズ過程　回転するブラックホール時空にエルゴ領域と呼ばれる領域があり, その内側では回転に引きずられて時間方向のベクトルが空間的になり, 粒子のエネルギーが負になる. エルゴ領域のすぐ外側で静止していた粒子2個を, 一方を外側, もう他方を内側に打ち出す. 内側の粒子のエネルギーが負で, 全エネルギーは保存するから, 外側に向かう粒子のエネルギーは増加する. ブラックホール自体のエネルギーは減少する. この方法で回転するブラック

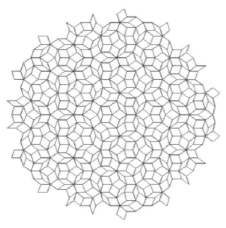

図2 ペンローズタイル

ホールからエネルギーを取り出す方法をペンローズ過程と呼ぶ．エネルギー問題とからめて語られることがある．

ペンローズタイル ペンローズは周期性のない2次元結晶の例を数学的に示して世界を驚かせた．対角が36°と144°の菱形と72°と108°の菱形の2個を組み合わせて平面を埋めつくすことができる（図2）．D. シェヒトマン*はこの準結晶をアルミニウムとマンガンの合金の中に見出して，2011年にノーベル化学賞を受賞した．

哲学書 ペンローズは晩年，時空，量子力学，計算，生物学，脳科学などを広汎にカバーした，自然哲学書ともいうべき本を連作している．そこで，量子力学の観測問題と意識を論じて興味深い．熱烈なファンがいる半面，批判も多い．

その他，騙し画の書き方など，その知的活動は広範である．

人物 端正な三つ揃えに身を包む英国紳士．手書きの絵を見せながら魅力的な講演をする．内容は，時に数学的，あるいは哲学的で時代に先行してきた．職業的科学者ではなく，自然哲学者と呼ぶべき現代では希有の人物．

ボーア, ニールス・ヘンリク・ダヴィド
Bohr, Niels Henrik David
1885-1962
量子力学の創設と原子構造の解明

デンマークの理論物理学者．M. K. E. L. プランク*，A. アインシュタイン*，W. ハイゼンベルク*，E. シュレーディンガー*，P. ディラック*と共に量子力学の建設に主導的な役割を果たした．1922年「原子の構造とその放射に関する研究」でノーベル物理学賞を受賞．

経歴 1911年コペンハーゲン大学で金属電子論の研究により博士号を取得，イギリスのJ. J. トムソン*の下で研究後，E. ラザフォード*の下で原子模型を研究する．帰国後，1913年に原子のラザフォード模型にプランクの量子仮説を適用して，前期量子論的な原子模型を提示した．

原子の安定性 ラザフォード模型に対しては，電子は原子核の周りを加速度運動し電磁波を放射するので不安定なはずであるという批判があった．そこでボーアは原子の安定性を保証する量子仮説として二つのことを仮定した．第1は，特定のエネルギー E_n を持つ定常状態 n だけが電子に許されて，定常状態にある間は電磁波を放射しない．第2に電磁波の放射はある定常状態 n から別の定常状態 m へ遷移するときに起こり，その角振動数 ω は二つの定常状態のエネルギー差に相当するもの，すなわち $\hbar\omega = E_n - E_m$ を満たす光子を放出する（振動数条件）．

前期量子論 定常状態のエネルギー E_n の求め方は高校物理の教科書にも載っているが，ここに改めて説明しよう．

まず，水素原子の模型として，陽子の周りに電子が円軌道を回っているものを考えよう．陽子は十分重いので原点に静止しているとし，電子（質量 m）の動径座標を r

とし，速度を v とする．L を角運動量，ϕ を回転角としたときの，ボーアの量子化条件 $\int_0^{2\pi} L d\phi = nh$ $(n = 0, 1, \cdots)$ から，角運動量の量子化

$$mvr = n\hbar \quad (n = 1, 2, \cdots)$$

が得られる．ただし，$\hbar$ はプランク定数 h を 2π で割ったものである．

次に，遠心力とクーロン力の釣合いの式

$$\frac{mv^2}{r} = \frac{e^2}{4\pi\varepsilon_0 r^2}$$

から，釣合いの位置の動径座標 r は

$$r = \frac{4\pi\varepsilon_0 \hbar^2}{me^2} n^2$$

ただし，ε_0 は真空の誘電率で，e は素電荷である．

これをエネルギーの表式 $E = \frac{mv^2}{2} - \frac{e^2}{4\pi\varepsilon_0 r}$ に代入すると，

$$E = -\frac{1}{2}\frac{\alpha^2 mc^2}{n^2} \quad (n = 1, 2, \cdots)$$

を得る．ここに，$\alpha = \frac{e^2}{4\pi\varepsilon_0 c\hbar} \approx \frac{1}{137}$ は後に微細構造定数とよばれるものである．光速 c は非相対論的な場合に必要ではないが，計算しやすさの目的で導入した．数値的には，

$$E_n = -\frac{13.5 \text{ eV}}{n^2} \quad (n = 1, 2, \cdots)$$

となる．ここで，電子の定常状態が整数 n で特徴づけられていることに注意しよう．古典力学においては，軌道は初期条件によって連続的に変化できるので，連続的に少しだけ違う水素原子が一群ありそうだが，現実の水素原子にそんなものはない．量子力学に基づいたボーアの原子モデルのバラエティーは離散的になるので，仮定により原子の存在の安定性が保証される．やがて，ボーアの原子模型の基本的な考え方とパウリの排他律によって，元素の周期律表が統一的に説明された．

振動数条件を水素原子に適用すると，角振動数 ω

$$\hbar\omega = -13.5 \text{ eV}\left(\frac{1}{n^2} - \frac{1}{m^2}\right)$$

の電磁波が放射されるはずだが，J. J. バルマー*の1884年の水素原子に関する実験の結果を再現した．

このように，ボーアの原子模型は水素原子のスペクトルを説明するが，遠心力とクーロン力の釣合いの式のように古典力学から借りてきたものと，量子化条件をつないでいる点で不徹底なものであった．数学的により整備された量子化条件は A. ゾンマーフェルト*が提出した．それを用いると楕円軌道の場合にも実験と合うスペクトルが得られた．現代的な言い方では，準古典近似におけるボーア–ゾンマーフェルトの量子化条件

$$\oint p dq = nh \quad (n = 0, 1, \cdots)$$

である．ここに左辺の1周積分は解析力学における断熱不変量であり，p は位置座標 q に共役な運動量である．石原純*も同様の量子化条件を得ていた．

対応原理 さらにスペクトルの強度を求めるときに，ボーアは古典電磁気学から有用な公式を借用した．古典電磁気学において放射される電磁波の強度が，電子の電気双極子モーメントの2乗に比例する．これに対応して量子力学においては遷移確率が電気双極子モーメントのフーリエ成分の2乗に比例すると仮定すると，遷移の選択則がうまく説明できた．この古典論と量子論の対応原理なるものは，多分にケースバイケースの物理的洞察によるものであった．古典力学を部分的に借用することなく，量子力学として首尾一貫した理論は，ハイゼンベルクの行列力学とシュレーディンガーの波動力学以後の本格的量子力学の進歩を待たなければならなかった．

ここに現れる定常状態から別の状態に突然変化することを遷移というが，遷移現象を一般的な形で述べると以下の波束の収縮と確率解釈になる．

波束の収縮と確率解釈 量子状態 $|\psi\rangle$ が重ね合せ状態

$|\psi> = \alpha||0\rangle + \beta|1\rangle$　　$(\alpha, \beta \in C)$　(1)

にあるときに，状態を判定することのできる測定すると状態は $|0\rangle$ か $|1\rangle$ のどちらかに変化し，その確率はそれぞれ係数の絶対値の2乗，$|\alpha|^2$, $|\beta|^2$ に比例する．$|\alpha|^2 + |\beta|^2 = 1$ と全体の大きさを1に規格化しておけば，それぞれ確率になる．遷移しているときに，電子は何処にいるのだろうか？　電子は行く先を知っているのだろうか？　この自然とも思える疑問に対して，ボーアは古典的な因果律を放棄することを勧めるのである．アインシュタインは確率解釈を「神はサイコロを振らない」と批判し，シュレーディンガーはその飛躍をばちあたりと述べたという．今日では，ボーアを中心としたいわゆるコペンハーゲン学派による確率解釈が量子力学の標準となっている．ごく最近の量子測定理論も波動関数を実在と見なさず確率を与える数学的存在とするという意味ではコペンハーゲン解釈〔⇒ド・ブロイ〕を一般化したものとも言える．

アインシュタインは量子力学の破綻を示す，様々な思考実験を考案して論争を挑み，ボーア–アインシュタイン論争として後世に伝えられている．通説によれば，ボーアはアインシュタインの提示した思考実験によるパラドックス (2重スリット，光子箱など) をことごとく論破した．

波束の収縮を物理的なプロセスと受け取ると妙であるが，ボーアはそのことに蘊蓄を傾けて時間を浪費するよりも，原子物理学の発展へと進む方が生産的であるとする研究戦略をとった．それはまさしく図に当たり，20世紀は原子物理学の時代であった．

相補性原理　量子力学において，粒子の位置座標と運動量は同時に測定できない．ハイゼンベルクはそれを不確定性原理として述べたが，ボーアはコモ湖畔における講演において，それを「相補性」で説明した．それによると，位置を測定した記述と運動量を測定する記述を両方を合わせ読むことにより量子現象全体を理解できる，といっている．その背後には，量子力学の記述においては対象だけを記述しているだけでは不十分であり，観測装置まで含めて記述する必要があるという認識論的考察がある．粒子としてみるときの観測方法と，波動としてみるときの観測方法は異なり，両立させる観測方法は存在しない．当然ながら二つの実験の古典的記述は両立しないが，その二つの記述全体が量子力学を過不足なく記述している．

核分裂の理論　1932年のJ. チャドウィック*による中性子の発見により，原子核物理学が始まった．ボーアは原子核に対しても量子力学を適用し，原子核を一様に帯電した非圧縮性の流体とする液滴モデルに基づいた核分裂の理論をJ. A. ホイーラー*と進めた．

徹底した討論による研究の推進　ボーアは温厚で包容力のある人柄の一方，科学上の議論の場では容赦のない論争者であった．コペンハーゲンに招待したシュレーディンガーが，ボーアとの議論に疲れて病院に入院したときも，ボーアはその病床の枕元でも議論したという逸話が残っている．彼自身の努力によって創立されかつ運営された，理論物理学研究所 (ニールス・ボーア研究所) は当時の理論物理学の中心地であり，ハイゼンベルク，W. E. パウリ*，ディラック，L. D. ランダウ*など錚々たるメンバーが研究員として寝泊まりし，徹底した議論をした．日本からの仁科芳雄*もその1人で，他にも数人いた．また，CERNの設立など第二次大戦後の物理学の国際的な研究組織の立上げにも大きな貢献をした20世紀の物理学者を代表する大きな存在であり，アインシュタインと並ぶ．

■**参考文献**
1) ボーア．数理科学，9月号 (2013).

ポアソン, シメオン・ドニ
Poisson, Siméon Donis
1781–1840
ポアソン方程式, ポアソン分布, ポアソン括弧式

フランスの数学者, 理論物理学者. エコール・ポリテクニクで J. L. ラグランジュ*や P. S. ラプラス*に学び, 後に教授に就任. ポアソン分布, ポアソン方程式, ポアソン括弧式などで知られる.

彼の書いた教科書は明快で読みやすく, 教育者としても優れていたという.

ポアソン方程式 物質の質量分布 ρ が与えられたときの重力ポテンシャル ϕ は, $\triangle$ をラプラシアンとして, 適切な境界条件の下に

$$\triangle \phi = \rho \tag{1}$$

の解として与えられる. 同様の方程式は, 静電磁気学においても, 電荷密度から電位を求めるときにも現れる. あるいは, 左辺を一般化して, 2 階の楕円型偏微分にしたものをポアソン方程式とよんでいる.

方程式 (1) の解は積分

$$\phi(\boldsymbol{r}) = -\iiint \frac{1}{4\pi|\boldsymbol{r} - \boldsymbol{r}'|} \rho(\boldsymbol{r}') \mathrm{d}^3 \boldsymbol{r}' \tag{2}$$

と表せる.

ポアソン括弧式 解析力学における正準形式 (ハミルトン形式) を用いて, 運動量と位置のなす位相空間 (p, q) を考えよう. 物理量は (p, q) の関数として表現される. 二つの物理量 $A = A(p, q)$, $B = B(p, q)$ に対して, ポアソン括弧式 $\{A, B\}$ を

$$\{A, B\} := \frac{\partial A}{\partial q}\frac{\partial B}{\partial p} - \frac{\partial B}{\partial q}\frac{\partial A}{\partial p} \tag{3}$$

と定義しよう. ポアソン括弧式を用いてハミルトンの方程式を書くと

$$\dot{q} = \frac{\partial H}{\partial p} = \{H, q\}, \quad \dot{p} = -\frac{\partial H}{\partial q} = \{H, p\}$$

となり, 位置 q と運動量 p について対称になる. ポアソン括弧式は古典力学から量子力学に移行する「正準量子化」において, 重要である. P. ディラック*は $\hbar$ をプランク定数として, ポアソン括弧式を演算子の交換関係に置き換えた.

$$\{A, B\} \to \frac{[A, B]}{i\hbar} \tag{4}$$

この正準量子化ルールは場を量子化する際に標準的な方法になっている. 正準量子化により, 古典力学におけるハミルトン方程式は量子力学におけるハイゼンベルク方程式に移行する.

ポアソン分布 確率論に現れる典型的な確率分布の一つ. 例えば, 大きな体積 V を持つ領域をランダムに運動する粒子がその中の小さな体積 v の領域に入る確率は, 体積の比 $p = \frac{v}{V}$ であろう. 粒子の総数 N が大きいとき, 小領域に入る粒子数が n になる確率は, ポアソン分布

$$P(n) = \frac{p^n \mathrm{e}^{-p}}{n!} \tag{5}$$

に従う. ポアソン分布は 2 項分布

$$P(n) = \binom{N}{n} p^n (1-p)^{N-n} \tag{6}$$

において, $p = \frac{n}{N}$ を固定した $N, n \to \infty$ の極限として得られる.

これは, ある時間領域に起こる事象の数の分布にも適用できる. 例えば, ボーズ統計を考慮しない古典統計物理において, ある時間に到来する光子の数もポアソン分布に従う, と考えられる. ポアソン分布に従う確率過程をポアソン過程とよぶ.

ポアソン比 弾性体に単軸応力を加えたときの単軸応力方向のひずみ β と, 2 次的に発生する単軸応力に直角方向の歪み α の比 $\sigma = \beta/\alpha$. 弾性の比例限界内で, 物質特有の定数.

ポアソンの法則 理想気体を断熱準静的に変化させると, 体積 V と圧力 p の間に

$$pV^\gamma = 一定 \tag{7}$$

関係がある. ただし, γ は定圧比熱と定積比熱の比である.

ポアンカレ，ジュール・アンリ
Poincaré, Jules Henri
1854–1912

天体力学と複雑系科学

フランスの数学者，天文学者，物理学者．

経歴・人物　現在，複雑系科学として知られる領域の研究に世界で初めて取り組み，多数の新概念を提唱し，またこの分野の基礎となる結果を導いた．一方で，伝統的な天体力学に関して体系化された著作を残した．さらに科学に関する思索を『科学と仮説』『科学と方法』『科学の価値』という3冊の著作にまとめ，一般の人に科学の真髄を伝えることも行った．

3体問題とカオス的振舞　天体力学の研究で，ポアンカレは重力という非線形相互作用を含むシステムを扱っており，そのためカオス現象が現れることに気づいた．ニュートンの運動方程式は，左辺は位置の時間の2階微分に関しての1次関数であるが，右辺に現れる重力作用は相互作用する物体間の距離の2乗に逆比例するので，線形の作用ではない．非線形相互作用があればカオス的現象が直ちに現れるわけではない．重力2体問題，2質点の運動は，解析解を持つ．解析解というのは，問題の解が解析的に「積分」できるものを意味する．

ところが，三つの質点がお互いにニュートン重力を及ぼしあって運動する3体問題では運動方程式を満たす解析的解が存在しない．ポアンカレは1889年に，3個の質点のうちの1個の質点の質量が十分に小さいという状況（これを制限3体問題という）で，解析解が存在しないことを証明した．そして，解析的に表現できない解は極めて複雑な振舞をすると述べた．現在の複雑系科学や力学系の言葉でいうカオス的振舞（微小な初期条件の違いが，時間の経過と共に急激に増大していくこと）をするからである．

なお，運動方程式の解が解析的に求められないことは，「解を求められない」ことではないことに注意しておく．

ポアンカレ写像　ポアンカレの時代にはコンピュータはなかったため，複雑な振舞を理解するために，様々な概念が提案された．例えばポアンカレ写像というものがある．システムを構成する粒子が空間の中で位置と速度を変えて移動していくとき，位置と速度を座標とする「相空間」を考え，その相空間の中を移動するその粒子の異なる時間における位置座標と速度座標を時間的に繋いでできる軌跡を「軌道」とよぶ．軌道が相空間の中で有限な領域に限られている場合，無限に長い時間を考えると，軌道運動が相空間のある領域を繰り返し通過することが起こりうる．そのようなとき，相空間の中で，相空間の次元よりも低い次元の「断面」を考えると，軌道の解析が容易になるが，その断面をポアンカレ断面と呼ぶ．

そのとき，ある軌道とある断面が交差する「点」と，その軌道が別のポアンカレ断面と交差する「点」とを対応づけるのがポアンカレ写像である．ポアンカレ断面としては同一の断面をとってもよい．システムが積分可能である場合，保存する積分量があり，それは相空間での超曲面の「交わり」を表し，同一断面間のポアンカレ写像は閉曲線を形作る．それに対し，カオス軌道は，ポアンカレ写像が「孤立した点の集合」となって，そこには「閉曲線」が現れない．

エノンとハイレス　1964年にM.エノンとC. E.ハイレスという2人の天文学者が，2次元平面内の簡単な非線形ポテンシャルの下での粒子の運動を数値計算して具体例を示した．そのポテンシャルVは

$$V = \frac{1}{2}(x^2 + y^2) + x^2 y - \frac{1}{3}y^3$$

で表される．粒子は2次元の位置と2次元の速度で作られる4次元相空間内の運動をするが，ポアンカレ断面として$x = 0$をと

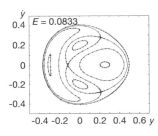

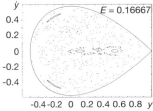

図1 ポアンカレ断面の状態
(M. Henon and C. Heiles: *Astron. J.* **69** (1964))

り,粒子の x 方向の速度成分が正でこの断面との交点で作られるポアンカレ写像を求めた.全エネルギーが小さいときは,ポアンカレ写像は離散的に存在する閉曲線であり,多様ではあるが周期的な運動を示す(図1上).それに対し,全エネルギーがある値を超えると,そこには周期性のない離散的な点からなる領域が大部分になってしまう(図1下).これは解析的に表すことが不可能であることを明確に示している.

複雑系科学へ　こうして,ポアンカレが19世紀の末に行った研究は,現在の複雑系科学の研究に連なるものであった.そして,カオス的な振舞の存在が意味することは,P. S. ラプラス*が考えた「ラプラスの魔」の概念は(量子論を考えない範囲でも)「初期条件が無限の精度でわかっている」ことが前提であることになってしまう.現実的には,今後どれほど発達を遂げたとしても,有限の桁数の数字を扱うしかないコンピュータが「ラプラスの魔」になることはありえないのである.

ホイートストン,サー・チャールズ
Wheatstone, Sir Charles
1802–1875
実験機器製作・実験物理学者

イギリスの実験物理学者.音響・光学・電気・電信機などの広範な分野で発明・改良を行った.電気抵抗測定のホイートストンブリッジの名前で知られている.

経　　歴　ホイートストンは,楽器製造販売の家に生まれた.正規の科学教育は受けず,楽器製造業のおじのところに奉公に出された.楽器製造をする中で,音振動の実験研究に関心を抱いていった.

1829年,蛇腹楽器の一種のコンサーティーナで特許をとるなど楽器発明をしつつ,音振動の研究を進め,高い評判を得た.1834年,ロンドンのキングス・カレッジの実験物理学教授となり,1868年には,ナイトの称号を得た.

実験機器の発明・改良　ホイートストンの初期の研究では,音振動の視覚化が課題であった.1827年のホイートストンのカレイドフォン(図1左)では,縦横比の異なる横断面を持つ細い四角柱棒を台上に垂直に立てて固定し,水平方向に振動させる.すると,その棒の頂点は縦横比に対応したリサージュ図形を描く.すなわち,2次元的に振動する様子が可視化できるようになる.

電気の分野では,1834年,電線を使った実験で,電気放電の速度の測定を行った.その結果は,光速の1.3倍という数値を得て失敗に終わったが,その際の回転鏡を利用する測定方法は,優れた実験方法の発明という点で重要な貢献をなした.同年,F. アラゴーは,その実験方法をもとにした水中・空気中での光速度の比較実験をL. フーコー*とA. H. L. フィゾー*に示唆した.

ホイートストンブリッジは,1833年にS. H. クリスティによって発明されたもので

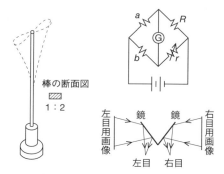

図1 左：カレイドフォン，右上：ホイートストンブリッジの回路図，右下：立体鏡の仕組み

あるが，ホイートストンが1843年のオームの法則の実験的証明の論文で紹介したため，ホイートストンの名で広く普及した．

ホイートストンブリッジ 精密な測定が可能なため，今日でも広く普及している電気抵抗測定器である．既知の抵抗から，未知の抵抗を測定する．

図1右上のように既知の抵抗を3カ所に配置し，固定抵抗をa, b，可変抵抗をrとする．未知の抵抗はRにおく．電流を流し，Gの検流計の値が0になるように可変抵抗rを調整する．すると，次の式からRが求められる．

$$R = \frac{a \cdot r}{b}$$

この測定法の最大の利点は，電流計に電流が流れないので，電流計の内部抵抗による測定誤差が生じないことである．

立体鏡 ホイートストンは，目の立体視の原理に基づき，立体的に視覚できる器具，立体鏡を1838年の論文で発表した．

ホイートストンが発明した立体鏡の原理は図1右下で示される．二つの画像からの光はそれぞれの鏡で反射され，右目と左目に入射する．右目用と左目用の画像をそれぞれ用意しておけば，立体視が起こる．

ホイヘンス，クリスティアーン
Huygens, Cristian
1629–1695

光の波動論，土星の環の発見

オランダの数学者，物理学者，天文学者．「土星の環」が環状であることを発見，振り子時計を初めて実際に製作．光の波動説に基づく「ホイヘンスの原理」を提唱．衝突の法則と振り子の理論を提出して力学の形成に寄与した．

経歴 オランダ，ハーグの名家に生まれる．父は，詩人かつ作曲家であり国会議員でもあったコンスタンティン・ホイヘンス．1655年にライデン大学を卒業．同年，自作した反射望遠鏡によって，土星の衛星タイタンを発見している．そして，当時「星が3個連結しているように」見えた土星の秘密を解明するため，倍率92倍の望遠鏡を製作した．それを用いて，連結している星は土星の「環」であることを発見した（1656年）．同年，オリオン大星雲を独立に発見して，スケッチを残している．

振り子時計 クリスティアーン・ホイヘンスは力学にも関心を寄せ，I. ニュートン*とは異なり「運動は相対的である」と考えていた．この考えをもとに完全弾性体の衝突の理論を導いた（1652–56年）．そして，数学的振り子の振動の等時性についての研究を進め，振り子時計を完成させる仕事に1656年から1693年までほぼ40年間従事した．既にG. ガリレイ*が振り子の振動周期が振幅に依存しないこと（等時性）を発見し，これを用いて時計を作ることを提案していた．この振り子時計は1657年，ホイヘンスによって初めて製作された．1658年に出版された『時計』（Horologium）で，その仕かけが公表されている．振り子時計の研究の過程でホイヘンスは，振り子の等時性が振幅が微小な場合のみ成立するとい

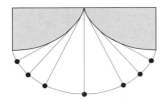

図1 サイクロイド振り子

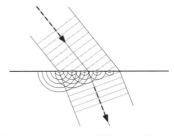

図2 ホイヘンスの原理による波の屈折

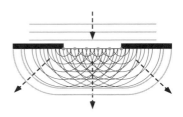

図3 ホイヘンスの原理による波の回折

うことを発見し，有限振幅でも等時性を失わない「サイクロイド振り子」を考案した．彼は1673年に発刊された著書『振り子時計』(*Horologium Oscillatorium*) の中で，剛体の物理振り子について相当単振り子の長さを求める一般的方法を示している．また同書は，証明なしに遠心力の理論を提示し，円錐振り子時計の作成法を説明している．ホイヘンスによる遠心力の理論は，重要な式 $F_{cf} = mv^2/R$ を得ており，この証明は死後8年を経て日の目をみた『遠心力論』(1659年執筆) に記されている．

ホイヘンスの原理：光の波動論 またホイヘンスは，光学分野で多くの業績がある．望遠鏡や顕微鏡で使用される，ホイヘンス式 (ハイゲンス式) 接眼レンズの発明，光の波動論に基づいた「ホイヘンスの原理」の提唱，光の媒介としてのエーテルの提唱等である．1678年に発見された「ホイヘンスの原理」(または「ホイヘンス–フレネルの原理」) は，波動の伝搬問題を解析する手法であり，1690年に著書『光についての論考』(*Traite de la lumiere*) で発表された．これによれば，前進波の波面の各点が2次波とよばれる新しい波の波源となり，全体としての前進波は全ての2次波を重ね合わせたものとなる．その後，この原理の理論的説明は，ヘルムホルツ方程式を積分方程式の形に定式化した「フレネル–キルヒホッフの回折理論」によって与えられた．

図2にホイヘンスの原理による波の屈折の解析方法を示す．上側の媒質と下側の媒質で波の速度が異なる場合，境界面の各点で生じる2次波の包絡線 (屈折波の波面) は入射波の波面とは異なる角度で境界面と交わることになる．また図3には同様に波の回折の解析方法を示した．この場合も，開口面上の波面各点で生じた2次波は入射波の進行方向以外にも伝搬していくため，新しい波面は図のように広がっていく．

人　物　ホイヘンスは1666年，ルイ14世の招きでパリに移住し，社交界へも出入りしていた．しかし，40代以降には複数の重い病気にかかり，1685年ハーグで療養中に信仰の自由を認めたナントの勅令が廃止され，新教徒のホイヘンスはパリへ戻ることを断念する．1695年に最後の病にかかる．病床ではプロテスタントの牧師からの心の慰めを拒否し，様々な宗派の人々から批判されることとなった．特権階級に生まれた彼は，人間の弱さを見下ろすことができる立場にあったため，宗派間の争いの時代において人間的な弱さをはっきりと見抜き，どの教義にも深くかかわらない姿勢をとっていた．

ホイーラー，ジョン・アーチボールド
Wheeler, John Archibald
1911–2008
ホイーラー–ドウィット方程式

人物 ホイーラーは，相対性理論の研究者で，読み継がれている『重力理論』(1973年)の著者の1人であり，重力研究に深く関わった．また，物理概念を的確な言葉で表現することにこだわり，ワームホール，量子重力が効力を発揮する時空領域を示すプランク長さとプランク時間，S行列，時空の量子力学的ゆらぎを意味する量子泡などの名づけ親である．特に，「崩壊した星」あるいは「凍結した星」とよばれていた超重星の最終段階をブラックホールと名づけたことは，専門家ばかりか，一般の人の関心をも集めることになった．またホイーラーは，R. ファインマン*，K. ソーン，J. ベケンシュタインなど多くの物理学者を育成した優れた教育者としても知られている．

経歴 ホイーラーは，アメリカ・フロリダ州ジャクソンビルに生まれ，21歳のときヘリウム原子による電磁波の吸収と分散の研究でジョンズ・ホプキンス大学から博士の学位を取得した．1935年からノースカロライナ大学で教育・研究者となり，1938年にプリンストン大学准教授，1947年に教授となった．プリンストン大学で50人近くに学位取得指導を行うなど，多くの研究者を育成した後，75歳(1986年)までテキサス大学理論物理学研究所所長であった．

ホイーラーの初期研究は，素粒子論に重要なS行列の理論(1937)，N. H. D. ボーア*と共同で行った原子核の液滴模型を使った核分裂の理論(1939)であった．

第二次大戦中は，マンハッタン計画の一員となり，核分裂部門で研究した．

1957年にプリンストン大学に戻り，素粒子・原子核から一般相対性理論へと研究の方向を変えた．「相対性理論は数学者に任せておけないほど重要」という認識であった．中性子星の上限質量の理論的研究をきっかけに相対論的天体物理学の先駆者となった．

ホイーラー–ドウィット方程式 宇宙全体の波動関数が量子重力理論の中で満たすホイーラー–ドウィット方程式を，ノースカロライナ大学のB. S. ドウィットと共に導出した(1967年)．量子重力理論は未完成であるし，アインシュタインの発想である「重力は時空のゆがみである」をどのように量子化するのか大きな問題であると捉えた．一般相対性理論を正準形式で扱うと，ハミルトニアン密度が0という拘束条件が得られる．これを量子化して波動関数の条件として表したものがホイーラー–ドウィット方程式である．これは3次元空間の計量テンソル場の関数(汎関数)としての波動関数が，時空座標の選び方によらないことを要請しており，時間座標を含まない．そのため，確率解釈をどのように適用すべきかは議論の的になってきた．

しかし，この方程式は，J. ハートルとS. ホーキング*による無境界条件を用いた宇宙誕生やビレンキンの無からの宇宙創成などの量子宇宙論の基礎方程式とされている．

後進の育成 ホイーラーの研究は，学生にいつも「何かを身につけたいのなら，そのことを教えなさい」と言っていたとおり，強く教育と結びついている．また，議論と閃きを大切にしていた．ファインマンへの指導は，「2人の議論は笑い声に変わり，笑いは冗談に変わり，冗談は2人の間の言葉のやりとり，そしてアイデアへと変わっていった」ゼミであり，議論での閃きを物理学研究の発展に結びつけていた．また，ファインマン図形の鍵となっている「陽電子は時間を遡る電子である」は，2人の議論で閃いたホイーラーのアイデアである．

ホイル，フレッド
Hoyle, Fred
1915–2001

恒星の元素合成論と定常宇宙論

イギリスの天体物理学者．

経歴・人物　1946 年に恒星内部の元素合成の理論の先駆的研究を行った．その研究は 1957 年に，アメリカの天体物理学者のバービッジ*夫妻及び W. ファウラーと共同で恒星内部の元素合成の総合的な論文にまとめられた．B^2FH の論文と略称されるその論文は，恒星進化論の研究者の間で，「元素合成論のバイブル」ともいわれ，研究に多大の貢献をした．

B^2FH 論文　恒星のエネルギー源については，ドイツの C. F. ヴァイツゼッカー (1938) と H. A. ベーテ*(1939) が，水素核融合エネルギーが主系列星の放出するエネルギーの源であることを示した．

ヘリウム以外の元素も恒星内部の核反応で形成されるという考えが生まれ，それを恒星内元素合成論という．G. バービッジ，M. バービッジ，W. ファウラー，ホイルの 4 人は，1957 年の B^2FH 論文で，恒星内元素合成論の「集大成」を行った．彼らの主張の基本は，①水素燃焼反応 (恒星進化論では，核反応を「燃焼」とよぶ)，②ヘリウム燃焼反応，③ α 粒子との反応で質量数が 4 の倍数の原子核が形成される α 過程，④熱平衡状態で鉄族を形成する e 過程，⑤中性子を捕獲する反応である s (slow) 過程，⑥中性子を捕獲する反応である r (rapid) 過程，⑦鉄より重い陽子過剰の原子核を形成する p 過程，⑧恒星内で形成できないリチウム，ベリリウム，ホウ素形成の x 過程，という 8 種類の形成過程に分類して元素合成を論じており，現在でも基本的には正しい捉え方として受け継がれている．

定常宇宙論の提唱　ホイルの研究は多方面にわたったが，ホイルの名前を一般の人にも知らしめたのが「定常宇宙論」の提唱である．1948 年に発表した論文で，我々の宇宙は「物質の連続的な創生を考慮すると，宇宙の膨張を含めて，全てが定常状態にあることが示される」と議論した．この考えは，イギリスの H. ボンディと T. ゴールドが半月前に出した論文「膨張宇宙の定常理論」と組み合わされて，「定常宇宙論」とよばれる．ボンディとゴールドは通常の宇宙原理を徹底化して，宇宙は時間的にも一様であるという「完全宇宙原理」を仮定した．宇宙全体が時間的に一様であるためには，膨張による密度低下を回避するために，ホイルが導入した C 場 (物質創生の場) の考えと組み合わされたのであった．

定常宇宙論の挫折　ところが，1965 年に 3 K 宇宙背景放射が観測され〔⇒ウィルソン, R.W.〕，それを説明するには，宇宙初期の高温状態を仮定することが一番単純明快であった．宇宙初期の高温状態は，1940 年代にソ連の G. ガモフ*たちが宇宙初期の元素合成理論として提案した「火の玉モデル」で導入されていた．その高温状態は，宇宙の断熱的な膨張で低下して現在約 3 K になったのである．天球全体からやってくる 3 K の黒体放射による電磁波を 3 K 宇宙背景放射とよぶが，ホイルたちの定常宇宙論ではこの現象を説明することが困難であった．そのため，定常宇宙論は現在では宇宙の理論としては意義を失っている．

とはいえ，正しくないことがわかった理論といえども，その理論が出されたこと自体が無意味とはいえない．日本の天体物理学の創始者の 1 人である早川幸男が「10 年間保つウソは，科学における基本的問題を指摘しており，科学の新しい分野を拓く」と述べたが，ホイルたちの定常宇宙論も 10 年以上否定されることなく宇宙論研究に刺激を与え続けることで貢献したといえる．

ボイル，ロバート
Boyle, Robert
1627–1691

ボイルの法則の発見

イギリスの粒子論哲学者．究極の存在である粒子の離合集散により物質の物理的・化学的性質を説明しようとした．

経　　歴　1627年アイルランドのリズモアで生まれた．父親は英国系のコーク伯爵で広大な領地を所有していた．正規の教育は英国のイートン校で8歳から3年間受けただけだったが，11歳からはヨーロッパ各地を遊学して科学に興味を持つようになった．1644年に帰国．1654年にはオックスフォードに居を構えた．ここでは「見えざる学会」に入り中心的役割を果たす．彼の尽力により，この学会を母体として1660年に「自然についての知識を改良するためのロンドン王立協会」が設立された．優れた実験家であったボイルは，王立協会の会員たちと共に「実験哲学」を提唱し実践した．この新しい哲学は，実験は事実だけを明らかにすればよいという科学の客観性を強調する立場だった．

真空ポンプの製作と実験　ドイツのO.ゲーリケのマグデブルクの半球実験を知ったボイルは，ゲーリケの空気(真空)ポンプの情報をもとに，1659年に助手のR.フック*とその製作に成功した．これには巨額の私財を投入している．これを可能にしたのは父親の莫大な遺産を相続していたからであった．ボイルはこの空気ポンプを使っていろいろな実験を行い，1660年『空気の弾性に関する自然学的・機械学的新実験』という本にまとめた．例えばほとんど空気の入っていない動物の膀胱をガラス容器内に入れて，空気ポンプで容器内を排気していく．すると膀胱の袋はだんだん膨らんでくる．このことから空気はバネ粒子であって，外的な束縛が取り除かれると膨張する性質を持つと考えた．このような実験で，E.トリチェリ*の水銀柱の重さが大気の重さと釣り合っているという説を否定して，空気はバネ粒子が外力によって圧縮や膨張をすると考えたのだ．

ボイルの法則　これを批判したのが，イエズス会士F.ラインであった．彼はボイルの空気バネ説では，空気粒子は膨張と圧縮という相矛盾した属性を備えることになるが，アリストテレス自然学に従うと物体の固有の運動は一つだけという「単純運動の原理」に反するとした．ボイルは1662年に改訂増補版を出版するが，この中でライン神父の批判に反論し，膨張と収縮をする空気の弾性の大きさを定量的に測定した「気体の法則」が示されたのである．

J字形のガラス管の長い方の口から水銀を注ぎ込み，塞がれた短い方に空気を閉じ込める(図1)．こうして一定の温度の下で，閉じ込められた空気の体積と水銀によって加えられた圧力の関係を調べた．そのためまず「圧力 (p) と体積 (V) は反比例する ($p \propto 1/V$)」という仮説をたてて圧力の計算値を算出した．次に管の長い方と短い方の水銀柱の高さの差と大気圧の和が，圧縮された空気の圧力と等しいと仮定し，加えた圧力の値を測定して表にした．測定値と計算値を比べた結果，よく一致することが確かめられた．気体の体積と圧力の関係は後にボイルの法則とよばれるようになった〔⇒ゲイ=リュサック〕．

図1　ボイルの法則の実験

ポインティング,ジョン・ヘンリー
Poynting, John Henry
1852–1914
ポインティングベクトルの考案

イギリスの物理学者.研究領域は多岐にわたり,1905 年,イギリス王立協会のロイヤルメダルを受賞した.

ポインティングベクトル 1884 年,電磁場のエネルギーを計算するために,ポインティングが考案したベクトル,

$$S = E \times H \quad (1)$$

は,ポインティングベクトルとよばれる.ここで,E,H はそれぞれ電場ベクトル,磁場ベクトルを表す.ポインティングベクトルは,物理的には,単位時間・単位面積当りに流れるエネルギーを意味し,放射による熱の運搬を表す.(1) 式からわかるように,流れの方向は,電場ベクトルと磁場ベクトルが作る平面に対して法線方向である.簡単な例は,半径 a,長さ L の円柱内を電流 I が流れる場合である (図 1).このとき,円柱を取り巻く方向に磁場が作られるので,ポインティングベクトルの方向は,円柱の表面に対して法線方向内向きである.電場 E は,円柱の両端の電位差を V として,$E = V/L$,円柱の表面に作られる磁場 H は,アンペールの法則〔⇒アンペール〕により,$H = I/2\pi a$ なので,単位時間に円柱の表面から放出される全エネルギーは,(1) 式より $2\pi aL \cdot S = IV$ と計算される.これはジュール熱に他ならない.

ポインティングベクトルはエネルギーの流れを表すので,エネルギー密度 u に対して,連続の式 (または保存の式) を,

$$\frac{\partial u}{\partial t} = -\nabla \cdot S - J_f \cdot E \quad (2)$$

と書くことができる.ここで,J_f は荷電流を表す.これを,ポインティングの定理という.

ポインティング–ロバートソン効果 1903 年には,太陽からの放射と宇宙塵についての研究論文を発表した.雨が降る中を車で走っていると,雨が斜め前方から降ってきているように見える.同様に,横からの光の放射の中を運動する物体からは,光が斜め前方から進んできたように見える.これを光行差という.このとき,物体は,進行方向に圧力を受ける (放射圧).太陽の周囲を軌道回転している宇宙塵が,放射圧を受けて角運動量を失うと,重力によって軌道半径が徐々に小さくなり,太陽に近づいていく.これは,1937 年に,H. P. ロバートソンが相対論的に取り扱い,発展させたので,ポインティング–ロバートソン効果とよばれる.

ポインティングによれば,宇宙塵が受ける抗力 (ポインティング–ロバートソン抗力) は,

$$F_{\mathrm{PR}} = \frac{vR}{c^2} \quad (3)$$

と表される.ここで,c は光速,v は粒子の速度,R はエネルギー放射率である.(3) 式と太陽の重力から運動方程式を立てて計算すると,太陽からの距離 r [km] にある,半径 a [cm],密度 5.5 kg/m³ の球体宇宙塵は,太陽に落ち込むまでに,$61r^{1/2}a$ 回,太陽のまわりを回転する.例えば,地球と同じ軌道半径 ($r = 1.5 \times 10^{11}$ m) で,地球と同じ速度で太陽の周りを回転している球体宇宙塵を考えよう.半径が 1 cm の場合は,落下するまでに太陽の周りを 2 億回,半径 10 μm では,20 万回回転すると見積もられる.

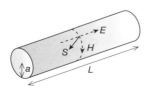

図 1 ポインティングベクトルの例

ホーキング, スティーヴン
Hawking, Stephen William
1942–

ブラックホールの物理学的解明

イギリスの理論物理学者, 宇宙物理学者. 1979年からケンブリッジ大学ルーカス教授職. 特異点定理, ブラックホールの面積定理, ホーキング放射で知られる.

経歴 1962年にオックスフォード大学を卒業後, ケンブリッジ大学大学院に入学. 翌年, 筋ジストロフィーと診断される.

ブラックホール ホーキングの主な業績はブラックホールに関係するので, その説明から始めよう. ブラックホールは脱出速度が光速 c を越えるような物体であり, そのアイデアは英国国教会の牧師の J. ミッチェルまで遡る. 1784年に発表された彼の議論をまとめると次のようになる.

質量 M の物体が動径距離 r の点に作る球対称の重力ポテンシャルの中を運動する粒子の脱出速度を v とすると,

$$\frac{mv^2}{2} = \frac{GM}{r}$$

で与えられる. ここに, G は万有引力定数である. 脱出速度以上の速度を持つ粒子は無限遠に脱出することができる. その速度 v を光速 c に等しいと置くと, 光がぎりぎり脱出できる限界の半径の初期値

$$R_s = \frac{2GM}{c^2} \quad (1)$$

を得る. これは, 現代では, 質量 M に対するシュワルツシルト半径とよばれている. 地球程度の質量の場合には R は約 1 cm, 太陽程度だと 3 km くらいである.

非相対論的な公式の中の速度に光速を代入するのは, もちろん間違っているが, 不思議なことに答えは正しい.

面積定理 古典重力理論においては, ブラックホールの地平面の表面積は必ず増大する. ブラックホールの合体も含んだ一般的な定理.

1972年に J. ベケンシュタインはこの面積増大則と熱力学第2法則が似ていることから, 情報理論的な考察も加えて, ブラックホールの表面積がエントロピーに比例すると予測した. その正当化と比例係数の決定は, 以下に述べるホーキングによる量子場の理論的な研究を待たなければならなかった.

それによれば, ブラックホールの表面積を A とすると, プランク単位でその1/4になる.

$$S_{\text{BH}} = k_B \frac{A}{4(l_P)^2} \quad (2)$$

ただし, l_P はプランク長 ($l_P = \sqrt{G\hbar/c^3} \approx 1.616 \times 10^{-35}$ m), k_B はボルツマン定数である.

ホーキング放射 ホーキングが1974年に示したように, 量子場の理論においては, ブラックホールから粒子が熱的に放射される.

ブラックホール時空においては, 地平面近くの真空ゆらぎによって正エネルギーの粒子と負のエネルギーの粒子対が重力で引き裂かれて, ブラックホールの外に出ていく粒子と, 中心の特異点に落ちていく相方の励起になる. その外に出ていく粒子のことをホーキング粒子という. これは光子, 電子など素粒子の種類によらない. そのスペクトルはブラックホールの質量に反比例する温度 (ブラックホール温度)

$$k_B T = \frac{\hbar c^3}{8\pi GM} \quad (3)$$

の黒体放射になる. (2), (3) 式は最近まで続いている, ブラックホールの熱力学の研究の基礎である.

特に, $E = Mc^2$ として熱力学第一法則

$$dE = TdS \quad (4)$$

が成り立つ.

M が太陽質量程度だと, ブラックホール温度は 10^{-6} K 程度であり天文学的な意味

はないが，量子重力の研究をする際の理論的練習場として重要視されてきた．

量子物理は古典的な理論にはなかったブラックホールの蒸発という新しい効果を引き起こす．大きなブラックホールの準古典的幾何における量子場の理論を解析することにより，ホーキングは量子トンネル効果と類似の過程により粒子がブラックホールから放射されることを示した．その結果，ブラックホールは縮み，究極的にはその質量がプランク質量と同程度になる．そこでの大きな曲率と量子ゆらぎのために，ホーキングの計算は破綻する．

ブラックホールの蒸発と情報喪失問題 外に出ていく粒子と，中心の特異点に落ちていく粒子の量子状態は相関している．ブラックホールの外にいる観測者は中心に落ちていく方の粒子をみることができないので，ホーキング粒子の量子状態は混合状態になる．一方では，量子力学における時間発展がユニタリーであると信じている人たちからはこの非ユニタリー的時間発展は批判にさらされた．そこに着目してホーキング粒子の量子情報理論的解析もされ始めた．

ホーキングの発見以後ブラックホール物理学と熱力学が完全に対応するという驚くべきことが導かれた．近年，その対応から重力自身の量子力学である量子重力への手がかりを探そうとする研究が盛んである．

ホーキングは「車椅子の天才」とよばれ，一般にもよく知られている．彼が使うコンピュータによる音声は，彼によれば遺憾なことに，アメリカンアクセントである．一般向けの本『ホーキング宇宙を語る』はベストセラーとなった．2014年には彼の生涯について映画 *The Thory of Everything* が製作された．

ボゴリューボフ，ニコライ
Bogolyubov, Nikolay Nikolayevich
1909–1992

場の量子論，統計力学，力学系分野で貢献

ソ連（現ロシア）の数学者，数理物理学者．場の量子論におけるボゴリューボフ変換，確率分布関数の満たす時間発展方程式に関する BBGKY 階層，力学系に関するクリロフ–ボゴリューボフの定理などで知られる．ロシア語からの転記で，Bogoliubov と表記されることもある．

経歴　1909年ロシア帝国のニジニ・ノヴゴロドで，ロシア正教の司祭で神学，心理学，哲学の教師でもあった父ニコライ・ミハイロヴィッチ・ボゴリューボフと音楽家教師であった母オルガのもとに生まれたが，1921年からはキエフに居住し，キエフ大学の研究セミナーに若くして参加，非線形力学や方程式の数値解法などで知られた N. M. クリロフの指導の下で研究活動を行った．15歳で，最初の科学論文を発表，19歳のとき当時のウクライナ・ソヴィエト連邦共和国科学アカデミーで博士号を取得した．

1931年からクリロフと非線形力学分野での共同研究を開始，2人は非線形振動研究のキエフ学派の中心となった．37年に共同執筆した『非線形力学入門』は，非線形力学の学問分野創設につながった．41年，ドイツがソ連に侵攻した際，東方に逃れたが，43年にはモスクワに戻り，モスクワ大学の理論物理学教授に就任，確率過程に関する研究を行った．47年にはステクロフ数学研究所を組織し，所長に就任，40年代，50年代には超流動や超伝導の理論に関する研究を行い，それに関連して，ボゴリューボフ変換や BBGKY 階層など多くの重要な貢献を残した．多くの業績が評価され，マックス・プランクメダル（1973年）やディラッ

クメダル (1992 年, 死後) が授与されている. 息子の N. ボゴリューボフ (Jr) も理論物理学者である.

BBGKY 階層 N 粒子の座標, 運動量を $\{\boldsymbol{q}_i\}$, $\{\boldsymbol{p}_i\}$ ($i=1,\cdots,N$) で表すことにすると, N 体分布関数 $f_N(\{\boldsymbol{q}_i\},\{\boldsymbol{p}_i\},t)$ の時間発展は, 古典的な場合リウビル方程式

$$0 = \frac{\partial f_N}{\partial t} + \sum_{i=1}^{N}\left\{\dot{\boldsymbol{q}}_i \cdot \frac{\partial f_N}{\partial \boldsymbol{q}_i} - \frac{\partial}{\partial \boldsymbol{q}_i}\left(V + \sum_{j\neq i} U_{i,j}\right)\cdot \frac{\partial f_N}{\partial \boldsymbol{p}_i}\right\} \quad (1)$$

によって決められる. ここで, V は外場のポテンシャル, $U_{i,j}$ は粒子 i と j の間に働く力のポテンシャルである. 量子論的な場合, 出発点の方程式は密度行列に対するフォン・ノイマン方程式になるが, 以下の考え方は同様に適用される. 方程式 (1) を一部の変数について積分することによって, s 体分布関数の発展方程式を ($s+1$) 体の分布関数に関連づけるという階層が作られる. 古典統計力学における s 体分布関数の概念は, 1935 年 J. イヴォンによって導入されたが, 階層構造を提唱し, 運動方程式の導出に応用したのは, ボゴリューボフが 1945 年に投稿したものが最初であり, ほぼ同時期に J. G. カークウッドが運動論的輸送理論に用い, M. ボルン*と H. S. グリーンが液体の一般的な運動論に応用した. このような事情から, この階層は BBGKY 階層 (Bogolyubov-Born-Green-Kirkwood-Yvon hierarchy) とよばれる. BBGKY ヒエラルキー, BBGKY 階級方程式などとよばれることもある. また, 単にボゴリューボフ階層とよばれることもある. 1 体の分布関数を 2 体の分布関数に関連づけ, その 2 体分布関数を 1 体分布関数の積で近似するとボルツマン方程式〔⇒ボルツマン〕に当たるものが得られる.

ボゴリューボフ変換 交換関係や反交換関係を満たす場の演算子に関するユニタリー表現から, 他のユニタリー表現へのユニタリー変換を一般にボゴリューボフ変換とよび, ハミルトニアンの対角化などに利用される. 単一ボソンモードの生成・消滅演算子を $a^\dagger$, a で表すことにすると, 交換関係 $[a,a^\dagger]=1$ が成り立つ. 次のように新しい演算子を導入し,

$$b = \alpha a + \beta a^\dagger, \quad b^\dagger = \alpha^* a^\dagger + \beta^* a, \quad (2)$$

この変換がユニタリーである条件, すなわち, 交換関係 $[b,b^\dagger]=1$ が成り立つ条件を求めると, $|\alpha|^2-|\beta|^2=1$ であることがわかる. 一般解は, 実数 θ_1, θ_2, r を用いて,

$$\alpha = e^{i\theta_1}\cosh r, \quad \beta = e^{i\theta_2}\sinh r \quad (3)$$

のように表される. 単一フェルミオンモードの場合は反交換関係 $\{a,a^\dagger\}=1$ が成り立ち, 変換 (2), (3) がユニタリーであるための条件, すなわち, 反交換関係 $\{b,b^\dagger\}=1$ が成り立つための条件は, $|\alpha|^2+|\beta|^2=1$ であり, 一般解は

$$\alpha = e^{i\theta_1}\cos r, \quad \beta = e^{i\theta_2}\sin r \quad (4)$$

となる. ボソンの応用例は, 超流動の理論に, またフェルミオンの応用例は超伝導の BCS 理論に, 共にボゴリューボフ自身の手によって適用された.

クリロフ–ボゴリューボフの定理 数学における不変測度 (invariant measure) とはある関数が作用しても変わることのない測度を意味するが, 力学系におけるクリロフ–ボゴリューボフの定理とは, 関数と, それが作用する空間に対して一定の条件を課す場合に, 不変測度の存在を保証する定理である. 具体的には「関数」にあたるものが単一写像の場合の不変測度, あるいはマルコフ過程である場合の不変測度に関する存在定理のどちらもがクリロフ–ボゴリューボフの定理とよばれている.

ホジキン，ドロシー・クロウフット
Hodgkin, Dorothy Mary Crowfoot
1910–1994
生体高分子の3次元構造解析の先駆者

イギリスの女性化学者・結晶学者．ペニシリンなどの生理活性物質のX線構造解析でノーベル化学賞を受賞．

経　歴　ホジキンは，カイロで生まれたが，両親はイギリス人で，父はエジプト教育機関で勤務し，母は古代織物の専門家であった．1920年に家族はイギリスへ戻った．1928年から4年間，ホジキンはオックスフォード大学のサマヴィル・カレッジで学んだ．

1932年，ホジキンはケンブリッジ大学に移り，結晶構造学のJ. D. バナールの指導を受けた．当初，ステロール類のX線構造解析を行っていたが，オックスフォードに戻る数カ月前にバナールがペプシン酵素の結晶を入手したことがホジキンの運命を変えた．この結晶は，通常と異なり，母液が取り除かれた乾燥状態ではなかったのである．そのため，結晶の規則性が崩れず，明瞭なX線回折像が得られた．2人は，初めてタンパク質高分子の分子構造を解明し，連名でNature誌に発表した．

ホジキンは1934年にオックスフォード大学に講師として戻ると，生理的に重要な高分子物質のX線構造解析の研究を行った．

ペニシリンの構造解析　ペニシリンは1928年にA. フレミングによって発見されたが，単離されたのは，1940年になってからである．第二次大戦が始まり，抗菌剤として特別重要な物質となっていた．ホジキンは1944年にはペニシリンGの三つの塩を手に入れ，研究を開始した．膨大な計算を実行するためにH. ホレリスのパンチカードを利用し，3次元フーリエ解析を行い，1947年までにペニシリンGの3次元電子密度図から立体構造を見出した．

インスリンの構造解析　ホジキンは，どれだけ長期間がかかろうとも結果を徹底追求しようとする人物であった．ホジキンがインスリン結晶を入手したのは1935年であったが，彼女の研究室でその3次元構造を決定したのは1970年で実に35年にわたる研究であった．その間，実験技術が進歩し，コンピュータが出現し，ホジキンはそれらを積極的に取り入れながら構造決定にたどり着いた．

ビタミン B_{12} の構造解析　ビタミン B_{12} は1948年に初めて結晶化されたが，その構造は全く未知であった．また，X線解析には大きすぎる物質であったが，コバルトを含んでいる利点はあった．ホジキンは，プリンストン大学の研究グループの結晶を使い，共同研究を実施した．さらに，カリフォルニア大学の研究グループと協力し，真空管式のSWACコンピュータで3次元フーリエ解析の計算を行った．1956年のNature誌に発表されたが，コンピュータを使用した構造解析はX線構造学の新たな一歩を切り開いた．

人　物　1937年，ホジキンは，後にアフリカ史研究者となったトーマス・ホジキンと結婚し，3人の子供を育てた．

ホジキンは，1964年にノーベル化学賞を受賞し，翌年には，メリット勲章を，女性としてはF. ナイチンゲール*に次いで2番目で受賞した．バナールおよび夫のトーマス同様，ホジキンも社会情勢に多大な関心を持ち，社会問題に取り組んだ．パグウォシュ会議の会長を務めた．

ボース,サティエンドラ・ナート
Bose, Satyendra Nath
1894–1974

ボース統計とボース粒子に不朽の名

インドの物理学者.光子のボース–アインシュタイン統計を提唱.ボース統計に従う粒子はボース粒子またはボソンとよばれる.

英領インドのカルカッタ生まれ.プレジデンシー大学に学ぶ.カルカッタ大学教授.

「奇妙な」場合の数 白玉AとBをコップ1と2に分配する場合の数を求めよという問題を考える.コップは区別でき空のコップも許すとする.コップをかっこ付き数字で表すと分配方法はA(1)B(1), A(2)B(2), A(1)B(2), A(2)A(1)である.しかしもしも白玉が区別できずA ≡ Bならば,分配の仕方はA(1)A(1), A(2)A(2), A(1)A(2)となる.この数え方では各々の分配の確率は1/3, 1/3, 1/3である.これは奇抜な数え方である.ボースはこれと類似の考えでボース統計を創始した.

プランクの放射式の課題 プランクは黒体放射のエネルギー密度の公式を導き,その物理的起源の解明においてエネルギー量子を発見した.それ以来プランクの放射公式を正当な統計力学で根拠づけることは,極めて重要な課題であった.実際A.アインシュタイン*はこの問題に繰り返し立ち戻り,特に1917年の論文で放射公式を導くとともに,自然放出確率(A係数)と吸収・誘導放出確率(B係数)の関係を導いた.ここにボースが彗星のごとく現れる.

ボース統計 1924年ベルリンに在ったアインシュタインに1編の論文と手紙が送られてきた.送り主は若いインド人物理学者ボース.ボースは,電磁放射を光子(光のエネルギー量子)の理想気体と見なし,光子は区別できず,光子数は保存せず,各々のミクロな量子状態に任意個数の光子が存在しうると考えた.彼はこの不思議な統計的発想に基づき,量子論の礎石であるプランクの放射法則を見事に導いた.ボース統計(Bose statistics)の発見である.電気力学の基礎方程式が線形であることから,光子間には相互作用がなく光子気体は理想気体である.ボース統計によれば1粒子状態 j の平均占有数 n_j は

$$n_j = \frac{1}{e^{(\varepsilon_j - \mu)/k_B T} - 1} \quad (1)$$

で与えられる.この統計に従う粒子をボソン(Boson)とよび,整数スピンを持つ.ここに ε_j は量子状態 j のエネルギー,k_B はボルツマン定数,μ は化学ポテンシャルである.光子の場合には $\mu = 0$ であり,光子エネルギー $\varepsilon_j = h\nu$ と状態数 $8\pi\nu^2/c^3$ を用いればプランクの放射公式を得る.

当初ボースは論文を *Philosophical Magazine* 誌へ投稿したが,論文はにべもなく掲載を拒否された.諦めきれないボースは「この論文に価値があると判断されるならば,ドイツの科学雑誌に投稿してほしい」との手紙を添えて,論文原稿をアインシュタインへ送った.ボース自身はプランクの放射法則の比例係数 $8\pi\nu^2/c^3$ を正しく導いたことを強調している.ただし係数も含めてプランクの放射式を導くには,光子の偏極という重要な自由度2が必要である.非常に興味深いことに,スピンがまだ発見されていなかった時期にボースは正しい偏極の自由度2を予測した.

ボース–アインシュタイン凝縮 アインシュタインは,ボースの論文に本質的アイデアを認め,ボースの論文をドイツ語に翻訳し,推薦状を添えて *Zeitschrift für Physik* 誌へ送った.ボースの論文は速やかに出版された.かくてボースの発見は物理学史を飾る.アインシュタイン自身は,ボースの考えを一般粒子の理想気体に発展させてボース–アインシュタイン統計を確立し,引力相互作用を要しないボース–アインシュタイ

ン凝縮 (Bose-Einstein condensation) を予言した．この凝縮は純粋に量子統計力学的な相転移であり，温度が下がると全ての粒子が完全に最低エネルギー状態に落ち込む．これはボソンの波動関数は完全対称であるべし，という量子力学の要請から帰結する．この凝縮は，超伝導状態や液体ヘリウムの超流動状態の理論に適用されたが，完全な意味での実証は20世紀末まで70年の歳月を要することになる．1995年 W. ケターレ，E. A. コーネル，C. E. ワイマンは新たに開発された原子気体のレーザー冷却法〔⇒コーエン=タヌジ〕を用いて，アルカリ原子気体でのボース–アインシュタイン凝縮をついに完全な形で実証した．

ボース統計の適用 ボースに従い振動数が ν と $\nu+d\nu$ の間にある光子の状態の数 $Z(\nu)d\nu$ を考える．通常の電磁気学的方法では，体積 V の空洞にある定在波の数として $Z(\nu)d\nu = 8\pi\nu^2 V d\nu/c^3$ である．ボースは1粒子の位相空間の細胞の数を数えた．位相空間の要素 $d\boldsymbol{x}d\boldsymbol{p}$ を体積 V と運動量が p と $p+dp$ の間で積分し光子の偏極を考慮して2倍すると $8\pi V p^2 dp$ である．光子のエネルギーと運動量の関係式 $p = h\nu/c$ を用いると，これは

$$h^3 \left(\frac{8\pi V \nu^2}{c^3} \right) d\nu = h^3 Z(\nu) d\nu \quad (2)$$

と書ける．したがって $Z(\nu)$ は粒子の位相空間のある領域に含まれる大きさ h^3 の細胞の数に等しい．ボースは $Z(\nu)$ の新しい見方を発見した．この結果は今日どの統計力学の教科書にもみられるが，ボースに遡る．

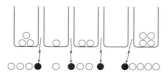

図1　10個の白玉 (光子) を五つのコップ (量子状態) に配分する仕方

ボースによる奇妙な場合の数の数え方を受け入れて，プランクの分布式を導いてみよう．量子状態に光子を分配する仕方の数 W を計算し，ボルツマンの原理

$$S = k_B \log W \quad (3)$$

よりエントロピー S を求める．光子の量子状態をグループ $j = 1, 2, \cdots$ に分け，G_j を j 番目のグループの状態数，N_j をそこに含まれる光子数とする．識別不可能な N_j 個の光子 (図1の白玉) を G_j 個の番号つき状態 (図1のコップ) に分配する場合の数を W_j とする．全部の白玉と仕切壁の印としての $(G_j - 1)$ 個の黒球をまぜて一列に並べる順列の数は $(G_j + N_j - 1)!$ である．球を区別しないと並べ方の重複の数は，同色の球の順列の数 $(G_j-1)!N_j!$ である．したがって W_j は

$$W_j = \frac{(G_j + N_j - 1)!}{(G_j - 1)! N_j!} \quad (4)$$

である．ここで $G_j + N_j \gg 1$，$G_j \gg 1$ を用い，j 番目の量子状態の平均光子数 $n_j = N_j/G_j$ を導入する．$W = \Pi_j W_j$ を用いると，ボルツマンの原理 (3) より

$$S = \sum_j k_B G_j [(1 + n_j) \log(1 + n_j) - n_j \log n_j] \quad (5)$$

を得る．光子数は変わりうるとし全エネルギーが一定の条件つきで (5) 式にエントロピー極大の条件を課して n_j を求めると，$\mu = 0$ に対するボース分布 (1) 式を得る．

アインシュタインは，ボース–アインシュタイン統計の第2論文において L. ド・ブロイ*の物質波の理論も強く推賞し，ボースとド・ブロイのゴッドファーザーとなった．かくてボースは，わずか1編の論文に基づくボース統計とボース粒子 (ボソン) により物理学史上に不朽の名を残した．ボースの事例は，自分の研究結果に本当に自信のある若い研究者は，論文がレフェリーに掲載不可の判定をされても簡単に諦めないことが重要だと教える．

ポッケルス,アグネス
Pockels, Agnes
1862–1935

界面化学の実験的基礎を築いた

ドイツの主婦・女性化学者.家事の台所仕事から水面上の油膜の研究装置を発明し,表明張力の研究を行った.

経歴・人物　ポッケルスは,1862年イタリアのベニスで生まれた.父は,オーストリア軍人であったが,病気にかかり,ポッケルスが9歳のときに退役となった.当時,北イタリアではマラリアが流行していた.家族はドイツに移った.

ポッケルスは市立女学校に通い,物理学に関心を持ち勉学続行の希望を抱いていたが当時のドイツの大学は女性に開かれていなかった.また,ポッケルスには病気の両親の介護という仕事が課せられていた.3歳年下の弟,フリードリッヒはゲッティンゲン大学に入学し,後に大学教授となった.

生涯未婚であったポッケルスは両親介護者として,日常的に台所で料理や皿洗いを行う中で,石けんや油膜について関心を抱いていった.18歳のときに,台所の道具を使って,図1のような水面上の油膜の研究装置を製作した.数年間,ポッケルスは,その装置で油膜の性質を調べた.

研究の公刊　ポッケルスは,1890年,イギリスの著名な物理学者レイリー卿*が同じような問題意識で研究を始め,論文を発表していることを知った.ポッケルスは,一主婦が大物理学者に手紙を出すことに躊躇があったものの,思い切ってレイリーに彼女の研究内容を記した長文のドイツ語の手紙を出した.

レイリーは手紙を受け取って,ポッケルスの研究成果の重要性を見抜いた.レイリーはポッケルスの手紙を英語に翻訳し,推薦文をつけて Nature 誌に掲載した.こうしてポッケルスの研究が世に出ることができた.

水面上の単分子膜　ポッケルスが発明したのは,図1のような表面膜用水槽天秤である.スズの水槽に満杯となるように水を張り,脂肪酸のような油滴を滴下する.脂肪酸は炭化水素の長鎖部分(疎水性)とカルボン酸部分(親水性)を持つので,図2のように棒状分子が水面上に分布する.

図1の仕切板を動かして脂肪酸の占める面積部分を狭くすると,脂肪酸分子が整列し,脂肪酸の単分子層が作られる.このとき,天秤で表面張力の変化を計ると,その分子配列の変化を把握することができる.

ポッケルスは,ボタンを表面直力の測定に使うなど,身近なもので装置を作成したが,この装置は後々,表面化学の基礎的な道具となっていった.やがて,I.ラングミュア〔⇒プロジェクト〕による界面化学の基礎的概念の創出につながっていく.

ポッケルスはレイリーへの手紙以降,数編の論文を Nature 誌やドイツの雑誌に書いたが,1902年以降は,両親の介護のためと第一次大戦の勃発のために,実験を行えなくなった.ポッケルスは1935年に73年の生涯を終えた.

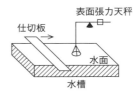

図1　ポッケルスの装置

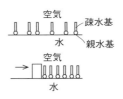

図2　水面上の単分子膜の状態変化

ホッパー，グレース・マレー
Hopper, Grace Murray
1906–1992

コンピュータプログラマの草分け

アメリカの計算機科学者でプログラミング言語COBOLの開発者．

経歴 ニューヨーク生まれ．ヴァッサー大学を卒業後，イェール大学大学院で修士号と博士号を取得．博士号取得時の専攻は数学であったが，当時女性の数学における博士号取得は珍しいことであった．

その後ヴァッサー大学で准教授として教鞭を執っていたが，時代は第二次大戦の真っ只中であり，大学を休職してアメリカ海軍予備隊に入隊する．1944年には中尉になり，武器局に配属される．そして当時誕生したばかりの電気機械式コンピュータのプログラム開発に加わるようになった．海軍が使用していたコンピュータはハーバード大学にあるハーバード・マークIとよばれるものだった．

世界初のコンパイラA-0，プログラミング言語COBOLの開発 戦争が終わってもホッパーはハーバード大学に残り，マークII，マークIIIの開発に携わる．1949年，ホッパーは大学を出て民間のコンピュータ会社に入社し，世界初の商用大型電子計算機UNIVAC Iの開発チームに加わる．そして1951年には世界最初のコンパイラA-0を開発する．A-0は記号を用いた数学的コードを機械語に翻訳するものであったが，ホッパーはまだ満足していなかった．それは，科学分野以外ではコンピュータがあまり活用されていなかったからである．その主な原因は，あまりにもユーザフレンドリーではない使い勝手にあると彼女は考えていた．そこでホッパーはA-0を発展させたFLOW-MATICとよばれる言語を開発する．これによりUNIVAC IおよびIIは，

図1 グレース・マレー・ホッパー（右から2人目）

英語による20通りの命令を理解するようになった．さらに，より英語に近づけたプログラミング言語COBOLを1959年に開発した．この事務処理用プログラミング言語は，英語を多用し，科学者以外でもプログラミングができるものとして，アメリカ政府の事務処理システムには欠かせない存在となり，やがて世界中で使われるようになった．

50年以上たった今でもCOBOLは最も使われているプログラミング言語の一つである．現代の視点で見れば不十分な点は多々あるものの，長い歴史の間に蓄積されてきたプログラムは膨大な数に上り，その重要性は他の初期の言語と比較にならないほど高い．

ホッパーは海軍予備隊に籍を置き続け，一時的に退役したがすぐに呼び戻され，最終的に退役に至ったのは79歳のときであった．当時最年長の現役士官であった．

コンピュータの「バグ」 ホッパーがマークIIのプログラミングをしているとき，コンピュータ内に蛾が入り込んで計算が止まったことがある．ホッパーは日誌に蛾を貼り付け，「バグ（虫）が見つかった最初のケース」と書き留めた．バグという言葉はすでに一部で使われていたが，広く知れ渡るようになったのはホッパーがこの話をいろいろなところでしたからであるといわれている．

ホフスタッター，ロバート
Hofstadter, Robert
1915–1990

電子散乱の研究と核子の構造解明

経歴 ニューヨークの煙草店経営のユダヤ人家庭に生まれる．ニューヨーク市立大学卒業後，ゼネラル・エレクトリック社の奨学金を得，理論家を志しプリンストン大学大学院に進学．そこで E. コンドンの計算を手伝っていたが，師の転出に伴い，指導者なしに独力で 1938 年に博士号を取得した．博士研究員として遠赤外線研究所で取り組んだ NaI シンチレーションカウンターの研究を通じて固体物理の基礎を身につけた．1939 年にペンシルベニア大学に職を得，L. I. シッフの知遇を得た．大戦中は国立度量基準局で働き，レーダーの高度計の開発に従事した．古典ジャズの愛好家で近所の同好の女性と 1942 年に結婚した．

戦後，プリンストン大の助教授に就任し，世界の注目を集めることになったタリウムで活性化した NaI 結晶により，シンチレーターが作れることを示した．シッフの誘いで 1950 年にスタンフォード大に転じ，大学院生と後年素粒子実験研究に不可欠となった多くの粒子検出器の研究開発を手がけた．

電子線散乱実験 スタンフォード大ではハンセンらが進行波電子線形加速器の開発を進めていた．当初 180 MeV，後に 600 MeV のエネルギーを得ている．1953 年以降，ホフスタッターはこの加速器を使った電子線散乱実験に集中した．

原子核の電子散乱実験は原子核内の構造（特に電荷分布）を明らかにするのが目的であった．原子核が有限の広がりを持つと，散乱断面積は点状標的のそれからずれる．そのずれが形状因子 F で表され，それは相対論的不変な量 q を使って以下のように書ける．

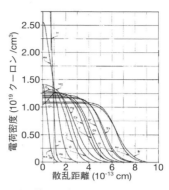

図1 電子散乱の方法で得られた原子核の電荷密度分布

$$\frac{d\sigma}{d\Omega} = \sigma_{\text{NS}} F^2(q),$$

$$q \equiv \frac{(2E/\hbar c)\sin(\theta/2)}{\sqrt{1 + (2E/Mc^2)\sin^2(\theta/2)}}$$

ここで E は入射エネルギー，θ は散乱角，M は標的核質量．原子核が球対象である場合には形状因子は $F = \frac{4\pi}{q}\int_0^\infty \rho(r)\sin(qr)r\,dr$ で書けることがわかっているので，E と θ について広範に取得した散乱断面積データを元に F から電荷分布 $\rho(r)$ を決定することができる．作成したスペクトロメーターを海軍払い下げの回転砲台（ガントリー）に載せ，実験を行っている．図1は得られた原子核の電荷分布構造である．この研究で 1961 年にノーベル物理学賞を受賞した．

この後，スタンフォード線形加速器センターが作られ，さらに大型の加速器が建設された．これにより，電子を核子の内部構造を解き明かすのに十分なほど短いド・ブロイ波長まで加速できるようになった．J. I. フリードマンにより，陽子を標的に電子散乱実験がなされ，M. ゲルマン*が提唱したクォークの存在が裏づけられることになった．一方，原子核構造解明のため数百 MeV クラスの加速器が世界各地に建設された．1967 年東北大 300 MeV リニアック（ライナック）で鳥塚賀治らによって発見された原子核の新巨大共鳴は有名である．

ボーム, デヴィッド・ジョセフ
Bohm, David Joseph
1917–1992

アハラノフ–ボーム効果の提唱

アメリカの物理学者,哲学者.ベクトルポテンシャルの物理的実在を予言したアハラノフ–ボーム効果,プラズマ中の粒子拡散を表すボーム拡散で知られる.

経歴 アメリカ・ペンシルベニア州のユダヤ系の家庭に生まれる.1939年,ペンシルベニア州立大学を卒業後,カリフォルニア大学バークレー校のR. オッペンハイマーの下で理論物理学を学び,博士号を取得した.この頃物理学のみならず政治面でも進歩的な立場で活発な活動を行ったため,第二次大戦後は共産主義者と見なされアメリカを追われたこともある.

ボーム拡散 ボームは量子物理学に数々の顕著な功績をあげている.第二次大戦中には,ボームの確立した陽子と重陽子との衝突に関する散乱計算が原子爆弾の製造に有効であることが認められ,マンハッタン計画に参加した.1949年には磁場中の放電電子の振舞について発表した.これはプラズマ中の電場の揺動レベルが大きいときに大きなプラズマ損失を引き起こす「ボーム拡散」として後にプラズマに一般的な電子現象であると知られるようになった.

アハラノフ–ボーム効果の提唱 1951年にブラジル,サンパウロ大学に移り,1955年からの2年間はイスラエル工科大学で過ごした後,1957年にイギリスのブリストル大学に移った.1959年に,ボームは彼の学生であるY. アハラノフと共にアハラノフ–ボーム効果 (AB効果) を発表する.これは電子線の干渉現象に関する理論的な予測で,電子線が遮蔽された電場 E も磁場 B もない空間を通っているにもかかわらず,ベクトルポテンシャル A (A と E, B は ϕ をスカ

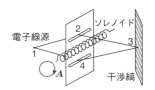

図1 アハラノフ–ボーム効果

ラーポテンシャルとして,$E = -\nabla\phi - \dot{A}$,$B = \nabla \times A$ の関係にある) が存在すれば $\Delta\theta = (e/\hbar)\oint A\,\mathrm{d}s$ の位相差が生じるので,干渉縞のずれが生じる,というものである (図1).これは電場や磁場よりもベクトルポテンシャルの方が基本的な物理量であることを意味する.オリジナルのマクスウェルの方程式に存在していた A は,その後 O. ヘヴィサイド*らの定式化を経て,数学的な補助量と考えられるようになった.しかしAB効果は A が物理的に実在することを主張する.なお,W. エレンバーグとR. E. サイディが既に1949年の電子線回折の論文で同じ効果に言及しており,ESAB効果と呼ばれることもある.

アハラノフ–ボーム効果の実証 こうして,AB効果はゲージ場 (ベクトルポテンシャル) の実在性を示す直接の実験結果と考えられるようになり,その存在自体を巡って論争が続いたが,1986年に外村彰*が電子線ホログラフィーを用いて,その存在を実証した.微細加工で作製したドーナツ状の磁石を冷やして外部に電磁場が漏れ出すことを防いだ上で,電子線の干渉縞に位相差が現れることを示した〔⇒外村彰〕.後の先端技術を用いて初めて証明が可能になる理論予測は数々あるが,AB効果は見事な実験により証明された代表的な例であろう.

ボームの量子力学に関する他の仕事としては隠れた変数の理論 (1952年) があり,J. S. ベル*らに影響を与えた.

ボームは,哲学者,心理学者としても知られ,ボームダイアローグ (対話型心理療法) をはじめとする功績を残している.

ポリャコフ，アレクサンドル・マルコヴィチ
Polyakov, Alexander Markovich
1945–
場の量子論に関する基礎的研究

ロシアの理論物理学者．非可換ゲージ理論におけるトフーフト–ポリャコフモノポール解の発見，量子色力学におけるインスタントン解の発見，弦理論の経路積分による定式化の開発，2次元共形場理論の定式化と臨界現象への応用，弦理論とゲージ理論の間の双対性の予想など場の量子論の様々な基礎的研究を遂行し，素粒子物理学及び物性物理学の発展に貢献した．

経歴 モスクワ物理技術研究所で修士号を取得．ランダウ理論物理学研究所で博士号を取得後，1989年まで同研究所で研究に従事．1990年プリンストン大学教授に就任．1965年，P. ヒグス*らとは独立にヒグス機構に関する研究を同級生のA. A. ミグダル（ア・ベ・ミグダルの息子）と共に行ったが，論文の掲載が遅れたため，彼らの論文はあまり知られていない．

トフーフト–ポリャコフモノポール 1974年，非可換ゲージ理論において自発的対称性の破れに伴い磁気単極子が現れることをG. トフーフト*とは独立に発見した．これは場の量子論におけるソリトン解の一種で，「トフーフト–ポリャコフモノポール」とよばれていて，大統一理論において自発的対称性の破れにより生成されるため，宇宙初期において重要になる．

1975年，A. A. ベラビン，A. S. シュワルツ，Y. S. チュプキンと共に，量子色力学において「インスタントン」とよばれるソリトン解を発見した．真空（最低エネルギー状態）は整数でラベルづけされる無数の状態からなり，それらをトンネル効果により繋ぐ解がインスタントンに相当する．物理的な真空は「θ 真空」と呼ばれる変数 θ を含む非自明な構造を成し，非摂動効果が重要となる．

ポリャコフ作用 1981年，弦理論において，「ポリャコフ作用」
$$S = -\frac{T}{2}\int d^2\sigma \sqrt{-g}g^{ab}\partial_a X^\mu \partial_b X_\mu$$
に基づいて，その量子論を経路積分により定式化した．ここで，T は弦の張力，$g = \det g_{ab}$, g_{ab} は世界面上の計量テンソル，$X^\mu = X^\mu(\sigma^a)$ は弦の位置を表す関数である．この定式化により，臨界次元と共形不変性の関係がより明確に理解され，弦理論の数学的構造および物理量の計算に役立っている．ポリャコフ作用は古典的に南部–後藤作用と等価である．

場の量子論への貢献 1984年，ベラビン，A. B. ザモルドチコフとともに演算子積展開〔⇒ウィルソン, K.〕に基づき，2次元共形場理論の定式化を行い，それを臨界現象に応用した．理論の有する対称性が極めて高いため，相関関数などの物理量が厳密に求められた．彼らの論文は，同時期に発表されたD. H. フリードマン，E. J. マルチネック，S. H. シェンカーの論文とともに，弦理論の研究者の間でバイブルのような存在となっている．

1980年代終わりから，弦理論とゲージ理論の間の双対性についての予想を与えている．このような予想は，1998年にJ. マルダセナ*が提唱したAdS/CFT対応〔⇒マルダセナ〕の原型と考えられる．さらに，S. S. ガブサー，I. R. クレバノフとともに，E. ウィッテンとは独立に「GKPW関係式」とよばれる関係式を書き下し，弱結合領域の重力理論を用いて，ゲージ理論の強結合領域の相関関数を計算する手続きを与えた．

ポリャコフ自身，ロシアを孤島に例え，そのような環境で研究に携わっていたことの利点として，独自性が保持しやすい点を強調しているのが印象的である．実際，彼の研究業績の多くは独創性に富んでいる．

ポーリング，ライナス・カール
Pauling, Linus Carl
1901–1994

量子力学によって化学結合を解明

アメリカの量子化学者，生化学者．量子力学を化学に応用した先駆者．ポーリングの原理を提唱．1954 年にノーベル化学賞を，1962 年にノーベル平和賞を受賞．

経　歴　幼少のポーリングは読書に熱心で，父の友人が所持する化学実験室で実験を学び，化学の道に進む希望を抱いた．オレゴン農業大学に学ぶ．カリフォルニア工科大学で博士の学位を取得．

私たちの身の周りには膨大な数の安定な物質が存在する一方で，物質は少数の元素から構成されている．従って原子と原子の化学結合は普遍的かつ統一的であるに違いない．ポーリングは化学結合の普遍性と統一性の研究で偉業を達成した．

量子化学の先駆者　ポーリングは，1920 年代にヨーロッパへ留学．ミュンヘンで A. ゾンマーフェルト*に，コペンハーゲンで N. H. D. ボーア*に，チューリヒで E. シュレーディンガー*に師事し折から発見されたばかりの量子力学を学ぶ．1927 年に W. ハイトラー*と F. W. ロンドンが水素分子の共有結合を量子力学的に解明したばかりだった．ポーリングはヨーロッパ滞在中にその理論を深く学んだ．

当時はまだ化学に量子力学のメスがほとんど入っていなかった．メタン CH_4 やベンゼン C_6H_6 の化学結合の本性は謎に包まれていた．炭素原子の最低状態は 2p 準位に二つの電子がいる 2 価であるが，CH_4 の回転振動スペクトルなどの実験事実から，炭素の四つの結合は互いに 109°28′ であり全て同等であることがわかっていた．炭素の 4 価をどう説明するか．二重，三重結合はどう理解されるか．ポーリングは化学結

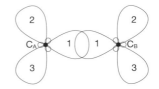

図 1　エチレンの sp^2 三方性 σ 軌道

合における未解決問題の解明に自分の天職を見つけ，努力を傾注する．

混成軌道の着想　ポーリングの最も重要な成果の一つは，原子価結合法に基づいた混成軌道の概念の確立である．4 価の炭素原子の電子構造に関して，彼の得た基本的アイデアは，2s 軌道と三つの 2p 軌道を区別することをやめ，それらの軌道を混合して四つの等価な結合軌道を得ることであった．炭素原子の 2s 軌道と $2p_x, 2p_y, 2p_z$ 軌道の波動関数から四つ ($k=1,\cdots,4$) の 1 次結合
$$\psi = \frac{1}{2}(\varphi_{2s} + a_k\varphi_{2p_x} + b_k\varphi_{2p_y} + c_k\varphi_{2p_z})$$
を作る．これは sp^3 混成軌道 (hybridized orbitals) とよばれ，四つの等価な軌道を形成する．これらの混成軌道は
$$(a_k, b_k, c_k) = (1,1,1),\; (1,-1,-1),$$
$$(-1,1,-1),\; (-1,-1,1)$$
に対応して，4 方向に等しい結合強度の極大を持ち互いに 109°28′ の角度をなす．この理論は CH_4 における 4 価の化学結合特性を見事に説明する．同様に炭素原子の 2s 軌道と $2p_x, 2p_y$ 軌道から三つの等価な sp^2 混成軌道 (三方性 σ 結合) が形成される (図 1)．この混成軌道は xy 面内にあり互いに 120° をなす．残りの $2p_z$ 軌道は xy 面に垂直な π 結合をなす．エチレン $H_2C=CH_2$ の C=C 二重結合は，sp^2 三方性 σ 軌道 (図 1) と π 軌道 (紙面に垂直) の重ね合せとして合理的に理解される．

分子結合での量子力学的共鳴効果　ベンゼン C_6H_6 の六員環は化学を最初に学ぶ多くの人を悩ませる．A. ケクレは C_6H_6 の C と C の結合は，一重結合と二重結合の高

速動的転換だと考えた．しかしポーリングには「量子力学的重ね合せの原理」という強力な新兵器があった．ポーリングは，一重結合状態と二重結合状態の量子力学的な重ね合せの共鳴状態 (quantum mechanical resonance state) を理論的に示した．これは分子結合における量子力学的な共鳴効果の発見である．興味深いことに，共鳴状態は幾何学的に一重結合状態と二重結合状態の中間のように見えるが，いずれよりもはるかにエネルギーが低く安定である．量子力学的共鳴効果は驚異的である．

ポーリングの原理 ポーリングは化学結合に関するポーリングの原理を提唱した．第1原理 (厳密にはゴールドシュミット－ポーリングの原理) は「各々の陽イオンの周りには陰イオンの配位多面体が作られる．イオン間の距離はイオン半径の和によって決定される．陽イオンの配位数は半径の比で決まる」である．ポーリングは，極性分子 A–B に関して電気陰性度 x_A, x_B を導入し，$|x_A - x_B|$ が結合のイオン性を与えることを示した．イオン－共有共鳴エネルギー Δ_{AB} を用いると $\sqrt{\Delta_{AB}} \simeq |x_A - x_B|$ であり，合理的である．

人　　物 ポーリングは，生化学に強い興味を抱き，原子がらせん状に配列したヘモグロビンの構造モデルやタンパク質2次構造の α ヘリックスを提唱した．しかし彼の提案した DNA の三重らせん構造は実験事実と矛盾し，成功しなかった．彼には DNA の構造解明に必須の鮮明な X 線回折データが手元になかった．

ポーリングは，地上核実験に対する反対運動の貢献によりノーベル平和賞を受賞した．彼は高校時代に家計を助けるアルバイトのため出席日数が足りず，高校の卒業証書を得られなかったが，ノーベル賞受賞後に卒業証書を授与された．これは苦学生が20世紀最大の量子化学者に成長した典型例であり，多くの若者に勇気を与える．

ホール，エドウィン・ハーバート
Hall, Edwin Herbert
1855–1938

ホール効果の発見

アメリカの物理学者．ホール効果を発見．

経　　歴 アメリカのメイン州に生まれ，1875年にボードイン大学を卒業した．ジョンズ・ホプキンス大学へ進学し1880年に博士号を取得した．1895年にハーバード大学の教授となり，熱電効果の研究グループを率いた．また多くの物理学の教科書や実験法についての著作がある．

ホール効果の発見 ホールは，1879年薄い金箔をガラス板に張りつけて磁場中に置き，磁場と垂直方向に通電した状態で，金箔各部で生じる電位差を測定した．そして磁場のないときには等電位であった個所に，磁場をかけたときに電位差が生じることを見出した．ホール効果は，磁場を測定するホール素子として多くの電子部品に応用されている．

ホール効果 ホール効果とは，電流密度 j の電流が磁場 B に垂直に流れるとき，$j \times B$ の方向に電場が発生する現象である．図1に示す試料に x 方向に電流が流れていると，磁場によるローレンツ力により $-y$ 方向に力を受ける．キャリアが正孔であるとき，$-y$ 方向に正の電荷が集まり，試料内に電場が生じる．キャリアが電子であるときは，$-y$ 方向に負の電荷が集まり，正孔の場合とは逆向きの電場が生じる．ローレンツ力による力と，試料内に生じた電場 E_y による力が釣り合ったとき，定常電流が流れる．

$$E_y = R_H j_x B$$
$$R_H = \frac{1}{nq}$$

ここで q はキャリアの持つ電荷であり，n はキャリアの数密度である．キャリアが電

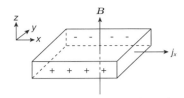

図1 ホール効果の測定

ボルツマン, ルードヴィッヒ・エドゥアルト
Boltzmann, Ludwig Eduard
1844–1906
統計力学の創始者

子の場合は $q = -e$ であるのでホール係数 R_H は負であり, キャリアが正孔のとき R_H は正である. 半導体や反金属ではホール電圧の符号と大きさから半導体のキャリアの種類と数密度がわかる. 金属では, 伝導電子の数密度がわかる.

半導体や半金属などで電子による伝導と正孔による伝導が共存する場合など2種類の伝導が共存するときは, それぞれのホール係数と伝導度を R_i, σ_i とすると, 全体のホール係数 R は
$$R = \frac{\sigma_1^2 R_1 + \sigma_2^2 R_2}{(\sigma_1 + \sigma_2)^2}$$
と書ける.

磁性体では磁化に起因するホール効果がみられることがある. これを異常ホール効果とよぶ. また, 互いに傾いたスピン構造を持つ金属では微視的スピン構造がもたらすホール効果もあり, これをスピンホール効果とよぶ. これらに対して, もとのホール効果を正常ホール効果とよぶこともある.

量子ホール効果 1980年, K. フォン・クリッツィング*らによって「量子ホール効果」とよばれる現象が初めて実験的に観測された. 半導体–絶縁体界面や, 2種類の半導体の接合などで実現される2次元電子系に強い磁場を印加すると, 電子の軌道運動が量子化され, 絶対温度が0度のとき, 2次元電子系のホール伝導率の x-y 成分 σ_{xy} は,
$$\sigma_{xy} = -n\frac{e^2}{h}$$
とホール伝導率が e^2/h の整数倍になる. ここで, n は整数, e は電子の素電荷, h はプランク定数である.

オーストリアの物理学者. 原子論に立脚して多粒子から構成される系を対象とする統計力学分野を構築した.

経歴 オーストリアのウィーンに生まれたボルツマンは, 少年時代は自宅で家庭教師から教育を受けていた. 学校教育は高校から受け始め, ウィーン大学に進学後は物理学を専攻する. 22歳で博士号を取得したが, そのときの指導教授は後に2人の名前が冠される法則でも知られる J. シュテファン*であった.

その後シュテファンの助手を経てグラーツ大学に職を得る. 一時ウィーン大学に移るが再び戻り, 43歳にしてグラーツ大学の学長となる. その後ミュンヘン大学を経て, シュテファンの後を継いでウィーン大学の理論物理学教授となった.

ボルツマンの残した業績は数多く, その後の物理学の発展に極めて重要な役割を果たした. ボルツマンの名を冠した法則や定数などは今でも広く使われている.

ボルツマン分布 原子の存在が明らかになっていない当時, ボルツマンは存在を信じる物理学者の1人であった. 気体を粒子の集まりと見なし, 熱平衡状態にある気体を構成する分子の速度分布を1860年に J. C. マクスウェル*が導いた. この論文をシュテファンに紹介されたボルツマンは, その物理的な起源について明らかにした. そのためこの速度分布は現在, マクスウェル–ボルツマン分布とよばれている.

ボルツマンは更にこの分布を一般化し, 温度 T で熱平衡状態にある系がエネルギー E をとる確率が $\exp(-E/k_B T)$ に比例することを示した. k_B はボルツマン定数と

図1　ルートヴィッヒ・ボルツマン (31歳)

よばれる．また，この確率分布をボルツマン分布とよぶ．

ボルツマン方程式と H 定理　ボルツマンは，気体を構成する粒子の運動を記述する方程式として，次の形のボルツマン方程式を導出した．

$$\frac{\partial f}{\partial t} + \frac{\bm{p}}{m} \cdot \frac{\partial f}{\partial \bm{r}} + \bm{F} \cdot \frac{\partial f}{\partial \bm{p}} = \left.\frac{\partial f}{\partial t}\right|_{\text{coll}}$$

ここで f は，ある時刻，位置，運動量に対する粒子数分布関数であり，$\bm{r}, \bm{p}, \bm{F}$ はそれぞれ位置座標，運動量，粒子に働く力である．m は粒子の質量である．右辺は衝突項とよばれ，粒子が衝突することによる分布関数の時間変化を表している．ボルツマンはこの式を他の力学方程式からではなく，直観的に導出した．多くの近似や仮定が含まれるが，それでもこの式を利用することで，粒子系の輸送現象における物理量が，一定の制約の下で計算できる．熱伝導や電子の伝導現象，拡散などの現象にも適用される．しかし一般にはボルツマン方程式を解くのは困難である．よく用いられる近似としては，衝突項を $-(f-f_0)/\tau$ と置く緩和時間近似がある．ここで τ は，熱平衡状態に到達するまでの特徴的な時間スケールで，緩和時間とよばれる．

さらに

$$H = \int f \log f \, d\bm{p} d\bm{r}$$

で定義される関数 H が

$$\frac{\mathrm{d}H}{\mathrm{d}t} \leq 0$$

を満たすことをボルツマン方程式を用いて証明した．H が減少しないことを示すこの式は H 定理とよばれる．H という量が重要なのは，それがエントロピーと $S = -k_\text{B} H$ という関係にあるからである．

H 定理に関しては，「同じ微視的状態に戻ることもあるはずだ」(E. ツェルメロ)，「時間対称性を持つ理論から H 定理のような不可逆性が出てくるのはおかしい」(J. ロシュミット) など，様々な批判が寄せられており，一般的には定理が証明がされたとはいえない状況にある．

エントロピーの微視的解釈　1877年ボルツマンは，系のマクロな状態量であるエントロピー S が，そのマクロな状態に対応するミクロな状態の数 W と次のような関係にあることを見出した．

$$S = k_\text{B} \log W$$

この log は自然対数を表す．マクロな物理学である熱力学において定義されていたエントロピーであるが，原子の存在を信じるボルツマンがそのミクロな量との対応を明らかにしたことで，その後爆発的にエントロピーの活用が広まり，物理学以外の分野にも波及した．また熱力学第2法則をエントロピーの観点から「乱雑さ」と絡めて解釈することが可能になり，この点でのボルツマンの貢献も極めて大きい．なおこの式は，ウィーンにあるボルツマンの墓に彫られていることでも有名である．

シュテファン–ボルツマンの法則　ボルツマンの指導教授だったシュテファンは，黒体からの放射量 j (単位面積，単位時間当たりに放射されるエネルギー) が温度の4乗に比例し

$$j = \sigma T^4$$

と書けることを経験則として導出した．ボルツマンは，熱力学と電磁理論を使って，こ

の関係式を理論的に裏づけた．この関係式は現在，シュテファン–ボルツマンの法則とよばれており，σ はシュテファン–ボルツマン定数とよばれる．この関係式から，例えば太陽表面の温度なども割り出すことができる．太陽の表面積に j をかけることで，表面温度 T の太陽が毎秒放出するエネルギーがわかる．そこから地表の単位面積当りに降り注ぐエネルギーを計算して観測結果と比較すれば，T がおよそ 6 千度であることがわかるのである．

反原子論者との論争，そして晩年 ボルツマンの研究においては，原子の存在は欠くことのできない前提条件であった．しかし一方で，E. マッハ*を始めとする反原子論者もいた．両者は激しい論争を繰り返し，マッハと同じウィーン大学に在籍していたボルツマンは，マッハから逃れるためにライプチヒ大学に移ったほどであった（マッハの引退後にボルツマンは再びウィーン大学に戻った）．

晩年は心身ともにすぐれなかった．視力がひどく低下し，論文を読むのに人を雇ったほどであった．またぜんそくを患い，頭痛にも悩まされた．心の病にも冒された．1906 年，休暇で妻と娘とともに訪れていたイタリアで，ボルツマンは自らの命を絶った．62 歳であった．

ボルツマンの心の病の原因の一つは，反原子論者の一派からの激しい非難にあるといわれている．原子の存在が確立してアヴォガドロ定数〔⇒アヴォガドロ〕が測定され，ボルツマン定数の値が具体的に得られたのは，ボルツマンの死後のことであった．

ボルツマンの業績を称え，熱力学や統計力学への顕著な貢献を対象とするボルツマン賞が 1975 年に創設された．国内ではこれまでに久保亮五*と川崎恭治*が受賞している．受賞者に贈られる金色に輝くボルツマンメダルには，豊かな髭をたくわえたボルツマンの顔が刻まれている．

ボルン，マックス
Born, Max
1882–1970

波動関数の統計的解釈

経歴 1882 年ユダヤ系の家に生まれる．1901 年にブレスラウ大学に入学した．その後いくつかの大学を遍歴して，1904 年にゲッティンゲン大学に入る．数学は D. ヒルベルト*や H. ミンコフスキー*，天文学は K. シュワルツシルトの講義を受けた．C. ルンゲを指導教授として 1907 年，弾性曲線の安定性の研究により学位を取得する．初期の研究では T. カルマン*と固体比熱に関して，A. アインシュタイン*の比熱式からのずれを調べている（1912）．1915 年には結晶理論についての最初の本『結晶格子の力学』を著す．

「衝突過程の量子力学」 1925 年 W. ハイゼンベルク*の量子力学の遷移振幅に対する量子条件のアイデアが，数学的には行列によって定式化できることをボルンは見抜き，ハイゼンベルク，E. P. ヨルダンと共に行列力学を構築した．それでもボルンは，行列力学には物足りなさを感じていた．その理由は周期的現象だけを扱っていたことにあった．そこに E. シュレーディンガー*の波動力学 4 部作が発表された．ボルンはこれこそが非周期過程を論じる手段に使えると気づいた．

しかしシュレーディンガーは波動像が基本であり，電子は波束と見なし，量子遷移も捨てようとしているように見えた．一方のボルンは，シンチレーションやガイガーカウンターを使った実験から粒子概念を否定できなかった．そこで電子系を波動関数 ψ で表して原子との衝突過程を解こうと思いついた．これは 1926 年に「衝突過程の量子力学」という論文にまとめられた．無限遠から平面波が散乱中心にある原子に近

づいて相互作用をした後，散乱波としてまた無限遠に遠ざかるという過程を論じた．電子と原子の相互作用ポテンシャルに摂動を使い，散乱波の遠方での漸近形を求めた．これは後に「ボルン近似」とよばれる．現代表記では，ポテンシャル $F(r,\theta)$ の運動量移行を p として，散乱角 θ に対して

$$f(p,\theta) = \int F(r,\theta)\exp(-\mathrm{i}p\cdot r)\,\mathrm{d}^3 r$$

が散乱振幅の 1 次の近似になる．さらに J. R. オッペンハイマーが電子交換の効果を取り入れたボルン–オッペンハイマー近似を発表している (1928)．1927 年にボルンがイタリアのコモ会議で行った「量子力学を理解する上での衝突過程の重要性について」と題する講演では，$|\psi(q,W)|^2 \Delta q$ はエネルギー W を持った粒子の座標 q が，ある幅 Δq の中に存在する確率密度を与えると述べた．この解釈はコペンハーゲンの正統派になった．一方シュレーディンガーは，配位空間の ψ 関数の $|\psi|^2$ を電荷分布の重み関数と定義し，1 個の電子の電荷密度は，$-e\psi^*\psi$ 多電子系ではこれを座標について積分したものと考えたが，コペンハーゲン学派には受け入れられなかった．

亡命，その後　1933 年，ナチス政権によって公職を追われてケンブリッジに亡命．1936 年にはエディンバラ大学テイト教授職に就く．1954 年に西ドイツに帰国．この年に「量子力学の基礎研究，特に波動関数の統計的解釈」でノーベル物理学賞を受賞．翌年にはラッセル–アインシュタイン宣言に署名している．

また 1957 年には，核武装につながる研究はいっさい行わないという，18 人の核科学者たちのゲッティンゲン宣言にも名を連ねている．

1970 年ゲッティンゲンで死去．

ちなみにオーストラリアの歌手オリビア・ニュートン・ジョンは孫娘にあたる．

本多光太郎
Honda, Kotaro
1870–1954

鉄鋼の父，KS 鋼の発明

日本の物理学者・金属工学者．金属学研究に物理学的手法を導入し，金属物理学および物理冶金学の分野を世界に先駆けて創始した．

経　歴　本多は，愛知県岡崎市の農家に生まれるが，向学の志が強かったため上京し，東京帝国大学物理学科で長岡半太郎*の指導を受ける．本多より 8 歳年下の寺田寅彦*も長岡の門下生である．長岡の指導の下で強磁性金属の磁化，応力，歪みの研究をしていた本多は，1907 年にドイツ留学に旅立つ．最初の滞在先はゲッティンゲン大学の著名な化学者 G. タンマン の研究室で，2 元合金の磁性に関する研究を行う．その後ベルリン大学の H. デュボアの研究室に滞在し，元素単体の磁性に関する研究を行う．帰国後の 1911 年，東北帝国大学の開学に参画し，物理学科の教授となる．第一次大戦の影響で外国からの磁石輸入が途絶えると，軍事用磁石の開発を要請されたため，強力な磁石開発の研究に着手する．1919 年，東北帝国大学附属鉄鋼研究所初代所長に就任．1922 年，東北帝国大学附属金属材料研究所初代所長に就任．1931 年，東北帝国大学総長に就任．1937 年には第 1 回文化勲章を授与される．

磁性体と磁化率　磁性体の単位体積当りの磁気モーメントの総和を磁化ベクトル，または単に磁化とよぶ．多くの磁性体では，磁化 M は磁場 H に比例し，その比例係数 χ_m を磁化率とよぶ．

$$M = \chi_\mathrm{m} H$$

また，透磁率 μ と磁化率 χ_m の間には，

$$\mu = \mu_0(1+\chi_\mathrm{m})$$

の関係が成り立つ (μ_0 は真空の透磁率).

鉄，ニッケル，コバルトやこれらの合金は，他の磁性体に比べて桁違いに大きな χ_m の値を持つため強磁性体とよばれる．強磁性体は，磁気モーメントが整列した小さな領域 (磁区) から成り立っており，磁化していない場合は各磁区の磁化が互いに打ち消しあうため，全体として磁化は現れない．

強磁性体に磁場を印加すると，磁壁 (磁区と磁区との境界) が移動することにより磁区が成長し強磁性体は磁化されるが，その仕方にはヒステリシス (履歴) 現象が存在する (図1). $\boldsymbol{H}=0$ で $\boldsymbol{M}=0$ の消磁状態 (O 点) にある強磁性体に磁場を印加すると，強磁場極限で磁化は一定値に飽和する (A 点)．その後磁場を0に戻しても磁化が残る (B 点，残留磁化)．磁化を0にするために印加しなければならない逆向きの磁場の大きさを保磁力とよぶ (C 点)．さらに逆向きの磁場を印加すると，磁化は反対向きに飽和する (D 点)．同様の過程を繰り返すことによりできる曲線 ABCDEFA を磁気ヒステリシス曲線とよぶ．保磁力の大きな硬磁性体は永久磁石や磁気テープに，保磁力が小さく透磁率の大きな軟磁性体は電磁石や変圧器の磁心として用いられる．強い永久磁石を作るためには，磁壁の移動を抑えたり，磁壁をなくすといった工夫が必要となる．

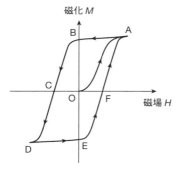

図1 磁気ヒステリシス曲線

KS 鋼の発明 1917年，東北帝国大学の同僚である高木弘と共に，KS 鋼という当時世界最強の磁石鋼を発明した．コバルト，タングステン，クロム，炭素を含む鉄の合金である KS 鋼は，それまでの3, 4倍の保磁力を有する強力な磁石鋼である．彼らは，これらの元素の組合せ組成の異なる試験片を可能な限り数多く作製し，片っ端から熱処理を行うことによりヒステリシス曲線を測定した．そして，このような作業を繰り返し行い，次第に的を絞っていくという手法により，KS 鋼の発明を成し遂げた．KS 鋼の発明は，このような本多の徹底した実験主義の賜物と言える．KS 鋼の KS とは，本多らに多額の寄付をした住友吉左衛門のイニシャルである．KS 鋼の世界最強磁石の座は，1931年に東京帝国大学の三島徳七が開発した MK 鋼に譲り渡すことになるが，1933年には再び，KS 鋼の約4倍の保磁力を有する当時世界最強の磁石鋼，新 KS 鋼を発明した〔⇒増本 量〕．これらの強力磁石鋼の発明は世界的な偉業であり，その後の工業発展に大きな役割を果たすことになる．本多は，鉄鋼の世界的権威者としてその名を知られており，「鉄鋼の父」と称されている．また，KS 鋼及び新 KS 鋼の発明により，1985年に特許庁が顕彰した日本の十大発明家に選定された．

人　　　物　A. アインシュタイン*は，ノーベル物理学賞受賞の翌年 (1922年) 来日したが，その際仙台にも立ち寄り東北帝国大学の本多を激励訪問した．

本多が人一倍の努力家であることはよく知られており，「今が大切」「つとめてやむな」という言葉を好んで揮毫したと伝えられている．また，「学問のあるところに技術は育つ，技術のあるところに産業は発展する，産業は学問の道場である」という言葉を残しており，研究成果が産業に役立つことを非常に重要視した．本多自らも産学連携の実践に努めた．

マイケルソン，アルバート・エイブラハム

Michelson, Albert Abraham
1852–1931
光速度の精密測定

アメリカの実験物理学者．光速度を精密測定し，光速度が地球の運動方向に依存しないことを実験的に証明した．

経歴 マイケルソンは，プロシアのストシェルノ（現在はポーランド）で，あまり資力のない家庭に生まれた．4歳のときに，両親と共にアメリカ・カリフォルニアに移住した．父親は鉱山町の商人として働いた．マイケルソンの科学的関心と才能がサンフランシスコの男子高の校長に見出され，校長の勧めを受けて，アメリカ海軍兵学校の入学試験を受けた．一度は不合格となったが，グラント大統領との会見を経て，入学に至った．

1873年に卒業し，2年間の洋上勤務を経た後，兵学校に戻って講師として物理学と化学を教えた．1878年，マイケルソンは，地上での光速度測定を行ったL. フーコー*の実験に関心を抱くようになり，測定装置の改良に尽力した．アメリカ航海暦局長の天文学者S. ニューカムがマイケルソンの実験に興味を持ち，2人は，光速測定の精緻化を目指す政府出資プロジェクトに参加することになった．

マイケルソンは，1880–82年，休暇をとって渡欧し，ドイツではH. ヘルムホルツ*の下で学んだ．そのとき，マイケルソンは画期的な装置，マイケルソン干渉計を発明した．それは，電話機の発明者，A. G. ベルの援助を受けて，マイケルソンの設計をもとに，ベルリンの科学機器メーカー，シュミット&ヘンシュ社の工場で製作された．

マイケルソン干渉計 図1のように，光源Sを発した光は，半透明板Mで透過光と反射光に分けられる．それぞれ，鏡 M_1

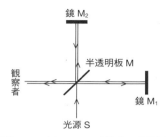

図1 マイケルソン干渉計の光路図

と M_2 で反射され，Mに戻ってきて，反射あるいは透過され，二つの光線は観察者の望遠鏡に入射する．二つの光路差により2光線は互いに干渉しあい，干渉縞を生じさせる．

マイケルソン–モーリーの実験 光の波動論では，光は横波で真空中でも伝達する．そのためには，真空中にも伝達媒体が存在しなければならない．その媒体はエーテルと名づけられて，その存在や性質の解明が19世紀末物理学の根本問題であった．

太陽の周りの地球公転により，地上の特定場所はエーテルの海の中で運動している．もしエーテルが存在するならば，真空中の速度に地球の速度が加えられた光波が地球の進行方向に生じるはずである．図1の干渉計のS→M_2の方向を地球の運動方向に向ければ，地球のエーテルに対する相対速度が測定できる．しかし高精度で測定できる干渉計の開発が課題であった．

1881年，マイケルソンはオハイオ州クリーブランドのケース工科大学の物理学教授の地位を得て，干渉計の改良に取り組んだ．1885年，マイケルソンは，E. モーリーと干渉計の改良にとりかかった．熱や振動の影響を防ぐため大理石の土台の上に装置を設置したり，鏡数を増やして光路長を10倍にしたりする改良をするなどして，測定精度を上げていった．

エドワード・モーリー (Morley, Edward Williams; 1838–1923) はアメリカの化学

者，物理学者で，光学や天文学における精密測定に強い関心を持っていた．1868–1906年にクリーブランドのウエスタン・リザーブ・カレッジの化学教授を勤めた．

1887年，マイケルソンとモーリーは，干渉計を使用して，エーテルに対する地球の相対速度を測定し，その結果は，地球の公転速度の1/4より小さい値であった．最大限，測定精度を上げたにもかかわらず，光速度に対する地球運動の影響は検知されなかったのである．

実験の影響 この「光速度一定」を示唆する実験と1905年のA. アインシュタイン*の特殊相対性理論の関係は，直接的ではなく，複雑である．しかし，理論に与えた影響は多大で，H. A. ローレンツ*は，移動物体が移動する方向に短縮するというフィッツジェラルド–ローレンツ短縮仮説（G. F. フィッツジェラルドも同仮説を提起）を提唱し，この問題に対する議論を深めていった．そして，アインシュタインの相対性理論の受容が広がると共に，マイケルソン–モーリーの実験も光速度一定を示す実験として定着していった．

他の業績 マイケルソンは，他にも多数の光学的精密測定器の発明やそれらによる精密測定を行っている．マイケルソンは，メートル原器を金属カドミウムの赤色線を使って干渉計により測定した．他にも，回折格子の改良，エシェロン回折格子の発明，天体干渉計の開発などがある．天体干渉計では，ウイルソン山でオリオン座の恒星の一つ，ベテルギウスの直径を測定している．

マイケルソンは，実験物理学，天文学において，当時とりうる限り最高レベルの精密測定を追求した物理学者，精密機器製作者と言えるであろう．そして，アメリカで最初のノーベル賞（科学分野）をモーリーと共に，受賞した．

マイトナー，リーゼ
Meitner, Lise
1878–1968

核分裂のメカニズムを解明

ドイツのキュリーとよばれた理論物理学者で核分裂 (nuclear fission) エネルギーを計算してそのメカニズムを解明した．

経歴 1878年，オーストリアの首都ウィーンで，ユダヤ系弁護士の3女として生まれた．幼い頃から数学と物理学に強い関心を持っていたという．例えば小学生の頃に，水面に浮かんだ油膜の色が虹色に変化するのを見つけて不思議に思ったという．大学へ進学したかったが，オーストリアで女性の入学が認められるようになるのは1899年からであった．そこで1898年までは，フランス語教師の免許をとって個人教授をしながら糊口をしのいだ．その後2年間を受験準備に費やし，1901年に大学入学資格試験（マトゥーラ）を受験する．女子受験生は14人だったが合格者は4人，マイトナーはその中の1人だった．こうしてウィーン大学に入学，物理と数学を学ぶ．理論物理学教授L. E. ボルツマン*の講義に魅了されて欠かさず出席したという．しかし敬愛してやまなかったボルツマンは1906年に突然自殺してしまう．

O. ハーンとの共同研究 1905年「不均質の物体における熱伝導」で博士号を取得した．内容は古典物理学の実験であった．ウィーン大学では物理を主専攻とした女性で2人目，大学全体では4人目の女性博士だった．学位取得後も理論物理学研究所でボルツマンの助手だったS. マイヤーの指導を受けて放射線の研究を始める．1906年7月最初の論文「α線とβ線の吸収について」を発表している．もっと勉強がしたいと思っていたマイトナーは新たな指導教授を探そうとした．そのときM. キュリー*の

名前が浮かんだ．キュリーは亡き夫の跡を継いでソルボンヌの講師になっていた．しかし助手になりたいというマイトナーの申し出は断られてしまう．そのため仕方なくベルリン大学の M. K. E. L. プランク*のところにいくことにした．ベルリン大学ではまだ女性の入学が認められていなかったので聴講生になった (プロイセンで女性の入学が認められるのは比較的遅く 1908 年になってからである)．後にはプランクの助手として給料をもらうまでになった．しかもプロイセンの大学の中で初の女性助手であった．しかし男性ばかりの実験室への出入りは風紀を乱すという理由で禁じられた．この状況が好転したのは，1907 年 11 月に化学者 O. ハーンとの共同研究が始まったときだった．物理学者と化学者が協力する，今でいう放射化学研究の始まりだった．1910 年 9 月ブリュッセルで開かれた第 1 回国際ラジウム学会に出席．ここで初めてキュリー夫人に会うことができた．印象は悪くなかったと回想している．

1912 年 10 月カイザー・ヴィルヘルム協会 (KWG) がベルリンのダーレムに化学研究所を開設したので，マイトナーとハーンは研究員となる．KWG は科学の基礎研究を育成する目的で民間の企業や個人の篤志家から基金を募って設立された．マイトナーは任期期限なしで固定給がもらえるようになった．

放射化学の研究と亡命　1914 年第一次大戦勃発．ハーンは毒ガス戦部隊に入隊．翌年にはマイトナーも X 線看護婦を志願して戦地へ赴く．それでも休暇で戦地から戻ったときを利用して 2 人の研究は続けられた．その結果 1918 年に 91 番目の元素プロトアクチニウムを発見する．1922 年大学教員資格試験 (ハビリタチオン) に合格して私講師になる．1926 年には員外教授．しかし 1933 年にヒトラーが政権を握るとマイトナーの運命に陰りが見え始める．「人種法」(正式には職業官吏階級再建に関する法) が制定されたからだ．この法律によりアーリア系祖先を持たない公務員は公職から追放された．1933 年 9 月マイトナーは教員資格を剥奪されるが，かろうじて研究所にはとどまることができた．民間の機関だったからだ．ハーンはドイツ人であったが，ナチスの反ユダヤ主義に抗議して 1934 年にベルリン大学の教授職を退いた．そして化学研究所でマイトナーとの共同研究を再開する．きっかけは，ローマ大学の E. フェルミ*の実験を知ったからだ．彼はウランに中性子を照射することによって，ウランより重い原子番号 (Z)93 以上の元素を人工的に作り出そうとしていた．この人工元素を超ウラン元素 (transuranics) と名づけていた．マイトナーもハーンと超ウラン元素を探そうとしたのだ．ところが 1938 年にオーストリアがドイツに併合されたためマイトナーのパスポートは失効してしまった．追い打ちをかけるように 6 月には技術者及び学者の出国が禁止された．ここにきてやっと亡命を決意する．苦難の逃避行の末，秋には新設のノーベル実験物理学研究所に落ち着くことができた．

核分裂のメカニズム　マイトナーのスウェーデン亡命によってハーンとの実質的な共同研究は終わるが，その後も 2 人の手紙のやりとりは続けられた．マイトナーがベルリンを離れる直前には，天然ウランに中性子をぶつけるとウランよりも明らかに軽い物質ができることがわかっていたが，クリスマス休暇中のマイトナーの下にハーンから手紙が届いた．その手紙では，生成物はバリウムの同位体であるという結論に達していた．しかしこれが正しいとすれば，どのようにしてウランからバリウムが作られるのだろうか？そのときマイトナーの頭に浮かんだのは，N. H. D. ボーア*の液滴モデルであった．このモデルを当てはめるとハーンの実験結果をうまく説明できるの

ではと思いついたのだ．ウラン原子核に中性子が飛び込むと液滴のように表面振動と体積振動が起こる．そして原子核にたまたまくびれが生じるときがある．水滴の場合，表面張力によってもとの形に戻る．原子核の場合，表面張力の役目をするのが核力であるがその到達距離がクーロン力より短いため，ある程度以上にくびれが長くなると，電気的反発力の方が勝って元に戻ることなくちぎれてしまう．分裂片の運動エネルギーは，原子核の半径と電荷からクーロンポテンシャルの式を使って約 200 MeV と計算された．さらに二つの分裂片の質量の合計は元のウラン核より陽子の質量の約 1/5 程度軽いと計算し，$E=mc^2$ の式から質量欠損分が 200 MeV のエネルギーに相当することも確かめた．1909 年の A. アインシュタイン*のザルツブルク講演を聴講して知った式であった．

休暇を共にしマイトナーの計算に立ち会った甥の O. R. フリッシュはすぐにマイトナーの計算が正しいことを実験で検証した．共著の短報「中性子によるウランの崩壊：新しいタイプの核反応」は 1939 年 2 月の Nature 誌に掲載された．この中では，もし分裂片の一つがハーンと助手の F. W. シュトラスマンらが結論したようにバリウム (Z＝56) の同位体であれば，もう一つの方はクリプトン (Z＝36) になると予想している．また細胞分裂から借用した "fission" という用語が初めて使われた．

第二次大戦後マイトナーには数々の賞が授与されたがその中にノーベル賞はなかった．核分裂の発見ではハーンが単独で化学賞を受賞したのだ．マイトナーはなぜ受賞できなかったのか？ 受賞から 50 年たつと閲覧可能になる選考過程の資料を分析した研究者によると次のようなものだった．核分裂の研究が物理学と化学の二つの領域にまたがる複合領域だったため，選考も両部門で行われた．化学賞の選考委員はハーン–

図 1　リーゼ・マイトナー (1906 年)

シュトラスマンの業績を高く評価し，反対にマイトナーについては亡命により共同研究が途絶えたため，彼女の役割が過小評価されていた．一方，ボーアを筆頭とする国外の物理学者たちからの推薦状では，マイトナー–フリッシュを推していた．しかし物理学賞の選考委員の顔ぶれは実験分野に偏っていたため理論物理学の専門知識に乏しかったこと，さらに戦時中という制約からスウェーデン国内の閉鎖的な人材だけで審査を進めざるを得なかったことなどもマイトナーに不利に働いたようだ．

ちなみにマイトナーが，原爆の日本への投下を知ったのは，アメリカの新聞記者の 1 本の国際電話からだった．記者は，マイトナーが原爆の発明に寄与したとして「原爆の母」というレッテルを貼り付け，格好の取材対象と見なしていた．彼女はこれに対して原爆の開発には全く関わっていないことを強調した．

1966 年，アメリカ原子力委員会はハーン–マイトナー–シュトラスマンの 3 人にエンリコ・フェルミ賞を授与した．マイトナーの核分裂研究が初めて正当に評価されたのだ．その 2 年後に 89 歳で永眠．本人の希望通り南イギリスの墓地に埋葬された．

1997 年，彼女の業績を讃えて 109 番目の新元素はマイトネリウムと名づけられた．

マオ，ホー・クワン
Mao, Ho Kwang (毛 河光)
1941–

マオ–ベル型超高圧力装置の開発

アメリカの実験地球物理学者．ダイヤモンドアンビル超高圧力装置を開発し，百万気圧を超える超高圧力で種々の物性実験を行った．

経　歴　マオは1941年中国の上海に生まれた．父親は中国の高級官僚であった．マオが7歳のときに家族と共に台湾に移った．1963年に国立台湾大学を卒業後，アメリカの大学院に進学し，1968年にロチェスター大学で学位を取得した．その後現在までワシントン・カーネギー研究所で地球物理学の研究を続けている．

マオ–ベル型ダイヤモンドアンビル超高圧装置を開発し，圧力測定法や超高圧力下での地球内部物質，惑星内部物質の物性，超高圧力物理化学，超高圧力結晶学，超高圧力物質科学で多くの成果をあげている．

ダイヤモンドアンビル超高圧装置の開発
図1にマオがP. M. ベルと共同で開発したダイヤモンドアンビル超高圧装置を示す．

ダイヤモンドアンビル超高圧装置のような対向アンビル装置で超高圧力を発生するのには，対向する二つのアンビル面が完全な平行を維持したままでずれることなく荷重を加えることが重要である．それまでのダイヤモンドアンビル超高圧装置では，荷重を加えるのにねじを回転させる方式のものが多かったが，平行性が崩れたり，アンビル面がずれたりしがちであった．マオたちは，長いピストンシリンダーと，梃子による回転を伴わない荷重をかける方式で，超高圧力を発生させても二つのアンビルが平行を維持することに成功した．また，ルビー蛍光線の波長が圧力によりどのようにシフトするかを詳しく調べ圧力測定法の確

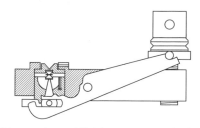

図1　マオ–ベル型ダイヤモンドアンビル超高圧装置

立に貢献した．1978年には高圧力研究者が目標としていた百万気圧を超える超高圧力を安定に発生させることに成功し，種々の物質の超高圧力下の物性の測定を行った．

超高圧実験の成果　銅，モリブデン，パラジウム，銀などの金属の体積の圧力変化を百万気圧の超高圧力まで測定した．それまでは，この圧力での測定は，衝撃波による動的圧縮での測定しかなく，圧力・温度を正しく測定することが困難であり，また物性の測定精度が悪かった．静的高圧力発生により，物性の測定精度が大きく改善された．

固体水素の結晶構造や光学的性質を高圧力下で測定した．これらは惑星の性質の理解にも関連する研究である．

また，地球の構成成分である石英結晶の圧力誘起アモルファス化転移や，石英ガラス中のシリコン原子の配位数が高圧力下で増加することを見出している．

硫黄の高圧金属相の超伝導転移についても研究した．また，地球内部物質のケイ酸塩や鉄の相転移，超高温や超低温での高圧力実験などで多くの成果をあげている．また，ブリユアン散乱，ラマン散乱，赤外分光などの光学実験，X線回折，X線スペクトロスコピー，電気伝導度測定，磁気測定などの種々の測定も行っている．

これらの成果に対して1989年には高圧力の科学と技術国際会議からブリッジマン賞を受賞している．

マクスウェル,ジェームズ・クラーク
Maxwell, James Clerk
1831–1879
古典電磁気学の完成

イギリスの物理学者.マクスウェルの方程式を導いて,古典電磁気学を完成し,電磁波の存在を予言.また気体の分子運動論からマクスウェル分布を導いた.19世紀を代表する物理学者である.

経　歴　スコットランド,エディンバラの貴族の家系に生まれる.幼少期をスコットランド南部の領地ミドルビーで過ごした後,10歳でエディンバラに戻り中等学校に入学する.14歳のときには卵形を描くためのコンパスを考案し,その論文がエディンバラ王立協会で読まれるなど,早熟な才能を発揮していた.16歳のときにエディンバラ大学に入学して,数学,物理学などを学び,偏光の研究にも取り組んだ.1850年の卒業後はさらなる勉強のためにケンブリッジ大学に入学し,トリニティーカレッジで4年後に数学の学位を次席で取得して卒業した.卒業後もトリニティーカレッジに残り研究を続けていたが,1856年にスコットランド,アバディーンのマリシャルカレッジで自然哲学の教授となった.1871年にケンブリッジ大学教授に就任し,キャヴェンディッシュ研究所設立に貢献,1874年に完成した同研究所の初代所長を務めた.

土星の環の研究　マリシャルカレッジは近隣のカレッジとの統合により4年後に消滅するが,このころマクスウェルは電磁気学に関する最初の論文を出版したほか,土星の環に関する理論的問題に取り組んでいる.これはケンブリッジのアダムス賞の1857年度の課題であった「土星の環の構造と安定性」について研究したものである.マクスウェルは4年の歳月をかけて,安定して環が存在し続けるためには,環は無数の粒子から構成されており独立に土星の周りを回っていなければならないことを理論的に導き,この研究によりアダムス賞を受賞している.

マクスウェル分布　土星の環の研究では粒子同士の衝突を取り入れるのは,複雑すぎて断念したが,R. J. E. クラウジウス*の1858年の論文で分子間衝突と平均自由行程の概念が議論されていることに触発され,粒子の衝突の問題に取り組んだ.クラウジウスの理論を拡張する形で,マクスウェル分布として知られる気体分子の速度の分布を導出し,1860年に発表している.

マクスウェルは気体中の分子は衝突するたびに速度が変化するが,定常な気体中では多数の衝突の結果,運動エネルギーは分子間に規則的に分配され,定常な速度分布関数が存在すると仮定した.これは次の表式で表される.通常の静止した気体では,それを構成する分子の速度ベクトル $\boldsymbol{v}$ は,その成分を (v_x, v_y, v_z) とすると,次の式に従って分布する.

$$f(v_x, v_y, v_z) = \left(\frac{m}{2\pi k_B T}\right)^{3/2} \exp\left(\frac{-m(v_x^2 + v_y^2 + v_z^2)}{2k_B T}\right)$$

ここで m は分子の質量,k_B はボルツマン定数,T は絶対温度である.x 方向の速度成分 v_x の分布は上記の式を y, z 方向の速度成分で積分して得られ,

$$f_1(v_x) = \left(\frac{m}{2\pi k_B T}\right)^{1/2} \exp\left(\frac{-mv_x^2}{2k_B T}\right)$$

のように,左右対称な正規分布になる.一方分子の速さ $v = \sqrt{v_x^2 + v_y^2 + v_z^2}$ については速度ベクトル $\boldsymbol{v}$ を極座標で表して,方向に関して積分した式より

$$f(v) = 4\pi v^2 \left(\frac{m}{2\pi k_B T}\right)^{3/2} \exp\left(\frac{-mv^2}{2k_B T}\right)$$

となる.これを具体的に温度ごとの分子の速度分布としてプロットしたものが図1である.これは物理学に統計的手法を持ち込んだ最初の例であり,マクスウェルはクラ

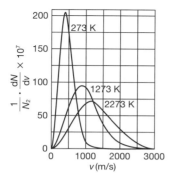

図1 気体分子の速度分布 (N_2 分子の例)

ウジウスや L. E. ボルツマン*と共に,気体分子運動論の創設者の1人となったのである.その後もマクスウェルは研究を進め,今日輸送理論と呼ばれるものの基礎を作った.

マクスウェル方程式の導出 マクスウェルの業績として最も有名なものは,マクスウェルの方程式の導出と古典電磁気学の確立であろう.1860年にマリシャルカレッジの消滅により教授の職を失ったマクスウェルは,キングスカレッジ・ロンドンの自然哲学の教授となり,1865年執筆活動に専念するために退職するまでの期間に幾多の重要な論文を発表する.中でも1864年,M. ファラデー*の電気力線と磁力線の考えを数学的に正確に表すことでマクスウェルの方程式は古典電磁気学を完成させるに至る.マクスウェルの方程式を現在の書き方で表すと,以下の四つの方程式に集約される.

$$\nabla \cdot \boldsymbol{B} = 0, \quad \nabla \times \boldsymbol{E} = -\frac{\partial \boldsymbol{B}}{\partial t},$$

$$\nabla \cdot \boldsymbol{D} = \rho, \quad \nabla \times \boldsymbol{H} = \frac{\partial \boldsymbol{D}}{\partial t} + \boldsymbol{j}$$

ここで $\boldsymbol{E}$ は電場の強度,$\boldsymbol{B}$ は磁束密度,$\boldsymbol{D}$ は電束密度,$\boldsymbol{H}$ は磁場の強度,ρ は電荷密度,$\boldsymbol{j}$ は電流密度である.$\boldsymbol{D}, \boldsymbol{H}$ は線型関係 ($\boldsymbol{D} = \varepsilon \boldsymbol{E}, \boldsymbol{B} = \mu \boldsymbol{H}$) によって $\boldsymbol{E}, \boldsymbol{B}$ と関係付けられる.ε, μ はそれぞれ,真空中または媒質中の誘電率,透磁率である.∇ はベクトル微分演算子で,$\nabla \cdot \boldsymbol{B}$ を div $\boldsymbol{B}$,$\nabla \times \boldsymbol{E}$ を rot $\boldsymbol{E}$ などと表記することも多い.各式は以下の意味を持つ.

(1) 磁場には湧き出しがない.
(2) ファラデーの電磁誘導の法則:磁場の時間変化があると電場が生じる.
(3) ガウスの法則:電荷が存在すると電場が生じる.
(4) アンペールの法則:電場の時間変化 (変位電流) と電流により磁場が生じる.

なお,マクスウェルのオリジナルの方程式は,ベクトルの成分が個々に記述され,現在でいうところの電磁ポテンシャル $\phi, \boldsymbol{A}$ を含む20の式からなっている.現在の形は後に O. ヘヴィサイド*らにより整理されたものである.$\boldsymbol{E}, \boldsymbol{B}$ を

$$\boldsymbol{E} = -\nabla \phi - \frac{\partial \boldsymbol{A}}{\partial t}$$

$$\boldsymbol{B} = \nabla \times \boldsymbol{A}$$

ととれば,(1),(2) を恒等的に満たすようにできる.

電磁波の存在の予言 さらにマクスウェルは,これらの偏微分方程式を組み合わせると電場と磁場に関する波動方程式が導かれることを示した.現在のマクスウェルの四つの方程式において,電荷も電流も存在しない場合の式を変形すると電場,磁場共に

$$\nabla^2 \boldsymbol{E} = \varepsilon \mu \frac{\partial^2 \boldsymbol{E}}{\partial t^2}$$

(電場については $\boldsymbol{E}$ を $\boldsymbol{B}$ で置き換える) の波動方程式になる.この方程式の解は電場と磁場の時間的な変動が伝播する横波に

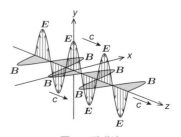

図2 電磁波

なる (図 2). 波動方程式から電磁波の伝播する速度が光の速度に等しいことを証明して，光が電磁波の一種であることを予言した．マクスウェルの予言した電磁波は，彼の没後 1888 年に H. R. ヘルツ*により実験的に検証されている．マクスウェルの方程式における光速度一定の概念は，後に A. アインシュタイン*の特殊相対性理論に強く影響することになる．

「マクスウェルの悪魔」　1871 年にケンブリッジ大学の教授に就任したマクスウェルは同年に「マクスウェルの悪魔」とよばれる有名な思考実験を提唱している．これは，クラウジウスの熱力学第 2 法則に疑問を投げかけた．均一な温度の気体で満たされた容器を小さな穴の開いた二つの部屋 A, B に分け，個々の分子の速度を見分ける番人 (悪魔) が速度の速い分子のみを A から B へ，遅い分子のみを B から A へ通り抜けさせるように穴を開閉できるとすると，仕事をすることなく熱を移動させられる永久機関ができることになる，というものである．この問題は 1 世紀以上，物理学者を悩ませることになったが，熱的エントロピーの減少は情報エントロピーの増大を招く，と結論されるに至った．これは，情報を適切にフィードバックすればエネルギーに変換される可能性を示している．この試みの一つとして，2010 年に，鳥谷部祥一，沙川貴大らが情報のエネルギーを仕事に変換する物理系を実験的に構築した．

このようにマクスウェルは現在に至るまで，物理学の最新分野に影響を与え続けている．

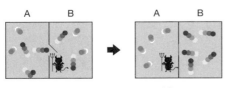

図 3　マクスウェルの悪魔

マクミラン，エドウィン
McMillan, Edwin
1907–1991

シンクロトロンの発明

経歴　スコットランド人の両親の下に，ロサンゼルスで医者の家に生まれ，パサデナで育った．子供時代から当地のカリフォルニア工科大のキャンパスに出入りをし，順調に成長，トップの成績でこの大学の修士課程までを終え，1932 年にプリンストン大学で E. コンドンの指導の下に分子物理の分野で博士号を取得している．

超ウラン元素の発見　サイクロトロン〔⇒ローレンス〕の応用を強く意図していた E. ローレンス*の招きでカリフォルニア大バークレー校へ移った．この頃からオールラウンドの自然科学者として化学，物理，数学，機械設計の広範な分野でその才能を発揮した．完成した 60 インチサイクロトロンを使い，世界初の超ウラン元素ネプツニウムを G. T. シーボルグと一緒に発見した．これを皮切りに，バークレーでは次々と超重元素の発見が続き，戦後は世界各国の重イオン加速器研究所がこの生成競争に参加することになる．理化学研究所の森田浩介らによって最近生成された原子番号 113 の元素もこの競争の系譜に載る．1951 年にマクミランはシーボルグと共にノーベル化学賞を受賞する．

シンクロトロンの発明　ロス・アラモスでの戦時研究の終わりが見え始めた 1945 年の中頃から，戦後の基礎研究についての議論が開始されていた中で，建設半ばで中断されていたバークレーの 184 インチサイクロトロンの議論が進んでいた．この化け物のような加速器に違和感を感じていたマクミランは，高周波で加速される荷電粒子の軌道に位相安定性があることを見出した．高周波の右上がりの位相領域に捕捉したイ

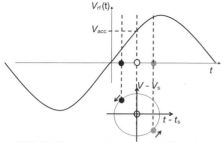

○ 理想粒子 (速度 $v = v_s$, 時間 $t = t_s$ に加速空洞に達する)
● 理想粒子より大きい速度を持つ粒子 ($v > v_s$)
● 理想粒子より小さい速度を持つ粒子 ($v < v_s$)

図1 位相安定性
電荷 e を持った理想粒子は周回当りエネルギー eV_{acc} を貰って加速される. 他粒子はこの理想粒子の周囲に捕捉されたまま長い時間でみるならば,理想粒子と同じエネルギーを得ることになる.

オン粒子群は下式

$$eV \sin\phi_s = \rho C \frac{dB}{dt}$$

を満足する位相 ϕ_s を中心にして安定に留まることを示した (位相安定性). ここで e は粒子の電荷, V は高周波の電圧振幅, ρ は偏向磁石の曲率半径, C は円形加速器リングの周長, dB/dt は偏向磁石磁束密度の時間勾配である.

このアイデアをすぐに *Physical Review* 誌で発表した. 旧ソ連の V. I. ヴェクスラーも全く同じアイデアに達していた. この位相安定性の概念は, 高周波を利用する線形, 円形加速器すべてに適用できるものであり, 以降, 加速器の在り様の一大変革をもたらした. この加速方式による円形加速器をシンクロトロンとよぶようになった. 図1にその位相安定性の原理を示す.

バークレーでは184インチのサイクロトロンの建設を中止し, その電磁石を改造し, シンクロサイクロトロンを1948年完成させた. この加速器を用いて人工のパイ中間子生成を始め多くの重要な研究がなされている. 一方, 300 MeV 電子シンクロトロンも併せて建設した. シンクロサイクロトロンと電子シンクロトロンの成功を受け, アメリカ政府はバークレーに 6 GeV ベバトロン, ブルックヘブン研究所に 3 GeV コスモトロンの建設を認めた. これらが, 後年, 弱収束シンクロトロンとよばれるタイプである. 前者は当初から反陽子生成を意図して, そのエネルギーが決定された 〔⇒セグレ〕.

シンクロトロンのその後の発展　これら加速器の建設途中に, シンクロトロンの進化に決定的影響を与える強収束原理の発明があった. 荷電粒子ビームの収束のために極性の異なる4極電磁石成分を交互に並べる収束方法で, 弱収束シンクロトロンにおけるビームの広がりを格段に小さくできることがわかった. この原理の最初の発明者であるギリシャ人の電気技師クリストフィロスは 1950 年に特許を取得している. その特許に気づかないまま, J. R. オッペンハイマーの弟子であった H. S. スナイダー, ローレンスの弟子であった M. S. リヴィングストン, 高名な数学者 R. クーラントの息子 E. クーラントの3人によって, ブルックヘブン研究所でこの収束方法が再認識され, 厳密な数学的証明が論文として 1952 年12 月に発表された. 後年建設される高エネルギーの円形加速器は全てこのタイプの強収束シンクロトロンとなっている. この論文の出版から1ヶ月後, 東北大の北垣敏男はそれまで偏向磁石に組み込まれていた4極磁石成分を偏向磁石の磁場から分離し, 独立の4極電磁石で実現する機能分離型の強収束シンクロトロンを提案した. 現在の Large Hadron Collider(LHC) や KEKB などのビーム衝突器, KEK-PF, SPring8 などのシンクロトロン放射光リングのような複雑な機能を持ったシンクロトロンはこの機能分離なしにはありえない物である. かくして, 近代高周波シンクロトロンの実現に必要な骨格は 1953 年に全て揃ったと言える.

益川 敏英
Masukawa, Toshihide
1940–

CP 不変性の破れの起源の発見

日本の理論物理学者．自然界にクォークが少なくとも3世代以上あるという理論「小林–益川理論」に基づく CP 不変性の破れの起源の解明により，2008 年にノーベル物理学賞を共同研究者の小林誠と受賞．

経歴・人物 益川は名古屋で家具職人の長男として生まれた．小学校時代に，父親から聞いた科学に関する知識や図書館の本に触発され，科学や数学に興味を抱くようになる．彼の父親は，家具職人の修行をしていたころ電気技師を目指し通信教育を受けていた．

益川が研究者を目指すきっかけは，高校生のときに名古屋大学の坂田昌一*が「坂田模型」とよばれる陽子と中性子とΛ（ラムダ）粒子を基本粒子とする素粒子の複合模型を提唱したという新聞記事を読んだことである．「最先端の研究が今，自分の住む名古屋の地で行われている．自分も加わりたい」という強い思いを抱き，1958 年に名古屋大学に進学．1962 年に坂田の研究室に大学院生として入る．

研究室の新着雑誌の速報会で初めての当番の際に偶然にも J. H. クリステンソン，J. W. クローニン，V. L. フィッチ，R. ターレイが行った CP 不変性の破れの発見に関する論文が含まれていた．1967 年に博士課程修了．名古屋大学助手を経て 1970 年に京都大学助手になる．1972 年，名古屋大学・大学院の後輩で京都大学理学部の同僚となった小林誠*と共同で CP 不変性の破れに関する研究に取り組み，小林–益川理論を構築する．その後，東京大学原子核研究所助教授，京都大学教授，京都大学基礎物理学研究所所長などを歴任．

小林–益川理論 小林–益川理論とは S. ワインバーグ*や A. サラムが提唱した電弱統一理論を拡張した理論で 6 種類のクォークを含みクォークの世代間混合及び CP 不変性の破れを説明する基礎理論である．

ここで，CP 不変性とは荷電共役変換（C：粒子と反粒子を入れ替える変換）とパリティ変換（P：空間を反転させる変換）を組み合わせて行ったときに物理法則が不変に保たれる性質のことである〔⇒小林誠〕．1964 年，クリステンソンらにより，中性の K 中間子に関する崩壊現象を探索する実験を通して CP 不変性の破れが発見された．

6 種類のクォークとは，アップクォーク (u)，ダウンクォーク (d)，チャームクォーク (c)，ストレンジクォーク (s)，トップクォーク (t)，ボトムクォーク (b) で，アップ型のクォーク (u, c, t) とダウン型のクォーク (d, s, b) がそれぞれ対となり，第 1 世代 (u, d)，第 2 世代 (c, s)，第 3 世代 (t, b) という 3 世代をなす．これらの対は電弱相互作用に関する $SU(2)_L$ ゲージ対称性の固有状態で 2 重項として変換する．一方，クォークの質量の固有状態 (u, d′)，(c, s′)，(t, b′) はゲージ対称性の固有状態とは異なり，(d′, s′, b′) と (d, s, b) は「小林–益川行列」とよばれる 3 行 3 列のユニタリー行列

$$V_{KM} \equiv \begin{pmatrix} V_{ud} & V_{us} & V_{ub} \\ V_{cd} & V_{cs} & V_{cb} \\ V_{td} & V_{ts} & V_{tb} \end{pmatrix}$$

により結ばれる．物理的でない複素位相をクォークの波動関数の位相を再定義することにより吸収させた後，V_{KM} は 3 個の回転角 θ_i ($i = 1, 2, 3$) と 1 個の複素位相 δ を用いて表示することができる．解析に応じて，いくつかの表示が考案・使用されている．小林と益川が与えた表示は，

$$\begin{pmatrix} c_1 & -s_1 c_3 & -s_1 s_3 \\ s_1 c_2 & c_1 c_2 c_3 - s_2 s_3 e^{i\delta} & c_1 c_2 s_3 + s_2 c_3 e^{i\delta} \\ s_1 s_2 & c_1 s_2 c_3 + c_2 s_3 e^{i\delta} & c_1 s_2 s_3 - c_2 c_3 e^{i\delta} \end{pmatrix}$$

である．ここで，$c_i \equiv \cos\theta_i$，$s_i \equiv \sin\theta_i$

である. 回転角の存在により, W ボソンの交換を通じて世代にまたがる遷移が起こる. 例えば, ストレンジクォークからアップクォークへの遷移の頻度は $|V_\mathrm{us}|^2$ に比例する. このような遷移現象はクォークの世代間混合とよばれている. さらに, 複素位相の存在により, CP 不変性の破れが起こる〔⇒小林誠〕.

因みに, 2 世代の模型において, V_KM に相当するユニタリー行列は「カビボ行列」とよばれる 2 行 2 列のもので, 1 個の回転角 (θ_1 に相当) のみで表示されるため, CP 不変性の破れは起こらない.

小林—益川理論の実証　小林—益川理論が提唱された当時は, クォークは u, d, s の 3 種類しか知られていなかった. ただし, 理論的には 4 種類存在すると考えられていた. 例えば, 1964 年に牧二郎や原康夫が坂田模型の拡張として 4 番目の基本粒子の存在を予言している. クォークに置き換えれば, c に相当する. 1970 年に, S. L. グラショウ, J. イリオポロス, L. マイアーニは等しい電荷を持つクォーク間の遷移が強く抑制されるという観測結果から c の存在を理論的に演繹した. その機構は「GIM 機構」とよばれている. また, 1971 年に丹生潔の実験グループにより, 宇宙線の崩壊において 4 番目の基本粒子の存在を示す現象が確認された. 加速器を用いた c の生成と発見は, S. C. C. ティンのグループと B. リヒター★のグループにより 1974 年に独立になされた.

現在では, 小林と益川が予言した 3 世代 6 種類のクォークが全て発見され, さらに, 2002 年から 2003 年にかけて B 中間子の崩壊現象において CP 不変性の破れが確認され, その大きさが小林—益川理論を用いて説明できることが明らかになった. B 中間子を用いた検証実験は 1980 年に三田一郎らが発案したもので, 実験は高エネルギー加速器研究機構とスタンフォード線形加速器センターで行われ実証された.

小林—益川理論の構築に関して, 次のようなエピソードがある. 当初は 2 世代 4 種類のクォークを有する模型を用いて, あらゆる可能性を調べたが, 現実的な CP 不変性の破れは説明できず悶々とした日々を送っていた. ある日, 益川は自宅で入浴中, 「クォークが 4 種類あったとしても現実的な CP 不変性の破れは起こらない, という論文を書くことにしよう」と思って, 浴槽から立ち上がった瞬間に「6 種類あれば, うまくいくのではないか」という考えに達したと回想している. 4 種類へのこだわりがなくなったのが幸いしたのかもしれない. こだわりをどの時点でどのように捨てるかがポイントのようである.

小林—益川理論の様々な要素を吟味すると, この理論が坂田およびその弟子たちの遺産の賜物に見えてくる. 当時の一般的な研究者と比べて, クォークの数を増やすことへの心理的な抵抗が少なく, 異なる粒子の混合という概念も身近に学んでいたと考えられる. N. カビボが Λ 粒子の崩壊現象を理解するためにカビボ行列に基づく中性子と Λ 粒子の混合というアイデアを導入したのは 1963 年であるが, このような粒子混合というアイデアはすでに 1961 年に牧, 坂田, 中川昌美により提唱された 2 種類のニュートリノ混合を含む新名古屋模型の中に見られる.

また, 大学院生の時に南部陽一郎★の「自発的対称性の破れ」に関する論文に強い関心を抱き, 夢中になって読んだ. 益川自身, 1974 年に中島日出雄と共に, 質量を有するベクトル粒子と相互作用するフェルミオンに関するカイラル対称性の自発的な破れについて研究を行っている. この系でフェルミオンの伝播関数が従う方程式は「益川—中島方程式」とよばれ, 結合定数が十分大きいときにカイラル対称性の破れを記述する解が存在する.

増本　量
Masumoto, Hakaru
1895–1987

特殊合金の父

表1　軟磁性材料の比較

材料	保磁力 (A/m)	初期透磁率 (H/m)	最大透磁率 (H/m)
センダスト	2	0.04	0.15
パーマロイ	4	0.01	0.13
スーパーマロイ	0.16	0.1	7.5

日本の金属学者．本多光太郎*に学ぶ．1924 (大正13) 年のコバルトの構造相転移 (マスモトメタモルフォシス，増本変態) の発見を皮切りに，センダスト，新 KS 鋼，スーパーインバー，コエリンバーなど，数々の発見・発明を成し遂げた．

強磁性　強磁性を示す金属には，鉄，コバルト，ニッケルがある．これらは常温で，自発磁化により小さな磁石の集合体となっている．各小磁石の磁化の方向がばらばらの状態では，全体としての磁性は示さないが (図1左の原点 O)，外部磁場をかけると，磁化の方向が徐々に揃っていく．原点 O における磁化曲線の勾配を初期透磁率という (図1中破線 A)．さらに磁場を強くすると，磁化曲線の勾配が最も大きくなって最大透磁率を与え (B)，最終的には飽和磁束密度に達する (C)．ここから，逆に外部磁場を小さくしていくと，外部磁場が 0 になっても，磁束密度が 0 に戻らない (D)．この振舞をヒステリシスといい，残った磁束密度を残留磁束密度という．逆方向にさらに外部磁場をかけると，磁束密度が 0 になる (E)．このときの外部磁場の大きさを保磁力という．従って，保磁力が大きいほどヒステリシスが大きい．

保磁力の小さい，及び大きい強磁性体材料は，それぞれ軟磁性材料，硬磁性材料とよばれる (図1右)．増本は，この両方において，記録を塗り替える材料を開発した．

軟磁性材料　1932 (昭和7) 年，山本達治と共に，鉄，アルミニウム，シリコンの合金軟磁性材料，センダストを発明した (組成：85Fe，5.5Al，9.5Si)．保磁力，初期透磁率，最大透磁率，いずれも，アメリカで発明されていたパーマロイ (組成：21.5Fe，78.5Ni) を凌いだ (表1)．当時は，試料溶解や磁気特性測定には，相当な時間がかかった．3元合金の組成に対応する三角形内の点に，透磁率の測定値に相当する長さの，マッチ棒のような棒を，毎日 1〜2 本のペースで立てていった．ピークを見つけたときの感激を，増本は友人に熱く語っていたという．センダストは高透磁率材料としての性質は優れているが，極めて硬くて塑性加工性に乏しく，衝撃に対して脆い．このため，鍛造や圧延を施すことは困難であった．しかし，脆いことを利用して，圧粉磁心 (ダストコア) として使用された．圧延も鍛造もできるパーマロイ，スーパーマロイ (組成：16Fe，79Ni，5Mo) の生産が急速に進み，新たな高透磁率材料であるフェライトも登場したが，センダストの耐磨耗性は他を抜いており，薄膜化技術の進歩とも相俟って磁気ヘッドや磁気カードの読み取り素子として現在も盛んに使われている．センダストの名称は，「仙台で発明されたダストコア材料」に由来する．

硬磁性材料　1933 (昭和8) 年，白川勇記と共に，新 KS 鋼 (組成：20〜40Co，10〜25Ni，5〜25Ti，残り Fe) を開発した．1917 (大正6) 年に，本多光太郎が KS 鋼

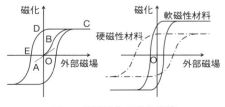

図1　強磁性体の磁化曲線

表2 硬磁性材料の比較

材料	保磁力 (A/m)	残留磁束密度 (T)
新KS鋼	60000以上	0.7
KS鋼	16000〜20000	0.85〜1.0
MK鋼	40000以上	約1.0

(組成:30〜40Co, 0.4〜1.0C, 5〜9W, 1.5〜5.0Cr, 残りFe) を開発していたが, 1931 (昭和6) 年, 東京帝国大学の三島徳七が, KS鋼を上まわるMK鋼 (組成:60〜70Fe, 10〜40Ni, 1〜20Al, Co, Cr, W 適量) を発明し (表2). 本多, 増本が所属する東北帝国大学金属材料研究所にショックを与えた. 新KS鋼の発明は, 研究所の威信をかけた, 名誉挽回のための闘いだったのだ. 増本の強い主張により, 特許明細書には, 発明者として本多光太郎1人が記された. 本多は三河弁で「ぼくはなんにもしていないのだから, 要らんことだわなあ」と言ったが, 増本は譲らなかったという.

超不変鋼の発明　1927 (昭和2) 年, インバー (不変鋼, 組成:63.5Fe, 36.5Ni) の小さな熱膨張率 (温度変化による膨張率) は, 磁歪 (強磁性体が磁化によって変形する現象) による収縮が熱膨張を打ち消すためであると説明し, スーパーインバー (超不変鋼, 組成:64Fe, 32Ni, 4Co) を発明した. さらに, 1934 (昭和9) 年には, 組成, 37Fe, 54Co, 9Crの合金が, 負の線膨張率 (熱による長さの変化率) を有することを見出した. これはステンレスインバー (不銹不変鋼) とよばれる. 純粋の鉄, ニッケル, コバルト, およびインバーの, 常温における線膨張率 ($\times 10^{-6}/℃$) が, それぞれ11.8, 12.8, 13.7, 1.2であるのに対し, スーパーインバー, ステンレスインバーの線膨張率はほぼ0に近い. これらの発明は, コエリンバーの発明と合わせて, 精密機器の性能を飛躍的に向上させ, 世界最高品質を誇るスイス製腕時計を日本が凌駕する大きな要因となった.

マーセット, ジェイン
Marcet, Jane Haldimand
1769–1858

科学啓蒙書の著者として有名

経歴　ジェインの父親アンソニー・ハルディマンドは, ロンドン在住の裕福なスイス商人で, 12人の子供に恵まれた. 息子たちの教育に家庭教師を雇い, ジェインもそうした家庭教育の恩恵を受け, 英語とフランス語で広い教養を身につけ, 両親もまた読書に発揮される彼女の好奇心を尊重してくれた. 彼女は15歳で母親を失った後, 父親を助けて家庭を切り盛りし, 家族の中心となった.

そうした事情からやや晩婚となったが1799年に彼女は, ジュネーヴ生まれでエディンバラ大学医学部出身の魅力的な医師A. マーセットと結婚した. 医業に限らず幅広い関心を持ち生理学や化学の探求を好んだ夫と共にある結婚生活の約20年間, ジェインは幸せで4人の子供にも恵まれ, 夫を通して当時の最も傑出した科学者や思想家と交流を持った.

『婦人のための化学対話』　しかし間もなく彼女は鬱に苦しむようになり, その気晴らしに夫の勧めもあって, 種々の領域の科学知識をまとめた手引書の執筆に集中した. これが後に出版される『自然哲学対話』(1819年) である. ジェインは当時ロンドン女性に人気のあった王立研究所のH. デイヴィーの化学の公開講義にも出席し, 真剣に学んだことを1805年に『婦人のための化学対話』として匿名出版した. 女教師と2人の女生徒の対話で展開するこの本は内容の斬新さや正確さを誇り, 多くの詳しい実験図を含め執筆に3年の年月を費やしたが, 爆発的人気を得てイギリスで16版を数えた. 真面目な彼女は改訂の機会ごとに新知見を盛り込み内容の刷新を図った. そ

して『化学対話』は婦人のみならず幅広い読者を獲得した．製本屋の徒弟であった若き M. ファラデー*はこの本の導きで電気化学研究の道に進むことになったという．世紀半ばまでにアメリカ各地でも 23 版出回り，およそ 16 万部が売れたとされる．高い評判を勝ちえたが，彼女自身は専門家として自信が持てなくて 1837 年までは全ての著作は匿名であった．

啓蒙書の執筆　1817 年ジェインは父親から莫大な遺産を相続したので夫も退職して一緒にジュネーブに移り住んだ．ところが 5 年もしないうちに最愛の夫を失い，しばらくは茫然自失の状態であった．しかし子供たちや多くの友人に支えられ平静を取り戻し，ロンドンとジュネーブを往来してどちらの知的サークルも大切にした．

マーセットは『化学対話』の他に『植物生理学対話』(1829 年) も出版した．彼女は夫の死後ジュネーブに滞在することも多く，それはジュネーブのアカデミーで行われた博物学者 A. P. ド・カンドルの講義の聴講が基となって執筆されたもので，マーセット 60 歳の著作である．また『経済学対話』(1816 年) など経済学関係の著作や，晩年には孫と共に暮らす中で子供向けの著作もなして評判を得た．一般には興味を持ちにくい科学や経済学への入門書として彼女の仕事は高く評価されるべきである．

図 1　マーセット
(H. Rossotti: *Chemistry in the Schoolroom: 1806* (2006))

マッハ，エルンスト
Mach, Ernst
1838–1916

衝撃波の研究

チェコの物理学者，生理・心理学者．衝撃波の研究やニュートン力学への批判で知られる．

経　歴　現在のチェコ共和国にあるモラビア地方 (当時はオーストリア・ハンガリー帝国下) に生まれる．父はプラハ大学哲学科卒のギムナジウム教師であり，マッハは 14 歳まではほとんど学校へいかず，その父から直接ラテン語やギリシャ語，歴史，数学を学んだ．1842 年，一家はウィーンに移住．市民革命の時代，革命側に加担した親の下で育ったことは，物事を批判的にみる彼の思考に少なからぬ影響を与えたと思われる．

1853 年に 15 歳でクレムジエルのギムナジウムの 6 年生に編入学し，ここで J. B. ラマルクの適応説やカント–ラプラスの宇宙論に強く影響を受ける．1855 年，ウィーン大学に入学し，数学と物理学，哲学を修める．1860 年「電荷と電磁誘導について」という論文で博士号を取得．

その後，1864 年にグラーツ大学の数学教授，1866 年同大物理学教授，翌年にはプラハ大学実験物理学教授となり，そこで 28 年間務めた．その間，100 を越える論文を出版している．特に，光学や写真技術を使った実験手法を完成させ，それによる超音速の研究や衝撃波の写真撮影などで卓越した実験家としての名声を轟かせた．同時に，優れた生理学上の業績も残している．例えば，輝度がステップ状に変化しているものをみたとき，境界領域の輝度変化が実物以上に強調されて見える現象 (マッハ効果) を発見し，それについて五つの論文を書いている．

超音速の研究と単位マッハ　今日マッハの名が，子供でも知るほど有名なのは，音速との比で決まる「マッハ数」が速度単位として広く世の中で使われているからである．プラハ大学で行った数々の物理学的実験研究の輝かしい成果の一つは，超音速についての研究である．彼は，超音速の物体の周辺に生じる衝撃の波面の角度 α（マッハ角）が，物体の速度 U と音速 a とで $\sin\alpha = U/a$ と表されることを見出した．

その後，航空機の発達により高速噴射体の研究が盛んになると，マッハが見出した比 U/a の重要性が増し，彼の死後 13 年経った後，チューリヒの研究者がこの比にマッハ数 M という名をつけた（$M = U/a$）．実はこの比は，流体の流れ場における圧縮性の影響の程度を表している．M が 1 を越えると衝撃波が発生し，5 を越えると断熱圧縮による発熱で流体がプラズマ化することが知られている．

マッハ主義　このような物理学上の仕事をしながら，マッハの頭の中は哲学的思考で満ちていた．1868 年に「質量の定義について」という論文を発表し，1870 年には『エネルギー保存法則の歴史と起源』を出版．1883 年に著した *Die Mechanik in Ihrer Entwicklung*（日本語訳では『マッハ力学』）は，その序文に書かれているように「力学の形而上学的あいまいさに反対する」ことを目的としている．

彼の鋭い洞察の一つは，マッハ主義（実証主義的経験批判論）とよばれる，ニュートン力学や絶対時間・空間の概念への批判である．A. アインシュタイン*は，このマッハ主義に強く影響を受け，これを数学的に定式化することが強い動機となって相対性理論を構築したとされる．残念ながらマッハ自身は，最後まで相対性理論や原子論を認めなかった．

1895 年，ウィーン大学の哲学教授となって 6 年間過ごす．1916 年没．享年 78 歳．

松原武生
Matsubara, Takeo
1921–2014

温度グリーン関数の提唱

日本の昭和から平成にかけての理論物理学者．誘電体，超伝導，超流動などを研究．「温度グリーン関数」の概念を提案し，1961 年に仁科記念賞を受賞した．

経　　歴　大阪府出身．1942 年に大阪帝国大学理学部物理学科を卒業した．永宮健夫の門下生であり芳田奎，金森順次郎らと同窓である．大阪大学理学部助教授を経て北海道大学理学部教授となった．

1953 年に発足した京都大学基礎物理学研究所は湯川秀樹*がノーベル賞を受賞したことを記念して創設された湯川記念館を全国共同利用の研究所としたものである．翌年物性論部門が設置され，松原は 1955 年その初代教授となった．松原はここで，既に北海道で展開していた超伝導，超流動，磁性，誘電体などの物性物理学の基礎理論の研究をすすめ，温度グリーン関数を導入し量子統計力学を進歩させた．

戦後の日本の物性論と統計力学の研究を牽引するリーダーの 1 人であった．研究者の交流にも力を尽くし，休刊中の和文学術誌『物性論研究』を碓井恒丸と共に『物性研究』として復活させた．

1960 年には京都大学理学部教授となり，定年退官後 1986 年から 1992 年まで岡山理科大学教授を勤めた．

量子統計力学における摂動展開　ミクロな原子や分子レベルの構造や物理法則，働いている力に基づいてマクロな測定値や法則を理論的に説明し予測するための方法が量子統計力学である．

量子力学では物理量を表す演算子 O と体系の量子状態を指定すると，物理量の値はその状態での期待値 $\langle O \rangle$ として表される．

有限温度で物理量の値は，全ての量子状態にわたる平均であり，温度 T に依存する分布関数 $\rho(E)$ を用いて $\sum \rho(E)\langle O \rangle$ で与えられる．これを熱統計平均という．E は量子状態のエネルギー固有値である．

粒子数 N を固定するアンサンブルのカノニカル分布は $\rho(E) = (1/Z)\mathrm{e}^{-E/k_B T}$ であり，化学ポテンシャル μ を与えるアンサンブルのグランドカノニカル分布は，$\rho(E) = (1/\Xi)\mathrm{e}^{-(E-\mu N)/k_B T}$ である．ここで k_B はボルツマン定数である．

Z や Ξ は分配関数及び大分配関数とよばれている．量子統計力学の課題の一つはこれらを求めることであり，これにより例えば体系の比熱の温度変化を求め，あるいは体系の相転移を記述できる．例えば Ξ は，系のハミルトニアンを H として $\Xi = \sum \langle \rho(H) \rangle$ と表される．和は全ての粒子数，全ての固有状態についてとる．この $\rho(H)$ は密度行列とよばれる．

一般にはこの定義式通りの計算はできない．代わりに，相互作用のない体系を出発点にした摂動を用いて行う．絶対零度における相互作用のある粒子系を扱う場の量子論の方法〔⇒ファインマン，朝永振一郎〕では摂動展開で現れる項の和をダイヤグラム展開として系統的に計算する理論が発展していた．

ハミルトニアンを相互作用のない系の H_0 と相互作用の H' の和 $H = H_0 + H'$ と置き，H' を摂動として $\sum \langle \rho(H) \rangle$ の展開をすると，各次ごとに演算子 H' を摂動の次数だけ乗じた因子を持つ項が現れる．その統計平均を計算する際に松原は，摂動の各項が場の量子論のウィックの定理に相当する定理により「コントラクション」を導入して場の量子論のようなダイヤグラムで表せることを示した．それにより見通しよく和が計算できるようになった．このコントラクションが，松原–グリーン関数の起源である．

温度グリーン関数・ダイヤグラム展開

場の量子論ではグリーン関数として遅延グリーン関数 G^R，先進グリーン関数 G^A，因果グリーン関数 G^C を定義した．これらを2時間グリーン関数ともいう．1粒子グリーン関数の表式は，粒子を生成あるいは消滅する演算子を $\psi^\dagger(\boldsymbol{r},t), \psi(\boldsymbol{r},t)$ として，

$$G^R(\boldsymbol{r},\boldsymbol{r}',t,t') = -\frac{i}{\hbar}\theta(t-t')\langle[\psi(\boldsymbol{r},t),\psi^\dagger(\boldsymbol{r}',t')]_\mp\rangle$$

$$G^A(\boldsymbol{r},\boldsymbol{r}',t,t') = \frac{i}{\hbar}\theta(t'-t)\langle[\psi(\boldsymbol{r},t),\psi^\dagger(\boldsymbol{r}',t')]_\mp\rangle$$

$$G^C(\boldsymbol{r},\boldsymbol{r}',t,t') = -\frac{i}{\hbar}\langle \mathrm{T}\psi(\boldsymbol{r},t)\psi^\dagger(\boldsymbol{r}',t')\rangle$$

である．ここで，$\langle\ \rangle$ はグランドカノニカル平均，$\theta(\ )$ は変数が正のとき 1 で負のとき 0 の階段関数，括弧 $[\ ,\ ]_\mp$ はボース粒子に対して交換子，フェルミ粒子に対して反交換子とする．また T は，その右にある演算子を時間 t, t' の順序で右から左へ並べた積を表す．ただしフェルミ演算子であれば演算子の交換の際に -1 倍する．

これに対し松原–グリーン関数は，

$$G(\boldsymbol{r},\boldsymbol{r}',\tau,\tau') = -\langle \mathrm{T}\psi(\boldsymbol{r},\tau)\psi^\dagger(\boldsymbol{r}',\tau')\rangle$$

で与えられ，温度グリーン関数とよばれることもある．この表式で，$\psi(\boldsymbol{r},\tau)$ は，場の演算子のハイゼンベルク表示で時間を $t = i\tau$ のように虚数時間に拡張したもので，τ の変域として $0 \leq \tau \leq \frac{1}{k_B T}$ が必要で，$\psi(\tau) = \mathrm{e}^{H\tau/\hbar}\psi\mathrm{e}^{-H\tau/\hbar}$ である．フーリエ級数に展開し，$G(\boldsymbol{r},\boldsymbol{r}',\tau,\tau') = k_B T \sum_n G(\boldsymbol{r},\boldsymbol{r}',i\omega_n)\mathrm{e}^{-i\omega_n(\tau-\tau')}$ とするとき，ω_n を松原振動数という．

相互作用のある体系において 1 粒子グリーン関数が求まれば，粒子密度は $-i \lim_{t' \to t+0} G^C(\boldsymbol{r},\boldsymbol{r},t,t')$ で与えられるなど，巨視的物理量の計算ができる．また，温度グリーン関数のフーリエ成分 $G(\boldsymbol{r},\boldsymbol{r}',i\omega_n)$ は振動数の関数として $G^R(\boldsymbol{r},\boldsymbol{r}',\omega)$ と同じ関数 (数学的には解析接続) であるので，2時間グリーン関数が必

要な場合には，摂動計算可能な温度グリーン関数のほうを求めればよい．

一体のグリーン関数の摂動2次のダイヤグラムの例を図に示す．左が繋ったダイヤグラムの一例，右側が繋っていないダイヤグラムの一例．繋ったダイヤグラムの和だけ計算すればよいといった計算則がある．矢印付実線はグリーン関数を，点線は相互作用ポテンシャルを表す．

超伝導などへの応用　松原–グリーン関数はその後の人々により発展し応用され，多くの成果を生むことになった．ダイヤグラム展開は，クーロン力を及ぼしあう電子系の熱力学関数の評価，フォノンをやりとりする電子系の比熱の増大の導出などで成功した．液体ヘリウム3に応用されてランダウによるフェルミ液体の描像に微視的理論による基礎づけを与えた．また，線形応答理論〔⇒久保亮五〕で登場した応答関数を電気伝導などについてダイヤグラム展開で計算することができた．

特にめざましい応用の成果が，A. A. アブリコソフと L. P. ゴルコフによる超伝導の理論である．この2人は，異常グリーン関数 $-\langle \mathrm{T}\psi(\boldsymbol{r},\tau)\psi(\boldsymbol{r}',\tau')\rangle$ を導入した．粒子数を保存しない演算子の期待値を取り上げたもので，BCS理論におけるクーパー対〔⇒バーディーン〕をグリーン関数で表現している．BCS理論を再構成し，新たに，不純物を含む系や磁性不純物を含む系について実験を説明できる理論を作った．続く人々により，松原グリーン関数を用いた線形応答理論から，時間変化する超伝導の記述もできるようになった (TDGL方程式)．

また，Y. エリアシュベルクによってグリーン関数を用いて物質に応じたフォノンの特徴を取り入れることができる強結合超伝導の理論も作られた．

マーデルング，エルヴィン
Madelung, Erwin
1881–1972

マーデルング定数

ドイツの物理学者．イオン性結晶の静電エネルギーを表すマーデルング定数で知られる．

経歴　ドイツのボンで生まれる．ゲッティンゲン大学で結晶構造の研究を行い，1905年には学位を得た．その後，教授となり，イオン性結晶の静電エネルギーの総和を表すマーデルング定数を調べた．1922年にはフランクフルトのゲーテ大学 (通称フランクフルト大学) で M. ボルン*の後継者として理論物理学の主任を1949年まで務めた．原子物理学や量子力学を研究した．

また，シュレーディンガー方程式の別の表現であるマーデルング方程式や，電子の軌道を電子が占有していく順序を表すマーデルング則でも知られる．

マーデルングエネルギー　イオン結晶において，i 番目のイオンに及ぼす周りのイオンからのクーロンポテンシャルは，個々のクーロンポテンシャルの和で書けて，

$$V_i = \frac{e}{4\pi\varepsilon_0}\sum_j \frac{z_j}{r_{ij}}$$
$$= \frac{e}{4\pi\varepsilon_0 r_0}\sum_j \frac{z_j r_0}{r_{ij}} = \frac{e}{4\pi\varepsilon_0 r_0}M \quad (1)$$

$$M \equiv \sum_{j\neq i} \frac{z_j}{r_{ij}/r_0} \quad (2)$$

である．ここで，z_j は j 番目のイオンの電荷数であり，r_0 は最近接イオン間距離である．M をマーデルング定数とよぶ．(2)式の和は，正負の z_j が交互に現れるため，和をとっていっても振動が続く．遠くの r_j にあるイオンの個数は，3次元結晶では r_j^2 に比例するので，静電エネルギーへの遠くのイオンからの寄与は，遠くなるほど大きく

表1 主な結晶構造のマーデルング定数

結晶構造	マーデルング定数
塩化ナトリウム型構造	1.747558
塩化セシウム型構造	1.762670
閃亜鉛鉱型構造	1.63806
ウルツ鉱型構造	1.6413
蛍石型構造	5.03878
赤銅鉱型構造	4.11552
ルチル型構造	4.816

なる．P. P. エバルト*はクーロン相互作用の和 $\sum_i \phi_i(r)$ を適当な関数 $f(r)$ を用いて

$$\sum_i \phi_i(r) = \sum_i \phi_i(r)f(r) + \sum_i \phi_i(r)\{1-f(r)\}$$

のように短距離相互作用と長距離相互作用に分け，長距離相互作用をフーリエ空間で計算することによって効率よく計算した．マーデルング定数を用いると i 番目のイオンの静電エネルギーは

$$E_i = z_i eV_i = \frac{e^2}{4\pi\varepsilon_0 r_0} z_i M \quad (3)$$

と書ける．マーデルング定数は同じ結晶構造の物質では共通の値を持ち，結晶構造ごとに異なった値を持つ．主な結晶構造のマーデルング定数は表1の通りである．

マーデルングの規則 原子の電子軌道を電子が占有していく順序に関する規則である．1936年にマーデルングが発見した．複数の電子があると，電子同士の相互作用により軌道エネルギーが変わり，方位量子数にも依存するようになる．その結果，主量子数 n と方位量子数 l の和 $n+l$ の小さい方から順に電子が占有していく．$n+l$ が同じ場合は n の小さい方が先に占有される．従って，1s, 2s, 2p, 3s, 3p, 4s, 3d, 4p, 5s, 4d, 5p, 6s, 4f, 5d, 6p, 7s, 5f, 6d の順番に電子が占有していく．1962年にソ連の物理学者 V. クレチコウスキーが，トーマス–フェルミモデルを用いて理論的に説明したので，クレチコウスキーの規則とよばれることもある．

マヨラナ，エットーレ
Majorana, Ettore
1906–?

マヨラナフェルミオンの提唱

イタリア，シシリア島生まれ．1938年失踪により姿を消した謎に満ちた孤高の理論物理学者．

人物・経歴 ローマ大学では最初工学部に在籍したが，少年時代からの友人 E. セグレ*の紹介で知りあった5歳年長の E. フェルミ*に理論物理を研究するよう説得された．フェルミが研究していた問題を数日で解き彼を驚嘆させて以来，最先端の理論物理学の研究に向かった．フェルミの仲間たちはフェルミを「法王」，鋭い洞察力・批判力に富むマヨラナを「大審問官」とよんだ．1929年博士号，1932年大学教員資格を最高評価で取得．奨学金を得てライプチヒ，コペンハーゲンを訪問，W. ハイゼンベルク*と親交を結び，核力，素粒子の研究に進む．1937年ナポリ大学教授に就任．講義はレベルが高すぎ大部分の学生はついていけなかったという．社会学，哲学等にも深い関心を持ち，哲学ではショーペンハウエルに傾倒した．1938年3月謎めいた手紙を同僚に残して旅行に出たのを最後に行方不明になり，消息は知られていない．

陽電子の理論 彼の9編の論文の中で最も永続的な影響力を持つのは1937年に発表された「電子と陽電子の対称理論」という仕事だ．P. ディラック*は，1928年に提出した相対論的な電子の場の方程式(ディラック方程式〔⇒ディラック〕)に基づき，「真空」を負エネルギーレベルがすべて充満した状態(ディラックの「海」)と解釈し，負エネルギーから正エネルギーに励起してできる負エネルギーの「穴」が電子(負電荷)と反対の正電荷を持つ陽電子であるとした．陽電子は1932年 C. D. アンダーソン*によ

り宇宙線の実験で偶然発見されたが，実は ディラックは最初「穴」を質量が 1800 倍以 上も大きな陽子だと考えた．その背景には 正負エネルギーの非対称な扱いがある．マ ヨラナは負エネルギー状態の生成消滅演算 子の役割を入れ換えれば，「海」を回避し正 エネルギー状態だけに基づき電子と陽電子 を完全に対称的に扱えることを示した．こ れが現在の標準的な定式化になっている．

マヨラナ粒子 電子と陽電子は，相対 論的な場の量子論で必然的に現れる，電荷が 反対で質量が同じ粒子と反粒子の対の例だ． しかし電気的に中性なら，スピン 1 の光子 のように粒子と反粒子が同一で区別がつか ない場合もある．マヨラナは光子とのアナ ロジーにより，スピン 1/2 の場合にもディ ラック粒子とは異なって，粒子と反粒子が 同一である可能性を指摘した（マヨラナ粒 子）．その定式化に，場の方程式に虚数単 位 i が現れないような表示（マヨラナ表示） を用いたが，これは超対称性や超弦理論な どで重要な役割を果たしている．現在の標 準理論では，スピン 1/2 基本粒子で唯一中 性のニュートリノは，ヘリシティー（運動 量方向のスピン成分）の符号によりニュー トリノと反ニュートリノが区別された 2 成 分のワイルスピノル〔⇒ワイル〕で記述され る．ニュートリノ質量が 0 なら正負のヘリ シティーは混じりあわず，これで問題はな い．だが，実は極めて微小な質量の存在を 示唆する間接的証拠が（主に日本の実験に より）知られている．この質量の本性は未 解明だが，その性質によっては両方のヘリ シティーを一緒に扱ってマヨラナ粒子とみ なせる可能性があり，実験理論両面で重要 な課題である．また，マクロな凝縮系でも 超伝導状態では，電磁相互作用が短距離に 遮蔽されるため，環境の衣をまとった準粒 子としての電子が磁力線の渦の効果により 有効的にマヨラナ粒子として振る舞う可能 性が論じられている．

マルコーニ，グリエルモ
Marconi, Guglielmo
1874–1937

ワイヤレス時代を開いた起業家

ドイツの H. R. ヘルツ*は電磁波が実在 することを実験で検証していたが，この電 磁波を実用化して無線通信の一時代を切り 拓いたのがマルコーニであった．

経　歴　マルコーニは 1874 年，イ タリアのボローニャ地方の大地主の次男に 生まれる．母親はアイリッシュウイスキー の実業家の娘だった．小・中学校の成績は あまりよくなかった．一家の引っ越しでリ ボルノの工業学校に転校したが，ここでも 劣等生だった．そこで 1891 年から約 1 年 間，V. ロザ教授から個人的に物理学の講義 を受けたという．マルコーニのノーベル賞 講演によると，子供の頃から物理や電気技 術のことに興味を持っていたが，断片的な 科学教育しか受けたことがなかったという． またロザの講義でヘルツ，E. ブランリー， A. リギらのことを知ったという．しかし大 学入学資格試験には合格しなかった．そこ で母親は知り合いだったヘルツ波の専門家 でボローニャ大学の教授リギの研究室へ息 子を送り込んだ．ここで物理学の個人教授 を受けたが，それでも成績は伸びなかった．

無線電信装置の改良　勉強を辞めたマ ルコーニは 1894 年の夏，自宅の屋根裏部 屋でモールス信号機一式を組み立てた．既 存の部品を組み合わせた物だったが，自分 なりの工夫も施していた．最も重要な部分 はコヒーラー（検波器）の改良であった．コ ヒーラーはフランスのブランリーとイギリ スの O. ロッジが発明していたが，これを さらに感度の高い物に改良したのだ．これ によって初めて実用に堪える通信装置が生 まれた．マルコーニは早速，丘を隔てて 2 km 離れた所までモールス信号が空間を伝

播することを確かめた.

1896年には母のつてを頼ってロンドンに渡り，イギリスで無線電信装置の特許をとった．さらにイタリア，アメリカなどに無線電信会社を設立し，高学歴技術者を雇い入れた．こうして既存の経済社会の変化をもたらす革新的な通信システムを作り上げようとしていたのだ．まさに J. A. シュンペーターが定義した「起業家」の先駆けだった．

大西洋横断通信の成功　最初の無線通信機は広帯域の電波を一度に発信するだけだった．文字通りの通信機能を備えるためには特定の波長を発信させ，これを同調して受信する仕組みを考案する必要があった．ロッジは既に共振回路の原理を見つけていたが，通信システムに組み込むことまでは考えていなかった．これを実現したのがマルコーニであった．1900年に特許7777として認可された．

無線装置は年々改良が加えられ，1901年には大西洋を 3200 km 越えて交信に成功した．それまでは直進する電波は，たとえ回折現象を考慮しても，地球の湾曲のため大西洋の長距離は越えられないと考えられていた．このときは成功した理由はわからなかったが，翌年，電気技術者 A. E. ケネリーが電離層で反射されて伝わったのだと説明した．こうして最初のワールドワイド・ネットワークが始まったのだ．

マルコーニは 1909 年「無線電信の開発への寄与」によってノーベル物理学賞を受賞 (共同受賞者は陰極線管にその名をとどめる K. F. ブラウン*)．第一次大戦中には短波に注目して通信技術の開発に努力した．晩年はムッソリーニと友人になり，熱烈なファシズム支持者となった．1930年イタリア王立アカデミー総裁に選ばれる．1937年心不全のためローマで死去．

マルダセナ，ホアン
Maldacena, Juan
1968–

超弦理論の AdS/CFT 対応の提唱

経歴　アルゼンチン生まれ．アメリカで活躍する指導的理論物理学者．アルゼンチンで大学を終えた後，プリンストン大学で超弦理論におけるブラックホールの量子的性質の研究により博士号を取得．ラトガース大学，ハーバード大学で研究，2001年プリンストン高等研究所教授に就任．

D ブレーン　1970 年代中盤，自然界の力＝相互作用の統一理論としての超弦理論の可能性が認識された〔⇒シュワルツ〕．特に，A. ヌボー–J. シャークは端点を持つ弦(開弦)からヤン–ミルズ理論〔⇒ヤン〕を，また，米谷民明，J. シャーク–J. シュワルツ*は一般相対性理論，つまり重力を閉じた弦(閉弦)から長距離極限により導いた．1990年代中盤，J. ポルチンスキーは，開弦の端点が D ブレーンとよばれる物理的実体を表す新たな力学的自由度であることを解明した．さらに E. ウィッテンは D ブレーンの低エネルギーの性質に対する有効理論は，ブレーン数 (N) で決まるゲージ群を持つヤン–ミルズ理論であると指摘した．一方，D ブレーンは物理的実体として重力 (つまり，閉弦) の源であり，その性質は閉弦によっても記述できる．D ブレーンが運動する高次元の時空の中で，ヤン–ミルズ理論の場が D ブレーンの座標を含む力学変数の役割を果たす．そして，その力学の中に D ブレーンの重力を含む相互作用も含まれる (図1. 筒部分は時間方向の見方では開弦の生成消滅，空間方向では閉弦の伝播として記述できる．筒でつながる太線で囲まれた縦面が D ブレーンが高次元の時空を伝播してできる軌跡)．これらのことから，閉弦の古典場近似が有効な大 N 極限では，D ブレーン

力学を通じ，重力とヤン–ミルズ理論が対応関係にあるという「重力–ゲージ対応」の考え方が発展した．

AdS/CFT 対応　マルダセナは空間 3 次元に広がった D3 ブレーンの場合に，その力学を特徴づける超共形対称性とよばれる高い対称性に基づき，それまでの予想を深めこの対応関係が大 N 極限で精密に成り立つ可能性を指摘した (1997 年)．5 次元 (空間 4 + 時間 1) の一般相対論的 (超) 重力理論と 4 次元 (空間 3 + 時間 1) 空間のゲージ理論とが対応し，同じ現象をどちら側からも記述できるという，異なる理論間の AdS/CFT 対応とよばれる新たな双対関係である．AdS は D3 ブレーンの近距離時空に対応する反ド・ジッター (anti-de Sitter) 空間 (一定負曲率の 5 次元時空), CFT (共形場理論) は D3 ブレーンの 4 次元ヤン–ミルズ理論の共形 (conformal) 対称性に由来する．続いて，A. ポリャコフ*を中心とするグループ，およびウィッテンにより，重力理論の分配関数とゲージ理論の相関関数を結びつける具体的関係式 (GKPW 関係式〔⇒ポリャコフ〕) が提唱された．これによれば，ある次元のゲージ理論の枠内で記述できる様々な現象を，より高次元の時空における重力理論を用いて研究できる (およびその逆)．クォークの量子色力学，核物質や凝縮系の特徴的な現象を重力–ゲージ対応の手法を応用して重力理論に翻訳し新たな見方を得ようという方法論の開拓へ向け，活発な研究が続いている．超弦理論は，重力を含む統一理論として未完成で過渡的な段階にあるが，この進展を契機として，超弦理論の成果が一般物理へ応用される可能性が期待されている．

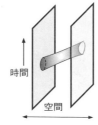

図 1　開閉弦双対性

マンデルブロ，ベノワ
Mandelbrot, Benoît B.
1924–2010

フラクタル幾何学の提唱者

ポーランド出身のフランス系アメリカ人の数理科学者．「フラクタル」という数理概念を導入し，自然界で観測できる自己相似な構造や変動を非整数次元 (フラクタル次元) や冪分布によって定量的に特徴づける研究を行った．この概念は，自然現象に限らず，経済・社会現象の研究，及び，コンピュータグラフィックスなどを通して社会に大きな影響を及ぼした．

経歴　エコール・ポリテクニクで G. ジュリアと P. レヴィに数学を学ぶ．カリフォルニア工科大学にて流体力学の修士，パリ大学にて数理科学の博士の学位を取得．プリンストン高等研究所などを経て，1958 年からは IBM のワトソン研究所を拠点に独創的な研究に邁進した．

社会・経済現象での冪分布の観測　単語の頻度分布に関する G. K. ジップの研究を発展させ，頻度分布が冪分布に従うことが言語によらない普遍的な特性であることを示した (ジップ–マンデルブロの法則). この法則は，出現頻度ランキング r 番目の単語の頻度を $X(r)$ としたとき，$x(r)r = $ 一定，と表すことができる．また，綿花の市場取引価格のデータを分析し，変位の分布がベキ分布に従うことを示した (マンデルブロの法則). さらに，変位の大きさには長時間の相関があることを示唆した．

乱流の間欠性　粘性係数が小さい極限での流体の速度場は，エネルギーが散逸する領域が，時空間において一様ではなく，拡大や縮小に対して自己相似な構造を持つことが知られている (乱流の間欠性). このような構造を理解するための基本となる数理モデルを提案した．

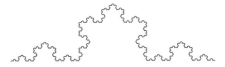

図1　コッホ曲線
線分を折れ線に置き換える操作を繰り返すことで作成される.

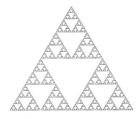

図2　シルピンスキーのギャスケット
三角形の真ん中をくりぬく操作を繰り返すことで定義される.

マンデルブロ集合　ジュリアが解析的な手法で研究していた2次関数による複素変数の非線形写像 ($Z_{n+1} = Z_n^2 + C$) の不動点に関する研究を発展させ, 写像を無限回繰り返してもZの値が有限の値に留まるような複素数Cの集合の構造をコンピュータ解析によって調べた (マンデルブロ集合).

フラクタル幾何学の提唱　拡大しても縮小しても同じように見える複雑な構造をフラクタルとよび, 非整数の値をとるフラクタル次元によってその特徴を定量化した. 例えば, コッホ曲線 (図1) では, 縮尺を1/3にしたミニチュア4個によって全体が構成されており, そのフラクタル次元は,

$$D = \frac{\log 4}{\log 3} = 1.26\cdots$$

によって与えられる.

フラクタル構造は, 拡大縮小のスケール変換に対して統計的性質が変化しないことから, 構造を表す特徴的な大きさが冪分布に従っていることに着目し, 定式化した. 例えば, 三角形の各辺の中点を結んだ三角形を切り抜く操作を無限に繰り返した極限として定義されるシルピンスキーのギャスケット (図2) の場合, フラクタル次元は $D = \log 3/\log 2 = 1.58\cdots$ であり, 三角形の面積sの分布は, $P(>s) \propto s^{-\alpha}$, $\alpha = \log 3/\log 4 = 0.79\cdots$, という冪分布に従う. フラクタル幾何学の応用として地形や雲や樹木などを疑似的に作り出す手法がコンピュータグラフィックスの分野で開発され, 自然な風景に見える人工画像を簡単に作り出すことができるようになった.

相転移現象における臨界点の研究は, 特に, フラクタルと密接な関係がある. 観測スケールを変えたときの物理量の変化を記述するくりこみ群の視点から見れば, 相転移点はくりこみ変換での不動点であるが, これは, 相転移点はスケールに依存しないフラクタルであるということを意味している.

人　　物　形を扱う学問の歴史からみると, 直線と円から形を構成するユークリッド*, 曲線を微分で表現する道を切り開いたI. ニュートン*と並んで, 無限に複雑に入り組んだ形を扱うフラクタル幾何学を導入したマンデルブロは高く評価されている. 晩年, 数多くの世界的な賞を受賞しているが, その一方で, 彼は, 孤高の科学者とも評され, 研究者の群れに属さず, ほとんど弟子を育てず, 独自の道を進み続けたことでも有名である. 彼自身そのことを自覚し, 特に研究者は自分の信じる道を進むべきだということを自伝の中で述べている.

日本国際賞など数々の賞を受賞した晩年, 金融市場の研究に力を入れた. アメリカ住宅バブルの源となった金融派生商品の販売を危惧し, 金融業界を「嵐が来たら沈没する豪華客船」と痛烈に批判した. 折しも, 当時世間はバブル景気に浮かれており, その主張は無視されがちだった. その後, マンデルブロの警告通り, 2008年にリーマンブラザーズの倒産をきっかけに, そのショックが引き金となり, 世界的な金融危機が起こり, マンデルブロの見識の高さが改めて認識された.

ミッチェル，マリア
Mitchell, Maria
1818–1889

夜空の美しさに魅せられて

アメリカの天文学者．彗星を発見．アメリカの最初の重要な女性科学者といわれる．アメリカ芸術科学アカデミーの女性初の会員に選出され，アメリカ哲学会会員，アメリカ科学振興協会会員，アメリカ女性振興協会会長も務めた．

経歴 マサチューセッツ州ナンタケットの生まれ．クエーカー教徒の両親の子供10人のうちの第3子．主として，幼少期，天文学者で教師の父ウィリアム・ミッチェルに教育された．彼は男女平等主義者でミッチェルを男子と同様に教育した．ミッチェルは父が捕鯨船のクロノメーター(精密な経度測定用ぜんまい時計)をチェックするために行った観測を手伝い，1831年には，金環食のあいだナンタケットの経度を決定するための父の観測を補佐した．

彗星の発見 18歳のときナンタケット図書館の司書となり，24年間務めた．その間，晴れた夜には全天観測を行い，1847年10月1日，2インチの望遠鏡を使って新しい彗星を発見した．その発見によって，デンマーク国王から金メダルを授賞し，世界的に名声を博した．その彗星はミッチェル彗星と名づけられた．彗星の発見に代々のデンマーク国王が金メダルを授与するようになったのは，おそらく，デンマークの天文学者T.ブラーエ*(1546–1601)の業績を称えてのことであろう．T.ブラーエは1572年新星を発見，1577年に出現した彗星の発見者でもある．彼の残した火星の膨大な観測データを使ってJ.ケプラー*が惑星の運動法則を導いたことはよく知られている．

天文学教授・天文台長として ミッチェルは，1849年から1868年まで航海暦局に勤務し，金星の予測位置の計算を行った．科学分野の研究によって給与を得たおそらく最初の女性である．彼女はヴァッサー女子カレッジの設立(1865年，ニューヨーク州ポキスリー．山川捨松(後の大山捨松)もここの卒業生)以来そこの教授団の一員となっていたが，そこでの義務を果たすために，航海暦局を辞めざるをえなかった．カレッジでは天文学教授とカレッジの天文台長を務めた．アメリカでは3番目に大きい12インチ望遠鏡を備え，女子学生たちと木星，土星の観測を行った．太陽の写真を撮る装置を組み立て，撮った写真乾板は整理され天文台のクローゼットに保管されていた．

死後，彼女の学生や後援者たちが1902年ナンタケットマリア・ミッチェル協会を設立，天文台・科学図書館・自然科学博物館が付設されている．彼女の業績を称えて，のちに月のクレーターの一つがマリア・ミッチェルと名づけられた．イギリスの『王立天文学会史1820–1920』(1923年刊)は，アメリカで天文学が活発になってきたことを指摘し，ウィリアム・ミッチェルの天文台建設への寄与などと共に，マリアの新彗星の発見はそれを示している，と記している．

図1 マリア・ミッチェル
(H. Dassel, 1851)

ミラー,ウィリアム・ハロウズ
Miller, William Hallowes
1801–1880

結晶格子のミラー指数を発見

イギリスの結晶学者,鉱物学者.結晶の格子面と方向を表すミラー指数を考案.

経歴 ケンブリッジ大学のセント・ジョンズ・カレッジに学び,卒業後に初めは流体力学と静水学を研究.その後,結晶学と鉱物学の研究に向かった.この研究中に結晶格子における格子面と方向を記述するミラー指数 (Miller indices) を発見した.彼の名は鉱物 millerite の命名に使用された.

結晶構造のミラー指数 サイコロの隣接する二つの頂点を結ぶ陵と対角の位置にある陵を結ぶ面を指定するとか,三つの頂点を通る面を指定するには工夫がいる.極微のサイコロの頂点に原子を置き,それを無限に繰り返したような構造に対し,原子位置を通る格子面を指定することは,結晶学に現れる重要問題である.ミラーはこれに鮮やかな解答を与えた.

結晶の原子面 (格子面) は,その面と結晶格子軸との三つの交点の座標を与えれば指定されるから,その座標を利用すればよいと誰しも思う.しかしミラーはそうしなかった.ミラーは逆数を利用することを思いついた.原子面が結晶軸 a, b, c と交わる点の原点からの距離を,格子定数を単位として求める.次にこれら 3 数の逆数をとり,それと同じ比を持つ 3 整数 hkl に置き換え,かっこに入れたものがミラー面指数 (hkl) である.もしある原子面が原点に関し軸と負の側で交わるならば,その指数は負であり,ミラー指数はバー記号を指数の上につけ $(\bar{h}kl)$ のように表示する.例えば図1のように,a, b, c 軸と各々 $3a, 3b, 2c$ で交わる ABC 原子面の数の逆数は $1/3, 1/3, 1/2$ で

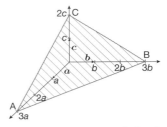

図1 格子面 ABC のミラー指数の定め方

ある.これと同じ比を持つ最小の整数を用いて,ABC 面はミラー指数で (223) と表される.立方結晶の立方体表面の指標は,(100), (010), (001), ($\bar{1}$00), (0$\bar{1}$0), (00$\bar{1}$) である.等価な面をまとめて表すときは { } を用いて {100} と表示される.このように,結晶構造解析にはミラー指数により面方向を定める方法が応用性に優れている.

結晶構造解析でブラッグの法則〔⇒ブラッグ〕$2d\sin\theta = n\lambda$ を適用するためには,面指数 (hkl) の面間隔 $d(hkl)$ を表す式がしばしば必要になる.格子定数 a の単純立方格子を考える.ある (hkl) 面が,原点を通る面に平行でかつ隣接するならば,(hkl) 面の方程式は $hx + ky + lz = a$ である.この場合に格子面の間隔 $d(hkl)$ は
$$d(hkl) = \frac{a}{(h^2 + k^2 + l^2)^{1/2}}$$
で与えられる.

結晶中の特定方向を指定するミラー方向指数はわかりやすい.その指数は方向ベクトルを最小の整数組で表したもので $[hkl]$ と書かれる.例えば立方結晶の x 軸方向は指数 $[100]$ と表される.等価な $[100], [010], [001], [\bar{1}00], [0\bar{1}0], [00\bar{1}]$ 方向は $\langle 100 \rangle$ と表される.

ミラーは,結晶の原子的構造が全く不明だった 19 世紀にミラー指数を発見した.結晶の全ての面の方向を整数の指数で表すことができることは重大な意味を持つ.同一粒子が周期的な配列をしているときに限って有理指数の法則が成り立つからである.

ミリカン，ロバート・アンドリュース
Millikan, Robert Andrews
1868–1953
電気素量の測定，光電効果の研究

アメリカの物理学者，物理教育者．初めて電気素量の計測に成功した．光電効果を研究し，プランク定数を測定した．

経歴 物理教育の新しいカリキュラムの開発や画期的な物理教科書執筆の業績が評価され，1907年シカゴ大学物理学准教授に就任．その後，研究の方向を教育から物理学へと舵を切り，光電効果の研究や電気素量の測定に乗り出す．1913年には電気素量として

$$4.774 \pm 0.009 \times 10^{-10} 静電単位$$

の値を得る．1916年アメリカ物理学会会長，1921年カリフォルニア工科大学（カルテック）ノーマン・ブリッジ研究所長．その後カルテックの実質的学長として手腕を発揮し，科学研究の一大拠点としてパサデナ・カルテックの名を世に知らしめた．当時カルテックは "Millikan's school" ともよばれた．

電気素量の測定——油滴実験 油滴を帯電させ，その電荷を計測すると，電気素量の整数倍となる．霧状に噴霧した油滴の帯電量は非常に小さいので，個々の油滴の帯電量を計測して並べると，それらの最小の間隔は電気素量となるはずだ．

ミリカンは帯電した油滴を電場中に浮遊させ，その終端速度を計測することにより，油滴の帯電量を求めた．下向きの電場 E の極板間を，質量が m で，電荷が $q(>0)$ の油滴が終端速度 v_f で運動しているとき，

$$kv_f + f - mg - qE = 0$$

の力の釣合いが成り立つ．ただし空気抵抗を kv_f，浮力を f，重力を mg，電気力を qE とした．油滴を半径 a の球とし，空気抵抗にストークスの法則を用いれば，η を空気の粘性率として $kv_f = 6\pi a \eta v_f$ と表される．空気，油の密度をそれぞれ ρ_0, ρ とすれば，$f = (4\pi/3)a^3\rho_0 g$, $mg = (4\pi/3)a^3\rho g$ である．$E = 0$ として改めて終端速度を計測すれば，同様の関係式より半径 a を求めることができる．以上より q を求めることができる．$q < 0$ の場合も同様である．

ミリカンは C. ウィルソン*の霧箱にならって最初，水を噴霧した霧全体を用いたが，計測中に蒸発してしまうため，計測対象を個々の水滴へ，そして油滴へと改良した．その際，実験のコンディションが悪かったときのデータを排除したことが，後に大きな議論をよんでしまう．しかし仮にミリカンが排除したデータをすべて用いたとしても，最終的な結果はそれほど変わらないことが，近年明らかになっている．

光電効果の研究 1915年までには A. アインシュタイン*の光電効果の関係式〔⇒アインシュタイン〕

$$E = h\nu - W$$

が完全に正しいことを実験で示すことができた．しかし当初ミリカンは，光量子説が正しいとは思っていなかったといわれている．E は光電子の持つ最大の運動エネルギー，h はプランク定数，ν は光の振動数，W は仕事関数である．また，プランク定数 h を E–ν グラフの傾きから求めた．

カルテックに移ってからは宇宙線の研究に携わった．宇宙からくる放射線 "cosmic rays" は彼の命名である．ミリカンは宇宙線を高エネルギー光子と考え，当時の多くの科学者もこれを支持していた．しかし1932年，A. コンプトン*による「緯度効果」発見を契機に，宇宙線の大部分は陽子であることが次第に明らかとなった．

ミンコフスキー，ヘルマン
Minkowski, Hermann
1864–1909

ミンコフスキー空間の提唱

ロシア（現リトアニア領）生まれのドイツの数学者，数理物理学者．

経歴・人物　数学者 D. ヒルベルト*と親交があり，スイス連邦工科大学チューリヒ校（ETH）で教えたが，教え子の中に A. アインシュタイン*がいて，大きな影響を与えた．ミンコフスキーは，時間と空間を対等にしかも同時に扱うことを目的として，ミンコフスキー空間の概念を提唱．アインシュタインの特殊相対論を簡潔に捉えるのに多大の寄与をし，さらに一般相対論への拡張にも役立った．

座標系と「時空」　物理量は時間座標 t と空間座標 (x, y, z) の関数として表される．座標は絶対的に定まるわけではなく，観測者の違いで異なる座標系が採用できる．そのとき問題は，異なる観測者が定めた異なる座標系間の関係である．例えば観測者 A と B がいて，B は A に対し一定の速度で運動しているとする．A は自分を原点とする座標系を定め，自分の時計の時刻を時間とする．B は A の座標系の x 軸の正の方向に速さ v で運動しており，B 自身を原点とした座標系と自らの時計の時刻を時間座標とする．A と B はある時刻に同一の場所におり，そのとき A と B の時計は同時刻を示していたとする．A と B が，ある場所である時刻に起こった現象 C を観測し，(x, y, z) と t，(x', y', z') と t' という値が得られたとき，相互の関係は

$$x' = x - vt, \ y' = y, \ z' = z, \ t' = t$$

であると考えられてきた．これをガリレイ変換という．

ところが，アインシュタインの特殊相対性理論では，真空中での光の速さを c と書くと，

$$ct' = \frac{ct - (v/c)x}{\sqrt{1 - (v/c)^2}}$$
$$x' = \frac{x - (v/c)ct}{\sqrt{1 - (v/c)^2}}$$
$$y' = y, \ z' = z$$

という関係があり，これをローレンツ変換と呼ぶ．2 人の観測者が使用する時間座標と空間座標は，お互いに関係しあっていて，独立な存在ではない．そこで，ミンコフスキーは時間と空間をまとめた「時空」という概念を導入して統一的に扱うことを提唱した．時空中の一点を事象とよび，(x, y, z, ct) で表すのである．

ミンコフスキー時空　ミンコフスキー時空においては，二つの事象点 (x_1, y_1, z_1, ct_1) と (x_2, y_2, z_2, ct_2) から求められる

$$s^2 = \sum_{q=x,y,z} (q_2 - q_1)^2 - c^2(t_2 - t_1)^2 \quad (1)$$

という量を定義し，s を 2 事象の世界間隔とよぶ．この事象を他の観測者が観測した時空座標をダッシュをつけて表すと，次の関係が成り立つ．

$$\begin{aligned}s'^2 &= \sum_{q=x,y,z} (q'_2 - q'_1)^2 - c^2(t'_2 - t'_1)^2 \\ &= \sum_{q=x,y,z} (q_2 - q_1)^2 - c^2(t_2 - t_1)^2 \\ &= s^2\end{aligned}$$

世界間隔はローレンツ変換に対する不変量である．特に 2 事象が光の軌跡で結ばれているとき，その世界間隔は 0 であって，観測者の速度によらない．そのことが特殊相対論の基本仮説である「光速は観測者の運動によらず一定である」ことを保証する．

ミンコフスキーによって特殊相対論が，ミンコフスキー時空の中の事象や世界間隔として把握されることになった．そして，その時空概念を拡張する形で生み出されたのがアインシュタインの一般相対性理論である．

メスバウアー，ルドルフ・ルートヴィヒ
Mössbauer, Rudolf Ludwig
1929–2011
メスバウアー効果の発見

ドイツの物理学者．

経歴 ミュンヘンに生まれ，ミュンヘン工科大学にて物理学を学んだ．1955年に学位取得後，マックス・プランク医学研究所で研究を進める．1958年，博士課程の学生のときに原子核が光で共鳴を起こす現象を発見した．メスバウアー効果とよばれるこの現象の発見の功績により，1961年のノーベル物理学賞を受賞した．1964年よりミュンヘン工科大学の物理学教授．1997年，同大学名誉教授．

メスバウアー効果 γ 線はエネルギーが高い (可視光の5桁以上) ので，原子核が γ 線を放出 (γ 崩壊) して励起状態から低励起状態へ遷移するとき，あるいは γ 線を吸収して励起状態へ遷移するとき，原子核の反跳が起こるのでその運動エネルギーの分だけエネルギーのずれが起こる．つまり，同種の原子核間であっても一方から放出された γ 線が他方に共鳴吸収されることはほとんど起こらない．しかし結晶中においては結晶全体の格子振動が反跳を受け止めて無反跳で放射・共鳴吸収が起こる確率が存在することとなる．メスバウアーは初めこの現象をイリジウム191 (^{191}Ir) において発見したが，その後，最も大きくこの効果を観測できる核種が鉄57 (^{57}Fe) であることがわかり (図1)，主に磁性研究に強力な手法であるメスバウアー分光法へと発展した．

メスバウアー分光法 自然の鉄 (Fe) には ^{57}Fe が2%含まれており，これは基底準位から第1励起準位へ遷移するのにそのエネルギー差に相当する14.4 eV の γ 線を吸収する．つまり，コバルト57 (^{57}Co) が

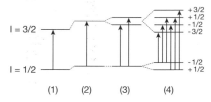

図1 ^{57}Fe 原子核のエネルギー準位
(1) 相互作用がない場合，(2) 電子雲とのクーロン相互作用によるずれ，(3) 電気4重極相互作用による分裂，(4) 磁気相互作用による分裂．

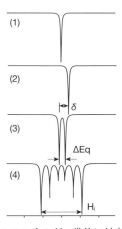

図2 図1のエネルギー準位に対応して観測されるメスバウアースペクトル
横軸は線源のドップラー速度，縦軸は吸収体を透過した γ 線の強度．下方に向かった鋭い谷が共鳴吸収を示している．

γ 崩壊して ^{57}Fe になるときに放出される γ 線はステンレスや磁石などの鉄を含む合金・金属間化合物に吸収されることになる．しかし，固体内の原子核はその周囲の電子と電気的に相互作用をしているため単独に存在する原子核に比べてエネルギー準位がずれたり分裂したりしている．このわずかにずれたエネルギー分，γ 線源 (^{57}Co) を吸収体 (^{57}Fe を含む固体) に対して近づけたり遠ざけたりしてドップラー効果を利用して微調整すると，ちょうど原子核の準位間のエネルギー差に合ったときに大きな吸

収が観測される．このようにしてγ線源の速度に対する吸収量を測定するのがメスバウアー分光である．ドップラー効果によるエネルギーの調整は10^{-9} eV もの微小な程度で可能なため，準位のずれの原因となる磁気相互作用や電気4重極相互作用など，固体中の電子構造や磁性の情報が得られるたいへん重要な研究手法である．これにより，地球内部のマントル対流等の動的挙動の理解，ヘモグロビン中の鉄の状態，火星探査機の採取物のメスバウアー分光による分析から火星にかつて水が存在していたことを明らかにするなどの成果があげられている．γ線源として使う放射性同位体は寿命が短い上に調べたい核種に対してちょうど対応するものが限られており，これまではほとんど鉄の研究にのみ用いられてきたが，最近では大型放射光施設を利用することによって鉄以外の核種も幅広く観測できるようになってきた．

メンデレーエフ，ドミートリー・イヴァノヴィチ
Mendeleev, Dimitri Ivanovich
1834–1907
元素の周期律を発見

ロシアの化学者．元素の周期律の発見者．

経歴 ロシア帝国内西シベリアのトボリスクに生まれる．父が病気であったため，母が家計を支えていた．1855 年にペテルブルグ高等師範学校卒業，中等学校勤務を経て，57 年ペテルブルグ大学の私講師となる．

1859 年から2年間西ヨーロッパに留学した．留学中の 1860 年 9 月にカールスルーエでの史上初の国際化学者会議で，原子量体系についての議論を聞いたことが，周期律発見に大きな役割を果たした．

帰国後は不定比化合物（一定の物性値を持ちながら，組成の不定な化合物）問題を研究し，「アルコールと水の化合について」で 1865 年に博士号を取得し，同年ペテルブルグ大学の教授となった．

『化学の原理』 当時のロシアでは化学啓蒙が盛んであり，メンデレーエフも 1867 年末から大学生向きの無機化学の教科書『化学の原理』を書き始めた．翌年に第 1 分冊が出版されたこの本は，彼の主著となる．生前，8 版までの中で改訂を繰り返し，最新の化学理論を伝え続けた．『原理』は英，仏，独訳が出版され，19 世紀の化学の入門書として普及した．

周期律と未発見元素の予言 周期律が最初に発表されたのは，1869 年 3 月である．論文「原子量と化学的類似性に基づく元素の体系の試み」で，当時 60 前後発見されていた元素を，原子量の大きさに従って配列すると，その性質に明らかな周期性があることを示した．彼の新しさは，「元素の概念に結びつく基本的な性質としての原子量」という考え方の採用である．最初の表

モット，サー・ネヴィル・フランシス

Mott, Sir Nevill Francis

1905–1996

不規則系の電子構造の理論，モット転移

```
                Ti = 50    Zr = 90    ? = 180
                V = 51     Nb = 94    Ta = 182
                Cr = 52    Mo = 96    W = 186
                Mn = 55    Rh = 104,4 Pt = 197,4
                Fe = 56    Ru = 104,4 Ir = 198
            Ni = Co = 59   Pl = 106,6 Os = 199
H = 1           Cu = 63,4  Ag = 108   Hg = 200
    Be = 9,4   Mg = 24    Zn = 65,2  Cd = 112
    B = 11     Al = 27,4  ? = 68     Ur = 116   Au = 197?
    C = 12     Si = 28    ? = 70     Sn = 118
    N = 14     P = 31     As = 75    Sb = 122   Bi = 210
    O = 16     S = 32     Se = 79,4  Te = 128?
    F = 19     Cl = 35,5  Br = 80    J = 127
Li = 7 Na = 23 K = 39     Rb = 85,4  Cs = 133   Tl = 204
               Ca = 40    Sr = 87,6  Ba = 137   Pb = 207.
               ? = 45     Ce = 92
               ?Er = 56   La = 94
               ?Yt = 60   Di = 95
               ?In = 75,6 Th = 118?
```

図1 1869年3月1日付（西暦）のメンデレーエフの最初の周期表

は一種の長周期表であり，その後短周期表の形で表現を洗練させた．メンデレーエフの周期表に最初から存在した空白は，発見されるはずの未知の元素であった．彼は周期律に基づき，一部の未知の元素の性質を仔細に予言した．

予言は現実となった．1870年から71年の間に予言された3元素（エカ・アルミニウム，エカ・ホウ素，エカ・ケイ素）が，それぞれ1875年（ガリウム），1879年（スカンジウム），1886年（ゲルマニウム）として発見された．メンデレーエフの名声は高まり，ロンドン王立協会は1882年，このロシアの学者にデーヴィーメダルを授与し（J. L. マイヤーと共同受賞），1889年には講演にも招待した．ただし，この時代には周期律の存在理由は不明だった．それが明らかになるのは，原子構造解明の後である．

メンデレーエフは1890年に大学を退職し，93年に度量衡局長となった．このときロシアへのメートル法の導入が準備された．実は彼の研究領域は気象理論，石油・石炭の研究，飛行理論，溶液論，火薬製作など，多岐に渡っている．彼の目的は自然の根本的な法則の解明であり，周期律の問題は自身の壮大な科学研究構想の一部でしかなかった．

イギリスの物理学者．1977年に，「磁性体と不規則系の電子構造の理論的研究」によりP. W. アンダーソン*，J. H. ヴァン・ヴレック*と共にノーベル物理学賞を受賞した．

経　歴　モットはイギリスのリーズで生まれた．ブリストルのクリフトン大学とケンブリッジのセントジョーンズ大学で教育を受けた．1929年にマンチェスター大学で講師，1933年に，レナード＝ジョーンズの後任としてブリストル大学の教授になった．初期の研究では，気体中の衝突の理論がある．水素原子と電子の衝突でのスピン反転を扱った．後の伝導電子のスピン反転による近藤効果につながる研究である．1933年にはH. マッセイと共著で『原子衝突の理論』を出版した．

1930年代の半ばにはモットの研究は固体物理学に広がった．1936年にはH. ジョーンズと共著で『金属と合金の性質の理論』を出版した．金属合金中の電子構造を考えて，合金の安定度を考察した．

また，R. W. ガーネイと共著で『固体の物理化学』を出版した．金属の酸化を扱っている．写真の感光過程でのハロゲン化銀による光子の吸収と，生じた易動性電子，正孔と銀イオンの反応も考察している．1954年にはW. L. ブラッグ*の後継者としてキャヴェンディッシュ研究所の教授になり，アモルファス半導体，金属–非金属転移，金属の最小電導度，ホッピング伝導などの研究を続けた．1971年にはE. A. デービスと共著で『非晶質における電子過程』を出版した．キャヴェンディッシュ研究所所長を辞めた後も，90歳まで活発な研究活動を続

けた.

キャヴェンディッシュ研究所には，J. ザイマン，V. ハイネ，P. W. アンダーソンなどが在籍していた.

モットは実験家ではなかったが，実験家と同じ見方をし，結果の説明のために簡単化したモデルの使用を積極的に採用した. 実験結果を大事にし，その裏に潜む現象の本質を絶えず追求しようとした. ノーベル賞受賞記念講演では次のように述べている.

「私自身は実験家でも数学者でもなく，私の理論はシュレーディンガー方程式のレベルに留まっている. 私ができたことは，全ての実験事実をよくみて，封筒の裏にささっと計算し，理論家に『あなたの方法をこの問題に適用したらこうなるでしょう』といい，実験家にも同じようにいうことでした. これが，不規則系の $T^{1/4}$ 則や，最小金属電導度について私がしたことです」

モット転移 電子はフェルミ粒子であるので，二つ以上の電子が同一の状態を占めることができない. 図1の(a)では，電子が隣の原子に移動しようとしても，空いた状態がないので移動できず，絶縁体である. (b)では，隣の原子に空いた状態があるので移動ができ，伝導できるので金属となる. (c)では隣の原子に空いた状態はあるが，移動すると同じ電子軌道をスピンの状態が異なる二つの電子が占めることになる. 電子相関が大きいとエネルギーが高くなってしまうために，この移動ができなくなる. この状態をモット絶縁体とよぶ.

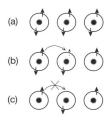

図1 (a) 絶縁体, (b) 金属, (c) モット絶縁体

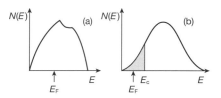

図2 (a) 結晶と (b) アモルファス又は液体の電子状態密度
斜線部は局在電子状態, E_c は易動度端.

モットは固体水素が等間隔の結晶を組んでいる場合を考えて，結晶構造を変えないまま格子定数だけを変化させたときに，格子定数が小さいときには金属状態が，大きいときには絶縁体状態が実現することを示した. このように電子相関によって金属と絶縁体の間で起こる転移をモット転移とよぶ.

易動度端 図2に示すように，結晶では電子状態密度 $N(E)$ をエネルギーの低い側からフェルミエネルギーまで電子が占めていく. フェルミエネルギーでの電子状態密度が有限のときは，フェルミエネルギー近傍のエネルギーを持つ電子が動けるので，金属となる. しかし，アモルファスや液体などの不規則系でポテンシャルに分布があると，同じエネルギーを持つ状態が空間的に離れているので電子が移動できず，電子は局在化する. アンダーソンはこのような電子の局在化 (アンダーソン局在) が起こる条件を理論的に調べた. モットは，不規則系で電子状態密度が小さいときには，電子は局在し電気伝導が起こらないと考えた. 図2の(b)のように斜線をつけた部分では電子が局在しており，易動度端 E_c を超えると伝導できる.

最小金属伝導度 アンダーソン局在が生じるのは，電子の平均自由行程 L が原子間距離 a と同程度まで短くなったときだと考えると，金属の電気伝導に最小値がある. モットはその値は，

$$\sigma_{\min} = \text{const} \frac{e^2}{(h/2\pi)a} \quad (1)$$

であり，定数の値は $0.1 \sim 0.025$ くらいと考えた．$a \sim 3\text{Å}$ とすれば，最小金属伝導度は，

$$\sigma_{\min} \sim 250 - 1000 \ \Omega^{-1}\text{cm}^{-1} \quad (2)$$

程度になる．実験データは $\sigma_{\min}$ が存在することを示唆するように見えたが，低温領域の詳細な解析により，$\sigma_{\min}$ は存在せず，アンダーソン局在の転移点で，金属側の電気伝導度は連続的に 0 に近づくことが示されている〔⇒アンダーソン, P.W.〕．

不規則系のホッピング伝導　アモルファス半導体などの不規則系では，隣接する原子までの距離に分布があり，ホッピングに必要なエネルギーもまちまちなので，伝導機構が異なってくる．高温ではフェルミエネルギーを持つ電子が易動度端へ励起されて伝導するので，

$$\sigma = \sigma_{\min} \exp\left(-\frac{E_c - E_F}{kT}\right) \quad (3)$$

となる．低温では距離が遠くてもエネルギー差の小さな原子にホッピングする．このとき温度によってホッピングする距離が変わるので可変領域ホッピングとよばれる．不規則系の低温でのホッピング伝導は，$T^{1/4}$ 則として知られる

$$\sigma = A \exp\left(-\frac{B}{T^{1/4}}\right) \quad (4)$$

となる．この式が成り立つことが多くの不規則系で観測されている．(4) 式の $T^{1/4}$ は d 次元の系では $T^{1/(d+1)}$ となる．

科学雑誌の刊行　モットは科学雑誌の刊行にも大きな寄与をした．*Philosophical Magazine* 誌の改革を行い，固体物理学の有力な雑誌とした．また，F. ザイツが結晶中の点欠陥に関するページ数の多い論文を投稿してきたときに，*Philosophical Magazine* 誌には長すぎたので，レビュー論文を掲載するための新しい科学雑誌 *Advances in Physics* 誌を創刊した．

八木秀次
Yagi, Hidetsugu
1886–1976

八木–宇田アンテナの発明

日本の電気工学者．宇田新太郎と共に指向性アンテナ「八木–宇田アンテナ」を発明．また，この発明をもとに八木アンテナ株式会社を創業，初代社長に就任した．

経　　歴　大阪府大阪市に生まれる．東京帝国大学工科大学 (のち工学部) を卒業後，1913 年から 3 年間欧米に留学．ドレスデン工科大学 (ドイツ) では，H. G. バルクハウゼンの研究室で無線通信用の連続した電波の発生に関する研究を行う．ロンドン大学 (イギリス) では，J. A. フレミング*の指導を受ける．帰国後の 1919 年，東北帝国大学工学部電気工学科の教授となる．1933 年，大阪帝国大学初代総長の長岡半太郎*の要請で，大阪帝国大学理学部物理学科の初代主任教授を兼任する．1942 年には東京工業大学学長に就任．以後，内閣技術院総裁，大阪帝国大学総長，武蔵工業大学学長を歴任．1956 年に文化勲章を授与される．

1985 年には特許庁が顕彰した日本の十大発明家に選出されている．

八木–宇田アンテナの発明　1925 年，世界に先駆けて指向性アンテナの原理を発見し，講師の宇田と共に八木–宇田アンテナを発明した．この発明のきっかけは，超短波を用いて単一導線ループの共振波長を測定するという，当時指導していた学生の卒業研究であった．実用化のための研究のほとんどは宇田が行った．翌年以降，八木は単独で国内外での特許を取得したため，当初は八木アンテナとよばれていた．

八木–宇田アンテナは，当時日本国内では全く注目されなかったが，海外ではその高い指向性が注目され，非常に高い評価を得た．当時は，各国ともレーダーの開発に力

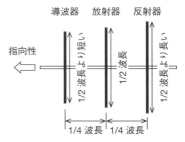

図 1　3 素子八木–宇田アンテナ

を入れていたが，その高性能アンテナとして八木–宇田アンテナが用いられた．

最も基本的なアンテナである半波長ダイポールアンテナ (導体棒の長さを電波の波長の半分にしたアンテナ) を垂直に立て給電すると，放射される電波は，水平方向には無指向性，垂直方向には 8 の字型指向性となり，強い指向性は持たない．このアンテナに平行に，少し長めの無給電導体棒を配置すると電波は反射され，逆に，少し短めの無給電導体棒を配置すると電波はその方向へ導かれる．すなわち前者は反射器，後者は導波器の役割を果たす．八木–宇田アンテナの構成は，半波長ダイポールアンテナを放射器とし，3 種類の素子 (反射器，放射器，導波器) を順番に平行に並べた極めて単純なものである (図 1)．反射器と放射器の間隔および放射器と導波器の間隔は，共に 1/4 波長〜1/8 波長である．導波器の方向に単一の指向性を持ち，導波器の数を増すことでその指向性を鋭くすることができる．八木–宇田アンテナは，テレビ放送，FM ラジオ放送の受信用やアマチュア無線など，超短波 (VHF) 及び極超短波 (UHF) 用のアンテナとして利用されている．

人　　物　八木が大阪帝国大学で主任教授を務めていた 1934 年，当時講師の湯川秀樹*を叱咤激励し，中間子論に関する論文を早くまとめて投稿するよう勧めた．湯川は，この論文により，1949 年にノーベル物理学賞を受賞する．

保井 コノ
Yasui, Kono
1880–1971

日本最初の女性理学博士

経　歴　保井コノは，1880 (明治13) 年に香川県大川郡大内町三本松の廻船問屋保井忠七とムメの長女として誕生．教育熱心な両親の期待に応え抜群の成績で高等小学校を終え，香川県立師範学校を志願した．父は受験資格年齢に届かぬ娘のために，役場で 10 月の誕生月を 2 月に変更する手続きまでしてくれた．

県立師範女子部を終えて上京し東京女子高等師範学校 (現お茶の水女子大学) の理科 1 回生となったコノは，卒業後の奉職義務のため岐阜市立岐阜高等女学校の理科教員となった．この間に女高師時代の恩師 飯盛艇造の勧めで高等女学校向けの物理学の教科書を執筆したが文部省の検定に通らなかった．不合格の理由は，女性に対する偏見によるものであった．

動物・植物の学術研究　3 年間の教員生活の後，保井は 1905 年の東京女高師研究科新設を機に「官費研究生」の 1 回生となった．気鋭の動物学者岩川友太郎教授の指導で完成した保井の最初の論文「鯉のウエーベル氏器官について」は 1906 年『動物学雑誌』の巻頭を飾った．女性科学者初の学術論文であった．

この後，保井は研究対象を動物から植物に変え東京帝国大学農学部三宅驥一教授の指導を受け，1911 年に山椒藻の生活史に関する論文を Annals of Botany 誌に投稿し掲載された．日本人女性初の外国雑誌掲載論文であった．三宅教授は海外留学を志願する保井にボン大学教授の E. シュトラスブルガーを勧めたが，留学許可が下りた 1914 年に教授はすでに他界し，第一次大戦の勃発もあってドイツ留学を断念し，シカゴ大学で細胞学研究を深めることになった．次いでハーバード大学 E. C. ジェフリー教授の下で植物組織研究の最新手法を学び，日本から石炭を取り寄せて研究を開始し 1916 年に帰国．東京帝国大学遺伝学講座の藤井健次郎教授の指導を受け日本各地の石炭標本を集めて博士論文を準備した．1919 年に東京女子高等師範学校の教授．

日本最初の女性理学博士　保井は 1927 年「日本産石炭の植物学的研究」ほか関係論文 8 編を添えて東京帝国大学理学部に学位請求論文を提出し，47 歳にして日本初の女性博士となった．1929 年藤井健次郎を編集主幹とする国際的な細胞学雑誌 Cytologia (キトロギア) の創刊に尽力し，1953 年からは藤井に代わって編集長を務め，1962 年病に倒れるまで渾身の力を注いで世界的雑誌を育て続けた．

この間，第二次大戦の混乱期を経て保井は教育者として尽力し，女子師範学校の大学昇格を熱望してきた．1948 年に新制大学設置準備委員会委員長を務め，翌 49 年の国立女子大学の誕生は，彼女を喜ばせた．お茶の水女子大学発足と同時に教授となったが 3 年後に 72 歳で退官．1955 年には遺伝学者木原均の推薦で文化勲章候補にあげられたが，女性の前例なしということで選に漏れ，紫綬褒章受賞．1965 年勲三等宝冠章受章．病の床にありながらも 91 歳で亡くなるまで学問に対する執念を持ち続けた．

図 1　女子高等師範学校卒業写真 (1901 年)
(お茶の水女子大学所蔵)

ヤン，チェン・ニン
Yang, Chen Ning (楊 振寧)
1922–

ヤン–ミルズ理論の提唱

中国生まれ，アメリカで活躍した指導的理論物理学者．

経　歴　1944 年西南連合大学で修士号を取得．1945 年にアメリカに渡り，シカゴ大学大学院に進学，最初 E. フェルミ*の下で実験物理の博士号を目指したが，彼の推薦で理論物理に進み，E. テイラーの下で 1947 年物理法則の対称性をテーマに博士号を取得．1949 年からプリンストン高等研究所で活躍．1966 年ニューヨーク州立大学ストーニーブルック校アルバート・アインシュタイン教授職に就任．1999 年ニューヨーク州立大学名誉教授．

1957 年，同僚の T. D. リー*と弱い相互作用のパリティ非保存の理論〔⇒リー〕を提唱した業績でノーベル賞を受賞．素粒子論，場の量子論，統計力学で他にも多くの明晰な仕事を残しているが，特に 1954 年に発表したヤン–ミルズ理論は素粒子相互作用の標準理論の礎になった．

ヤン–ミルズ理論　ヤンは，数学者 H. ワイル*の 1918 年の論文から始まるゲージ対称性の理論の美しさに魅せられた．当時発見が続いた新粒子の相互作用の理論を作るという動機で，ブルックヘブン国立研究所滞在中，博士研究員の R. ミルズとの共著で発表した論文「アイソトピックスピンの保存とアイソトピックゲージ不変性」で以下のようなゲージ変換とゲージ場の拡張を与えた．

2 成分の場 $\psi(x)$ に作用するゲージ変換が行列式が 1 のユニタリー 2×2 行列 $S(x)$ の演算として次式だとする．

$$\psi(x) \to \psi'(x) = S(x)\psi(x) \quad (1)$$

S は慣用の約束で $SU(2)$ と記される連続群の 2 次元表現である．場の方程式や対応するラグランジアンを構成するには，$\psi(x)$ の時空微分が必要になるが，常に

$$D_\mu \psi = \left(\frac{\partial}{\partial x^\mu} - igB_\mu\right)\psi$$

の形 (共変微分) で現れるとする．新たな場 $B_\mu(x)$ は (1) 式に対し次式で変換する．

$$B_\mu \to B'_\mu = S^{-1}B_\mu S + \frac{i}{g}S^{-1}\frac{\partial}{\partial x^\mu}S$$

このとき，B_μ から次式で $F_{\mu\nu}$ を定義すると，

$$F_{\mu\nu} = \frac{\partial B_\nu}{\partial x^\mu} - \frac{\partial B_\mu}{\partial x^\nu} - ig(B_\mu B_\nu - B_\nu B_\mu)$$

ゲージ変換で次のように変換する．

$$F_{\mu\nu} \to F'_{\mu\nu} = S^{-1}F_{\mu\nu}S$$

これらにより，ゲージ変換で不変な B_μ のラグランジアン密度として (比例係数を除く，Tr は行列の跡) $-\mathrm{Tr}(F_{\mu\nu}F^{\mu\nu})$ を構成でき，荷電粒子と電磁場の理論の自然な拡張として場 ψ の相互作用を記述するゲージ理論が可能になる．B_μ は電磁場の 4 元ポテンシャルに相当しゲージ場とよび，結合定数 g が電荷の強さに相当する．

影　響　ヤン–ミルズ理論は提唱当時，ゲージ場の質量が生成される機構が知られていなかったため，現実の相互作用と無関係な数学的可能性にすぎないと考えられた．しかし，1960 年代後半，ヒッグス機構〔⇒ヒッグス〕，1970 年代後半には漸近自由性〔⇒グロス〕に基づく次元変容機構とよばれる 2 種の質量生成メカニズムが解明され，素粒子の相互作用のゲージ理論に成長した．強い相互作用の場合 (量子色力学) は，ゲージ変換はクォーク場の「色」と呼ばれる 3 成分を混ぜ合わせる $SU(3)$ 変換群，また電磁気と弱い相互作用を統一する (電弱統一理論) の場合はゲージ変換は $SU(2)$ と場の位相の回転によりクォークおよび電子とニュートリノの仲間のレプトンのワイルスピノル〔⇒ワイル〕を混ぜ合わせる変換群になる．なお，ヤン–ミルズ理論の幾何学的理解や一般変換群への拡張に関しては，内山龍雄*が重要な貢献をしている (1956 年)．

ヤング，トーマス
Young, Thomas
1773–1829

ヤングの実験，ヤング率，エネルギー

光の本性をめぐって 17世紀後半，光の本性に関して，C. ホイヘンス*の波動説と I. ニュートン*の粒子説の二つの理論があった．ニュートンは，一貫して，粒子説を唱えていたわけではないが，波では光の直進性を説明することができないと波動説の難点を指摘していたこともあり，彼の権威も伴って，粒子説の中心的存在とされた．

ヤングは，1800年1月，王立協会において「音と光についての実験および理論的研究」を発表した．音の類似性から光を捉えたこと，ニュートンの潮の満ち引きにおける干渉効果の考察の影響を受けたことから，光が波であることの着想を得た．干渉とは，二つ以上の波が重ね合わさり，常に強めあう場所と常に弱めあう場所がみられる現象のことである．

ヤングの実験 よく知られている二重スリットの実験は，1801年5月に行われた．細いスリットから出た光を二つのスリットで分け，二つのスリット間隔に比べて十分に遠い距離にあるスクリーン上に明暗の縞模様が映し出される．ヤングは，この明暗の縞模様は二つのスリットから出た光が干渉することにより生じるパターンであることを見出した．

この実験は，光が波であることの明確な証拠を示し，光の本性を教えてくれた効果的な実験である．

しかしヤングの波動説は，厳しく攻撃され，ヤングのこの実験に関する一連の論文（1801–03年）は価値が全くないとまで酷評された．このため，光の波動性は，A. J. フレネル*の論文「光の回折について」（1815年）まで表舞台には出なかった．

経歴・人物 ヤングは，厳格なクエーカー教徒の家に生まれ，2歳で文字を知り，4歳で聖書を読み，13歳のときにはフランス語，イタリア語，ラテン語，ギリシャ語をほぼ独学で身につけた神童である．15歳までには，アラビア語，エジプト語など8カ国語を理解し，19歳では，ラテン・ギリシャを主とした古典および言語学の卓越した知識人となっていた．この語学の才能は，ヒエログリフ解読の基礎を作り，ロゼッタストーン解読に貢献した．ニュートンの『プリンキピア』と『光学』（1704年）を読破したのは14歳の頃である．

医師を目指し，19歳のときにロンドンにあるハンター解剖学校で学び，翌年，眼の水晶体の調節機能に関する論文「視覚についての考察」を発表し，この業績により，1794年に王立協会会員となった．この後，エディンバラ大学，ゲッティンゲン大学，ケンブリッジ大学で医学を学び，開業医となったが，愛想の悪さのためか，成功しなかった．また，1801年に王立研究所教授となったが，講義の内容が難しいことに重ね，説明が不得手であったため不人気で，2年で辞めてしまった．

ヤング率 1807年，応力と歪みの比が物質固有の量であることを見出した．長さ l，断面積 S の棒を力 F で引っ張ったときの棒の長さの伸び Δl の割合を示す歪み $\varepsilon = \Delta l/l$ の大きさは，単位面積当りに働く力（応力）の大きさ $\sigma = F/S$ で決まる．歪みが小さいときは，応力と歪みは，$\sigma = E\varepsilon$ と比例関係にある．この比例係数 E がヤング率である．

また，エネルギーという言葉が定着したのは，W. トムソン（ケルヴィン卿*）の論文「機械的エネルギー」（1851年）以後であるが，ヤングは，『自然哲学と機械技術』（1807年）の中で，活力（mv^2）をエネルギーとよぶことを提案している．これも言語能力の豊かさゆえであろう．

湯浅年子
Yuasa, Toshiko
1909–1980
欧州で研究した最初の日本人女性物理学者

核物理学の日仏研究交流に貢献，国外で活動した初の日本人女性物理学者．

経歴 湯浅年子は，自動製糸機の発明者である父湯浅藤一郎と江戸時代の国学者橘守部の孫である母禮子の4女として，東京で生まれた．1931年東京女子高等師範学校理科卒業後，東京文理大学物理学科に入学した．1934年同校卒業，同校副手となり，原子・分子分光学の研究を始めた．

1935年東京女子大学講師，1938年女子高等師範学校助教授となる．その頃湯浅は，1934年に人工放射性元素を生成して，1935年にノーベル賞を受賞したフレデリック，イレーヌ・ジョリオ＝キュリー*夫妻の論文を読み，彼らの下で研究したいという強い願望を持ち，1939年フランス政府給費留学生としてパリへ出発する．

β線スペクトルの研究 1940年希望がかなって，F. ジョリオ＝キュリーが所長であったコレージュ・ド・フランス原子核化学研究所において，ジョリオ＝キュリー夫妻の指導の下，核分裂に伴う粒子生成の研究を始めた．しかしフランスは第二次大戦中で，1940年，独軍によりパリは占拠され，研究は何度も中断された．湯浅は不屈の精神で研究を続け，1943年「人工放射性核からのβ線の連続スペクトルの研究」で，フランス国理学博士の学位を取得した．

1945年β線スペクトル測定用の2重焦点型分光器を作成する．この年ドイツの降伏後日本に送還されることになり，6月に帰国．東京女子高等師範学校教授，理化学研究所仁科研究所嘱託となるが，戦後，米国占領軍より核エネルギー関係の研究禁止令が出る．湯浅は1946年β崩壊の理論的

図1 湯浅年子（1939年頃）
(お茶の水女子大学所蔵)

考察の論文を発表し，1947年最初の随筆集『科学への道』を刊行．

ヘリウムのβ崩壊の研究 1949年再び渡仏して，コレージュ・ド・フランス原子核物理・化学研究所で，国立中央科学研究所(CNRS)研究員としてF. ジョリオ＝キュリーの下で，β崩壊に関する研究を再開する．湯浅はお茶の水女子大学，東京女子高等師範学校兼任教授であったが，1954年に放射能計算尺発明後，同大学を退職．1957年パリ大学原子核研究所主任研究員となる．当時提唱された「弱い相互作用」のテストとして，β崩壊によって放出される電子とニュートリノの角相関を観測するために，圧力可変自動自記ウィルソン霧箱を考案し，ヘリウムのβ崩壊を研究して，1962年学位論文「^{6}Heのβ-崩壊に対するガモフ―テラーの不変相互作用の型について」(仏文)により日本国理学博士となる（京都大学）．1974年パリ大学原子核研究所を定年退職，翌年よりフランス国立中央科学研究所名誉研究員となり研究を続ける．晩年は中エネルギー領域の原子核反応から少数粒子系の研究に移る．

科学者の交流・育成への貢献 湯浅は研究の国際交流に積極的で1970年代に日仏共同研究を実現させた．また，女性科学者育成のために，大学や研究所における指導はもとより，講演活動や優れた随筆集の執筆によっても貢献した．

湯川 秀樹
Yukawa, Hideki
1907–1981

π 中間子の予言

経歴 地質学者・小川琢治 (和歌山県出身) と小雪の 3 男として東京で誕生. 1 歳のとき父の京都大学教授着任のため, 京都に移住. 朝永振一郎★は三高・京大で同期である. 幼い頃から, 漢籍の素読や書道を学んだ. 和歌山県出身の実業家・松下幸之助の郷里にある「松下幸之助君生誕の地」の石碑は, 湯川の筆によるものである. この書道のおかげで, 基礎物理学研究所にパナソニックホールが寄付で実現した.

湯川の居室は, 今は資料室となっており, 湯川の蔵書が保存されている. 蔵書をみると, 若い時代に学んだ原書の物理学テキストにはぎっしり書き込みがあり, 演習問題を解いていたことがわかる.

1929 年, 京都大学理学部物理学科卒業. 玉城嘉十郎研究室の副手となる. 1932 年, 京都帝国大学講師. 1933 年, 東北大での日本数学物理学会 (後の日本物理学会) 年会で八木秀次★と知り合い, 大阪帝国大学講師を兼担. 大阪胃腸病院院長湯川玄洋の次女スミと結婚し, 湯川姓となる. ここでもなかなか仕事が出なかったが, 1934 年中間子理論の着想, 1935 年,「素粒子の相互作用について」を発表して, π中間子を予言した. この予言は的中し, 1949 年のノーベル賞受賞につながった. このニュースは敗戦で疲弊していた日本人の励みになった. また, この功績で基礎物理学研究所が設立された. また, A. アインシュタイン★らとともに, 核兵器廃絶のためにパグウォッシュ会議に参加し, 一生を通じて戦争のない世界を問い続け, 世界連邦構想を打ち出した.

湯川理論 (π 中間子) 理論屋が研究するやり方の一つは, 湯川モードといわれ, これは,「新しい現象に出あったとき, その背後には新しい粒子があると考える」ことだという (南部の定義).

20 世紀, 物理学の世界的流れは, それまでのニュートン力学と電磁気学の探求から, さらに原子の世界をつかさどる法則の探求へ向かっていた. 学問の先端の地, ヨーロッパから遠く離れた日本で, 若い世代は, 量子論と相対性理論という新しい枠組みを勉強した.

湯川は, 原子核の中に陽子や中性子を閉じ込めている力の正体を追求した. 原子核の中で働く相互作用は極めて近距離 (10^{-15} m = 1 yukawa = 1 fermi) で $V(r) \propto (e^{-\mu r})/r$ の形 (r は核子間の距離. 湯川ポテンシャル) をしている〔⇒ヒッグス〕. ゲージ対称性が成り立っている. クーロン型 $V(r) \propto 1/r$ とは違う. そこで, ゲージ理論をお手本にしつつ, ゲージ対称性からの結論である質量 0 のゲージ粒子 (光子) の代わりに,「質量 (μ) のある粒子 (π 中間子) が存在する」と予言した. その質量は力の及ぼす距離から逆算して電子と核子の中間と見積もられた.

当時の新粒子に対する考え方は, 今から思えば保守的だった. 物理はできるだけ少ない要素で多くを説明するものだという固定概念は実証主義で裏打ちされたヨーロッパの方が強かった. P. ディラック★でさえ, 対称性の原理から導いた陽電子が当時はまだ見つかっていなかったのでその理由を考え, 陽電子はプラスの電荷を持っている陽子だとこじつけたぐらいである. また, N. H. D. ボーア★が来日したとき「あなたは新粒子が好きですね」と湯川を皮肉ったという. ところが翌年, 宇宙線から新粒子が見つかった. それは予言した質量とほぼ一致していたので, 湯川は一躍, 国際的な有名人になった. この新粒子は深く検討された結果, π 中間子ではなく μ 粒子ということが後でわかったが, この作業を通じて日本は実力を養った. 後に 1947 年, π 中間子

は，C. F. パウエルらが宇宙線の中に発見した．

湯川記念館　湯川はノーベル賞受賞をコロンビア大学滞在中に知った．京大は，記念事業として研究所設立を検討した．「基礎物理学研究所」である．広く分野を横断する国際的な共同利用を目指した．1952年湯川記念館設立，53年には初の全国共同利用研究所が創設された．ここで多くの業績が輩出し，小林誠*・益川敏英*のノーベル賞受賞にもつながる．

未開拓の分野への挑戦　共同利用研究所長として，湯川は，多くの新しい分野への進出を支援した．中間子論の仕事を出した直後の湯川は猛烈に勉強した．毎日，多様な分野の状況をレビューした記録が残っている．そして，1939年ソルベー会議に招待された折，海外での研究事情を見聞した．星のエネルギーが核反応からくることが解明され太陽の起源・星の内部の探求が始まっていた〔⇒ガモフ〕．「素粒子の構造が解明された今こそ，それを基礎にした星の構造を解明すべき」として，それまで天体観測中心だった天文分野を物理学の手法で究明することを奨励した．そして林忠四郎*はこの分野の開拓者になった．「学問の各分野に広く興味をもたれていた湯川先生は，機会あるごとに若い研究者に対して，狭い領域に閉じこもることなく，新分野の研究を手がけるように勧められました」と林は語っている〔⇒林忠四郎〕．福留秀雄は，湯川研出身で生物物理を始めたが，湯川所長の許可を得て研究室を生物実験室にしたという．表面は繊細な文化人的気質の持ち主だが，未踏の地を分けて進む冒険人でもある．戦後一貫して情熱を傾けた非局所場理論に取り組むとともに生物物理や宇宙物理・プラズマ・核融合・地球物理・太陽系起源などに取り組む研究者が基研に集い議論した．湯川は，前席に座って興味深く聞き，「ほう！」と言葉を発しながら質問した．論争を通じ

図1　科学者京都会議での交流；1962年

て真実を見分ける伝統は，プリンストンやボーア研究所の伝統との共通項だった．国際的スケールの湯川ならではの学問に対する姿勢だ．

核兵器廃絶への思い　この姿勢は核兵器廃絶への取り組みとつながる．湯川は，学問的な業績だけでなく，一生を核兵器廃絶のためにささげたとよくいわれる．しかし，湯川にとっては，どちらも真実を追求する営みなのだ．プリンストン時代，A. アインシュタイン*に出会っていきなり始めたわけではない．有名になり文化勲章を受けた湯川が戦中，海軍の原爆開発計画の研究会に不本意ながら出たときの苦悩は大きかったであろう．国策に従わざるを得なかったのかもしれない．

「原子爆弾が文明の破壊に導くか否かは，これが出現した地球的世界に人類が全体として適応するか否かにかかっている」として，自然科学・人文科学・社会科学を含め，人類の持っている知識の全体としての学問の進展が，人類を救済するものだという信念である．そして，「原爆が人間を戦争にかり立て破壊―自滅へと導く」ならば，それは「高度の文明世界に生物としての人類が適応しなかった証拠になるといえるかも知れぬ」と論じる．朝永らとともに，ラッセル―アインシュタイン宣言に署名し，パグウォッシュ会議に参加した湯川にとって，核兵器廃絶運動は，その学問観と切り離して考えられないのである．あくまで科学として追求する精神である．

ユークリッド
Euclid
330B.C.–260B.C.

名著『原論』を書いた数学者

古代ギリシャの数学者，天文学者．著作『原論』は数学史上極めて重要な位置を占める．古代ギリシャ語ではエウクレイデスとよぶ．

経歴 生年，生誕地などの記録がないだけでなく，ユークリッドの歩んだ人生についてもあまりわかっていない（アルキメデス*の著作にユークリッドの『原論』を引用する部分があるため，アルキメデスと同時代あるいはそれ以前に生きたと考えられる）．

幾何学の集大成『原論』 ユークリッドに関する記録ではっきりしていることは，プトレマイオス1世の下でエジプトのアレキサンドリアにあるアレキサンドリア図書館で数学を教えていたことと，『原論』(Elements)を執筆したことである．『原論』は数学史上最も重要な幾何学の本であり，また2千年もの間教科書として使われ続けたという点では他の学問分野も含めて極めて特別な本である．

ユークリッドが活躍したアレキサンドリアは，当時の西洋では最大の都市であった．プトレマイオスは巨大な図書館を建造し，そこには多くの学者が集まり学問を教えていた．ユークリッドが『原論』を執筆したのもこの地である．

『原論』は13巻からなり，多くは幾何学に関する内容であるが，数論や比例論なども扱っている．話の展開は，定義，公準，公理を経ながら進んでいく．その明確な論理立ては，とくにユークリッドが力を入れた部分でもある．

科学の「公理」 たとえばユークリッドは，すべての科学に共通の概念として五つ

図1 「アテナイの学堂」(ラファエロ作) にモデルとして登場するユークリッド (コンパスを持った人物)

の公理を提示している．

①同じものに等しいものは，すべて互いに等しい．

②等しいものに等しいものを加えると，全体は等しい．

③等しいものから等しいものを引いた場合，残りは等しい．

④互いに重なりあうものは等しい．

⑤全体は部分よりも大きい．

幾何学の「公準」 また，幾何学に関する公準として次の五つのことが可能であることを述べている．

①任意の2点間に直線を引くことができる．

②直線は無限に伸ばすことができる．

③任意の線分を半径とし，その一端を中心として，円を描くことができる．

④すべての直角は等しい．

⑤ある直線とある点が与えられた場合，その点を通り，その直線に平行な直線を1本引くことができる．

ユークリッドは証明の重要性を認識していたため，『原論』では論理的なステップを踏みながら証明を重ねている．この今では当たり前の論理展開が，当時としては画期的なことであった．

素数に関する「ユークリッドの第1定理」 ユークリッドが証明した公理の一例は，ユークリッドの第1定理ともよばれる次のよう

な素数に関するものである.

「二つの数の積が素数で割り切れるとき, その二つの数の一方あるいは両方がその素数で割りきれる」

例えば, $153 \times 24 = 3672$ は 17 という素数で割り切れるが, 153 も 17 で割り切れる. ここで素数で割りきれるというのが重要であり, 素数でなければこれは常に成り立つわけではない. たとえば 3672 は 27 で割り切れるが, 153 も 24 も 27 では割り切れない.

ユークリッドの互除法　二つの自然数の最大公約数を求める方法としてユークリッドの互除法も有名である. 二つの数を p, q $(p > q)$ とし, 両者の最大公約数を $A(p, q)$ と書くとする. p を q で割った余りを r とすると, $A(p, q) = A(q, r)$ が成り立つ (証明略). これにより大きな二つの数の公約数を求めるとき, より小さな数の最大公約数を計算すればよいことになる.

例えば, 119 と 91 の最大公約数 $A(119, 91)$ を求める場合, $119/91 = 1$ (余り 28) であることから, $A(119, 91) = A(91, 28)$ が成り立つ. さらに同じことを繰り返し, $91/28 = 3$ (余り 7) であることから, $A(119, 91) = A(91, 28) = A(28, 7) = 7$ となり, 最大公約数が 7 であることがわかる. なおユークリッドの互除法は, 同じ作業の繰り返しから答えを得るという点で, 最古のアルゴリズムともよばれる.

ピタゴラスの定理の証明　また, 幾何学におけるユークリッドの証明として有名なものに, ピタゴラスの定理のユークリッド流の証明方法がある. 図 2 には, 直角三角形 ABC とその各辺を 1 辺とする三つの正方形が描かれている.

$\triangle FBC$ は $\triangle ABD$ と合同であること

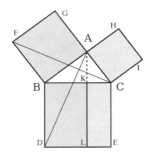

図 2　ユークリッドによるピタゴラスの定理の証明

は容易に示せる. 一方 BF と CG は平行なので $\triangle FBC$ は $\triangle FBA$ と面積が等しい. すなわち $\triangle FBC$ は四角形 $ABFG$ の半分の面積である. 同様に $\triangle ABD$ は四角形 $BDLK$ の半分の面積であることから, 四角形 $ABFG$ と四角形 $BDLK$ は面積が等しい. 同じことが四角形 $ACIH$ と四角形 $KLEC$ に成り立つので, ピタゴラスの定理が証明されたことになる.

業績と影響　『原論』に書かれていることは, すべてがユークリッドにより生み出されたわけではなく, 先人たち (ピタゴラス学派やプラトン学派) が得た数学的業績を多く含んでいる. その意味で, ユークリッドが執筆したというよりは, 編纂したと表現した方がふさわしい.

しかしただの寄せ集めではなく, 一貫した視点で全体を再構築し, その後 2 千年にわたる使用に耐えうる厳格な証明に基づいた論理展開を行っているという点で, 画期的な数学書である. 一方でユークリッド自身に関する記録がほとんどないことから, その存在を疑い, ユークリッドと称する一学派が集団で『原論』を書き上げたとする説もある. しかしこの説は広くは受け入れられていない.

米沢富美子
Yonezawa, Fumiko
1938–

物性物理を牽引する女性物理学者

理論物理学者．とりわけ，不規則系および液体金属の分野で世界的業績をあげている．女性初の日本物理学会会長．受賞多数．

経歴 数学の得意な母親の影響で，幼時から数学に親しんだ米沢は，自然の営みを数学で解き明かす物理学に憧れ，京都大学理学部物理学科に進学する．

しかし学生実験の授業などで，生来の好奇心から実験器具を解体して壊したり，不用意に高圧電源に触って体ごと飛ばされたりという失敗が続いたため，自分が実験には不向きだと悟る．その結果米沢は，理論物理学の道に進むことになった．

大学院修了後は，京大基礎物理学研究所(基研)の助手に着任．物性物理学の分野では当時，結晶に関する理論の基盤は一応できあがっていたが，不規則系の研究は緒についたばかりだった．米沢は基研在任中に不規則2元合金に対する「コヒーレント・ポテンシャル近似(CPA)」を発表し，すぐに国際的な評価を得た．

その後，コンピュータシミュレーションによるガラス転移の機構解明など，いくつかの成果を出す．慶應義塾大学理工学部教授時代の1996年には「金属–非金属転移の新しい機構」を発見し，長く未解決だった問題を見事に説明した．

コヒーレント・ポテンシャル近似 A原子で構成される規則的な結晶において，A原子のいくつかが不規則にB原子で置き換わった系を不規則2元合金とよぶ．B原子の組成比をcとする．この系の1電子物性は，H_1を1電子ハミルトニアン，Eをエネルギーとして，グリーン関数$G \equiv [E - H_1]^{-1}$のアンサンブル平均$\mathcal{G} \equiv \langle G \rangle$から計算できる．$\langle \cdots \rangle$はアンサンブル平均を表す．この$\mathcal{G}$を求める近似理論はいくつか提案されていたが，米沢は，セルフコンシステント(自己無撞着)かつ自己完結的に導出したものだけが関数の解析性を満たすことを示した．そして図1(a)の単一サイト近似の範囲では，自己エネルギーΣ_1はn次のバーテックス(菱形部分)に適切な因子$\mathcal{Q}_n(c)$を割り当てることで自己完結性が満たされることを証明し，その具体的な形から次の関係を得た ($\mathcal{F} \equiv \text{tr}\mathcal{G}$)($\xi \equiv \mathcal{F}^{-1} + \Sigma_1$)．

$$\mathcal{F} \equiv \frac{1}{\xi - \Sigma_1} = \frac{1-c}{\xi - E_A} + \frac{c}{\xi - E_B} \quad (1)$$

E_AとE_Bはそれぞれ，孤立A原子と孤立B原子の電子エネルギーである．

一方，電子エネルギーがΣ_1であるような原子から構成される仮想的な有効媒質を考え，一つの格子点だけが不純物原子α(αはAまたはB)で置換されているとする．この原子による電子の散乱を表すt行列は，

$$t_\alpha = \frac{(E_\alpha - \Sigma_1)}{1 - (E_\alpha - \Sigma_1)\mathcal{F}} \quad (2)$$

と表せる．このt行列を使うと，(1)式は，$\langle t_\alpha \rangle = 0$の形に変形できる．すなわち，(1)式のコヒーレント・ポテンシャル近似(CPA)の結果は，「有効媒質内での単一不純物によるt行列が平均として0になる」条件に等しく，図1(b)の平均場的概念を満たすのである．

CPAは広く応用され，物性物理学の基本的な理論として定着している．

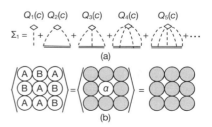

図1 (a) 自己エネルギー (b) 平均場の概念

金属-非晶質転移の新しい機構の発見

高温高圧下の Hg は，図 2(a) のように密度が減少すると電気伝導度 σ は 4 桁近く減少し，金属から非金属への転移が起こる．これは，密度の減少に伴ってバンド幅 W が狭くなることに起因する．s と p の準位差 δE よりも W が小さくなると，s と p の二つのバンドの重なりがなくなる．こうしてバンド間に生じたエネルギーギャップ内にフェルミ準位がくることにより，系は非金属になる．よく知られたブロッホ–ウィルソン (BW) 転移である．

ところが Se では，図 2(b) のように密度が減少すると σ は 8 桁も増加し，非金属から金属へ転移が起こる．従来の常識とは逆のこの現象は長く謎のままだったが，米沢が機構を明らかにして懸案を解決した．

Se では，共有結合の結合軌道と反結合軌道がそれぞれ価電子帯と伝導帯を作っている．密度の減少で一部のボンドの結合が弱化し，準位差 δE が激減するために W の減少を凌駕してバンドが重なり，非金属から金属への転移が生じるのである．

現在では図 2(a) の場合をタイプ I の BW 転移，米沢がその機構を発見した図 2(b) の場合をタイプ II の BW 転移とよぶ．

組織の牽引と執筆活動　米沢は，京大基研に助教授として在任中の 1980 年に，「非晶質半導体」に関する「京都サマーインスティチュート」を組織した．慶大に移ってからも都合 10 回近くも国際学会を組織し，リーダーとしての才能を発揮した．また，科研費重点領域などの研究グループの組織も多数立ち上げた．

そのような行動力も買われて，1996 年には女性初の日本物理学会会長に選出される．2 万人ほどの物理学会会員の「97%が男性」という状況下で，全会員の直接選挙によって会長に選出された事実は意義が大きい．

米沢には，文筆家としてのもう一つの顔がある．米沢がこれまでに，執筆，翻訳，編集に関わった書籍は 80 冊を超え，その数はさらに増え続けている．専門書以外の一般書も多く出版された．膨大な資料をもとにまとめ，味わいある文章に仕上げて，物理学の楽しさや奥の深さを，広範囲の読者に伝える．その意味で米沢は，物理学者の中でも希有な存在だといえよう．

3 人の娘を育て上げたが，妊娠・出産・育児でペースが落ちたことは一度もない．米沢のキャリアには，「女性初」という言葉がついてまわる．しかし米沢自身は，それを心から喜んではいないだろう．その言葉が必要なくなる社会こそ，そして研究者の性別が意識されなくなる社会こそ，米沢が望む未来なのである．

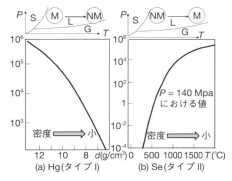

図 2　σ の密度依存性
(a) 水銀．(b) セレン．

図 3　国際学会を仕切っていた頃
(ⒸF. Yonezawa)

ライネス，フレデリック
Reines, Frederick
1918–1998

ニュートリノの存在の実証

　アメリカの物理学者．原子炉中での核分裂で生成される反電子ニュートリノを検出し，ニュートリノの存在を証明した．

　経　歴　ニュージャージー州パターソンに4人兄姉の末っ子として生まれる．スティーブンス工科大学で修士課程を修了した後，1944年にニューヨーク大学で学位をとる．学位取得の前にロスアラモス国立研究所の理論部門に職を得，R. ファインマン*の下でマンハッタン計画に従事．1951年，同研究所のサバティカル制度を利用して，同僚のC. L. カワンと共にニュートリノの観測に取り組む．1995年，τ粒子の発見者M. L. パールと共に，レプトン物理学の先駆的実験(ニュートリノの検出)により，ノーベル物理学賞を受賞する．

　謎の素粒子ニュートリノの検出　β崩壊により電子のみが放出される(2体崩壊)とすれば，電子のエネルギースペクトルは単色になるはずであるが，実際には連続であることが知られていた．1930年，この電子の連続スペクトルを説明するため，W. パウリ*はβ崩壊を3体崩壊と考え，質量が非常に小さい未知の中性粒子も放出されると仮定した．1934年，E. フェルミ*はニュートリノと名づけたこの中性粒子を組み込んだβ崩壊の理論(弱い相互作用の理論)を構築した．この理論によれば，以下の反応式で表される逆β崩壊を経由することにより，反電子ニュートリノ ($\bar{\nu}_e$) は陽子 (p) と相互作用して，中性子 (n) と電子の反粒子である陽電子 (e^+) を生成する〔⇒フェルミ〕．

$$\bar{\nu}_e + p \to n + e^+$$

1953年，ライネスとカワンは，β崩壊によって生成される反電子ニュートリノを水分子中の水素原子核と反応させることにより，上の反応式で生成される中性子と陽電子の検出を開始した．陽電子は電子と衝突することにより対消滅し，2本のγ線を放出する．中性子は原子核に捕獲されると，1本のγ線を放出する．彼らは，大型の液体シンチレータ検出器を用いて実験を行った．逆β崩壊の反応断面積は小さい ($\sim 10^{-43}$ cm^2) ため，ニュートリノの発生源として，当初は核爆弾の使用を考えていたが，実際には原子炉が用いられた．予備実験ではワシントン州のハンフォード原子炉からのニュートリノビームを使用したが，バックグラウンドの信号が大きく信頼性の高い実験データは得られなかった．そこで，中性子捕獲の効率を上げるため，中性子との親和性が高いカドミウムを検出媒体である水に混合した．また，宇宙線の影響を極力なくすため，検出器を地下に設置した．これらの改良を行い，1955年からはサウスカロライナ州のサバンナリバー原子炉を用いた本格的な実験に取り組んだ．1956年，陽電子消滅と中性子捕獲の同時発生を観測することにより，反電子ニュートリノの存在を実証した．

　素粒子の標準模型　三つの基本的相互作用 (β崩壊を引き起こす弱い相互作用，電荷間に働く電磁相互作用，クォーク間に働く強い相互作用) を記述するための素粒子の標準模型では，物質粒子はクォークとレプトンから構成され，それぞれ3世代6種類が存在する(表)．また，それぞれの粒子には反粒子が存在する．標準模型において，ニュートリノは中性レプトンに分類される〔⇒ワインバーグ〕．

		第1世代	第2世代	第3世代	電荷
クォーク		u (アップ)	c (チャーム)	t (トップ)	$+\frac{2}{3}$
		d (ダウン)	s (ストレンジ)	b (ボトム)	$-\frac{1}{3}$
レプトン		ν_e (電子ニュートリノ)	ν_μ (ミューニュートリノ)	ν_τ (タウニュートリノ)	0
		e (電子)	μ (ミュー粒子)	τ (タウ粒子)	-1

ライプニッツ, ゴットフリート・ヴィルヘルム
Leibniz, Gottfried Wilhelm
1646–1716
万能の天才

ドイツの哲学者, 数学者. 微積分を発見した数学者としての業績以外にも多彩な顔を持つ.

経歴 ドイツのライプチヒに生まれたライプニッツは, ライプチヒ大学の道徳哲学の教授だった父を6歳で亡くし, その後は母親に育てられる. 彼の道徳観, 宗教観は, この母親の影響を強く受けていると考えられている. また父親の残した書物からも多くのことを学び, 14歳にしてライプチヒ大学に入学した. 哲学を修得した後, 法学を専攻し博士号を取得した. しかしライプニッツは研究の道には進まず, マインツ選帝侯の宮廷顧問官となった.

その後マインツ選帝侯が亡くなり, ハノーファー公爵に仕えることになる. この間, ライプニッツはパリに滞在する機会があり, オランダ人科学者のC. ホイヘンス*に出会う. ここから彼の数学研究が始まる.

微積分の概念の発見 ライプニッツがI. ニュートン*と独立に微積分の概念を発見したことは有名である. 特に彼が用いた微分記号 $\frac{dy}{dx}$ や積分記号 $\int y dx$ は今でも広く使われている. この記号が便利なのは, 次元を正しく表現しているところにも理由がある. すなわち, 例えば $\frac{d^2y}{dx^2}$ は y/x^2 の次元を持つ量であり, $\int y dx$ は yx の次元を持つ量であることがライプニッツの記法では明らかである.

ライプニッツとニュートンは同時代に生きた. ライプニッツは微積分を数学として, ニュートンは力学と絡めて発見している. ニュートンは早くから微積分の概念に到達していたようであるが, 発表はライプニッツよりも遅く, そのため微積分の発見者の

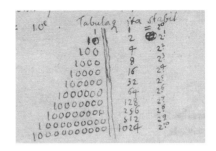

図1 ライプニッツのノート. 2進法の記載がある

地位を巡り両者の間で激しい論争が巻き起こった. 争いは弟子など周囲の者も巻き込み, 裁判は25年間続いた.

特に争いの元となったのは, たまたまライプニッツがロンドンを訪れる機会があり, そのときに未発表だったニュートンの微積分に関する研究内容を知ることになったからである. このときすでにライプニッツも微積分の概念に到達していたが, ニュートンはライプニッツが自分の研究成果を盗んだと主張したのである. しかし現在では記法も含めてライプニッツ流の微積分に軍配が上がっていると考えてよいだろう.

2進法の確立, 幅広い関心 またライプニッツは2進法を確立した人物としても知られる. ただしこのような数学者としての顔はライプニッツの一面にしか過ぎない. 物理学者としては, 空間や時間を絶対的な存在と考えていたニュートンに対し, ライプニッツは相対的なものであると主張した. 法学や図書館学でも才能を発揮した. それまで加減しかできなかった手回しの機械式計算機を改良し, 乗除も可能にした計算機を製作したこともある. 政治家と知り合って外交に関与することもあった. さらには, 哲学や記号論理学でも後世に影響を及ぼすような業績を残している. ライプニッツの多才ぶりは驚くべきものであり, 歴史上類例は極めて少ない.

ライマン，セオドーア
Lyman, Theodore
1874–1954

紫外スペクトル観測の達人

アメリカ人物理学者．

経　歴　1874 年ボストンの大変富裕な家庭に生まれる．父は海洋生物学者であった．1900 年ハーバード大学で学位取得後も主として同大学で研究，教育を行った．

従来の分光実験では，スペクトルからの正確な波長決定が困難であった．ライマンは，指導教授から，凹面型の特殊な回折格子を使用すれば波長決定の精度が上がるのではないかとの助言を受けた．技術的に困難を極め，正確な波長測定が可能となるまでに 7 年を要した．ある年のアメリカの物理学会において，ライマンは自分の発表の最中に時計を取り出して時刻を確認し「ここまで 7 分間で説明しました研究内容は，私が 7 年間かけて研究した成果です」と述べて会場を沸かせたという．

ライマンゴースト　回折格子を用いる分光器で光のスペクトルを調べる際，回折格子の溝の間隔に誤差がある場合に生じる，偽物のスペクトルをゴーストとよぶ．ライマンは，7 年間の奮闘の最中に，ある種のゴーストを発見した．これは回折格子の溝に短めの周期を持つ誤差がある場合などに，波長 λ の入射光によるスペクトルの中に，

表1　ライマン系列の光の波長

波長	λ_2	λ_3	λ_4	⋯	λ_∞
(nm)	121.6	102.6	97.3	⋯	91.2

本来存在しないはずの波長位置

$$\lambda/a,\ 2\lambda/a,\ 3\lambda/a\cdots (a は整数定数) \quad (1)$$

に出現するもので，現在ではライマンゴーストとよばれている．この発見はデータから意味のある情報を選び出すのに役立ち，彼の博士論文につながった．

ライマン系列　精密な波長決定技術を武器に，従来 126 nm 程度までだった水素原子の発光スペクトルの観測域を，遠紫外領域 50 nm まで拡張した．その過程で，ライマンは水素原子の n 番目の励起状態から基底状態 ($n=1$) への遷移の際に発せられる光の波長 λ_n が，次式に従うことを，$n=2, 3, 4$ に対して示すことに成功した (1914 年)．

$$\frac{1}{\lambda_n} = R_\mathrm{H}\left(\frac{1}{1^2}-\frac{1}{n^2}\right), n=2,3,\cdots \quad (2)$$

$R_\mathrm{H}=109677.6\ \mathrm{cm}^{-1}$ はリュードベリ定数．この関係式に従う遷移を，ライマン系列 (Lyman series) とよぶ．(2) 式は $\lambda_\infty \leq \lambda_n \leq \lambda_2$ という波長領域に収まり，水素原子の励起状態から基底状態への遷移は，紫外光領域に相当している (図 1 及び表 1 参照)．(2) 式や，より一般にリュードベリの式〔⇒リュードベリ〕は，水素原子のエネルギーが量子化していることを仮定して，N. ボーア*により理論的に説明され (1913 年)，量子論の発展につながっていった．

人　物　経済的に大変恵まれた環境に生まれ育ったライマンは，ハーバード大学の教授になった際，給料全体やその一部を返上したり，自由を得るために定年の 15 年前に引退したりした．また，国立博物館がアルタイ山脈に生物の探検にいく資金を賄ったこともある．この探検にはライマン自身も同行，哺乳類新種 13 種の発見など素晴らしい成果をあげた．ある新種の哺乳類はライマンテンと名づけられている．

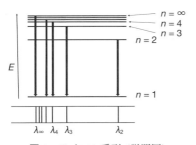

図1　ライマン系列 (説明図)

ラウエ，マックス・テオドル・フェリックス・フォン
Laue, Max Theodor Felix von
1879–1960
結晶による X 線回折を発見

ドイツの理論物理学者．

経歴 コブレンツ近郊プファッフェンドルフで生まれる．シュトラスブルクのプロテスタント系のギムナジウムで精密科学というものを知る．1898 年に大学入学資格試験に合格するが，シュトラスブルク大学に進学する前に 1 年間兵役義務を果たす．大学では数学，物理，化学を学ぶ．

ゲッティンゲン大学では電気光学効果の分野の研究で知られる W. フォークトや剛体電子論を提唱した M. アブラハムらに学ぶ．その後 1 学期をミュンヘン大学で過ごしてから，1902 年にベルリン大学に移る．M. プランク*の指導の下，翌年「平行平面板における干渉現象」で学位を取得．1905 年プランクの助手になり放射場にエントロピー概念を適用する問題などを研究．1909 年ミュンヘン大学の A. ゾンマーフェルト*の研究所に移り私講師として光学，熱力学，相対性理論を講義した．この時期，彼の名を歴史に残す X 線回折を発見する．

X 線とは何か X 線の正体を巡っては 1895 年に W. C. レントゲン*が発見した当初から議論があった．大きく分けると粒子説と波動説である．レントゲンは反射，屈折，回折などの波動特有の現象を見つけることができなかった．そこでエーテルの縦振動であると考えた．イギリスの C. バークラは，パラフィンなどの物質による X 線の散乱実験から偏光した横波の電磁波であるとした．さらに対陰極の物質に特有の 2 種類の透過力の強い蛍光 X 線（線スペクトル）が放射されることも発見している．

一方 W. H. ブラッグは弱い X 線でも気体分子から電子をはじき出すいわゆる光電効果を示すことから粒子説を唱えた．しかし強い磁場でも曲がらないことから正負の電気双極子からなる中性粒子ではないかと考えたのだ．X 線で回折現象が起これば波動説が有利になるが，回折スリットを使う実験では，X 線の波長が短すぎて決定的な証拠が得られなかった．

X 線の回折現象の発見 ゾンマーフェルトの助手 W. フリードリヒとレントゲンの下で学位をとった P. クニッピングが，回折実験に従来の回折スリットではなく結晶を使うべきか議論していた．その理由は，実験には結晶から出る蛍光放射線を使わなければいけないと思い込んでいたからだ．そこで彼らは X 線の照射によって蛍光放射線が出やすい原子量の大きな金属を含む結晶を使おうと硫化銅を選んだ．このように最初は結晶を回折格子として使うのではなく，蛍光放射線の放出源として考えていたのだ．ラウエはさらに，硫化銅結晶の規則正しく並んだ格子点から固有蛍光線が放射されるとすれば，この蛍光線が互いに干渉を起こすのではないかと予想した．ラウエは理論家だったので，フリードリヒとクニッピングにこの実験を提案した．しかしこの実験に異議を唱えたのがゾンマーフェルトであった．彼は，異なる格子点から放射される蛍光線はお互いに位相関係がないので干渉はしないと指摘した．

確かにフリードリヒとクニッピングの最

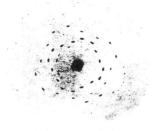

図 1 ラウエ斑点
（ノーベル物理学賞受賞講演より）

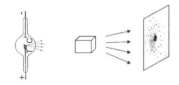

図2　X線結晶回折の模式図

初の実験では何の成果も得られなかった.そこでラウエは結晶を透過型回折格子として使い結晶の後ろ側に写真乾板を置けばうまくいくのではないかと考えた.その結果,入射1次線の斑点を中心に対称的な回折斑点(ラウエ斑点)が得られたのである(図1).ところが金属を含まないダイヤモンドのような結晶でも回折斑点が得られたので,格子点からの蛍光放射線が原因ではないと結論せざるを得なかった.

ブラッグの条件　この実験のニュースはキャヴェンディッシュ研究所のW. H. ブラッグ,W. L. ブラッグ*父子も知ることとなる.彼らは硫化亜鉛によるラウエ斑点を写真乾板にとって分析した.その結果,入射した「白色」X線(連続スペクトル)そのものが結晶格子で回折現象を起こしたとすれば,斑点の説明ができることを示した.結晶内の面の組により同位相で散乱を起こす条件は,二つの平面の間隔を d,入射X線の波長を λ とすれば,二つの面で反射されるX線が反射角度 θ 方向で強めあう条件は $n\lambda = 2d\sin\theta$(n は正の整数)と表される.単結晶を使うことによりこの式を満たす波長 λ を持つX線が選ばれ,右辺を満たす θ の方向で強めあい,斑点ができる.

ラウエらの実験は結晶構造の研究とX線分光学という新しい学問の誕生を促した.1914年にラウエは「結晶によるX線の回折を発見した」ことでノーベル物理学賞を受賞.また翌15年にブラッグ父子には「X線による結晶構造の分析に対する貢献」によってノーベル物理学賞が授与された.

ラヴォアジエ,アントワーヌ・ローラン
Lavoisier, Antoine Laurent
1743–1794
近代化学の父

フランスの化学者.

経歴　パリの裕福な法律家の家に生まれ,法学を修めた後に化学の世界に入った.最初は地学の分野で認められ,1768年に25歳という若さでフランス科学アカデミー会員となる.夫人であるマリー・ラヴォアジエ*は英語に長けていて,J. プリーストリーを始めとするイギリス人化学者の仕事を翻訳してラヴォアジエに紹介するなど,彼の共同研究者として貢献した.

自由主義者であり,フランス革命の初期に関与した.質量の計量基準を提案するなど多くの革命の提案に寄与したが,フランス革命中1794年に断頭された.

化学反応と質量,燃焼　燃焼とは一種の分解現象でありフロギストンが飛び出すことで熱や炎が発生するとする説(フロギストン説)が当時支配的であった.ラヴォアジエは1774年に体積と重量を精密に測り,化学反応の前後では質量が変化しないという「質量保存の法則」を発見した.燃焼や呼吸は化学反応の一種であり,それには彼が後に「酸素」と名づける空気の成分が関与していること,水は水素と酸素からなっていることなどを発見した.

1775年に火薬およびチリ硝石を管理する王立の役所の長官に就任すると,立派な研究室を構えた.ヨーロッパ中から当時の最先端であった「化学進化」を学ぶ若者が集まり,原料の精製や微粉末の作成技術の改良により良質の火薬を作ることに成功した.ラヴォアジエの研究の特徴は,化学反応に関わる物質の質量を精密に計測し,いかなる化学反応によっても物質の質量は保存されるという信念をもって化学反応を扱った

ことである.

しばしば酸素の発見者と称されるが，化学史的に酸素の発見者は J. プリーストリーである．酸素の発見をめぐるイギリス人科学者プリーストリーとの関係についての詳細は文献を参照されたい[1]．ここでは，酸素発見に至る 2 人のアプローチに少し触れたい．当時は気体として空気，炭酸ガス，水素が知られているにすぎず，気体の発見が科学の最前線であった．プリーストリーは気体化学の第一人者として知られていた．酸素発見の決め手は，酸化第二水銀の還元反応である．

$$2HgO \rightarrow 2Hg + O_2$$

この反応は昇温するだけで起きるので，純粋な試料を用いれば，発生する気体は酸素だけである．プリーストリーは天日取りレンズを使って水銀灰から気体を発生させた．そして発生した気体が不溶性で助燃性があること，ハツカネズミがこの気体中で一定時間生存したことから可呼吸性であること，さらに当時知られていた笑気 (亜酸化窒素) に似た化学的な性質を有し，空気の「4～5倍の間」くらい助燃性が高い未知の気体であることを突き止めた．しかし，プリーストリーは重量変化を計測しなかった．

一方，ラヴォアジエは，プリーストリーから実験経過を聞いた上で，同じ実験を行い，金属の燃焼と重量増加という観点で実験結果を整理し，発生した気体の比重を求めた上で，普通の空気の重さと大差ないと結論した．当時の標準的な検査法では，空気と酸素の比重差は見分けられなかったのである．しかし，1775 年 5 月号の『ロジェの雑誌』に記載された論文には，「この気体は普通の空気であるのみならず，より呼吸に適し，助燃性も高い．従ってより純粋である」と記載された．

■参考文献
1) 島尾永康：酸素の発見をめぐる物語. 化学 **47** (1992) 655–659.

ラヴォアジエ，マリー=アンヌ
Lavoisier, Marie-Anne
1758–1836

化学革命の女神

フランスの科学啓蒙家．化学革命の父とよばれるアントワーヌ・ラヴォアジエの研究協力者．

経歴・人物 夫の化学研究に協力し，実験助手，科学翻訳や科学書の版画製作，社交などを通じて，化学革命の推進に努めた．

裕福なブルジョア家庭の生まれ．女子修道院で上流階級の娘としての初歩的な教育のみを受けた状態で，1771 年，徴税請負人であった父の同僚かつ化学者のアントワーヌ・ラヴォアジエ*と結婚し，ラヴォアジエ夫人となる．ラヴォアジエはこの幼な妻を，自らの研究に引き入れた．そして妻の方も「夫にふさわしい」学議者になりたいと望んだ．

夫アントワーヌの協力者として マリー=アンヌは夫やその同僚から化学を学び，別途英語や絵画も学んだ．彼女は，当時化学先進地域であったイングランドやスコットランド，アイルランドの化学者の英語論文をいち早く読めるようになり，英語が苦手な夫を助けたのみならず，自分自身の科学知識を最先端に保つことができた．

化学をニュートン物理学のような精密科学にしたいと望んだラヴォアジエは，正確な天秤の製作や，密閉度の高い実験器具を開発し，精密な測定実験を行った．質量保存則を化学の前提においたのは，こうした思想ゆえである．マリー=アンヌは自邸にある夫の研究室で，実験ノートを口述筆記した．

フロギストン説への反論 ラヴォアジエは当時主流だった燃焼理論であるフロギストン (火物質) 説に反対し，燃焼は新発見の気体である生命空気 (酸素) が燃焼物体

と結びつき,固定空気(二酸化炭素)を生成する過程であると主張した.当然だがフロギストン論者はラヴォアジエを批判した.

マリー゠アンヌは,夫やその仲間と共に,守旧派のアイルランド人化学者 R. カーワン作『フロギストン論考』の反論付仏訳 (1788) 計画で,翻訳と序文,翻訳者注を担当した.夫の代表作『化学原論』(1789) では,実験器具の版画を製作した.夫と同僚たちが刊行した雑誌『化学論集』に,やはりカーワンの論文『種々の酸の力』の仏訳 (1792) を載せてもいる.前2者は高く評価され,最終的にラヴォアジエの新理論が勝利した.

マリー゠アンヌの科学啓蒙活動は社交界でも発揮され,豪華な自邸で新化学理論を推進するためのイベントなども催された.

フランス革命を経て フランス革命は全てを変えてしまう.徴税請負人だった父と夫は 1794 年に処刑され,財産は没収された.恐怖政治後に名誉と財をとりもどし,夫の遺稿『化学論集』(1805) を出版しはしたが,マリー゠アンヌは二度と科学の一線には戻れなかった.なぜなら,再婚した化学者 B. C. ラムフォードとの関係が破綻した上,制度化されつつあった 19 世紀初頭の科学の世界には女の居場所はなかったからである.二度目の夫との別離後は,死の前日まで 18 世紀の伝統を保った哲学サロンを主催しつづけ,その財と社交の腕で学芸の庇護者として生きた.

図1 マリー゠アンヌと夫ラヴォアジエ
(J. L. ダヴィッド画)

ラグランジュ,ジョセフ゠ルイ
Lagrange, Joseph-Louis
1736–1813

変分原理の開発,解析力学の祖

経歴・人物 トリノに生まれ,プロイセンとフランスで活躍.1766 年に L. オイラー*と J. ダランベール*の推薦でベルリンにあったプロイセン科学アカデミーの数学部長に就任した.勤勉かつ厳格な研究生活を送り,論文を書く前には完全に文章が頭の中にできあがっていて,書き損じがなかったという逸話が残っている.妻とフリードリッヒ大王の死後,フランス革命の2年前の 1787 年にパリに移りフランスアカデミーの会員となる.フランス革命当時,数学者の P. S. ラプラス*,化学者の A. L. ラヴォアジエ*と共にメートル法の制定に関わる.しかしながら,家庭教師をしたフランス王妃マリー・アントワネットと盟友ラヴォアジエは断頭台の露と消えた.エコール・ポリテクニクの初代校長.

変分原理を開発し,それを力学に応用した解析力学の祖.オイラーと P. L. モーペルテュイの仕事を一般化して,力学に対して I. ニュートン*以後最大の貢献をした.1788 年名著『解析力学』を著したが,ニュートンの『プリンキピア』から 100 年後,フランス革命の前年のことであった.

数学的に洗練されてはいるが,特に実用的でもない解析力学が,19 世紀に完成をみた.20 世紀に入ってから急速に発展した量子力学への最善の道であったことは科学史的にみて興味深い.量子力学の創設者たちは解析力学の達人たちでもあった.

解析力学は,幾何光学におけるフェルマーの原理(最小時間の原理)に大もとの動機があった.それと波動光学の対応を考えると,解析力学が量子力学のある種の近似として導出できることと符丁する.

作用原理 ラグランジアン $L = L(q, \dot{q}, t)$ を一般化座標 q, その時間微分 $\dot{q}$ および時間 t の関数として与えたときに, 作用 S をラグランジアン L の時間積分

$$S = \int_{t_1}^{t_2} dt L \tag{1}$$

で書けると仮定する. 上式において, 経路 $q(t)$ は様々に変わる可能性があるものとする.

さて, 出発点 $q(t_1)$ と終着点 $q(t_2)$ を固定して, 途中色々な経路に対して作用積分 $S[q]$ の値を考えるのであるが, 特に経路 $\bar{q}$ と微小に異なる経路 $q = \bar{q} + \delta q$ を考えよう. ここに δq は, 出発点 $q(t_1)$ と終着点 $q(t_2)$ を動かさないような微少ではあるが任意の時間の関数である.

作用の変分は部分積分を用いると,

$$\delta S := \int_{t_1}^{t_2} dt[L(\bar{q} + \delta q) - L(\bar{q})]$$
$$= \int_{t_1}^{t_2} dt \left[\frac{\partial L}{\partial \bar{q}} - \frac{d}{dt}\left(\frac{\partial L}{\partial \dot{\bar{q}}}\right)\right] \delta q$$
$$+ \left[\frac{\partial L}{\partial \dot{\bar{q}}} \delta q\right]_{t_1}^{t_2} + \cdots$$

となる. ここで作用 S が $\bar{q}$ において, 停留値をとること $\delta S = 0$ を要求しよう. $\delta q(t_1) = \delta q(t_2) = 0$ を使えば, 右辺の積分は

$$\int_{t_1}^{t_2} dt[\cdots] \delta q \tag{2}$$

となる. これが任意関数 δq に対して 0 となるためには被積分関数の括弧の中 $[\cdots]$ が 0, すなわち

$$\frac{d}{dt}\left(\frac{\partial L}{\partial \dot{\bar{q}}}\right) - \frac{\partial L}{\partial \bar{q}} = 0 \tag{3}$$

が導かれる. これはオイラー–ラグランジュ方程式とよばれる解析力学における中心的な方程式である. オイラー–ラグランジュ方程式の物理的な内容はニュートンの方程式と同じであるが, 次に掲げる理論的な利点がある. 当時は, 専ら天体力学の研究に使われた.

(0) 1個のスカラー関数 $L = L(q, \dot{q}, t)$ によって力学を特徴づけることができる.
(1) 座標 q はデカルト座標に限らず, 自由に選べる.
(2) ネーターの定理〔⇒ネーター〕を用いて, 保存量を見つけることが容易である.
(3) 量子力学, 特に経路積分表示の量子力学に移行する標準的な方法を与える. そこで, 作用 S は波動関数の位相にプランク定数 $\hbar$ をかけたものと同一視される.

ラグランジュの未定乗数法 拘束条件のある場合の停留値問題に対する方法で, 数学と物理学において広汎に応用されている. 関数 $L(x, y, \cdots)$ の停留値を条件 $f(x, y, \cdots) = 0$ の下に極値として求めるときに, 未定乗数 λ を導入して

$$L'(x, y, \cdots; \lambda)$$
$$= L(x, y, \cdots) + \lambda f(x, y, \cdots) \tag{4}$$

の極値問題を考える. $L'(x, y, \cdots; \lambda)$ を $x, y, \cdots$ のみならず, λ の関数でもあると見なす. 導入の仕方から, L' の λ についての微分を 0 と置くことにより, 拘束条件 $f(x, y, \cdots) = 0$ を再現する. $x, y, \cdots$ についての微分を 0 と置くことにより, 停留点 $x, y, \cdots$ が求まると同時に, λ の値も決まる. この方法は, ラグランジュが創設した変分問題でも威力を発揮する.

ラグランジュ点 ラグランジュは天体力学, 特に月の運動についての研究を行ったが, 今日ではラグランジュ点で名高い. 天体力学において, 3体問題の解は一般にはカオス的になることが知られているが, 正三角形あるいは一列に並ぶなど特殊な配置のときは, その配置を安定に保つ. そのような点をラグランジュ点とよぶ. 実際に, 太陽, 木星, トロヤ群小惑星はラグランジュ点にあり, NASAの宇宙背景放射の測定を行ったWMAPなどの人工天体の安定な位置としての実用性もある.

ラザフォード，アーネスト
Rutherford, Ernest, 1st Baron
1871–1937

原子核物理学の先駆者

　実験物理学者ラザフォードが行った実験は，どれ一つをとってもノーベル賞級の研究であった．彼はまた若手の研究者を育てることにも熱心だった．

　経　　歴　1871年，当時イギリスの植民地であったニュージーランドに生まれる．1893年にニュージーランド大学を卒業してから奨学金を得て，1895年に研究生としてキャヴェンディッシュ研究所のJ. J. トムソン*の下にやってきた．はじめX線による気体の電離の実験研究をしていたが次に興味を持ったのは，ウランから出る放射線であった．

　放射性変換理論の創始　1898年，ラザフォードはまず電離の強さを尺度として放射線の強さを電気計で測った．その結果ウランからの放射線には2種類あることがはっきりした．そこで透過力の小さい放射線を α 線，より強い方を β 線と名づけた．
　1898年に当時イギリスの植民地カナダのマギル大学の教授に任命された．着任早々放射能の研究に着手した．ここで化学分析のできるF. ソディの協力を得ることになる．彼らの研究から放射能の強さが指数関数的に減衰することがわかり，また一般に1成分系の化学変化も指数関数的であることから，放射能は次の生成物を生じる際に伴う現象であると結論した（1903年）．こうして放射性物質は α 崩壊や β 崩壊をして別な新しい物質に変わるという放射性変換理論が生まれた．ラザフォードはこの研究によって1908年にノーベル化学賞を受賞する．ソディはこのとき受賞しなかったが，1922年に同位体と放射性崩壊の変位則の理論で受賞している．

　α 粒子の解明　1907年にラザフォードはイギリスのマンチェスター大学に移る．ここでは助手のT. ロイズと共に，α 粒子の正体を突き止める実験を始めた．ラジウムエマネーション（ラジウムから出る放射性の気体，ラドン）を薄いガラス壁でできた管に封入し，α 粒子だけが外に出られるようにして集めた気体をスペクトル分析すると，ヘリウムであることがわかった．

　α 粒子散乱実験　α 線の正体を見極めたラザフォードは，今度は α 線を道具として原子の内部構造を探る研究へと進む．彼は助手のドイツ人留学生H. ガイガー*と学部学生のE. マースデンたちに，物質中を通過する際に α 線がどの程度散乱するかを実験させた．1909年に彼らは，α 線源としてラドンガスを用いて金，アルミニウムなどの重い金属を箔状にした標的（散乱体）に α 線を当てる実験を行った．その際ごく少数ではあったが90°以上の大角度で散乱される α 粒子があることを発見した．α 線は線源のガラス管から放出させていたので，初めこの散乱はガラス管の壁面と衝突して起きたのではないかと推理した．そこでラザフォードは標的から直接大角度散乱してくる α 粒子を測定する実験をマースデンに提案した．α 粒子のビームが45°で金属箔に当たるようにして，反射する α 粒子は蛍光スクリーンで検出するようにした．低倍率顕微鏡を使ってシンチレーションを一つひとつ数えるというたいへん根気のいる仕事だった．

　有核原子モデル　実験の結果，間違いなく大角度散乱が起きていることがわかった．この結果を説明するためにラザフォードは，原子の中心のごく小さな領域に荷電粒子に力を及ぼす部分が存在するとして計算してみた．そうすると大角度の α 線の屈曲による角分布がうまく説明できた．トムソンが考えたような「複合」散乱ではなく「単一」散乱であると結論．これを1911年

図1　単一散乱 (模式図)

に「単一散乱」の理論として発表した．原子の質量は中心の核 (原子核) に集中している有核原子モデルの誕生である (図1)．この論文には後にラザフォードの名前をつけて呼ばれる散乱公式が導かれている．α粒子が立体角Ωに対してθで散乱するとき，その微分断面積は

$$\frac{d\theta}{d\Omega} = \left(\frac{Ze^2}{Mv^2}\right)^2 / \sin^4\frac{\theta}{2}$$

と表される．ここでMはα粒子の質量，vはその速度．電荷eの個数Zはシンチレーションカウンターで数えられる．

この結果を受けて具体的な原子構造について考えたのは，1912年にラザフォードの下に留学してきたデンマーク人のN. ボーア*であった．彼は原子をプラスの電気を持った原子核とそれをとりまくマイナスの電気を持った電子からなるという構造を考え，物理的・化学的性質は周回電子の数や配置によるとし，質量と放射能は原子核によるとした．そうすると化学的性質を表し周期律表の番号であった原子番号は，核外電子の数に他ならないことがわかった (現在は陽子数)．

原子核反応の発見　1919年，ラザフォードがマンチェスターからケンブリッジに移る直前に始めた研究は，マースデンがやりかけだった研究を発展させたものだった．マースデンは水素中にα粒子を通過させると，α粒子よりはるかに長い距離を走る粒子が生じることを確かめていた．これは水素の原子核がたたき出されたものだと予想されていた．これに対してラザフォードは，窒素中にα粒子を通す実験を試みた．窒素の原子核はα粒子よりも重い．従ってα粒子を窒素原子に衝突させてもあまり発生する粒子はないだろうと考えていた．ところが，水素の場合と同じように，飛程距離の長い粒子がたくさん飛び出してきた．さらに電磁場をかけて比電荷を測ると水素の原子核に似ていた．

1919年4月，ラザフォードは第4代キャヴェンディッシュ研究所所長に任命される．キャヴェンディッシュ研究所でも実験は続けられ，窒素の原子核から出てきた粒子が水素の原子核に他ならないことがはっきりした．ラザフォードは自分の実験をこう結論した．窒素原子核は，高速α粒子との近接衝突によって生じた強い力によって崩壊し，その際解放された水素原子核は，窒素原子核の一部を構成していたものである．後にラザフォードはこの実験を，窒素原子核を人工的に酸素原子に崩壊させた実験と解釈できると指摘している．陽子やα線を原子核に当てて人工的に崩壊させることを現在では「核反応」というが，ラザフォードの人工崩壊の実験は現代表記で表せば，次のような核反応になる．

$$^{14}_{7}\text{N} + ^{4}_{2}\text{He} \rightarrow ^{17}_{8}\text{O} + ^{1}_{1}\text{H}$$

($^{17}_{8}\text{O}$は$^{16}_{8}\text{O}$の同位体)

世界的研究者の輩出　ラザフォードの研究スタイルは，自分と弟子たちとの区別なく，共同で複数の実験を並行して行うというものだった．彼は適切なアドバイスで弟子たちを鼓舞する父親的な指導者であった．彼の下には優秀な弟子たちが国内に届まらず外国からも集まってきた．日本からは清水武雄も研究にきて霧箱の改良を行っている．弟子たちの多くはその後ノーベル賞を受賞している．例えばJ. コッククロフト*とE. ウォルトンらは高電圧線形加速器の発明で，E. V. アップルトンは電離層の研究で，またC. ウィルソン*は霧箱の開発で，J. チャドウィック*は中性子の発見で，それぞれ授与されている．

ラプラス,ピエール=シモン
Laplace, Pierre-Simon
1749–1827

物理現象をグローバルに捉える

フランスの物理学者,数学者,天文学者.

経歴・人物 静電場や重力場などを表すラプラス方程式や,常微分方程式を代数方程式に帰着させるラプラス変換を提唱.天体力学,特に太陽系の安定性に関して研究し,3体問題の摂動理論を3次のオーダーまで取り入れることで,ラプラス以前の研究者を悩ませてきた木星や土星の軌道の観測と理論のずれを説明することに成功した.こうした天体力学に関するラプラスの成果は1799年から1825年に出版された『天体力学』にまとめられ,後世に大きな影響を与えた.また,自然界の現象は,原理的には全てが決定論的で予測可能であるとして,その象徴的存在として「ラプラスの魔」の概念を生み出した.

「場」とは 遠隔作用では,物質中や真空中に,その相互作用を起こす「場」という量を導入する.場はその場の中に置かれた物体を通してその存在を知ることができる.場を作り出す「源」が存在すると,その周りの空間の中に場が形成されているのである.

ポテンシャルとラプラス方程式 こうした場を表す物理量をポテンシャルとよぶ.ポテンシャルの概念の萌芽は1736年のD.ベルヌイ*,1743年のA.クレーロー,1773年のJ. L.ラグランジュ*によって提案されていたが,ラプラスは地球の形状を正確に求める研究の中で,それらのポテンシャルが常にラプラス方程式とよばれる楕円型の2階偏微分方程式に従うことを示したのである.具体的に書けば,3次元空間の場合,デカルト座標 (x, y, z) において,ポテンシャルを $\phi(x, y, z)$ としたとき,

$$\Delta\phi \equiv \frac{\partial^2\phi}{\partial x^2} + \frac{\partial^2\phi}{\partial y^2} + \frac{\partial^2\phi}{\partial z^2} = 0$$

と表され,Δ をラプラシアンという.

楕円型偏微分方程式では,その解を定めるためには,源の密度分布 ρ と考える領域の境界での場に関する情報が必要となる.3次元空間内の領域を D,その領域の境界を ∂D とするとき,点 P におけるポテンシャル $\phi(P)$ は積分表示で表すことができ,

$$\phi(P) = -\int_D G(P,Q)\rho(Q)\mathrm{d}V_Q$$
$$-\int_{\partial D}\left\{\frac{\partial\phi(Q)}{\partial n_Q}G(P,Q)\right.$$
$$\left.-\phi(Q)\frac{\partial G(P,Q)}{\partial n_Q}\right\}\mathrm{d}S_Q$$

ここで $G(P,Q)$ はグリーン関数とよばれ,点 Q に置かれた単位の強さの作用源が,別の空間内の点 P にどれだけの影響を及ぼすかを表す量である〔⇒グリーン〕.また $\mathrm{d}V_Q$ と $\mathrm{d}S_Q$ は領域内の体積要素と境界上の面積要素である.この表式からわかるのは,点 P のポテンシャルは,領域の各点に置かれた源の影響と,境界におけるポテンシャルの影響の全てを考慮することで決まっていることを示している.

ラプラス変換 ラプラスはラプラス変換という概念も提唱した.ラプラス変換は関数 $f(t)$ に対して

$$L[f] \equiv F(s) = \int_0^\infty \mathrm{e}^{-st}f(t)\mathrm{d}t$$

という積分変換で定義される.ラプラス変換は関数の微分や積分を以下のように代数的な演算に帰着させる.

$$L\left[\frac{\mathrm{d}f}{\mathrm{d}t}\right] = \int_0^\infty \mathrm{e}^{-st}\frac{\mathrm{d}f(t)}{\mathrm{d}t}\mathrm{d}t$$
$$= sF(s) - f(0)$$

$$L\left[\int^t f(y)\mathrm{d}y\right]$$
$$= \int_0^\infty \mathrm{e}^{-st}\left\{\int^t f(y)\mathrm{d}y\right\}\mathrm{d}t$$
$$= \frac{F(s)}{s}$$

そのために，線形常微分方程式や線形積分方程式の扱いを代数方程式に帰着させ，代数演算によって解を求めることを可能にする．変数 s の空間で求められた解は，ラプラスの逆変換を使って元の変数空間での解に変換できる．ここでラプラス逆変換は s を複素数として複素空間での積分

$$L^{-1}[F(s)] = \frac{1}{2\pi i}\int_{c-i\infty}^{c+i\infty} e^{st}F(s)\mathrm{d}s$$
$(c > 0)$

で定義される．

ラプラスの魔 ラプラスは，場の概念やラプラス変換の利用ということにより，物理量の局所的でない扱い，つまりは対象のグローバルな性質を考慮するという観点に立った考え方の有用性を示した．その考え方は，自然界の現象に関して，ある時刻に自然界を構成する全ての粒子の位置と速度を知ることができる存在は，全ての粒子の将来を完全に予測できることになる，という思想を生み出すことにもなった．つまり，自然界の全粒子の将来を完全に予測できる存在として，ある時刻での粒子の状態を完全に把握できる存在を考えた．その存在を「ラプラスの魔」とよぶ．

ニュートン力学を基本とした物理学しか存在しなかった18世紀から19世紀にかけて活動したラプラスにとっては，ある時刻の世界の状態を完全に把握できれば，将来は全てわかってしまうという，決定論に至ったのである．もちろん，20世紀に解明された量子論によれば，ミクロなレベルでの粒子の位置と速度(運動量)を同時に精密に知ることはできないことがわかり，ある時刻の自然界の全情報を知って，未来を完全に予測するということは不可能である．量子的な問題以外に，現在では，非線形相互作用ではカオス的な挙動が起こることがあり，無限の精度を有しない限り完全な予測はできないこともわかっている〔⇒ポアンカレ〕．

ラフリン，ロバート・ベッツ
Laughlin, Robert Betts
1950–

分数量子ホール効果の仕組み解明

アメリカの理論物理学者．分数量子ホール効果 (fractional quantum hall effect: FQHE) の仕組みを明らかにした功績で，1998年，FQHE の発見者であるコロンビア大学の H. L. シュテルマー，プリンストン大学の D. C. ツイと共にノーベル物理学賞を受賞．

経　歴 アメリカのカリフォルニア州ヴィサリア出身．1972年カルフォルニア大学バークレー校を卒業後，2年の兵役を経て MIT の大学院に入学，理論固体物理学の分野に進み，1979年に物理学の博士号を取得．ベル研究所，ローレンス・リバモア国立研究所などに勤務後，1989年からロチェスター大学講師を経て，1992年よりスタンフォード大学教授．

分数量子ホール効果 FQHE は，当時ベル研で実験を続けていたツイとシュテルマーが，整数量子ホール効果 (integer quantum hall effect: IQHE〔⇒フォン・クリッツィング〕) の場合よりも強磁場，低温でしかも不純物が極めて少ない GaAs-AlGaAs ヘテロ接合上の2次元電子系で，1981年に発見した (論文発表は翌年) もので，2次元電子系のホール伝導度が，e^2/h (e は素電荷，h はプランク定数) の分数倍 (1/3, 2/3, 1/5, 2/5, …) に量子化される現象である．図1は，ホール抵抗 R_H と抵抗 R で表した FQHE の観測例 (90年代後半) である．

分数量子ホール効果の機構解明 ラフリンは FQHE 発見直後に，強磁場下2次元電子系の最低ランダウ準位内における，電子間相互作用を考慮した多電子量子状態に対する変分波動関数 (ラフリン波動関数) を提唱し，最低ランダウ準位が $1/n$ 満たさ

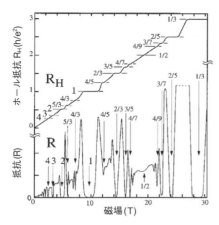

図1 GaAs-AlGaAsヘテロ構造で測定された分数量子ホール効果の例
(H. L. Störmer: *Rev. Mod. Phys.* **71** (1999) 875 (Nobel lecture))

れている場合のエネルギーを考察した．特に，n が奇数の場合に基底状態エネルギーが特異的に下がることを見出し，そこからの励起準粒子は有効電荷 $e^* = e/n$ を持つことを示した．この準粒子が，IQHE における電子の役割を果たし，わずかに残る不純物による散乱で局在化すると考えれば，観測される FQHE が理解できることを明らかにしたのである．

ラフリン状態からの励起準粒子は，B. ハルペリンによって予想され，D. アロバス，J. R. シュリーファー，F. ウィルチェックが証明したように，粒子の交換に対して，$e^{i\pi/n}$ という位相因子が生じるエニオン (anyon) であることが知られている．エニオンは2次元系においてのみ存在しうる「粒子」であり，1977年にオスロ大学の J. M. レイナース，J. ミレイムらが，従来のフェルミ粒子，ボース粒子の区別は2次元内の粒子には適用できないことを示したことに端を発し，ウィルチェックが1982年にこの仮想的な粒子をエニオンと名づけたものである．

ラマン，サー・チャンドラセカール・ヴェンカタ
Raman, Sir Chandrasekhara Venkata
1888–1970
光散乱に関する研究とラマン効果の発見

インドの物理学者．光散乱におけるラマン効果 (ラマン散乱) を発見．1930年ノーベル物理学賞を受賞．

早熟の天才ラマンは11歳で大学入学．15歳でプレジデンシィカレッジの学士号試験を首席でパス．18歳で同大学の修士号を首席で取得．後にカルカッタ大学教授．

光の散乱 太陽光が私たち人間や植物を照らすように物体を光で照射すると光は散乱される．人間が物をみることができるのは光の散乱による．重要なことは散乱光の振動数は入射光の振動数に等しいということである (レイリー散乱〔⇒レイリー卿〕)．ラマンはこの通常の散乱と根本的に異なる散乱を発見した．

海はなぜ青いか ラマンは，1912年にイギリスで開催された会議に出席．彼はこの旅の途中で地中海の青さに感動し，光散乱の研究へ向かうことになる．ラマンは航海中に，紺碧の海の色が海水分子の光散乱によることを単純明快な実験で実証し，論文を *Nature* 誌へ投稿した．当時レイリーは，海の青さは青空が海面で反射したためであろうと説明した．ラマンは，水面からの反射光をブリュースター角の方向からニコルプリズム偏光子を通してみることによりその反射光を遮断した．しかし反射光を遮断しても，海の青さは消えなかった．この単純な事実は，海の青さが海面からの青空の反射によるものではなく，海水分子からの散乱に起因することを示した．ラマンにとって残念なことに，現代の説明は異なる．海の青さは海水分子が赤色領域の光をより強く吸収することに起因し，空の青色は空気分子によるレイリー散乱が短波長ほ

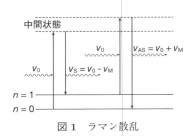

図1 ラマン散乱

ど強いために生じる〔⇒レイリー卿〕．対照的である．とは言え，信じ難いほどに簡単な機器を用いて本質を突く実験を行うラマンの才能が既にはっきり見える．

ラマン効果・ラマン散乱　ラマンはK. S. クリシュナンらと共に，水による光散乱を詳しく研究する途上で，散乱光に奇妙な振舞を見出した．この現象は他の液体でも観測された．この散乱光ピークは，入射光ピークからわずかに離れた波長領域に非弾性散乱として観測された．彼らは，強い水銀アーク単色光源を用い簡単な分光器で散乱光を分析し，入射光と同じ振動数 ν_0 の散乱光（レイリー散乱）に振動数 $\nu_0 \pm \nu_M$ の弱い散乱線が伴うことを発見した．振動数の変化を伴うこの散乱がラマン効果（ラマン散乱）である．この効果は光量子仮説に基づきA. スメカルが予言していた．

ラマン効果は光と物質の相互作用に基づく光散乱現象である．この現象はエネルギー保存則と運動量保存則に基づき，分子の振動準位をモデルにして次のように理解される．図1のように振動数 ν_0 の光を入射したとき，振動数 $\nu_S = \nu_0 - \nu_M$ の散乱光は次の2段階過程で生ずる．h をプランク定数とし，まず分子が $h\nu_0$ の光子エネルギーを吸収してその分子の振動基底状態 ($n=0$) から散乱の中間状態（図の横破線）に励起される．次に分子はエネルギー $h\nu_S = h\nu_0 - h\nu_M$ の光子を放出して，始状態より $h\nu_M$ だけ高い分子の振動励起状態 ($n=1$) へ光遷移する．振動量子 $h\nu_M$ が励起される．振動数 $\nu_{AS} = \nu_0 + \nu_M$ の散乱線では，分子が $n=1$ の振動励起始状態から中間状態を経由した後，エネルギー $h\nu_{AS} = h\nu_0 + h\nu_M$ の光子を放出し振動基底状態 ($n=0$) へ落ちる．振動量子 $h\nu_M$ が消滅する．図1左の散乱をストークス散乱，図1右の散乱を反ストークス散乱とよぶ．回転準位間や電子準位間の遷移もラマン散乱に寄与する．中間状態は仮想的な準位でもよいが，中間状態が実準位の場合は共鳴ラマン散乱が起こり散乱強度は飛躍的に強くなる．

ラマンは，この現象の意義と重要性を明確に認識し，南インド科学協会の会議で公表した直後に超特急で論文を書き上げ，翌日には世界の重要な物理学者に論文を送った．広い世界には，類似の現象を観測した物理学者が他にも（G. ランズベルグとL. マンデルスタム）いたことが後に判明する．

研究の影響と展開　ラマン効果における散乱光と入射光のエネルギー差 $\pm h\nu_M$ は，量子の励起または消滅に対応するから，ラマン散乱は分子や固体中の量子力学的な固有モードの研究に威力を発揮する．ラマン散乱の光強度，遷移の選択則，入射方向と散乱方向の相関，及び散乱光の偏光特性は，赤外・遠赤外分光と著しい対照をなす．散乱光の偏光は入射光の偏光と散乱の観測方向に強く依存する．高単色性で高強度のレーザー光利用により，埋もれていた微細なラマン線が観測された．非線形効果の結果，誘導ラマン効果，逆ラマン効果，ラマンレーザーなども出現した．

ラマンは，外国の植民地下にあったインドで，ノーベル文学賞受賞のタゴールと並び，インド独立への機運を鼓舞する国民的英雄であった．ラマンは，紺碧の地中海の美しさに魅了され，光散乱の現象の研究に入って画期的なラマン効果を発見した．このエピソードは，科学を志す若者にとって自然現象の美しさに感動し忘れないことが極めて重要であると語っている．

ラム，ウィリス
Lamb, Willis
1913–2008

ラムシフトの発見

経　歴　電話技術者の父の下ロサンゼルスに生まれる．1930年にカリフォルニア大学バークレー校に入学，化学を専攻し卒業．同大学大学院では理論物理の研究をし，J. R. オッペンハイマーの大学院生としてスタンフォード大のL. I. シッフとの共同研究をベースに博士号を取得する．学位論文は「核の電磁的性質」であった．1938年にコロンビア大で職を得，1951年にスタンフォード大学に移るまでここに留まった．1943年から1950年までコロンビア大の放射研究所に関係している．戦時研究としてのレーダー用マイクロ波源の研究が戦中戦後のマイクロ波分光学の研究を発展させたと言えるだろう．特にコロンビア大のI. I. ラービの下で，マイクロ波を用いた分子，原子スペクトルの研究が盛んに行われた．戦後ではラムとP. クッシュの研究が最も代表的なものである．

ラムシフト　1940年当時は，水素原子のエネルギー準位はP. ディラック*の理論を用いて精度のよい計算が可能であったし，実験もそれを支持するような結果が出ていた．もちろん，電子と陽子の相互作用をクーロン力のみに仮定する限り，$n=2$の準位 $2S_{1/2}$ 状態 ($n=2, l=0$) と $2P_{1/2}$ 状態 ($n=2, l=1$) は完全に縮退している．そのような状況で，1947年にラムとE. ラザフォード*は図の実験セットアップで基底状態にある水素原子 ($1S_{1/2}$) から準安定原子 ($2S_{1/2}$) を創出する実験に取り組んだ．

電子線衝撃で励起状態に励起された水素原子線が磁場環境に入ると，ゼーマン効果により磁束密度に比例して微細構造の準位が移動し分離する．この環境が一定のcm波に励起された空洞では，電磁波のエネルギーを吸収し微細構造の準位間で $2S \to 2P \to 1S$ の遷移が起こる磁束密度が存在する．$2P \to 1S$ の遷移は早いので検出器に到達するのは $2S$ と $1S$ と考えられる．結局 $2S \to 2P$ が起こる磁場では検出器の信号（準安定な原子の検出器標的金属との衝突で電子が放出される）が減るという共鳴曲線を得ることになる．ラムらはこの測定結果の解析により，(0磁場換算で) $2S_{1/2}$ 準位と $2P_{1/2}$ 準位，$2P_{3/2}$ 準位と $2P_{1/2}$ 準位とのエネルギー差を 0.1 MHz の精度で 1059.0 MHz, 9912.6 MHz と得た．前者（ラムシフト）は従来のディラックの電子論では予期せぬものであった．些細なことのように見えるが，逆2乗則に従うと考えられたクーロン力からのずれ，電子の有限な広がりといった力と基本的素粒子の構造に関わる重大な発見として認識された．

この結果が発表されて1カ月もしないうちに，H. A. ベーテ*は，このエネルギー準位差は，それぞれ無限大の値で与えられる自由電子の自己エネルギーと束縛状態の自己エネルギーの差に由来すると考えてラムシフトを説明した．

現代の量子電気力学ではこのラムシフトは，場の反作用によって電子の荷電分布が広がる結果であると解釈されている．小規模の実験で，物理の基本法則や物質概念の根源的認識に迫れる典型的例として，この実験は教育的価値も大いに強調されてよい．

このラムシフトの仕事が評価され，1955年のノーベル賞を獲得している．1956年にオックスフォード大へ転出，その後イェール大，最終的には物理学者であった妻の職が保証されたアリゾナ大に落ち着いた．

図1　実験セットアップ

（水素分子解離装置｜水素原子への電子線衝撃器｜一様磁場中cm波共振空洞｜準定常原子の検出器）

ラムザウアー, カール
Ramsauer, Carl Wilhelm
1879–1955

ラムザウアー効果

　数 eV 以下の低いエネルギーを持った電子を対称性のよい原子や分子に衝突させると散乱断面積に極小値が現れる現象をラムザウアー効果, あるいはラムザウアー–タウンゼント効果という. 遅い電子を希ガスに入射されたとき, 電子はほとんど散乱されず, ほぼ通過してしまうエネルギー領域がある. すなわちこのエネルギー領域の電子線は希ガス中での平均自由行路[*1)]が極端に長く, 原子との衝突がほとんど起こらない.

　経歴　ラムザウアーは, ドイツの実験物理学者である. キール大学で学位を取得した後, P. レーナルト*の授業補佐を行い, 1921 年にダンチヒ工科大学教授となった. 原子による電子散乱の実験を行ったのはこの時期である. 電子は, 亜鉛板に光をあて, 光電効果により放出される電子を利用した. 電子は, 均一で一様な磁場の中で磁場方向と垂直な面内で円軌道を描くため, 磁場の強さを調節して電子のエネルギーを一定に保ち, 円軌道の始点と終点での電流減少を測定することにより散乱断面積を求める.

　ラムザウアー–タウンゼント効果　ラムザウアーは, 1921 年, アルゴン, クリプトン, キセノンを標的原子として電子の散乱断面積を測定して, 電子のエネルギーが 9 eV から 16 eV あたりに極大があり, それより低いエネルギー[*2)]では急激に減少して 1 eV 付近に深い極小があることを見出した. 電子を粒子とする古典論では, 入射する電子のエネルギーが低くなるとその分だけ原子の影響を受けやすくなって散乱断面積は大きくなってしまい, この現象を説明することができない.

　この現象はイギリスの J. タウンゼント*によっても測定された. タウンゼントらは, 1922 年, 気体 (アルゴン) 中の電子群の振舞から得た電子の平均エネルギーに対する平均自由行路の変化を調べた. その結果, 0.7 eV あたりで平均自由行路が極大となる, すなわち散乱断面積が極小になることを発見した.

　この現象が起こることをラムザウアー効果, あるいはラムザウアー–タウンゼント効果という. 名の順序は, 発見がラムザウアーの方が早かったことによる.

　1923 年, L. ド・ブロイ*が物質波の概念を提唱した. これによると 1 eV の電子の波長 λ は 12 nm であり, アルゴン原子の半径 0.098 nm より長く, 電子の波動性が顕著に現れる. これより電子のエネルギーが低くなるとさらに λ は原子半径に比べ長くなり, ほとんど散乱されることなく原子を通りすぎていくことになる. これが電子のエネルギーが低くなると散乱断面積が小さくなる理由である (理由 1).

　また, 電子のエネルギーが 1 eV ほどになると s 波だけの散乱で近似できる. このため散乱断面積 σ_0 は,

$$\sigma_0 = \frac{\lambda^2}{\pi} \sin^2 \eta_0$$

で表すことができる. ここで, η_0 は位相のずれを示す. σ_0 は電子のエネルギーを 0 とした極限で有限値をとり, 電子のエネルギーの増加と共に減少する (理由 2). 理由 1 と理由 2 より, 電子のエネルギーの低領域で極小値 ($\eta_0 \cong n\pi$) を持つことがわかる.

　ラムザウアー効果は, 量子力学により初めて理解できるのである.

[*1)]　(平均自由行程) $\propto 1/$ (散乱断面積).
[*2)]　これら希ガス原子の励起エネルギー (キセノンの励起エネルギーでも 9.45 eV) より低いため, 電子は原子とは弾性衝突しか起こさない. また, 希ガスでもヘリウムとネオンでは散乱半径が正となるためラムザウアー効果はみられない.

ラーモア，サー・ジョセフ
Larmor, Sir Joseph
1857–1942

電子の歳差運動にその名を残す

経歴 1857年，北アイルランドに生まれる．1877年ケンブリッジ大学セント・ジョンズ・カレッジに入学．1880年トライポス（数学優等生試験）の首席合格者になる．1885年よりケンブリッジ大学の数学講師．1903年に G. ストークス*の跡を継いでケンブリッジ大学の第14代ルーカス教授職に就任．

エーテル理論の追究 エーテルが光や電磁波の振動を伝える媒質と考えられていた時代，ラーモアはこれを非圧縮性の完全弾性体と考えた．彼は1839年に J. マッカラフが提唱していた光エーテル理論を電磁現象に当てはめようとした．この理論は弾性的なエーテルの運動エネルギーとポテンシャルエネルギーに変分原理を使って光の波動論を導くものだったが，ラーモアは1893–97年にこの方法を電磁現象に敷衍したエーテル理論を展開したのだ．つまり電磁気と光学の融合を目論む理論だった．彼の理論では，原子は軌道運動をする正負の荷電粒子からなると仮定して，電磁場と物質の関係を探ろうとしていた．

ゼーマン効果と電子の歳差運動 1894年にはこの仮説から軌道運動を行う荷電粒子に対する磁場の影響を論じ，スペクトル線の分岐を予想していた．1896年に P. ゼーマン*は，磁場内でスペクトル線が分岐するゼーマン効果を発見した．この発見を知ったラーモアは，この効果は原子が荷電粒子からなることを示していると直観した．そこで短報を王立協会に提出して，原子内では負の電荷を持った粒子が運動していると指摘した．その電荷は電気分解から導かれる電気素量 (e) に等しく，一方ゼーマン

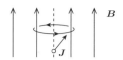

図1 ラーモア歳差運動

の得た荷電粒子の質量 (m) は J. J. トムソン*が陰極線の研究で得た値とほぼ同じであることも指摘している．さらに1899年には，荷電粒子の比電荷 (e/m) がすべて等しければ，この系に大きさ H の磁場を印加すると，角速度 $\omega = eH/2mc$ で歳差運動 (Larmor precession) を行うとして，線スペクトルの分岐を説明した．ちょうど H. A. ローレンツ*が彼の電子論〔⇒ローレンツ〕でゼーマン効果を説明していた時期と重なる．歳差の運動方程式は現代表記で

$$\frac{d\boldsymbol{J}}{dt} = \gamma \boldsymbol{J} \times \boldsymbol{B}$$

と表される．ここで $\boldsymbol{J}$ は全角運動量，$\boldsymbol{B}$ は外部磁場，γ は磁気回転比（定数）．ラーモアの原式の ω はラーモア振動数とよばれ，ベクトル量で $\boldsymbol{\omega} = \gamma \boldsymbol{B}$ の関係にある

相対論の開拓者 エーテル中を電子が運動する考えに基づいたラーモアの電子論は，ローレンツと並ぶ理論であった．例えば，相対性理論についてもそうである．1897年にローレンツより2年ほど早く，ローレンツ変換と同じ式を発表している．ただし彼の速度変換式には速度の加法定理が含まれておらず，この点では正しくなかった．それでもローレンツ変換については，変換式中の荷電粒子の速度と真空中の光速度の比が2次のオーダーまで正しいことを証明している．また時間の遅れや長さの収縮などを予測していたので，相対論の初期の開拓者の1人と見なされた．

彼の研究成果は1900年に『エーテルと物質』という本にまとめられた．A. アインシュタイン*の相対論を認めなかった彼は，古典物理学の世界に身を置いたケンブリッジ学派最後の世代だったといえる．

ランジュヴァン，ポール
Langevin, Paul
1872–1946

ブラウン運動と磁性

フランスの物理学者．物質の磁性の研究や，ランダムな力を受けてブラウン運動する粒子のダイナミクスの研究で知られる．

経歴 1872年1月23日，フランス，パリで生まれた．物理化学校と高等師範学校で学んだ後，ケンブリッジ大学に進み，キャヴェンディッシュ研究所でJ. J. トムソン*の指導の下でX線による電離現象の研究を行った．その後ソルボンヌ大学でP. キュリー*の下で1902年に学位を得た．1904年，コレージュ・ド・フランスの講師となり，09年に物理学教授となった．1926年，物理化学校の校長になり，28年にはH. A. ローレンツ*の後任として，ソルベー会議の議長もつとめた．1930年代，公然とナチスに敵対したため，1940年のナチスのフランス侵攻に伴い，ヴィシー政権により逮捕され職を追われた．1944年に職に復し，パリ解放を見届けて2年後，1946年12月19日，パリで74歳で亡くなった．フランスの著名な科学者らと共に，パンテオンに葬られている．

ランジュヴァンの名は，「ランジュヴァン方程式」や「ランジュヴァン関数」など，物理学で広く使われるいくつかの用語に冠せられている．

ランジュヴァン方程式 ランジュヴァン方程式は，ランダムに働く力を受けつつ運動する粒子の運動を記述する確率微分方程式である．ブラウン運動を記述する方程式であるが，回路における熱雑音の記述など，より広い範囲で用いられている．最も簡単な例として，質量 m の粒子が，速度 v に比例する粘性力とランダム力 $\eta(t)$ を受けながら運動するブラウン運動を考えよう．その場合，速度 v に関するランジュヴァン方程式は，抵抗係数を β として，

$$m\frac{dv}{dt} = -\beta v + \eta(t)$$

で与えられる．

ランジュヴァン方程式はランダムな力を含む方程式であるが，ランダム力が適当な条件を満たす場合には，物理量の分布関数の時間変化を記述する決定論的な微分方程式に書き換えることも可能である．後者は，フォッカー–プランク方程式とよばれる．

ランジュヴァン関数 ランジュヴァンは，また，物質の常磁性や反磁性の研究でも知られる．ランジュヴァン関数は，量子効果が無視できるような古典的な磁気モーメントが磁場中で示す常磁性応答の記述に際し現れる関数で，

$$L(x) = \coth(x) - \frac{1}{x}$$

で定義される．すなわち，磁場 H，温度 T で，互いに独立な古典的な磁気モーメント系が持つ磁化の大きさ M は，ボルツマン定数を k_B，各分子の磁気モーメントの大きさを μ，分子数を N とすれば，ランジュヴァン関数 $L(x)$ を用いて，

$$M = N\mu L\left(\frac{\mu H}{k_B T}\right)$$

と与えられる．

ランジュヴァン関数 $L(x)$ の x が小さいところでの近似形

$$L(x) \simeq \frac{1}{3}x \quad (x \ll 1)$$

を用いると，1分子当りの帯磁率 χ は，

$$\chi = \frac{\mu^2}{3k_B T}$$

と求められる．導かれた帯磁率は，絶対零度の極限 $(T \to 0)$ で絶対温度 T に逆比例して発散する形 $\chi = C/T$ になっており，キュリーの法則ないしはキュリー–ランジュヴァンの法則とよばれる．ランジュヴァン関数 $L(x)$ は，x が十分大きいところでは1に漸近する．すなわち

$$L(x) \simeq 1 \quad (x \gg 1)$$

であるが，これは十分大きな磁場をかけると，磁化が飽和することを表現している．

物質の常磁性の起源としては，ランジュヴァンの常磁性以外にも，伝導電子が示すパウリ常磁性や電子の軌道自由度に関連したヴァン・ヴレック常磁性〔⇒ヴァン・ヴレック〕などが知られている．

ランジュヴァンの解析は古典論に基づいているが，対応する量子論的な扱いが L. ブリユアン*によってなされた．すなわち，スピン S の独立な磁気モーメントが，磁場 H，温度 T で持つ磁化 M は，g を g 因子，μ_B をボーア磁子とすると，関数 B_S を用いて，

$$M = Ng\mu_B S B_S \left(\frac{g\mu_B SH}{k_B T} \right)$$

と与えられる．$B_S(x)$ がブリユアン関数で，

$$B_S(x) = \frac{2S+1}{2S} \coth\left(\frac{2S+1}{2S} x \right) - \frac{1}{2S} \coth\left(\frac{1}{2S} x \right)$$

で定義される．ここで，古典極限 $S \to \infty$ をとると，ブリユアン関数 $B_S(x)$ はランジュヴァン関数 $L(x)$ に帰着する．すなわち，

$$\lim_{S \to \infty} B_S(x) = L(x)$$

である．

ランジュヴァンは，他にも，水晶の圧電効果を使った水晶振動子を開発し，超音波を発生させることに成功した．1917年には，超音波による潜水艦探知の特許を取得している．

ランダウ，レフ・ダヴィドヴィッチ
Landau, Lev Davidovich
1908–1968
量子凝縮系の先駆的理論物理学者

ソ連の理論物理学者．液体ヘリウムの超流動を始め超伝導など量子凝縮系の基礎理論で先駆的な業績を数多く残し，ソ連の多くの理論物理学者を育て，理論物理学の優れた教科書を著した．幅広い基礎的分野で業績をあげたが，凝縮系特に液体ヘリウムの超流動の先駆的理論に対して1962年のノーベル賞が与えられた．

経　歴　14歳でバクー大学物理学科入学．16歳でレニングラード大学（当時）に移り，19歳で学位を取得した．1927年ロックフェラー奨学金を得て，コペンハーゲンに1年間滞在し N. ボーア*の影響を受けた．ランダウは後に自らの物理学者評価レベルの高位にボーアをあげている．次にキャヴェンディッシュ研究所にいき，P. カピッツァ*に出会った．金属中の電子の量子力学的理論を発展させ，ランダウ準位，ランダウ反磁性に名を残した．

1932年からハリコフのウクライナ物理工学研究所理論物理部長を務め，相転移の理論の研究を進めた．1937年にカピッツァの招きによりモスクワにある科学アカデミー物理問題研究所の理論部長となった．モスクワでは，カピッツァの発見したヘリウム4の超流動現象の理論的研究を始めた．

研究の一方でランダウはソ連の理論物理学者の育成に当たり，ランダウスクールといわれる研究の流派を作っていった．理論ミニマムという教育プログラムを作ったが，その入学試験のレベルは高く，合格した人の数は50人に満たないといわれる．また，弟子の E. M. リフシッツ*と共に『理論物理学教程』を著した．

1962年交通事故に遭い意識不明に陥っ

た.奇跡的に意識が戻ったものの,創造的な活動に戻ることはなく,6年後に死去した.ノーベル賞受賞も,自身でストックホルムに赴くことはできなかった.

超流動ヘリウム4のランダウ理論 超流動現象は系が量子力学的な状態であることによる.一様な流れがエネルギーを失って減衰する際には,原子から光が光子として放出されることに相当して,流体の中で音の量子(フォノン)が放出されなければならない.励起されるフォノンの運動量を $\boldsymbol{p}$,エネルギーを $\varepsilon(\boldsymbol{p})$ とする.流れの速度が $\boldsymbol{v}$ であるとき,運動量・エネルギー保存則から $\varepsilon(\boldsymbol{p}) - \boldsymbol{p} \cdot \boldsymbol{v} = 0$ でなくてはならない.このためには $v \geq \varepsilon(\boldsymbol{p})/|\boldsymbol{p}|$ が必要である.つまり,量子流体は流れの速さ v がある値(今の場合は音速)を越えるまでエネルギーを失うことがない.これがランダウの提唱した超流動の理由である.1941年に発表された.

有限温度では一様に流れるのは流体の一部であり,残りの液体とは独立に運動する.この考えが2流体モデルである.流れ密度は超流動体密度 ρ_s とその速度 $\boldsymbol{v}_s$,常流動体密度 ρ_n とその速度 $\boldsymbol{v}_n$ を用いて $\boldsymbol{j} = \rho_s \boldsymbol{v}_s + \rho_n \boldsymbol{v}_n$ と表される.ランダウはこのモデルの熱力学と流れに生ずる時間空間変化の満たす流体力学的方程式を調べて,密度が振動する音波の他に,超流動体密度と常流動体密度それぞれが相対的に振動する波を予言した.これは温度の振動ともいえる.温度の波が伝わる,これが第2音波である.1944年にL.ペシコフにより実験的に観測された.

2次相転移のランダウ理論 一般に物質の温度あるいは圧力を変えることにより,あるところで物質の特徴が変わる.その前後をそれぞれ相という.制御できる条件の一部を変化させて,例えば温度を変えて相転移を起こすことができる.相転移に際して体積は連続的であっても膨張係数が不連

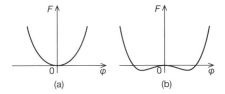

図1 ランダウの自由エネルギー

続だったり,熱の吸収量が連続であっても比熱が不連続に変化するような相転移を,2次相転移とよぶ〔⇒エーレンフェスト〕.

ランダウの理論では,2次相転移に際して低温側で存在する秩序が高温側では消失するものとする.強磁性では磁化が消失する.超伝導や超流動では,超伝導電流を担う電子数や超流動流を運ぶ原子数が消滅する.これらを表す量を秩序変数 φ とする.

平衡状態では自由エネルギーが最小の状態が実現する.自由エネルギー F は秩序変数 φ の関数であり,相転移温度の近くでは φ は小さく,F はテイラー展開で表され,$F(\varphi) = F_0 + A\varphi^2 + (1/2)B\varphi^4$ となる.A, B は系に固有の量であるが温度に依存してよい.ただし $B > 0$ とする.このグラフの概形を図1(a)に示す.相転移温度よりも高温側(図1(a))では A は正であり F の極小は $\varphi = 0$ のとき,すなわち秩序は消失し,低温側(図1(b))では A は負,F の極小は有限の φ のとき,すなわち秩序が生じる.

この理論は相転移の定性的な理解を与えるものとして優れている.

ランダウ準位 一様な磁場が存在する真空中を運動する荷電粒子が古典力学に従うならば,磁場に垂直な面内で等速円運動(サイクロトロン運動という)をしながら,磁場の方向に等速直線運動をする.一様磁場の下で金属中の自由電子の運動を量子力学で扱うと,垂直面内の運動の問題は調和振動子の問題に帰着し,エネルギー準位は $(n + \frac{1}{2})\hbar\omega_c$ で与えられる.ここで n は非負の整数であり,ω_c はサイクロトロン角振

動数, $\omega_c = eB/m$ で与えられる. e は電子の電荷, m は質量, B は磁束密度である.

それぞれの準位は単位面積当り $1/2\pi l^2$ 重に縮退していて, さらに磁場方向の自由度を持つ. l は基底 $(n=0)$ の軌道半径で $\sqrt{\hbar/eB}$ で与えられる.

ランダウ反磁性　金属に磁場をかけたときに電子がサイクロトロン運動をすることにより磁化が発生する. その向きは磁場と逆であることが, 自由電子の量子論により導かれる. これがランダウ反磁性である. 磁場下でランダウ準位をフェルミエネルギーまで占有している自由電子の熱力学ポテンシャルを求め, 磁場で微分して磁化率を導くと, $\chi_L = -(2/3)\mu_B^2 \mu_0 N(E_F)$ が得られる. ここで $N(E_F)$ はフェルミエネルギー E_F における電子のスピン方向当りの状態密度, μ_B はボーア磁子, μ_0 は真空の透磁率である. これはパウリ常磁性磁化率 χ_P に対して $\chi_L = -(1/3)\chi_P$ である.

ランダウゆらぎ　ランダウは 1944 年に, 薄い物質を通過する速い荷電粒子のエネルギー損失を考察し, 粒子ごとに異なる値の統計分布を調べた. このばらつきは電離ゆらぎあるいはランダウのゆらぎとよばれる. エネルギー損失 Δ は, 物質が厚い場合の正規分布ではなく, ランダウ分布とよばれる分布をする. その確率密度関数は図 2 に示すように非対称な形を持ち, 最頻値 Δ_0 から Δ の大きい側に長く尾を引いている. 図 2 は Δ_0 を 0 とした標準形を示す.

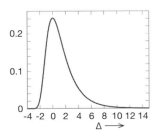

図 2　ランダウ分布の標準形

ランドール, リサ
Randall, Lisa
1962–

素粒子物理学者, 時空の構造

経　歴　リサ・ランドールは 1962 年生まれ. 1980 年ニューヨーク市立理数系高等学校卒業, 1983 年ハーバード大学で BA を取得し大学院に, 1987 年 Ph.D 取得. プリンストン大学でポスドク, 1990 年にはマサチューセッツ工科大学 (MIT) 助手, 後に准教授. 多くのアクティブな研究があるが, 中でも最も有名なのが R. サンドラムとの共著論文で世界の注目を集め, これにより, 2001 年ハーバード大学でテニュア教授となる. 科学解説の名人で人気が高い.

ワープする異次元の世界　重力を含む統一理論の候補として最も有力だと思われているのは超弦理論である. そこでは, 4 次元以上の時空を導入することによって美しい理論が展開される. これまで, この世は 3 次元 (時間まで含めると 4 次元) だと考えられていた. 4 次元以上の空間を考えるとしても, 観測と矛盾しては困る. いかに, 実験と矛盾せず存在できるか. それを検討したのが, 1999 年のサンドラムとの共著 *Warped extra dimensions* (ワープした余剰次元) である. 余分の次元 (しばしば余次元と総称される) にはみだすことができるのは, 超弦理論では, 弦が閉じた (閉弦) 形になっている重力子だけだとわかっている. だから重力を調べればよい. しかも, その重力子も, 実験と矛盾しない範囲でしかはみ出せない. そこで, 余次元の計量が特殊な形 (ランドール–サンドラムメトリックと呼ばれている) になっているからだと主張する. ちょうど, 傾斜 (計量) の激しい山には登れないようなものだ. 問題は, 重力はどれくらいはみ出せるかである. 3 次元空間の場合, 点源から出た重力子は, 距離の 2

リー, ツン・ダオ
Lee, Tsung Dao (李 政道)
1926–

弱い相互作用のパリティ非保存を提唱

経歴 中国生まれ,アメリカで活躍した指導的理論物理学者.1946年西南連合大学に在学中に奨学金を得てシカゴ大学大学院に進学.E. フェルミ*の下で,博士号を1950年に取得後,カリフォルニア大学バークレー校,プリンストン高等研究所などで研究し,1956年にコロンビア大学教授.1997年にブルックヘブン国立研究所の理研BNL研究センター所長に就任(2003年より名誉センター長).素粒子物理,場の理論,統計力学で顕著な業績があるが,最も永続的な影響を及ぼした仕事は,中国の学生時代から旧知のC. N. ヤン*との共同研究による空間反転対称性の破れの研究(1956年)である.この業績により1957年度ノーベル賞が2人に授けられた.

パリティ保存則 一般に物理法則の対称性は,保存量の存在に導く.3次元座標を一斉に原点回りで反転する変換 ($x = (x, y, z) \to -x = -(x, y, z)$)を空間反転という.回転対称性があるなら,これと xy 平面の原点回りの180°回転 $(x, y) \to (-x, -y)$ を組み合わせて,鏡映反転 $(x, y, z) \to (x, y, -z)$ と同等と見なせる.素粒子の量子力学的状態を表す波動(状態)関数の場 $\psi(x)$ への空間反転の作用は,素粒子ごとに固有の性質を示す.スピンが整数の粒子の場合には,そのままか,あるいは符号が逆になる.前者をパリティ(偶奇性)がプラス,後者をマイナスといい,それぞれ数 $P = +1, -1$ を付与し $\psi(x) \to P\psi(-x)$ と表す.空間反転対称性が成り立つなら,各粒子の P の積と粒子間の相対運動に起因するパリティ因子の積は,状態が変化しても初期状態と終状態で同じである.これ

乗で薄まっていくから,重力の強さはクーロン型.つまり距離の2乗に反比例している.これは我々の住む世界が3次元であり,重力を伝達するゲージ粒子(重力子)が2次元的に広がるからである.もし,空間が3次元でなく4次元だったとすると,3次元的に広がっていくのでクーロン型からずれる.距離の短いところで,クーロン型からずれていることがわかれば余次元があると推測できる.そこで彼らは,重力がどれだけ短い距離のところまでわかっているか調べてみた.そしてミリメートル以下での精密測定は今のところなされていないことを指摘した.この論文は,素粒子研究者にショックを与えた.しかも,重力子は余次元に広がった分だけ少なくなる.こうして謎だった重力定数が極端に小さいことを説明した.人間の思考範囲を画期的に広げたといえよう.この考え(模型)が超弦理論の実際の解として実現できるものかどうかは,これまでのところ解明されてはいない.

受賞歴など ハーバード大学は,ほかにもH. クイン*,A. ネルソン,E. シモンズなど,傑出した女性研究者を育てている.これには,女性研究者支援で有名なH. ジョージァイ(統一理論,対称性で著しい業績を持つ)の影響が大きい.HP (http://www.people.fas.harvard.edu/~hgeorgi/) 参照.賞も数多く,科学の普及活動も評価を受けている.アメリカエネルギー省よりOutstanding Investers賞・アメリカ物理学会より最も引用された論文賞(2004年)・Klopsted賞など.

がパリティ保存則である．パリティ保存則は，原子・分子を作る電磁相互作用，原子核を作る強い相互作用では厳密に成り立つ．

パリティ保存則の破れ　リーとヤンの仕事は，当時議論の的であったタウ–テーターパズルに起源がある．現在ではK中間子とよばれる粒子が，弱い相互作用により，2個（テーター，θ）あるいは3個（タウ，τ）のπ中間子に崩壊する現象だ．π中間子では$P=-1$であることが，当時までの実験により確立されていたので，π中間子2個の状態は$(-1)^2=1$，3個の状態は$(-1)^3=-1$と，異なるパリティになる．相対運動の寄与を考慮しても結論は同じで，弱い相互作用では空間反転対称性が成り立たずパリティが非保存か，あるいは，対称性を仮定するなら初期状態が同一ではなく2種類の異なる状態かのどちらかだ．後者は他の実験とは調和しにくい．この状況で，リーとヤンは，弱い相互作用に関しては，それまでの実験ではパリティ保存則は検証できていないことを指摘し，さらに，パリティ保存則を検証するための様々な具体的実験の提案をした．いずれも，鏡映変換で結果が不変かどうかを直接に判定するものである．スピンが偏極した^{60}Co原子核を用いたβ崩壊の実験がC. S. ウー（呉）★女史が率いるコロンビア大学グループにより，また同大学のL. レーダーマンらによってπ中間子とμ粒子の崩壊の実験が実行された．その結果は同時に発表され，鏡映対称性の破れを明確に立証した．実際には，空間反転対称性に加え，粒子と反粒子を入れ替える変換（荷電共役）に関する対称性も破れている．この発見は当時の物理学者の先入観に大変革を迫るものであり，V–A型〔⇒ゲルマン〕とよばれる弱い相互作用の正しい理解の確立，そして70年代の素粒子の標準ゲージ理論〔⇒ヤン〕への出発点になった．

リスコフ，バーバラ
Liskov, Barbara
1939–

女性2人目のチューリング賞受賞

アメリカの計算幾科学者．オブジェクト指向プログラミングの原型を確立しチューリング賞を受賞．

経歴　ロサンゼルス生まれ．カリフォルニア大学バークレー校で数学を専攻し学士号を取得する．その後米国政府の支援を受けた研究NPO団体であるMITREに入り，そこで自分にコンピュータプログラミングの才能があることに気づいた．1年後ハーバード大学で機械翻訳を研究した後，スタンフォード大学大学院計算機科学科に入学し，1968年にはチェスに関するプログラミングにより博士号を取得している．当時まだ珍しかった計算機科学分野の女性研究者として，リスコフは草分け的存在であった．

OS, プログラミング言語の開発　学位取得後結婚し，MITREに戻ったリスコフは，コンピュータの設計やオペレーティングシステムを研究した．そして複雑なソフトウェアの作成補助に特化したVenusコンピュータを作成し，その上で作動するVenusオペレーティングシステムを開発した．このオペレーティングシステムは，コンパクトなタイムシェアリングシステムであり，最大16人までのユーザが同時使用できるものであった．

これらの研究結果を発表した後，リスコフは32歳でマサチューセッツ工科大学の計算機科学研究所に教授として招かれた．そしてMITREでの経験を生かし，さらに信頼性の高いコンピュータシステムの開発に注力するようになる．特にプログラミング言語CLUの設計と実装のプロジェクトを主導し，モジュラープログラミング，デー

図1　バーバラ・リスコフ
(D. Hamilton @Wikipedia)

タ抽象化,ポリモルフィズムなどを重視した言語を開発した.これは今日のオブジェクト指向プログラミングの基礎となるものである.

プログラミング言語Argusの開発　さらにCLUを発展させ,ネットワーク上に分散したプログラムの実装を容易にするプログラム言語Argusの開発を指揮した.また,オブジェクト指向データベースシステムのThorも開発した.1993年,J.ウィングと共にオブジェクト指向プログラミングにおける派生クラスの一つの定義を示し,これは現在リスコフの置換則として知られている.リスコフの置換則はクラス間の継承関係の正しさを規定し,基本クラスでの決め事を派生クラスが破らないようにしなければ正常に動作しなくなるというものである.

リスコフは多くの栄誉を受けており,特に2004年にはフォン・ノイマンメダル,2008年には計算機科学分野最高の権威であるチューリング賞を受賞している.F. E. アレン*に続く,女性2人目のチューリング賞受賞であった.ノーベル賞と肩を並べるチューリング賞の受賞理由は,「プログラミング言語とシステム設計,特にデータ抽象化,フォールトトレランス,分散型コンピューティングの実際的及び理論的基礎づけに対する貢献」というものであった.

リチャードソン,サー・オーウェン・ウイリアンス
Richardson, Sir Owen Willans
1879–1959
熱電子現象の研究

イギリス人物理学者.

経歴　デューズベリーで生まれる.ケンブリッジ大学に入学し,キャヴェンディッシュ研究所でJ. J. トムソン*の下で研究し学位を取得(1904年).プリンストン大学,ロンドン大学教授.熱電子現象の解明への貢献により1928年にノーベル物理学賞を受賞.

熱電子放出　図1のように,電球のフィラメントの間に金属板を挿入したとき,切替スイッチを正の電極側に接続すると電流が流れ,逆に接続すると流れない.これはエディソン効果を表し〔⇒エディソン〕,熱せられた金属から,高速の電子が放出された,すなわち,熱電子放出(thermionic emission)現象の帰結であるとすれば解釈できる.リチャードソンは以上のことを実験により発見し(1900–1903年),エディソン効果の機構解明に成功した.そのため,同効果はリチャードソン効果ともよばれる.その過程で以下の公式を発見した.

リチャードソンの式　金属や半導体の温度が上がると,大きなエネルギーを獲得する電子数が増える.熱電子放出は,獲得エネルギーが臨界値(仕事関数W)を超え

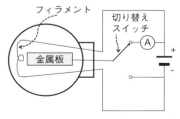

図1　エディソン(リチャードソン)効果(説明図)

表1 (1) 式から見積もった係数 A, 仕事関数 W と，光電効果から見積もった W

金属	A/(2) 式の値	W [eV] (1) 式より	W [eV] 光電効果
Cs	1.35	1.81	1.9
Ni	11.50	5.03	5.01
Pd	0.51	4.99	4.97

たときに発現する．単位時間当り表面から飛び出す電子数，すなわち熱電流密度 j は，電子の運動量分布にフェルミ-ディラック関数を用いた計算により，以下のように導かれる．

$$j = AT^2 e^{-\frac{W}{k_B T}}, \quad A = 4\pi me k_B^2 h^{-3} \quad (1)$$

この式をリチャードソン-ダッシュマンの式とよぶ (リチャードソンは 1911 年, S. ダッシュマンは 1923 年に提案). j は T に対し単調増加する．比例係数 A は物質によらない定数となっており，値は次式である．

$$A = 1.20 \times 10^6 \text{ A} \cdot \text{m}^{-2} \cdot \text{K}^{-2} \quad (2)$$

仕事関数 実用上 (1) 式は，仕事関数の値の見積りに役立つ．すなわち色々な温度で j の値を測定し，縦軸 $\ln(j/T^2)$, 横軸 $(k_B T)^{-1}$ としたグラフを描けば，(1) 式の両辺の対数をとった式により直線となるはずである．その傾きと切片から W と A の値が決まる．その結果と，光電効果から決めた W を表 1 に示す．表の第 2 列にある，係数 A と (2) 式の比は，理想値 1 からばらついている．表面の影響など様々な要因が理論計算での前提と異なるためである．他方，仕事関数は他の手法と整合性を示すため，(1) 式は W の評価には有効である．W と A における違いは，通常の温度領域では (1) 式の温度依存性が，ほぼ指数関数のそれだけで決まることによる．元々，リチャードソンは，電子の運動量分布に古典的なマクスウェル-ボルツマン分布を想定していたため，(1) 式の指数関数の前の因子が T^2 ではなく，$T^{1/2}$ の式を導いたのであるが (1901 年), データのフィットに支障を生じなかったのも同じ原因による．

リチャードソン, ルイス・フライ
Richardson, Lewis Fry
1881–1953

数値的天気予報

イギリスの数学者・気象学者・心理学者．天気予報の試み，フラクタルの開拓的仕事，数値的な天気予報を提唱した海岸線や国境線の長さの調査で知られる．

リチャードソンは 1881 年 10 月 11 日にイギリスのニューカッスル・アポン・タインで 7 人の子供の 1 人として生まれた．一家は敬虔なクエーカー教徒で，そのことが彼にも大きく影響することになる．1898 年には Durham College of Science に入学して数学，物理学，化学，動物学と植物学を学んだ．1903 年，ケンブリッジ大学のキングス・カレッジを卒業し，1905 年からアベリストウィス大学の教職，1912 年からマンチェスター工科大学の教職など，いくつかの職を経て，1913 年にイギリス気象局の測候所の所長となった．

リチャードソンの夢 リチャードソンは気象学に興味を持ち，微分方程式を離散化して数値的に解くという現在使われている天気予報の原型ともいえる数値予報したことで有名である．このときの手法は，人間 1 人 1 人を計算機に見立て，計算をすべて手で行ったためわずか 6 時間の予報に 2 カ月かかったという．ただ，数値処理に問題があったため予報は的中しなかったが，これは計算機でのシミュレーションを具体的に行うという壮大な試みであった．1922 年に彼は著書の中で「6 万 4000 人の計算者を巨大なホールに集めて指揮者のもとで整然と計算を行えば実際の天候の変化と同じくらいの速さで予報が行える」と述べた．これが，有名な「リチャードソンの夢」である．

地球は気圏・水圏・陸圏と分かれるが，地

球環境の探求は，まずは気圏から始まった．それは，水に潜ったり穴を掘ったりしなくても，大気圏で直接に，また望遠鏡で観測できるので，比較的情報が得やすかったからである．今では人工衛星が正確な情報を届けてくれる．さらに，複雑な初期条件とそのダイナミクスを実際に解くためには，コンピュータの発達が必須だった．天気予報が劇的に的中するようになったのは，観測技術の発達とコンピュータの劇的な発展が必要であった．こうして今ではリチャードソンの夢は現実となる時代を迎えたといえよう．

戦争の数理解析 リチャードソンは平和主義者でもあった．彼は良心的兵役拒否者として第一次大戦への従軍を拒否したことで有名である．しかし，1916 年から 1919 年までフランス軍の歩兵部隊で看護兵として友軍救急任務に就いた．戦後気象局に復職したが，その職場が 1920 年にイギリス空軍省に吸収されたので辞職した．リチャードソンの平和への熱意は，戦争の原因に関する経済，言語，宗教などの統計解析へと導いた．さらに，2 国間の安定性を論じるモデルを提唱．そこでは，軍備の量を決定する 2 国間の相互作用を仮定して，2 国間の軍備に関する微分方程式を立てている．現在の経済物理や社会現象の取り扱いの先駆的な試みである．

フラクタル 戦争の原因を調査しているとき，リチャードソンは，測定が精密になるほど国境線の長さが長くなることに気がついて発表する．フラクタル次元を持っているからだ．これが，後の B. マンデルブロ*のフラクタル次元につながる〔⇒マンデルブロ〕．

乱流研究 ほかにも，乱流・乱気流の研究では，乱流になる臨界点を規定するリチャードソン数を提案した．

リヒター，バートン
Richter, Burton
1931–

ψ それとも J ? どちらも正解！

アメリカの物理学者．

人物・経歴 スタンフォード大学線形加速器施設 (SLAC) において，陽電子–電子衝突型ビーム装置 (Stanford Positron-Electron Accelerating Ring : SPEAR) を企画，建設．SPEAR を用いて，1974 年 11 月，新粒子 (J/ψ 粒子) を発見，S. ティンと 1976 年のノーベル物理学賞を共同受賞した．1984 年から 1999 年まで SLAC の所長．

SPEAR SPEAR とは，リング型の装置内で陽電子と電子の衝突による対消滅を利用する実験設備である (図 1(a) 参照)．電子や陽電子は内部構造を持たず，電磁相互作用しか介在しないため，陽子などを衝突させる実験と比べ生成物が単純で，結果の解析がしやすいという利点を持つ．

J/ψ 粒子の発見 リヒターらは，

$$e^+ + e^- \to \psi \to ハドロンなど$$

という電子 (e^-)–陽電子 (e^+) 対消滅反応において，新粒子を発見し，ψ 粒子と命名した (図 1(b) 参照)．一方，ほぼ同時に，マサチューセッツ工科大学のティンらは高エネルギーの陽子 (p) をベリリウム原子核に衝突させる実験で新粒子を発見し，J 粒子と呼んだ．彼らの調べた反応は

$$p + Be \to J + \cdots \to e^+ + e^- + \cdots$$

という，リヒターらの調べた反応のちょうど逆向きに相当する過程であった．二つの新粒子は同一であることがわかり，J/ψ 粒子と併記した名前が採用された．公式に二つの名前を持つ唯一の粒子となっている．

J/ψ 粒子の質量は約 3.1 GeV．寿命は 10^{-20} 秒程度だが，同程度の質量を持つ粒子の値の千倍も長い．リヒターらのデータ

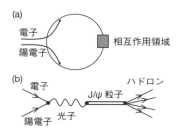

図1 (a) 陽電子–電子衝突型リング概念図.
(b) 電子–陽電子対消滅のファインマン図形〔⇒ファインマン〕.

は，新粒子の存在を示す領域で，強度が2桁も急増するという劇的な結果であった．二つのグループが，異なる実験手法で，同時に同じ新粒子を発見したというインパクトも相まって，J/ψ 粒子の発見は，発見日時に因み 1974 年 11 月革命と呼ばれた．

J/ψ 粒子の正体 クォーク模型により，当時知られていたハドロンは，アップ，ダウン，ストレンジという3種類のクォークで説明がなされていた〔⇒ゲルマン〕．しかし，1973 年の S. グラショウ，J. イリオポロス，L. マイアーニの理論により，弱い相互作用が関与する現象を矛盾なく説明するためには，クォークがもう1種類必要であると予言され，その第4のクォークはチャーム (c) と命名されていた．やがて J/ψ 粒子は，c クォークとその反粒子から構成される束縛状態であり，チャーモニウムと名づけられた中間子の，一番エネルギーの低い励起状態に相当する粒子であることが判明した．J/ψ 粒子（と c クォーク）の発見により，専門家の間でのクォークの実在性への疑念がほぼ払拭される意義があった．

その後 SPEAR を駆使し，リヒターらは J/ψ 粒子の発見後2週間以内にチャーモニウムの別の励起状態 ψ' を発見，さらに χ，D といった c クォークを含む中間子を発見．また同じ研究所の M. パールも SPEAR を使用して新しいレプトンである τ 粒子を発見した (1975 年)．

リービット，ヘンリエッタ・スワン
Leavitt, Henrietta Swan
1868–1921
変光星の法則性を発見

アメリカの女性天文学者．ケフェイド変光星における変光周期と光度の関係を発見し，天体の距離測定への道を開いた．

経歴 リービットは，牧師の娘として，アメリカ・マサチューセッツ州のランカスターで生まれた．17 歳のときに，1833 年創立のアメリカで最初の男女共学のオーバリン・カレッジに入学した．

その後，リービットは高等女子教育協会（その後ラドクリフ女子大学となり，現在はハーバード大学ラドクリフ研究所）に入学した．当時，ハーバード大学は女性に対して門戸を閉ざしており，協会は，その門戸開放を目指して，1882 年に創立された．教育は，ハーバード大学の教師が行ったので，優秀教育校とみられていた．リービットは協会創立の6年後に入学し，最終学年のときに天文学に関心を持った．

星の光度の等級設定 1895 年にリービットは，ハーバード大学天文台にボランティアの研究助手として勤務し始め，1904 年に常雇用となることができた．

19 世紀中庸に写真が発明されて以来，天体望遠鏡に写真機が設置されて，多量の天体写真が蓄積されていった．ハーバード大学天文台長，E. C. ピッカリングは，ケンブリッジと南米ペルーのアレキパで撮影された多量の写真乾板をもとに，計算・分類を組織的に実行するために，高学歴女性を採用し，その作業をさせることとした．時給 25 セントの薄給であり，単調な分類や計算作業で根気のいる仕事であった．しかし当時，女性が科学的分野で働くことのできる機会は少なく，その仕事は，彼女たちにとってやりがいのある仕事でもあった．

図1　ヘンリエッタ・スワン・リービット

リービットに与えられた仕事は，何千という膨大な数の星の光度の標準等級を設定するというものであった．写真の光感度はスペクトルの青色部分で高く，人間の目の感度と異なるため，写真による星の光度の等級設定が新たに必要となったのである．リービットは，北極星周辺の星について4等級から21等級までの96星の極星表を作成し，1912年に発表した．しかし，リービットの最大の業績は，ケフェイド変光星の変光周期と星の光度が比例関係にあることを発見したことである．

ケフェイド変光星と「天体の距離」　膨張と収縮を1〜50日の一定周期で繰り返す恒星がある．ケフェウス座δ星がその代表型で，そのときの表面温度が変わらないので，恒星の明るさが周期的に変化する．この変光星で重要なのは，明るい星ほど周期が長いという規則性があることである．

天文学研究において常につきまとっている最も困難な問題は，地球からの距離測定である．星の見かけの光度は測定できるが見かけの光度が同じでも，遠方の明るい星なのか，近くの暗い星なのか区別がつかない．

大マゼラン星雲と小マゼラン星雲は，南の空に輝く星雲で，リービットは，この星雲中のケフェイド変光星を調べた．そして，1777個の変光星を発見し，1908年のハーバード天文台年報で報告した．その際，小マゼラン星雲にある，16個の変光星が，星の明度が大きいほど，その星の変光周期が長いという規則性があることに気づいた．リービットは，さらに研究を進め，25個の変光星について明白に周期・明度関係があると発表した．

これは非常に重要な発見であった．小マゼラン星雲の中の星の地球からの距離はほぼ等しいと考えられるから，ケフェイド変光星の変光周期がわかれば，その星の明度がわかるのである．ケフェイド変光星は，宇宙における絶対明度を示す指標となるのである．地球に近い距離にあってその距離を他の方法で測定できるケフェイド変光星が調査されれば，ケフェイド変光星が含まれている銀河までの距離測定が可能となる．

発見の影響　リービットの発見は，ハッブルの法則の発見にまでつながった．星からの光は，ドップラー効果で，星が地球から遠ざかっていくときには，赤色光の方に波長が変化（赤方偏移），近づいてくるときには青色光の方に波長が変化（青方偏移）する．E. ハッブル*は，宇宙の様々な銀河のケフェイド変光星を調べた．そして，銀河間の距離が離れていればいるほど，互いが離れる相対速度が大きくなり，その距離に比例して速度が大きくなるというハッブルの法則を定式化した．この法則は，やがては，膨張宇宙論に，さらにはビッグバン理論につながっていった．

人　　物　　リービットは大学卒業の頃に大病を患い，その後遺症として聴覚障害を抱えた．リービットはピッカリングへの書簡で，病気で仕事が遅れていることを詫びたりしている．しかし，ハーバード大学天文台で生涯，写真乾板の整理・分類・計算という地道な仕事を続け，天体現象発見の最前線に常に立っていた．天文学上の業績は非常に高かったが，受賞は全くなかった．

生涯独身であったリービットは，天文学史上多大な貢献をして，1921年癌で，53年の生涯を閉じた．

リフシッツ, エフゲニー・ミハイロヴィッチ
Lifshitz, Evgeny Mikhailovich
1915–1985
磁化の動力学研究と歴史的教科書の執筆

ソビエト連邦 (ソ連) の理論物理学者. L. ランダウ*, L. P. ピタエフスキーらと共に理論物理学全般にわたる一連の教科書『理論物理学教程』を著す.

経　歴　リフシッツは, ウクライナのハルキウ (ハリコフ) に生まれる. 弟イリヤは固体物理学の分野で有名な理論物理学者である. 1933 年にハルキウ力学・機械製造研究所を卒業したリフシッツは, 同年, ウクライナ物理工学研究所でランダウの最初の博士課程学生の 1 人として研究を開始する. 1939 年, サンクトペテルブルク大学で理学博士の学位を取得した後, モスクワの科学アカデミー物理問題研究所所長 P. カピッツァ*の要請で, 同研究所に勤務する. 1954 年, スターリン国家賞受賞. 1962 年, ランダウと共にレーニン賞を受賞.

磁化の動力学研究　1935 年, リフシッツはランダウと共に, 磁場中における磁化密度の時間変化に対する現象論的な式 (ランダウ–リフシッツ方程式) を提案した.

$$\frac{d}{dt}M(r) = \gamma M(r) \times H_{\text{eff}}(r) - \lambda M(r) \times [M(r) \times H_{\text{eff}}(r)]$$

$$H_{\text{eff}}(r) = \alpha \nabla^2 M(r) + \beta M_z(r)\hat{z} + H$$

ここで, $M(r)$ は磁化密度, $\hat{z}$ は磁化容易軸方向の単位ベクトル, H は外部磁場, γ は磁気回転比, α は交換硬度, β は磁気異方性の効果, λ は磁気モーメントの緩和を表す. 彼らは, この方程式の中で磁場中での磁化ベクトルの歳差運動に初めて減衰項を導入し, 強磁性共鳴の存在を予言した. この減衰項は, 1955 年に T. L. ギルバートにより修正された (ランダウ–リフシッツ–ギルバート方程式).

『理論物理学教程』の執筆　リフシッツがウクライナ物理工学研究所で研究を開始した 1933 年当時, 同研究所の理論物理部長を務めていたランダウは,「理論ミニマム」とよばれる理論物理学者育成のための教育カリキュラムを作成し, 彼の弟子になることを希望する学生に対して試験を課していた. 試験範囲は, 理論物理学及び物理数学全般にわたる非常に広範なものであった. この試験の難易度は非常に高く, 30 年弱の間に合格した学生は, わずか 43 名であった. リフシッツは 2 人目の合格者である. 1935 年, リフシッツはランダウと共に, 10 巻からなる『理論物理学教程』の執筆を開始する. 教程の最初の部分は, 講義ノートを基に執筆された. ランダウは頭脳明晰な天才であったが, 作文は大の苦手であった. それに対して, リフシッツは文章で説明を行うことに卓越した能力を発揮した.『理論物理学教程』の執筆は, 相補的な能力を持った 2 人がタッグを組むことによって, 初めて可能になったと言える. 教程の執筆はランダウの存命中には完結せず, ランダウの死後も続けられた.『理論物理学教程』の内容は, ①力学, ②場の古典論, ③量子力学, ④量子電気力学, ⑤統計物理学, ⑥流体力学, ⑦弾性理論, ⑧媒質中の電気力学, ⑨量子統計物理学, ⑩物理学的運動学, であり, 物理学全般にわたっている. このことは, ランダウとリフシッツの研究の幅の広さを反映したものである. この教程は,「ランダウ–リフシッツ理論物理学教程」あるいは単に,「ランダウ–リフシッツ」とよばれており, 全世界の理論物理学者及び理論物理学者を志す学生に読まれている. 同一著者らにより書かれた物理学全般にわたるこのような教科書として, R. ファインマン*らによって書かれた『ファインマン物理学』があげられる. 両者とも, 今なお世界中で読み継がれている物理学のバイブルである.

リーマン，ゲオルグ・フリードリッヒ・ベルンハルト
Riemann, Georg Friedrich Bernhard
1826–1866
曲がった空間の幾何学の提唱

ドイツの数学者．曲がった空間での幾何学を創始した．関数論，複素解析，数論でも目覚ましい業績を残している．リーマン幾何学は，A. アインシュタイン*の一般相対性理論の定式化において，重要な役割を果たした．

n 次元空間の幾何学 ドイツの数学者・物理学者・天文学者の C. F. ガウス*は，2次元曲面上の幾何学を考え，曲面の固有の性質として曲率概念を生み出した．2次元曲面の幾何学を n 次元空間に拡張することがリーマンによってなされた．曲がりのない n 次元空間はユークリッド空間とよばれる．一般に n 次元空間の中にある2点を考えるとき，その空間に距離概念が定義できる場合，微小な距離だけ離れた2点を考え，その2点の間を結ぶ線素を定義する．n 次元空間の中での2点の座標を $(x_1, x_2, \cdots, x_n)$ と $(x_1+dx_1, x_2+dx_2, \cdots, x_n+dx_n)$ としたときその線素を ds^2 と書くと，

$$ds^2 = \sum_{i=1, j=1}^{i=n, j=n} g_{ij} dx^i dx^j$$

と定義され，ここで現れた $g_{ij}(i, j = 1, 2, \cdots, n)$ を計量テンソルあるいはメトリックテンソルとよぶ．

$n=4$ の4次元空間の場合，

$$g_{ij} = \delta_{ij}, \quad g_{i4} = 0 \quad (i, j = 1, 2, 3,),$$
$$g_{44} = -1$$

となる空間を擬ユークリッド空間という．ここで δ_{ij} はクロネッカーのデルタである．

リーマンが考えたのはメトリックテンソルが定数でなく，一般には座標の関数になっているもので，その場合は「曲がった空間」となる．リーマン空間自体は数学的に考えられたものであったが，アインシュタインによって曲がった4次元時空として物理学に取り入れられることになった．

リーマン積分の提唱 リーマン以前には，積分の定義が明確ではなく，様々な問題を含んでいた．1868年に，リーマンは有界領域における有界関数に対し，厳密な定義を提唱した．単純に1次元 x 軸での有界領域，すなわち有限区間 $x \in [a, b]$ 上の有界関数 $f(x)$ の積分を次のように定義する．

$$\int_a^b f(x) dx = \lim_{d \to 0} \sum_{i=0}^{i=n-1} f(q_i)(x_{i+1} - x_i)$$

ここで，$a = x_0 < x_1 < \cdots < x_{n-1} < x_n = b$ で区間 $[a, b]$ を n 分割した点であり，q_i は $x_i \leq q_i \leq x_{i+1}$ $(i = 0, \cdots, n-1)$ を満たす点を表す．また $d = \max_{i=0, \cdots, n-1} |x_{i+1} - x_i|$ で定義されている．この右辺の値が，n 分割点のどのような取り方にもよらず同じ値になる場合，リーマン積分が可能であるといい，その極限値が，リーマン積分の値となる．この積分の定義は1次元だけでなく高次元に拡張できる．ただし，リーマン積分では扱えない状況もあり，それは後にリーマン–スティルチェス積分やルベーグ積分として拡張されている．

コーシー–リーマンの関係式の導出 複素平面 $z = x + iy$ のある領域 D の中で定義された複素関数 $f(z, \bar{z}) = u(x, y) + iv(x, y)$ があるとする．ここで $u(x, y)$ と $v(x, y)$ は実数関数である．複素関数 $f(z, \bar{z})$ が領域 D で複素変数 z に関して微分可能である場合，その関数を正則関数というが，正則関数について次のコーシー–リーマンの関係式〔⇒コーシー〕が成り立つ．

$$\frac{\partial u}{\partial x} = \frac{\partial v}{\partial y}$$
$$\frac{\partial u}{\partial y} = -\frac{\partial v}{\partial x}$$

この関係式から，正則関数の実数部分と虚数部分は密接な関係があることがわかり，複素関数論の中で頻繁に用いられる．

リュードベリ，ヨハネス・ロバート

Rydberg, Johannes Robert
1854–1919
原子スペクトルのバルマーの公式を拡張

スウェーデンの物理学者．

経歴 1879年にルント大学から数学で博士の学位授与．1882年に物理(実験研究)の講師としてルント大学に新設された物理学研究所に着任．後に教授となり以後の研究人生をここですごした．

リュードベリの式 励起された水素原子の可視領域のスペクトルの波長が，整数の組合せの式で表せることをJ. J. バルマー*が示し(1885年)〔⇒バルマー〕，紫外領域にも線列が発見されライマン系列となり〔⇒ライマン〕，さらには赤外領域もパッシェン系列が見出された〔⇒パッシェン〕．リュードベリはそれら全ての線列を次の一般式で整理した(1890年)．

$$\frac{1}{\lambda} = \nu = R\left(\frac{1}{n^2} - \frac{1}{m^2}\right) \quad (1)$$

係数 R はリュードベリ定数，λ は光の波長，n, m は適当な整数である．ここで n の値は異なる系列に対応する．$n=1$ (ライマン系列)，$n=2$ (バルマー系列)，$n=3$ (パッシェン系列) であり，それぞれの場合について $m = n+1, n+2, \cdots$ である．

リュードベリ定数 (1)式の形から，各スペクトル線の波数は二つの項の差で表せる．各項は

$$T_n = \frac{R}{n^2}$$

の形を持つ．リュードベリの式は，任意のスペクトル線の波数は二つの項の差であるという「リッツの結合原理」の先駆をなした．リッツの結合原理は，原子のエネルギーが ΔE だけ変化するときには，その差は振動数 ν のフォトンとして運び去られるという，エネルギーの量子化を示しており，こ

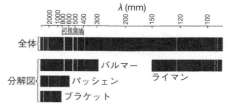

図1 水素原子のスペクトル
実測のスペクトルと，これらを系列ごとに分解したもの．

こから「ボーアの振動数条件」が導かれる．

量子論によれば，水素型原子についてのシュレーディンガー方程式から水素原子の電子の束縛状態のエネルギーを求めることができ，リュードベリ定数は次の式で与えられる．

$$R = \frac{m_e e^4}{8\varepsilon_0^2 h^3 c} = 109678\,\mathrm{cm}^{-1}$$

実測のスペクトルから求めたリュードベリ定数とは非相対論的なシュレーディンガー方程式では相対論的な補正を考慮していない分だけのわずかな不一致が生じる．

イオン化エネルギーは水素の基底状態から電子を一つ引きはがすために必要なエネルギー(イオン化エネルギー)であり，

$$I = hcR$$

と表せる．

リュードベリ原子 構成電子の一つが残りの正イオンから十分に離れて運動している原子．この電子(リュードベリ電子)は水素原子の電子に似た運動をし，その主量子数が大きな原子(高リュードベリ原子)は放射寿命 τ がほぼ n^3 に比例して長いなど，特異な性質を示す．リュードベリ電子は結合エネルギー E がほぼ n^{-2} に比例して小さく，弱い電場がかかっても容易にイオン化する．他の原子，分子とも容易に相互作用するので，ごく低圧の気体中でないと大きな n は安定に実現しない．宇宙空間では高真空なので，n が数略程度の原子まで観測されている．

レイノルズ,オズボーン
Reynolds, Osborne
1842–1912

流体力学とレイノルズ数

イギリスの物理学者.管の中の流れを流体力学で理解する上で重要な貢献をした.

人　　物　流体力学の基本方程式であるナヴィエ–ストークス方程式〔⇒ストークス〕の解析で使われる「レイノルズ数」は,彼の名前に因むもので,1851 年 G. G. ストークス*によって導入された.長年にわたる流体力学への貢献に対して,1888 年イギリス王立協会からロイヤルメダルが授与されている.

1868 年 25 歳のレイノルズは現在のマンチェスター大学でイギリス史上初の工学教授に指名されたが,応募書類の中には,「私は子供の頃から科学の土台を支えている力学と物理法則への強いあこがれを持っており,様々な力学的現象を理解するためには,数学の知識が不可欠との認識に至った」と記述されている.

レイノルズ数　レイノルズの最も有名な仕事は,配管内の流体の流れが層流から乱流へ遷移する条件についての研究である (図 1).彼は,流れの動的な相似性に気づき,無次元の「レイノルズ数」という概念を発見した.

レイノルズ数 Re は,流体に働く慣性力と粘性力との比で定義される無次元の量で,

$$Re = \frac{\rho U L}{\mu} \tag{1}$$

で表される.ここで,ρ は流体の密度,μ は流体の粘性率,U は代表流速,L は代表長さで,代表流速と代表長さは流れを特徴づける値を選択する.例えば円管内の流れにおいては,流入流速を U,円管の直径を L にとるのが一般的である.

図 1　レイノルズの管の流れの実験

レイノルズの相似則　流体の運動に粘性の作用が加わる場合に,レイノルズ数が等しければ粘性力の働き方が相似になることを,レイノルズの相似則という.幾何学的相似の物体についての力の働き方が相似となるためには,慣性力と粘性力の比が一定にならなけらばならない.流体中で粘性の作用のみを考えたとき,レイノルズ数が等しければ抵抗係数も等しくなる.

レイノルズ数は,流体力学上の問題の次元解析を行う場合に大変便利な量で,層流や乱流のように異なる流れの領域を特徴づけるために利用される.層流はレイノルズ数の小さい場合に発生し,そこでは粘性力が支配的であり,滑らかで安定した流れが特徴である.乱流はレイノルズ数の大きい場合に発生し,そこでは慣性力が支配的であり,無秩序な渦ができるなど不安定な流れが特徴である.おおよその目安として,$Re < 2000$ の場合には層流,$Re > 5000$ で乱流になる.$2000 < Re < 5000$ の領域を遷移領域といい,場合によって層流になったり,乱流になったりする.

レイノルズ平均　レイノルズは乱流において速度などの物理量を,平均値とゆらぎの和として表現する,「レイノルズ平均ナヴィエ–ストークス方程式」を提案した.レイノルズ平均とは,時間平均処理の一つの方法で,乱流のような複雑な流れの場に対して,アンサンブル平均 (ある時点での確率的な平均) を施して物理量の時間平均を求める方法である.

レイリー卿 (ストラット, J. W.)
Lord Rayleigh (Strutt, John William)
1842–1919

古典物理学全盛期の物理学者

イギリスの物理学者．幅広い物理分野で活躍した．アルゴンの発見でノーベル物理学賞を受賞．

経　歴　J. W. ストラットは，エセックス州のラングフォード・グローブで，第2代レイリー男爵の息子として生まれた．ケンブリッジ大学のトリニティ・カレッジに入学，数学を専攻し，優等卒業試験に合格した．そして24歳でトリニティ・カレッジの特別研究員の地位を得て，著名物理学者への道を歩み出した．特別研究員は未婚者のみに認められるという規則があったため，ストラットは28歳時の結婚でその地位から退いた．30歳のときに父が死去し，ストラットはその爵位を継承しレイリー卿となった．レイリーは男爵という特権的身分を持ちつつ精力的かつ生産的な科学研究を行うという稀な物理学者となった．

レイリーは，ケンブリッジを卒業後，実験機器をターリングの自らの邸宅に持ち込んで実験を開始した．J. C. マクスウェル*の後任として，ケンブリッジ大学・キャヴェンディシュ研究所長に1879年から5年間就任した以外は，レイリーは，生涯，この私設の研究所で研究を行った．

レイリー散乱　長い間，「空の色がなぜ青いか」に対する答えが不明であった．レイリーは，光の波長よりも，媒質中の粒子の大きさが小さい場合の散乱式を導き出した．それによると，散乱係数は，粒子径の6乗に比例し，波長の4乗に反比例する．従って，波長の短い青色光は散乱されやすい．日中には上空を通る光のうち青色光がより多く散乱されて観察者の方に向かうので，空全体が青く見えるのである．光波長が粒子径と同程度の場合，ティンダル現象が生じる〔⇒ティンダル〕．

アルゴンの発見　レイリーは空気中の窒素の密度を測定したときに，他の方法で作成した窒素の密度とわずかに異なることを見出した．不純物の除去などに努力したが，どうしても密度の違いをなくすことはできなかった．そこで，1892年に *Nature* 誌にそれを発表した．それを読んだW. ラムゼーとの共同研究が始まった．ラムゼーは，ロンドンのユニバーシティ・カレッジの化学教授で窒素酸化物の研究に通じていた．結局，空気中に不活性元素，アルゴンが含まれていることが判明した．不活性元素の存在が初めて発見されたのである．2人は共同で発表した．この業績に対して，1904年，レイリーにはノーベル物理学賞，ラムゼーにはノーベル化学賞が授与された．

レイリー–ジーンズの放射法則　黒体から放射される電磁波のエネルギー密度分布を示す一つの理論式である〔⇒ウィーン；プランク〕．レイリーが1900年に導出したが，1905年にJ. H. ジーンズがより厳密化したので，2人の名前のついた下記の法則〔⇒ウィーン〕となった．

$$f(\lambda) = 8\pi k_B \frac{T}{\lambda^4}$$

ここで，T は温度 (K)，λ は波長，k_B はボルツマン定数である．

J. H. ジーンズ (Jeans, James Hopwood; 1877–1946) は，ケンブリッジ大学出身のイギリスの物理学者，天文学者で1904年からアメリカのプリンストン大学の応用数学教授，1910年から2年間はケンブリッジ大学教授を務めるが，その後天文学に移り，1923年からはウィルソン山天文台で研究する．黒体放射の研究の他に，星間ガスと重力不安定性の研究を行った．

レイリー–ジーンズの式は，長波長側では実測値とよく合致するが，短波長側では実験値とのずれが大きくなる．他方，1896年

のウィーンの放射法則は，短波長側で正しく記述できていた〔⇒ウィーン〕．これらの式から，M. プランク*の有名な量子化の仮説〔⇒プランク〕が生み出されていった．

他の業績　レイリー卿は，古典物理学の幅広い分野で業績を残した．光学では，回折格子に関心を持ち，回折格子の分解能に明確な定義を与え，その後の分光器の発展に重要な貢献をした．音響学では，『音の理論』という音響学での金字塔というべき書籍を著した．電磁気学の分野では，電磁気学の三つの基本単位，オーム，アンペア，ボルトの標準を，精密な測定機器により定めるプロジェクトを完成させた．波動の分野では，今日レイリー波とよばれる地震波の存在を証明した．

人物　一方で，レイリーは現代物理学に対しては，一貫して懐疑的態度を取り続けた．黒体放射理論に関して1900年にプランクが導入した量子論に対しても，またN. ボーア*が1913年に量子論を基盤に発展させた原子スペクトルの解釈に対しても，熱心でなかった．レイリーは，現代物理学創世記に提起された革命的な理論変革でなくても，従来の伝統的な古典物理学での探求で解決策を見出せるはずだという姿勢であった．

レイリーは，学会活動に熱心に取り組み，1905年から1908年まで，王立協会の会長を務め，イギリス国立物理学研究所の設立にも尽力した．学術進歩への貢献意識も高く，1904年のノーベル物理学賞の賞金38500ドルをキャヴェンディッシュ研究所に全額寄贈した．

レイリーは1919年，76歳で死去した．生涯で430編という多数の論文を発表したが，死の直前まで執筆活動は続けており，死後，3編の学術論文が書きかけのまま残されていた．レイリーは生涯，物理学を無上の楽しみとして精力的な研究をした．

レオナルド・ダ・ヴィンチ
Leonardo da Vinci
1452–1519

ルネサンス期の万能の天才

芸術分野から科学技術分野に至るまで，多方面において顕著な業績を残す．

経歴　フィレンツェのヴィンチ村の公証人ピエロと農婦カテリーナの間に非嫡出子として生まれ，ピエロとその妻により育てられる．14歳で画家ベロッキオの工房で働きはじめ，様々な工芸技術を学ぶ．20歳になると独り立ちをして工房を立ち上げる．

レオナルドは絵を描く対象となるものを徹底的に観察し，さらには顔料，金属，漆喰の化学的性質を調べたりした．このことが芸術家としてだけではなく，科学者や技術者としての眼力を鍛えることにもなった．

30歳のときレオナルドはミラノに移り，17年間をそこで過ごす．この間，多くの芸術作品を残す一方で，ミラノ公の命により建造物，武器，機械なども多く設計した．しかしあまりに興味の幅が広すぎて一つのことに十分な時間が割けないため，未完成のものも多かった．

1499年になるとイタリアにフランス軍が侵攻したため，レオナルドはヴェネチアを経由してフィレンツェに戻り，引き続きさまざまな作品の製作や研究に没頭する．

対象への科学的アプローチ　レオナルドは主に芸術分野で世界的な名声を得ているが，医学や科学技術などの分野でも才能を発揮している．ここでは特に科学技術における業績に目を向けることにする．

レオナルドは数学や科学を正式に学んだことはなく，大学にも通っていない．そのためレオナルドの科学的業績は当時の学者からは無視されていた．しかしレオナルドの対象物への迫り方は現代の科学的手法に

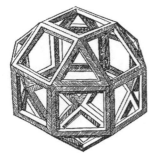

図1 レオナルド・ダ・ヴィンチが描いたひし形立方8面体を元にした版画

図2 レオナルドが描いた永久機関の例

通じるものであり，それは徹底して対象を観察し記録することであった(図1)．

遠近法・光学・幾何学 絵画における遠近法の研究はレオナルド以前から行われていた．レオナルド自身も遠近法を深く研究し，自らの作品に応用した．さらにレオナルドは，湾曲した鏡を使ったり特定の視点から見たりしたときのみ像が浮かび上がる「歪像」を初めて絵画に利用した．

絵画の重要な要素として光の研究にも熱心であった．光が球面に当たったときにできる影のグラデーションを幾何学的に考えたりもした．当時の絵画は極端な陰影をつけることが希であったが，レオナルドは対象物の3次元的形状を2次元面で表現する上で光と影が大きな役割を果たすことを熟知していた．

他にも水の流れや幾何学の研究，あるいは物理学とは関係がないが解剖学の研究なども行った．ただしこれらは学問としての研究ではなく，あくまでも絵画のための研究であった．

技術への深い理解 一方で技術者としてのレオナルドは，多くの建造物や装置の構想を練り，設計を行った．歯車の複雑な組合せやクランク，てこ装置など，機械の動作メカニズムを設計する上で必要な知識を豊富に持っていた．水力学や土木工学の研究も熱心に行った．そのほかに空を飛ぶ装置，武器，楽器などの設計，開発なども行っている．

永久機関 さらに実現はできなかったものの永久機関と思われる装置の設計図も残している．すべてがレオナルドのオリジナル作品というわけではなく，当時すでに考えられていた仕組みもドローイングとして書き残している．ただしレオナルドは必ずしも永久機関の存在を信じていたわけではないようである．

例えば図2のような車輪型永久機関では，車輪が回転するにつれて錘が中心から外側に向けて移動し，重力によるモーメントを増加させることから回転が維持されるという仕組みである．しかしレオナルドは，中心から離れたところが重くなるほど回転させにくい(現代の言葉で言えば慣性モーメントが大きくなる)ので実際には回転しないと書いている．

ミラノからフィレンツェに戻ったレオナルドは，ミラノを占領したフランスの国王フランソワ1世に気に入られ，最晩年はフランソワ1世に与えられた館で過ごした．レオナルドは科学技術分野でも多くの研究を行ったが，それらを出版物として公表しなかった．このためレオナルドは芸術家としての名声に匹敵する名声を，科学者あるいは技術者として得ることはなかった．

レッジェ,トゥーリオ
Regge, Tullio
1931–

レッジェ軌跡

イタリアの理論物理学者.

経歴 1952年にトリノ大学卒,ロチェスター大学でR.E.マルシャクのもとでPh.D. マックス・プランク物理学研究所 (1958–59) で W. ハイゼンベルク*の下にいた.1961年にトリノ大学で職を得,現在は名誉教授.1957年に,レッジェ理論を提唱した.1989年にはEC欧州諸共同体でのイタリアの共産党代表議員に選ばれ,1994年まで続けた.

散乱振幅の解析性 1960年代は,続々と素粒子が発見された.足掛かりとなる場の理論は使えない混沌とした状況の中で,計測可能な情報から素粒子を探求しようとしたのが,reductionists〔⇒南部陽一郎〕である.強い相互作用をする素粒子をハドロンと呼ぶ.ハドロンAとBを散乱させ,CとDが最後に観測される.その情報からハドロンの構造を探る.情報を与える散乱振幅 (F とする) は,AとBの全エネルギーの二乗 s と散乱角 θ の関数だが,相対論的に独立な変数で表すと扱い易い $F(s,\theta) \to F(s,t)$. 武器は散乱振幅の変数に対する解析的な性質である.例えば,s についての特異点 (1次の極: 値が1次の無限大になる) が物理を表す.それはAとBが強く結合して一つの粒子のようになる (共鳴状態) 所だ.この散乱振幅は,また,Aと反D粒子を散乱させて反B粒子とCを観測した情報をも表す.前者を s チャンネル,後者を t チャンネルとすれば,これらはお互いにつながっている.これを手がかりに色々なことがわかってきた〔⇒ヴェネツィアーノ〕.中間状態はほぼ特定の角運動量 (スピン α) を持つ1粒子状態が次々現れることがわかった.しか

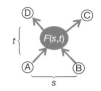

図1 散乱振幅 (説明図)

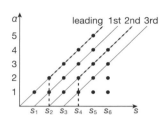

図2 素粒子の質量の2乗 (横軸) とそのスピン (縦軸) の関係
「チュー–フラウチプロット」とよばれる図.

も,スピン (α) と質量 (s) の2乗は比例関係にある (図2参照).

$$\alpha(s) = ks + \alpha(0)$$

レッジェ理論 このことを発見したのは,まだ20代だったレッジェだ (1958年).量子力学で,束縛状態を解くことは大学の高学年で応用問題として出てくる.この離散的であるはずのスピンを連続量に拡張し,質量の関数と考える (レッジェ軌跡).ハドロンの共鳴状態の静止質量の2乗とスピンとの間に直線関係があることが確かめられた (直線レッジェ軌跡).さらにこのスピンという変数の解析的性質を調べることができる.実はこの考えが後々,ヴェネツィアーノ模型へとつながり,弦理論へと発展する〔⇒ヴェネツィアーノ〕.レッジェ理論は,ハドロンが複合的な性質を持つという物理的なイメージへとつながり,スピンの異なる複合粒子を一挙に取り扱う手法というべきであろう.ハドロンの散乱実験において,共鳴状態の静止質量の2乗とスピン角運動量との間の直線関係は強い相互作用の特徴を表している.

レーナルト, フィリップ
Lenard, Philipp
1862–1947

陰極線研究の実験物理学者

ヒトラーを信奉したドイツの物理学者. 陰極線の研究でノーベル物理学賞を受賞した.

経歴 レーナルトは, オーストリア＝ハンガリー帝国のプレスブルク／ポジョニ (現スロバキアのブラチスラバ) で, ワイン製造販売業を営む裕福な父の下に生まれ, 短期間, 家業に参加した.

レーナルトは, ベルリン大学とハイデルベルク大学で勉学しながら, H. ヘルムホルツ*の指導によるテーマ「液滴落下における振動」を完成させた. そして, 1886年に博士号を取得した. その後, H. R. ヘルツ*の下で研究を続けた後, 1896年から, ハイデルベルク大学, キール大学で勤め, 1907年から, ハイデルベルク大学・物理放射学研究所の教授・所長に就任した.

レーナルトを著名にした研究は2テーマある. 一つは陰極線の研究で, これはノーベル賞につながった. もう一つは光電効果の実験である.

陰極線の研究 当時, クルックス管の負極から発生する陰極線の正体を突き止めることが課題であった. レーナルトの師, ヘルツは, 1892年, 陰極線が金属薄膜を透過することを発見した. レーナルトは, クルックス管の陰極線の当たる側のガラス部分を金属薄膜に付け替えた. これにより, 陰極線を放電管の外に出して研究することができるようになった. この管はレーナルト管 (図1) と名づけられている. 射出した陰極線を, 近くに置いた燐光紙に当てると感光するが, 8 cmほど離すと感光しなくなり, 陰極線は空気を透過しにくいことが

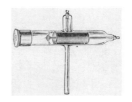

図1 レーナルト管

判明した. 続いて, レーナルトは様々な物質中での陰極線の吸収を調べ, それが物質の物理的・化学的性質ではなく物質の質量にだけ依存することを見出し, 吸収の大きさから, 原子の有効的中心部分は原子の大きさに比べて非常に小さいと推論した.

光電効果の実験 光電効果の実験についてもヘルツの研究を引き継いだ. レーナルトは, 真空管中の金属に紫外光を照射しそのとき発生する電流量を測定した. そして照射光の強度を増すと発生する電子数は増加するが, その速度には影響しないこと, またその速度は波長に依存することを見出し, 1902年に発表した. これらの実験結果は, 1905年, A. アインシュタイン*による光量子論によって理論的に説明された.

人物 レーナルトは二つの世界大戦の時代を生きた. 第一次大戦が勃発した1914年, レーナルトは愛国心と民族主義の波にのまれていった. そして, 反ユダヤ主義を主張し, 特にアインシュタイン個人のみならずその相対性理論に対しても攻撃を激しくするようになった. 1920年のバードナウハイムでのドイツ自然科学者医学者会議では, アインシュタインとレーナルトの間での深刻な論争が生起し, M. プランク*が仲裁に入る場面があった. また, レーナルトは1936–37年に4巻の『ドイツ物理学』を出版, 科学は民族的なものだと主張し, ヒトラーの信奉者として活動した.

第二次大戦後, レーナルトはハイデルベルクを離れ, メッセルハウゼンで死去した.

レンツ, ハインリッヒ・フリードリッヒ・エミル
Lenz, Heinrich Friedrich Emil
1804–1865
誘導電流に関するレンツの法則の発見

ロシアの物理学者.「レンツの法則」の発見者.

経　歴　ロシアのドルパート (現在のエストニア, タルトゥー) に生まれる. 1820年, ドルパート大学に入学し, 化学を叔父ギーセの下で, 物理学を G. F. パロットの下で学んだ. パロットは, ドルパート大学に物理学科を創設し, また初代学長になった人物である. パロットの推薦で, まだ19歳の学生だったレンツは, 地球物理学的観測者要員として第2回のコツェブー世界一周航海 (1823–26年) に参加している. その航海中, 数々の優れた測定結果を残した. 例えば, 水深2kmまでの海水の比重や温度の測定などは, 19世紀末になるまでこれを凌ぐ精度で測定されることはなかった.

1928年には, サンクトペテルブルク科学アカデミーの助手に選ばれ, 翌年から2年間, ロシア南部の調査隊に加わって, コーカサス地方のエルブラス山の高度の決定やカスピ海の海抜の変化の精密測定, 原油や天然ガスの採取などを行った.

レンツの法則　1831年の春からは電磁気学の研究に着手. 1833年に発表した「電磁誘導で生じる電流の向きについての法則」の発見は,「レンツの法則」として彼の名を物理学史に刻むものとなった. これは, 電磁誘導現象に関して,「磁場の時間変化によって誘導される電流は, 磁場の変化を妨げる方向に流れる」というものである.

導電ループを貫く磁束 $\varPhi_B$ が時間変化すると, ループに起電力 E が発生して電流が流れるというファラデーの法則を定式化すると, $E = -\mathrm{d}\varPhi_B/\mathrm{d}t$ と書ける. ここで,

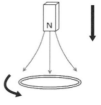

図1　棒磁石を近づけるとループに矢印の方向に電流が流れる

右辺にマイナス記号がついているのが, レンツの貢献といえる. 一方, この法則はモーターと発電機が原理的に同じ現象を逆に利用して作れることを示しており, これはレンツ自身によって実証された.

ペルティエ効果の証明実験　1838年には, 水を電流で凍らせるという, ペルティエ効果〔⇒ペルティエ〕の決定的証明実験を行った. 1842–43年には, J. ジュール* とは独立に, より精度の高い実験で, 電流 I が流れることで発生する熱量 Q は, $Q \propto I^2$ であるという法則を発見した. そのため一般にはジュールの法則として知られているこの法則は「ジュール–レンツの法則」ともよばれる. 1844年には, G. R. キルヒホッフ* より4年早く並列回路における電流の分配に関する法則を導いている.

人　物　その他, レンツの理論的・実験的研究成果は枚挙にいとまがないが, 教育者としても大きな足跡を残している. 1836年にサンクトペテルブルク大学にポストを得ると, 1840年から23年間, そこの物理数学科の長を務めたほか, 後に新しく導入された学長職に初代学長として任ぜられた. その間, 海軍学校や砲兵隊アカデミーなど学外でも講義を行っている. 多くの弟子を育て, そのうち何人かは大学教授となった. またレンツの書いた物理の教科書は, 高校で広く用いられた.

1865年, 大学教授として現役であった61歳のとき, イタリアでの休暇中に卒中の発作に襲われ, 世を去った.

レントゲン，ヴィルヘルム・コンラート
Röntgen, Wilhelm Conrad
1845–1923
X線発見の物理学者

ドイツの実験物理学者．X線発見により，1901年，第1回ノーベル物理学賞受賞．

経歴 レントゲンは，ドイツのレンネップで，織物の製造販売を営む父の下で生まれた．3歳のときに家族はオランダのアペルドルンに移住．短期間，ユトレヒト大学の聴講生となった後，チューリヒ工科大学の機械工学科に入学した．

1869年に博士号を取得すると，物理学教授のA. クント*の助手となった．クントとの出会いは，レントゲンのその後の研究経歴に幸いした．クントがヴュルツブルク大学に移ると，レントゲンも助手として同行し，クントの下で研究を持続できた．

その後，レントゲンは，ストラスブール大学やギーセン大学へと転任するが，1894年，学長としてヴュルツブルク大学に戻る．その翌年，物理学史上の大発見，X線の発見を成し遂げた．

1900～1920年ミュンヘン大学教授．

X線の発見 レントゲンは，クルックス管やレーナルト管〔⇒レーナルト〕から発せられる陰極線の研究を行っていた．放電管を黒いボール紙で覆って，遠くに離れた場所に蛍光紙を置いて観察をしたとき，蛍光紙が光っていることを見出した．それまでの実験では，陰極線は空気中を8 cm程度しか透過できなかったので，レントゲンは，蛍光物質を発光させる未知の線が発せられているのではないかと考え，X線と命名し，さらに詳しく調べていった．

すると，X線は次のような性質を持っていることがわかった．X線は直進する．磁場で進行方向は曲げられない．空気中を約2 m進む．また透視能力があることも発見し，箱中の分銅や手の骨を写真撮影した．このX線の魔法のような性質にレントゲンは驚愕した．

1895年の12月28日，レントゲンはヴュルツブルク物理学医学協会に第一報を提出した．翌年1月4日にはウィーンの新聞に発見の記事が出て，一気に世界中に広がった．やがて，X線発見は医学，冶金学などの幅広い応用分野を作り出していった．

人物 レントゲンは，生涯で58編の論文を書いているが，X線関係の論文は，発見の発表後の2年間で出した3編にすぎない．X線のその後の研究は多方面の応用分野，発展領域を形成すると想定されたにもかかわらず，レントゲンはその仕事を他の科学者に委ねた．レントゲンは，ノーベル物理学賞の第1回目の受賞者という栄誉を飾り，賞金はヴュルツブルク大学の科学研究に寄贈した．

レントゲンの晩年は第一次大戦後の物資欠乏時にあたり，暗いものになったが，最後はミュンヘン近郊の村で生涯を閉じた．

X線の正体と発生の仕組み X線は，波長1 pmから10 nm程度の電磁波で，その波長領域は紫外線の短波長側，γ線の長波長側に位置する．X線発生の仕組みに応じて，特性X線〔⇒シーグバーン〕と制動放射によるX線がある．

発生には内部を高真空にした真空管を使用する．管中の陰極側においたフィラメントを熱すると，熱電子が発生する．陰極と陽極に高電圧をかけておく．電子は陽極の金属板に衝突し，X線を発生させる．手のような対象物を透過させて，蛍光紙あるいは写真感光紙に対象物の像を映し出す．

図1 X線発生の仕組み

ロビンソン，ジュリア
Robinson, Julia Hall Bowman
1919–1985

女性初のアメリカ数学会会長

アメリカの数学者．1975年，カリフォルニア大学バークレー校教授に就任．女性数学者として初めて，全米科学アカデミー会員 (1976年)，マッカーサー・フェロー (1983年)，アメリカ数学会会長 (1983–84年) となり，1982年，エミー・ネーター記念講座講師となった．

ヒルベルトの第10問題 1900年，D. ヒルベルト*は，新しい世紀を迎えるに当たって，数学の進歩に重要と思われる23個の問題を提起した．第10問題は「任意個数の未知数を含んだ整数係数の代数方程式 (不定方程式) が，整数解を持つか否かを有限回の手段で判定する一般的方法 (アルゴリズム) を見つけよ」である．これは，最終的には Y. マチャセビッチによって，そのようなアルゴリズムは存在しないことが証明されたが (否定的解決)，核心の部分はロビンソンが作ったといってよい．

まず，数学的な述語というものを定義する．① $P(x_1, x_2, \cdots, x_n, y_1, y_2, \cdots, y_m) = 0$ を不定方程式とするとき，$\exists y_1 \exists y_2 \cdots \exists y_m\, P(x_1, x_2, \cdots, x_n, y_1, y_2, \cdots, y_m) = 0$ ($P = 0$ であるような $y_1, y_2, \cdots, y_m$ が存在する) をディオファントス的述語という．ここで，$x_1, x_2, \cdots, x_n, y_1, y_2, \cdots, y_m$ は自然数．また，ディオファントスは古代ギリシャの数学者．②アルゴリズムを持つ関数とは，K. ゲーデルらによって導入された帰納的関数のことで，$\varphi(x_1, x_2, \cdots, x_n) = 0$ を満たす帰納的関数 $\varphi(x_1, x_2, \cdots, x_n)$ が存在するような述語 $R(x_1, x_2, \cdots, x_n)$ を，帰納的述語という．③ $R(x_1, x_2, \cdots, x_n, y_1, y_2, \cdots, y_m)$ を帰納的述語とするとき，$\exists y_1 \exists y_2 \cdots \exists y_m\, R(x_1, x_2, \cdots, x_n, y_1, y_2, \cdots, y_m)$ を帰納的に加算な述語という．

次の2点はすでに知られていた．(A) 不定方程式 $P(x_1, x_2, \cdots, x_n, y_1, y_2, \cdots, y_m) = 0$ は帰納的述語である．(B) 帰納的に加算な述語の中には，帰納的でない述語が存在する．

③で，述語 R を $P = 0$ とおけば，①と (A) により，ディオファントス的述語は，帰納的に加算な述語に含まれる．従って，もし，ディオファントス的述語が，帰納的に加算な述語と等価であることをさらに示せれば，(B) により，ディオファントス的述語の中に，帰納的でないものが存在することを証明でき，②により，判定アルゴリズムは存在しないことになる．

1952年，ロビンソンは，次の二つの条件を満たすディオファントス的述語が存在すれば，述語 $z = x^y$ もまたディオファントス的である，という定理を証明した．(x) $v < u * n$ であるような $n\, (\geq 1)$ が存在する．(y) $v < u^n$ であるような $n\, (\geq 1)$ は存在しない．ここで，演算子 $*$ は，$x * 1 = x$, $x * (n+1) = x^{x*n}$ で定義される．さらに1961年には，共同研究者と共に，$z = x^y$ がディオファントス的述語ならば，全ての帰納的に加算な述語はディオファントス的である，という定理を証明した．

これら二つの定理から，(x), (y) を満たすディオファントス的述語を見つければ，ヒルベルトの第10問題は否定的に解決される．そして，マチャセビッチが，フィボナッチ数列〔⇒シェヒトマン〕を使って，いくつかの補助定理を与えることにより，このディオファントス的述語の存在を証明した．

ローラー，ハインリッヒ
Rohrer, Heinrich
1933–2013

走査トンネル電子顕微鏡の発明

スイスの固体物理学者．IBM のチューリヒ研究所で行った走査トンネル電子顕微鏡 (STM) の発明で，同僚の G. ビニッヒと共に 1986 年にノーベル物理学賞受賞．透過型電子顕微鏡を発明した E. ルスカも同時に受賞した．

経　歴　ローラーは 1933 年にスイスのブフスで生まれた．1949 年に家族がチューリヒに移住し，ローラーは 1951 年にチューリヒ工科大学に入学した．W. パウリ*や P. シェラーに基礎教育を受けた．大学院に進んで，磁場で誘起された転移の際の超伝導体の長さの変化の研究で Ph.D を取得した．その後 2 年間，アメリカのラトガース大学で超伝導体の研究を続けた．

1963 年に IBM チューリヒの研究者になり，まず，反強磁性体の研究を行った．1978 年に若いビニッヒと共に，当時電子デバイスの微細化の障害になっていたシリコン表面の微細な欠陥の研究を始めた．これらの欠陥を原子レベルで見る方法がなかったため，彼らは独自の装置の開発を始め，1981 年に最初の実用的な走査トンネル顕微鏡 (STM) 装置を作った．

ローラーはその後 1986 年に IBM のフェローになり，1986–88 年には IBM チューリヒの物理部門の長をつとめた．

走査トンネル顕微鏡　STM は，原子レベルの先端を持つ探針をコンピュータで制御して試料表面を走査 (スキャン) し，表面の原子の配列の像を描く装置である．原子レベルでとがった探針は，白金イリジウム合金の細い針金を斜めに切るか，タングステンの針金の先をカセイソーダ水溶液中で電解研磨すれば得られる．

探針と表面の距離を 1 nm 程度に近づけて電圧をかけると，トンネル電流 (量子力学的なトンネル効果による電流) が流れる．トンネル電流は，探針先端と表面との距離が大きくなると指数関数的に減少する．そこで，試料表面内に原点と x 軸，y 軸，表面に垂直な z 軸を持つ座標を定めて，探針の x, y, z 方向の変位を圧電物質の素子 (圧電素子またはピエゾ素子という) で制御し，座標の関数としてトンネル電流を測定する．圧電物質は，かけた電圧によって伸び縮み (1 mV で 0.1 nm 程度) する物質である．

一定電圧の下でトンネル電流が一定になるように探針の z 座標を調節しつつ，表面を x, y 方向に走査して z の値の等高線を描くと，原子の配列の様子がわかる．あるいは，電圧及び z を一定に保ちつつ走査してトンネル電流の値の等高線を描いても同様の情報が得られる．

現在，STM は表面物理や物質科学において必須の重要な装置の一つになっている．STM を用いて原子を 1 個ずつ動かすこともできる．さらに原子間力顕微鏡 (AFM) に代表されるような，これから派生した走査プローブ顕微鏡が数多く開発されてきた．これらのことから，STM の発明がナノテクノロジーの扉を開けたと評価されている．

ローラーの「まだ誰もやっていない新しいことを始めようとするときに，複雑だから誰にもできなかったのだろうと考えるのではなく，実は，誰もが複雑だと思って試さなかっただけなのでは，と考えるべきだ」という言葉はよく知られている．確かに，STM の発明にはそのような側面がある．

G. ビニッヒ　ゲルト・ビニッヒ (Binnig, Gerd; 1947–) はフランクフルトに生まれ，フランクフルトのゲーテ大学で物理を学び，博士号を取得した．1978 年に IBM チューリヒ研究所に採用され，STM の開発の他に 1985 年に原子間力顕微鏡の開発も行った．1987 年より IBM フェロー．

ローレンス，アーネスト
Lawrence, Ernest Orlando
1901–1958

サイクロトロンの発明

経歴 学校監督官の父の下サウスダコタ州に生まれる．個人無線局に必要なシステムを自作するほど，子供の頃から電気，機械に対する関心は突出していた．医者になるコースを選んで入学したサウスダコタ大学時代は，その生活費を得るために周辺の農家に台所用品を売り歩くという経験もしている．大学の師から物理を奨められ，ミネソタ大の大学院に進学．そこでの指導教官の移動に伴い，イェール大学大学院で博士号を取得．周りの反対にもかかわらず，1928年当時はまだ後進の大学であったカリフォルニア大学バークレー校へ転出し，2年後には29歳で教授職につく．

サイクロトロンの発明 E.ラザフォード*のキャヴェンディッシュ研究所での原子核の人工壊変実験への動きに触発され，原子核分野の研究参加を強く意識．高圧に伴う放電の問題を根本的に避ける手法を探っていた．図書室で見つけた，R.ヴィデローの論文の中に高周波を使った直線軸方向の多段加速法のイラストをみるなり，その重要性を認識．その変形とも言える円形加速手法を思いつき，試作を開始している．一様な磁場中で速度を持った荷電粒子が円形軌道を描き，その周回周波数（サイクロトロン周波数）がエネルギーに関係なく磁束密度の大きさで決まり，一定であることがすぐに導ける．加速間隙をどうやって軌道上に設けるかが問題であったが，後にディーと呼ばれる平たい茶筒を大きくしたような金属容器を二つ割りにした物を電極として使った．この金属容器の端面を少し離した状態で磁極間に置き，サイクロトロン周波数と同じ無線周波数の交流両端をこの金属

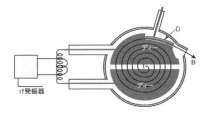

図1 サイクロトロンの上からの透視図
D:取り出し電極，B:取り出された荷電粒子ビーム．

容器に接続することにより加速電圧を発生させた．かくして，この間隙を通過するに従ってエネルギーが増し，許される軌道半径まで加速する加速器が完成した．

ローレンスが幸運であったのは，1930年当時，鉄を磁石コアに使った電磁石の磁束密度が1テスラを既に越えていたことと，この磁束密度での水素イオンの周回周波数10メガヘルツ帯の高周波源が既に存在していたことである．1931年の直径4インチのサイクロトロンの実証後，27インチ，37インチ，1939年に60インチサイクロトロンを次々と完成させている．4インチのサイクロトロンでは加速電極に1 kVを与えることで，80 keVの陽子を得，リチウムの壊変に成功している．60インチのサイクロトロンは超ウラン元素の発見に貢献したことがよく知られている．1939年にサイクロトロンの発明でノーベル賞を受賞した．1940年にロックフェラー財団からの150億円の支援で，184インチサイクロトロンの建設に取り掛かった．図1にサイクロトロンの原理図，図2に1号機をそれぞれ示す．

人物 ローレンスの人物像はそれまでの物理学者の印象を一新したと言えるだろう．大きな研究グループを率いた実験物理のラザフォードや理論物理のN.ボーア*らとも異なる．後にローレンスの名前を冠することになるバークレーの放射研究所は1931年から1950年までエネルギーフロンティアーの加速器（サイクロトロン）を擁し，核物理，核化学，核医学のメッカとして

図2　4インチサイクロトロン（1号機）

機能した．彼は全ての分野に通暁し，大所帯の研究グループをけん引した．政府，産業界，他学問分野と直接交渉し，大型の研究予算を獲得し，新しい研究分野の開拓を計るタフなリーダーであった．

兵器研究への関与　ローレンスを語るとき，戦中，戦後のアメリカの兵器研究への足跡は忘れることはできない．ローレンスが考案したウラン濃縮法として最も古い電磁濃縮法（質量分析法に類似）により，184インチサイクロトロンの電磁石を使って，広島原爆の原料であるウラン235は生産された．イギリスのレーダー兵器開発に協力する形で，MITの電波研究所設立に尽力，E. マクミラン*やL. W. アルバレツらの弟子や同僚をそこへ送り込んだ．それが，後年，シンクロトロンやアルバレツ型線形加速器の実証・開発に間違いなく役立ったと思われる．ソ連の水爆実験成功を受け，ロス・アラモス研究所に対抗して設立されたローレンスリバモア研究所は彼のトルーマン大統領への直接の働きかけで実現している．

戦前の理化学研究所で世界でもいち早く仁科芳雄*がサイクロトロンを導入したのは特記される．1937年に理研のサイクロトロン1号機がバークレーからの技術導入で完成している．戦後すぐGHQの指示で東京湾に廃棄され，この方面の活動が停止していたが，1951年に訪日したローレンスの助言で理研でのサイクロトロンの建設とそれを使った研究の再生がかなった．

ローレンツ，ヘンドリック・アントーン
Lorenntz, Hendrik Antoon
1853–1928
ローレンツ力，ローレンツ変換

オランダの理論物理学者．

経歴　24歳でライデン大学の理論物理学教授に就任．初めの20年間は電磁気学と光を主に研究し，その後は熱力学，流体力学，原子物理学など様々な分野に関わった．弟子のP. ゼーマン*が発見したゼーマン効果の理論的解釈で1902年にノーベル物理学賞を共同受賞．

ローレンツの主著『電子論』の中では，動く物体の力学と電磁気学に関するものが重要である．前者は運動する物体の長さと時間に関するものであり，後者は電磁場中を運動する電荷に働く力に関するものである．したがって，その研究の方向は相対性理論を向いていた．しかし，光行差についての研究はA. J. フレネル*以来のエーテルの存在を仮定したものであった．『電子論』では，物質は小さな荷電粒子（電子）からなるという描像の下に古典力学的物性論を展開した．屈折率の波長特性を表すローレンツ–ローレンツの公式（後者はローレンツゲージで知られるデンマークの物理学者L. V. ローレンツ）を導いた．

一方，アインシュタインが指摘するように，『電子論』の中で実在する場としての電磁場の概念を明確にしたことは後世に大きな影響を与えた．

ローレンツ力　J. C. マクスウェル*の方程式をコンパクトに4本の方程式に書いたのはローレンツが最初だといわれている．ローレンツは，さらに物質が満たすべき運動方程式を与えた．

初等電磁気学でよく知られているように，電場 E と磁束密度 B 中を運動する，電荷 e を持つ粒子に働く力は

$$\boldsymbol{F} = e(\boldsymbol{E} + \boldsymbol{v} \times \boldsymbol{B})$$

で，ローレンツ力とよばれる．第1項は電荷が電場によって受けるクーロン力を表し，第2項が狭義のローレンツ力である．電場と磁束密度は，以下に述べるローレンツ変換で変換する．

ローレンツ収縮，時間の遅れとローレンツ変換　1895年，A. マイケルソン*とE. W. モーリーの実験は地球の絶対静止系に対する速度を検知しなかった〔⇒マイケルソン〕．これを説明するために，物体が移動するときにその方向に収縮するという仮説を提案した．静止しているときに長さが l_0 の棒があるとしよう．それが速度 v で運動すると，静止系からみると長さが短くなって

$$l = l_0 \sqrt{1 - \frac{v^2}{c^2}}$$

とするとうまく説明できるという．ここに，c は光速である．ローレンツとは独立に同じ結論に達したアイルランドのG. フィッツジェラルドの名をとってローレンツ-フィッツジェラルド収縮とよばれることもある．1899年にはさらに「時間の遅れ」を導入した．静止系で，ある物理現象に要する時間を t_0 とするときに，それに対して速度 v で運動している系では同じ現象に要する時間 t は，

$$t = \frac{t_0}{\sqrt{1 - v^2/c^2}}$$

となる．例をあげると，μ 粒子は静止系ではマイクロ秒の寿命を持つが，光速近くで運動しているときには寿命が伸びる．宇宙線として，地上で測定されるのはこの時間の遅れの効果である．

両方をあわせると，静止系の座標 (t, x, y, z) とそれに対して x 軸正の方向に速度 v で運動する慣性系の座標 (t', x', y', z') の間の関係は時刻 $t = 0$ で両方の座標の原点が一致する場合，

$$t' = \frac{t - \frac{v}{c^2}x}{\sqrt{1 - \frac{v^2}{c^2}}}, \quad x' = \frac{x - vt}{\sqrt{1 - \frac{v^2}{c^2}}},$$

$$y' = y, \quad z' = z$$

と与えられる．またローレンツは，電磁気学のマクスウェル方程式がローレンツ変換によって不変であることも示している．このように，物理の基礎方程式がローレンツ変換に対して形が変わらないときに，ローレンツ共変であるという．

アインシュタインは1905年に，光速不変の原理に基づく物理的，操作的な方法，すなわち異なる場所にある二つの時計の合わせ方と物理法則が慣性系によらないという相対性原理に基づいてローレンツ変換を導出した．ポアンカレ，ローレンツ，アインシュタイン3者の特殊相対性理論への貢献についての科学史的考察，特にローレンツがエーテルの存在を捨てていなかったことについて諸説あるが，ここでは詳述しない．

ローレンツ分布　共鳴のある場合の強制振動の現象からくる確率分布

$$P(x) = \frac{1}{\pi} \frac{\gamma}{(x - x_0)^2 + \gamma^2}$$

は，ローレンツ分布，コーシー-ローレンツ分布などとよばれる．この確率分布は物理の色々な分野に現れ，原子核，素粒子物理においては，共鳴散乱の断面積を表すブライト-ウィグナー公式でもある．x_0 は共鳴点，γ が共鳴の幅である．

人物　ローレンツは，力学と電磁気学について既知の知識をまとめ上げて，20世紀の相対性理論と量子力学の時代の準備をした人である．多くの科学者たちから，彼の学識と人柄は尊敬され，最も権威のあるソルベイ会議の議長を亡くなるまで務めていた．オランダの堤防の建設についての調査チームの議長を務め，提言もしている．

ロンズデール,デイム・キャスリーン
Lonsdale, Dame Kathleen
1903–1971
X線回折によるベンゼン環の構造決定

イギリスの結晶学者.有機や無機分子の形を研究するX線結晶学の先駆者の1人.

経 歴 1903年アイルランド,ニューブリッジ生まれ.その後はイギリスで育ち,イルフォードの女学校を卒業後,16歳でロンドンのベッドフォード女子カレッジに入学,22歳で数学と物理学の学士となる.ここでW. H. ブラッグ (1915年ノーベル物理学賞受賞者〔⇒ブラッグ,W. L.〕) に学術の才能を認められ,彼のチームで一緒に結晶構造解析の研究をすることを勧められた.その後X線の技術を駆使して有機化合物の結晶構造を解明する仕事につき,ブラッグが1942年に逝去するまでの間,断続的ではあるが一緒に研究を続けた.

1956年には大英帝国勲章デイム・コマンダー勲爵士に指名され (このため,デイム (Dame) の称号が名前につけられている),1957年には王立協会からデービーメダルを授与された.王立協会フェロー.

科学学術分野の様々なところで女性のパイオニアとして知られている.1945年にはM. ステファンソン (微生物学者) と共に女性として初めての王立協会会員になった.彼女は,ロンドン大学初の女性教授となり,1966年には国際結晶学会の会長,1968年にはイギリス科学振興協会の会長を務めた.

ベンゼンの構造決定 1929年にX線回折でベンゼン環の構造が平面6回対称であることを確認し,1931年にはヘキサクロロベンゼンの構造も確認した.

20世紀初頭の化学者や結晶学者は,ベンゼンの原子構造を決めることに夢中だった.炭素から構成される物質の構造としては,1913年にブラッグ親子により,ダイヤモン

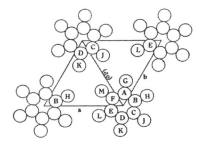

図1 ヘキサメチルベンゼンの構造
水素の位置は,X線回折からは決められていないが,炭素原子が平面上にあることを証明した.

ドの構造が決定され,個々の炭素原子は隣接する四つの炭素原子と等方的にテトラヘドラルに結合していることが証明された.一方グラファイトの構造は,ダイヤモンドに比べると確定的ではなく,P. デバイ*とP. シェラーは斜方晶で炭素は完全な平面構造をとると主張し,A. W. ハルは六方晶で炭素は平面ではなくジグザグ構造をとると主張していた.数年間確定的な結果が得られなかったが,1924年にO. ヘイゼルとH. マーク,そしてJ. D. バナールによりデバイとシェラーが提案した通り,単位胞は六方晶で炭素原子は平面構造にあることが証明された.ベンゼン環の構造についても,平面構造かジグザグかについて議論が続いていた.ベンゼンの固体および液体のX線構造解析の結果も数年間は確定的な結論には至らなかった.W. ブラッグが1921年にアントラセンとナフタレンはc軸長がそれぞれ 11.18 Å と 8.69 Å である以外はほぼ同じ結晶構造を示すことを報告する.この 2.49 Å の差はダイヤモンド中の炭素の六員環と近い値だったことから,ダイヤモンド中の構造と類似していると推測されていた.

ロンズデールはヘキサメチルベンゼンのX線構造解析を丁寧に行い,単位胞は三斜晶であり一つの中心対称の分子からなること,図1に示すように,単位胞中の炭素原子

が全て同じ平面を占めることを突き止めた．

結晶学への貢献　ロンズデールは晩年には尿酸の結晶の研究など，生体内での機能と関係のある物質へも研究の幅を広げた．

ロンズデールは大学院時代に始めた結晶の構造因子の計算の集大成として，1936年に論文「単純な構造因子と電子密度の関係を230の空間群について」を発表した．この仕事が核となり，『X線結晶学に関する国際表』(*International Tables for X-ray Crystallography*) が創刊され，ロンズデールは初刊から3巻までの編集責任者を務めた．このテーブルは，今では結晶構造を決める際の最も基本的な参照文献として利用されている．

第二次大戦後の1949年にロンドン大学 (University College London) の教授となり，固体の化学反応に関して高温高圧下での無機酸塩 (minerals) や天然および人工ダイヤモンドに関する先駆的な研究を行った．通常のダイヤモンドは立方晶だが，隕石の衝突などの衝撃によって六方晶のダイヤモンドが形成される．ロンズデールの固相反応に関する貢献を讃えて，六方晶のダイヤモンドは「ロンズデーライト」と命名された．

人　物　夫トーマス・ロンズデールと共に平和主義者としても知られ，世界平和実現のための活動や，牢獄の環境改善のための活動にも従事した．第二次大戦中は，亡命者をかくまった．そして，1943年に彼女は戦争協力を拒否したことで1カ月間牢屋ですごすことになった．1956年にはアメリカ，ソ連そしてイギリスの核実験を批判する本『平和は実現できるのか？』(*Is Peace Possible?*) を書いた．

ワイス, ピエール゠アーネスト
Weiss, Pierre-Ernest
1865–1940

分子場理論による強磁性の解明

フランスの物理学者．物質の強磁性の現象論的解明に成功．

経歴 アルザス地方，現在のドイツとスイスの国境近くのミュルーズに小間物商の息子として生まれる．チューリヒ工科大学機械工学科を卒業後，23歳でフランス高等師範学校に入学．5年後に物理科学の教員となり，P. ランジュヴァン*など数多くの物理学者や数学者と親交を深めた．

その後レンヌ大学准教授，リヨン大学准教授を経て，1902年，37歳で母校チューリヒ工科大学の教授となった．このときの同僚には，A. アインシュタイン*がいる．ワイスは，ここに磁性研究の拠点となる研究室を築いた．

キュリー゠ワイスの法則 機械工学の学生だった頃から，ワイスは物質の磁性に興味を持ち J. A. ユーイングと P. キュリー*の理論的研究に強く影響を受けた．1905年，ランジュヴァンが常磁性の理論を発表すると，ワイスはこれを強磁性に発展させることを試みる．

外部磁場 H を加えたとき誘起される単位体積当りの磁気モーメントを磁化 M とすると，磁化率 $\chi (\equiv \partial M/\partial H)$ が正の性質を常磁性，負の場合を反磁性という．それに対し，原子の持つ磁気モーメント同士が相互作用して，外部磁場がなくても磁化を示すのが強磁性である．ワイスは，原子の磁気モーメントが周囲の原子から磁化に比例した磁場を感じ，それが外部磁場と同じような作用をするという「分子場」の概念を導入し，それによってすべての磁気モーメントが自発的に揃う現象を説明した．高温ではキュリーの法則 $\chi = C/T$ に従う常磁性

図1 強磁性体では，高温でバラバラだった磁気モーメント（矢印）が低温では同じ方向に揃う

を示し，ある温度 Θ 以下で一斉に磁化 M の方向が揃うこと（図参照）から，磁化率 χ について以下のような定式化を行った．

$$\chi = \frac{C}{T-\Theta}$$

これが，キュリー゠ワイスの法則である．C はキュリー定数，Θ はワイス温度（あるいはキュリー温度）とよばれる．この表式は，強磁性以外に反強磁性（$\Theta < 0$）や強誘電性などの協同現象の相転移一般に適用できる．

1908年には，熱力学を強磁性体に導入し，強磁性転移によって，比熱に不連続な飛びが現れることを示した．また，飽和磁化の測定から，磁性元素が持つ磁気モーメントはある基本単位の整数倍になっていることを見出した．残念ながら彼が「磁子」とよんだこの基本単位は，現在知られているボーア磁子の約 1/5 の大きさであったが，量子力学が確立する前に量子化の概念を導入した卓越性は，特筆に値する．

さらに1918年には，磁気熱量効果も発見し，磁場下に置いた磁性体の温度が変化する機構を解明した．最近新しい冷凍技術として注目を集めている「磁気冷凍」は，この磁気熱量効果を利用したものである．

後進の育成 1919年，アルザス地方がフランスに返還されると，54歳のワイスは故郷に戻り，ストラスブール大学に物理研究所を設立した．その研究所からは，L. ネール*など多くの優れた研究者が育った．第二次大戦勃発のとき，リヨンに避難し，そこで癌のために亡くなった．享年75歳．

ワイル，ヘルマン
Weyl, Hermann
1885–1955

ゲージ場の萌芽を創った数学者

ドイツ生まれ．20世紀前半の指導的数学者の1人．数学の広い分野で基本的な貢献をし，相対性理論と量子力学という現代物理学の2本柱の発展に多大な影響を及ぼした．

人物・経歴　ドイツを代表する数学者 D. ヒルベルト*のいとこであったギムナジウム校長が，C. F. ガウス*以来の伝統を継ぐヒルベルトがいるゲッティンゲン大学に才能あふれるワイルを推薦し同大学で学んだ．1913年，スイス・チューリヒの連邦工科大学 (ETH) 教授．歴史や哲学についての深い理解と思想に富み，同地の自由な雰囲気の中で「数学の詩人」と形容されるような多彩な活動を展開．同僚となった6歳年長の A. アインシュタイン*との親交は終生続く．ヨーロッパ各地の有力大学からの招聘を断り続けたが，1930年師ヒルベルトのゲッティンゲン大学定年の後任に招請され母校教授に就任．だが，ナチスの台頭を嫌い1933年プリンストン高等研究所教授としてアメリカに渡り，ベルリンから移ったアインシュタインと再び同僚となる．1951年チューリヒに戻った．同地でのワイル生誕70年を祝う会の1か月後，アインシュタインと同年に生涯を閉じた．

ワイル変換　アインシュタインが1915年から1916年にかけて完成させた一般相対性理論は，数学界にも大きな衝撃を与え，第一次大戦の兵役からスイスに戻ったワイルも魅了された．1917年 ETH で行った講義をもとに出版した『空間・時間・物質』は一般相対性理論についての最初の本格的単行本として，理論を数学的な観点から整理し様々な示唆を与えた．さらに，1918年に発表した論文「重力と電気」で，一般相対性理論の思想を拡張して電磁気力と重力との統一(統一場理論)を目指す最初の試みを提唱した．すなわち，重力場を表す計量 $ds^2 = g_{\mu\nu}dx^\mu dx^\nu$ が持つ対称性である一般座標変換での不変性を，局所的な長さ単位の変換(スケール変換)に拡張し，次の変換の下でも不変であるように構成されるべきとした．

$$g_{\mu\nu}(x) \to e^{\rho(x)}g_{\mu\nu}(x) \qquad (1)$$

これをワイル変換とよぶ．曲がった時空間では一般に閉じた道筋に沿いベクトルを平行移動し元の位置に戻ったとき，ベクトルの向きは元と一致しないが，この理論では，向きだけでなく一般にその長さも変化する．この変化を記述する自由度として (1) 式で

$$\phi_\mu \to \phi_\mu + \frac{\partial \rho}{\partial x^\mu} \qquad (2)$$

と変換するベクトル場 $\phi_\mu(x)$ を導入した．この変換で不変な反対称テンソル

$$F_{\mu\nu} = \frac{\partial \phi_\nu}{\partial x^\mu} - \frac{\partial \phi_\mu}{\partial x^\nu} \qquad (3)$$

が電磁場を相対論的に表すと考え，重力と電磁力の統一が成し遂げられると主張した．

ゲージ理論の萌芽　だが，アインシュタインはワイルのアイデアの独創性と美しさを最高度に賞賛する一方で，物理学的には，粒子の時間の進みが過去の運動経路に依存し変化してしまい元素が固有のスペクトルを持つことと矛盾し，受け入れられないと反論した．ワイルの論文はアインシュタインのコメントつきという異例な形で出版され，そのままでは物理学者が認めるものとならなかった．実際，現代の理解からすればこの提案には計量テンソルが電荷を帯びるという明白な欠点がある．

量子力学が確立してから，F. ロンドンにより，ワイル変換を量子力学の荷電粒子(電荷 q) の波動場 $\psi(x)$ の位相変換

$$\psi(x) \to e^{iq\lambda(x)/\hbar}\psi(x) \qquad (4)$$

で置き換えると，それから電磁場の4元ポテンシャル $A_\mu(x)$ の変換 $A_\mu \to A_\mu + \frac{\partial \lambda}{\partial x^\mu}$

が導かれるとの指摘がなされた (1927 年).拡張された対称性をワイルはゲージ不変性 (ドイツ語で Eichinvarianz) と名づけたが,これがさらなる拡張としてのゲージ理論の名称の起源になった (ゲージ gauge は基準,尺度を意味する). 新しい解釈では, ゲージ不変性は電荷の保存を保証する対称性である. また, アインシュタインの指摘をこの解釈に適用すると, 荷電粒子の場の位相が粒子の運動経路に依存するという結論になるが, これは量子力学特有の干渉効果における磁場の影響 (アハラノフ–ボーム効果 [⇒ボーム]) につながり, ゲージ変換の物理的意味の実験的検証としての意味を持つ.

量子力学への貢献と影響 ワイルは量子力学に関しても, ETH での講義に基づいた『群論と量子力学』を 1928 年に出版し, 量子力学における対称性を「群」の観点から整理した. 群論は理論物理学, 理論化学に必須の道具になっている. また, ワイルは P. ディラック*が 1928 年に発表した相対論的な電子の波動場の方程式を群論的な観点から見直し, 質量が 0 ならディラックの 4 成分の場 (ディラックスピノル) をワイルスピノルとよばれる 2 成分の 2 個の独立な場に分解できることを指摘した. 現在の素粒子の標準ゲージ理論において, 弱い相互作用のゲージ変換はワイルスピノルを基に記述されている [⇒ヤン; マヨラナ].

歴史の皮肉というべきか, 晩年近く, ワイルとアインシュタインの統一場理論に対する立場は逆転した. アインシュタインは量子力学を棚上げし数学的構造だけを拠り所として幾何学的統一への試みを続けた. 一方, ワイルは重力と電磁気力を幾何学的に一つとは考えず, 量子力学を取り入れて理論を構築すべきとの立場をとった. (超)弦理論に代表される現在の統一理論の立場はワイルの考えに近いところが多い. また, 弦理論では世界膜の 2 次元の世界でワイル変換が重要な意味を持つ.

ワインバーグ, スティーヴン
Weinberg, Steven
1933–

電弱統一理論の提唱

アメリカ生まれの指導的理論物理学者. 電磁相互作用と弱い相互作用を統一するゲージ理論 (電弱統一理論) を提唱した.

経歴と影響 コーネル大学で学士号, ニールスボーア研究所にて研鑽後, プリンストン大学で博士号取得. コロンビア大学, MIT などを経て, ハーバード大学教授 (1973 年). 1982 年よりテキサス大学教授. 電弱統一理論により, A. サラム, S. グラショウと共に 1979 年度ノーベル賞を受賞. ワインバーグの仕事は多岐にわたり, 素粒子論から宇宙論に及ぶ数々の先端的研究と教育的著書で知られる. 例えば『重力と宇宙論』(1971 年), 『宇宙の最初の 3 分間』(1977 年), 『最終理論の夢』(1992 年) などがよく知られている.

電弱統一理論 電磁相互作用は, 荷電粒子 (電荷 q) の場 $\psi(x)$ のゲージ変換 $\psi(x) \to e^{iq\lambda(x)/\hbar}\psi(x)$ の下での対称性によって特徴づけられる [⇒ワイル]. $e^{iq\lambda(x)/\hbar}$ は 1×1 で絶対値 1 の行列で $U(1)$ と呼ぶ. $U(1)$ をアイソスピンとよばれる自由度を表す 2 成分の場に作用する 2×2 ユニタリ行列 $SU(2)$ (行列式=1) に置き換え拡張したものがヤン–ミルズ理論 [⇒ヤン] である. ゲージ対称性を成立させるには, ゲージ場と呼ばれるベクトル場が必要になる. $U(1)$ のゲージ場は光子の放出・吸収を記述する 4 元電磁ポテンシャルである.

1950 年代後半, 中性子が電子 e^- と反 (電子) ニュートリノ $\bar{\nu}_e$ を放出し陽子に転化する β 崩壊 $n \to p + e^- + \bar{\nu}_e$ に代表される弱い相互作用の理解が進んだ. リー–ヤンによるパリティ非保存の提唱と検証 [⇒リー] を経て, V–A 理論が確立した. V–A は, 素

粒子の流れを記述する関数 (流れ関数) が，電流と似た (V 型) 極性ベクトルと軸性ベクトルの流れ関数 (A 型) の差であることを意味し，粒子を質量 0 の極限で扱ったとき，スピンが運動量と反対方向の左巻成分のワイルスピノル〔⇒ワイル〕を通して相互作用が起こる．弱い相互作用は，この流れ関数の直接の積 (フェルミ相互作用) により記述される．核子の流れ関数の作用により転換 n→p が起こると同時に，電子とニュートリノの流れ関数により e^-, $\bar{\nu}_e$ が放出されるのが β 崩壊である．だが，この理論には量子効果を取り入れる近似を高めると物理量の関係に無限大が現れる (くりこみ不可能性と呼ばれる) 致命的欠陥がある．

ワインバーグは「レプトンの一模型」という論文 (1967 年) で，ニュートリノと電子の左巻成分を (弱) アイソスピンと見なし，$SU(2)$ と $U(1)$ を合体して一つのゲージ変換 (これを $SU(2)_L \times U(1)$ と記す) として 2 成分場 $\begin{pmatrix}\nu_e \\ e_L^-\end{pmatrix}$ に作用する弱い相互作用のゲージ理論を提唱した (添字 L で左巻き成分を指示，レプトンは電子，ニュートリノ等の仲間の粒子の総称〔⇒フェルミ〕)．電子に加えて μ 粒子と対応する μ ニュートリノの対 $\begin{pmatrix}\nu_\mu \\ \mu_L^-\end{pmatrix}$ も同様に扱う．これがワインバーグ–サラム理論とよばれる電弱統一理論の原型である．現在では，τ 粒子とニュートリノ対 $\begin{pmatrix}\nu_\tau \\ \tau_L^-\end{pmatrix}$ がレプトンの 3 世代目として加わる．さらに，核子の構成要素としてクォーク〔⇒ゲルマン〕の 3 世代 $\begin{pmatrix}u_L^i \\ d_L^i\end{pmatrix}, \begin{pmatrix}c_L^i \\ s_L^i\end{pmatrix}, \begin{pmatrix}t_L^i \\ b_L^i\end{pmatrix}$ をレプトンに対応させて導入する (添字 $i=1,2,3$ はクォークの色とよばれる自由度)．質量が 0 で左巻き成分だけと仮定されるニュートリノ以外は右巻成分 (e_R^-, u_R^i, ⋯ など) もあるが，(弱) アイソスピンは持たない．また，クォークの 3 世代は一般に混じりあう (カビボ–小林–益川行列〔⇒益川敏英〕)．

この理論の特徴をまとめる．①$U(1)$ の 1 個のゲージ場と $SU(2)$ の 3 個のゲージ場が存在し，フェルミ相互作用に代わりゲージ粒子の放出吸収による中間過程を通じた相互作用 (例：d→u+W^-, $W^- \to e^- + \bar{\nu}_e$)．ゲージ粒子は，電磁相互作用の光子に加えて，$W^+$ (電荷 +), W^- (電荷 −), Z^0 (電荷 0) という 3 種のスピン 1 粒子 (弱ボソンと呼ぶ)．②電荷の増減が伴う流れ関数に加え，電荷の増減がない中性流れ関数の存在及び中性の弱ボソン Z^0 を中間過程とする相互作用を予言．$SU(2)_L$ の 3 個のゲージ場のうち 1 個 (残る 2 個が $W^\pm$ に対応) が $U(1)$ のゲージ場と混合して光子と Z^0 が現れる．この混合具合を表す角度 θ をワインバーグ角という．③実際に観測される物理量の間の関係において無限大は一切現れない．これをくりこみ可能〔⇒トフーフト〕という．これにより，電磁相互作用の量子論である量子電気力学〔⇒ファインマン〕の成功の鍵であったくりこみ可能性が弱い相互作用にも拡張され，フェルミ相互作用の欠陥を解消．④左巻成分だけが $SU(2)_L$ ゲージ変換を受けるため，レプトンだけではカイラル量子異常〔⇒ベル〕が生じるが，クォークの寄与と相殺し無矛盾．(ⅴ) 光子以外のゲージ粒子にゲージ対称性の自発的破れにより質量を生成．これにより弱い相互作用の短距離性 (10^{-18}m 程度，弱ボソン質量に反比例) と小ささ (弱ボソン質量の 2 乗に反比例) を説明．質量生成には，弱アイソスピンの 2 成分を持つ複素数のスカラー場＝ヒッグス場が導入される (ヒッグス機構〔⇒ヒッグス〕)．その 2×2＝4 個の実数自由度のうち中性の 1 個が真空で凝縮し対称性を破り，そこからの量子的ゆらぎとして新たなスピンゼロ粒子 (ヒッグス粒子) を予言．残る 3 個が $W^\pm$, Z^0 と混じり質量 $M_W(\simeq M_Z \cos\theta)$ を生む．ヒッグス場は e, μ, τ やクォークとも結合し，それぞれで左巻と右巻ワイルスピ

ノルの混合を起こし質量を生成．ただし，u, dクォークからなる通常の物質質量の大半 (99％近く) は，ヒグス場ではなく色のゲージ場 (グルーオン) によりクォークに働く強い相互作用 (量子色力学〔⇒グロス〕) に起因．

1970 年代に中性流れ，1983 年に弱ボソン ($M_W = 80.42$ GeV/c^2, $M_W = 91.19$ GeV/c^2)，2012 年にヒグス粒子が検出され，理論の予言はすべて実証された．電弱統一理論と量子色力学を併せて素粒子の標準理論とよぶ．

A. サラムと S. グラショウ　A. サラム (Salam, Abdus; 1926–1996) はパキスタン生まれ，ケンブリッジ大学で博士号．1957 年インペリアルカレッジ (ロンドン) 教授，1964 年トリエステ国際理論物理学センター所長．1950 年代終盤からヤン–ミルズ理論を弱い相互作用に適用する可能性について研究を進めた．1968 年に開催されたノーベルシンポジウムにて，ワインバーグの理論と同等な理論を，少し遅れて発表した．関連した仕事に，対称性の自発的破れにおけるゴールドストーン定理の一般的証明に関するワインバーグ，ゴールドストーンとの共著論文がある (1962 年)．

S. グラショウ (Glashow, Sheldon Lee; 1932–) はニューヨーク生まれ，ワインバーグと高校，大学で同級．ハーバード大学で博士号．指導教授 J. シュウィンガー〔⇒朝永振一郎〕の示唆により電弱統一理論を志向．1966 年ハーバード大学教授．$SU(2)_L \times U(1)$ のゲージ変換は，ヒグス機構が知られる以前の 1961 年，彼の論文に提示された．1970 年，弱い相互作用におけるレプトンとクォークの間の対称性の観点から，彼自身を含む数名 (原康夫，牧二郎ら，1964 年) によって提唱され当時未発見であった 4 番目のクォーク c が存在するという仮定に基づき，中性流れが関与する弱い相互作用で s と他クォーク間の転換が極めて小さいという実験事実を説明し (GIM 機構)，後の発展に貢献した．

ワインランド，デイヴィッド
Wineland, David Jeffrey
1944–

イオントラップで基礎科学を

アメリカの物理学者．パウルトラップに捕獲したイオンをレーザー冷却し，これを使って正確な原子時計を作り，また，量子計算機の実現に向けた基礎実験を行った．

経　歴　カリフォルニア大学バークレー校を卒業後，1970 年ハーバード大学の N. F. ラムゼイ (1915–2011, 1989 年ノーベル物理学賞) の下で学位を得た．博士研究員として H. G. デーメルト (1922–, 1989 年ノーベル物理学賞) から電子とイオンのトラップを学んだ．静電ポテンシャルだけでは荷電粒子を空間的に閉じ込めることはできないが，W. パウル (1989 年ノーベル物理学賞) は交流電場を使ってこれに成功した (パウルトラップ)．

イオントラップとレーザー冷却　1975 年に国立標準局，現在の国立標準技術研究所 (National Institute of Standards and Technology) に入り，イオントラップの研究グループを率いた．1978 年にイオンのレーザー冷却に成功した．図 1 はレーザー冷却の原理を示す．共鳴遷移からわずかに低周波数側に離調したレーザー光をイオンに照射する (a)．レーザー光に対向して進むイオンはドップラー効果によりレーザー光と共鳴して励起されると共に，光子の運動量を吸収しただけ減速する (b)．励起準位の寿命程度の時間でイオンは光子をランダムな方向に放出して，その運動量の分だけ反跳を受ける (c)．この過程を繰り返すと，放出の反跳運動量は平均 0 となり，正味，レーザー光の方向の運動量を受けて，イオンは運動エネルギーを失い mK オーダーまで冷却される．

図 2 はイオンを捕捉する装置を示す．4

図1 レーザー冷却の原理 (説明図)

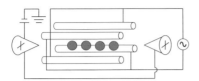

図2 4重極トラップと冷却イオンの結晶化

本の棒電極に交流と直流電圧，軸方向に追い返し電圧を印加する．レーザー冷却によりイオンの運動エネルギーがトラップエネルギーやイオン間相互作用エネルギーより小さくなると，図2のように結晶化が観測され，さらに，イオンを1個だけトラップすることもできる．このとき，他のイオンから影響を受けないため，遷移周波数の安定度が高く原子時計とすることができる．

レーザー冷却するとトラップ内でのイオンの運動は量子化される．1995年，パウルトラップに1個のイオンを捕捉し，量子化された運動状態とイオンの内部状態の間で量子計算機に必要な量子演算ゲートが動作することを実証した．その後，4重極トラップに複数個のイオンを捕獲し，進んだ量子演算を実現した．

個々の量子システムの計測と操作を可能にした実験手法の開発によりS. アロシュと共に2012年のノーベル物理学賞を受賞した．

量子計算機 通常のデジタル計算機の1ビットは0か1だが，量子計算機の1キュービットは0と1の重ね合せ（量子力学的重ね合せ状態）も許される．これにより，ある種の計算はディジタル計算機より高速で行えることが期待されている．この中には現在広く使われている公開鍵暗号を破る計算も含まれているため，大きな関心を集めている．

ワット，ジェームズ
Watt, James
1736–1819

効率のよい蒸気機関の開発

スコットランドのグリーノックに生まれた．機械工・発明家で，彼の改良した蒸気機関は産業革命に大いに寄与した．

経歴 ワットは子供の頃，造船・建築業を営んでいた父親の仕事場に机や工具と鍛冶場をもらい機械工作になじんだ．1953年にコンパス・定規などの数学器械の製作者になるためにグラスゴーに赴いた．1年間ロンドンで修行し，1757年にグラスゴー大学内に工作所を持った．そこで出会った教授のJ. ブラックらの影響で，科学的思考ともよべる考え方で開発を行った．

当時は産業革命の初期で，炭鉱や鉱山の効率的な排水法が求められていた．1712年にT. ニューコメンが開発し普及していた蒸気機関を，ワットは改良した．

1785年にロンドンの王立協会のフェローとなる．1800年に蒸気機関の基本特許が切れたのを機に引退したが，その後も自宅の屋根裏部屋で彫刻複写機などを開発した．1808年にグラスゴー大学の法学博士号を授与され，1814年には，フランス科学アカデミーの国外準会員に選ばれた．

蒸気機関の改良と普及 初期の蒸気利用排水機は，弁の開閉の組合せで真空に近い状態を作り，水を吸い上げた．ニューコメンが改良した蒸気機関は，シリンダーのピストンをボイラーからの蒸気で押し上げ，次に水を注入して蒸気を凝縮させ大気圧でピストンを押し下げる方式であった．

ワットは，1763年冬に大学所有のニューコメン機関の模型を修理した際，小型の模型が本物より熱効率が悪いことに気づき，その理由を論理的に考えた．その結果，冷やしたシリンダーに導入した蒸気の熱が壁

を暖めるために無駄に使われているという結論に達し，シリンダーと蒸気を冷却する空間 (復水器) を別にするアイデアを思いついた．これでシリンダーはいつも高温に保たれるので，蒸気が無駄に冷却されることがなくなり，熱効率が一挙に高まった．

1768 年にワットは J. レーベックと共同経営者になり，ブラックの支援を得て試作機を作り，翌年有名な特許「火力機関における蒸気と燃料の消費を逓減する方法の新発明」を取得した．しかし実用機製作のための資金が得られず，しばらくスコットランドの運河のルート探索にたずさわった．この間，レーベックが破産したため，1775 年に，ワットの特許の権利を引き継いだ M. ボールトンとの共同経営を開始し，順調な製品販売が継続するようになった．

1782 年にはピストンの上と下に交互に蒸気を入れて往復の動作に蒸気の力を使うようにした．これによって，ポンプの軸を下げるのに重力を使う必要がなくなり，横置きの機関が可能になった．さらに，これを揚水機に使うために，巧妙な平行運動機構を 1784 年に開発した．

一方，1781 年に回転運動ができる機関を作った．その際，他人の特許となっていたクランク機構 (ワットのアイデアが盗まれたという説もある) を避けるために遊星歯車機構を発明した．また，機関の働きを PV 図で表すことを考案し，遠心調速機や圧力ゲージ，さらにはシリンダーの 1 サイクルの間の蒸気の圧力と体積の指示器を発明するなど，様々な開発を行った．

仕事率の単位ワット また，ワットは機関の性能比較をするために，それまで曖昧な定義で使われていた「馬力」をきちんと定義し，1 分間に 33000 フィート・ポンド (約 4500 kgf·m) とした．これにちなんで，国際単位系 (SI) では仕事率の単位 J/s をワット (W) と称している．

【付録】 単 位 表

今日の物理学で用いられる標準的な単位は SI 単位系に従っている．SI 単位系は 1954 年の第 10 回国際度量衡総会 (CGPM) において国際的な標準単位系として採択され，その後さらに整備・拡張されたものである．SI 単位系では 7 つの基本単位 (表 1) の乗除により様々な量の単位 (組立単位) を構成する (例：加速度 $m \cdot s^{-2}$ など)．いくつかの組立単位は固有の名称と記号をもち，他の組立単位の表示にこれらを含むことができる (表 2)．

▷ 表 1 — SI 基本単位

基本量	SI 基本単位 名称	単位記号	
長さ	メートル	m	
質量	キログラム	kg	
時間	秒	s	
電流	アンペア	A	〔⇒アンペール〕
熱力学温度	ケルビン	K	〔⇒ケルヴィン卿〕
物質量	モル	mol	
光度	カンデラ	cd	

▷ 表 2 — 固有の名称と記号をもつ SI 組立単位

組立量	SI 組立単位 名称	単位記号	基本単位による表現 (別表現)	
平面角	ラジアン	rad	$m \cdot m^{-1} = 1$	
立体角	ステラジアン	sr	$m^2 \cdot m^{-2} = 1$	
周波数	ヘルツ	Hz	s^{-1}	〔⇒ヘルツ HR〕
力	ニュートン	N	$m \cdot kg \cdot s^{-2}$	〔⇒ニュートン〕
圧力・応力	パスカル	Pa	$m^{-1} \cdot kg \cdot s^{-2}$ $(= N \cdot m^{-2})$	〔⇒パスカル〕
エネルギー・仕事・熱量	ジュール	J	$m^2 \cdot kg \cdot s^{-2}$ $(= N \cdot m)$	〔⇒ジュール〕
工率・放射束	ワット	W	$m^2 \cdot kg \cdot s^{-3}$ $(= J \cdot s^{-1})$	〔⇒ワット〕
電荷・電気量	クーロン	C	$s \cdot A$	〔⇒クーロン〕
電位差 (電圧)・起電力	ボルト	V	$m^2 \cdot kg \cdot s^{-3} \cdot A^{-1}$ $(= W \cdot A^{-1})$	〔⇒ヴォルタ〕
静電容量	ファラド	F	$m^{-2} \cdot kg^{-1} \cdot s^4 \cdot A^2$ $(= C \cdot V^{-1})$	〔⇒ファラデー〕
電気抵抗	オーム	Ω	$m^2 \cdot kg \cdot s^{-3} \cdot A^{-2}$ $(= V \cdot A^{-1})$	〔⇒オーム〕
コンダクタンス	ジーメンス	S	$m^{-2} \cdot kg^{-1} \cdot s^3 \cdot A^2$ $(= A \cdot V^{-1})$	〔⇒ジーメンス〕
磁束	ウェーバ	Wb	$m^2 \cdot kg \cdot s^{-2} \cdot A^{-1}$ $(= V \cdot s)$	〔⇒ウェーバー〕
磁束密度	テスラ	T	$kg \cdot s^{-2} \cdot A^{-1}$ $(= Wb \cdot m^{-2})$	〔⇒テスラ〕
インダクタンス	ヘンリー	H	$m^2 \cdot kg \cdot s^{-2} \cdot A^{-2}$ $(= Wb \cdot A^{-1})$	〔⇒ヘンリー〕
セルシウス温度	セルシウス度	°C	K	〔⇒セルシウス〕
光束	ルーメン	lm	$cd \cdot sr$	
照度	ルクス	lx	$m^{-2} \cdot cd$ $(= lm \cdot m^{-2})$	
(放射性核種の) 放射能	ベクレル	Bq	s^{-1}	〔⇒ベクレル〕
吸収線量・カーマ	グレイ	Gy	$m^2 \cdot s^{-2}$ $(= J \cdot kg^{-1})$	〔⇒グレイ〕
(各種の) 線量当量	シーベルト	Sv	$m^2 \cdot s^{-2}$ $(= J \cdot kg^{-1})$	〔⇒シーベルト〕
酵素活性	カタール	kat	$s^{-1} \cdot mol$	

数値の大きさを示す実用的記号として，10の整数乗倍の倍量・分量を表す接頭語(表3)をSI単位記号の前に直接付すことができる.

▷ 表3 — SI接頭語

乗数	接頭語	記号	乗数	接頭語	記号	乗数	接頭語	記号	乗数	接頭語	記号
10^1	デカ	da	10^{12}	テラ	T	10^{-1}	デシ	d	10^{-12}	ピコ	p
10^2	ヘクト	h	10^{15}	ペタ	P	10^{-2}	センチ	c	10^{-15}	フェムト	f
10^3	キロ	k	10^{18}	エクサ	E	10^{-3}	ミリ	m	10^{-18}	アト	a
10^6	メガ	M	10^{21}	ゼタ	Z	10^{-6}	マイクロ	μ	10^{-21}	ゼプト	z
10^9	ギガ	G	10^{24}	ヨタ	Y	10^{-9}	ナノ	n	10^{-24}	ヨクト	y

非SI単位の例を表4,5に示す．表4の単位は慣用上SI単位との併用が認められる．表5に示すCGS単位系はかつて物理学分野で広く使われたが，現在は使用すべきでない．

▷ 表4 — SI単位と併用される非SI単位

量	単位		
	名称	単位記号	SI単位による値
時間	分	min	1 min=60 s
	時	h	1 h=60 min=3600 s
	日	d	1 d=24 h=86400 s
平面角	度	°	1°=$(\pi/180)$ rad
	分	′	$1' = (1/60)° = (\pi/10800)$ rad
	秒	″	$1'' = (1/60)' = (\pi/648000)$ rad
面積	ヘクタール	ha	1 ha=10^4 m^2
体積	リットル	L, l	1 L=1 dm^3=10^3 cm^3=10^{-3} m^3
質量	トン	t	1 t=10^3 kg
エネルギー	電子ボルト	eV	1 eV $\fallingdotseq$ 1.60×10^{-19} J
質量	ダルトン	Da	1 Da $\fallingdotseq$ 1.66×10^{-27} kg
	統一原子質量単位	u	1 u = 1 Da
長さ	天文単位	ua	1 ua = 149,597,870,700 m

▷ 表5 — CGS単位系に属する主な非SI単位

量	単位			
	名称	単位記号	SI単位による値	
エネルギー	エルグ	erg	1 erg= 10^{-7} J	
力	ダイン	dyn	1 dyn= 10^{-5} N	
粘度	ポアズ	P	1 P = 0.1 Pa·s	
動粘度	ストークス	St	1 St=10^{-4} m^2·s^{-1}	〔⇒ストークス〕
輝度	スチルブ	sb	1 sb = 10^4 cd·m^{-2}	
照度	フォト	ph	1 ph = 10^4 lx	
加速度	ガル	Gal	1 Gal = 10^{-2} m·s^{-2}	
磁束	マクスウェル	Mx	1 Mx = 10^{-8} Wb	〔⇒マクスウェル〕
磁束密度	ガウス	G	1 G = 10^{-4} T	〔⇒ガウス〕
磁界の強さ	エルステッド	Oe	1 Oe $\cong (10^3/4\pi)$ A·m^{-1}	〔⇒エルステッド〕

【付録】 周期表

族\周期	1	2	3	4	5	6	7	8	9
1	1 H 水素 1.008 【⇒キャヴェンディッシュ】								
2	3 Li リチウム 6.941	4 Be ベリリウム 9.012							
3	11 Na ナトリウム 22.99	12 Mg マグネシウム 24.31							
4	19 K カリウム 39.10	20 Ca カルシウム 40.08	21 Sc スカンジウム 44.96	22 Ti チタン 47.87	23 V バナジウム 50.94	24 Cr クロム 52.00	25 Mn マンガン 54.94	26 Fe 鉄 55.85	27 Co コバルト 58.93
5	37 Rb ルビジウム 85.47 【⇒ブンゼン】	38 Sr ストロンチウム 87.62	39 Y イットリウム 88.91	40 Zr ジルコニウム 91.22	41 Nb ニオブ 92.91	42 Mo モリブデン 95.94	43 Tc テクネチウム (99) 【⇒セグレ】	44 Ru ルテニウム 101.1	45 Rh ロジウム 102.9
6	55 Cs セシウム 132.9 【⇒ブンゼン】	56 Ba バリウム 137.3	57〜71 ランタノイド	72 Hf ハフニウム 178.5	73 Ta タンタル 180.9	74 W タングステン 183.8	75 Re レニウム 186.2 【⇒タッケ】	76 Os オスミウム 190.2	77 Ir イリジウム 192.2
7	87 Fr フランシウム (223) 【⇒ペレー】	88 Ra ラジウム (226) 【⇒キュリーM/キュリーP】	89〜103 アクチノイド	104 Rf ラザホージウム (267) [人:ラザフォード*]	105 Db ドブニウム (268)	106 Sg シーボーギウム (271) [人:シーボーグ]	107 Bh ボーリウム (270) [人:ボーア*]	108 Hs ハッシウム (269)	109 Mt マイトネリウム (278) [人:マイトナー*]

凡例：
● ■ ← 原子番号／元素記号
□□□□ ← 元素名
××× ← 原子量

- 原子番号，元素記号，元素名，原子量の表記は以下に依拠している．
  文部科学省「一家に1枚周期表」，第8版第2刷（2015年7月15日）
- 原子量の（ ）は放射性同位体の質量数の一例であることを示す．
- 表中〔人：〕は人名由来の元素名であることを示す．同記号中「*」は本書項目にて該当人物を収載することを示す．発見者等，とくに詳しい紹介のある事項は【⇒】で示す．
- 周期表全般については「メンデレーエフ」の項目を参照．

	1	2	3	4	5	6	7
ランタノイド	57 La ランタン 138.9	58 Ce セリウム 140.1	59 Pr プラセオジム 140.9	60 Nd ネオジム 144.2	61 Pm プロメチウム (145)	62 Sm サマリウム 150.4	63 Eu ユウロピウム 152.0
アクチノイド	89 Ac アクチニウム (227)	90 Th トリウム 232.0	91 Pa プロトアクチニウム 231.0 【⇒マイトナー】	92 U ウラン 238.0	93 Np ネプツニウム (237) 【⇒マクミラン】	94 Pu プルトニウム (239) 【⇒セグレ】	95 Am アメリシウム (243)

付録：周期表

10	11	12	13	14	15	16	17	18	族/周期
								2 **He** ヘリウム 4.003	1
			5 **B** ホウ素 10.81	6 **C** 炭素 12.01	7 **N** 窒素 14.01	8 **O** 酸素 16.00 【⇒ラヴォアジエAL】	9 **F** フッ素 19.00	10 **Ne** ネオン 20.18	2
			13 **Al** アルミニウム 26.98	14 **Si** ケイ素 28.09	15 **P** リン 30.97	16 **S** 硫黄 32.07	17 **Cl** 塩素 35.45	18 **Ar** アルゴン 39.95	3
28 **Ni** ニッケル 58.69	29 **Cu** 銅 63.55	30 **Zn** 亜鉛 65.41	31 **Ga** ガリウム 69.72	32 **Ge** ゲルマニウム 72.63	33 **As** ヒ素 74.92	34 **Se** セレン 78.96	35 **Br** 臭素 79.90	36 **Kr** クリプトン 83.80	4
46 **Pd** パラジウム 106.4	47 **Ag** 銀 107.9	48 **Cd** カドミウム 112.4	49 **In** インジウム 114.8	50 **Sn** スズ 118.7	51 **Sb** アンチモン 121.8	52 **Te** テルル 127.6	53 **I** ヨウ素 126.9	54 **Xe** キセノン 131.3	5
78 **Pt** 白金 195.1	79 **Au** 金 197.0	80 **Hg** 水銀 200.6	81 **Tl** タリウム 204.4	82 **Pb** 鉛 207.2	83 **Bi** ビスマス 209.0	84 **Po** ポロニウム (210) 【⇒キュリー-M/キュリー-P】	85 **At** アスタチン (210) 【⇒セグレ】	86 **Rn** ラドン (222)	6
110 **Ds** ダームスタチウム (281)	111 **Rg** レントゲニウム (281) 【人:レントゲン*】	112 **Cn** コペルニシウム (285) 【人:コペルニクス*】	113 **Uut** ウンウントリウム (278)	114 **Fl** フレロビウム (289) 【人:フレロフ】	115 **Uup** ウンウンペンチウム (289)	116 **Lv** リバモリウム (293)	117 **Uus** ウンウンセプチウム (294)	118 **Uuo** ウンウンオクチウム (294)	7

64 **Gd** ガドリニウム 157.3	65 **Tb** テルビウム 158.9	66 **Dy** ジスプロシウム 162.5	67 **Ho** ホルミウム 164.9	68 **Er** エルビウム 167.3	69 **Tm** ツリウム 168.9	70 **Yb** イッテルビウム 173.0	71 **Lu** ルテチウム 175.0
96 **Cm** キュリウム (247) 【人:キュリー-M*/キュリー-P*】	97 **Bk** バークリウム (247)	98 **Cf** カリホルニウム (252)	99 **Es** アインスタイニウム (252) 【人:アインシュタイン*】	100 **Fm** フェルミウム (257) 【人:フェルミ*】	101 **Md** メンデレビウム (258) 【人:メンデレーエフ*】	102 **No** ノーベリウム (259) 【人:ノーベル】	103 **Lr** ローレンシウム (262) 【人:ローレンス*】

項目執筆者一覧

【ア】
アインシュタイン [米谷]／アヴォガドロ [並木]／アッペ [永平]／アニェージ [川島]／アマガ [辻]／アリストテレス [笠]／アルヴェーン [小野]／アルキメデス [松尾]／アレニウス [坂東]／アレン [森]／アワーバック [西尾]／アンダーソン CD [髙山]／アンダーソン PW [小野]／アンペール [右近]／飯島澄男 [小野]／石原純 [西尾]／ウー [尾又]／ヴァン・ヴレック [川村 (光)]／ヴァン・デ・グラーフ [髙山]／ウィグナー [小野]／ウィーデマン [小野]／ウィーナー [小野]／ウィルソン K [川村 (嘉)]／ウィルソン C [髙山]／ウィルソン RW [岡]／ウィーン [永平]／ヴェネツィアーノ [坂東]／ウェーバー [藤原]／ヴォルタ [川島]／内山龍雄 [細谷]／ウーレンベック [今野]／エアトン [小川]／江崎玲於奈 [辻]／エディソン [結城]／エディントン [岡]／エトヴェシュ [並木]／エバルト [辻]／エルステッド [清水]／エルミート [米谷]／エーレンフェスト [加賀山]／オイラー [森]／岡崎恒子 [西尾]／オテルマ [岡]／オーム [米沢]／オングストローム [清水]／オンサーガー [川村 (光)]

【カ】
カー [佐々田]／ガイガー [清水]／ガイスラー [冨永]／ガウス [小野]／郭守敬 [小野]／カシミール [米谷]／カピッツァ [加賀山]／ガボール [小出]／カマリング＝オネス [冨永]／ガモフ [坂東]／ガリレイ [笠]／ガルヴァニ [右近]／カルノー [兵頭]／カルマン [長尾]／川崎恭治 [川村 (光)]／菊池正士 [辻]／ギブズ [並木]／キャヴェンディッシュ [並木]／キャノン [尾又]／キュリー P [辻]／キュリー M [川島・田中]／キルヒホッフ [清水]／ギンツブルク [海老澤]／クイン [坂東]／グース [坂東]／久保亮五 [小野]／クラウジウス [兵頭]／クラマース [今野]／グリーン [米谷]／グレイ [西尾]／グロス [川村 (嘉)]／黒田チカ [小川]／クーロン [並木]／クント [冨永]／ゲイ＝リュサック [川村 (光)]／ゲッパート＝メイヤー [米沢]／ケプラー [米沢]／ケルヴィン卿 [小出]／ゲルマン [森]／コーエン＝タヌジ [小出]／コーシー [米谷]／小柴昌俊 [辻]／コッククロフト [髙山]／小林誠 [川村 (嘉)]／コペルニクス [結城・笠]／コリオリ [松尾]／コワレフスカヤ [尾又]／近藤淳 [辻]／コンプトン [辻]

【サ】
坂田昌一 [川村 (嘉)]／佐藤勝彦 [坂東]／サハ [辻]／サマヴィル [川島]／猿橋勝子 [米沢・坂東]／シェヒトマン [川村 (光)]／ジェルマン [長尾]／シーグバーン [辻]／志筑忠雄 [今野]／シーベルト [清水]／ジーメンス [辻]／シャノン [田中・坂東]／シュタルク [佐々田]／シュテファン [冨永]／シュミット [岡]／ジュール [米沢]／シュレーディンガー [細谷]／シュワルツ JH [米谷]／シュワルツ M [尾又]／ジョセフソン [加賀山]／ショックレー [田島]／ジョリオ＝キュリー I [川島]／ジョリオ＝キュリー F [川島]／白川英樹 [小野]／ステヴィン [今野]／ストークス [冨永]／スネル [佐々田]／スレイター [今野]／関孝和 [森]／セグレ [髙山]／ゼーベック [松尾]／ゼーマン [永平]／セルシウス [結城]／ゾンマーフェルト [小野]

【タ】
ダイソン [川村 (嘉)]／タウンズ [佐々田]／タウンゼント [長尾]／高橋秀俊 [森]／タッケ [西尾]／ダランベール [辻]／丹下ウメ [小川]／チェレンコフ [辻]／チャドウィック [今野]／チャンドラセカール [岡]／デイヴィソン [藤原]／ディッケ [岡]／テイラー [尾又]／ディラック [米谷]／ティンダル [右近]／デカルト [結城・笠]／テスラ [右近]／デバイ [冨永]／デモクリトス [結城]／デュ・シャトレ [川島]／デュロン [清水]／デュワー [加賀山]／寺田寅彦 [笠]／デルブリュック [長尾]／ド・ジェンヌ [小出]／ド・ジッター [江里口]／戸田盛和 [小野]／ドップラー [佐々田]／外村彰 [海老澤]／ド・ハース [辻]／トフーフト [川村 (嘉)]／ド・ブロイ [今野]／トムソン GP [田島]／トムソン JJ [永平]／朝永振一郎 [川村 (嘉)]／トリチェリ [冨永]／ドルーデ [辻]／ドルトン [清水]

【ナ】
ナイチンゲール［多尾］／長岡半太郎［田島］／中村修二［松尾］／中谷宇吉郎［結城］／南部陽一郎［坂東］／西澤潤一［尾又］／西島和彦［坂東］／仁科芳雄［並木］／ニュートン［米谷］／ネーター［尾又］／ネール［加賀山］／ネルンスト［小野］／ノイマン［小野］

【ハ】
パイエルス［小野］／ハイサム［森］／ハイゼンベルク［細谷］／ハイトラー［川村(嘉)］／パウリ［細谷］／ハーシェル［江里口］／パスカル［並木］／パーセル［長尾］／バッシ［川島］／パッシェン［佐々田］／ハッブル［坂東］／バーディーン［海老澤］／ハートリー［長尾］／バーネル［尾又］／バーバー［長尾］／ハバード［辻］／バービッジ［尾又］／ハミルトン［細谷］／林忠四郎［坂東］／バルマー［清水］／ビオ［清水］／ヒッグス［坂東］／ピタゴラス［森］／ヒューイッシュ［尾又］／ヒュパティア［尾又］／平賀源内［松尾］／平田森三［笠］／ヒルベルト［米谷］／ファインマン［米谷］／ファラデー［米沢・坂東］／ファン・デル・ワールス［冨永］／フィゾー［永平］／フェルミ［森］／フォック［川村(嘉)］／フォン・クリッツィング［小野］／フォン・ノイマン［米谷］／福井謙一［川合］／フーコー［右近］／プタハ［西尾］／フック［結城］／プトレマイオス［尾又］／ブラウン［長尾］／フラウンホーファー［永平］／ブラーエ［尾又］／ブラケット卿［長尾］／ブラッグ［小出］／プラトン［藤原］／フラム［西尾］／プランク［小出］／フランクリンB［右近］／フランクリンR［西尾］／フーリエ［小野］／プリゴジン［森］／ブリッジマン［辻］／フリードマン［江里口］／ブリユアン［長尾］／ブルーノ［長尾］／フレネル［佐々田］／フレミングW［森］／フレミングJA［田島］／フレンケル［辻］／プロジェット［川合］／ブロッホ［川村(光)］／ブンゼン［笠］／フント［松尾］／ヘヴィサイド［長尾］／ベクレル［永平］／ヘス［髙山］／ベッセル［長尾］／ベーテ［清水］／ベトノルツ［海老澤］／ペラン［兵頭］／ベリー［米谷］／ベル［米谷］／ヘルツGL［今野］／ヘルツHR［右近］／ペルティエ［松尾］／ベルヌイ［川島・坂東］／ヘルムホルツ［小野］／ペレー［川合］／ヘンリー［西尾］／ペンローズ［細谷］／ボーア［細谷］／ポアソン［細谷］／ポアンカレ［江里口］／ホイートストン［永平］／ホイヘンス［岡］／ホイーラー［並木］／ホイル［江里口］／ボイル［今野］／ポインティング［尾又］／ホーキング［細谷］／ボゴリューボフ［小野］／ホジキン［永平］／ボース［小出］／ポッケルス［永平］／ホッパー［森］／ホフスタッター［髙山］／ボーム［松尾］／ポリャコフ［川村(嘉)］／ポーリング［小出］／ホール［辻］／ボルツマン［森］／ボルン［今野］／本多光太郎［藤原］

【マ・ヤ】
マイケルソン［永平］／マイトナー［今野］／マオ［辻］／マクスウェル［松尾］／マクミラン［髙山］／益川敏英［川村(嘉)］／増本量［尾又］／マーセット［小川］／マッハ［田島］／松原武生［海老澤］／マーデルング［辻］／マヨラナ［米谷］／マルコーニ［今野］／マルダセナ［米谷］／マンデルブロ［高安］／ミッチェル［西尾］／ミラー［小出］／ミリカン［右近］／ミンコフスキー［江里口］／メスバウアー［加賀山］／メンデレーエフ［川島］／モット［辻］／八木秀次［藤原］／保井コノ［小川］／ヤン［米谷］／ヤング［並木］／湯浅年子［笠］／湯川秀樹［坂東］／ユークリッド［森］／米沢富美子［森］

【ラ・ワ】
ライネス［藤原］／ライプニッツ［森］／ライマン［長尾］／ラウエ［今野］／ラヴォアジエAL［川合］／ラヴォアジエMA［川島］／ラグランジュ［細谷］／ラザフォード［今野］／ラプラス［江里口］／ラフリン［小野］／ラマン［小出］／ラム［髙山］／ラムザウアー［並木］／ラーモア［今野］／ランジュヴァン［川村(光)］／ランダウ［海老澤］／ランドール［坂東］／リー［米谷］／リスコフ［森］／リチャードソンOW［長尾］／リチャードソンLF［坂東］／リヒター［長尾］／リービット［永平］／リフシッツ［藤原］／リーマン［江里口］／リュードベリ［川合］／レイノルズ［冨永］／レイリー卿［永平］／レオナルド・ダ・ヴィンチ［森］／レッジェ［坂東］／レーナルト［永平］／レンツ［田島］／レントゲン［永平］／ロビンソン［尾又］／ローラー［兵頭］／ローレンス［髙山］／ローレンツ［細谷］／ロンズデール［川合］／ワイス［田島］／ワイル［米谷］／ワインバーグ［米谷］／ワインランド［佐々田］／ワット［兵頭］

事項索引

欧文

α 線　433
α ヘリックス　377
α 崩壊　62
α 粒子　63, 433
α-β-γ-林の理論　73, 267
α-β-γ 理論　72, 267
β 線　433
β 線スペクトル　418
β 崩壊　418, 474
——の理論　25, 286
μ 粒子　133, 419, 447, 468
π 中間子　133, 419, 447
ψ 粒子　450
Ω　58

Å　58
AB 効果　374
AC カー効果　61
AC シュタルク効果　147
AdS/CFT 対応　403
Advances in Physics　413
AGS　154
Al–Mn 合金　138
amg　8
Argus　448

B 中間子　393
B^{2}FH　264, 362
BBGKY 階層　367
BCS 理論　72, 92, 227, 257
Beta Decay　24
Bq　89, 143, 332
5490 Burbidge　264

°C　169
c クォーク　451

C 中間子　133
C 場　362
cal　198
cell　296
CERN　154, 212, 355
Ci　86, 89
CLU　447
CMB 非等方性　35
CNO サイクル　335
CNT　22
COBE 衛星　35
COBOL　372
cosmic rays　407
CP 対称性　154
CP 不変性　392
——の破れ　93, 124, 392
CPA　423
Cytologia　415

D ブレーン　402
DNA の二重らせん構造　304
DNA B 型　310

Electrons and Holes in Semiconductors　157
EPR パラドックス　3, 151, 341
ESAB 効果　374

F　282
Fat Man　166
fission　386
FLOW-MATIC　372
FORTRAN　15

G　66
GaN 膜　224
GIM 機構　393
GKPW 関係式　375, 403

GL 理論　91
GM　112
GM 計測管　63
Gr　143
Gy　102

H　351
H 定理　379
HOMO　292
HR 図　267

I 型超弦理論　153

J　150
J 粒子　450
jj 結合殻模型　111
J/ψ 粒子　450
Jun-ichi Nishizawa Medal　230

K　114
K 系列　141
K 中間子　231, 447
KS 鋼　382, 394

L 系列　141
LUMO　292

MHD　10
mho　144
millerite　406
Millikan's school　407
MK 鋼　382, 395
MOCVD 法　223
MOSFET　289
MRI　253, 327

n 型半導体　156
1/N 展開法　210

事項索引

NaI シンチレーションカウンター　373
Nebenkreis　344
NJL 模型　228
NMR　252, 327
NSR 模型　153

Oe　51
ohm　144
onde fictif　211
1529 Oterma　56

p 型半導体　156
Pa　252
Philosophical Magazine　190, 413
pin ダイオード　229
Planck 衛星　35
PN 接合ダイオード　43
pp チェイン　335
Program Optimization　15
PV 図　78, 98, 477

QED　189
Quantum Theory of Solid　244

Re　162, 456

S　144
S 行列理論　227, 361
s 体分布関数　367
s-d 交換相互作用　130
Snow Cristals　226
sp^2 三方性 σ 軌道　376
sp^3 混成軌道　376
SPEAR　450
STM　465
$SU(3)$　231
$SU(5)$　122
Sv　63, 143

T　193
$T^{1/4}$ 則　413
TDGL 方程式　399
Thor　448

Torr　217
TS 図　82

$U(1)$　473
$U(3)$　133
UNIVAC I　372

V–A　116, 447, 473
Venus コンピュータ　447
VS 図　82

W　477
Wb　38
WITI　15
WKB 法　100, 318
WMAP　35

X 線　463
X 線回折　49, 200, 213, 302, 303
X 線観測衛星チャンドラ　184
X 線吸収係数の理論　232
X 線結晶学に関する国際表　470
X 線結晶密度法　5
X 線顕微鏡　303
X 線構造解析　304, 368
X 線散乱　303
X 線単位　141
X 線分光　233, 429
X 単位　141
$X\alpha$ 法　165
xu　141

Z 粒子　271

ア

アイコナールの方法　265
アインシュタイン–ド・ハース効果　209
アインシュタイン–ヒルベルト作用　279
アインシュタイン方程式　204, 317
アインシュタイン模型　194

アウエルバッハ神経叢　16
アヴォガドロ定数　5, 281, 339, 380
アヴォガドロの仮説　4
アヴォガドロの法則　4, 21
青色発光ダイオード　223
青紫色半導体レーザー　223
アカデミア・デル・チメント　169
アカデメイア　8, 304
アクシオン　93, 104
アクチニウム系列　62
アクチニウム試料　350
アーク灯　43
アスタチン　166
アストロチキン　173
アストロラーベ　275
圧電効果　86
圧電素子　465
アップクォーク　392
アッベ数　6
アッベの正弦条件　6
圧力可変自動自記ウィルソン霧箱　418
アティヤ–シンガーの指数定理　342
アテナイの学堂　305, 421
アドミタンス　144
アトム　4
アニェージの曲線　7
アニー・J・キャノン賞　85, 264
アハラノフ–ボーム効果　70, 207, 340, 374, 473
アーベリアンプロジェクション　210
アマガ　8
アマガの法則　7
アームチェア型　22
アモントン–クーロンの法則　106
アラビア天文学　66
アリストテレスの運動法則　9
アリストテレスの自然学　126, 363

アルヴェーン速度　11
アルヴェーン波　10
アルカリハライド結晶　324
アルキメデスの原理　12, 73
アルゴン　457
アルハゼンクレーター　245
アルハゼンの定理　245
アルバレツ型線形加速器　467
『アルマゲスト』　125, 275, 297
アレニウス効果　14
アレニウスの式　14
アレニウスの電離説　195
泡箱　34
暗黒物質（ダークマター）　11, 93
暗線　59, 299
アンダーソン局在　18, 412
アンダーソンモデル　18
アンチストークス散乱光　163
アンドレエフ反射　259
アンペールの回路定理　21
アンペールの分子電流説　39
アンペールの法則　167, 270, 364, 389
アンペール–マクスウェルの法則　21
アンペール力　20

イ

イオン　281
　——のレーザー冷却　475
イオン化エネルギー　455
イオン化列　39
医者の長　295
異常ゼーマン効果　41, 168, 255
異常ホール効果　378
イジング模型（モデル）　60, 226, 244
位相差顕微鏡の原理の考案　210
位相波　211
1 次元酔歩のモデル　32
一様円運動　305
一般座標不変性　2
一般相対性原理　2
一般相対性理論　2, 408
　——の検証実験　47
イデアル　238
イデア論　304
易動度端　412
緯度効果　407
稲妻実験　309
色の混合説　235
色の理論　235
色分散　6
石清水八幡宮　46
陰極線　63, 213, 461, 463
インスタントン　104, 210, 375
インスリンの構造解析　368
インバー　395
インフレーション　35, 94, 134, 186
陰陽五行説　142
引力　142

ウ

ヴァッサー女子カレッジ　405
ヴァン・ヴレック常磁性　26
ヴァン・デ・グラーフ型加速器　28
ウィグナー–エッカートの定理　29
ウィグナー行列　29
ウィグナー結晶相　30
ウィグナー格子　30
ウィグナー–ザイツ胞　30, 319
ウィグナーの位相空間分布関数　30
ウィグナーの仮説　29
ウィグナーの定理　28
ウィグナーの半円分布　29
ウィックの定理　398
ウィーデマン効果　31
ウィーデマン–フランツ則　30, 172

ウィーデマン–フランツ–ローレンツ則　31
ウィーナー過程　32
ウィーナー–ヒンチンの定理　32
ウィルソン係数　32
ウィルソン山天文台　255
ウィルソン展開　32
ウィルソンループ演算子　33
ウィーンの公式　3
ウィーンの変位則　36, 85, 254
ウィーンの放射分布式　307
ウィーンの放射法則　36, 458
ヴェガード則　8
ヴェネツィアーノ振幅　38
ヴェネツィアーノ模型　460
ウェーバ　38
ウェーバー定数　39
ウェーバーの法則　39
ヴォルタ電池　323
ヴォルタの電堆　20, 40
ヴォルタの法則　40
渦状宇宙論　192
渦度　162
宇宙エレベータ　23
宇宙検閲官仮説　352
宇宙原理　204, 317
宇宙項　149, 204, 256
宇宙塵　364
宇宙線　233, 333
宇宙線強度の高度依存性　333
宇宙蝶　173
宇宙定数　149
宇宙年齢　35
宇宙の加速膨張　204
『宇宙の神秘』　112
宇宙の相転移シナリオ　134
宇宙背景放射　73, 94, 186, 204, 256, 308
宇宙プラズマ　11
『宇宙論』　9, 192
『宇宙をかき乱すべきか』　173
うなり　349

事項索引　　487

ウムクラップ過程　243
ウラニウム系列　62
ウラニウム–235　131
ウラン　332
運動方程式　234
運動論的輸送理論　367

エ

永久機関　459
エイダ–ラブレス賞　15
エカント　297
エキシトン　325
液晶の相転移現象　203
『液体構造論』　205
『液体理論』　205
江崎ダイオード　44
江崎玲於奈賞　45
エシェロン回折格子　384
エッティングスハウゼン–ネルンスト効果　240
エディソン効果　323, 448
エディソン電灯会社　46, 323
エディントン限界光度　48
エーテル　1, 9, 235, 285, 383, 467
『エーテルと物質』　441
エーテル理論　441
エトヴェシュ効果　49
エニオン　104, 437
エネルギー　417
エネルギー・運動量保存則　238
エネルギーギャップ　258
エネルギー等分配則　115, 307, 339
エネルギーバンド　229
エネルギー保存則　149, 348
エネルギー保存則の発見者　348
エネルギー量子　308
エバルト球　50
エバルト賞　49
エバルトの和　50
エルゴ領域　352
エルステッド　51
エルミート共役　52

エルミート行列　29, 52
エルミート形式　52
エルミート多項式　52
エレキテルの復元　276
エーレンフェストの関係式　53
エーレンフェストの定理　52
遠隔作用　39
遠隔力　344
円環説　192
遠近法　459
円形加速手法　466
演算子法　331
鉛室法　109
円周率の近似値　12
遠心力　127
円錐曲線試論　251
『円錐曲線論』　275
『遠西観象図説』　142
塩素液化　281
エンタルピー　82
エンタングルメント　341
円柱型アナログレコード　46
遠藤ファイバー　23
エントロピー　82, 98
エントロピー生成最小の原理　314
エントロピー増大の法則　114
煙幕　326

オ

オイラーの運動方程式　54
オイラーの公式　54, 119
オイラーのコマ　55, 128
オイラーの定理　54
オイラーの等式　54
オイラー方程式　54
オイラー–ラグランジュ方程式　54, 432
黄鉄鉱　228
大久保–ツヴァイク–飯塚則　134
岡崎フラグメント　55
オシロスコープ　299
オテルマ彗星　56

音振動の実験研究　358
音と光についての実験および理論的研究　417
『音の理論』　458
オートラー–タウンズ効果　147
オブジェクト指向プログラミング　448
『オプティクス』　297
オペレーションズ・リサーチの父　302
オーム　58, 144
オームの法則　19, 57, 90, 95, 218, 312, 359
重い電子系　19
おもちゃ博士　205
オルガノン　8
オーロラボリアリス　59
音響オーム　58
オングストローム　58
オングストローム (クレーター名)　58
温室効果　14
温室効果ガス　191
温度グリーン関数　96, 397

カ

ガイガー計数管　62
ガイガー–ヌッタルの法則　62
ガイガー–マースデンの実験　62
ガイガー–ミュラー計数管　62
開口合成　273
開口合成型電波望遠鏡　274
ガイスラー管　63
『解析学教程』　6
解析幾何学　193
『解析力学』　431
回折格子　300
回折ピーク　303
『解体新書』　276
回転鏡　294
回転のブラウン運動　339

開閉弦双対性　403
カイラル型　22
カイラル対称性　342
　　——の自発的な破れ　393
カイラル変換　342
カイラル量子異常　342
ガウシア　65
ガウス　66
ガウス型ウィグナー行列　29
ガウス型シンプレクティック
　　アンサンブル　29
ガウス型直交アンサンブル
　　29
ガウス型ユニタリーアンサン
　　ブル　29
ガウス関数　65
ガウス積分　65
ガウス単位系　66
ガウスの定理　65
ガウスの法則　66, 389
ガウス分布　65
ガウス平面　65
カオス的振舞　357
『科学』　24
『化学原論』　431
化学進化　429
化学的原子論　4
『化学哲学の新体系』　4
『科学と仮説』　357
『科学と文化』　135
『科学と方法』　357
『科学の価値』　357
『化学の原理』　410
『科学の未来を語る』　173
『科学への道』　418
『化学要論』　84
『化学論集』　431
可逆機関　77
角運動量保存の法則　113
拡散型霧箱　34
拡散係数の式　339
拡散の法則　312
核子　133, 336
核磁気共鳴　252
　　——の一般論　96
核磁気共鳴画像法　327

核磁気共鳴法　327
『確実性の終焉』　315
核反応　434
核分裂エネルギー　384
核分裂の理論　355, 361
殻模型　110
確率解釈　355
隠れた回転　41
隠れた変数　212, 374
カー効果　61
カコジル化合物　328
カーサミンの構造決定　105
華氏温度　114
カシミール演算子　67
カスケードシャワーの理論
　　248
カーセル　61
火線　265
仮想仕事　179
加速膨張　149
形の論理　134
カーター–ペンローズ図　352
活動銀河核　264
活量　196
活量係数　196
カー定数　61
荷電共役変換　124, 392
カノニカルアンサンブル　83
カノニカル相関関数　96
カノニカル分布　292, 398
カピッツァ抵抗　68
カビボ行列　393
カビボの理論　134
可変領域ホッピング　413
カーボンナノチューブ　22
カミオカンデ　121
「神はサイコロを振らない」　3
絡みあい問題　203
カラン–グロスの関係式　103
火力機関における蒸気と燃料
　　の消費を逓減する方法の
　　新発明　477
ガリレイ変換　1, 408
ガルヴァーニ電池　240
カルツァ–クライン理論　233
カルノーサイクル　77, 97

ガルバノメーター　20, 351
カルマン渦　163
カルマン渦列　78
カルマンライン　79
カレイドフォン　358
カロリー　198
川崎ダイナミクス　80
感覚論　197
干渉縞　300
慣性質量　49
慣性の法則　234
間接遷移型　230
完全宇宙原理　362
完全可積分　205
完全数　272
完全な神　192
完全反磁性　257
完全放射体　36
感応炎　191
緩和時間　379

キ

機械的エネルギー　417
機械論的自然観　192
『幾何学』　193
幾何学的位相　340
『幾何学の基礎』　278
菊池線　81
菊池パターン　185
奇数　272
擬スカラー　25
キース賞　16
気体元素のイオン化ポテンシ
　　ャルを測定　342
気体の法則　363
気体反応の法則　4, 109
気体分子運動論　389
軌道ゼーマン効果　171
帰納的述語　464
帰納的に加算な述語　464
ギブズ現象　83
ギブズの自由エネルギー　82,
　　349
ギブズの相律　83
ギブズのパラドックス　83

基本理論　48
キャヴェンディッシュ研究所　388
逆格子ベクトル　49
逆コンプトン散乱　132
逆ラマン効果　438
吸収線　85
吸収線量　143
『窮理通』　142
擬ユークリッド空間　454
キュリー　86, 89
キュリー温度　87, 471
キュリー式電気計　87
キュリー定数　471
キュリー点　100
キュリーの法則　86, 442, 471
キュリー–ランジュヴァンの法則　442
キュリー療法の母　89
キュリー–ワイスの法則　87, 471
鏡映対称性の破れ　447
『饗宴』　304
境界値問題　101
共形対称性　403
強結合超伝導　399
強磁性体　382, 471
強収束シンクロトロン　391
鏡像法　101
強束縛モデル　244, 263
京都サマーインスティチュート　424
京都モデル　268
共鳴ラマン散乱　438
行列力学　188, 245, 291, 340
協和音程　273
極カー効果　61
曲率概念　454
霧箱　34, 301, 434
キルヒホッフの第1, 第2法則　89
キルヒホッフの法則　90
銀河の形状の推定図作成　250
近接作用　39

近接力　282, 344
金属原子配列の直接観察　21
『金属と合金の性質の理論』　411
金属–非金属転移の新しい機構　423
近代科学の父　75
近代看護　220
金超微粒子の構造ゆらぎ　22
ギンツブルク–ランダウ理論　91
金箔検電器　333
銀板写真　285
金曜講話　207

ク

『空間・時間・物質』　472
空間反転　446
空間反転対称性　24
　──の破れ　446
『空気の弾性に関する自然学的・機械学的新実験』　363
空孔　324
偶数　272
空洞放射　36, 90, 306
空乏層　229
クエーサー　264, 274
クォーク　103, 117, 124
　──の世代間混合　392
　──の閉込め　33
屈折の公式　164
クーパー対　155, 258
久保効果　96
久保公式　96
久保亮五記念賞　95
クライン–ゴルドン方程式　151, 233, 288
クライン–仁科の公式　201, 232
クラインのパラドックス　233
クライン–フォック方程式　288
クライン変換　233
クライン–ヨルダン第2量子化　233
クラウジウスの原理　114
クラウジウスの不等式　98
クラウジウスの理論　388
グラファイト　22
クラペイロン–クラウジウスの式　98
クラマース–クローニッヒの分散式　100
クラマースの定理　100
クラマース–ワニエの方法　100
クランク機構　477
くりこみ可能　280, 474
　──な相互作用の分類　133
くりこみ群　32
『くりこみ群とε展開』　33
くりこみ群方程式　32, 103
くりこみ理論　41, 215, 230, 248
クリストッフェル記号　238
クリミヤ戦争　220
クリロフ–ボゴリューボフの定理　367
グリーン関数　100, 173, 278, 281, 435
グリーンの公式　101
グリーンの定理　100
グルーオン　117
クルックス管　64, 213, 461
グレイ　63, 102, 143
グレゴリウス改暦　125
クレチコウスキーの規則　400
クレプシュ–ゴルダン係数　29
クーロン　107
クーロン型　446
クーロンの法則　58, 107
クーロン力　107
群　238
クント管　107
クントの法則　108

ケ

ケイオン 154
系外銀河 255
蛍光 X 線 428
『形而上学』 8
形相因 9
ゲイ=リュサック–ジュールの
　実験 109
ゲイ=リュサック度数 109
計量テンソル 2, 454
経路積分 280, 375
ゲオルク・シモン・オーム教
　授職 58
ゲージ結合常数 93
ゲージ原理 210
ゲージ対称性 227, 419
ゲージ場 416
ゲージ不変性 473
ゲージ変換 271, 416
ゲージ粒子 227
ゲージ理論 41, 124, 341,
　416, 473
『結晶格子の力学』 380
結晶の構造解析 303
ゲッティンゲン七教授事件
　38
ゲッパート・メイヤー 112
月面観測 74
ケーニヒスベルク学派 241
ケフェイド変光星 452
ケプラーの法則 112, 142,
　235
ゲームの木 146
ケルヴィン–ストークスの定理
　162
ケルヴィン–ヘルムホルツ機構
　349
ケルビン 31, 114
ゲルマン–大久保の質量公式
　117
ケレス 65
『原子核の殻模型入門』 111
原子価結合法 376
原子間力顕微鏡 465
『原子衝突の理論』 411
原始星 267
原子説 219
原子時計 475
原子の極低温冷却法 118
原子モデル 171
原子論 196, 235
減衰理論 248
減速膨張 148
顕微鏡 5
検流計 38
弦理論 68, 152, 228, 375,
　460, 473
――とゲージ理論の間の双
　対性 375
『原論』 251, 275, 278, 421

コ

「鯉のウエーベル氏器官につい
　て」 415
高温超伝導体 72
光化学反応 241
『光学』 75, 235, 417
『光学の書』 245
交換理論 188
広義のベッセル関数 334
光行差 364
光子 3
格子ゲージ理論 33
高周波高電圧交流 194
公準 421
恒星スペクトルの分類 85
恒星内元素合成論 362
恒星の質量–光度関係 48
恒星の内部構造 47
高赤方偏移超新星探査チーム
　148
鉱石ラジオ 298
香雪化学館 180
光速度測定 285, 294
高速光スイッチ 61
光速不変性 1, 384
光速不変の原理 3
光電効果 3, 407, 461
高分解能電子顕微鏡法 21
蝙蝠の羽根図 221
公理 421
公理系 278
交流ジョセフソン効果 155
交流発送電システム 193
交流モーター 193
高リュードベリ原子 455
光量子 3, 131, 461
国際化学者会議 4
国際放射線防護委員会 143
黒体 36
黒体放射 36, 90, 147, 306,
　458
国立理工学研究所 144
『古今算法記』 165
誤差論 65
コーシーの積分公式 120
コーシーの積分定理 120
コーシー–リーマンの関係式
　120, 454
コーシー–ローレンツ分布
　468
ゴースト 281, 427
コスモトロン 391
枯草菌 55
『固体の物理化学』 411
コツェブー世界一周航海
　462
コッククロフト–ウォルトン回
　路 123
コッセル線 81
コッホ曲線 404
固定空気 431
古典電磁気学 389
古典物理学 235
小林–益川行列 134, 392
小林–益川理論 124, 392
コヒーラーの改良 401
コヒーレント・ポテンシャル
　近似 423
コプリーメダル 58
コペルニクス説 126
コペンハーゲン解釈 212
コペンハーゲン学派 151,
　355, 381

事項索引

コマ収差　6
『ゴム弾性』　95
固有値問題　278
コリオリの力　127, 294
ゴールドシュミット–ポーリングの原理　377
ゴールドストーン定理　475
コワレフスカヤ積分　128
コワレフスカヤのコマ　128
混合状態　292
混合場理論　133
コンサーティーナ　358
混成軌道の概念　376
コンダクタンス　144
近藤温度　130
近藤効果　33, 130, 411
近藤問題　130
近藤理論　130
コントラクション　398
『混沌からの秩序』　315
コンパイラ A-0　372
コンプトン効果　131, 164
コンプトン散乱　131
コンプトン波長　132

サ

サイクロイド振り子　360
サイクロトロン　233, 390, 466
サイクロトロン運動　444
サイクロトロン周波数　466
最高占有分子軌道　292
最古のアルゴリズム　422
最小金属伝導度　19
最小二乗法　65
最初の真の科学者　245
再生機フォノグラフ　46
最低非占有分子軌道　292
サイバネティックス　31
サイボーグ　32
坂田模型　116, 124, 133, 228, 392
作業物質　76
サセプタンス　144
サバティカル制度　425
座標幾何学　193

サマヴィル・カレッジ　136
作用・反作用の法則　234
作用量子　308
猿橋賞　138
サルハシの表　137
散逸構造　314
三角数　272
三極真空管　156
サンクトペテルブルクの逆説　347
3 K 宇宙背景放射　362
3 元素説　192
『算術』　275
参照波　70
算聖　166
3 世代 6 種類のクォーク　124
酸素　429
3 大数学者　66
3 体問題　357
酸と塩基　13
サンプリングする　145
三平方の定理　272
散漫散乱電子　81
残留磁束密度　394

シ

ジェルマン素数　140
シェルモデル　249
シェンケルの回路　123
視覚についての考察　417
シカゴパイル 1　287
磁気カー効果　61
磁気感受率　115
磁気相転移　202
磁気弾性効果　31
磁気定数　20
磁気熱量効果　471
磁気ヒステリシス曲線　382
磁気流体波　10
磁気流体力学　10
磁気量子数　41, 171
磁気冷凍　471
ジグザグ型　22
シーグバーン　141
次元解析　313
4 元数　60, 265

次元正則化法　210
次元変容機構　416
時憲暦　67
私講師　344
自己相関関数　32
自己組織化　315
シコニン　105
自己無撞着な計算　260
自己無撞着場の理論　288
自己誘導　351
視差　300
磁子　471
シジフォス冷却　119
『磁石論』　320
シス型ポリアセチレン　160
自然科学勲章　78
『自然学』　8
『自然哲学対話』　395
『自然哲学と機械技術』　417
『自然哲学の数学的原理』　234
自然についての知識を改良するためのロンドン王立協会　363
自然法則　192
実験哲学　363
実効線量　143
実効線量係数　143
実数学　177
ジップ–マンデルブロの法則　403
実用水銀温度計　170
質量作用の法則　135
質量支持の原理　316
質量分析器　214
質量保存の法則　219, 429
自転の証明　127
自動製糸機　418
自動並列化プロジェクト　15
自発的対称性の破れ　41, 134, 226, 227, 270, 393
磁場によるプラズマ閉込め　10
磁壁　382
シーベルト　63, 102, 143
ジーメンス　144

ジーメンス・ハルスケ社　144
弱収束シンクロトロン　391
弱ボソン　474
写真乾板解析　167
シャノンの第1, 第2基本定理　145
斜面の法則　161
シャルルの法則　108
シュウィンガー機構　216
シュウィンガー–ダイソン方程式　173
シュウィンガー模型　216
自由エネルギー　348
従円　297
周期的アンダーソンモデル　19
周期表　411
周期律　214, 410
自由電子モデル　30
周波数　345
自由落下　75
重力　142
重力–ゲージ対応　403
重力質量　49
重力2体問題　357
重力の逆2乗則　235
重力波　187
重力波検出プロジェクト　94
『重力理論』　361
授時暦　67
『授時暦経』　67
シュタルクエネルギー　147
シュタルク効果　146
シュタルクシフト　147
シュテファン–ボルツマン定数　380
シュテファン–ボルツマンの法則　147, 380
シュテファン問題　148
シュテファン流　148
シュテルン–ゲルラッハの実験　68
シュブニコフード・ハース効果　209
ジュール　150

ジュール効果　150
ジュール–トムソン効果　71, 115, 150, 199
ジュール熱　149, 364
ジュールの実験　97
ジュールの法則　462
ジュール–レンツの法則　462
シュレーディンガーの猫　152
シュレーディンガー方程式　52, 150, 247, 279, 340
シュワルツシルト半径　2, 365
循環　162
準結晶　138
準古典近似　319
準周期性　139
準静的過程　77
蒸気機関　76
貞享暦　67, 166
蒸気利用排水機　476
照空灯　43
衝撃波　396
常磁性　26, 471
情報　145
小惑星チャンドラ　184
職業としての女性天文観測者　250
ジョセフソン効果　155, 259
ジョセフソン接合　155
ショットキー欠陥　324
ショットキーバリア　229
シリウス伴星　334
シリコンバレー　157
磁力線　282
シルピンスキーのギャスケット　404
磁歪　31, 222
『新科学対話』　74
新巨大共鳴　373
真空　142
真空管　324, 463
シングルエンド加速器　27
シンクロサイクロトロン　159, 391
シンクロトロン　391, 467

神経電気流体　75
新KS鋼　382, 394
『塵劫記』　165
人工空気　84
進行波電子線形加速器　373
人工崩壊の実験　434
人工放射能　158
人種法　385
『真正なる自然学および天文学への入門書』　142
『新星について』　300
シンチレーション　274
シンチレーター　373
『新天文学』　301
振動数条件　353
新名古屋模型　393
深非弾性散乱　103
神秘の6角形　251

ス

水晶振動子　443
水晶板ピエゾ電位計　86
彗星　250
水素　84
　——のスペクトル線　269
水中での最初の光速度測定　294
『数学小論集』　179
『数理物理学の方法』　279
数論　65
スクラフ　261
スケーリング則　203
スケール変換　472
スコラ哲学　191
ステファン–ボルツマンの式　14
ステンレスインバー　395
ストークス散乱　163, 438
ストークスの式　163
ストークスの定理　162
ストークスの法則　175, 339, 407
ストレンジクォーク　392
ストレンジネス　231
ストーン–フォン・ノイマンの

事項索引 | 493

一意性定理　291
スネルの公式　321
スネルの法則　163, 297
スーパーインバー　395
スーパーカミオカンデ　121, 134, 182
スパークチェンバー　154
スーパーマロイ　394
スピノル　42
スピン–軌道相互作用　255
スピンホール効果　378
スペクトル解析　59
スペクトル線　59
スペクトルによる恒星の分類　322
滑り摩擦　106
スメカル散乱　99
スレイター行列式　165, 258
スレイター–ポーリング曲線　165

セ

星雲　250, 255
星雲仮説　142
『星界の報告』　74
正規分布　65
制限3体問題　357
正7角形　65
正17角形　65
正常ゼーマン効果　169
正常ホール効果　378
整数　272
整数量子ホール効果　436
『整数論の研究』　65
制動放射　247
——によるX線　463
生物学的半減期　143
青方偏移　452
生命空気　430
生命の起源　152
整流機能　324
整流作用　298
整流子　38, 193
世界システム　194
世界平和アピール七人委員会　138

世界膜　473
脊髄ガエル　75
積分法　236
赤方偏移　207, 452
セシウム　137, 329
ゼータ関数　54
接合型トランジスタ　156
摂氏温度　114, 169
絶対温度　114
絶対空間　235
絶対時間　235
絶対明度　452
絶対零度　240
切断近似　80
摂動ハミルトニアン　96
ゼーベック係数　168
ゼーベック効果　167, 345
ゼーマン効果　146, 168, 252, 255, 439, 441, 467
ゼロ点エネルギー　68
ゼロ点振動　68
遷移　354
遷移領域　456
1974年11月革命　451
前期量子論　308, 353
漸近的自由性　103
線形応答理論　32, 95
センダスト　394
宣明暦　67

ソ

操作主義　315
走査トンネル顕微鏡　465
走査プローブ顕微鏡　465
相対原子質量　4
相対論的宇宙論　267
(特殊) 相対論的量子力学　188
双対マイスナー効果　210
相転移　202
勿昔精粕　223
相反定理　59
相補性原理　355
層流　456
ゾエ　159

側回路　344
『ソクラテスの弁明』　304
素数　422
ソフィー・ジェルマンの定理　140
ソフトマター　202
——の物性物理学　203
素粒子の標準理論　475
『素粒子論研究 (素研)』　230
素粒子論的宇宙論　267
ソルベー会議　241
ソレノイド　20
『存在から発展へ』　315
ゾンマーフェルト–石原の条件　24
ゾンマーフェルト–ウィルソンの量子化条件　171
ゾンマーフェルト数　170
ゾンマーフェルト展開　172
ゾンマーフェルトの公式　172

タ

体　238
第1タウンゼント係数　175
第1回ノーベル物理学賞　463
第1種, 第2種ゲージ対称性　40
第1種, 第2種超伝導体　92
ダイオード特性　229
ダイオン　216
対称性の破れ　291, 342
帯磁率　26
対数関数の効用　347
大西洋横断海底ケーブル　115
ダイソン球　173
ダイソン指数　30
ダイソンのS行列　173
ダイソン方程式　173
タイタン　359
大統一理論　103, 121
大統暦　67
対ナポレオン百日戦争　241
ダイナミックシュタルク効果

事項索引

147
第二次ポエニ戦争　13
第2種永久機関　114
第2ビリアル係数　7
タイプIIのBW転移　424
大分配関数　398
ダイヤモンドアンビル装置　316
太陽コロナ　274
太陽中心説　74, 126
太陽ニュートリノ　121
太陽表面温度　148
太陽表面写真　285
太陽風　274
大陸移動説　201
タウ–テータ–パズル　447
ダウンクォーク　392
楕円軌道　113
ダークエネルギー　149, 204, 256
ダークマター(暗黒物質)　11, 93
ダゲレオタイプ　285
多時間理論　288
多相交流システム　194
多体問題　227
タータ基礎研究所　262
多段加速法　466
縦カー効果　61
タバコモザイクウイルス　310
ダランベール演算子　179
ダランベール作用素　179
ダランベールの原理　179
単一フェルミオンモード　367
単一ボソンモード　367
探索木　146
単純運動の原理　363
タンデム加速器　27
断熱系　98
断熱不変量の理論　52

チ

チェレンコフ(放射)光　121, 181

チェレンコフ放射　181
『力の保存について』　348
地球中心説　9
地球の温度　14
蓄音機　45
地磁気　38
地磁気観測所　66
秩序変数　91
地動説　125, 142, 320
地平線問題　94
チャーム　231, 451
チャームクォーク　104, 392
チャーモニウム　451
チャンドラセカール限界　183
チャンドラセカール質量　149
中間結合理論　215
中間子　262
中間子場　40
中間子理論　183, 419
抽象ヒルベルト空間　291
中性子回折　213
中性子星　261
中性子捕獲　425
中等化学教員検定試験　180
チューブアロイ計画　243
チューリング賞　15
超ウラン元素　385, 466
超音速　396
超共形対称性　403
超弦理論　68, 153, 227, 403, 445, 473
超重力理論　153
超新星宇宙論プロジェクト　149
超多時間理論　215
超伝導　71, 91, 202, 257
超伝導渦糸格子　92
超伝導現象の発見　71
超伝導ニオブ　207
超伝導の基礎理論　257
超伝導の中間状態　91
超流動　444
超流動状態　69
直接遷移型　230

直線レッジェ軌跡　460
直流ジョセフソン効果　155
直流発送電システム　194
直流モーター　193

ツ

対消滅　262
ツイスター　352
対生成　262
対発生　231
通恵河　67
ツーフローMOCVD法　224
強い相互作用　103
『つり合いの原理』　161

テ

ディオファントス的述語　464
ディオファントス方程式　275
ティコの星　300
定常宇宙論　264, 362
定積分　236
低速電子線回折　81
ディッケ型放射計　186
定比例の法則　219
デイム・コマンダー勲爵士　469
ディラックスピノル　473
ディラックの海　400
ディラックの記号　340
ディラックのデルタ関数　101, 291
ディラックの電子論　439
ディラック方程式　188, 400
ディラック粒子　401
テイラー展開の公式　120
ディールス–アルダー反応　293
ディレクトリス　21
ティンダル現象　191, 457
ティンダル効果　191
ティンダル散乱　191
ティンダル像　226

デカルト座標　193
テクネチウム　166, 178
テスラ　193
テスラコイル　194
テスラ電気会社　194
鉄鋼の父　382
デバイ–シェラー環　213
デバイ–シェラー法　195
デバイ振動数　195
デバイ–ヒュッケルの式　196
デバイ模型　195, 199
デービーメダル　86
デュロン–プティの法則　194, 198
デュワー瓶　199
デュワーベンゼン　199
デルタ関数　189
デルブリュック散乱　201
電圧則　89
転移温度　202
転移点　202
電荷保存則　309
電気一流体説　309
電気機関車　144
電気式エレベーター　144
電気伝導度　95, 168
『電気と磁気の数学的解析に関する論考』　100
電気物質　309
電気分解　40
『天球の回転について』　125
電気力学　20
天元術　165
電顕分解能限界　21
『電弧』　43
転向力　127
電弧のヒッシング　43
点竄術　165
電磁気学　20
電磁式指針電信機　144
電子芯　41
電子シンクロトロン　391
電子スピン共鳴　327
電子線回折　185, 213, 317
電子線バイプリズム　208
電子線ホログラフィー　208, 374
電磁統一理論　283
電子雪崩　175
電磁濃縮法　467
電子の散乱断面積　440
電子のスピン　41
電子の波動性　185
　　──の発見　212
電磁波の検出　344
電子波の検証　185
電磁波の伝播速度　345
電磁波のドップラー効果　206
電子–フォノン相互作用　43
電磁放射の散乱断面積の導出　232
電弱統一理論　124, 392, 416, 474
電磁誘導　351
『電子論』　467
電信方程式　331
点接触型トランジスタ　156
『天体運行論』　65
天体核現象　266
天体干渉計　384
『天体の機構』　136
『天体力学』　435
電灯　46
天動説　142, 305
電動モーター　282
電灯用発電所　46
天然色素研究　105
天王星　250
電波天文学　304
伝播関数　280
『天文学正典』　275
『天文対話』　74, 75, 191, 217
電離説　13
電離層　273
電離箱　87
電流応答　95
電流回路　20
電流則　89
電流と磁場の相互関係　50

ト

『ドイツ物理学』　461
ドイツ物理学運動　147
同位元素効果　259
同位体　219
統一場理論　3, 472
透過型回折格子　300
透過型電子顕微鏡　465
等価原理　2, 49
等価線量　143
等加速度運動　75
導関数　166
統計演算子　292
統計学の先駆者　220
『統計力学』　111
『統計力学の基本原理』　83
統計力学の創始　83
銅酸化物高温超伝導体　72
透磁率　115
同心天球説　305
等速運動　75
動物電気　39, 76
『動物論』　8
東北帝国大学附属金属材料研究所　381
『動力学論』　179
特異点　352
特異点定理　352
特殊相対性原理　1
特殊相対性理論　1, 408
特性 X 線　141, 463
独立粒子模型　112
『時計』　359
閉じた輪の証明　161
ド・ジッター宇宙　204
ド・ジッターの時空　204
ド・ジッターメトリック　204
ド・ジッターモデル　204
土星型原子模型　223
土星の環の研究　129
土星の環の構造と安定性　388
土星の環の発見　359
戸田格子　205

トップクォーク　392
ドップラー限界　118
ドップラー効果　146, 206
ドップラーシフト　207
ドップラー流速計　207
ドップラー冷却　118
ドップラーレーダー　207
ド・ハース–ファン・アルフェン効果　209
トフーフト–ポリャコフモノポール　210, 375
ド・ブロイ波　185
ド・ブロイ波長　185, 211
トーマス–フェルミモデル　400
トムソンの原子模型　214
トムソンの原理　114
朝永–シュウィンガーの定式化　173
朝永–シュウィンガー方程式　215, 281
朝永表示　215
朝永–ラッティンジャー模型　216
トリウム系列　62
トリチェリの実験　251
トリチェリの真空　217
トリチェリの定理　217
トリチェリのラッパ　217
とりつくし法　12
トル　217
ドルーデ–ゾンマーフェルトモデル　172
ドルーデの式　218
ドルーデの自由電子モデル　171, 218
ドルトンの法則　7, 219
トロペー　98
トロリーバス　144
トンネル効果　43, 330
トンネル接合　155
トンネルダイオード　44
トンネル抵抗　155
トンネル電流　44, 465
トンネル分光　43

ナ

ナイキスト–シャノンの標本化定理　146
ナイチンゲール看護婦養成所　221
内部エネルギー　97
内部被曝　143
内部量子数　41, 189
ナヴィエ–ストークスの方程式　54, 162
ナガオカ　223
長岡係数表　223
中野–西島–ゲルマンの法則　116, 133, 231
中谷宇吉郎 雪の科学館　226
中谷研究室プロダクション　226
中谷ダイアグラム　226
名古屋模型　133
ナフタレンのニトロ化反応　293
ナンタケットマリア・ミッチェル協会　405
南部 action　228
南部–後藤作用　375
南部–ゴールドストーン粒子　93, 270

ニ

二極真空管　323
2近差　301
二号研究　233
2時間グリーン関数　398
2次元イジング模型　60, 244
2次元共形場理論の定式化　375
西島–ゲルマンの法則　231
2事象の世界間隔　408
2次相転移　444
二重回折の法則　242
二重焦点型分光器　418
二重スリットの実験　417
二重魔法数　112
二重らせんモデル　310

2進法　426
2相交流モーター　193
二中間子論　133
日周視差　300
日食　300
日本最初の女性理学士　105
日本の十大発明家　382, 414
日本婦人科学者の会　138
入射X線　303
ニューコメン機関　476
ニュートリノ　121, 153, 182, 249, 286, 425
ニュートリノ振動　122, 134
ニュートリノビーム　154
ニュートンの運動の3法則　142
ニュートンの重力定数　235
ニュートンリング　236
2流体モデル　444
ニールス・ボーア研究所　355
鶏のとさか図　221
人間原理　186
人間乱数　146

ネ

ネオン同位体　214
ネゲントロピー　318
ネスティング　244
ネーターカレント　237
ネーターチャージ　237
ネーターの定理　237
熱拡散係数　313
熱機関　76, 77
熱サイクル　77
熱雑音　176
熱素　77
熱素説　109
熱電子バルブ　324
熱電子放出現象　448
熱伝導の方程式　313
熱電能　168
熱統計平均　398
『熱の解析的理論』　312
熱の理論　77
熱放射　36, 90
熱力学第1法則　77, 97, 348

熱力学第3法則　240
熱力学第2法則　77, 97, 114
熱力学的温度　114
熱力学の基礎方程式　82
ネール温度　239
ネルンスト–エッティングスハウゼン効果　240
ネルンスト効果　240
ネルンスト–トムソンの法則　240
ネルンストの式　240
ネルンストの定理　114, 240
ネルンストの要請　240
ネルンストランプ　239
年差　301
年周視差　334
燃焼　429
『燃焼について』　305

ノ

ノイマン–コップの法則　241
ノイマンの法則　48, 242

ハ

場　435
パイエルス転移　243
パイエルス歪み　244
パイエルス不安定性　244
パイエルス不等式　244
パイエルス–ボゴリューボフ不等式　244
倍音　349
パイオン　153
排除体積問題　203
倍数比例の法則　219
ハイゼンベルクの運動方程式　246
ハイゼンベルク–パウリの場の量子論　288
排他律　249
ハイトラー–ロンドン理論　247
ハイドロメーター　275
パウリ原理　336
パウリ効果　249
パウリの常磁性　27

パウリの排他原理　188
パウリの排他律　330
パウルトラップ　475
破壊現象　277
バグ　372
白衣の天使　220
パグウォッシュ会議　243
白色 X 線　141
白色矮星　183
白熱電灯　46
歯車式加減計算機　251
パサデナ・カルテック　407
ハーシェル–リゴレー彗星　250
パスカル　252
パスカルの蝸牛線　251
パスカルの原理　252
パスカルの定理　251
裸の特異点　352
発光ダイオード　223, 229
発散定理　66
パッシェン系列　255, 268, 455
パッシェンの法則　254
パッシェン–バック効果　255
『発微算法』　166
ハッブル宇宙望遠鏡　256
ハッブル定数　256, 318
ハッブルの法則　207, 256, 264, 452
ハッブル分類　255
発明王　45
波動演算子　179
波動説　417
波動方程式　151
波動力学　150, 188, 245, 291, 308
ハートリー近似　260
ハートリーの方程式　260
ハートリー–フォック近似　260, 288
ハートリー–フォックの方程式　165
ハドロン　33, 103, 124, 133, 152, 460
パートン　103, 281

場の量子論　231, 247, 288
バーバー散乱　262
ハバード–ストラトノヴィッチ変換　263
ハーバード・マーク I　372
ハバードモデル　263
ハビリタチオン　30, 170, 239, 289
ハフニウム　178, 232
パーマロイ　394
ハミルトニアン　60, 266
ハミルトニアン行列　29
ハミルトン形式　265
ハミルトンの運動方程式　265
ハミルトン–ヤコビの方程式　151, 265
林トラック　268
林の禁止領域　268
林フェーズ　267
パラメトロン　176
パラメトロン計算機　177
バリオン　133
馬力　477
パリティ　154, 446
　──の破れ　25, 116, 124, 231
パリティ非保存　24, 416, 473
パリティ変換　124, 392
パリティ保存　24, 447
パルサー　187, 261, 304
バルマー系列　85, 146, 255, 268, 455
万学の祖　9
反強磁性　238
ハンケル関数　334
反原子論者　380
反磁性　26, 39
反射 X 線　303
反射高速電子線回折　81
反ストークス散乱　438
『パンセ (瞑想録)』　252
半導体　228
バンドギャップ　229

バンド構造　249
反ド・ジッター空間　403
反ド・ジッターモデル　204
ハン–南部模型　227
反ニュートリノ　153
ハンフリーズ系列　268
万有引力定数　84
万有引力の法則　235
反陽子　166, 189
反粒子　280

ヒ

ピエゾ効果　86
ピエゾ素子　465
ピエゾ電気計　87
ヒエログリフ解読　417
ビオ–サバールの法則　50, 269
非可換ゲージ理論　210
　──のくりこみ　210
光カー効果　61
『光についての論考』　360
「光の回折について」　417
光の散乱　437
光の直進性　244
光の伝達説　193
光の波動説　242, 294
光ポンピング法　118
非局所場理論　420
ヒッグス機構　271, 416, 474
ヒッグス粒子　270, 474
微細構造定数　354
『非晶質における電子過程』　411
ヒステリシス　382, 394
ピストン油圧　326
微積分　426
非摂動領域　33
『非線形力学入門』　366
ピタゴラス音律　273
ピタゴラス学派　304
ピタゴラス教団　272
ピタゴラスの定理　2, 272, 422
ビタミン B_{12} の構造解析　368

ビッグバン　308
ビッグバン宇宙論　35, 73, 94
比熱　198
火の玉モデル　362
火花スペクトル法　329
非平衡開放系　314
『百科全書』　179
百科全書派　179, 192
ピューリタン革命　295
秤動　301
表面準位の理論　228
表面膜用水槽天秤　371
避雷針　309
平田銑　277
ビリアル効果　31
微量拡散分析装置　137
微量分析の達人　138
ヒルベルト空間　28, 52, 279, 291, 340
ヒルベルトの第10問題　464

フ

ファインマン規則　280
ファインマングラフ　101
ファインマン図（ダイヤグラム）　173, 201, 262, 280, 361
ファインマンの定式化　173
『ファインマン物理学』　453
ファラデー　281
ファラデー定数　5, 281
ファラデーの電気分解の法則　281
ファラデーの電磁誘導の法則　242, 282, 389, 462
ファラド　282
ファン・デル・ワールス結合　284
ファン・デル・ワールスの状態方程式　283
ファン・デル・ワールス力　284
フィッツジェラルド–ローレンツ短縮仮説　384
フィボナッチ格子　139

フィボナッチ数列　464
フェライト　394
フェリ磁性　238
フェルマーの原理　431
フェルマーの最終定理　140
フェルミエネルギー　19
フェルミオン　153, 249, 393
フェルミ結合定数　287
フェルミ準位　229
フェルミ相互作用　116, 267
フェルミ–ディラック関数　449
フェルミ–ディラック統計　188, 249, 286
フェルミ–ディラック分布　171
フェルミ統計　286
フェルミ粒子　188, 216, 336, 412
フォッカー–プランク方程式　442
フォック空間　288
フォック表示　288
フォノトグラフ　46
フォン・クリッツィング定数　290
フォン・ノイマンエントロピー　292
不可逆過程の熱力学　59, 314
不確定性原理　246, 341, 355
不活性元素　457
不可能性の証明　65
不完全性定理　65, 278
不規則2元合金　423
不均一物質系の平衡　82
複合姓　157, 158
複雑系　117
複雑系科学　357
『輻射の量子論』　248
複素数　65
フーコーの正弦則　294
フーコーの振り子　294
婦人研究者の地位委員会　138

事項索引

婦人参政権　43
『婦人のための化学対話』　395
負性抵抗　44
プタハ　295
フッカー望遠鏡　255
フックの法則　296
『物質の電気分極と磁性』　27
『物性研究』　397
『物性論研究』　397
物体波　70
『物理学教程』　198
『物理学はいかにしてつくられたか』　24
不定積分　236
プトレマイオス説　125
不変測度　367
不変変分理論　40
フーマソン　256
ブヨルケンのスケーリング則　103
ブライト–ウィグナー公式　468
ブラウン運動　3, 5, 338, 442
　回転の――　339
ブラウン管　298
フラウンホーファー線　6, 59, 299
フラクタル　404
フラクタル幾何学　404
フラクタル次元　404, 450
ブラケット記法　189
ブラケット系列　268
プラズマ宇宙論　11
ブラッグ–グレイの関係式　102
ブラッグスポット　81
ブラッグの公式　303
ブラッグの法則　195, 303, 406
ブラッグピーク　303
ブラックホール　3, 184, 361, 365
　――の蒸発　366
ブラックホール温度　365
ブラッグ面　319
フラーレン　22

プランク共鳴子　343
プランク長　308
プランク定数　308, 407
プランクの公式　37, 369
プランクの放射分布式　307, 308
プランクの放射法則　369
プランクの量子論　268
フランク–ヘルツの実験　343
フランシウム　350
フランス原子力委員会　159
ブランス–ディッケ理論　186
フーリエ解析　313
フーリエ逆変換　313
フーリエ数　313
フーリエ展開　313
フーリエの定理　313
フーリエの法則　312
振り子時計　359
『振り子時計』　360
振り子の等時性　73
ブリッジマナイト　317
ブリッジマン賞　317
ブリッジマン法　315
フリッシュ–パイエルスメモ　243
フリードマン方程式　148, 318
フリードマンモデル　204, 318
ブリユアン域　30
ブリユアンシフト　318
ブリユアンゾーン　319
浮力の原理　12
『プリンキピア』　84, 197, 234, 417, 431
『「プリンキピア」講義』　184
ブール代数　145
プルトニウム　131, 166
フレネル–キルヒホッフの回折理論　360
フレネル積分　321
フレネルの公式　321
フレネルレンズ　321
フレーバー　153
フレミングの左手の法則　323

フレミングの右手の法則　323
フレンケル欠陥　324
フレンケル励起子　325
不連続な転移　19
フロギストン　84, 429, 430
ブロッホ–ウィルソン転移　328, 424
ブロッホ関数　328
ブロッホ振動　328
ブロッホの定理　327
ブロッホ方程式　327
プロトアクチニウム　385
フロンティア軌道　292
分圧　219
　――の法則　219
文化勲章第1号　223
分岐則　89
分光学　59
分子　142
　――の存在証明　338
分子線エピタキシー法　43
分子電流　20
分子場　471
分数量子ホール効果　104, 290, 436
ブンゼンバーナー　329
プント系列　268
フントの規則　329
フントの結合則　329
フント–マリケンの理論　330
分配関数　60, 292, 398

ヘ

平坦性問題　94, 186
平面波近似法　165
ヘキサクロロベンゼン　469
ヘキサメチルベンゼン　469
冪分布　403
ベクトル解析　331
ベクレル　89, 143, 332
ペチェイ–クイン機構　104
ペチェイ–クイン対称性　93
ベッセル関数　334

事 項 索 引

ベッセルの微分方程式　334
ベーテ–ヴァイツゼッカーの質量公式　336
ベーテ仮説　336
ベーテ格子　336
ベーテ公式　335
ベーテ–ゴールドストーンの方程式　336
ベーテ–サルピーター方程式　335
ベーテ–ハイトラーの公式　247
ヘテロティック弦理論　103
ペニシリンの構造解析　368
ベバトロン　391
ベリー位相　340
ヘリウムの液化　71
ヘリシティー　401
ペルティエ係数　345
ペルティエ効果　168, 345, 462
ベルヌイ数　166, 317
ベルヌイの規則　347
ベルヌイの定理　346
ベルの不等式　341
ヘルムホルツ協会　36
ヘルムホルツ共鳴器　349
ヘルムホルツコイル　349
ヘルムホルツの自由エネルギー　82, 349
ヘルムホルツの定理　349
ヘルムホルツ分解　349
ヘルムホルツ方程式　349
ベルリン問題　344
ペレトロン　28
ペロブスカイト型銅酸化物超伝導体　337
変位則　307
変換理論　291
偏光勾配　118
偏光勾配レーザー冷却・捕獲法　119
変光星の周期・明度関係　452
ベンゼン環の構造　469
変分原理　431
変分問題　432

ヘンリー　351
ヘンリー・ドレイパーカタログ　85, 322
ペンローズ過程　352
ペンローズタイル張り　139

ホ

ボーア–アインシュタイン論争　355
ボーア–クラマース–スレイターの放射論　99
ポアソン括弧式　356
ポアソン過程　356
ポアソンの輝点　321
ポアソンの法則　356
ポアソン比　356
ポアソン分布　356
ポアソン方程式　356
ボーア–ゾンマーフェルトの量子化条件　171, 211, 354
ボーアの原子模型　222
ボーアの振動数条件　455
ボーアの量子条件　171
ボーア半径　269
ポアンカレ写像　357
ポアンカレ断面　357
ホイートストンブリッジ　358
ホイヘンス式接眼レンズ　360
ホイヘンスの原理　294, 360
ホイヘンス–フレネルの原理　360
ホイーラー–ドウィット方程式　361
ボイルの法則　109, 363
ポインティングの定理　364
ポインティングベクトル　364
ポインティング–ロバートソン効果　364
ポインティング–ロバートソン抗力　364
方位量子数　41, 171
望遠鏡　74
放射圧　364

放射性元素　88
放射性変換理論　433
放射線　407
放射線生物学　102
放射線線量測定法　102
放射能　86, 88, 332
放射能計算尺　418
放射の量子論　164
膨張宇宙論　256
膨張霧箱　34
放物線の面積　12
『方法序説』　191
方法的懐疑　192
ポエニ戦争　11
『ホーキング宇宙を語る』　366
ホーキング粒子　365
ボゴリューボフード・ジェンヌ方程式　202
ボゴリューボフ変換　366, 367
『星の構造』　184
保磁力　382
ボース–アインシュタイン凝縮　69, 118, 119, 258, 369
ボース–アインシュタイン統計　249, 369
ボース凝縮　72
ボース統計　369
ボース粒子　216
ボソン　249, 369
ポッケルス効果　61
ホッピング　263
ホッピング伝導　413
ポテンシャル　435
『ホトトギス』　201
ボトムクォーク　392
ボーム拡散　374
ボームダイアローグ　374
ボームの理論　341
ボーム–パインズ理論　208
ポリアセチレン　159
　　──の導電性　160
ポリアセチレン薄膜　160
ポリャコフ作用　375
ポーリングの原理　377

事項索引

ホール係数　378
ホール効果　377
ホール素子　377
ボルツマン賞　380
ボルツマン定数　378
ボルツマンの原理　308, 370
ボルツマン分布　379
ボルツマン方程式　367, 379
ボルツマンメダル　380
ホール伝導度　289
ホール伝導率　378
ホール電流　96
ボルト　39
ボルン–オッペンハイマー近似　381
ボルン近似　381
ボルン–フォン・カルマンの周期境界条件　79
ホログラフィー　69
ホログラフィック原理　210
ホログラム　208
ポロニウム　86, 87
ホロノミー　340

マ

マイクロチューブル　22
マイクロ波検出装置　35
マイクロ波スペクトル線　174
マイクロ波発振器　174
マイケルソン干渉計　383
マイケルソン–モーリーの実験　115, 285, 383
マイスナー効果　270, 337
マイトネリウム　386
マオ–ベル型ダイヤモンドアンビル超高圧装置　387
曲がった空間　454
曲がった時空の場の理論　151
牧–中川–坂田行列　134
マクスウェルの等面積則　284
マクスウェルの方程式　331, 389
マクスウェル分布　388

マクスウェル方程式　66, 345
マクスウェル–ボルツマン分布　378, 449
マスタードガス　16
マスモトメタモルフォシス　394
マズリウム　178
まだら模様　277
マッハ角　397
マッハ効果　396
マッハ主義　397
マッハ数　397
マッハの原理　234
松原–グリーン関数　92, 398
松原振動数　398
『マッハ力学』　397
マティーセンの法則　71
マテウチ効果　31
マーデルング則　399
マーデルング定数　50, 399
マーデルング方程式　399
魔法数　110
マヨラナ表示　401
マヨラナ粒子　401
マラード電波望遠鏡　260
マリア・ミッチェル　405
マルチアンビル装置　316
マルチユニバース　94
マンデルブロ集合　404
マンデルブロの法則　403
マンハッタン計画　17, 131, 243, 279, 287, 361, 374, 425

ミ

見えざる学会　363
ミクログラフィア　296
ミー散乱　191
『水の重さの原理』　161
ミッチェル彗星　405
密度演算子　292
緑の小人　261
脈圧計　42
ミューオン　17, 153, 182, 419
ミラー指数　406

ミリ波天文学　35
ミンコフスキー空間　408
ミンコフスキー時空　2, 408

ム

無機酸塩　470
無限級数の収束性　119
『無限小解析入門』　6
無限フーリエ級数　313
無線送電システム　194
無線通信　194
無線電信装置　402
無定位磁針　20
無矛盾性　278
無理数　273

メ

明線　300
メーザー　174
メスバウアー効果　409
メスバウアー分光法　409
メゾスケールのゆらぎ　80
メソン　262
メトリック　204
メトリックテンソル　454
メートル法　61, 431
面積速度一定の法則　113
面積定理　365

モ

モー　144
毛細管現象論　296
燃える空気　84
目的因　9
モット絶縁体　412
モット転移　263, 412
モットの理論　229
モード結合理論　79
物の論理　134
モノポール問題　94, 134
モールス信号機　401
モレキュール　4

ヤ

八木–宇田アンテナ　414

大和暦　67
ヤングの実験　417
ヤング–ヘルムホルツの三色説　349
ヤング率　417
ヤン–ミルズ理論　402, 416, 473

ユ

有核原子モデル　434
有機物超伝導　338
遊星歯車機構　477
誘導ラマン効果　438
有理数　272
湯川ポテンシャル　419
湯川モード　419
『雪』　225
雪の結晶構造　225
「雪は天からの手紙」　225
ユークリッド空間　454
ユークリッドの互除法　422
ユークリッドの第 1 定理　421
輸送係数　95
輸送理論　389
ユニタリー変換　28, 52

ヨ

陽極線　146
陽子崩壊　121
陽子–陽子連鎖反応　335
陽電子　17, 189, 400
陽電子消滅　425
揺動散逸定理　3
横カー効果　61
横ドップラーシフト　207
横ネルンスト効果　240
余次元　445
弱い相互作用　287, 418, 425

ラ

ライデン瓶　309
ライナック　373
ライプニッツ理論　198
ライマン系列　427, 455
ライマンゴースト　427

ライマンテン　427
ラウエ斑点　429
ラグランジアン　432
ラグランジュ点　432
ラグランジュの運動方程式　179
ラグランジュのコマ　128
ラザフォード原子　268
ラザフォード模型　62
ラジウム　86, 88
ラジウム研究所　88
ラッセル–アインシュタイン宣言　381
ラプラシアン　435
ラプラス逆変換　436
ラプラスの魔　358, 436
ラプラス変換　435
ラプラス方程式　435
ラフリン波動関数　436
ラマン効果　99, 183, 438
ラマン散乱　438
ラマン線　438
ラマンレーザー　438
ラムザウアー効果　440
ラムザウアー–タウンゼント効果　175, 440
ラムシフト　215, 439
ラーモア歳差運動　441
ラーモア振動数　441
ラーモア反磁性　26
ラリタ–シュウィンガー方程式　216
ラングミュア–ブロジェット膜　325
ランジュヴァン関数　442
ランジュヴァンの常磁性　27
ランジュヴァン方程式　86, 442
ランダウ準位　444
ランダウ反磁性　445
ランダウゆらぎ　445
ランダウ–リフシッツ–ギルバート方程式　453
ランダウ–リフシッツ方程式　453
ランダウ理論　91

ランダム行列理論　173
ランダムタイル張り　139
ランドール–サンドラムメトリック　445
乱流　456
　——の間欠性　403

リ

リウビル–アーノルドの定理　205
リウビル方程式　367
『理化学辞典』　24
力学的摂動　96
リスコフの置換則　448
理想気体の状態方程式　109
理想気体のボイルの法則　284
理想フェルミ気体　286
リチャードソン効果　448
リチャードソン数　450
リチャードソン–ダッシュマンの式　449
リチャードソンの夢　449
立体鏡　359
リッツの結合原理　455
リップマン–シュウィンガー方程式　216, 336
リーマン幾何学　2
リーマン–スティルチェス積分　454
リーマン積分　454
粒子説　235, 417
留数積分　120
「流体の平衡に関する大実験談」　251
『流体力学』　98
流率　236
流率法　236
リュードベリ定数　268, 455
リュードベリ電子　455
リュードベリの式　255, 268, 427, 455
量子異常　341
量子色力学　103, 104, 117, 228, 416, 475

量子化の仮説　458
量子化ホール伝導度　290
量子計算機　476
量子条件　24
量子電磁力学　173, 189, 215
量子統計力学　291, 397
量子トンネル効果　44
量子泡　361
量子ホール効果　289, 378
量子ホールプラトー　290
量子もつれ　151, 341
量子力学　308
量子力学的重ね合せの原理　377
『量子力学の数学的基礎』　292
量子論　306, 458
『量子論の物理的基礎』　233
『理論物理学教程』　453
臨界温度　71
臨界指数　33

ル

ルクレツィア　250
ル・シャトリエ–ブラウンの原理　299
ルジャンドル変換　265
ルビジウム　329
ループ則　89
ルベーグ積分　454

レ

零位法　20
励起子　325
冷却限界温度　118
零抵抗　257
レイノルズ数　162, 456
レイノルズの相似則　456
レイノルズ平均　456
レイリー散乱　191, 437, 457
レイリー–ジーンズの公式　37, 307
レイリー–ジーンズの式　457
レイリー–ジーンズの放射分布式　307
レイリー–ジーンズの放射法則　457
レイリー則　238
レイリー波　458
『歴象新書』　142
レーザー　174
レッジェ軌跡　38, 460
レーナルト管　461
レニウム　178
レプトン　133
錬金術　236
連星パルサー　187
連続体力学　120
連続的な転移　19
レンツの法則　26, 462

ロ

ロウソクの科学　283
ロゲルギスト　177
ロゴス　196
ロジェの雑誌　430
ロシュミット数　5
ロゼッタストーン　312, 417
ローレンツ共変である　468
ローレンツ数　30
ローレンツ–フィッツジェラルド収縮　1, 468
ローレンツ分布　468
ローレンツ変換　1, 408, 468
ローレンツ力　468
ローレンツ–ローレンツの公式　467
ロンズデーライト　470
ロンドン方程式　72

ワ

ワイス温度　471
歪像　459
ワイル演算子　291
ワイルスピノル　401, 416, 473, 474
ワイル変換　472
ワインバーグ角　474
ワインバーグ–サラムの標準模型　93
ワインバーグ–サラム理論　134, 474
惑星運動に関する第1および第2法則　112
惑星間シンチレーション　260, 274
和算　165
ワット　477
ワトソン–クリック論文　310
ワニエ励起子　325
割れ目　277

人名索引

(見出し項目となっているページは太字で示した)

ア

アインシュタイン, A. (Einstein, Albert; 1879–1955) **1**, 5, 23, 49, 58, 69, 78, 131, 147, 149, 151, 174, 186, 187, 194, 199, 204, 209, 211, 212, 234, 237, 241, 245, 248, 256, 279, 283, 285, 292, 302, 308, 339, 341, 353, 369, 380, 382, 384, 386, 390, 397, 407, 408, 419, 420, 441, 454, 461, 471, 472

アヴォガドロ, A. (Avogadro, Amedeo; 1776–1856) **4**, 21

赤﨑勇 (Akasaki, Isamu; 1929–) 224, 225

アストン, F. W. (Aston, Francis William; 1877–1945) 214

アダムズ, W. (Adams, Walter; 1876–1956) 334

アップルキスト, T. (Appelquist, Thomas) 104

アップルトン, E. V. (Appleton, Sir Edward Victor; 1892–1965) 434

アッベ, E. (Abbe, Ernst; 1840–1905) **5**

アドラー, S. L. (Adler, Stephen Louis; 1939–) 342

アニェージ, M. G. (Agnesi, Maria Gaetana; 1718–1799) **6**, 254

アハラノフ, Y. (Aharonov, Yakir; 1932–) 374

アファナシェワ, T. A. (Afanasyeva, Tatyana Alexeyevna; 1876–1964) 52

アブラガム, A. (Abragam, Anatole; 1914–2011) 202

アブラハム, M. (Abraham, Max; 1875–1922) 428

アブラハムス, E. (Abrahams, Elihu; 1927–) 19

アブリコソフ, A. A. (Abrikosov, Alexei Alexeevich; 1928–) 92, 399

アーベル, N. H. (Abel, Niels Henrik; 1802–1829) 120

アポロニウス (Apollonios of Perge; 262B.C. 頃–190B.C. 頃) 275, 297, 305

アマガ, É. H. (Amagat, Émile Hiraire; 1841–1915) **7**

天野浩 (Amano, Hiroshi; 1960–) 225

アモントン, G. (Amontons, Guillaume; 1663–1705) 106, 108

アラゴー, F. J. D. (Arago, François Jean Dominique; 1786–1853) 20, 285, 294, 321, 358

アリスタルコス (Aristarchus; 310B.C. 頃–230B.C. 頃) 334

アリストテレス (Aristoteles; 384B.C.–322 B.C.) **8**, 75, 113, 126, 193, 196, 251, 300, 304

アルヴェーン, H. O. G. (Alfvén, Hannes Olof Gösta; 1908–1995) **10**

アルキメデス (Archimedes; 287B.C.–212 B.C.) **11**, 66, 73, 161, 166, 334, 421

アルダー, B. J. (Alder, Berni Julian; 1925–) 80

アルトシュラー, S. A. (Altshuler, Semen Alexandrovich; 1911–1983) 91

アルバレツ, L. W. (Alvarez, Luis Walter; 1911–1988) 467

アルファー, R. A. (Alpher, Ralph Asher; 1921–2007) 72

アレニウス, S. A. (Arrhenius, Svante August; 1859–1927) **13**, 239

アレン, F. E. (Allen, Frances Elizabeth; 1932–) **15**, 448

アロシュ, S. (Haroche, Serge; 1944–) 476

アロバス, D. (Arovas, Daniel) 104, 437

アワーバック, C. (Auerbach, Charlotte; 1899–1994) **16**

アングレール, F. (Englert, François, Baron; 1932–) 124, 271

人名索引

アンダーソン，C. D. (Anderson, Carl David; 1905–1991) **17**, 189, 262, 302, 333, 400
アンダーソン，P. W. (Anderson, Philip Warren; 1923–) **18**, 26, 155, 411, 412
安藤恒也 (Ando, Tsuneya; 1945–) 290
アンペール，A. M. (Ampère, André-Marie; 1775–1836) **20**, 50, 76, 120, 312, 351

イ

飯島澄男 (Iijima, Sumio; 1939–) **21**
飯塚重五郎 (Iizuka, Jugoro) 134
イヴォン，J. (Yvon, Jacques; 1903–1979) 367
イェンゼン，J. H. D. (Jensen, Johannes Hans Daniel; 1907–1973) 28, 111
池田朔次 (Ikeda, Sakuji) 159
池田峰夫 (Ikeda, Mineo; 1926–1983) 133
石原純 (Ishiwara, Jun; 1881–1947) **23**, 171, 223, 354
井上健 (Inoue, Takeshi; 1921–2004) 133
イバネンコ，D. (Ivanenko, Dmitri; 1904–1994) 288
今村勤 (Imamura Tsutomu; 1927–) 41
イリオポロス，J. (Iliopoulos, John; 1940–) 393, 451
岩川友太郎 (Iwakawa, Tomotaro; 1855–1933) 415
インフェルト，L. (Infeld, Leopold; 1898–1968) 212

ウ

ウー，C. S. (Wu, Chien Shiung (呉健雄); 1912–1997) **24**, 116, 124, 447
ヴァイツゼッカー，C. F. (Weizsäcker, Carl Friedrich, Freiherr von; 1912–2007) 267, 335, 362
ヴァン・ヴレック，J. H. (Van Vleck, John Hasbrouck; 1899–1980) 18, **26**, 257, 411
ヴァン・デ・グラーフ，R. (Van de Graaff, Robert; 1901–1967) **27**, 123
ヴィヴィアニ，V. (Viviani, Vincenzo; 1622–1703) 217
ウィグナー，E. P. (Wigner, Eugene Paul; 1902–1995) 24, **28**, 68, 111, 173, 190, 257, 279
ウィッテン，E. (Witten, Edward; 1951–) 103, 375, 402
ウィーデマン，G. H. (Wiedeman, Gustav Heinrich; 1826–1899) 30
ヴィデロー，R. (Widerøe, Rolf; 1902–1996) 466
ウィーナー，N. (Wiener, Norbert; 1894–1964) **31**
ウィーバー，W. (Weaver, Warren; 1894–1978) 145
ヴィラソロ，M. Á. (Virasoro, Miguel Ángel; 1940–) 152
ウィルキンス，M. H. F. (Wilkins, Maurice Hugh Frederick; 1916–2004) 304, 310
ウィルキンソン，D. T. (Wilkinson, David Todd; 1935–2002) 35, 186
ヴィルケ，J. C. (Wilcke, Johan Carl; 1732–1796) 39
ウィルソン，C. T. R. (Wilson, Charles Thomson Rees; 1869–1959) **34**, 407, 434
ウィルソン，K. (Wilson, Kenneth; 1936–2013) **32**, 80
ウィルソン，R. W. (Wilson, Robert Woodrow; 1936–) **35**, 256
ウィルチェック，F. (Wilczek, Frank; 1951–) 103, 104, 437
ウィーン，W. C. W. O. F. F. (Wien, Wilhelm Carl Werner Otto Fritz Franz; 1864–1928) 3, **36**, 170, 306
ウィング，J. M. (Wing, Jeannette Marie) 448
ウィンダウス，A. (Windaus, Adolf; 1876–1959) 110
ヴェクスラー，V. I. (Veksler, Vladimir Iosifovich; 1907–1966) 391
ウェスチングハウス，G. (Westinghouse, George; 1846–1914) 194
ヴェネツィアーノ，G. (Veneziano, Gabriele; 1942–) **37**, 152
ウェーバー，W. E. (Weber, Wilhelm Eduard; 1804–1891) **38**, 344
植村泰忠 (Uemura, Yasutada; 1921–2004) 290
ウェンツェル，G. (Wentzel, Gregor; 1898–1978) 100, 171, 318
ヴェンテ，E. (Wente, Edward) 144

ヴォルタ，A. (Volta, Alessandro; 1745–1827) **39**, 76, 309
ウォルトン，E. T. S. (Walton, Ernest Thomas Sinton; 1903–1995) 123, 434
宇田新太郎 (Uda, Shintaro; 1896–1976) 414
内山龍雄 (Uchiyama, Ryoyu; 1916–1990) **40**, 416
ウッドワード，R. B. (Woodward, Robert Burns; 1917–1979) 293
梅沢博臣 (Umezawa, Hiroomi; 1924–1995) 133
ウーレンベック，G. E. (Uhlenbeck, George Eugene; 1900–1988) **41**, 248

エ

エアトン，H. (Ayrton, Hertha; 1854–1923) **42**
エアトン，W. E. (Ayrton, William Edward; 1847–1908) 42
エヴァレット，H. (Everett, Hugh Ⅲ; 1930–1982) 34
エウドクソス (Eudoxos; 408B.C.–355B.C.) 305
エクストレム，D. (Ekström, Daniel; 1711–1755) 170
江崎玲於奈 (Esaki, Leo; 1925–) **43**
エッカート，C. (Eckart, Carl; 1902–1973) 29
エッティングスハウゼン，A. (Ettingshausen, Albert von; 1850–1932) 240
エディソン，T. A. (Edison, Thomas Alva; 1847–1931) **45**, 194, 323
エディントン，A. S. (Eddington, Sir Arthur Stanley; 1882–1944) **47**, 184
エトヴェシュ，L. (Eötvös, Lorand, Baron; 1848–1919) **48**, 234
エノン，M. (Hénon, Michel; 1931–2013) 357
エバルト，P. P. (Ewald, Paul Peter; 1888–1985) **49**, 171, 400
エピキュロス (Epicurus; 342B.C.–270B.C.) 197
エリアシュベルク，Y. (Eliashberg, Yakov; 1946–) 399
エルザッサー，W. M. (Elsasser, Walter Maurice; 1904–1991) 185
エルステッド，H. C. (Ørsted, Hans Christian; 1777–1851) 20, **50**, 57, 281, 351
エルミート，C. (Hermite, Charles; 1822–1901) **51**, 120
エレンバーグ，W. (Ehrenberg, Werner; 1901–1975) 374
エーレンフェスト，P. (Ehrenfest, Paul; 1880–1933) 41, **52**, 67, 99, 243
遠藤守信 (Endo, Morinobu; 1946–) 23
エンペドクレス (Empedocles; 490B.C. 頃–430B.C. 頃) 9

オ

オイラー，L. (Euler, Leonhard; 1707–1783) 6, 37, **53**, 119, 140, 321, 346, 431
大久保進 (Okubo, Susumu; 1930–) 134
大澤省三 (Osawa, Syozo; 1928–) 55
大貫義郎 (Onuki, Yoshio; 1928–) 133
岡崎恒子 (Okazaki, Tsuneko; 1933–) **55**
岡崎令治 (Okazaki, Reiji; 1930–1975) 55
岡谷辰治 (Okaya, Tokiharu) 223
小川岩雄 (Ogawa, Iwao; 1921–2006) 216
小川修三 (Ogawa, Shuzo; 1924–2005) 133
小澤正直 (Ozawa Masanao; 1950–) 247
オシェロフ，D. D. (Osheroff, Douglas Dean; 1945–) 69, 92
オストヴァルト，F. W. (Ostwald, Friedrich Wilhelm; 1853–1932) 14, 83, 239
オストログラツキー，M. V. (Ostrogradsky, Mikhail Vasilyevich; 1801–1862) 66
小田実 (Oda, Minoru) 230
落合駿一郎 (Ochiai, Kiichiro) 205
オッキアリーニ，G. P. S. (Occhialini, Giuseppe Paolo Stanislao; 1907–1993) 302
オッペンハイマー，J. R. (Oppenheimer, Julius Robert; 1904–1967) 17, 166, 216, 374, 381, 391, 439
オテルマ，L. (Oterma, Liisi; 1915–2001) **56**
オーム，G. S. (Ohm, Georg Simon; 1787–1854) **57**
オングストローム，A. J. (Ångström, Anders Jonas; 1814–1874) **58**
オンサーガー，L. (Onsager, Lars; 1903–1976) **59**, 226

人名索引

カ

カー，J. (Kerr, John; 1824–1907) **61**
ガイガー，H. W. (Geiger, Hans Wilhelm; 1882–1945) **62**, 182, 433
ガイスラー，J. H. W. (Geissler, Johann Heinrich Wilhelm; 1814–1879) **63**
ガウス，C. F. (Gauss, Carl Friedrich; 1777–1855) 38, **64**, 119, 140, 334, 454, 472
カークウッド，J. G. (Kirkwood, John Gamble; 1907–1959) 367
郭守敬 (Kaku, Shukei (Guo, Shoujin); 1231–1316) **66**
梶田隆章 (Kajita, Takaaki; 1959–) 122, 134
カシミール，H. (Casimir, Hendrik; 1909–2000) **67**
カストレル，A. (Kastler, Alfred; 1902–1984) 118
カーター，B. (Carter, Brandon; 1942–) 186
カダノフ，L. P. (Kadanoff, Leo Philip; 1937–) 80
ガッサンディ，P. (Gassendi, Pierre; 1592–1655) 197
ガードナー，H. (Gardner, Howard; 1943–) 145
カニッツァロ，S. (Cannizzaro, Stanislao; 1826–1910) 4
ガーネイ，R. W. (Gurney, Ronald Wilfred; 1898–1953) 411
カピッツァ，P. L. (Kapitsa, Pyotr Leonidovich; 1894–1984) **68**, 123, 443, 453
カビボ，N. (Cabibbo, Nicola; 1935–2010) 393
ガブサー，S. S. (Gubser, Steven S.; 1972–) 375
ガボール，D. (Gábor, Dénes; 1900–1979) **69**, 303
カマリング=オネス，H. (Kamerlingh-Onnnes, Heike; 1853–1924) **71**, 168, 200, 209, 284
亀淵迪 (Kamefuchi, Susumu; 1927–) 133
ガモフ，G. (Gamow, George; 1904–1967) 62, **72**, 243, 267, 317, 362
カラン，C. (Callan, Curtis; 1942–) 103

ガリレイ，G. (Galilei, Galileo; 1564–1642) 9, 49, **73**, 112, 161, 169, 217, 234, 253, 320, 359
ガルヴァーニ，L. (Galvani, Luigi; 1737–1798) 39, **75**
カルタン，E. J. (Cartan, Élie Joseph; 1869–1951) 118
カルノー，N. L. S. (Carnot, Nicolas Léonard Sadi; 1796–1832) **76**, 97, 114, 240, 348
カルマン，T. (Karman, Theodore von; 1881–1963) 17, **78**, 380
ガレアッチ，D. G. (Galeazzi, Domenico Gusmano; 1686–1775) 75
川崎恭治 (Kawasaki, Kyoji; 1930–) **79**, 380
川路紳治 (Kawaji, Shinji; 1932–) 290
カワン，C. L. (Cowan, Clyde Lorrain; 1919–1974) 425
カーワン，R. (Kirwan, Richard; 1733–1812) 431
神原周 (Kambara, Shu; 1906–1999) 159

キ

菊池正士 (Kikuchi, Seishi; 1902–1974) **81**, 185, 223
岸尾光二 (Kishio, Koji; 1951–) 337
北垣敏男 (Kitagaki, Toshio; 1922–) 391
北澤宏一 (Kitazawa, Koichi; 1943–2014) 337
吉川圭二 (Kikkawa, Keiji; 1935–2013) 152
キッブル，T. W. B. (Kibble, Sir Thomas Walter Bannerman; 1932–) 271
木原均 (Kihara, Hitoshi; 1893–1986) 415
ギブズ，J. W. (Gibbs, Josiah Willard; 1839–1903) 3, 60, **82**, 99
木村利栄 (Kimura, Toshiei; 1926–) 342
キャヴェンディッシュ，H. (Cavendish, Henry; 1731–1810) 49, **84**, 107
キャノン，A. J. (Cannon, Annie Jump; 1863–1941) **85**
キュリー，M. (Curie, Marie; 1867–1934) 43, 86, **87**, 157, 158, 178, 182, 222, 332, 350, 384
キュリー，P. (Curie, Pierre; 1859–1906) **86**, 157, 178, 182, 222, 332, 442, 471
キール，J. A. (Keel, John A.; 1671–1721) 142

キルシュナー，R. (Kirshner, Robert; 1949–) 148
ギルバート，W. (Gilbert, William; 1544–1603) 74, 320
キルヒホッフ，G. R. (Kirchhoff, Gustav Robert; 1824–1887) 48, 71, 82, **89**, 306, 329, 344, 462
ギンツブルグ，V. L. (Ginzburg, Vitaly Lazarevich; 1916–2009) 72, **91**

ク

クイン，H. (Quinn, Helen; 1943–) **93**, 446
鯨井恒太郎 (Kujirai, Tsunetaro; 1870–1921) 232
グース，A. H. (Guth, Alan Harvey; 1947–) **94**, 134
クッシュ，P. (Kusch, Polykarp; 1911–1993) 439
クニッピング，P. (Knipping, Paul; 1883–1935) 302, 428
クーパー，L. N. (Cooper, Leon Neil; 1930–) 72, 257
久保昌二 (Kubo, Masaji; 1911–1994) 95
久保亮五 (Kubo, Ryogo; 1920–1995) 18, 32, 80, **95**, 380
クライン，F. C. (Klein, Felix Christian; 1849–1925) 52, 170, 237, 278
クライン，O. (Klein, Oskar; 1894–1977) 232, 288
クラウジウス，R. J. E. (Clausius, Rudolf Julius Emanuel; 1822–1888) 77, **97**, 107, 114, 240, 314, 388
グラショウ，S. L. (Glashow, Sheldon Lee; 1932–) 124, 393, 451, 473
クラペイロン，B. P. É. (Clapeyron, Benoît Paul Émile; 1799–1864) 77, 97, 348
クラマース，H. A. (Kramers, Hendrik Antonie; 1894–1952) 67, **99**, 164, 243, 318
グラルニク，G. S. (Guralnik, Gerald Stanford; 1936–2014) 271
クーラント，E. (Courant, Ernest; 1920–) 391
クーラント，R. (Courant, Richard; 1888–1972) 279, 391
クリシュナン，K. S. (Krishnan, Kariamanickam Srinivasa; 1898–1961) 438
クリスティ，S. H. (Christie, Samuel Hunter; 1784–1865) 358
クリック，F. H. C. (Crick, Francis Harry Compton; 1916–2004) 304, 310, 311
クリロフ，N. M. (Krylov, Nikolay Mitrofanovich; 1879–1955) 366
グリーン，G. (Green, George; 1793–1841) 66, **100**, 281
グリーン，H. S. (Green, Herbert Sydney; 1920–1999) 367
グリーン，M. B. (Green, Michael Boris; 1946–) 153
グリーンバーグ，O. W. (Greenberg, Oscar Wallace; 1932–) 228
クルーグ，A. (Klug, Sir Aaron; 1926–) 311
クルックス，W. (Crookes, Sir William; 1832–1919) 64
グレイ，E. (Gray, Elisha; 1835–1901) 45
グレイ，L. H. (Gray, Louis Harold; 1905–1965) **102**, 143
グレイザー，D. A. (Glaser, Donald Arthur; 1926–2013) 34
クレチコウスキー，V. M. (Kletchkovski, Vsevolod Mavrikievitch; 1900–1972) 400
クレバノフ，I. R. (Klebanov, Igor R.; 1962–) 375
クロス，C. (Cros, Charles; 1842–1888) 45
グロス，D. (Gross, David; 1941–) **103**, 152
グロスマン，M. (Grossmann, Marcel; 1878–1936) 1
黒田チカ (Kuroda, Chika; 1884–1968) **105**, 180
グロッカー，R. (Glocker, Richard; 1890–1978) 49
クロトー，H. W. (Kroto, Sir Harold Walter; 1939–) 22
クローニン，J. W. (Cronin, James Watson; 1931–) 124, 392
クロネッカー，L. (Kronecker, Leopold; 1823–1891) 82
クーロン，C. A. (Coulomb, Charles Augustin; 1736–1806) 49, **106**
クンスマン，C. H. (Kunsman, Charles Henry;

1890–1970) 185

クント，A. A. E. E.（Kundt, August Adolf Eduard Eberhard; 1839–1894） **107**, 254, 463

ケ

ゲイ＝リュサック，J. L.（Gay-Lussac, Joseph Louis; 1778–1850） 4, **108**

ケクレ，A.（Kekulé, August; 1829–1896） 199, 376

ケターレ，W.（Ketterle, Wolfgang; 1957–） 119, 370

ゲッパート＝メイヤー，M.（Göppert-Mayer, Maria; 1906–1972） 28, **110**

ゲーデル，K.（Gödel, Kurt; 1906–1978） 65, 278, 464

ケトレー，L. A. J.（Quetelet, Lambert Adolphe Jacques; 1776–1874） 14, 220

ケネリー，A. E.（Kennelly, Arthur Edwin; 1861–1939） 402

ケプラー，J.（Kepler, Johannes; 1571–1630） 74, **112**, 126, 142, 163, 217, 245, 301, 320, 405

ゲーリケ，O.（Guericke, Otto von; 1602–1686） 363

ケルヴィン卿（トムソン，ウィリアム）（Lord Kelvin（Thomson, William）; 1824–1907） 61, 71, 77, 97, 100, **114**, 149, 162, 222, 331, 349, 417

ゲルマン，M.（Gell-Mann, Murray; 1929–） 32, 104, **116**, 124, 133, 231, 281, 373

ケンドール，H. W.（Kendall, Henry Way; 1926–1999） 103

ケンドルー，J. C.（Kendrew, John Cowdery; 1917–1997） 304

ケンブル，E. C.（Kemble, Edwin Crawford; 1889–1984） 164

ケンマー，N.（Kemmer, Nicholas; 1911–1998） 248

コ

コーエン＝タヌジ，C.（Cohen-Tannoudji, Claude; 1933–） **118**

コーガット，J. B.（Kogut, John Benjamin; 1945–） 33

ゴサード，A. C.（Gossard, Arthur C. 1935–） 290

コーシー，A. L.（Cauchy, Augustin-Louis; 1789–1857） 51, **119**

小柴昌俊（Koshiba, Masatoshi; 1926–） **121**, 231

コスター，D.（Coster, Dirk; 1889–1950） 178, 232

ゴスリング，R.（Gosling, Raymond; 1926–） 310

コッククロフト，J. D.（Cockcroft, Sir John Douglas; 1897–1967） 102, **123**, 434

コッセル，W. L. J.（Kossel, Walther Ludwig Julius; 1888–1956） 81

コップ，H. F. M.（Kopp, Hermann Franz Moritz; 1918–1892） 241

後藤英一（Goto, Eiichi; 1931–2005） 176

コーネル，E. A.（Cornell, Eric Allin; 1961–） 119, 370

小林誠（Kobayashi, Makoto; 1944–） **124**, 134, 392, 420

コペルニクス，N.（Copernicus, Nicolaus; 1473–1543） 74, 112, **125**, 142, 300, 301, 320

コリオリ，G. G.（Coriolis, Gaspard-Gustave; 1792–1843） **127**, 294

コリンソン，P.（Collinson, Peter; 1694–1768） 309

ゴルコフ，L. P.（Gor'kov, Lev Petrovich; 1929–） 92, 399

ゴールド，T.（Gold, Thomas; 1920–2004） 362

ゴールドストーン，J.（Goldstone, Jeffrey; 1933–） 335, 475

ゴールドバーガー，J.（Goldberger, Joseph; 1874–1929） 227

ゴールドハーバー，M.（Goldhaber, Maurice; 1911–2011） 167

ゴールトン，F.（Galton, Sir Francis; 1822–1911） 221

ゴルドン，W.（Gordon, Walter; 1893–1939） 233, 288

コールラウシュ，F. W. G.（Kohlrausch, Friedrich Wilhelm Georg; 1840–1910） 14, 239

コールラウシュ, R. H. A.（Kohlrausch, Rudolf

Hermann Arndt; 1809–1858) 39
コワレフスカヤ, S. V. (Kovalevskaya, Sofia Vasilyevna; 1850–1891) **128**
近藤淳 (Kondo, Jun; 1930–) **129**
コンドン, E. U. (Condon, Edward Uhler; 1902–1974) 373, 390
コーンバーグ, A. (Kornberg, Arthur; 1918–2007) 55
コンプトン, A. (Compton, Arthur; 1892–1962) 3, 17, **131**, 407

サ

ザイツ, F. (Seitz, Frederick; 1911–2008) 30, 257, 413
サイディ, R. E. (Siday, Raymond Eldred; 1912–1956) 374
ザイマン, J. M. (Ziman, John Michael; 1925–2005) 218, 412
坂田昌一 (Sakata, Shoichi; 1911–1970) 24, 117, 122, 124, **133**, 216, 227, 231, 233, 248, 392
嵯峨根遼吉 (Sagane, Ryokichi; 1905–1969) 233
沙川貴大 (Sagawa, Takahiro) 390
崎田文二 (Sakita, Bunji; 1930–2002) 152
櫻井錠二 (Sakurai, Joji; 1858–1939) 105
佐々木亙 (Sasaki, Wataru; 1923–2008) 19
サスキンド, L. (Susskind, Leonard; 1940–) 152
佐藤勝彦 (Sato, Katsuhiko; 1945–) 94, **134**
佐藤文隆 (Sato, Fumitaka; 1938–) 267
サハ, M. (Saha, Meghnad; 1893–1956) **135**
サバール, F. (Savart, Félix; 1791–1841) 50, 269
サマヴィル, M. (Somerville, Mary; 1780–1872) **136**
ザモルドチコフ, A. B. (Zamolodchikov, Alexander Borissowitsch; 1952–) 375
サラム, A. (Salam, Abdus; 1926–1996) 124, 392, 473
猿橋勝子 (Saruhashi, Katsuko; 1920–2007) **137**
サルピーター, E. E. (Salpeter, Edwin Ernest; 1924–2008) 335
三田一郎 (Sanda, Ichiro; 1944–) 393
サンドラム, R. (Sundrum, Raman) 445

シ

ジェーバー, I. (Giaever, Ivar; 1929–) 43
シェヒトマン, D. (Shechtmann, Daniel; 1941–) **138**, 353
ジェフリー, E. C. (Jeffrey, Edward Charles; 1866–1952) 415
ジェフリーズ, H. (Jeffreys, Sir Harold; 1891–1989) 318
シェラー, P. (Scherrer, Paul; 1890–1969) 195, 465, 469
ジェルマン, S. M. (Germain, Sophie Marie; 1776–1831) **140**
シェンカー, S. H. (Shenker, Stephen Hart; 1953–) 375
シーグバーン, K. M. B. (Siegbahn, Kai Manne Börje; 1918–2007) 141
シーグバーン, K. M. G. (Siegbahn, Karl Manne Georg; 1886–1978) 10, **141**
志筑忠雄 (Shizuki, Tadao; 1760–1806) **142**
シッフ, L. I. (Schiff, Leonard Isaac; 1915–1971) 373, 439
ジップ, G. K. (Zipf, George Kingsley; 1902–1950) 403
渋川春海 (Shibukawa, Harumi/Shunkai; 1639–1715) 67, 166
シーベルト, R. M. (Sievert, Rolf Maximilian; 1896–1966) **143**
シーボルグ, G. T. (Seaborg, Glenn Theodore; 1912–1999) 390
清水武雄 (Shimizu, Takeo; 1890–1976) 301, 434
シムプリキオス (Simplikios; 530頃) 196
ジーメンス, W. (Siemens, Werner von; 1816–1892) **144**, 348
シモン, F. (Simon, Sir Frances; 1893–1956) 241
シモンズ, E. (Simmons, Elizabeth) 446
ジャキーフ, R. W. (Jackiw, Roman Wladimir; 1939–) 342
シャーク, J. (Scherk, Joël; 1946–1980) 152, 402
シャノン, C. E. (Shannon, Claude Elwood; 1916–2001) **145**
ジャーマー, L. H. (Germer, Lester Halbert;

1896–1971) 185
ジャマン，J. C. (Jamin, Jules Célestin; 1818–1886) 332
シャール，A. (Schall von Bell, Johan Adam; 1591–1666) 66
シャール，M. (Chasles, Michel; 1793–1880) 82
シャルル，J. (Charles, Jacques; 1746–1823) 109
シャンポリオン，J. F. (Champollion, Jean-François; 1790–1832) 312
シュウィンガー，J. S. (Schwinger, Julian Seymour; 1918–1994) 32, 216, 248, 280, 288, 475
シュタインバーガー，J. (Steinberger, Jack; 1921–) 154
シュタルク，J. (Stark, Johannes; 1874–1957) **146**
シュテファン，J. (Stefan, Joseph; 1835–1893) **147**, 378
シュテュッケルベルク，E. C. G. (Stueckelberg, Ernst Carl Gerlach; 1905–1984) 32
シュテルマー，H. L. (Störmer, Horst Ludwig; 1949–) 436
シュトラスブルガー，E. (Strasburger, Eduard; 1844–1912) 415
シュトラスマン，F. W. (Strassmann, Friedrich Wilhelm; 1902–1980) 386
シュトロマイヤー，F. (Strohmeyer, Friedrich; 1776–1835) 328
シュブニコフ，L. V. (Shubnikov, Lev Vasilyevich; 1901–1937) 209
シュミット，B. P. (Schmidt, Brian Paul; 1967–) **148**
ジュリア，G. M. (Julia, Gaston Maurice; 1893–1978) 403
シュリーファー，J. R. (Schrieffer, John Robert; 1931–) 72, 104, 160, 228, 257, 437
ジュール，J. P. (Joule, James Prescott; 1818–1889) 31, 97, 115, **149**, 240, 348, 462
シュレーディンガー，E. (Schrödinger, Erwin; 1887–1961) 52, **150**, 188, 245, 279, 291, 308, 329, 353, 376, 380
シュワルツ，A. S. (Schwarz, Albert S.; 1934–) 375

シュワルツ，J. H. (Schwarz, John Henry; 1941–) **152**, 402
シュワルツ，L. (Schwartz, Laurent; 1915–2002) 118
シュワルツ，M. (Schwartz, Melvin; 1932–2006) **153**
シュワルツシルト，K. (Schwarzschild, Karl; 1873–1916) 380
ジョージァイ，H. (Georgi, Howard; 1947–) 93, 446
ジョセフソン，B. D. (Josephson, Brian David; 1940–) **155**
ショックレー，W. B. (Shockley, William Bradford; 1910–1989) **156**, 229, 257
ショットキー，W. (Schottky, Walter; 1886–1976) 229
ジョリオ＝キュリー，F. (Joliot-Curie, Frédéric; 1900–1958) 88, 157, **158**, 287
ジョリオ＝キュリー，I. (Joliot-Curie, Irène; 1897–1956) 87, 88, **157**, 158, 287, 350
ショーロー，A. L. (Schawlow, Arthur Leonard; 1921–1999) 174
ジョーンズ，H. (Jones, Harry; 1905–1986) 411
白川英樹 (Shirakawa, Hideki; 1936–) **159**
白川勇記 (Shirakawa, Yuki) 394
ジーンズ，J. H. (Jeans, Sir James Hopwood; 1877–1946) 37, 101, 307, 457

ス

スー，W. P. (Su, Wu-Pei) 160
杉田玄白 (Sugita, Gempaku; 1733–1817) 276
スコット，C. A. (Scott, Charlotte Angas; 1858–1931) 42
鈴木梅太郎 (Suzuki, Umetaro; 1874–1943) 180
スチュワート，B. (Stewart, Balfour; 1828–1887) 213
ステヴィン，S. (Stevin, Simon; 1548–1620) **161**, 252
ステグマン，F. L. (Stegmann, Friedrich Ludwig; 1813–1891) 190
ストークス，G. G. (Stokes, George Gabriel;

1819–1903) **162**, 441, 456

ストラトノヴィッチ，R. L. (Stratonovich, Ruslan Leont'evich; 1930–1997)　263

ストリート，J. C. (Street, Jabez Curry; 1906–1989)　17

スナイダー，H. S. (Snyder, Hartland Sweet; 1913–1962)　391

砂川重信 (Sunagawa Shigenobu; 1925–1998)　41

スネル，W. R. (Snell, Willebrord van Roijen; 1580–1626)　**163**

スメカル，A. (Smekal, Adolf; 1895–1959)　99, 438

スモルフスキー，M. (Smoluchowski, Marian; 1872–1917)　3, 339

スレイター，J. C. (Slater, John Clarke; 1900–1976)　156, **164**, 247

スワン，J. W. (Swan, Sir Joseph Wilson; 1828–1914)　46

セ

関孝和 (Seki, Takakazu; ?–1708)　**165**

セグレ，E. G. (Segrè, Emilio Gino; 1905–1989)　24, **166**, 178, 189, 286, 400

ゼーベック，T. J. (Seebeck, Thomas Johann; 1770–1831)　**167**

ゼーマン，P. (Zeeman, Pieter; 1865–1943)　**168**, 441, 467

セルシウス，A. (Celsius, Anders)　**169**

ゼルニケ，F. (Zernike, Frederik; 1888–1966)　210

ソ

ソクラテス (Sokrates; 469B.C.–399B.C.)　304

祖沖之 (So, Chushi; 429–500)　66

ソディ，F. (Soddy, Frederick; 1877–1956)　433

ソルベー，E. (Solvay, Ernest; 1838–1922)　241

ソーン，K. S. (Thorne, Kip Stephen; 1940–)　361

ゾンマーフェルト，A. J. (Sommerfeld, Arnold Johannes; 1868–1951)　23, 30, 41, 49, **170**, 184, 243, 245, 247, 248, 354, 376, 428

タ

タイ，S. H. H. (Tye, Sze-Hoi Henry; 1947–)　134

ダイソン，F. (Dyson, Freeman; 1923–)　29, 32, **173**, 216, 248, 281

ダーウィン，C. (Darwin, Charles; 1809–1882)　47, 202

ダーウィン，G. H. (Darwin, Sir George Howard; 1845–1912)　47

タウンズ，C. H. (Townes, Charles Hard; 1915–2015)　**174**

タウンゼント，J. S. E. (Townsend, Sir John Sealy Edward; 1868–1957)　**175**, 440

高木貞治 (Takagi, Teiji; 1875–1960)　279

高木弘 (Takagi, Hiromu; 1886–1967)　382

高橋秀俊 (Takahashi, Hidetoshi; 1915–1985)　**176**

武谷三男 (Taketani, Mitsuo; 1911–2000)　134, 227

タッケ，I. (Tacke, Ida; 1896–1979)　**177**

タッコーニ，G. (Tacconi, Gaetano; 1689–1782)　253

ダッシュマン，S. (Dushman, Saul; 1883–1954)　449

田中昭二 (Tanaka, Shoji; 1927–2011)　337

田丸卓郎 (Tamaru, Takuro; 1872–1932)　200

タム，I. Y. (Tamm, Igor Yevgenyevich; 1895–1971)　91, 181

ダランベール，J. L. R. (d'Alembert, Jean Le Rond; 1717–1783)　**179**, 431

丹下ウメ (Tange, Ume; 1873–1955)　105, **180**

タンマン，G. H. J. A. (Tammann, Gustav Heinrich Johann Apollon; 1861–1938)　315, 381

チ

チェレンコフ，P. A. (Cherenkov, Pavel Alekseyevich; 1904–1990)　**181**

チェンバレン，O. (Chamberlain, Owen; 1920–2006)　166, 189

チャドウィック，J. (Chadwick, Sir James; 1891–1974)　102, **182**, 243, 355, 434

チャンドラセカール，S. (Chandrasekhar, Sub-

rahmanyan; 1910–1995) 48, **183**
チュー，G. (Chew, Geoffrey; 1924–) 152
チュー，S. (Chu, Steven; 1948–) 118
チュプキン，Y. S. (Tyupkin, Yu. S) 375
チューリング，A. M. (Turing, Alan Mathison; 1912–1954) 145

ツ

ツァイス，C. F. (Zeiss, Carl Friedrich; 1816–1888) 5
ツイ，D. C. (Tsui, Daniel Chee; 1939–) 290, 436
ツヴァイク，G. (Zweig, George; 1937–) 117, 124, 133
ツェルメロ，E. F. F. (Zermelo, Ernst Friedrich Ferdinand; 1871–1953) 379
ツーカーマン，V. A. (Tsukerman, Veniamin A.; 1913–1993) 91
辻村みちよ (Tsujimura, Michiyo; 1888–1969) 180

テ

デイヴィー，H. (Davy, Sir Humphry; 1778–1829) 43, 281, 395
デイヴィソン，C. J. (Davisson, Clinton Joseph; 1881–1958) 81, 156, **185**, 211, 213
ディオファントス (Diophantus of Alexandria; 250 頃) 275, 464
ディッケ，R. H. (Dicke, Robert Henry; 1916–1997) 35, **186**
ディドロ，D. (Diderot, Denis; 1713–1784) 179
テイラー，E. (Teller, Edward; 1908–2003) 416
テイラー，J. H. (Taylor, Joseph Hooton, Jr.; 1941–) **187**
テイラー，R. E. (Taylor, Richard Edward; 1929–) 103
ディラック，P. A. M. (Dirac, Paul Adrien Maurice; 1902–1984) 42, 102, 150, 151, 162, **188**, 210, 233, 235, 245, 270, 279, 286, 288, 291, 302, 308, 329, 353, 356, 400, 419, 439, 473
ディリクレー，P. G. L. (Dirichlet, Peter Gustav Lejeune; 1805–1859) 313

ティン，S. C. C. (Ting, Samuel Chao Chung; 1936–) 104, 393, 450
ティンダル，J. (Tyndall, John; 1820–1893) 14, **190**
テオン (Theon of Alexandria; 335–405) 275
デカルト，R. (Descartes, Rene; 1596–1650) 161, 164, **191**, 198, 234, 251
テグマーク，M. E. (Tegmark, Max Erik; 1967–) 186
テスラ，N. (Tesla, Nikola; 1856–1943) **193**
デバイ，P. J. W. (Debye, Peter Joseph William; 1884–1966) 79, 170, **194**, 469
デービス，E. A. (Davis, Edward Arthur; 1936–) 411
デーメルト，H. G. (Dehmelt, Hans Georg; 1922–) 475
デモクリトス (Democritus; 460 B.C.–370 B.C.) 9, 192, **196**
デュ・シャトレ，É. (Du Châtelet, Émilie; 1706–1749) **197**
デュボア，H. (DuBois, H.; 1863–1918) 381
デュロン，P. L. (Dulong, Pierre Louis; 1785–1838) **198**
デュワー，J. (Dewar, Sir James; 1842–1923) **199**
寺沢寛一 (Terazawa Kan-ichi; 1882–1969) 205
寺田寅彦 (Terada, Torahiko; 1878–1935) 24, **200**, 223, 277, 381
デルブリュック，M. L. H. (Delbruck, Max Ludwig Henning; 1906–1981) **201**

ト

ドウィット，B. S. (DeWitt, Bryce Seligman; 1923–2004) 361
ドーヴィリエ，A. (Dauvillier, Alexandre; 1892–1979) 211
ドゥビエルヌ，A. L. (Debierne, André-Louis; 1874–1949) 88
ド・カンドル，A. P. (de Candolle, Augustin Pyramus; 1778–1841) 396
ド・ジェンヌ，P. G. (de Gennes, Pierre-Gilles; 1932–2007) **202**
ド・ジッター，W. (de Sitter, Willem; 1872–1934) **204**

戸田盛和 (Toda, Morikazu; 1917–2010)　**205**
戸塚洋二 (Totsuka, Yoji; 1942–2008)　122
ドップラー，J. C. (Doppler, Johann Christian; 1803–1853)　**206**
ド・ドンデ，T. E. (de Donder, Theophile Ernest; 1872–1957)　314
外村彰 (Tonomura, Akira; 1942–2012)　70, **207**, 374
ド・ハース，W. J. (de Haas, Wander Johannes; 1878–1960)　129, **209**
ドビエルヌ，A. L. (Debierne, André-Louis; 1874–1949)　350
トフーフト，G. ('t Hooft, Gerardus; 1946–)　41, 124, **210**, 375
ド・ブール，J. (de Boer, J.)　129
ド・ブロイ，L. V. P. R. (de Broglie, Prince Louis Victor Pierre Raymond; 1892–1987)　150, 185, 188, **211**, 212, 370, 440
ド・マルタンビル，É. L. S. (de Martinville, Édouard-Léon Scott; 1817–1879)　46
冨田和久 (Tomita, Kazuhisa; 1920–1991)　95
トムソン，G. P. (Thomson, Sir George Paget; 1892–1975)　81, 185, 211, **212**
トムソン，J. J. (Thomson, Sir Joseph John; 1856–1940)　34, 64, 168, 175, 211–**213**, 222, 240, 353, 433, 441, 442, 448
朝永振一郎 (Tomonaga, Sin-ichiro; 1906–1979)　24, 32, 133, **215**, 226, 233, 246, 248, 280, 288, 419
鳥谷部祥一 (Toyabe, Shoichi)　390
トーリー，H. C. (Torrey, Henry C.; 1911–1998)　252
トリチェリ，E. (Torricelli, Evangelista; 1608–1647)　142, **217**, 251, 363
ドルダ，G. (Dorda, Gerhard; 1932–)　289
ドルーデ，P. K. L. (Drude, Paul Karl Ludwig; 1863–1906)　71, **218**
ドルトン，J. (Dalton, John; 1766–1844)　4, 149, **219**

ナ

ナイキスト，H. (Nyquist, Harry; 1889–1976)　146
ナイチンゲール，F. (Nightingale, Florence; 1820–1910)　**220**, 368
ナヴィエ，C. L. M. H. (Navier, Claude Louis Marie Henri; 1785–1836)　120, 162
ナウシパネス (Nausiphanes; 前4世紀後半–前3世紀前半)　197
長井長義 (Nagai, Nagayoshi; 1845–1929)　105, 180
長岡半太郎 (Nagaoka, Hantaro; 1865–1950)　23, **222**, 232, 381, 414
中川昌美 (Nakagawa, Masami; 1932–2001)　122, 133
中沢清 (Nakazawa, Kiyoshi; 1943–)　268
中嶋章 (Nakajima, Akira; 1908–1970)　145
中嶋貞雄 (Nakajima, Sadao; 1923–2008)　96
中島日出雄 (Nakajima, Hideo; 1946–)　393
中野董夫 (Nakano, Tadao; 1926–2004)　116, 133, 231
中野藤生 (Nakano, Fujio; 1922–2009)　96
中村修二 (Nakamura, Shuji; 1954–)　**223**
中谷宇吉郎 (Nakaya, Ukichiro; 1900–1962)　**225**
南部陽一郎 (Nambu, Yoichiro; 1921–2015)　38, 41, 60, 124, 134, 152, **226**, 230, 266, 270, 393

ニ

丹生潔 (Niu, Kiyoshi; 1925–)　393
西澤潤一 (Nishizawa, Jun-ichi; 1926–)　**228**
西島和彦 (Nishijima, Kazuhiko; 1926–2009)　116, 133, **230**
仁科芳雄 (Nishina, Yoshio; 1890–1951)　17, 223, 226, **232**, 355, 467
ニューカム，S. (Newcomb, Simon; 1835–1909)　383
ニューコメン，T. (Newcomen, Thomas; 1664–1729)　476
ニュートン，I. (Newton, Isaac; 1642–1727)　1, 39, 49, 58, 66, 75, 113, 136, 140, 142, 162, 166, 170, 190, 197, **234**, 242, 245, 295, 309, 344, 359, 404, 417, 426, 431
ニールセン，H. B. (Nielsen, Holger Bech; 1941–)　152

ヌ

ヌッタル，J. M. (Nuttall, John Mitchell; 1890–1958)　62

人名索引

ヌボー, A. (Neveu, André; 1946–) 152, 402

ネ

ネクラソフ, N. (Nekrasov, Nikita; 1973–) 103

ネーター, A. E. (Noether, Amalie Emmy; 1882–1935) **237**

ネッダーマイヤー, S. H. (Neddermeyer, Seth Henry; 1907–1988) 17

ネーマン, Y. (Ne'eman, Yuval; 1925–2006) 117

ネール, L. E. F. (Néel, Louis Eugène Félix; 1904–2000) 10, **238**, 471

ネルソン, A. (Nelson, Ann; 1958–) 446

ネルンスト, W. H. (Nernst, Walter Hermann; 1864–1941) **239**, 243

ノ

ノイマン, C. G. (Neumann, Carl Gottfried; 1832–1925) 100

ノイマン, F. E. (Neumann, Franz Ernst; 1798–1895) 48, **241**, 344

ノダック, W. (Noddack, Walter; 1893–1960) 177

ノット, C. G. (Knott, Cargill Gilston; 1856–1922) 222

ノブロック, K. H. (Knoblauch, Karl Hermann; 1820–1895) 190

ノーベル, A. B. (Nobel, Alfred Bernhard; 1833–1896) 129

ハ

パイエルス, R. E. (Peierls, Sir Rudolf Ernst; 1907–1995) 171, **243**, 341

ハイサム, I. (al-Haytham, Ibn; 965–1040) **244**

バイサラ, Y. (Väisälä, Yrjö; 1891–1971) 56

ハイゼンベルク, W. K. (Heisenberg, Werner Karl) 99, 147, 151, 170, 188, 215, 231, 233, 243, **245**, 247, 248, 279, 308, 329, 353, 380, 400, 460

ハイトラー, W. (Heitler, Walter; 1904–1981) 171, **247**, 262, 376

ハイレス, C. E. (Heiles, Carl Eugene; 1939–) 357

パインズ, D. (Pines, David; 1924–) 257

パウエル, C. F. (Powell, Cecil Frank; 1903–1969) 133, 420

ハウトスミット, S. A. (Goudsmit, Samuel Abraham; 1902–1978) 41, 248

パウリ, W. E. (Pauli, Wolfgang Ernst; 1900–1958) 42, 67, 121, 170, 188, 201, 232, 243, 245, **248**, 286, 327, 355, 425, 465

パウル, W. (Paul, Wolfgang; 1913–1993) 475

パウンド, R. V. (Pound, Robert V.; 1919–2010) 252

バーカー, T. (Barker, Thomas; 1838–1907) 213

パーキン, W. H. (Perkin, William Henry, Jr.; 1860–1929) 105

バークラ, C. G. (Barkla, Charles Glover; 1877–1944) 428

ハーゲン, C. R. (Hagen, Carl Richard; 1937–) 271

ハーシー, A. (Hershey, Alfred; 1980–1997) 202

ハーシェル, C. L. (Herschel, Caroline Lucretia; 1750–1848) 136, **250**

ハーシェル, F. W. (Herschel, Sir Frederick William; 1738–1822) 250

ハーシェル, J. F. W. (Herschel, Sir John Frederick William; 1792–1871) 14, 136

橋爪夏樹 (Hashizume Natsuki; 1925–) 96

バシュビー, R. (Busby, Richard; 1606–1695) 295

パスカル, B. (Pascal, Blaise; 1623–1662) **251**

長谷川洋 (Hasegawa Hiroshi; 1974–) 96

パーセル, E. M. (Purcell, Edward Mills; 1912–1997) 27, **252**, 327

バッシ, L. (Bassi Laura; 1711–1778) **253**

パッシェン, L. C. H. F. (Paschen, Louis Carl Heinrich Friedrich; 1865–1947) **254**

ハッブル, E. P. (Hubble, Edwin Powell; 1889–1953) 73, 149, 204, 207, **255**, 317, 452

バーディーン, J. (Bardeen, John; 1908–1991) 72, 156, 228, 229, **257**

ハートリー, D. R. (Hartree, Douglas Rayner; 1897–1958) 165, **259**, 288

ハートル, J. (Hartle, James; 1939–) 361
バナール, J. D. (Bernal, John Desmond; 1901–1971) 311, 368, 469
バーネル, S. J. B. (Burnell, Susan Jocelyn Bell; 1943–) 187, **260**, 274, 304
バーバー, H. J. (Bhabha, Homi Jehangir; 1909–1966) 248, **262**
ハバード, J. (Hubbard, John; 1931–1980) **263**
バービッジ, E. M. P. (Burbidge, Eleanor Margaret Peachey; 1919–) **264**, 362
バービッジ, G. R. (Burbidge, Geoffrey Ronald; 1925–2010) 264, 362
ハーベー, J. A. (Harvey, Jeffrey A.; 1955–) 103
ハミルトン, W. R. (Hamilton, William Rowan; 1805–1865) **265**
早川幸男 (Hayakawa, Sachio; 1923–1992) 227, 230, 266, 362
林忠四郎 (Hayashi, Chushiro; 1920–2010) 73, 134, **266**, 420
原治 (Hara, Osamu; 1923–1994) 133
原康夫 (Hara, Yasuo; 1934–) 393
ハリオット, T. (Harriot, Thomas; 1560–1621) 320
ハル, A. W. (Hull Albert Wallace; 1880–1966) 469
パール, M. L. (Perl, Martin Lewis; 1927–2014) 425, 451
バルクハウゼン, H. G. (Barkhausen, Heinrich Georg; 1881–1956) 414
ハルス, R. A. (Hulse, Russell Alan; 1950–) 187
ハルスケ, J. G. (Halske, Johann Georg; 1814–1890) 144
ハルペリン, B. (Halperin, Bertrand; 1941–) 104, 437
バルマー, J. J. (Balmer, Johann Jakob; 1825–1898) **268**, 354, 455
パールムッター, S. (Perlmutter, Saul; 1959–) 148
ハレー, E. (Halley, Edmond; 1656–1742) 235, 334
バロウ, I. (Barrow, Isaac; 1630–1677) 234
パロット, G. F. (Parrot, Georg Friedrich; 1767–1852) 462
ハン, M. Y. (Han, Moo-Young; 1934–) 228
ハーン, O. (Hahn, Otto; 1879–1968) 10, 178, 385
ハンセン, W. W. (Hansen, William Webster; 1909–1949) 327
パンチャラットナム, S. (Pancharatnam, Shivaramakrishnan; 1934–1969) 340
バソフ, N. G. (Basov, Nikolay Gennadiyevich; 1922–2001) 174

ヒ

ピアソン, G. L. (Pearson, Gerald L.; 1905–1987) 156
ピアッツィ, G. (Piazzi, Giuseppe; 1746–1826) 65
ビオ, J. B. (Biot, Jean-Baptiste; 1774–1862) 50, **269**
ヒーガー, A. J. (Heeger, Alan Jay; 1936–) 159
ヒグス, P. W. (Higgs, Peter Ware; 1929–) 124, **270**, 375
ピタエフスキー, L. P. (Pitaevskii, Lev Petrovich; 1933–) 453
ピタゴラス (Pythagoras; 570B.C.頃–495B.C.頃) **272**
ピーターマン, A. (Petermann, Andre; 1922–2011) 32
ピッカリング, E. C. (Pickering, Edward Charles; 1846–1919) 85, 322, 451
ヒットルフ, J. W. (Hittorf, Johann Wilhelm; 1824–1914) 254
ヒッパルコス (Hipparchus; 190B.C.頃–120B.C.頃) 297, 305
ビニッヒ, G. (Binnig, Gerd; 1947–) 465
ヒューイッシュ, A. (Hewish, Antony; 1924–) 187, 260, **273**, 304
ヒュッケル, E. A. A. J. (Hückel, Erich Armand Arthur Joseph; 1896–1980) 196
ビュッフォン, G. L. L. (Buffon, Georges Louis Leclerc, Comte de; 1707–1788) 21
ヒュパティア (Hypatia; 370–415) **275**
ヒューメイソン, M. L. (Humason, Milton Lasell; 1891–1972) 256
平賀源内 (Hiraga, Gennai; 1728–1780) **276**
平田森三 (Hirata, Morizo; 1906–1966) **277**

ビラリ, E. (Villari, Emilio; 1836–1904) 31
ヒルベルト, D. (Hilbert, David; 1862–1943) 31, 52, 232, 237, **278**, 291, 317, 380, 408, 464, 472
ヒンチン, A. Y. (Khinchin, Aleksandr Yakovlevich; 1894–1959) 32

フ

ファインマン, R. (Feynman, Richard; 1918–1988) 32, 116, 173, 215, 248, 256, **279**, 361, 425, 453
ファウラー, R. H. (Fowler, Ralph Howard; 1889–1944) 188
ファウラー, W. A. (Fowler, William Alfred; 1911–1995) 184, 264, 362
ファラデー, M. (Faraday, Michel; 1791–1867) 13, 39, 115, 149, 168, 190, 207, 242, 271, **281**, 323, 341, 344, 351, 389, 396
ファーレンハイト, D. G. (Fahrenheit, Daniel Gabriel; 1686–1736) 114, 170
ファン・アルフェン, P. M. (van Alphen, P. M.; 1906–1967) 209
ファン・カンペン, N. (van Kampen, Nico; 1921–2013) 210
ファン・デ・フルスト, H. C. (Van de Hulst, Hendrik Christoffel; 1918–2000) 253
ファン・デル・ワールス, J. D. (van der Waals, Johannes Diderik; 1837–1923) 71, **283**
ファン・デン・バーグ, G. J. (van den Berg, G. J.) 129
ファント・ホッフ, J. H. (van't Hoff, Jacobus Henricus; 1852–1911) 14, 338
プイエ, C. S. M. (Pouillet, Claude Servais Mathias; 1791–1868) 14
フィゾー, A. H. L. (Fizeau, Armand Hippolyte Louis; 1819–1896) **285**, 294, 358
フィッチ, V. L. (Fitch, Val Logsdon; 1923–) 124, 392
フィッツジェラルド, G. F. (FitzGerald, George Francis; 1851–1901) 384, 468
フィリップス, W. D. (Phillips, William Daniel; 1948–) 118
フェルトマン, M. (Veltman, Martinus; 1931–) 210
フェルマー, P. (Fermat, Pierre de; 1601–1665) 65, 191, 245
フェルミ, E. (Fermi, Enrico; 1901–1954) 116, 121, 166, 178, 243, 249, **286**, 327, 385, 400, 416, 425, 446
フォークト, W. (Voigt, Woldemar; 1850–1919) 428
フォッカー, A. (Fokker, Adriaan; 1887–1972) 243
フォック, V. A. (Fock, Vladimir Alexandrovich; 1899–1974) 165, **288**
フォン・クリッツィング, K. O. (von Klitzing, Klaus-Olaf; 1943–) **289**, 378
フォン・ノイマン, J. (von Neumann, John; 1903–1957) 145, 212, 279, **291**, 347
フォン・リンデ, C. P. G. (von Linde, Carl Paul Gottfried; 1842–1934) 71, 115
フォン・リンデマン, C. L. F. (von Lindemann, Carl Louis Ferdinand; 1852–1939) 170
福井謙一 (Fukui, Ken-ichi; 1918–1998) **292**
福田博 (Fukuda, Hiroshi) 342
福留秀雄 (Fukutome, Hideo; 1933–) 420
フーコー, J. B. L. (Foucault, Jean Bernard Lèon; 1819–1868) 127, 285, **294**, 383
藤井健次郎 (Fujii, Kenjiro; 1866–1952) 415
藤川和男 (Fujikawa, Kazuo; 1942–) 342
伏見康治 (Fushimi, Koji; 1909–2008) 95, 226
プタハ, M. (Ptah, Merit; 2700B.C. 頃) **295**
フック, R. (Hooke, Robert; 1635–1703) 236, **295**, 363
プティ, A. T. (Petit, Alexis Thérèse; 1791–1820) 198
プトレマイオス, C. (Ptolemaeus, Claudius; 83–168) 125, 217, 245, 275, **297**, 301, 305
ブヨルケン, J. (Bjorken, James; 1934–) 103
ブラウト, R. (Brout, Robert; 1928–2011) 124, 271
ブラウン, K. F. (Braun, Karl Ferdinand; 1850–1918) **298**, 402
ブラウン, R. (Brown, Robert; 1773–1858) 3, 338
フラウンホーファー, J. (Fraunhofer, Joseph von; 1787–1826) **299**
ブラーエ, T. (Brahe, Tycho; 1546–1601) 66,

112, 163, 217, **300**, 405
ブラケット卿 (ブラケット, P. M. S.) (Lord Blackett (Blackett, Patrick Maynard Stuart); 1897–1974) 102, **301**
プラチェック, G. (Placzek, George; 1905–1955) 243
ブラック, J. (Black, Joseph; 1728–1799) 476
ブラッグ, W. H. (Bragg, William Henry; 1862–1942) 102, 195, 302, 428, 469
ブラッグ, W. L. (Bragg, Sir William Lawrence; 1890–1971) 195, 200, 243, **302**, 411, 429
ブラッテン, W. H. (Brattain, Walter Houser; 1902–1987) 156, 257
プラトン (Platon (Plato); 427B.C.–347B.C.) 8, 113, 125, **304**
フラマリオン, C. (Flammarion, Camille; 1842–1925) 10
フラム, E. (Fulhame, Elizabeth; 18 世紀後半–19 世紀前半) **305**
フランク, I. M. (Frank, Ilya Mikhailovich; 1908–1990) 181
フランク, J. (Franck, James; 1882–1964) 110, 342
プランク, M. K. E. L. (Planck, Max Karl Ernst Ludwig; 1858–1947) 3, 23, 36, 151, 211, 235, 240, 243, **306**, 353, 385, 428, 458, 461
フランクリン, B. (Franklin, Benjaminn; 1706–1790) **309**
フランクリン, R. E. (Franklin, Rosalind Elsie; 1920–1958) 304, **310**
フランシス, W. (Francis, William) 190
ブランス, C. H. (Brans, Carl Henry; 1935–) 186
フランツ, R. (Franz, Rudolph; 1826–1902) 30
フーリエ, J. B. J. (Fourier, Jean Baptiste Joseph; 1768–1830) 14, 100, **312**
プリゴジン, I. (Prigogine, Ilya; 1917–2003) **314**
プリーストリー, J. (Priestley, Joseph; 1733–1804) 107, 305, 430
ブリッジマン, P. W. (Bridgman, Percy Williams; 1882–1961) 164, **315**

フリッシュ, O. R. (Frisch, Otto Robert; 1904–1979) 243, 386
フリッチ, H. (Fritzsch, Harald; 1943–) 104
フリーデル, J. (Friedel, Jacques; 1921–) 202
フリードマン, A. A. (Friedmann, Aleksandr Aleksandrovich; 1888–1925) 72, 73, 204, 256, **317**
フリードマン, D. H. (Friedan, Daniel Harry; 1948–) 375
フリードマン, J. I. (Friedman, Jerome Isaac; 1930–) 103, 373
フリードリヒ, W. (Friedrich, Walter; 1883–1968) 302, 428
ブリユアン (ブリルアン), L. N. (Brillouin, Leon Nicolas; 1889–1969) 100, 171, **318**, 443
プリューカー, J. (Plücker, Julius; 1801–1868) 63
ブリュック, H. A. (Brück, Hermann Alexander; 1905–2000) 171
プリングスハイム, E. (Pringsheim, Ernst; 1859–1917) 307
フルヴィツ, A. (Hurwitz, Adolf; 1859–1919) 278
ブルーノ, G. (Bruno, Giordano; 1548–1600) **320**
フレネル, A. J. (Fresnel, Augustin Jean; 1788–1827) 20, 285, **321**, 417, 467
フレミング, A. (Fleming, Sir Alexander; 1881–1955) 368
フレミング, J. A. (Fleming, Sir John Ambrose; 1849–1945) **323**, 414
フレミング, W. (Fleming, Williamina; 1857–1911) **322**
フレンケル, Y. I. (Frenkel, Yakov Il'ich; 1894–1952) **324**
プロコロフ, A. M. (Prokhorov, Alexander Mikhaylovich; 1916–2002) 174
ブロジェット, K. B. (Blodgett, Katharine Burr; 1898–1979) **325**
ブロッホ, F. (Bloch, Felix; 1905–1983) 243, 252, **327**
フローリッヒ, H. (Fröhlich, Herbert; 1905–1991) 248
ブンゼン, R. W. (Bunsen, Robert Wilhelm;

1811–1899) 48, 71, 82, 90, **328**
フント，F. H. (Hund, Friedrich Hermann; 1896–1997) **329**
フンボルト，F. H. A. (Humboldt, Friedrich Heinrich Alexander, Freiherr von; 1769–1859) 65, 109

ヘ

ヘイゼル，O. (Hassel, Odd; 1897–1981) 469
ヘヴィサイド，O. (Heaviside, Oliver; 1850–1925) **331**, 374, 389
ヘヴェシー，G. (Hevesy, George de; 1885–1966) 178, 232
ベークマン，I. (Beeckman, Isaac; 1588–1637) 161, 191
ベクレル，A. H. (Becquerel, Antoine Henri; 1852–1908) 86, 87, **332**
ベケンシュタイン，J. D. (Bekenstein, Jacob David; 1947–) 361, 365
ヘス，V. (Hess, Victor; 1883–1964) **333**
ベッカー，H. (Becker, Herbert) 182
ベッセル，F. W. (Bessel, Friedrich Wilhelm; 1784–1846) 49, 301, **334**
ペッパー，M. (Pepper, Sir Michael; 1942–) 289
ベーテ，H. A. (Bethe, Hans Albrecht; 1906–2005) 49, 72, 133, 170, 173, 243, 247, 267, 279, **335**, 349, 362, 439
ベトノルツ，J. G. (Bednorz, Johannes Georg; 1950–) 72, **337**
ベラビン，A. A. (Belavin, Alexander Abramovich; 1942–) 375
ペラン，J. B. (Perrin, Jean Baptiste; 1870–1942) 5, **338**
ベリー，M. V. (Berry, Michael Victor; 1941–) **340**
ペリエ，C. (Perrier, Carlo; 1886–1948) 178
ペリエ，F. (Périer, Florin; 1605–1672) 251
ベル，A. G. (Bell, Alexander Graham; 1847–1922) 45, 383
ベル，J. S. (Bell, John Stewart; 1928–1990) **341**, 374
ベルク，O. (Berg, Otto; 1873–1939) 177
ベルセリウス，J. J. (Berzelius, Jöns Jacob; 1779–1848) 306
ヘルツ，G. L. (Hertz, Gustav Ludwig; 1887–1975) **342**
ヘルツ，H. R. (Hertz, Heinrich Rudolf; 1857–1894) 115, 342, **344**, 349, 390, 401, 461
ペルツ，M. F. (Perutz, Max Ferdinand; 1914–2002) 304
ペルティエ，J. C. (Peltier, Jean-Charles; 1785–1845) **345**
ベルヌイ，D. S. A. A. (Bernoulli, Daniel Svante August Arrhenius; 1700–1782) 98, 334, **346**, 435
ベルヌイ，J. (Bernoulli, Jakob; 1654–1705) 166, 346
ベルヌイ，J. (Bernoulli, Johann; 1667–1748) 53, 346
ヘルムホルツ，H. L. F. (Helmholtz, Hermann Ludwig Ferdinand von; 1821–1894) 30, 36, 48, 82, 115, 144, 191, 240, 329, 344, **348**, 383, 461
ペレー，M. C. (Perey, Marguerite Catherine; 1909–1975) 88, **350**
ペンジアス，A. A. (Penzias, Arno Allan; 1933–) 35, 186, 256
ヘンリー，J. (Henry, Joseph; 1797–1878) **351**
ペンローズ，R. (Penrose, Roger; 1931–) 139, **352**

ホ

ボーア，N. H. D. (Bohr, Niels Henrik David; 1885–1962) 23, 52, 67, 99, 151, 164, 170, 171, 178, 201, 212, 214, 232, 243, 245, 248, 268, 279, 308, 327, 342, **353**, 361, 376, 385, 419, 427, 434, 443, 458, 466
帆足万里 (Hoashi, Banri; 1778–1852) 142
ポアソン，S. D. (Poisson, Siméon Donis; 1781–1840) 77, 100, 119, 127, 321, **356**
ポアンカレ，J. H. (Poincaré, Jules Henri; 1854–1912) 1, 51, 129, 222, 278, 332, **357**
ホイートストン，C. (Wheatstone, Sir Charles; 1802–1875) 331, **358**
ホイヘンス，C. (Huygens, Cristian; 1629–1695) 163, 164, 169, 234, 235, 242, 245, 321, **359**, 417, 426

ホイーラー，J. A. (Wheeler, John Archibald; 1911–2008) 40, 279, 355, **361**
ホイル，F. (Hoyle, Fred; 1915–2001) 264, **362**
ボイル，R. (Boyle, Robert; 1627–1691) 296, 309, **363**
ポインティング，J. H. (Poynting, John Henry; 1852–1914) **364**
ホーキング，S. W. (Hawking, Stephen William; 1942–) 162, 190, 352, 361, **365**
ボゴリューボフ，N. N. (Bogolyubov, Nikolay Nikolayevich; 1909–1992) 244, **366**
ホジキン，D. M. C. (Hodgkin, Dorothy Mary Crowfoot; 1910–1994) **368**
ボース，J. C. (Bose, Sir Jagadish Chandra; 1858–1937) 135
ボース，S. N. (Bose, Satyendra Nath; 1894–1974) 135, **369**
ポッケルス，A. (Pockels, Agnes; 1862–1935) 61, **371**
ポッケルス，F. C. A. (Pockels, Friedrich Carl Alwin; 1865–1913) 61
ホッパー，G. M. (Hopper, Grace Murray; 1906–1992) **372**
ボーテ，W. W. G. (Bothe, Walther Wilhelm Georg; 1891–1957) 182, 329
ボーデンスタイン，M. (Bodenstein, Max; 1871–1942) 241
ポドルスキー，B. (Podolsky, Boris; 1896–1966) 3, 151, 288, 341
ホフスタッター，R. (Hofstadter, Robert; 1915–1990) **373**
ホフマン，R. (Hoffmann, Roald; 1937–) 292
ボーム，D. J. (Bohm, David Joseph; 1917–1992) 212, 341, **374**
ポリッツァー，H. D. (Politzer, Hugh David; 1949–) 103, 104
ポリャコフ，A. M. (Polyakov, Alexander Markovich; 1945–) 210, **375**, 403
ポーリング，L. C. (Pauling, Linus Carl; 1901–1994) 247, **376**
ホール，E. H. (Hall, Edwin Herbert; 1855–1938) **377**
ポルチンスキー，J. (Polchinski, Joseph; 1954–) 402
ボルツマン，L. E. (Boltzmann, Ludwig Eduard; 1844–1906) 3, 14, 52, 83, 98, 99, 147, 150, 222, 240, 314, **378**, 384, 389
ボールトン，M. (Boulton, Matthew; 1728–1809) 477
ボルン，M. (Born, Max; 1882–1970) 78, 99, 110, 151, 171, 185, 232, 245, 248, 329, 367, **380**, 399
ホレリス，H. (Hollerith, Herman; 1860–1929) 368
ホワイトヘッド，A. N. (Whitehead, Alfred North; 1861–1947) 304
本多光太郎 (Honda, Kotaro; 1870–1954) 201, 223, **381**, 394
ボンディ，H. (Bondi, Sir Hermann; 1919–2005) 362

マ

マイアーニ，L. (Maiani, Luciano; 1941–) 393, 451
マイケルソン，A. A. (Michelson, Albert Abraham; 1852–1931) 206, **383**, 468
マイスナー，F. W. (Meissner, Fritz Walther; 1882–1974) 71
マイトナー，L. (Meitner, Lise; 1878–1968) 10, 67, 157, 178, 201, **384**
マイヤー，J. L. (Meyer, Julius Lothar; 1830–1895) 411
マイヤー，J. R. (Mayer, Julius Robert von; 1814–1878) 191, 240, 348
マイヤー，S. (Meyer, Stefan; 1872–1949) 333, 384
マオ，H. K. (Mao, Ho Kwang; 毛河光; 1941–) 317, **387**
牧二郎 (Maki, Jiro; 1929–2005) 122, 133, 393
牧田らく (Makita, Raku; 1888–1977) 105, 180
マクスウェル，J. C. (Maxwell, James Clerk; 1831–1879) 20, 39, 50, 82, 84, 98, 101, 115, 129, 214, 222, 227, 242, 271, 282, 283, 323, 331, 344, 378, **388**, 457, 467
マクダイアミッド，A. G. (MacDiarmid, Alan Graham; 1927–2007) 159
マグヌス，H. G. (Magnus, Heinrich Gustav;

1802–1870) 30, 82, 107
マクミラン, E. (McMillan, Edwin; 1907–1991) **390**, 467
真島利行 (Majima, Riko; 1874–1962) 105, 223
益川敏英 (Masukawa, Toshihide; 1940–) 124, 134, **392**, 420
マースデン, E. (Marsden, Sir Ernest; 1889–1970) 62, 433
増本量 (Masumoto, Hakaru; 1895–1987) **394**
マーセット, A. (Marcet, Alexander; 1770–1822) 395
マーセット, J. H. (Marcet, Jane Haldimand; 1769–1858) **395**
マチャセビッチ, Y. (Matiyasevich, Yuri; 1947–) 464
マッカラフ, J. (MacCullagh, James; 1809–1847) 441
マッカラム, E. (McCollum, Elmer; 1879–1967) 180
マッセイ, H. S. W. (Massey, Sir Harrie Stewart Wilson; 1908–1983) 411
松田卓也 (Matsuda, Takuya; 1943–) 268
マッハ, E. (Mach, Ernst; 1838–1916) 234, 380, **396**
松原武生 (Matsubara, Takeo; 1921–2014) **397**
マティーセン, A. (Matthiessen, Augustus; 1831–1870) 71
マーデルング, E. (Madelung, Erwin; 1881–1972) **399**
マヨラナ, E. (Majorana, Ettore; 1906–?) 286, **400**
マラー, H. J. (Muller, Hermann Joseph; 1890–1967) 16
マリケン, R. S. (Mulliken, Robert Sanderson; 1896–1986) 330
マルコーニ, G. (Marconi, Guglielmo; 1874–1937) 298, **401**
マルシャク, R. E. (Marshak, Robert Eugene; 1916–1992) 133, 460
マルダセナ, J. (Maldacena, Juan; 1968–) 375, **402**
マルチネック, E. J. (Martinec, Emil John; 1958–) 103, 375

マンデルスタム, L. (Mandelstam, Leonid; 1879–1944) 438
マンデルブロ, B. B. (Mandelbrot, Benoît B.; 1924–2010) **403**, 450

ミ

ミグダル, A. A. (Migdal, Alexander Arkadyevich; 1945–) 375
三島徳七 (Mishima, Tokushichi; 1893–1975) 382, 395
ミッチェル, J. (Michell, John; 1724–1793) 49, 84
ミッチェル, M. (Mitchell, Maria; 1818–1889) **405**
箕村茂 (Minomura, Shigeru; 1923–2000) 317
三宅驥一 (Miyake, Kiichi; 1876–1964) 415
三宅泰雄 (Miyake, Yasuo; 1908–1990) 137
宮本米二 (Miyamoto, Yoneji) 342
ミュッセンブルーク, P. (Musschenbroek, Pieter van; 1692–1761) 309
ミュラー, K. A. (Müller, Karl Alexander; 1927–) 72, 337
ミュラー, W. (Müller, Walther; 1905–1979) 62
ミラー, W. H. (Miller, William Hallowes; 1801–1880) **406**
ミリカン, R. A. (Millikan, Robert Andrews; 1868–1953) 3, 5, 17, 175, 185, 214, 255, **407**
ミルズ, R. L. (Mills, Robert L.; 1927–1999) 40, 416
ミレイム, J. (Myrheim, Jan; 1948–) 437
ミンコフスキー, H. (Minkowski, Hermann; 1864–1909) 1, 237, 278, 380, **408**
ミンコフスキー, P. (Minkowski, Peter; 1941–) 104

ム

ムーア, H. (Moore, Hilbert) 156

メ

メイナード・スミス, J. (Maynard Smith, John; 1920–2004) 347
メイマン, T. H. (Maiman, Theodore Harold;

メスバウアー, R. L. (Mössbauer, Rudolf Ludwig; 1929–2011) **409**
メルセンヌ, M. (Mersenne, Marin; 1588–1648) 191
メンデル, G. J. (Mendel, Gregor Johann; 1822–1884) 206
メンデルスゾーン, K. A. G. (Mendelssohn, Kurt Alfred Georg; 1906–1980) 241
メンデレーエフ, D. I. (Mendeleev, Dimitri Ivanovich; 1834–1907) 177, 350, **410**

モ

モーズリー, H. G. J. (Moseley, Henry Gwyn Jeffreys; 1887–1915) 178
モット, N. F. (Mott, Sir Nevill Francis; 1905–1996) 18, 26, 229, **411**
本木良永 (Motoki, Yoshinaga; 1735–1794) 142
モーペルテュイ, P. L. M. (Maupertuis, Pierre-Louis Moreau de; 1698–1759) 197, 431
森肇 (Mori, Hajime) 80
モーリー, E. W. (Morley, Edward Williams; 1838–1923) 206, 383, 468
森田浩介 (Morita, Kosuke) 390
モルゲンシュテルン, O. (Morgenstern, Oskar; 1902–1977) 347

ヤ

八木健彦 (Yagi, Takehiko; 1948–) 317
八木秀次 (Yagi, Hidetsugu; 1886–1976) 223, **414**, 419
ヤコビ, C. G. J. (Jacobi, Carl Gustav Jacob; 1804–1851) 265
保井コノ (Yasui, Kono; 1880–1971) 180, **415**
山川健次郎 (Yamakawa, Kenjiro; 1854–1931) 222
山口義夫 (Yamaguchi, Yoshio) 230
山口嘉男 (Yamaguchi, Yoshio; 1926–) 133
山本明夫 (Yamamoto, Akio; 1930–) 160
山本達治 (Yamamoto, Tatsuji) 394
ヤン, C. N. (Yang, Chen Ning (楊振寧); 1922–) 24, 40, 116, 124, **416**, 446
ヤング, T. (Young, Thomas; 1773–1829) 321, 348, **417**

ユ

湯浅年子 (Yuasa, Toshiko; 1909–1980) 159, **418**
ユーイング, J. A. (Ewing, Sir James Alfred; 1855–1935) 471
ユーエン, H. I. (Ewen, Harold I.; 1922–1997) 253
湯川秀樹 (Yukawa, Hideki; 1907–1981) 17, 24, 40, 132, 138, 183, 215, 223, 227, 233, 248, 266, 287, 397, 414, **419**
ユークリッド (Euclid; 330B.C.–260B.C.) 73, 251, 275, 278, 298, 404, **421**

ヨ

横田万里夫 (Yokota, Mario) 96
吉雄常三 (Yoshio, Josan; 1787–1843) 142
吉田光由 (Yoshida, Mitsuyoshi; 1598–1673) 165
ヨナ=ラシニオ, G. (Jona-Lasinio, Giovanni; 1932–) 228
米沢富美子 (Yonezawa, Fumiko; 1938–) **423**
米谷民明 (Yoneya, Tamiaki; 1947–) 153, 402
ヨルダン, E. P. (Jordan, Ernst Pascual; 1902–1980) 151, 380

ラ

ライネス, F. (Reines, Frederick; 1918–1998) **425**
ライビング, G. D. (Liveing, George Downing; 1827–1924) 199
ライプニッツ, G. W. (Leibniz, Gottfried Wilhelm; 1646–1716) 166, 236, **426**
ライマン, T. (Lyman, Theodore; 1874–1954) **427**
ライル, M. (Ryle, Sir Martin; 1918–1984) 273
ライン, F. (Line, Francis; 1595–1675) 363
ラウエ, M. T. F. (Laue, Max Theodor Felix von; 1879–1960) 195, 200, 302, **428**
ラヴォアジエ, A. L. (Lavoisier, Antoine Laurent; 1743–1794) 40, 84, 219, 305, **429**, 431
ラヴォアジエ, M. A. (Lavoisier, Marie-Anne;

1758–1836) 429, **430**
ラエルティオス，D. (Laërtius, Diogenes; 3 世紀前半頃) 196
ラグランジュ，J. L. (Lagrange, Joseph-Louis; 1736–1813) 66, 119, 140, 312, 356, **431**, 435
ラザフォード，E. (Rutherford, Ernest, 1st Baron; 1871–1937) 10, 62, 68, 102, 123, 175, 182, 189, 214, 222, 232, 301, 353, **433**, 439, 466
ラッセル，B. A. W. (Russell, Bertrand Arthur William; 1872–1970) 31
ラッセル，H. N. (Russell, Henry Norris; 1877–1957) 85
ラッティンジャー，J. M. (Luttinger, Joaquin Mazdak; 1923–1997) 216
ラービ，I. I. (Rabi, Isidor Isaac; 1898–1988) 232, 252, 439
ラプラス，P. S. (Laplace, Pierre-Simon; 1749–1827) 77, 100, 119, 128, 136, 312, 356, 358, 431, **435**
ラフリン，R. B. (Laughlin, Robert Betts; 1950–) **436**
ラマクリシュナン，T. V. (Ramakrishnan, Tiruppattur Venkatachalamurti; 1941–) 19
ラマルク，J. B. (Lamarck, Jean-Baptiste de; 1744–1829) 396
ラマン，C. V. (Raman, Sir Chandrasekhara Venkata; 1888–1970) 99, 183, **437**
ラム，H. (Lamb, Sir Horace; 1849–1934) 47
ラム，W. (Lamb, Willis; 1913–2008) 280, **439**
ラムザウアー，C. W. (Ramsauer, Carl Wilhelm; 1879–1955) 175, **440**
ラムゼー，W. (Ramsay, William; 1852–1916) 457
ラムゼイ，N. F. (Ramsey, Norman Foster; 1915–2011) 475
ラムフォード，B. C. (Rumford, Benjamin Count; 1753–1814) 431
ラーモア，J. (Larmor, Sir Joseph; 1857–1942) 213, **441**
ラモン，P. (Ramond, Pierre; 1943–) 153
ラングミュア，I. (Langmuir, Irving; 1881–1957) 241, 325, 371

ランジュヴァン，P. (Langevin, Paul; 1872–1946) 88, 158, 339, **442**, 471
ランズベルグ，G. (Landsberg, Grigory; 1890–1957) 438
ランダウ，L. D. (Landau, Lev Davidovich; 1908–1968) 72, 91, 209, 243, 281, 355, **443**, 453
ランデ，A. (Landé, Alfred; 1888–1976) 41
ラントヴェーア，G. (Landwehr, Gottfried; 1929–2013) 289
ランドール，J. T. (Randall, Sir John Turton; 1905–1984) 310
ランドール，L. (Randall, Lisa; 1962–) **445**

リ

リー，D. M. (Lee, David Morris; 1931–) 92
リー，T. D. (Lee, Tsung Dao (李政道); 1926–) 24, 116, 124, 153, 416, **446**
リウビル，J. (Liouville, Joseph; 1809–1882) 82, 128
リギ，A. (Righi, Augusto; 1850–1920) 401
リゴレー，R. (Rigollet, Roger; 1909–1981) 250
リース，A. G. (Riess, Adam Guy; 1969–) 148
リスコフ，B. (Liskov, Barbara; 1939–) **447**
リチャードソン，L. F. (Richardson, Lewis Fry; 1881–1953) 14, **449**
リチャードソン，O. W. (Richardson, Sir Owen Willans; 1879–1959) 185, **448**
リチャードソン，R. C. (Richardson, Robert Coleman; 1937–2013) 92
リヒター，B. (Richter, Burton; 1931–) 104, 393, **450**
リービッシュ，T. (Liebisch, Theodor; 1852–1922) 170
リービット，H. S. (Leavitt, Henrietta Swan; 1868–1921) **451**
リービッヒ，J. (Liebig, Justus von; 1803–1873) 201
リビングストン，M. S. (Livingston, Milton Stanley; 1905–1986) 391
リフシッツ，E. M. (Lifshitz, Evgeny Mikhailovich; 1915–1985) 443, **453**
リーマン，G. F. B. (Riemann, Georg

Friedrich Bernhard; 1826–1866) 54, 100, **454**

劉秉忠 (Ryu, Heichu; 1216–1274) 66

リュードベリ，J. R. (Rydberg, Johannes Robert; 1854–1919) 141, 268, **455**

リンデ，A. (Linde, Andrei; 1948–) 94

リンデマン，F. (Lindemann, Frederick; 1886–1957) 241

リンネ，C. (Linné, Carl von; 1707–1778) 170

ル

ルクレティウス，T. C. (Lucretius, Titus Carus; 99B.C. 頃–55B.C.) 197

ルジャンドル，A. M. (Legendre, Adrien-Marie; 1752–1833) 65

ルスカ，E. A. F. (Ruska, Ernst August Friedrich; 1906–1988) 465

ルニョー，H. V. (Regnault, Henri Victor; 1810–1878) 114, 285

ルーベンス，H. (Rubens, Heinrich; 1865–1922) 307, 342

ルメートル，G. H. (Lemaître, Georges-Henri; 1894–1966) 204

ルリア，S. (Luria, Salvador; 1912–1991) 202

ルンゲ，C. D. T. (Runge, Carl David Tolmé; 1856–1927) 380

ルンマー，O. R. (Lummer, Otto Richard; 1860–1925) 307

レ

レイナース，J. M. (Leinaas, Jon Magne; 1946–) 437

レイノルズ，O. (Reynolds, Osborne; 1842–1912) 162, 213, **456**

レイリー卿（ストラット，J. W.）(Lord Rayleigh (Strutt, John William); 1842–1919) 37, 101, 214, 238, 307, 371, **457**

レヴィ，P. (Lévi, Paul; 1886–1971) 403

レウキッポス (Leucippus; 前5世紀後半) 196

レオナルド・ダ・ヴィンチ (Leonardo da Vinci; 1452–1519) 245, **458**

レオミュール，R. A. F. (Réaumur, René-Antoine Ferchault de; 1683–1757) 170

レゲット，A. J. (Leggett, Anthony James; 1938–) 92

レザフォード，R. C. (Retherford, Robert Curtis; 1912–1981) 280

レーダーマン，L. M. (Lederman, Leon Max; 1922–) 154, 447

レッジェ，T. (Regge, Tullio; 1931–) **460**

レーナルト，P. (Lenard, Philipp; 1862–1947) 440, **461**

レーベック，J. (Roebuck, John; 1718–1794) 477

レン，C. (Wren, Sir Christopher; 1632–1723) 295

レンツ，H. F. E. (Lenz, Heinrich Friedrich Emil; 1804–1865) **462**

レンツ，W. (Lenz, Wilhelm; 1888–1957) 171

レントゲン，W. C. (Röntgen, Wilhelm Conrad; 1845–1923) 36, 64, 87, 107, 144, 302, 332, 428, **463**

ロ

ロー，F. E. (Low, Francis Eugene; 1921–2007) 32

ロシュミット，J. J. (Loschmidt, Johann Josef; 1821–1895) 5, 379

ローゼン，N. (Rosen, Nathan; 1909–1995) 3, 151, 341

ローゼンブラム，S. (Rosenblum, Salomon; 1896–1959) 350

ロッシ，B. (Rossi, Bruno; 1905–1993) 262

ロッジ，O. J. (Lodge, Sir Oliver Joseph; 1851–1940) 401

ロバートソン，H. P. (Robertson, Howard Percy; 1903–1961) 364

ロビンソン，J. H. B. (Robinson, Julia Hall Bowman; 1919–1985) **464**

ロブソン，J. M. (Robson, J. M. ; 1900–1982) 16

ローム，R. (Rohm, Ryan) 103

ローラー，H. (Rohrer, Heinrich; 1933–2013) **465**

ローレンス，E. O. (Lawrence, Ernest Orlando; 1901–1958) 166, 233, 390, **466**

ローレンツ，H. A. (Lorenntz, Hendrik Antoon; 1853–1928) 1, 99, 168, 209, 384, 441, 442, **467**

ローレンツ, L. V. (Lorenz, Ludvig Valentin; 1829–1891) 30, 467
ロンズデール, D. K. (Lonsdale, Dame Kathleen; 1903–1971) **469**
ロンドン, F. W. (London, Fritz Wolfgang; 1900–1954) 69, 247, 376, 472

ワ

ワイエルシュトラス, K. T. W. (Weierstrass, Karl Theodor Wilhelm; 1815–1897) 82, 128
ワイス, C. S. (Weiss, Christian Samuel; 1780–1856) 241
ワイス, P. E. (Weiss, Pierre-Ernest; 1865–1940) 238, **471**
ワイマン, C. E. (Wieman, Carl Edwin; 1951–) 119, 370
ワイル, H. (Weyl, Hermann; 1885–1955) 68, 150, 416, **472**
ワインバーグ, S. (Weinberg, Steven; 1933–) 93, 104, 124, 271, 392, **473**, 475
ワインランド, D. J. (Wineland, David Jeffrey; 1944–) **475**
渡辺寧 (Watanabe, Yasushi; 1896–1976) 228
ワット, J. (Watt, James; 1736–1819) 76, **476**
ワトソン, J. D. (Watson, James Dewey; 1928–) 304, 310, 311
ワーブルク, E. G. (Warburg, Emil Gabriel; 1846–1931) 108

編集委員紹介

米沢富美子［総編集］(よねざわふみこ)
慶應義塾大学名誉教授．理学博士．専門は物性理論．1938年生まれ．京都大学大学院理学研究科博士課程修了 (1966)．慶應義塾大学理工学部教授等を経て現職．日本物理学会会長 (1996–97) 等を歴任．ロレアル–ユネスコ女性科学賞 (2005) ほか受賞多数．主著に『不規則系の物理——コヒーレント・ポテンシャル近似とその周辺』(岩波書店，2015)，『金属–非金属転移の物理』(朝倉書店，2012) ほか．一般向け著作に『人生は，楽しんだ者が勝ちだ (私の履歴書)』(日本経済新聞出版社，2014) など多数．

辻　和彦［編集幹事］(つじかずひこ)
慶應義塾大学名誉教授．理学博士．専門は物性実験．1946年生まれ．京都大学大学院理学研究科博士課程修了 (1973)．東京大学物性研究所助手，慶應義塾大学理工学部教授等を経て現職．日本物理学会理事 (2005–07) 等を歴任．日本高圧力学会学会賞受賞 (2006)．主著に $The\ Physics\ of\ Complex\ Liquids$ (共編著．World Scientific, 1998) ほか．

小野嘉之(おのよしゆき)
東邦大学名誉教授．理学博士．専門は物性理論．1946年生まれ．東京大学大学院理学研究科博士課程修了 (1974)．東邦大学理学部教授等を経て現職．日本物理学会理事 (1997–99) 等を歴任．主著に『初歩の統計力学を取り入れた熱力学』(朝倉書店，2015)，『金属絶縁体転移』(朝倉書店，2002)，『量子力学的 "オームの法則"』(丸善，2002) ほか．

西尾成子(にしおしげこ)
日本大学名誉教授．理学博士．専門は科学史．1935年生まれ．お茶の水女子大学理学部卒業 (1958)．日本大学理工学部教授等を経て現職．主著に『科学ジャーナリズムの先駆者——評伝 石原純』(岩波書店，2011．第15回桑原武夫学芸賞受賞)，『ニールス・ボーアの時代——物理学・哲学・国家 (1,2)』(共訳．みすず書房，2007/12) ほか．

坂東昌子(ばんどうまさこ)
愛知大学名誉教授．理学博士．専門は素粒子理論・非線形物理．1937年生まれ．京都大学大学院理学研究科博士課程修了 (1965)．同助手，愛知大学教授等を経て現職．日本物理学会会長 (2006–07)．第2回湯浅年子賞受賞 (2014)．NPO法人「知的人材ネットワーク・あいんしゅたいん」理事長．主著に『物理と対称性——クォークから進化まで』(丸善，1996)，「四次元を超える時空と素粒子」(『現代物理最前線5』所収．共立出版，2001) ほか．

兵頭俊夫(ひょうどうとしお)
東京大学名誉教授．高エネルギー加速器研究機構物質構造科学研究所特定教授．理学博士．専門は物性実験．1946年生まれ．東京大学大学院理学系研究科修士課程修了 (1971)．東京大学大学院総合文化研究科教授等を経て現職．日本物理学会会長 (2014–15) 等を歴任．主著に『考える力学』(学術図書出版社，2001)，『電磁気学』(裳華房，1999) ほか．

米谷民明(よねやたみあき)
東京大学名誉教授．放送大学客員教授．理学博士．専門は素粒子理論．1947年生まれ．北海道大学大学院理学研究科博士課程修了 (1974)．東京大学大学院総合文化研究科教授等を経て現職．「弦理論による量子重力の研究」で第1回西宮湯川記念賞受賞 (1986)．著書に『光を止められるか——アインシュタインが挑んだこと』(岩波書店，2011) ほか多数．

笠　耐(りゅうたえ)
前上智大学理工学部助教授．専門は物理教育．1934年生まれ．お茶の水女子大学理学部卒業 (1957)．日本物理教育学会理事等を歴任．物理教育への貢献を称える IUPAP-ICPE メダル受賞 (2002)．主著に『物理ポケットブック』(共訳．朝倉書店，2006)，『アドバンシング物理 (AS/A2)』(共訳．シュプリンガーフェアラーク東京，2004/6) ほか．

人物でよむ 物理法則の事典

定価はカバーに表示

2015 年 11 月 25 日　初版第 1 刷
2016 年 4 月 20 日　　　第 2 刷

総編集　米　沢　富美子
発行者　朝　倉　誠　造
発行所　株式会社　朝　倉　書　店

東京都新宿区新小川町 6-29
郵 便 番 号　　162-8707
電　　話　03(3260)0141
Ｆ Ａ Ｘ　03(3260)0180
http://www.asakura.co.jp

〈検印省略〉

Ⓒ 2015 〈無断複写・転載を禁ず〉　　中央印刷・牧製本

ISBN 978-4-254-13116-1　C 3542　　Printed in Japan

JCOPY　<(社)出版者著作権管理機構 委託出版物>

本書の無断複写は著作権法上での例外を除き禁じられています．複写される場合は，そのつど事前に，(社) 出版者著作権管理機構 (電話 03-3513-6969, FAX 03-3513-6979, e-mail: info@jcopy.or.jp) の許諾を得てください．

東北大 二間瀬敏史著
現代物理学［基礎シリーズ］9
宇 宙 物 理 学
13779-8 C3342　　　Ａ5判 200頁 本体3000円

宇宙そのものの誕生と時間発展，その発展に伴った物質や構造の誕生や進化を取り扱う物理学の一分野である「宇宙論」の学部・博士課程前期向け教科書。CCDや宇宙望遠鏡など，近年の観測機器・装置の進展に基づいた当分野の躍動を伝える。

前東北大 滝川 昇著
現代物理学［基礎シリーズ］8
原 子 核 物 理 学
13778-1 C3342　　　Ａ5判 256頁 本体3800円

最新の研究にも触れながら原子核物理学の基礎を丁寧に解説した入門書。〔内容〕原子核の大まかな性質／核力と二体系／電磁場との相互作用／殻構造／微視的平均場理論／原子核の形／原子核の崩壊および放射能／元素の誕生

東北大 岩井伸一郎著
現代物理学［展開シリーズ］7
超高速分光と光誘起相転移
13787-3 C3342　　　Ａ5判 224頁 本体3600円

近年飛躍的に研究領域が広がっているフェムト秒レーザーを用いた光物性研究にアプローチするための教科書。光と物質の相互作用の基礎から解説し，超高速レーザー分光，光誘起相転移といった最先端の分野までを丁寧に解説する。

前東北大 青木晴善・前東北大 小野寺秀也著
現代物理学［展開シリーズ］4
強 相 関 電 子 物 理 学
13784-2 C3342　　　Ａ5判 256頁 本体3900円

固体の磁気物理学で発見されている新しい物理現象を，固体中で強く相関する電子系の物理として理解しようとする領域が強相関電子物理学である。本書ではこの新しい領域を，局在電子系ならびに伝導電子系のそれぞれの立場から解説する。

東北大 髙橋 隆著
現代物理学［展開シリーズ］3
光 電 子 固 体 物 性
13783-5 C3342　　　Ａ5判 144頁 本体2800円

光電子分光法を用い銅酸化物・鉄系高温超伝導やグラフェンなどのナノ構造物質の電子構造と物性を解説。〔内容〕固体の電子構造／光電子分光基礎／装置と技術／様々な光電子分光とその関連分光／逆光電子分光と関連分光／高分解能光電子分光

大阪大 伊東一良編著
光学ライブラリー6
分 光 画 像 入 門
13736-1 C3342　　　Ａ5判 176頁 本体3400円

情報技術の根幹をなす「分光情報と画像情報」の仕組みを解説。〔内容〕分光画像とは／光の散乱・吸収と表面色／測光の基礎とフーリエ変換／分光映像法の分類／結像型分光映像法／波動光学と3次元干渉分光映像法／分光画像の利用／コラム

(株)ニコン 歌川 健著
光学ライブラリー5
デジタルイメージング
13735-4 C3342　　　Ａ5判 208頁 本体3600円

デジタルスチルカメラはどのような光学的仕組みで画像処理等がなされているかを詳細に解説。〔内容〕デジタル撮像素子と空間量子化／補間と画質／色の表示と色の数字／カメラの色処理カラーマネジメント／写真と目と脳

前兵庫県大 岸野正剛著
納得しながら学べる物理シリーズ3
納得しながら 電 磁 気 学
13643-2 C3342　　　Ａ5判 216頁 本体3200円

基礎を丁寧に解説〔内容〕電気と磁気／真空中の電荷・電界，ガウスの法則／導体の電界，電位，電気力／誘電体と静電容量／電流と抵抗／磁気と磁界／電流の磁気作用／電磁誘導とインダクタンス／変動電流回路／電磁波とマクスウェル方程式

大系編集委員会編
朝倉物理学大系20
現 代 物 理 学 の 歴 史 Ⅰ
—素粒子・原子核・宇宙—
13690-6 C3342　　　Ａ5判 464頁 本体8800円

湯川秀樹・朝永振一郎・江崎玲於奈・小柴昌俊といったノーベル賞研究者を輩出した日本の物理学の底力と努力，現代物理学への貢献度を，各分野の第一人者が丁寧かつ臨場感をもって俯瞰した大著。本巻は素粒子・原子核・宇宙関連33編を収載

大系編集委員会編
朝倉物理学大系21
現 代 物 理 学 の 歴 史 Ⅱ
—物性・生物・数理物理—
13691-3 C3342　　　Ａ5判 552頁 本体9500円

湯川秀樹・朝永振一郎・江崎玲於奈・小柴昌俊といったノーベル賞研究者を輩出した日本の物理学の底力と努力，現代物理学への貢献度を，各分野の第一人者が丁寧かつ臨場感をもって俯瞰した大著。本巻は物性・生物・数理物理関連40編を収載

前阪大 木下修一・北大 太田信廣・阪大 永井健治・
東工大 南不二雄編

発光の事典
―基礎からイメージングまで―

10262-8　C3540　　　　A 5 判　788頁　本体20000円

発光現象が関連する分野は物理・化学・生物・医学・地球科学・工学と実に広範である。本書は光の基礎的な知識，量子論・相対論・物理化学・宇宙論・発光現象の基礎的な解説を充実させることを特徴にした事典で，工学応用への一端も最後に紹介した。各分野において最先端で活躍している執筆者が集まり実現した，世界に類のない発光のレファレンス。〔内容〕発光の概要／発光の基礎／発光測定法／発光の物理／発光の化学／発光の生物／発光イメージング／いろいろな光源と発光の応用／付録

V. イリングワース編
前東大 清水忠雄・前上智大 清水文子監訳

ペンギン物理学辞典

13106-2　C3542　　　　A 5 判　528頁　本体9200円

本書は，半世紀の歴史をもつThe Penguin Dictionary of Physics 4th ed.の全訳版。一般物理学はもとより，量子論・相対論・物理化学・宇宙論・医療物理・情報科学・光学・音響学から機械・電子工学までの用語につき，初学者でも理解できるよう明解かつ簡潔に定義づけするとともに，重要な用語に対しては背景・発展・応用等まで言及し，豊富な理解が得られるよう配慮したものである。解説する用語は4600，相互参照，回路・実験器具等図の多用を重視し，利便性も考慮されている。

前東大 山田作衛・東大 相原博昭・KEK 岡田安弘・
東女大 坂井典佑・KEK 西川公一郎編

素粒子物理学ハンドブック

13100-0　C3042　　　　A 5 判　696頁　本体18000円

素粒子物理学の全貌を理論，実験の両側面から解説，紹介。知りたい事項をすぐ調べられる構成で素粒子を専門としない人でも理解できるよう配慮。〔内容〕素粒子物理学の概観／素粒子理論（対称性と量子数，ゲージ理論，ニュートリノ質量，他）／素粒子の諸現象（ハドロン物理，標準模型の検証，宇宙からの素粒子，他）／粒子検出器（チェレンコフ光検出器，他）／粒子加速器（線形加速器，シンクロトロン，他）／素粒子と宇宙（ビッグバン宇宙，暗黒物質，他）／素粒子物理の周辺

前宇宙研 市川行和・前電通大 大谷俊介編

原子分子物理学ハンドブック

13105-5　C3042　　　　A 5 判　536頁　本体16000円

自然科学の中でもっとも基礎的な学問分野であるといわれる原子分子物理学は，近年急速に進歩しつつある科学や工学の基礎をなすとともに，それ自身先端科学として重要な位置を占め，他分野に多大な影響を与えている。この原子分子物理学とその関連分野の知識を整理し，基礎から先端的な研究成果までを初学者や他分野の研究者にもわかりやすく解説する。〔内容〕原子・分子・イオンの構造および基本的性質／光との相互作用／衝突過程／特異な原子分子／応用／物理定数表

前学習院大 川畑有郷・明大 鹿児島誠一・阪大 北岡良雄・
東大 上田正仁編

物性物理学ハンドブック

13103-1　C3042　　　　A 5 判　692頁　本体18000円

物質の性質を原子論的立場から解明する分野である物性物理学は，今や細分化の傾向が強くなっている。本書は大学院生を含む研究者が他分野の現状を知るための必要最小限の情報をまとめた。物質の性質を現象で分類すると同時に，代表的な物質群ごとに性質を概観する内容も含めた点も特徴である。〔内容〕磁性／超伝導・超流動／量子ホール効果／金属絶縁体転移／メゾスコピック系／光物性／低次元系の物理／ナノサイエンス／表面・界面物理学／誘電体／物質から見た物性物理

前慶大 米沢富美子著

金属－非金属転移の物理

13110-9　C3042　　　A5判　264頁　本体4600円

金属-非金属転移の仕組みを図表を多用して最新の研究まで解説した待望の本格的教科書。〔内容〕電気伝導度を通してミクロの世界を探る／金属電子論とバンド理論／パイエルス転移／ブロッホ－ウィルソン転移／アンダーソン転移／モット転移

前東邦大 小野嘉之著
シリーズ〈これからの基礎物理学〉1

初歩の統計力学を取り入れた 熱力学

13717-0　C3342　　　A5判　216頁　本体2900円

理科系共通科目である「熱力学」の現代的な学び方を提案する画期的テキスト。統計力学的な解釈を最初から導入し、マクロな系を支えるミクロな背景を理解しつつ熱力学を学ぶ。とりわけ物理学を専門としない学生に望まれる「熱力学」基礎。

東大 鹿野田一司・物質・材料研 宇治進也編著

分子性物質の物理
―物性物理の新潮流―

13119-2　C3042　　　A5判　212頁　本体3500円

分子性物質をめぐる物性研究の基礎から注目テーマまで解説。〔内容〕分子性結晶とは／電子相関と金属絶縁体転移／スピン液体／磁場誘起超伝導／電界誘起相転移／質量のないディラック電子／電子型誘電体／光誘起相転移と超高速光応答

前阪大 高原文郎著

新版 宇宙物理学
―星・銀河・宇宙論―

13117-8　C3042　　　A5判　264頁　本体4200円

星、銀河、宇宙論についての基本的かつ核心的事項を一冊で学べるように、好評の旧版に宇宙論の章を追加したテキスト。従来の内容の見直しも行い、使いやすさを向上。〔内容〕星の構造／星の進化／中性子星とブラックホール／銀河／宇宙論

東大 大津元一監修
テクノ・シナジー 田所利康・東工大 石川　謙著

イラストレイテッド 光の科学

13113-0　C3042　　　B5判　128頁　本体3000円

豊富なカラー写真とカラーイラストを通して、教科書だけでは伝わらない光学の基礎とその魅力を紹介。〔内容〕波としての光の性質／ガラスの中で光は何をしているのか／光の振る舞いを調べる／なぜヒマワリは黄色く見えるのか

前上智大 笠　耐・香川大 笠　潤平訳

物理ポケットブック（普及版）

13107-9　C3042　　　A5判　388頁　本体4800円

物理の基本概念―力学、熱力学、電磁気学、波と光、物性、宇宙―を1項目1頁で解説。法則や公式が簡潔にまとめられ、図面も豊富な板書スタイル。備忘録や再入門書としても重宝する、物理系・工学系の学生・教師必携のハンドブック。

太田次郎総監訳　桜井邦朋・山崎　昶・木村龍治・森　政稔監訳　久村典子訳

現代科学史大百科事典

10256-7　C3540　　　B5判　936頁　本体27000円

The Oxford Companion to the History of Modern Science (2003) の訳。自然についての知識の成長と分枝を600余の大項目で解説。ルネサンスから現代科学へと至る個別科学の事項に加え、時代とのかかわりや地域的視点を盛り込む。〔項目例〕科学革命論／ダーウィニズム／（組織）植物園／CERN／東洋への伝播（科学知識）証明／エントロピー／銀河系（分野）錬金術／物理学（器具・応用）天秤／望遠鏡／チェルノブイリ／航空学／熱電子管（伝記）ヴェサリウス／リンネ／湯川秀樹

明大 砂田利一・早大 石井仁司・日大 平田典子・東大 二木昭人・日大 森　真監訳

プリンストン数学大全

11143-9　C3041　　　B5判　1192頁　本体18000円

「数学とは何か」「数学の起源とは」から現代数学の全体像、数学と他分野との連関までをカバーする、初学者でもアクセスしやすい総合事典。プリンストン大学出版局刊行の大著「The Princeton Companion to Mathematics」の全訳。ティモシー・ガワーズ、テレンス・タオ、マイケル・アティヤほか多数のフィールズ賞受賞者を含む一流の数学者・数学史家がやさしく読みやすいスタイルで数学の諸相を紹介する。「ピタゴラス」「ゲーデル」など96人の数学者の評伝付き。

上記価格（税別）は2016年3月現在